青藏高原高寒草甸生态系统

气候变化与放牧的影响

Alpine Meadow Ecosystem on the Qinghai-Tibet Plateau

Effects of Climate Change and Grazing

汪诗平　王艳芬 等　著

科 学 出 版 社

北　京

内 容 简 介

本书以著者团队10余年长期监测研究成果为基础撰写而成，包括5个部分共计13章。第一部分试验区域基本特征及试验设计背景（第一、二章），主要介绍青藏高原东北缘及山体垂直带气候特征、植被特征与试验设计；第二部分高寒植物及植物群落的响应与适应（第三至六章），主要介绍气候变化和放牧对植物叶片特征与繁殖策略、植物组成与多样性、植物养分利用策略、植物群落生产力及其稳定性的影响；第三部分土壤和土壤微生物（第七、八章），主要介绍气候变化和放牧对土壤水溶液化学性质和养分可利用性、土壤微生物结构和功能的影响；第四部分生态系统碳氮循环关键过程（第九至十二章），主要介绍气候变化和放牧对凋落物和粪便分解、土壤和生态系统呼吸、生态系统甲烷和氧化亚氮通量的影响；第五部分气候变化和放牧效应的时空异质性（第十三章），主要介绍高寒草地对气候变化与人类活动响应的时空特征，以及未来需要加强的研究方向。

本书可为气候变化生态学、生态系统生态学、恢复生态学、植物学、土壤学等领域的科研人员、教学人员提供参考，也可供草原管理人员阅读。

图书在版编目（CIP）数据

青藏高原高寒草甸生态系统：气候变化与放牧的影响/汪诗平等著. —北京：科学出版社，2024.10

ISBN 978-7-03-075308-3

Ⅰ. ①青… Ⅱ. ①汪… Ⅲ. ①青藏高原–寒冷地区–草甸–生态系统–研究 Ⅳ. ①S812.3

中国国家版本馆CIP数据核字（2023）第054366号

责任编辑：王海光 刘 晶 / 责任校对：杨 赛

责任印制：肖 兴 / 封面设计：北京图阅盛世文化传媒有限公司

科学出版社 出版

北京东黄城根北街16号

邮政编码：100717

http://www.sciencep.com

北京九州迅驰传媒文化有限公司印刷

科学出版社发行 各地新华书店经销

*

2024年10月第 一 版 开本：787×1092 1/16

2025年 1 月第二次印刷 印张：36 1/2

字数：865 000

定价：468.00元

（如有印装质量问题，我社负责调换）

著 者 名 单

（按姓氏笔画排序）

王永慧	王艳芬	王常顺	车容晓	吕汪汪
朱小雪	刘　敏	刘培培	芮亦超	杜明远
李英年	李香真	李博文	李新娥	李耀明
杨　巍	杨云峰	吴伊波	汪诗平	沈海花
张立荣	张振华	罗彩云	周　阳	周小奇
郑　勇	胡宜刚	钟　磊	姜丽丽	徐兴良
唐　立	常小峰	崔骁勇	景　新	蔺兴武
薛　凯				

作者简介

汪诗平　1964 年出生于安徽桐城。中国科学院青藏高原研究所二级研究员，中国科学院特聘研究员，博士生导师。2005 年中国科学院“百人计划”入选者。长期开展气候变化生态学和生态系统生态学以及草原管理等研究，阐明了气候变化和放牧的生态–环境效应及其机制。先后主持 4 项国家自然科学基金重点项目等国家级项目。发表学术论文 340 余篇，其中以第一作者或通讯作者在 *Nature*、*Nature Communications*、*Nature Reviews Earth & Environment*、*Global Change Biology*、*Journal of Ecology*、*Ecology*、*Soil Biology & Biochemistry*、《生态学报》和《植物生态学报》等期刊上发表学术文章 200 余篇（包括 SCI 论文 100 余篇）。以第一完成人获得 2018 年西藏自治区科学技术奖一等奖、2018 年青海省科学技术奖二等奖、2022 年青海省自然科学奖一等奖，2010 年获中国科学院朱李月华优秀教师奖，2018 年获中国科学院优秀导师奖。入选气候变化领域全球最具影响力的 1000 名科学家名单。现兼任我国生物多样性与生态系统服务政府间科学政策平台多学科专家委员会委员、第六届国家级自然保护区评审专家委员会委员、国家林业和草原局草原标准化技术委员会委员。

王艳芬　中国科学院大学教授。长期从事土壤生态学研究，发展了草地土壤碳库的系统稳定性理论，提出“以氮促碳”的草地管理模式，为草地保护与承载力提升奠定了理论基础。先后主持国家自然科学基金重大项目、国家重点研发计划项目、第二次青藏高原综合科学考察任务等。任中国自然资源学会副理事长、中国生态学学会副理事长、国际肥料科学中心副主席、《科学通报》编委等，在 *Nature Reviews Earth & Environment*、*Nature Communications*、*National Science Review*、*The Innovation*、*Global Change Biology*、*Soil Biology & Biochemistry*、《科学通报》等期刊发表论文 300 余篇。

序　一

高寒生态系统一直被认为是对气候变化和人类活动干扰响应最敏感的生态系统。气候是生态系统极其重要的环境要素，也是决定物种和主要植被类型地理分布的最重要因素，可通过能量和物质流影响生态系统的结构与功能。目前有关青藏高原气候变化趋势的研究多是依据有人居住的、海拔 4800m 以下山谷平地上的气象观测台站数据进行分析。然而，青藏高原不仅海拔高，而且地形复杂多变，现有气象观测台站数据可能难以反映青藏高原复杂多变的山区气候及其变化特征。此外，放牧是天然高寒草甸的主要利用方式，气候变化和放牧共同塑造了高寒草甸生态系统的结构与功能，并将继续对其产生深刻影响。然而，目前绝大多数控制试验仅考虑气候变化或放牧活动的影响，这可能对气候变化效应的理解和预测产生很大的不确定性。

有幸的是，《青藏高原高寒草甸生态系统：气候变化与放牧的影响》一书提供了两个创新且具有特色的试验。第一是沿着祁连山南麓不同海拔架设自动气象观测站进行连续 12 年（2007～2018 年）的实地观测，对青藏高原东北缘及山体垂直带不同海拔的气候特征，以及近 60 多年来气候变化趋势进行分析；在国际上率先利用山体垂直带“双向”移栽试验平台连续 10 余年开展增温和降温对不同高寒草甸生态系统影响的研究，弥补了降温效应调控长期增温趋势下生态环境效应研究的空白。第二是于 2006 年在国际上首次建立了自动控制红外加热系统与适度放牧耦合的试验平台，实现了晚上比白天增温高、冷季比暖季增温高等现实气候变化的不对称增温情景模拟，同时与适度放牧活动进行耦合，为理解和预测放牧背景下未来气候变化对高寒草甸生态系统的影响过程和机制提供了基础。

同时，该书利用长期监测技术、光合仪和气象色谱技术、微根管技术、同位素技术、分子生物学和基因芯片技术，从基因组、叶片、个体、种群、群落和生态系统等不同水平，深入研究了气候变化和放牧对高寒草甸微生物和植物群落组成、多样性、根系生产和周转、生产力及其稳定性的影响，并从叶片形态和寿命、生理生态、植物间的关系和空间分布格局及养分利用策略等方面揭示了植物群落多样性变化和物种共存及群落演替的生物学机制，回答了气候变化和放牧对高寒草甸退化过程的相对作用等关键和热点科学问题；系统探讨了气候变化和放牧对高寒草甸生态系统碳氮循环关键过程（如 CO_2、CH_4 和 N_2O 通量变化过程）的影响因素，并从土壤水溶液化学、土壤微生物结构和功能基因、凋落物分解（包括地上凋落物和根系分解）和养分释放等方面明晰了影响高寒草甸生态系统碳氮循环的主要生物学机制及其环境变化的调控作用，回答了放牧背景下气候变化对高寒草甸生态系统碳源汇效应及其关键影响要素的影响等前沿科学问题。

该书每章均以导读开始，让读者对各章节拟回答的关键科学问题一目了然。除了丰富的图表和翔实的数据外，每章最后均对研究结果进行精练总结，让读者能够在有限的时间内获得最关键、最主要的结论。这种对待科学研究的缜密逻辑和认真态度实属难能可贵，反映了作者对科研的热情和信念。

该书为作者团队 10 余年研究成果的总结。十年弹指一挥间，翻开书稿，精美的图表、芬芳的文字扑面而来之时，我深深感受到历史赋予我们这辈人的责任。空谈误国，实干兴邦，我们作为“国家人”，应心系“国家事”，肩扛“国家责”，该书的成果正体现了这种担当精神。该书的出版将为我国气候变化生态学和生态系统生态学的发展作出积极贡献，也可为适应性管理措施提供理论基础及其应用前景。

在该书即将出版之际，乐为作序，并表示祝贺。

于贵瑞

于贵瑞
中国科学院院士
2023 年 12 月

序　二

高寒草甸在青藏高原独特的自然环境下得到了充分发育，集中连片广泛分布于青藏高原，是青藏高原最主要的植被类型，其面积约 70 万 km^2，占青藏高原可利用草场的50%左右。由于气候变化和不合理的人类活动，高寒草甸生态系统处于不同程度的退化状态。关于气候变化和放牧对高寒草甸生态系统退化的相对作用，目前不同学者持不同的解读甚至相反的结论，其原因主要是缺乏长期的气候变化和放牧耦合控制试验定量揭示其退化的过程和机制。

有研究表明，高纬度和高海拔高寒草甸生态系统对气候变化尤为敏感，特别是高寒生态系统土壤中储存着大量有机碳。例如，对环北极苔原生态系统的研究表明，增温尽管提高了植物总生产力，但由于生态系统呼吸的温度敏感性大于植物总生产力的温度敏感性，这可能会导致苔原生态系统由碳汇变成碳源，进而导致土壤碳库的下降和对气候变化形成正反馈。然而，青藏高原是否也存在类似现象，一直缺乏长期的监测资料和研究结果予以证实。特别是天然草地的主要利用方式为放牧，放牧和气候变化的互作效应可能会调控气候变化对草地生态系统碳循环关键过程的影响。无疑，这方面的长期研究将有助于回答上述科学问题。

中国科学院青藏高原研究所汪诗平研究员和中国科学院大学王艳芬教授带领的科研团队依托在青海海北高寒草甸生态系统国家野外科学观测研究站 2007 年建立的山体垂直带“双向”移栽试验平台（模拟增温和降温情景），以及 2006 年建立的红外增温模拟不对称增温情景（白天与晚上、暖季和冷季不同增温幅度）和适度放牧平台，取得了一系列系统性和创新性的试验结果。他们发现过度放牧（并非增温）是导致高寒草甸生态系统退化的主要原因，因为放牧提高了高大禾草和豆科植物在群落中的比例；增温对植物多样性的负效应随着增温时间的延长而消失，甚至在更长的时间尺度内如果考虑适应气候变化的植物，增温反而增加了植物多样性；从植物叶片形态和生理生态指标、物种相互关系及其空间分布格局、养分利用效率等方面提供了系统的生物学机制解释。因此，该研究回答了气候变化和放牧对高寒草甸生态系统退化的相对作用的学术问题。

另外，其研究还发现，在适度放牧背景下增温对高寒草甸生态系统碳源/汇效应没有显著影响，即通过夏季和冬季草场季节性轮牧仍然可以维持增温背景下高寒草甸生态系统的弱碳汇功能。首先,增温对高寒草甸土壤呼吸的正效应随着增温时间的延长而逐渐降低，表明土壤中易分解碳的限制以及微生物群落的温度适应是导致该现象的重要微生物学机制，即微生物群落对增温的适应可能有助于减少高寒草甸土壤有机质的分解，进而避免或减少了土壤碳库进一步大量损失。其次，尽管增温加快了凋落物的分解，但凋落

物的分解主要以 CO_2 形式释放到大气中，并不是以可溶性碳形式淋溶到土壤中，该发现解释了为何增温提高了初级生产力、但没有提高土壤中有机碳汇能力。这些系统性和创新性的结果澄清了有关“气候变化背景下高寒草甸生态系统是碳源还是碳汇”的学术争论，也证明了可以通过放牧管理等适应性措施减缓增温对高寒生态系统碳汇能力的不利影响，为我国目前正在实施的草畜平衡、退牧还草等生态工程提供了科学依据。

《青藏高原高寒草甸生态系统：气候变化与放牧的影响》一书集中展示了上述成果，该专著是作者十年如一日、坚持长期监测研究的集中体现，这种不忘初心、不畏艰辛、敢于坐“冷板凳”和迎接挑战的精神令人欣慰。

在该专著即将出版之际，乐为作序，并表示祝贺。

朴世龙

中国科学院院士

2024 年 3 月

前　言

许多研究表明高寒草甸生态系统对气候变化的反应更敏感，而增温作为气候变化的主要指示指标，其如何影响高寒草甸生态系统的结构和功能备受关注。然而，长期监测数据显示，气候变化包括增温和降温交替变化，但增温和降温的效应是否呈镜像关系则很少有人开展研究。长期监测和模拟研究表明，冬季增温幅度大于夏季增温幅度，夜晚增温幅度大于白天增温幅度，这种非对称增温幅度的影响仍缺乏野外控制试验进行模拟研究，从而可能导致了人们对气候变化效应的片面认识。此外，随着人口增长和草地畜牧业的发展，人类活动特别是过度放牧对青藏高原生态环境产生了较大的不利影响。由此可见，气候变化和放牧正在并将继续共同作用于高寒草甸生态系统，但目前以单独开展气候变化研究或放牧研究居多，缺乏对它们潜在互作效应的研究，因此难以区分它们对高寒草甸生态系统的相对影响，进而制约了我们对高寒草甸生态系统退化驱动因子的理解和认识。

本书依托 2007 年于青海海北高寒草甸生态系统国家野外科学观测研究站建立的山体垂直带“双向”移栽试验平台（模拟增温和降温情景），以及 2006 年建立的红外增温模拟不对称增温情景（白天和晚上、暖季和冷季不同增温幅度）和适度放牧平台（牧草利用率平均 50%左右），利用长期监测技术、光合仪和气象色谱技术、微根管技术、同位素技术、分子生物学和基因芯片技术，从基因组、叶片、个体、种群、群落和生态系统等不同水平研究气候变化和放牧对高寒草甸生态系统结构和功能的影响过程及其机制，进而探讨适应性管理措施的理论基础及其应用前景。

本书以著者团队 10 余年长期监测研究成果为基础撰写而成，包括 5 个部分共计 13 章。第一部分“试验区域基本特征及试验设计背景”（第一、二章），主要介绍青藏高原东北缘及山体垂直带气候特征、植被特征与试验设计；第二部分“高寒植物及植物群落的响应与适应”（第三至六章），主要介绍气候变化和放牧对植物叶片特征与繁殖策略、植物组成与多样性、植物养分利用策略、植物群落生产力及其稳定性的影响；第三部分“土壤和土壤微生物”（第七、八章），主要介绍气候变化和放牧对土壤水溶液化学性质和养分可利用性、土壤微生物结构和功能的影响；第四部分“生态系统碳氮循环关键过程”（第九至十二章），主要介绍气候变化和放牧对凋落物和粪便分解、土壤和生态系统呼吸、生态系统甲烷和氧化亚氮通量的影响；第五部分“气候变化和放牧效应的时空异质性”（第十三章），主要介绍高寒草甸对气候变化与人类活动响应的时空特征，以及未来需要加强的研究方向。

本书撰写分工如下。第一章由杜明远、李英年撰写，杜明远统稿；第二章由汪诗平、罗彩云、张振华撰写，汪诗平统稿；第三章由张立荣、王常顺、沈海花、张振华撰写，张立荣和汪诗平统稿；第四章由汪诗平、张振华、刘培培、李新娥撰写，张振华和汪诗平统稿；第五章由徐兴良、姜丽丽、崔骁勇、刘敏撰写，徐兴良和汪诗平统稿；第六章由罗彩云、姜丽丽、芮亦超、胡宜刚撰写，罗彩云和汪诗平统稿；第七章由吴伊波、张振华、刘培培撰写，吴伊波和汪诗平统稿；第八章由李耀明、杨云峰、李香真、车容晓、唐立、杨巍、郑勇、钟磊、景新撰写，李耀明和汪诗平统稿；第九章由吕汪汪、李博文、周阳撰写，吕汪汪和汪诗平统稿；第十章由胡宜刚、王永慧、蔺兴武、常小峰、吕汪汪、朱小雪撰写，胡宜刚和汪诗平统稿；第十一章由胡宜刚、周小奇、蔺兴武、朱小雪撰写，胡宜刚和常小峰统稿；第十二章由胡宜刚、朱小雪撰写，胡宜刚统稿；第十三章由王艳芬、薛凯、吕汪汪撰写，王艳芬统稿。汪诗平研究员和王艳芬教授负责设计、实施本书相关试验，构思全书框架，并最终统稿、定稿。

在整个监测和研究过程中，有多达 50 余位老师和同学参与其中，除上述人员外，还包括：中国科学院西北高原生物研究所赵新全研究员、李英年研究员、周华坤研究员、赵亮研究员和徐世晓研究员，中国科学院大学牛海山副教授，北京大学贺金生教授，中国科学院微生物研究所郭良栋研究员，中国科学院植物研究所博士生马秀枝，中国科学院大学博士生包晓影，中国科学院西北高原生物研究所博士生徐广平、段吉闯及硕士生苏爱玲、杨晓霞、晁增国、布仁巴音、崔树娟。在此，向上述老师和同学致以衷心的感谢，是你们无私的奉献和大力支持成就了本书！

本书相关研究的资助项目包括：中国科学院战略性先导科技专项（A 类）课题（XDA20050100、XDA20050101）、第二次青藏高原综合科学考察研究“湿地生态系统与水文过程变化”专题（2019QZKK0304）、国家自然科学基金重点项目（41731175、41230750）、科技部 973 计划项目课题（2013CB956000）、中国科学院“百人计划”和知识创新工程方向性项目（KZCX2-XB2-06-01）、国家自然科学基金面上项目（31272488）等。

由于时间和学术水平有限，本书涉及的研究内容在广度和深度上还存在诸多不足，恳请同行专家提出宝贵意见和建议，以便我们在后期的工作中完善和提高。

汪诗平　王艳芬

2023 年 4 月于西藏拉萨

目　　录

第三部分 土壤和土壤微生物

第四部分　生态系统碳氮循环关键过程

第五部分　气候变化和放牧效应的时空异质性

第一部分

试验区域基本特征及试验设计背景

第一章　青藏高原东北缘山体垂直带与区域气候特征

导读：气候是生态系统极其重要的环境要素，也是决定物种和主要植被类型地理分布的最重要因素，可通过能量和物质流动影响生态系统的特性。青藏高原不仅海拔高，而且地形复杂多变。由于青藏高原现有的国家气象观测台站大多位于海拔 4800m 以下有人居住的山谷平地，可能难以反映青藏高原复杂多变的山区气候及其变化特征。本章主要依据我们在祁连山南麓不同海拔连续 12 年（2007～2018 年）的观测数据，以及与全国 670 个国家气象台站（其中海拔 3000m 以上的青藏高原台站有 64 个）最近 30 年平均气候值进行比较，对青藏高原东北缘及山体垂直带不同海拔区域的气候特征和近 60 年来气候变化趋势进行分析，拟回答以下科学问题：①山谷谷地气候特征能否表征不同海拔山体垂直带的气候特征？②不同海拔区域的气候如何变化？③近 60 年来海北站的气候变化趋势如何？

第一节　青藏高原东北缘山体垂直带不同海拔气候特征

青藏高原的平均海拔 4000m 左右，除了海拔高以外，还以山多、山高、地形复杂且多变为特点。青藏高原东北缘就是祁连山及周边地区，横亘在河西走廊南侧的祁连山长达 1000km 以上，宽 200～300km，海拔 2000～5800m，面积 15 万 km^2。祁连山地由一系列西北西-东南东平行走向的褶皱断块山脉、沟谷和盆地组成，山脉、沟谷沟壑交错，宽窄不等。祁连山地区域范围泛涵达坂山山系的青海南山、日月山、拉脊山，其东部可延伸至黄河北岸，到达青海同仁、甘肃临夏等；西至土尔根达坂山和柴达木山；北部为干旱荒漠为主、镶嵌绿洲的河西走廊；南部为干旱的柴达木盆地，以及半干旱的共和盆地和黄河谷地。一般对祁连山地的地理坐标划分在 36°05′～39°30′N、94°30′～103°30′E 范围内。祁连山地的主体地貌是高山、沟谷和盆地。沟谷地区的最低点为青海省民和县下川口，海拔 1650m；北部地区海拔可降到 1200m 左右，整个祁连山地的地势为西北高、东南低。

由于青藏高原的国家气象观测台站大多位于海拔 4800m 以下有人居住的山谷平地，青藏高原东北缘的气象台站也都位于河谷低地，故常规的国家气象台站的数据并不能很好地代表整个高原的气候特征（Du et al.，2007），难以满足对气候变化与高寒草甸生态系统研究的需要。为此，我们从 2001 年夏天开始在中国科学院西北高原生物研究所青海海北高寒草甸生态系统国家野外科学观测研究站（简称海北站，HB）及其周围山地对不同海拔地区气候进行了长期观测，依据山体垂直带不同海拔地区各观测点 12 年（2007～2018 年）的平均数据，对山体垂直带不同海拔地区气候特征进行了总结。

图 1-1 是各观测点的分布图，7 个观测点的海拔分别为 3200m、3400m、3600m、3800m、4000m、4200m 和 4400m。祁连气象站（2787m）、门源气象站（2850m）及海

北站（3250m）都位于海拔 2800～3200m 的山谷谷底附近，周围山地海拔在 4000m 以上。我们的观测点在祁连山中的一个相对高差 1200m 的山体垂直带西南坡上，整个山坡和海北站、门源气象站在同一山谷里。为了能够观测到山体垂直带有代表性的气象数据，各观测点都选择了比较开阔通风和平坦的地点。各项观测均每分钟采集一次数据，每 30min 记录下平均值。由于使用的是简便观测仪器，且山体垂直带观测存在困难因素（不能及时上山采集数据和维护仪器），在这 12 年的观测中，各观测点及各个观测项目，特别是降水量数据均有不同程度的缺失。为了能对各观测点的数据进行比较，我们对缺测的 30min 空气温湿度、土壤温湿度及光合有效辐射等数据，利用相邻观测站的数据，按月（考虑到季节不同则相关关系不同）和按小时（考虑到昼夜不同则相关关系不同）通过逐步回归法进行了插补。由于降水在空间分布上的不均匀性、在时间变化上的不稳定性，对于降水量数据没有做插补。

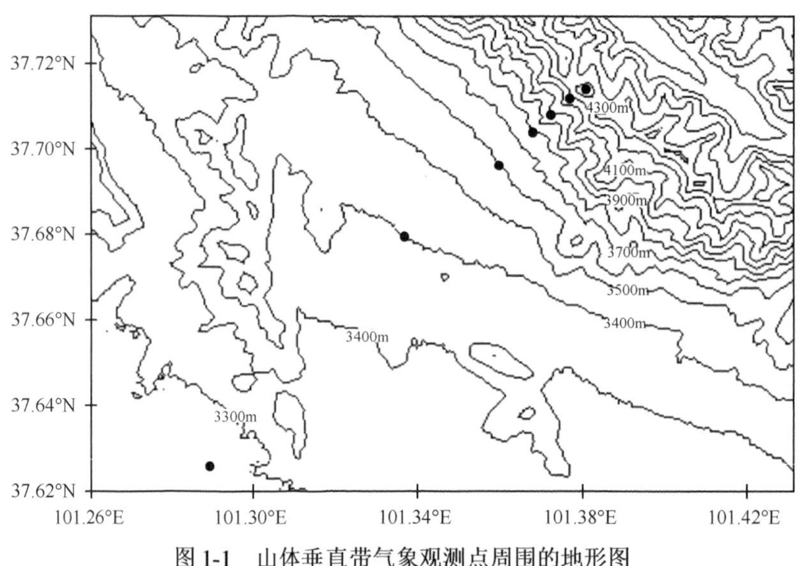

图 1-1　山体垂直带气象观测点周围的地形图

黑点表示山体垂直带气象观测点

一、山体垂直带气温分布特征

青藏高原东北缘海拔 3250～4400m 的山体垂直带上，一年中的日平均气温变化范围为–18～15℃。气温沿坡面的分布特征在冬、夏季是不一样的（图 1-2）。在冬半年（11 月至翌年 4 月），当谷底海拔 3250m 的日平均气温下降到–6℃以下时（一般在 11 月中旬），气温的分布就开始出现逆温层，即在一定高度内，气温随海拔的增加而升高。随着平均气温的下降，逆温逐渐加强，逆温层逐渐增厚，在 12 月至翌年 1 月逆温最强，逆温层最厚，逆温层顶（气温的最高高度）可以达到相对高度 600m（海拔约 3800m）以上。1 月平均气温的逆温强度在相对高度 400m 之内（即海拔 3200～3600m）达到 0.79℃/100m，即每上升 100m，气温上升 0.79℃。相对高度 400m 处（海拔约 3600m）的 1 月平均气温会比谷底附近（海拔约 3200m）的平均气温高出 2.8℃以上，相对高度 600m 处（海拔约 3800m）的气温也会比谷底气温高出 2℃以上。但在相对高度 600m（海拔约 3800m）

以上的坡地，气温随海拔上升而急速下降，1 月平均气温的递减率达到 0.73℃/100m。当谷底日平均气温回升到–6℃以上时（一般在 2 月中旬），逆温开始减弱，逆温层变薄；当气温上升到 0℃以上（一般在 3 月初）后，气温随海拔升高而下降。在夏半年（5～10 月），平均气温基本上都是随海拔升高而下降，7 月平均气温的递减率是 0.62℃/100m，比一般大气中递减率略低。但是在相对高度 400m（海拔约 3600m）以下的气温递减率较低，相对高度 400m 以下、600m 以上的 7 月平均气温递减率分别是 0.37℃/100m 和 0.89℃/100m。

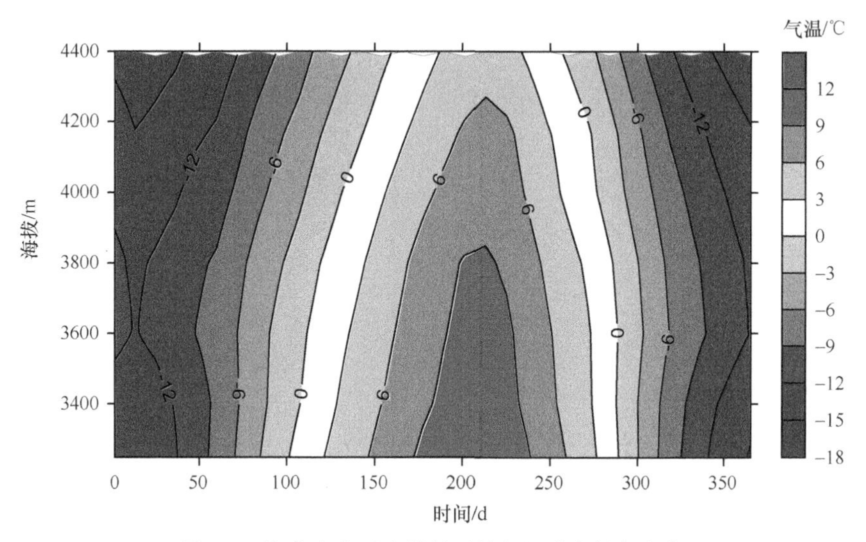

图 1-2　海北山体垂直带日平均气温分布的年变化

横坐标的数值表示从 1 月 1 日起计算的天数

冬半年的逆温主要是由夜间辐射冷却造成的，冷却后的空气在山谷底聚集停留，这是青藏高原的一个普遍现象，这个过程可以用数字模型很好地模拟出来（Du et al.，2007）。这也可以从 1 月平均气温日变化上看出（图 1-3）。在冬半年，白天时间短、太阳辐射弱，夜间时间长、地表辐射冷却强，在风速较弱的情况下，日落后山坡上辐射冷却后的气体会下滑到谷底较低海拔，冷气在谷底不断堆积加厚，形成冷气中心，也叫冷气湖。如图 1-3 所示，日落后的北京时间 19:00，在海拔 3400m 以下的 1 月平均气温变成等温，约在北京时间 21:00 逆温明显形成，以后逐渐加强、加厚，在凌晨 7:00 左右达到最强、最厚，其中海拔 3400～3600m 最强。气温随高度的分布是：相对高度 300m 以下为冷中心，相对高度 400～600m 处是暖中心。日出后，逆温逐渐减弱，由于逆温层较厚，最后要到正午才消失。在夏半年，白天时间长，太阳辐射较强；夜间时间短，地表辐射冷却较弱，只有在微风和无风状态下才可能出现逆温。通常风速较大时，没有逆温形成，所以 7 月平均情况下只有夜间在相对高度 400m 以下的海拔 3250～3600m 处有等温层或者微弱逆温层存在，其他时间和高度都是气温随海拔升高而降低（图 1-4）。所以，1 月和 7 月平均最高气温都是随海拔直线下降，但 1 月平均气温的递减率只有 0.09℃/100 m，而 7 月平均气温的递减率达到 0.86℃/100m。1 月和 7 月的最低气温都是先随海拔升高而上升然后下降，不同的是，1 月气温先急剧上升直至海拔 3800m 再下降，而 7 月气温略有上升直至海拔 3600m 再下降。1 月和 7 月的气温日较差都是随海拔上升而下降，先是随高度急剧下降，然后平缓下降。

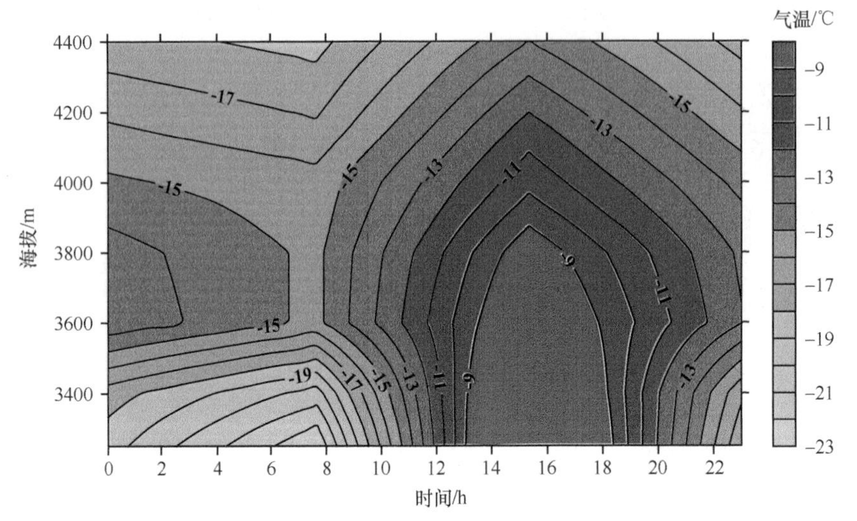

图 1-3　海北山体垂直带 1 月平均气温分布的日变化

横坐标的数值表示从 0:00 起计算的小时数

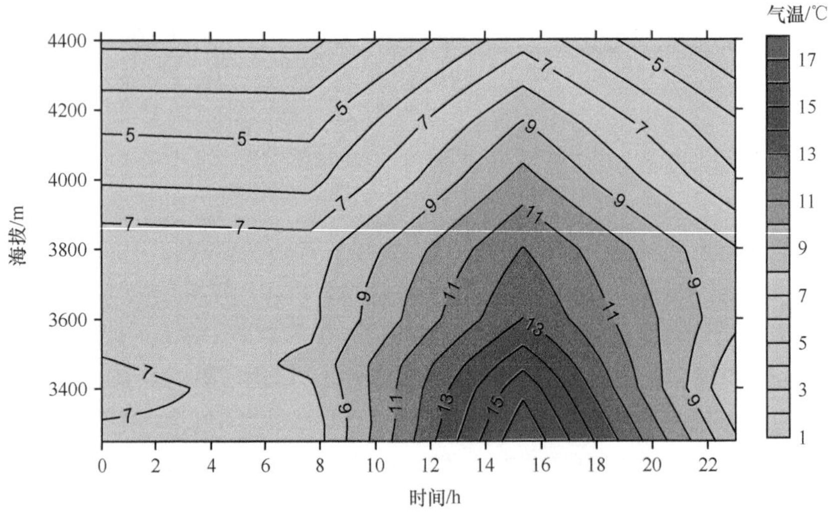

图 1-4　海北山体垂直带 7 月平均气温分布的日变化

横坐标的数值表示从 0:00 起计算的小时数

因此，7 个观测点（海拔 3200m、3400m、3600m、3800m、4000m、4200m 和 4400m）从谷底到山顶的年平均气温（2006～2017 年）分别是–0.9℃、–1.2℃、–0.9℃、–1.6℃、–3.1℃、–4.3℃和–6.6℃。相对高度差近 400m 的海拔 3600m 处气温相对较高，主要受云雾和冬季逆温的影响，冬季处于气温最高点。气温的年变化以山谷底部海拔 3200～3400m 处变化最大，随海拔上升而下降。从谷底到山顶 7 个观测点，最高日平均气温分别是 12.1℃、11.6℃、11.2℃、10.9℃、9.2℃、8.5℃和 5.7℃，最低日平均气温分别是–17.2℃、

–16.4℃、–15.1℃、–14.6℃、–16.1℃、–17.1℃和–18.8℃，年较差分别是 25.4℃、23.8℃、21.5℃、21.4℃、21.0℃、21.0℃和 20.5℃。

二、山体垂直带空气相对湿度分布特征

青藏高原东北缘海拔 3250～4400m 的山体垂直带上，空气相对湿度都是冬季低、夏季高（图 1-5）。一年中的日平均相对湿度变化范围在 30%～100%。山体垂直带的空气相对湿度分布特征是：冬半年山体中部是干中心，干中心的日平均相对湿度在 40%以下；夏半年山体的中上部是湿中心，湿中心的日平均相对湿度可以达到 80%以上，说明夏季山体的中上部经常有云雾存在。所以，夏季时，海拔 3800m 以下相对湿度随海拔升高而上升，海拔 3800m 以上相对湿度随海拔升高而下降；冬季则正好相反。另外，高湿度时期比高气温时期的出现晚 1 个月左右。一般来说，年最高气温出现在 7 月底，而年最高湿度出现在 8 月底。

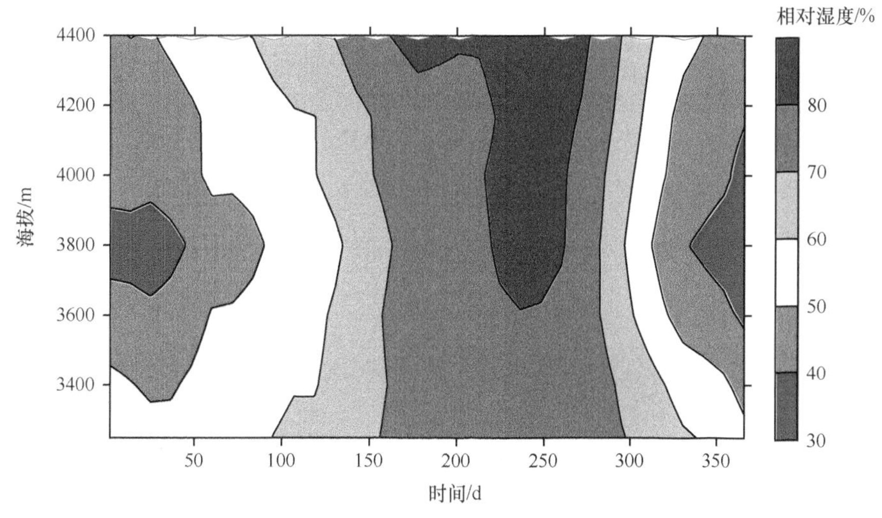

图 1-5　海北山体垂直带日平均相对湿度分布的年变化

横坐标的数值表示从 1 月 1 日起计算的天数

三、山体垂直带降水量分布特征

由于雨量探头和降水量都存在不稳定性，在 12 年的观测中，每年所有观测点的降水量数据都存在缺损，这为降水量的分布分析带来了极大的困难，特别是青藏高原东北缘山体垂直带的降水量更具有空间分布上的不均匀性和时间变化上的不稳定性。一般来说，降水量在山体垂直带的分布受坡向影响最大，即向风坡和背风坡的降水量分布很不同。但是我们在山体垂直带上只有谷底附近观测点有风向的观测，故不能分辨降水时山体是迎风还是背风。从平均情况看，12 年的平均值（因为不能插补，所以 12 年中有一个数据就是观测值，其他数据是几个观测值的平均值）显示青藏高原东北缘谷底附近和山体上的降水量 80%集中在 5～9 月，其中 7、8 月最多，且 8 月山体垂直带的平均降水量在山体的中上部

海拔 3800～4000m 处最多（图 1-6），这与相对湿度（图 1-5）和光合有效辐射（图 1-7）的分布相呼应，但 12 年平均的每日降水量也只有不到 5mm。就平均降水量而言，山体的中上部降水量比谷底附近多；有时单次降水，山体上会比谷底附近高出一倍左右。2014 年数据显示，海拔 4165m 处观测点的年降水量是 442.6mm，比其他观测点（有缺测）多 50%～100%。海北山体垂直带的平均年降水量推算应该在 400～800mm。

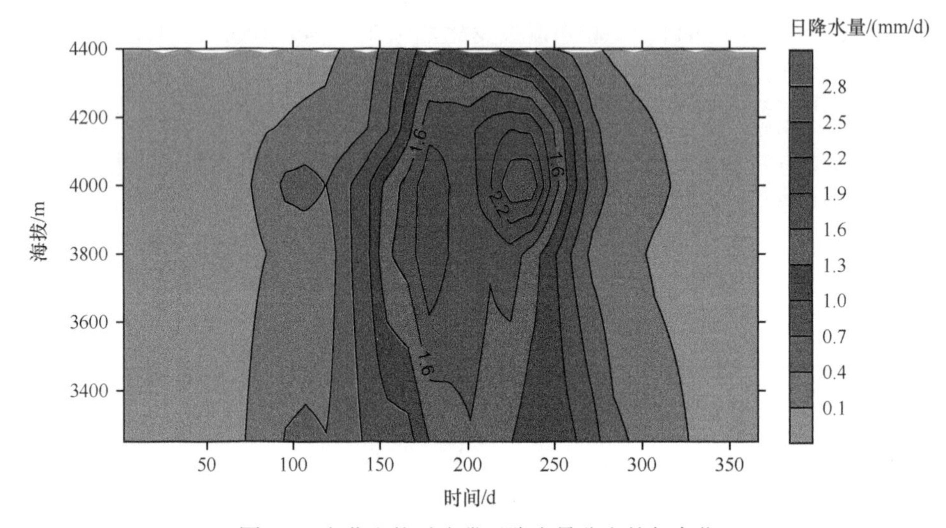

图 1-6　海北山体垂直带日降水量分布的年变化

横坐标的数值表示从 1 月 1 日起计算的天数，（图 1-7～图 1-11 同）

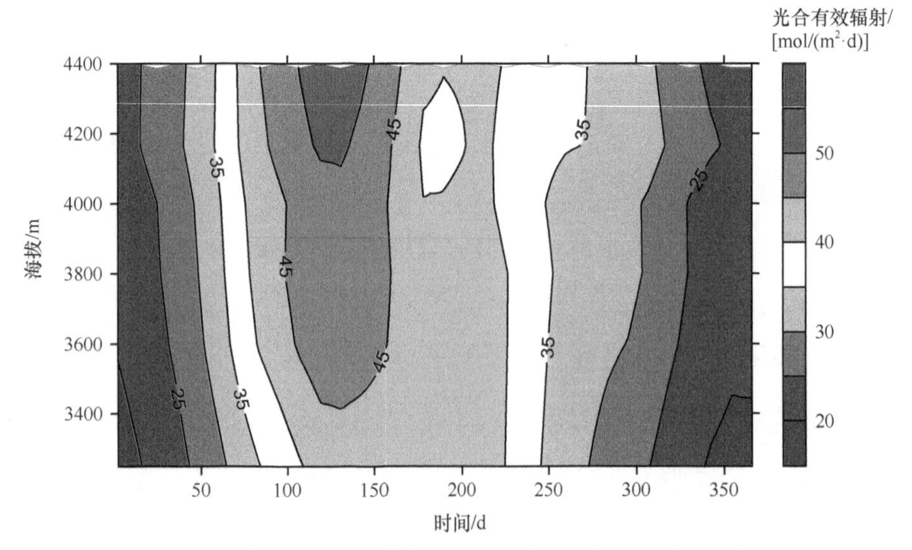

图 1-7　海北山体垂直带日平均光合有效辐射分布的年变化

四、山体垂直带光合有效辐射分布特征

青藏高原东北缘的山体垂直带日平均光合有效辐射的变化范围为 20～52.5mol/(m^2·d)，基本随海拔升高而有所上升，特别是在春天和初夏（4 月底到 5 月），山体上部有一个高

值中心，光合有效辐射达到 50mol/(m^2·d)以上（图 1-8）。海拔 3200m、3600m、3800m、4000m、4200m 和 4400m 各观测点的年均光合有效辐射分别为 32.1mol/(m^2·d)、34.8mol/(m^2·d)、35.5mol/(m^2·d)、35.3mol/(m^2·d)、36.7mol/(m^2·d)和 37.1mol/(m^2·d)。全国的年均光合有效辐射变化范围为 17.7～39.5mol/(m^2·d)（朱旭东等，2010），因此，青藏高原东北缘的山体垂直带是全国年均光合有效辐射较高的地域。光合有效辐射随太阳辐射的增加而加大，且占太阳直接辐射的比例随太阳高度角的增加而增加，所以山坡上的光合有效辐射在初夏云雾少时随海拔增加而增加；但在夏季（8 月时）可能由于云雨的影响，山体上部的光合有效辐射比下部有所减少，这与相对湿度的分布　（图 1-5）正好吻合。因此，青藏高原东北缘的山体垂直带年均光合有效辐射也比山谷底附近要多。从光合有效辐射的年变化来看，其趋势也和气温的年变化不同步。光合有效辐射的最大值出现时期比高温期要早，这是夏季云雾和降水的影响，以及高温期相对于太阳高度滞后的结果。所以在青藏高原东北缘的山体垂直带上，光合有效辐射最先达到高值，然后是气温达到高值，最后是相对湿度和降水量达到高值，3 个高值出现时间分别相差 1 个月左右。

五、山体垂直带土壤温度分布特征

在青藏高原东北缘的山体垂直带上，表层 5cm 土壤温度与气温的分布较相似，但谷底附近的土壤最低和最高温度的出现时间都比气温晚。在海拔 3250～4400m 的山体垂直带上，一年的 5cm 土壤日平均温度变化范围为–18～15℃。5cm 土壤温度沿坡面的分布在冬半年和夏半年也是不一样的（图 1-8）。在冬半年，当谷底海拔 3200m 的 5cm 土壤日平均温度下降到 0℃以下时（一般在 11 月中旬），5 cm 土壤温度随海拔的分布就开始出现逆温，即在一定海拔内土壤温度随海拔的增加而上升。随着土壤温度的下降，逆温逐渐加强，逆温层逐渐加厚，在年末和年初逆温最强、逆温层最厚，但逆温层顶（土壤

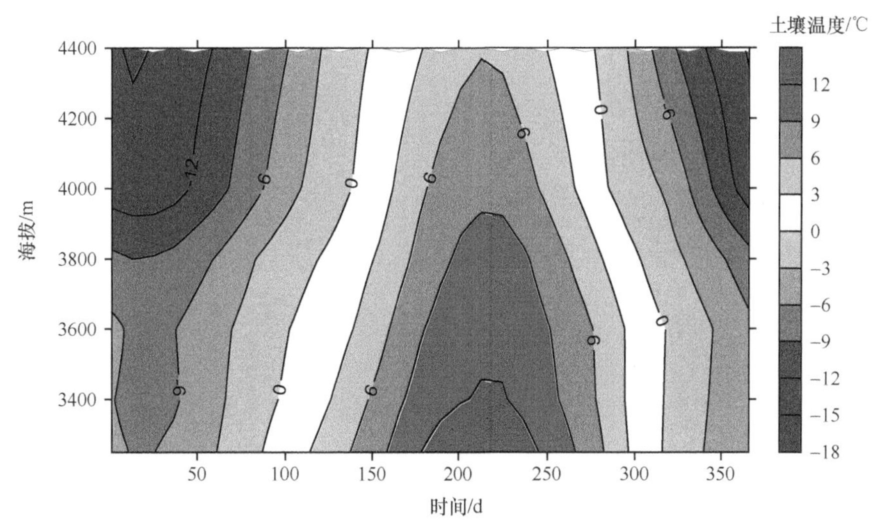

图 1-8　海北山体垂直带日平均 5cm 土壤温度分布的年变化

温度的最高高度）只达到相对高度 400m 左右（海拔约 3600m）。所以，1 月 5cm 土壤日平均温度在相对高度 400m 之间（即海拔 3200～3600m）并不出现逆温，而 5cm 土壤温度的递减率可以达到 1℃/100m，即海拔每上升 100m，5cm 土壤温度下降 1℃左右；7 月的 5cm 土壤日平均温度递减率约为 0.74℃/100m。冬季土壤温度随海拔升高降低得快，主要是因为谷底附近的冻土内土壤水分高，温度下降缓慢，而山体垂直带上土壤水分偏低、冻土层浅，温度下降快。

随着土壤深度增加，土壤温度的变化随海拔的变化逐渐变小（图 1-9 和图 1-10）。青藏高原东北缘山体垂直带 50cm 土壤温度随海拔的变化范围缩小到–15～13℃，分布上与 5cm 土壤温度的变化也有所不同，特别是冬季山坡上的逆温变得很弱；山体上部的高温出现时间与 5cm 土壤温度出现时间一致，所以整个山体坡面上的高温出现时间比较一致，这一点从谷底海拔 3250m 和海拔 4200 m 的各土层深度一年的温度变化中可以看出。如图 1-10 所示，在谷底，土壤温度的最低和最高值在接近地面 5cm 处比气温略有滞后，分别出现在 1 月中旬和 7 月中旬；随着土层加深，土壤温度的最低和最高值出现时期推后，到 50cm 处，分别出现在 1 月下旬和 7 月下旬，推迟了 10 天以上。但到相对高度近 1000m 的海拔 4200m 处，各土层的最低和最高温度都出现在 1 月下旬和 7 月中下旬。土壤温度的变化幅度都是浅层大、深层小。随着海拔上升，各土层之间的温度变幅差异会变小，在谷底附近日平均土壤温度变化范围在 5cm 时是–14.6～–6.6℃，50cm 就变成了–11.5～–2.8℃，减少了 6.9℃；在相对高度接近 1000m 的海拔 4200m 处，5cm 的日平均地温变化范围是–14.7～–9.3℃，到 50cm 时则为–13.0～–7.4℃，只减少了 3.6℃。

另外，在 0℃前后，由于冻融的影响，土壤温度变化幅度很小，且土壤温度在 0℃前后的时期也很长，这尤其表现在谷底深层土壤中。如图 1-10 所示，谷底（海拔 3250m）50cm 土壤的日平均温度从–1℃升到 1℃的变化用了 2.5 个月，而在山体海拔 4200m 处只需要 1 个月左右；日平均温度从 1℃降到–1℃在山体海拔 4200m 处则需要 1 个月以上的

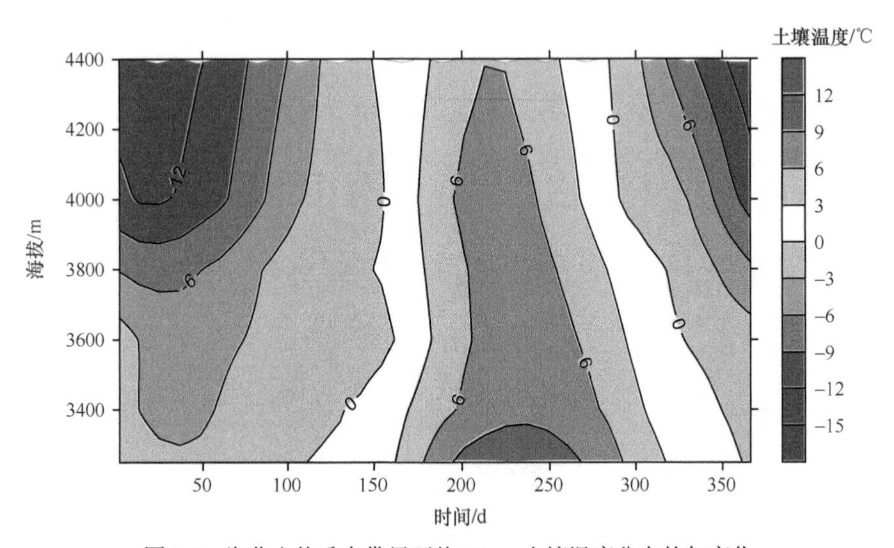

图 1-9　海北山体垂直带日平均 50cm 土壤温度分布的年变化

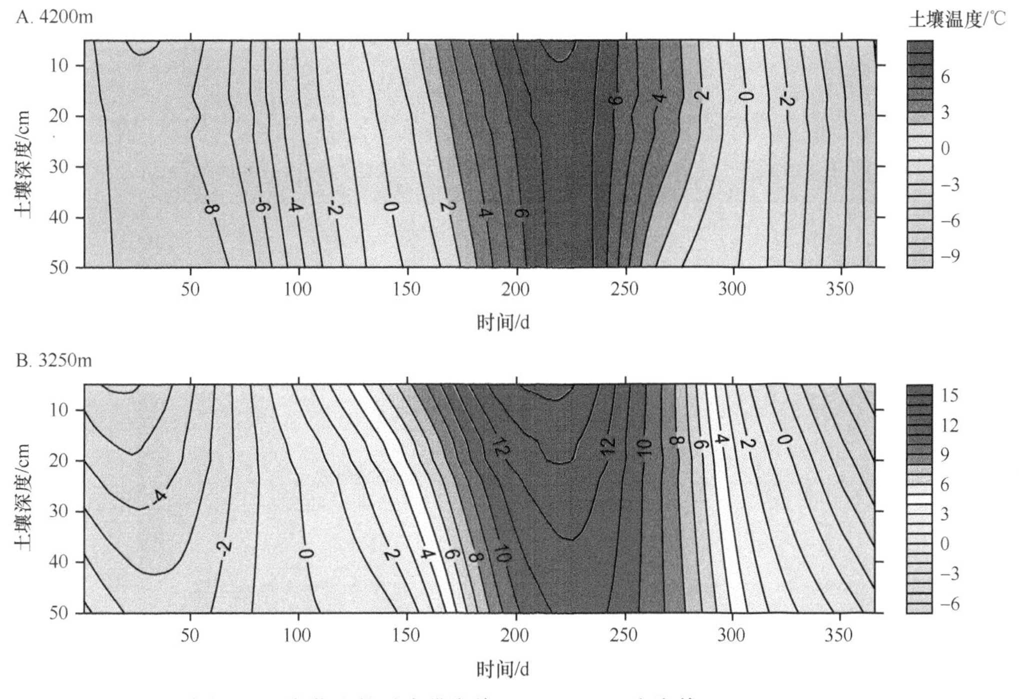

图 1-10　海北山体垂直带海拔 4200m（A）和海拔 3250m（B）
处土壤断面的日平均土壤温度分布的年变化

时间。此外，最低土壤温度和最高土壤温度分别出现于 1 月和 8 月，这两个月份各土层土壤温度的变化也很小。

六、山体垂直带土壤湿度分布特征

我们使用的土壤湿度探头可直接观测土壤体积含水量，即土壤中水的体积与干燥土壤+空气+水的总体积的比值。仪器观测到的最高值是 0.57。由于冬季土壤冻结，探头无法观测到实际的土壤湿度（观测值为负值），所以当土壤温度低于 0℃时，数值是无效的。图 1-11 给出了山体垂直带土层 5cm、20cm 和 50cm 处日平均土壤体积含水量随海拔分布的年变化。可以看出，山体垂直带土壤湿度为 0～0.5，当土壤温度接近 0℃时（图 1-8～图 1-11），各个深度的土壤湿度变小，0℃以下数值急剧变小。这说明冬季土壤冻结，土壤中湿度比夏季小；在山体垂直带上，基本为浅层（5cm）土壤湿度比深层（20cm 和 50cm）土壤湿度大，山体下部的土壤湿度比山体中上部的大。但是，夏季（7、8 月）在相对高度 200～400m（海拔 3400～3600m），20cm 土层有一个土壤体积含水量的高值中心，说明夏季（7、8 月）在这个海拔上，20cm 的土壤湿度最高。另外，从春天到初夏，谷底的日平均土壤体积含水量的数值从 5cm 到 50cm 土层逐渐出现明显的增加，这是土壤融化后土壤水分增加的表现。除了以上高值中心以外，从图 1-11 还可以看到，在高温的 7 月，土壤湿度较前后时期略有下降，这时的土壤有高温缺水现象；8 月时，降水量和空气湿度增加（图 1-5 和图 1-6），使土壤水分含量有所增大。

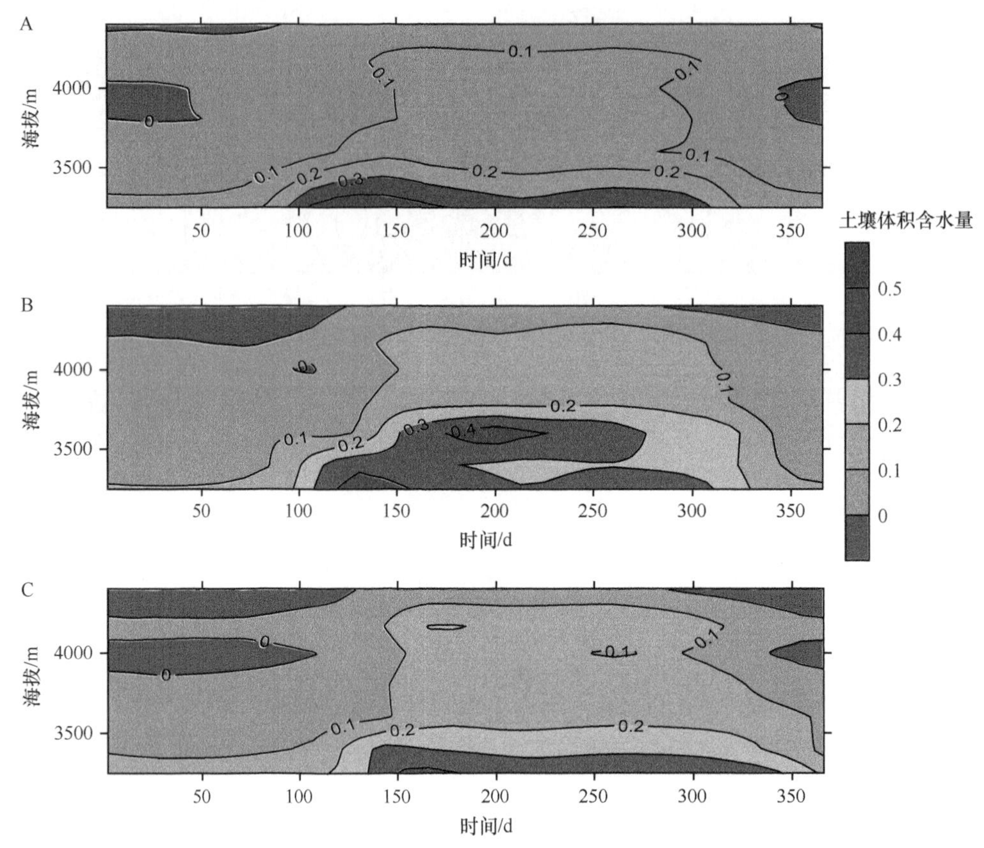

图 1-11 海北山体垂直带各深度土层日平均土壤体积含水量分布的年变化

A. 5cm 土壤；B. 20cm 土壤；C. 50cm 土壤

第二节 青藏高原东北缘气候特征

青藏高原平均海拔在 4000m 以上，耸立于对流层的中部。与同高度的自由大气相比，青藏高原的气候温暖、湿度大、风速小；但就地面而言，与同纬度的周边地区相比，青藏高原气候干冷、风速大。青藏高原年平均气温低，构成了气候的主要特征。对青藏高原的气候特征一般总结为两点：第一，气温低、日较差大、年变化小；第二，大气干燥、太阳辐射强、日照多。这些特征是根据青藏高原国家气象台站的观测数据总结得到的。本节利用全国 670 个国家气象台站（其中海拔 3000m 以上的青藏高原台站有 64 个）的 30 年平均气候值，结合我们在海北山体垂直带的 12 年观测数据，对青藏高原东北缘气候特征进行简要总结。

对比国家气象台站和海北站的观测数据，首先需要检验两者的可比性。如图 1-1 所示，海北站谷底海拔 3250m 的观测点和门源国家气象站（海拔 2850m）都位于同一谷底；祁连站（海拔 2787m）与海北站相隔一个矮山，也在谷底，只是这 3 个点的海拔和经纬度不同。我们收集到门源和祁连国家气象站自 1956 年建站到 2017 年 3 月的月平均气温值，利用北滩点（海拔 3250m）的月平均值分析了这 3 个点数据的相关性，发现它们的气温变化非常一致，任意两点之间的相关系数都在 0.996 以上，尤其是在同一谷底的北滩点与门源站的相关系数达到 0.9975，说明这些观测点的观测值可以代表青藏高原东北缘的气候特征。谷底的北滩点（海拔 3250m）代表谷底附近，山体垂直带上的 6 个点可以代表山坡上的气候特征。

一、基本环流特征

青藏高原东北缘是我国西北荒漠区和青藏高原高寒区的过渡区，远离海洋，具有典型的大陆性气候和高原气候特征。缘区东部受西南、东南季风的影响，西部受西风环流的控制，中部处于两种环流系统的交汇处。特殊的地理位置及多样的气候环境，造就了丰富多样的植被类群。青藏高原冬季漫长，大部分地区主要受蒙古冷高压控制，一般将东北缘冬季分为前冬季和后冬季。前冬季（11～12 月）是 500hPa（百帕）新疆脊和东亚大槽加深的阶段，我国上空偏北气流加强，东北缘气温降幅明显；后冬季（1～3 月）是新疆脊、东亚大槽最稳定和最深的时期，也是北风最强的时期，东北缘气温达到最低并开始回升。青藏高原的夏季较短，此时地面为强大的印度低压控制，海洋上为太平洋高压控制，副热带急流位于青藏高原北侧或北部（王江山和李锡福，2004）。夏季青藏高原近底层受浅薄的气旋性环流（海拔 1500～3000m）、高层深厚的反气旋性环流（海拔 3000～6000m）控制。青藏高原近地面冬季为冷高压，夏季为热低压，这一环流系统是由青藏高原与周围自由大气热力差异的季节变化产生的，也被称为青藏高原季风。

青藏高原东北缘不论在冬季还是在夏季，700hPa 的高度上祁连山西段为直径约 300km 的一个强大高压区（可称西段高压），盘踞于疏勒河流域，而且强度、位置具有明显季节性变化。东段山区也是一个高压区（可称冷龙岭高压），冬季与西段高压相连，在兰州北面的庄浪河流域有一小的闭合中心，形成的高压轴线与祁连山主脉冷龙岭山脊的走向平行；夏季与西段高压断开，成为一孤立高压，与西段高压相比较弱。远离祁连山南部的格尔木北侧、青南的河曲流域为低压控制，可分别称为柴达木低压和河曲低压（也可称甘青川低压）。高压内部气流辐散，为下沉气流，不易产生降水；低压内部气流辐合，形成上升气流，是降水产生的先决条件。

青藏高原东北缘上述的几个气压系统中，柴达木低压在夏季几乎是一直存在的，只在冷空气入侵后的第一天可能遭到破坏；冬半年则出现得少。兰州和西宁北面的小高压，实际上也是祁连山东段高压，大部分在祁连山区东半段呈现，以冬半年出现得最多，夏季出现闭合高压的机会较少。河曲低压多在冬半年出现，夏季时总是与高原东部的热低压合二为一，在河曲地区出现闭合低压的机会更少。疏勒河高压也很明显，主要是由于天山和祁连山之间经常有地形槽的存在，柴达木又是低压区，这样祁连山区西段就是一个高压区；疏勒河高压主要在冷空气入侵后易产生，而且随冷空气维持时间长短而变化。黑河低压出现机会也较多。

冬、夏二季的高压分布促使在河西走廊中段的黑河流域形成一明显的低压区，低压范围冬季小、夏季大，而且具有热低压的特点。在青海湖以东、黄水河以南到积石山的黄河河曲地区为低压区，冬季范围较大、强度高，夏季范围较小。在远离青海湖西部的柴达木盆地格尔木地区稍北侧，全年均为一个低压所控制，其中，冬季低压范围很小，夏季低压范围较大。

上述气压系统的存在，实际上也反映了700hPa环流的平均流场（风向），也就是说，祁连山地区下垫面各地盛行的风向与上述700hPa环流形势中的西段高压、东段高压（冷龙岭高压）、柴达木低压、黑河低压及河曲低压（甘青川低压）5个中型气压系统有关。在高压维持的边缘，气流为顺时针旋转，低压边缘的气流逆时针旋转。在低压与高压的过渡带，当气流一致时将形成较强的风速，如在兰州到西宁一线的湟水流域以东南风为主，乌鞘岭、松山一带全年西北-北风盛行；当气流并非一致且相反时，将削弱风速，如在酒泉东侧的南北方向、柴达木盆地中西部区的东南-西北方向，风向随两侧高压和低压的强度而改变，风速也较小。

事实上，祁连山西段气压系统的年变化属于热力性质，是“高原季风”组成的一部分；而东段高压在冬、夏季都是动力性的，其成因不一样，冬季是青藏高原大地形东北端的背风黏性绕流高压，夏季是高原季风（偏东风）过祁连山所致的向风面动力高压。因而该高压区冬季是下沉气流，晴干少云；夏季是上升气流，阴湿多雨。黑河低压的成因在冬、夏季也是不同的，冬季具有背风低压的性质，夏季则是其北面的高原季风高压与冷龙岭向风高压之间的一个过渡低压（汤懋苍，1963）。

二、气温和降水量分布特征

虽然国家气象台站的数据并不能很好地代表青藏高原东北缘的气候特征，但仍可以反映整体分布特征。我们利用分布在东北缘的25个国家气象台站30年（1950～1980年）的平均数据，推算出青藏高原东北缘年平均气温和年降水量的分布（图1-12和图1-13）。

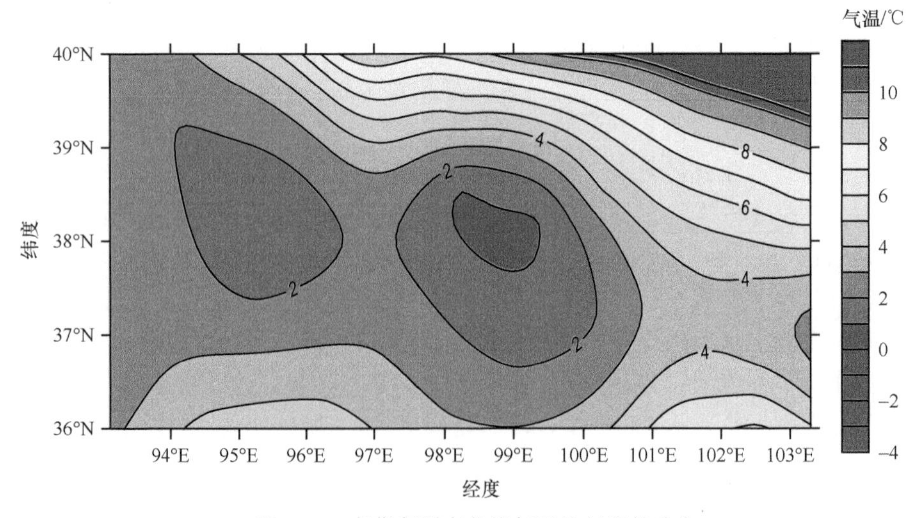

图1-12 青藏高原东北缘年平均气温的分布

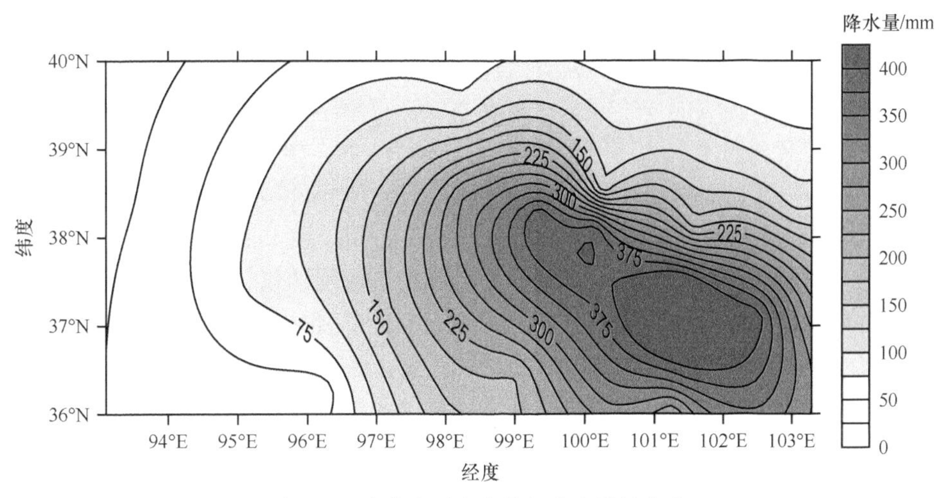

图 1-13　青藏高原东北缘年降水量的分布

青藏高原东北缘的气温分布基本上与海拔一致，即青藏高原东北缘是冬季漫长、夏季凉爽，年平均气温为–4.0～11.0℃，分布主要表现出自西向东先增后减再增、自南向北先减后增的特点。最高气温出现在高原外东北部河西走廊地区，在 6.0℃以上；最低气温则出现在中部和北部祁连山海拔高的地区，为–4.0～3.0℃。东部及北部海拔低的地区气温高，为 3.3～11.0℃。1 月（最冷月）平均气温–18.3～–6.7℃，7 月（最热月）平均气温 9.1～23.6℃。

青藏高原东北缘的年降水量分布基本是由东南向西北逐渐减少。青藏高原东北缘南部的年降水量由东向西逐渐减少，由 400mm 降到 50mm 以下，由南向北的降水量减少不明显（相差小于 50mm）；而青藏高原东北缘北部年降水量由南向北急剧减少，特别是中部和东部，年降水量由 300mm 急剧降到 100mm 以下。年降水量的高值中心位于祁连山中部和东部地区。黄颖等（2020）利用欧洲中期天气预报中心（ECMWF）的 ERA-Interim 数据，分析了 1979～2017 年祁连山及其周边地区年降水量的空间分布状况。他们的结果与我们的分析有较大的不同，这可能主要是地面气象站点稀疏和数据年代不同所致。他们发现，在空间上平均年降水量的最大值为 593.7mm，出现在祁连山中段的高海拔地区；最小值则位于山脉以南的盆地，为 25.1mm，两地南北向纬度仅差 3°，但降水量差异较大。青藏高原东北缘的极端干旱区、干旱区、半干旱区、半湿润区的平均年降水量分别为 38.2mm、105.2mm、303.6mm 和 463.2mm。极端干旱区主要分布在西南部的柴达木盆地，干旱区主要分布于祁连山山区外围，而半干旱区和半湿润区大部分位于祁连山山区。平均年降水量由东北向西南逐渐降低，由中部向四周逐渐减少，降水量的高值中心位于祁连山中部地区，中心最大降水量超过 550mm，祁连山东部地区有一较小的降水中心。降水量分布随山脉走势与海拔有较好的对应关系，海拔越高，降水量越大。如第一节所述，2014 年，在海拔 4165m 观测点观测到年降水量是 442.6mm，比其他观测点（有缺测）多 50%～100%。海拔 4000m 以上的平均年降水量推算应该能达到 800mm。

三、气温日较差特征

气温的日较差有很大的年变化，一般冬季大、夏季小，且随纬度的增加而变大，所以只分析处于青藏高原所在的纬度带内（27°～39°N）的全国 349 个国家气象站 1 月和 7 月的日较差值与海拔的关系。如图 1-14 所示，日较差与海拔之间具有较好的线性关系，1 月和 7 月的日较差都是随海拔的升高而增大的，特别是在 1 月，海拔每上升 1000m，日较差就增大 0.26℃。由于各观测点没有最低和最高温度的仪器记录，用各站点每月平均的一小时最高值和最低值之差来代替月平均日较差。图 1-14 也给出了各观测点 1 月和 7 月的日较差随海拔的变化，可以看出，只有在谷底附近（海拔 3250m 和海拔 3400m 处）的日较差值是在整体的日较差与海拔的线性关系线附近，而山体垂直带上的日较差很小，远远偏离了这个整体相关关系。青藏高原东北缘的气温年平均日较差最小的地方出现在祁连山山区中央疏勒河、大通河上游交汇的疏勒南山东部，年平均日较差在 14℃以下；在青海湖与祁连山山区西北缘（疏勒南山西北部）也是一低值区，年平均日较差可降低到 10℃以下，表现为在高山积雪的山顶年平均温度日较差都较小。日较差最大的地方出现在干旱区域，如河西走廊、柴达木盆地的沙漠和戈壁；另外，在山区内部部分河谷也有较大的气温年平均日较差，如野牛沟的气温年平均日较差在 22℃以上。因此，青藏高原日较差大的特征，只适用于有国家气象站点的谷底平地，而在广大的山体上并没有。在山体垂直带上，日较差随海拔上升而迅速减少。从图 1-14 也可以看出，在青藏高原海拔 3000m 以上地区，1 月和 7 月的日较差不随海拔的上升而增大，特别是 1 月的日较差反而随海拔的上升而下降。所以，青藏高原气温日较差大的特征只是在谷底平地上相对于同纬度的平原地区而言。冬季谷底气温的日较差大，主要是由于谷底夜间冷气的汇集使最低气温偏低，而山体垂直带上由于夜间冷气的下沉流出和白天的日射升温导致日较差较小。

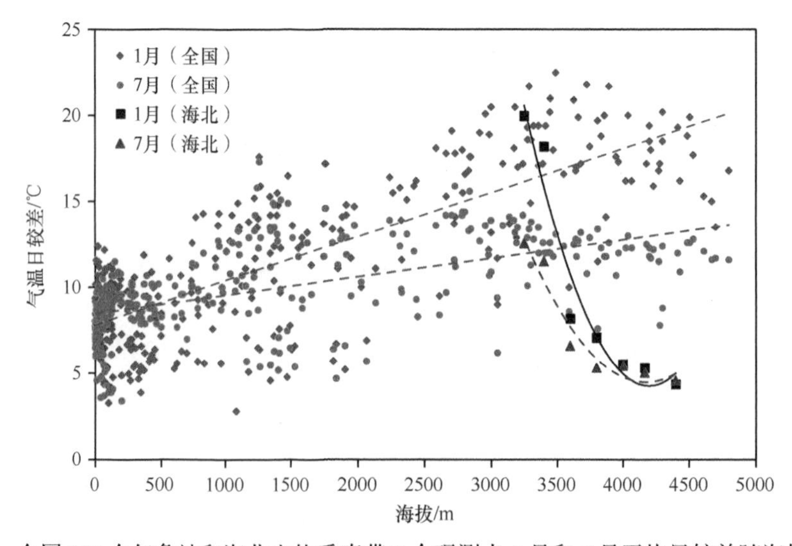

图 1-14　全国 349 个气象站和海北山体垂直带 7 个观测点 1 月和 7 月平均日较差随海拔的变化

四、气温年较差特征

气温年较差是一年中月平均气温的最高值与最低值之差，是划分气候类型的重要依据。气温年较差的大小与纬度、海陆分布等有关。赤道附近，昼夜长短几乎相等，最热月和最冷月热量收支相差不大，气温年较差很小；高纬度地区，冬夏分明，气温的年较差很大。同一纬度的海陆相比，大陆冬夏两季热量收支的差值比海洋大，所以大陆上气温年较差比海洋大很多。如图 1-15 所示，全国 670 个气象站（其中海拔 3000m 以上的青藏高原台站有 64 个）的 30 年平均年较差与纬度有很好的线性关系，年较差随纬度的升高而增大。海北山体垂直带的各观测点的年较差也符合这一关系（图 1-15 中方块点）。但海拔越高，年较差越小，偏离这种关系的程度就越大。通过对青藏高原所在纬度带（27°～39°N）的 349 个站的年较差与海拔的关系分析可以看出，在 27°～39°N 的范围内气温的年较差随海拔的升高而变小，但相关性并不显著（图 1-16）。山体垂直带各观测点的年较差随海拔上升而下降，主要表现在山体的下部海拔 3200～3600m，年较差由海拔 3250m 的 25.4℃减少到海拔 3400m 的 23.8℃、海拔 3600m 的 21.5℃。而山体垂直带海拔 3600m 以下观测点的年较差随海拔变化并不很大，海拔 3600～4400m 处 5 个观测点的年较差分别是 21.5℃、21.4℃、21.0℃、21.0℃和 20.5℃。青藏高原东北缘的气温年较差在高原外围的河西走廊最大，在 30℃以上（如安西可达 34℃），为区域最大值；柴达木盆地气温年较差接近 30℃，为另一高值区。但在祁连山山地内部气温年较差相对较低，如祁连山内部的托勒、祁连、门源分别为 28.2℃、26.0℃和 25.2℃；在青海湖附近地区年较差更低，如青海湖东侧的海晏、南侧的江西沟、北侧的刚察气温年较差分别为 25.4℃、23.7℃和 24.3℃。同时可以看出祁连山地气温年较差比青南三江源地区高，如祁连山内中部的祁连县气象站监测得到的气温年较差比青南的河南县（21.7℃）、玉树县（20.1℃）分别高 4.3℃和 5.9℃。因此，青藏高原气温年较差小的这一特征主要还与青藏高原所处纬度有关，更适用于广大山区的中上部坡地。

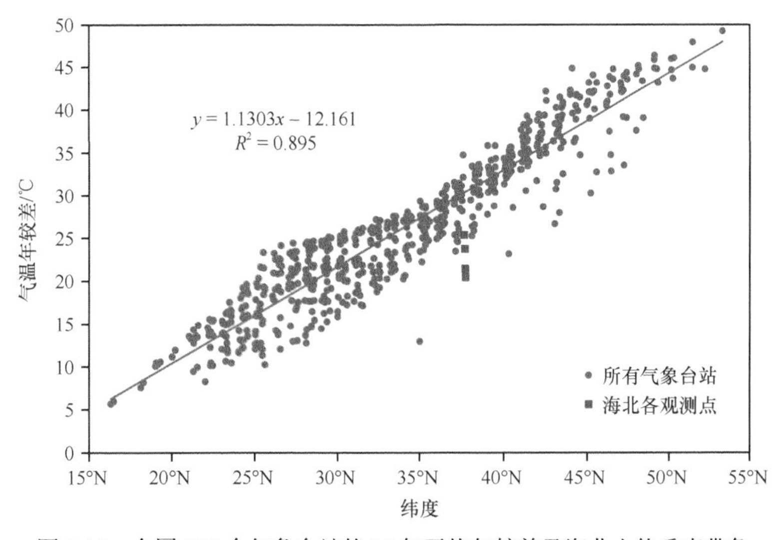

图 1-15　全国 670 个气象台站的 30 年平均年较差及海北山体垂直带各观测点 12 年平均年较差随纬度的变化

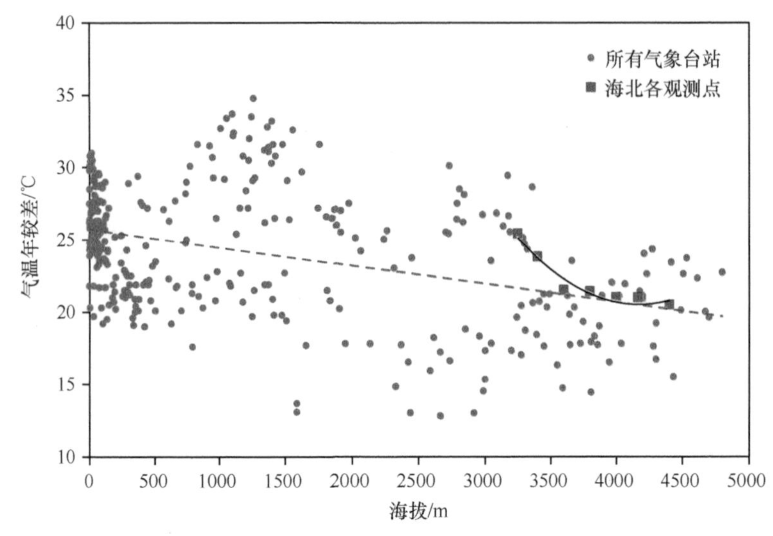

图 1-16　全国 349 个气象台站和海北站山体垂直带 7 个观测点年较差随海拔的变化

五、气温递减率

气温（垂直）递减率是气温随着海拔上升而递减的幅度。在给定地点且大气稳定的情况下，温度随着海拔的变化率称为环境温度递减率。一般标准大气从海平面到海拔 11 000m 的温度递减率为 0.65℃/100m。但实际上各地的气温递减率变化很大，气温的垂直分布不仅受海拔变化的影响，还受纬度和经度的影响。所以计算某地的气温递减率，需要使用同一经纬度或相近地点的气温。为了计算祁连（38.11°N、100.15°E、海拔 2787m）和门源（37.22°N、101.63°E、海拔 2850m）两个国家气象站与北滩点（37.45°N、101.2°E、海拔 3250m）之间的递减率，需要将这两个气象站的气温订正到北滩点。青藏高原的平均气温可以比较精确地用纬度、经度和高度的线性方程表示，纬度每增加 1°，1 月、7 月和年平均气温分别变化–1.45℃、–0.13℃和–0.77℃；经度每增加 1°，1 月、7 月和年平均气温分别变化–0.11℃、–0.3℃和–0.18℃（Du et al.，2017）。利用这种关系，我们把祁连和门源的平均气温订正到北滩点，得到图 1-17。由图可以看出，谷底附近的气温递减率和山体垂直带中上部（海拔 3800m 以上）的气温递减率相近，垂直带上部的递减率大于谷底附近的递减率。谷底附近 1 月、7 月和年平均气温的递减率分别是 0.62℃/100m、0.70℃/100m 和 0.69℃/100m，而山体垂直带中上部分别是 0.73℃/100m、0.83℃/100m 和 0.88℃/100m。在相对高度 400m 以下的山体下部（海拔 3250～3600m），受逆温层的影响，1 月、7 月和年平均气温的递减率分别是–0.79℃/100m、0℃/100m 和 0.37℃/100m。因此，如果需要用已知地点的气温推测没有观测地点的气温，应考虑两个地点的经纬度差异和所处地形；如果两地相差不远，就要看两地的地形；当处于坡地时，需要看相对于谷底的高度。如图 1-17 所示，在青藏高原东北缘，相对高度 500m 以下和 500m 以上的气温递减率是极为不同的，而且气温的递减率是随季节变动的。表 1-1 给出了各观测点及经纬度订正后的祁连和门源气象站的 2007～2018 年各月及年平均气温，可以算出各观测点之间的递减率在不同季节有很大差异。

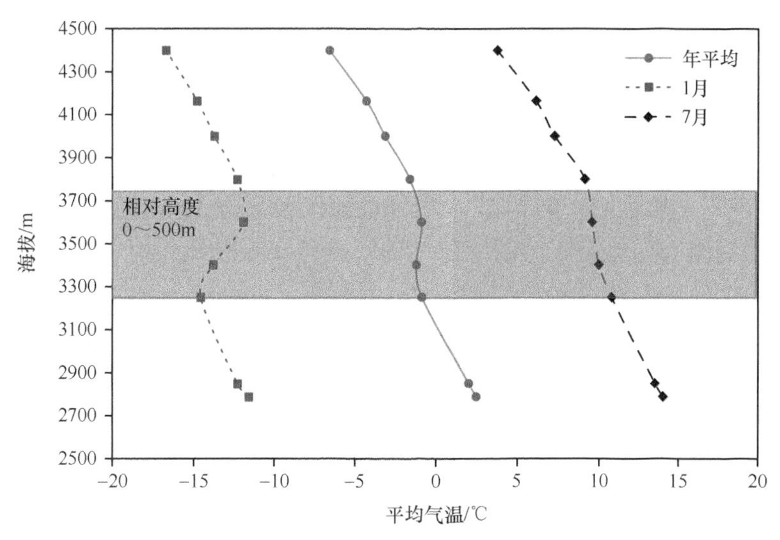

图 1-17 海北站谷底（包括两个国家气象站）及山体垂直带平均气温随海拔的变化

表 1-1 海北山体垂直带各观测点及祁连和门源各月及年平均气温（2007～2018 年） （单位：℃）

月份	祁连站（2787m）	门源站（2850m）	山体垂直带海拔						
			3200m	3400m	3600m	3800m	4000m	4200m	4400m
1	−11.58	−12.27	−14.56	−13.78	−11.89	−12.30	−13.72	−14.79	−16.72
2	−7.28	−7.29	−10.52	−10.43	−9.11	−9.57	−11.21	−12.46	−14.21
3	−1.76	−1.74	−4.88	−5.37	−5.29	−6.17	−7.94	−9.22	−11.48
4	4.17	3.82	0.84	−0.21	−0.76	−1.97	−3.67	−5.03	−7.45
5	8.47	8.17	4.96	4.09	3.20	2.19	0.74	−0.74	−2.97
6	12.06	11.56	8.44	7.52	6.70	5.84	4.31	2.93	0.97
7	14.03	13.49	10.81	9.99	9.57	9.11	7.27	6.14	3.74
8	13.05	12.83	10.24	9.42	9.05	8.15	6.88	5.92	3.57
9	8.84	8.59	6.05	5.30	4.96	4.10	2.53	2.00	−0.32
10	3.22	2.72	−0.36	−0.66	−0.37	−0.92	−2.58	−3.40	−6.10
11	−4.30	−5.18	−8.05	−7.63	−6.31	−6.82	−8.11	−9.46	−11.98
12	−10.12	−11.35	−13.36	−12.60	−10.32	−10.77	−12.03	−13.30	−15.79
年均	2.40	1.95	−0.87	−1.20	−0.88	−1.59	−3.13	−4.28	−6.56

注：祁连和门源数据做了经纬度订正，平均年为 2007～2017 年。

第三节 青藏高原东北缘近年气候变化

尽管青藏高原气候条件恶劣，但有数百万人生活在这片广阔的土地上，草原为人们赖以生存的各种牲畜提供着牧草；世界上最大的河流中有 6 条来自青藏高原，并为下游地区数亿人口的农田提供灌溉用水。青藏高原是气候变化最敏感的地区之一，尤其是高原的温度低，低温限制了植物生长，温度的升高将会对高原生态环境产生巨大影响。因此，青藏高原的气候变化对人类活动的影响及其反馈作用，不仅对当地，也对整个亚洲都有重要的影响（Du et al.，2004）。前面两节内容利用海北山体垂直带 12 年的观测数据和国家气象台站的观测数据，总结了青藏高原东北缘的一些气候特征。本节利用这些数据，建立了海北山体垂直带气候与附近国家气象台站数据之间的关系，从而复原过去的山体垂直带气候数据，进而分析青藏高原东北缘近 62 年（1957～2018 年）的气候变化。

如图 1-1 所示，海北山体垂直带与祁连和门源国家气象站处在同一山谷中，所以山体垂直带的谷底观测值与祁连和门源气象站的观测值有着很好的相关关系。我们取祁连（QL）和门源（MY）两个站的月平均气温（T）、平均最高气温（T_{max}）、平均最低气温（T_{min}）、平均相对湿度（RH）、平均风速（V）、月降水量（R）和平均日照时数（S），并分别计算月平均气温、平均最高气温和平均最低气温的平方（T^2、T^2_{max}、T^2_{min}），共计 20 个变量，利用逐步线性回归法，得到山体垂直带上各个观测点的气温复原线性回归方程：

$$\mathrm{Ta}_i\_\mathrm{Pred} = a_i + \sum_{k=1}^{k=m} b_{ik}\mathrm{E}_k \tag{1.1}$$

式中，$\mathrm{Ta}_i\_\mathrm{Pred}$ 是测点 i 的模式预测值；a_i 和 b_i 是逐步线性回归方程的系数（a_i 是截距，b_{ik} 是各要素的系数）；E_k 是逐步线性回归从 20 个气象要素中筛选出的第 k 个影响因素。

表 1-2 给出各观测点的回归系数。可以看出，影响各观测点的要素有一定规律，但又是不一样的，这个线性模式可以用国家气象台站的观测数据得到非常好的山体垂直带上各观测点的气温预测（复原）。我们假定现在的这个统计关系适用于过去山谷气象站有观测的时期，这样我们就可以得到过去 62 年来山体垂直带各点的复原数据。

通过线性回归方法计算每个站点的气候变化速率（℃/10a）如下：

$$T_{ij}=a_{ij}+b_{ij}y \tag{1.2}$$

式中，T_{ij} 是测点 i 的 j 月（或年）平均气温；y 是年；a_{ij}（截距）和 b_{ij}（斜率）是回归系数，b_{ij} 代表了该站气温的增减率（变化率）。如果是气温上升，b_{ij} 就是测点 j 月的升温速率（℃/10a）。

表 1-2 山体垂直带各观测点逐步线性回归模式的回归系数比较

影响因子	海拔						
	3200m	3400m	3600m	3800m	4000m	4200m	4400m
QL-T			−0.520 04		−0.591 65		
QL-T^2	−0.010 04			−0.009 29			
QL-T_{max}			0.352 81		0.366 31		
QL- T^2_{max}							
QL-T_{min}	0.177 61	0.226 31	0.589 44				−0.165 07
QL-$T_{min}{}^2$		−0.004 13			−0.014 68		−0.011 13
QL-RH							
QL-V	−0.230 28		−0.5507				−0.890 89
QL-R							
QL-S					−0.000 65		−0.001 11
MY-T	0.810 80			−0.627 82			
MY-T^2	0.012 41	0.008 96		0.028 15	0.026 59	0.007 17	0.028 75
MY-T_{max}		0.419 71	0.338 13	0.898 98	0.702 11	0.814 60	0.805 15

续表

影响因子	海拔						
	3200m	3400m	3600m	3800m	4000m	4200m	4400m
MY- T_{max}^2			0.006 35				
MY-T_{min}		0.223 73		0.465 61	0.210 27		
MY- T_{max}^2				−0.008 38			−0.007 42
MY-RH		0.015		0.028 01	0.046 20	0.089 13	0.045 55

一、山谷中的气温变化

研究表明，山体垂直带的谷底北滩点（BT）的气温（*Ta*_3200）主要与门源气象站（MY）的气温相关，随门源的气温升降而增减，与门源气温等的复相关系数达到0.9975。北滩点的气温也随祁连（QL）最低气温的升降而增减，同时与祁连的风速成反比，风速增大则谷底气温降低，风速变小则谷底气温上升，逐步线性回归的复相关系数达到了0.9982。图1-18显示了海北山谷中的门源和北滩点最近62年（1957～2018年）1月、7月和年平均气温的逐年变化，可以看出，这三个气温都有明显的增长趋势，但两个地点的气温增长率并不一样。门源的观测值表明，1月的增温比7月的更快，增温率分别是0.389℃/10a和0.376℃/10a；而北滩点复原的气温表明，7月的增温比1月的更快，增温率分别是0.352℃/10a和0.44℃/10a。北滩点复原的年平均气温增温率比门源观测值的增温率大，分别是0.409℃/10a和0.393℃/10a。

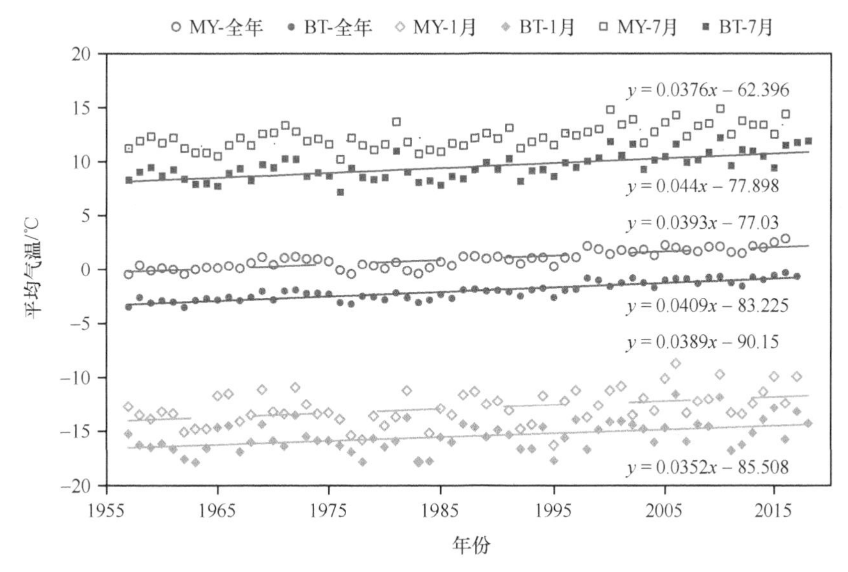

图1-18 海北山谷中门源（MY）和北滩（BT）62年（1957～2018年）1月、7月和年平均气温变化

门源和祁连都位于青藏高原东北缘谷底，从观测值看，62年来气温都在升高，但除了11月外，其他各月的升温都是门源比祁连快，尤其是最低气温的升高，门源站更明显。分析两站点其他要素发现，门源和祁连的风速及日照时间都有减小，但门源的风速

和日照时间减小得更明显。从海北的北滩点复原值看，北滩点除了与门源气温成正比外，还与祁连的风速成反比，所以北滩点的升温在大多数月份都比门源站明显。因此，青藏高原东北缘谷底的气温上升主要与风速减弱有关，风速减弱越明显，升温就越快。

二、不同海拔的气温变化

利用公式（1.1）和表 1-2 中的参数，可以复原山体垂直地带上各观测点 1956 年以来的逐月平均气温。图 1-19 是海北山体垂直带各观测点年平均气温复原值和观测值的逐年变化与祁连和门源气象站观测值的比较，由图可知，各观测点气温都有不同程度的增加。如表 1-3 所示，山体垂直带的气温与门源和祁连站气象要素的相关关系不尽相同，但都与门源站的平均最高气温成正比。除了海拔 3400m 点，各点气温都与门源的风速成反比。另外，除了海拔 3600m 点，各点气温都与门源站的平均相对湿度成正比，也和门源气温的平方成正比。分析门源的最高气温、平均风速和相对湿度的逐年变化发现，门源的最高气温有显著升高，1 月、7 月和全年的升温率分别是 0.294℃/10a、0.414℃/10a 和 0.214℃/10a。门源站的平均风速有明显的减弱，1 月、7 月和全年的变化率分别是每 10 年–0.112m/s、–0.207m/s 和–0.166m/s，门源的相对湿度没有明显变化趋势。因此，各观测点的各月平均气温都具有明显的升温趋势，而各观测点各月的气温变化率有所不同（表 1-3）。

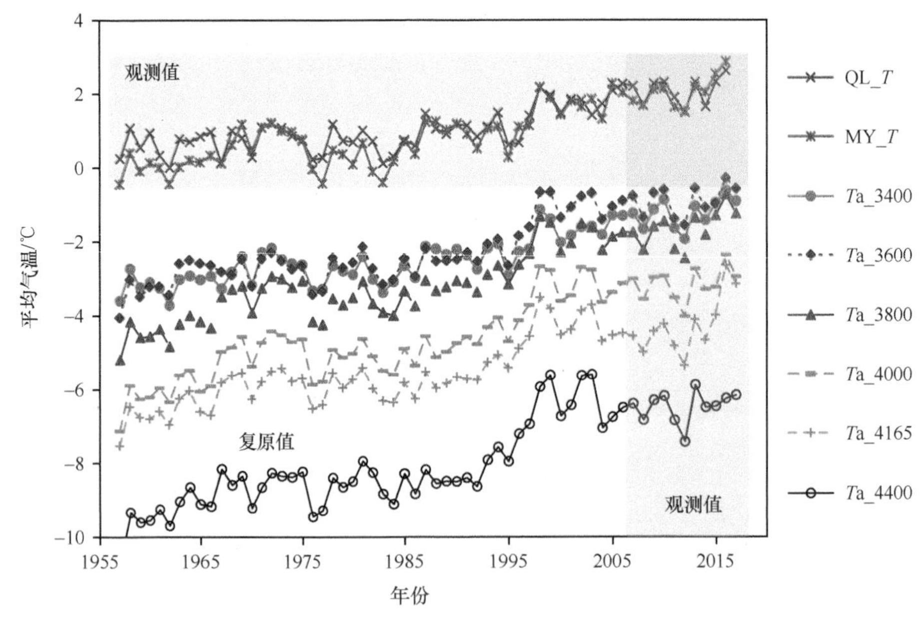

图 1-19 门源和祁连及山体垂直带 62 年（1957～2018 年）平均气温的逐年变化

门源和祁连是观测值，山体垂直带是最近的观测值和过去的复原值

表 1-3 海北山体垂直带各观测点及祁连和门源各月和年（2007～2017 年）平均气温变化率

（单位：℃/10a）

月份	祁连站（2787m）	门源站（2850m）	山体垂直带海拔						
			3200m	3400m	3600m	3800m	4000m	4200m	4400m
1	0.34	0.39	0.35	0.35	0.38	0.48	0.47	0.40	0.60

续表

月份	祁连站（2787m）	门源站（2850m）	山体垂直带海拔						
			3200m	3400m	3600m	3800m	4000m	4200m	4400m
2	0.60	0.72	0.61	0.57	0.61	0.72	0.73	0.58	0.84
3	0.21	0.36	0.39	0.34	0. 93	0.44	0.49	0.39	0.57
4	0.24	0.33	0.41	0.31	0.41	0.40	0.40	0.35	0.49
5	0.20	0.35	0.31	0.30	0.39	0.44	0.53	0.39	0.53
6	0.29	0.49	0.51	0.48	0.57	0.68	0.72	0.57	0.80
7	0.30	0.38	0.42	0.42	0.52	0.64	0.64	0.54	0.64
8	0.23	0.39	0.50	0.43	0.49	0.57	0.60	0.55	0.62
9	0.29	0.40	0.45	0.42	0.51	0.56	0.59	0.59	0.66
10	0.27	0.41	0.37	0.36	0.42	0.54	0.53	0.52	0.56
11	0.42	0.39	0.34	0.40	0.50	0.57	0.63	0.51	0.64
12	0.32	0.25	0.30	0.28	0.38	0.44	0.48	0.38	0.48
年均	0.30	0.39	0.41	0.38	0.47	0.54	0.56	0.48	0.61

如图 1-20 所示，气温的变化率随海拔的升高先变大再减小，7 月海拔 4000～4200m 的气温变化率达到 0.6℃/10a 以上。这种变化趋势主要是因为冬季风速的减小，使得冬季夜间逆温加强，促使谷底附近的温度降低而山体中部温度上升，因而 1 月和冬季的升温率在海拔 3200m 和海拔 3400m 处较小，而在山体垂直带上较大。夏季风速的减小使得谷底和山体中下部地表热力作用加强，特别是坡上热力作用更强。但山体上部地表的面积小，地表作用相对不大，主要受风速影响。

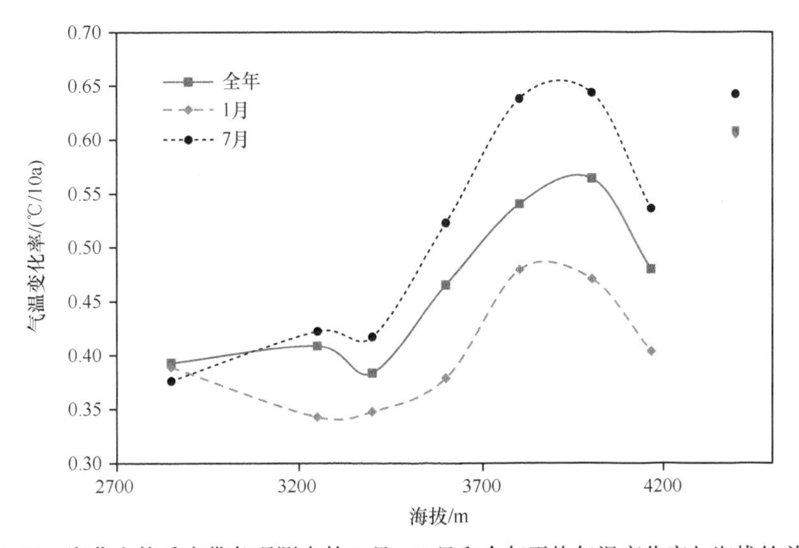

图 1-20　海北山体垂直带各观测点的 1 月、7 月和全年平均气温变化率与海拔的关系

三、其他气候要素的变化

分析祁连和门源两个国家气象站的各项气候要素发现，门源站的风速和日照时间有

显著性变化。祁连和门源两个国家气象站的最大风速出现在 2～6 月，而最小风速出现在 10～12 月。各月风速明显减弱，特别是冬春（2～6 月）风速大时，减弱得更明显。如图 1-21 所示，年平均风速以 0.166m/s 每 10 年的速度在减少，而日照时数每年减少 3.66h。降水量和湿度有增加的趋势，但并没有达到显著水平。

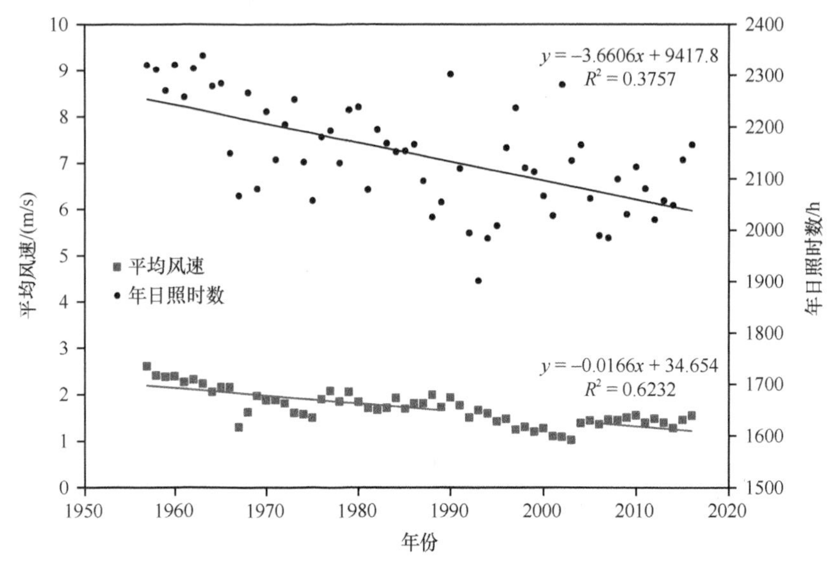

图 1-21 门源气象站年平均风速和年日照时数的逐年（1957～2016 年）变化

青藏高原的风速减弱可能主要与大的环流变化有关，最近有研究表明，1970～1999 年，青藏高原高压和西风变化对风速的影响较强，但在 2000～2015 年影响减弱，其中西太平洋副热带高压和印度夏季风似乎发挥了更重要的作用。1970～1999 年和 2000～2015 年观测到的风速下降主要是由于纬向和经向风速下降（Ding et al.，2021）。风速的减弱与气温等的变化关系还有待进一步研究。

第四节 祁连山南麓海北站基本气候特征

一、气温变化

1. 气温年际变化

分析 1961 年以来气温变化发现，60 年来年均气温为–1.35℃，且年平均气温、生长季（5～9 月）平均气温、非生长季（10 月至翌年 4 月）平均气温均呈现极显著（$P<0.01$）的波动上升趋势。年平均气温、生长季平均气温升温率达 0.31℃/10a；非生长季更为明显，为 0.34℃/10a（图 1-22）。

升温幅度在 1961～2020 年的 6 个年代际进程上表现也极为明显，如 1961～1970 年、1971～1980 年、1981～1990 年、1991～2000 年、2001～2010、2011～2020 年的年代际平均气温分别为–2.03℃、–1.77℃、–1.65℃、–1.50℃、–0.48℃和–0.64℃，特别是最近的 2001～2010 年和 2011～2020 年 2 个年代际气温平均值比 1961～1970 年平均值分别

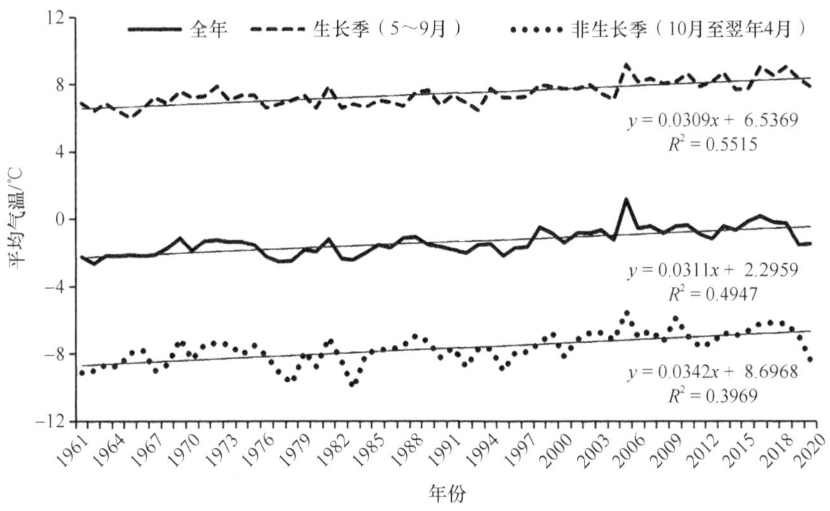

图 1-22　海北高寒草甸地区近 60 年以来年平均气温、生长季平均气温和非生长季平均气温的年变化

高 1.55℃和 1.39℃，比 1961～2020 年平均值分别高 0.87℃和 0.71℃。同样，生长季和非生长季平均气温与年平均气温在 6 个年代际进程升高趋势同样也表现极为明显，且可以看出非生长季气温升高的趋势比生长季幅度更大。

海北站年平均气温自 1961 年以来的变化趋势与整个青藏高原的变化趋势是一致的。最近的研究表明，青藏高原相较于北半球的增温，高原增温发生的时间更早，而且增温速率也比北半球同纬度区域大。自 20 世纪 60 年代以来，高原地表气温呈现持续增温的趋势，并在 90 年代末出现的“全球增温停滞”期间，仍以 0.25℃/10a 的速率升温（Duan and Xiao，2015；徐丽娇等，2019）。

2. 气温稳定通过各界限温度的积温变化

在祁连山地，气温稳定通过≥10℃的初始期、终止的日期较迟，但结束的日期较早，在 20 世纪仅维持在 10～20 天；进入 21 世纪后，随全球气温上升，其初、终期延长，维持在 30 天左右，且期间积温也明显增加。利用月平均气温数据，采用内插法计算了海北站日平均气温稳定通过≥0℃、≥3℃、≥5℃和≥10℃的各界限温度的积温及维持天数，分析 1961～2020 年各界限温度的年际变化（图 1-23，其中≥3℃积温与≥5℃积温之差在 10℃/d 以内而未列出），结果表明，60 年来积温在明显上升。≥0℃积温最小值、最大值和均值分别为 925.2℃/a、1413.27℃/a 和 1151.04℃/a，60 年来≥0℃积温最多增加了 52.75%；≥5℃积温最小值、最大值和均值分别为 734.78℃/a、1245.29℃/a 和 995.33℃/a，60 年来≥5℃积温最多增加了 69.47%；≥10℃积温最小值、最大值和均值分别为 9.95℃/a、541.33℃/a 和 226.28℃/a，60 年来≥10℃积温最多增加了 53.43%。积温的增加促进了植物生物量的升高，同时更有利于生长周期长的禾本科植物完成种子成熟的生活史。

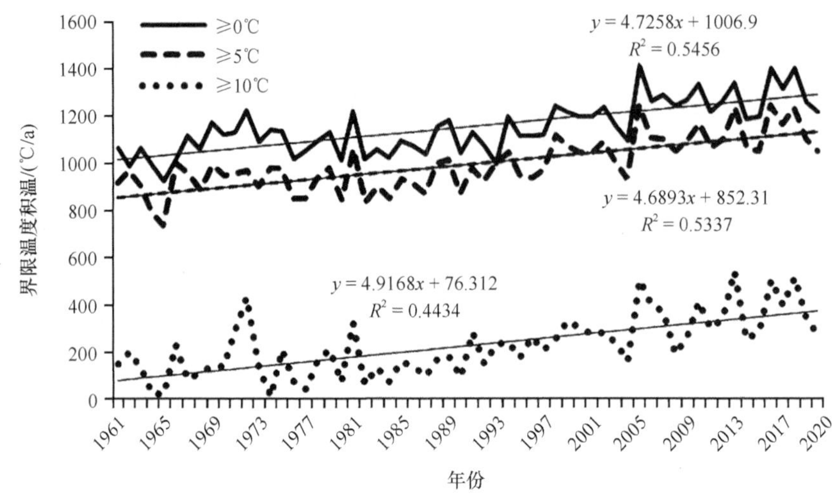

图 1-23 海北高寒草甸地区自 1961 年以来的 60 年气温稳定通过≥0℃、≥5℃和≥10℃的积温年际变化

计算日平均气温通过各界限温度的积温及＜0℃的负积温的年代际变化发现，1961～2020 年，＜0℃的负积温逐年升高，平均升高速率为 52.44℃/10a，其中 2001～2010 年相比 1991～2000 年增幅最大，达到了 189.07℃/a，表明海北高寒草甸土壤冻结情况自 1961～2010 年以来逐渐减弱，因为 2011～2020 年相比 2001～2010 年气温有所增加。

二、降水量变化

降水量的逐月变化（年变化）表明，年内降水量自 1 月（2.79mm）开始增加，到 8 月达到最大（119.0mm），7 月比 8 月（108.3mm）稍低，以后至 12 月逐渐降低，12 月仅为 1.5mm。海北站 1961～2020 年年降水量的年际动态表明（图 1-24），60 年以来海北站年降水量范围为 406.8～776.7mm，年降水量最高年份出现在 1989 年，为 776.7mm，1998 年和 2019 年分别达到 755.5mm 和 754.7mm；最低年份出现在 1999 年和 1991 年，分别为 406.8 mm 和 425.3mm；2013 年也较低，为 426.1mm。1961～2020 年的年降水量总体表现出非显著性的“U”形变化特征，从 20 世纪 60 年代中期到 90 年代稳中有降，进入 21 世纪 20 年代有所增加。近 60 年来平均年降水量为 560.7mm。

如图 1-24 所示，生长季降水量与全年降水量波动基本一致，1961～2020 年海北站地区生长季降水量分布在 317.0mm（1999 年）～617.2mm（1989 年），生长季平均年降水量为 456.7mm，是同期年平均降水量的 81.5%，说明植物生长季降水对于全年降水贡献较大。统计 1961～2020 年年代际变化发现，1971～1980 年相比 1961～1970 年平均年降水量减少 7.3mm，1981～1990 年相比 1971～1980 年平均年降水量增加 52.2mm，1991～2000 年相比 1981～1990 年平均年降水量减少 90.2mm，2001～2010 年相比 1991～2000 年平均年降水量增加 35.0mm。自 1991 年开始，海北站年代际降水量增加明显，2001～2010 年相比 1991～2000 年平均年降水量增加 35.0mm，2011～2020 年相比 2001～2010 年平均年降水量增加 11.3mm。1961～2020 年间生长季降水量与年降水量的变化波动基本一致，虽然1991～2000年相比1981～1990年间降水减少，但整体来看，1961～2020年海北站所在地生长季年降水量呈现增加的趋势。

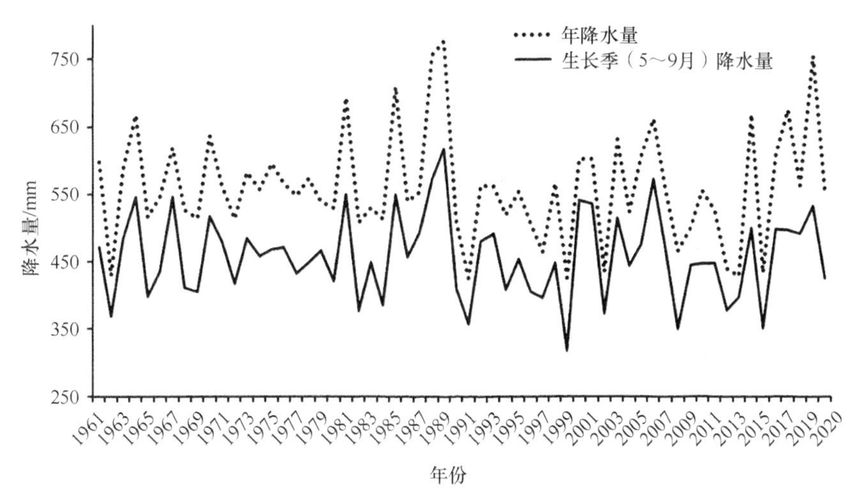

图1-24　海北高寒草甸地区自1961年以来的60年年降水量、生长季降水量的年际动态变化

与祁连山地及其周边地区相比，门源、刚察、祁连、托勒地区1961～2016年平均年降水量分别为527.0mm、377.3mm、410.4mm和267.4 mm，显然，海北站区域年降水量较高，因为该区域处在祁连山南麓东部，与西部地区相比，更易接收东南季风带来的暖湿空气；另外，该区域处在东南季风迎风坡前部，受动力爬坡抬升作用易达凝结高度，进而形成的降水量较高。

第五节　小　　结

青藏高原上多山、地形复杂多变，通过12年不同海拔气象数据的监测及近60年海北站长期监测，我们得出如下主要结论。

（1）一直以来学界都认为青藏高原气温日夜变化大、年际变化小是其最基本的气候特征之一，然而我们发现这种气候特征主要存在于高原东北缘区域的谷地地区；同时，只有在高原东北缘区域山体垂直带的中上部年际气温变化才较小，随着海拔（相对谷底高度）的升高，气温的日变化明显变小，年际变化也略有变小，主要原因是冬半年（11月至翌年4月）谷地地区存在明显的逆温层。另外，山体垂直带降水量较谷底有明显增加，由于国家气象台站都位于谷底平地上，过去较少评价青藏高原东北缘的降水量。山体垂直带的空气相对湿度分布特征是；冬半年，山体中部是干中心；夏半年，山体的中上部是湿中心。因此，处于山谷平地的青藏高原气象台站的数据不适合评估高原高山地区的气候特征，尤其是冬季的气候特征。

（2）近62年（1957～2018年）来青藏高原东北缘各月份和山体垂直带各高度的气温都有明显升高，但升温的速度各不相同，年平均气温的升温速率为（0.3～0.61）℃/10a，高海拔区增温速率明显大于低海拔区；2月的升温速率最大，海拔4000m处的升温速率达到了 0.73℃/10a。升温速率一般是随海拔的上升先增加，在相对高度 600m（即海拔

3800m）左右达到最强，然后随海拔的上升而减小。青藏高原东北缘升温较快主要与风速的减弱有关。

（3）随着海拔上升，各土层之间的温度变幅差异随之变小。在谷底附近，日平均土壤温度变化范围是：5cm 土壤温度变幅为–6.6～14.6℃，50cm 土壤温度变幅为–2.8～11.5℃。在海拔 4200m 处，日平均地温变化范围是：5cm 土壤温度变幅为–14.7～9.3℃，50cm 土壤温度变幅为–13.0～7.4℃。山体垂直带土壤湿度（土壤体积含水量）为 0～0.5，冬季土壤冻结，土壤中湿度比夏季小；山体垂直带基本是浅层（5cm）土壤湿度比深层（20cm 和 50cm）的土壤湿度大，山体下部的土壤湿度比山体中上部的大。但是，夏季（7、8 月）在海拔 3400～3600m 处，20cm 土层有一个土壤体积含水量的高值中心（0.2～0.4），土壤湿度最好。

（4）青藏高原东北缘年降水量为 200～600mm，但是，海拔 4000m 以上高海拔地区的平均年降水量推算能达到 800mm，主要集中在夏半年（5～10 月）；相对于谷底，山体垂直带的空气湿度相对较大，这与降水量显著增加有关。因此，过去对于青藏高原东北缘的降水量评价可能偏低；但由于山体垂直带降水的径流较强，所以山体垂直带的土壤湿度与谷底相比也没有显著变化。近 62 年来降水量有增加的趋势，但变化不显著。

（5）1961～2020 年，海北站年平均气温为–1.35℃；总体而言，60 年来以 0.31℃/10a 速率上升，非生长季升温速率略大（0.34℃/10a）。60 年来，≥0℃、≥5℃和≥10℃的各界限温度积温平均分别为 1151.05℃/a、995.33℃/a 和 226.28℃/a，≥0℃积温和≥5℃积温分别以 47.3℃/a 和 46.9℃/10a 的速率增加。1961～2020 年年降水量范围为 406.8～776.7mm，年降水量多年平均值为 560.7mm，是青海省一个降水量高值分布区。降水量在 20 世纪 80 年代明显增加，90 年代显著下降，其他年代均表现出上升的趋势，其中 1981～2020 年年降水量平均为 561.1mm。

参 考 文 献

闭建荣, 黄建平, 高中明, 等. 2014. 民勤地区紫外辐射的观测与模拟研究. 高原气象, 33(2): 413-422.

付抱璞. 1983. 山地气候. 北京: 科学出版社: 270.

黄颖, 毛文茜, 王潇雅, 等. 2020. 近 39a 祁连山及其周边地区降水量时空分布特征. 干旱气象, 38(4): 527-534.

汤懋苍. 1963. 祁连山区的气压. 气象学报, 33: 176-188.

王江山, 李锡福. 2004. 青海天气气候. 北京: 气象出版社.

徐丽娇, 胡泽勇, 赵亚楠, 等. 2019. 1961—2010 年青藏高原气候变化特征分析. 高原气象, 38(5): 911-919.

张兴华, 胡波, 王跃思, 等. 2012. 拉萨紫外辐射特征分析及估算公式的建立. 大气科学, 36(4): 744-754.

朱旭东, 何洪林, 刘敏, 等. 2010. 近 50 年中国光合有效辐射的时空变化特征. 地理学报, 65(3): 270-280.

Ding J, Cuo L, Zhang Y, et al. 2021. Varied spatiotemporal changes in wind speed over the Tibetan Plateau and its surroundings in the past decades. Int J Climatol, 41(13): 1-21.

Du M, Kawashima S, Yonemura S, et al. 2004. Mutual influence between human activities and climate change in the Tibetan Plateau during recent years. Global and Planetary Change, 41(3-4): 241-249.

Du M, Kawashima S, Yonemura S, et al. 2007. Temperature distribution in the high mountain regions on the Tibetan Plateau-Measurement and simulation. International Congress on Modelling and Simulation.

Christchurch, New Zealand, 10-13 December 2007: 2146-2152.

Du M, Liu J, Zhang X, et al. 2017. Spatial distributions of surface-air-temperature on the Tibetan Plateau and its recent changes. International Journal of Energy and Environment, 11: 88-93.

Duan A M, Xiao Z X. 2015. Does the climate warming hiatus exist over the Tibetan Plateau? Scientific Reports, 5: 13711.

Kato T, Tang Y, Gu S, et al. 2004. Carbon dioxide exchange between the atmosphere and an alpine meadow ecosystem on the Qinghai-Tibetan Plateau, China. Agricultural and Forest Meteorology, 124: 121-134.

Li H, Zhang F, Li Y, et al. 2016. Seasonal and inter-annual variations in CO_2 fluxes over 10 years in an alpine shrubland on the Qinghai-Tibetan Plateau, China. Agricultural and Forest Meteorology, 228: 95-103.

第二章　青藏高原东北缘高寒草甸植被特征与试验设计

导读：本书中的内容大多基于山体垂直带“双向”移栽试验平台，以及不对称增温和适度放牧试验平台的有关研究结果，所以，了解试验所在地的植被和气候特征，以及试验设计过程与理念，对于深入理解本书的有关研究结果很有必要。本章主要关注以下科学和技术问题：①山体垂直带的主要植被类型及其群落组成和土壤基本理化性质如何？②为什么要开展“双向”移栽试验，以及如何进行“双向”移栽试验？③为什么要开展不对称增温和适度放牧耦合试验？该试验平台具有哪些显著特点？④不同处理对土壤温度和湿度的影响如何？

高寒草甸亦称高山草甸，是指优势种为寒冷多年生中生草本植物的植物群落。在青藏高原，以密丛短根茎地下芽嵩草属植物组成的植物群落为主，广泛分布于藏北高原、川西高原、青南高原，以及喜马拉雅山、祁连山和天山的高山地带。高寒草甸的主体是嵩草草甸（包括矮生嵩草草甸、西藏嵩草草甸、小嵩草草甸、高山嵩草草甸）和金露梅灌丛草甸等（周兴民等，1999）。高寒灌丛草甸是指分布在山地寒温性针叶带以上、高山流石坡稀疏植被以下，以耐低温中生灌木为建群层片的植被类型，以冬季落叶的阔叶灌丛为主，并常与高寒草甸构成高寒灌丛草甸带。山地阴坡和阳坡由于土壤水分的差异，通常呈以阴坡为灌丛和以阳坡为草甸的复合分布；在滩地和河流高阶地则以高寒草甸为主；而在山前洪积扇或山麓和河滩低阶地，因地下水位较高，土壤潮湿，为高寒灌丛占据。因此，高寒草甸和高寒灌丛草甸在地理分布上很难划分出明显的界限，它们在更大的区域上呈交错或复合分布的状态。因此，气候变化对不同植被的影响可能是不同的。放牧是天然草地主要的利用方式，其与气候变化共同作用于高寒草甸生态系统。然而，气候变化与放牧的相对作用还知之甚少。本章试图从上述问题入手，利用山体垂直带“双向”移栽试验平台、增温和放牧试验平台开展相关研究，主要介绍这些平台的基本特征和试验设计理念，以期为后面各章节相关结果的理解提供基本背景信息。

第一节　山体垂直带高寒草甸植被特征

一、植物群落特征

本书中所指山体垂直带（海拔3200～3800m）位于青藏高原东北隅祁连山北支冷龙岭东段南麓坡地的大通河河谷西段（37°29'～37°45'N，101°12'～101°23'E），地形开阔，其西北北部为高耸的冷龙岭，山脊平均海拔4600m，主峰岗什卡峰海拔5255m，常年积雪，并发育着现代冰川。整个垂直带试验区植被类型主要包括矮生嵩草草甸、金露梅高寒灌丛草甸、高寒杂类草草甸及高寒低矮植被四种植被类型。主要植物群落特征随着海拔的不同而有明显的差异。青藏高原东北缘谷地地带（海拔 3200m 左右）典型的植被类型为矮生嵩草（*Kobresia humilis*）草甸，其属于中生生态系统，广泛分布于山间滩地、阳坡等。该区植物物种较丰富，而且约 92%的物种为长寿命的多年生植物。群落结构简单，放牧条件下以莎草科植物矮生嵩草为主要建群种；优势种包括禾本科植物异针茅（*Stipa aliena*）、垂穗披碱草（*Elymus nutans*）和草地早熟禾（*Poa pratensis*），以及杂类草植物鹅绒委陵菜（*Potentilla anserina*）、麻花艽（*Gentiana straminea*）和瑞苓草（*Saussurea nigrescens*）；主要伴生种包括豆科植物异叶米口袋（*Gueldenstaedtia diversifolia*）和花苜蓿（*Medicago ruthenica*），禾本科植物紫羊茅（*Festuca rubra*），莎草科植物糙喙薹草（*Carex scabrirostris*）、双柱头镳草（*Scirpus distigmaticus*）和黑褐薹草（*Carex atrofusca*），杂类草植物高山唐松草（*Thalictrum alpinum*）、雪白委陵菜（*Potentilla nivea*）、蒙古蒲公英（*Taraxacum mongolicum*）等。长期冬季放牧监测样地的主要植物组成及其相对盖度见表 2-1，可以看出长期冬季放牧条件下该高寒草甸矮生嵩草已经不是该群落的优势种，取而代之的为禾本科植物，如垂穗披碱草和异针茅两种植物的相对盖度合计达到 30.61%。

表 2-1 谷地（海拔 3200m）冬季放牧样地植物群落组成及其相对盖度

编号	物种名	拉丁名	功能群	生活型	相对盖度/%
1	垂穗披碱草	*Elymus nutans*	G	P	16.46
2	异针茅	*Stipa aliena*	G	P	14.15
3	鹅绒委陵菜	*Potentilla anserina*	F	P	11.12
4	草地早熟禾	*Poa pratensis*	G	P	7.54
5	麻花艽	*Gentiana straminea*	F	P	6.78
6	瑞苓草	*Saussurea nigrescens*	F	P	6.14
7	异叶米口袋	*Gueldenstaedtia diversifolia*	L	P	3.34
8	紫羊茅	*Festuca rubra*	G	P	3.26
9	花苜蓿	*Medicago ruthenica*	L	P	3.24
10	高山唐松草	*Thalictrum alpinum*	F	P	2.76
11	矮生嵩草	*Kobresia humilis*	S	P	2.70
12	雪白委陵菜	*Potentilla nivea*	F	P	2.63
13	糙喙薹草	*Carex scabrirostris*	S	P	2.04
14	双柱头藨草	*Scirpus distigmaticus*	S	P	1.73
15	黑褐薹草	*Carex atrofusca*	S	P	1.72
16	蒙古蒲公英	*Taraxacum mongolicum*	F	P	1.42
17	二裂委陵菜	*Potentilla bifurca*	F	P	1.25
18	伞花繁缕	*Stellaria umbellata*	F	P	1.10
19	南山龙胆	*Gentiana grumii*	F	P	1.09
20	横断山风毛菊	*Saussurea superba*	F	P	0.95
21	黄花棘豆	*Oxytropis ochrocephala*	L	P	0.92
22	打箭风毛菊	*Saussurea tatsienensis*	F	P	0.76
23	肉果草	*Lancea tibetica*	F	P	0.75

续表

编号	物种名	拉丁名	功能群	生活型	相对盖度/%
24	黄花野青茅	*Deyeuxia flavens*	F	P	0.54
25	细叶亚菊	*Ajania tenuifolia*	F	P	0.49
26	三裂碱毛茛	*Halerpestes tricuspis*	F	P	0.47
27	湿生扁蕾	*Gentianopsis paludosa*	F	A	0.35
28	落草	*Koeleria cristata*	G	P	0.34
29	甘青老鹳草	*Geranium pylzowianum*	F	P	0.32
30	线叶嵩草	*Kobresia capillifolia*	S	P	0.29
31	长果婆婆纳	*Veronica ciliata*	F	P	0.28
32	甘肃棘豆	*Oxytropis kansuensis*	L	P	0.26
33	偏翅龙胆	*Gentiana pudica*	F	P	0.26
34	卷鞘鸢尾	*Iris potaninii*	F	P	0.25
35	白蓝翠雀花	*Delphinium albocoeruleum*	F	P	0.25
36	辐状肋柱花	*Lomatogonium rotatum*	F	A	0.21
37	萎软紫菀	*Aster flaccidus*	F	P	0.20
38	冰草	*Agropyron cristatum*	G	P	0.17
39	甘肃马先蒿	*Pedicularis kansuensis*	F	A/P	0.17
40	直立黄芪	*Astragalus adsurgens*	L	P	0.16
41	海乳草	*Glaux maritima*	F	P	0.16
42	小米草	*Euphrasia pectinata*	F	A	0.14
43	宽叶羌活	*Notopterygium forbesii*	F	P	0.13
44	乳白香青	*Anaphalis lactea*	F	P	0.10
45	矮火绒草	*Leontopodium nanum*	F	P	0.08
46	高原毛茛	*Ranunculus tanguticus*	F	P	0.02
47	毛穗香薷	*Elsholtzia eriostachya*	F	A	0.02
48	微孔草	*Microula sikkimensis*	F	P	0.01
49	圆叶堇菜	*Viola pseudo-bambusetorum*	F	P	0.01
50	白花马蔺	*Iris lactea*	F	P	<0.01
51	菥蓂	*Thlaspi arvense*	F	A	<0.01
52	座花针茅	*Stipa subsessiliflora*	G	P	<0.01

注：功能群分为4类，分别为禾本科（grass，G）、莎草科（sedge，S）、豆科（legume，L）和杂类草（non-legume forb，F）。生活型包括一年生植物（annual herb，A）和多年生植物（perennial herb，P）。

与海拔3200m的谷地植物群落不同，海拔3400m处植物群落为金露梅（*Potentilla fruticosa*）灌丛草甸，上层金露梅灌丛株高为30～60cm，群落盖度为50%～60%；下层草本植物平均株高为8～16cm，盖度约为80%。除金露梅外，建群种还包括草本植物异针茅、藏异燕麦（*Helictotrichon tibeticum*）、垂穗披碱草、紫羊茅（*Festuca rubra*）、线叶嵩草（*Kobresia capillifolia*）、重冠紫菀（*Aster diplostephioides*）、山地早熟禾（*Poa orinosa*）、棘豆、珠芽蓼（*Polygonum viviparum*）、矮火绒草（*Leontopodium nanum*）等。海拔3800m处植物群落为矮生嵩草草甸，主要物种有矮生嵩草、矮火绒草、冷地早熟禾、西藏点地梅（*Androsace mariae*）、圆穗蓼（*Polygonum macrophyllum*）和高山嵩草（*Kobresia pygmaea*）等。夏季牧场因受低温环境影响，植被生长低矮，植物初级生产力较低。海拔 3800m 以上主要为高山稀疏植被，主要生长稀疏垫状植被，如苔状蚤缀（*Arenaria musciformis*）、垫状繁缕（*Stellaria decumbens*）等。海拔 4100m 以上多为裸石，植被稀少（图 2-1，表 2-2）。

A. 山体垂直带　B. 谷地海拔3200m处的高寒草甸　C. 海拔3400m处的灌丛草甸　D. 海拔3800m处的高寒垫状草甸　E. HOBO自动气象站　F. 海拔3800m处的双向移栽样地

图 2-1　山体垂直带海拔 3200～3800m 植被类型及双向移栽试验示意图

表 2-2　2007 年不同海拔植物群落组成及其盖度

编号	物种名	拉丁名	相对盖度/%		
			海拔 3200m	海拔 3400m	海拔 3800m
1	异针茅	*Stipa aliena*	16.0	5.0	5.3
2	垂穗披碱草	*Elymus nutans*	15.3	8.7	
3	草地早熟禾	*Poa pratensis*	13.7	9.3	11.7

续表

编号	物种名	拉丁名	盖度		
			海拔 3200m	海拔 3400m	海拔 3800m
4	高山唐松草	*Thalictrum alpinum*	11.3	5.3	4.7
5	鹅绒委陵菜	*Potentilla anserina*	7.7	5.7	3.3
6	矮生嵩草	*Kobresia humilis*	7.0	11.3	10.3
7	糙喙薹草	*Carex scabrirostris*	6.0	8.0	11.0
8	雪白委陵菜	*Potentilla nivea*	5.0	7.3	10.7
9	三裂碱毛茛	*Halerpestes tricuspis*	4.0	4.3	0.7
10	短腺小米草	*Euphrasia regelii*	5.3	5.3	
11	南山龙胆	*Gentiana grumii*	5.3	2.3	
12	花苜蓿	*Medicago ruthenica*	8.7		
13	麻花艽	*Gentiana straminea*	8.0		
14	二柱头藨草	*Scirpus distigmaticus*	6.3		
15	横断山风毛菊	*Saussurea pulchra*	4.7		4.3
16	蒙古蒲公英	*Taraxacum mongolicum*	4.0		
17	珠芽蓼	*Polygonum viviparum*		9.7	3.0
18	金露梅	*Potentilla fruticosa*		9.3	
19	乳白香青	*Anaphalis lactea*		7.3	
20	矮金莲花	*Trollius farreri*		7.3	
21	甘青老鹳草	*Geranium pylzowianum*		7.0	
22	花锚	*Halenia corniculata*		5.3	1.3
23	肉果草	*Lancea tibetica*		5.3	
24	展毛银莲花	*Anemone cathayensis*		4.7	
25	黄帚橐吾	*Ligularia virgaurea*		4.7	
26	甘肃棘豆	*Oxytropis kansuensis*		2.7	
27	黄花棘豆	*Oxytropis ochrocephala*		2.7	
28	蓝花韭	*Allium beesianum*		2.3	
29	急弯棘豆	*Oxytropis deflexa*		2.0	
30	微孔草	*Microula sikkimensis*		1.0	
31	矮火绒草	*Leontopodium nanum*			13.7
32	小大黄	*Rheum pumilum*			11.0
33	黑褐薹草	*Carex atrofusca*			10.3
34	黑虎耳草	*Saxifraga atrata*			4.0
35	紫花碎米荠	*Cardamine tangutorum*			3.0
36	海乳草	*Glaux maritima*			3.3

二、土壤基本特征

土壤以洪积—冲积物、坡积—残积物及古冰水沉积物为主。在不同水热条件下，受植被类型影响，在滩地和阳坡土壤多分布草毡寒冻雏形土，而山地阴坡土壤多分布暗沃寒冻雏形土，沼泽地土壤多分布有机寒冻潜育土，具有土壤发育年轻、土层浅薄、有机质含量丰富等特征。海拔 3200m 样地土壤理化性质见表 2-3，不同海拔土壤理化性质见表 2-4。总体上，地上生物量、地下生物量及土壤有机碳含量随海拔升高有下降的趋势，但海拔 3600m 处有例外，可能与该山区冬春逆温层温度较高、降水较多（地形雨）和山前融水补给较多等有关。

表 2-3　海拔 3200m 样地草毡寒冻雏形土理化性质

土壤深度/cm	pH	容重/(g/cm^3)	有机碳/%	全氮/%	土壤质地
0～8	8.0	0.88	7.27	0.53	中壤土
8～32	8.5	1.19	3.32	0.33	中壤土
32～71	8.7	1.16	2.65	0.27	中壤土
71～95	8.7	1.25	2.20	0.21	中壤土

表 2-4　2007 年不同试验样点高寒草甸生物量和土壤理化性质

指标	土壤深度/cm	海拔			
		3200m	3400m	3600m	3800m
地上生物量/(g/m^2)		277.8	135.7	168.3	115.9
地下生物量/(g/m^2)	0～10	2967.90	1792.30	2911.30	1478.20
	10～20	392.79	578.55	294.60	248.64
土壤容重/(g/cm^3)	0～10	0.79	0.82	0.65	0.88
	10～20	0.89	0.82	0.75	0.88
土壤有机碳/(g/kg)	0～10	7.00	5.66	6.15	5.59
	10～20	3.25	3.60	5.30	4.89
土壤全氮/(g/kg)	0～10	5.25	4.57	5.07	4.63
	10～20	3.41	2.94	3.99	4.27
土壤碳氮比（C/N）	0～10	13.34	12.39	12.12	12.08
	10～20	9.52	12.20	13.28	11.45

三、海北站试验期间背景气候特征

该地区位于亚洲大陆腹地，具明显的高原大陆性气候，东南季风及西南季风微弱，且无明显四季之分，仅有冷、暖二季，干湿季分明。1983～2018 年，海北站的年平均气温呈现非线性变化趋势，其中，1983～2005 年以 0.61℃/10a 的速率升温，而 2006～2018 年以–0.41℃/10a 的速率降温（图 2-2A）；年降水量无明显的变化趋势（图 2-2B），但干旱指数呈现显著的下降趋势（图 2-2C）（Liu et al.，2021）。总体上，自 1983 年以来，该站点呈现先暖干化、后冷干化的趋势。增温与放牧试验开展期间（2006～2015 年），处于明显的冷干化阶段。试验期间年平均气温约–0.57℃，最高年平均气温（–0.36℃）和最低年平均气温（–1.17℃）分别出现在 2010 年和 2012 年，总体上高于 1983～2018 年间的年平均气温（–1.1℃）（图 2-2A）；年降水量平均为 523mm，最大年降水量（669mm）和最小年降水量（428mm）分别出现在 2014 年和 2012 年（图 2-2B）；干旱指数为–0.21，最湿润年份（0.69）和最干旱年份（–1.04）分别出现在 2014 年和 2013 年（图 2-2C）。此外，生长季（4～10 月）的月平均气温基本高于 0℃，非生长季的月平均气温最低出现在 1 月，可达–15.8℃（图 2-3A）。试验期间约 93%的年降水量集中在生长季（图 2-3B），但干旱指数（标准化降水蒸散指数，standardized precipitation evaporation index，SPEI）无明显的季节性变化规律（图 2-3C）。

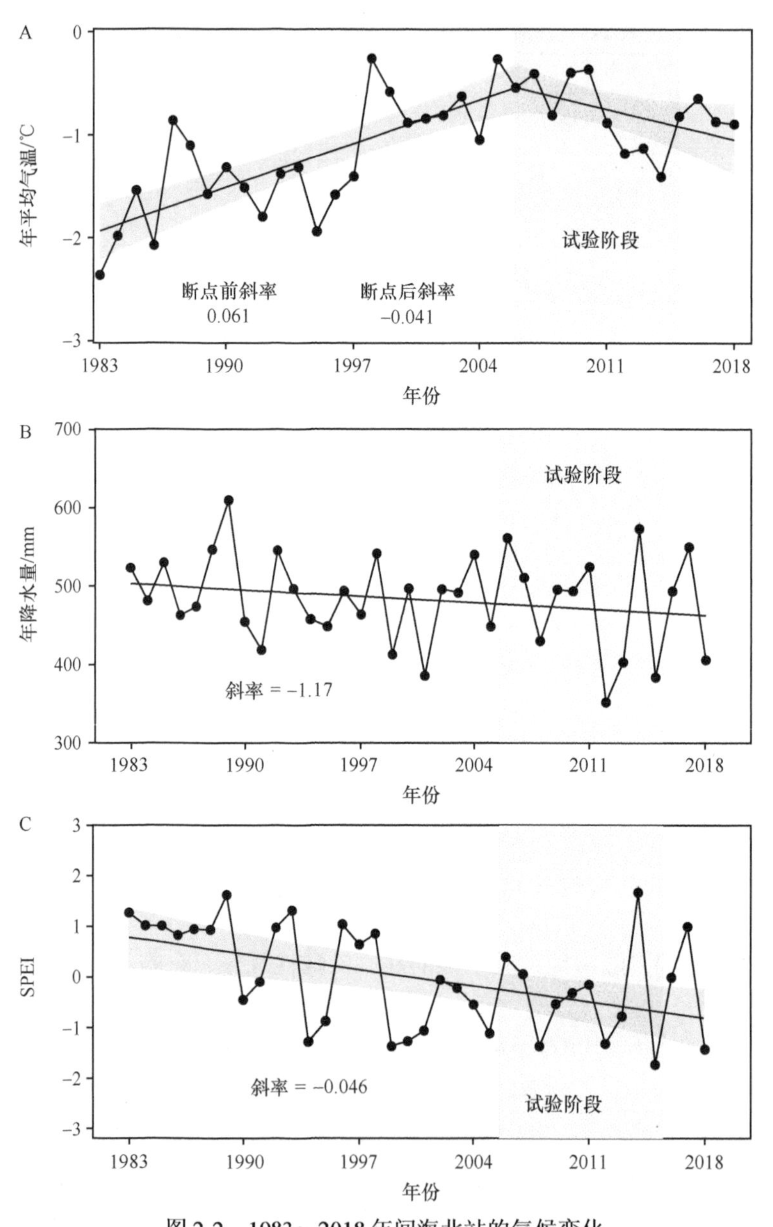

图 2-2　1983～2018 年间海北站的气候变化

图中黄色阴影部分（2006～2015 年）表示增温与放牧试验期间。图 C 中的每个点表示每年 8 月的 SPEI

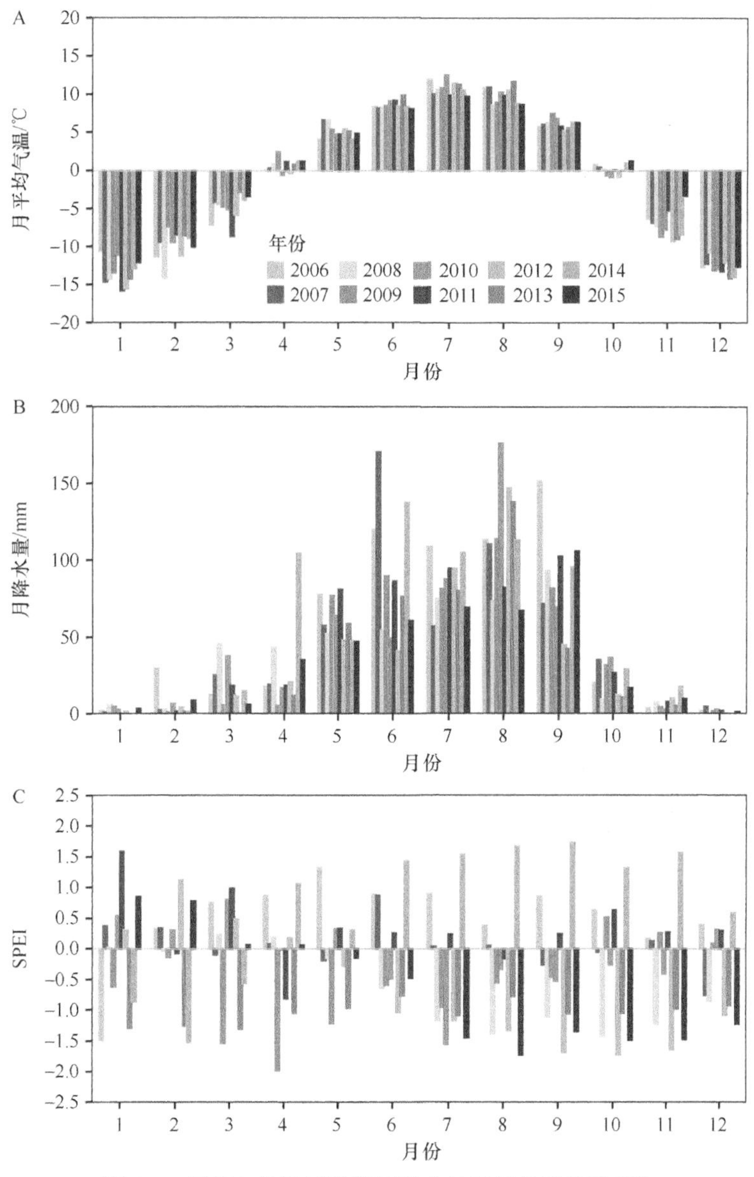

图 2-3 增温与放牧试验期间海北站气候的季节性变化

第二节 试验设计及处理的环境效应

总的来说，全球陆地生态系统研究中的野外增温试验方法大体可以分为两类：①主动增温，如土壤加热管道和电缆加热，以及红外加热器（infrared heater）加热；②被动增温，如温室和开顶箱（open-top chamber，OTC）。有人对这些增温方法的优缺点进行了比较（牛书丽等，2007；Aronson and McNulty，2009），发现不同增温方法所得到的结果不尽相同。例如，土壤加热管道和电缆加热只加热土壤，甚至破坏了土壤结构；而OTC 增温改变了室内的微环境，其增温效应往往与红外增温效应相反（Aronson and McNulty，2009）。因此，在进行不同增温试验结果的比较时，一定要注意增温方法的差异。这些方法各有优缺点，到目前为止还没有一种方法能够完全模拟实际的气候变化情景。作为全球变化生态学研究的主要手段之一，生态系统增温试验在研究陆地生态系统对全球变暖的响应和适应机理方面有着不可替代的作用。

尽管野外增温试验是研究全球变化与陆地生态系统关系的有效方法，但是由于控制试验侧重于生态系统水平，在空间和时间尺度上均受到限制，其试验结果、结论的外推，以及为区域甚至全球水平的模型提供参数时仍然存在尺度上的问题。通过沿环境因子（如温度、水分等）梯度的控制试验，可以实现从局部（local）到区域（regional）尺度的转换，同时以空间代替时间反映植被和土壤对环境条件的长期反应结果，可完善不同时空尺度模型之间的耦合，因此，沿环境因子梯度进行增温试验已受到越来越多的关注（Saleska，2002；Beier et al.，2004；Dunne et al.，2004；Fukami and Wardle，2005）。沿着环境因子梯度，利用土壤或土壤-植物进行“单向”或者“双向”移栽的方法[如同质园（common garden）]是主要的梯度研究方法（Ineson et al.，1998；Link et al.，2003；Hart，2006），该方法可以设置不同的增温梯度，能同时对不同的植被类型开展比较研究，特别是“双向”移栽，能同时模拟增温和降温的效应（Hart，2006）。由于在实际气候变化过程中，增温与降温是交替进行的（IPCC，2021），以前主要关注“增温”的影响，而很少关注“降温”的作用，因此，通过“双向”移栽试验就可以判断这两种过程的效应及其影响程度，从而为有关模型模拟提供校正参数。但该方法也存在缺点，由于进行的是梯度移栽试验，不同的梯度存在不同的环境因子，这些环境因子不可控，因此环境变异较大，对数据的解释较为复杂（Hart，2006）。

一、山体垂直带“双向”移栽试验设计

为了探讨不同高寒草甸植被类型对增温和降温的响应是否对称或呈线性等科学问题，我们于2007年5月初土壤尚未完全解冻时，在海拔3200～3800m的山体上按照200m间隔对海拔3200m、3400m、3600m和3800m的植被（植物群落+土壤）进行了“双向”移栽（图2-4）。例如，在海拔3200m处获取12个1m×1m、深30cm的植被样方，由于土壤太重，不方便移栽到高海拔，所以将1m×1m的样方划分成4小块，每块为50cm×50cm×30cm，然后用草绳打包，用木板固定，分别移栽到海拔3200m、3400m、3600m和3800m处。为了消除移栽可能造成的影响，在原海拔也进行原位移栽；海拔3400m的植被也分别移栽到海拔3200m、3400m、3600m和3800m处，其他海拔的植被进行类似的“双向”移栽。由于海拔3600m处有几个移栽小区于2009年夏天被老鼠侵入破坏了，所以后期相关指标监测只在海拔3200m、3400m和3800m处进行。

2006～2015年不同海拔土壤温湿度的长期监测数据表明，随着海拔的升高，土壤温湿度随之下降，海拔3200m、3400m和3800m处5cm土壤年平均温度分别为3.9℃、2.4℃和0.3℃，其20cm土壤湿度分别为27.1%、21.2%和8.7%（图2-4和图2-5）。因此，当从高海拔移栽到低海拔时相当于暖湿化情景，而从低海拔移栽到高海拔时相当于冷干化情景。由于不同海拔高寒草甸的类型不同，如海拔3200m为高寒草甸，海拔3400m为高寒灌丛草甸，海拔3800m为垫状高寒草甸，所以物种组成、丰富度及盖度均不同

（表 2-2）。其中，10 年间海拔 3200m、3400m 和 3800m 处 3 个 1m×1m 的样方中分别共出现了 59 种、76 种和 53 种物种（不管出现多少年，只要出现过就算在该海拔存在的物种）。所以，总体上，海拔 3400m 的灌丛草甸物种丰富度最高，海拔 3200m 处高寒草甸物种丰富度次之，而海拔 3800m 处物种丰富度最低（图 2-4）。

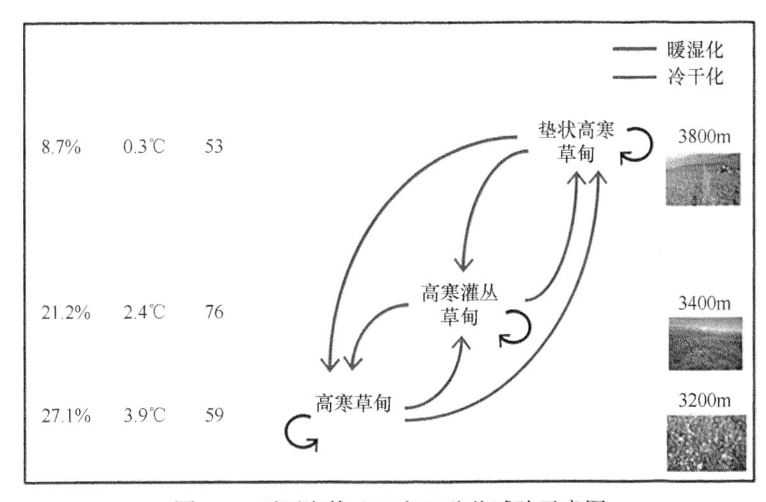

图 2-4　不同海拔“双向”移栽试验示意图

图中数字为 2006～2015 年不同海拔 20cm 土壤平均湿度、5cm 土壤平均温度以及出现的总物种数

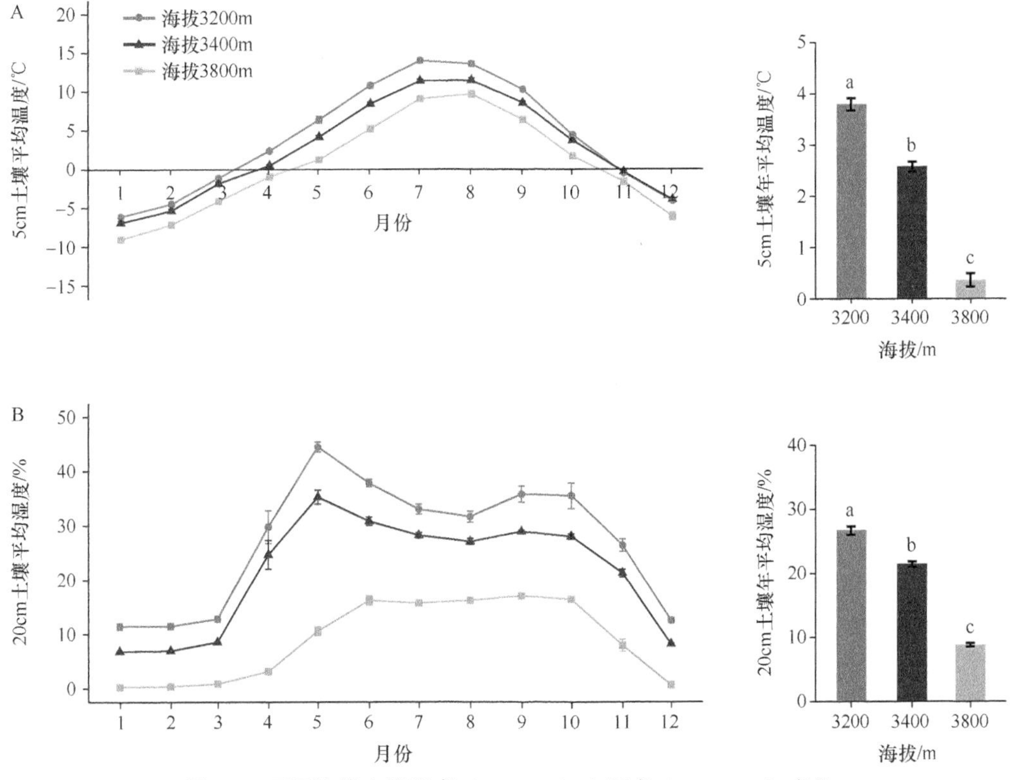

图 2-5　不同海拔土壤温度（5cm，A）和湿度（20cm，B）变化

柱形图中不同小写字母表示差异显著（$P<0.05$）

二、不对称增温和适度放牧试验平台设计

为了真实地模拟全球变暖机制，一种新的增温装置——红外加热器在生态系统控制试验中逐渐得到应用。该装置是通过悬挂在样地上方、可以散发红外线辐射的灯管来实现增温的（Shaver et al.，2000）。大气中二氧化碳浓度增加导致地球表面温度升高，是因为向地面的红外辐射、暖空气的对流均有所增强，有更多的热量向生态系统传递。陆地生态系统表面变暖的效应可以通过适当地增加向地面的红外辐射来进行模拟。从很多方面讲，控制红外辐射较其他气候控制方法更有优势。增加向地面的红外辐射模拟了大气层从上向下的加热特性（Kimball，2005）。然而，目前绝大多数研究都是利用恒定能量投入的红外增温模式（即输入功率恒定不变），由于天然草原白天风力较大，夜晚相对平静，所以这种增温模式造成了白天增温效应没有夜晚理想，甚至白天没有增温效果（Kimball，2005）。为了解决该技术问题，有人发明了能量输出控制系统以便在风力较大时输出更多的功率以保证更好的增温效果（Kimball et al. 2008）。

著者研究团队于 2006 年与美国 Kimball 博士合作，在国际上首次利用自动控制系统和红外加热器在野外建立了第一个自动控制模拟增温试验平台（图 2-6 和图 2-7）。本试验在正六边形各顶点悬挂红外陶瓷加热器，形成一个直径为 3m 的圆形均匀加热增温区。红外陶瓷加热器与地面形成 45°夹角，面向圆形的中心，悬挂高度为离植被冠层 1.2m。增温幅度可以实现自动控制，即对增温小区与对照小区通过红外传感器同时测定植被冠层温度，数据传至数据采集器，将增温小区与对照小区植被冠层温度差值与试验所设定的温度幅度进行比较。通过比例-积分-微分（proportional-integral- derivative，PID）控制系统，使电源电压输出模块输出 0～10V 电源信号（0V 为完全关闭加热器，10V 为 220V 满功率工作），0～10V 信号传至调节开关（Dimmer）（LCED-2484，Kalglo）后， 0～220V 交流电电压输出，控制陶瓷加热器的输出功率。本试验为增温与放牧处理 2 因子

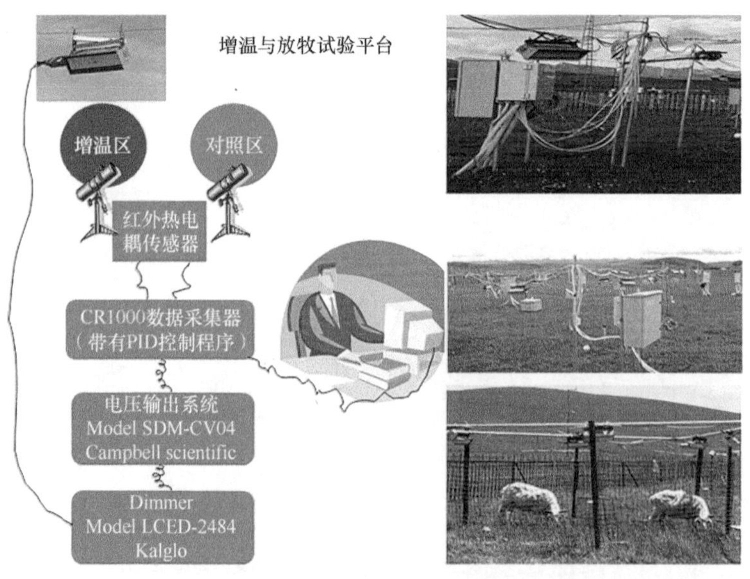

图 2-6　2006 年建立的国际上第一个自动控制模拟增温试验平台

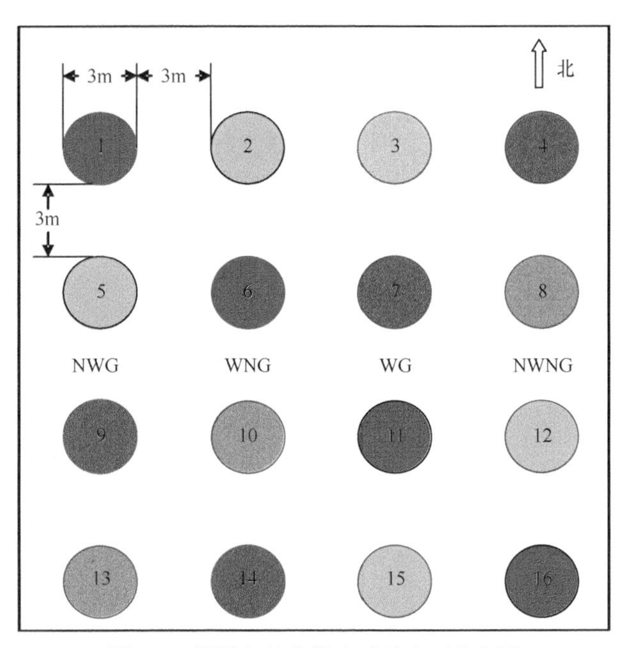

图 2-7 增温与放牧耦合试验小区分布图

小区间隔 3m；NWNG：不增温不放牧处理（3、8、10、13）；NWG：不增温放牧处理（2、5、12、15）；WNG：增温不放牧处理（1、6、11、16）；WG：增温放牧处理（4、7、9、14）

设计，共包括 4 个处理：不增温不放牧（NWNG）、不增温放牧（NWG）、增温不放牧（WNG）和增温放牧（WG），每个处理设有 4 个重复，采用完全随机区组试验设计（图 2-7）。与其他相关试验相比，本试验具有以下 3 个显著特点。

1. 植被冠层非对称增温模式

长期观测和模型模拟结果均表明，气候变化的模式为冬季增温比夏季高，夜晚增温比白天高（IPCC，2021）。然而，到目前为止，绝大多数野外控制增温试验都没有模拟这种不对称气候变化情景。我们借助自动控制系统设计了不对称增温情景，即白天平均增温 1.2℃，晚上平均增温 1.7℃；生长季平均增温 1.5℃，非生长季平均增温 2.0℃的增温模式。增温与不增温小区的 4 对热电耦温度传感器每秒钟扫描一次监测数据，由数据采集器（CR1000）自动采集并记录每 15min 的植被冠层温度、加热器的利用率和所消耗的电功率平均值，我们发现在所有时间尺度上均实现了增温设计目标（图 2-8）。例如，小时尺度上，白天增温小区的植被冠层增温幅度平均为 1.01～1.64℃，而晚上增温幅度为 1.40～1.81℃（图 2-8A，B）；一天尺度上，白天和晚上植被冠层增温幅度分别为 0.14～2.23℃和 0.92～2.50℃，表明白天和晚上增温幅度变化很大。在月和季尺度上（图 2-8C～F），植被冠层增温幅度完全满足了所设定的增温幅度，例如，我们设定的白天增温幅度为 1.20℃，实际季节平均增温幅度达到 1.18℃，晚上所设定的增温幅度为 1.70℃，实际平均增温幅度为 1.69℃（图 2-8E，F）。白天约 75%的时间、晚上约 90%的时间使得实际增温幅度处于所设定的增温幅度的±0.5℃范围内，很少出现极端增幅的情况（>3℃）。而利用 OTC 进行增温时，中午 OTC 内外温差可以达到 6～7℃（Klein et al.，2005），可能会对高寒植物形成热应激效应。

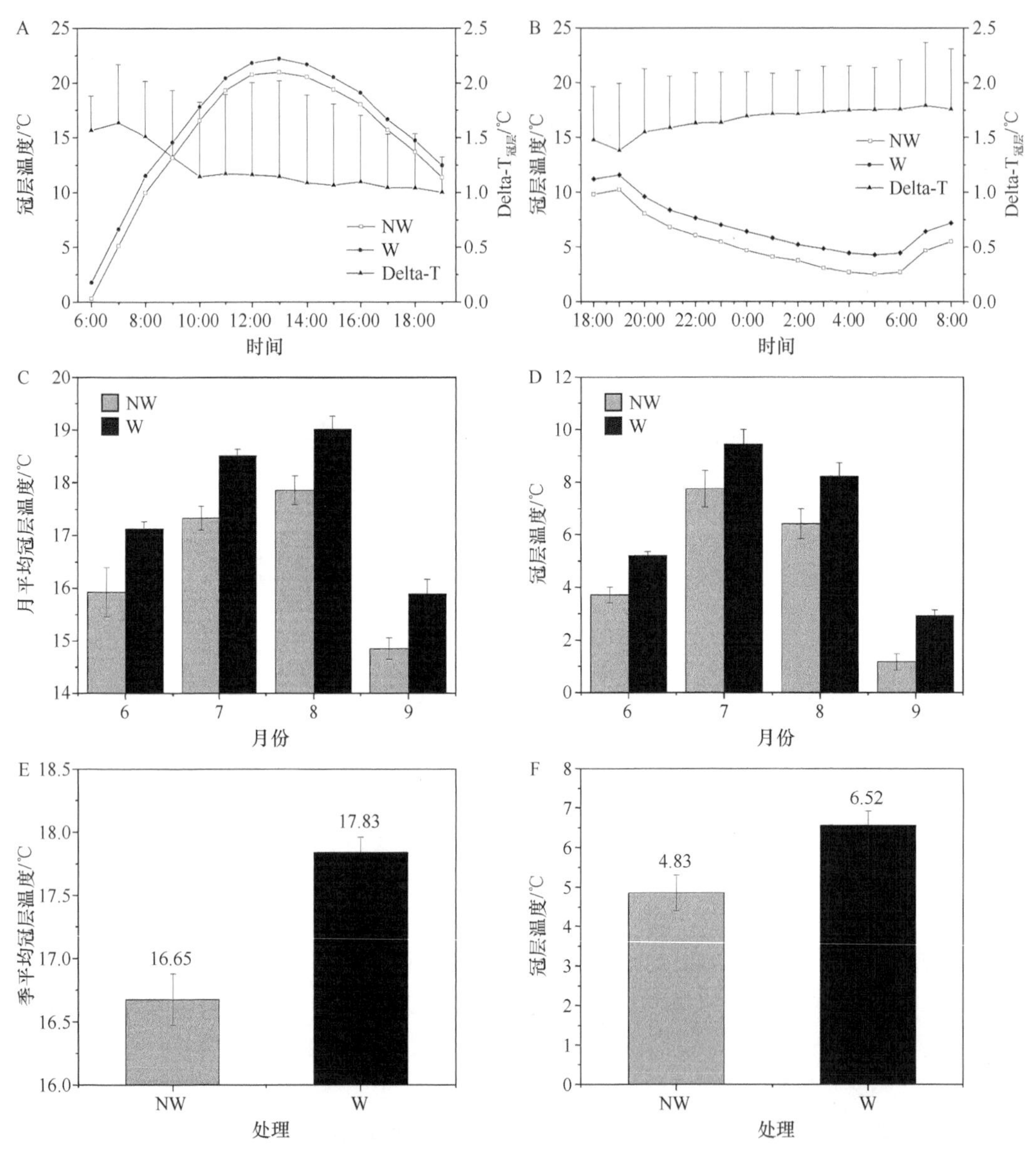

图 2-8 红外加热器自动控制系统对植物冠层的增温效果与所设定增温梯度的比较

A、C、E 为白天植被冠层温度；B、D、F 为晚上植被冠层温度。NW：不增温；W：增温；Delta-T：增温与不增温处理的土壤温度差异

2. 增温小区能量空间分布相对均匀

有研究表明，如果将红外加热器简单地悬挂在增温小区的中央，会造成增温小区植被能量分布存在很大的空间异质性，增温小区中间位置与边缘位置的冠层温度可相差20℃以上（图 2-9A）（Kimball et al.，2008）；而利用 6 个红外加热器均匀分布在六边形的顶点方式增温时，增温小区的能量分布则相对均匀（图 2-9B 和图 2-10）。

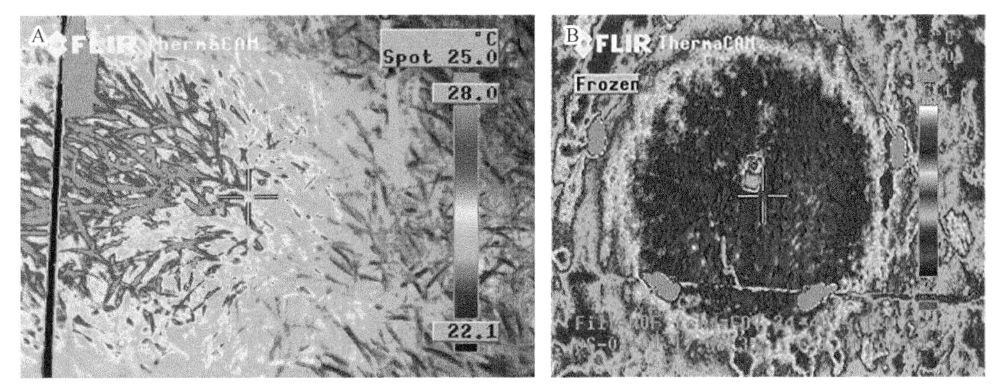

图 2-9　自由增温试验加热区域热成像图（Kimball et al.，2008）

A. 悬挂单个 Kalglo 红外加热器；B. 正六边形方式悬挂陶瓷加热器

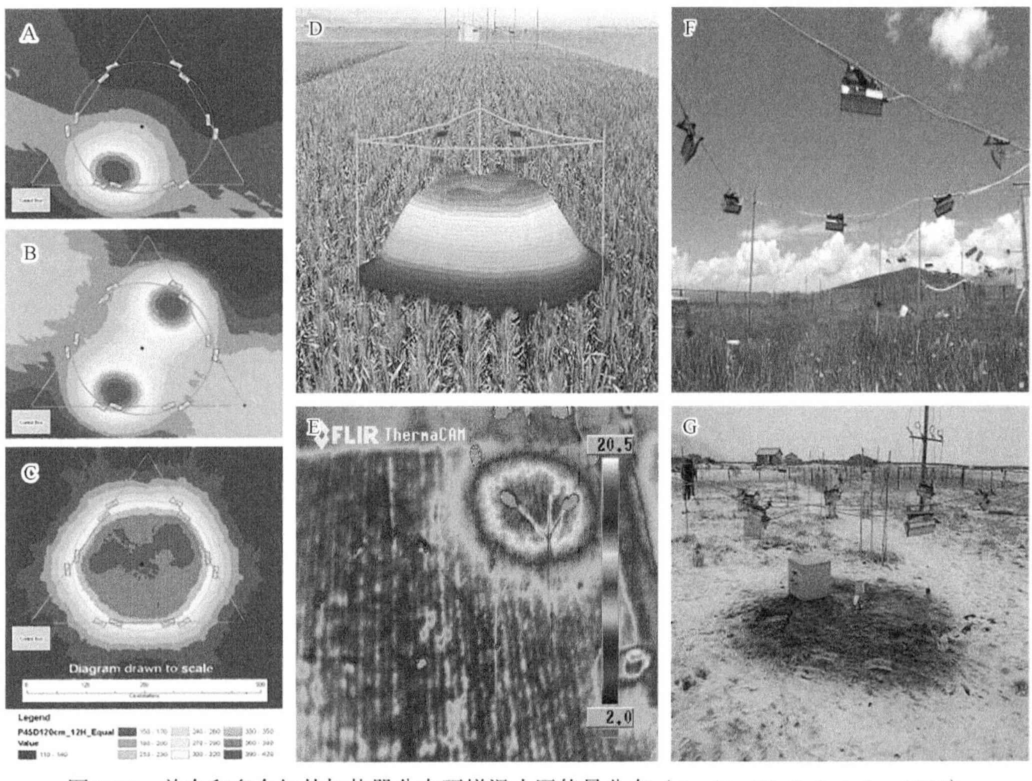

图 2-10　单个和多个红外加热器分布下增温小区能量分布（A～E，Kimball et al.，2008）及其在海北站增温效果图（F、G）

3. 增温与放牧试验的互作效应

放牧是天然草地的主要利用方式，其与气候变化共同作用于高寒草甸生态系统。然而，国内外大多数气候变化控制试验研究基本上都没有考虑放牧的耦合作用（Wang et al.，2012），这可能会造成有关研究结果的不确定性。已有研究表明，气候变化对天然草地生态系统的影响受到放牧的调控（Klein et al.，2007；Post and Pedersen，2008；Wang et al.，2012）。以往国内外很多放牧试验都已经证明过度放牧导致天然草地生态系统的退化，自

21 世纪以来我国已经开展了各类型的生态工程建设，包括“草畜平衡”措施的实施。因此，未来主要是在气候变化情景下以适度放牧为主的草地管理模式。该试验平台设计了不对称增温与适度放牧 2 因子共 4 个处理，期望通过增温与放牧耦合的长期试验研究，解析气候变化与放牧对高寒草甸生态系统结构和功能相对影响过程及其机制。

增温试验自 2006 年 5 月 26 日起开始。放牧试验是在有放牧处理的小区内圈 2 只绵羊（2006 年放牧 1 只羊），夏季放牧水平、放牧时间视植被状况而定，总体上牧草年利用率约 50%。2006 年只进行了一次放牧（8 月 16 日），放牧前后植被高度分别为 8～9cm 和 4～5cm（植被高度为放牧小区放牧前后 100 个点高度的平均值，下同）；2007 年进行了 3 次放牧（7 月 13 日、8 月 3 日和 9 月 12 日），放牧前后的植被高度分别为 6～7cm 和 3～4cm；2008 年进行了 2 次放牧（7 月 8 日和 8 月 20 日），放牧前后的植被高度分别为 6～7cm 和 3～4cm；2009 年进行了 2 次放牧（7 月 9 日和 8 月 24 日），放牧前后的植被高度分别为 10～11cm 和 5～6cm；2010 年进行了 2 次放牧(7 月 7 日和 8 月 23 日)，放牧前后的植被高度分别为 8～9cm 和 4～5cm。另外，为了模拟当地冬季放牧的情景，2011～2015 年，利用前一年 11 月和第二年 3 月刈割地上立枯生物量的 50%左右模拟放牧处理（Zhu et al.，2015）。由于夏季放牧和冬季放牧对高寒草甸生态系统的影响可能不同，而当地天然草地利用方式存在草场轮换利用的传统（即分为夏季牧场和冬季牧场），所以应开展不同季节放牧效应及其对增温效应的调控作用研究，以期更全面地了解影响高寒草甸生态系统结构和功能的驱动因子、过程及其机制。

三、增温和放牧对土壤温度及湿度的影响

1. 增温和放牧对土壤昼夜温度差的影响

2006 年，5cm 土壤增温与不增温处理之间温度差最大值出现在 12:00，差值为 3.16℃，平均温度差为 2.71℃；增温与不增温处理之间温度差最小值出现在 19:00，差值为 2.40℃（图 2-11A）。然而在 2007 年，增温与不增温处理之间土壤温度差的变化模式因放牧与否，存在相反的变化趋势（Luo et al.，2010），如不放牧条件下增温（即 WNG 与 NWNG 的差异）导致晚上 5cm 土壤温度平均增加 1.2℃左右，而在白天平均增加 1.4℃左右，且全天均存在显著差异；相反，在放牧条件下增温（即 WG 与 NWG 的差异）导致晚上 5cm 土壤温度平均增加 1.5℃左右，而在白天增温的效果不显著（平均增加 0.9℃左右）（图 2-11B）。主要原因是放牧的增温效应主要发生在白天，如 NWG 与 NWNG 处理 5cm 土壤温度差白天最高可达 2.2℃，而晚上最低只有 0.4℃左右，且差异不显著；对于 WG 与 WNG 间的差异表现出类似的变化模式，但极差（白天最高温度差与晚上最低温度差的差值）要减小很多，特别是这两个处理白天 5cm 土壤温度的差异不显著；而同时增温放牧处理与对照相比（即 WG 与 NWNG 比较），其增温幅度最大，且白天增幅大于晚上增幅（图 2-11B）。这些结果表明，红外增温方式对土壤温度的影响与对植被冠层的影响相同，主要体现在夜间的增温，白天增温幅度相对较小，因为白天气象条件不稳定，特别是风速较大。相反，放牧对土壤温度的影响白天大于晚上，因为放牧主要是通过影响植物群落高度和盖度，进而影响太阳辐射并对土壤温度产生影响，晚上没有太阳辐射时，

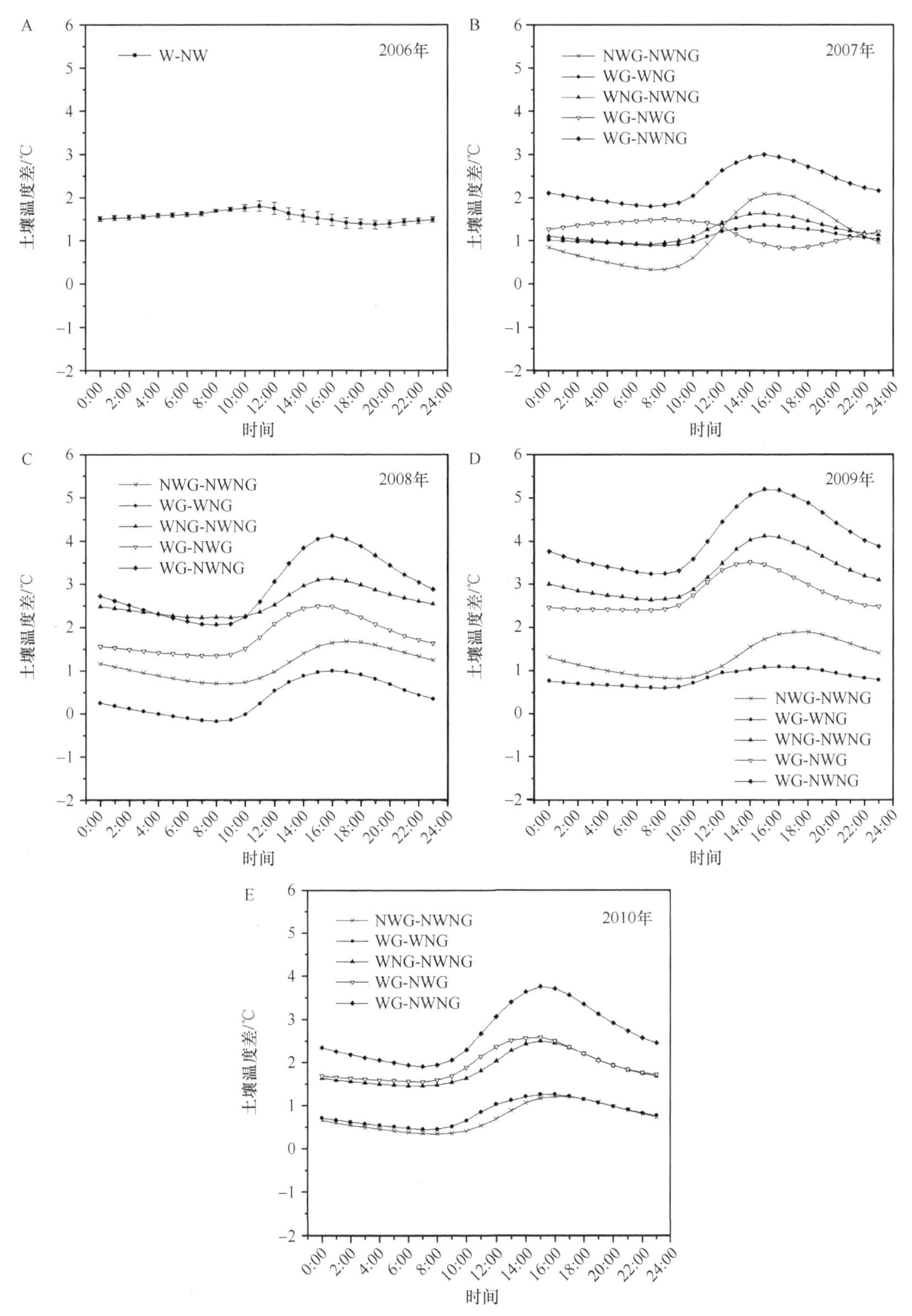

图 2-11　2006～2010 年不同处理对 5cm 土壤昼夜温度差的影响模式

NWNG：不增温不放牧；NWG：不增温放牧；WNG：增温不放牧；WG：增温放牧；试验期间为暖季自然放牧

放牧小区因为群落低矮甚至裸斑而增强了向大气的辐射量，从而使得土壤温度快速下降。这种不同处理产生的不同增温模式，有可能产生不同的生态功能。例如，白天增温部分缓解了低温的限制，因而可能有利于高寒植物的光合作用；相反，夜晚增温可能更有利于土壤和生态系统的呼吸作用。由于增温与放牧对土壤增温模式不同，放牧调控增温对高寒草甸生态系统的影响可能主要来源于其对土壤温度变化的调控作用，这一点对于后面各相关章节的理解非常重要。相对于土壤温度昼夜变化模式而言，各处理间土壤湿度差异的昼夜变化模式不明显。

2008～2009 年 5cm 深度不同处理土壤温度差的变化趋势与 2007 年有所不同，主要体现在不同处理温度差均是白天大于晚上（图 2-11C～E）。2008 年，5cm 深度土壤 NWG 与 NWNG 处理之间温度差最大值出现在 17:00，差值为 1.67℃，平均温度差为 1.67℃；WG 与 WNG 之间温度差最大值出现在 16:00，差值为 0.99℃，平均温度差为 0.42℃；WNG 与 NWNG 处理之间温度差最大值出现在 16:00，差值为 3.11℃，平均温度差为 2.60℃；WG 与 NWNG 处理之间温度差最大值出现在 16:00，差值为 4.11℃，平均温度差为 3.02℃；WG 与 NWG 之间温度差最大值出现在 15:00，平均温度差为 2.49℃（图 2-11C）。

2009 年，5cm 深度土壤 NWG 与 NWNG 之间平均温度差为 1.30℃，最大温度差为 1.90℃，出现在 18:00；WG 与 WNG 之间平均温度差为 0.83℃，最大温度差为 1.09℃，出现在 16:00；WNG 与 NWNG 之间平均温度差为 3.24℃，最大温度差为 4.13℃，出现在 15:00；WG 与 NWG 之间平均温度差为 2.77℃，最大温度差为 3.52℃，出现在 14:00；WG 与 NWNG 之间平均温度差为 4.07℃，最大温度差为 5.20℃，出现在 15:00，14:00～17:00 温度差均超过 5℃（图 2-11D）。

2010 年，5cm 深度土壤 NWG 与 NWNG 之间平均温度差为 0.73℃，最大温度差为 1.20℃，出现在 16:00；WG 与 WNG 之间平均温度差为 0.83℃，最大温度差为 1.26℃，出现在 16:00；WNG 与 NWNG 之间平均温度差为 1.84℃，最大温度差为 2.50℃，出现在 15:00；WG 与 NWG 之间平均温度差为 1.94℃，最大温度差为 2.59℃，出现在 15:00；WG 与 NWNG 之间平均温度差为 2.67℃，最大温度差为 3.75℃，出现在 15:00，12:00～19:00 温度差均超过 3℃（图 2-11E）。

2011 年以后增温处理改为只生长季增温（4～10 月），且放牧处理改变为冬季刈割模拟冬季放牧，不同年份、不同处理 5cm 深度土壤温度变化模式不尽相同。2011 年，5cm 深度土壤 NWG 与 NWNG 之间平均温度差为 0.60℃，最大温度差为 1.07℃，出现在 17:00；WG 与 WNG 之间平均温度差为 0.63℃，最大温度差为 1.02℃，出现在 18:00；WNG 与 NWNG 之间平均温度差为 1.62℃，最大温度差为 2.02℃，出现在 14:00；WG 与 NWG 之间平均温度差为 1.65℃，最大温度差为 1.90℃，出现在 13:00；WG 与 NWNG 之间平均温度差为 2.26℃，最大温度差为 2.88℃，出现在 16:00（图 2-12A）。

2012 年，5cm 深度土壤 NWG 与 NWNG 之间平均温度差为 0.84℃，最大温度差为 1.39℃，出现在 16:00，13:00～21:00 温度差超过 1℃；WG 与 WNG 之间温度差平均为 0.92℃，最大温度差为 1.45℃，出现在 17:00，13:00～22:00 温度差超过 1℃；WNG 与 NWNG 之间平均温度差为 1.23℃，最大温度差为 1.53℃，出现在 14:00，13:00、14:00 温度差超过 1.5℃；WG 与 NWG 之间平均温度差为 1.31℃，最大温度差为 1.49℃，出现

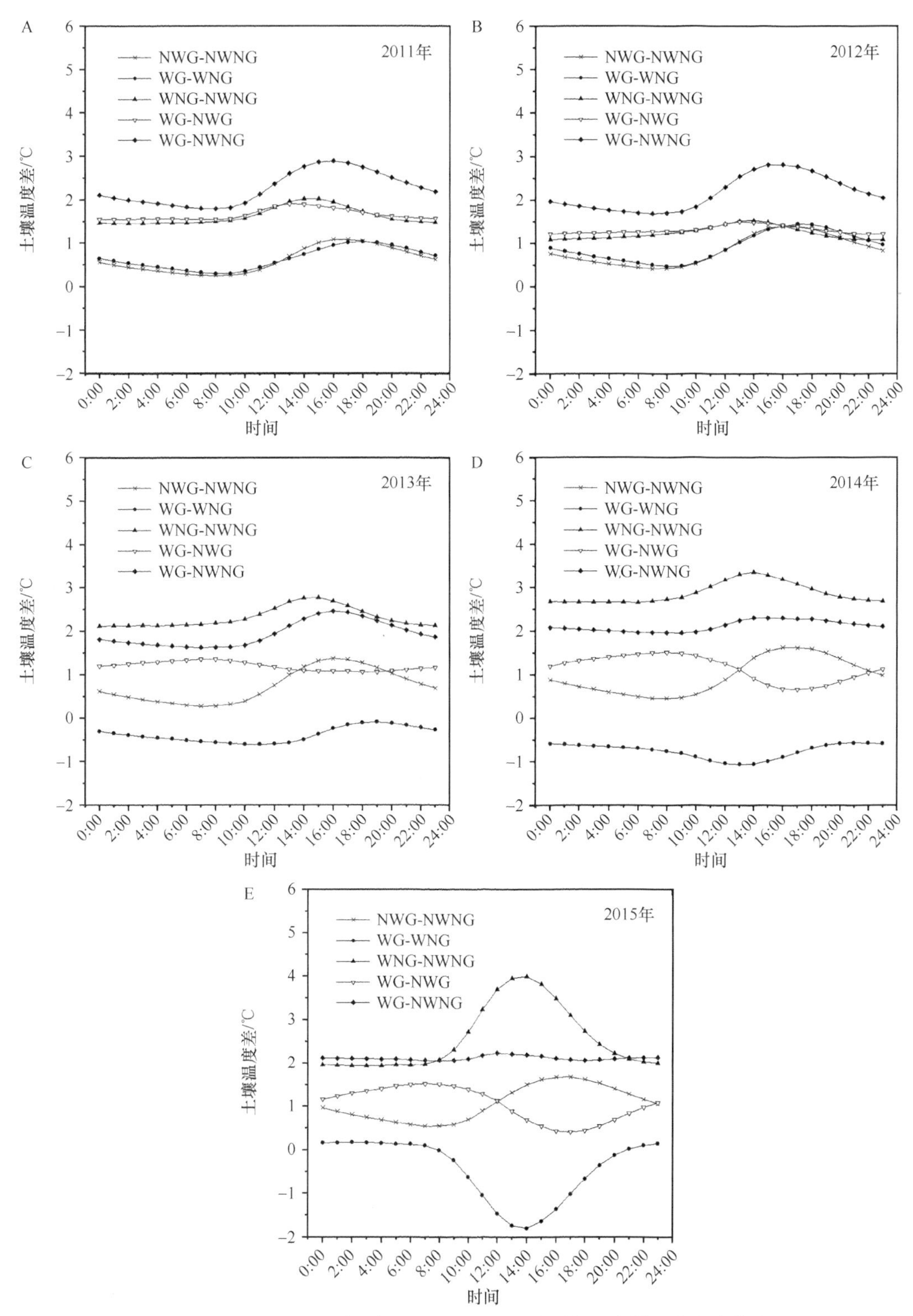

图 2-12　2011～2015 年不同处理对 5cm 土壤昼夜温度差异的影响模式

NWNG：不增温不放牧；NWG：不增温放牧；WNG：增温不放牧；WG：增温放牧；该 5 年试验期间为冬季刈割模拟放牧

在 13:00，12:00～16:00 温度差超过 1.4℃；WG 与 NWNG 之间平均温度差为 2.15℃，最大温度差为 2.81℃，出现在 16:00，11:00～23:00 温度差均超过 2℃（图 2-12B）。

2013 年，5cm 深度土壤 NWG 与 NWNG 之间平均温度差为 0.74℃，最大温度差为 1.38℃，出现在 16:00，14:00～20:00 的温度差超过 1℃；WG 与 WNG 之间平均温度差为–0.38℃，最大温度差为–0.60℃，出现在 11:00，所有时段温度差在 0℃以下，说明在增温背景下冬季放牧降低了 5cm 土壤温度；WNG 与 NWNG 之间平均温度差为 2.32℃，最大温度差为 2.77℃，出现在 15:00，所有时段温度差超过 2℃；WG 与 NWG 之间平均温度差为 1.20℃，最大温度差为 1.35℃，出现在 7:00，所有时段温度差超过 1℃；WG 与 NWNG 之间平均温度差为 1.94℃，最大温度差为 2.46℃，出现在 16:00，13:00～21:00 温度差均超过 2℃（图 2-12C）。

2014 年，5cm 深度土壤 NWG 与 NWNG 之间平均温度差为 0.97℃，最大温度差为 1.62℃，出现在 16:00，13:00～22:00 温度差超过 1℃；WG 与 WNG 之间平均温度差为–0.75℃，最大温度差为–1.06℃，出现在 13:00，11:00～13:00 温度差小于–1℃；WNG 与 NWNG 之间平均温度差为 2.87℃，最大温度差为 3.36℃，出现在 14:00；WG 与 NWG 之间平均温度差为 1.14℃，最大温度差为 1.50℃，出现在 8:00；WG 与 NWNG 之间平均温度差为 2.11℃，最大温度差为 2.30℃，出现在 14:00（图 2-12D）。

2015 年，5cm 深度土壤 NWG 与 NWNG 之间平均温度差为 1.06℃，最大温度差为 1.67℃，出现在 17:00；WG 与 WNG 之间平均温度差为–0.44℃，最大温度差为–1.80℃，出现在 14:00；WNG 与 NWNG 之间平均温度差为 2.56℃，最大温度差为 4.00℃，出现在 14:00；WG 与 NWG 之间平均温度差为 1.05℃，最大温度差为 1.52℃，出现在 7:00；WG 与 NWNG 之间平均温度差为 2.12℃，最大温度差为 2.23℃，出现在 12:00，所有时间段温度差均超过 2℃（图 2-12E）。

2. 增温和放牧对生长季土壤平均温度的影响

2006 年增温使生长季（5～10 月）0cm、5cm、10cm 和 20cm 土壤温度平均增温 2.64℃、2.75℃、2.44℃和 2.07℃（图 2-13A）。2007 年生长季（4～10 月）NWNG、NWG、WNG 和 WG 4 种处理 0cm 土壤生产季平均温度分别为 10.44℃、12.33℃、11.38℃和 13.62℃，5cm 深度土壤温度分别为 8.62℃、9.78℃、9.89℃和 10.89℃，10cm 深度土壤平均温度分别为 8.73℃、9.16℃、9.37℃和 9.72℃，20cm 深度土壤平均温度分别为 7.54℃、8.40℃、8.56℃和 9.63℃（图 2-13B）。

2008 年生长季（4～10 月）NWNG、NWG、WNG 和 WG 4 种处理 0cm 土壤生长季平均温度分别为 9.37℃、12.02℃、11.65℃和 13.74℃，5cm 深度土壤平均温度分别为 7.62℃、8.78℃、10.25℃和 10.63℃，10cm 深度土壤平均温度分别为 7.37℃、8.53℃、9.68℃和 10.25℃，20cm 深度土壤平均温度分别为 6.98℃、7.91℃、8.81℃和 9.63℃（图 2-13C）。2009 年生长季（4～10 月）NWNG、NWG、WNG 和 WG 4 种处理 0cm 土壤生长季平均温度分别为 9.62℃、12.69℃、12.57℃和 16.04℃，5cm 深度土壤平均温度分别为 7.72℃、9.02℃、10.96℃和 11.79℃，10cm 深度土壤平均温度分别为 7.41℃、8.70℃、10.40℃和 11.15℃，20cm 深度土壤平均温度分别为 6.98℃、8.02℃、9.54℃和 10.59℃（图 2-13D）。2010 年生长季（4～10 月）NWNG、NWG、WNG 和 WG 4 种处理 0cm 土壤生长季平均

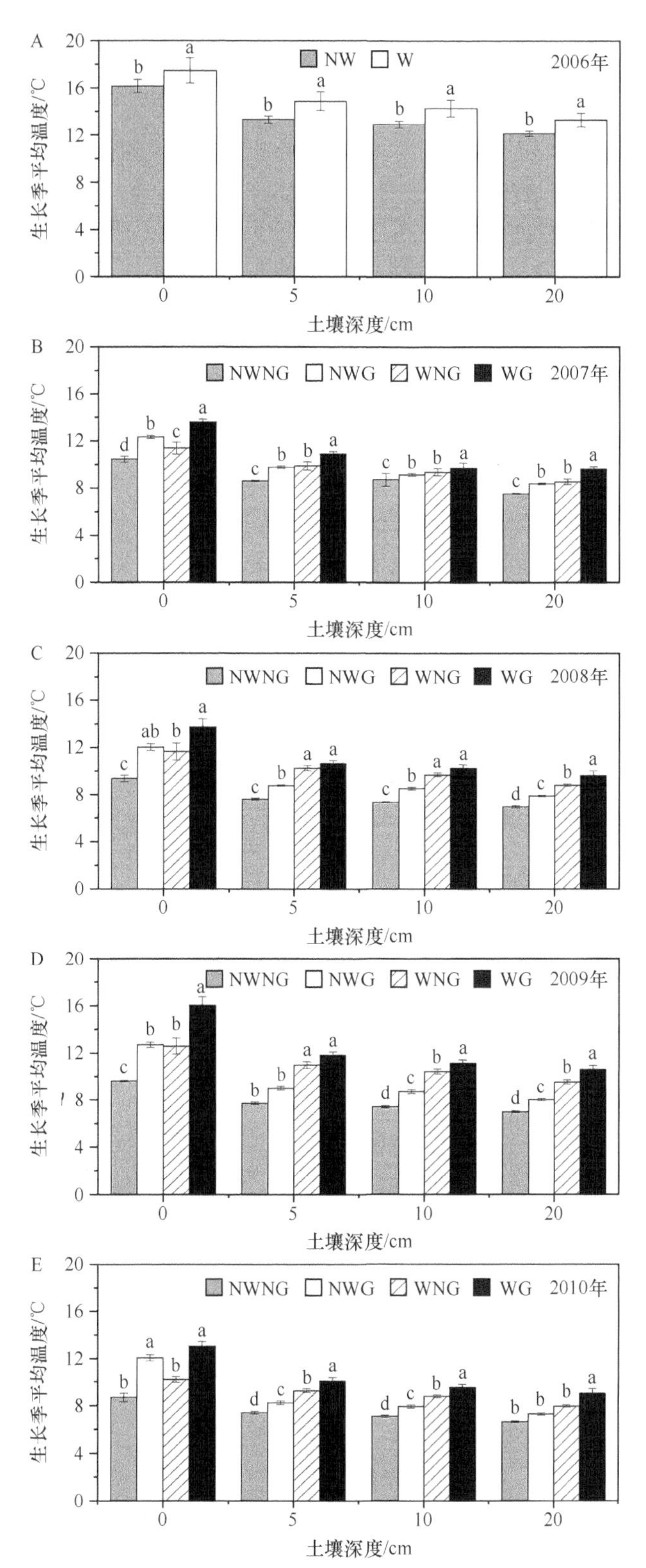

图 2-13　2006 年（5～10 月）和 2007～2010 年生长季（4～10 月）不同处理对不同深度土壤温度的影响

不同小写字母表示差异显著（$P<0.05$），后同

温度分别为 8.69℃、12.05℃、10.18℃和 13.06℃，5cm 深度土壤平均温度分别为 7.41℃、8.25℃、9.25℃和 10.07℃，10cm 深度土壤平均温度分别为 7.10℃、7.92℃、8.76℃和 9.52℃，20cm 深度土壤平均温度分别为 6.63℃、7.30℃、7.98℃和 9.01℃（图 2-13E）。

2011 年生长季（4～10 月）NWNG、NWG、WNG 和 WG 4 种处理 0cm 土壤平均温度分别为 8.46℃、9.96℃、9.44℃和 10.99℃，5cm 深度土壤平均温度分别为 6.98℃、7.57℃、8.60℃和 9.23℃，10cm 深度土壤温度分别为 6.68℃、7.37℃、8.13℃和 8.62℃，20cm 深度土壤温度分别为 6.23℃、6.59℃、7.38℃和 8.08℃（图 2-14A）。2012 年生长季（4～10 月）NWNG、NWG、WNG 和 WG 4 种处理 0cm 土壤平均温度分别为 8.10℃、10.21℃、9.39℃和 10.60℃，5cm 深度土壤平均温度分别为 7.02℃、7.84℃、8.27℃和 9.18℃，10cm 深度土壤平均温度分别为 6.74℃、6.60℃、7.82℃和 8.60℃，20cm 深度土壤平均温度分别为 6.30℃、6.87℃、7.10℃和 8.07℃（图 2-14B）。2013 年生长季（4～10 月）NWNG、NWG、WNG 和 WG 4 种处理 0cm 土壤平均温度分别为 10.49℃、12.78℃、11.85℃和 13.66℃，5cm 深度土壤平均温度分别为 8.13℃、8.88℃、10.41℃和 10.07℃，10cm 深度土壤平均温度分别为 7.78℃、8.50℃、9.80℃和 9.50℃，20cm 深度土壤平均温度分别为 7.26℃、7.79℃、8.83℃和 9.01℃（图 2-14C）。2014 年生长季（4～10 月）NWNG、NWG、WNG 和 WG 4 种处理 0cm 土壤平均温度分别为 9.71℃、11.86℃、12.43℃和 13.00℃，5cm 深度土壤平均温度分别为 8.00℃、8.97℃、10.86℃和 10.11℃，10cm 深度土壤平均温度分别为 7.67℃、8.61℃、10.26℃和 9.55℃，20cm 深度土壤平均温度分别为 7.18℃、7.95℃、9.27℃和 9.14℃（图 2-14D）。2015 年生长季（4～10 月）NWNG、NWG、WNG 和 WG 4 种处理 5cm 深度土壤平均温度分别为 7.50℃、8.63℃、10.00℃和 9.60℃，10cm 深度土壤平均温度分别为 7.13℃、8.23℃、9.07℃和 9.08℃，20cm 深度土壤平均温度分别为 6.57℃、7.48℃、8.06℃和 8.50℃（图 2-14E）。

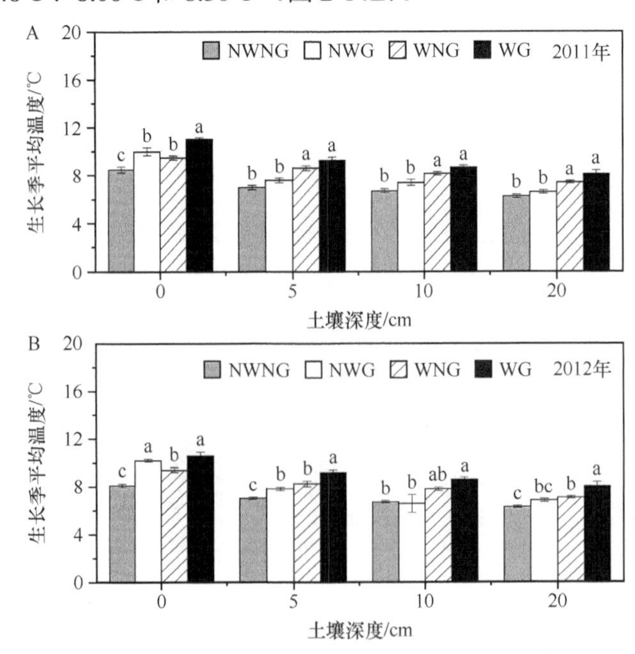

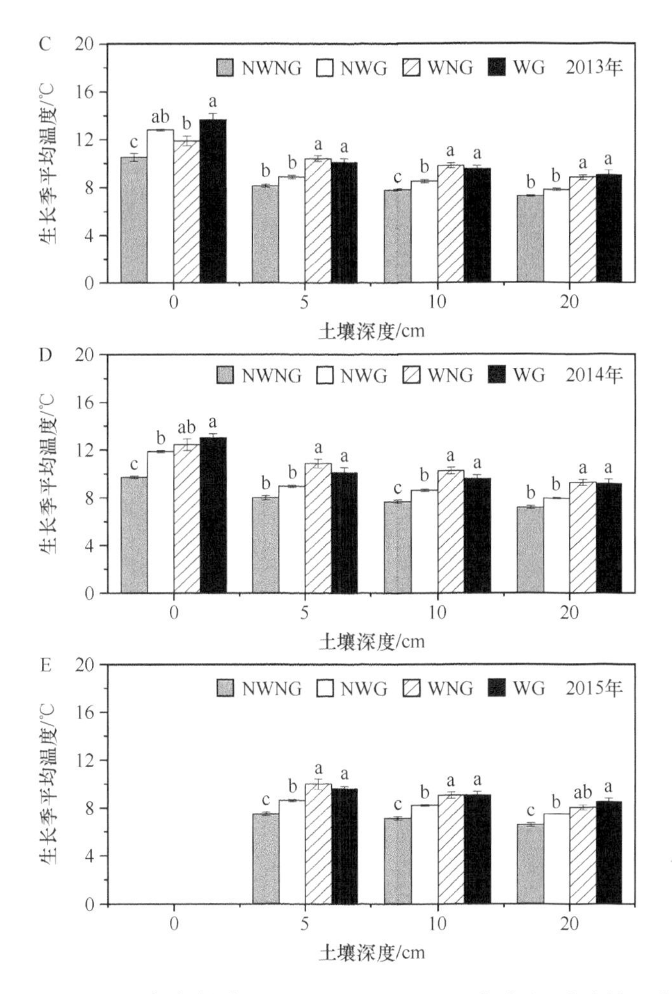

图 2-14　2011～2015 年生长季（4～10 月）不同处理对不同深度土壤温度的影响

3. 增温和放牧对生长季土壤平均湿度的影响

2006 年生长季（5～10 月）增温有降低土壤湿度的趋势，但各处理间差异不显著（图 2-15A）。10cm 深度 NWNG、NWG、WNG 和 WG 处理土壤湿度分别为 29.46%、30.10%、28.50%和 26.19%，20cm 深度 NWNG、NWG、WNG 和 WG 处理土壤湿度分别为 27.07%、29.43%、27.76%和 22.04%，30cm 深度 NWNG、NWG、WNG 和 WG 处理土壤湿度分别为 31.80%、27.58%、26.76%和 24.31%，40cm 深度 NWNG、NWG、WNG 和 WG 处理土壤湿度分别为 32.18%、27.71%、25.63%和 23.95%。整个生长季 NWNG、NWG、WNG 和 WG 处理 10～40cm 土壤平均湿度分别为 30.13%、28.71%、27.16%和 24.12%（图 2-15A）。

2007 年各处理之间生长季（4～10 月）土壤平均湿度也没有显著差异（图 2-15B），10cm 深度 NWNG、NWG、WNG 和 WG 处理土壤湿度分别为 26.43%、26.16%、26.16%和 26.50%，20cm 深度 NWNG、NWG、WNG 和 WG 处理土壤湿度分别为 24.24%、25.72%、25.49%和 22.16%，30cm 深度 NWNG、NWG、WNG 和 WG 处理土壤湿度分

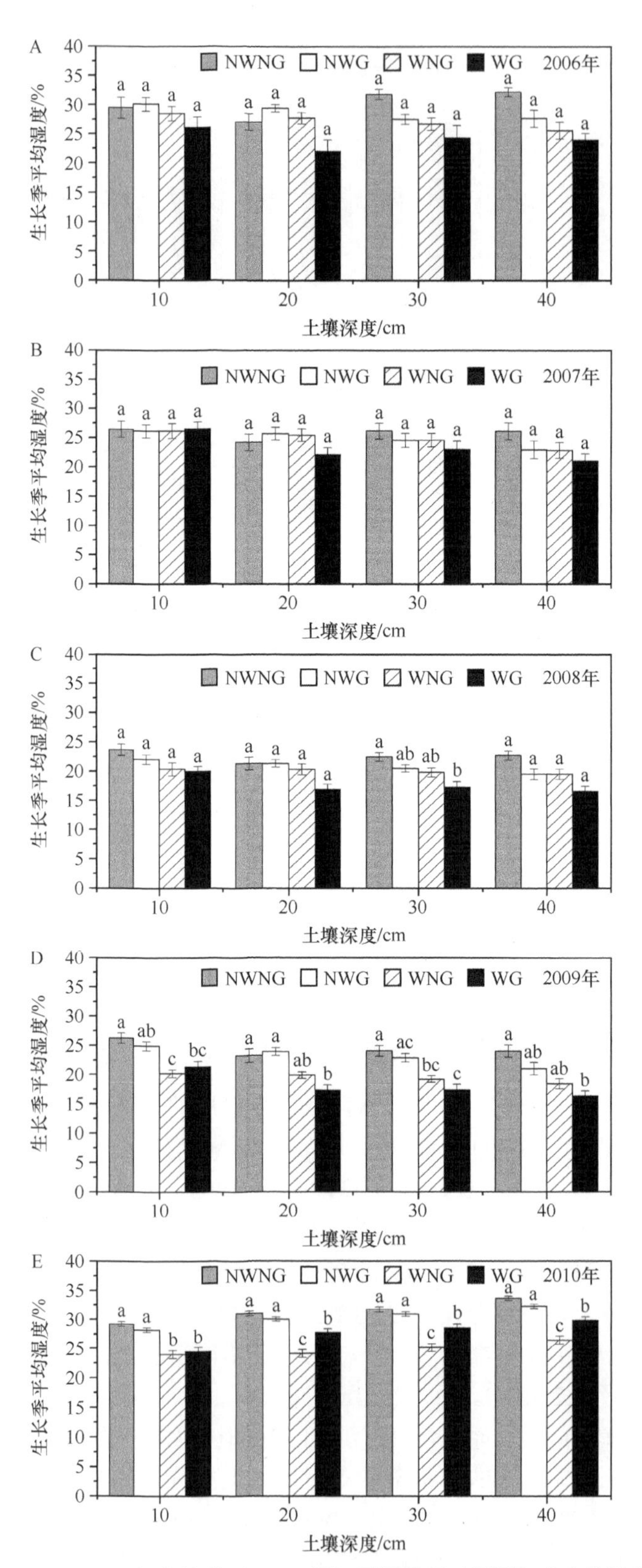

图 2-15　2006～2010 年生长季（4～10 月）不同处理对不同深度土壤湿度的影响

别为26.15%、24.59%、24.61%和23.04%，40cm深度NWNG、NWG、WNG和WG处理土壤湿度分别为26.14%、23.01%、22.91%和21.08%。整个生长季NWNG、NWG、WNG和WG处理10～40cm土壤平均湿度分别为25.74%、24.87%、24.79%和23.20%(图2-15B)。

2008年各处理之间生长季（4～10月）土壤平均湿度有显著差异，且其影响程度因深度不同而有所不同（图2-15C）。例如，2008年各处理之间10cm、20cm和40cm土壤湿度没有显著差异，只有30cm深度各处理之间存在显著差异，以不增温不放牧处理土壤湿度最高、增温放牧处理土壤湿度最低。10cm深度NWNG、NWG、WNG和WG处理土壤湿度分别为23.86%、22.06%、20.36%和20.00%，20cm深度NWNG、NWG、WNG和WG处理土壤湿度分别为21.33%、21.35%、20.34%和16.96%，30cm深度NWNG、NWG、WNG和WG处理土壤湿度分别为22.45%、20.48%、19.83%和17.30%，40cm深度NWNG、NWG、WNG和WG处理土壤湿度分别为22.69%、19.51%、19.53%和16.56%。整个生长季NWNG、NWG、WNG和WG处理10～40cm土壤平均湿度分别为22.54%、20.85%、20.01%和17.70%（图2-15C）。

2009年各处理之间生长季（4～10月）土壤平均湿度存在显著差异，而且其影响程度因深度不同而不同，其中10cm、20cm、30cm和40cm深度处理之间都存在显著差异，以增温放牧处理土壤湿度最低（图2-15D）。10cm深度NWNG、NWG、WNG和WG处理土壤湿度分别为26.27%、24.91%、20.19%和21.37%，20cm深度NWNG、NWG、WNG和WG处理土壤湿度分别为23.25%、23.95%、19.90%和17.32%，30cm深度NWNG、NWG、WNG和WG处理土壤湿度分别为24.06%、22.92%、19.21%和17.38%，40cm深度NWNG、NWG、WNG和WG处理土壤湿度分别为24.02%、21.05%、18.44%和16.32%。整个生长季NWNG、NWG、WNG和WG处理10～40cm土壤平均湿度分别为24.40%、23.20%、19.43%和18.10%（图2-15D）。

2010年各处理之间生长季（4～10月）土壤平均湿度有显著差异，而且其影响程度因深度不同而不同。10cm、20cm、30cm和40cm深度处理之间都有显著差异，以增温放牧处理土壤湿度最低（图2-15E）。10cm深度NWNG、NWG、WNG和WG处理土壤湿度分别为29.26%、28.27%、24.01%和24.51%，20cm深度NWNG、NWG、WNG和WG处理土壤湿度分别为31.03%、30.07%、24.13%和27.76%，30cm深度NWNG、NWG、WNG和WG处理土壤湿度分别为31.71%、30.93%、25.13%和28.55%，40cm深度NWNG、NWG、WNG和WG处理土壤湿度分别为33.63%、32.26%、26.48%和29.81%。整个生长季NWNG、NWG、WNG和WG处理10～40cm土壤平均湿度分别为31.41%、30.38%、24.94%和27.66%（图2-15E）。

2011年生长季(4～10月)各处理之间土壤平均湿度没有显著差异。10cm深度NWNG、NWG、WNG和WG处理土壤湿度分别为25.35%、25.90%、25.54%和26.19%，20cm深度NWNG、NWG、WNG和WG处理土壤湿度分别为22.63%、23.74%、24.21%和21.06%，30cm深度NWNG、NWG、WNG和WG处理土壤湿度分别为22.58%、22.88%、22.75%和20.40%，40cm深度NWNG、NWG、WNG和WG处理土壤湿度分别为21.29%、21.60%、21.10%和18.71%。整个生长季NWNG、NWG、WNG和WG处理10～40cm土壤平均湿度分别为22.96%、23.53%、23.40%和21.59%（图2-16A）。

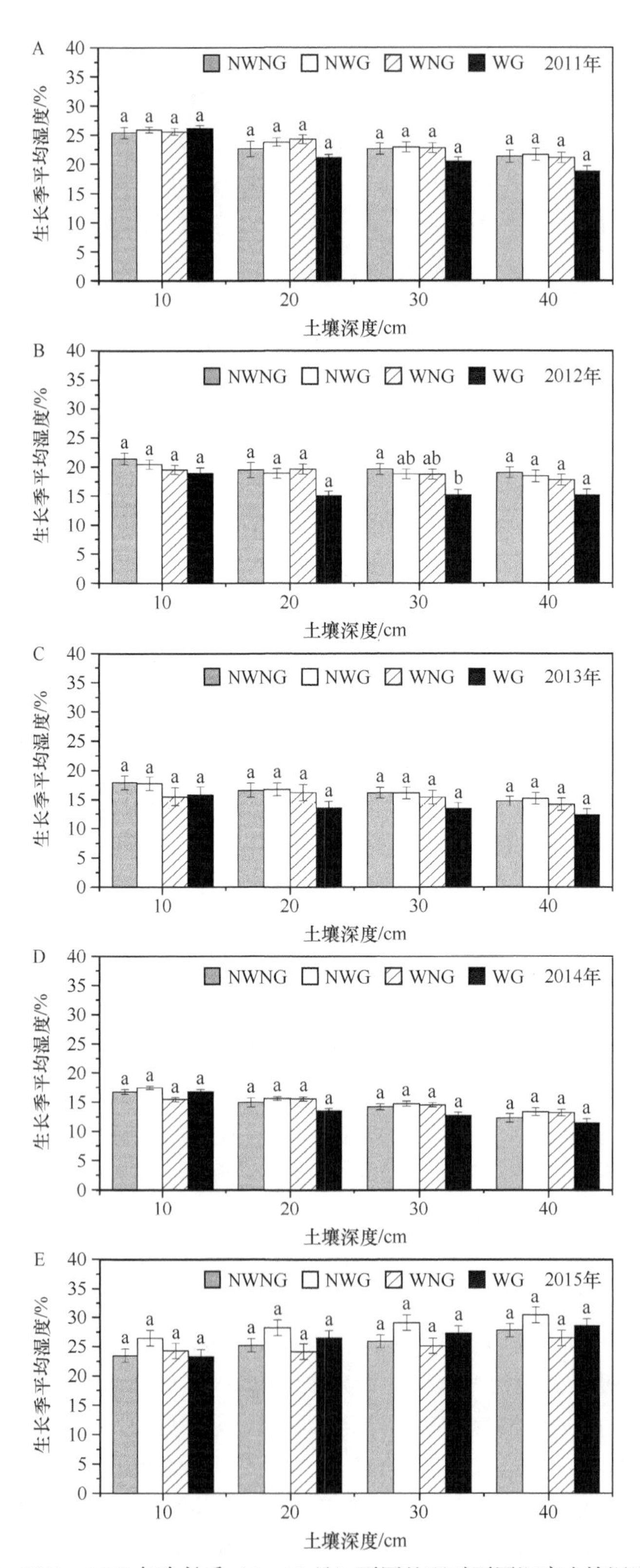

图 2-16　2011～2015 年生长季（4～10 月）不同处理对不同深度土壤湿度的影响

2012 年生长季（4～10 月）各处理之间平均土壤湿度没有显著差异。10cm 深度 NWNG、NWG、WNG 和 WG 处理土壤湿度分别为 21.43%、20.48%、19.52%和 18.96%，20cm 深度 NWNG、NWG、WNG 和 WG 处理土壤湿度分别为 19.51%、18.87%、19.64%和 15.05%，30cm 深度 NWNG、NWG、WNG 和 WG 处理土壤湿度分别为 19.61%、18.76%、18.72%和 15.17%，40cm 深度 NWNG、NWG、WNG 和 WG 处理土壤湿度分别为 19.03%、18.42%、17.77%和 15.18%。整个生长季 NWNG、NWG、WNG 和 WG 处理 10～40cm 土壤平均湿度分别为 19.89%、19.13%、18.91%和 16.09%（图 2-16B）。

2013 年生长季（4～10 月）各处理之间平均土壤湿度没有显著差异。10cm 深度 NWNG、NWG、WNG 和 WG 处理土壤湿度分别为 17.93%、17.78%、15.50%和 15.83%，20cm 深度 NWNG、NWG、WNG 和 WG 处理土壤湿度分别为 16.64%、16.77%、16.25%和 13.55%，30cm 深度 NWNG、NWG、WNG 和 WG 处理土壤湿度分别为 16.17%、16.15%、15.43%和 13.39%，40cm 深度 NWNG、NWG、WNG 和 WG 处理土壤湿度分别为 14.76%、15.21%、14.20%和 12.35%。整个生长季 NWNG、NWG、WNG 和 WG 处理 10～40cm 土壤平均湿度分别为 16.37%、16.48%、15.35%和 13.78%（图 2-16C）。

2014 年生长季（4～10 月）各处理之间平均土壤湿度没有显著差异（图 2-16D）。10cm 深度 NWNG、NWG、WNG 和 WG 处理土壤湿度分别为 16.72%、17.44%、15.44%和 16.80%，20cm 深度 NWNG、NWG、WNG 和 WG 处理土壤湿度分别为 14.93%、15.62%、15.55%和 13.53%，30cm 深度 NWNG、NWG、WNG 和 WG 处理土壤湿度分别为 14.21%、14.73%、14.54%和 12.73%，40cm 深度 NWNG、NWG、WNG 和 WG 处理土壤湿度分别为 12.29%、13.38%、13.20%和 11.45%。整个生长季 NWNG、NWG、WNG 和 WG 处理 10～40cm 土壤平均湿度分别为 14.54%、15.29%、14.68%和 13.63%（图 2-16D）。

2015 年生长季（4～10 月）各处理之间平均土壤湿度没有显著差异。10cm 深度 NWNG、NWG、WNG 和 WG 处理土壤湿度分别为 23.45%、26.45%、24.27%和 23.27%，20cm 深度 NWNG、NWG、WNG 和 WG 处理土壤湿度分别为 25.22%、28.25%、24.15%和 26.52%，30cm 深度 NWNG、NWG、WNG 和 WG 处理土壤湿度分别为 25.90%、29.11%、25.15%和 27.31%，40cm 深度 NWNG、NWG、WNG 和 WG 处理土壤湿度分别为 27.82%、30.44%、26.50%和 28.57%。整个生长季 NWNG、NWG、WNG 和 WG 处理 10～40cm 土壤平均湿度分别为 25.60%、28.57%、25.01%和 26.24%（图 2-16d）。

因此，总体上 2011～2015 年生长季各处理之间不同深度的土壤平均湿度没有显著差异。在这 5 年中，以 2015 年土壤湿度最高，2011 年次之，2013 年和 2014 年土壤湿度较低。2011 年调整放牧季节之后各深度土壤湿度差异变小；到 2014 年和 2015 年，增温对土壤湿度的影响也基本消失（图 2-16）。

参 考 文 献

牛书丽, 韩兴国, 马克平, 等. 2007. 全球变暖与陆地生态系统研究中的野外增温装置. 植物生态学报, 31(2): 262-271.

周兴民，等，1999. 中国嵩草草甸. 北京：科学出版社.

Aronson E L, McNulty S G. 2009. Appropriate experimental ecosystem warming methods by ecosystem, objective, and practicality. Agricultural and Forest Meteorology, 149: 1791-1799.

Beier C, Emmett B, Gundersen P, et al. 2004. Novel approaches to study climate change effects on terrestrial ecosystems in the field: Drought and passive nighttime warming. Ecosystems, 7: 583-597.

Dunne J A, Saleska Sr., Fischer M L, et al. 2004. Integrating experimental and gradient methods in ecological climate change research. Ecology, 85: 904-916.

Fukami T, Wardle D A. 2005. Long-term ecological dynamics: reciprocal insights from natural and anthropogenic gradients. Proceedings of the Royal Society B: Biological Sciences, 272: 2105-2115.

Hart S C. 2006. Potential impacts of climate change on nitrogen transformations and greenhouse gas fluxes in forests: a soil transfer study. Global Change Biology, 12: 1032-1046.

Ineson P, Taylor K, Harrison A F, et al. 1998. Effects of climate change on nitrogen dynamics in upland soils. 1. A transplant approach. Global Change Biology, 4: 143-152.

IPCC. 2021. Climate Change 2021: The Physical Science Basis. Cambridge and New York: Cambridge University Press: 151.

Kimball B A, Conley M M, Wang S P, et al. 2008. Infrared heater arrays for warming ecosystem field plots. Global Change Biology, 14: 309-320.

Kimball B A. 2005. Theory and performance of an infrared heater for ecosystem warming. Global Change Biology, 11: 2041-2056.

Klein J A, Harte J, Zhao X Q. 2007. Experimental warming, not grazing, decreases rangeland quality on the Tibetan Plateau. Ecological Applications, 17: 541-557.

Klein J, Harte J, Zhao X Q. 2005. Dynamic and complex microclimate responses to warming and grazing manipulation. Global Change Biology, 11: 1440-1451.

Link S O, Smith J L, Halvorson J J, et al. 2003. A reciprocal transplant experiment within a climatic gradient in a semiarid shrub-steppe ecosystem: Effects on bunchgrass growth and reproduction, soil carbon, and soil nitrogen. Global Change Biology, 9: 1097-1105.

Liu P P, Lv W W, Sun J P, et al. 2021. Ambient climate determines the directional trend of community stability under warming and grazing. Global Change Biology, 27: 5198-5210.

Luo C Y, Xu G P, Chao Z G, et al. 2010. Effect of warming and grazing on litter mass loss and temperature sensitivity of litter and dung mass loss on the Tibetan plateau. Global Change Biology, 16: 1606-1617.

Post E, Pedersen C. 2008. Opposing plant community responses to warming with and without herbivores. Proceedings of the National Academy of Sciences USA, 105: 12353-12358.

Saleska S R. 2002. Plant community composition mediates both large transient decline and predicted long-term recovery of soil carbon under climate warming. Global Biogeochemical Cycles, 16: 1-14.

Shaver G R, Canadell J, Chapin F S, et al. 2000. Global warming and terrestrial ecosystems: A conceptual framework for analysis. Bioscience, 50: 871-882.

Villalba R, Veblen T T, Ogden J. 1994. Climatic influences on the growth of subalpine trees in the Colorado Front Range. Ecology, 75: 1450-1462.

Wang S P, Duan J C, Xu G P, et al. 2012. Effects of warming and grazing on soil N availability, species composition and ANPP in alpine meadow. Ecology, 93: 2365-2376.

Zhu X X, Luo C Y, Wang S P, et al. 2015. Effects of warming, grazing/cutting and nitrogen fertilization on greenhouse gas fluxes during growing seasons in an alpine meadow on the Tibetan plateau. Agricultural and Forest Meteorology, 214: 506-514.

第二部分

高寒植物及植物群落的响应与适应

第三章　气候变化和放牧对植物叶片特征及繁殖策略的影响

导读：叶片是植物与大气之间进行气体交换的主要器官，是植物生理生态过程发生的主要场所，不仅直接反映植物对环境的响应与适应，而且与生态系统碳、水等物质循环密切相关。气候变暖可以直接改变植物所处的温度环境，从而直接影响叶片的气孔形态、叶脉性状、叶片碳/氮含量、叶片光合速率和种群繁殖策略等特征；而放牧不仅通过牲畜的直接啃食对植物产生影响，还可能修饰了气候变化对上述叶片结构和生理生态功能的影响。因此，本章主要依托山体垂直带、不对称增温和适度放牧试验平台，拟回答以下科学问题：①气候变暖和放牧如何影响气孔参数、叶脉特征、光合速率、呼吸速率、叶片养分含量和叶寿命等叶片性状？②气候变暖和放牧的交互作用及其机制如何？③高寒植物如何通过改变“叶经济谱”特征而适应气候变化和放牧？④增温和放牧如何影响植物的繁殖策略？

叶片是植物与大气进行物质交换最主要的界面（Walls，2011），是水分向上运输的动力来源（Noblin et al.，2008）和植物进行光合作用的主要器官。叶片性状直接影响植物的基本特性和功能（张林和罗天祥，2004；Sterck et al.，2006；Poorter and Bongers，2006），进而影响植物一系列的生理生态过程（Brodribb and Cochard，2009；Domec et al.，2009），包括群落中的物种组成（Liancourt et al.，2015）和生态系统功能（Li et al.，2019a）等。叶片性状也是植物对于环境的高度适应能力和自我调控能力的反应，有人将这些叶片性状描述为“叶经济谱”（leaf economics spectrum）（Wright et al.，2005a）。这些叶片性状相互制约或相互作用，最终形成了植物在不同生境下的高度适应能力（Noblin et al.，2008；王常顺和汪诗平，2015）。

叶片性状的研究已成为生态学中一个活跃的分支（Peppe et al.，2011；Poorter et al.，2009；Rose et al.，2013），用以了解叶片形态如何影响生态和进化过程、植物如何应对气候变化等 （Cornwell and Ackerly，2009；Ordonez et al.，2009；Hudson et al.，2011）。叶片性状与环境的关联可以说明植物对自然环境变化的响应和适应（Dunbar-Co et al.，2009）。叶片性状、植株生物量及植物对资源的利用效率能够反映出植物对环境因子的生态对策（田青等，2008）。特别是植物叶片性状对环境变化的变异性和可塑性较大，故以植物叶片为研究对象，更能反映出植物对于气候变化的响应机制（Scoffoni et al.，2011；王常顺和汪诗平，2015）。

植物不仅通过调整叶片特征，而且通过调整生长和繁殖分配适应变化的外界环境（朱润军等，2021）。植物在各个器官上生物量分配的差异及表型上的不同，体现了植物对不同环境的适应策略。由于青藏高原上的生长季寒冷又短暂，高寒草甸植物物候的变化格局与其在营养生长和繁殖生长之间的投资策略权衡密切相关，从而决定着繁殖的投入和输出。因此，明确气候变化下高寒植物营养和繁殖分配的变化，对预测气候变化背景下，高寒草甸生态系统物种组成及其生态系统服务功能的变化趋势具有重要意义。

为适应青藏高原恶劣的环境，高寒植物发展了各种适应策略，如植株矮化成垫状、植物表面密被绒毛等（Billings and Mooney，1968；Körner，2003）。很多叶片性状具有非常高的可塑性，并对气候变化敏感（Schlickmann et al.，2020），从而促使高寒植物响应与适应气候变化（Fu et al.，2015），进而对物种组成产生影响。例如，增温条件下禾本科植物叶片光合速率的增加高于杂类草（Liang et al.，2013），这可能是造成增温背景下高寒草甸禾本科植物相对盖度增加的主要原因（Wang et al.，2012），从而促使生态系统碳积累增加（Wang et al.，2012；Peng et al.，2017）。增温同样改变了高寒植物叶绿素含量和呼吸速率等生理生态特征（Yang et al.，2011；Fu et al.，2015；Zhou et al.，2021）。叶片形态特征，包括叶片大小、叶片厚度（Yang et al.，2011；Fu et al.，2015）、叶片化学计量比（Yang et al.，2011）、单位面积叶质量（比叶质量）（Fu et al.，2015）和叶片物候期（Shi et al.，2014；Hong et al.，2022）均发生了变化。本章系统总结了气候变化（包括增温、降温）和放牧对主要高寒植物叶片性状的影响，为高寒植物的响应与适应过程及其机制提供野外试验证据。

第一节　气候变化和放牧对叶片气孔参数的影响

气孔是植物与大气之间进行气体交换的通道。气孔张开时，空气中的 CO_2 通过气孔进入叶片内部；与此同时，叶片内部的水分会扩散到大气中。在全球尺度上，每年有 40% 的大气 CO_2 要进出气孔；蒸腾速率最大的热带森林地区每年通过气孔蒸腾的水分约为 3.2×10^{16}kg，是大气含水量（1.5×10^{16}kg）的两倍多（Ciais et al.，1997），所以气孔在全球碳、水平衡中发挥着重要作用（Hetherington and Woodward，2003）。

植物通过两个系统调节其与大气之间的气体交换：一个是通过短期气孔开闭，另一个是通过改变气孔形态（Shimada et al.，2011）。气孔密度（单位面积上的气孔个数，stomatal density，SD）和气孔长度（stomatal length，SL）是代表气孔形态的两个主要参数。气孔密度决定了单位面积上可开张气孔个数，而气孔长度为两个保卫细胞连接点的距离，决定了气孔开度的最上限（Willmer and Fricker，1996）及气孔开张的难易程度（Aasamaa et al.，2001）。叶片一旦成熟，气孔密度和长度保持稳定。因此，气孔密度和长度变化属于长时间尺度上（年）的变化。

近二十年来，全球叶片经济学取得突破性进展（Reich et al.，1997；Wright et al.，2004）；与之相对的，以叶面积为基础的叶片碳、水平衡研究则没有显著突破。气孔是理解植物碳、水平衡的关键因子，对气孔密度和长度变化的理解有利于理解植物碳、水平衡的进化。同时，改良调控气孔形态的基因可以提高光合速率（Tanaka et al.，2013），这为改良碳吸收提供了新途径。但是，在提高植物碳吸收的同时，水分散失不可避免。因此，从这方面来讲，理解气孔密度和长度变化的原因及适应意义有利于物种的基因改良。更重要的是，气候变化正影响全球生态系统的稳定及多样性，强烈影响着全球的碳循环和水分循环（Cao and Woodward，1998；Seager et al.，2010）。因此，研究气孔密度和长度关系的适应意义，有助于我们理解植物在碳、水平衡对环境的适应机制，以及预测气候变化条件下植物的驯化方向。

一、海拔对叶片气孔参数的影响

矮生嵩草（*Kobresia humilis*）和高山唐松草（*Thalictrum aplinum*）的气孔密度沿海拔梯度变化趋势不同（Zhang et al.，2012）。高山唐松草的气孔密度在海拔 3200m 最大，但在海拔 3600m 最小；矮生嵩草的气孔密度随海拔高度上升而增加，海拔 3800m 和 3200m 分别是最高值和最低值（图 3-1）。但是，两个物种叶片气孔长度变化相似，均在海拔 3200～3600m 范围内随着海拔上升而增大，在海拔 3600m 达到最大值，之后为下降趋势（图 3-1）。因此，气孔密度和长度随海拔梯度的变化并没有一致性的规律。雷波等（1995）发现随着海拔上升（2700～3675m），淡黄香青的气孔密度增加，气孔长度变小，气孔外突显著，气孔下陷。Hovenden（2000）发现，高海拔（780m）植物的气孔密度和气孔长度均高于低海拔（350m），高海拔具有较高的气孔导度和光合速率。Kouwenber 等（2007）和 Velaquez-Rosas 等（2002）也发现气孔密度随着海拔上升而增加。然而，Hultine 和 Marshall（2000）发现，气孔密度随着海拔上升而下降。Holland 和 Patzkowsky（2009）发现，4 种物种移栽到同一海拔梯度上，气孔密度有的上升，有的下降，还有先下降后上升，但是气孔长度均下降。同样，关于气孔密度和长度对 CO_2、水分、温度的响应也存在不一致的结果（Aasamaa et al.，2001；Pearce et al.，2005；Xu and Zhou，2008）。例如，Ferris 和 Taylor（1994）报道，在 4 种草本植物中，CO_2 升高对气孔密度的影响存在差异。海拔梯度上 CO_2 浓度变化较小，气孔特征可能主要受遗传基因的控制（Royer，2001）。这些研究结果表明气孔特征对环境变化的响应实际上受到物种特异性的影响，即遗传和环境对不同物种的影响是不同的。因此，在利用气孔特征指示古气候变化时，应该考虑某些植物气孔密度对环境变化的不敏感性。

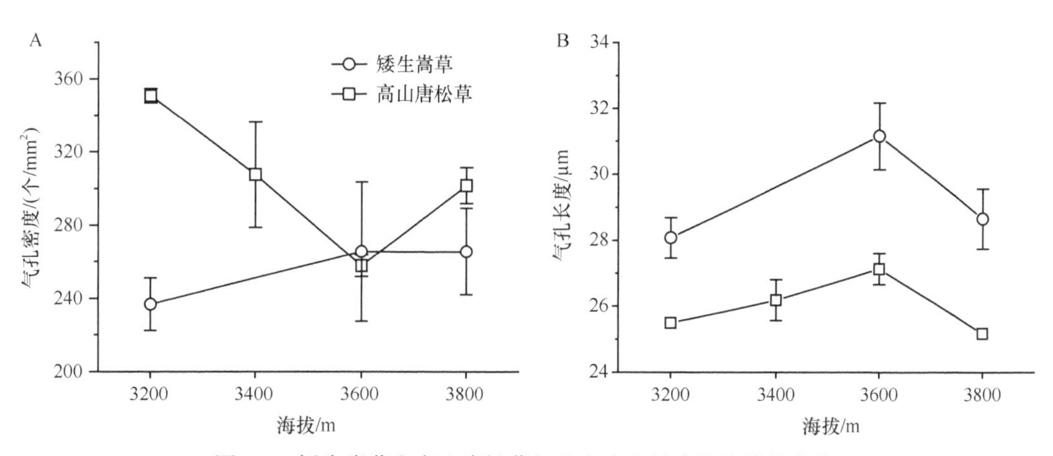

图 3-1　矮生嵩草和高山唐松草气孔密度和长度随海拔的变化

二、遗传和环境对叶片气孔参数的影响

山体“双向”移栽试验为研究遗传和环境因素对植物的影响提供了天然试验平台。我们探讨了遗传和环境因素对矮生嵩草、高山唐松草气孔密度及长度的影响（Zhang et al.，2012），发现遗传和环境因素对这两个物种的气孔密度产生了不同的影响。在进行“双向”移栽时，只有原有海拔（遗传因素）对矮生嵩草的气孔密度（SD）和长度（SL）有显著影响，只有移栽海拔（环境因素）对高山唐松草的气孔密度有显著影响（表 3-1）。通过计算移栽海拔和原有海拔对其变化造成的方差比值（S_T^2/S_O^2）及 F 检验，结果表明：对于高山唐松草而言，该比值均大于或等于 1，特别是气孔密度，该比值为 10.9（P=0.040）；对于矮生嵩草而言，气孔密度和长度的比值分别为 0.17 和 0.52（表 3-1）。这些结果表明，在海拔背景相似的情况下，高山唐松草的气孔密度和长度对环境变化更为敏感，而矮生嵩草受遗传因素的影响更大。一般来说，气孔的发生受环境和遗传因素的控制（Casson and Hetherington，2010）。通常发现 SD 与大气 CO_2 浓度呈负相关，因此，叶片化石中的 SD 被用作古大气 CO_2 水平的代用指标（Woodward，1987；Royer，2001）。另外，SD 作为数量性状受到遗传因素的影响（Gailing et al.，2008）。同时，有研究发现 SL 不仅与基因组大小相关，而且与水分条件相关（Aasamaa et al.，2001；Beaulieu et al.，2008；Xu and Zhou，2008）。据报道，一些物种的气孔特征具有较高的遗传力（即对环境变化不太敏感）（Sharma and Dunn，1969；Orlovic et al.，1998），而另一些物种则被报道对环境因素更为敏感（Schoch et al.，1980）。因此，需要进一步深入开展该方面的机制研究。

表 3-1 原有海拔（遗传因素）和移栽海拔（环境因素）对气孔密度及长度的相对影响

气孔参数	因素	高山唐松草				矮生嵩草			
		df	*F* 值	*P* 值	S_T^2/S_O^2	*df*	*F* 值	*P* 值	S_T^2/S_O^2
SD	T	3	5.75*	0.013	10.9*	3	1.7	0.266	0.17*
	O	3	1.45	0.285		2	6.51*	0.031	
	T×O	9	0.71	0.693		6	0.45	0.840	
SL	T	3	1.76	0.214	1	3	2.70	0.139	0.52
	O	3	1.79	0.213		2	5.18*	0.049	
	T×O	9	0.77	0.646		6	0.82	0.563	

注：SD 为气孔密度（个/mm^2）；SL 为气孔长度（μm）。T 表示环境因素（移栽海拔），O 表示遗传因素（原有海拔）。T×O 代表移栽海拔与原有海拔间交互作用。*df* 代表自由度。S_T^2/S_O^2 是移栽海拔（环境效应，分子）和原有海拔（遗传效应，分母）这两个方差分量的比值。

*在 α=0.10 水平上有统计学意义。

将海拔 3800m 的高山唐松草移栽至海拔 3200m、3400m 和 3600m 后，气孔密度表现出非线性显著性变化（图 3-2A），如海拔 3800m 高山唐松草移栽至海拔 3400m 和 3600m 时，其气孔密度显著降低，但从海拔 3800m 移栽至 3200m 时，其气孔密度显著增加，海拔 3200m 和 3400m 的高山唐松草气孔密度表现出显著性差异。但海拔 3600m 的高山唐松草移栽至海拔 3400m 和 3200m、海拔 3400m 的高山唐松草移栽至海拔 3200m 时，

其气孔密度并没有表现出显著差异（图 3-2A）。移栽后的高山唐松草气孔长度，以及矮生嵩草气孔密度和气孔长度（图 3-2）并没有出现显著性变化。

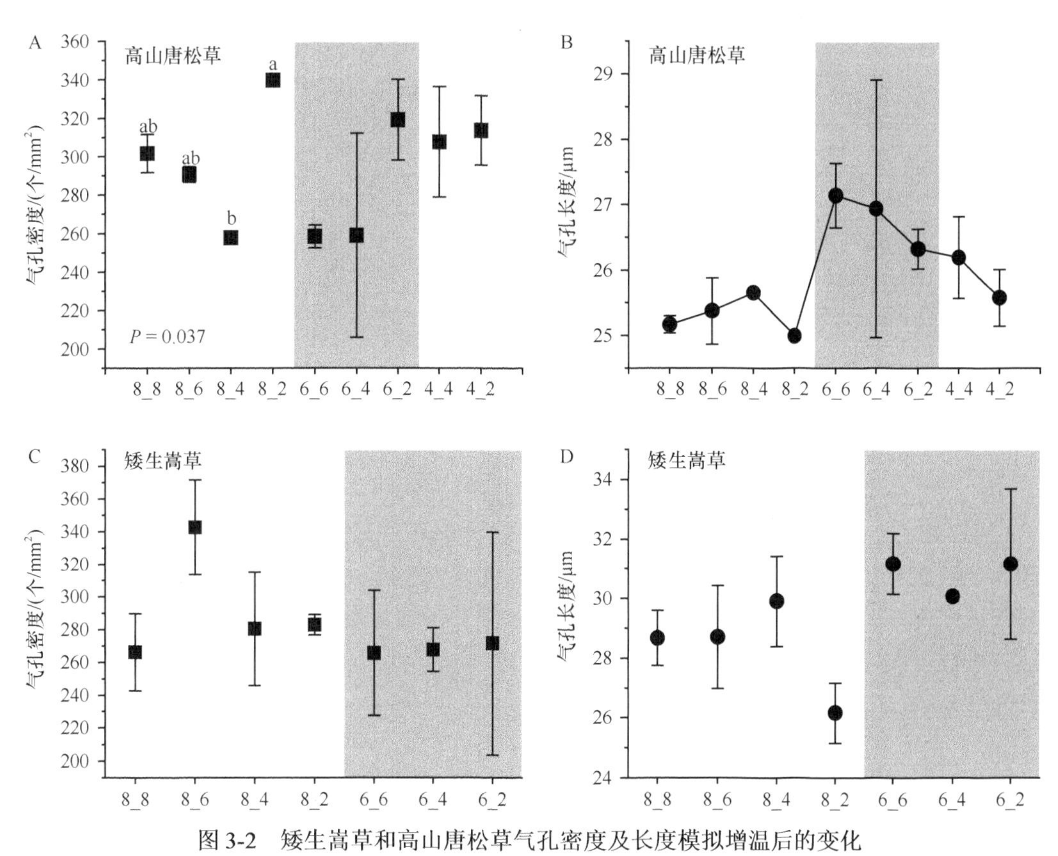

图 3-2　矮生嵩草和高山唐松草气孔密度及长度模拟增温后的变化

8_8、8_6、8_4、8_2 分别代表从海拔 3800m 移栽至海拔 3800m、3600m、3400m 和 3200m，6_6、6_4、6_2 分别代表从海拔 3600m 移栽至海拔 3600m、3400m 和 3200m，4_4、4_2 分别代表从海拔 3400m 移栽至海拔 3400m 和 3200m

三、增温和放牧对叶片气孔参数的影响

张立荣等（2010）研究发现，不同物种气孔密度对增温的响应趋势不同，增温使矮生嵩草、麻花艽（*Gentiana straminea*）和垂穗披碱草（*Elymus nutans*）气孔密度分别上升了 4.7%、10.8%和 1.1%，使高山唐松草气孔密度下降了 10.8%（图 3-3A）。与其他 3 个物种相比，增温处理对垂穗披碱草气孔密度的影响较小。放牧使高山唐松草、矮生嵩草和麻花艽叶片气孔密度分别显著提高了 12.5%、15.7%和 15.9%；与其他 3 个物种相比，放牧对垂穗披碱草叶片气孔密度的影响也较小（图 3-3B）。尽管增温和放牧对这 4 种植物叶片气孔参数的影响总体上不存在互作效应，但与不增温不放牧（NWNG）相比，同时增温放牧（WG）分别使高山唐松草、矮生嵩草、麻花艽和垂穗披碱草叶片气孔密度增加了 0.3%、21.3%、27.7%和 3.6%（表 3-2，图 3-3C），增温放牧条件下，高山唐松草气孔密度变幅较小，因为增温对高山唐松草气孔密度有较大的负效应，而放牧却有较大的正效应，因此，增温放牧对气孔密度的效应是可加的。

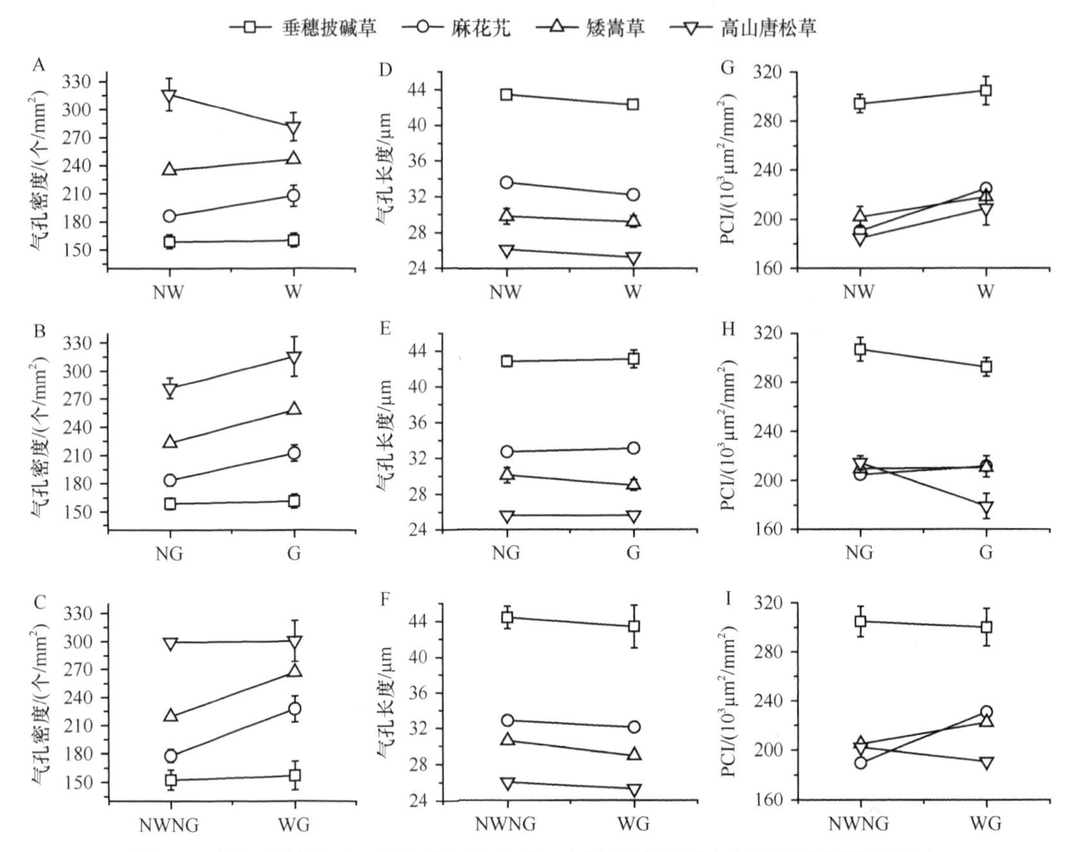

图 3-3　增温和放牧对 4 种物种气孔密度、气孔长度及潜在气孔导度指数的影响

图中各点代表均值和平均值标准误，其中 W、NW、G、NG、NWNG 和 WG 分别代表增温、不增温、放牧、不放牧、不增温不放牧和增温放牧处理

表 3-2　气孔密度、气孔长度和潜在气孔导度指数的成对数据 *t* 检验结果

处理	气孔密度			气孔长度			潜在气孔导度指数		
	数量	差值	*P* 值	数量	差值	*P* 值	数量	差值	*P* 值
W-NW	32	−0.04	0.971	32	−2.21	0.035	32	−1.79	0.083
G-NG	32	3.50	0.001	32	−0.12	0.908	32	3.98	<0.001
WG-NWNG	16	−2.84	0.012	16	1.91	0.075	16	−1.02	0.326

注：W-NW，增温与不增温的差值；G-NG，放牧与不放牧的差值；WG-NWNG，同时增温放牧与不增温不放牧的差值。

上述结果进一步证明了气孔密度对温度升高的反应存在着种间差异（张立荣等，2010），即物种遗传特性调控了环境变化的效应，这与他人研究结果一致（Apple et al.，2000；Hovenden，2001；Luomala et al.，2005；Pandey et al.，2007；Fraser et al.，2009）。一般来说，温度升高降低了高寒植物低温胁迫，促进了有机质矿化（Xu et al.，2007），从而促进植物生长和 CO_2 吸收增加，这时增加最大气孔导度更有适应意义。但是，对于光合最适温度较低的植物来说，温度增加后，达到光合最适温度的时间可能减少，不利于 CO_2 吸收。这样，不同植物可能根据本身不同的光合特性来调整气孔密度的变化，从而出现不同的响应过程。

气孔长度对增温的响应比较敏感，增温分别使高山唐松草、矮生嵩草、麻花艽和垂穗披碱草叶片气孔长度降低了 3.3%、1.9%、3.9%和 2.7%（图 3-3D），增温放牧处理对气孔长度的影响不显著。然而，也有相反的研究结果，这可能是不同的增温方式造成的。我们利用红外加热器直接对整个群落冠层进行加热，即叶片和土壤表面额外增加了红外辐射。这样，增温区与不增温区的相对湿度、水分饱和亏缺和土壤湿度均存在较大差别。但是，在利用隧道法进行增温时，其不同温度处理间空气湿度、水气压和土壤湿度是相对一致的，这可能是出现不同结论的原因之一，即增温导致 4 种植物气孔长度下降可能与水分条件变化有关。Xu 等（2008）研究发现，土壤湿度下降，气孔密度也随之下降；在干旱条件下，气孔长度下降更具有适应意义（Pearce et al.，2005），因为小气孔对水分亏缺的反应更灵活（Aasamaa et al.，2001）。

尽管放牧对气孔长度的影响没有达到统计学显著水平（表 3-2），但放牧导致矮生嵩草叶片气孔长度下降了 3.3%，导致麻花艽、垂穗披碱草和高山唐松草叶片气孔长度分别上升了 1.5%、0.4%和 0.4%（图 3-3E）。各物种气孔长度对同时增温放牧的响应趋势一致（表 3-2），麻花艽、垂穗披碱草、矮生嵩草和高山唐松草的气孔长度分别减少了 2.5%、2.3%、5.1%和 2.9%（图 3-3F）。气孔长度对放牧的响应也因植物的不同而不同。放牧可改变土壤的透水性，长期放牧使植物形态向旱生化发展（于向芝，2007），这样，气孔长度变小可能更具有适应意义。但是，在放牧条件下，遭受家畜采食造成的光合面积减小是植物面临的另一胁迫，这时，气孔密度增加的同时气孔长度增大，可能增加最大气孔导度和最大光合速率，从而更有利于植物损伤时的快速恢复。另外，这种差异也可能与植物对家畜采食采取不同策略（避食性或耐牧性）（汪诗平，2004）有关。

潜在气孔导度指数（PCI）为气孔密度和气孔长度平方的乘积，放牧显著影响了潜在气孔导度指数（表 3-2）。与不放牧相比，放牧分别使麻花艽、矮生嵩草、高山唐松草和垂穗披碱草的 PCI 提高了 18.9%、8.6%、12.8%和 3.5%（图 3-3H），而增温的影响不显著，也不存在增温与放牧的互作效应，但增温使高山唐松草和垂穗披碱草 PCI 分别下降了 16.4%和 4.9%，使矮生嵩草和麻花艽 PCI 分别上升了 0.3%和 2.8%（图 3-3G）。同时，增温放牧使高山唐松草和垂穗披碱草 PCI 分别下降 5.7%和 1.5%，使矮生嵩草和麻花艽 PCI 分别上升 8.7%和 21.9%（图 3-3I）。放牧导致植物气孔密度和 PCI 增加，与放牧导致植物向地上部分运输较多氮素的结果有关（汪诗平和王艳芬，2001；Valladares et al.，2007），说明气孔密度和 PCI 增加导致最大气孔导度增加，进而导致最大光合速率增加。放牧使叶片光合能力增加，对植物的生长有利，可能是植物出现补偿性生长的生理基础之一。由于 2008 年采样之前当年未放牧，所以，放牧的影响其实是 2007 年放牧的累积效应。放牧对植物的影响可以概括为家畜采食的直接影响，以及通过改变环境条件的间接影响，多数植物以受到伤害为信号诱导抗性（汪诗平，2004），这种诱导应该在植物被采食后年际间留下信号；放牧采食可以改变群落的能量平衡，即对于单个植物光照强度可能增加。有研究表明，气孔密度随着光强增加而增加（Gregoriou et al.，2007），所以气孔密度和 PCI 增加可能是放牧后间接改变群落环境的结果。

第二节 气候变化对叶片叶脉性状的影响

叶脉性状能够反映植物适应特定生境的基本行为和光合生理功能，体现了植物提高叶片光截取、碳获取及水分输导效率的生态策略（金鹰和王传宽，2015）。所以，叶脉与其他叶片结构和功能共同构成了植物的生理生态体系，叶脉性状及其他植物功能性状的变化共同实现了植物对环境变化的应对策略（Noblin et al.，2008）。叶脉性状可以影响水分的传输效率，进而影响植物的光合作用（Sandel et al.，2010）；植物通过增加其单位面积上的叶脉长度来提高对干旱的适应能力（Blonder et al.，2011）。由此可见，叶脉性状对植物的生理生态功能影响很大，并对环境变化具有显著的响应（McKown and Dengler，2010；Walls，2011）。特别是有关叶片性状的研究中，采用的研究指标并非完全独立，如比叶质量和叶片全氮（TN）含量都是基于叶片质量的指标，这在一定程度上影响了两者相关关系的显著性（Wright et al.，2004）。叶脉是叶片的重要结构性状之一，叶脉性状的指标测度很大程度上独立于其他叶片性状（Sack et al.，2013）。所以，在植物性状关联性研究中引入叶脉性状可以打破以往研究中应用功能性状的局限。叶脉功能作用研究可以拓展植物生理生态研究领域，从而为植物功能研究提供新的途径。

尽管我国在叶脉网络功能（李乐等，2013）、叶脉网络系统的构建及其系统学意义（孙素静等，2015）、叶脉性状的坡向差异性（史元春等，2015）等方面也开展了一些研究，但是总体而言，我国在这方面的研究刚刚起步。植物为适应寒旱区的特殊环境，往往形成了一系列适应性的叶片性状组合，如较高的叶片氮含量和比叶质量等（Chapin and Körner，1995）。但是，到目前为止，寒旱区植物叶脉的研究极少。有综述文章显示在国际上所研究的 796 个物种中，平行叶脉草本植物只有 45 种，寒旱区植物仅 4 种（Sack et al.，2012），极大地限制了对于寒旱区植物叶脉适应和响应策略的全面认知。因此，鉴于叶脉网络具有重要的支撑和传输功能，有必要加强气候变化如何影响叶脉性状的研究，尤其是草原区域平行叶脉（单子叶植物）植物的研究，并将叶脉性状与其他植物性状联系起来，考察植物对环境变化的响应与适应对策，为更全面、更精确地预测全球气候变化对生态系统结构和功能的影响提供野外试验证据与理论支撑。

一、温度变化对叶片叶脉性状的影响

1. 青藏高原与全球平均水平的比较

全球尺度的研究表明，叶脉密度（单位面积的叶脉长度，vein length per area，VLA）与年均温度成正比（Sack et al.，2013）。温度增加导致蒸发增加，进而对水分传输需求增加，同时叶片面积的增加也需要更大的叶脉支撑（Olsen et al.，2013）。我们沿着西藏藏北高原自东向西的气候-植被样带对 66 种植物叶片进行了取样分析（图 3-4）（Wang et al.，2020），结果表明，总体上，66 种高寒草甸植物平均叶脉密度为 3.47mm/mm^2（变幅为 1.76～10.5mm/mm^2）（图 3-4A、B），但高寒草甸植物的平均叶脉密度与全球植物平均叶脉密度没有显著差异（表 3-3）。

禾本科植物（平行叶脉）和杂类草（羽状叶脉）叶片性状适应青藏高原的模式具有很大的差异，这表现在两种叶脉类型植物的叶脉密度及其他性状与全球平均水平的反向差异上（表 3-3）。例如，禾本科植物的叶脉密度（3.40mm/mm^2 vs. 7.25mm/mm^2）和比叶质量（68.6g/m^2 vs. 93.0g/m^2）均显著低于全球平均水平；相反地，杂类草的叶脉密度（5.39mm/mm^2 vs. 4.14mm/mm^2）和比叶质量（76.0g/m^2 vs. 63.6g/m^2）均显著高于全球平均水平。同样，禾本科植物的全氮含量显著高于全球平均水平（2.56% vs. 1.95%），而杂类草的全氮含量显著低于全球平均水平（2.04% vs. 2.81%）（Wang et al.，2020）。较高的比叶质量、全氮含量和叶脉密度是很多植物适应寒冷气候所采用的有利适应模式（Boyce et al.，2009；Dunbar-Co et al.，2009；Sack and Scoffoni，2013；Brodribb et al.，2010）。研究结果表明，禾本科植物在获得较高全氮含量的同时，降低了叶脉密度和比叶质量；而杂类草获得较高叶脉密度和比叶质量的同时，降低了叶片全氮含量。这意味着植物在适应不同气候时，叶片性状变化之间存在权衡关系，不同叶脉类型植物适应高原气候采用的策略是不同的。

青藏高原高寒草甸不同叶脉类型植物适应模式的差异可能与两种类群植物叶脉率（即叶片中传输组织占整个叶片的质量比）（vein mass per leaf mass，VMM）的巨大差异有关（图 3-4）。结果表明，虽然禾本科植物和杂类草叶脉密度相近，但其叶脉率差异却很大。所有植物平均叶脉率为 21.35%（变幅为 23.1%～59.67%）（图 3-4C、D），禾本科

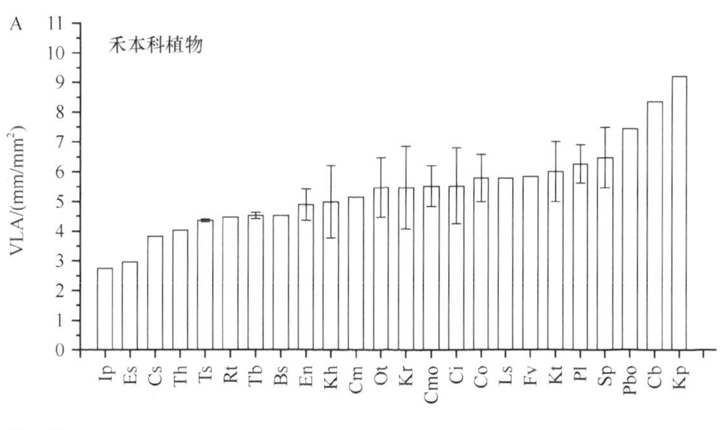

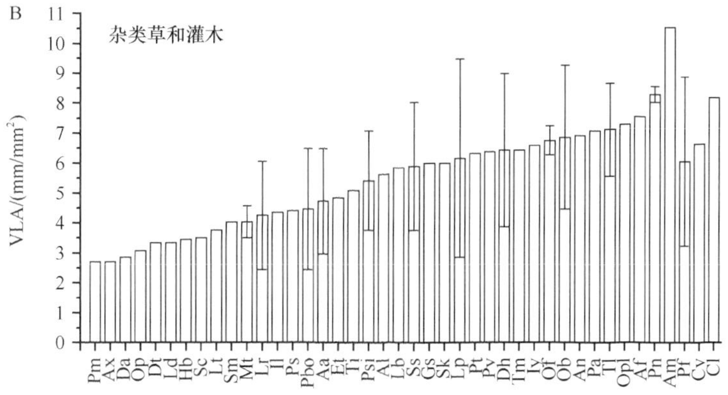

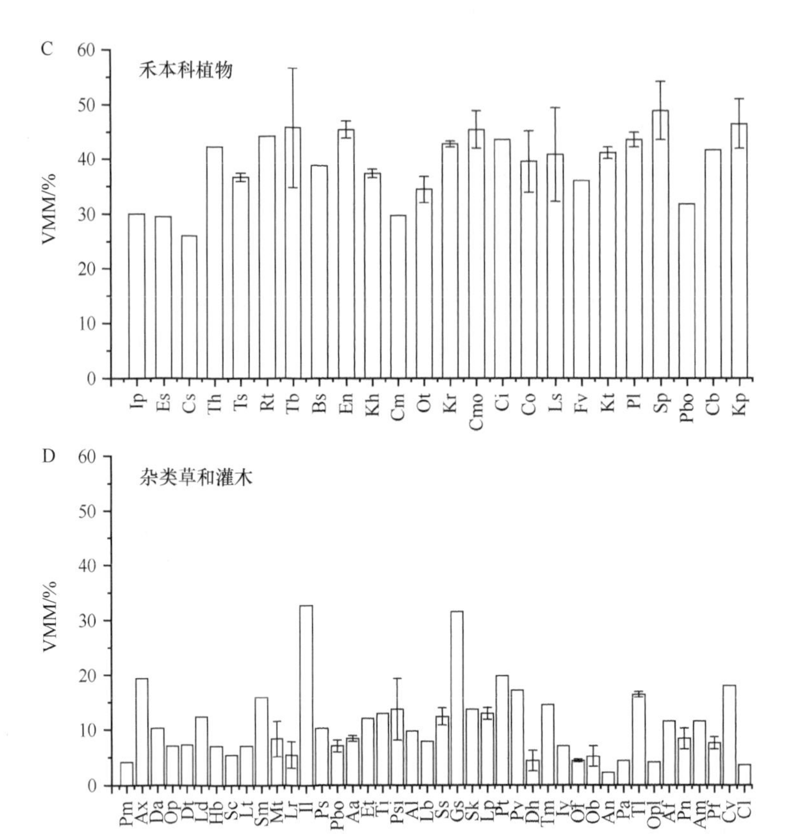

图 3-4 藏北高原不同物种叶片叶脉特征

有误差线的物种为多次采样物种，没有误差线的物种为仅在一个样点采集；不同物种简写如下：Af：*Ajania fruticulosa*；Al：*Ajuga lupulina*；Ax：*Anaphalis xylorhiza*；An：*Artemisia nanschanica*；Aa：*Aster asteroides*；Am：*Astragalus monticolus*；Bs：*Blysmus sinocompressus*；Cv：*Caragana versicolor*；Cb：*Carex brunnescens*；Cmo：*Carex moorcroftii*；Co ：*Carex oxyleuca*；Ci：*Carex ivanoviae*；Cm：*Carex montis-everestii*；Cs：*Carex satakeana*；Cl：*Ceratoides latens*；Dt：*Delphinium tangkulaense*；Da：*Draba alpina*；Dh：*Dracocephalum heterophyllum*；En：*Elymus nutans*；Es：*Elymus sibiricus*；Et：*Eritrichium tangkulaense*；Fv：*Festuca valesiaca*；Gs：*Gentiana straminea*；Hb：*Heteropappus bowerii*；Il：*Iirs loczyi*；Iy：*Incarvillea younghusbandii*；Ip：*Iris potaninii*；Kh：*Kobresia humilis*；Kp：*Kobresia pygmaea*；Kt：*Kobresia tibetica*；Kr：*Kobresia robusta*；Lb：*Lagotis brachystachya*；Lr：*Lamiophlomis rotata*；Lt：*Lancea tibetica*；Ld：*Lasiocaryum densiflorum*；Lp：*Leontopodium pusillum*；Ls：*Leymus secalinus*；Mt：*Microula tibetica*；Ot：*Orinus thoroldii*；Ob：*Oxytropis biflora*；Of：*Oxytropis falcata*；Op：*Oxytropis pauciflora*；Opl：*Oxytropis platysema*；Pbo：*Poa borealitibetica*；Pl：*Poa litwinowiana*；Psi：*Polygonum sibiricum*；Pv：*Polygonum viviparum*；Pa：*Potentilla anserina*；Pb：*Potentilla bifurca*；Pf：*Potentilla fruticosa*；Pn：*Potentilla nivea*；Pm：*Potentilla multifida*；Ps：*Potentilla saundersiana*；Pt：*Przewalskia tangutica*；Rt：*Roegneria thoroldiana*；Ss：*Saussurea stoliczkai*；Sk：*Saussurea Katochaetoi*；Sm：*Saussurea melanotrica*；Sc：*Stellera chamaejasme*；Sp：*Stipa purpurea*；Tm：*Taraxacum mongolicum*；Ti：*Thermopsis inflata*；Tl：*Thermopsis lanceolata*；Th：*Trikeraia hookeri*；Tb：*Trisetum bifidum*；Ts：*Trisetum spicatum*

表 3-3 青藏高原植物叶脉密度与全球植物叶脉密度比较（Sack et al.，2013）（单位：mm/mm^2）

功能群	青藏高原		全球	
	样品量	叶脉密度	样品量	叶脉密度
所有植物	66	3.47（1.64）a	421	3.46（3.45）a
禾本科植物	24	3.40（1.49）Aa	45	7.25（4.39）Ab
杂类草	39	5.39（1.74）Aa	143	4.14（3.17）Bb
灌木	3	6.96（1.08）Aa	233	3.92（3.13）Aa

注：不同小写字母代表青藏高原平均水平与全球平均水平之间存在显著差异（$P<0.05$）；不同大写字母代表不同功能群之间存在显著差异（$P<0.05$）。括号中数据为标准差。

植物、杂类草和灌木的平均叶脉率分别为39.26%、11.21%和9.81%。禾本科植物的叶脉率约为杂类草和灌木叶片的4倍左右（Wang et al.，2020）。随着传输组织的比重增加，必然减少生产组织（叶肉组织）的比重。两种叶脉类型植物叶脉率的巨大差异，一定程度上反映了植物在传输组织和生产组织之间的权衡策略，进而影响其他叶片性状的适应模式，这种权衡策略及其生理生态功能仍需进一步深入研究。

采样点年均温度（mean annual temperature，MAT）范围为–7.71～10.24℃，年均降水量（mean annual precipitation，MAP）范围为66.4～616.27mm。总体上，青藏高原高寒草甸植物所有物种VLA和VMM与MAT、MAP的相关性均不显著；同时，禾本科植物和杂类草的VLA和VMM与MAT和MAP的相关性也不显著（表3-4）。

表3-4 叶片性状与年均温度和年均降水量的多元回归系数

	总体（*n*=37）		禾本科植物（*n*=32）		杂类草（*n*=22）	
	MAT	MAP	MAT	MAP	MAT	MAP
VLA	0.24	0.16	0.21	0.34	0.13	0.13
VMM	–0.26	0.02	–0.07	–0.07	0.28	0.28

2. 增温对叶脉密度的影响

王常顺（2015）研究表明，增温使羽状叶脉植物花苜蓿（*Medicago ruthenica*）和雪白委陵菜（*Potentilla nivea*）的叶脉密度分别显著增加了15.3%和8.4%，使羽状叶脉植物异叶米口袋（*Gueldenstaedtia diversifolia*）和麻花艽（*Gentiana straminea*）的叶脉密度分别显著降低了2.9%和7.6%，但对平行叶脉植物矮生嵩草、糙喙薹草（*Carex scabrirostris*）、垂穗披碱草（*Elymus nutans*）和异针茅（*Stipa aliena*）的叶脉密度无显著影响（图3-5）。然而，开顶箱（open top chamber，OTC）增温试验表明，增温显著减小了高山嵩草叶片的叶脉细胞体积，但是没有改变叶肉细胞体积，这导致其叶脉密度下降（Yang et al.，2011）。

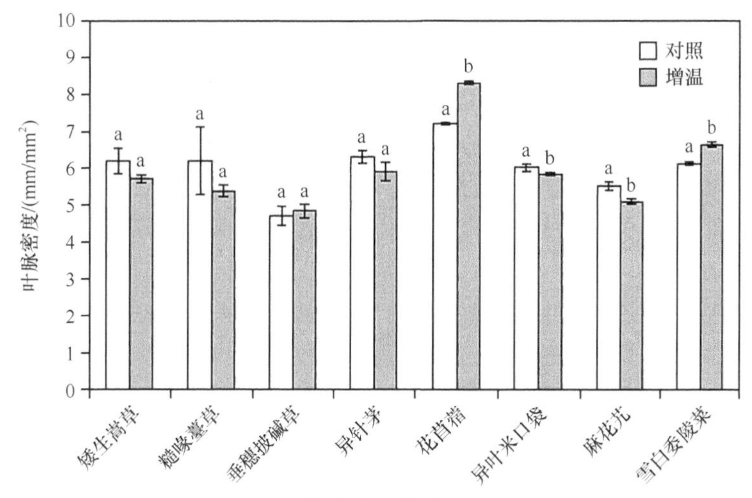

图3-5 不同植物叶脉密度对增温的响应

不同小写字母代表差异具有显著性（*P*<0.05）

叶脉对光合组织起到支撑和传导的作用（Mckown and Dengler，2010）。平行叶脉和羽状叶脉的植物叶脉率差异巨大，平行叶脉植物的叶脉率约为40%，而羽状叶脉植物的叶脉率只有约10%，两者叶脉的生物量投入相差4倍（Wang et al.，2020）。显然，植物叶脉的投入不能无限增加，因为叶脉的增加会占用叶肉的空间，进而减少对支撑和传导的需求（Noblin et al.，2008）。所以对于叶脉率已然很高的平行叶脉植物而言，通过增温继续增加叶脉密度，进而继续提高叶脉率的空间十分有限，表现为增温的影响不显著；羽状叶脉植物则不然。因此，较高的叶脉率可能是增温环境下平行叶脉植物叶脉密度没有显著改变的主要原因。

二、降水量变化对叶片叶脉性状的影响

1. 青藏高原与全球平均水平的比较

全球尺度叶脉特征与环境关系的研究表明，叶脉密度与年均降水量成反比（Sack et al.，2013）。干旱通常导致更低的传输效率和出现栓塞的趋势，使得植株在传输结构中的投资更多（Westoby and Wright，2003），进而导致叶片支撑结构投资的质量分数增加（何士敏等，2009）。我们发现，高寒草甸植物的平均叶脉密度并没有显著低于全球的平均叶脉密度（表3-3），且与降水量的关系不显著（Wang et al.，2020）。因此，我们的观测结果并没有完全支持全球尺度的研究结论。

禾本科植物起源于中新世干旱环境扩张的情景（Edwards et al.，2010），较高的叶脉投入可以保证植物在干旱环境中具有稳定的光合速率，并迅速从干旱胁迫中恢复（Nardini et al.，2012），所以较高叶脉投入的物种经过持续进化形成了目前的禾本科植物（Osborne and Sack，2012）。因此，与干旱环境协同进化可能是禾本科植物具有较高叶脉率的原因。杂类草由于其本身较低的叶脉率，需要增加叶脉投入来应对干旱，表现为叶脉密度的增加。由于叶脉的平均密度为1.4g/cm^3，而叶肉的平均密度为0.31g/cm^3（Poorter et al.，2009），所以叶脉投入的增加会增加整个叶片的密度。这意味着对叶脉投入的增加必然导致比叶质量的增加（Blonder et al.，2011），而比叶质量的增加会提高植物的抗旱能力（Wright et al.，2005b）。比叶质量与全氮含量呈负相关关系，全氮含量的降低必然导致对干旱胁迫的抗性降低（Wright et al.，2004）。所以青藏高原的杂类草适应高原干旱环境的策略表现为较高的叶脉密度和比叶质量，以及较低的全氮含量。这意味着杂类草在适应高原干旱环境的过程中，通过提高叶脉密度和比叶质量来弥补全氮含量降低所致的抗旱能力降低。相对而言，由于禾本科植物已具有较高的叶脉率，对干旱环境具有较强的适应能力，所以无须继续增加较为耗能的叶脉组织（Wright and Westoby，2002）。禾本科植物较高的全氮含量表明，其具有较强的干旱适应能力（He et al.，2006）。而全氮含量的提高必然降低比叶质量，进而可能降低叶脉密度，禾本科植物适应高原干旱环境的策略表现为较低的叶脉密度和比叶质量，以及较高的全氮含量。因此，叶脉率的巨大差异是禾本科植物和杂类草叶脉密度区别于全球平均水平的原因，同时也是适应高原干旱环境策略存在差异的原因。

2. 降水量变化对叶脉密度的影响

在夏威夷的控制试验表明，叶脉密度与年均降水量呈显著负相关（Dunbar-Co et al.，2009）。我们在青藏高原利用集雨棚模拟增/减 50%降水量的试验表明，总体上，增水显著降低了叶脉密度，由 6.03mm/mm^2 降低到 5.83mm/mm^2，但是减水没有显著影响叶脉密度（王常顺等，2021）。降水的变化只影响了一些物种的叶脉密度，并且降水增加也导致了叶脉密度的增加（王常顺等，2021）（图 3-6）。具体而言，增水使花苜蓿叶脉密度显著增加了 8.0%，使矮生嵩草的叶脉密度显著降低了 16.8%，对雪白委陵菜、糙喙薹草、垂穗披碱草、麻花艽和异针茅的叶脉密度无显著作用；减水使垂穗披碱草和异针茅的叶脉密度分别显著增加了 25%和 22.6%；使花苜蓿、异叶米口袋、雪白委陵菜的叶脉密度显著减少了 1.0%、7.0%和 20.1%，对矮生嵩草、糙喙薹草、麻花艽的叶脉密度无显著作用。

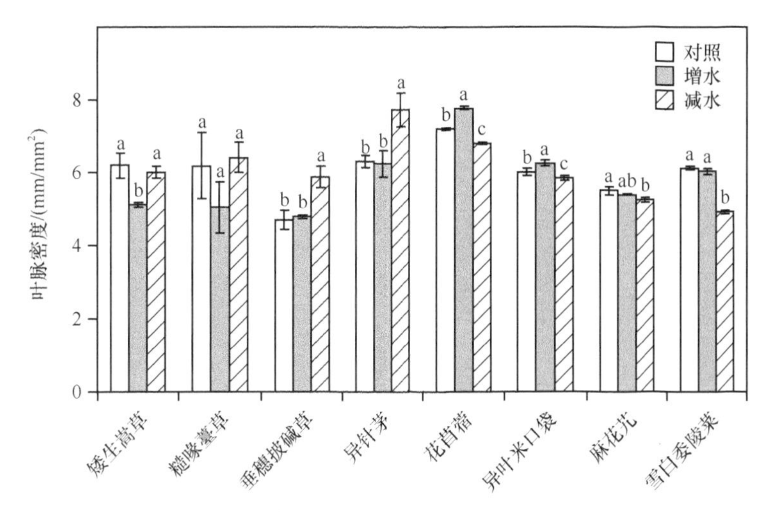

图 3-6　不同植物叶脉密度对增水和减水的响应

不同小写字母代表差异具有显著性（$P<0.05$）

增水使得平行叶脉植物的叶脉密度显著降低或不变，而使羽状叶脉植物的叶脉密度显著增加或不变；与此相反，减水使得平行叶脉植物的叶脉密度显著增加或不变，而使羽状叶脉植物叶脉密度显著减少或不变（图 3-6）。两类植物的响应存在明显的区别。叶脉投入的多少直接决定着水分的输送能力（Dunbar-Co et al.，2009）。叶脉率的巨大差异可能是两类植物叶脉密度响应降水量变化差异的原因。由于平行叶脉植物起源于中新世干旱环境扩张的情景（Edwards et al.，2010），可能是平行叶脉植物的叶脉率较高的原因。这说明较高的叶脉投入是平行叶脉植物应对干旱的适应机制。当水分条件改善时，平行叶脉植物的高叶脉率使其无须继续提高叶脉密度就可以充分利用水分，甚至可能会因叶片增大而降低叶脉密度，因为叶脉的构建能量消耗大于叶肉（构建每克木质素和纤维素分别需要消耗 11.8mmol 葡萄糖和 6.5mmol 葡萄糖）（Lambers and Poorter，1992）。由于叶脉率较低，生产力的提高增加了对传输组织的需求（Brodribb and Holbrook，2007；Sack et al.，2012），所以羽状叶脉植物需要提高叶脉密度来提高水分的输送能力。干旱通常导致更低的传输效率和出现栓塞的趋势，这就要求植株在传输结构中的投资更高

（Westoby and Wright，2003），进而导致叶片支撑结构投资的质量分数增加（何士敏等，2009）。当水分条件较差时，平行叶脉植物可提高叶脉密度，保证水分的供给；而羽状叶脉植物只能通过相对保守的策略，即降低叶脉密度以减少叶脉的构建消耗。这表明平行叶脉植物较适应干旱的生境，而羽状叶脉植物更适应湿润的生境。

增水显著降低了矮生嵩草的叶脉密度，对垂穗披碱草和异针茅的叶脉密度无显著作用。虽然增水没有显著改变糙喙薹草的叶脉密度，但使其叶脉密度下降了 18%（图 3-6）。减水显著增加了垂穗披碱草、异针茅的叶脉密度，对矮生嵩草和糙喙薹草的叶脉密度无显著作用（图 3-6）。矮生嵩草和糙喙薹草是中生植物，而垂穗披碱草和异针茅是旱中生植物。降低叶脉密度可以减少对构建成本较高的叶脉组织的投入（Lambers and Poorter，1992），进而将有限的资源用于其他组织构建，而增加叶脉密度可以增强对干旱的抗性（Westoby and Wright，2003）。由此可见，我们的结果支持了中生植物可以更好地适应湿润生境、旱中生植物对干旱的抗性更强的基础理论。因此，不同水分生态类型的植物叶脉密度对降水量变化产生不同的响应。

三、叶脉性状与其他功能性状的关系

叶片性状被形象地形容为“叶经济谱”（leaf economics spectrum，LES），这些独特“叶经济谱”特征相互制约、相互作用，最终导致了植物在不同生境下的高度适应能力（Wright et al.，2004；Reich，2014）。Blonder 等（2011）在“LES 起源”假说中提出叶脉密度决定了植物叶片的比叶质量及其他 LES 性状。国内的一些研究也证实了叶脉密度和比叶质量之间存在显著相关性（Xiong et al.，2016）。Sack 等（2013）通过分析超过 350 种植物的叶脉密度和 LES 性状之间的关系，发现总叶脉密度与单位面积叶片质量（LMA）是相互独立的（Sack et al.，2013），因此可见叶脉性状与叶片功能性状之间的关系还存在很大的不确定性。

有研究表明，植物的叶脉密度与植物的光合能力呈正相关（Boyce et al.，2009；Brodribb and Field，2010）。高光合能力的植物需要叶片具备高的物质传输能力，而低光合能力的植物则无须将资源“浪费”在过剩的叶脉组织上（Scoffoni et al.，2011）。同样，具有较高光合能力的植物往往具有较高的叶片全氮含量、较低的比叶质量和碳氮比等特征（Poorter et al.，2009；Rose et al.，2013）。与上述情况类似，气孔密度和碳同位素比等性状反映了植物的碳水平衡和水分利用效率（Diefendorf et al.，2010），而叶脉性状直接影响植物水分和养分的传输能力。

相关研究也证实羽状叶脉植物叶脉密度越高，叶片的气孔密度和碳同位素比也越高（龚容和高琼，2015；Fiorin et al.，2016）。显然，植物在功能性状之间的权衡决定了各个功能性状之间的匹配关系（Nardini and Luglio，2014）。依据以上事实推断，较高的叶脉密度、叶片全氮含量、气孔密度、碳同位素比和较低的比叶质量、碳氮比是相匹配的，它们之间可能具备较大的关联性。与此同时，羽状叶脉的总叶脉密度与叶片面积没有显著的相关性，但是一级和二级叶脉的叶脉密度与叶片面积存在显著的负相关关系（Niinemets et al.，2007；Sack et al.，2013）。韩玲等（2016）对芨芨草的研究证实，平行叶脉植物叶片面积和总叶脉密度呈“此消彼长”的权衡关系，而叶片面积与诸多叶片性状存在协同变化关系（Niinemets et al.，2007）。因此，羽状叶脉的研究结论可能不适用于平行叶脉，所以有必要单独对平行叶脉植物进行深入研究，特别是高寒草甸优势植物大多数均为平行叶脉植物。

我们的研究表明，禾本科植物的叶脉密度与叶脉率呈显著正相关，而杂类草中两者相关关系不显著（图 3-7）（Wang et al.，2020）。有研究表明，叶片中细叶脉的长度占总叶脉长度的 80%，但其直径却只有主叶脉的 1/10（Sack et al.，2013），细叶脉的质量仅占全部叶脉质量的很小一部分（Sack et al.，2012），所以主叶脉直接决定着叶脉质量的投入比例。禾本科植物是平行叶脉，具有多个主叶脉；而杂类草为羽状叶脉，仅有一个主叶脉。所以，对于杂类草而言，决定叶脉密度的主要是次叶脉（Sack et al.，2012），因此叶脉密度与叶脉率不相关；而决定禾本科植物叶脉密度的主要是主叶脉，所以叶脉密度与叶脉率呈正相关。

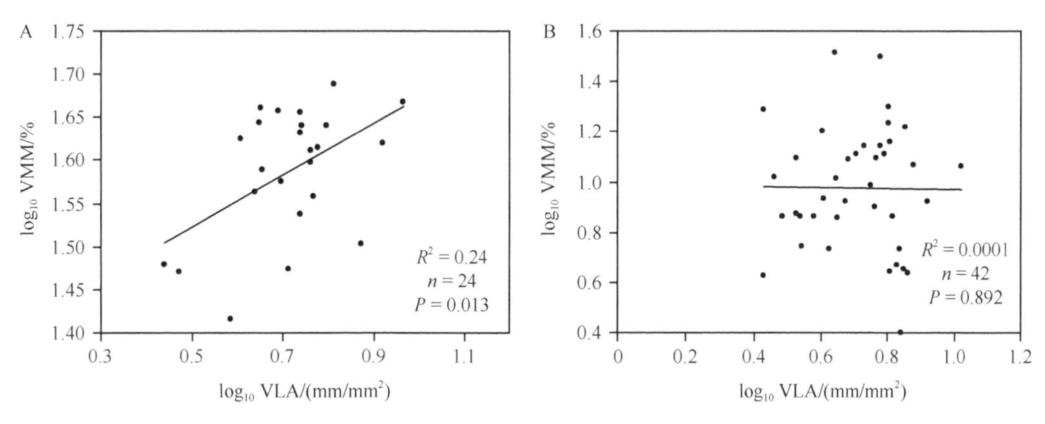

图 3-7 禾本科植物（A）和杂类草（B）叶脉密度与叶脉率之间的相关关系

叶片性状之间相互关系的变化（斜率或截距）也能表现出植物对于环境变化的总体策略（Atkinson et al.，2010）。叶片性状之间关系的改变说明环境变化对叶片不同性状的作用程度不同，植物依靠不同性状之间的权衡最大限度地适应改变的环境，即对环境变化带来的各种利弊的权衡结果（He et al.，2010）。例如，沿着降水量梯度，油蒿叶片性状及其相关关系在干旱阈值 0.29 下发生显著变化，即在干旱发生时，比叶质量和叶片全氮含量相关关系的截距减小（Wei et al.，2016）。我们在西藏气候-植被样带的相关研究也表明，叶片全氮含量与叶脉密度呈正相关（P=0.047），但与比叶质量相关不显著（P=0.22），全氮含量和叶脉密度之间的回归方程的斜率与全球数据集中的斜率没有显著差异。然而，与全球数据集相比，全氮含量和叶脉密度的关系中，青藏高原植物在给定叶脉密度下的全氮含量更高。叶脉密度和比叶质量的回归方程的斜率和截距没有显著差异，表明青藏高原植物在给定叶脉密度下倾向于具有相同的比叶质量（Wang et al.，2020）（图 3-8）。

以上研究结果说明植物在响应全球变化过程中，叶脉性状与其他叶片性状的变化并不同步。由于叶脉性状对叶片的功能产生较大影响（Wang et al.，2020；He et al.，2010），所以在环境变化时可能与其他性状之间存在协同变化关系，即全球变化可能改变叶脉性状与其他叶片性状的关联性。由于叶脉性状对全球变化的响应研究刚刚开始，对其协同变化规律的认知仍有较大的不确定性（He et al.，2006）。

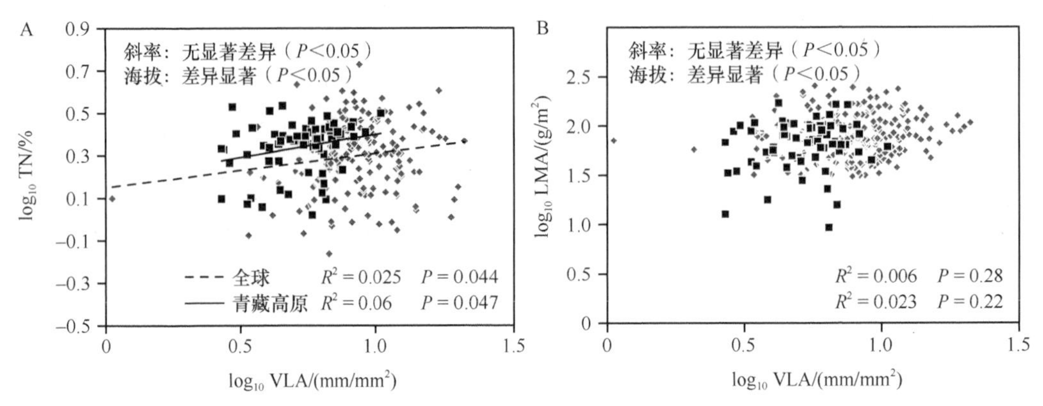

图 3-8 青藏高原植物物种（黑色）与全球数据集（灰色）之间的叶片性状关系（Sack et al.，2012）

第三节 气候变化和放牧对叶片比叶质量和碳氮含量的影响

氮是合成叶绿素和有关光合蛋白的重要成分（Ordonez et al.，2009），叶绿体中集中了植物体内 75%的氮（Rose et al.，2013），因此氮是植物生长、光合物质代谢的关键性元素（Garnier et al.，1997）。叶片全氮含量（TN）与叶片的光合能力密切相关（Wright et al.，2004），同时也是陆地生态系统的重要限制因子（Ryser and Eek，2000）。叶片全氮含量的提高可以增强植物的光合能力（Wright et al.，2004），并且可以提高植物的水分利用效率（李永华等，2005），所以叶片全氮含量的提高对植物生产力和干旱环境的适应都具有重要的指示意义（Boratynski et al.，2009；王常顺和汪诗平，2015）。

氮是大多数生态系统的限制因子（He et al.，2008），提高氮素的利用效率是植物获得更高生物量的必然选择。但是由于环境的胁迫，植物不得不将有限的氮资源分配到抵抗胁迫环境的组织或结构之中，所以叶片单位质量全氮含量的增加意味着环境胁迫的加剧。这显然是对胁迫生长环境的适应结果（Reich et al.，1998），但也可能是对优越环境的积极响应，从而提高氮的利用效率（王常顺和汪诗平，2015）。

全球的相关研究发现，随着年均气温的增加，叶片全氮（TN）含量呈下降趋势（Reich and Oleksyn，2004）。这是因为与温度相关的植物生理化学过程和土壤基质生物地理梯度均受温度的影响，例如，酶的生物化学效应在低温时效率降低，植物通过提高叶片全氮含量来弥补效率的下降（Weih，2001），抵消低温带来的负面影响（Reich and Oleksyn，2004）。在区域或定点研究中，增温对叶片全氮含量的影响并没有一致的结论，因不同生态系统和植物而异（Lilley et al.，2001；Luomala et al.，2003）。总体上，温度的增加会导致叶片单位质量全氮含量下降（An et al.，2005）。例如，在相对温暖生境的高山或较低纬度的北极地区，草本植物叶片的单位质量全氮含量比更寒冷生境中的低（Körner，1999）。来自相对寒冷生境的植物种群，即使在相同环境中其单位质量的全氮含量也比相对温暖生境中的植物种群高（Oleksyn et al.，2002）。开顶箱（OTC）增温试验表明，增温会使叶片单位质量全氮含量显著降低（Tjoelker et al.，1999；Day et al.，2008；Xu et al.，2009；Yang et al.，2011）。这是因为增温促进了植物的生长，生物量的增加稀释了叶片单位质量的全氮含量，并抵消了氮矿化和植物吸收增加的作用（Day et al.，2008）。但是也有研究认为增温增加了植物叶片单位质量的全氮含量（Oleksyn et al.，2003），或者没有显著影响（Hudson et al.，2011；羊留冬等，2011；王常顺和汪诗平，2015）。

叶片总碳含量变化反映了叶片的碳投资（Golodets et al.，2009），与土地利用强度和土壤氮含量成反比（Rowe et al.，2008），反映了叶片更为保守的投资策略。OTC 增温显著降低了高山嵩草（Yang et al.，2011）和部分北极物种叶片总碳含量（Hudson et al.，2011），这可能是因为物候的提前使得向地下根系生物量分配增加（Sullivan and Welker，2005）。OTC 增温显著增加了高山嵩草叶片的碳氮比（Yang et al.，2011），这源于增温导致的总氮含量下降幅度大于叶片总碳含量的下降幅度，说明植物长期养分利用效率的增加可以应对长期的增温。叶片总碳含量的降低表明，环境变化更有利于植物的生长，因而采取积极的适应策略。但也有研究表明，红外增温对贡嘎山峨眉冷杉幼苗叶片的总碳含量没有显著的影响（羊留冬等，2011）。

2013 年 8 月中旬，在山体垂直带“双向”移栽试验平台上，分别在增温（从高海拔向低海拔移栽）和对照小区选取矮生嵩草、垂穗披碱草、糙喙薹草、花苜蓿、麻花艽、异叶米口袋、雪白委陵菜、异针茅等主要植物，探讨气候变化对主要高寒植物叶片性状的影响（王常顺，2015）。2008 年、2009 年、2010 年 8 月中旬，在增温和放牧试验平台上选择矮生嵩草、垂穗披碱草、鹅绒委陵菜、花苜蓿、麻花艽、雪白委陵菜和异叶米口袋 7 种物种，测量所采集叶片的叶片总碳含量、叶片全氮含量、碳氮比、叶绿素和胡萝卜素含量，探讨增温和放牧对主要高寒植物叶片性状的影响。与此同时，2013 年继续测定叶绿素和胡萝卜素含量。

一、气候变化和放牧对叶片比叶质量的影响

王常顺（2015）研究表明，不同植物叶片面积存在显著差异，原位（对照）条件下 8 种植物平均叶片面积从大到小依次为麻花艽（1775mm^2）、垂穗披碱草（958mm^2）、糙喙薹草（476mm^2）、异针茅（400mm^2）、矮生嵩草（321mm^2）、雪白委陵菜（120mm^2）、花苜蓿（45mm^2）和异叶米口袋（35mm^2），其中麻花艽叶片大小为异叶米口袋的 50 倍左右。

总体上，增温显著增加了植物的叶片面积（$P<0.001$），使得矮生嵩草、糙喙薹草、花苜蓿、异叶米口袋、麻花艽、雪白委陵菜的叶片面积分别增加了 82.5%、207.5%、128.4%、24.5%、16.1%和 60.6%（图 3-9A），但植物叶片性状对温度的敏感性存在明显的差异。叶片面积的温度敏感性显著大于其他性状。在应对温度变化时，植物生长形态要比植物化学组成更具有可塑性（Hudson et al.，2011；Yang et al.，2011）。所以，这可能是植物叶片面积比植物其他叶片性状对温度变化的响应更敏感的原因，说明简单地放大或缩小叶片是植物应对温度变化最有效的途径。

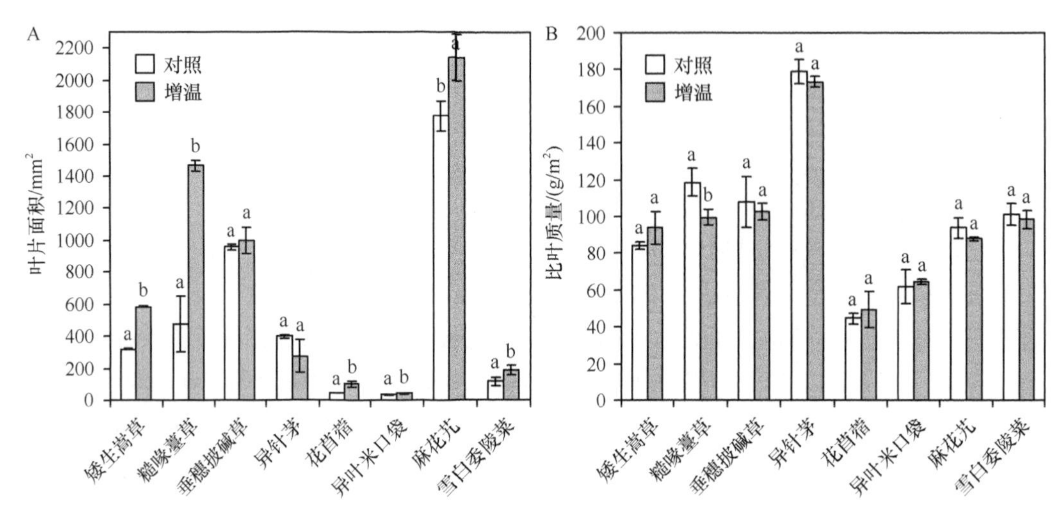

图 3-9 不同植物叶片面积（A）和比叶质量（B）对增温的响应

不同小写字母代表差异具有显著性（P<0.05）

在原位（对照）条件下，不同植物的比叶质量也存在显著差异，8 种植物比叶质量从大到小依次为异针茅（178g/m^2）、糙喙薹草（118g/m^2）、垂穗披碱草（108g/m^2）、雪白委陵菜（101g/m^2）、麻花艽（93g/m^2）、矮生嵩草（84g/m^2）、异叶米口袋（61g/m^2）和花苜蓿（44g/m^2）。异针茅比叶质量约为花苜蓿的 4 倍。增温只显著降低了糙喙薹草比叶质量（16.0%），对其他 7 种植物的比叶质量无显著影响（图 3-9B）。

二、气候变化对叶片碳氮含量的影响

1. 增温对叶片总碳含量、全氮含量、碳氮比的影响

王常顺（2015）研究表明，对照条件下不同植物叶片总碳含量存在显著差异，8 种植物总碳含量从大到小依次为麻花艽（47.9%）、雪白委陵菜（47.5%）、垂穗披碱草（47.1%）、异针茅（46.7%）、花苜蓿（41.2%）、矮生嵩草（40.5%）、异叶米口袋（40.2%）和糙喙薹草（40.1%）（图 3-11A）。麻花艽总碳含量为糙喙薹草的 1.2 倍。总体上，增温显著增加了植物叶片的总碳含量（P<0.001）（图 3-10A）。

在对照条件下，不同植物叶片全氮含量也存在显著差异，8 种植物全氮含量从大到小依次为垂穗披碱草（2.74%）、糙喙薹草（2.48%）、雪白委陵菜（2.47%）、花苜蓿（2.44%）、异针茅（2.34%）、异叶米口袋（2.29%）、矮生嵩草（2.26%）和麻花艽（2.15%）（图 3-10B）。垂穗披碱草叶片全氮含量约为麻花艽的 1.3 倍。增温对叶片全氮含量的影响在统计学上不显著（图 3-10B）。

对照条件下不同植物叶片碳氮比存在显著差异，8 种植物叶片碳氮比从大到小依次为麻花艽（22.2）、异针茅（19.9）、雪白委陵菜（19.2）、矮生嵩草（17.9）、异叶米口袋（17.5）、垂穗披碱草（17.1）、花苜蓿（16.8）和糙喙薹草（16.1）。麻花艽叶片碳氮比约为糙喙薹草的 1.4 倍（图 3-10C）。总体上，增温显著增加了叶片的碳氮比（P=0.024）。单独对每个物种进行方差分析时，单个物种水平上增温对叶片碳氮比的影响不显著。叶片

碳氮比的增加主要源于叶片总碳含量增加，而叶片全氮含量没有显著变化。

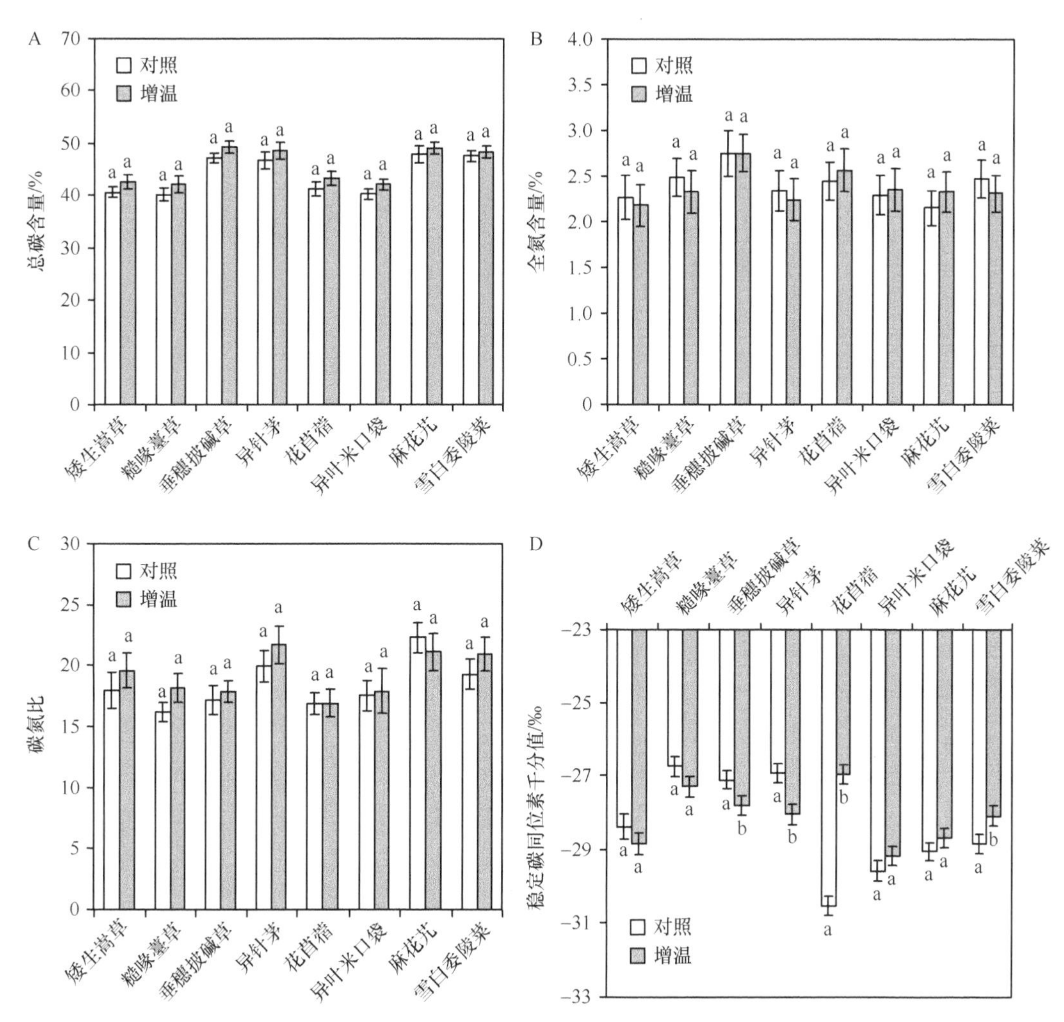

图 3-10　不同植物总碳含量、全氮含量、碳氮比和稳定碳同位素千分值对增温的响应

不同小写字母代表差异具有显著性（$P<0.05$）

叶片总碳含量的增加是叶片更为保守的投资策略（Golodets et al.，2009）。叶片全氮含量对低温环境的适应有重要影响（Boratynski et al.，2009）。低温时，叶片全氮含量增加，代表植物抗寒性加强。我们选取的 8 种植物中，有 5 种是耐寒植物、3 种是广温植物。总体上，植物表现出对增温的保守策略。另外，叶片碳氮比代表着植物利用氮素的效率（An et al.，2005）。从碳氮比增加的角度来讲，增温提高了单位氮含量固定碳的效率。

2. 增温和放牧对叶片总碳含量、全氮含量和碳氮比的影响

尽管总体上增温对物种叶片总碳含量的影响并不显著（P=0.413），但与“双向”移栽试验平台相同，增温提高了 2008 年雪白委陵菜叶片总碳含量和 2009 年垂穗披碱草叶片总碳含量（图 3-11A）。总体上，放牧（P=0.663）及增温和放牧间交互效应（P=0.126）并不显著，放牧同样增加了 2008 年矮生嵩草和麻花艽叶片总碳含量，但是降低了 2010

年雪白委陵菜叶片总碳含量（图 3-11B）。

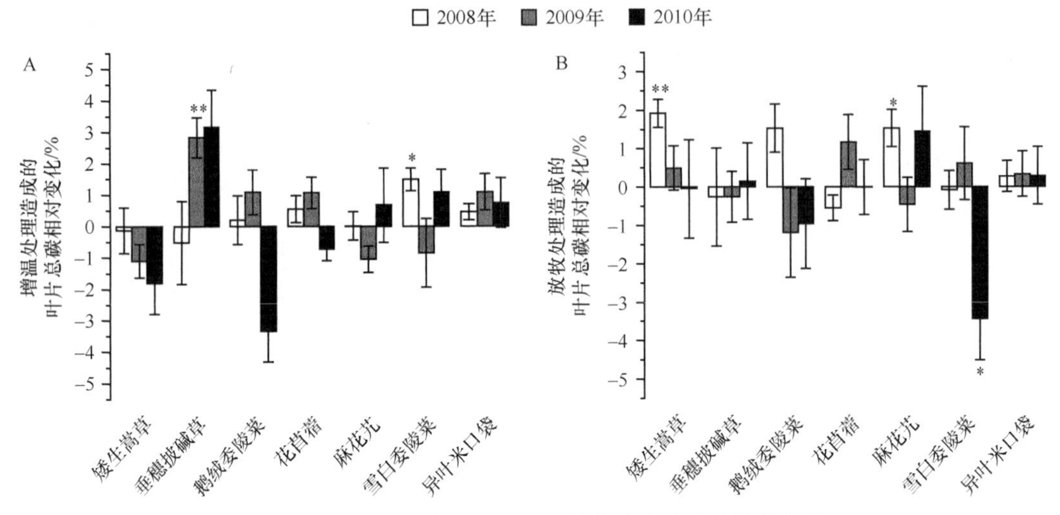

图 3-11　增温和放牧处理对不同植物叶片总碳含量的影响

* $P<0.05$；** $P<0.01$

总体上，增温处理降低了叶片全氮含量（$P<0.001$），放牧处理增加了叶片全氮含量（$P<0.001$）（图 3-12A～C）。例如，增温显著降低了 2009 年鹅绒委陵菜、花苜蓿和异叶米口袋的叶片全氮含量（图 3-12B），以及 2010 年花苜蓿、雪白委陵菜和异叶米口袋的叶片全氮含量（图 3-12C）；放牧显著增加了 2008～2010 年矮生嵩草和麻花艽叶片全氮含量，2009 年鹅绒委陵菜、雪白委陵菜和异叶米口袋叶片全氮含量，2010 年除鹅绒委陵菜和花苜蓿以外的其他 5 种植物叶片全氮含量（图 3-12A～C）。尽管总体上增温和放牧交互作用不显著（$P=0.930$），但是对个别物种增温和放牧交互作用显著。例如，2008 年，在不放牧条件，增温降低矮生嵩草的叶片全氮含量，但是在放牧条件下，增温的这种降低效应被逆转（图 3-12A）；2009 年，在放牧条件下，增温使鹅绒委陵菜叶片全氮含量降低更大（图 3-12B）；相似的变化同样出现在 2010 年雪白委陵菜的全氮含量变化上（图 3-12C）。

受到叶片全氮含量的影响，总体上，增温处理提高了叶片碳氮比（$P=0.010$），放牧处理降低了叶片碳氮比（$P<0.001$）（图 3-12D～F）。与叶片总氮含量相似，增温增加了 2009 年垂穗披碱草、鹅绒委陵菜和异叶米口袋，以及 2010 年垂穗披碱草、麻花艽、雪白委陵菜和异叶米口袋叶片碳氮比（图 3-12E～F）；放牧降低了 2008 年矮生嵩草和麻花艽，2009 年矮生嵩草、鹅绒委陵菜和异叶米口袋，2010 年矮生嵩草、垂穗披碱草、麻花艽、雪白委陵菜和异叶米口袋叶片碳氮比（图 3-12D～F）。尽管总体上增温和放牧交互作用不显著（$P=0.779$），但对于 2008 年矮生嵩草和 2010 年雪白委陵菜，增温和放牧交互作用显著（图 3-12D、F）。

与“双向”移栽试验一致，叶片总碳含量的变化更保守。但是，不同于移栽试验，控制增温显著降低了叶片全氮含量。低温条件下，植物通过提高叶片全氮含量来弥补酶的生物化学效率的下降（Weih，2001），抵消低温带来的负面影响（Reich and

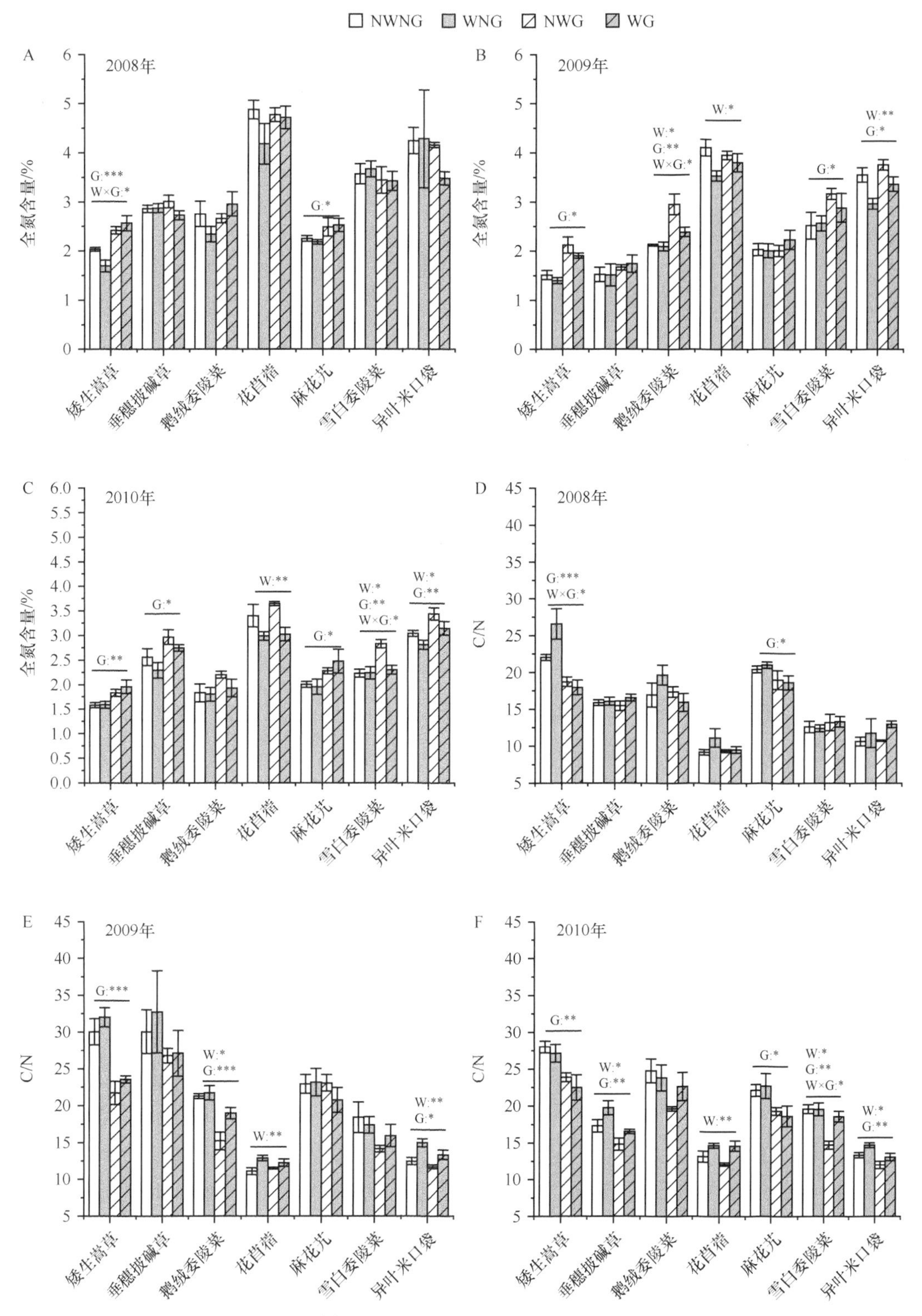

图 3-12　增温和放牧处理对不同植物叶片总氮含量和碳氮比的影响

W，增温效应；G，放牧效应。* $P<0.05$；** $P<0.01$；*** $P<0.001$

Oleksyn，2004）。这可能意味着温度的上升提高了叶片酶的生物化学效率，从而降低了叶片总氮的投入。增温条件下碳氮比的提高与该结果相似，即单位氮投入提高了碳固定的效率。

三、增温和放牧对叶片叶绿素及类胡萝卜素含量的影响

总体上，增温处理对叶片叶绿素 a（P=0.851）、叶绿素 b（P=0.313）、叶绿素（a+b）（叶绿素 a 和叶绿素 b 之和，P=0.614）和类胡萝卜素（P=0.728）含量的影响均不显著，放牧处理对叶绿素 a（P=0.332）、叶绿素 b（P=0.186）、叶绿素（a+b）（P=0.253）和类胡萝卜素（P=0.728）含量的影响也不显著（图 3-13）。同时，增温和放牧的交互作用也不显著（图 3-13）。但是，对于个别物种、个别年份来说，增温和放牧的影响在统计学上有显著影响。例如，增温提高了 2009 年麻花艽和雪白委陵菜、2010 年花苜蓿和麻花艽的叶绿素 a、叶绿素（a+b）和类胡萝卜素含量（图 3-13A、E、G），同时提高了 2009 年和 2010 年麻花艽、2009 年和 2010 年雪白委陵菜叶绿素 b 含量（图 3-13C）。放牧的影响因物种不同而不同，例如，放牧显著增加了矮生嵩草叶绿素 a、叶绿素 b、叶绿素（a+b）和类胡萝卜素含量（图 3-13B、D、F、H），但降低了 2008 年异叶米口袋和 2013 年雪白委陵菜叶绿素 a、叶绿素（a+b）含量（图 3-13B、F），同时降低了 2008 年和 2010 年异叶米口袋的类胡萝卜素含量（图 3-13H）。

尽管总体上增温和放牧对叶绿素、类胡萝卜素含量的影响不显著，但是有部分植物对增温和放牧做出了响应。叶绿素含量是代表光合潜力最重要的参数（Croft et al.，2017），因此，增温很可能增加了部分年份麻花艽、雪白委陵菜和花苜蓿的光合潜力。然而，Shen 等（2009）在增温和放牧试验平台上发现 2008 年增温降低了麻花艽的叶绿素（a+b）含量，在我们的研究中也发现增温降低了 2008 年麻花艽的叶绿素（a+b）含量，但是该结果在统计学上并不显著。这可能与植株间差异有关，从而造成了采样误差较大，造成了我们的结果在统计上没有达到显著性水平。叶绿素含量对温度、水分等环境变化较敏感，这可能造成了不同物种叶绿素含量变化的不同。

放牧提高了 7 种物种叶片全氮含量，但是只增加了矮生嵩草的叶绿素（a+b）含量。尽管叶片全氮含量与叶片的光合能力密切相关，叶片全氮含量的提高可以增强植物的光合能力（Wright et al.，2004），但是叶片氮除分配给叶绿素含量外，还有部分分配给其他部分。因此，叶绿素含量是代表光合潜力更重要的参数（Croft et al.，2017）。对于矮生嵩草来说，放牧造成的叶片全氮含量增加提高了矮生嵩草的叶绿素（a+b）含量。我们推测，放牧很可能促使矮生嵩草叶片的光合能力提高，从而出现超补偿生长。然而，对于雪白委陵菜和异叶米口袋来说，叶片全氮含量的增加可能并没有增加叶绿素（a+b）含量。次生代谢物的增加是植物抵抗家畜采食而进化出来的机制之一，叶片全氮含量的增加可能增加了叶片次生代谢物。因此，可能并不能通过叶片全氮含量的增加推测出光合能力的提高。

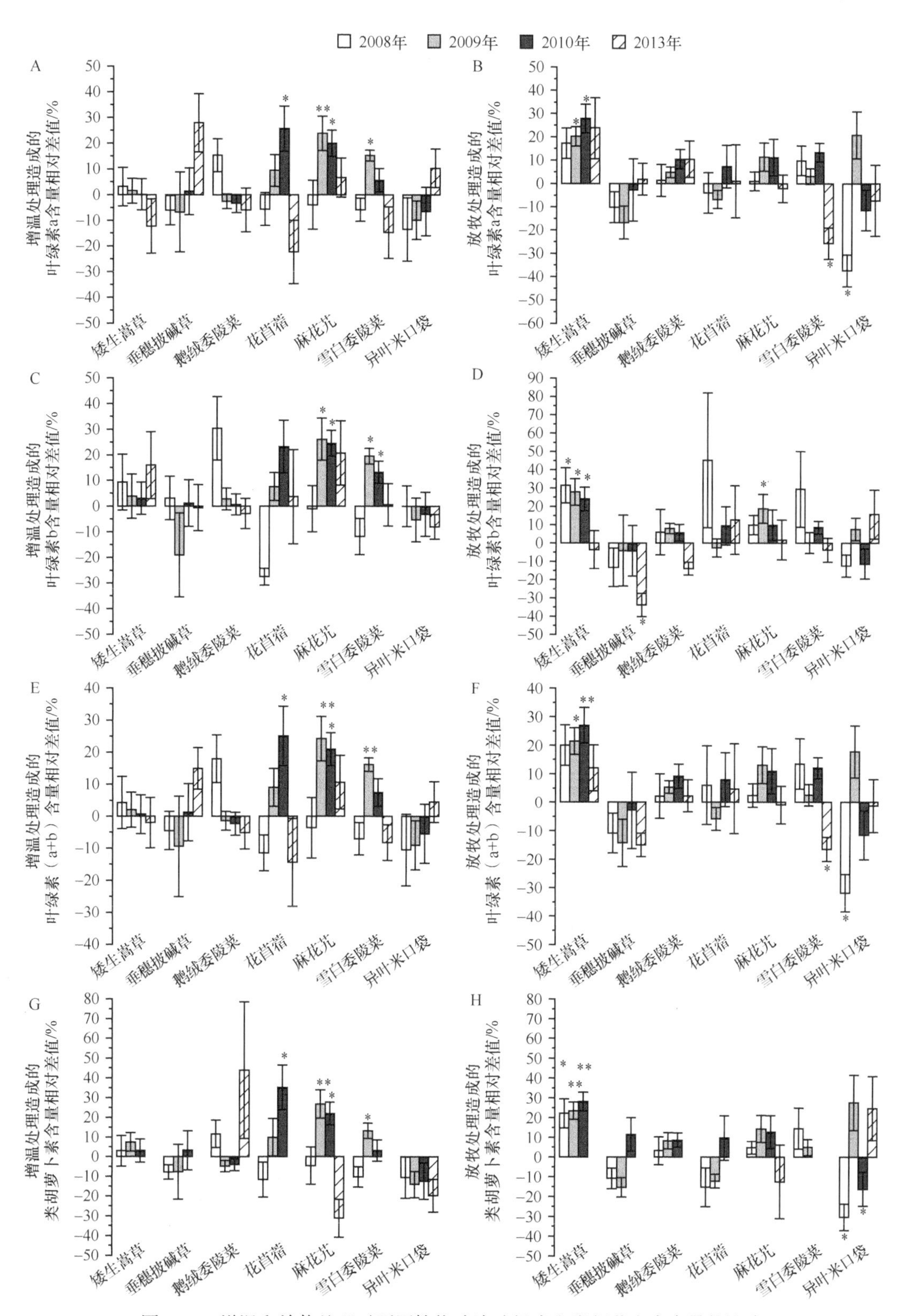

图 3-13 增温和放牧处理对不同植物叶片叶绿素和类胡萝卜素含量的影响

* $P<0.05$；** $P<0.01$；*** $P<0.001$

四、气候变化对叶片稳定碳同位素千分值的影响

稳定碳同位素是评估植物水分利用效率的可靠途径（vonCaemmerer et al.，1997）。植物叶片的稳定碳同位素千分值与水分利用效率呈正相关（Luo et al.，2009）。植物稳定碳同位素千分值升高的原因可能是增温导致相对高的温度和低的湿度，进而加速叶片失水（Marion et al.，1997）、气孔导度下降和水分利用率提高（Hudson et al.，2011）。王常顺（2015）研究表明，对照条件下不同植物叶片稳定碳同位素千分值存在显著差异，8 种植物稳定碳同位素千分值从大到小依次为糙喙薹草（–26.7‰）、异针茅（–26.9‰）、垂穗披碱草（–27.1‰）、矮生嵩草（–28.3‰）、雪白委陵菜（–28.8‰）、麻花艽（–29.1‰）、异叶米口袋（–29.5‰）和花苜蓿（–30.5‰），其中糙喙薹草叶片稳定碳同位素千分值为异叶米口袋的 1.1 倍（图 3-10D）。总体上，增温显著增加了植物叶片的稳定碳同位素千分值（$P<0.001$），但是增温的效应因物种不同而存在差别（$P<0.001$）（图 3-10D）。例如，增温使垂穗披碱草和异针茅叶片的稳定碳同位素千分值分别显著降低了 2.6%和 4.2%；花苜蓿和雪白委陵菜叶片的稳定碳同位素千分值分别显著增加了 11.8%和 2.6%（图 3-10D）。因此，温度变化主要是通过影响水分的可利用性，间接影响植物叶片的稳定碳同位素。增温显著降低了异针茅和垂穗披碱草叶片的稳定碳同位素千分值（图 3-11D），因为异针茅和垂穗披碱草均为单子叶植物，两者具有哑铃形的气孔结构。相较于双子叶植物，哑铃形气孔开闭效率更高，可能使得增温条件下土壤水分的降低并不能对两种物种造成胁迫，相反，可能会降低低温对两个物种的光合限制，这也为增温增加了这两种植物的盖度提供了部分理论解释（Wang et al.，2012）。

第四节　增温和放牧对叶片光合作用和呼吸作用的影响

植物光合作用和呼吸作用是调节生物圈-大气碳交换的主要生物过程（Ryan，1991；Valentini et al.，2000；Silim et al.，2010）。全球变暖导致的气温上升会对这两个过程产生深远的影响，这反过来又会影响大气中的 CO_2 浓度，从而对气候变暖起到反馈作用（Dewar et al.，1999；Gunderson et al.，2000；Atkin and Tjoelker，2003）。植物的光合速率和呼吸速率强烈地依赖于温度。在瞬时变化中，光合速率一般随温度升高而上升，达到最适温度后又随温度的进一步升高而下降。由于驯化作用，光合作用的最适温度通常调整到接近生长温度，因此瞬时光合速率与温度的关系随植物生长温度的变化而变化（Pearcy，1977；Berry and Bjorkman，1980；Hikosaka et al.，2006）。同样，作为瞬时响应，呼吸速率（R）也随生长季温度的变化而变化；在相同的测量温度下，R 通常随着生长季温度的升高而降低（Atkin and Tjoelker，2003；Atkin et al.，2005；Tjoelker et al.，2008）。由于植物光合作用和呼吸作用对温度的响应程度不同，在变暖条件下，碳平衡和植物生长会发生变化（Morison and Morecroft，2006；Bruhn et al.，2007；Way and Sage，2008；Shen et al.，2009）。因此，这两种过程的温度依赖性成为植物应对全球变暖的主要决定因素（Silim et al.，2010）。

光合作用和呼吸作用对温度的依赖性也随其他生长环境而变化，如太阳辐射和水分

可用性（Tranquillini et al.，1986；Robakowski et al.，2003；Bauerle et al.，2007；Alonso et al.，2009；Yamori et al.，2010）。而光照可以通过改变光合组分之间的氮分配（Yamori et al.，2010）影响光合速率的温度依赖性。对于草地生态系统来说，放牧会改变包括光照状况在内的植物生长环境（Jones，2000；Shen et al.，2009；Jeddi and Chaieb，2010），如放牧导致的植被覆盖减少使得一些杂类草植物的太阳辐射强度提高（Dahlgren and Driscoll，1994；Wan et al.，2002；Klein et al.，2005）。因此，放牧条件下的温度响应、光合作用和呼吸的适应可能与未放牧条件下不同。虽然许多人开展了光合作用和呼吸作用对温度响应及适应的研究（Larigauderie and Körner，1995；Atkin et al.，2000；Shen et al.，2009），但关于放牧如何影响高寒草甸植物的光合作用，以及呼吸作用对温度响应和适应的研究仍很少（Shen et al.，2009）。我们依托增温和放牧试验平台，通过测定叶片形态和生化成分来解释不同处理对这两种生理反应的影响。

一、增温和放牧对叶片生长光照强度及叶片温度的影响

Shen 等（2013）研究表明，放牧处理下麻花艽叶片光合光子通量密度（PPFD）显著高于不放牧处理（图 3-14A），晴朗天气条件下放牧比不放牧大约高 8 倍、阴天大约高 3 倍。在不放牧处理下，大约 90%的 PPFD 值＜250μmol/(m^2·d)，未测量到＞750μmol/(m^2·d)

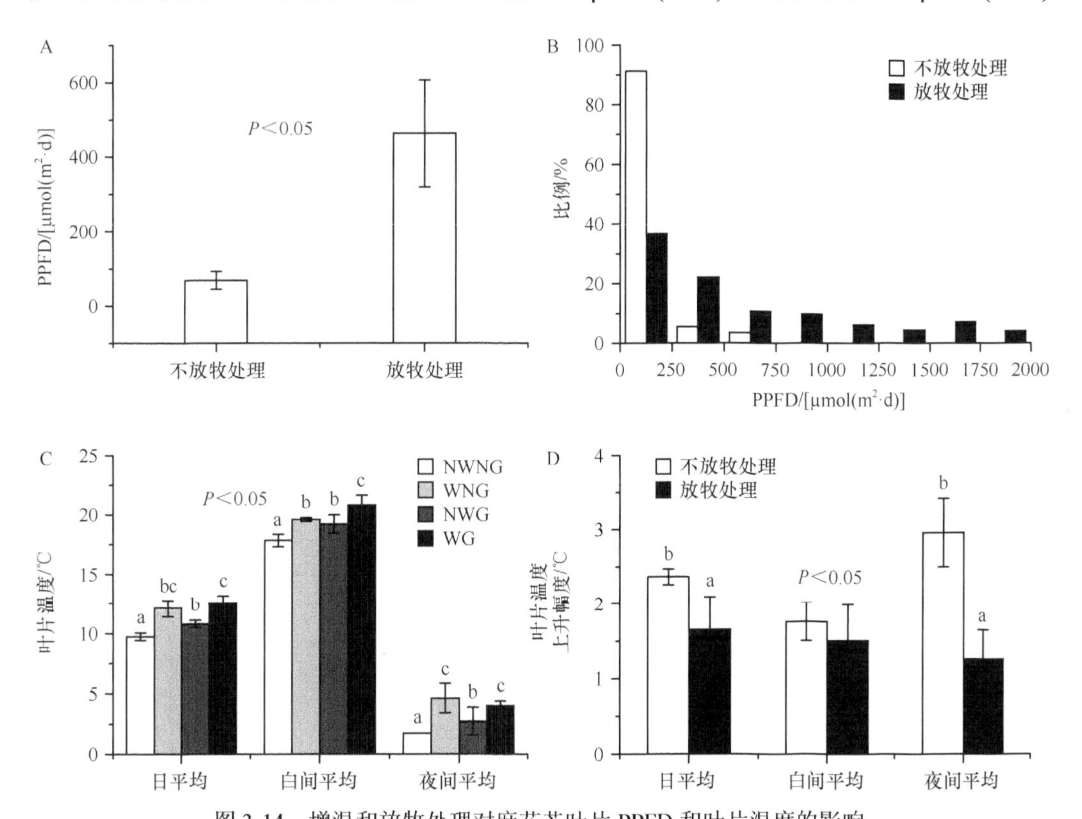

图 3-14　增温和放牧处理对麻花艽叶片 PPFD 和叶片温度的影响

NWNG，不增温不放牧处理；WNG，增温不放牧处理；NWG，不增温放牧处理；WG，增温放牧处理。不同小写字母代表差异具有显著性（多重比较，$P<0.05$）

的数值（图 3-14B）。在放牧和/或不放牧处理中，增温处理的日平均（24h 平均）或日间平均（当地时间 8:00 至 20:00）或夜间平均测量的麻花艽叶片温度均显著高于不增温处理（图 3-14C）。然而，放牧条件下，增温和不增温处理间白天与夜晚平均叶片温度的差异显著小于不放牧条件（图 3-14D），说明放牧条件下增温导致了麻花艽叶片温度日较差增大。

二、增温和放牧对叶片形态及叶绿素含量的影响

增温对叶片形态及叶绿素含量的影响不显著，但无论是否增温，放牧都显著降低了麻花艽单个叶片大小和单株总叶面积。增温显著降低了叶片叶绿素（a+b）含量、叶绿素 a/b 含量和类胡萝卜素含量，放牧则有略微增加上述生化成分的趋势（表 3-5，表 3-6），但增温与放牧的交互作用不显著。

表 3-5　不同处理下麻花艽叶片形态、生化和生理参数

参数	NWNG	WNG	NWG	WG
叶片形态				
单个叶片大小/cm^2	$14.2±0.7^{b}$	$13.7±1.1^{b}$	$12.9±1.1^{ab}$	$10.9±0.5^{a}$
单株总叶面积/cm^2	$69.5±3.6^{b}$	$61.3±4.9^{ab}$	$55.0±5.9^{a}$	$53.6±3.7^{a}$
单位面积叶片质量/(g/m^2)	$76.6±2.9^{ab}$	$77.4±3.1^{ab}$	$71.3±5.1^{b}$	$83.3±3.2^{a}$
叶片生物化学				
叶绿素（a+b）含量/(mg/g FW)	$1.40±0.10^{ab}$	$1.19±0.05^{a}$	$1.52±0.14^{b}$	$1.26±0.08^{ab}$
叶绿素 a/b（比值）	$3.71±0.02^{b}$	$3.55±0.05^{a}$	$3.74±0.04^{b}$	$3.67±0.06^{ab}$
类胡萝卜素含量/(mg/g FW)	$0.34±0.02^{b}$	$0.28±0.01^{a}$	$0.37±0.03^{b}$	$0.31±0.01^{ab}$
叶片生理				
A_{max} 最适温度/℃	$15.8±0.2^{a}$	$15.9±0.2^{a}$	$16.1±0.2^{a}$	$16.1±0.3^{a}$
最适温度下 A_{max}/[μmol/(m^2·s)]	$13.6±0.2^{a}$	$15.1±0.6^{ab}$	$16.8±1.0^{b}$	$16.9±0.5^{b}$
最适温度下 A_{max}/R	$11.4±0.7^{a}$	$14.3±0.4^{ab}$	$16.1±0.8^{bc}$	$17.0±1.1^{c}$
暗呼吸 Q_{10}	$1.76±0.07^{a}$	$1.91±0.07^{a}$	$2.41±0.10^{b}$	$1.98±0.10^{a}$

注：A_{max}，光饱和光合速率；R，呼吸速率；NWNG，不增温不放牧处理；WNG，增温不放牧处理；NWG，不增温放牧处理；WG，增温放牧处理。数字代表平均值和标准误。不同小写字母代表差异具有显著性（多重比较，$P<0.05$）。

表 3-6　气候变暖和放牧对麻花艽叶片形态、生化和生理参数影响的双因素方差分析结果

	双因素方差分析中 P 值		
	增温	放牧	增温×放牧
叶片形态			
单个叶片大小	2.34（ns）	5.92（0.016）	0.79（ns）
单株总叶面积	1.10（ns）	5.74（0.023）	0.54（ns）
单位面积叶片质量	3.16（ns）	0.01（ns）	2.40（ns）
叶片生物化学			
叶绿素（a+b）含量	5.88（0.032）	1.00（ns）	0.06（ns）
叶绿素 a/b（比值）	6.74（0.023）	2.90（ns）	1.06（ns）
类胡萝卜素含量	12.16（0.005）	3.25（ns）	0.03（ns）

续表

	双因素方差分析中 P 值		
	增温	放牧	增温×放牧
叶片生理			
A_{max} 最适温度	0.55（ns）	0.00（ns）	0.15（ns）
最适温度下 A_{max}	0.93（ns）	12.06（0.005）	0.59（ns）
最适温度下 A_{max}/R	3.74（0.077）	16.34（0.002）	0.55（ns）
暗呼吸 Q_{10}	2.55（ns）	17.02（0.001）	10.87（0.006）

注：括号中的数字为 P 值；ns 表示不显著。

三、增温和放牧对叶片光饱和光合作用及呼吸的影响

在 4 个处理条件下，测量温度从 10℃升高到 15℃，光饱和光合速率（A_{max}）均显著增加，然后随测量温度的升高，其 A_{max} 随之下降（图 3-15）。与之前结果（Shen et al.，2009）不同，在增温和不增温处理下，叶片 A_{max} 的最适温度相似，即高温条件下生长的植株的最适温度并没有向更高的温度转变。这种差异可能是由于红外增温导致叶片温度差异较小，而 OTC 试验的温度升高高于当前增温试验（Shen et al.，2009）。一般而言，生长温度每升高 1℃，不同植物的最适温度就会发生 0.10～0.59℃的变化（Hikosaka et al.，2006）。这意味着，在 A_{max} 的驯化中，最适温度每增加 1℃，环境温度需要增加 5～10℃。在我们之前的研究中（Shen et al.，2009），OTC 使白天的平均叶片温度升高了 3.3℃，而红外增温仅使白天的平均叶片温度升高了 1.6℃（Shen et al.，2013）。

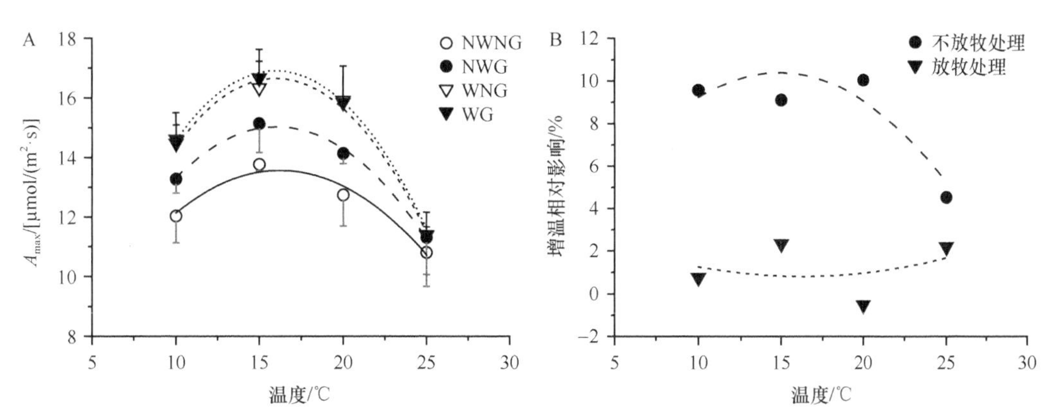

图 3-15　增温和放牧处理麻花艽光饱和光合速率（A）和增温的相对变化（B）

NWNG，不增温不放牧处理；WNG，增温不放牧处理；NWG，不增温放牧处理；WG，增温放牧处理

其他的研究表明，光合作用对气候变暖的适应程度在物种之间存在高度的变异性，有些物种表现出完全适应，而另一些物种甚至不能部分适应（Pearcy，1977；Berry and Bjorkman，1980；Larigauderie and Körner，1995；Xiong et al.，2000；Hikosaka et al.，2006；Dillaway and Kruger，2010）。在同一物种内，A_{max} 的最适温度随生长温度的变化而变化（Hikosaka et al.，2006）。对于高寒植物麻花艽来说，最适温度的显著变化可能需要持续增温 3℃左右。这种较低的热适应与一些高山植物和冷不敏感物种的结果一致。

与低海拔植物相比，高山植物的热适应能力较差（Atkin et al.，2006），而冷适应的物种比冷敏感的物种表现出更高的光合作用温度稳态（Campbell et al.，2007；Yamori et al.，2009）。我们的研究表明，如果平均温度变化在1～2℃范围内，利用相关模型模拟植物生产时，可以不考虑高原高寒植物光合作用最适温度的变化。

增温对最适温度下 A_{max} 的影响不显著，但是放牧可显著增加最适温度下的 A_{max}（图3-15A，表3-6），例如，在不增温处理下，放牧处理的 A_{max} 比不放牧处理高22%（图3-15A，表3-5，表3-6）。相对增温效应（RWE_{Amax}）对 A_{max} 的影响在未放牧条件下显著高于放牧条件（图3-15B）。在不放牧处理下，当测量温度为10℃、15℃和20℃时，增温处理下植物的 A_{max} 始终比不增温处理下的植物高9%（图3-15B）。而在放牧处理下，增温和不增温处理植株的 A_{max} 值基本一致。为了了解光合作用对温度响应的潜在生化机制，我们比较了4个处理中的最大电子传递速率（J_{max}）和最大羧化速率（V_{cmax}）（图3-16）。在不放牧处理下，所有测量温度下不增温处理的 J_{max} 均高于增温处理，但这种差异在放牧处理下消失了（图3-16A、B）。无论是否放牧，不增温处理下植株的最大羧化速率（V_{cmax}）均比增温处理更高（图3-16C、D）。

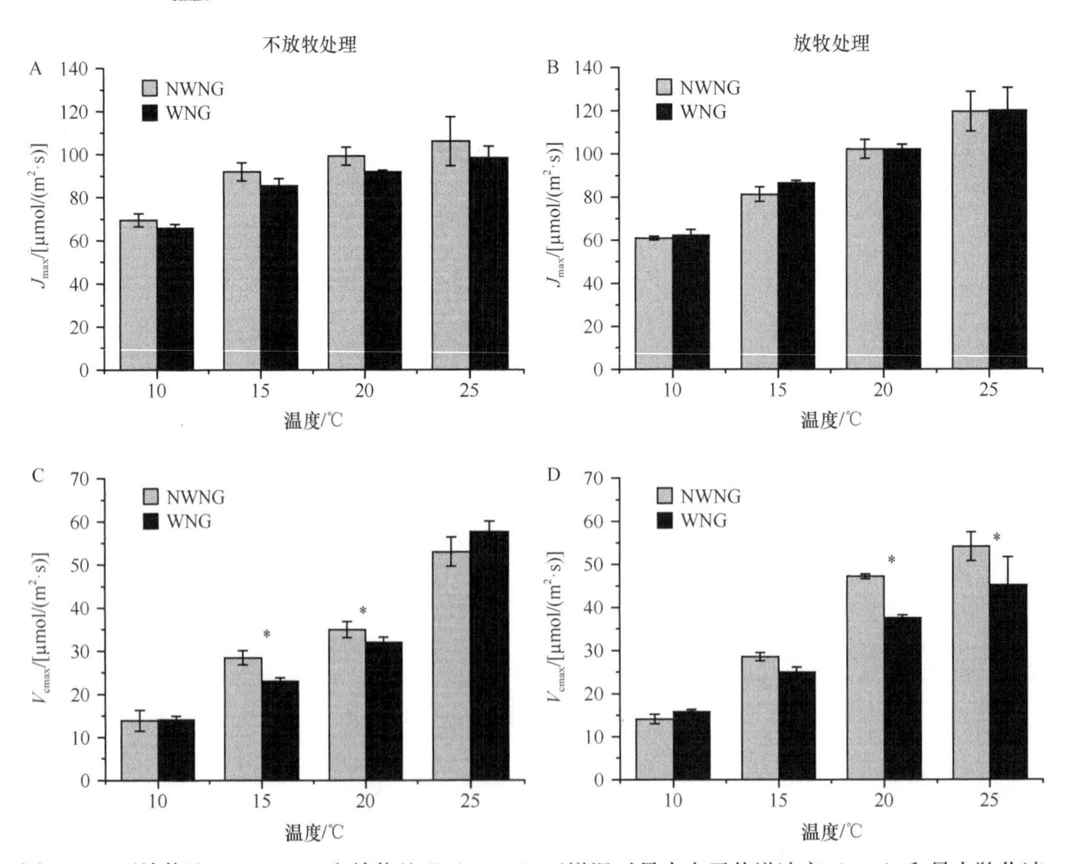

图3-16 不放牧处理（A，C）和放牧处理（B，D）下增温对最大电子传递速率（J_{max}）和最大羧化速率（V_{cmax}）的影响

NWNG，不增温不放牧处理；WNG，增温不放牧处理；NWG，不增温放牧处理；WG，增温放牧处理。星号表示各测得温度之间的差异具有显著性（最小差异比较，$P<0.05$）

放牧处理和不放牧处理下植株光合作用能力的差异不太可能受放牧的直接影响，而是受以下两个间接环境因素的影响：一方面，麻花艽叶片在放牧处理下接收到的辐射强度是不放牧处理的 3～8 倍（图 3-14），这可以导致较高的光合速率和较高的 V_{cmax}，但不一定导致较高的 J_{max}。与不放牧处理相比，在放牧处理下植株趋向于拥有"阳生"叶片的特征，即叶片更小、叶绿素含量更高（表 3-5，表 3-6）；另一方面，氮的可利用性可能是另一个主要影响因素，如在放牧处理下，绵羊粪便和尿液可能会增加土壤氮含量。土壤氮的增加会影响光合性能，这可能是放牧样地叶绿素含量较高的原因。

四、增温和放牧对叶片呼吸作用的影响

各处理的暗呼吸速率均随温度的升高呈指数增长（图 3-17）。在不放牧处理下，增温处理在所有测量温度下植株的暗呼吸速率均比不增温处理低约 0.15μmol/(m^2·s)。因此，在不放牧条件下，增温和不增温处理的叶片呼吸速率的温度敏感性（Q_{10}）相近。然而，在放牧条件下，不增温处理叶片呼吸速率的 Q_{10} 大于增温处理（表 3-5，表 3-6）。

放牧改变了麻花艽叶片暗呼吸作用的温度适应（图 3-17）。Atkin 和 Tjoelker（2003）认为植物呼吸对温度的适应有两种类型：Ⅰ型，在有中温和高温时，呼吸速率出现较大变化，但在低温下呼吸速率基本上没有变化，呼吸 Q_{10} 值表现出较大变化（增温下 Q_{10} 值降低）；Ⅱ型，无论是在低温条件还是高温条件下呼吸速率值均发生变化，但是增温时 Q_{10} 值不变。我们发现，不放牧处理呼吸的温度适应表现为Ⅱ型，即在所有试验温度下，呼吸速率都发生了变化，但是 Q_{10} 在增温和不增温处理之间没有显著差异（Shen et al.，2013）。在放牧处理下，增温处理的 Q_{10} 显著低于不增温处理的，因此温度适应表现为Ⅰ型。尽管至今产生Ⅰ型和Ⅱ型的机制还不清楚，但是许多研究表明，Q_{10} 值在呼吸底物浓度较高时最高（Covey-Crump et al.，2002），从大豆子叶分离的线粒体中观察到类似的反应（Atkin et al.，2002）。放牧样地植物叶片呼吸速率的高 Q_{10} 值可能是由于麻花艽叶片接收到高水平的光照，从而增加了其单位叶面积和质量的线粒体蛋白质浓度（Noguchi et

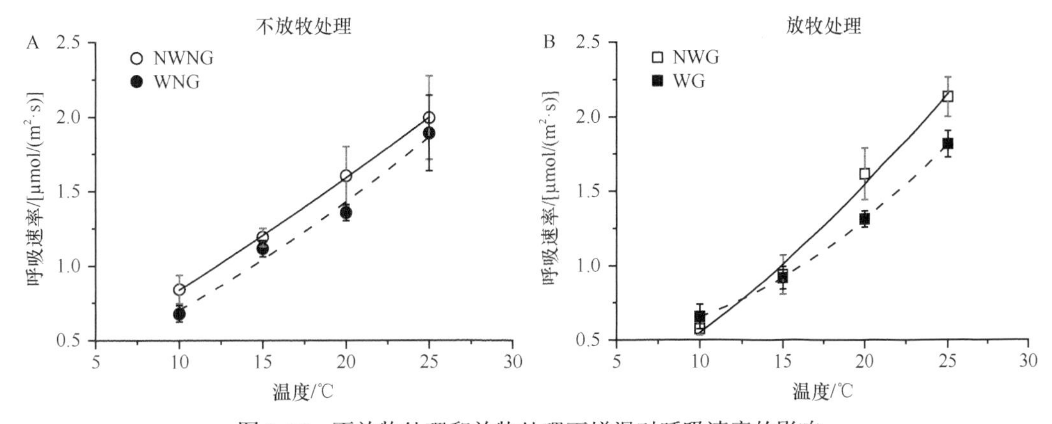

图 3-17　不放牧处理和放牧处理下增温对呼吸速率的影响

NWNG，不增温不放牧处理；WNG，增温不放牧处理；NWG，不增温放牧处理；WG，增温放牧处理

al.，2005），以及底物可利用性（Azcón-Bieto and Osmond，1983）和/或 ATP 周转率（Lambers，1985；Noguchi et al.，1996）。然而，其他一些研究也表明，叶片呼吸速率的 Q_{10} 值并不依赖于生长辐照度和同时发生的光合作用速率（Bolstad et al.，1999；Hartley et al.，2006；Zaragoza-Castells et al.，2007）。

第五节　增温和放牧对叶寿命及叶片物候的影响

叶片是专门进行光合作用的器官，其性状的变化，包括叶寿命、叶片的返青期和枯黄期，被认为反映了其对栖息地环境特征的适应（Kikuzawa et al.，2013；Kitajima et al.，1997；Wright et al.，2004）。叶片枯黄期是叶片生命周期的最后阶段，对植物的适应性及生态系统的碳和营养循环都起到至关重要的作用（Estiarte and Peñuelas，2015；Gallinat et al.，2015；Piao et al.，2008；Richardson et al.，2010）。然而，由于野外测量的困难，迄今为止，关于叶片枯黄期对环境变化响应的研究多集中于森林生态系统（Chen et al.，2020；Fu et al.，2018；Ge et al.，2015；Panchen et al.，2015），而对草地生态系统植物叶片枯黄期如何响应与适应气候变化及放牧的研究一直被忽视（Hong et al.，2022）。

从生理学和生态学的角度来看，随着温度的升高，叶片代谢速率上升，在较高的生长季温度下，叶片可能更早成熟，从而可能使叶片枯黄期提前（Chen et al.，2020；Fu et al.，2014；Keenan and Richardson，2015；Kikuzawa et al.，2013）。因此，研究发现在森林生态系统中增温会缩短叶寿命（从叶片开始长出到叶片开始变色的日期）（Estrella and Menzel，2006；Liu et al.，2018；Xie et al.，2015）。然而，因为光合速率与叶寿命呈负相关（Hiremath，2000；Seki et al.，2015），从最优策略理论的角度来看，当植物的叶片不再有助于净碳收益最大化时（即光合作用小于呼吸作用），它们就会脱落。此外，叶片枯黄过程的生态功能之一是养分再吸收（如氮再吸收）（Lim et al.，2003；Reich，2014），以便将老叶中的养分转移到更嫩的叶片中以提高植物的光合能力。枯黄叶片中有效的养分再利用可能使得老叶更早枯黄，因为在更恶劣的环境条件下，叶片更晚枯黄可能会降低养分再回收利用效率（Distelfeld et al.，2014）。土壤 N 的有效性通常是草地植物生长的限制因素之一（LeBauer and Treseder，2008），而在叶片枯黄过程中，增温会增加叶片 N 的再吸收效率（即在叶片变色过程中从绿叶转移到其他植物活组织所含 N 的比例）（An et al.，2005）。然而，叶片内 N 再分配的变化是否会影响叶片枯黄期对变暖的响应尚缺乏研究（Hong et al.，2022）。

放牧是天然草地的主要利用方式，它可以通过间接影响土壤养分、光照条件、土壤湿度和土壤温度，或通过草食动物的破坏直接影响植物生长，从而影响叶片物候（Li et al.，2019b，2019d；McIntire and Hik，2002）。从生理学角度来看，食草动物的采食会导致分生组织发育不足，耗尽单株植物的资源（Fogelström et al.，2022；Tadey，2020）。此外，放牧降低了植物叶片 N 的再吸收效率，因为动物排泄物返还增加了土壤养分有效性（Millett and Edmondson，2015；Zhang et al.，2022）。因此，在放牧条件下，植物可能需要延长叶寿命和延迟叶片枯黄来补偿植物组织的损失，而不是增加叶片 N 的再吸收效率（McIntire and Hik，2002）。尽管一些学者研究了放牧对叶片物候学的影响（Fogelström et al.，2022；Li et al.，2019d），然而尚缺乏有关增温和放牧及其互作效应对叶片衰老的综合影响的野外研究（图 3-18）。

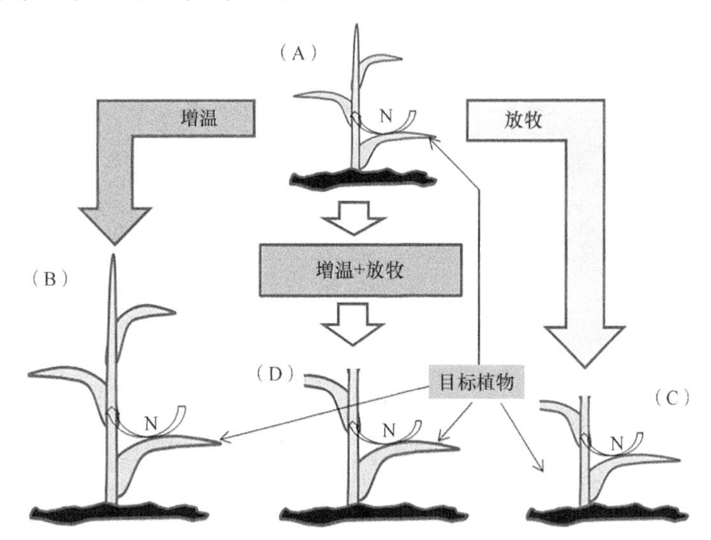

图 3-18　增温和放牧对目标植物及其叶片 N 再吸收效率影响示意图

（A）背景环境下的目标植物；（B）增温下的目标植物；（C）放牧下的目标植物；（D）增温+放牧下的目标植物。N，示意 N 从老叶片中转移到新叶片或组织中的过程

一、增温和放牧对叶片氮含量及叶绿素含量的影响

在增温和放牧试验平台上，我们于 2008～2010 年观测了 5 种植物，包括矮生嵩草（Kh）、垂穗披碱草（En）、麻花艽（Gs）、鹅绒委陵菜（Pa）、雪白委陵菜（Pn）的叶寿命、叶片 N 含量、叶绿素含量和叶片 N 再吸收效率（NRE）的变化（图 3-19）。Hong 等（2022）研究表明，增温对叶片 N 含量（P=0.077）和叶绿素含量（P=0.180）没有显著影响，但放牧显著增加了叶片 N 含量（P＜0.001）和叶绿素含量（P=0.008），且不同植物种类之间存在一定的差异（图 3-19A、B）。例如，无论是否增温，放牧都增加了麻花艽的叶片 N 含量；但对于雪白委陵菜而言，只有在不增温的情况下，放牧才增加了其叶片 N 含量（图 3-19A）。对于矮生嵩草而言，只有放牧不增温处理增加了其叶片叶绿素含量（图 3-19B）。增温和放牧均增加了枯黄叶片 N 含量（WNG：P=0.006，NWG：P＜0.001），但是物种间的响应也存在差异（图 3-19C）。不管增温与否，放牧均增加了鹅绒委陵菜和雪白委陵菜枯黄叶片 N 含量，而只有不增温放牧处理增加了矮生嵩草叶片 N 含量（图 3-19C）。增温没有改变叶片 N 的再吸收效率（P=0.115），但放牧显著降低了多数植物叶片 N 的再吸收效率（P＜0.001），它们之间的相互作用因植物种类而异（图 3-19D）。只有在不增温处理下，放牧降低了矮生嵩草和鹅绒委陵菜叶片 N 的再吸收效率；但在增温条件下，放牧降低了雪白委陵菜叶片 N 的再吸收效率（图 3-19D）。

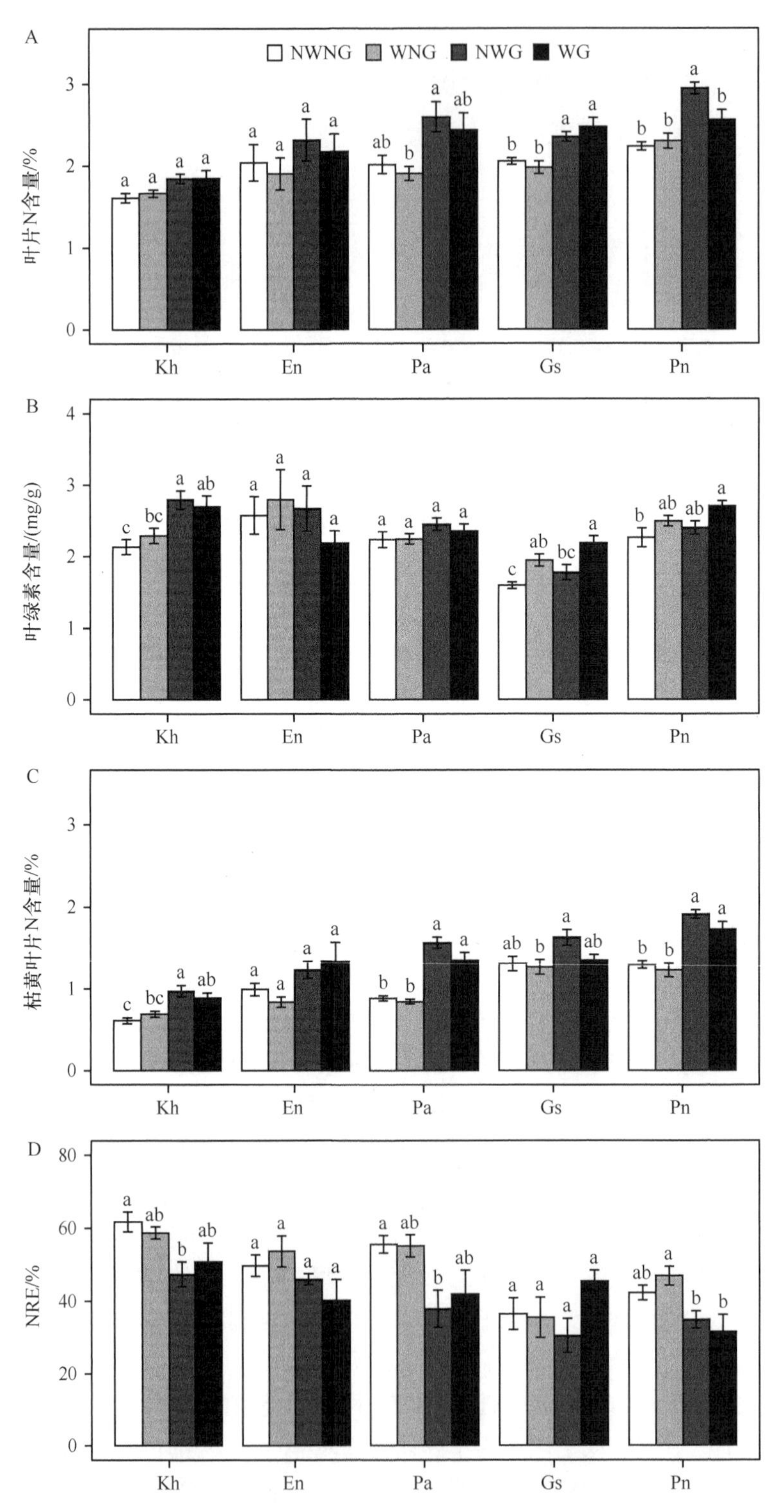

图 3-19　增温和放牧对叶片氮含量（A）、总叶绿素含量（B）、枯黄叶片氮含量（C）和叶片 N 的再吸收效率（D）的影响

NWNG、WNG、NWG 和 WG 分别代表不增温不放牧处理、增温不放牧处理、不增温放牧处理和增温放牧处理；Kh、En、Gs、Pa 和 Pn 分别代表矮生嵩草、垂穗披碱草、麻花艽、鹅绒委陵菜和雪白委陵菜；不同小写字母代表差异具有显著性（$P<0.05$）

二、增温和放牧对叶片物候及叶寿命的影响

2008 年、2009 年和 2010 年 4 月初至 11 月初，对每个处理 5 种植物的 10 个个体进行标记，每隔 3～5 天对叶片物候进行监测。为了防止被羊吃掉，这些被标记的植物在放牧前被围起来，同时剪去 50%的高度，模拟 50%的利用率。用叶片返青期与初黄期之差计算叶寿命；叶片枯黄持续时间以初黄期与枯黄期（完全枯黄时间）之差计算。这里，放牧晚于当年的生长季开始时间（Hong et al.，2022），因此，放牧对植物叶片生长开始的影响实际上是前些年放牧的累积效应。

增温和放牧对返青期、叶片初黄期、叶寿命和叶片枯黄持续时间均有显著影响，但两者交互作用因植物种类而异（Hong et al.，2022）。与 Jiang 等（2016）、Wang 等（2014b）研究结果一致，增温不放牧、不增温放牧和增温放牧处理使所有物种的返青期相比不增温不放牧处理分别提前了 1.7～3.3d/℃、17.2～26.0d/℃和 6.0～9.3d/℃（图 3-20A）。增温使叶片初黄期延迟了 1.6～2.5d/℃，放牧使叶片初黄期提前 3.0～8.9d/℃，与对照相比，放牧对所有物种的叶片初黄期没有显著影响（图 3-20B）。因此，对所有植物来说，增温、放牧和增温放牧处理分别使叶寿命延长了 3.3～5.8d/℃、10.3～21.0d/℃和 6.0～9.6d/℃（图 3-20C）。增温和放牧对叶片枯黄持续时间的影响因物种而异。增温仅使矮生嵩草和垂穗披碱草的叶片枯黄持续时间延长了 2.5d/℃和 2.4d/℃，放牧使垂穗披碱草叶片枯黄持续期延长了 2.0d/℃，麻花艽和鹅绒委陵菜叶片枯黄持续时间缩短了 1.4d/℃和 4.3d/℃，而增温和放牧之间的相互作用使垂穗披碱草的叶片枯黄持续时间延长了 1.3d/℃（图 3-20D）。此外，根据与对照处理的差异，鹅绒委陵菜的返青期、叶寿命和叶片枯黄持续时间的温度敏感性均大于其他植物（图 3-20）。这一结果表明在高寒地区变暖背景下，大多数植物早返青的叶片并没有导致更早的初黄期，这与基于长期原位观测数据分析的青藏高原草本植物研究结果相似（An et al.，2022；Sun et al.，2020），而与森林生态系统的有关研究结果不一致（Chen et al.，2020；Fu et al.，2014；Keenan and Richardson，2015；Kikuzawa et al.，2013）。一些对森林生态系统的研究甚至表明，增温加快了叶片生长，进而缩短了叶片的寿命（Estrella and Menzel，2006；Lim et al.，2007；Liu et al.，2018；Xie et al.，2015）。这种差异可能是由于低温限制了高山地区植物的生长和发育（Huang et al.，2019；Li et al.，2016；Meng et al.，2019），低温造成的叶片叶绿体损害被认为是影响叶片衰老的主要因素（Gunderson et al.，2012；Liu et al.，2018，2020）。增温改善了高山地区植物生长的低温环境，进一步延长了叶片的寿命（Hong et al.，2022）和整个生长季的持续时间（Li et al.，2016）。

三、影响叶片枯黄物候变化的主要因素

土壤温度与以下物候变化呈显著的正相关关系：麻花艽的叶片初黄期，垂穗披碱草、麻花艽和雪白委陵菜的叶片枯黄期，垂穗披碱草、鹅绒委陵菜和雪白委陵菜枯黄持续时间

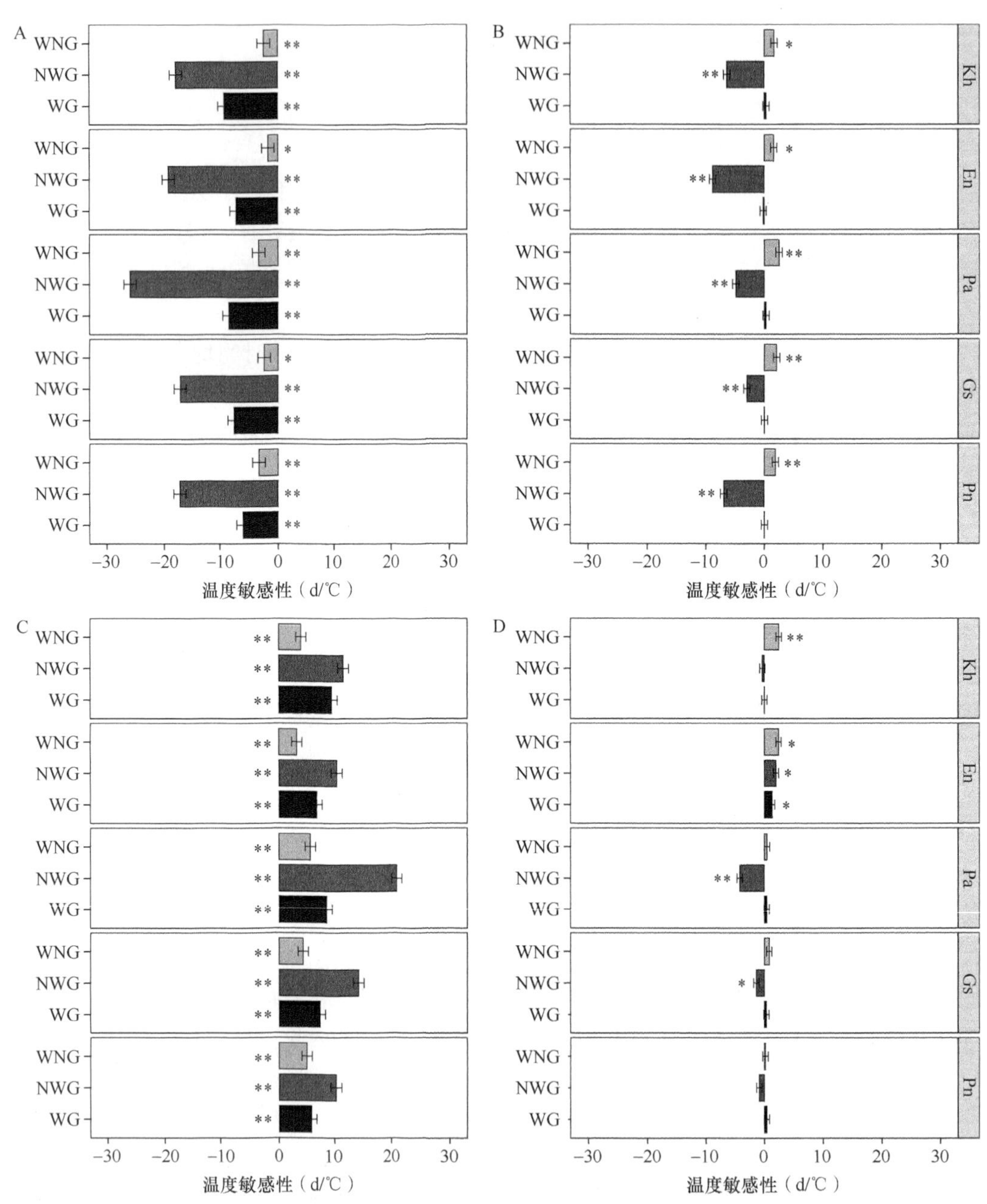

图 3-20　增温和放牧对叶片返青期（A）、叶片初黄期（B）、叶寿命（C）和叶片枯黄持续时间（D）温度敏感性的影响

横坐标日期差值为增温不放牧处理、不增温放牧处理和增温放牧处理与不增温不放牧处理的差异，Kh、En、Gs、Pa 和 Pn 分别代表矮生嵩草、垂穗披碱草、麻花艽、鹅绒委陵菜和雪白委陵菜

（图 3-21A～C）。土壤湿度与以下物候变化呈显著的负相关关系：麻花艽叶片初黄期，垂穗披碱草、麻花艽和鹅绒委陵菜叶片枯黄期，矮生嵩草的叶片枯黄持续期（图 3-21D～F）。与此同时，叶片返青与叶片枯黄物候呈显著正相关。例如，矮生嵩草、垂穗披碱草和鹅绒委陵菜叶片返青期与初黄期，矮生嵩草、鹅绒委陵菜和雪白委陵菜叶片返青期与枯黄期，矮生嵩草、垂穗披碱草和麻花艽叶片返青期与枯黄持续期均呈显著正相关（图

3-21G～I）；同时，叶片 N 含量、N 再吸收效率（NRE）和叶绿素含量与叶片枯黄物候存在显著相关关系，如叶片 N 含量与鹅绒委陵菜和雪白委陵菜的叶片枯黄始期，与矮生嵩草、垂穗披碱草、鹅绒委陵菜和雪白委陵菜的叶片枯黄期，与矮生嵩草和垂穗披碱草的叶片枯黄持续期均呈负相关（图 3-21J～L）。叶片 NRE 与垂穗披碱草和雪白委陵菜叶片初黄期，与麻花艽、鹅绒委陵菜和雪白委陵菜的叶片枯黄期，与鹅绒委陵菜和雪白委陵菜的枯黄持续期均呈显著正相关，但是垂穗披碱草的枯黄持续期与 NRE 呈显著负相关（图 3-21M～O）。叶绿素含量与矮生嵩草的初黄期、枯黄期和枯黄持续期呈显著负相关关系，与雪白委陵菜枯黄持续期呈显著负相关关系（图 3-21P～R）。

结构方程模型进一步表明，增温对矮生嵩草、垂穗披碱草和麻花艽叶片的初黄期有直接的正效应，对垂穗披碱草叶片的初黄期有间接的负效应，对鹅绒委陵菜叶片的初黄期有间接的正效应，而对雪白委陵菜叶片的初黄期没有显著的影响（图 3-22）。增温对所有植物叶片的枯黄期均有正效应，对矮生嵩草、鹅绒委陵菜和麻花艽叶片的枯黄期均有间接的负效应（图 3-22）。放牧对矮生嵩草、鹅绒委陵菜、麻花艽叶片的初黄期，以及垂穗披碱草、雪白委陵菜叶片的枯黄期有直接的负效应。NRE、叶片 N 含量与叶片返

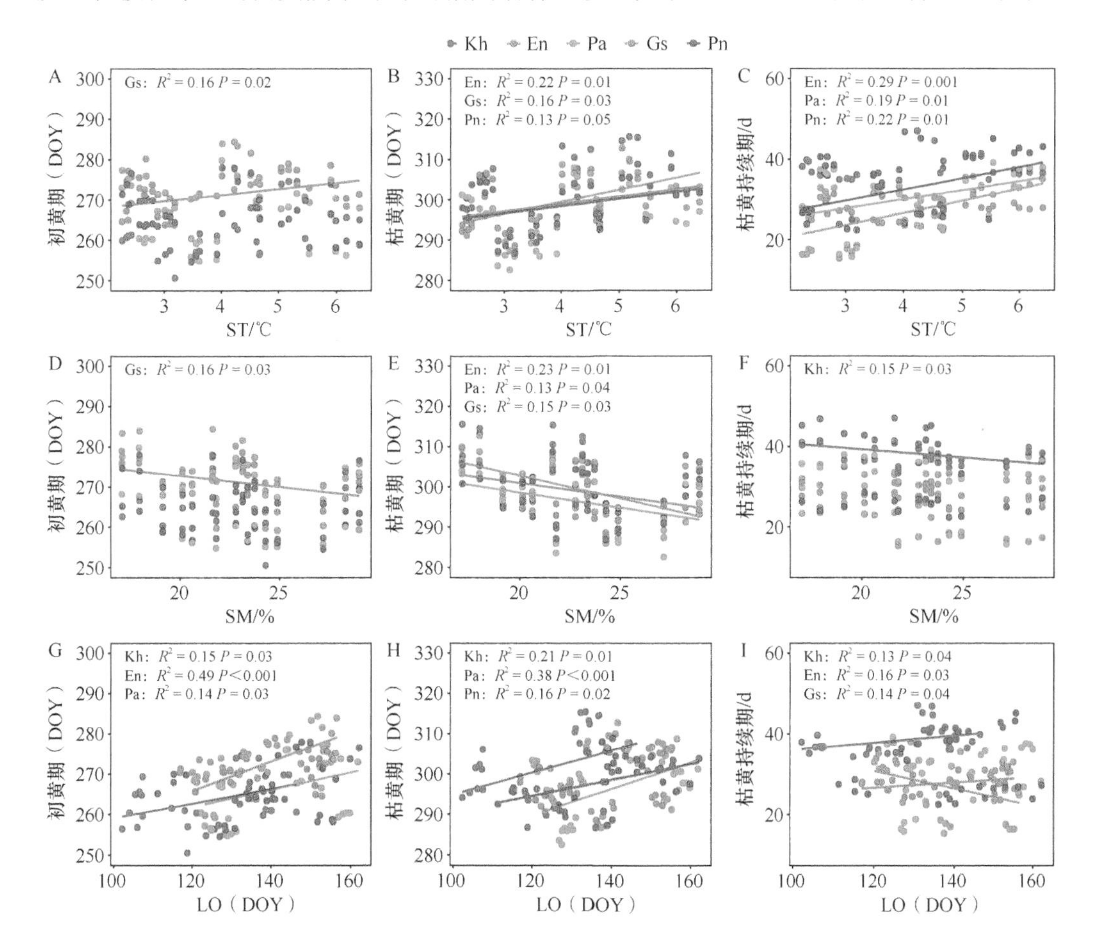

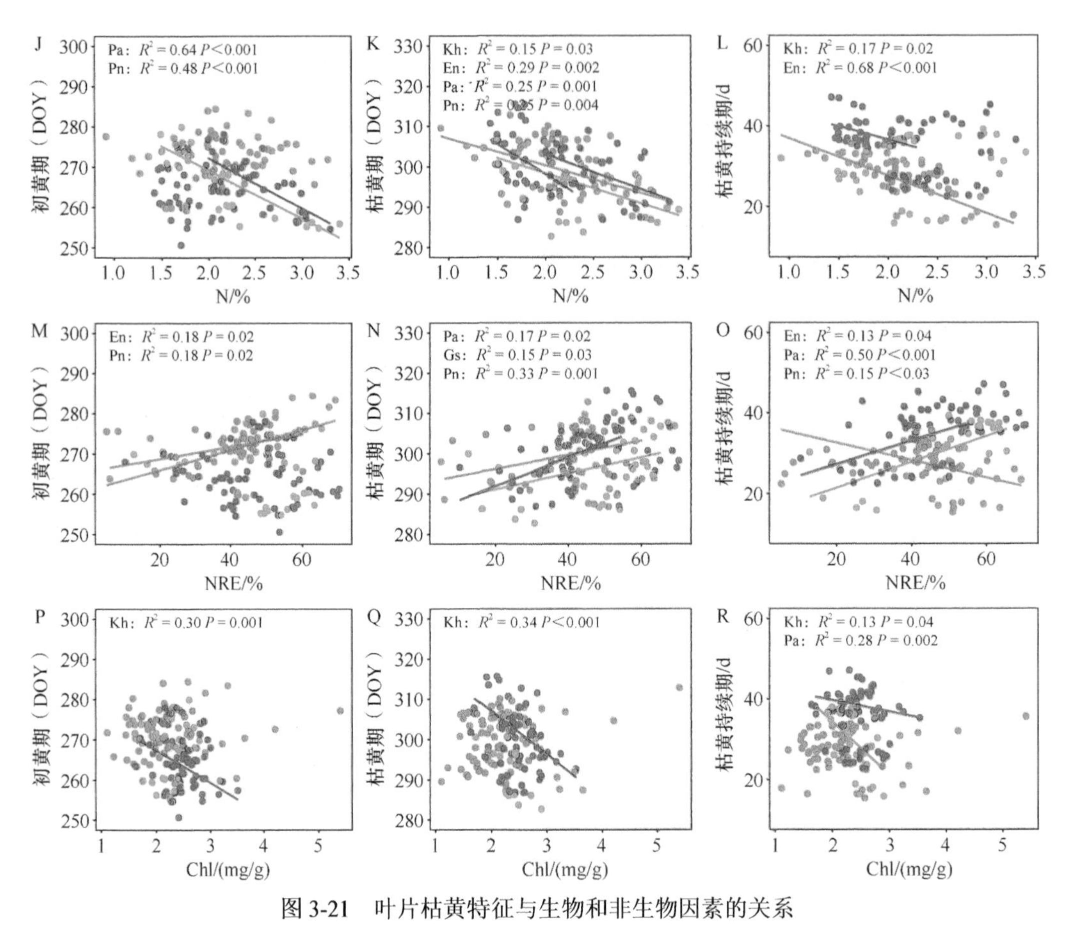

图 3-21　叶片枯黄特征与生物和非生物因素的关系

ST、SM、LO、N、NRE、Chl 分别代表土壤温度、土壤湿度、叶片返青期、叶片 N 含量、叶片 N 的再吸收效率和叶片叶绿素含量；Kh、En、Gs、Pa 和 Pn 分别代表矮生嵩草、垂穗披碱草、麻花艽、鹅绒委陵菜和雪白委陵菜

青期对初黄期和枯黄期也有间接的正或负效应（图 3-22）。增温和放牧促进了所有被观测植物物种的叶片返青期。增温延迟了叶片初黄期和枯黄期，但放牧提前了所有植物叶片的枯黄。因此，增温延长了叶寿命，而放牧缩短了所有植物叶寿命。在增温条件下，三种植物的叶片早返青并没有导致叶片早枯黄；同时，NRE 与垂穗披碱草和雪白委陵菜叶片的初黄期，以及鹅绒委陵菜、雪白委陵菜和麻花艽叶片枯黄期均呈正相关，表明放牧条件下叶片枯黄期的延迟可能与较高的 NRE 有关（Hong et al.，2022）。

增温造成叶片更早的返青，但是并没有造成叶片更早的枯黄。增温条件下叶片物候的变化并不符合最优策略理论。叶片枯黄期与土壤平均季节湿度呈负相关（图 3-21D～F）。干旱会减少生长季光合作用，从而延缓叶片衰老（Casper et al.，2001；Zani et al.，2020），我们的研究结果表明，矮生嵩草和垂穗披碱草可能比具有健壮根系的杂类草对土壤湿度的下降更敏感（Liu et al.，2018）。总体上，我们的研究结果表明，虽然土壤温度和湿度都影响叶片的枯黄，但温度对高寒草甸植物叶片返青和枯黄时间的影响可能比湿度更大。

有研究表明，植物叶片的碳和氮代谢优化之间存在权衡（Keskitalo et al.，2005）。如果叶片过早枯黄，生长期就会缩短，从而进一步减少碳的吸收；反之，如果叶片枯黄

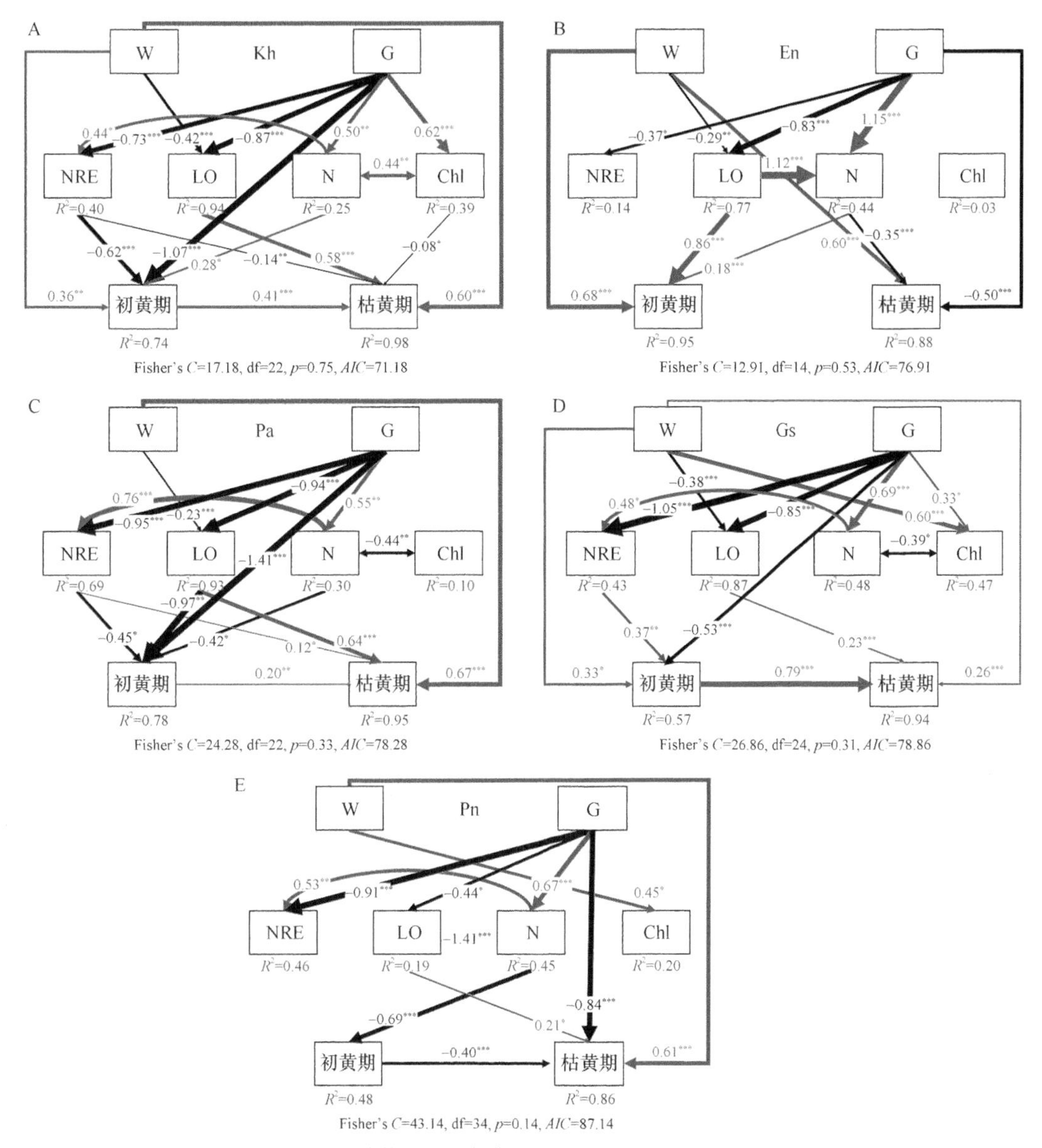

图 3-22 增温和放牧对叶片初黄期和枯黄期的直接影响和间接影响

W 和 G 分别增温和放牧，First Color 和 End Color 分别代表初黄期和枯黄期，LO、N、NRE、Chl 分别代表叶片返青期、叶片 N 含量、叶片 N 的再吸收效率和总叶绿素含量。Kh、En、Gs、Pa 和 Pn 分别代表矮生嵩草、垂穗披碱草、麻花艽、鹅绒委陵菜和雪白委陵菜

过晚，霜冻事件会减少养分的回收。因此，植物需要对叶片枯黄的时间进行权衡（Fracheboud et al.，2009）。氮的有效性是自然草地上植物生产的主要限制因子（LeBauer and Treseder，2008）。植物通常通过以下三种途径吸收氮以满足植物生产的需要，包括无机形式（即 NH_4^+-N 和 NO_3^--N）、低分子质量有机形式（如尿素和氨基酸）（Ganeteg et al.，2017；Jiang et al.，2018；Jones et al.，2005；Xu et al.，2006）和老叶片中氮的重吸收（An et al.，2005）。增温对所有植物的叶片 N 含量和 NRE 均无影响，除矮生嵩草和垂穗披碱草因增温延长了叶片的枯黄持续时间外，增温不影响叶片的枯黄期。

因此，增温导致的植物产量的提高（Wang et al.，2012）可能不依赖于其对植物叶片NRE的改善。此外，此前在同一试验平台的研究结果也表明，增温没有改变土壤无机氮有效性（Jiang et al.，2018；Wang et al.，2012）。因此，高寒植物可能会利用更多的有机氮以满足增温背景下植物生产对氮的更多需求（Jiang et al.，2018；Xu et al.，2006）。在增温条件下，高寒植物可能通过延长叶寿命来吸收更多的碳，而不是通过提高NRE来促进植物生产。

尽管增温和放牧都增加了土壤温度（Luo et al.，2010；Wang et al.，2012），但与增温的影响不同，放牧会导致叶片初黄期提前，这表明增温和放牧对叶片枯黄时间的影响可能存在不同的潜在机制。我们发现矮生嵩草、鹅绒委陵菜、雪白委陵菜的叶片初黄期和枯黄期与叶片返青期呈正相关。特别是，对所有5种植物而言，放牧通过返青期来影响叶片枯黄期。在放牧条件下，早的返青期可能导致早的枯黄期，这与来自森林的其他报道一致（Fu et al.，2014；Fu et al.，2019；Keenan and Richardson，2015）。以往的研究表明叶寿命相对稳定（Chen et al.，2019；Fu et al.，2014；Keenan and Richardson，2015），然而，我们的结果表明增温和放牧改变了这些植物叶寿命，放牧通过更早的返青期而不是推迟初黄期延长了叶寿命。因此，高寒植物可以通过提前返青和延长叶寿命来适应放牧，以吸收更多的光合产物，从而补偿因放牧家畜采食而造成的植物生产损失（超补偿效应）。

多年生植物叶片枯黄过程中，营养物质被转移到新叶和（或）根部，因此从老叶吸收养分被认为是叶片枯黄的主要功能（Distelfeld et al.，2014）。有研究表明，植物可以通过调节老叶的叶片枯黄时间来优化养分重吸收效率（Estiarte and Peñuelas，2015；Li et al.，2019d；Zhang et al.，2013），而老叶片则被用作贮藏资源，为下一季的新叶或花的发育做准备（Ono et al.，1996；Woo et al.，2019）。以往通过木本植物幼苗的施肥试验发现叶片营养状况的改善与叶片延迟枯黄呈正相关（Fu et al.，2019；Wang et al.，2022；Vitasse et al.，2021），然而我们发现绿叶中的N含量与鹅绒委陵菜和雪白委陵菜的叶片初黄期，以及与矮生嵩草、垂穗披碱草、鹅绒委陵菜和雪白委陵菜的枯黄期呈负相关。此外，结构方程模型的结果也显示，叶片中N含量和NRE对叶片枯黄有负、正和（或）无影响，具体取决于物种种类。我们之前的研究表明，在同一研究地点，放牧没有显著影响植物的生产力。这可能是由于放牧提高了绿叶中叶绿素和N含量，从而导致了较高的光合速率（Wang et al.，2021），而不是由于老叶较高的NRE造成。这些结果表明，放牧提高了老叶片的光合效率，而不是通过提高叶片NRE来促进被采食植物再生速率的适应机制，因为放牧缩短了鹅绒委陵菜和麻花艽的叶片枯黄持续时间。放牧可以通过更大的植物光合作用延长叶寿命，从而潜在地增加鹅绒委陵菜和麻花艽等杂类草植物的适应，改变植物群落的物种组成。此外，我们发现放牧增加了枯叶中的N含量，这可能会增加凋落物的分解，并向土壤释放更多的营养物质（Luo et al.，2010；Xu et al.，2010a，b），从而进一步缓解放牧条件下土壤的养分缺乏。

第六节　增温和降温对主要植物形态和繁殖分配的影响

植物通过调整形态、生长、繁殖分配等表型结构特性，适应变化的外界环境，增强自身的适应能力（朱润军等，2021）。植物在各个器官上生物量分配的格局差异及表型上的不同，体现了植物对不同环境的适应策略。研究认为，随着海拔升高，温度降低之后，植物营养生长变慢、个体变小（Zhao et al.，2006），同时繁殖分配也降低，例如，高山早熟禾在低海拔处有 83%的分蘖用来繁殖，而高海拔处这一比例仅为 20%（Hautier et al.，2009）。但是也有研究发现，植物的繁殖分配随着海拔升高而增加，高山植物将有限的资源更多地分配在繁殖上（彭德力等，2012）。温度升高可以减缓低温对植物生长发育带来的限制作用，从而促进植物的生长（朱军涛，2016）

高寒草甸生态系统随着时间的进化已经适应了低温干旱的高寒气候，其对气候变化尤其是气候变暖十分敏感（Körner，2003）。已有大量研究表明，随着气候变暖，高寒植物物候（Wang et al.，2014a，b；Li et al.，2016；Meng et al.，2017）发生了显著的变化。由于青藏高原上寒冷又短暂的生长季，高寒草甸植物物候的变化格局与其在营养生长和繁殖生长之间的投资策略权衡密切相关，从而决定着繁殖的投入和输出。增温和降温所引起的植物物候的改变是否会引起植物营养生长及繁殖分配策略的改变仍然不清楚，因此，明确气候变化下高寒植物营养和繁殖分配的变化，对预测气候变化背景下高寒草甸生态系统物种组成及其生态系统服务功能的变化趋势具有重要意义。

一、增温和降温对植物叶片形态及繁殖策略的影响

李英年等（2010）研究发现，将横断山风毛菊从海拔 3200m 处移栽至其他海拔，尤其是移至海拔 3800m 后，植株高度显著降低，最大叶面积和最小叶面积也显著降低（图 3-23）。这些结果说明横断山风毛菊的生长对模拟气候变化的短期响应较为敏感，尤其是植株高度和最小叶面积更为敏感。同样是移至高海拔，麻花艽对降温的响应与横断山风毛菊有所不同（图 3-23）。将麻花艽从海拔 3200m 处移栽至其他海拔后，由于受到低温的影响，植株高度和最大叶面积均随海拔增加而降低，但是最小叶面积和基叶数在 4 个海拔之间差异均不显著。结果表明，麻花艽的植株高度和最大叶面积对气候因子短期变化最为敏感，而其他指标不敏感。矮生嵩草的株高随海拔的变化趋势取决于原海拔，例如，原来生长在海拔 3400m 处的矮生嵩草移栽至海拔 3200m、3600m、3800m 后没有发生显著变化，而原来生长在海拔 3200m 处的矮生嵩草移栽至其他海拔时则株高显著降低。

一般认为，与营养生长性状相比，繁殖特性对外界环境变化响应可能较慢，并且需要更长的时间（Wookey et al.，2009）。有研究表明，植物繁殖分配模式随着海拔的变化不总是呈现一致性的变化规律（Zhao et al.，2006；孟丽华等，2011）。我们研究发现，从低海拔移栽至高海拔（温度降低）后，麻花艽的生殖枝数及开花数显著降低了，矮生嵩草的有性繁殖投入也显著降低，而降温对横断山风毛菊、麻花艽及垂穗披碱草的繁殖器官（花、花轴或花茎和果实）的分配投入没有显著性影响（图 3-24），说明高寒植物对气候变化的响应与适应多从改变自身生长性状开始（Theurillat and Guisan，2001），我们的研究尚未完全验证气候变化对高寒植物生长性状的影响比生殖策略影响更快的假说

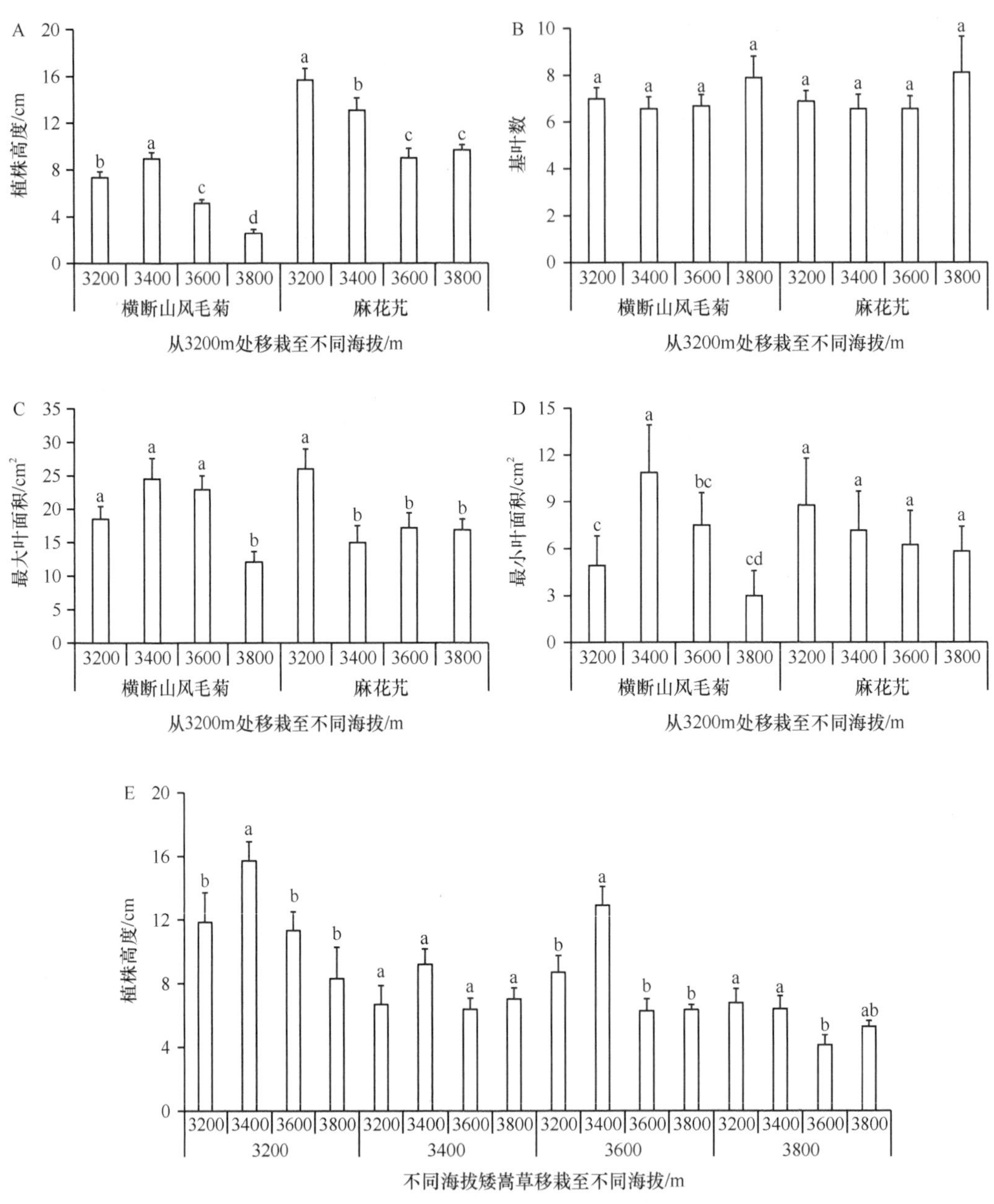

图 3-23 不同植物移栽至其他海拔的生长状况

不同小写字母代表差异具有显著性（$P<0.05$）

（Wookey et al.，2009）。另外，我们也发现矮生嵩草在降温后减少了繁殖投入，具有更高的表型可塑性，这主要是因为，矮生嵩草是依靠克隆繁殖的丛生型莎草科植物，更倾向于通过减少繁殖投入来适应环境的变化（deWitt et al.，1998；Klein et al.，2004）。繁殖分配模式是在长期进化过程中，植物为满足各种重要功能如生长、贮藏、生殖或防卫进行权衡的结果，它不仅与环境有关，还受到其他因素的影响（彭德力等，2012）。

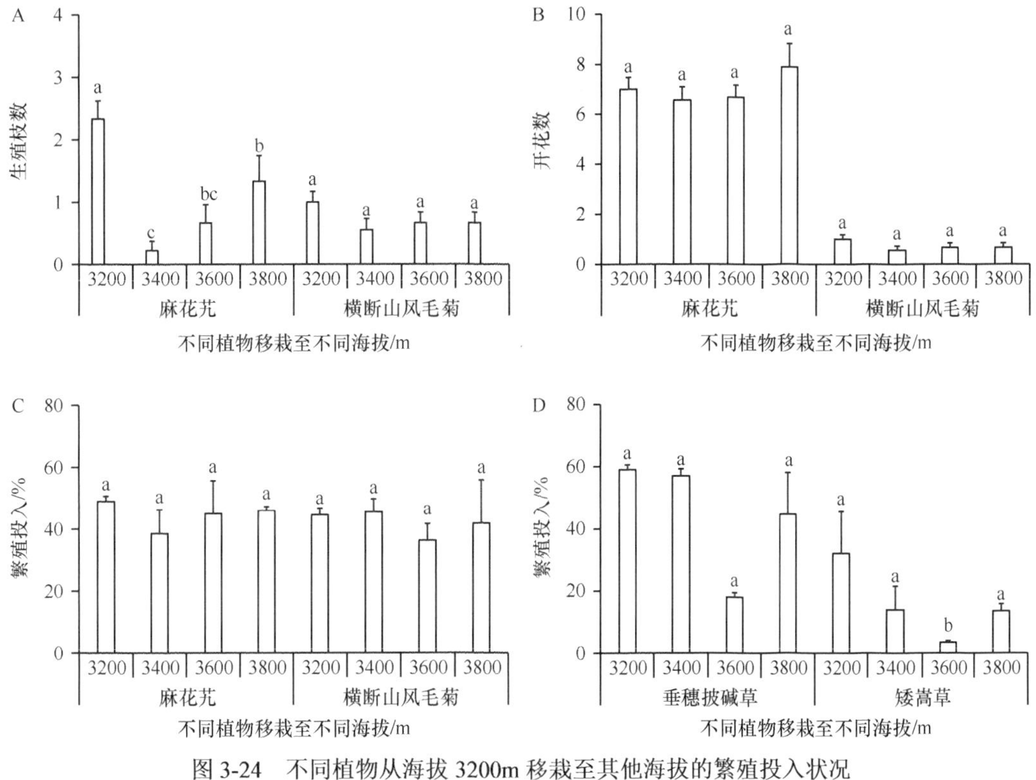

图 3-24　不同植物从海拔 3200m 移栽至其他海拔的繁殖投入状况

不同小写字母代表差异具有显著性（$P<0.05$）

二、增温和降温对植物克隆生态策略的影响

青藏高原高寒植物进行有性繁殖是一种极具风险的繁殖方式，为了降低生存风险，大多数高寒植物常采用克隆繁殖的策略（彭德力等，2012），并且大多数克隆植物都能够同时进行有性繁殖和克隆繁殖两种方式。一般认为植物会借助有性繁殖产生种子并扩散到新的生境，然后以克隆繁殖的方式扩张并占据空间，克隆繁殖和有性繁殖之间的比例变化受局部环境状况的影响而存在权衡关系（Körner，2003；Weppler and Stöcklin，2005）。克隆植物的母株和子株经常通过匍匐茎或者根状茎相互联系，以其独特的表型可塑性特征（分株数、匍匐茎长度等）来应对周围环境的改变，从而提高克隆植物在不同生境中的资源利用效率。例如，我们发现鹅绒委陵菜从海拔 3200m 处移至高海拔（温度降低）后，其匍匐茎总数及分株数显著增加（表 3-7），这与克隆植物在富营养生境条件下分株间隔子变短、分株密度增大的行为不同，海拔 3800m 处资源水平虽然较低，但竞争水平也相对较低，环境更加恶劣，增加分株数有利于鹅绒委陵菜在高海拔恶劣的环境中占据较大的生境面积，可以提高鹅绒委陵菜对资源的利用效率及其在群落中的竞争力（表 3-8）。然而，原来生长在海拔 3400m 处的鹅绒委陵菜无论是增温还是降温后，其分株数都没有显著变化，但是降低了间隔子长度（表 3-8）。这主要是因为海拔 3400m 处的鹅绒委陵菜所处生境为金露梅灌丛草甸，并且养分含量相对较低，植物为了同时争夺养分和光资源，增加了分株高度和匍匐茎的长度。

表 3-7　拥有不同匍匐茎数量的鹅绒委陵菜从海拔 3200m 和 3400m 处移栽至各海拔对分株数的影响

原海拔	匍匐茎数	移栽海拔分株数			
		3200m	3400m	3600m	3800m
3200m	0	4	2		
	1	5	4	4	1
	2		1	3	6
	3		1	1	
	4			1	2
3400m	0	3	5	1	
	1	2	2	5	7
	2	4	1	1	2
	3		1	2	
	4				

表 3-8　鹅绒委陵菜从海拔 3200m 和 3400m 处移栽至各海拔对匍匐茎特征的影响

原海拔	匍匐茎数	移栽海拔间隔子长度/cm				移栽海拔间隔子数目/个				移栽海拔匍匐茎长度/cm			
		3200m	3400m	3600m	3800m	3200m	3400m	3600m	3800m	3200m	3400m	3600m	3800m
3200m	1	5.10	5.18	4.21	3.88	5.4	5.75	5.00	4.00	27.54	21.07	21.07	15.5
	2		8.02	4.59	3.77		5.00	4.13	4.83		18.95	18.95	18.2
	3		5.09	4.33			3.67	5.33			23.07	23.07	
	4			4.94	4.61			5.00	4.13		24.70	24.70	19.0
	平均	5.10	5.64	4.43	3.89	5.4	5.28	4.75	4.64	27.54	20.99	20.99	17.96
3400m	1	4.73	5.22	3.17	4.06	4.0	4.67	3.8	2.86	18.9	12.06	12.06	11.6
	2	3.60		3.15	3.80	5.5		3.0	4.00	19.79	9.45	9.45	15.2
	3		4.77	3.37			4.00	4.17			14.05	14.05	
	4		4.63				3.75						
	平均	3.98	4.96	3.22	4.00	5.0	4.27	3.79	3.79	19.49	12.23	12.23	12.4

第七节　小　　结

叶片与植物生理、生长发育和适应等一系列活动密切关联，是植物短期响应与长期适应气候变暖及放牧处理最敏感的器官之一。通过测定“双向”移栽试验平台，以及不对称增温和适度放牧试验平台主要植物的叶片性状，所得结论如下。

（1）增温和放牧显著影响了叶片形态特征。增温显著增大了叶片面积；总体上，增温显著降低了气孔长度，但因植物物种而异；叶脉密度的变化表现出较强的物种特异性，例如，羽状叶脉植物花苜蓿和雪白委陵菜的叶脉密度显著增加，但异叶米口袋和麻花艽的叶脉密度显著降低。放牧提高了气孔密度和潜在最大气孔导度；同时增温和放牧显著增加了气孔密度，但对最大气孔导度没有显著影响。放牧和增温交互作用的影响不显著，增温和放牧总效应是可叠加的。

（2）增温和放牧显著影响了叶片碳氮含量。总体上，增温对叶绿素含量没有显著影响；尽管 2008～2010 年增温对叶片总碳含量的影响不显著，但是在 2013 年，增温显著增加了叶片总有机碳含量和叶片稳定碳同位素千分值；增温降低了叶片氮含量，从而提高了叶片碳氮比。放牧显著增加了叶片全氮含量，降低了叶片碳氮比，对叶绿素含量的影响因物种而异（没有显著影响或增加了叶绿素含量），总体上也不存在增温与放牧的交互效应。

（3） 增温和放牧显著影响了叶片的光合特征。增温条件下麻花艽叶片最适光合温度、最适温度下最大光合速率（A_{max}）和暗呼吸温度敏感性（Q_{10}）并没有发生显著改变；放牧显著提高了麻花艽叶片最适温度下A_{max}和暗呼吸速率。放牧改变了增温对光合速率和呼吸速率的影响。

（4）增温和放牧均延长了叶寿命。增温使叶片返青期提前、枯黄期延迟，从而使叶寿命延长。放牧使叶片返青期和枯黄期提前，但是返青期的提前大于枯黄期的提前，从而导致叶寿命延长。总体上，增温没有改变叶片氮的重吸收利用率，但放牧显著降低了多数植物叶片氮的重吸收利用率，它们之间的相互作用因植物种类而异。

（5）降温降低了植株高度和叶片面积，减少了繁殖投资。总体上，从低海拔向高海拔移栽时，降温降低了横断山风毛菊和麻花艽植株高度和叶片面积大小。降温降低了麻花艽和矮生嵩草的生殖枝数和开花数，而对横断山风毛菊和垂穗披碱草的繁殖器官（花、花轴或花茎和果实）的分配投入没有显著影响。因此，我们的研究尚未完全验证气候变化对高寒植物生长性状的影响比生殖策略影响更大的假说。同时，海拔3200m处鹅绒委陵菜向高海拔移栽时降低了匍匐茎总数以及分株数；然而，原来生长在海拔3400m处的鹅绒委陵菜无论是向下移栽（增温）还是向上移栽（降温），其分株数都没有显著变化，但是降低了间隔子长度。

综上所述，尽管增温没有显著提高叶绿素含量和最大光合速率，但是总体上降低了叶片氮含量；增温很有可能提高了单位氮含量的生物化学效应，叶寿命延长暗示着生长季每株植物碳固定量的增加。同时，增温造成土壤湿度的降低，可能造成了植物向提高水分利用效率的方向发展（气孔变小和叶片稳定碳同位素千分值升高）。放牧提高了气孔密度，增加了叶片氮含量，还能够提前返青和延长叶寿命，暗示高寒植物可以通过增强光合速率补偿因放牧家畜采食而造成的植物生产损失（超补偿效应）。总体上，降温对主要植物形态和繁殖分配的影响大于增温的影响，具体取决于植物的原生境状况。

参 考 文 献

蔡志全, 齐欣, 曹坤芳. 2004. 七种热带雨林树苗叶片气孔特征及其可塑性对不同光照强度的响应. 应用生态学报, 15(2): 201-204.

龚容, 高琼. 2015. 叶片结构的水力学特性对植物生理功能影响的研究进展. 植物生态学报, 39: 300-308.

韩玲, 赵成章, 徐婷, 等. 2016. 张掖湿地芨芨草叶大小和叶脉密度的权衡关系. 植物生态学报, 40(8): 788-797.

何士敏, 汪建华, 秦家顺. 2009. 几种沙棘叶片组织结构特点和抗旱性比较. 林业科技开发, 1: 16-19.

金鹰, 王传宽. 2015. 植物叶片水力与经济性状权衡关系的研究进展. 植物生态学报, 39: 1021-1032.

雷波, 杨景宏, 王勋陵. 1995. 淡黄香青叶面气孔对不同海拔高度的适应表现. 西北植物学报, 15(5): 92-96.

李乐, 曾辉, 郭大立. 2013. 叶脉网络功能性状及其生态学意义. 植物生态学报, 37: 691-698.

李胜功, 赵哈林, 何宗颖, 等. 1999. 不同放牧压力下草地微气象的变化与草地荒漠化的发生. 生态学报, 19(5): 687-704.

李英年, 薛晓娟, 王建雷, 等. 2010. 典型高寒植物生长繁殖特征对模拟气候变化的短期响应. 生态学杂志, 29(4): 624-629.

李永华, 罗天祥, 卢琦, 等. 2005. 青海省沙珠玉治沙站 17 种主要植物叶性因子的比较. 生态学报, 25(5): 994-999.

孟丽华, 王政昆, 刘春燕, 等. 2011. 高山植物圆穗蓼的繁殖资源分配. 西北植物学报, 31(6): 1157-1163.

彭德力, 张志强, 牛洋, 等. 2012. 高山植物繁殖策略的研究进展. 生物多样性, 20(3): 286-299.

史元春, 赵成章, 宋清华, 等. 2015. 兰州北山刺槐枝叶性状的坡向差异性. 植物生态学报, 39: 362-370.

孙素静, 李芳兰, 包维楷. 2015. 叶脉网络系统的构建和系统学意义研究进展. 热带亚热带植物学报, 23: 353-360.

田青, 王国宏, 曹致中. 2008. 典型草原 14 种植物叶片性状对模拟降雨变化的响应. 甘肃农业大学学报, 5: 129-134.

汪诗平, 王艳芬. 2001. 不同放牧率下糙隐子草种群补偿性生长的研究. 植物学报, 43(4): 413-418.

汪诗平. 2004. 草原植物的放牧抗性. 应用生态学报, 15(3): 517-522.

王常顺, 吕汪汪, 孙建平, 等. 2021. 高寒植物叶片性状对模拟降水变化的响应研究. 生态学报, 41(24): 9760-9772.

王常顺, 汪诗平. 2015. 植物叶片性状对气候变化的响应研究进展. 植物生态学报, 39(2): 206-216.

王常顺. 2015. 青藏高原高寒草地主要植物叶片性状对气候变化的响应. 北京: 中国科学院大学博士学位论文.

羊留冬, 杨燕, 王根绪, 等. 2011. 短期增温对贡嘎山峨眉冷杉幼苗生长及其 CNP 化学计量学特征的影响. 生态学报, 31(13): 3668-3676.

姚檀栋, 朱立平. 2006. 青藏高原环境变化对全球变化的响应及其适应对策. 地球科学进展, 21(5): 459-464.

于向芝. 2007. 过度放牧对内蒙古典型草原 11 种植物茎叶结构的影响. 呼和浩特: 内蒙古农业大学博士学位论文.

张立荣, 牛海山, 汪诗平, 等. 2010. 增温与放牧对矮嵩草草甸 4 种植物气孔密度和气孔长度的影响. 生态学报, 24: 6961-6969.

张林, 罗天祥. 2004. 植物叶寿命及其相关叶性状的生态学研究进展. 植物生态学报, 28(6): 844-852.

朱军涛. 2016. 实验增温对藏北高寒草甸植物繁殖物候的影响. 植物生态学报, 40: 1028-1036.

朱润军, 杨巧, 李仕杰, 等. 2021. 植物表型可塑性对环境因子的响应研究进展. 西南林业大学学报(自然科学), 41(1): 183-187.

左闻韵, 贺金生, 韩梅, 等. 2005. 植物气孔对大气 CO_2 浓度和温度升高的反应. 生态学报, 25(3): 555-574.

Aasamaa K, Sõber A, Rahi M. 2001. Leaf anatomical characteristics associated with shoot hydraulic conductance, stomatal conductance and stomatal sensitivity to changes of leaf water status in temperate deciduous trees. Australian Journal of Plant Physiology, 28: 765-774.

Alonso A, Pérez P, Martínez-Carrasco R. 2009. Growth in elevated CO_2 enhances temperature response of photosynthesis in wheat. Physiologia Plantarum, 135(2): 109-120.

An S, Chen X, Shen M, et al. 2022. Increasing interspecific difference of alpine herb phenology on the Eastern Qinghai-Tibet Plateau. Frontiers in Plant Science, 13: 844971.

An Y, Wan S, Zhou X, et al. 2005. Plant nitrogen concentration, use efficiency, and contents in a tallgrass prairie ecosystem under experimental warming. Global Change Biology, 11(10): 1733-1744.

Apple M E, Olszyk D M, Ormrod D P, et al. 2000. Morphology and stomatal function of douglas fir needles exposed to climate change: Elevated CO_2 and temperature. International Journal of Plant Sciences, 161(1): 127-132.

Atkin O, Tjoelker M. 2003. Thermal acclimation and the dynamic response of plant respiration to temperature.

Trends Plant Science, 8(7): 343-351.

Atkin O K, Bruhn D, Hurry V M, et al. 2005. The hot and the cold: Unravelling the variable response of plant respiration to temperature. Functional Plant Biology, 32(2): 87.

Atkin O K, Holly C, Ball M C. 2000. Acclimation of snow gum (*Eucalyptus pauciflora*) leaf respiration to seasonal and diurnal variations in temperature: The importance of changes in the capacity and temperature sensitivity of respiration. Plant, Cell & Environment, 23(1): 15-26.

Atkin O K, Scheurwater I, Pons T L. 2006. High thermal acclimation potential of both photosynthesis and respiration in two lowland Plantago species in contrast to an alpine congeneric. Global Change Biology, 12(3): 500-515.

Atkin O K, Zhang Q, Wiskich J T. 2002. Effect of temperature on rates of alternative and cytochrome pathway respiration and their relationship with the redox poise of the quinone pool. Plant Physiology, 128(1): 212-222.

Atkinson L J, Campbell C D, Zaragoza-Castells J, et al. 2010. Impact of growth temperature on scaling relationships linking photosynthetic metabolism to leaf functional traits. Functional Ecology, 24(6): 1181-1191.

Azcón-Bieto J, Osmond C B. 1983. Relationship between photosynthesis and respiration. Plant Physiology, 71(3): 574-581.

Bauerle W L, Bowden J D, Wang G G. 2007. The influence of temperature on within-canopy acclimation and variation in leaf photosynthesis: Spatial acclimation to microclimate gradients among climatically divergent *Acer rubrum* L. genotypes. Journal of Experimental Botany, 58(12): 3285-3298.

Beaulieu J M, Leitch I J, Patel S, et al. 2008. Genome size is a strong predictor of cell size and stomatal density in angiosperms. New Phytologist, 179: 975-986.

Beerling D J, Chaloner W G. 1993. The impact of atmospheric CO_2 and temprature change on stomatal density: observation from *Quercus robur* Lammas leaves. Annals of Botany, 71: 231-235.

Berry J, Bjorkman O. 1980. Photosynthetic response and adaptation to temperature in higher plants. Annual Review of Plant Physiology, 31(1): 491-543.

Billings W D, Mooney H A. 1968. The ecology of arctic and alpine plants. Biological Reviews, 43(4): 481-529.

Bleeker A, Hicks W K, Dentener F, et al. 2011. N deposition as a threat to the World's protected areas under the Convention on Biological Diversity. Environmental Pollution, 159(10): 2280-2288.

Blonder B, Violle C, Bentley L P, et al. 2011. Venation networks and the origin of the leaf economics spectrum. Ecology Letters, 14(2): 91-100.

Bolstad P V, Mitchell K, Vose J M. 1999. Foliar temperature-respiration response functions for broad-leaved tree species in the southern Appalachians. Tree Physiology, 19(13): 871-878.

Boratynski A, Jasinska A, Boratynska K, et al. 2009. Life span of needles of pinus mugo turra: Effect of altitude and species origin. Polish Journal of Ecology, 57(3): 567-572.

Boyce C K, Brodribb T J, Feild T S, et al. 2009. Angiosperm leaf vein evolution was physiologically and environmentally transformative. Proceedings of the Royal Society B: Biological Sciences, 276(1663): 1771-1776.

Brodribb T, Cochard H. 2009. Hydraulic failure defines the recovery and point of death in water-stressed conifers. Plant Physiology, 149(1): 575-584.

Brodribb T J, Feild T S. 2010. Leaf hydraulic evolution led a surge in leaf photosynthetic capacity during early angiosperm diversification. Ecology Letters, 13(2): 175-183.

Brodribb T J, Feild T S, Sack L. 2010. Viewing leaf structure and evolution from a hydraulic perspective. Functional Plant Biology, 37(6): 488.

Brodribb T J, Holbrook N M. 2007. Forced depression of leaf hydraulic conductance in situ: Effects on the leaf gas exchange of forest trees. Functional Ecology, 21(4): 705-712.

Bruhn D A N, Egerton J J G, Loveys B R, et al. 2007. Evergreen leaf respiration acclimates to long-term nocturnal warming under field conditions. Global Change Biology, 13(6): 1216-1223.

Campbell C, Atkinson L, Zaragoza - Castells J, et al. 2007. Acclimation of photosynthesis and respiration is asynchronous in response to changes in temperature regardless of plant functional group. New Phytologist, 176(2): 375-389.

Cao G, Tang Y, Mo W, et al. 2004. Grazing intensity alters soil respiration in an alpine meadow on the Tibetan Plateau. Soil Biology and Biochemistry, 36(2): 237-243.

Cao M K, Woodward F I. 1998. Dynamic responses of terrestrial ecosystem carbon cycling to global climate change. Nature, 393(6682): 249-252.

Casper B B, Forseth I N, Kempenich H, et al. 2001. Drought prolongs leaf life span in the herbaceous desert perennial *Cryptantha flava*. Functional Ecology, 15(6): 740-747.

Casson S A, Hetherington A M. 2010. Environmental regulation of stomatal development. Current Opinion in Plant Biology, 13(1): 90-95.

Chapin F S, Körner C H. 1995. Arctic and alpine biodiversity: Patterns, causes and ecosystem consequences: Patterns, causes, changes, and consequences of biodiversity in arctic and alpine ecosystems. Berlin, Heidelberg: Springer: 313-320.

Chen L, Huang J G, Ma Q Q, et al., 2019. Long-term changes in the impacts of global warming on leaf phenology of four temperate tree species. Global Chang Biology, 25:997-1004.

Chen L, Hänninen H, Rossi S, et al. 2020. Leaf senescence exhibits stronger climatic responses during warm than during cold autumns. Nature Climate Change, 10(8): 777-780.

Ciais P, Denning A S, Tans P P, et al. 1997. A three-dimensional synthesis study of $\delta^{18}O$ in atmospheric CO_2 1. Surface fluxes. Journal of Geophysical Research-Atmospheres, 102(D5): 5857-5872.

Cornwell W K, Ackerly D D. 2009. Community assembly and shifts in plant trait distributions across an environmental gradient in coastal California. Ecological Monographs, 79(1): 109-126.

Covey-Crump E M, Attwood R G, Atkin O K. 2002. Regulation of root respiration in two species of *Plantago* that differ in relative growth rate: the effect of short- and long-term changes in temperature. Plant, Cell & Environment, 25(11): 1501-1513.

Croft H, Chen J M, Luo X, et al. 2017. Leaf chlorophyll content as a proxy for leaf photosynthetic capacity. Global Change Biology, 23(9): 3513-3524.

Dahlgren R A, Driscoll C T. 1994. The effects of whole-tree clear-cutting on soil processes at the Hubbard Brook Experimental Forest, New Hampshire, USA. Plant and Soil, 158(2): 239-262.

Day T A, Ruhland C T, Xiong F S. 2008. Warming increases aboveground plant biomass and C stocks in vascular-plant-dominated Antarctic tundra. Global Change Biology, 14(8): 1827-1843.

Dewar R C, Medlyn B E, McMurtrie R E. 1999. Acclimation of the respiration/photosynthesis ratio to temperature: Insights from a model. Global Change Biology, 5(5): 615-622.

DeWitt T J, Sih A, Wilson D S. 1998. Costs and limits of phenotypic plasticity. Trends in Ecology & Evolution, 13(2): 77-81.

Diefendorf A F, Mueller K E, Wing S L, et al. 2010. Global patterns in leaf ^{13}C discrimination and implications for studies of past and future climate. Proceedings of the National Academy of Sciences, 107(13): 5738-5743.

Dillaway D N, Kruger E L. 2010. Thermal acclimation of photosynthesis: a comparison of boreal and temperate tree species along a latitudinal transect. Plant, Cell & Environment, 33(6): 888-899.

Distelfeld A, Avni R, Fischer A M. 2014. Senescence, nutrient remobilization, and yield in wheat and barley. Journal of Experimental Botany, 65(14): 3783-3798.

Domec J-C, Palmroth S, Ward E, et al. 2009. Acclimation of leaf hydraulic conductance and stomatal conductance of *Pinus taeda* (loblolly pine) to long-term growth in elevated CO_2 (free-air CO_2 enrichment) and N-fertilization. Plant Cell And Environment, 32(11): 1500-1512.

Dunbar-Co S, Sporck M J, Sack L. 2009. Leaf trait diversification and design in seven rare taxa of the Hawaiian *Plantago* radiation. International Journal of Plant Sciences, 170(1): 61-75.

Edwards E J, Osborne C P, Stromberg C A E, et al. 2010. The origins of C-4 grasslands: Integrating evolutionary and ecosystem science. Science, 328(5978): 587-591.

Erisman J W, Galloway J N, Seitzinger S, et al. 2013. Consequences of human modification of the global nitrogen cycle. Philosophical Transactions of the Royal Society B: Biological Sciences, 368(1621): 20130116.

Estiarte M, Peñuelas J. 2015. Alteration of the phenology of leaf senescence and fall in winter deciduous species by climate change: Effects on nutrient proficiency. Global Change Biology, 21(3): 1005-1017.

Estrella N, Menzel A. 2006. Responses of leaf colouring in four deciduous tree species to climate and weather in Germany. Climate Research, 32(3): 253-267.

Ferris R, Nijs I, Behaeghe T, et al. 1996. Elevated CO_2 and temperature have different effects on leaf anatomy of perennial ryegrass in spring and summer. Annals of Botany, 78(4): 489-497.

Ferris R, Taylor G. 1994. Stomatal characteristics of four native herbs following Exposure to elevated CO_2. Annals of Botany, 73(4): 447-453.

Fiorin L, Brodribb T J, Anfodillo T. 2016. Transport efficiency through uniformity: Organization of veins and stomata in angiosperm leaves. New Phytologist, 209(1): 216-227.

Fogelström E, Zacchello G, Guasconi D, et al. 2022. Spring and autumn phenology in an understory herb are uncorrelated and driven by different factors. American Journal of Botany, 109(2): 226-236.

Fracheboud Y, Luquez V, Björkén L, et al. 2009. The control of autumn senescence in European Aspen. Plant Physiology, 149(4): 1982-1991.

Fraser L H, Greenall A, Carlyle C, et al. 2009. Adaptive phenotypic plasticity of *Pseudoroegneria spicata*: Response of stomatal density, leaf area and biomass to changes in water supply and increased temperature. Annals of Botany, 103(5): 769-775.

Fu G, Shen Z X, Sun W, et al. 2015. A meta-analysis of the effects of experimental warming on plant physiology and growth on the Tibetan Plateau. Journal of Plant Growth Regulation, 34(1): 57-65.

Fu Y, Campioli M, Vitasse Y, et al. 2014. Variation in leaf flushing date influences autumnal senescence and next year's flushing date in two temperate tree species. Proceedings of the National Academy of Sciences, 111(20): 7355-7360.

Fu Y H, Piao S, Delpierre N, et al. 2019. Nutrient availability alters the correlation between spring leaf-out and autumn leaf senescence dates. Tree physiology, 39(8): 1277-1284.

Fu Y H, Piao S, Delpierre N, et al. 2018. Larger temperature response of autumn leaf senescence than spring leaf-out phenology. Global Change Biology, 24(5): 2159-2168.

Gailing O, Langenfeld-Heyser R, Polle A, et al. 2008. Quantitative trait loci affecting stomatal density and growth in a *Quercus robur* progeny: Implications for the adaptation to changing environments. Global Change Biology, 14: 1934-1946.

Gallinat A S, Primack R B, Wagner D L. 2015. Autumn, the neglected season in climate change research. Trends in Ecology and Evolution, 30(3): 169-176.

Ganeteg U, Ahmad I, Jämtgård S, et al. 2017. Amino acid transporter mutants of *Arabidopsis* provides evidence that a non-mycorrhizal plant acquires organic nitrogen from agricultural soil. Plant Cell And Environment, 40(3): 413-423.

Garnier E, Cordonnier P, Guillerm J L, et al. 1997. Specific leaf area and leaf nitrogen concentration in annual and perennial grass species growing in Mediterranean old-fields. Oecologia, 111(4): 490-498.

Ge Q, Wang H, Rutishauser T, et al. 2015. Phenological response to climate change in China: a meta-analysis. Global Change Biology, 21(1): 265-274.

Golodets C, Sternberg M, Kigel J. 2009. A community - level test of the leaf - height - seed ecology strategy scheme in relation to grazing conditions. Journal of Vegetation Science, 20(3): 392-402.

Gregoriou K, Pontikis K, Vemmos S. 2007. Effects of reduced irradiance on leaf morphology, photosynthetic capacity, and fruit yield in olive (*Olea europaea* L.). Photosynthetica, 45(2): 172-181.

Gunderson C A, Edwards N T, Walker A V, et al. 2012. Forest phenology and a warmer climate - growing season extension in relation to climatic provenance. Global Change Biology, 18(6): 2008-2025.

Gunderson C A, Norby R J, Wullschleger S D. 2000. Acclimation of photosynthesis and respiration to simulated climatic warming in northern and southern populations of Acer saccharum: laboratory and field evidence. Tree Physiology, 20(2): 87-96.

Hartley I P, Armstrong A F, Murthy R, et al. 2006. The dependence of respiration on photosynthetic substrate supply and temperature: integrating leaf, soil and ecosystem measurements. Global Change Biology, 12(10): 1954-1968.

He J S, Wang L, Flynn D F B, et al. 2008. Leaf nitrogen : Phosphorus stoichiometry across Chinese grassland biomes. Oecologia, 155(2): 301-310.

He J S, Wang X, Schmid B, et al. 2010. Taxonomic identity, phylogeny, climate and soil fertility as drivers of leaf traits across Chinese grassland biomes. Journal of Plant Research, 123(4): 551-561.

He J S, Wang Z, Wang X, et al. 2006. A test of the generality of leaf trait relationships on the Tibetan Plateau. New Phytologist, 170(4): 835-848.

Hetherington A M, Woodward F I. 2003. The role of stomata in sensing and driving environmental change. Nature, 424: 901-908.

Hikosaka K, Ishikawa K, Borjigidai A, et al. 2006. Temperature acclimation of photosynthesis: Mechanisms involved in the changes in temperature dependence of photosynthetic rate. Journal of Experimental Botany, 57(2): 291-302.

Hiremath A J. 2000. Photosynthetic nutrient-use efficiency in three fast-growing tropical trees with differing leaf longevities. Tree physiology, 20(14): 937-944.

Holland S M, Patzkowsky M E. 2009. The stratigraphic distribution of fossils in a tropical carbonate succession: Ordovician Bighorn Dolomite, Wyoming, USA. Palaios, 25(5-6): 303-317.

Hong H, Sun J, Lv W, et al. 2023. Warming delays but grazing advances leaf senescence of five plant species in an alpine meadow. Science of the Total Environment, 858(2): 159858.

Hovenden M J. 2000. Seasonal trends in nitrogen status of Antarctic lichens. Annals of Botany, 86(4): 717-721.

Hovenden M J. 2001. The influence of temperature and genotype on the growth and stomatal morphology of southern beech, *Nothofagus cunninghamii* (Nothofagaceae). Aust J Bot, 49: 427-434.

Huang M, Piao S, Ciais P, et al. 2019. Air temperature optima of vegetation productivity across global biomes. Nature Ecology & Evolution, 3(5): 772-779.

Hudson J M G, Henry G H R, Cornwell W K. 2011. Taller and larger: Shifts in Arctic tundra leaf traits after 16 years of experimental warming. Global Change Biology, 17(2): 1013-1021.

Hultine K R, Marshall J D. 2000. Altitude trends in conifer leaf morphology and stable carbon isotope composition. Oecologia, 123(1): 32-40.

Isbell F, Peter B. Reich, Tilman D, et al. 2013. Nutrient enrichment, biodiversity loss, and consequent declines in ecosystem productivity. Proceedings of the National Academy of Sciences, 110(29): 11911-11916.

Jeddi K, Chaieb M. 2010. Changes in soil properties and vegetation following livestock grazing exclusion in degraded arid environments of South Tunisia. Flora - Morphology, Distribution, Functional Ecology of Plants, 205(3): 184-189.

Jiang L, Wang S, Luo C, et al. 2016. Effects of warming and grazing on dissolved organic nitrogen in a Tibetan alpine meadow ecosystem. Soil and Tillage Research, 158: 156-164.

Jiang L, Wang S, Zhe P, et al. 2018. Plant organic N uptake maintains species dominance under long-term warming. Plant and Soil, 433(1): 243-255.

Jones A. 2000. Effects of catter grazing on North American arid ecosystems: a quantitative review. Western North American Naturalist, 60: 155-164.

Jones D L, Healey J R, Willett V B, et al. 2005. Dissolved organic nitrogen uptake by plants - an important N uptake pathway? Soil Biology and Biochemistry, 37(3): 413-423.

Keenan T F, Richardson A D. 2015. The timing of autumn senescence is affected by the timing of spring phenology: implications for predictive models. Global Change Biology, 21(7): 2634-2641.

Keskitalo J, Bergquist G, Gardeström P, et al. 2005. A cellular timetable of autumn senescence. Plant Physiology, 139(4): 1635-1648.

Kikuzawa K, Onoda Y, Wright I J. 2013. Mechanisms underlying global temperature-related patterns in leaf longevity. Global Ecology And Biogeography, 22(8): 982-993.

Kitajima K, Mulkey S S, Wright S J. 1997. Decline of photosynthetic capacity with leaf age in relation to leaf longevities for five tropical canopy tree species. American Journal of Botany, 84(5): 702-708.

Klein J A, Harte J, Zhao X Q. 2005. Dynamic and complex microclimate responses to warming and grazing manipulations. Global Change Biology, 11(9): 1440-1451.

Klein J A, Harte J, Zhao X Q. 2004. Experimental warming causes large and rapid species loss, dampened by simulated grazing, on the Tibetan Plateau. Ecology Letters, 7(12): 1170-1179.

Körner C. 1999. Alpine plants: stressed or adapted? Pages 297-311 *in* 39th Symposium of the British-Ecological-Society, Univ York, York, England.

Körner C. 2003. Alpine Plant Life: Functional Plant Ecology of High Mountain Ecosystems. Berlin: Springer

Kouwenberg L L R, Kurschner W M, McElwain J C. 2007. Stomatal frequency change over altitudinal gradients: Prospects for paleoaltimetry. Paleoaltimetry: Geochemical and Thermodynamic Approaches, 66: 215-241.

Lambers H. 1985. Respiration in intact plants and tissues: its regulation and dependence on environmental factors, metabolism and invaded organisms// Douce R, Day D A. Higher Plant Cell Respiration. Berlin Heidelberg: Springer: 418-473.

Lambers H, Poorter H. 1992. Inherent variation in growth-rate between higher-plants–A search for physiological causes and ecological consequences. Advances In Ecological Research, 23: 187-261.

Larigauderie A, Körner C. 1995. Acclimation of leaf dark respiration to temperature in alpine and lowland plant species. Annals of Botany, 76(3): 245-252.

LeBauer D S, Treseder K K. 2008. Nitrogen limitation of net primary productivity in terrestrial ecosystems is globally distributed. Ecology, 89(2): 371-379.

Li F, Peng Y, Zhang D, et al. 2019a. Leaf area rather than photosynthetic rate determines the response of ecosystem productivity to experimental warming in an alpine steppe. Journal of Geophysical Research: Biogeosciences, 124(7): 2277-2287.

Li G, Jiang C, Cheng T, et al. 2019b. Grazing alters the phenology of alpine steppe by changing the surface physical environment on the northeast Qinghai-Tibet Plateau, China. Journal of Environmental Management, 248: 109257.

Li L, Wang X, Manning W J. 2019c. Effects of elevated CO_2 on leaf senescence, leaf nitrogen resorption, and late-season photosynthesis in *Tilia americana* L. Frontiers in Plant Science, 10: 1217.

Li X, Jiang L, Meng F, et al. 2016. Responses of sequential and hierarchical phenological events to warming and cooling in alpine meadows. Nature Communications, 7(1): 1-8.

Li Y, Dong S, Gao Q, et al. 2019d. The effects of grazing regimes on phenological stages, intervals and divergences of alpine plants on the Qinghai-Tibetan Plateau. Journal of Vegetation Science, 30(1): 134-145.

Liancourt P, Boldgiv B, Song D S, et al. 2015. Leaf-trait plasticity and species vulnerability to climate change in a Mongolian steppe. Glob Chang Biol, 21(9): 3489-3498.

Liang J Y, Xia J Y, Liu L L, et al. 2013. Global patterns of the responses of leaf-level photosynthesis and respiration in terrestrial plants to experimental warming. Journal of Plant Ecology, 6(6): 437-447.

Lilley J M, Bolger T P, Peoples M B, et al. 2001. Nutritive value and the nitrogen dynamics of *Trifolium subterraneum* and *Phalaris aquatica* under warmer, high CO_2 conditions. New Phytologist, 150(2): 385-395.

Lim P O, Kim H J, Nam H G. 2007. Leaf senescence. Annual Review of Plant Biology, 58: 115-136.

Lim P O, Woo H R, Nam H G. 2003. Molecular genetics of leaf senescence in *Arabidopsis*. Trends in Plant Science, 8(6): 272-278.

Liu G, Chen X, Zhang Q, et al. 2018. Antagonistic effects of growing season and autumn temperatures on the timing of leaf coloration in winter deciduous trees. Global Change Biology, 24(8): 3537-3545.

Liu Q, Piao S, Campioli M, et al. 2020. Modeling leaf senescence of deciduous tree species in Europe. Global Change Biology, 26(7): 4104-4118.

Luo C, Xu G, Chao Z, et al. 2010. Effect of warming and grazing on litter mass loss and temperature sensitivity of litter and dung mass loss on the Tibetan Plateau. Global Change Biology, 16(5): 1606-1617.

Luo T, Zhang L, Zhu H, et al. 2009. Correlations between net primary productivity and foliar carbon isotope ratio across a Tibetan ecosystem transect. Ecography, 32(3): 526-538.

Luomala E M, Laitinen K, Kellomaki S, et al. 2003. Variable photosynthetic acclimation in consecutive cohorts of Scots pine needles during 3 years of growth at elevated CO_2 and elevated temperature. Plant Cell and Environment, 26(5): 645-660.

Luomala E M, Laitinen K, Sutinen S, et al. 2005. Stomatal density, anatomy and nutrient concentrations of Scots pine needles are affected by elevated CO_2 and temperature. Plant Cell and Environment, 28(6): 733-749.

Marion G M, Henry G H R, Freckman D W, et al. 1997. Open-top designs for manipulating field temperature in high-latitude ecosystems. Global Change Biology, 3(S1): 20-32.

McIntire E J B, Hik D S. 2002. Grazing history versus current grazing: Leaf demography and compensatory growth of three alpine plants in response to a native herbivore (*Ochotona collaris*). Journal of Ecology, 90(2): 348-359.

McKown A D, Dengler N G. 2010. Vein patterning and evolution in C_4 plants. Botany-Botanique, 88(9): 775-786.

Meng F, Zhang L, Zhang Z, et al. 2019. Opposite effects of winter day and night temperature changes on early phenophases. Ecology, 100(9): e02775.

Meng F D, Jiang L L, Zhang Z H, et al. 2017. Changes in flowering functional group affect responses of community phenological sequences to temperature change on the Tibetan Plateau. Ecology, 98(3): 734-740.

Millett J, Edmondson S. 2015. The impact of 36 years of grazing management on soil nitrogen (N) supply rate and *Salix repens* N status and internal cycling in dune slacks. Plant and Soil, 396(1): 411-420.

Morison J, Morecroft M. 2006. Plant growth and climate change: Significance of temperature in plant life. Boston: Blackwell Publishing.

Nardini A, Luglio J. 2014. Leaf hydraulic capacity and drought vulnerability: Possible trade-offs and correlations with climate across three major biomes. Functional Ecology, 28(4): 810-818.

Nardini A, Pedà G, Rocca N L. 2012. Trade-offs between leaf hydraulic capacity and drought vulnerability: morpho-anatomical bases, carbon costs and ecological consequences. New Phytologist, 196(3): 788-798.

Niinemets U, Portsmuth A, Tobias M. 2007. Leaf shape and venation pattern alter the support investments within leaf lamina in temperate species: a neglected source of leaf physiological differentiation? Functional Ecology, 21(1): 28-40.

Niklas K J, Cobb E D, Niinemets U, et al. 2007. "Diminishing returns" in the scaling of functional leaf traits across and within species groups. Proceedings of the National Academy of Sciences of the United States of America, 104(21): 8891-8896.

Noblin X, Mahadevan L, Coomaraswamy I A, et al. 2008. Optimal vein density in artificial and real leaves. Proceedings of the National Academy of Sciences of the United States of America, 105(27): 9140-9144.

Noguchi K, Sonoike K, Terashima I. 1996. Acclimation of respiratory properties of leaves of *Spinacia oleracea* L., a sun species, and of *Alocasia macrorrhiza* (L.) G. Don., a shade species, to changes in growth irradiance. Plant and Cell Physiology, 37(3): 377-384.

Noguchi K O, Taylor N L, Millar A H, et al. 2005. Response of mitochondria to light intensity in the leaves of sun and shade species. Plant, Cell and Environment, 28(6): 760-771.

Oleksyn J, Reich P B, Zytkowiak R, et al. 2002. Needle nutrients in geographically diverse *Pinus sylvestris* L. populations. Annals of Forest Science, 59(1): 1-18.

Oleksyn J, Reich P B, Zytkowiak R, et al. 2003. Nutrient conservation increases with latitude of origin in European *Pinus sylvestris* populations. Oecologia, 136(2): 220-235.

Olsen J T, Caudle K L, Johnson L C, et al. 2013. Environmental and genetic variation in leaf anatomy among populations of *Andropogon Gerardii* (Poaceae) along a precipitation gradient. American Journal of Botany, 100(10): 1957-1968.

Ono K, Terashima I, Watanabe A. 1996. Interaction between nitrogen deficit of a plant and nitrogen content in the old leaves. Plant and Cell Physiology, 37(8): 1083-1089.

Ordonez J C, van Bodegom P M, Witte J P M, et al. 2009. A global study of relationships between leaf traits, climate and soil measures of nutrient fertility. Global Ecology And Biogeography, 18(2): 137-149.

Orlovic S, Guzina V, Krstic B, et al. 1998. Genetic variability in anatomical, physiological and growth characteristics of hybrid poplar (*Populus x euramericana* Dode (Guinier)) and eastern cottonwood (*Populus deltoides* Bartr.) clones. Silvae Genetica, 47(4): 183-190.

Osborne C P, Sack L. 2012. Evolution of C_4 plants: a new hypothesis for an interaction of CO_2 and water relations mediated by plant hydraulics. Philosophical Transactions of the Royal Society B-Biological

Sciences, 367(1588): 583-600.

Panchen Z A, Primack R B, Gallinat A S, et al. 2015. Substantial variation in leaf senescence times among 1360 temperate woody plant species: Implications for phenology and ecosystem processes. Annals of Botany, 116(6): 865-873.

Pandey R, Chacko P M, Choudhary M L, et al. 2007. Higher than optimum temperature under CO_2 enrichment influences stomata anatomical characters in rose (*Rosa hybrida*). Scientia Horticulturae, 113(1): 74-81.

Pearce D W, Millard S, Bray D F, et al. 2005. Stomatal characteristics of riparian poplar species in a semi-arid environment. Tree Physiology, 26: 211-218.

Pearcy R W. 1977. Acclimation of photosynthetic and respiratory carbon dioxide exchange to growth temperature in *Atriplex lentiformis* (Torr.) Wats. Plant Physiology, 59(5): 795-799.

Peng F, Xue X, Xu M, et al. 2017. Warming-induced shift towards forbs and grasses and its relation to the carbon sequestration in an alpine meadow. Environmental Research Letters, 12(4): 044010.

Peppe D J, Royer D L, Cariglino B, et al. 2011. Sensitivity of leaf size and shape to climate: Global patterns and paleoclimatic applications. New Phytologist, 190(3): 724-739.

Piao S, Ciais P, Friedlingstein P, et al. 2008. Net carbon dioxide losses of northern ecosystems in response to autumn warming. Nature, 451(7174): 49-52.

Piao S, Tan K, Nan H, et al. 2012. Impacts of climate and CO_2 changes on the vegetation growth and carbon balance of Qinghai-Tibetan grasslands over the past five decades. Global and Planetary Change, 98-99: 73-80.

Poorter H, Niinemets Ü, Poorter L, et al. 2009. Causes and consequences of variation in leaf mass per area (LMA): a meta - analysis. New Phytologist, 182(3): 565-588.

Poorter L, Bongers F. 2006. Leaf traits are good predictors of plant performance across 53 rain forest species. Ecology, 87(7): 1733-1743.

Reich P B, Oleksyn J. 2004. Global patterns of plant leaf N and P in relation to temperature and latitude. Proceedings of the National Academy of Sciences of the United States of America, 101:11001-11006.

Reich P B. 2014. The world-wide 'fast-slow' plant economics spectrum: a traits manifesto. Journal of Ecology, 102(2): 275-301.

Reich P B, Walters M B, Ellsworth D S. 1997. From tropics to tundra: Global convergence in plant functioning. Proceedings of the National Academy of Sciences of the United States of America, 94(25): 13730-13734.

Reich P B, Walters M B, Ellsworth D S, et al. 1998. Relationships of leaf dark respiration to leaf nitrogen, specific leaf area and leaf life-span: a test across biomes and functional groups. Oecologia, 114(4): 471-482.

Richardson A D, Black T A, Ciais P, et al. 2010. Influence of spring and autumn phenological transitions on forest ecosystem productivity. Philosophical Transactions of the Royal Society B-Biological Sciences, 365(1555): 3227-3246.

Robakowski P, Montpied P, Dreyer E. 2003. Plasticity of morphological and physiological traits in response to different levels of irradiance in seedlings of silver fir(*Abies alba* Mill). Trees - Structure and Function, 17(5): 431-441.

Rose L, Rubarth M C, Hertel D, et al. 2013. Management alters interspecific leaf trait relationships and trait-based species rankings in permanent meadows. Journal of Vegetation Science, 24(2): 239-250.

Rowe E C, Smart S M, Kennedy V H, et al. 2008. Nitrogen deposition increases the acquisition of phosphorus and potassium by heather *Calluna vulgaris*. Environmental Pollution, 155(2): 201-207.

Royer D L. 2001. Stomatal density and stomatal index as indicators of paleoatmospheric CO_2 concentration. Review of Palaeobotany and Palynology, 114: 1-28.

Ryan M G. 1991. Effects of Climate Change on Plant Respiration. Ecological Applications, 1(2): 157-167.

Ryser P, Eek L. 2000. Consequences of phenotypic plasticity vs. interspecific differences in leaf and root traits for acquisition of aboveground and belowground resources. American Journal of Botany, 87(3): 402-411.

Sack L, Scoffoni C. 2013. Leaf venation: structure, function, development, evolution, ecology and applications in the past, present and future. New Phytologist, 198(4): 983-1000.

Sack L, Scoffoni C, John G P, et al. 2013. How do leaf veins influence the worldwide leaf economic spectrum?

Review and synthesis. Journal of Experimental Botany, 64(13): 4053-4080.

Sack L, Scoffoni C, McKown A D, et al. 2012. Developmentally based scaling of leaf venation architecture explains global ecological patterns. Nature Communications, 3(1): 837.

Sandel B, Goldstein L J, Kraft N J B, et al. 2010. Contrasting trait responses in plant communities to experimental and geographic variation in precipitation. New Phytologist, 188(2): 565-575.

Schlickmann M B, da Silva A C, de Oliveira L M, et al. 2020. Specific leaf area is a potential indicator of tree species sensitive to future climate change in the mixed Subtropical Forests of southern Brazil. Ecological Indicators, 116: 106477.

Schoch P G, Zinsou C, Sibi M. 1980. Dependence of the stomatal index on environmental-factors during stomatal differentiation in leaves of *Vigna-sinensis* L: 1. Effect of light-intensity. Journal of Experimental Botany, 31(124): 1211-1216.

Scoffoni C, Rawls M, McKown A, et al. 2011. Decline of leaf hydraulic conductance with dehydration: Relationship to leaf size and venation architecture. Plant Physiology, 156(2): 832-843.

Seager R, Naik N, Vecchi G A. 2010. Thermodynamic and dynamic mechanisms for large-scale changes in the hydrological cycle in response to global warming. Journal of Climate, 23(17): 4651-4668.

Seki M, Yoshida T, Takada T. 2015. A general method for calculating the optimal leaf longevity from the viewpoint of carbon economy. Journal of Mathematical Biology, 71(3): 669-690.

Sharma G K, Dunn D B. 1969. Environmental modifications of leaf surface traits in *Datura stramonium*. Canadian Journal of Botany, 47(8): 1211-1216.

Shen H, Klein J A, Zhao X, et al. 2009. Leaf photosynthesis and simulated carbon budget of *Gentiana straminea* from a decade-long warming experiment. Journal of Plant Ecology, 2(4): 207-216.

Shen H H, Wang S P, Tang Y H. 2013. Grazing alters warming effects on leaf photosynthesis and respiration in *Gentiana straminea*, an alpine forb species. Journal of Plant Ecology, 6(5): 418-427.

Shi C, Sun G, Zhang H, et al. 2014. Effects of warming on chlorophyll degradation and carbohydrate accumulation of *Alpine herbaceous* species during plant senescence on the Tibetan Plateau. PLoS One, 9(9): e107874.

Shimada T, Sugano S S, Hara-Nishimura I. 2011. Positive and negative peptide signals control stomatal density. Cellular and Molecular Life Sciences, 68(12): 2081-2088.

Silim S N, Ryan N, Kubien D S. 2010. Temperature responses of photosynthesis and respiration in *Populus balsamifera* L.: Acclimation versus adaptation. Photosynthesis Research, 104(1): 19-30.

Sterck F, Poorter L, Schieving F. 2006. Leaf traits determine the growth-survival trade-off across rain forest tree species. The American Naturalist, 167(5): 758-765.

Sullivan P F, Welker J M. 2005. Warming chambers stimulate early season growth of an arctic sedge: results of a minirhizotron field study. Oecologia, 142(4): 616-626.

Sun Q, Li B, Zhou G, et al. 2020. Delayed autumn leaf senescence date prolongs the growing season length of herbaceous plants on the Qinghai-Tibetan Plateau. Agricultural and Forest Meteorology, 284: 107896.

Tadey M. 2020. Reshaping phenology: Grazing has stronger effects than climate on flowering and fruiting phenology in desert plants. Perspectives in Plant Ecology, Evolution and Systematics, 42: 125501.

Tanaka Y, Sugano S S, Shimada T, et al. 2013. Enhancement of leaf photosynthetic capacity through increased stomatal density in *Arabidopsis*. New Phytologist, 198(3): 757-764.

Theurillat J P, Guisan A. 2001. Potential impact of climate change on vegetation in the European Alps: A review. Climatic Change, 50(1): 77-109.

Tjoelker M G, Oleksyn J, Lorenc-Plucinska G, et al. 2008. Acclimation of respiratory temperature responses in northern and southern populations of *Pinus banksiana*. New Phytologist, 181(1): 218-229.

Tjoelker M G, Oleksyn J, Reich P B. 1999. Acclimation of respiration to temperature and CO_2 in seedlings of boreal tree species in relation to plant size and relative growth rate. Global Change Biology, 5(6): 679-691.

Tranquillini W, Havranek W M, Ecker P. 1986. Effects of atmospheric humidity and acclimation temperature on the temperature response of photosynthesis in young *Larix decidua* Mill. Tree Physiology, 1(1): 37-45.

Valentini R, Matteucci G, Dolman A J, et al. 2000. Respiration as the main determinant of carbon balance in European forests. Nature, 404(6780): 861-865.

Valladares F, Gianoli E, Gomez J M. 2007. Ecological limits to plant phenotypic plasticity. New Phytologist, 176: 749-763.

Velaquez-Rosas N, Meave J, Vazquez-Santana S. 2002. Elevational variation of leaf traits in montane rain forest tree species at La Chinantla, Southern Mexico. Biotropica, 34(4): 534-546.

Vitasse Y, Baumgarten F, Zohner C M, et al. 2021. Impact of microclimatic conditions and resource availability on spring and autumn phenology of temperate tree seedlings. New Phytologist, 232(2): 537-550.

vonCaemmerer S, Ludwig M, Millgate A, et al. 1997. Carbon isotope discrimination during C-4 photosynthesis: Insights from transgenic plants. Australian Journal of Plant Physiology, 24(4): 487-494.

Walls R L. 2011. Angiosperm leaf vein patterns are linked to leaf functions in a global-scale data set. American Journal of Botany, 98(2): 244-253.

Wan S, Luo Y, Wallace L L. 2002. Changes in microclimate induced by experimental warming and clipping in tallgrass prairie. Global Change Biology, 8(8): 754-768.

Wang C S, Lyu W W, Jiang L L, et al. 2020. Changes in leaf vein traits among vein types of alpine grassland plants on the Tibetan Plateau. Journal of Mountain Science, 17(9): 2161-2169.

Wang P, Fu C, Wang L, et al. 2022. Delayed autumnal leaf senescence following nutrient fertilization results in altered nitrogen resorption. Tree Physiology, 42(8): 1549-1559.

Wang S, Duan J, Xu G, et al. 2012. Effects of warming and grazing on soil N availability, species composition, and ANPP in an alpine meadow. Ecology, 93(11): 2365-2376.

Wang S, Wang C, Duan J, et al. 2014a. Timing and duration of phenological sequences of alpine plants along an elevation gradient on the Tibetan Plateau. Agricultural and Forest Meteorology, 189: 220-228.

Wang S P, Meng F D, Duan J C, et al. 2014b. Asymmetric sensitivity of first flowering date to warming and cooling in alpine plants. Ecology, 95(12): 3387-3398.

Wang X, Wang B, Wang C, et al. 2021. Canopy processing of N deposition increases short-term leaf N uptake and photosynthesis, but not long-term N retention for aspen seedlings. New Phytologist, 229(5): 2601-2610.

Way D A, Sage R F. 2008. Thermal acclimation of photosynthesis in black spruce [*Picea mariana* (Mill.) B.S.P.]. Plant, Cell & Environment, 31(9): 1250-1262.

Wei H, Luo T, Wu B. 2016. Optimal balance of water use efficiency and leaf construction cost with a link to the drought threshold of the desert steppe ecotone in northern China. Annals of Botany, 118(3): 541-553.

Weih M. 2001. Evidence for increased sensitivity to nutrient and water stress in a fast-growing hybrid willow compared with a natural willow clone. Tree Physiology, 21(15): 1141-1148.

Weppler T, Stöcklin J. 2005. Variation of sexual and clonal reproduction in the alpine Geum reptans in contrasting altitudes and successional stages. Basic and Applied Ecology, 6(4): 305-316.

Westoby M, Wright I J. 2003. The leaf size-twig size spectrum and its relationship to other important spectra of variation among species. Oecologia, 135(4): 621-628.

Willmer C, Fricker M. 1996. Stomata. London, UK: Chapman and Hall: 375.

Woo H R, Kim H J, Lim P O, et al. 2019. Leaf senescence: systems and dynamics aspects. Annual Review of Plant Biology, 70: 347-376.

Woodward F I. 1987. Stomatal numbers are sensitive to increases in CO_2 from pre-industrial levels. Nature, 327: 617 -618.

Wookey P A, Aerts R, Bardgett R D, et al. 2009. Ecosystem feedbacks and cascade processes: understanding their role in the responses of Arctic and alpine ecosystems to environmental change. Global Change Biology, 15(5): 1153-1172.

Wright I J, Reich P B, Cornelissen J H C, et al. 2005a. Assessing the generality of global leaf trait relationships. New Phytologist, 166(2): 485-496.

Wright I J, Reich P B, Cornelissen J H C, et al. 2005b. Modulation of leaf economic traits and trait relationships by climate. Global Ecology and Biogeography, 14(5): 411-421.

Wright I J, Reich P B, Westoby M, et al. 2004. The worldwide leaf economics spectrum. Nature, 428(6985): 821-827.

Wright I J, Westoby M. 2002. Leaves at low versus high rainfall: coordination of structure, lifespan and physiology. New Phytologist, 155(3): 403-416.

Xie Y, Wang X, Jr. J A S. 2015. Deciduous forest responses to temperature, precipitation, and drought imply complex climate change impacts. Proceedings of the National Academy of Sciences, 112(44): 13585-13590.

Xiong D, Wang D, Liu X, et al. 2016. Leaf density explains variation in leaf mass per area in rice between cultivars and nitrogen treatments. Annals of Botany, 117(6): 963-971.

Xiong F S, Mueller E C, Day T A. 2000. Photosynthetic and respiratory acclimation and growth response of Antarctic vascular plants to contrasting temperature regimes. American Journal of Botany, 87(5): 700-710.

Xu G, Chao Z, Wang S, et al. 2010a. Temperature sensitivity of nutrient release from dung along elevation gradient on the Qinghai-Tibetan Plateau. Nutrient Cycling in Agroecosystems, 87(1): 49-57.

Xu G, Hu Y, Wang S, et al. 2010b. Effects of litter quality and climate change along an elevation gradient on litter mass loss in an alpine meadow ecosystem on the Tibetan Plateau. Plant Ecology, 209: 257-268.

Xu X, Ouyang H, Kuzyakov Y, et al. 2006. Significance of organic nitrogen acquisition for dominant plant species in an alpine meadow on the Tibet Plateau, China. Plant and Soil, 285(1): 221-231.

Xu X F, Tian H Q, Wan S Q. 2007. Climate warming impacts on carbon cycling in terrestrial ecosystems. Journal of Plant Ecology, 31(2): 175-188.

Xu Z F, Hu T X, Wang K Y, et al. 2009. Short-term responses of phenology, shoot growth and leaf traits of four alpine shrubs in a timberline ecotone to simulated global warming, Eastern Tibetan Plateau, China. Plant Species Biology, 24(1): 27-34.

Xu Z Z, Zhou G S. 2008. Responses of leaf stomatal density to water status and its relationship with photosynthesis in a grass. Journal of Experimental Botany, 59(12): 3317-3325.

Yamori W, Evans J R, Von Caemmerer S. 2010. Effects of growth and measurement light intensities on temperature dependence of CO_2 assimilation rate in tobacco leaves. Plant, Cell & Environment, 33(3): 332-343.

Yamori W, Noguchi K, Hikosaka K, et al. 2009. Cold-tolerant crop species have greater temperature homeostasis of leaf respiration and photosynthesis than cold-sensitive species. Plant and Cell Physiology, 50(2): 203-215.

Yang Y, Wang G, Klanderud K, et al. 2011. Responses in leaf functional traits and resource allocation of a dominant alpine sedge (*Kobresia pygmaea*) to climate warming in the Qinghai-Tibetan Plateau permafrost region. Plant and Soil, 349(1-2): 377-387.

Yao T, Thompson L, Yang W, et al. 2012. Different glacier status with atmospheric circulations in Tibetan Plateau and surroundings. Nature Climate Change, 2(9): 663-667.

Zani D, Crowther T W, Lidong Mo, et al. 2020. Increased growing-season productivity drives earlier autumn leaf senescence in temperate trees. Science, 370(6520): 1066-1071.

Zaragoza-Castells J, SÁNchez-GÓMez D, Valladares F, et al. 2007. Does growth irradiance affect temperature dependence and thermal acclimation of leaf respiration? Insights from a Mediterranean tree with long-lived leaves. Plant, Cell & Environment, 30(7): 820-833.

Zhang L R, Niu H S, Wang S P, et al. 2012. Gene or environment? Species-specific control of stomatal density and length. Ecology and Evolution, 2(5): 1065-1070.

Zhang T, Li F Y, Li Y, et al. 2022. Disentangling the effects of animal defoliation, trampling, and excretion deposition on plant nutrient resorption in a semi-arid steppe: The predominant role of defoliation. Agriculture, Ecosystems & Environment, 337: 108068.

Zhang Y J, Yang Q Y, Lee D W, et al. 2013. Extended leaf senescence promotes carbon gain and nutrient resorption: importance of maintaining winter photosynthesis in subtropical forests. Oecologia, 173(3): 721-730.

Zhao Z G, Du G Z, Zhou X H, et al. 2006. Variations with altitude in reproductive traits and resource allocation of three Tibetan species of Ranunculaceae. Australian Journal of Botany, 54(7): 691-700.

Zhou Z, Su P, Wu X, et al. 2021. Leaf and community photosynthetic carbon assimilation of alpine plants under *in-situ* warming. Front Plant Sci, 12: 690077.

第四章　气候变化和放牧对植物组成与多样性及物种关系的影响

导读： 物种组成是生态系统生产力和稳定性等功能的重要决定因子，又对物种多样性起到至关重要的作用，进而对生产力产生决定性的影响。气候变化通过不同的方式直接或间接地影响高寒植物群落结构、物种组成及植物空间关系。温度变化一方面可以直接改变植物的物候期、繁殖输出等，从而影响植物的群落组成；另一方面，还可以通过改变物种间相互作用（竞争等）来间接影响植物群落。放牧主要是通过牲畜的选择性采食、践踏及粪尿归还来影响植物群落结构和物种组成。因此，本章主要依托山体垂直带“双向”移栽试验平台及不对称增温和适度放牧试验平台，回答以下科学问题：①增温和降温对植物组成及多样性的影响是否相反？②气候变化和放牧如何影响群落结构及植物多样性？③植物多样性的变化受到哪些生物因子、非生物因子的影响？④物种之间关系的变化如何驱动物种空间格局的变化，从而实现共存？⑤气候变化和放牧条件下物种共存的机制以及群落结构改变的机理是什么？

物种组成是生态系统稳定性、生产力、营养动态等功能的重要决定因子。Tilman 等（2006）的研究表明，功能群组成和物种组成对物种多样性起到至关重要的作用，进而对生物量产生决定性影响。高寒草甸生态环境的敏感性和脆弱性使其极易受到放牧和气候变化的影响（武高林和杜国祯，2007）。气候变化通过不同的方式直接或间接地影响高寒植物群落结构和物种组成（Wang et al.，2012；Liu et al.，2018，2021）、多样性（Wu et al.，2011；Wang et al.，2012）及植物空间关系（Li et al.，2018）。温度变化一方面可以直接改变植物的物候期及繁殖输出等影响植物的群落组成，另一方面还可以通过改变物种间相互作用（竞争等）来间接影响植物群落。在不同的生态系统类型中，不同的气候变化因子对群落的物种组成和多样性影响的方向及强度不一样。有研究表明，温度升高增加了高寒草甸禾本科植物盖度，降低了莎草科和杂类草盖度（Wang et al.，2012；Liu et al.，2018），并且会导致高寒草甸物种丧失（Klein et al.，2004），但物种丧失的风险随增温时间延长而下降（Wang et al.，2012；Li et al.，2018；Liu et al.，2021）。而对高寒苔原的研究发现，气候变暖使其物种丰富度显著增加。但是也有研究认为，长期增温对群落物种丰富度和香农多样性没有显著影响（Shi et al.，2015）。另外，除了气候变化之外，放牧等人类活动也是影响草地群落结构和物种组成的重要因子。放牧主要通过牲畜的选择性采食、践踏及粪尿归还来影响植物群落结构和物种组成（汪诗平等，2003）。草地群落中，一些适口性好、耐牧性差的物种，如禾本科的草地早熟禾、异针茅等，会随着放牧强度的增加，优势度逐渐降低，最终被一些因放牧而获得更多光和养分资源的杂类草植物取代（Wang et al.，2012；Liu et al.，2021）。

空间格局研究可以真实地反映群落生态学的过程 （沈国春，2010）。当外部环境或其他条件（如干扰）改变时，群落内物种空间格局也会随之发生变化（刘振国和李镇清，2005；王鑫厅等，2011；Zhang et al.，2013）。在局域尺度上，空间格局的变化与物种间的相互作用密切相关（Gutiérrez-Girón et al.，2010；Benot et al.，2013），相互作用的变化可能驱动物种空间格局变化以维持物种共存。首先，物种的空间关联可能发生改变，如促进作用使物种分布呈种间聚集（贾昕，2011），而竞争作用则使其向种间扩散转变（Kikvidze et al.，2005），这可能体现了物种之间生态位分化的共存机制（李立等，2010；谭一波等，2012）；其次，单个物种空间格局改变以适应外部条件的变化，如竞争力较弱的物种可能倾向于向聚集分布转变，通过降低种间竞争得以存活，从而提高物种共存（Monzeglio and Stoll，2005；Mokany et al.，2008；Porensky et al.，2011）。根据胁迫-梯度假说 （SGH），在环境胁迫地区物种间的相互促进作用比较常见，但是在良好的资源环境条件下竞争作用占主导地位（Callaway et al.，2002；Brooker et al.，2008）。已证实高寒草甸地区的植物间广泛存在促进作用（Callaway et al.，2002）。由于增温改善了低温胁迫而对环境有改善作用（Nyakatya and McGeoch，2008；Badano and Marquet，2009），从而降低了高寒植物间的净促进作用（Anthelme et al.，2014）或提高了物种之间的竞争作用（Klanderud，2005；Olsen and Klanderud，2014）。但是，物种间相互作用关系根据它们的环境忍耐力和竞争力表现出不同的结果（Liancourt et al.，2005；Wang et al.，2008）。因此，为了更好地了解增温的效用，有必要将物种按其竞争能力进行划分，如优势种和亚优势种通常代表了群落内竞争力强弱不同的物种。优势种具有较强的获取资源的潜力，能够抑制其他物种的生长（Mariotte et al.，2012）。优势种被认为直接对气候变化做出响应；亚优物种既直接对气候变化产生响应，又间接通过与优势种的相互作用产生响应（Kardol et al.，2010）。

第一节　增温和降温对植物组成与多样性的影响

一、增温和降温对植物组成的影响

2007 年开始“双向”移栽试验以后，对每个小区每年出现的物种进行连续监测，10 年试验期间只要曾经出现过一次即记录为出现的物种。物种组成的变化主要发生在 2009 年以后（Wang et al.，2019b）。2007～2008 年，海拔 3200m 处 3 个 1m^2 的样方中共出现 15 种植物（原位移栽小区，即海拔不变）；2009～2016 年，海拔 3200m 原位移栽的小区共出现 59 种植物，而移栽到海拔 3400m 和 3800m 处以后，分别累计出现过 73 种和 61 种植物（表 4-1）。类似的，海拔 3400m 原位移栽小区，2007～2008 年 3 个 1m^2 的样方中共出现 25 种植物，2009～2016 年共出现 59 种植物；而当移栽到海拔 3800m 处时，2009～2016 年共出现 52 种植物（表 4-2）。当将海拔 3400m 植被移栽到海拔 3200m 处时，2009～2016 年共出现 71 种植物（表 4-2）。对于海拔 3800m 的原位移栽小区而言，2007～2008 年共出现 17 种植物，2009～2016 年共出现 46 种植物；当移栽到海拔 3400m

和 3200m 时，2009～2016 年分别出现 68 种和 54 种植物（表 4-3）。以上结果说明，即使是原海拔移栽小区出现的物种，也存在年际间的变化。究其原因，可能是由于气候波动和环境变化导致了原来土壤种子库中的种子萌发但又很难长期定植下来，特别是植物扩散及植物间竞争等生物因素导致植物群落组成年际间波动很大，需要进一步对群落组成变化的机制开展深入研究（阿旺等，2021）。

表 4-1　2007 年从海拔 3200 m 移栽到海拔 3400m 和 3800m 后的物种组成变化

序号	中文名	拉丁名	3200m 移栽到 3200m			3200m 移栽到 3400m			3200m 移栽到 3800m		
			2007 年	2008 年	2009～2016 年	2007 年	2008 年	2009～2016 年	2007 年	2008 年	2009～2016 年
1	蓝花韭	*Allium beesianum*			0.1						
2	乳白香青	*Anaphalis lactea*			0.2			0.3			0.1
3	银莲花	*Anemone cathayensis*						0.7			
4	重冠紫菀	*Aster diplostephioides*			0.6			3.0			0.2
5	蒙古黄芪	*Astragalus membranaceus*						1.3			0.6
6	甘肃薹草	*Carex kansuensis*			0.1			0.3			0.1
7	糙喙薹草	*Carex scabrirostris*	6.0	8.0	4.8	5.0	8.3	2.8	8.0	9.7	3.3
8	西藏薹草	*Carex thibetica*						2.2			2.0
9	簇生泉卷耳	*Cerastium fontanum* sp.									0.1
10	柔毛金腰	*Chrysosplenium pilosum*			0.1			0.1			
11	喉毛花	*Comastoma pulmonarium*						0.1			0.1
12	黄堇	*Corydalis pallida*			0.1			0.4			0.1
13	白蓝翠雀花	*Delphinium caeruleum*			0.7			0.1			
14	发草	*Deschampsia caespitosa*						0.1			
15	黄花野青茅	*Deyeuxia flavens*			4.0			6.7			5.3
16	密花香薷	*Elsholtzia calycocarpa*						2.3			2.1
17	垂穗披碱草	*Elymus nutans*	15.3	17.3	32.1	13.0	13.0	27.2	12.3	10.3	17.6
18	短腺小米草	*Euphrasia regelii*	5.3	5.3	0.1	3.0	3.0	13.1	2.3	2.0	10.1
19	羊茅	*Festuca ovina*			0.2						
20	紫羊茅	*Festuca rubra*			0.9			0.6			3.5
21	刺芒龙胆	*Gentiana aristata*						0.1			1.1
22	圆齿褶龙胆	*Gentiana crenulatotruncata*			0.1			0.4			2.1
23	线叶龙胆	*Gentiana farreri*			0.2			0.3			1.2
24	南山龙胆	*Gentiana grumii*	5.3	4.0	0.3	3.3	4.0	0.3	2.7	3.0	0.9
25	偏翅龙胆	*Gentiana pudica*						0.5			0.1
26	麻花艽	*Gentiana straminea*	8.0	9.3	13.9	7.7	8.0	4.2	5.0	6.0	5.5
27	黑边假龙胆	*Gentianella azurea*			0.1			2.5			2.1
28	湿生扁蕾	*Gentianopsis paludosa*						0.1			
29	甘青老鹳草	*Geranium pylzowianum*			0.4			0.6			
30	老鹳草	*Geranium wilfordii*						0.7			
31	海乳草	*Glaux maritima*			1.8						
32	异叶米口袋	*Gueldenstaedtia diversifolia*			3.5			1.9			0.3
33	三裂碱毛茛	*Halerpestes tricuspis*	4.0	4.3	0.2	3.0	3.0	1.5	2.7	2.7	0.1

续表

序号	中文名	拉丁名	3200m 移栽到 3200m			3200m 移栽到 3400m			3200m 移栽到 3800m		
			2007年	2008年	2009～2016年	2007年	2008年	2009～2016年	2007年	2008年	2009～2016年
34	藏异燕麦	*Helictotrichon tibeticum*			1.1			0.2			1.1
35	沙棘	*Hippophae rhamnoides*						2.0			
36	五叶杂藤	*Humulus japonicus*						0.5			
37	卷鞘鸢尾	*Iris potaninii*			0.2			0.1			
38	鸢尾	*Iris tectorum*			0.1						
39	矮生嵩草	*Kobresia humilis*	7.0	9.0	22.7	5.0	8.0	8.9	5.3	8.7	10.7
40	洽草	*Koeleria cristata*			0.3			4.8			10.0
41	肉果草	*Lancea tibetica*			0.6			3.3			2.1
42	矮火绒草	*Leontopodium nanum*			1.1			2.0			10.2
43	箭叶橐吾	*Ligularia sagitta*						0.6			1.1
44	黄帚橐吾	*Ligularia virgaurea*			0.1			3.7			
45	辐状肋柱花	*Lomatogonium rotatum*						1.2			0.1
46	花苜蓿	*Medicago ruthenica*	8.7	10.0	3.5	10.0	9.7	6.1	11.3	11.0	0.1
47	圆萼刺参	*Morina chinensis*			1.9			2.3			0.4
48	青海刺参	*Morina kokonorica*			1.3			0.1			0.6
49	羌活	*Notopterygium incisum*						0.1			0.1
50	急弯棘豆	*Oxytropis deflexa*									0.1
51	甘肃棘豆	*Oxytropis kansuensis*			2.4			1.9			0.2
52	黄花棘豆	*Oxytropis ochrocephala*			0.2			1.7			0.5
53	甘肃马先蒿	*Pedicularis kansuensis*			0.2			0.8			0.6
54	平车前	*Plantago depressa*						0.5			1.6
55	早熟禾	*Poa annua*			0.2						
56	冷地早熟禾	*Poa crymophila*			2.2			1.0			2.5
57	草地早熟禾	*Poa pratensis*	13.7	14.3	3.7	11.0	12.3	5.3	9.0	11.3	5.4
58	圆穗蓼	*Polygonum macrophyllum*						1.6			1.5
59	西伯利亚蓼	*Polygonum sibiricum*			0.2			0.8			
60	珠芽蓼	*Polygonum viviparum*			0.3			1.4			0.1
61	羽叶点地梅	*Pomatosace filicula*						1.2			0.1
62	鹅绒委陵菜	*Potentilla anserina*	7.7	7.0	20.2	6.0	5.0	13.0	5.0	4.0	11.9
63	二裂委陵菜	*Potentilla bifurca*			0.7			3.8			3.2
64	金露梅	*Potentilla fruticosa*			0.3			1.3			0.1
65	雪白委陵菜	*Potentilla nivea*	5.0	5.7	3.4	5.3	6.7	1.6	4.3	7.0	1.5
66	双叉细柄茅	*Ptilagrostis dichotoma*			0.1			0.7			0.8
67	鸟足毛茛	*Ranunculus brotherusii*			1.9			0.3			0.2
68	毛茛	*Ranunculus japonicus*						0.1			0.1
69	小大黄	*Rheum pumilum*			0.1						
70	重齿风毛菊	*Saussurea katochaete*						0.1			
71	瑞苓草	*Saussurea nigrescens*			3.2			0.8			0.1
72	横断山风毛菊	*Saussurea pulchra*	4.7	3.7	4.5	6.0	5.7	3.3	6.0	5.7	0.8

续表

序号	中文名	拉丁名	3200m 移栽到 3200m			3200m 移栽到 3400m			3200m 移栽到 3800m		
			2007年	2008年	2009～2016年	2007年	2008年	2009～2016年	2007年	2008年	2009～2016年
73	二柱头藨草	*Scirpus distigmaticus*	6.3	9.3	1.7	5.3	6.7	3.1	2.7	4.0	4.9
74	伞花繁缕	*Stellaria umbellata*			1.1			1.0			1.8
75	异针茅	*Stipa aliena*	16.0	16.3	36.2	13.0	13.0	19.4	8.7	9.3	15.8
76	蒙古蒲公英	*Taraxacum mongolicum*	4.0	4.0	3.1	4.3	5.0	13.8	4.0	4.3	7.2
77	高山唐松草	*Thalictrum alpinum*	11.3	10.7	2.8	9.3	8.0	6.0	9.0	9.0	6.9
78	矮金莲花	*Trollius farreri*			0.1			1.0			7.2
79	长果婆婆纳	*Veronica ciliata*			0.2			0.6			
80	双花堇菜	*Viola biflora*			0.1			0.4			0.2

注：10 年间物种出现一次就记为出现，数值为该物种的平均盖度；物种组成变化主要发生在 2009 年以后。

表 4-2　2007 年从海拔 3400m 移栽到海拔 3200m 和 3800m 后的物种组成变化

序号	中文名	拉丁名	3400m 移栽到 3400m			3400m 移栽到 3200m			3400m 移栽到 3800m		
			2007年	2008年	2009～2016年	2007年	2008年	2009～2016年	2007年	2008年	2009～2016年
1	冰草	*Agropyron cristatum*			0.1						
2	细裂亚菊	*Ajania przewalskii*			0.1						
3	蓝花韭	*Allium beesianum*	2.3	1.3		1.3	1.3		1.0	1.0	
4	乳白香青	*Anaphalis lactea*			0.1			0.2			
5	银莲花	*Anemone cathayensis*	7.3	7.7	5.1	4.7	6.0	1.7	3.3	4.0	2.2
6	重冠紫菀	*Aster diplostephioides*	4.7	3.7	14.6	3.7	4.7	9.7	2.7	3.0	3.2
7	紫菀	*Aster tataricus*						0.2			
8	蒙古黄芪	*Astragalus membranaceus*			0.2						
9	甘肃薹草	*Carex kansuensis*			0.3			0.3			0.5
10	膨囊薹草	*Carex lehmanii*			0.1						
11	糙喙薹草	*Carex scabrirostris*	8.0	9.7	3.4	5.3	7.3	4.1	11.7	11.7	6.1
12	西藏薹草	*Carex thibetica*						0.1			
13	簇生泉卷耳	*Cerastium fontanum* sp.									0.1
14	柔毛金腰	*Chrysosplenium pilosum*			0.4			0.3			0.5
15	喉毛花	*Comastoma pulmonarium*			0.1			0.2			
16	黄堇	*Corydalis pallida*			0.5						
17	白蓝翠雀花	*Delphinium caeruleum*			0.2			0.2			
18	毛翠雀花	*Delphinium trichophorum*						0.1			
19	发草	*Deschampsia caespitosa*			0.4			0.1			
20	黄花野青茅	*Deyeuxia flavens*			0.8			2.3			0.8
21	萼果香薷	*Elsholtzia calycocarpa*						0.1			0.7
22	香薷	*Elsholtzia ciliata*						0.6			
23	垂穗披碱草	*Elymus nutans*	8.7	11.3	24.8	8.0	10.3	24.9	10.7	12.3	16.4
24	小米草	*Euphrasia pectinata*			0.1			0.1			
25	短腺小米草	*Euphrasia regelii*	5.3	5.0		4.0	5.0		5.3	5.0	

续表

序号	中文名	拉丁名	3400m 移栽到 3400m			3400m 移栽到 3200m			3400m 移栽到 3800m		
			2007年	2008年	2009～2016年	2007年	2008年	2009～2016年	2007年	2008年	2009～2016年
26	羊茅	*Festuca ovina*									0.7
27	紫羊茅	*Festuca rubra*			1.2			0.9			2.3
28	圆齿褶龙胆	*Gentiana crenulatotruncata*			0.5			0.2			0.4
29	线叶龙胆	*Gentiana farreri*			0.1						0.1
30	南山龙胆	*Gentiana grumii*	2.3	2.7		2.7	3.0		1.7	2.0	0.2
31	偏翅龙胆	*Gentiana pudica*			0.3						
32	龙胆	*Gentiana scabra*						0.1			
33	麻花艽	*Gentiana straminea*			0.1			0.5			
34	黑边假龙胆	*Gentianella azurea*			0.1			0.2			
35	尖叶假龙胆	*Gentianella acuta*						0.2			
36	甘青老鹳草	*Geranium pylzowianum*	7.0	6.7	3.0	4.3	5.0	2.9	2.7	3.7	1.1
37	老鹳草	*Geranium wilfordii*			0.3						
38	海乳草	*Glaux maritima*									0.2
39	异叶米口袋	*Gueldenstaedtia diversifolia*			0.2			0.2			
40	花锚	*Halenia corniculata*	5.3	4.3		4.7	5.0		2.3	3.0	
41	三裂碱毛茛	*Halerpestes tricuspis*	4.3	3.0		4.0	4.7		2.3	2.0	
42	藏异燕麦	*Helictotrichon tibeticum*			5.3			4.7			0.2
43	沙棘	*Hippophae rhamnoides*			5.2						
44	葎草	*Humulus japonicus*			0.3						0.1
45	卷鞘鸢尾	*Iris potaninii*			0.1			0.2			
46	线叶嵩草	*Kobresia capillifolia*			0.3			0.2			
47	矮生嵩草	*Kobresia humilis*	11.3	11.0	8.7	7.3	9.0	13.2	9.7	10.7	13.6
48	落草	*Koeleria cristata*			0.7			0.1			0.4
49	肉果草	*Lancea tibetica*	5.3	5.0	4.5	4.0	5.0	1.1	3.3	4.7	1.3
50	矮火绒草	*Leontopodium nanum*			0.7			1.2			5.7
51	箭叶橐吾	*Ligularia sagitta*			1.6						0.3
52	黄帚橐吾	*Ligularia virgaurea*	4.7	5.0	7.8	3.7	3.7	8.2	2.3	2.3	1.2
53	辐状肋柱花	*Lomatogonium rotatum*			0.1			0.1			0.1
54	花苜蓿	*Medicago ruthenica*			0.1			1.1			0.5
55	微孔草	*Microula sikkimensis*	1.0	1.0		1.3	1.7		0.3	0.7	
56	圆萼刺参	*Morina chinensis*			0.8			1.1			
57	青海刺参	*Morina kokonorica*						0.4			
58	卵叶羌活	*Notopterygium forbesii*			0.6			0.6			
59	羌活	*Notopterygium incisum*			0.8			0.6			0.4
60	急弯棘豆	*Oxytropis deflexa*	2.0	1.3		1.3	2.0		0.7	1.0	
61	甘肃棘豆	*Oxytropis kansuensis*	2.7	2.0	4.2	2.7	3.3	1.8	0.7	1.0	1.3
62	黄花棘豆	*Oxytropis ochrocephala*	2.7	2.0	1.4	3.0	3.7	0.1	1.0	1.0	0.1
63	甘肃马先蒿	*Pedicularis kansuensis*			0.2			0.3			0.4
64	马先蒿	*Pedicularis reaupinanta*						0.1			

续表

序号	中文名	拉丁名	3400m 移栽到 3400m			3400m 移栽到 3200m			3400m 移栽到 3800m		
			2007年	2008年	2009～2016年	2007年	2008年	2009～2016年	2007年	2008年	2009～2016年
65	高原早熟禾	*Poa alpigena*						0.4			
66	早熟禾	*Poa annua*						1.1			0.1
67	冷地早熟禾	*Poa crymophila*			1.4			1.6			2.7
68	草地早熟禾	*Poa pratensis*	9.3	10.7	1.8	6.7	8.7	2.0	9.3	11.3	0.3
69	圆穗蓼	*Polygonum macrophyllum*			3.8		5.0	1.0			0.2
70	西伯利亚蓼	*Polygonum sibiricum*			0.2			2.1			0.2
71	珠芽蓼	*Polygonum viviparum*	9.7	8.3	8.4	10.7	13.0	7.8	3.0	4.3	14.8
72	鹅绒委陵菜	*Potentilla anserina*	5.7	5.0	2.1	6.3	6.7	9.4	3.3	4.3	2.4
73	二裂委陵菜	*Potentilla bifurca*			0.1			0.7			0.1
74	金露梅	*Potentilla fruticosa*	9.3	11.0	16.3	6.3	6.7	14.0	6.3	7.7	10.7
75	雪白委陵菜	*Potentilla nivea*	7.3	7.3	9.9	4.0	5.0	7.4	8.0	8.3	15.1
76	双叉细柄茅	*Ptilagrostis dichotoma*						0.1			
77	鸟足毛茛	*Ranunculus brotherusii*			0.7			1.3			0.5
78	毛茛	*Ranunculus japonicus*			0.1			0.1			
79	小大黄	*Rheum pumilum*			0.3						0.3
80	重齿风毛菊	*Saussurea katochaete*						0.1			
81	瑞苓草	*Saussurea nigrescens*			6.5			5.6			1.2
82	横断山风毛菊	*Saussurea pulchra*			0.6			1.2			
83	二柱头藨草	*Scirpus distigmaticus*						2.0			0.9
84	沙生繁缕	*Stellaria arenaria*									0.1
85	伞花繁缕	*Stellaria umbellata*			0.9			0.5			0.3
86	异针茅	*Stipa aliena*	5.0	6.7	18.8	4.0	5.7	23.4	6.3	7.3	9.2
87	蒙古蒲公英	*Taraxacum mongolicum*			2.1			1.2			0.4
88	高山唐松草	*Thalictrum alpinum*	5.3	7.3	7.7	4.7	5.3	7.8	7.7	9.0	7.4
89	翼果唐松草	*Thalictrum aquilegifolium*						0.2			
90	披针叶野决明	*Thermopsis lanceolata*			0.3						
91	矮金莲花	*Trollius farreri*	7.3	7.3	1.2	6.7	8.0	0.6	3.7	5.3	
92	长果婆婆纳	*Veronica ciliata*			0.1			0.1			0.1
93	双花堇菜	*Viola biflora*			1.6			0.7			3.9
94	堇菜	*Viola verecunda*			0.1			0.2			

注：10 年间物种出现一次就记为出现，数值为该物种的平均盖度；物种组成变化主要发生在 2009 年以后。

表 4-3　2007 年从海拔 3800m 移栽到海拔 3400m 和 3200m 后的物种组成变化

序号	中文名	拉丁名	3800m 移栽到 3800m			3800m 移栽到 3400m			3800m 移栽到 3200m		
			2007年	2008年	2009～2016年	2007年	2008年	2009～2016年	2007年	2008年	2009～2016年
1	乳白香青	*Anaphalis lactea*			0.1			0.3			0.1
2	银莲花	*Anemone cathayensis*						2.6			0.1
3	重冠紫菀	*Aster diplostephioides*			0.2			9.3			0.4
4	膜荚黄芪	*Astragalus membranaceus*						0.1			0.1

续表

序号	中文名	拉丁名	3800m 移栽到 3800m			3800m 移栽到 3400m			3800m 移栽到 3200m		
			2007年	2008年	2009～2016年	2007年	2008年	2009～2016年	2007年	2008年	2009～2016年
5	紫花碎米荠	*Cardamine tangutorum*	3.0	2.7		2.0	1.3		3.3	4.7	
6	黑褐薹草	*Carex atrofusca*	10.3	9.7		10.0	9.0		7.3	8.7	
7	甘肃薹草	*Carex kansuensis*						0.1			0.1
8	糙喙薹草	*Carex scabrirostris*	11.0	9.7	28.5	8.7	8.3	49.4	10.3	11.0	19.9
9	喜泉卷耳	*Cerastium fontanum*			0.1						
10	柔毛金腰	*Chrysosplenium pilosum*			0.3			0.8			0.2
11	无尾果	*Coluria longifolia*						0.2			
12	喉毛花	*Comastoma pulmonarium*			0.5			0.1			0.8
13	黄堇	*Corydalis pallida*			0.1			0.4			
14	白蓝翠雀花	*Delphinium caeruleum*						0.1			
15	黄花野青茅	*Deyeuxia flavens*			0.3			0.7			7.0
16	垂穗披碱草	*Elymus nutans*			2.8			8.1			26.6
17	全缘叶绿绒蒿	*Entire meconopsis*			0.1						
18	短腺小米草	*Euphrasia regelii*									0.1
19	羊茅	*Festuca ovina*			6.1			0.9			2.3
20	紫羊茅	*Festuca rubra*			0.2			0.9			1.2
21	刺芒龙胆	*Gentiana aristata*						0.8			0.3
22	圆齿褶龙胆	*Gentiana crenulatotruncata*			0.5			0.4			0.1
23	线叶龙胆	*Gentiana farreri*			0.2			0.3			
24	南山龙胆	*Gentiana grumii*			0.8			0.6			
25	偏翅龙胆	*Gentiana pudica*						0.3			
26	龙胆	*Gentiana scabra*			0.1						
27	麻花艽	*Gentiana straminea*						0.1			0.5
28	黑边假龙胆	*Gentianella azurea*			0.1			0.3			
29	尖叶假龙胆	*Gentianella acuta*			0.1			0.1			0.3
30	甘青老鹳草	*Geranium pylzowianum*			0.1			0.6			
31	老鹳草	*Geranium wilfordii*						0.2			
32	海乳草	*Glaux maritima*	3.3	2.7		5.7	5.0		4.7	6.0	0.2
33	异叶米口袋	*Gueldenstaedtia diversifolia*									0.3
34	花锚	*Halenia corniculata*	1.3	1.3		2.7	2.7		2.0	1.7	
35	三裂碱毛茛	*Halerpestes tricuspis*	0.7	0.7		1.3	1.0		1.0	1.0	
36	藏异燕麦	*Helictotrichon tibeticum*			0.1			0.1			0.1
37	沙棘	*Hippophae rhamnoides*						3.6			
38	鸢尾	*Iris tectorum*						0.1			
39	线叶嵩草	*Kobresia capillifolia*			4.0			2.4			3.5
40	矮生嵩草	*Kobresia humilis*	10.3	10.0	8.5	11.3	11.7	11.9	12.7	14.3	11.7
41	菭草	*Koeleria cristata*						0.9			0.4
42	肉果草	*Lancea tibetica*						6.4			2.1

续表

序号	中文名	拉丁名	3800m 移栽到 3800m			3800m 移栽到 3400m			3800m 移栽到 3200m		
			2007年	2008年	2009～2016年	2007年	2008年	2009～2016年	2007年	2008年	2009～2016年
43	矮火绒草	*Leontopodium nanum*	13.7	13.7	12.1	10.3	11.0	6.3	12.0	14.0	11.0
44	箭叶橐吾	*Ligularia sagitta*						0.4			
45	黄帚橐吾	*Ligularia virgaurea*						4.4			0.1
46	辐状肋柱花	*Lomatogonium rotatum*			0.4			0.3			
47	多刺绿绒蒿	*Meconopsis horridula*			0.1						
48	花苜蓿	*Medicago ruthenica*						0.1			0.8
49	圆萼刺参	*Morina chinensis*						0.9			0.3
50	青海刺参	*Morina kokonorica*									0.5
51	宽叶羌活	*Notopterygium forbesii*			0.1			0.1			
52	羌活	*Notopterygium incisum*			0.8			0.1			0.1
53	甘肃棘豆	*Oxytropis kansuensis*						0.6			0.7
54	黄花棘豆	*Oxytropis ochrocephala*						2.1			
55	甘肃马先蒿	*Pedicularis kansuensis*			0.2			0.2			0.1
56	马先蒿	*Pedicularis reaupinanta*									0.2
57	高原早熟禾	*Poa alpigena*			0.1			0.3			1.4
58	冷地早熟禾	*Poa crymophila*			0.6			1.3			2.4
59	波伐早熟禾	*Poa poophagorum*									0.2
60	草地早熟禾	*Poa pratensis*	11.7	11.3	0.2	10.0	11.0	2.2	10.3	12.3	1.6
61	圆穗蓼	*Polygonum macrophyllum*						2.5			0.7
62	西伯利亚蓼	*Polygonum sibiricum*			0.2			1.7			1.5
63	珠芽蓼	*Polygonum viviparum*	3.0	4.0	2.0	5.0	5.3	7.4	3.7	3.7	1.1
64	羽叶点地梅	*Pomatosace filicula*			0.1						
65	鹅绒委陵菜	*Potentilla anserina*	3.3	3.0		3.3	3.0	3.6	3.7	4.0	26.3
66	二裂委陵菜	*Potentilla bifurca*						0.7			2.6
67	金露梅	*Potentilla fruticosa*						6.8			0.4
68	雪白委陵菜	*Potentilla nivea*	10.7	11.3	11.4	10.7	10.3	10.9	12.0	9.3	13.7
69	鸟足毛茛	*Ranunculus brotherusii*			0.2			0.4			0.6
70	小大黄	*Rheum pumilum*	11.0	9.7	0.1	8.3	7.7	1.8	7.3	8.3	0.2
71	重齿风毛菊	*Saussurea katochaete*			0.1			0.4			
72	瑞苓草	*Saussurea nigrescens*						1.1			
73	横断山风毛菊	*Saussurea pulchra*	4.3	4.3	0.2	5.7	4.7	1.8	4.3	5.3	0.6
74	黑虎耳草	*Saxifraga atrata*	4.0	4.3		6.0	4.7		4.7	5.3	
75	二柱头藨草	*Scirpus distigmaticus*			0.2			0.3			1.1
76	沙生繁缕	*Stellaria arenaria*			0.1						
77	伞花繁缕	*Stellaria umbellata*			0.1			1.1			1.1
78	异针茅	*Stipa aliena*	5.3	6.0	25.9	3.7	5.0	14.3	4.0	5.3	23.1
79	蒙古蒲公英	*Taraxacum mongolicum*						0.5			1.7
80	高山唐松草	*Thalictrum alpinum*	4.7	5.3	0.4	9.7	9.3	4.4	7.3	7.0	6.8
81	矮金莲花	*Trollius farreri*						0.1			

续表

序号	中文名	拉丁名	3800m 移栽到 3800m			3800m 移栽到 3400m			3800m 移栽到 3200m		
			2007年	2008年	2009～2016年	2007年	2008年	2009～2016年	2007年	2008年	2009～2016年
82	长果婆婆纳	*Veronica ciliata*			0.1			0.2			
83	双花堇菜	*Viola biflora*			1.6			1.7			0.1
84	紫花地丁	*Viola philippica*						0.2			0.1

注：10 年间物种出现一次就记为出现，数值为该物种的平均盖度；物种组成变化主要发生在 2009 年以后。

二、增温和降温对植物群落丰富度的影响

以往多数增温试验均是原位增温的短期试验（Song et al.，2019），主要观测到增温小区物种丧失的情景（Klein et al.，2004），但也有长期增温试验表明增温并没有显著影响物种丰富度，甚至发现增温小区获得了一个新物种（Shi et al.，2016）。我们进行的为期 10 年的长期“双向”移栽试验结果表明，被移栽的植物群落处于物种增加和丧失的动态过程中，其物种丰富度的净变化取决于增加的物种数与丧失的物种数之差。被移栽的植物群落物种数增加、丧失及其净变化主要与被移栽的海拔和植被类型有关（Wang et al.，2019b），因为不同移栽的海拔，其植被类型所含有的物种种类和数量是不同的，如海拔 3400m 的灌丛草甸植物种类最为丰富（表 4-2）。Wang 等（2019b）研究发现，与对照相比，当植物群落从高海拔移栽到低海拔时，群落物种丰富度及所获得的新物种数均显著增加（图 4-1A 和 B），尤其是从海拔 3800m 的高海拔移栽到海拔 3400m 的中海拔灌丛草甸生境时效果最明显，物种丰富度平均净增加 19.5 种，新获得物种数平均净增加 17 种；而从海拔 3800m 移栽到 3200m、从海拔 3400m 移栽到 3200m 时，物种数的净变化和新物种获得数量的变化均不显著（图 4-1A 和 B）。类似地，从低海拔移栽到高海拔时，物种丰富度和物种获得数的变化也不一致，具体取决于移栽的海拔及其植被类型。例如，从低海拔（3200m）移栽到中海拔（3400m）时，物种丰富度平均增加 10 种，物种获得数平均增加 11.7 种（图 4-1A 和 B）；同时，也发现移栽过程中发生了物种丧失的情景，但物种丧失的数量要比所获得的数量、物种丰富度净变化的数量小得多，且与对照相比，仅发现从高海拔（3800m）移栽到中海拔（3400m）时平均显著丢失了 2.5 个物种（图 4-1C）。物种获得和丧失的年际速率均受到处理的影响，且处理效应依赖于移栽海拔的高度（图 4-1D 和 E）。总之，从寒旱的高海拔移栽到暖湿的低海拔提高了物种获得的速率（图 4-1D），降低了物种丧失的速率（图 4-1E），这也许是因为更冷的气候下土壤养分可利用性更低，因此存活的物种更少（Grime，2001）。尤其是前期研究发现，增温和更高的土壤水分含量会提高土壤养分的可利用性（Rui et al.，2012；Melillo et al.，2002），这样可以减缓本地物种与外来物种之间对营养物质的竞争，并促进更多的物种获得和共存（Thomsen et al.，2006；Davis and Pelsor，2001；Huenneke et al.，1990），进而提高植物群落的物种丰富度（Smith et al.，2009；Jentsch et al.，2007；Davis et al.，2000）。多重比较分析结果表明，只有从海拔 3800m 的高海拔移栽到海拔 3400m 的中海拔时，植物群落物种获得或丢失的速率才存在显著差异，即物种获得的平均速率增加

29.5%（图 4-1D），而物种丧失的平均速率减少 25.2%（图 4-1E）；而从低海拔移栽到高海拔时，植物群落的物种获得和丢失速率均没有产生显著差异（图 4-1D 和 E）。

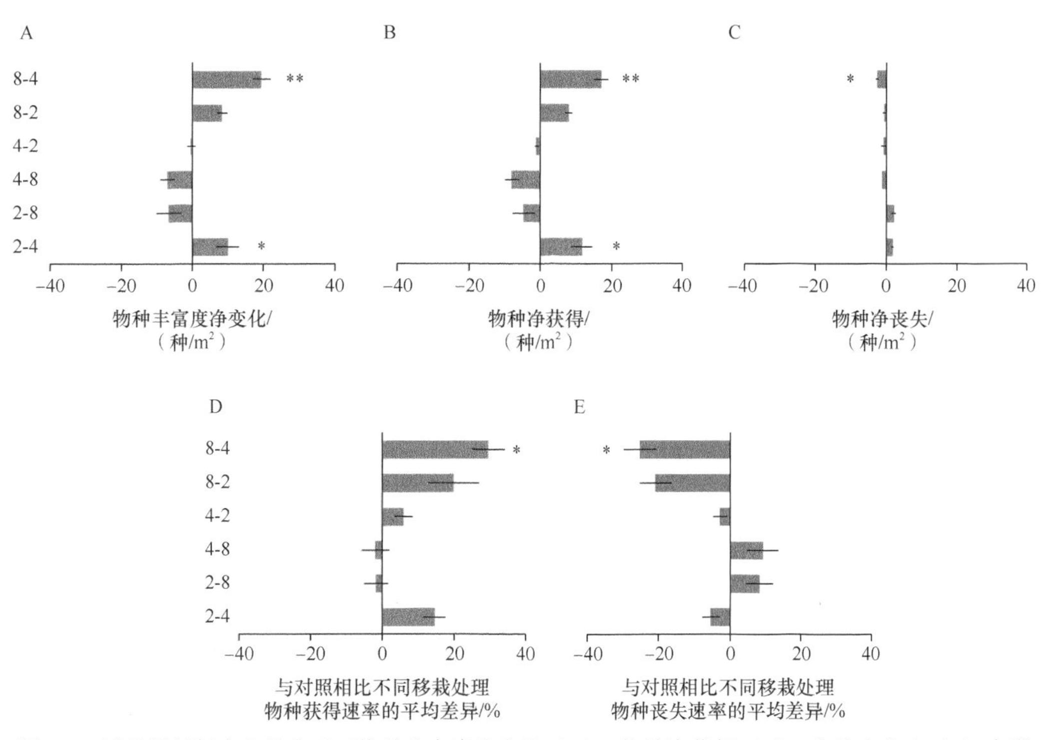

图 4-1　试验期间每个移栽水平下物种丰富度净变化（A）、物种净获得（B）、物种净丧失（C）在所有年份的均值，以及移栽小区与对照小区之间物种获得速率（D）和物种丧失速率（E）均值的差值

2-4：从海拔 3200m 移栽到 3400m；4-8：从海拔 3400m 移栽到 3800m；以此类推。*和**分别表示是在 0.05 和 0.01 水平下具有显著性差异

气候变暖是全球环境变化的主要特征之一。这一变化导致植物为了避免死亡或灭绝而不得不通过原位适应或者向高纬度或高海拔迁移，改变其空间分布的范围。大量研究表明，物种正加速向高纬度或高海拔迁移，尤以向高海拔的迁移更为明显（Parmesan and Yohe，2003；Chen et al.，2011；Feeley et al.，2011；Felde et al.，2012；Bodin et al.，2013；Monleon and Lintz，2015；Ash et al.，2017）。青藏高原地区气候变暖明显早于中国及全球的其他地区，升温幅度是全球平均值的两倍左右（Hansen et al.，2010；Yao et al.，2012；Piao et al.，2012）；在青藏高原进行的研究同样发现增温加快了物种向高海拔的迁移（Dubey et al.，2003；Song et al.，2004；Baker and Moseley，2007；Gou et al.，2012；Telwala et al.，2013）。这些研究大多是通过多年原位动态监测树线变化揭示木本植物树线分布是如何响应气候变化的，但目前仍然缺乏草本植物随增温向高海拔迁移与否，以及主要限制因素等相关过程和机理的研究，严重制约了我们对于高寒草甸植物如何响应和适应气候变化机理的认识。

物种能否向上迁移及迁移速率取决于种子扩散过程、种子萌发、幼苗定植过程及成熟植株竞争过程（Nathan and Muller-Landau，2000；Eckstein et al., 2011；Olsen et al.，2014；Graae et al.，2018）。高寒植物种子传播距离较小，加之它们通常以无性繁殖为主，种子产量较低，更限制了种子的扩散能力（Morgan and Venn, 2017）。然而，由于放牧等人类活动的加剧，物种种子迁移距离可能增加，并在高海拔土壤种子库中长期积累（Estrada et al.，2015）。即使低海拔物种种子也能够在高海拔土壤种子库中出现，但由于土壤环境及生物环境的变化，物种萌发和幼苗的定植能力也将限制物种的迁移过程。同时，即使物种能在高海拔定植，成熟植株也将与其他物种竞争，从而影响其在群落中的生存（Alexander et al.，2015）。然而，现有的研究多集中在某一个过程，极少进行种子、幼苗和成熟植株等生活史不同阶段的整合研究，从而限制了我们对物种迁移过程全面系统的理解和认识。特别是我们的研究发现，下移的植物群落（模拟增温）物种丰富度显著增加（图 4-1）（Wang et al.，2019b），但增加的机理仍然不清楚，有可能是原有高海拔植被土壤中就有这些植物的种子库，当向低海拔移栽（温度增加）后，以前不能萌发和定植的植物就可以萌发并定植了；也可能是外面的植物通过扩散进入被移栽的植物群落中。由于对这些过程的研究并不深入，从而制约了我们对增温背景下高寒草甸植物多样性变化的认识和理解。

另外，移栽的植物群落物种丰富度净变化、所获得物种与丧失物种的数量存在显著的年际动态变化（图 4-2），移栽的处理效应依赖于被移栽的海拔水平，且这种效应随年份变化而变化，即处理、移栽水平、年份三因子存在交互作用（Wang et al.，2019b）。与对照相比，从高海拔物种丰富度较少的植物群落（如海拔 3800m）移栽到低海拔物种丰富度更高地方（如海拔 3400m）时，群落由于获得了更多新物种导致总物种丰富度的升高，这意味着被移栽植物群落接受地的群落物种丰富度高时，就有更多的机会促进被移栽的群落从所在地群落中获得更多的新物种。相反，当从低海拔（如 3200m）移栽到高海拔(3800m)时，导致了物种的丢失和净物种丰富度的减少，然而从低海拔(如 3200m)移栽到中海拔（如 3400m）的灌丛草甸时，却获得了更多的新物种，进而导致被移栽的植物群落总物种丰富度的净增加（图 4-2）。移栽海拔对物种丧失现象年际变化也存在显著影响，总体上，当将海拔 3800m 的植物群落（含有较少物种数）移栽到低海拔时每年物种丧失得更少，而将海拔 3200m 和 3400m 含有较多物种的群落移栽到高海拔(3800m)时，其群落物种丧失得较多（图 4-2E 和 F）。这表明被移栽的植物群落本身物种丰富度

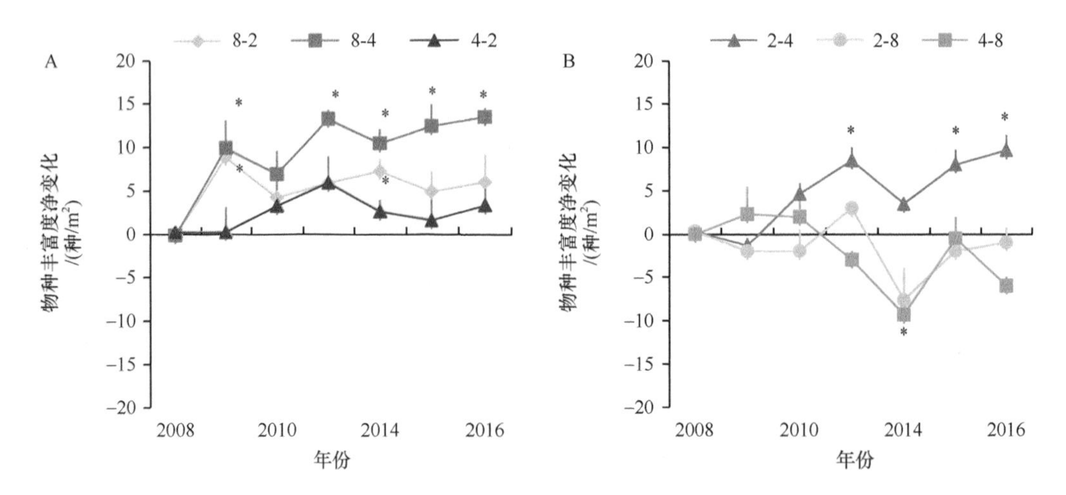

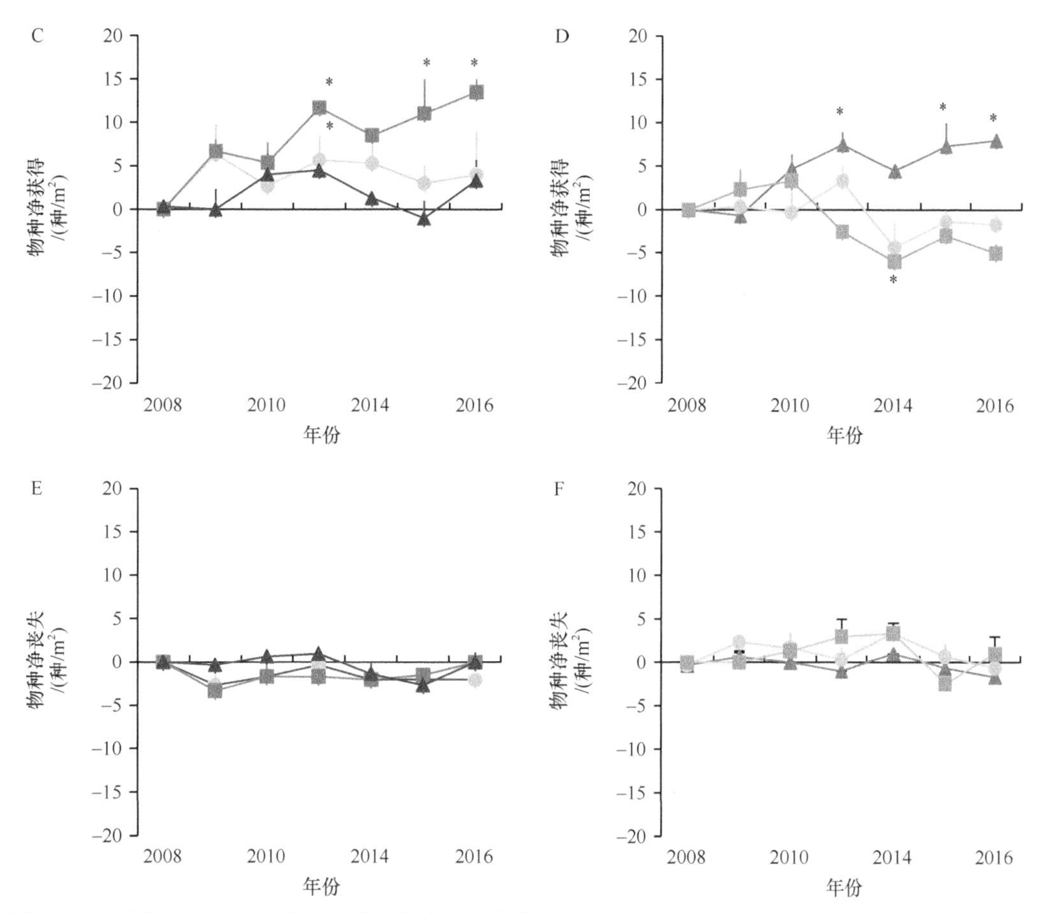

图 4-2　试验期间每个移栽水平下物种丰富度净变化（A 和 B）、物种净获得（C 和 D）、物种净丢失（E 和 F）的年均值

2-4：从海拔 3200m 移栽到 3400m；4-8：从海拔 3400m 移栽到 3800m；以此类推。*表示在 0.05 水平的显著性差异

越高，其物种丧失速率可能也越大，这与前人的研究一致（Walker et al.，2006；Walker，1995）。也有证据表明，物种变化的速率滞后于气候变化速率可能是由于受到物种扩散传播能力的限制（Sexton et al.，2009），也有一些植物可以追踪气候变化甚至超过气候变化速率而适应气候变化（Petry et al.，2016）。因此，未来需要进一步研究不同物种特性及其传播能力对物种追踪气候变化能力的影响。

三、增温和降温对优势植物及不同功能群盖度的影响

一些研究认为环境变化将会改变群落物种的相对盖度，这可能会改变生物间的相互作用及物种共存（Li et al.，2018；Anthelme et al.，2014）。我们的研究发现优势种盖度随年份而变化（图 4-3～图 4-6）。当移栽群落分别来自高海拔（3800m）（图 4-3）、中海拔（3400m）（图 4-4）和低海拔（3200m）（图 4-5）时，被移栽后 10 年间，其不同优势种植物盖度的变化不尽相同（图 4-6）。糙喙薹草从高海拔（3800m）移栽到中海拔（3400m）时其盖度显著增加（图 4-3A），而高山唐松草从高海拔移栽到中、低海拔时其盖度都显

著增加（图 4-3F）。相反，银莲花从中海拔（3400m）移栽到另外两个海拔时其盖度显著降低（图 4-4G），垂穗披碱草从中海拔移到高海拔（3800m）（图 4-4A）、从低海拔（3200m）移栽到中高海拔（图 4-5A）时，其盖度均表现出显著降低。

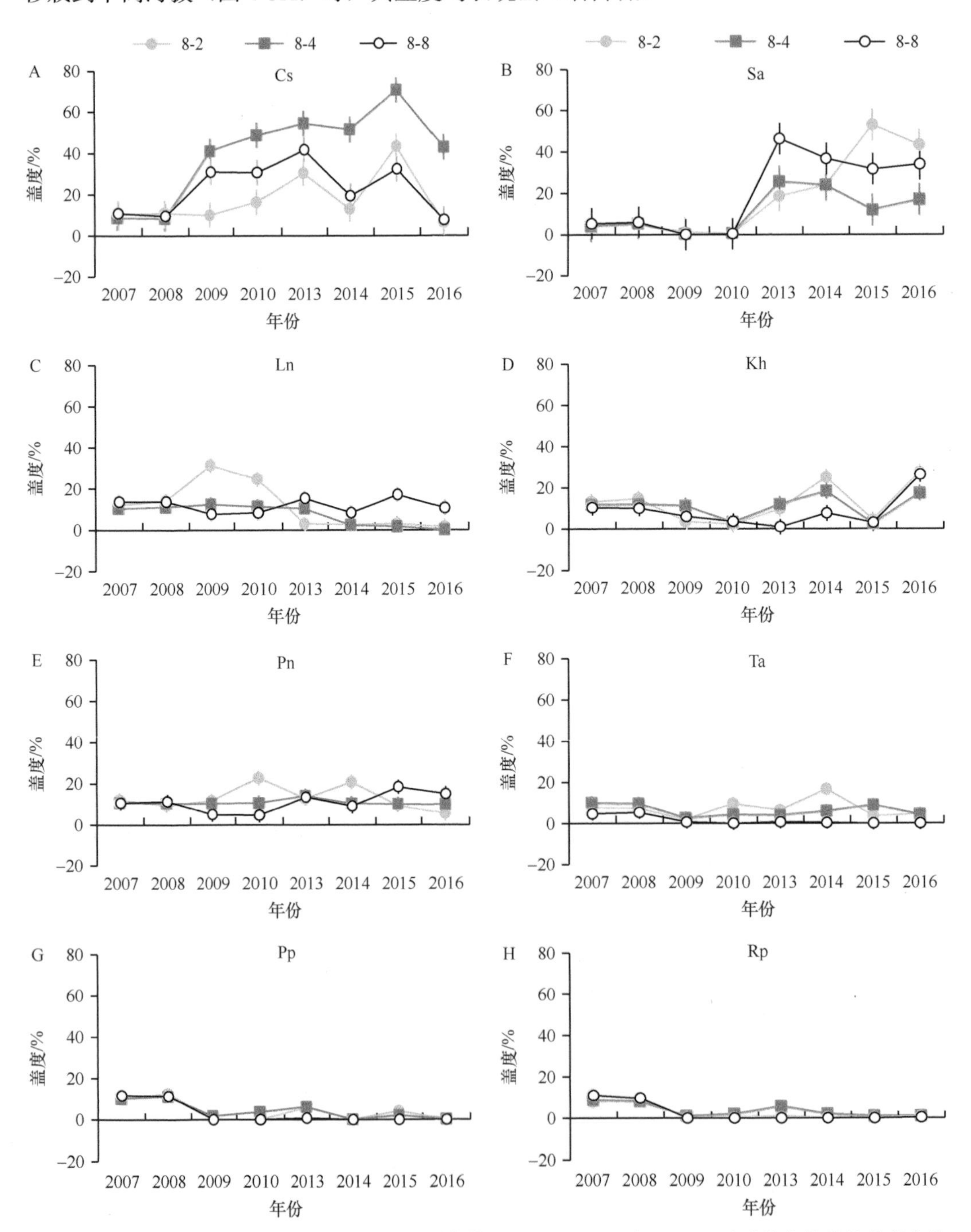

图 4-3　2007～2016 年间从海拔 3800m 移栽到海拔 3200m、3400m 和 3800m 时群落优势种的盖度变化

Cs：糙喙薹草；Sa：异针茅；Ln：矮小火绒草；Kh：矮生嵩草；Pn：雪白委陵菜；Ta：高山唐松草；Pp：草地早熟禾；Rp：小大黄

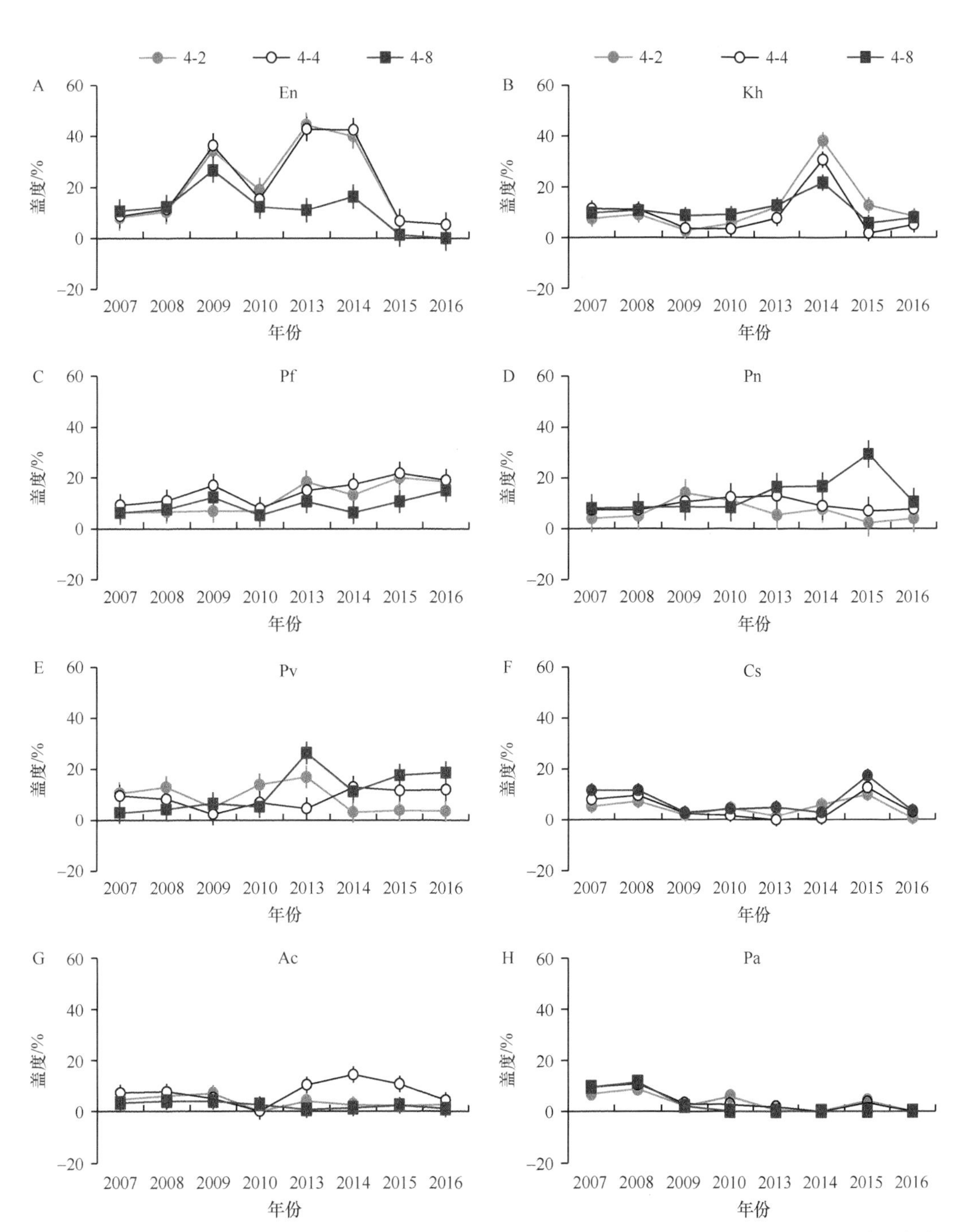

图 4-4　2007～2016 年间从海拔 3400m 移栽到海拔 3200m、3400m 和 3800m 时群落优势种的盖度变化

En：垂穗披碱草；Kh：矮生嵩草；Pf：金露梅；Pn：雪白委陵菜；Pv：珠芽蓼；Cs：糙喙薹草；Ac：银莲花；Pa：鹅绒委陵菜

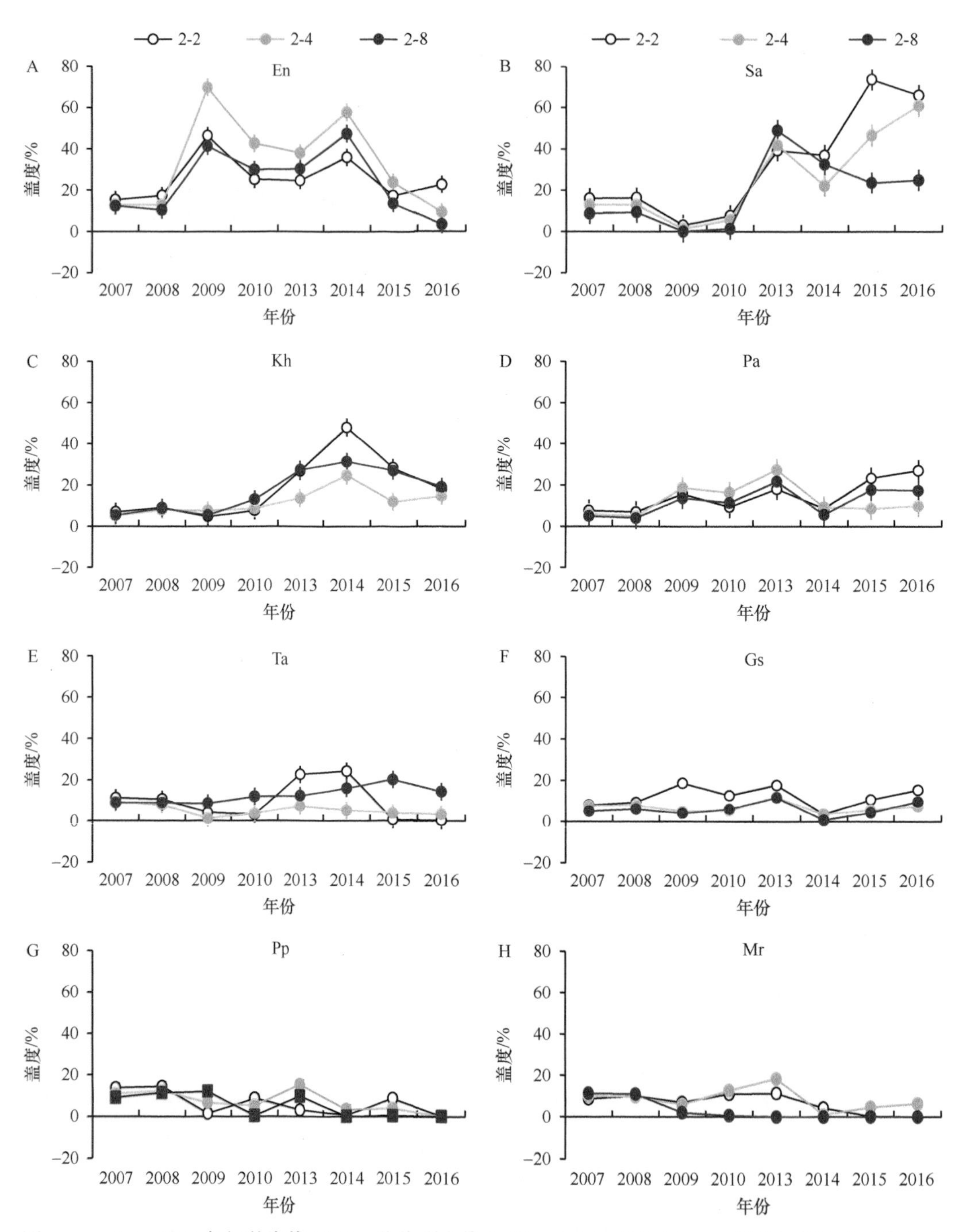

图 4-5　2007～2016 年间从海拔 3200m 移栽到海拔 3200m、3400m 和 3800m 时群落优势种的盖度变化

En：垂穗披碱草；Sa：异针茅；Kh：矮生嵩草；Pa：鹅绒委陵菜；Ta：高山唐松草；Gs：麻花艽；Pp：草地早熟禾；Mr：花苜蓿

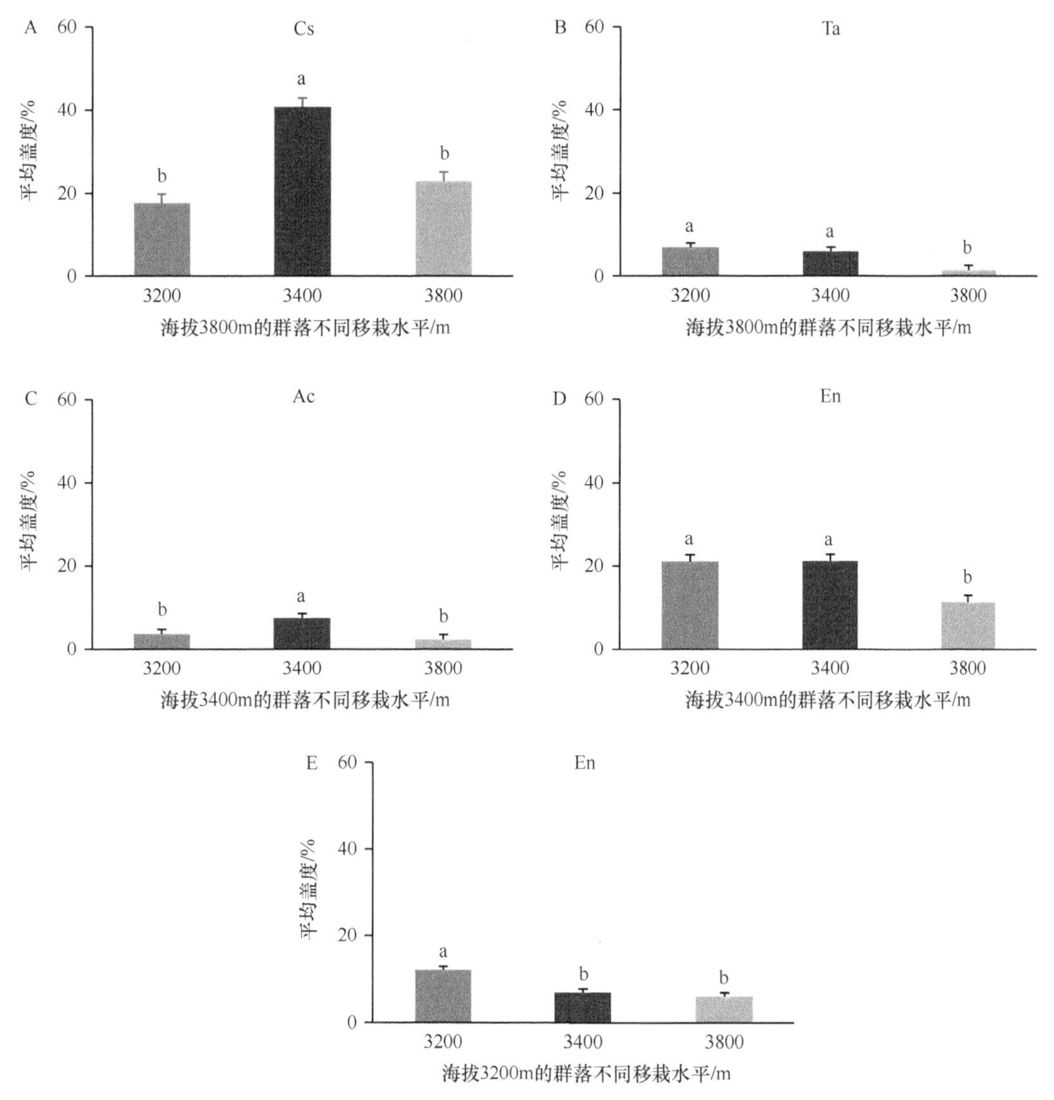

图 4-6　每个移栽水平下不同优势种的平均盖度变化

Cs：糙喙薹草；Ta：高山唐松草；Ac：银莲花；En：垂穗披碱草。不同小写字母表示差异具有显著性（$P<0.05$）

很多研究表明，不同植被类型或功能群属性物种对气候变化的响应并不一致（Kardol et al.，2010；Lin et al.，2010；Walker et al.，2006）。我们研究发现，根据植物的功能特征，按功能类型分为豆科、禾本科、莎草科和非豆科杂类草四个功能群，2007～2016 年期间，从高海拔移栽至低海拔模拟增温使豆科植物的平均盖度显著增加了 29.8%（图 4-7A）。当将高海拔（3800m）的植物群落移栽至中海拔（3400m）后，禾本科植物 2007～2016 年的平均盖度显著降低了 31.4%，而移栽至低海拔（3200m）后禾本科植物平均盖度显著增加了 28.1%（图 4-7B）；高海拔（3800m）的植物群落移栽至低海拔（3200m）后，莎草科植物 2007～2016 年的平均盖度显著降低了 39.4%（图 4-7C），而阔叶植物盖度没有显著变化（图 4-7D）。

从低海拔移栽至高海拔模拟降温使豆科植物 2007～2016 年的平均盖度显著降低了 13.6%（图 4-7E），却使莎草科植物的平均盖度显著增加了 24.2%（图 4-7H），可能是由于豆科植物对温度较敏感，低的温度和短的生长季不利于它们的生长。然而，模拟降温对阔叶植物和禾本科植物 2007～2016 年的平均盖度没有显著影响（图 4-7F，G）。进一步分析发现，模拟降温对不同功能群植物盖度的影响取决于被移栽地植被类型，例如，低海拔（3200m）的植物群落移栽至中海拔（3400m）降温后，2007～2016 年的豆科植物盖度显著增加了 26.3%（图 4-7I），而莎草科植物盖度显著降低了 23.8%（图 4-7K）；当中海拔（3400m）的植物群落移栽至高海拔（3800m）后，其禾本科植物的盖度在 2007～2016 年显著降低了 21%（图 4-7F）。

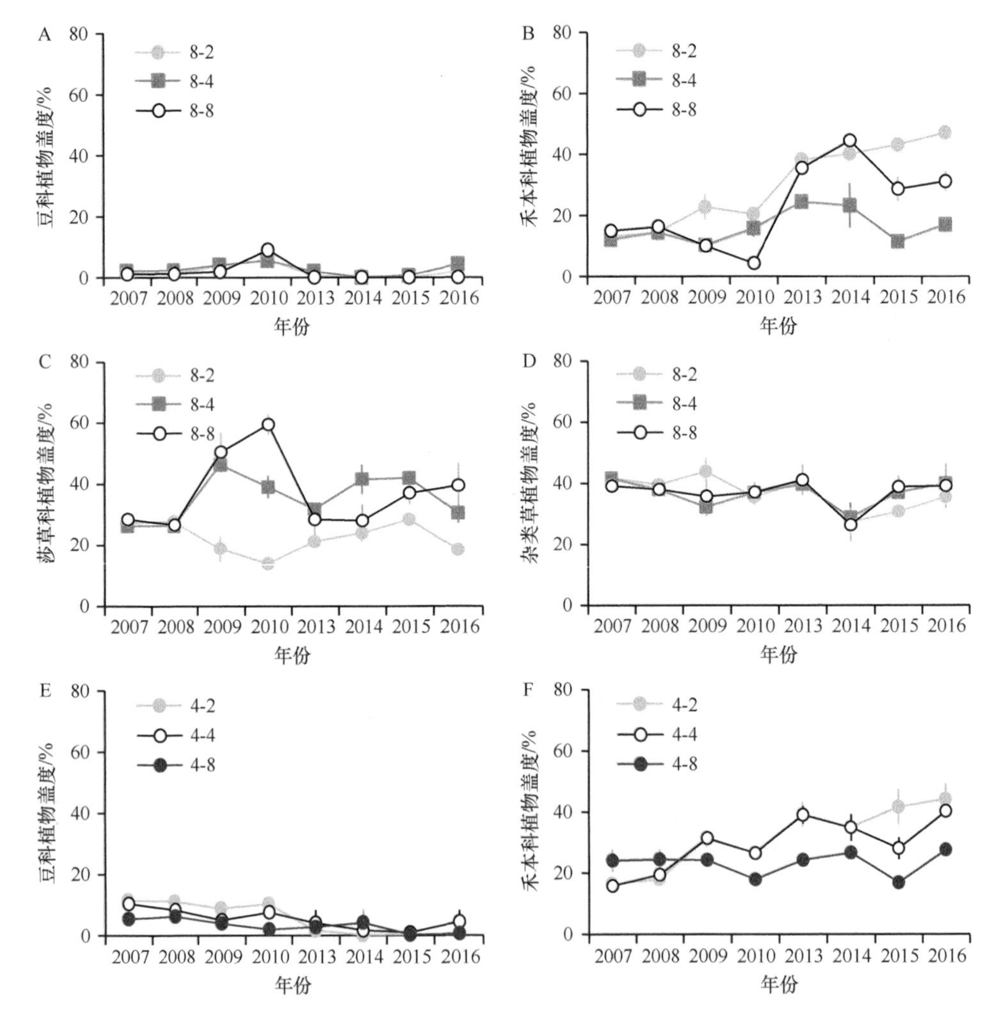

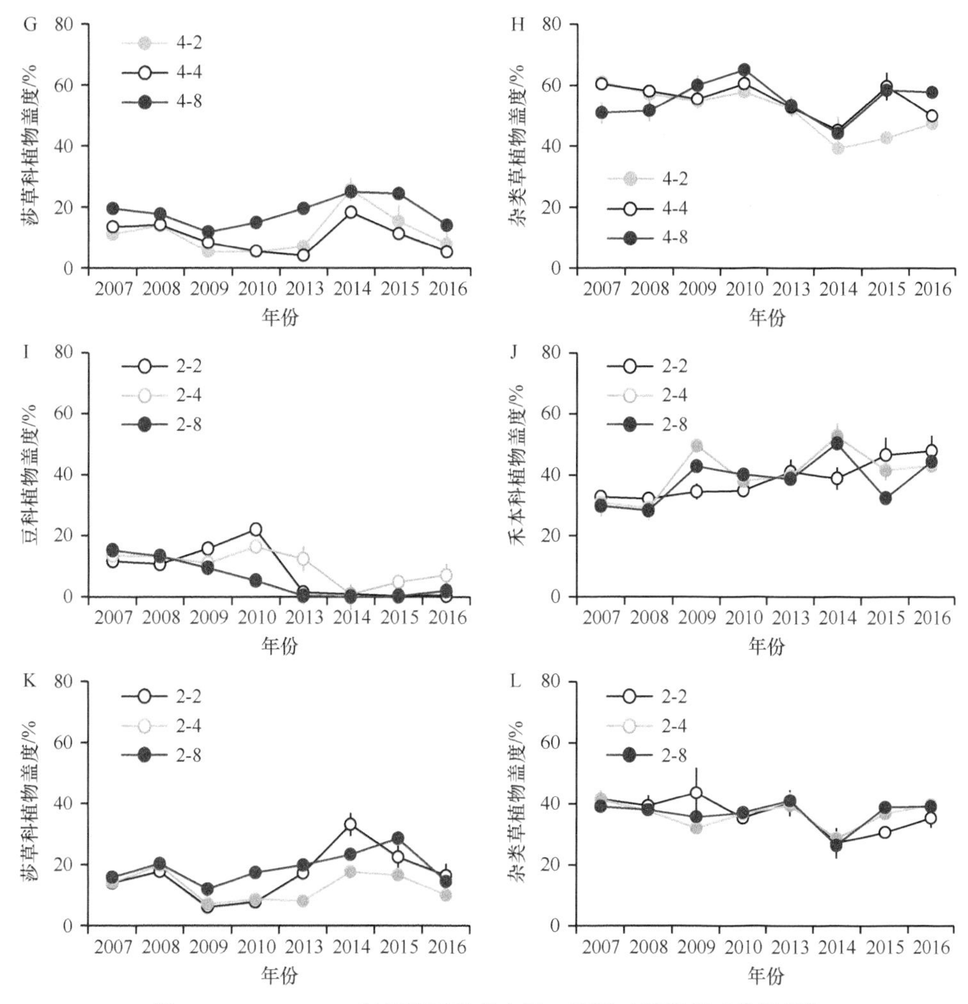

图 4-7　2007～2016 年间不同移栽水平、不同功能群相对盖度变化

8-2：从海拔 3800m 移栽到海拔 3200m；8-4：从海拔 3800m 移栽到海拔 3400m；以此类推

四、影响植物群落物种丰富度变化的主要因素

相关分析表明，“双向”移栽后群落物种数的净变化与群落中新获得的物种数呈显著正相关，与丢失的物种数呈显著负相关，但新获得的物种数比丢失的物种数更能预测群落中物种丰富度的净变化（50% vs. 9%）（图 4-8A 和 B）。该结果与最近的一篇综述研究一致，该研究发现在过去 145 年，绝大多数欧洲山顶（87%）的植被物种丰富度是增加的，且植被物种丰富度增加的幅度与 302 个时间序列内增温的速率呈正相关（Steinbauer et al.，2018）。由于物种追踪气候变化，因此与局部区域的研究结果相比，在更大空间上的研究结果发现增温提高了植物群落物种丰富度（Steinbauer et al.，2018）。我们的物种丰富度变化模型中的最优模型仅保留了接受地群落丰富度和移栽地群落丰富度（表 4-4），说明可能追踪非生物环境变化的物种会在多样性响应气候变化时充当重要角色。虽然物种丰富度随着土壤温度、土壤含水量的增加而增加（$P<0.001$），但是

这些非生物变量只能解释很小部分的丰富度变化，而且当包含接受地和移栽地物种丰富度时，这种效应不再显著（表 4-4）；另外，我们还发现利用优势种盖度的变化不能预测物种丰富度的变化（图 4-9）。这些结果表明，非生物环境的变化以及多年生优势种盖度的长期变化并不是物种丰富度变化的主因。

在全球气候变化特别是增温背景下，植物能否成功向高海拔或高纬度迁移，主要取决于种子扩散、种子萌发与幼苗定植，以及与其他植物竞争的策略等多种因素。

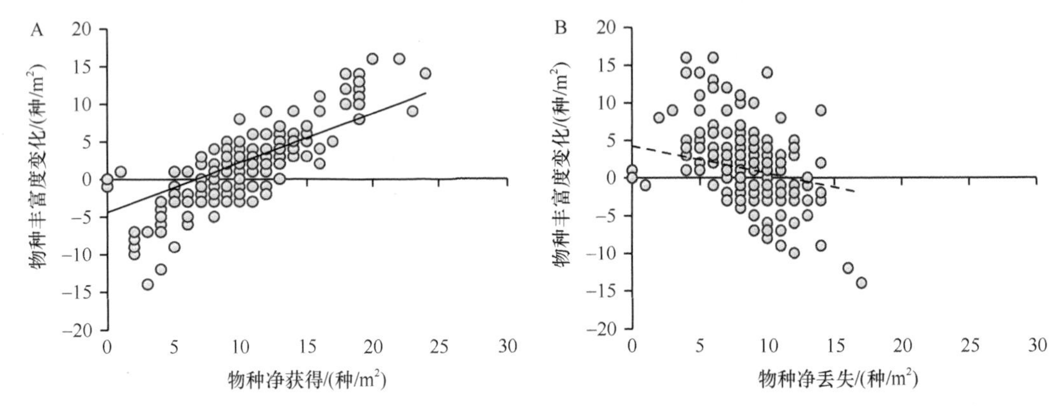

图 4-8 物种净获得（A）和物种净丧失（B）对物种丰富度变化的影响（相对于对照小区的变化）

每个数据点代表一个单独年份里成对的移栽与对照小区之间的差值

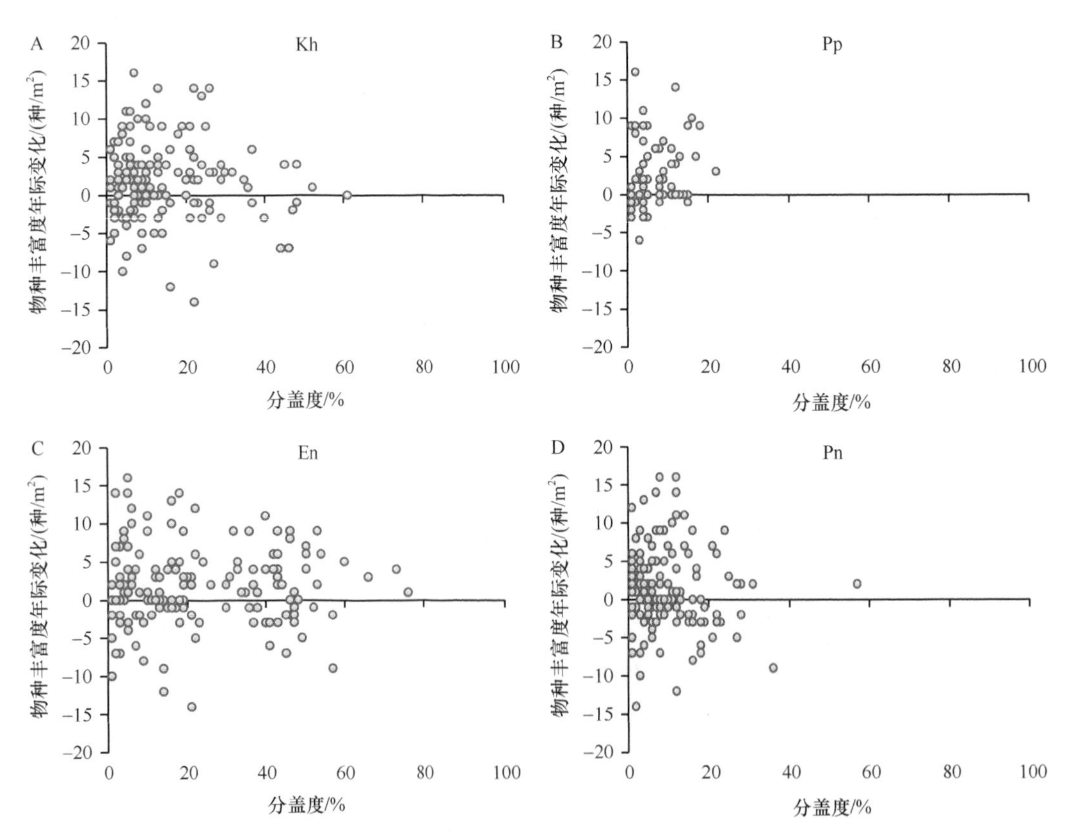

图 4-9 物种丰富度年际变化与群落中一些优势种分盖度的关系

Kh：矮生嵩草；Pp：草地早熟禾；En：垂穗披碱草；Pn：雪白委陵菜

表 4-4　非生物 vs.生物环境因素决定物种丰富度变化的模型筛选

模型	AIC	ΔAIC
接受地群落丰富度+移栽地群落丰富度	877.6	107.6
土壤温度+接受地群落丰富度+移栽地群落丰富度	879.4	165.4
接受地群落丰富度	948.5	165.4
土壤温度+接受地群落丰富度	107.6	107.6
土壤温度+移栽地群落丰富度	165.4	165.4
移栽地群落丰富度	165.4	165.4

注：所有模型里将年份作为随机截距项，响应变量为每年移栽小区相对于对照小区的丰富度变化。

（1）种子扩散过程。种子扩散能力是影响物种迁移过程和速率的决定因素（Higgins et al.，2003）。种子扩散距离取决于种子重量、种子释放高度、种子沉降速率、种子扩散媒介（风传、动物传播、蚂蚁传播及无协助传播）和物种生活型（Tamme et al.，2014）。小种子比大种子传播速率更快，但是相比较而言，种子释放高度对种子扩散距离的影响更大（Thomson et al.，2011）。大多数物种种子的扩散距离较小（Hewitt and Kellman, 2002；Corlett，2009）。林下草本种子的扩散距离为 1m 左右（Cain et al.，2000）；高寒植物植株通常非常矮小，可以推测出高寒植物种子的传播距离非常小。与此同时，青藏高原植物通常以无性繁殖为主，种子产量较低，更限制了种子的扩散速率（淮虎银等，2005；Morgan and Venn，2017）。但是，由于高寒植物种子可以借助野生动物或家畜的采食行为、人类活动予以较大空间的传播（Cain et al.，2000；Pakeman，2001；Nathan et al.，2008），从而使得低海拔的植物种子可能迁移并保存至高海拔的土壤种子库中（刘晓梅等，2011；Estrada et al.，2015；Nathan and Muller-Landau，2000；彭德力等，2012），减缓低扩散能力对种子迁移过程的限制。与此同时，高海拔的低温限制了这些植物种子萌发或幼苗更新和定植过程（Molau and Larsson，2000）。但是，气候变暖可能有利于打破这些种子的休眠，激发它们的萌发，从而促进其在高海拔的种群更新，这部分解释了高海拔高寒草甸植物多样性增加的潜在机理（Wang et al.，2019b）。然而，目前还缺乏相应的野外试验验证。

（2）种子萌发与幼苗定植过程。如果低海拔种子能够扩散到高海拔群落内，那么种子萌发与幼苗定植等过程将影响物种迁移的成败。影响因素可能来源于以下两个方面。①较低的种子萌发能力及定植率。Bu 等（2008）对 633 种青藏高原植物种子进行室内萌发试验，结果表明，其中 66 种植物种子不发芽，剩余植物种子的萌发率为 18%～53%，而且在野外条件下，种子萌发率明显降低，甚至更多种子不能萌发（马晓娟，2008）。大种子萌发更快，而且萌发出的幼苗能够产生更深的根系、更大的叶片，以及更高的比叶面积、养分利用率和生长速率，从而提高其幼苗的成活率及定植率（Coomes and Grubb，2003；Larson and Funk，2016），加快物种迁移速率（Ash et al.，2017）。但是，种子的繁殖力与扩散速率存在权衡（trade-off），大种子扩散距离较短（Jaganathan et al.，2015），因此，土壤种子库中小种子的物种密度比较大，从而可能降低了土壤种子库中物种的定植率。②物种迁移情景下，尽管气候条件不变，迁移地新土壤条件和生物条件可能影响物种的萌发及定植。例如，我们前期的研究发现，高海拔样地内枯落物及粪便分解速率显著小于低海拔样地（Luo et al.，2010），从而造成高海拔样地土壤有效养分含量较低。与此同时，地上植被降低了到达地面的光照以及其他幼苗的竞争力（Jeschke and Kiehl，2008；马晓娟，2008；Frei et al.，2012），从而影响物种的定植能力（Klanderud，2010；Olsen et al.，2014）。然而，在未来增温背景下，这些追踪气候变化的植物，其种子萌发和幼苗更新的过程及其关键影响因素（土壤和植物）尚不清楚，对其能否成功迁移的相对影响也不了解。

（3）成熟植株竞争过程。在未来增温背景下，对于追踪气候变化向高海拔迁移的植物，即使其种子能够萌发并成功定植在新的植物群落中，接下来其植株将面临与高海拔群落中原有物种进行竞争的现实，该过程将最终影响其迁移成功与否。Alexander 等（2015）发现生物环境的变化将影响物种的迁移过程，相似的结果也被其他人所证实（Araujo and Luoto, 2007，Le Roux et al. 2012）。青藏高原树线的研究也发现物种间竞争限制了树线的上升（Liang et al.，2016）。该过程可能由迁移地群落环境及目标植物竞争能力两个方面决定。我们前期的研究发现，物种丰富度随海拔梯度上升而下降（Wang et al.，2019b），因此，高海拔群落中竞争能力低的环境可能有利于低海拔物种的成功迁移。同时，研究发现，迁移物种数的增加，显著提高了高海拔物种丰富度（Steinbauer et al.，2018），物种间的竞争可能也会因此加剧。另外，不同竞争能力的物种在此过程中可能表现不同。然而，影响这些上移植物成熟植株与原有群落植物的竞争能力及其机理的研究仍然很少，制约了我们对高寒植物能否成功上移的预测。

第二节　增温和放牧对植物组成与多样性的影响

一、增温和放牧对植物组成的影响

植物群落组成变化对于调节生态系统功能与服务具有不可忽视的作用（Robroek et al.，2017），其会对扰动因子（如气候变化、放牧等）产生多方面的响应（Jones et al.，2017）。增温和放牧对植物群落组成变化具有定向选择作用（Zhu et al.，2020；Guo et al.，2018；Måren et al.，2018；Alberti et al.，2017），可引起植物群落内种间关系（Alexander et al.，2015）及物种间共存状态的明显改变（Filazzola et al.，2020；Lu et al.，2017；Borer et al.，2014），使得功能相似的种群更加聚集（Robroek et al.，2017），进而决定了植物群落的演替轨迹（Li et al.，2016）。增温可以为热适应物种的入侵和生长提供更加有利的条件（Eskelinen et al.，2017；Kaarlejärvi et al.，2013），如植株高大且根系深的禾本科和豆科植物明显增加（Liu et al.，2018；Wang et al.，2012）。同时，耐牧性强的物种明显增多，如垂穗披碱草、鹅绒委陵菜等（刘颖，2021；樊瑞俭等，2011）。放牧条件下，食草动物对适口性较好的植物进行适度采食可以减弱种间竞争作用（Koerner et al.，2014），因为这类植物往往具有植株高大、叶片营养含量高、比叶面积大等特征（Kaarlejärvi et al.，2017），如禾本科中的针茅属植物和豆科植物中的花苜蓿等。增温和放牧会使得优势种群在群落中的重要性发生明显改变（Avolio et al.，2021；Yang et al.，2017；Shi et al.，2015）。气候变暖和放牧是驱动青藏高原高寒草甸植物群落组成变化的主要因子，在该地区开展增温与放牧试验具有重要的理论及实践意义。

我们利用2006年建立的非对称增温和适度放牧试验平台，开展了为期10年的增温和放牧对海北高寒草甸植物组成和多样性影响的研究。高寒草甸群落中的主要禾本科植物包括异针茅（Sa）、垂穗披碱草（En）和草地早熟禾（Pp），莎草科植物包含矮生嵩草（Kh）和糙喙薹草（Cs），豆科植物包含花苜蓿（Mr）和异叶米口袋（Gd），阔叶杂类草包含鹅绒委陵菜（Pa）、二裂委陵菜（Pb）、瑞苓草（Sn）和高山唐松草（Ta）等，它们作为群落中的主要优势种群，分盖度之和为147%～167%（图4-10L），占植物群落总盖度的70.9%～76.2%。具体而言，2006～2015年，对照组中Sa（2.8%/a）、En（4.4%/a）、Pa（5.6%/a）的分盖度均呈现出显著的上升趋势（图4-10A、B、H），而Mr（–1.3%/a）、Gd（–2.3%/a）和Ta（–1.8%/a）的分盖度呈现出显著的下降趋势（$P<0.001$，图4-10F、G、J）。相比对照组，单独放牧处理（NWG）显著降低了Sa分盖度（约3.1%/a）（图4-10A），却显著提高了En（4.7%/a）、Pp（2.7%/a）、Pa（5.1%/a）及Gd（4.7%/a）的分盖度（图4-10B、C、G、H）；单独增温处理（WNG）显著提高了Mr分盖度（约6.1%/a，图4-10F），却显著降低了Pp分盖度（约2.5%/a，图4-10C）；同时增温放牧处理（WG）显著提高了Mr（8.0%/a）、Gd（1.3%/a）、Pb（1.5%/a）和Ta（1.1%/a）分盖度（图4-10A、F、C、H）。

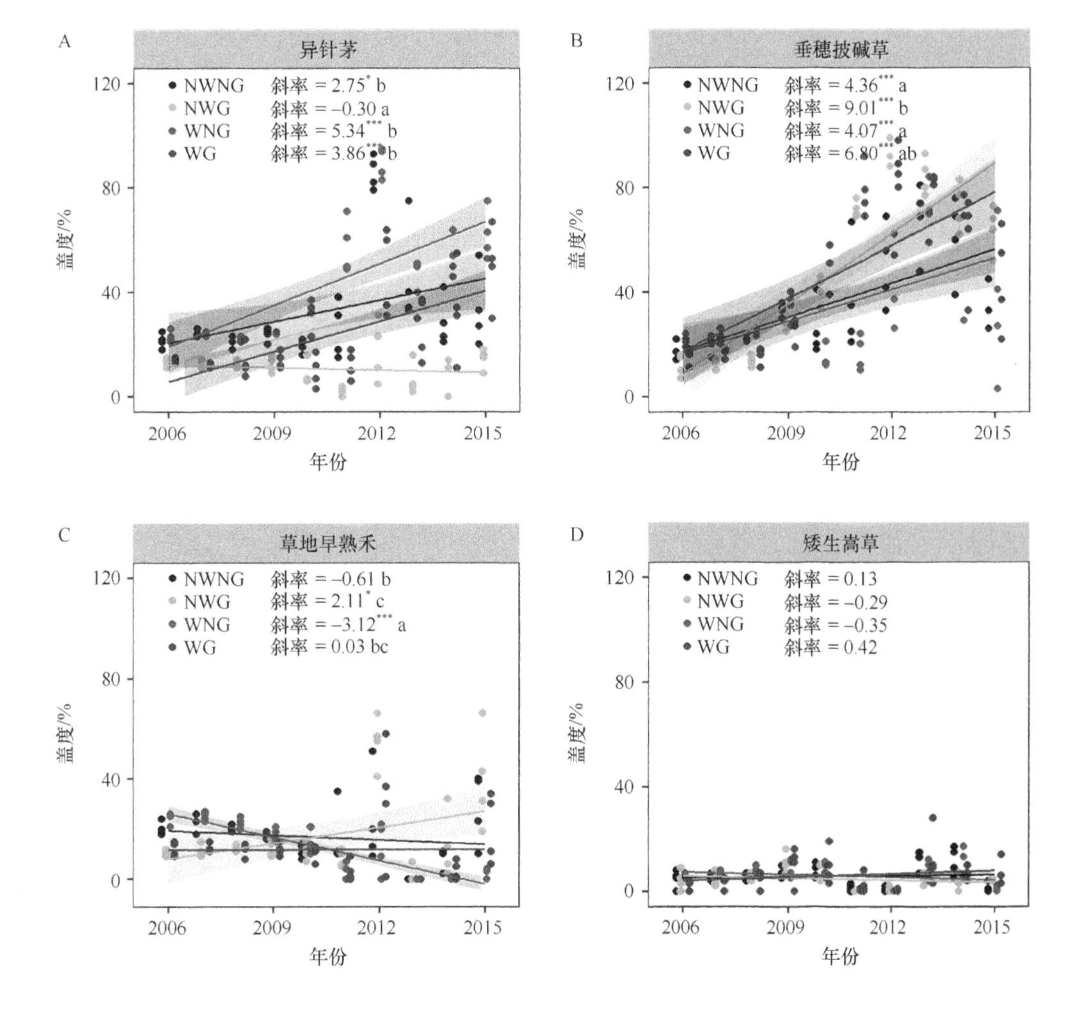

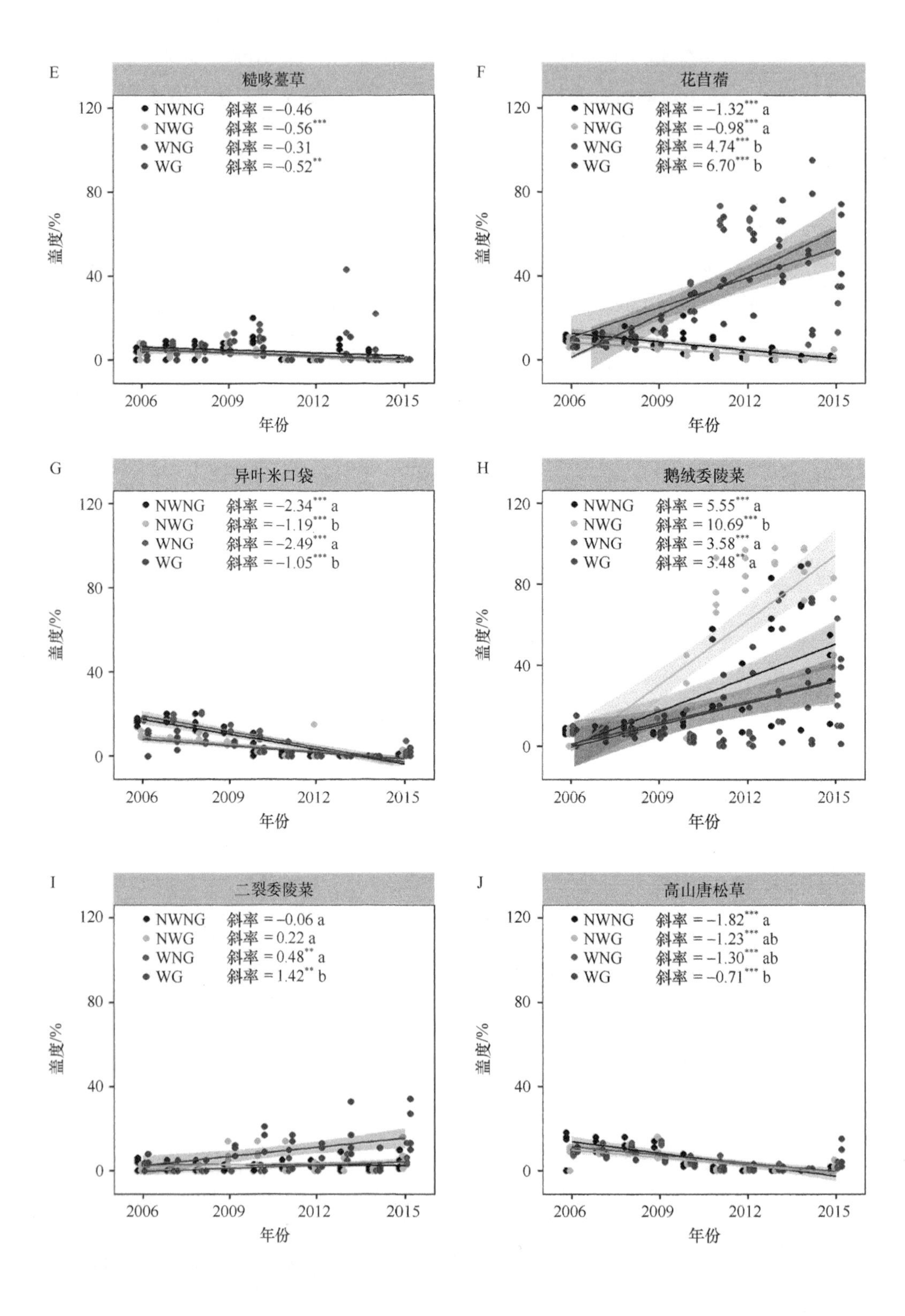
E
糙喙薹草
NWNG 斜率 = −0.46
NWG 斜率 = −0.56***
WNG 斜率 = −0.31
WG 斜率 = −0.52**
盖度/%
年份
F
花苜蓿
NWNG 斜率 = −1.32*** a
NWG 斜率 = −0.98*** a
WNG 斜率 = 4.74*** b
WG 斜率 = 6.70*** b
盖度/%
年份
G
异叶米口袋
NWNG 斜率 = −2.34*** a
NWG 斜率 = −1.19*** b
WNG 斜率 = −2.49*** a
WG 斜率 = −1.05*** b
盖度/%
年份
H
鹅绒委陵菜
NWNG 斜率 = 5.55*** a
NWG 斜率 = 10.69*** b
WNG 斜率 = 3.58*** a
WG 斜率 = 3.48** a
盖度/%
年份
I
二裂委陵菜
NWNG 斜率 = −0.06 a
NWG 斜率 = 0.22 a
WNG 斜率 = 0.48** a
WG 斜率 = 1.42** b
盖度/%
年份
J
高山唐松草
NWNG 斜率 = −1.82*** a
NWG 斜率 = −1.23*** ab
WNG 斜率 = −1.30*** ab
WG 斜率 = −0.71*** b
盖度/%
年份
120
80
40
0
2006
2009
2012
2015

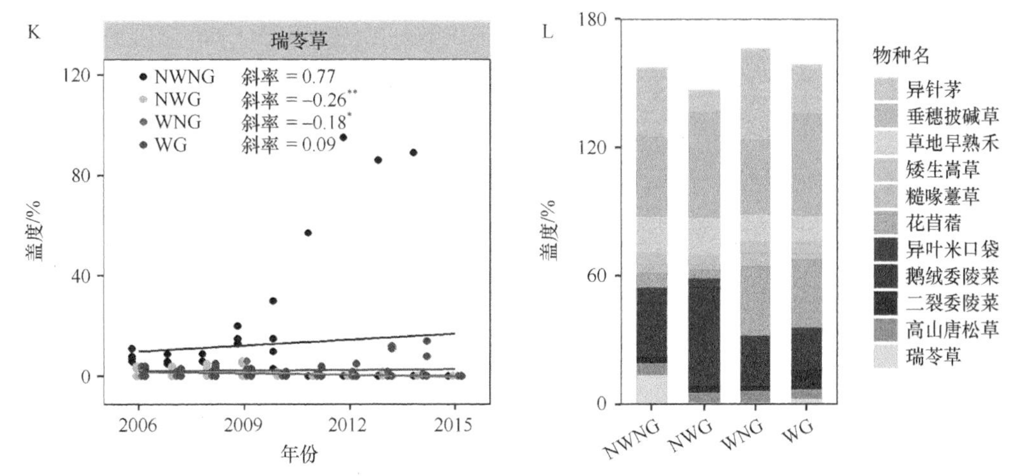

图 4-10 增温、放牧及试验年限对主要植物盖度的影响

*、**、***分别表示斜率在 0.05、0.01、0.001 水平差异显著。阴影表示 95%的置信区间。不同的小写字母表示处理间的斜率差异显著。图 L 中数值表示每个处理盖度的年平均值（n=40）。NWNG、NWG、WNG 和 WG 分别为不增温不放牧、不增温放牧、增温不放牧和增温放牧 4 种不同处理

总体上，增温促进了 Sa 和 Mr 的生长，却抑制了 Pp 和 Pa 的生长；放牧促进了 En 和 Pb 的生长，却抑制了 Sa、Cs、Gd 和 Ta 的生长（图 4-10L；表 4-5）。由此可见，增温和放牧对植物群落内的优势种群存在一定的定向选择作用。

表 4-5 增温、放牧、试验年限及其交互作用对主要植物盖度的混合效应模型分析

	自由度	*F* 值										
		Sa	En	Pp	Kh	Cs	Mr	Gd	Pa	Pb	Ta	Sn
增温	1，12	44.5***	0.4	9.0*	1.7	3.0	48.9***	1.2	13.7**	3.6	0.1	1.5
放牧	1，12	152.3***	22.5***	0.0	0.9	11.8**	0.2	80.6***	4.1	8.0*	5.1*	1.4
年份	9，108	48.7***	85.9***	20.9***	13.6***	10.0***	14.1***	109.3***	35.2***	10.3***	63.6***	0.7
增温×放牧	1，12	0.5	0.0	0.1	1.5	1.1	0.1	5.6*	3.4	6.1*	0.1	2.4
增温×年份	9，108	8.8***	0.9	5.8***	0.2	0.6	26.6***	1.1	7.6***	4.1***	3.1**	0.4
放牧×年份	9，108	13.7***	20.0***	10.0***	2.7**	3.8***	1.9	15.2***	3.7***	4.4***	4.2***	0.5
增温×放牧×年份	9，108	3.2**	2.1*	0.6	1.9	0.5	0.9	0.6	1.8	0.8	1.9	0.8

注：Sa，异针茅；En，垂穗披碱草；Pp，草地早熟禾；Kh，矮生嵩草；Cs：糙喙薹草；Mr，花苜蓿；Gd，异叶米口袋；Pa，鹅绒委陵菜；Pb，二裂委陵菜；Ta，高山唐松草；Sn：瑞苓草。

*在 0.05 水平差异显著。

**在 0.01 水平差异显著。

***在 0.001 水平差异显著。

虽然各功能群内的优势种群变化趋势对增温和放牧的响应不尽相同，但是植物功能群盖度呈现出一定的变化规律。首先，2006～2015 年间，所有处理内禾本科植物盖度均呈现出显著的上升趋势（6.6%～11.8%/a），而莎草科植物盖度仅在处理 NWG 中出现显著下降的趋势（约–1.3%/a），且二者的斜率在处理间无显著差异（图 4-11A、C）。相比对照而言，放牧明显抑制了禾本科和莎草科植物的生长（图 4-11B、D；表 4-6）；其次，

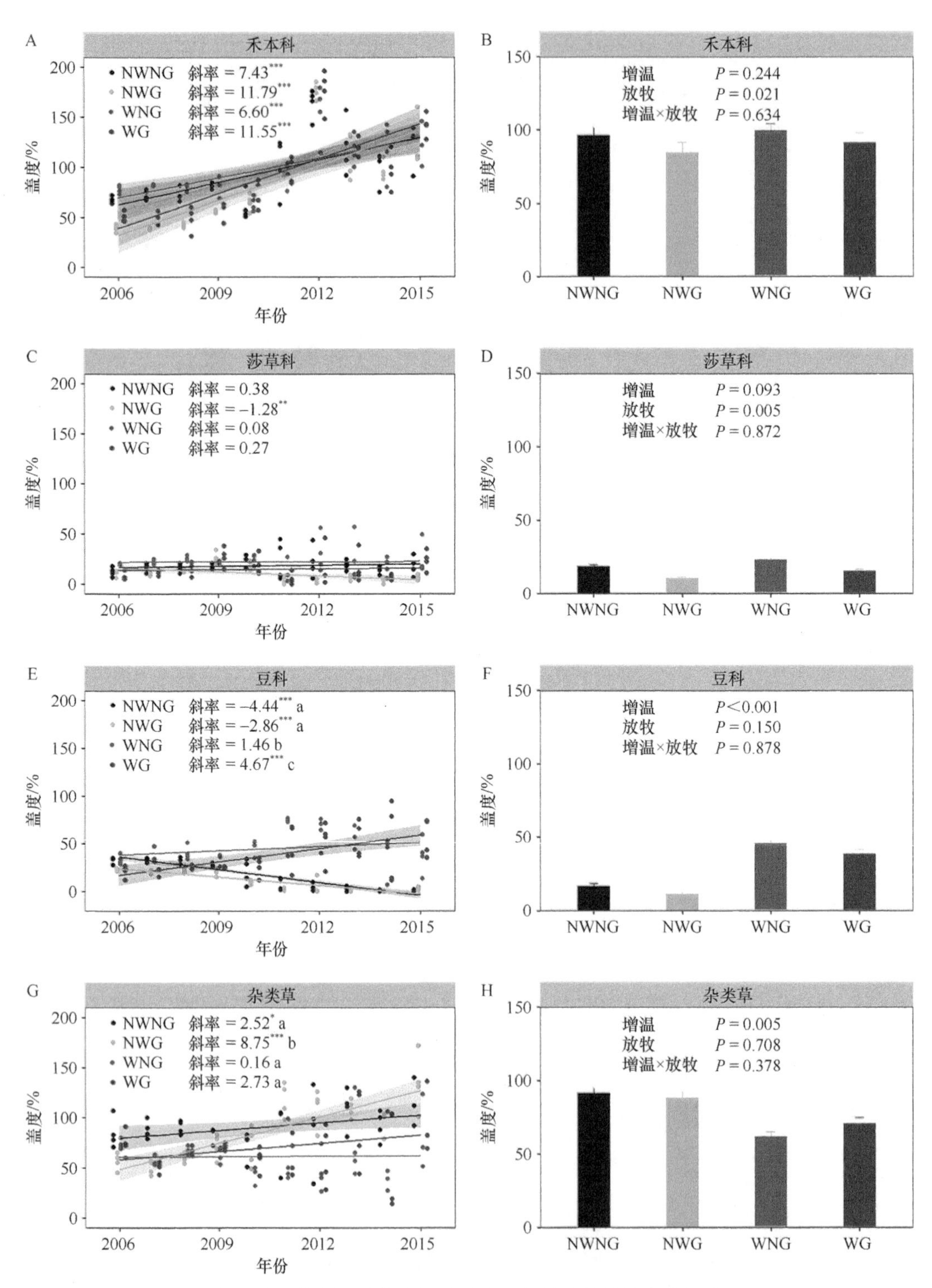

图 4-11　增温、放牧及试验年限对植物功能群盖度的影响

*、**、***分别表示斜率在 0.05、0.01、0.001 水平差异显著。阴影表示 95%的置信区间。不同的小写字母意味着变化速率在处理间差异显著。B、D、F、H 中数值表示每个处理盖度的平均值。NWNG、NWG、WNG 和 WG 分别为不增温不放牧、不增温放牧、增温不放牧和增温放牧 4 种不同处理

豆科植物盖度在非增温小区（NWNG 和 NWG）分别以–4.4%/a 和–2.9%/a 的速率呈现显著的下降趋势，增温小区则具有明显的上升趋势，尤其是处理 WG 的分盖度以 4.7%/a 的速率增加；同时，斜率在增温小区和非增温小区之间存在显著差异（图 4-11E），说明增温促进了豆科植物的生长（图 4-11F；表 4-6）。此外，增温抑制了杂类草的生长（图 4-11H；表 4-6），但并未显著改变杂类草植物盖度的时间变化趋势（图 4-11G）。

表 4-6　增温、放牧、试验年限及其交互作用对植物功能群盖度的混合效应模型分析

	自由度	*F* 值			
		禾本科	莎草科	豆科	杂类草
增温	1，12	1.5	3.4	46.8***	11.6**
放牧	1，12	7.1*	11.8**	2.3	0.2
年份	9，108	128.2***	3.7***	1.5	11.0***
增温×放牧	1，12	0.2	0.0	0.0	0.8
增温×年份	9，108	0.6	1.3	22.8***	3.3**
放牧×年份	9，108	8.5***	2.4*	3.1**	3.2**
增温×放牧×年份	9，108	0.9	0.8	0.9	1.1

*在 0.05 水平差异显著。
**在 0.01 水平差异显著。
***在 0.001 水平差异显著。

以植物群落内各种群的相对盖度数据为基础，通过计算布雷-柯蒂斯相异性（Bray-Curtis dissimilarity）指数，可以对不同时间植物群落组分的相似性进行定量化比较（Liang et al.，2015），以预测植物群落演替的方向（Guo et al.，2018；Fukami et al.，2005）。基于移动时间窗法评估植物群落组成的时间-衰减关系（time-decay relationship，TDR），该斜率可以反映群落组分的时间周转率（Guo et al.，2018），例如，斜率为 0.01 表示植物群落组分以 1%/a 的速率发生了变化。

以往研究表明，群落组分的时间周转率降低意味着群落演替过程呈现出聚集方式，否则为分散方式（Guo et al.，2018；Fukami et al.，2005）。我们以小区为单位计算了各小区的植物群落在不同年份（2006～2015 年）的相异性指数，结果表明，所有处理下的植物群落组分均以 2%/a 至 4%/a 的速率周转（斜率为 0.02～0.04，图 4-12E），这意味着植物群落组分在时间上以分散的方式进行演替，即与决定性过程相比，随机性过程在群落演替过程中发挥了更重要的作用，使得群落演替轨迹难以预测（Guo et al.，2018），且增温和放牧并未改变其演替方式。然而，不同功能群植物可能呈现出不同的响应模式（Li et al.，2016；Webb et al.，2006），结果表明，各功能群组分以 0.02%/a 至 0.08%/a 的速率周转，且对增温和放牧比较敏感（图 4-12A～E）。由此表明，虽然功能群水平上植物组分的时间周转率对增温和放牧比较敏感，但是在群落水平上的物种组成却能维持相对稳定。

在功能群水平上，单独放牧（NWG）加速了禾本科植物组分的时间周转率，达到约 2%/a（图 4-12A）。以往研究表明，禾本科植物中的垂穗披碱草、异针茅和草地早熟禾的适口性较好，家畜喜食（Guo et al.，2017；Wang et al.，2012）。但是，由于垂穗披碱草耐践踏且补偿生长能力强于异针茅（刘颖，2021；许曼丽等，2012），导致垂穗披碱草盖度的上升趋势高于对照组，而异针茅盖度的时间变化趋势低于对照组（图 4-10A，

B)，二者之间可能形成了潜在的竞争关系，进而导致禾本科植物组分的时间周转率增加。此外，单独增温（处理 WNG）条件下禾本科植物组分的时间周转率高于对照组（图 4-12A），这可能与草地早熟禾在植物群落中的偶然丢失有关（图 4-10C）。然而，无论是否放牧，增温处理下（包括处理 WNG 和 WG）豆科植物组分的时间周转率与对照组无显著差异（图 4-12C），豆科植物组分的时间相异性的平均值显著降低了约 24%（图 4-12F）。这可能是因为增温条件下该样地中有机磷的矿化作用增强（Rui et al.，2012），促进了豆科植物的增长（图 4-11E，F）（Ren et al.，2017），在试验开始阶段属于非优势种群的花苜蓿，其增加幅度在所有豆科植物中最为明显（图 4-10F）。因为其具有深根系的特征，可以解

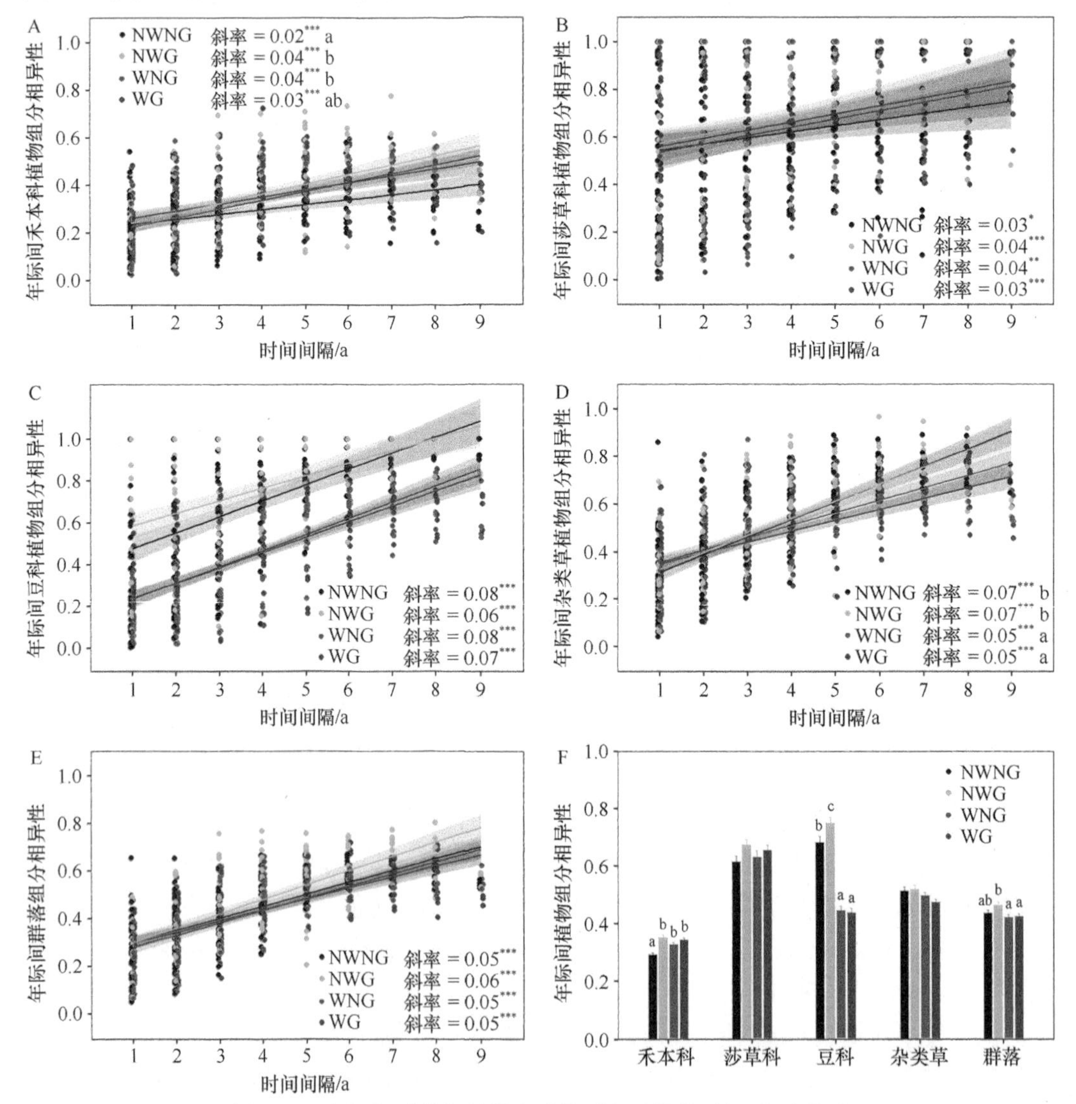

图 4-12　年际间群落相异性和功能群相异性的时间-衰减关系

时间间隔为 1 年表示对所有相隔 1 年的群落进行配对比较，时间间隔为 2 年表示对所有相隔 2 年的群落进行配对比较，以此类推。每个小区总共包括 9 个 1 年间隔、8 个 2 年间隔、7 个 3 年间隔、6 个 4 年间隔、5 个 5 年间隔、4 个 6 年间隔、3 个 7 年间隔、2 个 8 年间隔和 1 个 9 年间隔。不同的小写字母表示处理间的时间周转率（斜率）差异显著（A～E），以及群落组分时间相异性平均值的差异显著（F）。*、**和***表示时间周转率在 0.05、0.01 及 0.001 水平差异显著，阴影表示 95%的置信区间。NWNG、NWG、WNG 和 WG 分别为不增温不放牧、不增温放牧、增温不放牧和增温放牧 4 个不同处理

除增温所导致的水分限制（Liu et al.，2018），并且自身的固氮能力高，进而发展成为群落中的优势植物（图 4-10L）。这就意味着增温对豆科植物产生了环境过滤作用（Zhu et al.，2020），反而使得该功能群组成比对照组更加相似。由此可见，功能群中优势种群的减少或者丢失可能导致该功能群组成的时间周转率增加，而非优势种群逐渐转变为优势种群的过程可能导致功能群组成的相异性下降。

二、增温和放牧对植物多样性的影响

生物多样性是当前生态学研究中的焦点问题，其与生态系统的功能、服务及可持续性紧密相关（Isbell et al.，2015；Oliver et al.，2015；Tilman et al.，2006；Srivastava and Vellend，2005；McCann，2000）。青藏高原高寒草甸对气候变暖是极其敏感的，已有大量研究表明增温可能是导致青藏高原天然草地生物多样性降低的主要气候变化因子（Quan et al.，2021；Ma et al.，2017；Klein et al.，2007）。然而，放牧作为天然草地最主要的利用方式，也强烈影响着其生物多样性的变化（Li et al.，2018）。研究表明，放牧（尤其是中度放牧）可以解除对低矮植物的光限制，进而提高生物多样性（Liu et al.，2021；Borer et al.，2014）。由此可见，放牧可能是缓解天然草地响应气候变化的主要因素（Wang et al.，2012）。已有研究表明，在北极地区的苔原生态系统中，放牧会减弱增温所造成的物种丰富度下降程度（Kaarlejärvi et al.，2017）。然而，对北美地区高草草原生态系统的研究却指出，增温和放牧（刈割）对植物群落的生物多样性表现为加和效应（Shi et al.，2015）。在青藏高原地区，长期增温和放牧对高寒草甸植物群落的影响表现为加和效应还是缓和效应，还需要进一步研究（Wang et al.，2012）。

我们进行的为期 10 年的长期增温和放牧试验研究发现，NWNG、NWG、WNG 和 WG 处理条件下出现的总物种数分别为 53、46、47 和 46，且该试验地内约 92%的植物属于多年生植物。物种丰富度、香农-威纳多样性指数和均匀度指数均具有明显的年际变化（表 4-7）。试验期间，4 个处理下的物种丰富度、香农-威纳多样性指数和均匀度指数均显著下降，但其斜率在处理间均无显著差异（图 4-13A，C，E）。然而，放牧显著降低了试验期间植物群落的年均物种丰富度及年均香农-威纳多样性指数（图 4-13B，D）。增

表 4-7　增温、放牧、试验年份及其交互作用对植物群落多样性的混合效应模型分析

	自由度	*F* 值		
		物种丰富度	香农-威纳多样性指数	均匀度指数
增温	1，12	0.7	1.8	11.3**
放牧	1，12	6.4*	7.5*	0.6
年份	9，108	83.6***	307.0***	236.5***
增温×放牧	1，12	0.9	6.8*	9.7**
增温×年份	9，108	3.5***	6.7***	5.5***
放牧×年份	9，108	0.8	5.6***	6.8***
增温×放牧×年份	9，108	0.7	0.3	2.2*

*在 0.05 水平差异显著。

**在 0.01 水平差异显著。

***在 0.001 水平差异显著。

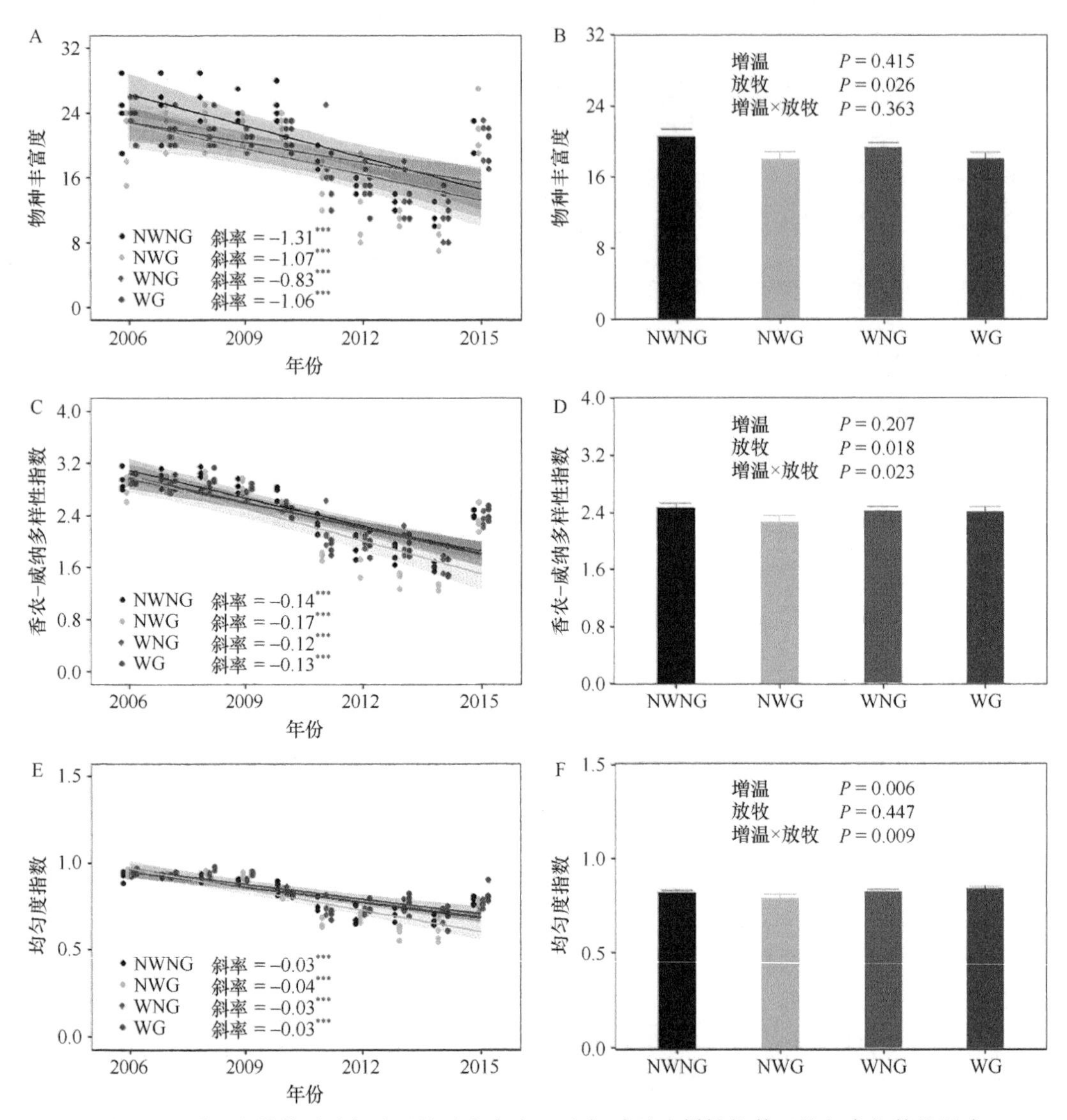

图 4-13 增温和放牧试验年份对物种丰富度、香农-威纳多样性指数及均匀度指数的影响

***表示斜率在 0.001 水平差异显著，阴影表示 95%的置信区间。NWNG、NWG、WNG 和 WG 分别为不增温不放牧、不增温放牧、增温不放牧和增温放牧 4 种处理

温和放牧对香农-威纳多样性指数的影响存在显著交互作用，表现为增温削弱了放牧的负效应（图 4-13D；表 4-7）。增温显著提高了植物群落的年均均匀度指数，特别是由于放牧条件下的增温更有利于均匀度的提高（二者的交互作用显著）（图 4-13F；表 4-7），由此说明，矮生嵩草草甸植物多样性下降主要与放牧有关，增温可以缓和放牧导致的生物多样性降低。总体来说，增温和放牧的耦合作用有助于植物多样性的维持。

以往在青藏高原地区开展的增温试验表明，增温会导致植物群落物种丰富度降低至 4.5%～27%（Quan et al.，2021；Ma et al.，2017；Klein et al.，2007）。值得注意的是，这些研究结果往往基于短时间尺度的研究（＜6 年），其可能会高估处理的负效应（Wang et al.，2019a）。一般来讲，在短时间尺度上，植物群落对增温的响应主要与植物个体的生理变化有关（Shi et al., 2015），如热应激、植株死亡等（McDowell and Allen, 2015），进而降低植物群落的物种丰富度。事实上，我们发现在该试验的前 5 年（2006～2010 年），增温显著（约 10%）降低了物种丰富度（Wang et al.，2012），这可能是因为年际间气候波动所导致的植物群落的物种获得数目较低（图 4-14A），且物种获得数目难以抵消物种丧失数目等（图 4-14A～C）。特别是群落中一些稀少物种（盖度＜1% 甚至更低）的年际间变化很大，如某一年偶然出现而另一年又在群落中偶然消失，进而导致了群落物种丰富度的年际差异，也是造成短期内增温降低物种丰富度的主要原因（Wang et al.，2012）。然而，在长时间尺度上（10 年），增温并未显著改变植物群

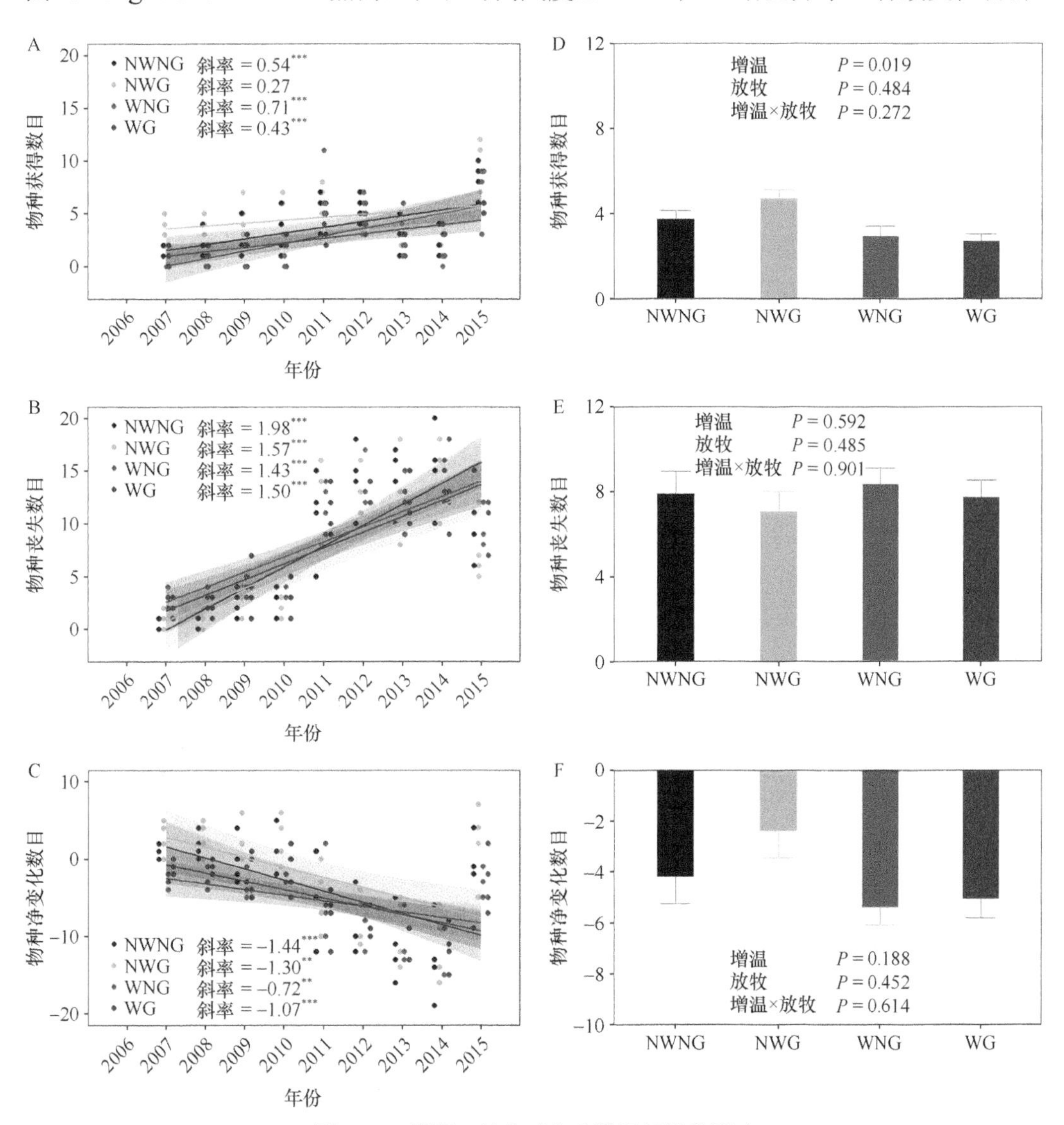

图 4-14　增温、放牧对物种数目周转的影响

A～C 的点表示以小区为单位，以 2006 年出现的物种为参考计算的物种获得数目、物种丧失数目和物种净变化数目，***表示斜率在 0.001 水平差异显著，阴影表示 95%的置信区间。NWNG、NWG、WNG 和 WG 分别为不增温不放牧、不增温放牧、增温不放牧和增温放牧 4 个不同处理

落的物种丰富度（图 4-13A）。因此，增温对物种丰富度的负效应随着增温时间的延长而消失，可能与植物群落演替过程中物种的重组过程有关（Jones et al.，2017）。该研究中，增温导致了豆科植物的增加（图 4-11F），且随着试验年限的延长其增加的幅度更高（图 4-11E），一定程度上可以提高土壤中 N 的可利用性（Nico，2011），使得新物种出现的可能性增加（Li et al.，2015），从而解除了试验后期增温对物种获得数目的抑制作用（图 4-14A）。此外，增温提高了植物群落的均匀度（图 4-13F），这可能与增温处理中优势植物（禾本科和豆科植物）对群落组成的贡献更加接近有关（图 4-11B，F），而与非优势种群的变化相关性较小。

此外，食草动物的选择性采食作用可能会增加、降低或不影响生物多样性（Li et al.，2018），这种不一致性主要与草地类型、放牧强度、时间及放牧制度等有关（Koerner et al.，2018）。在青藏高原地区开展的一项整合分析指出，放牧可以通过消耗适口性较好的植物使得植物群落的空间异质性和生态位宽度增加，从而导致了植物群落生物多样性的增加（Lu et al.，2017）。然而，我们的研究发现，实施轮牧制度（2006～2010 年为暖季放牧、2011～2015 年为冷季放牧）会降低物种丰富度和香农-威纳多样性指数（图 4-13B，D），但未改变物种的获得和丢失数目（图 4-14D，E）及均匀度（图 4-13F）。有趣的是，试验前 5 年（2006～2010 年）的夏季放牧并未对物种丰富度和多样性指数产生显著作用（Wang et al.，2012），然而 10 年的放牧总体上导致了生物多样性下降，其原因可能与试验过程中放牧制度改变和长时间尺度上的群落组成变化有关。首先，放牧制度的改变可能存在较大的影响。暖季放牧期间，由于家畜消耗了植物群落中的部分优势植物（禾本科和莎草科植物）（图 4-11B，D），在一定程度上可以减弱种间竞争作用（Hautier et al.，2009），如优良牧草异针茅在放牧条件下显著减少（图 4-10L；表 4-5），而另一种优良牧草垂穗披碱草反而增加（图 4-10L；表 4-5）。因此，这些优良牧草之间的不同步变化可能是造成试验前期物种丰富度变化比较稳定的原因。然而，冷季放牧过程中（2011～2015 年），由于对凋落物的清除作用及夏季无家畜采食，导致资源获取型植物快速生长，例如，具有深根、植株高大特点的垂穗披碱草（Liu et al.，2018）在试验后期的增长幅度相比前期更大（图 4-10B）。以往的研究已经证实，种间的正相互作用有利于恶劣环境条件下的物种共存（Soliveres et al.，2015）。然而，垂穗披碱草的快速增加可能会进一步抑制其他物种的生长，进而使得植物群落的生物多样性降低。其次，长时间尺度上群落组成的变化也会对物种多样性产生影响。该试验样地在开展该试验之前一直是冬季重度放牧（立枯利用率为 70%～100%），已经出现了草地退化特征（Wang et al.，2012）。继续放牧进一步加剧了其退化程度，比较明显的是适口性差却耐践踏的杂类草鹅绒委陵菜在群落演替进程中随时间推移的增加趋势相比对照组更大（图 4-10H），进而降低了植物群落的生物多样性（Koerner et al.，2018）。我们的研究表明，短期增温和放牧对物种多样性的影响可能与长期的结果有所不同，因此，该结果为开展长期试验的必要性提供了理论依据。

回归分析中包含了非生物因子（年平均气温、年降水量、土壤年均温、土壤生长季含水量）和生物因子（禾本科、莎草科、豆科和杂类草功能群的盖度及前一年的物种丰富度）。由于物种获得和丢失数目均表示为与 2006 年相比的数目变化，故分析中的样本量为 144。

随着试验年限的延长，物种丰富度显著下降（图 4-13A），这主要与物种丧失数目大于物种获得的数目有关，进而导致了物种丰富度的净减少（图 4-14A～C），其中物种丧失数量贡献了物种净丰富度变化的 59%，而物种获得的数量仅解释了物种丰富度净变化的 7%（表 4-8），这与在北极的苔原生态系统的研究是一致的（Kaarlejärvi et al.，2017）。然而，在该地区开展的一项垂直带“双向”移栽试验表明，物种获得数量才是决定群落物种丰富度净变化的主要因子（Wang et al.，2019b）。可能是因为移栽后的小尺度空间内生物多样性更高，其可以同时包含原群落和移栽位点植物群落中的植物物种，反映了追踪气候变化而适应的物种可入侵到移栽小区更多物种具有了入侵到移栽小区的机会（Wang et al.，2019b）。然而，该试验中仅有一种类型的植物群落，且只有 10 年的时间，还不能完全反映追踪气候变化的物种入侵增温小区的机会。在美国高草草原的一项为期 16 年的长期增温和刈割试验结果表明，长期增温小区中发现了其他植物“入侵”的现象（Shi et al.，2016），说明短期增温试验尚未有足够的时间允许增温小区以外的植物，或者是追踪气候变化而迁移的植物“入侵”到该小区，因而可能会导致增温对物种丰富度的负面影响被高估。

表 4-8　影响植物群落的物种丰富度变化的逐步回归分析

	估计值	t 值	P 值	偏 R^2	VIF
截距	14.89	11.82	<0.001	—	—
物种丧失数目	−0.626	−13.18	<0.001	0.59	1.40
物种获得数目	0.652	7.50	<0.001	0.07	1.11
前一年的物种丰富度	0.323	6.63	<0.001	0.08	1.46

第三节　增温和放牧对植物物种关系的影响

增温和放牧条件下物种之间关系的变化如何驱动物种空间格局的变化从而实现共存，是我们亟须回答的科学问题。因此，在青藏高原海北站高寒草甸建立的增温与放牧试验平台上，持续监测群落组成、多样性和生产力的变化，调查物种的空间分布，测量物种性状，分析种内与种间的空间格局，从而探求在气候变暖条件下物种的共存机制以及群落结构改变的机理，以更好地预测群落的演替过程和机制。

一、增温和放牧对小尺度种间关联的影响

研究发现，增温没有显著影响优势物种间的关系，即增温对显著隔离和显著聚集的优势物种的两个种间对的数量比例并没有显著影响（图 4-15A），但是显著提高了亚优势物种的种间竞争、优势物种与亚优势物种的种间竞争，即提高了亚优势-亚优势物种对与亚优势-亚优势物种对（S-S）的空间隔离（图 4-15C），也在 10cm 和 25cm 的尺度上提高了优势-亚优势物种对与优势-亚优势物种对（D-S）的空间隔离（图 4-15E）。然而，增温对优势物种对之间的聚集分布比例没有显著作用（图 4-15B）（Li et al.，2018）。我们认为增温作用下种间竞争的提高主要是光竞争造成的。在我们的试验中，优势物种

主要包括6种禾本科类物种、2种阔叶植物和1种豆科植物，亚优势物种则主要包括阔叶植物。大多数禾本科植物在这个地区都是比较高大的物种，因此具有对光资源更强的竞争力；此外，研究还发现豆科植物只有在增温的处理下才成为优势物种，因此增温下氮素资源也是驱动竞争加剧的一个因素。

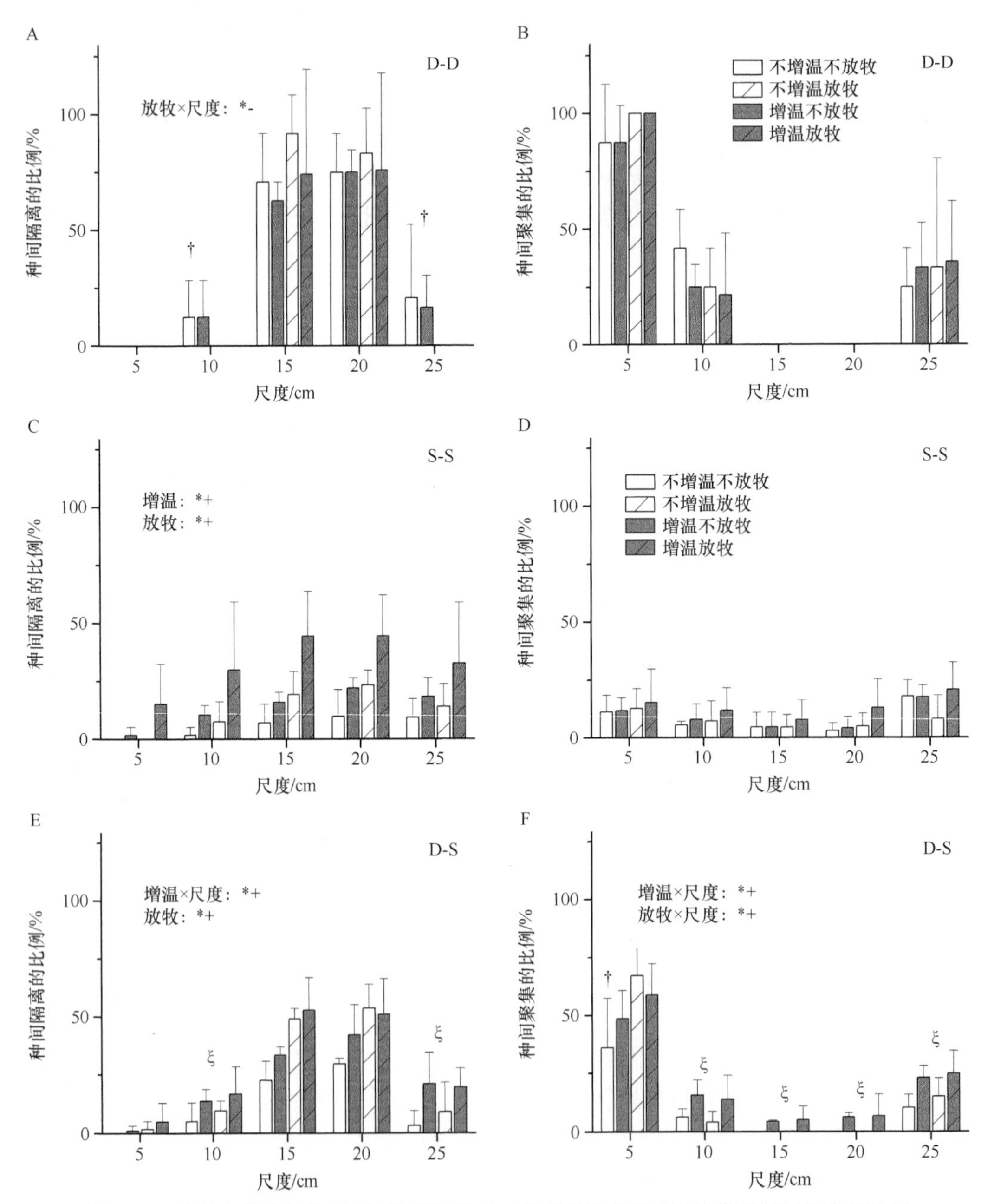

图4-15 增温和放牧条件下不同类型物种对之间种间隔离和种间聚集在不同尺度的比例

A、B：优势物种之间种间隔离和聚集的比例；C、D：亚优势物种之间种间隔离和聚集的比例；E、F：优势物种与亚优势物种之间的隔离和聚集的比例。*表示在0.05水平上影响显著。“+”和“–”分别代表正和负效应。如果增温或放牧与尺度有交互作用，则用ξ或†表示增温或放牧在该尺度有显著作用

另外，增温提高了优势物种-亚优势物种之间聚集格局，即增温几乎在各个尺度上都提高了优势物种-亚优势物种对的空间聚集（5cm 的尺度除外）（图 4-15F）。这种竞争可能与种间的促进关系有关，例如，之前的研究发现增温降低了土壤水分，因此引起较为干旱的环境条件（Wang et al.，2012；Zhu et al.，2015），而在干旱条件下阔叶植物的生长被邻近的禾本科类植物促进（Grant et al.，2014），可能的机制是邻体植物具有遮阴的作用，能够提高土壤水分以改善根部生长的条件（Armas et al. 2008；Schöb et al., 2013）。而且，最近的研究已经证明物种之间除了直接作用外，还存在着间接的作用（Cuesta et al.，2010），例如，Kunstler 等（2006）发现灌木植物通过抑制禾本科类植物的生长间接促进了阔叶类植物的生长，灌木和禾本科植物主要是竞争光资源，而禾本科类和阔叶类植物则主要竞争水资源。因此我们推测优势物种也可能会通过与一个亚优势物种的空间隔离而间接地促进另一个亚优势物种的生存。

放牧的作用与增温类似，也提高了亚优势物种之间、优势物种与亚优势物种之间的竞争（图 4-15）。虽然之前的很多研究都表明放牧可能降低物种之间的竞争，因为它通过移除地上生物量给亚优势物种以生长的机会（Zunzunegui et al.，2012；Verwijmeren et al.，2014；White et al.，2014），但是这些结果大多数是通过很短期的放牧试验得到的，而我们的实验到 2015 年已经持续了 10 年。在不放牧的小区我们观察到凋落物和立枯可能是抑制植物生长的一个很重要的因素，而放牧或刈割则可以移除凋落物，减轻这种抑制作用（Klein et al.，2004）。我们的数据也显示冬季放牧提高了冠层高度，因此对光资源竞争有加剧的可能性。放牧或刈割并没有导致较大的土壤水分流失（Wang et al.，2012；Zhu et al.，2015），因此我们没有发现优势物种和亚优势物种之间促进作用的加强。此外，与增温不同的是，放牧在 10cm 和 25cm 尺度上增大了优势物种之间的竞争。这可能主要是由放牧对禾本科植物的采食造成的，因为优势物种主要是适口性较好的禾本科植物。

二、增温和放牧对小尺度种内关联的影响

增温提高了优势物种和亚优势物种的种内聚集，但是放牧并没有显著的作用，增温与放牧对种内空间格局也没有交互作用。种间隔离与种内聚集呈显著正相关关系，并且增温提高了聚集的优势和亚优势物种在群落中的比例（图 4-16）。较多的种内聚集生长的物种意味着该物种可以通过与其他物种隔离而进行斑块状生长（Stoll and Prati，2001；Perry et al.，2008）。种内聚集分布由于减少了与其他物种间的竞争，因而促进了不同物种的共存（Stoll and Prati，2001；Turnbull et al.，2007；Damgaard，2010；Lamošová et al.，2010；Porensky et al.，2011）。此外，种内和种间的格局均随尺度大小有很大的变化，如种间或种内聚集的比例在 5～10cm 尺度上是最高的，然后随着尺度增大而降低，在 25cm 尺度上又有上升的趋势；种间或种内的隔离则呈现出相反的趋势（图 4-16）。这可能是由于植物是固着生长的，通过种子或营养繁殖扩散，所以在较小的尺度上形成聚集的格局（Bolker et al.，2003；Seidler and Plotkin，2006；Benot et al.，2013）。之前的研究表明植物物种更容易形成聚集的格局（Perry et al.，2008），我们的结果也显示几乎没有亚优势种形成空间扩散的格局。随着空间格局尺度的增大，聚集的比例逐渐减小，这

可能是因为种子扩散或营养克隆的作用逐渐变弱，而在 25cm 尺度上聚集的比例又有上升的趋势，这可能是环境异质性在起作用。

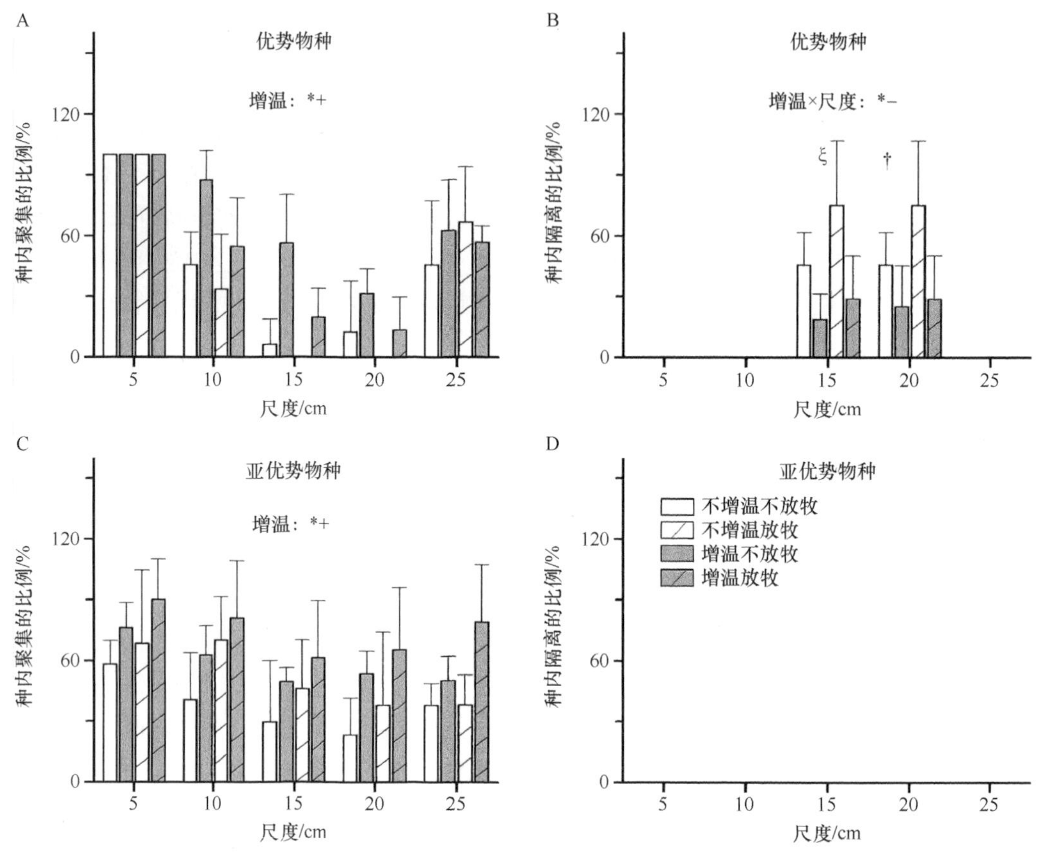

图 4-16　增温和放牧条件下不同类型物种种内隔离和种间聚集在不同尺度的比例

A、B：优势物种之间种间隔离和聚集的比例；C、D：亚优势物种之间种间隔离和聚集的比例。*表示在 0.05 水平上影响显著。“+”和“–”分别代表正和负效应。当增温或放牧与尺度存在交互作用时，则用ξ 或 †表示增温或放牧在该尺度有显著作用

第四节　小　　结

利用山体垂直带“双向”移栽试验长期观测数据、增温放牧试验平台的 10 年观测数据，我们得出以下结论。

（1）物种获得数量决定了气候变化对植物物种丰富度的净变化。10 年山体垂直带“双向”移栽试验表明，无论是增温（从高海拔向低海拔移栽）还是降温（从低海拔向高海拔移栽），总体上，被移栽的植物群落获得的物种数大于所丧失的物种数，从而表现为物种丰富度的净增加，但这种变化取决于被移栽地植物群落的物种丰富度及所移栽群落的物种丰富度；所移栽群落物种丰富度高时，抵抗外来物种入侵的能力更大，被移栽地群落物种丰富度高时则有更多的植物入侵机会。因此，由于追踪气候变化的物种可能入侵到经历增温的群落中，使得所获得的物种数而不是所丧失的物种数更能很好地解

释群落物种丰富度对环境变化的响应机制。我们的结果验证了气候变化及追踪气候变化的物种将共同影响植物群落物种丰富度对气候变化响应的假设。对于 OTC 增温试验，由于 OTC 透明罩的物理障碍作用妨碍了植物扩散，增温对植物多样性的负面影响可能被高估。所以，在探讨气候变化对植物多样性影响时，除了要考虑环境因子，还要考虑追踪气候变化而迁移的物种对植物多样性变化的影响。

（2）增温和放牧均显著改变了植物组成，但增温降低植物丰富度的负效应随增温时间延长而消失。基于模拟增温与适度放牧试验的 10 年长期观测数据，揭示了增温和放牧对植物群落组成均具有一定的定向选择作用，且二者对植物多样性的影响表现为缓和效应。研究发现，放牧加速了鹅绒委陵菜的生长，导致杂类草逐年增加，是造成植物多样性下降的主要原因。而增温则有利于豆科植物花苜蓿种群快速生长，导致豆科植物逐年增加，缓解了放牧对植物多样性的负面影响。特别发现短期增温可能降低植物多样性，但这种负效应随增温时间延长而消失。因此，该结果强调了开展长期增温试验的必要性，同时还要考虑放牧的互作效应。原位增温试验与山体垂直带“双向”移栽试验发现增温对植物丰富度影响的方向不同，主要是原位增温试验很少观测到追踪气候变化的植物“入侵”到增温小区。

（3）增温和放牧对植物种间与种内关系的影响不同。研究发现增温对植物种间关系的影响依赖于物种不同的竞争力。增温提高了亚优势物种之间的竞争，但是对优势物种和亚优势物种之间的相互作用关系较为复杂，因为增温提高了部分物种间的竞争，但也提高了部分物种之间的促进作用；长期放牧反而会提高物种之间的竞争，这可能与放牧移除了地上凋落物促进了植物生长有关。虽然用监测空间格局的方式来探索生物相互作用具有局限性，例如，并不能区分开植物相互作用与环境异质性及植物扩散对空间格局的影响，但是生物相互作用关系毫无疑问是驱动植物空间格局变化的重要因素。因此，该研究对于深入理解高寒植被气候-生态稳定性维持、高寒草甸退化演替等具有重要意义。

参考文献

阿旺, 张立荣, 孙建平, 等. 2021. 影响青藏高原高寒草地植物向高海拔或高纬度迁移的关键因素研究进展. 生态学杂志, 40 (5): 1521-1529.

包晓影, 崔树娟, 王奇, 等. 2017. 草地植物物候研究进展及其存在的问题. 生态学杂志, 36(8): 2321-2326.

曹雪萍, 王婧如, 鲁松松, 等. 2019. 气候变化情景下基于最大熵模型的青海云杉潜在分布格局模拟. 生态学报, 39(14): 5232-5240.

储诚进. 2010. 植物间正相互作用对种群动态与群落结构的影响研究. 兰州: 兰州大学博士学位论文.

董全民, 赵新全, 马玉寿, 等. 2012. 放牧对小嵩草草甸生物量及不同植物类群生长率和补偿效应的影响. 生态学报, 32(9): 2640-2650.

樊瑞俭, 朱志红, 李英年, 等. 2011. 高寒矮嵩草草甸两种主要植物耐牧性的比较. 生态学杂志, 30(6): 1052-1062.

淮虎银, 魏万红, 张镱锂, 等. 2005. 不同海拔高度短穗兔耳草克隆生长及克隆繁殖特征. 应用与环境生物学报, 11: 18-22.

贾昕. 2011. 基于影响域模型的植物间相互作用沿环境梯度的变化规律及其对种群动态调控的研究. 杭州: 浙江大学博士学位论文.

李国庆, 刘长成, 刘玉国, 等. 2013. 物种分布模型理论研究进展. 生态学报, 33(16): 4827-4835.

李立, 陈建华, 任海保, 等. 2010. 古田山常绿阔叶林优势物种甜槠与木荷的空间格局分析. 植物生态学报, 34(3): 241-252.

李宁宁, 张爱平, 张林, 等. 2019. 气候变化下青藏高原两种云杉植物的潜在适生区预测. 植物研究, 39(3): 395-406.

李英年, 赵新全, 曹广民, 等. 2004. 海北高寒草甸生态系统定位站气候、植被生产力背景的分析. 高原气象, 23 (4): 558-567.

刘勤, 王玉宽, 彭培好, 等. 2016. 气候变化下四川省物种的分布规律及迁移特征. 山地学报, 34(6): 716-723.

刘晓梅, 布仁仓, 郭锐. 2011. 气候变化驱动下树种迁移过程初探. 湖南农业科学, 1: 117-120, 125.

刘晓彤, 袁泉, 倪健. 2019. 中国植物分布模拟研究现状. 植物生态学报, 43(4): 273-283.

刘颖. 2021. 青海草地早熟禾近十年研究进展. 青海畜牧兽医杂志, 51(2): 67-69, 52.

刘振国, 李镇清. 2005. 植物群落中物种小尺度空间结构研究. 植物生态学报, 29(6): 1020-1028.

马晓娟. 2008. 高寒草甸植物种子萌发与幼苗建植机制研究. 兰州: 兰州大学硕士学位论文.

孟凡栋, 周阳, 崔树娟, 等. 2017. 气候变化对高寒区域植物物候的影响. 中国科学院大学学报, 34(4): 498-507.

彭德力, 张志强, 牛洋, 等. 2012. 高山植物繁殖策略的研究进展. 生物多样性, 20(3): 286-299.

沈国春. 2010. 生境异质性和扩散限制对亚热带和热带森林物种多样性维持的作用. 杭州: 浙江大学博士学位论文.

宋文静, 吴绍洪, 陶泽兴, 等. 2016. 近 30 年中国中东部地区植物分布变化. 地理研究, 35(8): 1420-1432.

谭一波, 詹潮安, 杨海东, 等. 2012. 广东南澳岛华润楠群落主要树种种间联结性. 中南林业科技大学学报, 32(11): 92-99.

汪诗平, 李永宏, 王艳芬, 等. 2001. 不同放牧率对内蒙古冷蒿草原植物多样性的影响. 植物学报, 43(1): 89-96.

汪诗平，王艳芬，陈佐忠. 2003. 放牧生态系统管理. 北京:科学出版社.

王常顺, 孟凡栋, 李新娥, 等. 2014. 草地植物生产力主要影响因素研究综述. 生态学报, 34: 4125-4132.

王常顺, 汪诗平. 2015. 植物叶片性状对气候变化的响应研究进展. 植物生态学报, 39(2): 206-216.

王多斌. 2010. 高寒草甸种子雨与群落结构的关系研究. 成都: 四川农业大学硕士学位论文.

王鑫厅, 侯亚丽, 刘芳, 等. 2011. 羊草+大针茅草原退化群落优势种群空间点格局分析. 植物生态学报, 35(12): 1281-1289.

武高林, 杜国祯. 2007. 青藏高原退化高寒草地生态系统恢复和可持续发展探讨. 自然杂志, 29(3): 159-164.

许曼丽, 朱志红, 李英年, 等. 2012. 高寒矮嵩草草甸 4 种主要植物补偿生长变化与耐牧性比较研究. 中国农学通报, 28(20): 7-16.

Aitken S N, Yeaman S, Holliday J A, et al. 2018. Adaptation, migration or extirpation: Climate change outcomes for tree populations. Evolutionary Applications, 1(1): 95-111.

Alberti J, Bakker E S, Van Klink R, et al. 2017. Herbivore exclusion promotes a more stochastic plant community assembly in a natural grassland. Ecology, 98(4): 961-970.

Alexander J M, Diez J M, Levine J M. 2015. Novel competitors shape species' responses to climate change. Nature, 525(7570): 515-518.

Anderson K J. 2007. Temporal patterns in rates of community change during succession. The American Naturalist, 169: 780-793.

Anthelme F, Cavieres L A, Dangles O. 2014. Facilitation among plants in alpine environments in the face of climate change. Frontier of Plant Science, 5: 387.

Araujo M B, Luoto M. 2007. The importance of biotic interactions for modelling species distributions under climate change. Global Ecology and Biogeography, 16(6): 743-753.

Armas C, Pugnaire F I, Sala O E. 2008. Patch structure dynamics and mechanisms of cyclical succession in a *Patagonian steppe* (Argentina) . Journal of Arid Environments, 72: 1552-1561.

Ash J D, Givnish T J, Waller D M. 2017. Tracking lags in historical plant species' shifts in relation to regional climate change. Global Change Biology, 23(3): 1305-1315.

Avolio M L, Komatsu K J, Collins S L, et al. 2021. Determinants of community compositional change are equally affected by global change. Ecology Letters, 24(9): 1892-1904.

Badano E I, Marquet P A. 2009. Biogenic habitat creation affects biomass-diversity relationships in plant communities. Perspectives in Plant Ecology Evolution and Systematics, 11: 191-201.

Baker B B, Moseley R K. 2007. Advancing treeline and retreating glaciers: Implications for conservation in Yunnan, PR China. Arctic Antarctic and Alpine Research, 39(2): 200-209.

Bates D, Mächler M, Bolker B, et al. 2015. Fitting linear mixed-effects models using lme4. Journal of Statistical Software, 67: 1-48.

Bell D M, Bradford J B, Lauenroth W K. 2014. Mountain landscapes offer few opportunities for high-elevation tree species migration. Global Change Biology, 20(5): 1441-1451.

Benot M L, Bittebiere A K, Ernoult A, et al. 2013. Fine-scale spatial patterns in grassland communities depend on species clonal dispersal ability and interactions with neighbours. Journal of Ecology, 101: 626-636.

Blois J L, Zarnetske P L, Fitzpatrick M C, et al. 2013. Climate change and the past, present, and future of biotic interactions. Science, 341, 499-504.

Bodin J, Badeau V, Bruno E, et al. 2013. Shifts of forest species along an elevational gradient in Southeast France: Climate change or stand maturation? Journal of Vegetation Science, 24(2): 269-283.

Bolker B M, Pacala S W, Neuhauser C. 2003. Spatial dynamics in model plant communities, What do we really know? American Naturalist , 162: 135-148.

Borer E T, Seabloom E W, Gruner D S, et al. 2014. Herbivores and nutrients control grassland plant diversity via light limitation. Nature, 508(7497): 517-520.

Bu H Y, Du G Z, Chen X L, et al. 2008. Community-wide germination strategies in an alpine meadow on the eastern Qinghai-Tibet Plateau: phylogenetic and life-history correlates. Plant Ecology, 195(1): 87-98.

Bussotti F, Pollastrini M, Holland V, et al. 2015. Functional traits and adaptive capacity of European forests to climate change. Environmental and Experimental Botany, 111: 91-113.

Brooker R W, Maestre F T, Callaway R M, et al. 2008. Facilitation in plant communities, the past, the present, and the future. Journal of Ecology, 96: 18-34.

Cain M L, Milligan B G, Strand A E. 2000. Long-distance seed dispersal in plant populations. American Journal of Botany, 87(9): 1217-1227.

Cahill A E, Aiello-Lammens M E, Fisher-Reid M C, et al. 2013. How does climate change cause extinction? Proceedings: Biology Science, 280: 20121890.

Callaway R M, Brooker R W, Choler P, et al. 2002. Postitive interactions among alpine plants increase with stress. Nature, 417: 844-848.

Catford J A, Downes B J, Gippel C J, Vesk P A. 2011. Flow regulation reduces native plant cover and facilitates exotic invasion in riparian wetlands. Journal of Applied Ecology, 48: 432-442.

Castellanos-Acuna D, Lindig-Cisneros R, Saenz-Romero C. 2015. Altitudinal assisted migration of Mexican pines as an adaptation to climate change. Ecosphere, 6(1): 1-16.

Chen I C, Hill J K, Ohlemuller R, et al. 2011. Rapid range shifts of species associated with high levels of climate warming. Science, 333(6045): 1024-1026.

Coutts S R, Van Klinken R D, Yokomizo H, et al. 2011. What are the key drivers of spread in invasive plants: dispersal, demography or landscape: and how can we use this knowledge to aid management? Biological Invasion, 13(7): 1649-1661.

Coomes D A, Grubb P J. 2003. Colonization, tolerance, competition and seed-size variation within functional groups. Trends in Ecology & Evolution, 18(6): 283-291.

Corlett R T. 2009. Seed dispersal distances and plant migration potential in tropical East Asia. Biotropica, 41(5): 592-598.

Corlett R T, Westcott D A. 2013 .Will plant movements keep up with climate change? Trends in Ecology and Evolution, 28: 482-488.

Cuesta B, Villar-Salvador P, Puértolas J, et al. 2010. Facilitation of Quercus ilex in Mediterranean shrubland is explained by both direct and indirect interactions mediated by herbs. Journal of Ecology, 98: 687-696.

Cui S J, Meng F D, Ji S N, et al. 2017. Responses of phenology and seed production of annual *Koenigia islandica* to warming in a desertified alpine meadow. Agricultural and Forest Meteorology, 247: 376-384.

Damgaard C. 2010. Intraspecific aggregation does not increase species richness in dune grasslands. Journal of Ecology, 98: 1141-1146.

Davis M A, Grime J P, Thompson K. 2000. Fluctuating resources in plant communities: a general theory of invasibility. Journal of Ecology, 88: 528-534.

Davis M A, Pelsor M. 2001. Experimental support for a resource-based mechanistic model of invasibility. Ecology Letters, 4: 421-428.

Delzon S, Urli M, Samalens J C. 2013. Field evidence of colonisation by holm oak, at the northern margin of its distribution range, during the anthropocene period. PLoS One, 8: e80443.

Doak D F, Morris W F. 2010. Demographic compensation and tipping points in climate-induced range shifts. Nature, 467: 959-962.

Dubey B, Yadav R R, Singh J, et al. 2003. Upward shift of Himalayan pine in Western Himalaya, India. Current Science, 85(8): 1135-1136.

Dullinger S, Dendoncker N, Gattringer A, et al. 2015. Modelling the effect of habitat fragmentation on climate-driven migration of European forest understorey plants. Diversity and Distributions, 21(12): 1375-1387.

Eckstein R L, Pereira E, Milbau A, et al. 2011. Predicted changes in vegetation structure affect the susceptibility to invasion of bryophyte-dominated subarctic heath. Annals of Botany, 108(1): 177-183.

Elmendorf S C, Henry G H R, Hollister R D. 2012. Global assessment of experimental climate warming on tundra vegetation: Heterogeneity over space and time. Ecology Letters, 15: 164-175.

Eskelinen A, Kaarlejärvi E, Olofsson J. 2017. Herbivory and nutrient limitation protect warming tundra from lowland species' invasion and diversity loss. Global Change Biology, 23(1): 245-255.

Estrada A, Meireles C, Morales-Castilla I, et al. 2015. Species' intrinsic traits inform their range limitations and vulnerability under environmental change. Global Ecology and Biogeography, 24(7): 849-858.

Feeley K J, Silman M R, Bush M B. 2011. Upslope migration of Andean trees. Journal of Biogeography, 38: 783-791.

Felde V A, Kapfer J, Grytnes J A. 2012. Upward shift in elevational plant species ranges in Sikkilsdalen, central Norway. Ecography, 35(10): 922-932.

Filazzola A, Brown C, Dettlaff M A, et al. 2020. The effects of livestock grazing on biodiversity are multi - trophic: a meta - analysis. Ecology Letters, 23(8): 1298-1309.

Fukami T, Bezemer T M, Mortimer S R, et al. 2005. Species divergence and trait convergence in experimental plant community assembly. Ecology Letters, 8(12): 1283-1290.

Frei E S, Scheepens J F, Stocklin J. 2012. Dispersal and microsite limitation of a rare alpine plant. Plant Ecology, 213(3): 395-406.

Gao Q Z, Wan Y F, Xu H M, et al. 2010. Alpine grassland degradation index and its response to recent climate variability in Northern Tibet, China. Quaternary International, 226(1-2): 143-150.

Garcia-Morales E, Carrillo-Angeles I G, Golubov J, et al. 2018. Influence of fruit dispersal on genotypic diversity and migration rates of a clonal cactus from the Chihuahuan desert. Ecology and Evolution, 8(24): 12559-12575.

Gou X H, Zhang F, Deng Y, et al. 2012. Patterns and dynamics of tree-line response to climate change in the eastern Qilian Mountains, northwestern China. Dendrochronologia, 30(2): 121-126.

Graae B J, Vandvik V, Armbruster W S, et al. 2018. Stay or go - how topographic complexity influences alpine plant population and community responses to climate change. Perspectives in Plant Ecology Evolution and Systematics, 30: 41-50.

Grabherr G, Gottfried M, Pauli H. 1994. Climate effects on mountain plants. Nature, 369(6480): 448-448.

Grant K, Kreyling J, Heilmeier H, et al. 2014. Extreme weather events and plant–plant interactions: shifts between competition and facilitation among grassland species in the face of drought and heavy rainfall. Ecological Research, 29: 991-1001.

Gratani L. 2014. Plant phenotypic plasticity in response to environmental factors. Advances in Botany, 2014: 1-17.

Gray L K, Hamann A. 2013. Tracking suitable habitat for tree populations under climate change in western North America. Climatic Change, 117: 289-303.

Grime J P. 1998. Benefits of plant diversity to ecosystems, immediate, filter and founder effects. Journal of Ecology, 86: 902-910.

Grime J P. 2001. Plant strategies, vegetation processes, and ecosystem properties. 2nd ed. UK: John Wiley, Chichester.

Guirguis K, Gershunov A, Schwartz R, et al. 2011. Recent warm and cold daily winter temperature extremes in the Northern Hemisphere. Geophysical Research Letters, 38: 245-255.

Guo X, Feng J J, Shi Z, et al. 2018. Climate warming leads to divergent succession of grassland microbial communities. Nature Climate change, 8(9): 813-818.

Guo Y, Liu L P, Zheng L L, et al. 2017. Long-term grazing affects relationships between nitrogen form uptake and biomass of alpine meadow plants. Plant Ecology, 218(9): 1035-1045.

Hansen J, Ruedy R, Sato M, et al. 2010. Global surface temperature change. Reviews of Geophysics, 48: rg4004.

Hautier Y, Niklaus P A, Hector A. 2009. Competition for light causes plant biodiversity loss after eutrophication. Science, 324(5927): 636-638.

He X, Burgess K S, Gao L M, et al. 2019. Distributional responses to climate change for alpine species of *Cyananthus* and *Primula endemic* to the Himalaya-Hengduan Mountains. Plant Diversity, 41(1): 26-32.

Hewitt N, Kellman M. 2002. Tree seed dispersal among forest fragments: II. Dispersal abilities and biogeographical controls. Journal of Biogeography, 29(3): 351-363.

Higgins S I, Nathan R, Cain M L. 2003. Are long-distance dispersal events in plants usually caused by nonstandard means of dispersal? Ecology, 84(8): 1945-1956.

Huenneke L F, Hamburg S P, Koide R, et al. 1990. Effects of soil resources on plant invasion and community structure in Californian serpentine grassland. Ecology, 71: 478-491.

IPCC. 2013. Climate Change 2013: The Physical Science Basis. Contribution of Working Group I to the Fifth Assessment Report of the Intergovernmental Panel on Climate Change. Cambridge, United Kingdom.

Isbell F, Craven D, Connolly J, et al. 2015. Biodiversity increases the resistance of ecosystem productivity to climate extremes. Nature, 526(7574): 574-577.

Jaganathan G K, Dalrymple S E, Liu B L. 2015. Towards an understanding of factors controlling seed bank composition and longevity in the alpine environment. Botanical Review, 81(1): 70-103.

Jakobsson A, Eriksson O. 2000. A comparative study of seed number, seed size, seedling size and recruitment in grassland plants. Oikos, 88(3): 494-502.

Jeffrey W, Matthews et al. 2010. Convergence and divergence in plant community trajectories as a framework for monitoring wetland restoration progress. Journal of Applied Ecology, 47(5): 1128-1136.

Jentsch A, Kreyling J, Beierkuhnlein C. 2007. A new generation of climate-change experiments: Events, not trends. Frontier of Ecology and Environment, 5: 365-374.

Jeschke M, Kiehl K. 2008. Effects of a dense moss layer on germination and establishment of vascular plants in newly created calcareous grasslands. Flora, 203(7): 557-566.

Jiang L L, Meng F D, Wang S P, et al. 2016. Relatively stable response of fruiting stage to warming and cooling relative to other phenological events. Ecology, 97: 1961-1969.

Jump A S, Penuelas J. 2005. Running to stand still: Adaptation and the response of plants to rapid climate

change. Ecology Letters, 8(9): 1010-1020.
Jones S K, Ripplinger J, Collins S L. 2017. Species reordering, not changes in richness, drives long-term dynamics in grassland communities. Ecology Letters, 20(12): 1556-1565.
Kaarlejärvi E, Eskelinen A, Olofsson J. 2013. Herbivory prevents positive responses of lowland plants to warmer and more fertile conditions at high altitudes. Functional Ecology, 27(5): 1244-1253.
Kaarlejärvi E, Eskelinen A, Olofsson J. 2017. Herbivores rescue diversity in warming tundra by modulating trait-dependent species losses and gains. Nature Communications, 8: 419.
Kardol P, Campany C E, Souza L, et al. 2010. Climate change effects on plant biomass alter dominance patterns and community evenness in an experimental old-field ecosystem. Global Change Biology, 16, 2676-2687.
Kikvidze Z, Pugnaire F I, Brooker R W, et al. 2005. Linking patterns and process in alpine plant communities: a global study. Ecology, 86(6): 1395-1400.
Klanderud K. 2005. Climate change effects on species interactions in an alpine plant community. Journal of Ecology, 93: 127-137.
Klein J A, Harte J, Zhao X Q. 2004. Experimental warming causes large and rapid species loss, dampened by simulated grazing, on the Tibetan Plateau. Ecology Letters, 7: 1170-1179.
Klein J A, Harte J, Zhao X Q. 2007. Experimental warming, not grazing, decreases rangeland quality on the Tibetan Plateau. Ecological Applications, 17(2): 541-557.
Klanderud K. 2010. Species recruitment in alpine plant communities: the role of species interactions and productivity. Journal of Ecology, 98(5): 1128-1133.
Koerner S E, Burkepile D E, Fynn R W S, et al. 2014. Plant community response to loss of large herbivores differs between North American and South African savanna grasslands. Ecology, 95(4): 808-816.
Koerner S E, Smith M D, Burkepile D E, et al. 2018. Change in dominance determines herbivore effects on plant biodiversity. Nature Ecology & Evolution, 2(12): 1925-1932.
Kunstler G, Curt T, Bouchaud M, Lepart J. 2006. Indirect facilitation and competition in tree species colonization of sub-Mediterranean grasslands. Journal of Vegetation Science, 17: 379-388.
Kuznetsova A, Brockhoff P B, Christensen R H B. 2017. lmerTest Package: tests in linear mixed effects models. Journal of Statistical Software, 82: 1-26.
Ladouceur E, Harpole W S, Blowes S A, et al. 2020. Reducing dispersal limitation via seed addition increases species richness but not above-ground biomass. Ecology Letters, 23: 1442.
Lamošová T, Doležal J, Lanta V, Lepš J. 2010. Spatial pattern affects diversity–productivity relationships in experimental meadow communities. Acta Oecologica, 36: 325-332.
Larson J E, Funk J L. 2016. Regeneration: an overlooked aspect of trait-based plant community assembly models. Journal of Ecology, 104(5): 1284-1298.
Lenoir J, Gégout J C, Marquet P A, et al. 2008. A significant upward shift in plant species optimum elevation during the 20th century. Science, 320: 1768-1771.
Le Roux P C, Virtanen R, Heikkinen R K, et al. 2012. Biotic interactions affect the elevational ranges of high-latitude plant species. Ecography, 35(11): 1048-1056.
Lemoine N P, Doublet D, Salminen J P, et al. 2017. Responses of plant phenology, growth, defense, and reproduction to interactive effects of warming and insect herbivory. Ecology, 98(7): 1817-1828.
Li Q, Song Y, Li G, et al. 2015. Grass-legume mixtures impact soil N, species recruitment, and productivity in temperate steppe grassland. Plant and Soil, 394(1): 271-285.
Li S P, Cadotte M W, Meiners S J, et al. 2016. Convergence and divergence in a long-term old-field succession: the importance of spatial scale and species abundance. Ecology Letters, 19(9): 1101-1109.
Li W, Li X, Zhao Y, et al. 2018. Ecosystem structure, functioning and stability under climate change and grazing in grasslands: current status and future prospects. Current Opinion in Environmental Sustainability, 33: 124-135.
Li X E, Jiang L L, Meng F D, et al. 2016. Responses of sequential and hierarchical phenological events to warming and cooling in alpine meadows. Nature Communications, 7: 12489.
Li X E, Zhu X X, Wang S P, et al. 2018. Responses of biotic interactions of dominant and subordinate species

to decadal warming and simulated rotational grazing in Tibetan alpine meadow. Science China: Life Sciences, 61(7): 849-859.

Liancourt P, Callaway R M, Michalet R. 2005. Stress tolerance and competitive - response ability determine the outcome of biotic interactions. Ecology, 86: 1611-1618.

Liang E Y, Wang Y F, Piao S L, et al. 2016. Species interactions slow warming-induced upward shifts of treelines on the Tibetan Plateau. Proceedings of the National Academy of Sciences of the United States of America, 113(16): 4380-4385.

Liang Q L, Xu X T, Mao K S, et al. 2018. Shifts in plant distributions in response to climate warming in a biodiversity hotspot, the Hengduan Mountains. Journal of Biogeography, 45(6): 1334-1344.

Liang Y, Jiang Y, Wang F, et al. 2015. Long-term soil transplant simulating climate change with latitude significantly alters microbial temporal turnover. The ISME Journal, 9(12): 2561-2572.

Liao Z Y, Zhang L, Nobis M P, et al. 2020. Climate change jointly with migration ability affect future range shifts of dominant fir species in Southwest China. Diversity and Distributions, 26: 352-367.

Lin L, Yang S, Wang Z Y, et al. 2010. Evidence of warming and wetting climate over the Qinghai-Tibet Plateau. Arctic, Antarctic, and Alpine Research, 42: 449-457.

Lindner M, Maroschek M, Netherer S, et al. 2010. Climate change impacts, adaptive capacity, and vulnerability of European forest ecosystems. Forest Ecology and Management, 259: 698-709.

Liu H Y, Mi Z Y, Lin L, et al. 2018. Shifting plant species composition in response to climate change stabilizes grassland primary production. Proceedings of the National Academy of Sciences of the United States of America, 115(16): 4051-4056.

Liu J, Yang X, Ghanizadeh H, et al. 2021. Long-term enclosure can benefit grassland community stability on the loess plateau of China. Sustainability, 13(1): 213.

Lu X, Kelsey K C, Yan Y, et al. 2017. Effects of grazing on ecosystem structure and function of alpine grasslands in Qinghai-Tibetan Plateau: a synthesis. Ecosphere, 8(1): e01656.

Luo C Y, Xu G P, Chao Z G, et al. 2010. Effect of warming and grazing on litter mass loss and temperature sensitivity of litter and dung mass loss on the Tibetan Plateau. Global Change Biology, 16(5): 1606-1617.

Ma Z Y, Liu HY, Mi ZR, et al. 2017. Climate warming reduces the temporal stability of plant community biomass production. Nature Communications, 8: 15378.

Måren I E, Kapfer J, Aarrestad P A, et al. 2018. Changing contributions of stochastic and deterministic processes in community assembly over a successional gradient. Ecology, 99(1): 148-157.

Mariotte P, Buttler A, Johnson D, et al. 2012. Exclusion of root competition increases competitive abilities of subordinate plant species through root–shoot interactions. Journal of Vegetation Science, 23: 1148-1158.

Maron J L, Marler M. 2007. Native plant diversity resists invasion at both low and high resource levels. Ecology, 88: 2651-2661.

Mccann K S. 2000. The diversity–stability debate. Nature, 405(6783): 228-233.

Mcdowell N G, Allen C D. 2015. Darcy's law predicts widespread forest mortality under climate warming. Nature Climate Change, 5(7): 669-672.

Melillo J M, Steudler P A, Aber J D, et al. 2002. Soil warming and carbon-cycle feedbacks to the climate system. Science, 298: 2173-2175.

Meng F D, Jiang L L, Zhang Z H, et al. 2017. Changes in flowering functional group affect responses of community phenological sequences to temperature change on the Tibetan plateau. Ecology, 98: 734-740.

Mokany K, Ash J, Roxburgh S. 2008. Effects of spatial aggregation on competition, complementarity and resource use. Austral Ecology, 33(3): 261-270.

Molau U, Larsson E L. 2000. Seed rain and seed bank along an alpine altitudinal gradient in Swedish Lapland. Canadian Journal of Botany-Revue Canadienne De Botanique, 78(6): 728-747.

Moles A T, Gruber M A M, Bonser S P. 2008. A new framework for predicting invasive plant species. Journal of Ecology, 96: 13-17.

Monleon V J, Lintz H E. 2015. Evidence of tree species' range shifts in a complex landscape. PLoS One, 10(1): 1-17.

Monzeglio U, Stoll P. 2005. Spatial patterns and species performances in experimental plant communities. Oecologia, 145(4): 619-628.

Morgan J W, Venn S E. 2017. Alpine plant species have limited capacity for long-distance seed dispersal. Plant Ecology, 218(7): 813-819.

Moser B, Fridley J D, Askew A P, et al. 2011. Simulated migration in a long-term climate change experiment: invasions impeded by dispersal limitation, not biotic resistance. Journal of Ecology, 99(5): 1229-1236.

Nathan R, Muller-Landau H C. 2000. Spatial patterns of seed dispersal, their determinants and consequences for recruitment. Trends in Ecology & Evolution, 15(7): 278-285.

Nathan R, Schurr F M, Spiegel O, et al. 2008. Mechanisms of long-distance seed dispersal. Trends in Ecology & Evolution, 23(11): 638-647.

Nico E. 2011. Aboveground–belowground interactions as a source of complementarity effects in biodiversity experiments. Plant and Soil, 351(1-2): 1-22.

Nyakatya M J, McGeoch M A. 2008. Temperature variation across Marion island associated with a keystone plant species (*Azorella selago* Hook. (Apiaceae)). Polar Biology, 31: 139-151.

Oliver T H, Isaac N J, August T A, et al. 2015. Declining resilience of ecosystem functions under biodiversity loss. Nature Communications, 6: 10122.

Olsen S L, Klanderud K. 2014. Biotic interactions limit species richness in an alpine plant community, especially under experimental warming. Oikos, 123(1): 71-78.

Pakeman R J. 2001. Plant migration rates and seed dispersal mechanisms. Journal of Biogeography, 28(6): 795-800.

Parmesan C, Yohe G. 2003. A globally coherent fingerprint of climate change impacts across natural systems. Nature, 421(6918): 37-42.

Parolo G Rossi G. 2008. Upward migration of vascular plants following a climate warming trend in the Alps. Basic and Applied Ecology, 9(2): 100-107.

Pauli H, Gottfried M, Grabherr G. 2003. Effects of climate change on the alpine and noval vegetation of the Alps. Journal of Mountain Ecology, 7: 9-12.

Pearson R G, Dawson T P. 2005. Long-distance plant dispersal and habitat fragmentation: Identifying conservation targets for spatial landscape planning under climate change. Biological Conservation, 123(3): 389-401.

Perry G L W, Enright N J, Miller B P, et al. 2008. Spatial patterns in species-rich sclerophyll shrublands of southwestern Australia. Journal of Vegetation Science, 19: 705-716.

Petry W K, Soule J D, Iler A M, et al. 2016. Sex-specific responses to climate change in plants alter population sex ratio and performance. Science, 353: 69-71.

Piao S L, Tan K, Nan H J, et al. 2012. Impacts of climate and CO_2 changes on the vegetation growth and carbon balance of Qinghai-Tibetan grasslands over the past five decades. Global and Planetary Change, 98-99: 73-80.

Porensky L M, Vaughn K J, Young T P. 2011. Can initial intraspecific spatial aggregation increase multi-year coexistence by creating temporal priority? Ecological Applications, 22: 927-936.

Post E, Pedersen C. 2008. Opposing plant community responses to warming with and without herbivores. Proceedings of the National Academy of Sciences of the United States of America, 105: 12353-12358.

Quan Q, Zhang F Y, Jiang L, et al. 2021. High-level rather than low-level warming destabilizes plant community biomass production. Journal of Ecology, 109(4): 1607-1617.

Ren F, Song WM, Chen LT, et al. 2017. Phosphorus does not alleviate the negative effect of nitrogen enrichment on legume performance in an alpine grassland. Journal of Plant Ecology, 10(5): 822-830.

Ripley B D. 1988. Statistical inference for spatial processes. Cambridge: Cambridge University Press.

Robroek B J M, Jassey V E J, Payne R J, et al. 2017. Taxonomic and functional turnover are decoupled in European peat bogs. Nature Communications, 8: 1161.

Rui YC, Wang YF, Chen CR, et al. 2012. Warming and grazing increase mineralization of organic P in an alpine meadow ecosystem of Qinghai-Tibet Plateau, China. Plant and Soil, 357(1-2): 73-87.

Sandvik S M, Totland O. 2000. Short-term effects of simulated environmental changes on phenology, reproduction, and growth in the late-flowering snowbed herb *Saxifraga stellaris* L. Ecoscience, 7(2): 201-213.

Scheepens J F, Frei E S, Stöcklin J. 2010. Genotypic and environmental variation in specific leaf area in a widespread Alpine plant after transplantation to different altitudes. Oecologia, 164: 141-150.

Schöb C, Armas C, Pugnaire F I. 2013. Direct and indirect interactions co-determine species composition in nurse plant systems. Oikos, 122: 1371-1379.

Seidler T G, Plotkin J B. 2006. Seed dispersal and spatial pattern in tropical trees. PLOs Biology, 4: 2132-2137.

Sexton J P, McIntyre P J, Angert A L, et al. 2009. Evolution and ecology of species range limits. Annual Review of Ecology, Evolution and Systematics, 40: 415-436.

Shi Z, Sherry R, Xu X, et al. 2016. Evidence for long-term shift in plant community composition under decadal experimental warming. Journal of Ecology, 103(5): 1131-1140.

Smith M D, Knapp A K, Collins S L. 2009. A framework for assessing ecosystem dynamics in response to chronic resource alterations induced by global change. Ecology, 90: 3279-3289.

Soliveres S, Maestre F T, Berdugo M, et al. 2015. A missing link between facilitation and plant species coexistence: nurses benefit generally rare species more than common ones. Journal of Ecology, 103(5): 1183-1189.

Song M H, Zhou C P, Ouyang H. 2004. Distributions of dominant tree species on the Tibetan Plateau under current and future climate scenarios. Mountain Research and Development, 24(2): 166-173.

Song J, Wan S, Piao S, et al. 2019. A meta-analysis of 1119 manipulative experiments on terrestrial carbon-cycling responses to global change. Nature Ecology & Evolution, 3:1309-1320.

Srivastava D S, Vellend M. 2005. Biodiversity-ecosystem function research: is it relevant to conservation? Annual Review of Ecology, Evolution, and Systematics, 36: 267-294.

Steinbauer M J, Grytnes J A, Jurasinski G, et al. 2018. Accelerated increase in plant species richness on mountain summits is linked to warming. Nature, 556(7700): 231-234.

Stoll P, Prati D. 2001. Intraspecific aggregation alters competitive interactions in experimental plant communities. Ecology, 82: 319-327.

Tamme R, Gotzenberger L, Zobel M, et al. 2014. Predicting species' maximum dispersal distances from simple plant traits. Ecology, 95(2): 505-513.

Telwala Y, Brook B W, Manish K, et al. 2013. Climate-induced elevational range shifts and increase in plant species richness in a Himalayan biodiversity epicentre. PLoS One, 8(2): e57103.

Thomsen M A, D'Antonio C M, Suttle K B, et al. 2006. Ecological resistance, seed density and their interactions determine patterns of invasion in a California coastal grassland. Ecology Letters, 9: 160-170.

Thomson F J, Moles A T, Auld T D, et al. 2011. Seed dispersal distance is more strongly correlated with plant height than with seed mass. Journal of Ecology, 99(6): 1299-1307.

Tilman D, Reich P B, Knops J M H. 2006. Biodiversity and ecosystem stability in a decade-long grassland experiment. Nature, 441(7093): 629-632.

Turnbull L A, Coomes D A, Purves D W, et al. 2007. How spatial structure alters population and community dynamics in a natural plant community. Journal of Ecology, 95: 79-89.

Urban M C, Tewksbury J J, Sheldon K S. 2012. On a collision course: competition and dispersal differences create no-analogue communities and cause extinctions during climate change. Proceeding of the Royal Society B Biological Sciences, 279: 2072-2080.

Verwijmeren M, Rietkerk M, Bautista S, et al. 2014. Drought and grazing combined, contrasting shifts in plant interactions at species pair and community level. Journal of Arid Environments, 111: 53-60.

Walker, M. D. 1995. The Future of Biodiversity in a Changing World in Arctic and Alpine Biodiversity Patterns, Causes, and Ecosystem Consequences. In: Chapin F S III, Körner C. New York: Springer: 3-20.

Walker M D, Wahren C H, Hollister R, et al. 2006. Plant community responses to experimental warming across the tundra biome. Proceedings of the National Academy of Sciences of the United States of America, 103: 1342-1346.

Walther G R, Roques A, Hulme P E. et al. 2009. Alien species in a warmer world: Risks and opportunities.

Trends in Ecology and Evolution, 24: 686-693.
Wang N, Quesada B, Xia L, et al. 2019a. Effects of climate warming on carbon fluxes in grasslands—A global meta-analysis. Global Change Biology, 25(5): 1839-1851.
Wang Q, Zhang ZH, Du R, et al. 2019b. Richness of plant communities plays a larger role than climate in determining responses of species richness to climate change. Journal of Ecology, 107(4): 1944-1955.
Wang S P, Duan J C, Xu G P, et al. 2012. Effects of warming and grazing on soil N availability, species composition, and ANPP in an alpine meadow. Ecology, 93(11): 2365-2376.
Wang S P, Meng F D, Duan J C, et al. 2014. Asymmetric sensitivity of first flowering date to warming and cooling in alpine plants. Ecology, 95: 3387-3398.
Wang Y, Chu C, Maestre F T, Wang G. 2008. On the relevance of facilitation in alpine meadow communities, an experimental assessment with multiple species differing in their ecological optimum. Acta Oecologica, 33: 108-113.
Webb C O, Losos J B, Agrawal A A. 2006. Intergrating phylogenies into community ecology. Ecology, 87(S7): S1-S2.
White S R, Bork E W, Cahill J F. 2014. Direct and indirect drivers of plant diversity responses to climate and clipping across northern temperate grassland. Ecology, 95: 3093-3103.
Wolkovich E M, Davies T J, Schaefer H, et al. 2013. Temperature-dependent shifts in phenology contribute to the success of exotic species with climate change. American Journal of Botany, 100: 1407-1421.
Wolkovich E M, Cleland E E. 2014. Phenological niches and the future of invaded ecosystems with climate change. AoB PLANTS, 6: plu013.
Yang Z L, Zhang Q, Su F L, et al. 2017. Daytime warming lowers community temporal stability by reducing the abundance of dominant, stable species. Global Change Biology, 23: 154-163.
Yan Y J, Tang Z Y. 2019. Protecting endemic seed plants on the Tibetan Plateau under future climate change: migration matters. Journal of Plant Ecology, 12(6): 962-971.
Yao T D, Thompson L, Yang W, et al. 2012. Different glacier status with atmospheric circulations in Tibetan Plateau and surroundings. Nature Climate Change, 2(9): 663-667.
Zhang H, Gilbert B, Wang W, et al. 2013. Grazer exclusion alters plant spatial organization at multiple scales, increasing diversity. Ecology and Evolution, 3(10): 3604-3612.
Zhu J T, Zhang Y J, Yang X, et al. 2020. Warming alters plant phylogenetic and functional community structure. Journal of Ecology, 108(6): 2406-2415.
Zhu X X, Luo C Y, Wang S P, et al. 2015. Effects of warming, grazing/cutting and nitrogen fertilization on greenhouse gas fluxes during growing seasons in an alpine meadow on the Tibetan Plateau. Agricultural and Forest Meteorology, 214: 506-514.
Zunzunegui M, Esquivias M P, Oppo F, et al. 2012. Interspecific competition and livestock disturbance control the spatial patterns of two coastal dune shrubs. Plant and Soil, 354: 299-309.

第五章　气候变化和放牧对植物养分利用策略的影响

导读：植物氮素获取是陆地生态系统氮循环的关键环节，因为植物根系氮吸收驱动了氮素在生态系统不同组分中的流动。青藏高原高海拔诱发的低温限制了土壤氮矿化作用，导致土壤可利用氮素的供应较低，成为限制高寒植物生长的重要因素。在氮受限的环境中，如何从土壤中获取可利用氮素是高寒植物生存和繁殖的关键。因此，本章基于对已发表文献的整合分析以及不对称增温和适度放牧试验平台，结合原位 ^{15}N 标记试验，拟回答如下科学问题：①青藏高原高寒土壤可利用氮素组成如何？②高寒植物具有怎样的氮素获取策略？③气候变暖和放牧如何影响植物氮素获取策略？④植物和土壤微生物如何竞争利用土壤中的氮素？

第一节　青藏高原土壤可利用氮素的组成

在藏北高原 2000km 长的样带上选择了 20 个样地，包括 2 个沼泽化高寒草甸样地（位点 1 和 2，主要植物物种是西藏嵩草、珠芽蓼、委陵菜等）、3 个高寒灌丛样地（位点 3～5，主要植物物种是垫状金露梅、二裂委陵菜、三穗薹草）、5 个高寒草甸样地（位点 6～10，主要植物物种是矮生嵩草、小嵩草、垂穗披碱草、薹草、鹅绒委陵菜）、8 个高寒草原样地（位点 11～18，主要植物物种是青藏薹草、紫花针茅）以及 2 个高寒荒漠草原样地（位点 19、20，主要植物物种是紫花针茅、灌木亚菊）。在这 5 种植被类型中，沿着从青藏高原东部（616mm）到西部（75mm）的降水梯度，所有位点的海拔都超过了 3200m，在每一个样地，分别测定了植物地上生物量、地下生物量及植物物种丰富度等指标（Jiang et al.，2021）。有关样地的信息见表 5-1。

表 5-1　研究样地信息

位点	纬度	经度	海拔/m	MAT/℃	MAP/mm	TOC/%	TN/%	黏粒/%	粉粒/%	砂粒/%	植被类型	土壤类型
1	31°28′	92°10′	4453	0.13	454.37	4.27	0.25	25.17	32.74	42.09	沼泽化高寒草甸	沼泽化草甸土
2	31°28′	92°11′	4453	0.13	454.37	—	—	—	—	—	沼泽化高寒草甸	沼泽化草甸土
3	31°53′	93°41′	4192	2.84	616.27	4.03	0.34	35.82	33.17	31.015	高寒灌丛	高山灌丛草甸土
4	31°53′	93°41′	4192	2.84	616.27	—	—	—	—	—	高寒灌丛	高山灌丛草甸土
5	28°30′	86°85′	4622	3.43	345.85	4.69	0.31	26.78	41.96	31.256	高寒灌丛	高山灌丛草甸土
6	37°62′	101°32′	3215	−1.70	600.00	19.53	1.60	—	—	—	高寒草甸	高山草甸土
7	34°48′	100°22′	3732	−0.60	513.00	—	—	—	—	—	高寒草甸	高山草甸土
8	31°25′	92°10′	4501	0.13	454.37	4.12	3.30	33.54	32.90	33.5575	高寒草甸	高山草甸土
9	30°74′	91°04′	4800	2.71	423.86	3.27	0.32	32.84	30.35	36.81	高寒草甸	高山草甸土
10	28°52′	87°08′	4981	4.86	323.34	4.44	0.33	34.10	27.14	38.76	高寒草甸	高山草甸土

续表

位点	纬度	经度	海拔/m	MAT/℃	MAP/mm	TOC/%	TN/%	黏粒/%	粉粒/%	砂粒/%	植被类型	土壤类型
11	30°77′	90°96′	4741	2.71	423.86	3.27	0.34	29.94	33.89	36.166	高寒草原	高山草甸土
12	31°37′	90°52′	4609	0.88	398.71	4.78	0.32	37.61	31.44	30.96	高寒草原	高山草原土
13	31°62′	89°59′	4596	−3.64	388.24	4.41	0.42	40.23	32.87	26.90	高寒草原	高山草原土
14	31°49′	87°13′	4596	−3.64	388.24	—	—	—	—	—	高寒草原	高山草原土
15	32°00′	84°85′	4594	0.12	229.38	—	—	—	—	—	高寒草原	高山草原土
16	31°51′	86°04′	5201	−2.98	191.08	3.07	0.31	33.89	36.42	29.69	高寒草原	高山草原土
17	33°43′	84°40′	5096	−2.98	191.08	—	—	—	—	—	高寒草原	高山草原土
18	33°37′	84°34′	4881	−2.98	191.08	—	—	—	—	—	高寒草原	高山草原土
19	33°40′	79°95′	4332	0.06	75.67	3.82	0.32	31.99	28.01	40.00	高寒荒漠草原	高山荒漠土
20	33°49′	79°70′	4266	0.06	75.67	3.02	0.21	27.62	32.65	39.73	高寒荒漠草原	高山荒漠土

注：样地 1 和 2 分别为沼泽化高寒草甸的踏头和踏间；样地 3 和 4 分别为丛内和丛间；MAT，年平均气温；MAP，年平均降水量；TOC，总有机碳；TN，全氮。

研究发现，不同植被类型和土壤深度下，土壤含水量有着显著差异（图 5-1）。整体来说，0～10cm、10～20cm 和 20～30cm 土壤深度下，沼泽化高寒草甸和高寒草甸的土壤有着较高的含水量，高寒荒漠草原的土壤含水量最低。

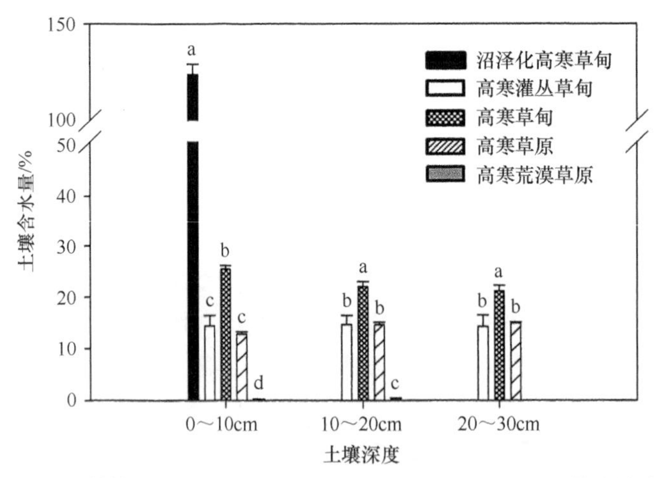

图 5-1　不同植被类型 0～10cm、10～20cm、20～30cm 土层的土壤含水量

柱条代表的是平均值，竖线为误差线（n=5）。不同小写字母表示在 0～10cm、10～20cm 和 20～30cm 土层有显著性差异（P<0.05）

总体上，在高寒草甸 0～10cm 的土壤深度下，土壤可溶性有机氮（DON）占土壤总可溶性氮（TDN）的 60.8%，其中沼泽化高寒草甸土壤中该比例为 59.8%、高寒灌丛草甸土壤中为 54.1%、高寒草甸土壤中为 52.0%、高寒草原土壤中为 60.9%、高寒荒漠草原土壤中为 77.2%（图 5-2），植被类型对土壤溶液中 DON、NH_4^+-N 和 NO_3^--N 的百分含量有着显著的影响（P<0.05）。所有植被类型 DON 占 TDN 库的平均比例为 58.8%± 2.25%（Jiang et al.，2021）。

NH_4^+-N 占 TDN 百分比的趋势与 DON 的趋势是相反的。在 0～10cm、10～20cm 和

20～30cm 的土壤深度下，高寒灌丛草甸的 NH_4^+-N 值最高、高寒荒漠草原最低（图 5-2），而土壤 NO_3^--N 的组成占 TDN 百分比在 0～10cm 高寒灌丛和 10～20cm 高寒荒漠草原中最低（图 5-2）。在 0～10cm 的土壤深度下，沼泽化高寒草甸和高寒草甸的土壤 NO_3^--N 值没有显著差异；在 10～20cm 和 20～30cm 的土壤深度下，高寒灌丛、高寒草甸和高寒草原的土壤 NO_3^--N 值也没有显著差异。土壤深度对于土壤溶液中 DON、NH_4^+-N 和 NO_3^--N 浓度有显著影响（P<0.05），且通常随土壤深度增加而降低（Jiang et al.，2021）。

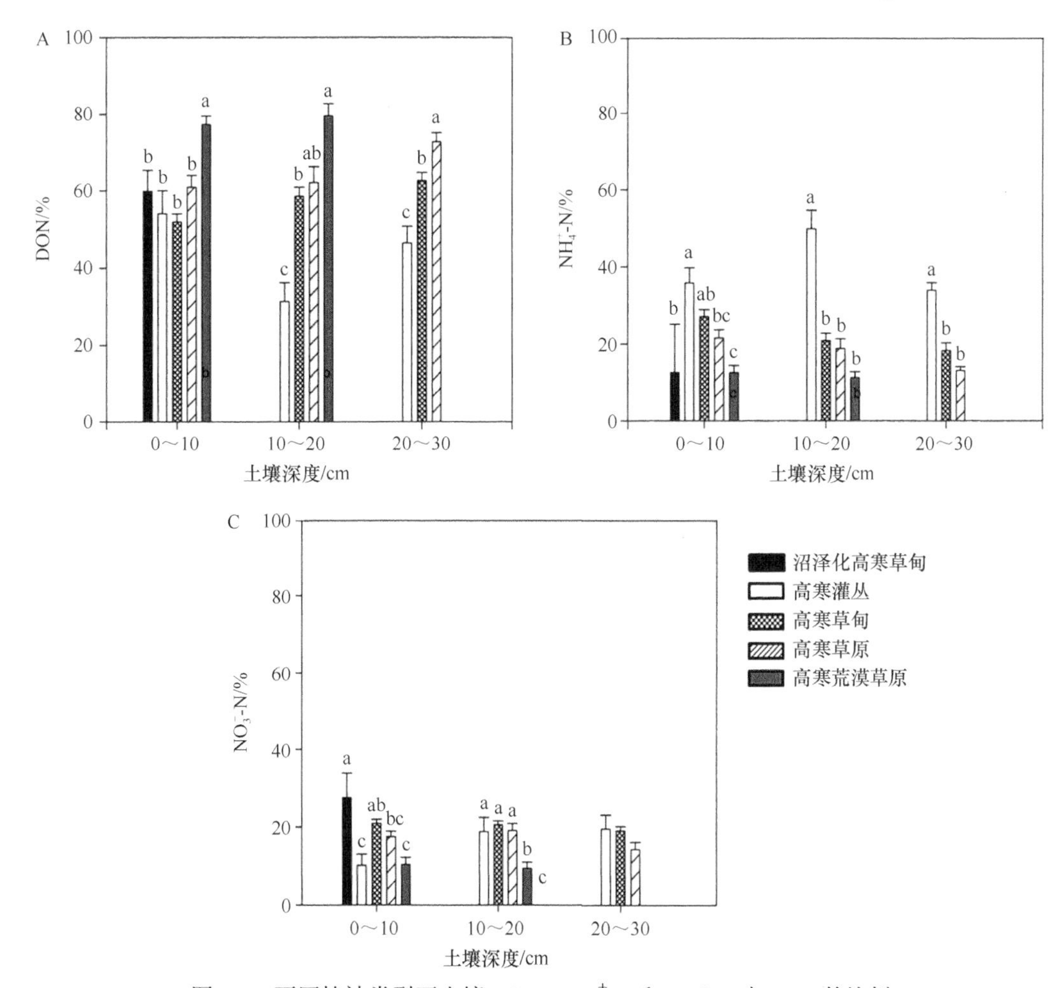

图 5-2　不同植被类型下土壤 DON、NH_4^+-N 和 NO_3^--N 占 TDN 的比例

柱条代表的是平均值，竖线为误差线（n=5）。不同小写字母表示在 0～10cm、10～20cm 和 20～30cm 土层有显著性差异（P<0.05）

总体上，植被类型对土壤溶液中 DON、NH_4^+-N 和 NO_3^--N 浓度的影响显著，在 0～10cm 土壤深度下，沼泽化高寒草甸和高寒草甸的 DON 值没有显著性差异，显著高于其他三种植被类型，而高寒荒漠草原的 DON 值最低；20～30cm 土壤深度下，高寒草甸的 DON 值显著高于高寒草原、高寒灌丛和高寒荒漠草原，高寒荒漠草原的值最低；同样，20～30cm 的深度下高寒草甸的 DON 值显著高于其他两个植被类型的值。对于 NH_4^+-N 和 NO_3^--N，在不同的土层下，它们与 DON 的变化趋势一致。土壤溶液中 TDN、DON、

NH_4^+-N 和 NO_3^--N 浓度通常随土壤深度的增加而降低（图 5-3）。

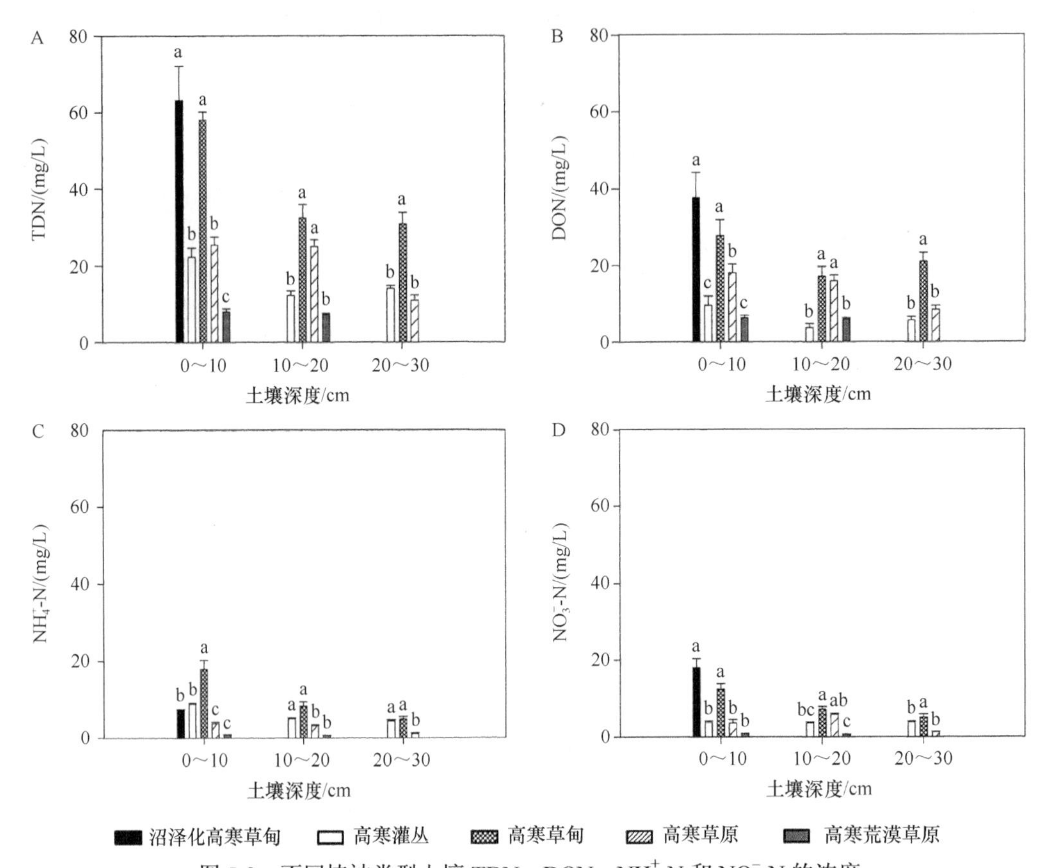

图 5-3 不同植被类型土壤 TDN、DON、NH_4^+-N 和 NO_3^--N 的浓度

柱条代表的是平均值，竖线为误差线（n=5）。不同的字母表示在 0～10cm、10～20cm 和 20～30cm 土层有显著性差异（$P<0.05$）

植物地上生物量的变化趋势与土壤 DON 含量的变化趋势是一致的。沼泽化高寒草甸、高寒灌丛和高寒草甸的植物地上生物量较高，而高寒草原和高寒荒漠草原则较低。植物地下生物量随土壤深度增加而降低。土壤微生物碳（MBC）的变化趋势与植物地下生物量的变化趋势一致，在 0～10cm 的土壤深度下，沼泽化高寒草甸、高寒灌丛和高寒草甸处土壤 MBC 较高，而高寒草原和高寒荒漠土壤 MBC 较低（图 5-4）。高寒灌丛、高寒草甸和高寒草原在 10～20cm 土壤深度下 MBC 的值随土壤深度的增加而降低，而在 20～30cm 土壤深度下植被类型间土壤 MBC 没有显著差异。在 0～10cm 的土壤深度下，沼泽化高寒草甸和高寒荒漠草原土壤微生物氮（MBN）最低，而在高寒灌丛和高寒草甸则较高（图 5-4）。所有植被类型土壤 MBN 随土壤深度变化没有显著差异（Jiang et al., 2021）。

在沼泽化高寒草甸和高寒荒漠草原，土壤全氮（TN）含量较低；在高寒灌丛、高寒草甸和高寒草原，土壤 TN 值较高；沼泽化高寒草甸土壤全磷（TP）含量最低，高寒灌丛、高寒草甸和高寒草原土壤有效磷（AP）含量较高，而沼泽化高寒草甸和高寒荒漠草原土壤有效 P 含量较低（表 5-2）。

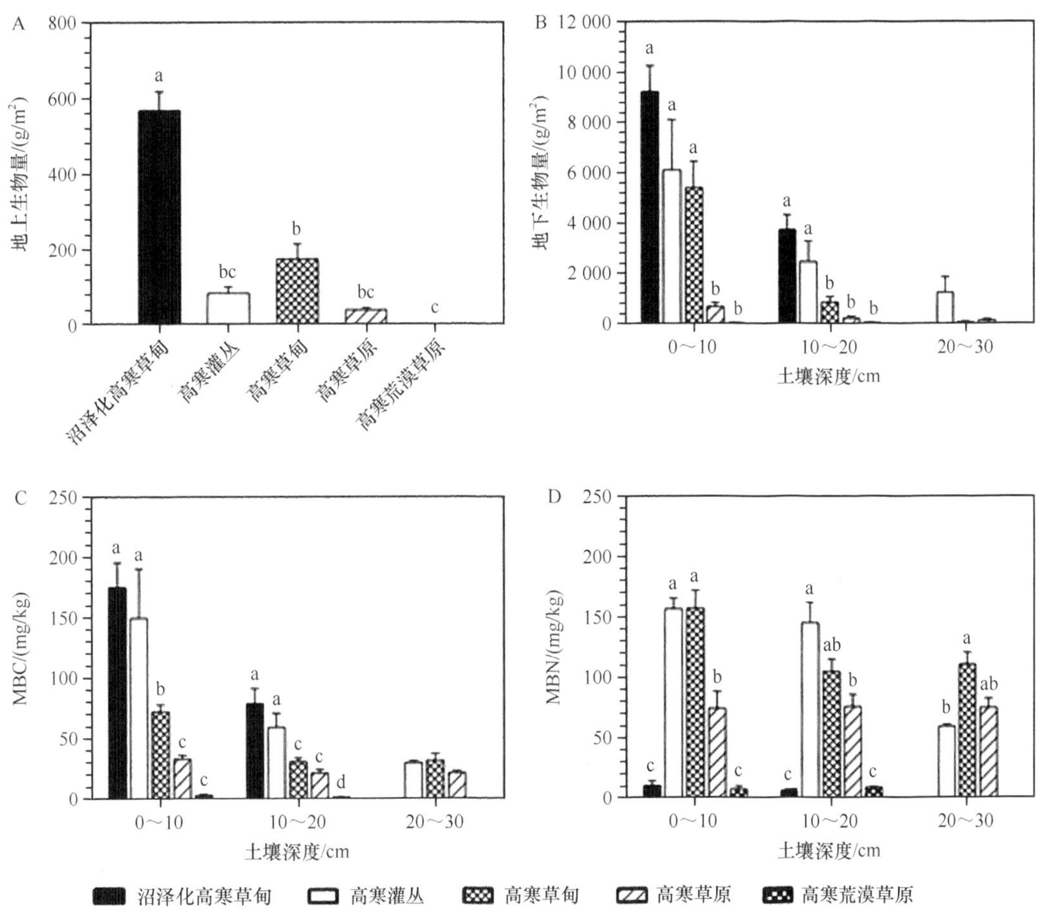

图 5-4 植物地上、地下生物量、微生物碳（MBC）和微生物氮（MBN）

柱条代表平均值，竖线为误差线（n=5）。不同小写字母表示在 0～10cm、10～20cm 和 20～30cm 土层有显著性差异（P<0.05）

表 5-2 不同植被类型下的土壤特征

	沼泽化高寒草甸	高寒灌丛	高寒草甸	高寒草原	高寒荒漠草原
TN/(g/kg)	2.52±0.09c	3.42±0.05ab	3.27±0.03ab	3.51±0.09a	3.15±0.03b
TP/(g/kg)	0.34±0.01b	0.51±0.01a	0.50±0.01a	0.55±0.03a	0.50±0.01a
AP/(mg/kg)	3.63±0.02c	5.07±0.07a	4.45±0.09ab	4.84±0.17ab	4.35±0.05b

注：TN，土壤全氮；TP，土壤全磷；AP，土壤有效磷。

在区域尺度上，我们发现土壤 TN 浓度与土壤含水量、植物地上和地下生物量有明显的正相关，而土壤 TDN 浓度与植物物种丰富度为负相关关系，且这些因子可以解释土壤 TN 浓度变化的 85%（表 5-3）。土壤 DON 与植物地下生物量、土壤含水量和 MBC 之间有着正相关关系，土壤 DON 与土壤 TP 之间为负相关关系，且这些因子可以解释 DON 浓度变化的 84%（表 5-3）。NH_4^+-N 浓度与植物地下生物量和土壤含水量之间为正相关关系，而 NH_4^+-N 与 MBN 浓度和植物物种丰富度之间为负相关关系，且这些因子可以解释 81%的 NH_4^+-N 浓度变化。NO_3^--N 浓度与土壤含水量和 MBN 之间为正相关关系，而 NO_3^--N 浓度和土壤总碳浓度之间为负相关关系，且这些因子可以解释 NO_3^--N 浓度变化的 79%。

表 5-3 区域尺度上生物和非生物因素与土壤 DON、NH_4^+-N 和 NO_3^--N 逐步回归分析

	变量	偏 R^2	F 值	P 值
TDN	土壤含水量	0.79	134.50	<0.001
	物种丰富度	–0.04	13.46	0.008
	地上生物量	0.01	5.33	0.02
	地下生物量	0.01	4.20	0.04
DON	地下生物量	0.61	56.53	<0.001
	土壤含水量	0.07	7.55	0.009
	总磷	–0.09	13.41	0.001
	MBC	0.07	15.93	0.000
NH_4^+-N	地下生物量	0.62	57.46	<0.001
	土壤含水量	0.07	8.02	0.007
	MBN	–0.08	11.84	0.001
	物种丰富度	–0.04	7.26	0.011
NO_3^--N	土壤含水量	0.66	70.8	<0.001
	TOC	–0.08	11.69	0.001
	MBN	0.05	9.3	0.004

注：MBC，微生物碳；MBN，微生物氮；TOC，土壤总有机碳。

土壤 DON 在陆地生态系统氮循环中的作用十分重要（Jones et al.，2004；Christou et al.，2006；Farrell et al.，2011；Warren，2014）。研究结果显示，在所有的植被类型下，土壤 DON 占 TDN 库的 60.8%±2.2%，在 0～10cm 的土壤深度下，高寒荒漠草原中的贡献率最大（TDN 的 77.22%±2.32%），高寒草甸中的贡献率最小（TDN 的 52.03%±2.00%）。该结果支持我们之前所做的假设——DON 是高寒草甸主要的可溶性氮库。这个结果和以前在温带草地的研究发现相似（Jones et al.，2004；Farrell et al.，2011），而且这些在英国、威尔士和希腊的农业系统也发现类似的结果（Christou et al.，2006）。例如，Jones 等（2004）发现在威尔士北部的三种不同的温带草地中 DON 对 TDN 的平均贡献率为 60.82%，Christou 等（2005）也发现在农业系统中 DON 对 TDN 的平均贡献率为 57%。然而，Zhou 等（2013）发现在内蒙古的温带草原处 SON 只占 TDN 库的 38.5%。这就表明 DON 在高寒地区可能起到非常重要的作用，而且重申了在生态系统 N 收支和 N 循环研究中检测 DON 的必要性（Jones et al.，2004；Christou et al.，2006）。我们的结果也显示了在最低生产力的高寒荒漠草原有着最高的 DON 贡献率，且在 10～20cm 和 20～30cm 的土壤深度下 DON 的贡献率会随生产力降低而升高。这项结果与 Farrell 等（2011）认为在较高纬度和较低生产力地区 DON 通常为主要库的发现一致。该结果也支持另一假说——DON 是较高纬度和较低生产力生态系统中主要的可利用 N 库（Christou et al.，2005；Näsholm et al.，2009）。

研究结果表明，土壤中 DON 的浓度（沼泽化高寒草甸、高寒灌丛、高寒草甸、高寒草原和高寒荒漠草原分别为 37mg N/L、9.6mg N/L、27mg N/L、18mg N/L 和 6mg N/L）要比之前在许多温带森林和草地的研究结果高。在世界各地的 42 个温带森林中的研究结果表明，土壤溶液中 DON 浓度为 0.2～3mg/L（Michalzik et al.，2001）。然而，在希腊、英国及瑞典研究的 23 个森林样点发现 DON 的平均浓度为 18mg /L（van Hees et al.，2002；Christou et al.，2005）。众所周知，土壤溶液获取方法会影响土壤中 DON 浓度（Murphy et al.，2000；Ros et al.，2009），这些研究中最大的差异应该是由不同的获取土壤溶液方法造成的（Michalzik et al.，2001）。DON 是通过 H_2O、KCl、K_2SO_4 或其他提取方法从土壤中提取获得的（Murphy et al.，2000，1999）。相反，在 van Hees（2002）和 Christou（2005）等人的研究中使用的是破坏性离心排水技术，该方法即使在高的土壤水势（＞1.5MPa）下也可以重获土壤溶液。Jones 和 Willett（2006）发现不加任何提取剂直接离心获得的 DON 值，与未过筛的潮湿土壤样品用 2mol/L 的 KCl 溶液以 1∶5（*m*∶*V*）的比例、20℃下提取 1h 的化学提取方法得到的 DON 值是相等的（Jones and Willett，2006）。尽管我们得到的 DON 值和不用提取剂得到的结果相等（Jones and Willett，2006），却仍然和 Jones 等（2004，2012）在位于威尔士北部的温带草地的结果（DON 浓度为 2.1～12.1mg/L）有所差异。然而，我们在高寒草甸观测的 DON 浓度（27mg/L）与 2006 年和 2007 年在高寒草甸不用提取剂定量的 DON 浓度一致（0～20cm 土壤深度下分别为 27.30mg/L 和 28.15mg/L）（Jiang et al.，2017）。这些结果足以表明在西藏高寒草甸的土壤 DON 浓度要比温带森林或温带草地的 DON 值高，且可推断出该地有一个潜在的巨大 N 源（Jones and Kielland，2002）。

我们的研究结果显示，在沼泽化高寒草甸、高寒草甸和高寒草原有着较高的土壤 DON，而高寒荒漠草原的 DON 值较低。土壤 DON 的上升趋势与植物净地上和地下初级生产力是一致的。土壤溶液中的 DON 主要源于植物凋落物的分解（Kalbitz et al.，2000；Haynes，2005）或根系分泌物（Jones et al.，2008，2005，1994；Haynes，2005；Strickland et al.，2012）。我们的研究结果显示，在较高生产力的地区有着较高的土壤 DON 浓度，如在有着较高地上或地下生物量的沼泽化高寒草甸和高寒草甸地区，土壤 DON 浓度较高（图 5-4）。这个结果和 Zhou 等（2012）的发现是一致的，他们发现有作物覆盖的处理比对照处理的 DON 浓度要高。然而，不同的作物残体覆盖下的 DON 浓度没有明显差异。

植物残体的生物量决定着土壤 DON 浓度的高低。逐步回归分析的结果显示，在区域尺度上，植物地下生物量大约解释土壤 DON 变化的 60%。在不同植被类型下，土壤的 TC 或 TOC 值没有显著差异。这些结果表明在区域尺度上，对于高寒草甸，植物地下生物量是影响土壤 DON 浓度的主要因子。早先的研究提出，在野外条件下，水文变化所起的作用可能比生物因子的作用要大（Kalbitz et al.，2000；Zhou et al.，2012）。我们的逐步回归分析结果显示，土壤含水量和土壤 DON 浓度呈正相关关系，但只占土壤 DON 变化的 7%。这些结果表明，在区域尺度上，生物要素可能仍然是一个重要因子，且土壤水分可能通过直接控制植物的生产力而间接控制土壤 DON。土壤深度对土壤溶液中 TN、DON、NH_4^+-N 和 NO_3^--N 浓度有着显著作用，且通常随土壤深度增加而降低。

由于不同土壤深度下根和微生物生物量的变化，可溶性营养物质在土壤剖面空间尺度下由于下渗而发生变化是有可能的。

然而，只测定总 DON 值而不是测定其他成分含量，可能会限制我们理解和定量它们的功能性作用（Jones at al.，2004）。先前的研究显示 DON 包括两个功能性库：高分子质量 DON（＞1kDa 的氨基酸、氨基糖、多肽等）和低分子质量 DON（＜1kDa 的氨基酸、氨基糖、多肽等）。目前的一些证据表明，除了无机氮，植物根或者土壤微生物也有吸收低分子质量 DON 的能力（Yu et al.，2002；Jones et al.，2004）。例如，在石楠属灌丛（Abuzinadah and Read，1988）、北极冻原（Kielland，1994；Nordin et al.，2004）、温带草地（Weigelt et al.，2005）及青藏高寒草甸生态系统（Xu et al.，2006，2011）中，植物或土壤微生物可以直接利用土壤氨基酸。研究者发现，与大多数氨基酸通过微生物呼吸损失不同，一些植物和微生物比较喜欢通过草地中的氨基糖、农业土壤中的缩氨酸（Hill et al.，2011，2012；Warren，2014）及草地中的季铵化合物（Warren，2013；Farrell et al.，2011）来直接利用土壤低分子质量 DON。在高寒草甸所有植被类型中，土壤 DON 含量都高于 DIN。在最低生产力的地方土壤 TDN 中，DON 的比例最高。研究结果显示高寒草甸的 DON 浓度比温带森林和温带草地 DON 浓度要高，这表明在高寒生态系统中，DON 在氮循环中的作用比在其他生态系统中要大。因此，在无机氮基础上测定的 DON 是土壤中一个重要的可溶性氮库。

第二节　高寒植物的氮素利用策略

通过综述分析发现，已开展的研究多集中于青藏高原东部和南部的草地生态系统，高寒植物偏好吸收铵态氮和硝态氮等无机态氮素，其次是甘氨酸等低分子质量有机态氮，但整体上，高寒植物对铵态氮和硝态氮的获取偏好没有明显差异。由于大多数研究采用甘氨酸作为模式有机氮形态，而且土壤中还存在大量的其他自由态氨基酸等可溶性低分子质量有机氮，未来应侧重于探究高寒植物对各种自由态氨基酸等低分子质量有机氮的吸收、可利用氮素的供应能力，以及放牧和全球气候变化等因素的影响，从而明晰高寒植物氮素获取的生物地理分异规律。

一、高寒植物整体氮素获取偏好

基于对已发表数据的综合分析，我们发现青藏高原高寒植物对铵态氮、硝态氮和甘氨酸的 ^{15}N 吸收速率相当（图 5-5A），但该数据并不能真实反映三种氮形态对植物总氮获取的贡献，因为 ^{15}N 数据仅仅反映了植物对所添加示踪剂的吸收状况，不能量化土壤中其对应的氮形态对植物氮吸收的贡献。为了真正量化土壤中铵态氮、硝态氮和甘氨酸对植物氮吸收的贡献，还需考虑进行 ^{15}N 标记时土壤中相应氮形态的浓度（McKane et al.，2002）。基于已有研究的报道，我们发现青藏高原植物的氮素获取整体偏向于吸收无机态氮（即铵态氮和硝态氮），其次为有机态氮素（即甘氨酸，图 5-5B），这与我们前期利用 ^{14}C 和 ^{15}N 双标记的螺旋藻作为复合性氮源证实有机氮对矮生嵩草氮利用的贡献可高达21%～35%的研究结果是一致的（Xu et al.，2006）。植物对铵态氮和硝态氮的吸收未表现出显著差异（$P>0.05$），且二者均显著高于对甘氨酸的吸收速率。考虑到土壤中存在二十余种氨基酸，它们的含量随生态系统类型而异，因此仅用甘氨酸可能很难完全代表植物对有机氮的吸收，例如，有研究显示青藏高原植物对天冬氨酸也有较强的吸收能力（Wang et al.，2012）。因此，未来还需探究各种氨基酸对青藏高原植物氮素营养的年际贡献，以全面理解高寒植物的氮素获取策略。

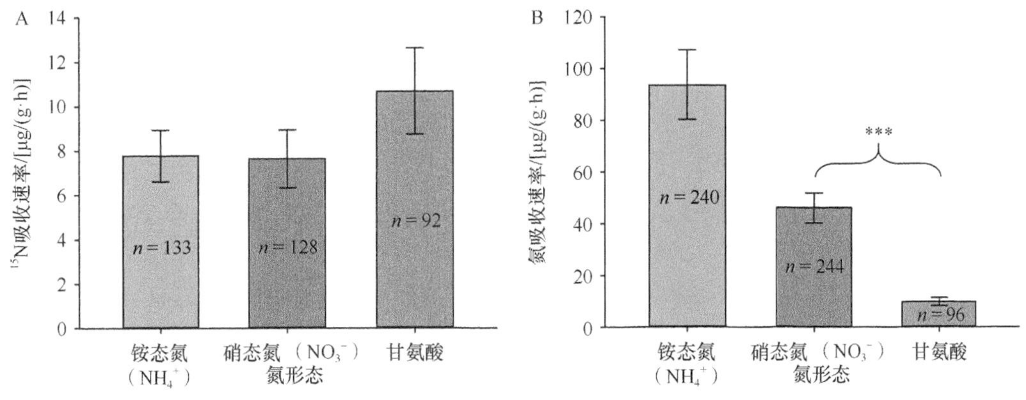

图 5-5　青藏高原植物氮素获取特征

***表示差异极显著

在高海拔和高纬度地区，低温限制了微生物活性，从而抑制了土壤矿化速率，导致土壤中累积了大量有机氮，无机氮含量却较低。为了缓解无机氮不足带来的氮素限制，高寒植物通常增加对有机氮如氨基酸的吸收，这也是前期很多研究集中于北极苔原和高寒生态系统开展相关研究的原因（Chapin et al.，1993；Schimel and Chapin，1996）。目前，已有的研究证实青藏高原植物能够直接从土壤溶液中获取低分子质量有机态氮（Xu et al.，2011，2004；Jiang et al.，2018；Zhang et al.，2019），但是高寒植物可能更偏好吸收硝态氮或铵态氮（图 5-5）。

二、优势植物氮素获取分异

青藏高原高寒草甸的优势植物，如矮生嵩草（*Kobresia humilis*）、异针茅（*Stipa aliena*）和横断山风毛菊（*Saussurea superba*）等，其氮素吸收偏好均表现为硝态氮＞铵态氮＞甘氨酸（Zhang et al.，2019）。相比于硝态氮而言，植物吸收铵态氮消耗较少的能量，但是青藏高原的这些优势植物仍偏好吸收硝态氮，可能存在如下原因。①植物氮素获取在一定程度上取决于土壤氮素浓度，而青藏高原土壤中硝态氮的浓度一般要高于或等于铵态氮的浓度（Zhang et al.，2019），且硝态氮更为游离，更不易被土壤颗粒吸附，所以更便于被植物吸收。②不同植物属性有不同的氮利用偏好，有些植物本身就偏好吸收硝态氮，例如，高寒草甸中的苔藓植物偏好吸收铵态氮，而维管植物偏好吸收硝态氮（Wang et al.，2014）。推测这可能是由于苔藓植物地上部分较为发达，而维管植物根系更为发达所致，而许多高寒植物都拥有发达的根系。更有研究显示，放牧条件下高寒草甸植物会增加对地下部分的碳投资（Hafner et al.，2012），促进根系生长。例如，青藏高原优势植物高山嵩草（*Kobresia pygmaea*）在放牧压力下生长有发达的根系（Schleuss et al.，2015），进而形成厚厚的草毡层。但是这种对硝态氮素的吸收偏好因植物物种而异，如垂穗披碱草（*Elymus nutans*）和麻花艽（*Gentiana straminea*）等则具有更高的铵态氮吸收速率（Xu et al.，2011），推测是由于群落中优势物种与非优势物种之间的竞争导致。同时，铵态氮的吸收需要相比于硝态氮更少的能量，因而更有利于群落非优势植物物种的吸收。③植物吸收较多硝态氮一方面用于平衡体内的阴、阳离子（Alloush et al.，1990），另一方面也可以避免较多铵离子吸收带来的毒害作用（Gerendás et al.，1997）。

三、青藏高原高寒植物氮素获取的地理分异

青藏高原最为典型的植被类型为高寒草甸，现阶段关于植物氮素获取的研究中87%集中于高寒草甸生态系统（图5-6），所涉及的物种数量由几种到十几种不等。对高寒草甸和高寒草原的优势植物，如矮生嵩草、高山嵩草、紫花针茅（*Stipa purpurea*）、鹅绒委陵菜（*Potentilla anseria*）和垂穗披碱草等的研究较多（邓建明等，2014；Jiang et al.，2018，2017；Zhang et al.，2019），这些草地物种整体偏好于吸收无机氮（图5-5），但在放牧和增温等外界干扰下可能变为偏好有机氮（Jiang et al.，2018），其具体吸收特征因外界环境和自身属性而异。除高寒草甸优势植物物种研究外，Wang 等（2014）还研究了青藏高原高寒草甸苔藓类植物的氮素获取。对于其他的生态系统类型而言，Cui 等（2017）于农业生态系统开展研究，证实青藏高原农作物氮素获取随不同生长季节而改变。Zou 等（2017）研究了青藏高原亚高山针叶林的两种木本植物云杉（*Picea asperata*）和红桦（*Betula albosinensis*）的氮素获取，发现其对有机氮有较强的吸收偏好，高于对铵态氮的吸收。Zhang 等（2018）也对青藏高原森林生态系统中的云杉氮素获取特征进行了研究，发现虽然云杉优先吸收无机态氮素，但是有机氮仍然占据了较大的比重。此外，Gao 等（2014）对青藏高原湿地生态系统的三个优势物种展开了其对有机氮和无机氮吸收特征的研究，发现其氮素吸收与氮形态、土壤深度和生长季节都紧密相关。目前尚未发现对青藏高原灌丛及西北部荒漠生态系统植物氮素获取策略的报道，可能是这些地区恶劣的环境阻碍了相关研究的开展。

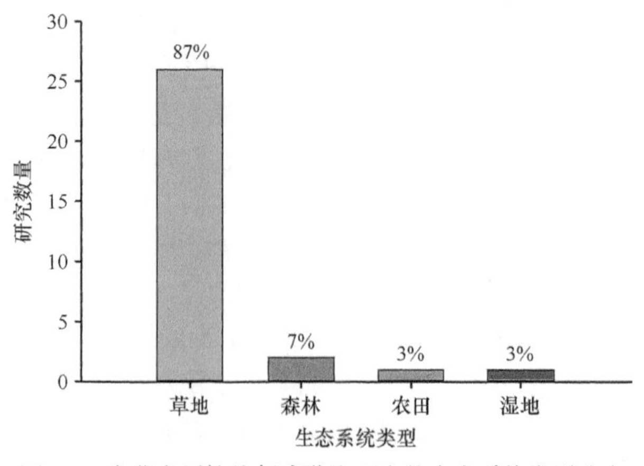

图5-6　青藏高原植物氮素获取研究的生态系统类型分布

关于青藏高原植物氮素获取的研究集中分布于青藏高原的东部和南部（图 5-6），推测与气候因素直接相关。受温暖湿润的南部夏季风影响，青藏高原的南部和东南部湿度大、温度高，植被生产力整体上呈现出从东南向西北递减的趋势。气候条件不仅决定了植被分布，也改变了植物氮素获取策略。人类活动等因素造成的全球气候变化总趋势下，青藏高原地区的温度和降水量也都呈现了增加的趋势。基于此，在这些地区也开展了许多增温和增雨的模拟试验。研究结果显示，6 年增温可降低高寒草甸植物对有机氮的吸收（Ma et al.，2015）。但也有研究证实，10 年增温能够促进部分高寒草甸优势植物对有机氮的吸收（Jiang et al.，2018）；同时，10 年增温可大幅度（80%）降低高寒草甸 4 种优势物种矮生嵩草、鹅绒委陵菜、垂穗披碱草和早熟禾（*Poa annua*）对无机氮的吸收速率（Zhang et al.，2020a）。高寒植物在不同增温和增雨处理下对氮素的吸收能力因物种而异，增雨能够显著提高矮生嵩草的氮吸收能力，而垂穗披碱草和横断山风毛菊则没有明显变化（邓建明等，2014）。因此，青藏高原植物氮素获取特征与气候密切相关，其具体吸收特征因物种而异。

对搜集到的部分文献中关于青藏高原土壤氮浓度的数据进行整合，结果显示土壤中的铵态氮浓度最高，显著高于浓度最低的甘氨酸（图 5-7），这也进一步解释了青藏高原植物整体对无机态氮素有较高的吸收速率的现象（图 5-5）。因同时报道土壤氮浓度和植物氮吸收速率的文献较少，未能发现二者有很好的相关关系。但也有研究显示，增施不同形态的氮肥可能会对青藏高原高寒植物的硝态氮吸收具有促进作用、抑制作用或者没有影响，而对其铵态氮吸收则几乎没有影响（Song et al.，2015）。Zhang 等（2020b）的研究发现，长期的氮肥添加能够促进植物对铵态氮和硝态氮的吸收。高寒草甸不同梯度氮素添加可以增加植物叶片氮含量，但减少植物氮素利用效率（Liu et al.，2013）。

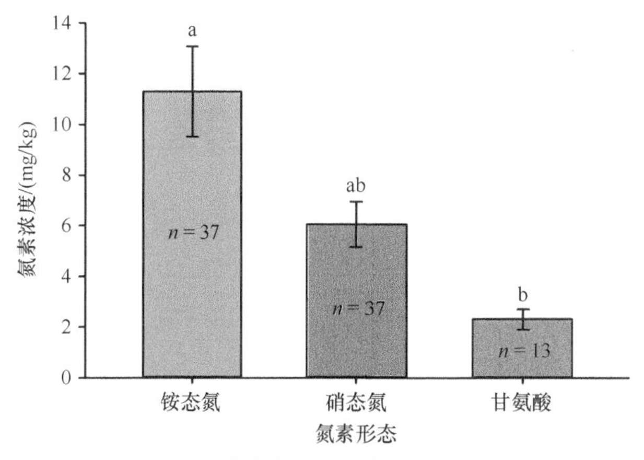

图 5-7　青藏高原土壤氮素浓度分布

为了获取更高的经济效益，青藏高原牧民放牧越加频繁，改变了土壤养分状况。青藏高原较低的温度导致了微生物活性较低，土壤物质循环周转缓慢，生境脆弱。长期较大强度的放牧导致了高寒草甸的退化，不仅使得青藏高原高寒草甸土壤营养元素比例失衡（刘敏等，2020），而且显著降低了高寒草甸植物的氮素获取效率（Jiang et al.，2017）。这种对氮素获取的抑制作用与氮素形态相关，Ma 等（2015）的研究表明，放牧能够促进高寒植物对有机氮的吸收。然而过度放牧导致的退化草地上会形成生物结皮，所形成的结皮不仅会降低土壤氮固存，还会成倍地降低植物的氮素获取效率（Zhang et al.，2017），造成植物生长的负面效应。退化草地会暴露大量裸地斑块，促使地下啮齿类动物如鼠、兔等滋生，它们的洞穴以及对植物根系的破坏会极大地影响青藏高原植物的生长并进一步加剧草地退化。虽然已有研究显示地下啮齿动物并不会对高寒植物的群落多样性造成影响，但是这也会对植物物种进行一定程度的筛选，氮素获取能力较强的植物物种能够在地下啮齿动物干扰下具有更强的竞争力（Wu et al.，2017）。

青藏高原以高海拔著称，现阶段关于青藏高原植物氮素获取的研究点，一半以上（53%）分布在海拔 3001～3500m 的范围内（图 5-8）。此外，有 34%的研究点分布在海拔 4000～5000m 的高海拔区域，这可能与研究站点的分布相关。分布在青藏高原东部区域的青海海北站（Xu et al.，2011；Guo et al.，2017）、甘肃玛曲站（Zhang et al.，2020b），以及其他一些分布在青海、甘肃和四川的站点（邹婷婷等，2017；Zhang et al.，2018）的建立为研究的开展提供了便利，这些站点分布于海拔 3001～3500m 的范围内。另外，分布在海拔 4000～5000m 范围内的西藏那曲站（Jiang et al.，2016；Pang et al.，2019）和申扎站（Hong et al.，2018，2019）的建立进一步提供了相关条件。由于相关研究数量有限且较为集中，未发现青藏高原植物氮素获取速率与海拔之间有较好的相关关系（图 5-9）。

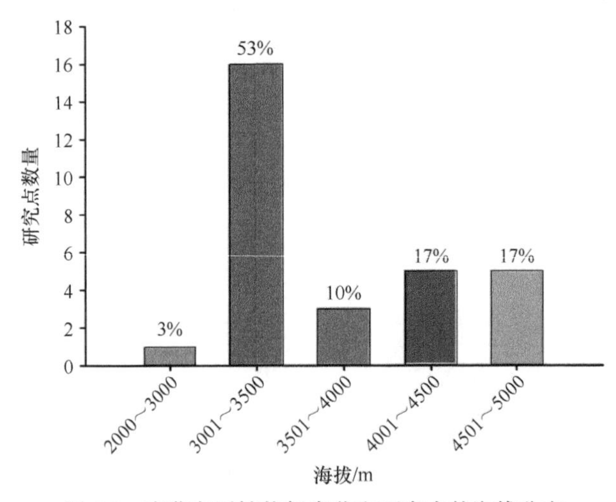

图 5-8 青藏高原植物氮素获取研究点的海拔分布

因此，现阶段关于青藏高原植物氮素获取的研究还很少，仅有的研究多集中在西藏那曲、青海海北、甘肃玛曲等地，且受站点所在地影响较大。对青藏高原植物氮素获取的研究集中在高寒草甸，主要关注了几个优势植物的吸收策略，而对青藏高原丰富多样的植物物种氮素获取的研究还不够全面。现有研究结果显示，青藏高原优势草地物种主要偏好于吸收硝态氮和铵态氮等无机态氮，其次为有机态氮，具体偏好类型因物种而异。在外界干扰或模拟气候变化处理下，植物对氮素的吸收偏好可能由无机氮转为有机氮。对青藏高原植物有机氮吸收的研究，少有除甘氨酸外其他种类氨基酸的报道，虽然甘氨酸在土壤总氨基酸含量中占据优势地位，但仅用甘氨酸并不能代表植物对有机氮的吸收能力。目前关于青藏高原植物氮素获取的因素研究主要集中于放牧等人为因素、退化等

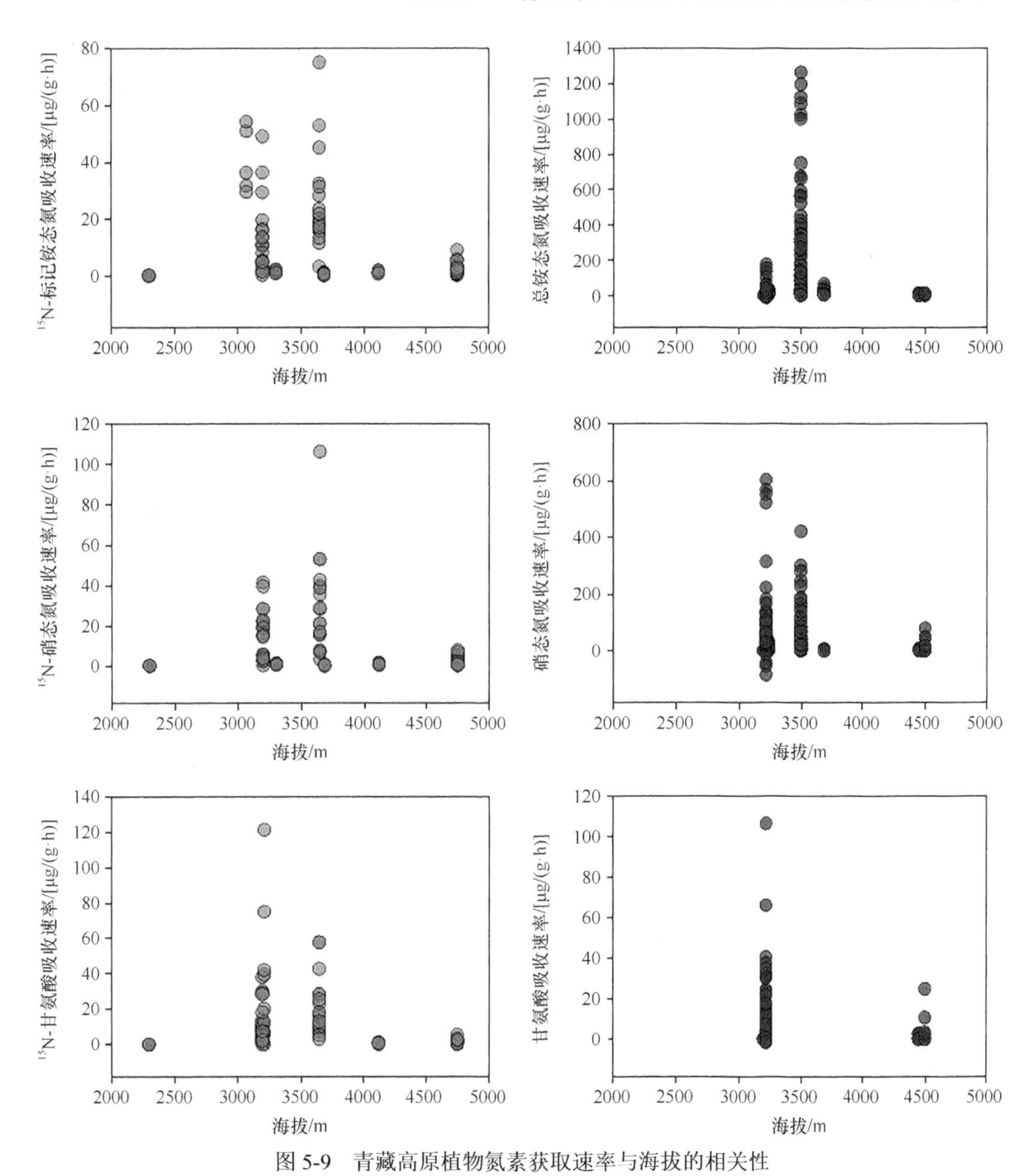

图 5-9　青藏高原植物氮素获取速率与海拔的相关性

青藏高原草地普遍面临的关键问题，以及增温、增雨、施肥等模拟全球变化的处理，对地下啮齿类动物因素也有一定的研究。总体看来，目前关于青藏高原植物氮素获取的研究还很少，建议在更广阔的研究地点、更大的物种水平上，采用标准化的方法，利用更多的有机氮形态及各种处理因素，开展更多的相关研究（Liu et al.，2020a）。这不仅有助于理清青藏高原植物生存策略，而且能够为我国乃至全球的气候变化做出贡献。

第三节　增温和放牧对植物氮素利用策略的影响

青藏高原是气候变化的敏感区，到 2050 年，西藏的地表平均温度预计会增加 2℃，增幅高于全球地表平均温度的增温幅度（Kuang and Jiao，2016；Thompson et al.，2000）。1984～2009 年期间，青藏高原每 10 年增温 0.46℃，升温速率约为全球地表的 1.5 倍（0.32℃/10a）。增温直接或者间接影响植物的氮矿化速率，包括通过增加微生物活性、加速凋落物分解、增加土壤无机氮和改变土壤中碳氮比间接影响氮矿化速率。一般认为，增温促进微生物对土壤有机质的氮矿化，提高土壤氮的有效性，从而促进氮限制地区的植物生长，增加生态系统的生产力（Rustad et al.，2001）。但也有研究表明，增温抑制了土壤的氮矿化速率，或者没有显著影响（Wang et al.，2012）。甚至在同一试验地点，氮矿化对增温的响应也可能是相反的，例如，增温显著影响亚高山草甸干旱小区的土壤氮矿化过程，但对湿润小区的氮矿化过程没有影响（Shaw and Harte，2001）。

增温可以通过改变地上、地下的氮输入和微生物的氮矿化速率来改变植物可利用性氮含量（DON）及形态（Kuster et al.，2016；Ueda et al.，2013），进而影响不同植物对氮的吸收及物种共存。增温增加植物生物量（Wang et al.，2012）、植物对氮的需求，以及植物根系对甘氨酸的吸收。研究也发现增温可增加微生物对有机氮的吸收，但在美国怀俄明州的研究发现增温对半干旱草地微生物总^{15}N回收无显著影响。

增温影响植物对不同形态氮的吸收。Jiang 等（2016）发现增温显著降低了 DON 的含量，降低的 DON 含量与植物的氮吸收呈负相关关系，意味着增温加强了高寒草甸植物对 DON 的吸收。也有研究表明，由于低氮矿化速率导致土壤较低的氮有效性，植物在低温环境下吸收更多的甘氨酸，而在增温条件下偏好吸收 NO_3^-（Chapin et al.，1986；Kuster et al.，2016；Warren，2009）。水培试验也表明，在增温条件下，相对于 NH_4^+-N 和自由氨基酸来说，一些植物物种更偏好吸收 NO_3^--N（Chapin et al.，1986；Kuster et al.，2016）。也有研究表明植物物种对氮的利用对温度变化不敏感（Henry and Jefferies，2003），温度与植物对不同形态氮的吸收之间没有必然的关系（Chapin et al.，1986）。氮素是限制青藏高原植物生长最重要的元素之一，在植物生长发育与生态系统物质循环过程中具有重要作用。然而，目前我们对青藏高原高寒植物氮素获取策略的认知并不充分。基于此，我们梳理了青藏高原有关植物氮素获取策略的研究，以期推动相关领域研究的发展。

Jiang 等（2016）利用同位素标记在海北站增温放牧平台研究了 10 年增温背景下主要植物对土壤氮形态吸收的变化。研究发现，增温对不同氮形态的植物吸收速率有显著影响（P=0.03）。所选的四种植物对 NH_4^+-N 的吸收量均随温度升高而降低，增温降低了鹅绒委陵菜对 NO_3^--N 的吸收，但对其他三种植物 NO_3^--N 的吸收量影响不显著（图 5-10）。增温使总无机氮（NH_4^+-N 和 NO_3^--N）的吸收降低了 80%左右。相比之下，增温显著增加了矮生嵩草（+152%）、鹅绒委陵菜（+600%）和垂穗披碱草（+81%）对甘氨酸的吸收，而对早熟禾甘氨酸的吸收没有显著影响（图 5-10D）。增温处理或者增温与植物种类的交互作用对植株总氮吸收速率没有显著影响（P=0.860）。

进一步研究发现，增温对植物氮吸收策略的影响随着草地退化状态而所有不同。在未退化和退化样地中，植物物种、增温和氮形态对不同植物氮吸收存在显著主效应和交互效应，同时植物种类和增温对未退化及退化样地的植物总氮吸收速率也具有显著交互作用。在退化样地中，增温显著降低了优势物种小嵩草对 NH_4^+-N 和 NO_3^--N 的吸收，增加了其对甘氨酸-N 的吸收（图 5-11）；而在未退化样地中，增温显著增加了非优势物种

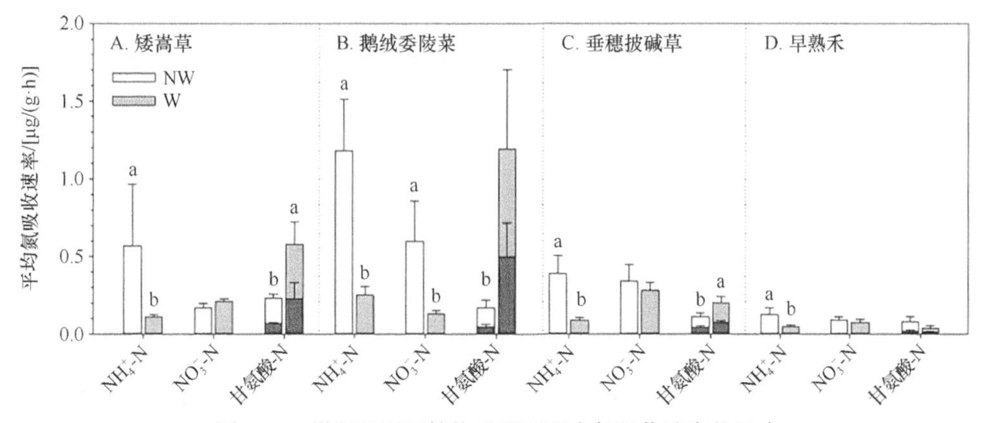

图 5-10 增温及不同植物对不同形态氮吸收速率的影响

数据以平均值±SE（n=4）表示。灰图中的绿色部分为完整甘氨酸的吸收速率。绿色部分的值是用 ^{13}C、^{15}N 双标记甘氨酸处理的植物物种平均氮吸收速率乘以植物根中 ^{13}C 增量和 ^{15}N 增量回归的斜率。不同小写字母表示未增温和增温处理间的差异具有显著性（$P<0.05$）。NW：未增温，W：增温

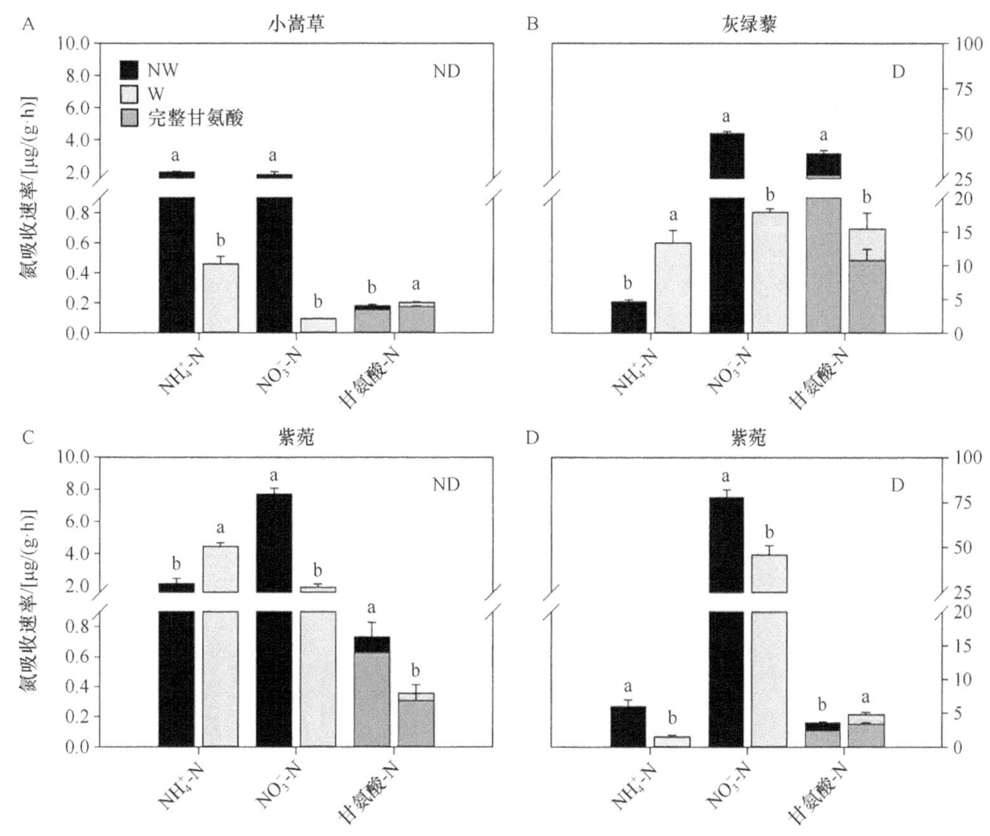

图 5-11 在未退化和退化高寒草甸上氮形态和增温对植物氮吸收速率的影响

数据均表示为均值±标准差（n=4）。不同小写字母表示增温和不增温之间具有显著差异性（$P<0.05$）。误差线代表标准差。绿色柱形图表示完整氨基酸的吸收。ND：未退化；D：退化；NW：不增温；W：增温

紫菀对 NH_4^+-N 的吸收，降低了对 NO_3^--N 和甘氨酸-N 的吸收（图 5-11C）。退化样地的优势物种紫菀与未退化样地优势物种小嵩草对增温的响应模式是一致的（图 5-11）；增温显著增加了退化样地非优势物种灰绿藜对 NH_4^+-N 的吸收，显著降低了其对 NO_3^--N

和甘氨酸-N 的吸收速率（图 5-11B），与未退化样地非优势物种对增温的响应模式一致。

未退化样地上，小嵩草在不增温的处理下偏好吸收 NH_4^+-N 和 NO_3^--N，在增温处理下偏好吸收 NH_4^+-N 和甘氨酸-N（图 5-12A）；紫菀在不增温处理下偏好吸收 NO_3^--N，而在增温处理下偏好吸收 NH_4^+-N（图 5-12C）。然而，增温并未显著改变退化样地紫菀对不同氮形态的贡献率（图 5-12D），退化样地中非优势物种灰绿藜和未退化样地非优势物种紫菀的吸收模式一致（图 5-12B）。增温显著降低了未退化和退化样地上所有植物物种的总氮吸收速率（图 5-13）。

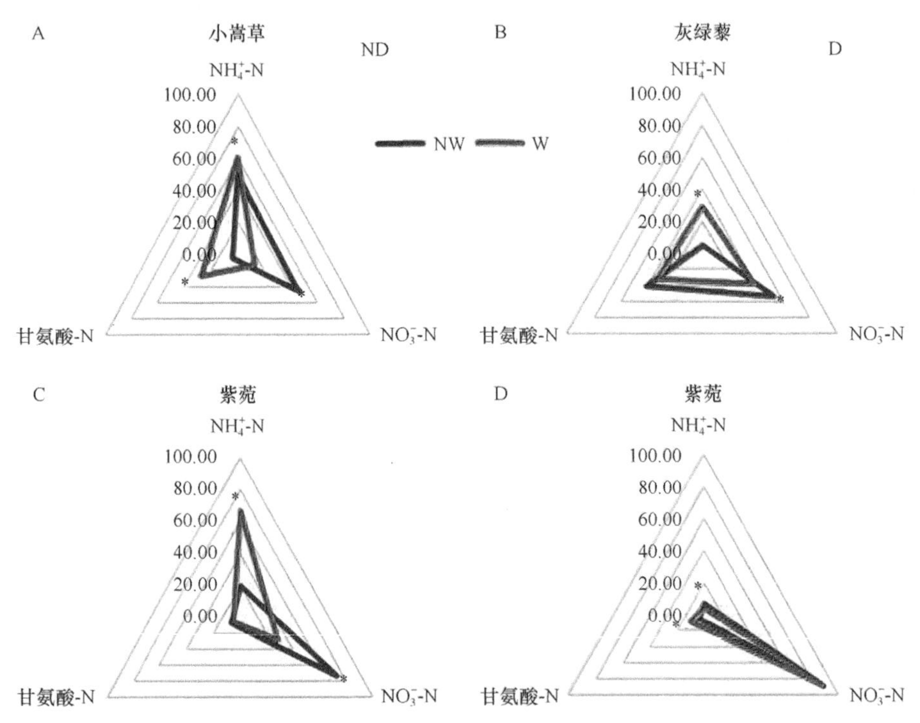

图 5-12　未退化和退化高寒草甸两种主要植物在增温条件下化学生态位的变化

x 轴、y 轴和 z 轴分别表示 NH_4^+-N、NO_3^--N 和甘氨酸-N 在总氮吸收量中的贡献率（%）。星号表示增温与不增温处理间具有显著性差异（$P<0.05$）。ND：未退化；D：退化；NW：不增温；W：增温

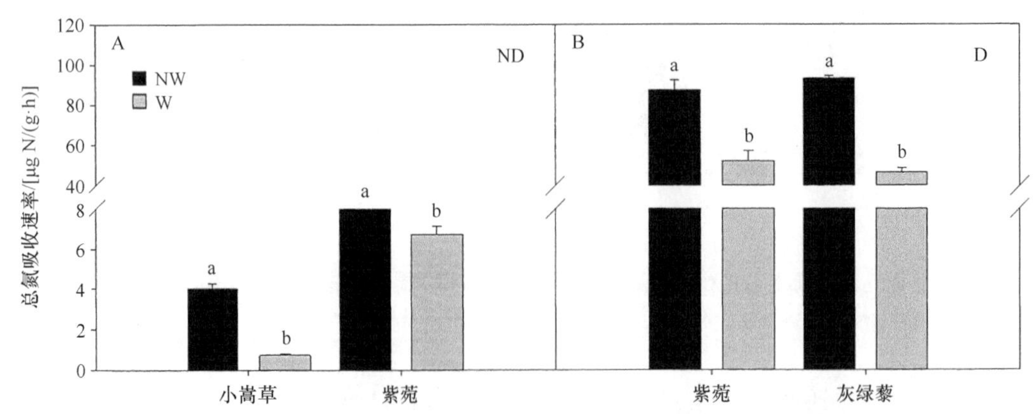

图 5-13　增温和退化对不同植物物种总氮吸收速率的影响

图中数据为均值±标准差（n=4）。总氮吸收速率是三种氮形态吸收速率的总和。不同小写字母表示差异具有显著性（$P<0.05$）。误差线代表标准差。ND：未退化；D：退化；NW：不增温；W：增温

放牧是草原土地利用的一种主要形式，对植物组成和土壤氮有效性有很大影响（Hu et al.，2010；Wang et al.，2012）。在低生产力的生态系统中，放牧通常通过降低土壤微生物活性来减少土壤 C 和 N 库及通量（Liu et al.，2016），并通过粪便和尿液的输入直接增加土壤硝酸盐浓度（Rui et al.，2011；Wu et al.，2011）。放牧还可以通过改变硝化或氨化速率，间接影响不同形态氮的有效性（Rui et al.，2011）。此外，放牧家畜选择性采食可以通过减少禾本科和豆科植物的覆盖度、增加杂类草的覆盖度来改变植物的物种组成（Wang et al.，2012）。特别是增温降低了生长季土壤可溶性氮浓度，而放牧增加了土壤硝态氮含量（Rui et al.，2011）；另外，放牧还可能通过对微生物过程的强烈影响调节增温对土壤 C 和 N 库以及 N 形态的影响（Rui et al.，2011）。

我们的研究表明，增温和放牧对植物 N 形态吸收有显著的交互作用。未放牧条件下，增温降低某种植物对 NH_4^+-N 的吸收；而在放牧条件下，增温促进其对甘氨酸-N 的吸收而降低其对 NH_4^+-N 的吸收（图 5-14）。放牧没有调节增温和植物种类对氮素吸收的影响。然而，增温对不同氮素形态的影响随放牧的不同而不同，例如，只有在放牧条件下，增温才会增加植物对甘氨酸-N 的吸收。以前的研究表明，放牧显著增加了土壤溶解有机氮（DON）浓度，较高的土壤 DON 可能是增温增加植物有机氮吸收的原因之一。有研究发现，当 DON 浓度较高时，植物在土壤中争夺氨基酸的能力更强，通过直接吸收 DON 可获得其所需总氮的 60%（Chapin et al.，2002）。

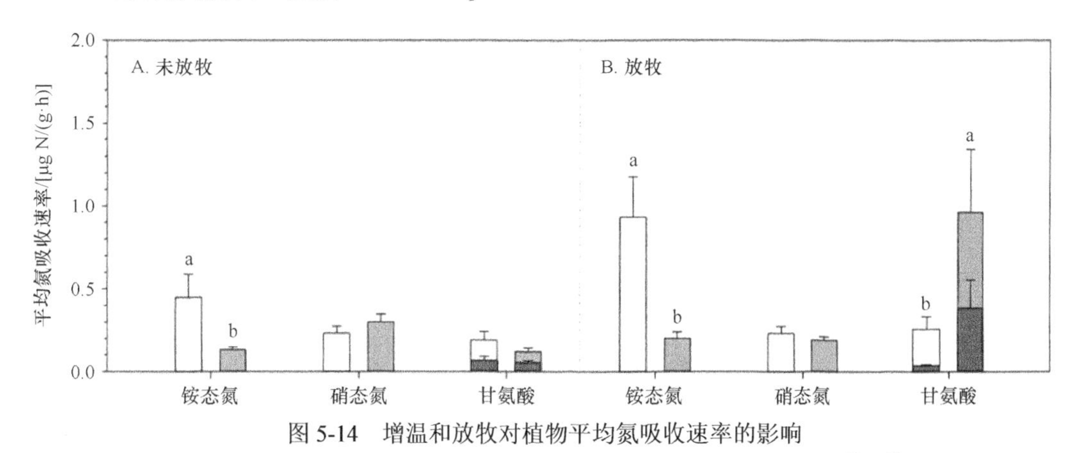

图 5-14　增温和放牧对植物平均氮吸收速率的影响

图中数据为平均值±SE（n=4）。灰图中的绿色部分为完整甘氨酸的吸收速率。绿色部分的值是用 ^{13}C、^{15}N 双标记甘氨酸处理的植物物种平均氮吸收速率乘以植物根中 ^{13}C 增量和 ^{15}N 增量回归的斜率。柱子上方的字母表示未增温和增温处理间的差异。NW：未增温；W：增温

第四节　植物与微生物对氮素的竞争策略

氮是控制许多陆地生态系统初级生产的关键元素（Vitousek and Howarth，1991；Aerts and Chapin，2000；Lebauer and Treseder，2008）。植物和土壤微生物之间的氮竞争被认为是控制植物氮限制的一个重要机制（Kaye and Hart，1997）。因此，更好地了解植物和微生物之间对可利用氮的竞争，是阐明陆地生态系统中植物生长的氮限制机制的前提。然而，这种竞争的确切机制仍然不清楚（Kaye and Hart，1997；Hodge et al.，2000）。

在陆地生态系统中，究竟是植物还是微生物能更有效地竞争可利用氮，一直备受争论（Hodge et al.，2000）。越来越多的研究在野外或控制条件下关注这种竞争模式（Verhagen et al.，1995；Lipson and Monson，1998；Lipson et al.，1999；Korsaeth et al.，2001；Bardgett et al.，2003；Cheng and Bledsoe，2004；Xu et al.，2008）。这些研究表明，在温带草原（Bardgett et al.，2003）、北极苔原（Nordin et al.，2004）和亚北极石楠生态系统（Andresen et al.，2008）中，土壤微生物能有效地获取土壤中的可利用氮。

生态系统中植物和微生物可利用的土壤资源在时间及空间上都有所不同（Chapin，1980；Gibson，1986；Magid and Nielsen，1992；Hodge et al.，2000；Corre et al.，2002；Zhu and Carreiro，2004；Miller et al.，2009）。在寒冷生态系统中，对土壤有效氮需求的时空分异模式在调节氮循环中发挥着重要作用（Bardgett et al.，2007，2002；Weintraub and Schimel，2005）。此外，在高寒生态系统中，土壤微生物群落也随季节变化。这表明，如果不考虑时空背景，很难完全理解这种竞争（Hodge et al.，2000；Bardgett et al.，2005）。Jaeger 等（1999）表明，在美国科罗拉多山的高寒草甸中，植物在生长季节早期获得更多的 NH_4^+-N（生长所需），而微生物只在生长季节后期固定氮。在英国苏格兰的山地石楠群落中也发现了类似的模式，秋季微生物氮的固定量高于生长季早期（Bardgett et al.，2002）。据报道，在放牧的北极盐沼中微生物氮的固定量也有季节性划分（Hargreaves et al.，2009）。然而，NH_4^+-N 和 NO_3^--N 在土壤溶液中共存，且植物和土壤微生物往往对这两者表现出不同的偏好，例如，高寒草甸中的许多优势植物偏好吸收 NO_3^--N（Miller et al.，2007；Song et al.，2007）。我们以前的研究也表明，在高寒草甸中，NO_3^--N 和 NH_4^+-N 的命运在 1 年内有明显差异，前者在植物中的回收率更高，后者在微生物生物量和土壤有机物中的回收率更高（Xu et al.，2003，2004）。此外，根系（Jama et al.，1998；Schenk and Jackson，2002；Tao et al.，2006；Zhou et al.，2007；Ma et al.，2008）、微生物（Bardgett et al.，1997；Fierer et al.，2003；Wang et al.，2007）和营养物质（Gupta and Rorison，1975；Jama et al.，1998；Farley and Fitter，1999）都沿土壤剖面下降。然而，与微生物相比，根系随土壤深度的减少更为明显。因此，要更好地了解对土壤可利用氮的时空竞争，需要同时研究植物和微生物对 NO_3^--N 和 NH_4^+-N 的获取随土壤深度的变化。

青藏高原高海拔地区的低温抑制了土壤有机物的分解，但不影响微生物对氮的固定（Song et al.，2007）。由于这些草甸土壤中的无机氮浓度很低，植物生长受到可利用氮的强烈限制（周兴民，2001）。尽管我们以前的一项研究表明，有机氮可能是高寒植物的重要氮源（Xu et al.，2006），但无机氮对植物氮营养的贡献超过 80%。虽然高寒草甸土壤中的可溶性有机氮（DON）浓度略高于可溶性无机氮（DIN）（表 5-4）（Xu et al.，2006），但很大一部分的 DON 不能直接被微生物和根系所利用（Blagodatskaya et al.，2009）。另外，表层土壤中的无机氮浓度也显示出明显的季节性变化，在 7 月初和 8 月中旬上升，但在 7 月下旬下降（周兴民，2001）。植物物种之间的相互作用也可能介导了土壤微生物对无机氮的竞争（Song et al.，2007），表明在高寒草甸的生长季节对可利用氮的竞争非常激烈。

表 5-4　高寒草甸土壤性质概况（Xu et al.，2006）

土壤理化指标	数值	土壤理化指标	数值
pH（H_2O 浸提）	8.0±0.1	土壤总氮/%	0.55±0.03
容重/(g/cm^3)	0.70±0.05	微生物氮/(g/m^2)	6.5±0.3
C：N	12.8±0.2	可溶性氮/(g/m^2)	1.8±0.1
土壤有机碳/%	7.06±0.37	可溶性无机氮/(g/m^2)	1.4±0.4

我们进行了一个短期的 ^{15}N 示踪试验，以研究植物与微生物对 NH_4^+-N 和 NO_3^--N 的时间和空间竞争（Xu et al.，2011）。结果发现，青藏高原高寒草甸微生物从 $^{15}NH_4^+$-N 和 $^{15}NO_3^-$-N 中吸收 ^{15}N 存在明显的时空效应（表 5-5；图 5-15）。在生长季节不同月份，随着 ^{15}N 注入土壤深度的增加，微生物生物量对 ^{15}N 的吸收呈现不同的规律。7 月，微生物生物量从 $^{15}NH_4^+$-N 和 $^{15}NO_3^-$-N 中回收 ^{15}N 的情况相似，即在土壤表层（0～5cm 和 5～10cm 深度）较低，而在 10～15cm 深度较高（图 5-15）。8 月，$^{15}NO_3^-$-N 的 ^{15}N 回收率随土壤深度的增加而保持不变（P=0.19），$^{15}NH_4^+$-N 的回收率随 ^{15}N 注入土壤深度的增加而下降（P<0.05）。$^{15}NH_4^+$-N 和 $^{15}NO_3^-$-N 的回收率在两个表层土壤中差异显著（图 5-15；P<0.05）。9 月，微生物生物量从 $^{15}NO_3^-$中回收的量随着注入土壤深度的增加没有显著变化（P=0.56），而从 $^{15}NH_4^+$-N 中回收的量则表现出与 7 月相似的模式（图 5-15；P<0.05）。在表土中，$^{15}NH_4^+$-N 的回收率显著高于 $^{15}NO_3^-$-N（图 5-15；P<0.05）。

表 5-5　示踪试验影响因素及其相互作用对土壤微生物和植物 ^{15}N 回收率影响的多因素方差分析结果

变化来源	微生物生物量回收的 ^{15}N		植物回收的 ^{15}N		微生物生物量回收的 ^{15}N 与植物回收的 ^{15}N 的比值	
	F 值	P 值	F 值	P 值	F 值	P 值
时间	2.19	0.12	33.03	<0.001	3.93	0.02
季节	28.64	<0.001	73.30	<0.001	50.43	<0.001
深度	7.99	<0.001	416.45	<0.001	114.16	<0.001
形态	36.93	<0.001	127.13	<0.001	64.98	<0.001
时间×季节	1.34	0.26	6.17	<0.001	1.13	0.35
时间×深度	0.78	0.54	4.29	0.002	1.62	0.17
时间×形态	1.07	0.35	1.33	0.267	2.03	0.13
季节×深度	7.76	<0.001	9.14	<0.001	7.91	<0.001
季节×形态	3.26	0.04	2.96	0.054	1.19	0.31
深度×形态	0.77	0.47	4.29	0.015	10.51	<0.001
时间×季节×深度	2.64	0.009	5.73	<0.001	7.88	<0.001
时间×季节×形态	5.58	<0.001	0.36	0.836	3.00	0.02
时间×深度×形态	0.30	0.88	2.00	0.097	1.67	0.16
季节×深度×形态	5.83	<0.001	2.52	0.043	0.96	0.43
时间×季节×深度×形态	1.33	0.23	2.21	0.028	1.76	0.09

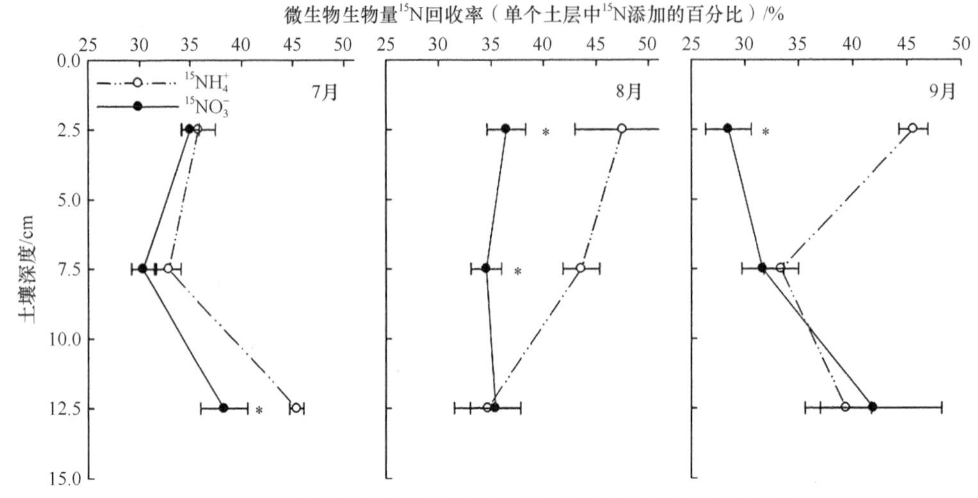

图 5-15　微生物生物量回收的 ^{15}N 随月份和土壤深度的变化

植物从 $^{15}NH_4^+$-N 和 $^{15}NO_3^-$-N 中吸收 ^{15}N 也表现出明显的时空格局(图 5-16；表 5-5)。^{15}N 回收率随土壤深度的增加而降低（$P<0.05$)，但在生长季节差异不显著（表 5-5）。7 月，0～5cm 土层中 ^{15}N 的吸收显著高于较深层土层（$P<0.001$)，且 $^{15}NH_4^+$-N 显著高于 $^{15}NO_3^-$-N（图 5-16；$P<0.05$)。8 月，这些数值随着土壤深度的增加而下降（图 5-16；$P<0.05$)。在整个生长季，对 $^{15}NO_3^-$-N 的吸收高于 $^{15}NH_4^+$-N 的吸收（图 5-16)。在标记后的 4～48h 内，示踪剂注入后，^{15}N 的回收率随着时间的推移而显著增加（表 5-5)。

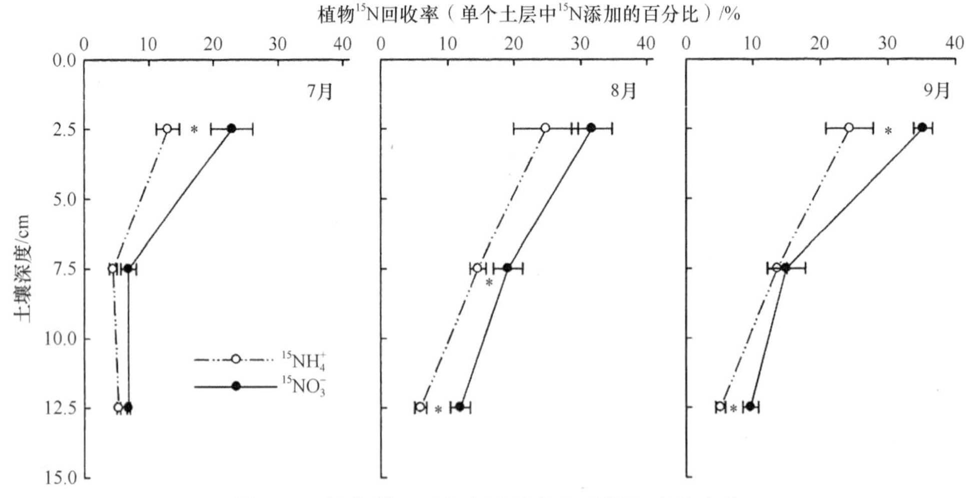

图 5-16　植物 ^{15}N 回收率随月份和土壤深度的变化

进一步多因素方差分析表明，土壤深度、添加 ^{15}N 形态、季节和采样时间对微生物生物量回收的 ^{15}N 与植物回收的 ^{15}N 之间的比值有显著影响（图 5-17)。除了这些直接影响外，上述 4 个因素之间的相互作用也显著影响这些比值（表 5-5)。7 月，表层土壤的回收率较低，但在 5～10cm 和 10～15cm 深度都较高（图 5-17；$P<0.05$)。$^{15}NH_4^+$-N 和 $^{15}NO_3^-$-N 在两层底土中的值相似，但在同一土层中，前者显著高于后者。8 月，这些

值随土壤深度的增加而下降（$P<0.005$），在 0～5cm 和 10～15cm 土壤中，$^{15}NH_4^+$-N 显著高于 $^{15}NO_3^-$-N。9 月的结果与 8 月相似。在生长季的各个阶段，$^{15}NH_4^+$-N 的回收率均高于 $^{15}NO_3^-$-N（图 5-17；$P<0.05$）。在 8 月和 9 月，表土的数值都在 1 左右（图 5-17）。

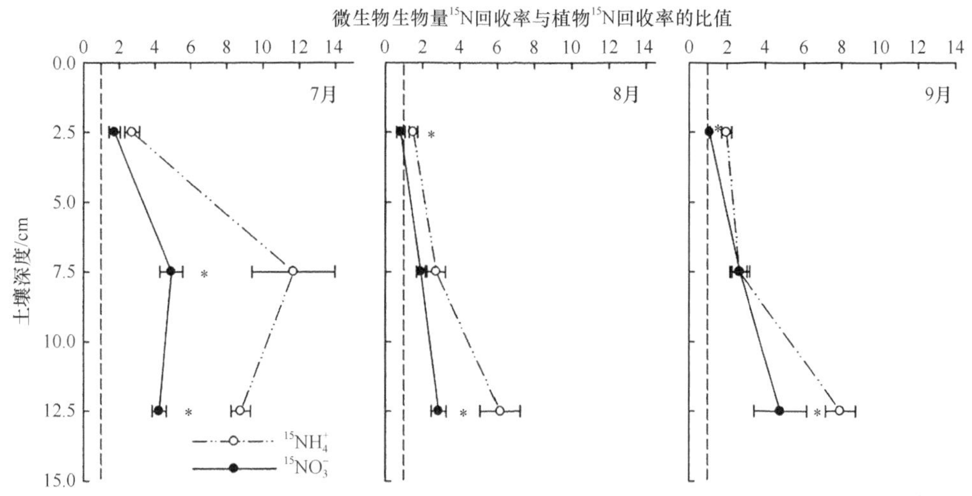

图 5-17　微生物生物量 ^{15}N 回收率与植物 ^{15}N 回收率比率随月份和土壤深度的变化

在青藏高原氮限制的高寒草甸地区上植物-微生物对无机氮的竞争表明，时空变化对更好地理解高寒草甸植物-土壤相互作用具有重要意义，因此对于不同季节结果的认识有助于更好地理解地上和地下群落之间的关系（Paterson，2003；Bardgett et al.，2005）。随着土壤深度的增加，高山植物对 $^{15}NO_3^-$-N 和 $^{15}NH_4^+$-N 的吸收显著下降（图 5-16）。相比之下，尽管我们发现了明显的季节性模式（图 5-15），但在土壤剖面中微生物吸收没有明显的趋势。我们的研究结果表明，即使表层土壤中根系密度远高于底土（周兴民，2001；Tao et al.，2006），高寒植物与土壤微生物对无机氮的竞争并没有表现出显著的差异。我们的保守估计表明，高山植物吸收的 ^{15}N 与微生物生物量相当，因为在 8 月注入 ^{15}N 之后的 4h 和 24h，与从 7～9 月注入 ^{15}N 之后的 48h 具有等量的 NO_3^--N，甚至有更多的 ^{15}N 被微生物生物量固定，特别是 NH_4^+-N（图 5-17）。尽管如此，高山植物从表层土壤中获得的无机氮多于从底土中获得的无机氮（图 5-16），这与表层土壤中较高的根系生物量有关，为根系吸收土壤速效氮提供了空间优势。根系和土壤微生物的分布及不同形态氮的迁移是控制植物与微生物之间争夺无机氮的重要因素（Jackson et al.，1989）。在高寒矮生嵩草草甸中，表层土壤比底土根系分布更多（周兴民，2001；Tao et al.，2006）。根系与土壤体积之比（根体积不包括根际体积）在表层（0～10cm）土层约为 0.62，而底层（10～20cm）土层中约为 0.26。进一步分析表明，随着根系生物量的增加，植物与微生物对有效氮的竞争强烈地向有利于植物的方向转移（图 5-18），即当根系生物量超过 4.4kg/m^2 时，高寒植物对无机氮的竞争胜过了土壤微生物。当校正因子（K_{EN}）为 0.54（Brookes et al.，1985）以校正不完全提取时，高寒植物获得的无机氮多于根系生物量大于 7.9kg/m^2 的土壤微生物。相比之下，微生物生物量与植物 ^{15}N 回收率的比率表现出很弱的相关性，且与根系生物量相关不显著。这表明根系分布改变了微生物对无机氮的吸收，以及它们与植物对无机氮的竞争策略。因此，土壤深度作为根系密度的代表，是植物-微生物对氮吸收竞争的主要影响因子（Xu et al., 2011；图 5-19）。

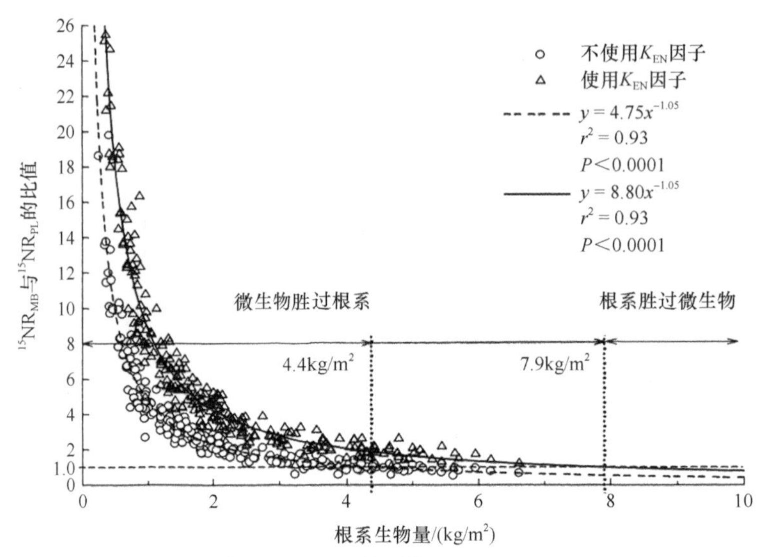

图 5-18　微生物生物量 ^{15}N 回收率和植物 ^{15}N 回收率比值与根系生物量的相关性

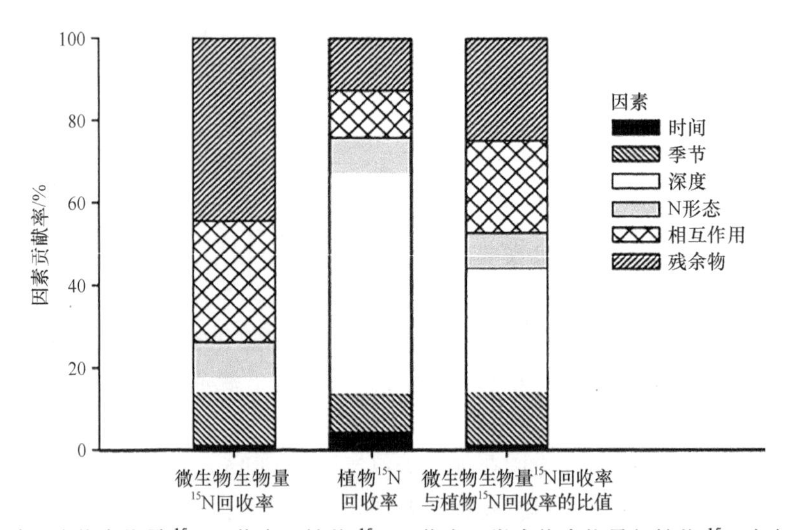

图 5-19　影响微生物生物量 ^{15}N 回收率、植物 ^{15}N 回收率及微生物生物量与植物 ^{15}N 竞争的影响因素

一些研究表明，植物在生长季节早期获得更多的生长所需氮，而土壤微生物在植物衰老后的生长季节后期固定更多的氮（Jaeger et al.，1999；Bardgett et al.，2002）。我们的结果并没有观察到这种模式，因为根系在 8 月和 9 月都利用了更多的土壤无机氮。由于较高的温度和较多的降水量，高寒草甸的地上生物量在 7 月会快速增加（周兴民，2001）。我们的研究表明，在此期间，与微生物相比，植物对无机氮竞争较弱。在青藏高原的高寒草甸上，植物叶片在 9 月底已经开始衰老，但植物在 9 月对无机氮的竞争强度与 8 月类似。这反映了生长季节地下生物量的差异，例如，Pu 等（2005）研究表明，尽管高山植物地上生物量快速积累，地下生物量在 7 月很低，而其地下生物量在 8 月和 9 月都很高。我们

研究发现，芽与根的比值在 7 月（0.21）高于 8 月（0.18）和 9 月（0.19）。这表明在生长季节后期有更多的根系积累，从而有效地使根系与土壤微生物竞争速效氮。然而，我们没有采用氯仿熏蒸萃取技术中常用的转换系数（K_{EN}）来考虑不完全萃取，从而修正微生物的 ^{15}N 吸收。原因是在短期 ^{15}N 吸收试验中，可溶性 ^{15}N 和不可溶性 ^{15}N 处于不平衡状态，这可能低估了微生物对 ^{15}N 的吸收（图 5-18）。越来越多的证据表明，土壤微生物在短期内（几小时到几天）是无机氮的卓越竞争者（Jackson et al.，1989；Kaye and Hart，1997；Hodge et al.，2000；Bardgett et al.，2003；Nordin et al.，2004；Grogan and Jonasson，2005；Buckeridge and Jefferies，2007；Harrison et al.，2007；Sorensen et al.，2008），这是因为与植物的根相比，它们表现出快速的生长速度和高的表面积-体积比（Rosswall, 1982）。然而，一些研究报道了相反的结果，例如，在一个围隔试验中，注入 ^{15}N 示踪剂后的 48h 内，禾本科植物对 $^{15}NH_4^+$-N 的竞争超过了微生物（Barnard et al.，2006）。在另一个试验中，在温带草原土壤中添加 ^{15}N 后的 50h，植物根系与土壤微生物有效竞争添加的氮(Harrison et al.，2008）。这些植物在大约 2 天后超过微生物，可能不仅是由于微生物的快速更替，也可能是根部生物量（和土壤深度）的一个功能，正如本研究所证明的那样（表 5-5；图 5-18）。在表层土壤中，高山植物与微生物有效竞争，并表现出对 $^{15}NO_3^-$-N 的偏爱，而微生物在底层土壤中超过了植物，对 $^{15}NH_4^+$-N 有偏爱。这表明植物-微生物对土壤可利用氮的竞争受到植物根系的显著影响。与底土相比，表层土壤中植物对 $^{15}NO_3^-$-N 和 $^{15}NH_4^+$-N 的吸收量更大，这可能反映了根系丰度随土壤深度的增加而减少。另外，我们发现微生物生物量与植物从 NO_3^-中获得的 ^{15}N 回收率之比低于 NH_4^+-N，对这种吸收模式的一种解释是，特定的植物物种优先吸收 NO_3^--N，而其他物种则优先吸收 NH_4^+-N。例如，灌木优先获得 $^{15}NH_4^+$-N，而薹草属植物在亚北极苔原生态系统中吸收更多的 $^{15}NO_3^-$-N 而不是 $^{15}NH_4^+$-N（Sorensen et al.，2008）；其他一些研究表明，某些植物物种在高寒草甸优先吸收 NO_3^--N（Miller et al.，2007；Song et al.，2007）。因此，我们认为 NO_3^--N 在土壤中的高流动性（Nye and Tinker，1977；Owen and Jones，2001；Miller and Cramer，2004）和 NO_3^--N 在平衡阳离子吸收方面的重要性可以帮助解释植物根系对 $^{15}NO_3^-$-N 的高吸收。

与以往的研究相比，我们利用短期的 ^{15}N 试验，同时研究了青藏高原上相对未开发的高寒草甸中植物-微生物对 NH_4^+-N 和 NO_3^--N 的竞争时空模式。我们的结果表明，时空变化决定了高寒草甸中植物-微生物对无机氮的竞争，而根系生物量是改变植物-微生物对无机氮竞争的一个关键因素（图 5-19）。根系生物量低于 4.4kg/m^2 表明微生物在不使用 K_{EN} 因子的情况下比高山植物竞争效率更高。高山植物表现出对 NO_3^--N 的偏好，季节因素主要通过影响高寒草甸中根系生物量的分布来影响植物-微生物对无机氮的竞争。总的来说，我们的研究结果对理解地上-地下的相互作用和植物-微生物对可用氮的竞争有重要意义。

作为形成核苷酸、蛋白质和叶绿素骨架的基本成分，氮是大多数陆地生态系统中净初级生产的主要限制元素（Lebauer and Treseder，2008；Moreau et al.，2019）。植物的生长和生产力受到氮的有效性的限制，而氮的有效性是由微生物的氮转化过程控制的(Schimel and Bennett，2004）。在氮有限的条件下，植物已经发展出多种机制从土壤中获取氮，如招募和塑造与根际氮循环相关的微生物群落(Moreau et al.，2019；Vives-Peris et al.，2020)。

与植物相比，土壤微生物往往受到可用碳而非氮的限制(Ekblad and Nordgren，2002；

Dijkstra et al.，2013；Kuzyakov and Xu，2013）。植物的活根向根际释放大量有效碳，为微生物将土壤有机物矿化为矿物氮提供动力（Kuzyakov and Xu，2013；Vives-Peris et al.，2020；Liu et al.，2021）。除了合作外，土壤微生物还在时空背景下与植物强烈竞争土壤中的有效氮（Hodge et al.，2000）。因此，植物和微生物之间对氮吸收的相互作用比预期的更为复杂，并受到生态系统氮状态的影响。一般来说，植物-微生物竞争的后果是负面的，要么限制植物生长，要么减少微生物矿化。微生物活性的降低可能会进一步降低土壤中氮的有效性，限制植物的生长和生产力的提高（Dunn et al.，2006；Kuzyakov and Xu，2013）。因此，阐明植物和微生物如何争夺氮，对于更好地了解陆地生态系统中氮的限制和生产力具有重要意义（刘敏等，2020）。

传统的氮循环模式表明，植物只能以硝态氮（NO_3^--N）和铵态氮（NH_4^+-N）的形式吸收无机氮（Schimel and Bennett，2004）。然而，植物也可以直接吸收有机氮，如土壤溶液中的低分子质量氨基酸和多肽（Jones et al.，2005；Näsholm et al.，2009；Warren，2014）。为了避免激烈竞争，植物和微生物根据不同的氮化学形式划分生态位，在氮有限条件下共享土壤中可用氮（Hodge et al.，2000；McKane et al.，2002；Xu et al.，2011；Liu et al.，2016；刘敏等，2020；Jiang et al.，2017）。然而，在退化草地恢复后，植物和微生物之间的化学生态位分化如何发生影响尚不清楚。

青藏高原被称为“第三极”，是世界上最高的高原，平均海拔4000m。青藏高原面积约35%（260万km^2）为高寒草原（Feng and Squires，2020），由于其高海拔和低温生长条件，高寒草原对气候变化和人为干扰极为敏感（Yao et al.，2012）。在各种人为干扰中，牦牛和绵羊的放牧在过去几十年里急剧增加（Lu et al.，2017）。因此，由于过度放牧，高寒草甸的退化日益严重（Du et al.，2004；Zhou et al.，2005；Dong et al.，2013）。草地退化会同时减少植被覆盖和土壤养分有效性（Zhou et al.，2005；Dong et al.，2012；Wen et al.，2013；Liu et al.，2020b）。为了遏制草地退化，中国政府出台了“退牧还草”政策（Gao et al.，2011；Deng et al.，2017），将围栏作为退化高寒草甸自然恢复的重要工具（Shang et al.，2008；Yan and Lu，2015），因为它使植物和土壤养分逐渐恢复到未退化草地的状态（Deng et al.，2014）。不同年份修建的围栏提供了退化草地不同恢复时间序列，以探索恢复过程后植物-微生物对氮吸收竞争的变化。恢复过程中，植物和土壤条件逐渐恢复，植物多样性提高（Gao et al.，2011），碳库增加（Deng et al.，2017），土壤有效养分提高（Deng et al.，2014）。特别是，土壤微生物丰富度随着草地恢复而增加，并与植物群落呈正相关（Guo et al.，2019）。随着退化草地的恢复，凋落物分解的积累可能导致真菌向细菌的转变，并导致不同的氮吸收偏好（Zhang et al.，2020b）。了解植物和微生物沿恢复时间序列的化学生态位分化动态，有助于阐明退化草地恢复的机制（Liu et al.，2020a）。

高寒草甸（即生长在较湿润生境中的草地）和高寒草原是两种典型的高寒草甸类型，其区别在于青藏高原降水量的变化（Peng et al.，2020）。降水通过改变土壤水分含量和微生物活性来强烈影响氮的有效性，这为探索高寒草甸上植物-微生物对氮吸收的竞争是否均匀提供了更多机会。通过原位^{15}N标记试验，研究了高寒草甸和草原植物-微生物对氮的竞争关系，包括短期、中期和长期恢复点的竞争关系。考虑到植物-微生物的竞争在降解后会增加（Jiang et al.，2017），在各种草地上，植物和微生物之间存在生态位分化以吸收氮（Hodge et al.，2000；McKane et al.，2002；Xu et al.，2011；Liu et al.，2016；刘敏等，2020；Jiang et al.，2017）。我们假设：①随着退化草地的恢复，植物和微生物之间对氮的竞争会减少；②恢复后期化学生态位分化，以使用不同形式的氮，从而避免竞争。考虑到 NO_3^--N 的吸收具有较高的能量成本（Page，1982；Crawford and Glass，1998）且微生物一般受碳的限制（Kuzyakov and Xu，2013），植物更喜欢 NO_3^--N，而土壤微生物更喜欢 NH_4^+-N。

以青藏高原典型的高寒草甸和典型的高寒草原为研究地点，高寒草甸位于那曲县，高寒草原位于班戈县。在 0～1 年（短期恢复）、5～6 年（中期恢复）和＞10 年（长期恢复）的试验地块（约 100m×100m）上设置了围栏，构建恢复时间序列。在两个研究地点进行原位 ^{15}N 标记试验：使用了三种 ^{15}N 富集化合物，包括 NO_3^--N（99 atom% ^{15}N）、NH_4^+-N（99 atom% ^{15}N）和甘氨酸（99 atom% ^{15}N）；对照组用去离子水代替标记液。每一种氮形式的标记重复 4 次。标记 4h 后，在每个样方中采集植物和土壤样本，分别测定植物地上生物量和地下生物量；测量 C 和 N 的含量及 $^{15}N/^{14}N$ 和 $^{13}C/^{12}C$ 同位素；测定微生物 ^{15}N 含量，以及土壤 NH_4^+-N、NO_3^--N 和游离氨基酸含量。

结果显示，高寒草甸和高寒草原的植物、微生物对氮的吸收均受恢复过程的显著影响。在高寒草甸，恢复过程后微生物对 NO_3^--N、NH_4^+-N 和甘氨酸的吸收增加（图 5-20A，C，E），导致微生物对总氮的吸收增加了 2.4 倍（图 5-20G）。相比之下，短期和中期恢复后的植物氮吸收没有显著差异，但长期恢复后高寒草甸植物对 NH_4^+-N 和全氮的吸收明显高于短期和中期恢复后的植物（图 5-20C，G）。中期恢复后高寒草甸微生物对 NH_4^+-N 的吸收略高于植物（图 5-20C），而微生物对氮的总吸收明显高于植物（图 5-20G）。高寒草甸经过长期恢复后，微生物对甘氨酸的吸收量显著高于植物（图 5-20E），而微生物对总氮的吸收量略高于植物（图 5-20G）。

高寒草原微生物对 NO_3^--N、NH_4^+-N、甘氨酸和总氮的吸收在短期到中期恢复后增加，导致中期恢复后微生物与植物之间存在显著差异（图 5-20B，D，F，H）。长期恢复后微生物对 NO_3^--N、NH_4^+-N 和总氮的吸收较中期恢复后明显下降，但与短期恢复后水平相似（图 5-20B，D，F，H）。与中期恢复相比，长期恢复后微生物对甘氨酸的吸收显著增加（图 5-20F）。相比之下，无论氮的形态如何，恢复过程中植物对氮的吸收都没有变化（图 5-20B，D，F，H）。在高寒草原，微生物对甘氨酸的吸收显著高于长期恢复后的植物（图 5-20F），而 NO_3^--N、NH_4^+-N 和总氮的吸收没有显著差异。

在高寒草甸中，经过短期恢复，植物和微生物对氮的吸收能力同样很强，微生物与植物的比值（MO：PL）接近 1（图 5-21A）。高寒草原微生物的竞争能力远强于植物，MO：PL 比值远高于 1（约为 3，图 5-21A）。特别是在中期恢复后，高寒草甸和高寒草原微生物对氮的吸收竞争比均高于植物（分别提高了 4.5 倍和 1.3 倍），表现为 MO：PL 比值较短期恢复后大幅上升。这种增加主要是由于高寒草甸对 NO_3^--N 和 NH_4^+-N 的吸收（图 5-21B，C），以及高寒草原对 NH_4^+-N 和甘氨酸的吸收（图 5-21C，D）。长期恢复后，MO：PL 比值低于中期恢复后的 MO：PL 比值，高寒草甸 MO：PL 比值显著降低（图 5-21A）。

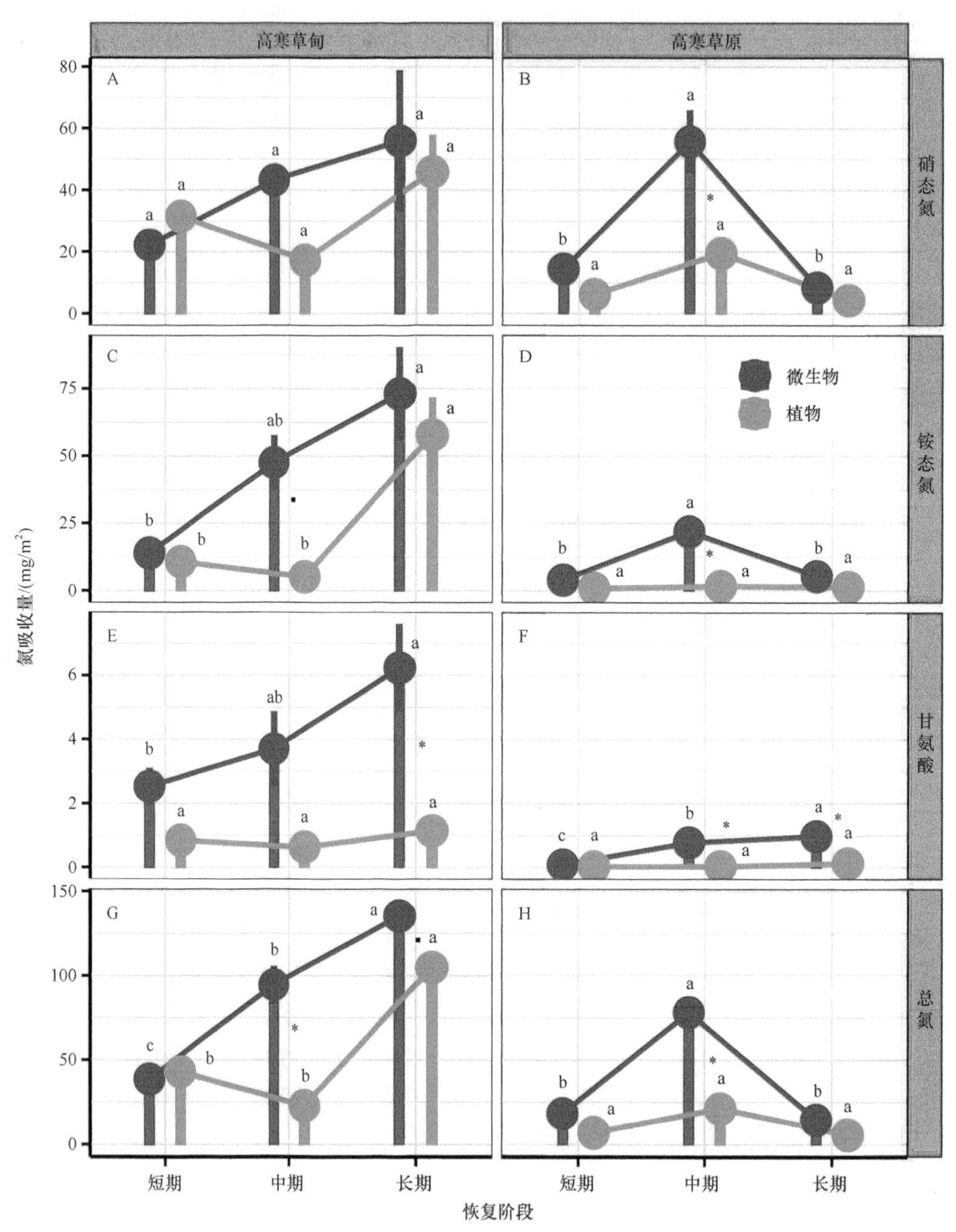

图 5-20　高寒草甸和草原在短期、中期和长期恢复后植物及微生物对硝态氮（NO_3^-）、铵态氮（NH_4^+）、甘氨酸和总氮的吸收

基于四次重复的平均值±SE 表示。不同小写字母表示微生物或植物恢复期间差异显著（$P<0.05$）。同组相邻条形图之间的星号（*）表示同一恢复期微生物与植物间差异显著（$P<0.05$），点（▪）表示边际显著差异（$P<0.1$）

经过短期恢复期后，微生物与植物之间对总氮的竞争在高寒草原强于高寒草甸（图 5-21A），尤其表现为对 NO_3^--N 的吸收（图 5-21B）。中期恢复后，高寒草原微生物和植物对甘氨酸的竞争要比高寒草甸强得多（图 5-21D），但两个生态系统之间的总氮

吸收竞争相似（图 5-21A）。经过长期恢复后，无论是高寒草甸还是高寒草原，微生物与植物之间的竞争都是相似的（图 5-21）。

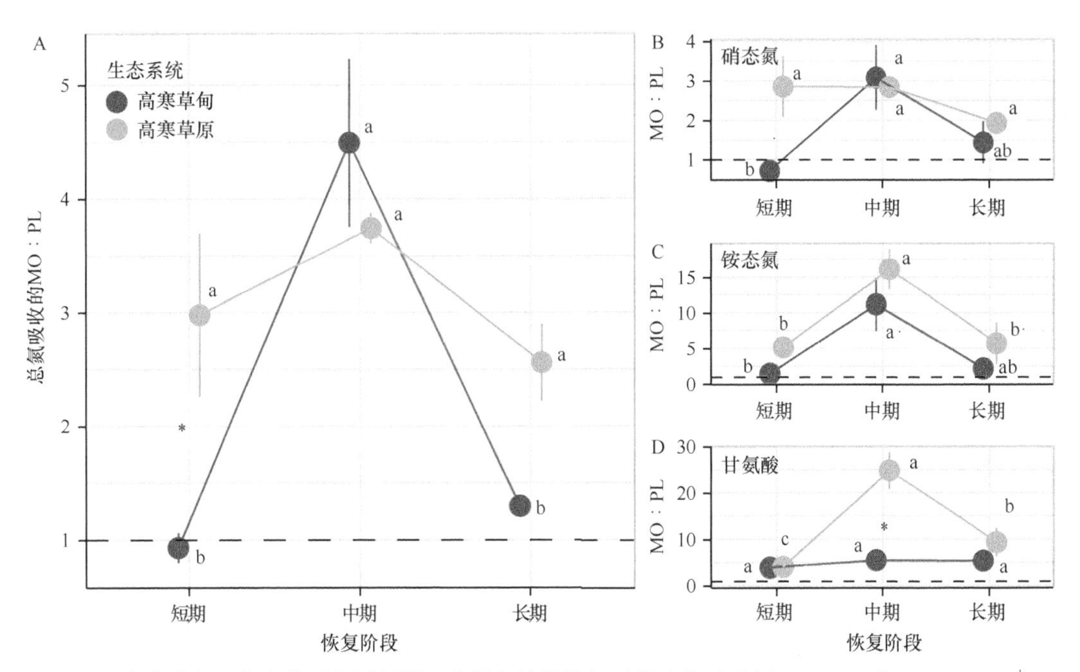

图 5-21　高寒草甸和高寒草原经过短期、中期和长期恢复后微生物对总氮（A）、NO_3^--N（B）、NH_4^+-N（C）和甘氨酸（D）的氮吸收与植物的比值（MO：PL）

基于四次重复的平均值±SE 表示。每个点周围不同小写字母表示恢复周期间差异显著（$P<0.05$），后面带有星号（*）的字母表示 $P<0.1$ 水平的边际显著差异。同组相邻点之间的星号（*）表示同一恢复期比值间差异显著（$P<0.05$），点（·）表示 $P<0.1$ 水平的边际显著差异（$P<0.05$）

微生物和植物的生物量、氮吸收和化学生态位分化主要体现在对 NH_4^+和 NO_3^-的利用差异上。我们的研究结果表明，从短期到中期恢复，微生物与植物之间的氮吸收竞争增强（图 5-21）；中期恢复后，植物和微生物表现出化学生态位分化，这支持了我们的第二个假设（图 5-22，图 5-23）。

氮是包括草原在内的大多数陆地生态系统的主要限制性基本元素（Lebauer and Treseder，2008；Moreau et al.，2019），许多研究表明微生物与植物激烈竞争土壤中的有效氮（Hodge et al.，2000；Kuzyakov and Xu，2013），主要是因为微生物有更大的表面积体积比和快速生长速率。除了短期恢复后的高寒草甸外（图 5-21），本研究中两个高寒生态系统的 MO：PL 比值均较高，进一步证实了这一现象。一个可能的解释是，高寒草甸的短期恢复只涉及 1 年的围栏，表现出高度退化。避免放牧可以促进植物生长，并在地上投入更多的光合作用产物，导致根冠比较低（图 5-20）。因此，在短期恢复后，嵩属植物（Miehe et al.，2019）中更多的植物物种根系密集，可能会增加植物对氮吸收的竞争（Zhang et al.，2019）。相比之下，高寒草甸短期恢复后的低土壤湿度和有效氮含量会降低微生物丰度及活性（Drenovsky et al.，2004；McCrackin et al.，2008；Lazcano et al.，2013），从而减少了微生物对氮吸收的竞争。即使在这些条件下（即植物竞争增加、微生物竞争减），微生物对植物氮吸收表现出类似的竞争，MO：PL 比值约为 1（图 5-21A）。相比之下，

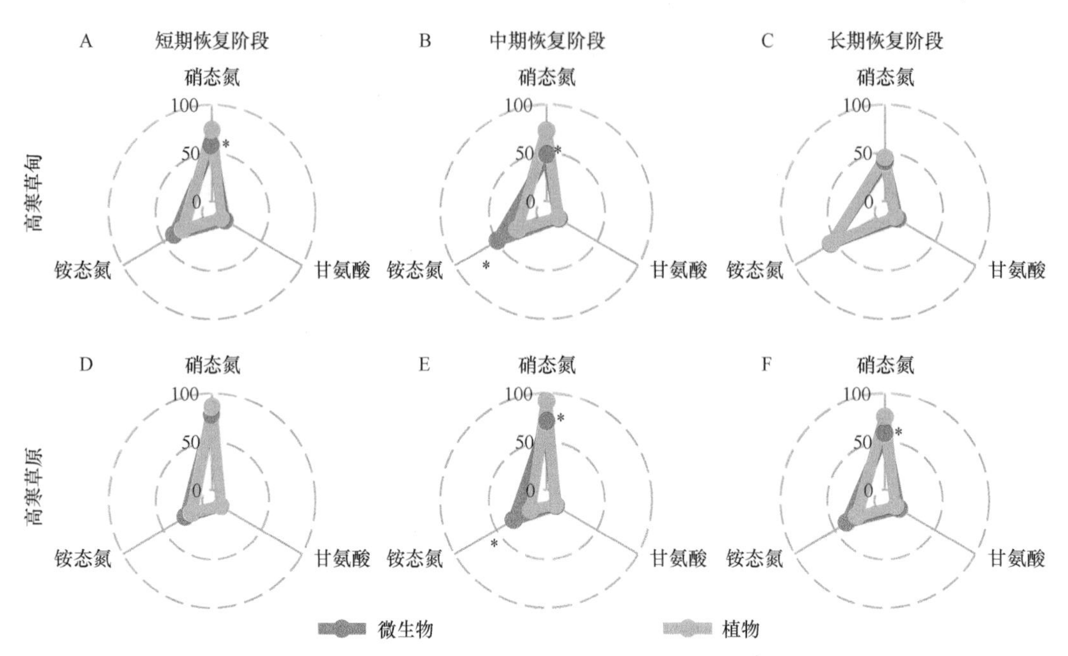

图 5-22 高寒草甸和高寒草原在短期、中期和长期恢复阶段 NO_3^--N、NH_4^+-N 和甘氨酸对微生物和植物总氮吸收的贡献

相邻点之间用星号（*）表示同一氮素形态对土壤微生物和植物的贡献存在显著差异（$P<0.05$）

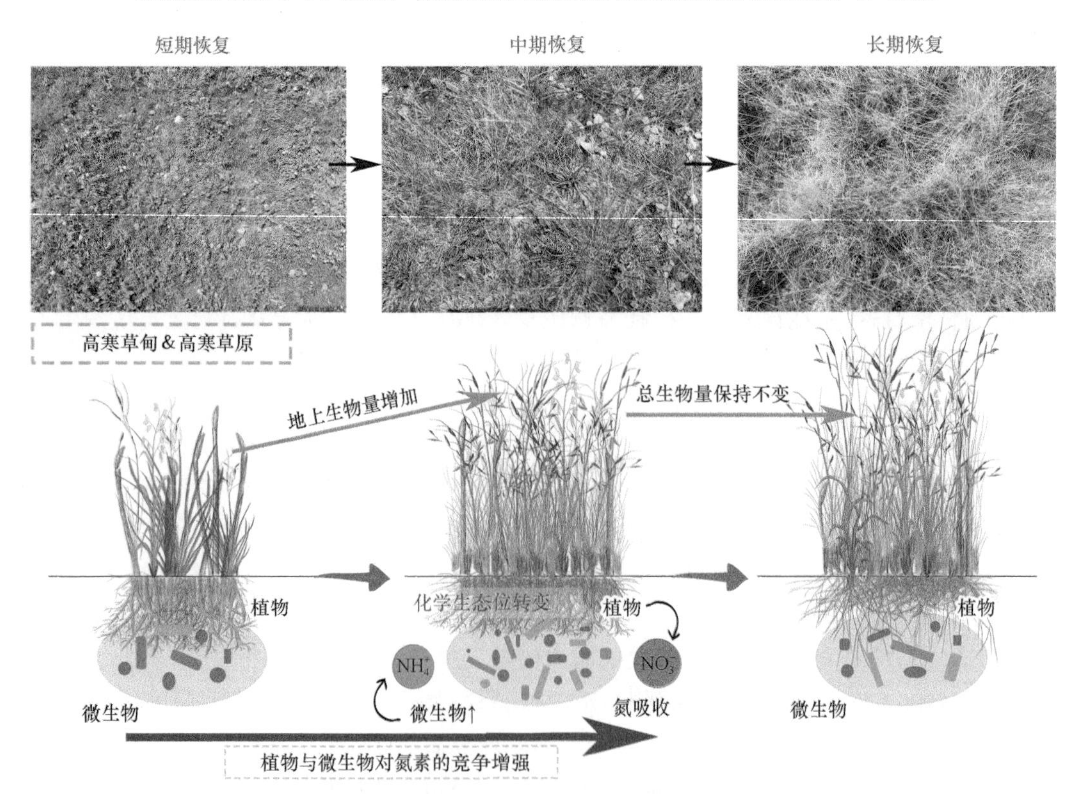

图 5-23 高寒草甸和草原在短期、中期和长期恢复后的图解表示变化

在短时间内恢复后，没有茂密根系的高寒草原，微生物对速效氮的竞争效率高于植物，这也解释了短期恢复后高寒草甸和高寒草原 MO∶PL 比值的显著差异（图 5-21A）。

中期恢复后，微生物对有效氮的竞争比植物增强，特别是在高寒草甸（图 5-21A）（Jiang et al.，2017）。我们的研究结果发现，中期恢复后植物-微生物竞争增强，表明退化草地的恢复不是简单地与草地退化相反的过程（Shang et al.，2008；Stanturf，2021），就像替代状态理论（即生态系统可以存在于多个“状态”下）所建议的，中期恢复后，两高寒生态系统中植物-微生物对氮吸收的竞争增强主要是由于微生物对 NO_3^--N、NH_4^+-N、甘氨酸和全氮的吸收增加，而植物对氮的吸收没有变化（图 5-20）。微生物竞争增强可能是恢复期土壤湿度和有效氮增加的结果；同时，微生物活动也可以通过增加净初级产量的高水平根系分泌物来刺激（Ekblad and Nordgren，2002；Szili-Kovács et al.，2007；Kuzyakov and Xu，2013）。

中期恢复后，微生物和植物之间发生了化学生态位分化，这支持了我们的有关假设（图 5-23）。尽管化学生态位分化可以在各种生态系统中发生（McKane et al.，2002；Liu et al.，2016；刘敏等，2020；Jiang et al.，2017），目前的研究仅在高寒草甸中期恢复后发现了这一现象。微生物和植物对 NO_3^--N 和 NH_4^+-N 的吸收偏好在两个高寒生态系统中表现出不同的变化。中期恢复后，土壤微生物更喜欢 NH_4^+-N，而植物则保留了对 NO_3^--N 的偏好（图 5-22B，E）。一个可能的解释是，吸收 NO_3^--N 需要消耗大量的能量（Page，1982；Crawford and Glass，1998）。微生物吸收 NH_4^+-N 所需能量较低，可能解释了这种化学生态位转移。这种转变的另一个重要原因应该是，随着恢复时间的延长，微生物对土壤有机质的矿化作用增加（Ros et al.，2003）。中短期恢复后，植物地上生物量增加，凋落物或土壤有机质为微生物提供了更多养分。此前的一项研究表明，与非降解土壤中的 NH_4^+-N 相比，氨氧化微生物丰度的增加可能是降解土壤中 NO_3^--N 的驱动因素（Che et al.，2017）。恢复后，土壤氮素可能减少（Che et al.，2019），导致土壤 NH_4^+-N 浓度增加，因此凋落物分解增加。随着恢复过程进行，NH_4^+-N 在土壤中积累，这可能导致微生物对 NH_4^+-N 的偏好增加（Zhang et al.，2020b）。

高寒草甸长期恢复后，微生物和植物都对 NH_4^+-N 有偏好（图 5-22C），这在很大程度上与长期恢复后土壤有机质的定量积累有关。在高寒草原，微生物和植物对 NH_4^+-N 的偏好在长期恢复后比中期恢复后有所增加，但 NO_3^--N 仍然是最优先的氮形态。这可能是由于高寒草原的围栏期为 10 年，高寒草甸为 15 年。微生物和植物从 NO_3^--N 向 NH_4^+-N 吸收偏好的转变可能需要比高寒草原更长的时间。虽然甘氨酸通常被认为是土壤中重要的氮资源（Näsholm et al.，2009），但目前的研究表明，微生物和植物在高寒草甸上并没有表现出对甘氨酸的偏好，这可能是由于甘氨酸在土壤中的浓度较低，与温带草地的研究类似（Liu et al.，2016）。此外，在高寒草甸经过长期恢复及在高寒草原经过中期和长期恢复后，微生物吸收的甘氨酸明显多于植物（图 5-20E，F），这表明微生物比植物更倾向于吸收有机氮，可能是因为微生物受不稳定碳的限制更大（Ekblad and Nordgren，2002；Blagodatskaya and Kuzyakov，2013；Dijkstra et al.，2013）。

在高寒草甸和高寒草原（图 5-21），经过长期恢复后，植物-微生物对氮吸收的竞争下降。这些差异背后的机制因草地类型而异。在高寒草甸中，虽然长期恢复后微生物对氮的吸收增加了，但植物对氮的吸收也增加了（图 5-20）。长期恢复后高寒草甸植物的生长条件得到了很大改善，在土壤湿度更高、土壤有效氮含量更高的条件下，植物地上生物量增加。因此，长期恢复导致植物对高寒草甸氮吸收的竞争增强也就不足为奇了。然而，即使在这种情况下，MO∶PL 值仍大于 1（图 5-21），表明在高寒草原微生物对氮的竞争作用，降低了 MO∶PL 值，NH_4^+-N 和甘氨酸长期恢复归因于微生物总氮吸收的减少，而植物氮吸收没有变化（图 5-20）。在高寒草甸恢复过程中，根系变得更密集（Miehe et al.，2019），而这并没有发生在高寒草原。因此，长期恢复可能导致不同植物之间对氮的激烈竞争（Xu et al.，2006；Liu et al.，2020b），从而限制了植物的生长。共存的植物物种形成了一个氮吸收生态位，以避免彼此之间的激烈竞争（Zhang et al.，2019）。这些条件进一步限制了根系分泌物和凋落物对微生物的喂养（Ekblad and Nordgren，2002；Kuzyakov and Xu，2013；Liu et al.，2021），这降低了微生物对氮的吸收。另一种可能的解释是，长期恢复为植物提供了足够的时间来塑造和吸收参与氮反应的微生物群落（Moreau et al.，2019；Vives-Peris et al.，2020），这导致了氮的竞争。考虑到高寒草原经过中长期恢复后 MO∶PL 值的下降并不显著，仍然高于 1（图 5-21A），说明长期恢复后微生物在氮的吸收上仍优于植物。

高寒草甸生物量基本保持稳定，中期恢复后高寒草原生物量有所增加。中期恢复后，两种高寒生态系统植物-微生物对氮的竞争均增强。在大多数情况下，微生物对氮的竞争比植物更强。在中期恢复后，微生物和植物可能参与了 NH_4^+-N 和 NO_3^--N 吸收的化学生态位分化。与中期恢复相比，长期恢复的植物与微生物对氮的竞争减弱，但在两种高寒生态系统中特异性反应不同。经过中长期修复后，微生物对甘氨酸的吸收高于植物。本研究从植物-微生物氮吸收策略的角度阐明了高寒退化草地恢复的机制。未来的研究应考虑更多的恢复周期，构建不同地点的恢复时序，测量氮的转化，探讨植物-微生物在不同生长季节对氮的吸收竞争，以更好地理解植物-微生物相互作用在高寒草甸恢复过程中的作用。

植物-微生物对可利用氮的竞争被认为是控制各种生态系统中植物氮限制的重要机制。然而，植物和微生物之间对土壤氮竞争的时空格局仍不清楚。在处于生长季节（7 月、8 月和 9 月）的青藏高原高寒草甸上，进行了短期的 ^{15}N 示踪试验，以揭示植物-微生物对 NH_4^+和 NO_3^-竞争的时空格局。与 8 月和 9 月相比，高寒植物在 7 月对无机氮的竞争不如土壤微生物。土壤中根系占用的体积和根系密度（8 月和 9 月高）在植物-微生物竞争中发挥的作用大于气温或降水量（7 月高）。在表层土壤（0～5cm，根系密度最高）中，高寒植物有效地与土壤微生物竞争氮，并表现出对 $^{15}NO_3^-$-N 的偏好；而在深度 5cm 以下（根系密度较低）的土壤中，土壤微生物优先吸收 $^{15}NH_4^+$-N 且竞争强度高于植物。植物与土壤微生物对无机氮的竞争显著依赖于根系密度（$P<0.0001$，$R^2=0.93$，指数衰变模型）。高寒草甸中植物-微生物对无机氮的竞争具有明显的时空模式，这取决于根系密度、土壤深度、土壤无机氮形式，以及生长季节的不同时期。这些发现对我们理解地上-地下的相互作用和植物-微生物对可用氮的竞争具有重要意义。

第五节 小 结

基于青藏高原主要植被类型土壤可利用氮含量及其主要影响因素的样带考察，以及青藏高原主要植物氮利用策略的整合分析，结合 ^{15}N 同位素技术对主要植物氮素利用策略，以及与微生物氮素利用竞争策略等研究，我们得出如下主要结果和结论。

（1）土壤可溶性有机氮（DON）是土壤总可溶性氮的主要存在形式。土壤可溶性有机氮浓度随高寒生态系统变化而变化，与年平均降水量呈正相关。地下生物量、土壤水分、微生物碳（MBC）和土壤总磷（TP）解释了 84%的土壤 DON 浓度变化。DON 占土壤总溶解氮（TDN）的百分比随植被类型而变化，高寒草甸 DON 占 TDN 的比例最低（52%），而高寒荒漠草原的比例最高（77%）。总体上，降水量和植物生物量输入决定了青藏高原土壤 DON 的浓度和周转率。

（2）高寒植物仍然以利用无机氮为主。青藏高原优势草地物种主要偏好于吸收硝态氮和铵态氮等无机态氮素，其次是甘氨酸等低分子质量有机态氮，整体上，高寒植物对铵态氮和硝态氮的获取偏好没有明显差异。现有研究结果显示，在外界干扰或模拟气候变化处理下，植物对氮素的吸收可能由偏好无机氮转为偏好有机氮，尽管甘氨酸在土壤总氨基酸含量中占据优势地位，但仅用甘氨酸并不能代表植物对有机氮的吸收能力。

（3）增温能显著影响高寒植物对不同氮形态的吸收速率。增温降低了所研究的四种植物对 NH_4^+-N 的吸收及鹅绒委陵菜对 NO_3^--N 的吸收，但显著影响其他三种植物对 NO_3^--N 的吸收；增温显著增加了矮生嵩草、鹅绒委陵菜和垂穗披碱草对甘氨酸的吸收，而对早熟禾甘氨酸的吸收没有显著影响。

（4）植物-微生物氮的竞争策略因高寒草甸土壤状况而异。恢复程度决定了高寒草甸植物-微生物对无机氮的竞争，而根系生物量是改变植物-微生物对无机氮竞争的一个关键因素。恢复状态可显著影响植物和微生物对氮素的竞争，经过短期恢复期后，微生物与植物之间对总氮的竞争在高寒草原强于高寒草甸；中期恢复后，高寒草原微生物和植物对甘氨酸的竞争要比高寒草甸强得多；经过长期恢复后，无论是高寒草甸还是草原，微生物与植物对氮的竞争都是相似的。

参 考 文 献

邓建明, 姚步青, 周华坤, 等. 2014. 水氮添加条件下高寒草甸主要植物种氮素吸收分配的同位素示踪研究. 植物生态学报, 38(2): 116-124.

林振耀, 吴祥定. 1981. 青藏高原气候区划. 地理学报, 48(1): 22-32.

刘敏, 孙经国, 徐兴良. 2020. 土壤元素失衡是导致高寒草甸退化的重要诱因.生态学杂志, 39(8): 2574-2580.

朴世龙, 方精云. 2002. 1982～1999 年青藏高原植被净第一性生产力及其时空变化. 自然资源学报, 17(3): 373-380.

于海英, 许建初. 2009. 气候变化对青藏高原植被影响研究综述. 生态学杂志, 28(4): 747-754.

周兴民. 2001. 中国嵩草草甸. 北京: 科学出版社.

邹婷婷, 张子良, 李娜, 等. 2017. 川西亚高山针叶林主要树种对土壤中不同形态氮素的吸收差异. 植物生态学报, 41(10): 1051-1059.

Abuzinadah R A, Read D J. 1988. Amino acids as nitrogen sources for ectomycorrhizal fungi: Utilization of individual amino acids. Transactions of the British Mycological Society, 91: 473-479.

Aerts R, Chapin F S. 2000. The mineral nutrition of wild plants revisited: a re-evaluation of processes and patterns. Advances in Ecological Research, 30: 1-55.

Alloush G A, Le Bot J, Sanders F E, et al. 1990. Mineral nutrition of chickpea plants supplied with NO_3 or

NH_4-N: I. Ionic balance in relation to iron stress. Journal of Plant Nutrition, 13(12): 1575-1590.
Andresen L C, Jonasson S, Ström L, et al. 2008. Uptake of pulse injected nitrogen by soil microbes and mycorrhizal and non-mycorrhizal plants in a species-diverse subarctic heath ecosystem. Plant and Soil, 313: 283-295.
Bardgett R D, Bowman W D, Kaufmann R, et al. 2005. A temporal approach to linking aboveground and belowground ecology. Trends in Ecology and Evolution, 20: 634-641.
Bardgett R D, Leemans D K, Cook R, et al. 1997. Seasonality of the soil biota of grazed and ungrazed hill grassland. Soil Biology and Biochemistry, 29: 1285-1294.
Bardgett R D, Steeter T C, Bol R. 2003. Soil microorganisms compete effectively with plants for organic-nitrogen inputs to temperate grasslands. Ecology, 84: 1277-1387.
Bardgett R D, Streeter T C, Cole L, et al. 2002. Linkages between soil biota, nitrogen availability, and plant nitrogen uptake in a mountain ecosystem in the Scottish Highlands. Applied Soil Ecology, 19: 121-134.
Bardgett R D, van der Wal R, Jónsdóttir I S, et al. 2007. Temporal variability in plant and soil nitrogen pools in a high-Arctic ecosystem. Soil Biology and Biochemistry, 39: 2129-2137.
Barnard R, Barthes L, Leadley P W. 2006. Short-term uptake of ^{15}N by a grass and micro-organisms after long-term exposure to elevated CO_2. Plant and Soil, 280: 91-99.
Blagodatskaya E V, Blagodatsky S A, Anderson T H, et al. 2009. Contrasting effects of glucose, living roots and maize straw on microbial growth kinetics and substrate availability in soil. European Journal of Soil Science, 60: 186-197.
Blagodatskaya E, Kuzyakov Y. 2013. Active microorganisms in soil: critical review of estimation criteria and approaches. Soil Biology and Biochemistry, 67: 192-211.
Brookes P C, Landman A, Pruden G, et al. 1985. Chloroform fumigation and the release of soil nitrogen: a rapid direct extraction method to measure microbial biomass nitrogen in soil. Soil Biology and Biochemistry, 17: 837-842.
Buckeridge K M, Jefferies R L. 2007. Vegetation loss alters soil nitrogen dynamics in an Arctic salt marsh. Journal of Ecology, 95: 283-293.
Chapin F S, Matson P M, Mooney H A. 2002. Principles of terrestrial ecosystem ecology. New York: Springer-Verlag: 151-175.
Chapin F S, Moilanen L, Kielland K. 1993. Preferential use of organic nitrogen for growth by a non-mycorrhizal arctic sedge. Nature, 361(6408): 150-153.
Chapin F S, Vitousek P M, Cleve K V. 1986. The nature of nutrient limitation in plant communities. The American Naturalis, 127: 48-58.
Chapin F S. 1980. The mineral nutrition of wild plants. Annual Review of Ecology and Systematics, 11: 233-260.
Che R, Wang F, Wang W, et al. 2017. Increase in ammonia-oxidizing microbe abundance during degradation of alpine meadows may lead to greater soil nitrogen loss. Biogeochemistry, 136: 341-352.
Che R, Wang Y, Li K, et al. 2019. Degraded patch formation significantly changed microbial community composition in alpine meadow soils. Soil and Tillage Research, 195: 104426.
Cheng X M and Bledsoe C S. 2004. Competition for inorganic and organic N by blue oak (*Quercus douglasii*) seedlings, an annual grass, and soil microorganisms in a pot study. Soil Biology and Biochemistry, 36: 135-144.
Christou M, Avramides E J, Jones D L. 2006. Dissolved organic nitrogen dynamics in a Mediterranean vineyard soil. Soil Biology and Biochemistry, 38: 2265-2277.
Christou M, Avramides E J, Roberts J P, et al. 2005. Dissolved organic nitrogen in contrasting agricultural ecosystems. Soil Biology and Biochemistry, 37: 1560-1563.
Corre M D, Schnabel R R, Stout W L. 2002. Spatial and seasonal variation of gross nitrogen transformations and microbial biomass in a Northeastern US grassland. Soil Biology and Biochemistry, 34: 445-457.
Crawford N M, Glass A D. 1998. Molecular and physiological aspects of nitrate uptake in plants. Trends in Plant Science, 3: 389-395.
Cui J H, Yu C Q, Qiao N, et al. 2017. Plant preference for NH_4^+ versus NO_3^- at different growth stages in an

alpine agroecosystem. Field Crops Research, 201: 192-199.

Deng L, Shangguan Z, Wu G, et al. 2017. Effects of grazing exclusion on carbon sequestration in China's grassland. Earth Science Reviews, 173: 84-95.

Deng L, Zhang Z, Shangguan Z. 2014. Long-term fencing effects on plant diversity and soil properties in China. Soil and Tillage Research, 137: 7-15.

Dijkstra F A, Carrillo Y, Pendall E, et al. 2013. Rhizosphere priming: a nutrient perspective. Frontiers in Microbiology, 4: 216.

Dong Q, Zhao X, Wu G, et al. 2013. A review of formation mechanism and restoration measures of "black-soil-type" degraded grassland in the Qinghai-Tibetan Plateau. Environmental Earth Sciences, 70: 2359-2370.

Dong S, Wen L, Li Y, et al. 2012. Soil-quality effects of grassland degradation and restoration on the Qinghai-Tibetan Plateau. Soil Science Society of America Journal, 76: 2256-2264.

Drenovsky R, Vo D, Graham K, et al. 2004. Soil water content and organic carbon availability are major determinants of soil microbial community composition. Microbial Ecology, 48: 424-430.

Du M, Kawashima S, Yonemura S, et al. 2004. Mutual influence between human activities and climate change in the Tibetan Plateau during recent years. Global Planetary Change, 41: 241-249.

Dunn R M, Mikola J, Bol R, et al. 2006. Influence of microbial activity on plant–microbial competition for organic and inorganic nitrogen. Plant and Soil, 289: 321-334.

Ekblad A, Nordgren A. 2002. Is growth of soil microorganisms in boreal forests limited by carbon or nitrogen availability? Plant and Soil, 242: 115-122.

Farley R A, Fitter A H. 1999. Temporal and spatial variation in soil resources in deciduous woodland. Journal of Ecology, 87: 688-696.

Farrell M, Hill P W, Farrar J, et al. 2011. Seasonal variation in soluble soil carbon and nitrogen across a grassland productivity gradient. Soil Biology and Biochemistry, 43: 835-844.

Feng H, Squires V R. 2020. Socio-environmental dynamics of alpine grasslands, steppes and meadows of the Qinghai-Tibetan Plateau, China: A commentary. Applied Science, 10: 6488.

Fierer N, Schimel J P, Holden P A. 2003. Variations in microbial community composition through two soil depth profiles. Soil Biology and Biochemistry, 35: 167-176.

Gao J Q, Mo Y, Xu X L, et al. 2014. Spatiotemporal variations affect uptake of inorganic and organic nitrogen by dominant plant species in an alpine wetland. Plant and Soil, 381(1-2): 271-278.

Gao Y, Zeng X, Schumann M, et al. 2011. Effectiveness of exclosures on restoration of degraded alpine meadow in the eastern Tibetan Plateau. Arid Land Research and Management, 25: 164-175.

Gerendás J, Zhu Z, Bendixen R, et al. 1997. Physiological and biochemical processes related to ammonium toxicity in higher plants. Zeitschrift für Pflanzenernährung und Bodenkunde, 160(2): 239-251.

Gibson D J. 1986. Spatial and temporal heterogeneity in soil nutrient supply using *in situ* ion-exchange resin bags. Plant and Soil, 96: 445-450.

Grogan P, Jonasson S. 2005. Temperature and substrate controls on intraannual variation in ecosystem respiration in two subarctic vegetation types. Global Change Biology, 11: 465-475.

Guo Y, Hou L, Zhang Z, et al. 2019. Soil microbial diversity during 30 years of grassland restoration on the Loess Plateau, China: tight linkages with plant diversity. Land Degradation and Development, 30: 1172-1182.

Guo Y, Liu L P, Zheng L L, et al. 2017. Long-term grazing affects relationships between nitrogen form uptake and biomass of alpine meadow plants. Plant Ecology, 218(9): 1035-1045.

Gupta K L, Rorison I H. 1975. Seasonal differences in the availability of nutrients down a podzolic. Journal of Ecology, 63: 521-534.

Hafner S, Unteregelsbacher S, Seeber E, et al. 2012. Effect of grazing on carbon stocks and assimilate partitioning in a Tibetan montane pasture revealed by $^{13}CO_2$ pulse labeling. Global Change Biology, 18(2): 528-538.

Hargreaves S K, Horrigan E J, Jefferies R L. 2009. Seasonal partitioning of resource use and constraints on the growth of soil microbes and a forage grass in a grazed Arctic salt-marsh. Plant and Soil, 322:

279-291.
Harrison K A, Bol R, Bardgett R D. 2007. Preferences for different nitrogen forms by coexisting pant species and soil microbes. Ecology, 88: 989-999.
Harrison K A, Bol R, Bardgett R D. 2008. Do plant species with different growth strategies vary in their ability to compete with soil microbes for chemical forms of nitrogen? Soil Biology and Biochemistry, 40: 228-237.
Haynes R. 2005. Labile organic matter fractions as central components of the quality of agricultural soils: an overview. Advances in Agronomy, 85: 221-268.
Henry H A L, Jefferies R L. 2003. Interactions in the uptake of amino acids, ammonium and nitrate ions in the Arctic salt-marsh grass, *Puccinellia phryganodes*. Plant, Cell and Environment, 26: 419-428.
Hill P W, Farrar J, Roberts P, et al. 2011. Vascular plant success in a warming Antarctic may be due to efficient nitrogen acquisition. Nature Climate Change, 1: 50-53.
Hill P W, Farrell M, Jones D L. 2012. Bigger may be better in soil N cycling: does rapid acquisition of small L-peptides by soil microbes dominate fluxes of protein-derived N in soil? Soil Biology and Biochemistry, 428: 106-112.
Hodge H, Robinson D, Fitter A. 2000. Are microorganisms more effective than plants at competing for nitrogen. Trends in Plant Science, 5: 304-307.
Hong J T, Ma X X, Yan Y, et al. 2018. Which root traits determine nitrogen uptake by alpine plant species on the Tibetan Plateau? Plant and Soil, 424(1-2): 63-72.
Hong J T, Qin X J, Ma X X, et al. 2019. Seasonal shifting in the absorption pattern of alpine species for NO_3^- and NH_4^+ on the Tibetan Plateau. Biology and Fertility of Soils, 55(8): 801-811.
Hu Y, Chang X, Lin X, et al. 2010. Effects of warming and grazing on N_2O fluxes in an alpine meadow ecosystem on the Tibetan Plateau. Soil Biology and Biochemistry, 42: 944-952.
Jackson L E, Schimel J P, Firestone M K. 1989. Short-term partitioning of ammonium and nitrate between plants and microbes in an annual grassland. Soil Biology and Biochemistry, 21: 409-415.
Jaeger C H, Monson R K, Fisk M C, et al. 1999. Seasonal partitioning of nitrogen by plants and soil microorganisms in an alpine ecosystem. Ecology, 80: 1883-1891.
Jama B, Buresh R J, Nudufa J K, et al. 1998. Vertical distribution of roots and soil nitrate: Tree species and phosphorus effects. Soil Science Society of American Journal, 62: 280-286.
Jenkinson D S. 1988. Determination of microbial biomass carbon and nitrogen in soil. In: Wilson J R ed. Advances in Nitrogen Cycling in Agriculture Ecosystems. Wallingford, UK: CAB International: 368-386.
Jiang L L, Wang S P, Pang Z, et al. 2016. Grazing modifies inorganic and organic nitrogen uptake by coexisting plant species in alpine grassland. Biology and Fertility of Soils, 52(2): 211-221.
Jiang L L, Wang S P, Pang Z, et al. 2017. Effects of grazing on the acquisition of nitrogen by plants and microorganisms in an alpine grassland on the Tibetan plateau. Plant and Soil, 416(1-2): 297-308.
Jiang L L, Wang S P, Pang Z, et al. 2018. Plant organic N uptake maintains species dominance under long-term warming. Plant and Soil, 433(1-2): 243-255.
Jiang L L, Wang S P, Pang Z, et al. 2021. Abiotic and biotic controls of soil dissolved organic nitrogen along a precipitation gradient on the Tibetan Plateau. Plant and Soil, 459: 65-78.
Jones D L, Healey J R, Willett V B, et al. 2005. Dissolved organic nitrogen uptake by plants—an important N uptake pathway? Soil Biology and Biochemistry, 37: 413-423.
Jones D L, Hughes L T, Murphy D V, et al. 2008. Dissolved organic carbon and nitrogen dynamics in temperate coniferous forest plantations. European Journal of Soil Science, 59: 1038-1048.
Jones D L, Kielland K. 2002. Soil amino acid turnover dominates the nitrogen flux in permafrost-dominated taiga forest soils. Soil Biology and Biochemistry, 34: 209-219.
Jones D L, Shannon D, Murphy D V, et al. 2004. Role of dissolved organic nitrogen (DON) in soil N cycling in grassland soils. Soil Biology and Biochemistry, 36: 749-775.
Jones D L, Willett V B, Stockdale E A, et al. 2012. Molecular weight of dissolved organic carbon, nitrogen, and phenolics in grassland soils. Soil Science Society of America Journal, 76(1): 142-150.
Jones D L, Willett V B. 2006. Experimental evaluation of methods to quantify dissolved organic nitrogen

(DON) and dissolved organic carbon (DOC) in soil. Soil Biology and Biochemistry, 38: 991-999.
Jones D, Edwards A, Donachie K, et al. 1994. Role of proteinaceous amino acids released in root exudates in nutrient acquisition from the rhizosphere. Plant and Soil, 158: 183-192.
Kalbitz K, Solinger S, Park J H, et al. 2000. Controls on the dynamics of dissolved organic matter in soils: a review. Soil Science, 165: 277-304.
Kaye J P, Hart S C. 1997. Competition for nitrogen between plants and soil microorganisms. Trends in Ecology and Evolution, 12: 139-143.
Kielland K. 1994. Amino acid absorption by arctic plants: implications for plant nutrition and nitrogen cycling. Ecology, 75(8): 2373-2383.
Korsaeth A, Molstad L, Bakken L R. 2001. Modelling the competition for nitrogen between plants and microflora as a function of soil heterogeneity. Soil Biology and Biochemistry, 33: 215-226.
Kuang X, Jiao J J. 2016. Review on climate change on the Tibetan Plateau during the last half century. Journal of Geophysical Research: Atmospheres, 121 (8): 3979-4007.
Kuster T M, Wilkinson A, Hill P W, et al. 2016. Warming alters competition for organic and inorganic nitrogen between co-existing grassland plant species. Plant and Soil, 406: 117-129.
Kuzyakov Y, Xu X L. 2013. Competition between roots and microorganisms for nitrogen: Mechanisms and ecological relevance. New Phytologist, 198: 656-669.
Lazcano C, Gómez-Brandón M, Revilla P, et al. 2013. Short-term effects of organic and inorganic fertilizers on soil microbial community structure and function. Biology and Fertility of Soils, 49: 723-733.
Lebauer D S, Treseder K K. 2008. Nitrogen limitation of net primary productivity in terrestrial ecosystems is globally distributed. Ecology, 89(2): 371-379.
Lipson D A, Monson R K. 1998. Plant-microbe competition for soil amino acids in the alpine tundra: Effects of freeze-thaw and dry-rewet events. Oecologia, 113(3): 406-414.
Lipson D A, Raab T K, Schmidt S K, et al. 1999. Variation in competitive abilities of plants and microorganisms for specific amino acids. Biology of Fertilization and Soil, 29: 257-261.
Liu M, Li H, Song J, et al. 2020b. Interactions between intercropped *Avena sativa* and *Agropyron cristatum* for nitrogen uptake. Plant and Soil, 447: 611-621.
Liu M, Ouyang S, Tian Y, et al. 2020a. Effects of rotational and continuous overgrazing on newly assimilated C allocation. Biology and Fertility of Soils, 57: 193-202.
Liu M, Xu X, Nannipieri P, et al. 2021. Diurnal dynamics can modify plant–microbial competition for N uptake via C allocation. Biology and Fertility of Soils, 57: 949-958.
Liu Q Y, Qiao N, Xu X L, et al. 2016. Nitrogen acquisition by plants and microorganisms in a temperate grassland. Scientific Reports, 6: 22642.
Liu Y W, Xu R, Xu X L, et al. 2013. Plant and soil responses of an alpine steppe on the Tibetan Plateau to multi-level nitrogen addition. Plant and Soil, 373(1-2): 515-529.
Lu X, Kelsey K C, Yan Y, et al. 2017. Effects of grazing on ecosystem structure and function of alpine grasslands in Qinghai-Tibetan Plateau: a synthesis. Ecosphere, 8: e01656.
Ma S, Zhu X X, Zhang J, et al. 2015. Warming decreased and grazing increased plant uptake of amino acids in an alpine meadow. Ecology and Evolution, 5(18): 3995-4005.
Ma W, Yang Y, He J, et al. 2008. Above- and belowground biomass in relation to environmental factors in temperate grasslands, Inner Mongolia. Science in China Series C: Life Sciences, 51: 263-270.
Magid J, Nielsen N E. 1992. Seasonal variation in organic and inorganic phosphorus fractions of temperate-climate sandy soils. Plant and Soil, 144: 155-165.
McCrackin M L, Harms T K, Grimm N B, et al. 2008. Responses of soil microorganisms to resource availability in urban, desert soils. Biogeochemistry, 87: 143-155.
McEnsson K, Bengtson P, Falkengren-Grerup U, et al. 2009. Plant–microbial competition for nitrogen uncoupled from soil C: N ratios. Oikos: A Journal of Ecology, 118(12): 1908-1916.
McKane R B, Johnson L C, Shaver G R, et al. 2002. Resource-based niches provide a basis for plant species diversity and dominance in arctic tundra. Nature, 415(6867): 68-71.
Michalzik B K, Kalbitz J H, Park S, et al. 2001. Fluxes and concentrations of dissolved organic carbon and

nitrogen: a synthesis for temperate forests. Biogeochemistry, 52: 173-205.

Miehe G, Schleuss P-M, Seeber E, et al. 2019. The *Kobresia pygmaea* ecosystem of the Tibetan highlands-origin, functioning and degradation of the world's largest pastoral alpine ecosystem: *Kobresia* pastures of Tibet. Science of the Total Environment, 648: 754-771.

Miller A E, Bowman W D, Suding K N. 2007. Plant uptake of inorganic and organic nitrogen: Neighbor identity matters. Ecology, 88: 1832-1840.

Miller A E, Schimel J P, Sickman J O, et al. 2009. Seasonal variation in nitrogen uptake and turnover in two high elevation soils: mineralization responses are site-dependent. Biogeochemistry, 93: 253-270.

Miller A J, Cramer M D. 2004. Root nitrogen acquisition and assimilation. Plant and Soil, 274: 1-36.

Moreau D, Bardgett R D, Finlay R D, et al. 2019. A plant perspective on nitrogen cycling in the rhizosphere. Functional Ecology, 33: 540-552.

Murphy D V, Fortune S, Wakefield J A, et al. 1999. Assessing the importance of soluble organic nitrogen in agricultural soils. In: Wilson W S, et al. eds. Managing risks of nitrates to humans and the environment. Cambridge: The Royal Society of Chemistry: 65-86.

Murphy D V, Macdonald A J, Stockdale E A, et al. 2000. Soluble organic nitrogen in agricultural soils. Biology and Fertility of Soils, 30: 374-387.

Nadelhoffer K J, Aber J D, Melillo J M. 1985. Fine roots, net primary production, and soil nitrogen availability: A new hypothesis. Ecology, 66(4): 1377-1390.

Näsholm T, Kielland K, Ganeteg U. 2009. Uptake of organic nitrogen by plants. New Phytologist, 182(1): 31-48.

Nordin A, Schmidt I K, Shaver G R. 2004. Nitrogen uptake by arctic soil microbes and plants in relation to soil nitrogen supply. Ecology, 85: 955-962.

Nye P H, Tinker P B. 1977. Solute Movement in the Soil-Root Systems. Berkeley: University of California Press.

Owen A G, Jones D L. 2001. Competition for amino acids between wheat roots and rhizosphere microorganisms and the role of amino acids in plants N composition. Soil Biology and Biochemistry, 33: 651-657.

Pang Z, Jiang L L, Wang S P, et al. 2019. Differential response to warming of the uptake of nitrogen by plant species in non-degraded and degraded alpine grasslands. Journal of Soils and Sediments, 19: 2212-2221.

Paterson E. 2003. Importance of rhizodeposition in the coupling of plant and microbial productivity. European Journal of Soil Science, 54: 741-750.

Peng F, Xue X, Li C, et al. 2020. Plant community of alpine steppe shows stronger association with soil properties than alpine meadow alongside degradation. Science of the Total Environment, 733: 139048.

Pu J, Li Y, Zhao L, et al. 2005. The relationship between seasonal changes of *Kobresia humilis* meadow biomass and the meteorological factors. Acta Agrestia Sinica, 13: 238-241.

Ros G H, Hoffland E, van Kessel C, et al. 2009. Extractable and dissolved soil organic nitrogen - a quantitative assessment. Soil Biology and Biochemistry, 41: 1029-1039.

Ros M, Hernandez M T, García C. 2003. Soil microbial activity after restoration of a semiarid soil by organic amendments. Soil Biology and Biochemistry, 35: 463-469.

Rosswall T. 1982. Microbiological regulation of the biogeochemical nitrogen cycle. Plant and Soil, 67: 15-34.

Rui Y C, Wang S P, Xu Z H, et al. 2011. Warming and grazing affect soil labile carbon and nitrogen pools differently in an alpine meadow of the Qinghai-Tibet Plateau in China. Journal of Soils and Sediments, 11: 903-914.

Rustad L, Campbell J, Marion G, et al. 2001. A meta-analysis of the response of soil respiration, net nitrogen mineralization, and aboveground plant growth to experimental ecosystem warming. Oecologia, 126: 543-562.

Schenk H J, Jackson R B. 2002. The global Biogeography of roots. Ecological Monogrsphs, 72: 311-328.

Schimel J P, Bennett J. 2004. Nitrogen mineralization: challenges of a changing paradigm. Ecology, 85(3): 591-602.

Schimel J P, Chapin F S. 1996. Tundra plant uptake of amino acid and NH_4^+ nitrogen *in situ*: Plants complete well for amino acid N. Ecology, 77(7): 2142-2147.

Schleuss P M, Heitkamp F, Sun Y, et al. 2015. Nitrogen uptake in an alpine *Kobresia* pasture on the Tibetan Plateau: Localization by ^{15}N labeling and implications for a vulnerable ecosystem. Ecosystems, 18(6): 946-957.

Shang Z, Ma Y, Long R, et al. 2008. Effect of fencing, artificial seeding and abandonment on vegetation composition and dynamics of 'black soil land' in the headwaters of the yangtze and the yellow rivers of the Qinghai-Tibetan Plateau. Land Degradation and Development, 19: 554-563.

Shaw M R, Harte J. 2001. Response of nitrogen cycling to simulated climate change: Differential responses along a subalpine ecotone. Global Change Biology, 7: 193-210.

Song M H, Xu X L, Hu Q W, et al. 2007. Interactions of plant species mediated plant competition for inorganic nitrogen with soil microorganisms in an alpine meadow. Plant and Soil, 297: 127-137.

Song M H, Zheng L L, Suding K N, et al. 2015. Plasticity in nitrogen form uptake and preference in response to long-term nitrogen fertilization. Plant and Soil, 394(1-2): 215-224.

Sorensen P L, Clemmesen K E, Michelsen A, et al. 2008. Plant and microbial uptake and allocation of organic and inorganic nitrogen related to plant growth forms and soil conditions at two subarctic tundra sites in Sweden. Arctic, Antarctic and Alpine Research, 40: 171-180.

Stanturf J A. 2021. Landscape degradation and restoration. In: Stanturf J A, Callaham M A eds. Soils and landscape restoration. Chapter 5. Amsterdam: Elsevier: 125-159.

Strickland M S, Wickings K, Bradford M A, et al. 2012. The fate of glucose, a low molecular weight compound of root exudates, in the belowground foodweb of forests and pastures. Soil Biology and Biochemistry, 49: 23-29.

Szili-Kovács T, Török K, Tilston E L, et al. 2007. Promoting microbial immobilization of soil nitrogen during restoration of abandoned agricultural fields by organic additions. Biology and Fertility of Soils, 43: 823-828.

Tao Z, Shen C, Gao Q, et al. 2006. Soil organic carbon storage and vertical distribution of alpine meadow on the Tibetan Plateau. Acta Geographica Sinica, 61: 720-728.

Thompson L G, Yao T, Mosley-Thompson E, et al. 2000. A high-resolution millennial record of the South Asian Monsoon from Himalayan ice cores. Science, 289: 1916-1919.

Ueda M U, Muller O, Nakamura M, et al. 2013. Soil warming decreases inorganic and dissolved organic nitrogen pools by preventing the soil from freezing in a cool temperate forest. Soil Biology and Biochemistry, 61: 105-108.

van Hees P A, Jones D L, Godbold D L. 2002. Biodegradation of low molecular weight organic acids in coniferous forest podzolic soils. Soil Biology and Biochemistry, 34: 1261-1272.

Verhagen F J M, Laanbroek H J, Wolendorp J W. 1995. Competition for ammonium between plant roots and nitrifying and heterotrophic bacteria and the effects of protozoan grazing. Plant and Soil, 170: 241-250.

Vitousek P M, Howarth R W. 1991. Nitrogen limitation on land and sea: How can it occur? Biogeochemistry, 5: 7-34.

Vives-Peris V, de Ollas C, Gomez-Cadenas A, et al. 2020. Root exudates: from plant to rhizosphere and beyond. Plant Cell Reports, 39: 3-17.

Wang J N, Shi F S, Xu B, et al. 2014. Uptake and recovery of soil nitrogen by bryophytes and vascular plants in an alpine meadow. Journal of Mountain Science, 11(2): 475-484.

Wang Q, Cao G, Wang C. 2007. Quantitative characters of soil microbes and microbial biomass under different vegetations in alpine meadow. Chinese Journal of Ecology, 26: 1002-1008.

Wang W Y, Ma Y G, Xu J, et al. 2012. The uptake diversity of soil nitrogen nutrients by main plant species in *Kobresia humilis* alpine meadow on the Qinghai-Tibet Plateau. Science China Earth Sciences, 55(10): 1688-1695.

Warren C R. 2009. Uptake of inorganic and amino acid nitrogen from soil by *Eucalyptus regnans* and *Eucalyptus pauciflora* seedlings. Tree Physiology, 29: 401-409.

Warren C R. 2013. Quaternary ammonium compounds can be abundant in some soils and are taken up as intact molecules by plants. New Phytologist, 198: 476-485.

Warren C R. 2014. Organic N molecules in the soil solution: what is known, what is unknown and the path

forwards. Plant and Soil, 375(1-2): 1-19.
Weigelt A, Bol R, Bardgett R D. 2005. Preferential uptake of soil nitrogen forms by grassland plant species. Oecologia, 142: 627-635.
Weintraub M N, Schimel J P. 2005. The seasonal dynamics of amino acids and other nutrients in Alaskan Arctic tundra soils. Biogeochemistry, 73: 359-380.
Wen L, Dong S, Li Y, et al. 2013. Effect of degradation intensity on grassland ecosystem services in the alpine region of Qinghai-Tibetan Plateau, China. PLoS One, 8: e58432.
Wu H, Dannenmann M, Fanselow N, et al. 2011. Feedback of grazing on gross rates of N mineralization and inorganic N partitioning in steppe soils of Inner Mongolia. Plant and Soil, 340: 127-139.
Wu R X, Wei X T, Liu K, et al. 2017. Nutrient uptake and allocation by plants in recent mounds created by subterranean rodent, plateau zokor *Eospalax baileyi*. Polish Journal of Ecology, 65(1): 132-143.
Xu X L, Kuzyakov Y, Stange F, et al. 2008. Light affected the competition for inorganic and organic nitrogen between maize and soil microorganisms. Plant and Soil, 304: 59-72.
Xu X L, Ouyang H, Cao G M, et al. 2004. Uptake of organic nitrogen by eight dominant plant species in *Kobresia* meadows. Nutrient Cycling in Agroecosystems, 69(1): 5-10.
Xu X L, Ouyang H, Cao G M, et al. 2011. Dominant plant species shift their nitrogen uptake patterns in response to nutrient enrichment caused by a fungal fairy in an alpine meadow. Plant and Soil, 341(1-2): 495-504.
Xu X L, Ouyang H, Kuzyakov Y, et al. 2006. Significance of organic nitrogen acquisition for dominant species in an alpine meadow on the Tibet Plateau, China. Plant and Soil, 285: 221-231.
Xu X L, Ouyang H, Pei Z Y, et al. 2003. The fate of short-term ^{15}N labeled nitrate and ammonium added to an alpine meadow in the Qinghai-Xizang Plateau, China. Acta Botanica Sinica, 45: 276-281.
Yan Y, Lu X. 2015. Is grazing exclusion effective in restoring vegetation in degraded alpine grasslands in Tibet, China? Peer Journal, 3: e1020.
Yao T, Thompson L G, Mosbrugger V, et al. 2012. Third pole environment (TPE). Environmental Development, 3: 52-64.
Yu Z, Zhang Q, Kraus T E C, et al. 2002. Contribution of amino compounds to dissolved organic nitrogen in forest soils. Biogeochemistry, 61: 173-198.
Zhang L, Pang R, Xu X L, et al. 2019. Three Tibetan grassland plant species tend to partition niches with limited plasticity in nitrogen use. Plant and Soil, 441: 601-611.
Zhang L, Unteregelsbacher S, Hafner S, et al. 2017. Fate of organic and inorganic nitrogen in crusted and non-crusted *Kobresia* grasslands. Land Degradation and Development, 28(1): 166-174.
Zhang L, Zhu T B, Liu X, et al. 2020b. Limited inorganic N niche partitioning by nine alpine plant species after long-term nitrogen addition. Science of the Total Environment, 718: 137270.
Zhang W, Zhang X, Bai E, et al. 2020a. The strategy of microbial utilization of the deposited N in a temperate forest soil. Biology and Fertility of Soils, 56: 359-367.
Zhang Z L, Li N, Xiao J, et al. 2018. Changes in plant nitrogen acquisition strategies during the restoration of spruce plantations on the eastern Tibetan Plateau, China. Soil Biology and Biochemistry, 119: 50-58.
Zhou H, Zhao X, Tang Y, et al. 2005. Alpine grassland degradation and its control in the source region of the Yangtze and Yellow Rivers, China. Grassland Science, 51: 191-203.
Zhou X Q, Chen C R, Wang Y F, et al. 2013. Soil extractable carbon and nitrogen, microbial biomass and microbial metabolic activity in response to warming and increased precipitation in a semiarid inner Mongolian grassland. Geoderma, 206: 24-31.
Zhou X Q, Chen C R, Wu H W, et al. 2012. Dynamics of soil extractable carbon and nitrogen under different cover crop residues. Journal of Soils and Sediments, 12: 844-853.
Zhou Z, Chao S, Zhou P. 2007. Vertical distribution of fine roots in relation to soil factors in *Pinus tabulaeformis* Carr. forest of the Loess Plateau of China. Plant and Soil, 291: 119-129.
Zhu W, Carreiro M M. 2004. Temporal and spatial variations in nitrogen transformation in deciduous forest ecosystems along an urban-rural gradient. Soil Biology and Biochemistry, 36: 267-278.

第六章　气候变化和放牧对群落生产力及其稳定性的影响

导读：许多研究表明，影响植物生产力的因素很多，在较大的地理尺度上，气候等环境因子（如气温、降水量和土壤类型等）是决定植物生产力的关键因子，而在较小的地理单元上，生物和资源有效性等可能是植物生产力大小的主导因子。同时，天然草原地下生物量是地上的5～10倍，植物光合产物在地上地下分配、根系的寿命与周转、地上生产力的稳定性，都与草地生态系统的结构、功能和服务等密切相关。本章主要依托不对称增温与适度放牧平台，利用10年长期监测数据，结合微根管技术和^{13}C标记等技术，系统探讨了增温和放牧对高寒草甸地上净初级生产力、根系性状及寿命和周转的影响，监测了新近光合产物地上地下分配模式，特别是考虑了试验期间背景环境温度对增温和放牧处理下生产力稳定性的调控作用，拟回答以下关键科学问题：①影响高寒草甸植物地上净初级生产力的关键因素如何？对增温和降温的响应是否是线性的？②新近光合产物如何在地上地下进行分配？③根系性状、寿命和周转如何响应环境变化？④增温和放牧是否降低了植物生产力稳定性?其关键影响因素如何?

草地是全球分布面积最大的陆地生态系统，占陆地面积的40%左右，具有重要的生态和社会功能（Wrage et al.，2001），为人类提供了许多产品和生态服务（O'Mara，2012），其中，植物初级生产力是反映草地功能的重要指标（Loreau et al.，2001；Hooper et al.，2005）。许多研究表明，影响植物生产力的因素很多，在较大的地理尺度上，气候等环境因子（如气温、降水量和土壤类型等）是决定植物生产力的关键因子（Knapp and Smith，2001；Fang et al.，2001；Yang et al.，2008），而在较小的地理单元上，生物和资源有效性等可能是植物生产力大小的主导因子（Yahdjian and Sala，2006）。随着环境条件的改善，生产力逐渐增加（Fang et al.，2001）。在不同的时期，不同生态系统的生产力对于环境变化的响应程度有很大的差异（Yang et al.，2008）。这些可以归结于生物与环境相互作用模式的差异，有可能是目前众多研究结论不一致甚至相左的原因（王常顺等，2014）。特别是影响草地植物生产力的众多因素相互交织在一起，共同影响着生产力水平。目前的大多数研究主要集中在某个单一的因子上（如增温或放牧），对于这些众多因子是否存在互作效应或者是否存在可加性，仍缺乏深入的研究。

气候变暖和放牧是青藏高原高寒草甸植物群落变化的主要驱动因子，与植物群落生产力稳定性及其功能和服务的可持续性密切相关，剖析增温和放牧对高寒草甸群落生产力及其稳定性的影响机制具有重要的理论和实践意义。陆地生态系统总初级生产力最大的碳流之一是向地下碳库分配，这也是目前了解最少的碳分配过程之一。根系生产和呼吸是地下碳分配这一复杂过程中最重要的组成部分，也是影响生态系统对全球变化的响应与反馈的关键环节。准确理解并量化增温和放牧对根系性状、寿命及周转的影响，对生态系统碳循环模型建立及其可靠性起着关键性作用。本章论述了增温和放牧对植物地上净初级生产力的影响，并在考虑背景气候的趋势性变化和极端气候事件的基础上，探究高寒矮生嵩草草甸的植物地上净初级生产力稳定性如何响应增温和放牧因子。同时，利用 ^{13}C 同位素示踪法原位示踪高寒草甸植物新近同化的碳素向地下碳库的分配，估算其在各个碳库的分配比例，并利用微根管技术观测增温与放牧对高寒草甸植物地下根系垂直分布格局、寿命、生产力及其周转的影响，以期为青藏高原高寒草甸的适应性管理提供相应的科学依据。

第一节　增温和放牧对植物地上净初级生产力的影响

植物地上净初级生产力（ANPP）是其吸收和固定大气 CO_2 的主要途径，对气候变化因子（如温度和降水量）和放牧极其敏感（Wang et al.，2012）。目前，青藏高原地区正在发生的快速升温现象（Yao et al.，2018），已经引起了人们的广泛关注。放牧作为天然草地的主要利用方式，同样对草地生态系统功能起着不可忽视的作用（Li et al.，2018）。已有研究表明，动物与植物间的相互作用可介导草地植物群落对气候变化的响应（Kaarlejärvi et al.，2017；Suttle et al.，2007）。例如，Klein 等（2007）在青藏高原地区的研究指出家畜的采食作用可以缓解由于增温所导致的草地植被生产力的下降。然而该地区的大多数增温试验仅仅在未放牧条件下开展，为评估天然草地生产力响应气候变化带来了极大的不确定性。

此外，越来越多的研究指出增温试验年限的长短会导致草地 ANPP 对气候变化因子的响应呈现出明显的差异（Wang et al.，2019），也就是说，短期内出现的正反馈或者负反馈在长时间尺度上往往消失了（Wu et al.，2012），即存在“热适应”现象。目前，在青藏高原地区大多数的短期增温试验表明，增温可能会导致植物群落 ANPP 明显增加（Wang et al.，2022），然而在海北经历了长期变暖的 36 年原位观测样点的 ANPP 并未呈现出显著的变化趋势（Liu et al.，2018）。一方面，在短时间尺度上，“热适应”属性的植物可通过调节其自身的生理活动（如光合作用）快速对环境的干扰做出反应（Davidson and Janssens，2006；Mowll et al.，2015；Reich et al.，2020）；另一方面，在长时间尺度上，增温所导致的植物群落组成变化改变了其对增温的敏感性（Shi et al.，2016）。这也就意味着，短期的增温试验可能会高估增温情景下植物群落对气候变化因子的响应方向和程度。特别是，放牧是天然草地的主要利用方式，其与气候变化已经并将继续对高寒草甸植物生产产生显著影响（Wang et al.，2012）。然而，在青藏高原地区关于群落植物 ANPP 对增温与放牧的长期响应，目前还较少研究（Liu et al.，2021）。

IPCC（2021）指出，全球变暖呈现出非对称增温的模式，即冬季高于夏季、夜晚高于白天。然而，由于技术等原因，以往的多数增温试验都忽略了这种增温模式，而是采用恒定能量输入的红外增温模式（Song et al.，2019），或者利用开顶箱方法（OTC）进行被动增温（Klein et al.，2007），从而导致增温试验情景与实际情景相差较大。为此，我们的研究在国际上首次模拟了这种不对称增温情景（Kimball et al.，2008），即与对照相比，在暖季，白天增温幅度为 1.2 ℃，夜间增温幅度为 1.7 ℃；在冷季，白天增温幅度为 1.5℃，夜间增温幅度为2℃。我们的研究结果表明，增温前5年（2006～2010年）ANPP显著增加（达27.8%）（Wang et al.，2012），但随着增温试验的延长，10年的增温显著提高了平均植物群落ANPP（约17.6%），说明增温对ANPP的正效应随着增温时间的延长而下降（图6-1A）；无论是短期还是长期试验，适度放牧对ANPP均无显著的影响，但增温和放牧的效应均随年际而变化。增温和放牧对ANPP的影响存在显著负互作效应（表6-1；图6-1A），即放牧降低了增温对ANPP的正效应（Wang et al.，2012；Liu et al.，2021）。首先，由于高寒草甸受低温的影响，不能满足植物最大光合所需要的最适温度（Huang et al.，2019），而增温可以提高高寒植物的光合能力进而提高了其ANPP（表6-2），这就意味着，在增温处理中，升温的过程可刺激高寒植物的快速生长（Huang et al.，2019）；其次，增温可以解除低温对高寒地区植被生长的限制，提前其返青期或者延长枯黄期，进而延长了生长季（Li et al.，2016; Meng et al.，2017），有助于植物延长生长过程和提高有机质的积累，从而提高植物群落的ANPP（表6-2）；此外，由于短期增温提高了禾本科植物的高度和盖度（Wang et al.，2012），禾本科植物的增加可以显著提高植物群落ANPP（表6-2），这就意味着在植物群落演替过程中出现的物种组成上的变化，在一定程度上决定了其ANPP响应气候变化的敏感性（Shi et al.，2018）。值得注意的是，在我们的研究中，虽然在10年尺度上的增温并未显著改变禾本科类植物的盖度（Liu et al.，2021），但在该试验开展的前5年，增温却显著增加了其盖度（约86%），其中垂穗披碱草的增加更为明显，其可以解释ANPP变化的30%左右（Wang et al.，2012）。这可能是因为增温所导致的水分亏缺更利于深根的禾本科类植物生长（Liu et al.，2018），从而使得试验前期的增温效应更为明显（图6-1A）。

表6-1 基于混合效应模型分析10年的增温和放牧及其交互作用对地上净初级生产力（ANPP）的影响

处理因子	自由度	*F*值	*P*值
增温	1，12	210.9	<0.001
放牧	1，12	2.6	0.136
年份	9，108	131.8	<0.001
增温×放牧	1，12	5.2	0.042
增温×年份	9，108	10.4	<0.001
放牧×年份	9，108	4.8	<0.001
增温×放牧×年份	9，108	4.2	<0.001

注：ANPP在分析前进行了$\log_{10}$转化。

Klein等（2007）在该地区开展的OTC增温试验研究结果表明，增温降低了ANPP，但刈割可以缓冲由增温所导致的植物群落ANPP的下降程度。与我们的研究结果不一致的是，OTC增温导致了ANPP的降低且伴随着禾本科植物的减少，这可能是因为相比红外增温系统，OTC增温对于白天的最高温增加更为明显（约升高7.3℃）（Klein et al.，2005），这就在一定程度上造成了高寒植物的热应激，而且高大的禾本科植物更易受到影响（Wang et al.，2012）。但我们的研究结果同样也揭示了增温与放牧之间存在显著

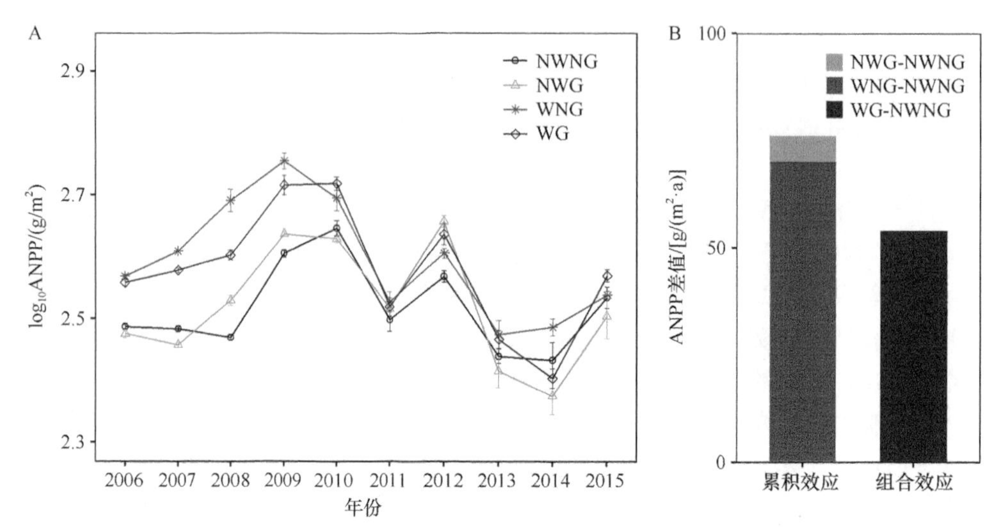

图 6-1　增温和放牧对植物群落地上净初级生产力的影响

不同处理条件下 ANPP 的年际变化（A）及试验年限内增温与放牧对 ANPP 的累积效应与组合效应（B）。累积效应即单独的增温效应（即 WNG-NWNG）和单独的放牧效应（即 NWG-NWNG）的总和，组合效应为增温与放牧处理的效应（即 WG-NWNG）。NWNG：不增温不放牧；NWG：不增温放牧；WNG：增温不放牧；WG：增温放牧

表 6-2　影响地上净初级生产力变化的逐步回归分析结果

	估计值	t 值	P 值	偏 R^2	VIF
MAT	0.203	10.67	<0.001	0.25	1.57
GC	0.002	10.21	<0.001	0.24	1.52
GSL	0.004	8.28	<0.001	0.20	1.17
截距	1.792	18.46	<0.001	—	—

注：MAT，mean annual air temperature，年平均气温；GC，graminoid cover，禾本科植物盖度；GSL，growing season length，生长季长度；VIF，variance inflation factor，方差膨胀因子。其中，年降水量、土壤年均温、土壤年均含水量、物种丰富度、豆科植物盖度、杂类草植物盖度在逐步回归过程中被移除。df=3,108；F 值=80.08；$P<0.001$；R^2=0.69。

的交互作用（表 6-1）（P=0.042）。具体来说，同时增温放牧（WG）处理相比对照（NWNG）所产生的组合效应可提高 ANPP 至约 $50g/m^2$，而单独的增温处理（WNG）和单独的放牧处理（NWG）相比对照的差异总和，即二者的累积效应达到 $76g/m^2$（图 6-1B），这也就意味着放牧作用削弱了增温所导致的群落植物 ANPP 增加的幅度，进一步证实了食草动物的采食作用是减缓该地区天然草地对气候变化响应的重要措施。一方面，这可能与增温和放牧对群落组成变化上的叠加效应有关，在放牧条件下，适口性更好的禾本科和豆科植物更易被采食，从而减弱了增温条件下禾本科植物的增加对 ANPP 的促进作用（表 6-2）；另一方面，放牧可以通过动物的采食作用而减少可用于光合作用的叶面积，降低植物获取营养的速率，进而推迟植物的返青期，并缩短生长季长度；特别是同时增温放牧处理增加的土壤温度更高，导致了土壤水分显著降低（Luo et al.，2010；Wang et al.，2012），进而抑制了增温正效应的程度。因此，这种与增温效应相反的变化方向可能引起了放牧对高寒草甸植被响应气候变化的缓冲作用。

在长期增温试验中，“热适应”现象已经被广泛关注，如土壤呼吸和物候展叶期对增温的响应均存在这种现象（Crowther and Bradford，2013；Fu et al.，2015；Guo et al.，2020）。在我们的研究中，基于赤池信息量准则（Akaike's information criterion，AIC）方法进行的评估发现非线性模型为三种处理效应与试验年限相互关系的最优模型（表6-3）。所有增温小区（包括 WNG 和 WG）均在试验的第 3 年（即 2008 年）出现断点，相比对照的变化差值均呈现出先增加后降低的趋势，且在试验的第 10 年增温的正效应几乎消失了（图 6-2），这进一步证实了在高寒草甸生态系统增温过程中植物群落的 ANPP 同样存在“热适应”现象。已有研究指出，植物出现“热适应”的原因大致包括以下几种：①植物为适应环境所发生的生态进化（Crowther and Bradford，2013；Luo et al.，2001）；②“热适应”物种的扩张和本土物种的消失（Wu et al.，2012）；③长期的营养消耗所导致的营养供应缺乏（Li et al.，2019）；④植物群落的演替（即物种组成的变化）（Shi et al.，2018）。此外，我们发现单独的放牧处理（NWG）在试验的第 7 年（即 2012 年）出现了断点，但是其相比对照增加的幅度较低，甚至在多个年份出现了负值（图 6-2），这可能是因为在放牧样地中，适口性较好的禾本科植物盖度及生物多样性降低，同时种群异步性降低（Liu et al.，2021），植物群落内部的种群间补偿能力下降，在一定程度上导致了该样地的退化，故而在试验后期 ANPP 均呈现出明显的下降趋势。

表 6-3　各处理效应随试验年限变化的线性与非线性模型比较

处理效应	线性			非线性			
	AIC	r^2	P 值	AIC	断点/a	R^2	P 值
NWG-NWNG	417.1	0.02	0.414	408.7	7	0.28	0.009
WNG-NWNG	437.0	0.37	<0.001	420.5	3	0.62	<0.001
WG-NWNG	407.0	0.36	<0.001	395.6	3	0.56	0.002

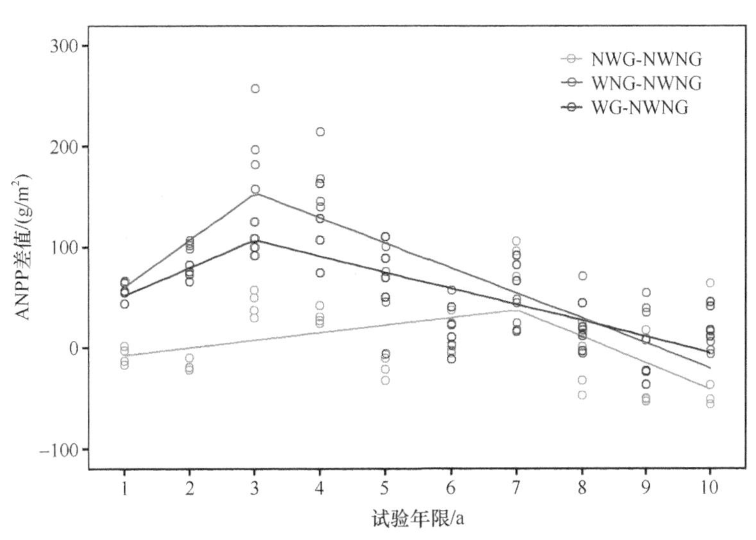

图 6-2　增温与放牧对植物群落地上净初级生产力的处理效应的年际变化

NWNG：不增温不放牧；NWG：不增温放牧；WNG：增温不放牧；WG：增温放牧

基于赤池信息量准则（AIC）对线性和非线性模型进行比较：若 ΔAIC＜2，则两种模型无异；若 ΔAIC＞2，则 AIC 较小的模型为较优模型。

第二节 增温和放牧对植物地上净初级生产力稳定性的影响

近些年已经开展了多个原位控制试验以探究增温和放牧对植物群落地上 ANPP 稳定性的影响，并证实了生物多样性、种间异步性及植物群落组成的变化是调控其变化的重要生物因子（Ma et al.，2017；Yang et al.，2017；Shi et al.，2016；Hautier et al.，2015；Zelikova et al.，2014；Post，2013）。然而，这些研究往往只关注群落生产力稳定性在处理因子与对照之间的显著性分析。事实上，生态学过程往往具有时间动态性（Jordán and Scheuring，2004）和背景气候依赖性（Blonder et al.，2018；Smith-Ramesh and Reynolds，2017）。明晰生态学过程对全球变化的响应是否具有气候背景依赖性，有助于了解当前研究结果的普遍规律（Hanson and Walker，2020）。例如，在全球尺度上的整合分析表明，增温和放牧对植物群落（如物种丰富度、ANPP 等）的影响与长期的气候（如气温和干旱度指数等）变化趋势强烈相关（Gao and Carmel，2020；Wang et al.，2019）。此外，在全球尺度上，背景气候（尤其干旱程度）对多样性-稳定性关系具有调控作用，在干旱程度较高的环境条件下，物种丰富度与群落生产力稳定性强烈正相关，而在比较湿润的条件下，二者的关系相对较弱（García-Palacios et al.，2018）。然而，在高寒矮生嵩草草甸生态系统中，长期的气候变化趋势是否会调节原位控制试验中增温和放牧对群落生产力稳定性的影响及其变化机制还不清楚。

我们依托在海北站高寒草甸生态系统开展的 10 年（即 2006～2015 年）增温和放牧野外控制试验，以及与之相邻的 36 年长期监测样地的数据开展了相关研究（Liu et al.，2021）。值得注意的是，若仅关注 10 年增温和放牧试验期间处理组与对照组之间的差值，增温显著降低了 ANPP 的稳定性（图 6-3H），这与该地区开展的另一项增温试验研究结果一致（Ma et al.，2017）。同时，放牧也显著降低了 ANPP 稳定性（图 6-3H）。然而，基于 2006～2008 年间的试验数据进行分析时，仅增温显著降低了 ANPP 稳定性（图 6-3A）；基于 2006～2013 年间的试验数据进行分析时，增温和放牧并未显著改变 ANPP 的稳定性（图 6-3B～F），而在试验 9、10 年后这种效应又出现了（图 6-3G，H）。因此，不同试验年限可能会得出不同的结果。由此可见，仅关注处理组与对照组之间群落生产力稳定性的差异，会由于试验开展年限的不同而存在不确定性（图 6-3）。该结果说明了传统研究方法（即利用 10 年 ANPP 平均数据研究结果）未考虑试验年限的局限性，因为不同试验年限内的背景气候变化趋势存在差异。

为解析增温和放牧条件下群落地上净初级生产力稳定性变化与趋势性气候变化之间的关系，这里采用了巢式移动窗法（the nest moving windows）对数据进行重取样。参考 Hautier 等（2015）的研究设定最小取样间隔为 3 年，以试验开始年份为固定的取样年份（即观测试验的 1983 年和控制试验的 2006 年），依次向后连续取样至不同的试验年份作为结束年份，从而形成两个具有相同起始年份但是不同试验年限的数据集（Liu et al.，2021）。其中，为期 36 年的观测试验数据集包括 34 种情境，取样年限为 3～36 年。具体而言，取样年限为 3 年的取样年份为 1983～1985 年；取样年限为 4 年的取样年份为 1983～1986 年；取样年限为 5 年的取样年份为 1983～1987 年；以此类推，取样年限

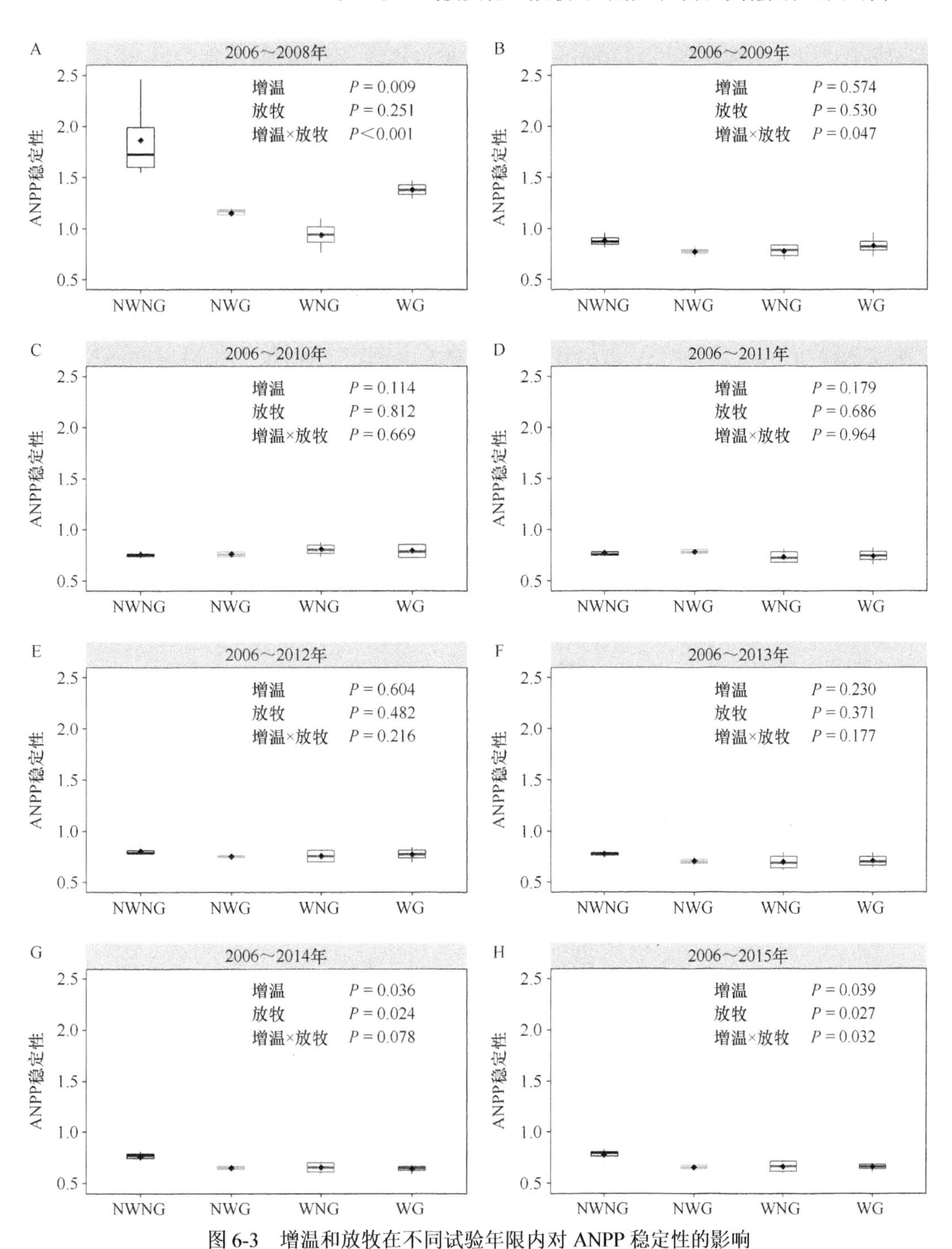

图 6-3　增温和放牧在不同试验年限内对 ANPP 稳定性的影响

NWNG、NWG、WNG 和 WG 分别为不增温不放牧、不增温放牧、增温不放牧和增温放牧。数值表示方式为平均值±标准误（n=4）。箱型图内展示了中位数、四分位数及异常值，黑色的菱形表示其算术平均值。灰色方框中展示了取样年份的区间，ANPP 稳定性在分析前进行了 $\log_{10}$ 转化

为 36 年的取样年份为 1983～2018 年。另外，为期 10 年的控制试验数据集包括 8 种情境，取样年限为 3～10 年。具体而言，取样年限为 3 年的取样年份为 2006～2008 年；

取样年限为 4 年的取样年份为 2006～2009 年；取样年限为 5 年的取样年份为 2006～2010 年；以此类推，取样年限为 10 年的取样年份为 2006～2015 年。

虽然气候变暖是当下主流的趋势（IPCC，2021），但是在一定阶段内，气温仍会出现反常的变冷趋势（Guo et al.，2020）。海北站的年均温呈现出非线性变化（表 6-4），1983～2005 年间以 0.61℃/10a 的速率升温，2006～2018 年间则以–0.41℃/10a 的速率降温（图 6-4A）。干旱指数具有显著的降低趋势（图 6-4B）。尽管 1983～2018 年间观测的 ANPP 无明显的时间变化趋势（图 6-5A），ANPP 稳定性却随着试验年限延长呈现出明显的先增加后降低的非线性变化趋势，且在观测年限为 18 年（即 2000 年）时出现断点（图 6-5B；表 6-4）。此外，ANPP 稳定性随气温和干旱指数变化出现非线性变化（图 6-5C-D；表 6-4）。在暖、干化背景气候条件下，ANPP 稳定性具有上升趋势；在冷、

表 6-4　基于赤池信息量准则（AIC）对回归模型选择

	线性回归			非线性回归			
	AIC	r^2	P 值	AIC	断点	r^2	P 值
年均温与年份	45.2	0.39	＜0.001	36.0	2006	0.58	0.006
SPEI-6 与年份	99.1	0.22	0.004	—	—	—	—
ANPP 与年份	387.4	0.06	0.161	—	—	—	—
ANPP 稳定性与观测年限	–153.3	0.03	0.324	–188.9	18	0.70	＜0.001
ANPP 稳定性与温度	–154.3	0.06	0.147	–169.0	–1.29	0.46	＜0.001
ANPP 稳定性与 SPEI-6	–155.6	0.10	0.069	–176.9	0.332	0.57	＜0.001

注：若 ΔAIC＞2，则 AIC 较小的模型为最适模型。

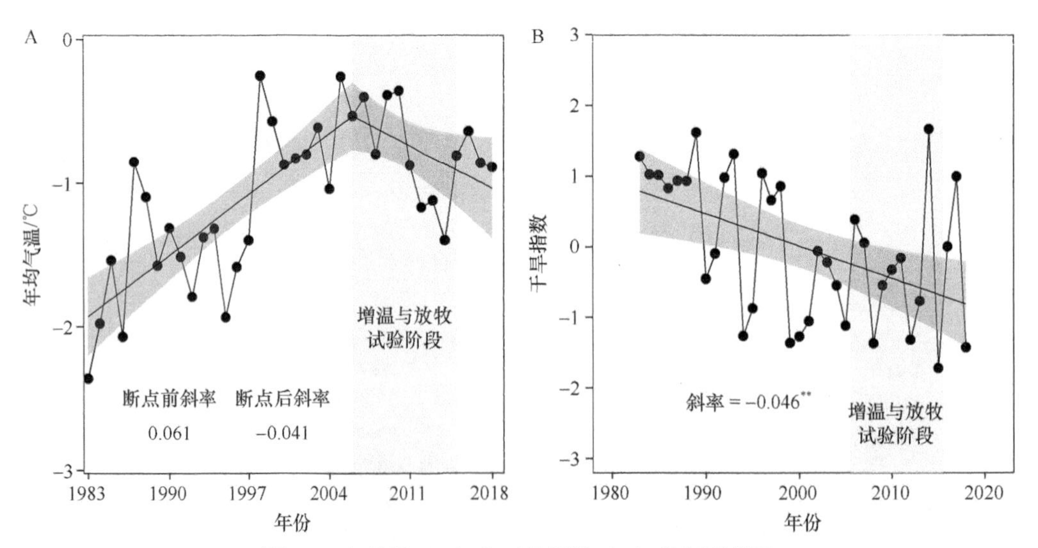

图 6-4　年均温（A）和干旱指数（B）的年际变异

图中的干旱指数为标准化降水蒸散指数（standardized precipitation evaporation index，SPEI），这里为 8 月（本研究中地上生产力最高的月份）的 SPEI-6，即从 3 月到 8 月期间累积 6 个月的水分平衡情况

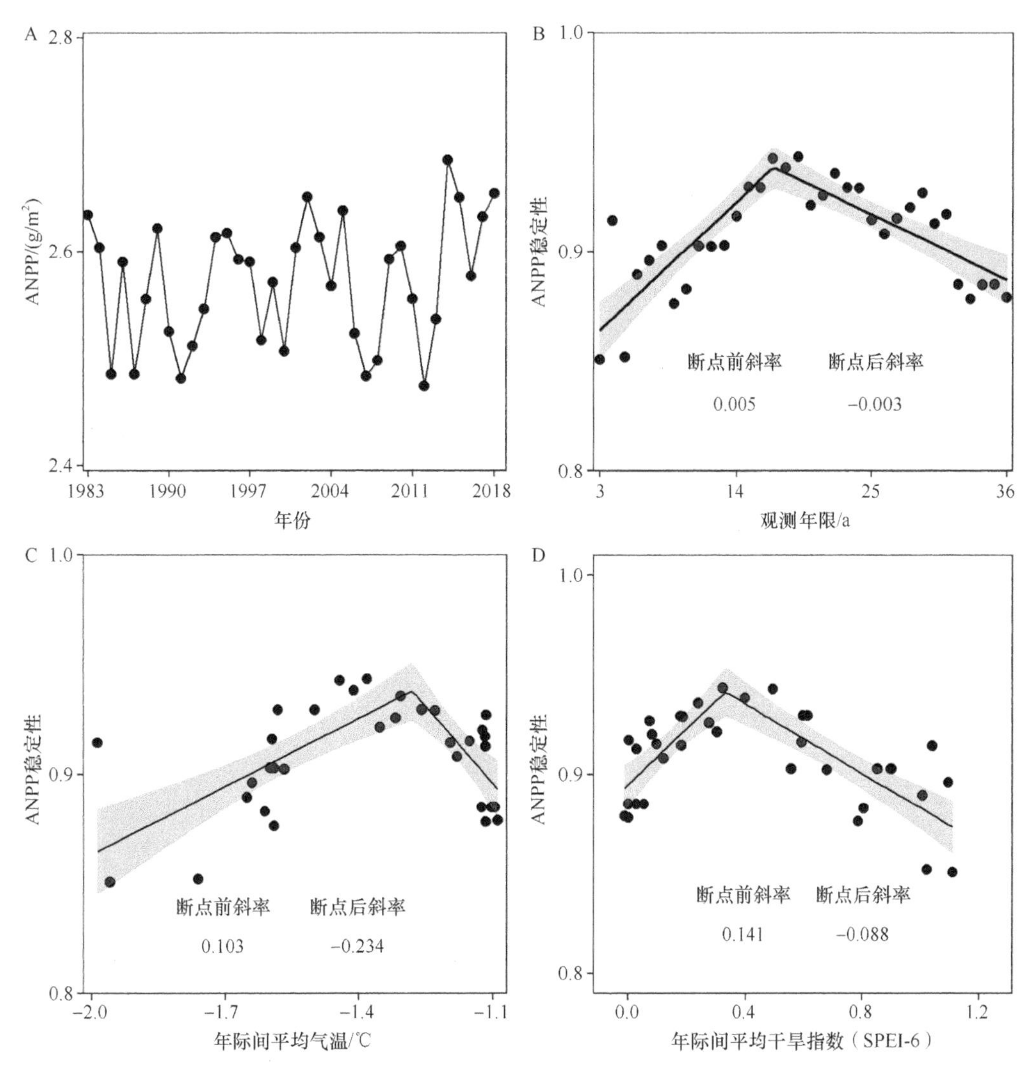

图 6-5　长期观测试验中 ANPP 的年际变异和 ANPP 稳定性变化及其与背景气候因子的关系

ANPP 及 ANPP 稳定性在分析前进行了 $\log_{10}$ 转化。ANPP 稳定性的计算方法参照 Tilman（1999）提供的公式，即 μ/σ，其中 μ 为时间序列上 ANPP 的平均值，而 σ 为时间序列上 ANPP 的标准偏差（standard deviation，SD）。SD 的计算方法基于自由度为 n（Liu et al.，2021）。

基于 3～10 年连续取样的 ANPP 稳定性与观测年限（B）、年均温（C）及 8 月平均 SPEI-6（D）之间的关系。不同的小写字母表示斜率之间存在显著差异。NWNG、NWG、WNG 和 WG 分别为不增温不放牧、不增温放牧、增温不放牧和增温放牧。数值表示方式为平均值±标准误（n=4）。ANPP 稳定性在分析前进行了 $\log_{10}$ 转化

干化背景气候条件下，ANPP 稳定性具有下降趋势，而增温和放牧控制试验开展期间处于该地区的冷、干化时期（图 6-4）。随着试验年限的延长，4 个处理的 ANPP 稳定性均显著下降（图 6-5A）。处理 NWG、WNG 和 WG 中 ANPP 稳定性均与背景气温呈显著正相关关系（图 6-5B），但与干旱指数无显著关系（图 6-5C）。由此可见，观测试验和控制试验中 ANPP 稳定性与背景温度变化趋势基本一致，即背景气候决定了增温和放牧条件下群落生产力稳定性的变化方向。

群落组成变化（主要指豆科植物）、生物多样性和种间异步性是影响 ANPP 稳定性变化的主要因素（图 6-6，图 6-7）。增温可促进豆科植物的快速生长，进而提高 ANPP

的标准偏差（standard deviation，SD）（图 6-8）。但是，增温导致年均 ANPP 增加的幅度小于 ANPP 的 SD 增加幅度，故而 ANPP 稳定性降低。在该增温试验中，增温加速了有机磷的矿化作用（Rui et al.，2012），豆科植物从中受益而快速增长，尤其是花苜蓿逐渐发展为群落中的优势种群。此外，天然草地往往是缺氮的生态系统（LeBauer and Treseder，

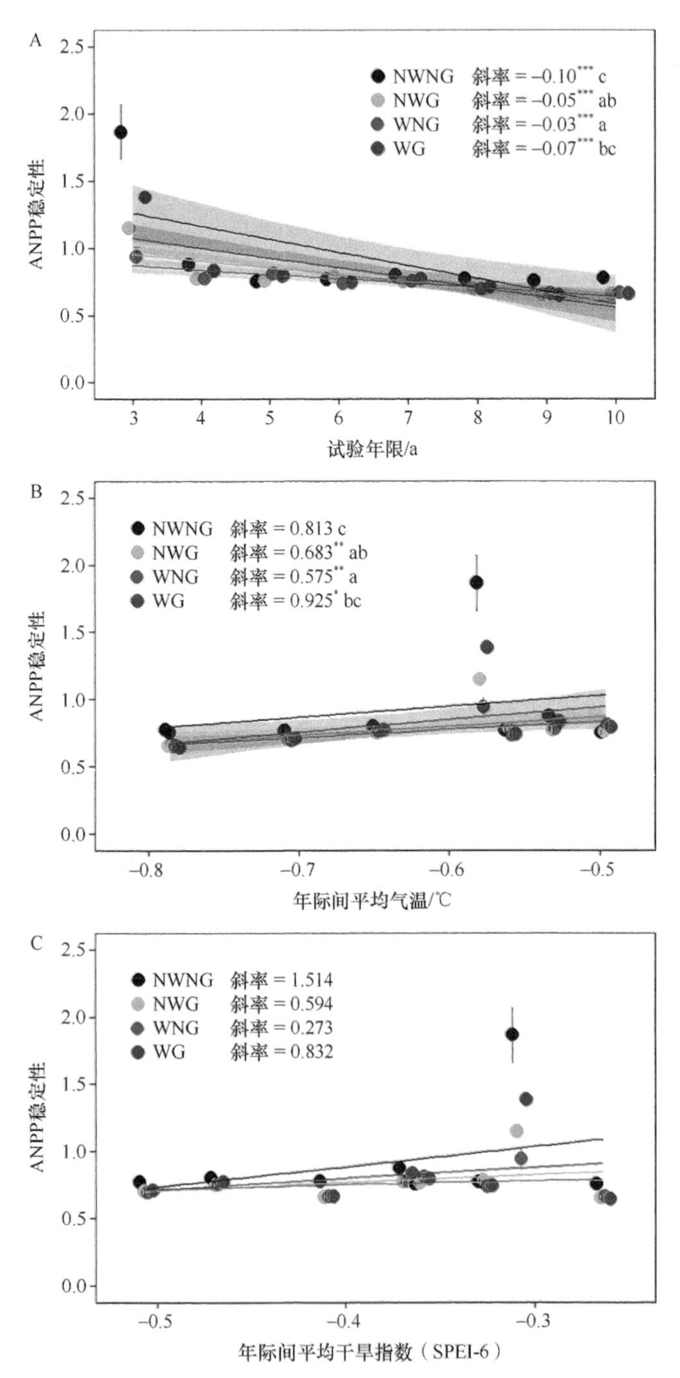

图 6-6　增温、放牧控制试验中 ANPP 稳定性的变化

、*分别表示在 0.01、0.001 水平差异显著。阴影表示 95%的置信区间。不同小写字母表示处理间斜率差异显著

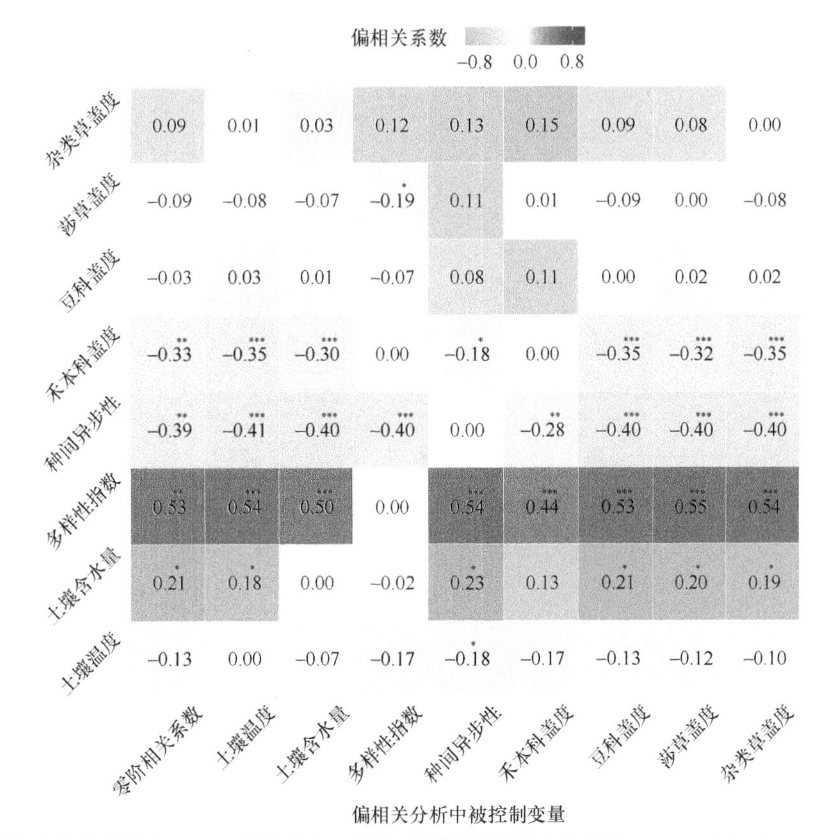

图 6-7　增温与放牧试验中 ANPP 稳定性与 8 种生态因子的偏相关分析（Loreau and de Mazancourt，2008）

x 轴展示了零阶（不控制任何变量）及一阶偏相关分析中被控制的变量。图中的颜色及字体即皮尔逊相关系数的大小，零阶与一阶偏相关分析中相关性大小的差异表示 ANPP 稳定性与被控制变量之间的依赖性强弱，如无差异表示 ANPP 稳定性与被控制变量之间无明显的依赖性，而降低或增加则意味着相关关系的减弱或增强。*、**、***表示相关系数分别为 0.05、0.01 和 0.001 的显著水平。种间异步性计算公式为 $1-\varphi_x=1-6^2/\left(\sum_{i=1}^{S}6i\right)^2$。其中，$\varphi_x$ 为种间同步性；σ^2 为年际间植物群落总盖度的方差；σ_i 为年际间物种 i 盖度的 SD；S 为物种数

2008），而豆科植物可以从大气中固定氮元素从而提高群落植物对氮元素的可利用性，有利于快速受益的物种（如异针茅）生长加速。以往研究指出，氮元素可利用性的增加会导致 ANPP 稳定性降低，因为生产力提高的同时会导致植物群落内的种间竞争加剧（Brooker and Kikvidze，2008）。该研究也证明，优势植物异针茅和花苜蓿在增温条件下快速生长，进而导致植物群落内的种间竞争关系加剧。这与以往关于氮添加及包含豆科植物功能群的多样性控制试验的研究结果一致（Zhang et al.，2016；Fargione et al.，2007；Spehn et al.，2005）。

生物多样性是影响 ANPP 稳定性的重要因素（Craven et al.，2018；Hautier et al.，2015），该研究结果同样表明生物多样性与 ANPP 稳定性之间存在显著的正相关关系（图 6-7），且主要是由于多样性所造成的 ANPP 在年际间的 SD 下降程度大于 ANPP 平均值的下降程度导致的（图 6-8）。但是，并非所有的处理因子对 ANPP 稳定性的影响都与生物多样性变化有关。在暖、干化过程中，高大而深根的禾本科植物显著增加（Liu et al.，2018），使得植物群落对光和氮元素的竞争加剧（Jiang et al.，2018；Li et al.，2018），

种间竞争加剧，物种丧失数目增加，从而导致了生物多样性的降低。因此，随着试验年限的延长，生物多样性的降低导致 ANPP 稳定性下降，因为其显著放大了 ANPP 在年际间的变异（图 6-8）。此外，放牧条件下，因为食草动物对适口性好的禾本科和莎草科植物的采食作用，杂类草植物逐渐成为群落中的优势植物，尤其是鹅绒委陵菜，草地退化程度加剧（Wang et al.，2012），进而导致生物多样性降低及年均 ANPP 的增加。然而，生物多样性降低所导致的年均 ANPP 增加可被放牧条件下种间异步性和豆科植物下降所导致的年均 ANPP 下降而抵消（图 6-8）。另外，控制试验的增温并未通过改变生物多样性而调控 ANPP 稳定性变化，这与 Ma 等（2017）在该地区开展的研究一致。

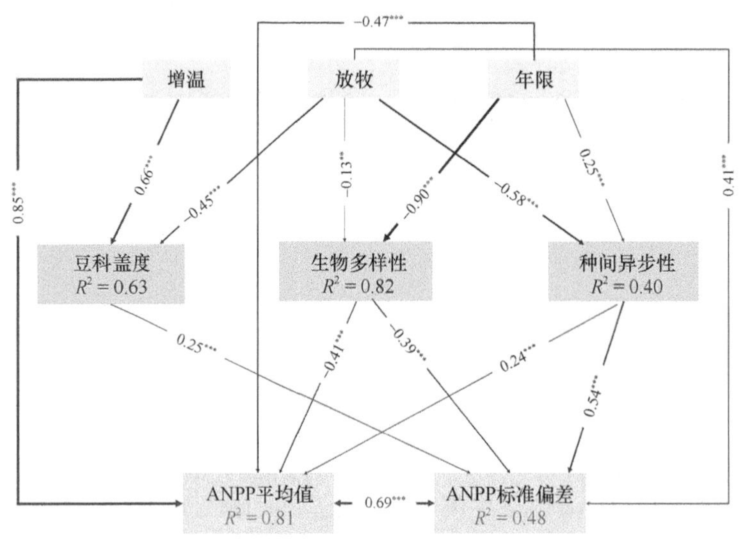

图 6-8　影响 ANPP 稳定性直接和间接效应的结构方程模型分析

基于 3～10 年连续取样的数据，增温、放牧及试验年限对 ANPP 的平均值和 ANPP 的标准偏差（SD）的直接和间接效应分析。方框内为进入模型的变量，标准化路径系数为线条上的数字，类似于偏相关分析权重的大小。单向箭头表示因果关系，双向箭头表示相关关系。R^2 表示每个变量在模型中被解释的方差比例，不显著的路径已经从该模型中移除。ANPP 平均值和 ANPP 标准偏差在分析前均通过了 $\log_{10}$ 转化。**表示 $P<0.01$；***表示 $P<0.001$

一般认为，植物群落的种间异步性越高，其 ANPP 稳定性越高（Craven et al.，2018；Ma et al.，2017；Hautier et al.，2015）。然而，该研究发现种间异步性与 ANPP 稳定性呈负相关（图 6-7），这主要与种间异步性导致 ANPP 的 SD 显著增加有关（图 6-8）。一方面，种间异步性可以提高种间的生态位分化或促进作用（Isbell et al.，2010），进而提高群落植物生产力（Douda et al.，2018）；另一方面，在应对环境扰动过程中，由于种群间的随机波动所导致的种间异步性会增加 ANPP 的年际波动（Valencia et al.，2020；Lepš et al.，2018）。因此，当种群间随机波动作用强于种间相互作用时，种间异步性将会降低 ANPP 稳定性（Loreau and de Mazancourt，2013）。放牧条件下，植物群落的物种丰富度下降明显，使得耐牧性高的牧草占据优势地位，各种群对环境变化的响应更加相似（Lepš，2004；Doak et al.，1998），种间异步性降低，进而导致 ANPP 及其稳定性下降（图 6-8）。然而，随着试验年限的延长，群落内植物的种间异步性增加，导致 ANPP 的 SD 增加，进而降低 ANPP 稳定性（图 6-8），这主要与年际间明显的背景气候波动（即该研究中显著的降温）有关（Jourdan et al.，2021）。

总的来说，为期 36 年的长期观测试验结果表明，ANPP 稳定性与背景气温呈正相关关系。而且，为期 10 年的增温和放牧控制试验结果表明，随着试验年限的延长，增温和放牧条件下 ANPP 的稳定性均显著下降，主要是受到背景温度下降的影响。更为重要的是，背景气候可以通过调节功能群植物的组成、生物多样性或种间异步性而调控增温和放牧对 ANPP 稳定性的影响。在大尺度研究中，背景气候变化是生态学过程（如物种丰度、ANPP、物候等）(Hoover et al.，2018；Langley et al.，2018；Wolkovich et al.，2012）及功能性状（如植株高度、叶氮含量、种子质量）(Mao et al.，2020；Swenson and Weiser，2010）的重要调控因子，该研究强调了在局域尺度上背景气候的趋势变化（如暖化）是影响植物群落 ANPP 稳定性响应全球变化的重要调控因子。

第三节　植物新近光合产物的地上与地下分配

碳水化合物（carbohydrate）是光合作用的初级产物，按其存在形式可分为：用于植株形态建成的结构性碳水化合物（structural carbohydrate，SC）；参与植株生命代谢的非结构性碳水化合物（non-structural carbohydrate，NSC），即非结构性碳和代谢碳。结构性碳包括木质素和纤维素，通常分配在茎、叶和根系中；而非结构性碳包括葡萄糖、果糖、果聚糖、淀粉等，可向结构性碳转化，相当一部分会通过叶片的光呼吸、暗呼吸及根际呼吸，以气体形式返回大气，或在土壤库中发生转化。土壤有机质是传输到地下的光合碳经土壤微生物长期转化而形成的，土壤碳库又是陆地生态系统的最大碳库，在调节大气 CO_2、CH_4 等温室气体浓度方面发挥着重要作用（Raich and Potter，1995）。因此，定量研究近期光合固定的碳向植物组织、土壤和呼吸损失的分配，对于理解全球碳循环必不可少。

已有的利用同位素示踪技术研究新近光合碳的报道，主要包括追踪新近光合碳分配到植物根系（Ostel et al.，2000；Johnson et al.，2002b；Butler et al.，2004）和到土壤碳库（Domanski et al.，2001；Johnson et al.，2002a；Dilkes et al.，2004）的研究，以及不同气候条件对新近光合碳在各库中分配量影响的研究（Mehrag and Killham，1989；1990；Martin and Merckx，1992；Kessel et al.，2000；Rangel-Castro et al.，2004；Hill et al.，2007）。其中，近期光合碳传输到地下系统，尤其在根际区发生的转化和分配，一直是学术界研究的热点。根际区是植物活根系显著影响的土壤生境，根际区近期光合碳堆积是微生物代谢的有效碳源，强烈影响土壤碳转化。Hanson 等（2000）综述发现，在原位条件下，根际呼吸平均约占到土壤总呼吸的 10%～90%，光合碳在各个碳库的分配份额会因植物种类和生态系统类型不同而有很大差异。例如，作物运输到土壤碳库的光合碳少于 33%（Kuzyakov，2001）；而在一些草甸植物上的研究显示，28%～48%的光合碳分配到地下系统（Saggar et al.，1997；Kuzyakov et al.，1999；Domanski et al.，2001）。分配份额还会因植物处于不同的生长时期（Meharg and Killham，1990；Grayston et al.，1997）、不同的养分条件（Saggar et al.，1997；Kuzyakov，2002，2001）、不同的环境因子而有差异（Saggar et al.，1999；Staddon et al.，2003；

Rangel-Castro et al.，2004）。虽然已有一些利用 ^{13}C 示踪手段研究多年生草本植物近期光合碳及其分配的报道，但多局限于实验室盆栽试验，并且多以黑麦草和直立雀麦等作为研究对象（Warembourg and Estelrich，2000；Kuzyakov，2001；Butler et al.，2004），只有少数报道是在丘陵草原上的研究（Johnson et al.，2002a；Staddon et al.，2003；Rangel-Castro et al.，2004；Leake et al.，2006），仍缺乏在高寒草甸上开展此类研究。高寒草甸植物主要是多年生草本植物，与作物在很多方面都不同，如高寒草甸植物地下部分可占总生物量的 80%以上（Whipps，1990）。因此，认识高寒草甸植物近期光合碳的分配特征，是深刻认识全球碳循环及其对全球气候变化的响应与反馈的重要过程和机制。

同位素示踪技术是追踪和定量研究近期光合碳在“大气-植物-土壤”系统中分配的有效方法。同位素技术的应用基于两个基本概念：①天然的和人工的物理、化学和生物过程存在同位素分馏效应，表现为同位素组成发生贫化作用或富集作用；②同位素能用作天然和人工的示踪物，追踪诸如生命体和生态系统等复杂介质中有机分子的行为（Lichtfouse，2000）。因此，涉及碳生物学合成、转化及消耗等代谢过程，一般都可以通过自然 ^{13}C 丰度或人工添加 ^{13}C，追踪碳的生物地球化学循环。人工添加 ^{13}C 同位素被称为同位素标记试验，通常有 3 种方法：脉冲标记、重复脉冲标记和持续标记（Hanson et al.，2000）。脉冲标记是一次性注入标记物，适合近期光合碳的研究。与持续标记相比，脉冲标记更加适合田间条件并容易实施，用来调查植物不同生育期的同化物分配与转化（Lynch and Whipps，1990；Meharg and Killham，1990；Kuzyakov et al.，1999）。示踪期是从开始脉冲标记到实验最后一次取样之间的时间，是脉冲标记的关键点。由于植物近期光合碳通常在植物组织中快速传输，示踪期应基于标记碳在植物组织中的分配达到稳定状态来确定。在光合碳稳定分配时，基于质量平衡关系，可计算出各碳库的分配量。通过对植物不同生长期进行脉冲标记，可以定量评估植物近期光合碳的分配状况。我们采用 ^{13}C 脉冲标记法追踪近期光合碳在植物地上部分、地下部分及土壤碳库的分配动态，并估算高寒草甸植物年光合碳量及向各个碳库的分配量。

一、新近光合固定的碳的释放

标记后 3h 内，土壤呼吸释放的 CO_2 的 $\delta^{13}C$ 值高于总呼吸（包括茎叶呼吸和土壤呼吸）释放的 CO_2，而在标记后 96h 示踪期内，它们的 $\delta^{13}C$ 值呈现相似的变化趋势；在标记后的 12h 内，即标记当天 17:00 至第二天凌晨 5:00 时段内，$\delta^{13}C$ 的下降速率最快；此后的 84h 内，下降速率逐渐减缓。在整个示踪期内，总呼吸作用释放的 CO_2 中 $\delta^{13}C$ 值从 1381‰下降到 160.66‰，下降了 88.37%；土壤呼吸释放的 $\delta^{13}CO_2$ 值从 1685.28‰下降到 121.46‰，下降了 92.73%（图 6-9）。

上述结果表明新近光合 ^{13}C 立即作为代谢碳，通过植物呼吸和根际微生物呼吸释放出来。$\delta^{13}C$ 值随时间逐渐降低，一方面是由于标记时合成的 ^{13}C 光合产物中被分配到代谢碳库的部分逐渐耗尽，另一方面是因为次日白天新合成的光合 ^{12}C 的稀释作用。此外，在标记完成后的前 3h 内，土壤呼吸释放出的 CO_2 中 $\delta^{13}C$ 值高于总呼吸释放出的 $\delta^{13}C$ 值，这就意味着在此期间茎叶呼吸释放出的 $^{13}CO_2$ 丰度低于土壤呼吸放出的 $^{13}CO_2$。这

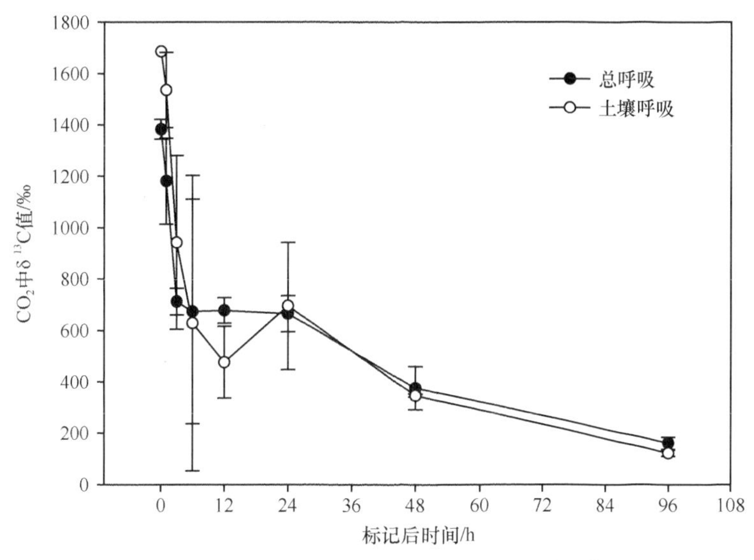

图 6-9　标记后 96h 内土壤呼吸和生态系统呼吸释放的 CO_2 中 $\delta^{13}C$ 值随时间变化曲线

可能有两个方面的原因：①试验中采集的气体样品，不完全是直接来自土壤呼吸释放出来的气体，而是与空气有一定程度的混合，尤其是表层的土壤空气，它们与大气不断地进行着交换，研究表明，这种混合甚至可以影响到 1m 深的土壤空气的碳同位素比值（Cerling，1984）；在沙漠地带的研究发现，将近 40%的土壤空气与大气发生了混合，致使土壤空气中的 $\delta^{13}C$ 值远高于土壤有机质中的 $\delta^{13}C$ 值（Parada et al.，1983）。在本研究的标记过程中，标记室内高浓度、高丰度的 $^{13}CO_2$ 气体会扩散到表层土壤里，与土壤空气发生混合，使得表层土壤的 $\delta^{13}C$ 值升高，标记室一旦被拆除，地表空气的 $\delta^{13}C$ 值恢复到自然大气丰度，表层土壤空气中的 $^{13}CO_2$ 又会迅速扩散出来，因而标记室拆除后所采集的土壤呼吸的气体样品的 $\delta^{13}CO_2$ 值偏高。②标记结束后，植物恢复到自然条件下生长，茎叶依然在进行光合作用，新合成的自然丰度的光合产物又被呼吸作用释放，在未被分配到植物地下部分时，茎叶的呼吸作用受到这部分光合碳的稀释，而由于光合产物向地下运输的时间滞后性，根系和土壤碳的稀释过程晚于地上部分，因此茎叶呼吸释放的 $\delta^{13}CO_2$ 值将低于土壤呼吸释放的 $\delta^{13}CO_2$ 值。

二、新近光合固定的碳在植物茎叶中的分配动态

标记后茎叶中 $\delta^{13}C$ 达 479‰，显著高于该地区植物茎叶的 ^{13}C 自然丰度；在随后的 24h 内呈指数形态迅速下降，之后趋于平缓，基本保持在 200‰左右；到第 4 天为止，$\delta^{13}C$ 值下降了 51.32%（图 6-10）。

植物新合成的光合碳有三个去向：①转化为结构性碳，用于合成茎叶部分的结构性组织；②作为代谢碳，通过呼吸作用以 CO_2 的形式释放；③向地下系统转移。从茎叶中 $\delta^{13}C$ 值随时间的变化曲线可以看出，在第 4～32 天，$\delta^{13}C$ 值并没有明显降低的趋势，这证实了新近合成的一部分光合碳用于组织所需结构性碳的合成，保留在茎叶组织中。Ostle 等（2000）对丘陵草地的野外标记试验发现，48h 内，植物组织的 $\delta^{13}C$‰值下降了 77.4%。

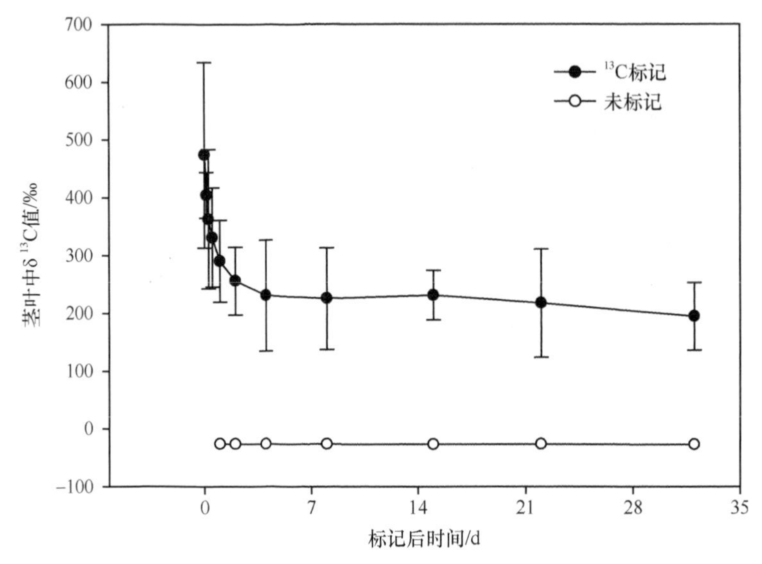

图 6-10　标记后 32 天内植物茎叶中 δ^{13}C 值随时间变化曲线（n=4）

本研究中标记后 12h 内，即标记当天 17:00 到次日早晨 5:00，δ^{13}C‰值下降了 30.15%，下降趋势近乎呈直线，下降速率为 2.51‰/h，表明这期间新近合成的一部分光合碳分配十分迅速。在标记后的第 1～4 天，δ^{13}C 值的下降曲线略微缓和，下降速率由 1.62‰/h 降低到 0.53‰/h，这是由于标记试验完成后，自然条件下植物不断合成新的 ^{13}C 丰度低的光合产物，这一方面稀释了茎叶组织的 δ^{13}C 值，另一方面也降低了以前合成的 ^{13}C 光合产物输出的比例，使得其分配速率低于标记的当天。Butler 等（2004）在温室中对一年生黑麦草进行的标记试验发现，24h 内，仅有 12%的新合成的光合碳存留在了植物-土壤系统，88%流失的光合碳早已进入了土壤微生物碳中。本研究中，在标记后 24h 内，有 36.7%的新合成光合产物从植物地上部分流失，用于各个去向的分配，这一比例在 Leake 等（2006）总结的范围之内：丘陵草原植物在 24h 内茎叶中有 31%～70%的新合成光合碳向外输出。用 ^{14}C 标记跟踪 6 天，跟踪期结束时，Hill 等（2007）发现黑麦草约 75%的新近光合碳从叶片中输出；Kaštovská 和 Šantrůčková（2007）也发现黑麦草和白三叶草为主的牧场有 67%的新近光合碳用于呼吸释放和向地下系统运输。在本研究的 32 天跟踪期内，共有 55.5%的 ^{13}C 光合碳从茎叶输出，该比例处于以往对草地植物的研究结果范围内（30%～90%）（Colvill and Marshall，1981；Baxter and Farrar，1999；Dilkes et al.，2004）。此外，在标记后 24h 内从茎叶输出的 ^{13}C 光合碳占整个示踪期内输出量的 66.1%，说明大部分新近合成的光合碳在一天之内完成了向各个碳库的分配。

虽然我们从标记室拆除以后立刻开始采集植物地上部分样品，但第一次采集到的茎叶样品中的 ^{13}C 含量并不完全等于本次标记时所合成的总 ^{13}C 光合产物，由试验结果可知，新近合成光合产物的运输分配非常迅速，因此在标记的过程中，一旦有 ^{13}C 光合产物合成，其向各个去处的分配就已经开始，包括用于呼吸作用而释放的碳，以及向地下系统运输的碳。我们所估算的新近光合产物向地下系统分配的比例，有可能因为无法估计标记时已经开始的分配量或植物呼出的 ^{12}C 的稀释作用而被低估或者高估。尽管如此，

标记进入植物体的 ^{13}C 为示踪期内追踪与估算新近光合碳在植物茎叶、根系及土壤碳库中的分配比例提供了依据。

三、新近光合固定的碳向植物根系碳库的分配动态

根系中 $\delta^{13}C$ 值随时间的变化并没有出现与茎叶相似的趋势（图 6-11）。在未标记区采集的活根系和死根系样品中的 $\delta^{13}C$ 平均值分别为–26.74‰和–26.64‰，示踪期内活根系中 $\delta^{13}C$ 平均值为–18.57‰，死根系中 $\delta^{13}C$ 平均值为 14.91‰，都明显高于植物根系的 ^{13}C 自然丰度，但是不及茎叶中 $\delta^{13}C$‰ 值的 1/10。

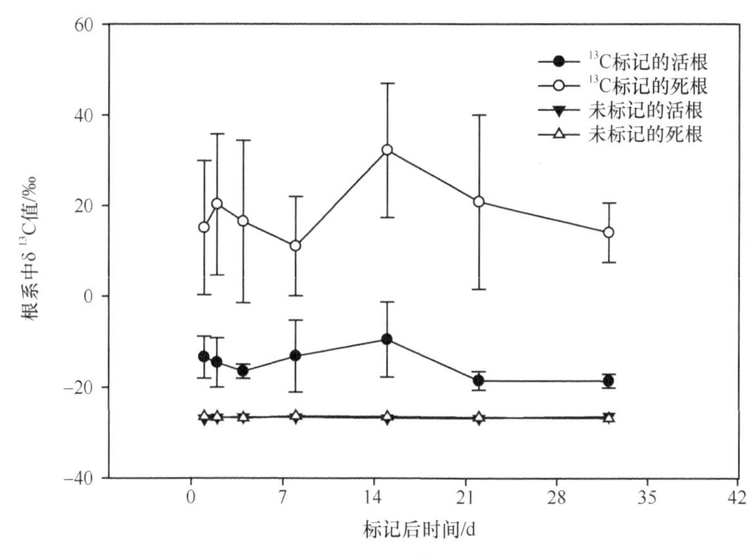

图 6-11　标记后 32 天内植物根系中 $\delta^{13}C$ 值随时间变化曲线（n=4）

以往的研究发现，在标记后 4h 内就能检测到根系中 $\delta^{13}C$ 值显著高于自然丰度，并且在 24～48h 内达到最大值（Ostel et al.，2000；Johnson et al.，2002a；Saggar et al.，1999），有的甚至在数小时内达到最大值（Kuzyakov and Domanski，2000），但也有一些研究发现数周后 $\delta^{13}C$ 值才达到最高（Ostle et al.，2000；Staddon et al.，2003；Rangel-Castro et al.，2004）。本研究中，$\delta^{13}C$ 值在标记后的 15 天达到最大值，这虽然与前述一些研究结果相符，但是也不能排除该峰值可能受到其他原因的影响。①受到研究样地不同植物、不同叶片固定光合碳能力的异质性影响。所研究的草甸植物种类丰富，达到 35 个/m^2（Klein et al.，2004），不同植物的光合固定能力会有所不同，根系样品是从直径 5cm 土钻中采集的，采样面积相对较小。从前期试验看到，在该研究样地内同样以直径为 5cm 的土钻采集的 144 个根系样品，其生物量的变异系数高达 45%。因此，样品间的异质性会对测定出的 $\delta^{13}C$ 值的时间动态产生一定的影响。②受根系样品无法彻底分拣死根和活根的影响。在分拣活根和死根时，我们主要以根系的颜色来判断活根和死根（黑色的根系被划为死根系，其余被划为活根系），这种方法必然会把一些死根误捡入活根样品中，每个样品中死根混入的比例可能不等，从而影响活根样品的 $\delta^{13}C$ 值随时间变化趋势的可靠性，但至今还没有能

够在不破坏根系化学组分的前提下彻底将死根和活根区分开的方法。③受根系取样时间的影响。前述讨论中提到，在标记后4h内新近光合产物开始进入根系中（Johnson et al.，2002a），24h内88%的新近光合产物已经进入土壤微生物碳中（Butler et al.，2004），本研究中根系样品是从标记后24h开始取样的，可能错过了根系中 $\delta^{13}C$ 值真正的高峰值，图6-11中 $\delta^{13}C$ 值的变化趋势可能仅反映了根系中 $\delta^{13}C$ 值快速降低后趋于相对平缓的过程。统计分析也发现，第15天的 $\delta^{13}C$ 高峰值与其他时间点的差异并没有达到显著水平。

将植物组织中的 ^{13}C 丰度值换算成单位面积上的 ^{13}C 含量，才能估算新近光合产物在“植物-土壤”系统内的分配比例。表6-5列出了标记后第1～32天新固定的光合 ^{13}C 在植物茎叶组织、活根系、死根系及土壤碳库中的总量和分配比例。从表中可以看出，活根系的分配比例始终是最高的，这与Kaštovská和Šantrůčková（2007）等的研究结果并不一致。他们发现植物茎叶中新近光合产物的分配比例始终是最高的，示踪期内从89.9%降低到32.7%，而根系中仅为2%左右。Kuzyakov等（1999，2002）的多个研究得出黑麦草的新近光合碳分配到根系中的比例为2%～29%，高羊茅和婆罗门参中该分配比例为2.5%～28%（Johansson，1991；Cheng et al.，1994），都低于本研究得出的根系中最低分配比例（30.9%）。这可能主要有两个方面的原因：①相比一年生植物，多年生植物需要在根系中保存足够的能量物质来越冬，它们会将更多的生产力分配给根系组织。在加拿大以多年生植物冰草和禾本科植物为主的天然草地中，有34.5%～54.1%的新合成光合碳分配到根系中（Warembourg and Paul，1977）；②植物将更多的光合碳分配到地下部分以应对土壤中必需资源的缺乏。以往的研究发现，在低磷土壤环境下生长的植物，根系得到的光合碳分配比例较高（Saggar et al.，1997，1999；Stewart and Metherell，1999）；而在施肥条件下生长的植物，根系得到的光合碳分配比例较低（Kuzyakov et al.，2002）。本研究中高寒草甸土壤由于低温导致有效氮缺乏（张金霞和曹广民，1999），前述研究结果中也得出，该草甸植物根冠比高于其他类型的草原植物，这与根系中获得光合碳的分配比例高于植物茎叶组织的结果非常一致。

表6-5　不同时期植物-土壤系统中的 ^{13}C 含量及在不同碳库中的分配百分比

时间/d	植物-土壤系统中 ^{13}C 含量/(mg/m²)	^{13}C 在各碳库中分配百分比/%			
		茎叶	活根	死根	土壤有机碳
1	992.7±187.3	41.3±1.2	47.9±3.8	4.3±0.6	6.5±2.0
2	869.0±303.1	36.8±11.9	38.7±10.0	4.5±0.3	7.5±0.9
4	829.0±299.2	33.6±14.0	39.3±8.2	3.4±0.1	7.1±1.1
8	801.5±274.3	32.9±5.0	36.7±1.2	4.0±1.9	7.1±3.0
15	1165.5±75.0	33.6±23.7	69.7±12.4	7.9±1.00	6.1±1.7
22	917.2±332.2	31.9±20.2	49.3±2.7	2.8±0.1	8.4±5.6
32	699.3±226.3	29.0±8.0	30.9±6.0	3.4±0.7	7.3±0.9

从图6-12看出，土壤中 $\delta^{13}C$ 值随时间的变化趋势与根系的相似，标记后第1天，$\delta^{13}C$ 值比未标记土壤的 ^{13}C 丰度值仅提高了1.041‰，这与多个研究结果较为一致，即土壤的 ^{13}C 富集量很低，比对照升高1.5‰～2.7‰（Staddon et al.，2003；Rangel-Castro et al.，2004）。追踪期内土壤中得到的光合碳分配比例也最低（除死根系外），平均为7.3%（表6-5）。

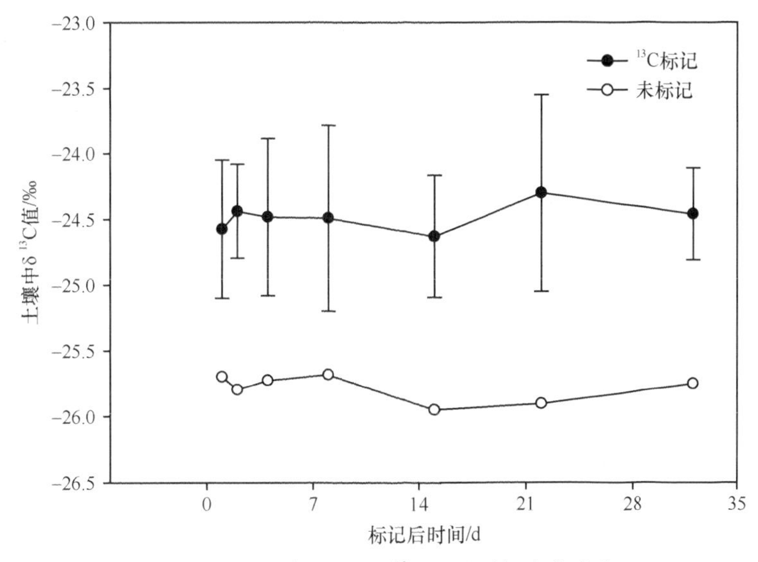

图 6-12 标记后 32 天内土壤中 $\delta^{13}C$ 值随时间变化曲线（n=4）

四、新近光合产物在植物-土壤系统中的年分配量

当植物组织中的 $\delta^{13}C$ 值趋于稳定时，即表明新近合成光合 C 在茎叶、根系及土壤中的分配达到了平衡。本研究中，从植物茎叶中的 $\delta^{13}C$ 值变化曲线可以看出，标记后第 4 天分配已趋于平衡，我们以 32 天为示踪期，足以使新近合成的光合 C 在系统内的分配达到充分的平衡。在这 32 天内，共有约 59%的新合成光合 C 向地下系统分配，这其中的 58.3%分配于植物根系、29.2%通过根系呼吸和土壤微生物呼吸又释放到大气中、12.5%转移到土壤碳库中（包括进入土壤微生物和土壤有机质中）（表 6-6）。本研究得出的新近光合碳向地下系统的分配比例（约 59%）比以往对黑麦草的一些研究结果稍高，黑麦草除了在生长初期有 67%的光合碳向地下系统分配外，其他不同生长时期向地下系统分配的光合碳的比例仅为 5%～39%（Meharg and Killham，1990；Kuzyakov et al.，1999，2001）。本研究结果与马德雀麦、直立雀麦及一些禾本科植物的分配比例相近（Warembourg and Paul，1977；Warembourg et al.，1990）。不仅如此，在转移到地下系统的光合碳中，储存于根系中的碳量、呼吸释放的碳量和储存于土壤中的碳量的比例约为 3.50∶1.75∶0.75，这与 Kuzyakov 等（2002）总结的作物和草本植物的研究结果非常接近，即在运输到地下部的光合碳中，约有 1/2 留在根系、1/3 经根际呼吸排放到大气中，其余被同化到土壤微生物体内并转化为有机质（Kuzyakov and Domanski，2000）。根际呼吸（活根系呼吸+根际沉积物的微生物呼吸）的碳源主要是近期代谢碳，其对土壤总呼吸有着显著的贡献。Whipps（1990）报道，根际呼吸释放的碳占植物净同化碳的 26%。Van Veen 等（1991）测定出根际碳沉积占植物净同化碳的 40%。本研究中根际呼吸占植物光合碳的 17.2%，低于以往的研究结果。最终分配到根系的新近光合碳量是分配到土壤中的 4.66 倍，表明该地区土壤碳库主要来自根系周转而非根际沉积，这可能造成因土壤有效碳源缺乏而抑制微生物活动与土壤养分周转。

表 6-6　新近光合碳在植物-土壤系统中的分配及年通量

新合成碳的去向	标记的 ^{13}C 含量 /(mg/m^2)	^{13}C 的分配百分比/%	每年固定碳量在地下系统中的分配比例/%	每年固定碳量及其在不同系统中的分配/(kg/hm^2)
总固定量	993	100.0		8377
总流失量*	293	29.6		2420
茎叶	287	28.9		2476
地下系统	583	58.7	100.0	4924
根系	340	34.2	58.3	2868
通过根系流失#	171	17.2	29.2	1443
土壤	73	7.3	12.5	613

* 第 32 天存留在系统内的 ^{13}C 含量与第 1 天在系统内的 ^{13}C 总量的差值；

包括土壤呼吸和根际微生物呼吸。

利用上述中第 32 天新近光合碳在植物-土壤系统中的分配比例，通过公式（6.1）可以估算出该地区高寒草甸植物每年固定的光合碳量。这是基于植物在生长季早期，光合碳更多地用于植物地上部分生物量的积累，而在生长季后期，光合碳更多地向植物地下部分运输，用于根系生物量的积累的假设。本研究在生长季中期进行，可以假设该分配比例接近于年平均分配比例，该假设与以往一些研究观点一致（Warembourg and Paul，1977；Stewart and Metherell，1999），即生长季中期的光合碳分配比例接近年平均水平。

$$\text{Estimated annual assimilated C} = (A_{\text{shoot}} \times C_{\text{shoot}}) / {}^{13}C_{\text{shoot}} \tag{6.1}$$

式中，Estimated annual assimilated C 表示每年固定的光合碳量（kg C/hm^2）；A_{shoot} 表示植物地上部分年生产力（kg C/hm^2）；C_{shoot} 表示植物地上部分组织中的碳含量（%）；$^{13}C_{\text{shoot}}$ 是第 32 天存留在植物茎叶中的 ^{13}C 占植物-土壤系统中总 ^{13}C 的比例。据此计算结果，结合上述得出的第 32 天 ^{13}C 在植物根系、土壤碳库中的分配比例，可得每年光合碳分配到各库的碳量。

根据以上估算方法得出，该地区高寒草甸植物每年固定的总光合碳量为 8377kg C/hm^2，向地下碳库输送 4924kg C/hm^2（图 6-13），其余 2420kg C/ hm^2 通过呼吸作用释放，占总光合固定碳量的 29.6%，其中茎叶呼吸占 12.4%，土壤呼吸占 17.2%。

Zhang 等（2009）利用呼吸-生物量回归方法发现该地区植物地上部分呼吸和土壤呼吸分别占总呼吸的 40%和 60%。通过本研究中计算方法得到的贡献比例分别为 42%和 58%，与此结果十分吻合。由此我们进一步采用 Zhang 等研究中得到的根系呼吸和土壤微生物呼吸占土壤总呼吸的比例，计算出仅有 2.9%的年固定光合产物通过植物根系呼吸流失，而通过根际微生物呼吸释放的光合碳（14.3%）高于其数倍。该结果与 Leake 等（2006）在荷兰 U4d 草地上的研究结果相近，但高于一些在温暖地区对黑麦草、白三叶草和雀麦的研究结果。每年固定的光合产物中，除呼吸作用释放外，最后有 2476kg C/hm^2 留在植物地上部分、2868kg C/hm^2 留在植物根系中、613kg C/hm^2 储存在土壤中。该研究地高寒草甸的 0～20cm 土壤层碳储量为 89.5t C/hm^2，包括根系中的 11.1t C/hm^2 和土壤中的 78.4t C/hm^2（Zhao，2009）。因此，植物根系碳的周转率为每年 25.8%，土壤有机碳的周转率为每年 0.78%，它们的平均停留时间分别约为 3.9 年和 128 年。

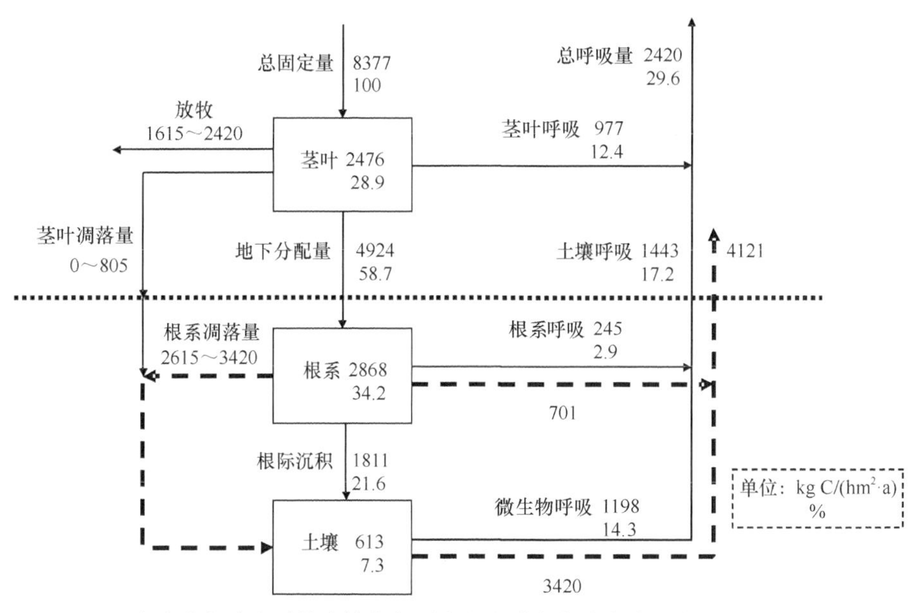

图 6-13　高寒草甸生态系统中植物年固定光合碳在各碳库中的分配量及分配百分比

利用静态箱研究方法估算出该生态系统每年有 5564kg C/hm^2 通过土壤呼吸释放（Cao et al.，2004）。本研究中得出向地下碳库运输的总碳量为每年 4924kg C/hm^2，还不足以平衡每年释放的碳量。该高寒草甸系冬季放牧条件下，回归到土壤中的地上部分凋落物生物量很少，所以该生态系统可能是一个微弱的碳源。假设完全没有地上部分凋落物回归到土壤中，该生态系统地下碳库将每年净释放 640g C/hm^2。若放牧强度为每公顷 3 只羊，将有 94g 干重/m^2 的地上部凋落物回归到土壤中，这就使该生态系统由微弱的碳源转化为微弱的碳汇。放牧不仅影响地上部凋落物回归到土壤的生物量，还会影响植物地上部和地下部现存生物量，放牧强度越大，植物地上部和地下部生物量的减少量越大（Dong et al.，2005）；此外，放牧更会影响土壤呼吸速率（Cao et al.，2004），即影响 CO_2 释放量，因此放牧强度是该地区高寒草甸生态系统碳平衡方向的重要影响因素。

第四节　增温和放牧对根系性状与生长的影响

植物根系在生态系统生物地球化学循环中的地位包括两个方面：一是根系作为碳和养分库所起的作用；二是根系通过生长、死亡、分解对碳和养分循环的推动作用。地下生物量是植被碳蓄积的重要组成部分，全球尺度上现有的数据表明根系占到陆地生态系统现存活生物量的 1/4 以上（Jackson et al.，1996，1997），但这一数值可能低估了根系在陆地植被总生物量中的地位。由于传统监测根系生物量是利用取土芯的方法，将获取一定深度土芯中的根系与土壤分离并漂洗等步骤，不可避免地会有一部分细根在采集和处理过程中损失掉（Caldwell and Virginia，1989）。据 Robinson（2004）估计，目前人们估算的全球森林根系生物量可能比其真实值要低 40%。全球其他生态系统根系生物量的估算也有不同程度的误差（Jackson et al.，1996，1997）。目前陆地生态系统碳库存量及其动态变化的研究大多侧重于森林方面，对草地的研究相对薄弱（郑凌云和张佳华，2007）。尽管如此，我国植物的地下生物量研究越来越受到重视，地下生态学、根系生态等概念已经提出（贺金生等，2004），我国草地地下生物量的研究已取得一定进展和成果（胡中民等，2005）。

根系不仅是一个重要的碳库，也是一个巨大的养分库。一些研究估计，在森林生态系统中，直径小于2mm的所有细根与叶片有着相似的C∶N∶P值（McGroddy et al.，2004）；而直径小于0.5mm的前三级根中N和P的含量则可能远远高于叶片，这些根同时也是细根中寿命较短的，它们的死亡导致每年都会有大量养分输入土壤（Fahey and Arthur，1994）。植被根系生长和周转也是碳蓄积的主要过程之一。根系周转是指根系通过生长、死亡、分解向土壤系统输入碳及养分的过程。根系周转通常用单位时间、单位面积上根系的周转量[单位为（kg/(a·m^2)]来衡量。假定生态系统中根系周转处于稳定态，根系周转也可用周转率来表示，即每年的周转次数。长期以来，根系研究者一直认为根系的周转主要由直径＜2mm的细根的周转所构成，而直径＞2mm的粗根的寿命很长，对根系周转所做的贡献很小。因此，在根系周转研究中，研究者所关注的主要是细根的周转（Eissenstat and Yanai，1997）。

迄今为止，关于细根周转的研究大部分是在森林生态系统中进行的（Jackson et al.，1997；Gill and Jackson，2000；Joslin et al.，2006；Patrick et al.，2007），细根的定义最早也来自树木根系（郭大立，2006）。国内目前对细根的研究几乎全部集中在林木上（廖利平等，1995；李培芝等，2001；杨玉盛等，2003；史建伟等，2007；Xiao et al.，2008），而较少有草地生态系统中根系周转的研究报道（陈佐忠和黄德华，1988；张淑艳和李德新，1997）。以往有人认为草地植物根系结构简单、直径均一，没有必要区分细根和粗根，可能是导致细根研究在草地上极度缺乏的主要原因。实际上，在根系主要分布的土壤层次中，草地生态系统植物根系结构的异质性甚至高于森林生态系统，不仅有直根系和须根系，而且还有大量的地下茎、储存根、根茎等地下结构，这些结构的差异会导致根、碳和养分周转率产生巨大的变异；即使在须根系中，不同植物的根系直径也有明显的不同。例如，美国大草原植被根系的平均直径为0.23mm，而直径小于0.1mm的细根占根系生物量的70%（Reinhardt and Miller，1990）。

世界各地较早开展了增温对根系动态影响的研究（Pregitzer et al.，2000；Wu et al.，2011），然而目前尚未得到根系生产对气温升高响应的一致结论。这些在不同生态系统开展的研究，所得结果的差异在一定程度上说明增温对根系生长的作用受到多种因素的影响，除了温度升高的直接影响，还伴随着温度升高导致的土壤其他条件的改变，这些都最终影响根系的生长动态，因为增温对根系生长的影响取决于增温及其他相关因子引起的正负影响的综合结果（Arnda et al.，2018；Bai et al.，2010；Johnson et al.，2006；Mueller et al.，2018）。

一、增温对根系主要性状的影响

2006～2008年增温和放牧处理对根系生物量的影响表明（Lin et al.，2011），增温对根系生物量的影响存在年际变化，2006 年无论放牧与否，增温都显著增加了根系的生物量；2007 年和 2008 年，增温不放牧条件下，根系生物量才显著增加（图 6-14）。

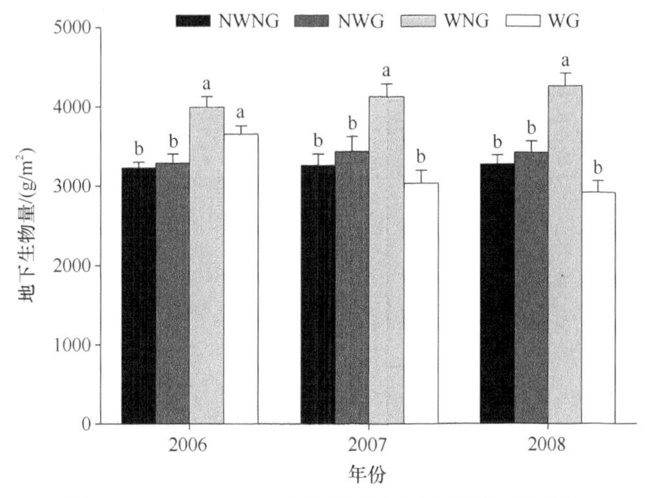

图 6-14 2006～2008 年不同处理下的根系、生物量

NWNG：不增温不放牧；NWG：不增温放牧；WNG：增温不放牧；WG：增温放牧。不同小写字母表示存在显著差异（P<0.05）

我们利用微根管技术研究了增温和放牧对根系生长的动态影响（Wu et al.，2014，2021）。2009 年观测到的根系直径在 0.06～0.10mm 范围内，与对照相比，增温使直径小于 0.2mm 的根系占比增加了 25%，0.2～0.3mm 的根系占比增加了 12%（图 6-15）。此外，0～10cm 土层中根系直径显著减小（表 6-7），观测到的根系数量从 58.71%增加到了 63.95%，这可能表明增温下根系直径变细，且有着向浅层土壤生长的趋势。细根主要负责吸收养分和水分（Jackson et al.，1990），这部分根系直径足够小，才能使表面积足够大，以保证能够获取足够的养分和水分，在根系延长的碳投入与自身代谢所需消

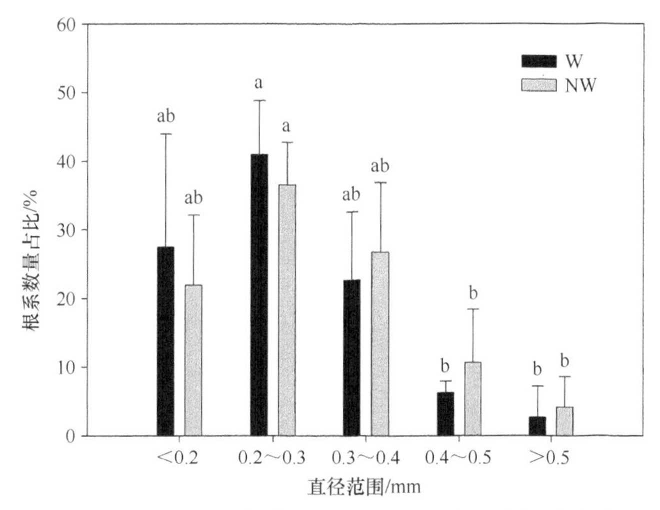

图 6-15 增温与不增温条件下 5 个根系直径范围内根系数量占比

NW：不增温；W：增温；不同小写字母表示存在显著差异（P<0.05）

表 6-7　增温和不增温处理下两个土层中根系直径和根系数量占比

根系指标	土层深度/cm	处理		F 值	P 值
		增温	不增温		
根系直径/cm	0～10	2.84±0.34	3.21±0.15	5.960	*
	10～20	2.49±0.36	2.76±0.86	0.512	NS
根系数量占比/%	0～10	63.95±6.85	58.71±5.95	4.488	NS
	10～20	36.05±6.85	41.29±5.95	4.488	NS

NS 表示 $P>0.05$；*表示 $P<0.05$。

耗之间做出平衡（Eissenstat，1992）。一些研究也表明增温条件下根系比根长和比表面积都显著增长，反映了根系形态对气候变暖的响应趋势（Atkinson，2000；Björk et al.，2007）。根系直径变小的另一种可能原因是植物群落物种的变化。已有研究表明，增温增加了植物生产力和地上生物量，却减少了物种多样性和丰度（Walker et al.，2006）。在我们研究的样地中，增温显著增加了禾本科和豆科植物，减少了非豆科植物（Wang et al.，2012）。但草本植物单物种水平上根系直径对增温的响应还需进一步研究。

2009～2010 年的观测结果显示，增温条件下根系寿命中位数为 63 天，而不增温条件下该数值为 84 天，增温显著缩短了根系寿命（图 6-16）。以往增温对根系生长的影响研究主要集中于增温条件下根系生长率和死亡率的变化，如增温同时增加根系的生产力和死亡率（Wan et al.，2004；Bai et al.，2010；Majdi and Öhrvik，2004），这可能是由于增温使生长季延长、土壤条件变化而引起的（Fitter et al.，1998；1999）。增温缩短了根系寿命也可能是增温条件下根系直径变小导致的。以往研究表明，根系寿命和根系直径间存在显著正相关关系（Wells and Eissenstat，2001；Wu et al.，2013），而增温使根系直径变小，从而缩短了根系平均寿命。我们还发现增温条件下，根系萌生的季节对其寿命有显著影响（表 6-8）。Bai 等（2012）曾发现昼间增温和夜间增温对根系寿命的影响不

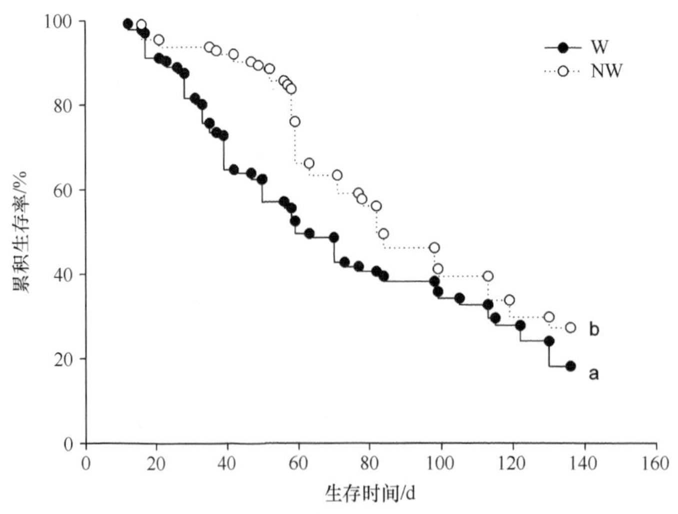

图 6-16　增温与不增温条件下根系累积存活曲线

NW：不增温；W：增温

表 6-8　增温和不增温处理下根系寿命的 Cox 模型分析结果

因子	增温						不增温					
	自由度	参数估算	估计值的标准误	卡方值	P 值	风险率	自由度	参数估算	估计值的标准误	卡方值	P 值	风险率
直径	1	0.109	0.115	0.896	0.344	1.115	1	–0.468	0.152	9.523	0.002	0.626
土层深度	1	–0.056	0.240	0.054	0.816	0.946	1	0.209	0.288	0.525	0.469	1.232
季节	2	–	–	11.971	0.003	–	2	–	–	4.420	0.110	–
春季（相对于秋季）	1	1.260	0.439	8.225	0.004	3.525	1	0.180	0.465	0.151	0.698	1.198
夏季（相对于秋季）	1	0.615	0.465	1.750	0.186	1.850	1	0.747	0.461	2.623	0.105	2.111

同，这可能是因为昼间增温影响了植物光合产物向地上地下的分配，从而影响了根系寿命。在高寒草甸的生长季初期，碳可能更多地向地上部分分配以用于新生萌芽，从而使向地下根系生长的碳减少，这可能导致春季新长的根系寿命较短，该结果与以往一些研究结果一致（Wu et al.，2013；Kern et al.，2004）。

二、增温与放牧对根系生长的影响

根据 2011～2014 年微根管观测数据，我们发现在对照、增温、放牧及增温放牧处理下，我们在每根管子中平均观测到 341±81、240±66、355±66 和 405±68 条根系。这 4 年根系生长的季节动态如图 6-17 所示。根系的最高生产力发生在 2011 年和 2012 年的 6 月底，而 2013 年和 2014 年根系的最高生产力出现在 8 月中旬。根系死亡率也有类似的季节变化，最高死亡率均在 10 月左右出现。此外，在放牧及增温放牧处理下的最高死亡率较高。2011～2014 年这 4 种处理下，新根的伸长都发生在 5 月左右，根系现存根长持续增长，几乎同时在 9 月左右达到峰值，随后逐渐下降，10 月以后基本不再有新根生长。2012 年，比较 4 种处理下现存根长的峰值，最大峰值出现在增温放牧处理下，对照、放牧及增温处理下的现存根长峰值依次减小，且在随后的观察年份中，4 种处理下的根系现存根长峰值趋于一致，下降到对照处理的水平。

在我们观测的 4 年中，放牧对根系现存根长存在显著影响（P=0.042，表 6-5），且增温和放牧对其存在显著交互作用（P<0.001，表 6-5）。放牧增温和放牧不增温对根系现存根长的影响相反。在不增温条件下，放牧使根系现存根长减少了 27%；而在增温条件下，放牧使根系现存根长增加了 134.8%（表 6-6）。放牧对根系现存根长的影响存在着显著的年际变化，2011 年和 2012 年放牧显著增加了根系现存根长，而在 2013 年和 2014 年对其影响并不显著。放牧和增温对根系现存根长的交互作用（2011 年除外）都达到显著水平（图 6-18）。

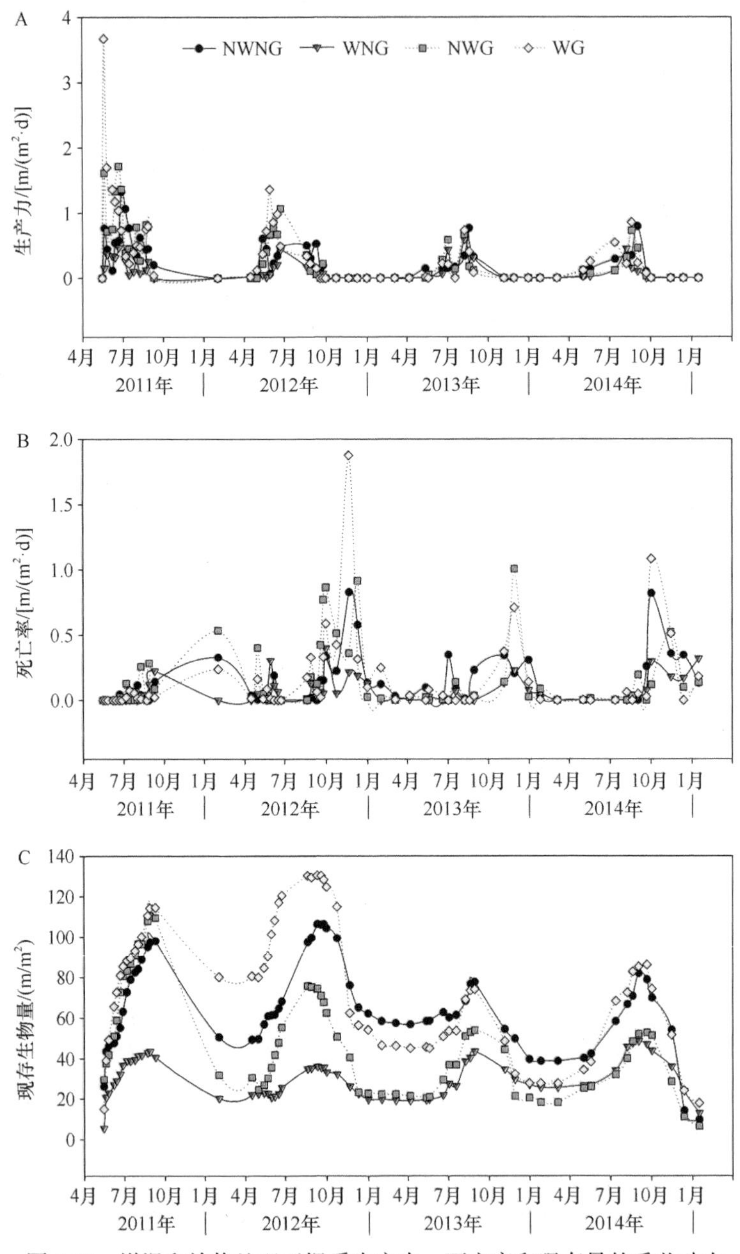

图 6-17　增温和放牧处理下根系生产力、死亡率和现存量的季节动态

NWNG：不增温不放牧；NWG：不增温放牧；WNG：增温不放牧；WG：增温放牧

总体而言，根系年生产力受到放牧处理（P=0.005，表 6-9），以及增温与放牧交互作用（P=0.013，表 6-10）的显著影响。无论增温与否，放牧都显著增加了根系年生产力，且增温条件加强了这种正反馈作用。相较于增温不放牧处理，增温放牧处理使根系生产力增加了 156.1%。从这 4 年观测结果来看，2011 年，放牧增加了 38.0%的根系生产力，2012 年放牧和增温对根系生产力产生交互影响，而 2013 年和 2014 年放牧对根系年生产力的影响不显著。根系年死亡率受增温（P=0.032）、放牧（P=0.003）、年份（P＜0.001）

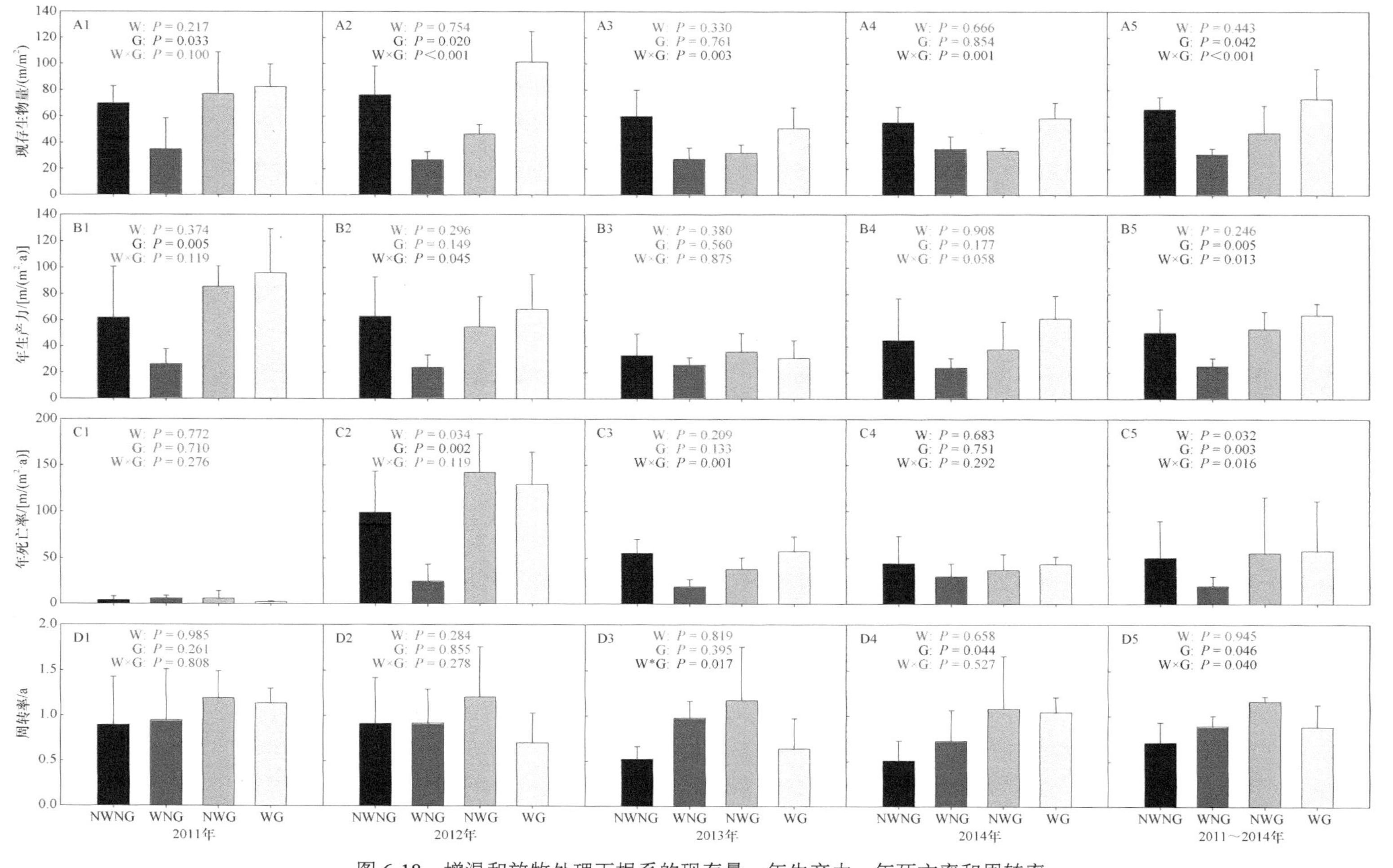

图 6-18　增温和放牧处理下根系的现存量、年生产力、年死亡率和周转率

NWNG：不增温不放牧；NWG：不增温放牧；WNG：增温不放牧；WG：增温放牧

和放牧与年份的交互作用（P=0.016），以及增温、放牧和年份的相互作用（P=0.003）的显著影响。增温处理下 2011～2014 年平均年死亡率显著降低了 60.9%（表 6-10），而放牧只在 2012 年对根系死亡率存在显著影响（表 6-9）。在对照、增温、放牧和同时增温放牧处理下，4 年的根系平均周转率分别为 0.71/a、0.89/a、1.17/a 和 0.88/a。无论增温与否，放牧对根系周转率都具有显著影响（P=0.042，表 6-9）。放牧不增温使根系周转率显著增加 55.5%，而放牧增温却减少了根系周转率（图 6-18）。

表 6-9 增温（W）和放牧（G）对 2011～2014 年根系平均现存量、生产力、死亡率和周转率的重复测量方差分析结果

因子	*df*	现存量		生产力		死亡率		周转率	
		F 值	*P* 值	*F* 值	*P* 值	*F* 值	*P* 值	*F* 值	*P* 值
W	1，12	0.630	0.443	1.489	0.246	5.898	0.032	0.005	0.945
G	1，12	5.201	0.042	11.437	0.005	13.402	0.003	5.044	0.046
W×G	1，12	31.666	＜0.001	8.563	0.013	7.898	0.016	5.410	0.040
年份	4，48	15.457	＜0.001	11.821	0.001	109.560	＜0.001	0.463	0.715
年份×W	4，48	2.669	0.105	0.847	0.499	2.122	0.161	0.405	0.753
年份×G	4，48	5.804	0.015	3.417	0.061	6.081	0.013	0.622	0.618
年份×W×G	4，48	7.605	0.006	1.683	0.233	9.709	0.003	0.724	0.563

表 6-10 基于 4 年平均值的增温和放牧处理引起的根系指标变化（%）

根系指标	增温引起的变化		放牧引起的变化	
	WNG-NWNG	WG-NWG	NWG-NWNG	WG-WNG
现存量	-52.3^{**}	54.1^{**}	-27.2^{*}	134.8^{***}
生产力	-50.6^{*}	19.7	5.6	156.1^{**}
死亡率	-60.9^{**}	4.0	9.9	192.4^{**}
周转率	18.8	–24.4	55.5^{*}	–1.1

注：WNG-NWNG 表示相对于对照处理，增温引起的变化百分比计算；WG-NWG 表示相对于放牧处理，增温放牧处理引起的变化百分比计算；NWG-NWNG 表示相对于对照处理，放牧引起的变化百分比计算；WG-WNG 表示相对于增温处理，增温放牧处理引起的变化百分比计算；*、**、***分别表示单纯效应在 0.05、0.01、0.001 水平上显著。

我们的研究表明，增温显著降低了根系死亡率，而放牧显著增加了根系现存量、生产力、死亡率及周转率（Wu et al.，2021）。此外，我们发现增温和放牧对根系动态存在显著的交互作用（Wu et al.，2021）。增温不放牧处理对根系现存量、生产力和死亡率产生负影响，而在放牧条件下增温显著增加了根系现存量。在不增温条件下，放牧减少了根系现存量，但在增温条件下放牧使根系现存量增加。增温条件下，放牧对根系生产力的正影响被增强，却削弱了放牧对根系周转率的正影响，这使得在增温放牧处理下，根系的平均现存根长最大。这些结果预示着在全球变暖的未来，可能有更多的碳通过根系储存在地下，进而改变生态系统功能，以此抵御全球气候变化。

尽管有许多研究表明增温会促进根系生长，而在我们的研究中观测到增温不放牧处理下根系生产力降低（Wu et al.，2021），这也与一些其他研究结果一致（Bai et al.，2010；Edwards and Richardson，2004）。增温延长了生长季时间，使光合产物增加，从而使地下部分获得更多的碳分配，促进根系生长，然而这种增温的正影响可能被土壤条件变化引起的间接负影响抵消（Pregitzer et al.，2000）。增温促进地面水分蒸发而引起土壤水分缺失，使根系生长受限（Niu et al.，2008）。然而，在我们的研究期间（Wu et al.，2021），增温并未对土壤水分含量产生显著影响，且结构方程模型显示增温是通过土壤温度而非通过土壤水分对根系生产力和死亡率产生负影响，所以增温引起的土壤水分降低可能不是引起增温减小根系生产力的主要原因。我们的研究地点属于低温高海地域，氮可能是植物生长的限制元素，增温可能通过对土壤可获得性氮的影响而间接影响根系生产。在该实验平台的其他研究中发现，增温减少了土壤可溶性氮含量及植物对无机氮的吸收，提高了它们对有机氮的吸收（Jiang et al.，2016，2018）。这可能使碳的分配从投入到根生产转移到菌根以促进氮的吸收（Eissenstat and Yanai，1997），是单独增温降低了根系生产的一种可能原因。

已开展的放牧对地下净初级生产力（BNPP）影响的研究结果显示，放牧可增加（Frank et al.，2002；Sims and Singh，1978）、减少（Gao et al.，2008；Pandey and Singh，1992）或不改变（Gong et al.，2015）BNPP。这些研究结果的不一致可能意味着放牧对BNPP 的影响依赖于放牧历史、放牧强度、植物内在影响因子及其与环境因子的复杂关系（McNaughton et al.，1998）。我们观测到放牧显著提高了根系年生产力。结构方程模型也显示放牧对根系生产有两条影响路径：一方面对根系生产有强烈的正影响，另一方面通过增加土壤温度而对根系有微弱负影响（图 6-19）。放牧对土壤水分含量没有影响表明土壤水分并非影响根系生长的主要驱动因子。因此，放牧对根系生产的促进作用可能是多种影响机制的结果，如碳在地上地下之间的分配结果、根系分泌以及凋落物质量等多种因素影响的结果。食草动物直接减少植物地上部分现存生物量，并且向土壤输入

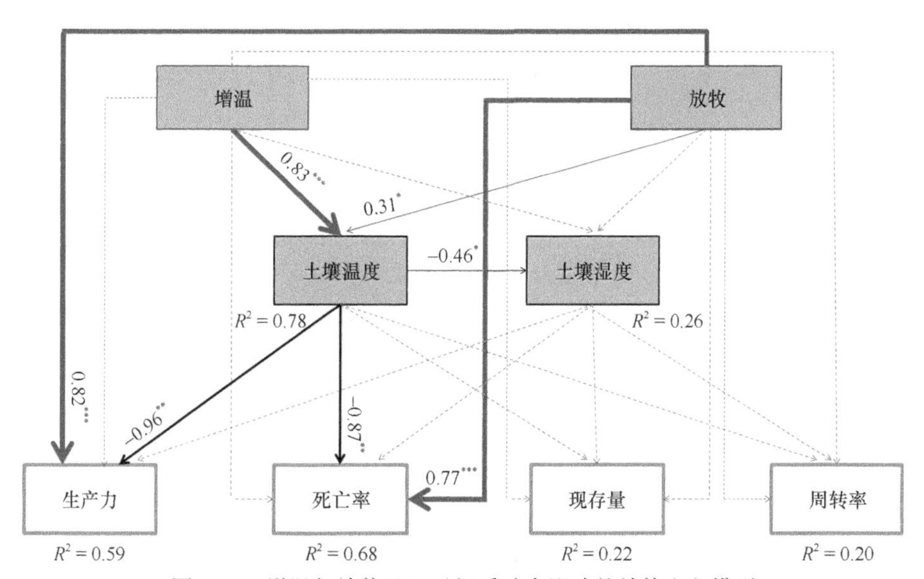

图 6-19　增温与放牧处理对根系动态影响的结构方程模型

方框内为进入模型的变量，标准化路径系数为线条上的数字，类似于偏相关分析权重的大小。实线和虚线箭头线段分别表示显著和不显著影响路径。黑色和红色箭头线段分别表示正影响和负影响关系。该模型适配度参数：χ^2=1.85，df=5，P=0.87，RMSEA=0，AIC=63.85。R^2 表示每个变量在模型中被解释的方差比例。*P＜0.05；**P＜0.01；***P＜0.001

养分，所以相比于叶片对光的需求而言，这可能导致植物根系对养分的需求更高，因此植被倾向于将更多的碳分配到地下，用于根系生长以吸收养分（Xu et al.，2012）。土壤中氮的缺乏可能由根系分泌物的增加和叶片及凋落物品质的提升来补偿。研究表明，家畜采食会增加根系分泌物（Holland et al.，1996），从而改善根际环境，促进微生物生物量和活性（Denton et al.，1998；Hamilton and Frank，2001），最终有利于植物养分吸收及其生产（Hamilton and Frank，2001）。另一些研究表明，家畜采食能够增加叶片和根系中的养分含量，使植被凋落物的品质提高，由此也能激发土壤生物量（Holland and Detling，1990；Rui et al.，2011；Semmartin et al.，2008）。因此，在放牧条件下根系生产力的增加将促进草甸植被在养分缺乏下的竞争力。

增温不放牧抑制了根系生产，但增温放牧却促进了根系生产。在增温放牧处理下微根管中观测到的根系数量和现存长度都是最高的，这表明在轻度放牧下增温可能利于该高寒草甸根系生长（Wu et al.，2021）。我们的研究与在美国高草草原群落中开展的相关研究结果一致，增温和刈割增加了根系生产力（Xu et al.，2012）。增温和放牧的交互作用对根系生产有着显著影响，这更加表明放牧条件下高寒草甸根系对气候变化的复杂性。

第五节　小　　结

通过 10 年长期的不对称增温和适度放牧试验，以及利用 ^{13}C 同位素标记技术和微根管技术，我们得出如下主要结论。

（1）尽管总体上增温显著增加了 ANPP，但对 ANPP 的正效应随着增温时间的延长而下降；无论是短期还是长期试验，适度放牧对 ANPP 均无显著影响；增温和放牧对 ANPP 的影响存在显著负互作效应，即放牧降低了增温对 ANPP 的正效应，主要原因是增温和放牧对物种或功能群组成的影响不同。结合增温和适度放牧对物种组成、多样性及生态系统净碳交换影响的结果，我们发现是过度放牧而不是增温导致了该高寒草甸生态系统的退化；植物群落生产力对增温的响应存在“适应性”现象。

（2）为期 36 年的长期观测试验结果表明，气温呈现先升温后降温的变化趋势，ANPP 稳定性也呈现同样的变化趋势。对于增温和放牧试验而言，随着试验年限的延长，增温和放牧条件下 ANPP 的稳定性均显著下降，主要通过调节功能群植物的组成、生物多样性或种间异步性变化而调控增温和放牧对 ANPP 稳定性的影响。然而，该控制试验期间背景气温处于降温阶段，增温处理仍然没有改变这种温度总体下降的趋势。因此，ANPP 稳定性与背景气温呈正相关关系；背景气温调控了增温和放牧处理对 ANPP 稳定性的影响方向，而不同处理影响了 ANPP 稳定性变化的大小。我们的结果说明，在评估不同处理对 ANPP 稳定性的影响时，需要考虑试验期间背景气候的作用。

（3）^{13}C 同位素示踪试验表明，新近光合产物向各个碳库分配非常迅速，共有约 59%的新合成光合碳分配到地下系统中，其中有 58.3%分配于植物根系中，29.2%通过根系呼吸和土壤微生物呼吸又释放到大气中，只有 12.5%新近光合的有机碳最终进入到土壤碳库。该结果表明在未来气候变化生态学研究中，需要特别关注地下生态学过程。

（4）增温降低了表层土壤根系的直径，但增加了其根系数量并缩短了其寿命。增温主要对根系死亡率产生负影响，而放牧对根系现存量、生产力、死亡率及周转率都产生正影响。增温和放牧对上述指标的影响存在交互作用。在不放牧条件下，增温降低了根系现存生物量；而放牧条件下，增温增加了根系现存生物量。同时，在不增温条件下，放牧减少了根系现存生物量；而增温条件下，放牧显著增加了根系现存生物量。增温和放牧对根系生长的这种交互影响预示着在未来增温背景下，高寒草甸生态系统中，更多的碳可能通过根系储存在地下，从而影响该生态系统功能。因此，在全球变暖和土地利用改变如何影响根系动态的研究中，应该考虑它们的交互作用影响，从而提高我们对草地生态碳动态变化更准确的预测能力。

参 考 文 献

陈佐忠，黄德华.1988.内蒙古锡林河流域羊草草原与大针茅草原地下部分生产力和周转值的研究.//中国科学院内蒙草原生态系统研究站. 草原生态系统研究(Ⅱ). 北京：科学出版社：132-138.

郭大立. 2006. 植物根系: 结构、功能及在生态系统物质循环中的地位. //邬建国. 现代生态学讲座(III): 学科进展与热点论题. 北京: 高等教育出版社: 92-109.

贺金生, 王政权, 方精云. 2004. 全球变化下的地下生态学: 问题与展望. 科学通报, 49: 1226-1234.

李海东, 吴新卫, 肖治术. 2021. 种间互作网络的结构、生态系统功能及稳定性机制研究. 植物生态学报, 45(10): 1049-1063.

李培芝, 范世华, 王力华，等. 2001. 杨树细根及草根的生产力与周转的研究. 应用生态学报, 12: 829-832.

李雪峰, 韩士杰, 张岩. 2007. 降水量变化对蒙古栎落叶分解过程的间接影响. 应用生态学报, 2: 261-266.

廖利平, 陈楚莹, 张家武, 等. 1995. 杉木、火力楠纯林及混交林细根周转的研究. 应用生态学报, 6: 7-10.

彭少麟, 刘强. 2002. 森林凋落物动态及其对全球变暖的响应. 生态学报, 9: 164-174.

史建伟, 王政权, 于水强，等. 2007. 落叶松和水曲柳人工林细根生长、死亡和周转. 植物生态学报, 31: 333-342.

宋新章, 江洪, 马元丹, 等. 2009. 中国东部气候带凋落物分解特征——气候和基质质量的综合影响. 生态学报, 29: 5219-5226.

王常顺, 孟凡栋, 李新娥, 等.2014. 草地植物生产力主要影响因素研究综述, 生态学报, 34: 4125-4132.

王其兵, 李凌浩, 白永飞, 等. 2000. 模拟气候变化对3种草原植物群落混合凋落物分解的影响. 植物生态学报, 24: 674-679.

杨万勤, 邓仁菊, 张健. 2007. 森林凋落物分解及其对全球气候变化的响应. 应用生态学报, 2: 261-266.

杨玉盛, 陈光水, 林鹏, 等. 2003. 格式栲天然林与人工林细根生物量、季节动态及净生产力.生态学报, 23: 1719-1730.

张金霞, 曹广民. 1999. 高寒草甸生态系统氮素循环. 生态学报, 19: 509-512.

张淑艳, 李德新. 1997. 放牧对短花针茅草原地下部分生产力及氮素周转率的影响. 中国草地, 1: 13-18.

郑凌云, 张佳华. 2007. 草地净第一性生产力估算的研究进展. 农业工程学报, 23: 279-285.

ACIA. 2005 Arctic climate impact assessment. Cambridge, UK: Cambridge University Press.

Aerts R. 1997. Climate, leaf litter chemistry, and leaf litter decomposition in terrestrial ecosystems: a triangular relationship. Oikos, 79: 439-449.

Aerts R. 2006. The freezer defrosting: global warming and litter decomposition rates in cold biomes. J Ecol, 94: 713-724.

Anderson J M, Coe M J. 1974. Decomposition of elephant dung in an arid tropical environment. Oecologia,

14: 111-125.

Anderson J M. 1991. The effects of climate change on decomposition processes in grassland and coniferous forest. Ecol Appl, 1: 243-274.

AOAC. 1984. Official methods of analysis of the Association of Official Analytical Chemists. 14th ed. Washington, D.C., USA Association of Official Analytical Chemists.

Arnda M F, Tolver A, Larsen K S, et al. 2018. Fine root growth and vertical distribution in response to elevated CO_2, warming and drought in a mixed heathland-grassland. Ecosystems, 21: 15-30.

Atkinson D. 2000. Root characteristics: Why and what to measure. //Smit A L. Root Methods: a Handbook. Heidelberg:Springer: 1-32.

Bai W M, Wan S Q, Niu S L,et al. 2010. Increased temperature and precipitation interact to affect root production, mortality, and turnover in a temperate steppe: implications for ecosystem C cycling. Glob Chang Biol, 16:1306-1316.

Bai W M, Xia J Y, Wan S Q, et al. 2012. Day and night warming have different effect on root lifespan. Biogeosciences, 9: 375-384.

Bardgett R D, Wardle D A, Yeates G W. 1998. Linking above-ground and below-ground interactions: How plant responses to foliar herbivory influence soil organisms. Soil Biol Biochem, 30: 1867-1878.

Baxter R, Farrar J. 1999. Export of carbon from leaf blades of *Poa alpina* L. at elevated CO_2 and two nutrient regimes. Journal of Experimental Botany, 50: 1251-1221.

Bellamy P H, Loveland P J, Bradley R I, et al. 2005. Carbon losses from all soils across England and Wales 1978-2003. Nature, 437: 245-248.

Berg B, Berg M P, Bottner P, et al. 1993. Litter mass loss rates in pine forests of Europe and eastern United States: Some relationships with climate and litter quality. Biogeochemistry, 20: 127-159.

Berg B, Ekbohm G, Johansson M E, et al. 1996. Maximum decomposition limits of forest litter types: A synthesis. Can J Bot, 74: 659-672.

Berg B, Wessen B, Ekbohm G. 1982. Nitrogen level and decomposition in Scots pine litter. Oikos, 38: 291-296.

Björk R G, Majdi H, Klemedtsson L, et al. 2007. Long-term warming effects on root morphology, root mass distribution, and microbial activity in two dry tundra plant communities in northern Sweden. New Phytol, 176: 862-873.

Blonder B, Kapas R E, Dalton R M, et al. 2018. Microenvironment and functional-trait context dependence predict alpine plant community dynamics. Journal of Ecology, 106(4): 1323-1337.

Bosatta E, Agren G I. 1999. Soil organic matter quality interpreted thermodynamically. Soil Biol Biochem, 31: 1889-1891.

Brooker R W, Kikvidze Z. 2008. Importance: An overlooked concept in plant interaction research. Journal of Ecology, 96(4): 703-708.

Butler J L, Bottomley P J, Griffith S M, et al. 2004. Distribution and turnover of recently fixed photosynthate in ryegrass rhizospheres. Soil Biology and Biochemistry, 36: 371-382.

Caldwell M M, Virginia R A. 1989. Root systems. //Pearcy R W. Plant Physiological Ecology. London: Chapman and Hall: 367-398.

Cao G M, Tang Y H, Mo W H, et al. 2004. Grazing intensity alters soil respiration in an alpine meadow on the Tibetan Plateau. Soil Biology and Biochemistry, 36: 237-243.

Cao G, Xu X L, Long R J,et al. 2008. Methane emissions by alpine plant communities in the Qinghai-Tibet Plateau. Biol Lett, 4: 681-684.

Gao Y Z, Giese M, Lin S, et al. 2008. Belowground net primary productivity and biomass allocation of a grassland in Inner Mongolia is affected by grazing intensity. Plant Soil, 307: 41-50.

Cerling T E. 1984. The stable isotopic composition of modern soil carbonate and its relationship to climate. Earth and Planetary Science Letters,71: 229-240.

Cheng W X, Coleman D C, Carroll R,et al. 1994. Investigating short-term carbon flows in the rhizospheres of different plant species, using isotopic trapping. Agronomy Journal, 86: 782-788.

Colvill K E, Marshall C. 1981. The patterns of growth, assimilation of $^{14}CO_2$ and distribution of

^{14}C-assimilate within vegetative plants of *Lolium perenne* at low and high density. Annuals of Applied Biology, 99: 179-190.

Cornelissen J H C, Bodegom P M, Aerts R, et al. 2007. Global negative vegetation feedback to climate warming responses of leaf litter decomposition rates in cold biomes. Ecol Lett, 10: 619-627.

Cornelissen J H C, Callaghan T V, Alatalo J M, et al. 2001. Global change and arctic ecosystems: is lichen decline a function of increases in vascular plant biomass? J Ecol, 89: 984-994.

Couteaux M M, Bottner P, Berg B. 1995. Litter decomposition, climate and litter quality. Trends Ecol Evol, 10: 63-66.

Couteaux M M, Kurz C, Bottner P, Raschi A. 1999. Influence of increased atmospheric CO_2 concentration on quality of plant material and litter decomposition. Tree Physiology, 19(4-5): 301-311.

Craven D, Eisenhauer N, Pearse W D, et al. 2018. Multiple facets of biodiversity drive the diversity-stability relationship. Nature Ecology & Evolution, 2(10): 1579-1587.

Crowther T W, Bradford M A. 2013. Thermal acclimation in widespread heterotrophic soil microbes. Ecology Letters, 16(4): 469-477.

Dalias P, Anderson J, Bottner P, et al. 2001. Temperature responses of carbon mineralization in conifer forest soils from different regional climates incubated under standard laboratory conditions. Glob Chang Biol, 6: 181-192.

Daufresne T, Loreau M. 2001. Plant-herbivore interactions and ecological stoichiometry: When do herbivores determine plant nutrient limitation? Ecol Lett, 4: 196-206.

Davidson E A, Janssens I A. 2006. Temperature sensitivity of soil carbon decomposition and feedbacks to climate change. Nature, 440: 165-173.

Davidson E A, Trumbore S E, Amundson R. 2000. Soil warming and organic matter content. Nature, 408: 789-790.

Denton C S, Bardgett R D, Cook R,et al. 1998. Low amounts of root herbivory positively influence the rhizosphere microbial community in a temperate grassland soil. Soil Biol Biochem, 31: 155-165.

Dilkes B N, Jones L D, Farrar J. 2004. Temporal dynamics of carbon partitioning and rhizodeposition in wheat. Plant Physiology, 134: 706-715.

Doak D F, Bigger D, Harding E K, et al. 1998. The statistical inevitability of stability-diversity relationships in community ecology. The American Naturalist, 151(3): 264-276.

Domanski G, Kuzyakov Y, Siniakina S V, et al. 2001. Carbon flows in the rhizosphere of ryegrass (*Lolium perenne*). Journal of Plant Nutrition and Soil Science, 164: 381-387.

Dong Q, Zhao X, Li Q, et al. 2005. Regressive analysis between stocking rate for yak and aboveground and underground biomass of warm-season pasture in *Kobrecia parva* alpine meadow. Pratacultural Science, 22: 65-71.

Douda J, Doudová J, Hulík J, et al. 2018. Reduced competition enhances community temporal stability under conditions of increasing environmental stress. Ecology, 99(10): 2207-2216.

Duan A M, Wu G X, Zhang Q, et al. 2006. New proofs of the recent climate warming over the Tibetan Plateau as a result of the increasing greenhouse gases emissions Chin Sci Bull, 51: 1396-1400.

Duan J C, Wang S P, Zhang Z H, et al. 2013. Non-additive effect of species diversity and temperature sensitivity of mixed litter decomposition in the alpine meadow on Tibetan Plateau. Soil Biology and Biochemistry, 57: 841-847.

Duan Y W, He Y P, Liu J Q. 2005. Reproductive ecology of the Qinghai-Tibet Plateau endemic *Gentiana straminea* (Gentianaceae), a hermaphrodite perennial characterized by herkogamy and dichogamy. Acta Oecol, 27: 225-232.

Edwards M, Richardson A J. 2004. Impact of climate change on marine pelagic phenology and trophic mismatch. Nature, 430: 881-884.

Eiland F, Klamer M, Lind A M, et al. 2001. Influence of initial C/N ratio on chemical and microbial composition during long term composting of straw. Microb Ecol, 41: 272-280.

Eissenstat D M. 1992. Costs and benefits of constructing roots of small diameter. J Plant Nutr, 15: 763-782.

Eissenstat D M, Yanai R D. 1997. The ecology of root lifespan. Advances in Ecological Research, 27: 1-60.

Elser J, Urabe J. 1999. The stoichiometry of consumer-driven nutrient recycling: Theory, observations, and consequences. Ecology, 80: 735-751.

Epps K Y, Comerford N B, III Reeves J B, et al. 2007. Chemical diversity-highlighting a species richness and ecosystem function disconnect. Oikos, 116: 1831-1840.

Fahey T M, Arthur M. 1994. Further Studies of Root Decomposition following harvest of a northern hardwoods forest. Forest Science, 40(4): 618-629.

Fang C, Smith P, Moncrieff J B, et al. 2005. Similar response of labile and resistant soil organic matter pools to changes in temperature. Nature, 433: 57-59.

Fang J Y, Yu S Y, Wu P C, et al. 2001. In vitro skin permeation of estradiol from various proniosome formulations. International J Pharmaceutics, 215(2): 91-99.

Fargione J, Tilman D, Dybzinski R, et al. 2007. From selection to complementarity: Shifts in the causes of biodiversity-productivity relationships in a long-term biodiversity experiment. Proceedings of the Royal Society B: Biological Sciences, 274(1611): 871-876.

Fierer N, Craine J M, McLauchlan K, et al. 2005. Litter quality and the temperature sensitivity of decomposition. Ecology, 86: 320-326.

Fitter A H, Graves J D, Self G K, et al. 1998. Root production, turnover and respiration under two grassland types along an altitudinal gradient: Influence of temperature and solar radiation. Oecologia, 114: 20-30.

Fitter A H, Self G K, Brown T K, et al. 1999. Root production and turnover in an upland grassland subjected to artificial soil warming respond to radiation flux and nutrients, not temperature. Oecologia, 120: 575-581.

Floate M J S. 1970. Decompostion of organic materials from hill soils and pastures. II. Comparative studies on the mineralization of carbon, nitrogen, and phosphorus from plant materials and sheep faeces. Soil Biol Biochem, 2: 173-185.

Frank D A, Kuns M M, Guido D R. 2002. Consumer control of grassland plant production. Ecology, 83: 602-606.

Frost P E, Evans-White M E, Finkel Z V, et al. 2005. Are you what you eat? Physiological constraints on organismal stoichiometry in an elementally imbalanced world. Oikos, 109: 18-28.

Fu Y H, Zhao H, Piao S, et al. 2015. Declining global warming effects on the phenology of spring leaf unfolding. Nature, 526(7571): 104-107.

Gao J, Carmel Y A. 2020. Global meta-analysis of grazing effects on plant richness. Agriculture, Ecosystems & Environment, 302: 107072.

García-Palacios P, Gross N, Gaitán J, et al. 2018. Climate mediates the biodiversity–ecosystem stability relationship globally. Proc National Acad Sci, 115(33): 8400-8405.

Gartner T B, Cardon Z G. 2004. Decomposition dynamics in mixed-species leaf litter. Oikos, 104: 230-246.

Gerald W, Han J L, Long R J. 2003. The Yak. 2nd ed. Bangkok, Thailand: FAO Regional Office for Asia and the Pacific.

Gessner M O, Inchausti P, Persson L, et al. 2004. Biodiversity effects on ecosystem functioning: Insights from aquatic systems. Oikos, 104: 419-422.

Gessner M O, Swan C M, Dang C K, et al. 2010. Diversity meets decomposition. Trends in Ecology and Evolution, 25: 372-380.

Giardina P H, Loveland P J, Bradley R I, et al. 2000. Evidence that decomposition rate of organic matter in mineral soil do not vary with temperature. Nature, 404: 858-861.

Gill R A, Jackson R B. 2000. Global patterns of root turnover for terrestrial ecosystems. New Phytologist, 147: 13-31.

Giorgi F, Hewitson B, Christensen J. 2001. Climate change 2001: regional climate information-evaluation and projections, in Climate Change 2001: The Scientific Basis. Contribution of Working Group I to the Third Assessment Report of the Intergovernmental Panel on Climate Change. //Houghton J T. Cambridge:Cambridge University Press:584-636.

Gong X Y, Fanselow N, Dittert K, et al. 2015. Response of primary production and biomass allocation to nitrogen and water supplementation along a grazing intensity gradient in semiarid grassland. Eur J

Agron, 63: 27-35.
Grayston S J, Vaughan D, Jones D. 1997. Rhizospere carbon flow in trees, in comparison with annual plants: the importance of root exudation and its impact on microbial activity and nutrient availability. Applied Soil Ecology, 5: 29-56.
Guo D, Sun J, Yang K, et al. 2020. Satellite data reveal southwestern Tibetan Plateau cooling since 2001 due to snow-albedo feedback. International J Climatology, 40(3): 1644-1655.
Hanson P J, Edwards N T, Garten C T, et al. 2000. Separating root and soil microbial contributions to soil respiration: A review of methods and observations. Biogeochemistry, 48: 115-146.
Hanson P J, Walker A P. 2020. Advancing global change biology through experimental manipulations: Where have we been and where might we go? Glob Change Biol, 26: 287-299.
Harmon M E, Baker G A, Spycher G, et al. 1990. Leaf-litter decomposition in the Picea/Tsuga forests of Olympic National Park, Washington, USA. For Ecol Manage, 31: 55-66.
Hart S C, Perry D A. 1999. Transferring soils from high- to low-elevation forests increases nitrogen cycling rates: climate change implications. Glob Change Biol, 5: 23-32.
Harte J, Shaw R. 1995. Shifting dominance within a montane vegetation community, results of a climate-warming experiment. Science, 267: 876-880.
Hăttenschwiler S, Tiunov A V, Scheu S. 2005. Biodiversity and litter decomposition in terrestrial ecosystems. Annual Review of Ecology, Evolution and Systematics, 36: 191-218.
Hautier Y, Tilman D, Isbell F, et al. 2015. Anthropogenic environmental changes affect ecosystem stability via biodiversity. Science, 348(6232): 336-340.
Hector A, Bazeley-White E, Loreau M, et al. 2002. Overyielding in grassland communities: Testing the sampling Effect hypothesis with replicated biodiversity experiments. Ecology Letters, 5: 502-511.
Hector A, Beale A J, Minns A, et al. 2000. Consequences of the reduction of plant diversity for litter decomposition: Effects through litter quality and microenvironment. Oikos, 90: 357-371.
Henry H A L, Cleland E E, Field C B, et al. 2005. Interactive effects of elevated CO_2, N deposition and climate change on plant litter quality in a California annual grassland. Oecologia, 142: 465-473.
Herrick J E, Lal R. 1995. Evolution of soil physical properties during dung decomposition in a tropical pasture. Soil Sci Soc Am J, 59: 908-912.
Herrick J E, Lal R. 1996. Dung decomposition and pedoturbation in a seasonally dry tropical pasture. Biol Fertil Soils, 23: 177-181.
Hill P W, Marshall C, Williams G G, et al. 2007. The fate of photosynthetically-fixed carbon in *Lolium perenne* grassland as modified by elevated CO_2 and sward management. New Phytologist, 173:766-777.
Hobbie S E, Vitousek P M. 2000. Nutrient limitation of decomposition in Hawaiian forests. Ecology, 81: 1867-1877.
Hobbie S E. 1996. Temperature and plant species control over litter decomposition in Alaskan tundra. Ecol Monogr, 66: 503-522.
Hobbie S E. 2000. Interactions between litter lignin and soil nitrogen availability during leaf litter decomposition in a Hawaiian montane forest. Ecosystems, 3: 484-494.
Hobbs N T. 1996. Modification of ecosystems by ungulates. J Wildl Manage, 60: 695-713.
Holland E A, Detling J K. 1990. Plant response to herbivory and belowground nitrogen cycling. Ecology, 71: 1040-1049.
Holland J N, Cheng W X, Crossley D A Jr. 1996. Herbivore-induced changes in plant carbon allocation: Assessment of below-ground C fluxes using carbon-14. Oecologia, 107: 87-94.
Hooper D U, Chapin F S, Ewel J J, et al. 2005. Effects of biodiversity on ecosystem functioning: A consensus of current knowledge. Ecological Monographs, 75(1): 3-35.
Hoorens B, Stroetenga M, Aerts R. 2010. Litter mixture interactions at the level of plant functional types are additive. Ecosystems, 13: 90-98.
Hoover D L, Wilcox K R, Young K E. 2018. Experimental droughts with rainout shelters: A methodological review. Ecosphere, 9(1): e02088.
Howard D M, Howard P J A. 1993. Relationships between CO_2 evolution, moisture content and temperature

for a range of soil types. Soil Biol Biochem, 25: 1537-1546.

Huston, et al. 2000. No consistent effect of plant diversity on productivity. Science, 289: 1255-1258.

Huang M, Piao S, Ciais P, et al. 2019. Air temperature optima of vegetation productivity across global biomes. Nature Ecology & Evolution, 3(5):772-779.

IPCC. 2021. Climate Change 2021: The Physical Science Basis. Geneva, Switzerland: 151.

Isbell F I, Polley H W, Wilsey B J. 2010. Biodiversity, productivity and the temporal stability of productivity: Patterns and processes. Ecology Letters, 12(5): 443-451.

Jackson R B, Canadell J, Ehleringer J R, et al. 1996. A global analysis of root distributions for terrestrial biomes. Oecologia, 108: 389-411.

Jackson R B, Manwaring J H, Caldwell M M. 1990. Rapid physiological adjustment of roots to localized soil enrichment. Nature, 344: 58-60.

Jackson R B, Mooney H A, Schulze E D. 1997. A global budget for fine root biomass, surface area, and nutrient contents. Ecology, 94: 7362-7366.

Jeffries T W. 1990. Biodegradation of lignin-carbohydrate complexes. Biodegradation, 1: 163-176.

Jiang L L, Wang S P, Luo C Y, et al. 2016. Effects of warming and grazing on dissolved organic nitrogen in a Tibetan alpine meadow ecosystem. Soil Till Res, 158: 156-164.

Kaarlejärvi E, Eskelinen A, Olofsson J. 2013. Herbivory prevents positive responses of lowland plants to warmer and more fertile conditions at high altitudes. Functional Ecology, 27(5): 1244-1253.

Jiang L, Wang S, Zhe P, et al. 2018. Plant organic N uptake maintains species dominance under long-term warming. Plant and Soil, 433(1): 243-255.

Johansson G. 1991. Carbon distribution in meadow fescue (*Festuca pratensis* L.) determined in a growth chamber with ^{14}C-labelled atmosphere. Acta Agriculturae Scandinavica, 41: 37-46.

Jonasson S, Havström M, Jensen M, et al. 1993. In situ mineralization of nitrogen and phosphorus of arctic soils after perturbations simulating climate change. Oecologia, 95: 179-186.

Jones C D, Cox P, Huntingford C. 2003. Uncertainty in climate-carbon-cycle projections associated with the sensitivity of soil respiration to temperature. Tellus B Chem Phys Meteorol, 55: 642-648.

Johnson D, Leake J R, Ostle N, et al. 2002a. In situ $^{13}CO_2$ pulse-labelling of upland grassland demonstrates a rapid pathway of carbon flux from arbuscular mycorrhizal mycelia to the soil. New Phytologist, 153: 327-334.

Johnson D, Leake J R, Read D J. 2002b. Transfer of recent photosynthate into mycorrhizal mycelium of an upland grassland: Short: term respiratory losses and accumulation of ^{14}C. Soil Biology and Biochemistry, 34: 1521-1524.

Johnson M G, Rygiewicz P T, Tingey D T, et al. 2006. Elevated CO_2 and elevated temperature have no effect on Douglas-fir fine-root dynamics in nitrogen-poor soil. New Phytol, 170: 345-356.

Jordán F, Scheuring I. 2004. Network ecology: topological constraints on ecosystem dynamics. Physics of Life Reviews, 1(3): 139-172.

Joslin J D, Gaudinski J B, Torn M S, et al. 2006. Fine-root turnover patterns and their relationship to root diameter and soil depth in a ^{14}C-labeled hardwood forest. New Phytologist, 172: 523-535.

Jourdan M, Piedallu C, Baudry J, et al. 2021. Tree diversity and the temporal stability of mountain forest productivity: testing the effect of species composition, through asynchrony and overyielding. European J Forest Research, 140(2): 273-286.

Kaneko N, Salamanca E F. 1999. Mixed litter effects on decomposition rates and soil microarthropod communities in an oak–pine stand in Japan. Ecology Research, 14: 131-138.

Kaarlejärvi E, Eskelinen A, Olofsson J. 2017. Herbivores rescue diversity in warming tundra by modulating trait-dependent species losses and gains. Nature Communications, 8: 419.

Kaštovská E, Šantrůčková H. 2007. Fate and dynamics of recently fixed C in pasture plant–soil system under field conditions. Plant and Soil, 300: 61-69.

Katterer T, Reichstein M, Andren O, et al. 1998. Temperature dependence of organic matter decomposition: a critical review using literature data analysed with different models. Biol Fert Soil, 27: 258-262.

Kern C C, Friend A L, Johnson J M F, et al. 2004. Fine root dynamics in a developing *Populus deltoides*

plantation. Tree Physiol, 24: 651-660.
Kessel C V, Nitschelm J, Horwath W R, et al. 2000. Carbon-13 input and turn-over in a pasture soil exposed to long-term elevated atmospheric CO_2. Global Change Biology, 6: 123-135.
Kimball B A, Conley M M, Wang S P, et al. 2008. Infrared heater arrays for warming ecosystem field plots. Glob Change Biol, 14: 309-320.
Kirschbaum M U F. 1995. The temperature dependence of soil organic matter decomposition, and the effect of global warming on soil organic C storage. Soil Biol Biochem, 27: 753-760.
Klein J A, Harte J, Zhao X Q. 2004. Experimental warming causes large and rapid species loss, dampened by simulated grazing, on the Tibetan Plateau. Ecology Letters, 7: 1170-1179.
Klein J A, Harte J, Zhao X Q. 2007. Experimental warming, not grazing, decreases rangeland quality on the Tibetan Plateau. Ecol Appl, 17: 541-557.
Klein J A, Harte J, Zhao X Q. 2008. Decline in medicinal and forage species with warming is mediated by plant traits on the Tibetan Plateau. Ecosystems, 11: 775-789.
Klein J, Harte J, Zhao X Q. 2005. Dynamic and complex microclimate responses to warming and grazing manipulation. Global Change Biol, 11: 1440-1451.
Knapp A K, Smith M D. 2001. Variation among biomes in temporal dynamics of aboveground primary production. Science, 291: 481-484.
Knorr W, Pretice I C, House I J, Holland E A. 2005. Long-term sensitivity of soil carbon turnover to warming. Nature, 433: 298-301.
Kominoski J S, Hoellein T J, Kelly J J, et al. 2009. Does mixing litter of different qualities alter stream microbial diversity and functioning on individual litter species? Oikos, 118: 457-463.
Kominoski J S, Pringle C M, Ball B A, et al. 2007. Nonadditive effects of leaf litter species diversity on breakdown dynamics in a detritus-based stream. Ecology, 88: 1167-1176.
Kueppers L M, Southon J, Baer P, et al. 2004. Dead wood biomass and turnover time, measured by radiocarbon, along a subalpine elevation gradient. Oecologia, 141: 641-651.
Kuzyakov Y. 2001. Tracer studies of carbon translocation by plants from the atmosphere into the soil (A Review). Eurasian Soil Science, 34: 28-42.
Kuzyakov Y, Biryukova O V, Kuznetzova T V, et al. 2002. The response of C partitioning and CO_2 fluxes to cutting of ryegrass. Biology and Fertility of Soils, 35: 348-358.
Kuzyakov Y, Domanski G. 2000. Carbon input by plants into the soil: review. Journal of Plant Nutrition and Soil Science, 163: 421-431.
Kuzyakov Y, Kretzschmar A, Stahr K. 1999. Contribution of Lolium perenne rhizodeposition to carbon turnover of pasture soil. Plant and Soil, 213: 127-136.
Langley J A, Chapman S K, La Pierre K J, et al. 2018. Ambient changes exceed treatment effects on plant species abundance in global change experiments. Glob Change Biol, 24(12): 5668-5679.
Leake J R, Ostle N J, Rangel-Castro J I, et al. 2006. Carbon fluxes from plants through soil organisms determined by field $^{13}CO_2$ pulse-labelling in an upland grassland. Applied Soil Ecology, 33: 152-175.
Lebauer D S, Treseder K K. 2008. Nitrogen limitation of net primary productivity in terrestrial ecosystems is globally distributed. Ecology, 89(2): 371-379.
Lecerf A, Risoveanu G, Popescu C, et al. 2007. Decomposition of diverse litter mixtures in streams. Ecology, 88: 219-227.
Lepš J, Májeková M, Vítová A, et al. 2018. Stabilizing effects in temporal fluctuations: management, traits, and species richness in high-diversity communities. Ecology, 99(2): 360-371.
Lepš J. 2004. Variability in population and community biomass in a grassland community affected by environmental productivity and diversity. Oikos, 107(1): 64-71.
LeRoy C J, Marks J C. 2006. Litter quality, stream characteristics and litter diversity influence decomposition rates and macro-invertebrates. Freshwater Biology, 51: 605-617.
Levelle P, Blanchart E, Martin A, et al. 1993. A hierarchical model for decomposition in terrestrial ecosystems: application to soil of the humid tropics. Biotropica, 25: 130-150.
Li X, Jiang L, Meng F, et al. 2016. Responses of sequential and hierarchical phenological events to warming

and cooling in alpine meadows. Nature Communications, 7(1):12489.

Li X E, Zhu X, Wang S, et al. 2018. Responses of biotic interactions of dominant and subordinate species to decadal warming and simulated rotational grazing in Tibetan alpine meadow. Science China Life Sciences, 61(7): 849-859.

Li Y M, Lv W W, Jiang L L, et al. 2019. Microbial community responses weaken soil carbon loss in Tibetan alpine grasslands under short-term warming. Global Change Biology, 25:3438-3449.

Lichtfouse E. 2000. Compound-specific isotope analysis. Application to archaeology, biomedical sciences, biosynthesis, environment, extraterrestrial chemistry, food science, forensic science, humic substances, microbiology, organic geochemistry, soil science and sport. Rapid Communications in Mass Spectrometry, 14: 1337-1344.

Lin X W, Zhang Z H, Wang S P, et al. 2011. Response of ecosystem respiration to warming and grazing during the growing seasons in the alpine meadow on the Tibetan Plateau. Agricultural and Forest Meteorology, 151: 792-802.

Liski J, Nissinen A, Erhard M, et al. 2003. Climatic effects on litter decomposition from arctic tundra to tropical rainforest. Glob Change Biol, 9: 575-584.

Liu H, Mi Z, Lin L, et al. 2018. Shifting plant species composition in response to climate change stabilizes grassland primary production. Proc National Acad Sci, 115(16): 4051-4056.

Liu P, Lv W, Sun J, et al. 2021. Ambient climate determines the directional trend of community stability under warming and grazing. Glob Change Biol, 27(20): 5198-5210.

Loreau M, de Mazancourt C. 2008. Species synchrony and its drivers: neutral and nonneutral community dynamics in fluctuating environments. American Naturalist, 172(2): E48-E66.

Loreau M, de Mazancourt C. 2013. Biodiversity and ecosystem stability: A synthesis of underlying mechanisms. Ecology Letters, 16: 106-115.

Loreau M, Naeem S, Inchausti P, et al. 2001. Ecology-biodiversity and ecosystem functioning: Current knowledge and future challenges. Science, 294(5543): 804-808.

Loreau M, Naeem S, Inchausti P. 2002. In Biodiversity and Ecosystem Functioning: Synthesis and Perspectives. Oxford, UK: Oxford University Press.

Loreau M. 1998. Separating sampling and other effects in biodiversity experiments. Oikos, 82: 600-602.

Luo C Y, Xu G P, Chao Z G, et al. 2010. Effect of warming and grazing on litter mass loss and temperature sensitivity of litter and dung mass loss on the Tibetan plateau. Glob Change Biol, 16: 1606-1617.

Lynch J M, Whipps J M. 1990. Substrate flow in the rhizosphere. Plant and Soil, 129: 1-10.

Ma X Z, Wang S P, Jiang G M, et al. 2007. Short-term effect of targeted placements of sheep excrement on grassland in Inner Mongolia on soil and plant parameters. Commun Soil Sci Plant Anal, 38: 1589-1604.

Ma X Z, Wang S P, Wang Y F, et al. 2006. Short-term effects of sheep excreta on carbon dioxide, nitrous oxide and methane fluxes in typical grassland of Inner Mongolia N. Z. J Agric Res, 49: 285-297.

Ma Z, Liu H, Mi Z, et al. 2017. Climate warming reduces the temporal stability of plant community biomass production. Nature Communications, 8: 15378.

MacDiarmid B N, Watkin B R. 1972. The cattle dung patch: 2. Effect of a cattle dung patch on the chemical status of the soil, and ammonia nitrogen losses from the patch. J Br Grass Soc, 28: 43-48.

Mack M C, Schnur E A G, Bret-Harte M S, et al. 2004. Ecosystem carbon storage in arctic tundra reduced by long-term nutrient fertilization. Nature, 431: 440-443.

Majdi H, Öhrvik J. 2004. Interactive effects of soil warming and fertilization on root production, mortality, and longevity in a Norway spruce stand in Northern Sweden. Glob Chang Biol, 10: 182-188.

Makino W, Cotner J B, Sterner R W, et al. 2003. Are bacteria more like animals than plants? growth rate and resource dependence of bacterial C: N: P stoichiometry. Funct Ecol, 17: 121-130.

Mao L, Swenson N G, Sui X, et al. 2020. The geographic and climatic distribution of plant height diversity for 19, 000 angiosperms in China. Biodiversity and Conservation, 29(2): 487-502.

Martin J K, Merckx R. 1992. The partitioning of photosynthetically fixed carbon within the rhizosphere of mature wheat. Soil Biology and Biochemistry, 24: 1147-1156.

McGroddy M E, Daufresne T, Hedin L O. 2004. Scaling of C:N:P stoichiometry in forests worldwide:

Implications of terrestrial redfield-type ratios. Ecology, 85(9): 2390-2401.
McNaughton S J, Banyikwa F F, McNaughton M M. 1998. Root biomass and productivity in a grazing ecosystem: the Serengeti. Ecology, 79: 587-592.
McTiernan K B, Coûteaux M M, Berg B, et al. 2003. Changes in chemical composition of *Pinus sylvestris* needle litter during decomposition along a European coniferous forest climatic transect. Soil Biol Biochem, 35: 801-812.
Meentemeyer V. 1978. Macroclimate and lignin control of litter decomposition rates. Ecology, 59: 465-472.
Meier C L, Bowman W D. 2008. Links between plant litter chemistry, species diversity, and below-ground ecosystem function. Proc National Acad Sci, 105: 19780-19785.
Meharg A A, Killham K. 1990. Carbon distribution within the plant and rhizosphere in laboratory and field-grown *Lolium perenne* at different stages of development. Soil Biology and Biochemistry, 22: 471-477.
Meharg A A, Killham K. 1989. Distribution of assimilated carbon within the plant and rhizosphere of *Lolium perenne*: Influence of temperature. Soil Biology and Biochemistry, 21: 487-489.
Melillo J M, Aber J D, Muratore J F. 1982. Nitrogen and lignin control of hardwood leaf litter decomposition dynamics. Ecology, 63: 621-626.
Melillo J, Steudler P A, Abler J D, et al. 2002. Soil warming and carbon-cycle feedbacks to the climate system. Science, 298: 2173-2175.
Meng F D, Jiang L L, Zhang Z H, et al. 2017. Changes in flowering functional group affect responses of community phenological sequences to temperature change. Ecology, 98(3): 734-740.
Moore T N, Fairweather P G. 2006. Decay of multiple species of seagrass detritus is dominated by species identity, with an important influence of mixing litters. Oikos, 114: 329-337.
Mowll W, Blumenthal D M, Cherwin K, et al. 2015. Climatic controls of aboveground net primary production in semi-arid grasslands along a latitudinal gradient portend low sensitivity to warming. Oecologia, 177(4): 959-969.
Mueller K E, LeCain D R, McCormack M L, et al. 2018. Root responses to elevated CO_2, warming and irrigation in a semi-arid grassland: Integrating biomass, length and life span in a 5-year field experiment. J Ecol, 106: 2176-2189.
Mullahey J J, Waller S S, Moser L E. 1991. Defoliation effects on yield and bud and tiller numbers of two Sandhills grasses. J Range Management, 44: 241-245.
Murphy K L, Klopatek J M, Klopatek C C. 1998. The effects of litter quality and climate on decomposition along an elevation gradient. Ecol Appl, 8: 1061-1071.
Niu S L, Wu M Y, Han Y, et al. 2008. Water mediated responses of ecosystem carbon fluxes to climatic change in a temperate steppe. New Phytol, 177: 209-219.
Olofsson J, Oksanen L. 2002. Role of litter decomposition for the increased primary production in areas heavily grazed by reindeer: A litterbag experiment. Oikos, 96: 507-515.
O'Mara F P. 2012. The role of grasslands in food security and climate change. Annals of Botany, 110(6): 1263-1270.
Ostle N, Ineson P, Benham D, et al. 2000. Carbon assimilation and turnover in grassland vegetation using an in situ $^{13}CO_2$ pulse labelling system. Rapid Communications in Mass Spectrometry, 14: 1345-1350.
Pandey C B, Singh J S. 1992. Rainfall and grazing effects on net primary productivity in a tropical savanna, India. Ecology, 73: 2007-2021.
Parada C B, Long A, Davis S N. 1983. Stable-isotopic composition of soil carbon dioxide in the Tucson Basin, Arizona, U.S.A. Isotope Geoscience, 1: 219-236.
Parton W J, Ojima D S, Cole C V, et al.. 1994. A general model for soil organic matter dynamics: sensitivity to litter chemistry, texture, and management. Quantitative modeling of soil forming processes. Soil Science Society of American Special Publication ,39: 147-167.
Parton W, Silver W L, Burke I C et al., 2007. Global-scale similarities in nitrogen release patterns during long-term decomposition. Science, 315: 361-364.
Patrick F S, Sommerkorn M, Rueth H M, et al. 2007. Climate and species affect fine root production with

long-term fertilization in acidic tussock tundra near Toolik Lake, Alaska. Oecologia, 153: 643-652.

Pastor J, Dewey B, Naiman R J., et al. 1993. Moose browsing and soil fertility in the boreal forests of Isle Royale National Park. Ecology, 74: 467-480.

Post E, Pedersen C, Wilmers C C, et al. 2008. Phenological sequences reveal aggregate life history response to climatic warming. Ecology, 89: 363-370.

Post E. 2013. Erosion of community diversity and stability by herbivore removal under warming. Proc Royal Society B: Biological Sciences, 280(1757): 20122722.

Pregitzer K S, King J S, Burton A J, et al. 2000. Responses of tree fine roots to temperature. N Phytol, 147: 105-115.

Raich J W, Poter C S. 1995. Global patterns of carbon dioxide emissions from soils. Global Biogeochemical Cycles, 9: 23-36.

Raich J W, Schlesinger W H. 1992. The global carbon dioxide flux in soil respiration and its relationship to vegetation and climate. Tellus, 44B: 81-99.

Rangel-Castro J I, Prosser J I, Scrimgeour C M, et al. 2004. Carbon flow in an upland grassland: Effect of liming on the flux of recently photosynthesized carbon to rhizosphere soil. Global Change Biology, 10: 2100-2108.

Reich P B, Hobbie S E, Lee T D, et al. 2020. Synergistic effects of four climate change drivers on terrestrial carbon cycling. Nature Geoscience, 13:787-793.

Reinhardt D R, Miller R M. 1990. Size classes of root diameter and mycorrhizal fungal colonization in two temperate grassland communities. New Phytologist, 116: 129-136.

Robinson C H, Wookey P A, Parsons A N, et al. 1995. Responses of plant litter decomposition and nitrogen mineralisation to simulated environmental change in a high arctic polar semi-desert and a subarctic dwarf shrub heath. Oikos, 74: 503-512.

Robinson C H. 2002. Controls on decomposition and soil nitrogen availability at high latitudes. Plant and Soil, 242: 65-81.

Robinson D. 2004. Scaling the depths: below-ground allocation in plants, forests and biomes. Functional Ecology, 18: 290-295.

Rosemond A D, Swan C M, Kominoski J S, Dye S E. 2010. Non-additive effects of litter mixing are canceled in a nutrient-enriched stream. Oikos, 19: 326-336.

Ruess R W, Hik D S, Jefferies R L. 1989. The role of lesser snow geese as nitrogen processors in a sub-arctic marsh. Oecologia, 79: 23-29.

Ruess R W, McNaughton S J. 1987. Grazing and the dynamics of nutrient and energy regulated microbial processes in the Serengeti grasslands. Oikos, 49: 101-110.

Rui Y C, Wang S P, Xu Z H, et al. 2011. Warming and grazing affect soil labile carbon and nitrogen pools differently in an alpine meadow of the Qinghai-Tibet Plateau in China. J Soil Sediment, 11: 903-914.

Rui Y, Wang Y, Chen C, et al. 2012. Warming and grazing increase mineralization of organic P in an alpine meadow ecosystem of Qinghai-Tibet Plateau, China. Plant and Soil, 357(1-2): 73-87.

Running S W, Hunt E R Jr. 1993. Generalization of a forest ecosystem process model for other biomes, BIOME-BGC, and an application for global-scale models. //Ehleringer J R, Field C B. Scaling Physiological Processes: Leaf to Global. New York:Academica Press:141-158

Rustad L E, Fernandez I J. 1998. Soil warming: consequences for foliar litter deacy in a spruce-fir forest in Maine, USA. Soil Sci Society of America J, 62: 1072-1080.

Ryan M, Melillo J, Ricca A. 1990. A comparison of methods for determining proximate carbon fractions of forest litter. Cana J Forest Research, 20: 166-171.

Saggar S, Hedley C, Mackay A D. 1997. Partitioning and translocation of photosynthetically fixed ^{14}C in grazed hill pastures. Biology and Fertility of Soils, 25: 152-158.

Saggar S, Mackay A D, Hedley C B. 1999. Hill slope effects on the vertical fluxes of photosynthetically fixed ^{14}C in a grazed pasture. Australian Journal of Soil Research, 37: 655-666.

Sanpera C I, Lecerf A, Chauvet E. 2009. Leaf diversity influences in-stream litter decomposition through effects on shredders. Freshwater Biology, 54: 1671-1982.

Schindler M, Gessner M O. 2009. Functional leaf traits and biodiversity effects on litter decomposition in a stream. Ecology, 90: 1641-1649.

Schmidt I K, Jonasson S, Michelsen A. 1999. Mineralization and microbial immobilization of N and P in arctic soils in relation to season, temperature and nutrient amendment. Appl Soil Ecol, 11: 147-160.

Schmidt I K, Jonasson S, Shaver G R,et al. 2002. Mineralization and distribution of nutrients in plants and microbes in four tundra ecosystems-responses to warming. Plant Soil, 242: 93-106.

Semmartin M, Garibaldi L A, Chaneton E J. 2008. Grazing history effects on above- and below-ground litter decomposition and nutrient cycling in two co-occurring grasses. Plant Soil, 303: 177-189.

Shariff A R, Biondini M E, Grygiel C E. 1994. Grazing intensity effects on litter decomposition and soil nitrogen mineralization. J Range Manage, 47: 444-449.

Shaver G R, Canadell J, Chapin F S, et al. 2000. Global warming and terrestrial ecosystems: A conceptual framework for analysis. Bioscience, 50: 871-882.

Shaver G R, Johnson L C, Cades D H, et al. 1998. Biomass and CO_2 flux in wet sedge tundras: Responses to nutrients, temperature, and light. Ecol Monogr, 68: 75-97.

Shaw M R, Harte J. 2001. Control of litter decomposition in a subalpine meadow-sagebrush steppe ecotone under climate change. Ecological Applications, 11: 1206-1223.

Shi Z, Xu X, Souza L, et al. 2016. Dual mechanisms regulate ecosystem stability under decade-long warming and hay harvest. Nature Communications, 7: 11973.

Shi Z, Lin Y, Wilcox K R, et al. 2018. Successional change in species composition alters climate sensitivity of grassland productivity. Global Change Biology, 24(10): 4993-5003.

Silver W L, Miya R K. 2001. Global patterns in root decomposition: comparisons of climate and litter quality effects. Oecologia, 129: 407-419.

Sims P L, Singh J S. 1978. The structure and function of ten western north American grasslands: III. Net primary production, turnover and efficiencies of energy capture and water use. J Ecol, 66: 573-597.

Sjögersten S, Wookey P A. 2004. Decomposition of mountain birch leaf litter at the forest-tundra ecotone in the Fennoscandian mountains in relation to climate and soil conditions. Plant and Soil, 262: 215-227.

Smith-Ramesh L M, Reynolds H L. 2017. The next frontier of plant–soil feedback research: unraveling context dependence across biotic and abiotic gradients. Journal of Vegetation Science, 28(3): 484-494.

Song J, Wan S, Piao S, et al. 2019. A meta-analysis of 1119 manipulative experiments on terrestrial carbon-cycling responses to global change. Nature Ecology & Evolution, 3:1309-1320.

Spehn E M, Hector A, Joshi J, et al. 2005. Ecosystem effects of biodiversity manipulations in European grasslands. Ecological Monographs, 75(1): 37-63.

Srivastava D S, Cardinale B J, Downing A L, et al. 2009. Diversity has stronger top-down than bottom-up effects on decomposition. Ecology, 90: 1073-1083.

Staddon P L, Ostel N, Dawson L A, et al. 2003. The speed of soil carbon throughput in an upland grassland is increased by liming. Journal of Experiment Botany, 54: 1461-1469.

Sterner R W. 1990. The ratio of nitrogen to phosphorus resupplied by herbivores: Zooplankton and the algal competitive arena. Am Nat, 136: 209-229.

Stewart D P C, Metherell A K. 1999. Carbon (^{13}C) uptake and allocation in pasture plants following field pulse-labeling. Plant and Soil, 210: 61-73.

Stohlgren T J. 1988. Litter dynamics in two Sierran mixed conifer forests. II. Nutrient release in decomposing leaf litter. Can J For Res, 18: 1136-1144.

Suttle K B, Thomsen M A, Power M E. 2007. Species interactions reverse grassland responses to changing climate. Science, 315(5812): 640-642.

Swan C M, Gluth M A, Horne C L. 2009. The role of leaf species evenness on nonadditive breakdown of mixed-litter in a headwater stream. Ecology, 90: 1650-1658.

Swemmer A M, Knapp A K. 2008. Defoliation synchronizes aboveground growth of co-occurring C4 grass species. Ecology, 89(10): 2860-2867.

Swenson N G, Weiser M D. 2010. Plant geography upon the basis of functional traits: An example from eastern North American trees. Ecology, 91(8): 2234-2241.

Taylor B R, Parkinson D, Parsons W F J. 1989. Nitrogen and lignin content as predictors of litter decay rates: A microcosm test. Ecology, 70: 97-104.

Thompson L G, Mosley-Thompson E, Davis M, et al. 1993. Recent warming: ice core evidence from tropical ice cores with emphasis on Central Asia. Glob Planet Change, 7: 145-156.

Thompson L G, Yao T, Mosley-Thompson E, et al. 2000. A high-resolution millennial record of the South Asian monsoon from Himalayan ice cores. Science, 289: 1916-1919.

Tilman D G, Reich P B, Knops J. 2006. Biodiversity and ecosystem stability in a decade-long grassland experiment. Nature, 441: 629-632.

Tilman D, Downing J A. 1994. Biodiversity and stability in grasslands. Nature, 367: 363-365.

Tilman D. 1999. The ecological consequences of changes in biodiversity: a search for general principles. Ecology, 80(5): 1455-1474.

Tiunov A V. 2009. Particle size alters litter diversity effects on decomposition. Soil Biology and Biochemistry, 41: 176-178.

Valencia E, De Bello F, Galland T, et al. 2020. Synchrony matters more than species richness in plant community stability at a global scale. Proc National Acad Sci, 117(39): 24345-24351.

Van Soest P J. 1963. Use of detergents in analysis of fibrous feeds: a rapid method for the determination of fiber and lignin. Association of Official Analytical Chemists, 46: 829-835.

Van Veen J A, Liljerth E, Lekkerkerk L J A, et al. 1991. Carbon fluxes in plant-soil systems: at elevated atmospheric CO_2-levels. Ecological Applications, 1: 175-181.

Verburg P S J, Van Loon W K P, Lükewille A. 1999. The CLIMEX soil-heating experiment: Soil response after 2 years of treatment. Biol Fertility of Soils, 28: 271-276.

Walker M D, Wahren C H, Hollister R D, et al. 2006. Plant community responses to experimental warming across the tundra biome. Proc Natl Acad Sci USA, 103: 1342-1346.

Wan S Q, Norby R J, Pregitzer K S, et al. 2004. CO_2 enrichment and warming of the atmosphere enhance both productivity and mortality of maple tree fine roots. New Phytol, 162: 437-446.

Wan S, Hui D, Wallace L, Luo Y. 2005. Direct and indirect effects of experimental warming on ecosystem carbon processes in a tallgrass prairie. Glob Biogeochem Cycle, 19: GB2014, doi: 10.1029/2004GB002315.

Wan S, Luo Y, Wallace L. 2002. Change in microclimate induced by experimental warming and clipping in tallgrass prairie. Global Change Biol, 8: 754-768.

Wang N, Quesada B, Xia L, et al. 2019. Effects of climate warming on carbon fluxes in grasslands–A global meta-analysis. Glob Change Biol, 25(5): 1839-1851.

Wang S, Duan J, Xu G, et al. 2012. Effects of warming and grazing on soil N availability, species composition, and ANPP in an alpine meadow. Ecology, 93(11): 2365-2376.

Wang Y F, Lv W W, Xue K, et al. 2022. Grassland changes and adaptive management on the Qinghai-Tibetan Plateau. Nature Reviews Earth & Environment, 3: 668-683.

Wardle D A, Bonner K I, Nicholson K S. 1997. Biodiversity and plant litter: Experimental evidence which does not support the view that enhanced species richness improves ecosystem function. Oikos, 79: 247-258.

Warembourg F R, Estelrich D H, Lafont F. 1990. Carbon partitioning in the rhizosphere of an annual and a perennial species of bromegrass. Symbiosis, 9: 29-36.

Warembourg F R, Estelrich H D. 2000. Towards a better understanding of carbon flow in the rhizosphere: A time-dependent approach using carbon-14. Biology and Fertility of Soils, 30: 528-534.

Warembourg F R, Paul E A. 1977. Seasonal transfers of assimilated ^{14}C in grassland: plant production and turnover, soil and plant respiration. Soil Biology and Biochemistry, 9: 295-301.

Wells C E, Eissenstat D M. 2001. Marked differences in survivorship among apple roots of different diameters. Ecology, 82: 882-892.

Whipps J M. 1990. Carbon Economy. //Lynch J M ed. The Rhizosphere. Chichester:Wiley and Sons: 59-97.

White S L, Sheffield R E, Washburn S P, et al. 2001. Spatial and time distribution of dairy cattle excreta in an intensive pasture system. J Environ Qual, 30: 2180-2187.

Wolkovich E M, Cook B I, Allen J M, et al. 2012. Warming experiments underpredict plant phenological responses to climate change. Nature, 485(7399): 494-497.

Wrage N, Strodthoff J, Cuchillo H M, et al. 2011. Phytodiversity of temperate permanent grasslands: ecosystem services for agriculture and livestock management for diversity conservation. Biodiversity and Conservation, 20(14): 3317-3339.

Zhao X Q, Zhou X M. 1999. Ecological basis of alpine meadow ecosystem management in Tibet: Haibei alpine meadow ecosystem research station. Ambio, 28: 642-647.

Wu Y B, Deng Y C, Zhang J, et al. 2013. Root size and soil environments determine root lifespan: Evidence from an alpine meadow on the Tibetan Plateau. Ecol Res, 28: 493-501.

Wu Y B, Zhang J, Deng Y C, et al. 2014. Effects of warming on root diameter, distribution, and longevity in an alpine meadow. Plant Ecology, 215(9): 1057-1066

Wu Y B, Zhu B, Eissenstat D M, et al. 2021. Warming and grazing interact to affect root dynamics in an alpine meadow. Plant Soil, 459: 109-124.

Wu Z T, Dijkstra P, Koch G W, et al. 2011. Responses of terrestrial ecosystems to temperature and precipitation change: A meta–analysis of experimental manipulation. Global Change Biol, 17: 927-942.

Xiao C W, Sang W G, Wang R Z. 2008. Fine root dynamics and turnover rate in an Asia white birch forest of Donglingshan Mountain, China. Forest Ecology and Management, 255: 765-773.

Xu G P, Hu Y G, Wang S P, et al. 2010a. Effects of litter quality and climate change along an elevation gradient on litter mass loss in an alpine meadow ecosystem on the Tibetan Plateau. Plant Ecology, 209: 257-268.

Xu G P, Chao Z G, Wang S P, et al. 2010b. Temperature sensitivity of nutrient release from dung along elevation gradient on the Qinghai-Tibetan Plateau. Nutrients Cycling on Agroecosystems, 87: 49-57.

Xu X, Niu S L, Sherry R A, et al. 2012. Interannual variability in responses of belowground net primary productivity (NPP) and NPP partitioning to long-term warming and clipping in a tallgrass prairie. Glob Chang Biol, 18: 1648-1656.

Yahdjian L, Sala O E. 2006. Vegetation structure constrain primary production response to water availability in the Patagonian steppe. Ecology, 87: 952-962.

Yang Y H, Fang J Y, Ma W H, et al. 2008. Relationship between variability in aboveground net primary production and precipitation in global grasslands. Geophysical Research Letters, 35: 23710-23720.

Yang Z L, Zhang Q, Su F L, et al. 2017. Daytime warming lowers community temporal stability by reducing the abundance of dominant, stable species. Glob Change Biol, 23: 154-163.

Yao T, Xue Y, Chen D, et al. 2018. Recent Third Pole's rapid warming accompanies cryospheric melt and water cycle intensification and interactions between monsoon and environment: multi-disciplinary approach with observation, modeling and analysis. Bulletin of the American Meteorological Society, (3): 423-444.

Zelikova T J, Blumenthal D M, Williams D G, et al. 2014. Long-term exposure to elevated CO_2 enhances plant community stability by suppressing dominant plant species in a mixed-grass prairie. Proc National Acad Sci USA, 111(43): 15456-15461.

Zhang P C, Tang Y H, Hirota M, et al. 2009. Use of a regression method to partition sources of ecosystem respiration in an alpine meadow. Soil Biology and Biochemistry, 41: 663-670.

Zhang Y, Loreau M, Lü X, et al. 2016. Nitrogen enrichment weakens ecosystem stability through decreased species asynchrony and population stability in a temperate grassland. Glob Change Biol, 22(4): 1445-1455.

Zhao X Q, Zhou X M. 1999. Ecological basis of alpine meadow ecosystem management in Tibet: Haibei alpine meadow ecosystem research station. Ambio, 28: 642-647.

Zheng D, Zhang Q S, Wu S H. 2000. Mountain Geoecology and Sustainable Development of the Tibetan Plateau. Norwell: Kluwer Academic.

Zhou H K, Zhao X Q, Tang Y H, et al. 2005. Alpine grassland degradation and its control in the source region of Yangtze and Yellow rivers, China. Japanese J Grassland Science, 51: 191-203.

Zhu J, Zhang Y, Yang X, et al. 2020. Warming alters plant phylogenetic and functional community structure. Journal of Ecology, 108(6): 2406-2415.

Zinn R A, Ware R A. 2007. Forage quality: digestive limitations and their relationships to performance of beef and diary cattle, in 22nd Annual Southwest Nutrition and Management Confereence, edited, Tempe, AZ, USA: 49-54.

第三部分

土壤和土壤微生物

第七章　气候变化和放牧对土壤化学性质的影响

导读： 青藏高原高寒草甸生态系统的土壤有机质（包含碳、氮、磷）含量丰富，但主要以复杂的有机态存在，土壤可溶性有机碳和活性碳、有效氮（包括容易被植物吸收利用的无机氮和小分子的可溶解性有机氮）及有效磷（活性的无机磷）则较为贫乏。氮和磷元素被认为是陆地生态系统植物生产的主要限制因子，复杂的有机态氮和磷必须经过土壤微生物的矿化作用，才能为植物吸收利用。然而，目前关于高寒草甸土壤和土壤溶液中不同碳氮组分、氮磷可利用性如何响应气候变化和放牧的研究较少，严重限制了我们对有关气候变化和放牧对高寒草甸植物生产和生态系统碳、氮循环等关键过程及其机制的认识。因此，本章依托山体垂直带“双向”移栽试验以及不对称增温和适度放牧试验平台，结合土壤水溶液真空提取法等技术，拟回答以下科学问题：①不同植被类型土壤碳组分对增温和降温的响应是否为对称和线性的？②增温和放牧如何影响土壤水溶液中可溶性有机碳和可溶性有机氮含量？其主要影响因素如何？③增温和放牧如何影响土壤中氮和磷的可利用性？

高寒和北极生态系统土壤中储存了大量有机碳（SOC），全球变暖对SOC的影响取决于其分解速率和不同组分的温度敏感性。SOC可分为周转率快的活性有机碳库（LOC）和周转率慢的惰性碳库（从几十年到几百年）（Belay-Tedla et al.，2009）。LOC主要源于植物凋落物和根系分泌物（半纤维素、纤维素和淀粉残留物）的多糖，以及微生物碳（微生物细胞壁）。高寒草甸和多年冻土层土壤中储存了大量LOC（Mueller et al.，2015），尽管土壤LOC在SOC库中所占比例相对较小，但对生态系统和大气之间的CO_2交换具有重要作用（Belay-Tedla et al.，2009）。然而，只有少数野外研究（Luo et al.，2010；Rui et al.，2011）开展了高寒草甸不同碳组分如何响应气候变暖的研究，不同碳组分对不同气候变化情景（如增温和降温）的响应仍然知之甚少。

土壤可溶性有机碳（DOC）在C、N、P和S的生物地球化学循环中起着重要的作用（Kalbitz et al.，2000；Freeman et al.，2004；Laudon et al.，2004；Bellamy et al.，2005；Evans et al.，2005，2006；Monteith et al.，2007；Eimers et al.，2008）。研究表明，气候变暖正在影响北方生态系统DOC的动态（Kalbitz et al.，2000；Freeman et al.，2001；Worrall et al.，2003；Wickland et al.，2007；Harrison et al.，2008），特别是对高海拔和北极环境的生态系统土壤DOC影响更大，因为那些生态系统的土壤中储存有大量的有机碳（Pastor et al.，2003；Wickland et al.，2007；Harrison et al.，2008）。关于全球气温升高对生态系统碳循环的影响，特别是土壤中碳释放可能对气候产生潜在反馈效应的争论仍在继续（Kirschbaum，1995；Freeman et al.，2001；Worrall et al.，

2003；Harrison et al.，2008）。同时，大多数研究认为土壤无机氮的可利用性是陆地生态系统植物生长的主要养分限制因素，但也有研究发现难溶性有机物转化为可溶性有机氮（DON）也是限制植物氮供应的一个主要因素（Farrell et al.，2011）。有研究表明，气候变暖加速了凋落物分解进而提高了土壤 DON 含量，但也有研究发现在森林生态系统中由于土壤较高的矿化速率进而导致增温，降低了土壤 DON 含量（Ueda et al.，2013）。因此，温度和土地利用方式对土壤 DON 动态的调节作用机制有待进一步研究（Bai et al.，2013；Ueda et al.，2013），特别是对高寒生态系统土壤 DON 影响的研究相对更少。

土壤氮和磷是植物生长各个时期所需的重要土壤养分，其有效性不足会限制植物生长，从而直接影响陆地生态系统生产力。因此，氮和磷元素被认为是陆地生态系统净初级生产力的主要限制因子（Vitousek et al，2002）。青藏高原高寒草甸生态系统的土壤有机质含量丰富，因此土壤全氮和全磷含量也很丰富，但主要以复杂的有机态存在，土壤有效氮（包括容易被植物吸收利用的无机氮和小分子的可溶解性有机氮）及有效磷（活性的无机磷）较为贫乏（张金霞和曹广民，1999）。氮和磷的矿化过程是草原生态系统中氮素循环最重要的过程之一，矿化作用随季节而变化，并受到温度、水分等环境因子及放牧等人类活动影响，而气候变化及人类活动（主要是放牧）两者耦合对土壤氮和磷的有效性影响的研究相对缺乏。

本章依托山体垂直带“双向”移栽试验（模拟增温和降温）试验平台，探讨土壤温度和湿度变化对土壤不同碳组分的影响，以及土壤湿度对温度变化效应的调节作用；同时，利用不对称增温和适度放牧试验平台，研究增温和放牧耦合对土壤水溶液中 DOC 和 DON 含量，以及对土壤中碳、氮、磷不同组分含量和氮、磷可利用性的影响，从而为制定高寒草甸生态系统适应气候变化和人类活动的管理措施提供科学依据。

第一节　增温和降温对土壤活性碳组分及养分可利用性的影响

植物通过根系周转、分泌物和凋落物向土壤输入有机碳（Khalid et al.，2007），土壤碳储存量取决于碳输入和呼吸释放之间的平衡（Belay-Tedla et al.，2009）。土壤微生物碳（MBC）和可溶性有机碳（DOC）的变化与环境条件（如温度、湿度、降水量等）（Freeman et al.，2004；Harrison et al.，2008）以及其他生物因子包括 SOC 含量（Rui et al.，2011）、植物生物量（Belay-Tedla et al.，2009；Luo et al.，2010）和凋落物质量（Luo et al.，2010）等密切相关。许多研究表明，增温增加了植物地上和地下生物量（Luo et al.，2010），导致 MBC（Belay-Tedla et al.，2009；Rui et al.，2011）、DOC（Luo et al.，2010）和其他形式的 LOC 含量增加（Belay-Tedla et al.，2009）。然而，由于增温诱导的干旱效应导致其对高寒草甸土壤胞外酶活性、MBC 和 DOC（Luo et al.，2010；Rui et al.，2011）的影响降低，可能是增温导致的干旱限制了土壤活性碳库的分解。最近的研究发现，青藏高原高寒草甸生态系统植物地上生物量和生态系统呼吸对增温和降温的响应并不对称，这种非对称性响应可能源于 LOC 对增温和降温的不同响应，但目前还缺少直接的野外试验证据。为此，我们以青藏高原高寒草甸为研究对象，采用双向移栽方法模拟增温和降温，研究温度和湿度变化对土壤 MBC、LOC 和 SOC 的影响，以验证不同 SOC 组分响应增温和降温是否也存在非对称性，并探讨土壤湿度对温度变化效应的调节作用（Hu et al.，2017）。

一、增温和降温对土壤活性碳组分的影响

为了探讨不同季节、不同植被类型土壤活性碳组分的变化，我们于 2009 年 5 月初、6 月底和 8 月初利用 PVC 管移栽原状土壤，开展了三次不同海拔“双向”移栽试验，研究了增温（高海拔移向低海拔）和降温（低海拔移向高海拔）对土壤 MBC、DOC 和 LOC 的影响，其中 LOC 根据被氧化难易程度分为 I 和 II 两类，分别指示其碳活性的高低。每次试验为期 45～48 天，移栽时原状土 PVC 管封顶以排除因各海拔、降水量不同所致的淋溶作用带来的试验误差。研究表明，自然海拔梯度（不移栽）土壤 MBC 受植被类型的显著影响，而 DOC、LOC-I 和 LOC-II 含量受采样日期、植被类型及其交互作用的显著影响（Hu et al.，2017）。总体上。自然海拔梯度上土壤 MBC、DOC 和 LOC 含量随海拔的增加逐渐下降（图 7-1）。

移栽后植被类型和海拔显著影响土壤 MBC 含量，土壤 DOC、LOC-I 和 LOC-II 含量受移栽日期、植被类型、海拔及其交互作用的显著影响。总体上，增温增加了土壤 MBC 含量（0.9%～30.1%），而降温在大多数情况下降低了土壤 MBC 含量（0.1%～31.6%），但杂类草草甸土壤从低海拔上移至高海拔（3800m）时，MBC 含量却显著增加

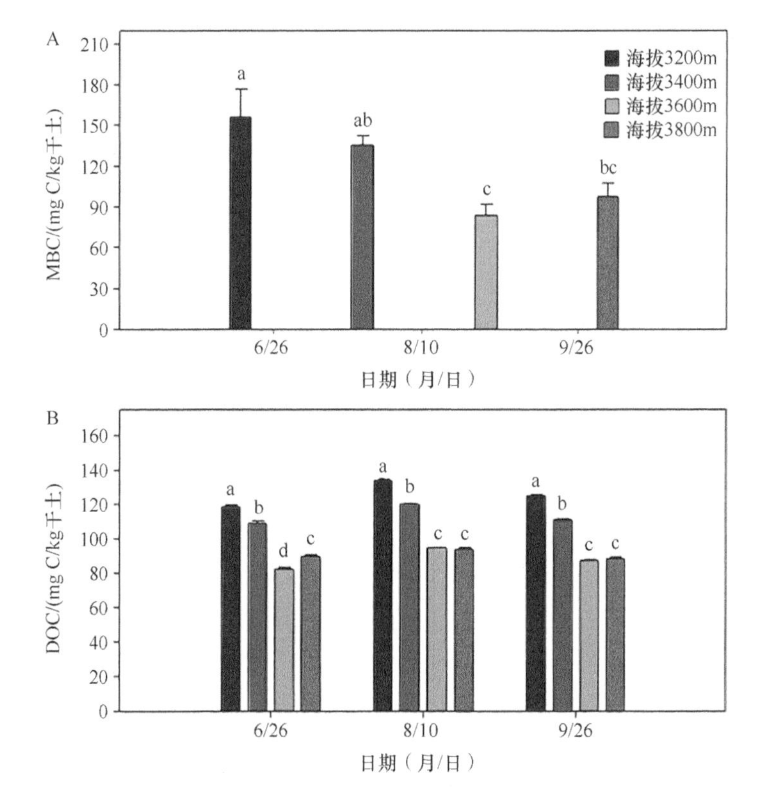

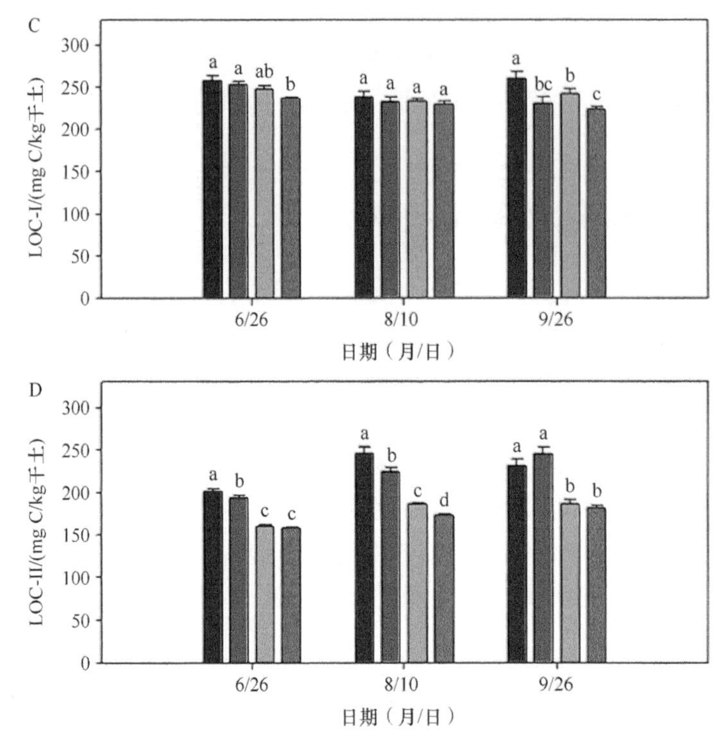

图 7-1　自然海拔梯度（原位）土壤 MBC（A）、DOC（B）、LOC-I（C）和 LOC-II（D）变化

不同小写字母表示不同海拔之间差异显著（$P<0.05$）

了 6.3%。移栽地与原位土壤 MBC 的差异因植被类型和移栽地海拔的不同而异（图 7-2）。类似地，大多数情况下增温增加了土壤 DOC（1.3%～33.7%）、LOC-I（0.2%～9.7%）和 LOC-II 含量（0.1%～13.6%），降温则降低了 DOC（2.6%～20.1%）、LOC-I（0.4%～12.1%）和 LOC-II（0.1%～11.8%）含量。整体而言，移栽地与原位之间土壤 MBC、DOC、LOC-I 和 LOC-II 含量的绝对差值随其海拔差异的增加而增加。但也有例外，如禾草类草甸降温条件下（从海拔 3200m 上移至 3400m 和 3600m），其土壤中 LOC-I 含量分别增加了 0.7%和 0.3%；在第二次移栽试验期间也发现降温（海拔 3200m 禾草类草甸和海拔 3400m 灌丛草甸上移至 3600m）增加了其土壤 LOC-I 含量（1.2%～3.5%）。除第二次移栽试验中禾草类草甸土壤上移至海拔 3600m 以外，其他降温条件下原位和移栽地土壤 LOC-I 含量均没有显著差异。不论是增温还是降温，除了第二次杂类草草甸（海拔 3600m）移栽至海拔 3800m 外，移栽地与原位土壤 LOC-II 含量均没有显著差异。第二次移栽试验中，降温（海拔 3200m 禾草类草甸上移至 3400 m）却增加了禾草类草甸土壤 LOC-II 含量（2.9%～7.6%）（Hu et al.，2017）。

原位土壤 MBC 与 DOC、LOC-I 与 LOC-II、DOC 与 LOC-I、DOC 与 LOC-II 的比值通常随着海拔的升高而降低，其最小比值出现在海拔 3600m。增温和降温对 MBC 与 DOC、LOC-I 与 LOC-II 比值的影响因植被类型和海拔的不同而异。例如，增温显著增加了稀疏植被草甸（海拔 3800m）MBC 与 LOC-I 的比值，但对其 MBC 与 LOC-II 的比

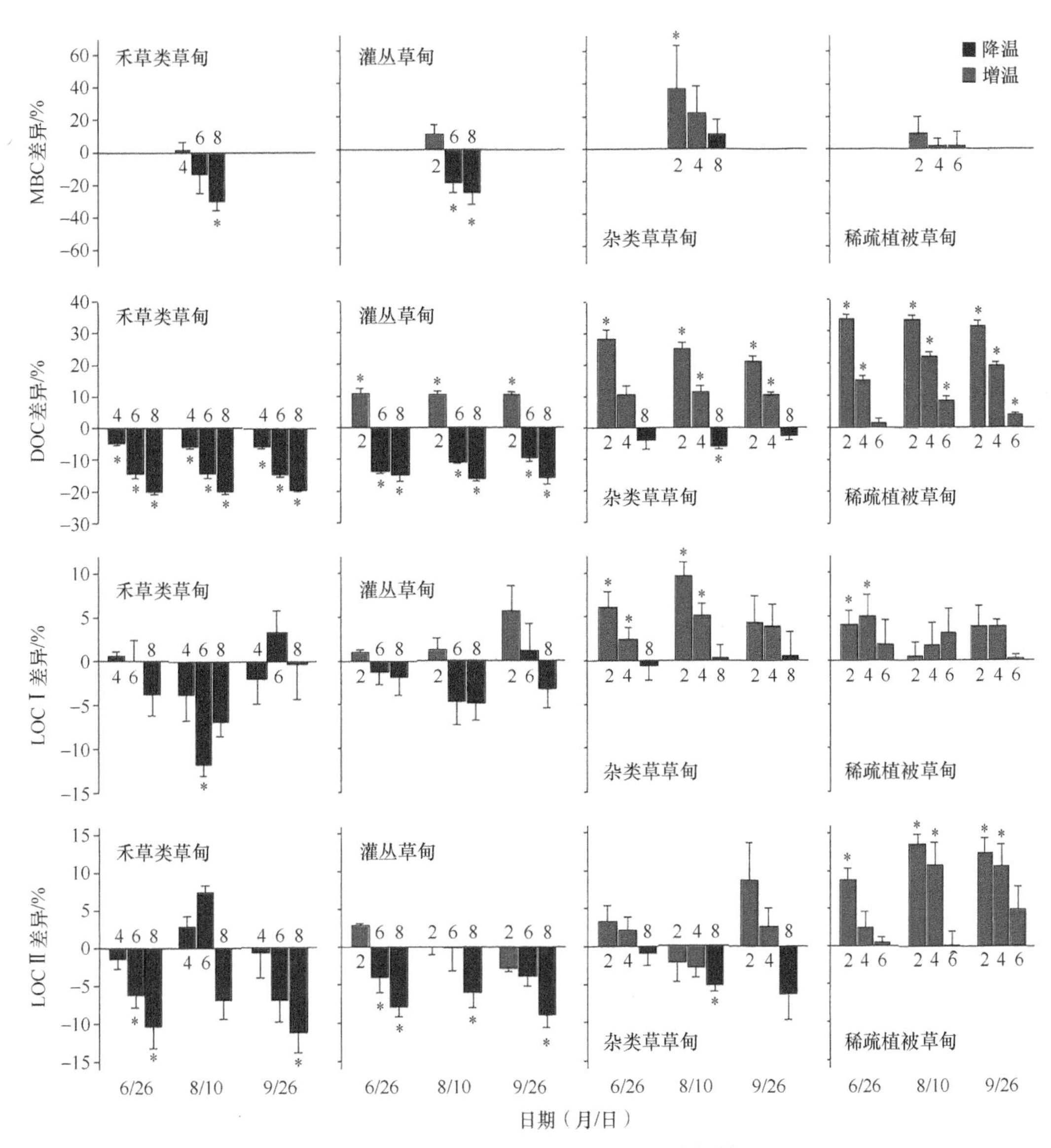

图 7-2　移栽地与原位土壤不同碳组分的差异

2、4、6 和 8 分别代表平均海拔 3200m、3400m、3600m 和 3800m 的移栽地。禾草类、灌丛、杂类草和稀疏植被草甸分别代表原位海拔 3200m、3400m、3600m 和 3800m 植被类型，*表示移栽地和原位之间在 $P<0.05$ 水平上差异显著

值没有显著影响；降温显著增加了 MBC 与 LOC-I 的比值，却降低了 MBC 与 LOC-II 的比值，而对 MBC 与 DOC 的比值没有显著影响。增温通常会增加 DOC 与 LOC-I、DOC 与 LOC-II 的比率，而降温则会降低它们的比率；增温和降温都不影响 LOC-I 与 LOC-II 之间的比率（表 7-1）。

表 7-1　原位（H）和移栽地（W：增温，C：降温）土壤 MBC、DOC、LOC-I 的 LOC-II 比值的变化

植被类型	海拔/m	处理	MBC/DOC	MBC/LOC-I	MBC/LOC-II	DOC/LOC-I	DOC/LOC-II	LOC-I/LOC-II
禾草草甸	3200	H	1.17（0.15）a	0.65（0.09）a	0.64（0.09）a	0.50（0.02）a	0.56（0.01）a	1.13（0.05）a

续表

植被类型	海拔/m	处理	MBC/DOC	MBC/LOC-I	MBC/LOC-II	DOC/LOC-I	DOC/LOC-II	LOC-I/LOC-II
禾草草甸	3400	C	1.24（0.13）a	0.68（0.06）a	0.62（0.07）a	0.48（0.02）ab	0.53（0.01）b	1.11（0.05）a
	3600	C	1.12（0.05）a	0.61（0.02）a	0.48（0.03）a	0.45（0.02）bc	0.49（0.01）c	1.14（0.08）a
	3800	C	1.01（0.15）a	0.49（0.07）b	0.47（0.07）a	0.42（0.01）c	0.50（0.01）c	1.21（0.06）a
灌丛草甸	3200	W	1.10（0.03）a	0.62（0.03）a	0.65（0.02）a	0.52（0.02）a	0.57（0.01）a	1.12（0.05）a
	3400	H	1.13（0.06）a	0.30（0.01）c	0.60（0.03）a	0.48（0.01）b	0.52（0.02）b	1.09（0.05）a
	3600	C	1.00（0.07）a	0.48（0.03）b	0.48（0.04）b	0.43（0.02）c	0.47（0.01）c	1.11（0.06）a
	3800	C	0.98（0.09）a	0.45（0.05）b	0.47（0.04）b	0.42（0.01）c	0.47（0.01）c	1.15（0.06）a
杂类草草甸	3200	W	0.92（0.11）a	0.43（0.04）a	0.60（0.07）a	0.43（0.01）a	0.60（0.02）a	1.42（0.05）a
	3400	W	0.93（0.04）a	0.40（0.02）a	0.54（0.03）ab	0.39（0.01）b	0.55（0.01）b	1.41（0.04）a
	3600	H	0.89（0.08）a	0.20（0.02）b	0.45（0.04）b	0.37（0.01）bc	0.50（0.01）c	1.37（0.05）a
	3800	C	1.00（0.03）a	0.38（0.01）a	0.50（0.02）ab	0.35（0.01）c	0.50（0.00）c	1.42（0.03）a
稀疏植被草甸	3200	C	0.77（0.03）b	0.42（0.01）a	0.49（0.02）a	0.51（0.01）a	0.64（0.02）a	1.25（0.04）a
	3400	C	0.79（0.04）ab	0.39（0.02）a	0.47（0.04）a	0.45（0.01）b	0.59（0.02）b	1.31（0.06）a
	3600	C	0.90（0.09）ab	0.39（0.05）a	0.52（0.05）a	0.40（0.01）c	0.55（0.01）bc	1.36（0.05）a
	3800	H	0.95（0.06）a	0.22（0.01）b	0.52（0.04）a	0.39（0.00）c	0.53（0.01）c	1.36（0.04）a

注：不同小写字母表示不同海拔之间差异显著（P<0.05）。

如图 7-3 所示，将原位与移栽地（增温和降温）的所有数据放在一起分析发现，土壤 MBC 与 DOC 和 LOC-II 含量呈显著正相关，而与 LOC-I 含量相关不显著。DOC 和 LOC-II 分别解释了 44%和 36%的 MBC 含量变异。土壤 DOC 与 LOC-I 含量相关不显著，但与 LOC-II 含量呈显著正相关，LOC-II 解释了 38%的 DOC 变异。然而，LOC-I 与 LOC-II 呈显著负相关，LOC-II 解释了 17%的 LOC-I 变异。

同样，将原位与移栽地（增温和降温）的所有数据放在一起分析时发现，MBC、DOC 和 LOC-II 与土壤温度呈显著正相关，而 LOC-I 仅在降温时与土壤温度呈弱负相关（R^2=0.029，P=0.018）。5cm 土壤温度分别解释了 17%、53%和 28%的 MBC、DOC 和 LOC-II 含量的变化。MBC、DOC、LOC-I 和 LOC-II 与土壤湿度呈二次曲线关系，土壤湿度分别解释了 16%、43%、0.5%和 14%的 MBC、DOC、LOC-I 和 LOC-II 含量的变异。增温和降温下 LOC-I 与土壤湿度没有显著相关关系（图 7-4）。

与之前的研究相一致（Belay-Tedla et al.，2009；Luo et al.，2010；Rui et al.，2011），自然海拔梯度下土壤 DOC、LOC-I 和 LOC-II 与土壤有机碳（SOC）、地上生物量（ABS）和地下生物量（BBS）呈显著正相关关系（表 7-2）。自然海拔梯度的土壤 LOC 含量通常与土壤温度呈正相关，这一结果与其他研究结果一致(Liechty et al.，1995；Luo et al.，2010）。因此，地上和地下生物量随海拔的增加而减少导致了自然梯度上土壤 LOC 含量的降低。同时，生物量的减少可能也会减少碳底物的输入以及 SOC 和 DOC 的积累，从而限制了向土壤微生物供应可利用性碳。

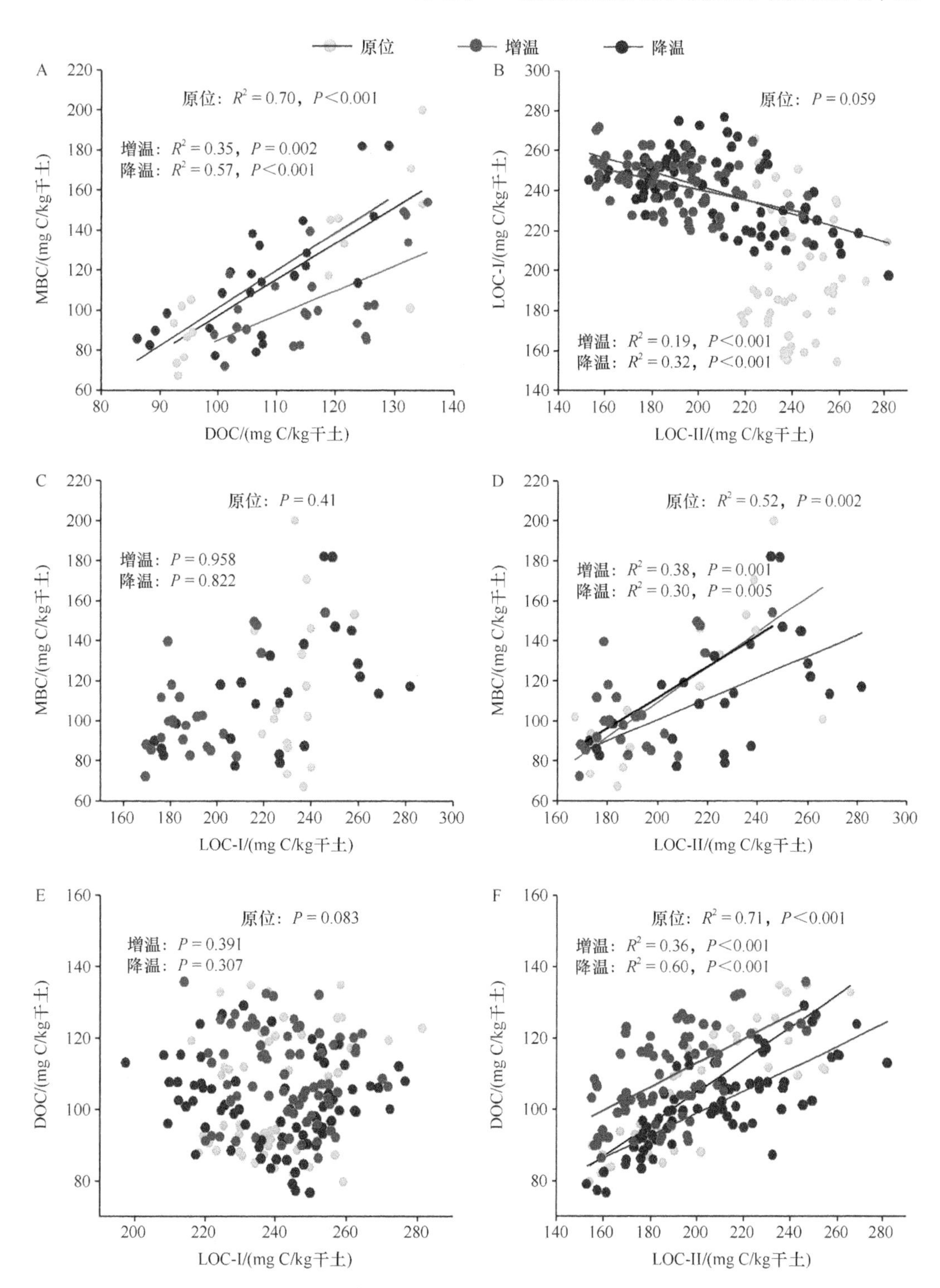

图 7-3　原位与移栽地（增温和降温）土壤 MBC、DOC、LOC-I 和 LOC-II 之间的相互关系

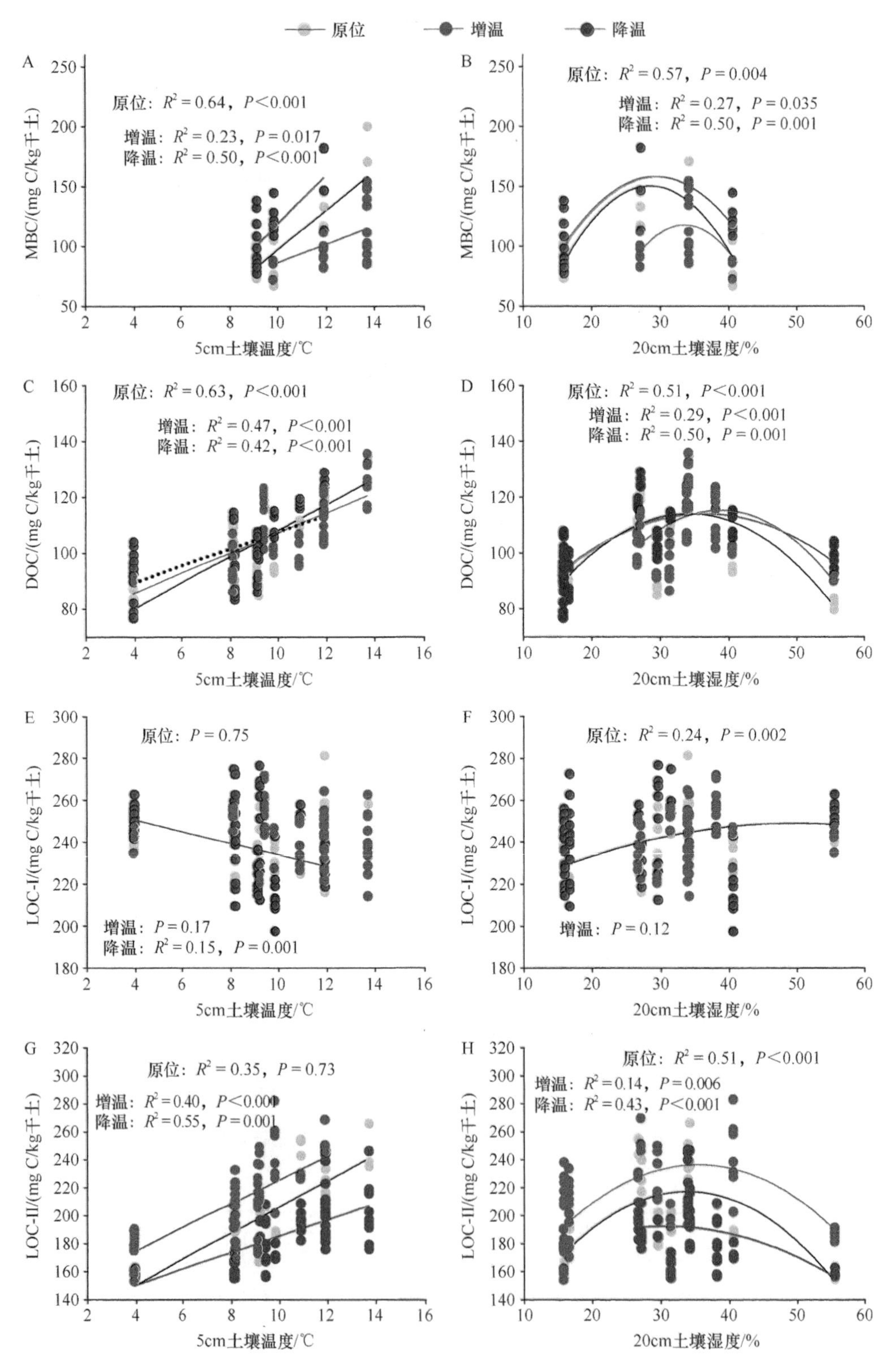

图 7-4 原位与移栽地（增温和降温）土壤 MBC、DOC、LOC-I、LOC-II 与表层 5cm 土壤温度和 20cm 土壤湿度的关系

表 7-2　自然海拔梯度土壤 MBC、DOC、LOC-I、LOC-II 含量与 SOC、ABS、BBS 之间的关系

	R 值			线性逐步回归方程		
	SOC	ABS	BBS	方程	*P* 值	R^2
MBC	0.936	0.936	0.825	—	—	—
DOC	0.954*	0.959*	0.870	*Y*=0.163 ABS+85.324	0.041	0.920
LOC-I	0.815	0.933	0.994**	*Y*=0.005 BBS+220.392	0.006	0.988
LOC-II	0.986*	0.960*	0.907	*Y*=59.366 SOC−128.684	0.014	0.972

我们发现增温通常会增加土壤 LOC 含量，而降温则降低了 LOC 含量，表明高寒草甸土壤 LOC 含量对温度变化非常敏感。较高的土壤温度可能促进了根系分泌物的产生，有利于土壤微生物的生长和繁殖（Rui et al.，2011），甚至也可能促进了土壤惰性碳的分解。同时，更高的土壤 LOC 可利用性可能加速了 SOC 分解（Zhu and Cheng，2011）。相比之下，降温由于相反的作用而显著减少了土壤 LOC 含量。我们发现土壤温度对 LOC 含量变化的解释度（15%～64%）高于以前的相关研究报道（Luo et al.，2010；Rui et al.，2011），其原因可能是我们的研究在很大程度上排除了植物对可溶性有机物的吸收（Ma et al.，2015）和降水对 LOC 的淋溶作用（Harrison et al.，2008）；另外，增温导致的土壤干燥可能抵消了其对土壤酶活性的正效应，从而限制了土壤有机质的分解。值得注意的是，增温和降温通过改变 MBC 和 DOC 与 LOC-I 及 LOC-II 的比率，而非改变 LOC-I 与 LOC-II 的比率进而影响不同活性碳库的组分，这取决于植被类型和海拔。因此，气候变化不仅会改变土壤 LOC 库的大小，还会改变土壤活性碳的含量和比率。

有研究发现，土壤湿度可能会影响土壤 LOC 对增温的响应（Kalbitz et al.，2000），土壤湿度可能会掩盖温度的效应（Luo et al.，2010），取决于土壤湿度状况。一方面，降温处理下高土壤湿度将会限制土壤微生物的活性，抑制土壤微生物对活性养分的固定；另一方面，增温处理下土壤湿度的下降可能抑制了活性碳库和惰性碳库的分解（Skopp et al.，1990）。土壤 LOC 含量与土壤湿度呈二次曲线关系，其土壤湿度的阈值为 30%～35%，说明土壤湿度可能会调节温度对土壤 LOC 含量的影响，当土壤湿度超过这一阈值时，土壤湿度会削弱增温效应而增强降温效应。相比于以往红外加热研究结果（Luo et al.，2010；Rui et al.，2011），土壤湿度解释了更多的土壤 LOC 含量变化（14%～57%），这可能是因为红外加热导致的干旱部分抵消了增温对土壤胞外酶活性和微生物生物量的影响，而在“双向”移栽试验中土壤温度和湿度是同步变化的，即向下移栽时是增温增湿的情景。

二、土壤活性碳组分变化的温度敏感性

移栽地和原位之间土壤 MBC、DOC、LOC-I 和 LOC-II 含量的相对差异（%）与 5cm 土壤温度差异（℃）呈线性关系（图 7-5），其线性回归方程的斜率可表示这些活性碳组分的温度敏感性。将原位和移栽地所有植被类型放在一起分析时，5cm 土壤温度的差异分别解释了 4 种草甸类型 47%～87%、64%～89%、19%～28%和 8%～38%的 MBC、DOC、LOC-I 和 LOC-II 变异。将增温和降温放在一起分析时，禾草类草甸、灌丛草甸、

杂类草草甸和稀疏植被草甸的土壤 MBC、DOC、LOC-I 和 LOC-II 含量变化的温度敏感性分别为 5.0%、5.1%、0.9%和 1.5%/℃。

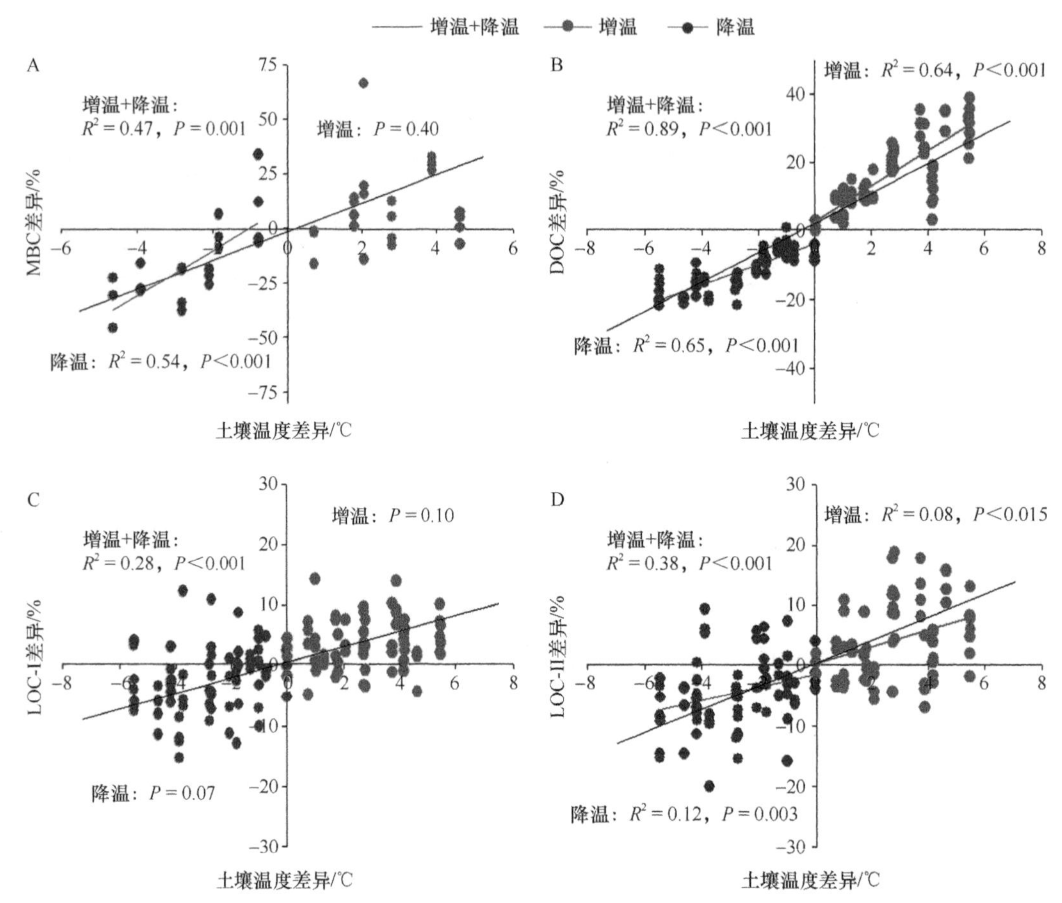

图 7-5　原位和移栽地土壤 MBC（A）、DOC（B）、LOC-I（C）和 LOC-II（D）的差异与土壤温度差异之间的关系

当所有植被类型放在一起分析时，增温下 DOC 温度敏感性为 5.1%/℃，而降温处理为 3.0%/℃；增温下的 LOC-II 温度敏感性为 1.1%/℃，降温处理为 1.4%/℃。土壤温度差异和增温及降温处理的交互作用对 DOC 的影响显著，而对 MBC、LOC-I 和 LOC-II 的影响不显著（表 7-3），这表明 DOC 对增温和降温的响应是不对称的，而 MBC、LOC-I 和 LOC-II 对增温和降温的响应是对称的。

表 7-3　以土壤温度差异为协变量、试验处理为变量的土壤活性碳库组分方差分析

来源	MBC		DOC		LOC-I		LOC-II	
	F 值	*P* 值	*F* 值	*P* 值	*F* 值	*P* 值	*F* 值	*P* 值
温差	21.51	<0.001	1379.99	<0.001	56.17	<0.001	87.75	<0.001
处理	0.170	0.680	15.33	<0.001	2.45	0.120	0.79	0.370
温差×处理	0.740	0.400	15.63	<0.001	0.25	0.620	0.27	0.610

降温处理下土壤 MBC 的温度敏感性与之前的研究结果基本相当（约 11%/℃）（Rui et al.，2011），而 DOC（5.1%/℃）、LOC-I（0.9%/℃）、LOC-II（1.5%/℃）的温度敏感性远低于之前在高寒草甸（Luo et al.，2010）、阔叶林（Liechty et al.，1995）和高草草原（Belay-Tedla et al.，2009）的相关研究结果（DOC 为 8%～12%/℃，LOC-I 和 LOC-II 为 7%～8%/℃）。这极有可能是因为排除了淋溶作用和植物光合作用的缘故，表明光合作用产物的积累对 LOC-I 和 LOC-II 响应气候变化的贡献可能大于其对 DOC 响应气候变化的贡献。

我们发现 DOC、MBC 和 LOC-I 含量变化对增温和降温的响应是非对称的，DOC 对增温的响应比降温更为敏感；而 LOC-II 含量变化对增温和降温的响应是对称的（图 7-5）。由于线性模型不能很好地拟合增温和降温处理下 MBC 的差异与土壤温度差异之间的关系，因此 MBC 如何响应气候变化还存在不确定性。由于土壤 DOC 是呼吸作用的碳源，其快速周转率会导致 CO_2 排放增加，因此，DOC 的这种非对称性响应为生态系统呼吸的非对称性响应提供了直接证据（Hu et al.，2016）。这种非对称性可能是由于该地区植物和土壤微生物长期适应寒冷气候的结果（Chang et al.，2012），也得到了原位 DOC 沿海拔的增加而下降的佐证。增温导致的活性底物量的增加提高了 SOC 分解的温度敏感性（Pang et al.，2015），而在降温时减少的活性底物降低了 SOC 分解（Fissore et al.，2013）。另一种可能的原因是土壤湿度的调节作用（Belay-Tedla et al.，2009；Kalbitz et al.，2000）。在我们的研究中，通常情况下增温和土壤湿度增加是同步的，而降温往往伴随着土壤湿度的降低。在这种情况下，土壤湿度可能使增温对 DOC 的正效应增强（Kalbitz et al.，2000），而降温的负效应则减弱。然而，增温下土壤 MBC 含量的增加潜力可能比降温更低，从而限制了土壤有机质和凋落物的分解，一定程度上抵消了增温对 LOC-I 和 LOC-II 的正效应（Harrison et al.，2008）。由此可见，在未来气候变暖情况下，增温极有可能通过促进 SOC 的分解而加速青藏高原草甸土壤碳的流失，而降温在一定程度上会缓解这一过程。长期气候变化过程中增温和降温往往交替出现，因此，在气候变暖相关模型研究中不应该忽视降温对土壤 LOC 库损失的缓解作用。

第二节　增温和放牧对土壤可溶性有机碳的影响

土壤溶液中可溶性有机碳（DOC）含量可能主要受生物控制，随温度的季节性波动和环境条件变化后土壤有机质矿化增强而增加（Kalbitz et al.，2000）；也有研究表明，土壤溶液中 DOC 浓度的变化可能主要由非生物过程控制（Dai et al.，1996；Guggenberger et al.，1998）。增温和放牧对土壤溶液中 DOC 含量的影响可能受到以下过程的影响：在短时间尺度上，随着放牧强度的增加，凋落物减少（Shariff et al.，1994；Olofsson and Oksanen，2002），并通过土壤温度和土壤水分的变化直接在极短的时间尺度上改变凋落物质量损失率（Kalbitz et al.，2000；Aerts，2006）；在较长时间尺度上，通过间接改变凋落物质量（Aerts，2006），或者通过长期间接改变分解者和碎屑生物群落的物种组成、结构（Kalbitz et al.，2000；Aerts，2006）等过程而影响土壤溶液中 DOC 含量。因此，调控土壤凋落物质量和有机质分解因素的任何变化都可能对土壤溶液中 DOC 含量产生重要影响（Kalbitz et al.，2000）。青藏高原正在经历气候变暖（Thompson et al.，1993，2000；French and Wang，1994），且该地区未来的地表温度增加将“远高于平均水平”（Giorgi et al.，2001）。在气候变化的同时，高原牧区土地利用动态也发生了深刻变化，导致高寒草甸放牧压力增加（Zhou et al.，2005）。这种变化将影响几乎所有重要的生态系统过程，因为温度、土壤水分和有机质质量强烈地控制着枯落物分解及土壤有机质矿化的速率（Ineson et al.，1998a，b；Schmidt et al.，2004）。

为了探讨增温和放牧对高寒草甸土壤溶液中 DOC 含量的影响，我们依托海北站不对称增温和适度放牧试验平台，于 2006 年和 2007 年利用真空泵在生长季不同日期抽取土壤水溶液监测其 DOC 含量的变化（Luo et al.，2010）。2006 年和 2007 年 5 月 1 日至 9 月 30 日的日平均气温分别为 8.2℃和 8.1℃，年降水量分别为 486.5mm 和 421.6 mm，季节分布如图 7-6 所示。

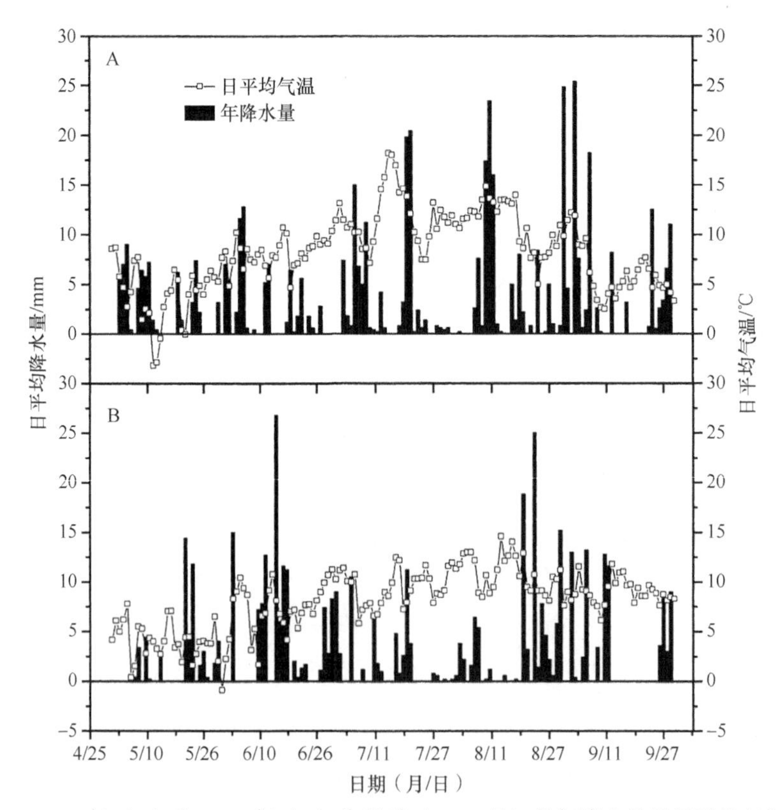

图 7-6　2006 年（A）和 2007 年（B）生长季（5～9 月）的年降水量及日平均气温变化

一、土壤温湿度变化

2006 年增温（图 7-7A）及 2007 年增温和放牧显著提高了生长季 0～40cm 土层的土壤温度，但 2007 年增温和放牧之间没有相互作用。2006 年和 2007 年，与对照相比，增温处理在 0cm、5cm、10cm、20cm 和 40 cm 土层的季节平均温度分别提高了 0.8～1.3℃、1.4～1.5℃、1.2～1.4℃、1.1～1.2℃和 0.5～0.7℃。放牧导致植被冠层高度降低，太阳辐射增强，从而导致2007年0cm、5cm、10cm、20cm和40cm土壤温度分别升高了1.6℃、1.3℃、1.2℃、1.2℃和0.9℃。各处理间的土壤温度差异幅度随土壤深度的增加而减小，20cm和40cm处的土壤温度增量几乎相同（图7-7B）。

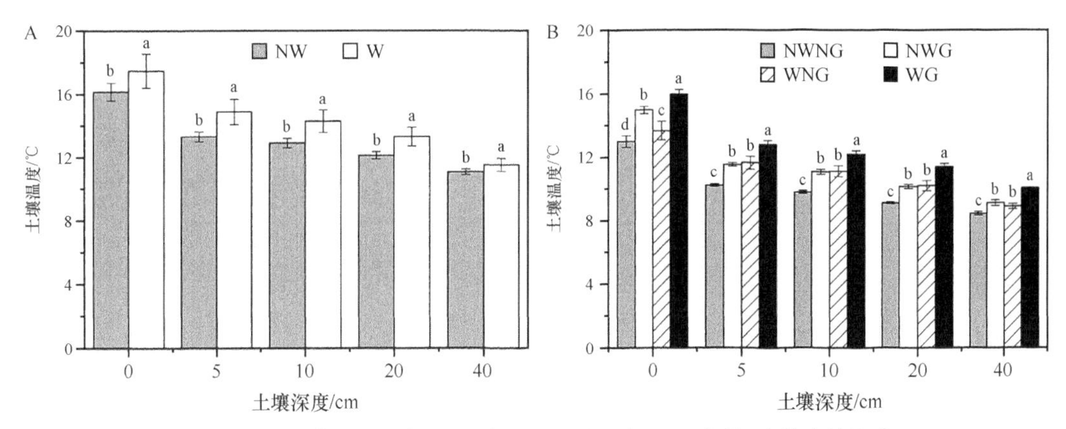

图7-7 2006年（A）和2007年（B）不同处理、不同深度的土壤温度

不同小写字母表示在 $P<0.05$ 水平上差异显著

2006年和2007年，增温、放牧及其互作效应没有显著影响所有土壤深度的土壤水分含量。在一定的土壤深度下，增温和放牧对土壤水分的影响随时间而变化。例如，在2007年，30cm土层的土壤湿度在5月和6月WG和NWNG处理之间差异显著，与不增温不放牧（NWNG）处理相比，在5月和6月上旬增温和放牧的交互作用分别使土壤湿度下降了14.4%和17.7%（图7-8）。

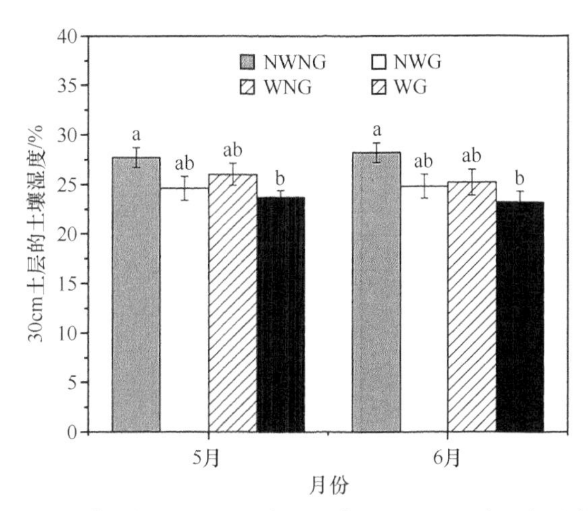

图7-8 2006年不同处理5月和6月各处理30cm土层的土壤湿度

不同小写字母表示在 $P<0.05$ 水平上差异显著

二、凋落物品质和根系生物量变化

2007年，增温和放牧显著降低了凋落物中有机碳、半纤维素、纤维素含量及碳氮比（C∶N），但增加了凋落物中N的含量；同时，增温降低了凋落物中木质素含量、木质

素∶氮的值（表 7-4）。增温和放牧对凋落物中 N 含量和碳氮比的影响存在显著的交互作用。因此，增温和放牧提高了凋落物的品质。放牧降低了凋落物生物量达 2～2.5 倍，但是增温对凋落物生物量没有显著影响（图 7-9A）。然而，同时增温放牧（WG）显著降低了凋落物中的总碳含量（图 7-9B）。只有增温不放牧（WNG）显著增加了根系 0～10cm 土层生物量，与对照（NWNG）相比，其他处理显著降低了 10～20cm 土层根系生物量（图 7-9C）。

表 7-4　增温放牧对凋落物化学组成的影响

处理	碳（C）	氮（N）	半纤维素	纤维素	木质素	碳∶氮	木质素∶氮
不增温不放牧	19.53a	1.60a	21.52a	13.99a	3.37a	12.19a	2.10a
不增温放牧	17.74b	1.73c	20.35ab	13.24b	3.17a	10.27b	1.84b
增温不放牧	15.03c	1.82b	19.62bc	11.18c	2.35b	8.26c	1.29c
增温放牧	12.98d	1.86a	18.84c	9.77d	2.41b	7.00c	1.30c

注：相同小写字母表示在 0.05 水平上差异不显著。

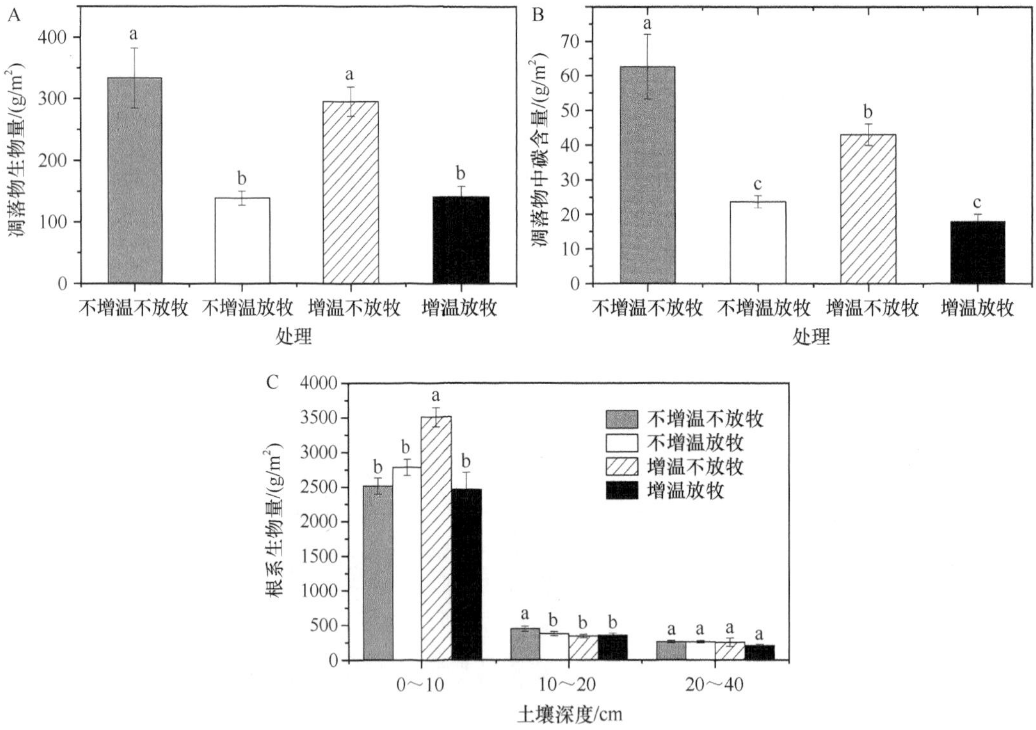

图 7-9　2007 年不同处理对凋落物生物量（A）、凋落物中碳含量（B）和根系生物量（C）的影响

不同小写字母表示在 $P<0.05$ 水平上差异显著

三、土壤可溶性有机碳含量变化

总体上，增温、取样日期和土壤深度对土壤溶液 DOC 含量有显著影响。单独放牧、放牧与增温互作对 DOC 含量均没有显著影响（Luo et al.，2010）。然而，放牧和取样日期之间的互作，或者增温和取样日期之间、取样日期与土壤深度之间均存在互作效应，

表明放牧和增温的影响随取样日期、土壤深度而变化（表 7-5，表 7-6）。在 2006 年放牧之前，WNG 仅增加了 20cm 和 40cm 土壤深度平均 DOC 含量（图 7-10A），而 2006 年和 2007 年放牧后 WNG 显著影响了 10cm 土壤深度 DOC 含量（图 7-10B）。

表 7-5　2006 年放牧前与放牧后生长季不同处理、不同日期及不同深度土壤平均可溶性有机碳（DOC）含量　（单位：mg/L）

日期	处理	土壤深度/cm			
		10	20	30	40
7 月 10 日	不增温	32.1±2.2 a	31.2±2.8 b	26.8±3.0 a	16.6±1.9 b
	增温	29.1±2.2 a	36.2±2.8 a	28.6±3.0 a	22.5±1.9 a
7 月 10 日	不增温	32.1±2.2 a	31.2±2.8 b	26.8±3.0 a	16.6±1.9 b
	增温	29.1±2.2 a	36.2±2.8 a	28.6±3.0 a	22.5±1.9 a
7 月 24 日	不增温	31.8±2.0 a	20.2±3.5 b	19.3±2.6 a	22.8±2.7 a
	增温	33.8±2.0 a	28.2±3.5 a	21.4±2.6 a	23.3±2.7 a
8 月 16 日	不增温	40.6±2.9 a	30.4±5.0 b	20.3±1.8 a	23.1±3.9 b
	增温	39.2±2.9 a	42.2±5.0 a	23.4±1.8 a	32.4±3.9 a
9 月 9 日	不增温不放牧	23.2±4.1 a	27.4±4.1 a	23.3±3.4 ab	21.0±2.4 a
	不增温放牧	34.6±4.1 a	23.1±4.1 a	19.4±3.4 b	23.0±2.4 a
	增温不放牧	29.6±4.1 a	24.4±4.1 a	28.3±3.4 a	20.1±2.4 a
	增温放牧	31.9±4.1 a	31.3±4.1 a	15.8±3.4 b	17.4±2.4 a

注：相同日期、相同土壤深度不同小写字母表示处理间差异显著（$P<0.05$）；表中数值为平均值±SE。

表 7-6　2007 年生长季不同日期、不同处理及不同深度土壤平均可溶性有机碳含量

（单位：mg/L）

日期	处理	土壤深度/cm			
		10	20	30	40
5 月 27 日	不增温不放牧	34.3±6.1 a	34.7 ±4.0 ab	20.6±4.3 c	29.0±4.5 b
	不增温放牧	37.3±6.1 a	43.2±4.0 a	30.8±4.3 b	44.1±4.5 a
	增温不放牧	36.7±6.1 a	28.6±4.0 b	35.8±4.3 b	23.0±4.5 b
	增温放牧	41.2±6.1 a	48.1±4.0 a	45.4±4.3 a	32.2±4.5 a
7 月 10 日	不增温不放牧	45.0±4.2 b	23.6±4.9 c	30.0±4.2 b	30.1±4.1 b
	不增温放牧	38.2±4.2 b	38.4±4.9 b	40.8±4.2 a	26.0±4.1 b
	增温不放牧	80.9±4.2 a	50.0±4.9 a	33.1±4.2 ab	57.1±4.1 a
	增温放牧	39.2±4.2 b	43.6 ±4.9 ab	27.1±4.2 b	36.1±4.1 b
7 月 23 日	不增温不放牧	37.5±3.7 b	31.5±3.5 b	49.4±5.3 a	25.3±3.2 b
	不增温放牧	43.9±3.7 b	56.4±3.5 a	25.4±5.3 b	41.1±3.2 a
	增温不放牧	61.1±3.7 a	36.3±3.5 b	33.1±5.3 b	36.6±3.2 a
	增温放牧	64.0±3.7 a	55.0±3.5 a	28.9±5.3 b	25.8±3.2 b
8 月 24 日	不增温不放牧	35.0±4.9 b	43.0±6.6 a	57.0±4.3 a	39.6±4.5 a
	不增温放牧	31.7±4.9 b	30.4±6.6 b	32.0±4.3 bc	36.8±4.5 a
	增温不放牧	55.1±4.9 a	39.0±6.6 a	40.7±4.3 b	47.7±4.5 a
	增温放牧	45.1±4.9 a	44.2±6.6 a	30.5±4.3 c	38.3±4.5 a

续表

日期	处理	土壤深度/cm			
		10	20	30	40
9月19日	不增温不放牧	44.3±3.7 a	46.4 ±3.9 a	31.6±3.6 ab	26.3±3.4 a
	不增温放牧	25.5±3.7 b	30.7±3.9 b	23.6±3.6 b	31.6±3.4 a
	增温不放牧	48.6±3.7 a	28.7±3.9 b	37.0±3.6 a	37.8±3.4 a
	增温放牧	39.4±3.7 b	40.1±3.9 a	29.1±3.6 ab	32.4±3.4 a

注：相同日期、相同土壤深度不同小写字母表示处理间差异显著（$P<0.05$）；表中数值为平均值±SE。

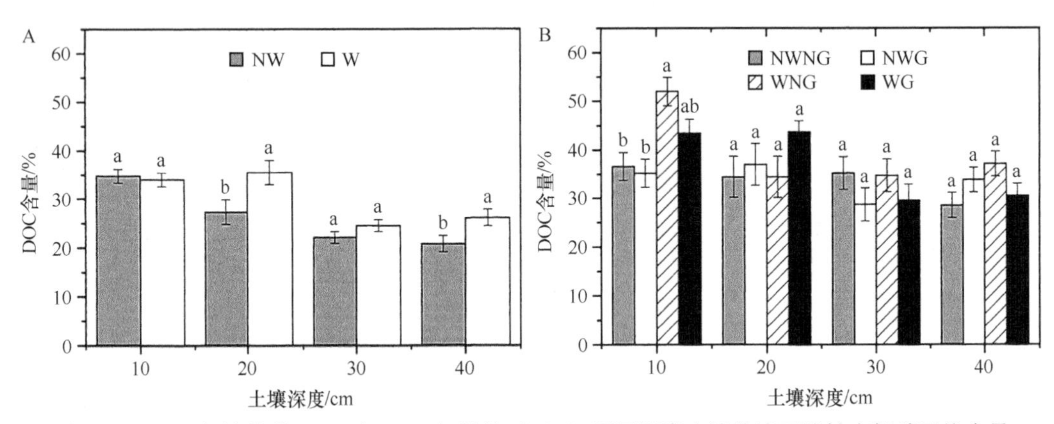

图 7-10　2006 年放牧前（A）和 2007 年放牧后（B）不同深度土壤溶液可溶性有机碳平均含量

不同小写字母表示在 $P<0.05$ 水平上差异显著

土壤溶液 DOC 含量随着土壤深度的增加而降低（表 7-5；图 7-10），平均值最大出现在 7 月和 8 月（表 7-5，表 7-6）。2006 年放牧前，NWNG 和 WNG 处理下 0～40cm 深度土壤溶液 DOC 含量平均值分别为 26.3mg/L（20.8～34.8mg/L）和 30.0mg/L（26.1～35.5mg/L）（图 7-10A）。2006 年和 2007 年放牧后，NWNG、NWG、WNG 和 WG 处理 DOC 含量分别为 33.7mg/L（23.7～43.6mg/L）、33.7mg/L（25.0～41.7mg/L）、39.5mg/L（25.6～55.3mg/L）和 36.8mg/L（24.1～43.4mg/L）（图 7-10B）。因此，总体上，2006 年和 2007 年增温显著增加了 40cm 土壤溶液 DOC 平均含量，分别增加 14.1%和 17.2%。WG、NWG 和 NWNG 处理之间没有显著差异，说明放牧改变了土壤溶液 DOC 含量对增温的响应程度（图 7-10B）。

四、影响土壤可溶性有机碳含量的主要因子

总体上，2006 年和 2007 年土壤温度及湿度与土壤溶液 DOC 含量的相关性虽然显著，但相关系数很小（即 R^2 值非常小）（表 7-7）。在 2006 年放牧之前，土壤温度可以解释 12%土壤溶液 DOC 含量的变化（表 7-7，项目 C），当不同层次土壤深度所有数据合并后，可以解释 20%土壤溶液 DOC 含量变化（表 7-10，项目 D）。在 2007 年，土壤湿度可以解释 20cm 土壤溶液 DOC 含量变化的 6%左右（表 7-7，项目 G）、40cm 土壤溶液 DOC 含量变化的 10%左右（表 7-7，项目 H）。

表 7-7　土壤溶液 DOC 含量与相应层次土壤温湿度之间的关系

项目	方程	R^2	P
A	Y=1.0392x+27.785	0.04	0.002
B	Y=0.3249x+43.277	0.02	0.003
C	Y=2.5914x–5.0629	0.12	0.037
D	Y=3.5659x–21.175	0.20	0.032
E	Y=0.9209x+27.495	0.03	0.046
F	Y=–0.4062x+47.309	0.02	0.003
G	Y=–0.6239x+54.521	0.06	0.016
H	Y=–0.7080x+51.347	0.10	0.002

注：这里仅列出了显著相关的公式。A 和 B 表示 2006 年、2007 年不同土壤层次土壤溶液 DOC 含量与相应层次土壤温度和湿度的关系；C 和 D 表示 2006 年放牧前不同土壤深度土壤溶液 DOC 含量与相应层次土壤温度的关系；E 和 F 表示 2006 年、2007 年放牧后不同土壤层次 DOC 含量与相应层次土壤温湿度的关系；G 和 H 表示 2007 年 20cm 和 40cm 土壤深度 DOC 含量与相应层次土壤湿度的关系。

为了确定生物因素和非生物因素对土壤溶液 DOC 含量的相对影响，2007 年，我们用单相关和逐步回归分析 40cm 土壤深度土壤溶液 DOC 含量与生物因素（即凋落物和根系中化学成分的含量）和非生物因素（即 40cm 土壤深度不同层次土壤平均温度和湿度）之间的关系，生物和非生物因素共 28 个变量。结果发现，只有 10cm 深度土壤溶液 DOC 含量与凋落物品质和 10cm 地下生物量显著相关（表 7-8，项目 A～G）；同时发现 40cm 深度土壤溶液 DOC 含量与相应土壤层次土壤湿度显著相关（表 7-8，项目 H）。

表 7-8　2007 年 40cm 土壤层次土壤溶液 DOC 含量与生物和非生物因素间的回归分析

项目	模型	R^2	P
A	Y=–2.9941x+91.761	0.37	0.017
B	Y=66.419x–68.315	0.38	0.018
C	Y=-3.9932x–91.017	0.31	0.037
D	Y=-15.113x+85.815	0.42	0.015
E	Y=-3.5710x+78.141	0.38	0.016
F	Y=–20.195x+77.429	0.45	0.010
G	Y=0.0124x+9.5868	0.34	0.038
H	Y=-0.8485x+59.176	0.26	0.043

注：这里仅列出了显著相关的公式。A～G 表示 10cm 土壤深度 DOC 含量与凋落物中碳、氮、纤维素、木质素浓度，以及 C∶N 和木质素∶N 比值、地下生物量之间的关系；H 表示 40cm 土壤深度平均 DOC 含量与平均湿度的关系。

逐步回归分析表明，不同深度土壤溶液 DOC 含量受不同生物因素和非生物因素影响。10cm 土壤深度：DOC=46.298–16.337 凋落物中木质素∶N+0.009BGB（R^2=0.60，n=16，P=0.003）；30cm 土壤深度：DOC=48.389+2.533 凋落物中氮含量-0.965 土壤湿度（20cm 深度）（R^2=0.48，n=16，P=0.014）；40cm 土壤深度：DOC=51.675–2.155 土壤平均湿度+0.007BGB（10cm 深度）+1.059 土壤 30cm 湿度–0.027BGB（20～40cm 深度）（R^2=0.79，n=16，P=0.001），BGB 为根系生物量。这个结果表明生物因素，尤其是凋落物品质（即木质素∶N）（R^2=0.45，n=16，P=0.003）是主要影响表层（0～10cm）土壤溶液 DOC

含量的因素；20cm 土壤湿度是 30cm 土壤溶液 DOC 含量的主要影响因素。然而，2007 年 40cm 土壤溶液 DOC 含量主要由土壤湿度和根系生物量控制。

一些研究表明增温增加了土壤溶液中 DOC 的含量（Kalbitz et al.，2000；Freeman et al.，2001；Fenner et al.，2004；Evans et al.，2005；Eimers et al.，2008；Harrison et al.，2008），因为增温增加了土壤生物活性（Kalbitz et al.，2000），加快了凋落物分解（Hobbie，2000；Robinson，2002；Aerts，2006）和土壤中有机质含量（Shaver et al.，1992；Oechel et al.，1993；Goulden et al.，1998）。Liechty 等（1995）预测温暖与凉爽的样地（土壤温度相差 2.1℃）可以使森林地表土壤 DOC 含量增加 16%。我们的研究也发现，在 2006 年和 2007 年，与 NWNG 相比，增温增加了地表温度（1.3～1.4℃），WNG 显著增加了土壤溶液中 DOC 含量（达 14%～17%，图 7-10）。由于增温与取样日期及土壤深度之间的交互作用显著，所以土壤温度单独直接解释土壤溶液 DOC 含量变化的程度很小（表 7-8）。Seto 和 Yanagiya（1983）及 MacDonald 等（1999）的研究也发现温度与土壤溶液中 DOC 含量没有显著相关性。在我们的研究中，增温导致土壤温度的增加范围与放牧处理（NWG）类似，在 2007 年 WG 是 WNG 增温的 2 倍（图 7-10B），但是仍然没有显著增加土壤溶液中 DOC 含量（图 7-10B），说明土壤温度对土壤溶液中 DOC 含量变化的贡献非常小。一些研究报道土壤 DOC 的生产会加剧气候变暖，但是气候对 DOC 含量的影响很小，这可能是由于加快 DOC 生产的同时也增加了其分解速率（Christ and David，1996；Kalbitz et al.，2000；Wickland et al.，2007）。

另一方面，土壤湿度状况可以影响土壤溶液中 DOC 含量对增温的响应（Kalbitz et al.，2000）。Tipping 等（1999）研究发现增温和干旱能够提高土壤中 DOC 的生产潜势。在我们的研究中，2006 年和 2007 年 5～9 月平均温度分别为 8.2℃和 8.1℃，年降水量分别为 486.5mm 和 421.6mm（图 7-6A，B），两年气象条件相当，但与 2006 年相比，2007 年 WNG 处理 40cm 土壤溶液 DOC 含量增加了 30%（图 7-10B）。尤其在 2006 年，土壤温度可以解释 40cm 土壤溶液 DOC 含量变化的 12%，当降水量非常充足的时候甚至可以解释 40cm 深度土壤溶液 DOC 浓度变化的 20%，而 2007 年土壤湿度可以分别解释 20cm 和 40cm 土壤溶液 DOC 含量变化的 6%和 10%，当降水量较少的时候甚至可以解释 40cm 土壤溶液 DOC 含量变化的 26%（表 7-8）。这个结果表明，在干旱的条件下土壤湿度对土壤溶液 DOC 含量的影响掩盖了土壤温度的影响。

土壤溶液 DOC 含量与土壤中 DOC 析出的数量有关（Eimers et al.，2008），从土壤中析出的 DOC 的数量受降水量、太阳辐射，以及由温度引起的蒸发损失抵消后的土壤水分含量变化的间接影响，这些间接作用通过影响土壤 DOC 析出过程而影响其溶液中的 DOC 含量（Harrison et al.，2008）。因此，在干旱时期这种析出较慢，土壤中仅有较少的 DOC 释放，导致土壤中 DOC 积聚，土壤溶液中的 DOC 含量较低。这些土壤中积累的 DOC 在多雨时期被释放到土壤溶液中，从而导致土壤溶液 DOC 含量较高（Worrall et al.，2003）。在我们的研究中，与 2006 年相比，2007 年的土壤溶液 DOC 含量较高（图 7-10），这正好支持了这种假设。Harrison 等（2008）也发现 DOC 释放受太阳辐射和降水量的控制，在较小程度上受温度控制。一些研究报道土壤中 DOC 主要来自凋落物和腐殖质（Kalbitz et al.，2000）或新近产生的有机源（Tipping et al.，1999；Smemo et al.，2007；Harrison et al.，2008），即新近的植物光合作用产物（Moller et al.，1999；Fenner et al.，2004，2007；Freeman et al.，2004）。

由于凋落物中存在大量可溶性组分，以及存在高度可溶性且生物可降解的有机组分（Moller et al.，1999），所以有研究认为凋落物中可溶性有机质（DOM）的淋溶很可能在将活性碳和营养输送到微生物群落表面的过程中起着重要作用（Cleveland et al.，2004）。众所周知，根系的生长和根系分泌物是碳输入到土壤的主要过程（Fitter et al.，1998；Farrar and Jones，2003；Cleveland et al.，2004），可能是凋落物中 DOC 淋溶到土壤溶液 DOC 的主要来源（Freeman et al.，2004）。我们研究发现在 2006 年和 2007 年，WNG 显著增强了土壤溶液中 DOC 的含量（图 7-10A，B）。在 2007 年，增温没有影响凋落物质量，但是与 NWNG 相比，WNG 显著增加了凋落物和根系生物量。放牧对根系生物量没有影响，但是显著减少了凋落物生物量（图 7-9A，C）。增温和放牧都增强了凋落物的品质（表 7-4）。在我们的研究中，发现土壤表层（10cm）DOC 含量与凋落物品质呈正相关（表 7-8），而凋落物品质影响凋落物的分解（Aerts，1997；Murphy et al.，1998；Hobbie，2000；Fierer et al.，2005）。凋落物中较高的碳：氮比和木质素：氮的值（即较低的品质）通常会降低其分解速率（Melillo et al.，1982；Taylor et al.，1989；Berg et al.，1996；Murphy et al.，1998），进而降低 DOC 的生产速率，以及从凋落物中淋溶到土壤的量。逐步回归分析表明，土壤表层（0～10cm）DOC 含量主要受凋落物品质（即分解速率）和根系生物量（R^2=0.60，P=0.003）的影响。而在较干旱的 2007 年，下层土壤溶液 DOC 含量主要受凋落物品质和土壤湿度共同影响。这个结果表明在该地区土壤表层溶液中 DOC 含量主要受生物因素影响，而下层土壤溶液 DOC 含量可能主要受生物和非生物因素的交互作用影响。

第三节　增温和放牧对土壤可溶性有机氮的影响

土壤中 85%以上的氮素为有机氮形态（Jones et al.，2005）。土壤有机氮中能够被纯水、盐溶液（如 1mol/L KCl、0.5mol/L K_2SO_4 及 10mol/L $CaCl_2$ 等）浸提或用电超滤法（EUF）提取出的有机氮被称为可溶性有机氮（SON），而原位土壤溶液（真空杯法或超速离心法提取的土壤孔隙溶液）或土壤自然淋洗液中的有机氮则被称为溶解性有机氮（DON），但也有学者将 SON 和 DON 统称为“DON”（Jones et al.，2004）。土壤中的 SON 是土壤有机氮中最活跃的组分，是土壤 DON 的潜在来源，二者之间存在密切的相关关系（图 7-11）。虽然土壤中对植物有效的总有机氮库包含吸附和游离两个部分（Jones et al.，2005），但是目前大多数研究都集中在 DON 对植物的有效性方面。

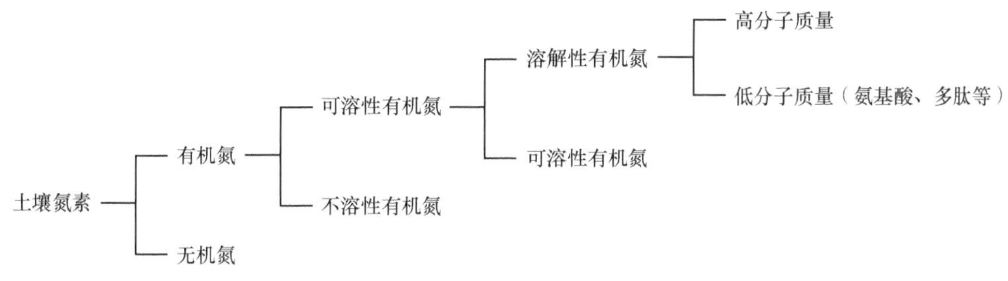

图 7-11　土壤氮素的组成（蔡瑜如等，2014）

一、土壤可溶性有机氮的来源与去向

土壤 DON 包括两个功能性氮库：高分子质量的 DON（如多酚蛋白质氮，其难降解、易沉降）和低分子质量 DON（如氨基酸、多肽等）。目前研究认为，除无机氮之外，植物和土壤微生物还能直接吸收并同化低分子质量 DON（Jones et al.，2004）。有研究表明，一些生态系统中已有植物可以直接吸收土壤中的氨基酸，例如，在寒冷地区的森林、极地苔原、温带草原及高寒草甸生态系统，植物都可以直接利用土壤 DON（Xu et al.，2006）。

土壤溶液中 DON 含量的表观变化（即 DON 含量的净变化）是 DON 流入和 DON 流出的平衡（图 7-12）。土壤溶液中 DON 主要来自于植物凋落物和根系分泌物的分解（Chapman et al.，2001；Jones et al.，2004；Haynes，2005）。越来越多的证据显示一些 DON 可以被植物和微生物直接吸收（Jones et al.，2004，2005；Xu et al.，2006，Jämtgård et al.，2008），也可以通过土壤微生物矿化作用产生无机的 NH_4^+-N 和 NO_3^--N，因此土壤溶液中的 DON 也是一个很重要的植物和微生物能够直接吸收利用的氮源（Bai et al.，2013）（图 7-12）。

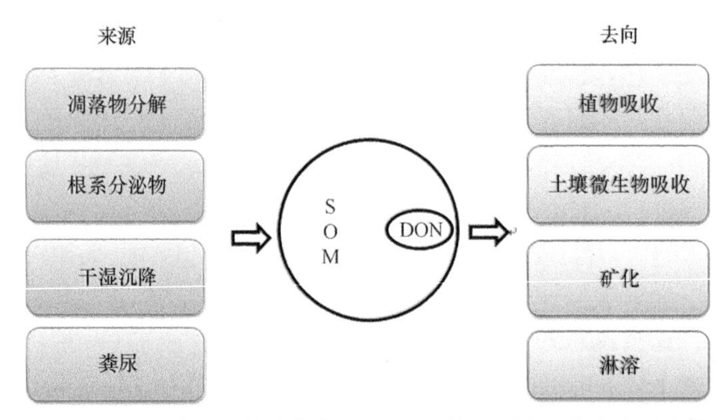

图 7-12　土壤中可溶性有机氮（DON）的主要来源和去向示意图
SOM 为土壤有机质

二、增温和放牧对土壤可溶性有机氮含量的影响

姜丽丽等发现增温和放牧对土壤水溶液中 DON 含量变化存在交互作用（Jiang et al.，2016）。在 2006 年开始放牧处理之前及之后，增温分别显著降低了 0～40cm 土壤水溶液中的土壤可溶性总氮（TDN）约 6%和 17%（图 7-13；表 7-9）。然而，2007 年增温对土壤水溶液中 TDN 含量没有影响（表 7-9）。在 2006 年放牧开始之前，增温对 TDN 的影响因土壤深度而异；增温分别使 10cm、20cm 和 30cm 土壤深度 TDN 含量分别降低了 16%、18%和 7%（图 7-13）。

表 7-9　2006 年和 2007 年增温及放牧对土壤可溶性总氮（TDN）、可溶性有机氮（DON）、无机氮（NH_4^+-N 和 NO_3^--N）含量的影响

取样日期	深度和处理	TDN	DON	NH_4^+-N	NO_3^--N
2006/6/15	0～10cm				
	NW	26.07（2.24）	20.26（1.86）a	3.79（0.69）b	3.77（1.35）
	W	19.31（3.99）	9.50（2.61）b	5.52（0.62）a	2.41（0.57）
	10～20cm				
	NW	33.07（0.26）	28.14（0.19）	3.31（0.17）	1.61（0.06）
	W	30.44（2.80）	25.76（2.70）	3.41（0.20）	2.41（0.58）
	20～30cm				
	NW	27.02（3.53）	21.66（3.22）	3.52（0.34）	1.84（0.48）
	W	29.99（1.57）	25.11（1.32）	2.96（0.25）	1.22（0.37）
	30～40cm				
	NW	30.53（3.11）	25.41（2.73）	2.83（0.45）	2.31（0.42）
	W	28.63（3.09）	24.22（2.78）	3.11（0.51）	1.31（0.04）
2006/7/10	0～10cm				
	NW	40.97（5.55）	36.60（5.74）a	2.38（0.45）	1.99（0.32）
	W	30.87（1.74）	27.19（2.06）b	1.63（0.18）	2.06（0.75）
	10～20cm				
	NW	33.81（3.96）	21.45（2.61）	1.55（0.15）	1.41（0.19）
	W	26.87（4.72）	23.66（2.31）	1.27（0.17）	1.45（0.21）
	20～30cm				
	NW	31.88（2.12）a	28.43（1.73）a	1.67（0.22）	2.50（0.86）
	W	25.07（4.47）b	21.77（4.31）b	1.86（0.21）	1.21（0.22）
	30～40cm				
	NW	25.99（2.46）b	22.81（2.37）	1.93（0.13）	1.22（0.01）b
	W	29.11（0.98）a	19.79（3.36）	0.74（0.12）	8.59（2.57）a
2006/7/24	0～10cm	29.77（3.25）	26.55（3.02）	1.02（0.14）	1.99（0.32）
	NW	31.39（1.88）	28.77（1.96）	1.29（0.14）	2.06（0.75）
	W				
	10～20cm				
	NW	37.71（1.12）a	32.42（2.26）	0.83（0.16）	4.45（2.04）
	W	33.82（1.68）b	30.31（1.89）	1.04（0.12）	2.28（1.50）
	20～30cm				
	NW	35.42（1.35）a	32.91（1.54）a	1.03（0.22）	1.48（0.22）
	W	29.72（1.50）b	26.72（1.68）b	1.23（0.28）	1.77（0.19）
	30～40cm				
	NW	30.16（2.14）b	28.37（1.90）	0.81（0.17）	0.98（0.26）b
	W	36.46（1.93）a	31.56（1.93）	1.22（0.34）	3.66（1.69）a
2006/8/16	0～10cm				
	NW	29.92（0.79）	24.72（0.99）a	2.16（0.77）	2.87（0.80）b
	W	29.51（1.23）	16.98（3.04）b	2.53（0.80）	

续表

取样日期	深度和处理	TDN	DON	NH_4^+-N	NO_3^--N
2006/8/16	10～20cm				
	NW	33.01（0.96）a	27.62（0.61）a	3.94（0.34）	1.45（0.58）
	W	25.95（0.72）b	20.10（1.17）b	3.64（0.54）	2.21（0.67）
	20～30cm				
	NW	29.50（3.59）	23.71（3.57）	3.93（0.34）	2.66（0.52）
	W	32.08（1.69）	26.14（1.88）	2.62（0.59）	3.32（0.75）
	30～40cm				
	NW	28.11（2.04）	17.39（3.71）b	3.20（0.37）	7.52（1.66）a
	W	33.82（2.04）	28.77（1.83）a	3.59（0.50）	1.46（0.51）b
2006/8/28	0～10cm				
	NW	35.78（1.18）	31.92（1.18）	3.59（0.26）	0.26（0.09）
	W	34.10（2.22）	30.45（2.32）	3.30（0.26）	0.36（0.05）
	NG	32.52（1.66）b	28.48（1.61）b	3.71（0.07）	0.32（0.08）
	G	37.37（1.44）a	33.90（1.50）a	3.19（0.35）	0.29（0.07）
	10～20cm				
	NW	28.64（2.81）	23.38（2.88）	3.75（0.16）a	1.49（0.38）
	W	28.53（2.31）	24.32（2.26）	3.20（0.18）b	1.00（0.52）
	NG	32.98（0.76）	28.19（1.17）a	3.37（0.24）	1.42（0.54）
	G	24.18（2.66）	19.51（2.59）b	3.58（0.13）	1.08（0.36）
	20～30cm				
	NW	35.04（2.64）	30.28（2.85）	3.75（0.27）	1.00（0.40）
	W	32.87（1.02）	28.30（1.43）	3.36（0.18）	1.20（0.27）
	NG	34.24（1.62）	29.33（1.67）	3.78（0.23）	1.11（0.42）
	G	33.67（0.68）	29.25（1.04）	3.32（0.24）	1.07（0.25）
	30～40cm				
	NW	34.99（1.52）	25.78（1.67）	3.81（0.23）	5.39（1.42）
	W	32.84（0.68）	27.78（1.04）	3.12（0.24）	1.93（0.25）
	NG	32.94（1.26）	24.60（1.46）	3.59（0.31）	4.74（1.59）
	G	34.89（1.12）	28.96（0.84）	3.33（0.20）	2.58（0.24）
2006/9/9	0～10cm				
	NW	—	—	—	—
	W	—	—	—	—
	NG	—	—	—	—
	G	—	—	—	—
	10～20cm				
	NW	27.66（2.36）	24.03（2.09）	3.12（0.43）	0.50（0.08）
	W	23.16（2.97）	19.32（2.84）	3.47（0.29）	0.35（0.01）
	NG	24.81（3.85）	20.76（3.60）	3.63（0.36）	0.41（0.08）
	G	26.01（0.93）	22.59（0.89）	2.97（0.34）	0.44（0.04）
	20～30cm				

续表

取样日期	深度和处理	TDN	DON	NH_4^+-N	NO_3^--N
2006/9/9	NW	21.64（5.42）a	18.97（5.57）a	2.22（0.27）b	0.45（0.04）a
	W	11.30（2.01）b	7.76（2.13）b	3.18（0.27）a	0.35（0.02）b
	NG	10.24（3.54）b	7.09（3.45）b	2.75（0.25）	0.39（0.19）
	G	22.71（2.89）a	19.65（2.84）a	2.64（0.21）	0.41（0.06）
	30～40cm				
	NW	21.85（3.54）a	21.59（3.45）a	2.59（0.25）	0.66（0.19）
	W	15.23（2.89）b	12.06（2.84）b	2.65（0.21）	0.51（0.06）
	NG	17.15（2.66）b	14.05（2.71）	2.61（0.29）	0.52（0.06）
	G	22.93（4.25）a	19.65（4.10）	2.63（0.17）	0.64（0.20）
2007/5/27	0～10cm				
	NW	31.95（2.84）	29.76（2.89）	1.85（0.26）	0.33（0.05）
	W	33.86（2.07）	31.72（2.31）	1.80（0.47）	0.33（0.08）
	NG	34.88（1.78）	33.23（1.73）	1.37（0.34）b	0.27（0.07）
	G	30.93（2.89）	28.25（3.04）	2.28（0.47）a	0.39（0.06）
	10～20cm				
	NW	32.88（2.71）a	31.03（2.87）a	1.60（0.50）	0.25（0.08）
	W	20.47（5.40）b	18.07（5.43）b	2.13（0.50）	0.27（0.06）
	NG	18.03（4.73）b	15.99（4.91）b	1.81（0.54）	0.23（0.06）
	G	35.32（1.94）a	33.10（2.16）a	1.92（0.48）	0.29（0.08）
	20～30cm				
	NW	35.78（2.02）	33.60（2.21）	1.96（0.49）	0.22（0.06）
	W	31.75（3.09）	30.08（2.82）	1.40（0.42）	0.25（0.08）
	NG	34.16（2.98）	32.75（2.89）	1.29（0.30）	0.11（0.06）b
	G	33.36（1.89）	30.93（2.13）	2.07（0.53）	0.36（0.07）a
	30～40cm				
	NW	33.02（2.98）	30.78（2.89）	1.91（0.03）	0.31（0.06）
	W	35.71（1.89）	34.00（2.13）	1.50（0.54）	0.21（0.07）
	NG	37.28（2.14）	35.10（2.43）	2.00（0.48）	0.18（0.05）b
	G	31.45（2.44）	29.68（2.37）	1.41（0.37）	0.34（0.06）a
2007/7/10	0～10cm				
	NW	30.03（2.58）b	26.71（3.00）b	2.83（0.48）a	0.49（0.04）
	W	36.30（0.00）a	35.10（0.44）a	1.19（0.42）b	0.27（0.09）
	NG	35.69（0.69）a	33.48（0.91）a	1.77（0.36）	0.40（0.08）
	G	30.42（2.03）b	27.72（3.47）b	2.32（0.66）	0.38（0.08）
	10～20cm				
	NW	33.89（2.48）	30.32（2.88）	2.57（0.13）	1.00（0.03）
	W	31.44（4.37）	28.98（4.36）	2.02（0.31）	0.43（0.17）
	NG	30.66（3.33）	27.40（3.13）	2.28（0.32）	0.97（0.34）
	G	34.67（3.77）	31.89（3.68）	2.31（0.16）	0.47（0.05）
	20～30cm				

续表

取样日期	深度和处理	TDN	DON	NH_4^+-N	NO_3^--N
2007/7/10	NW	28.00（4.44）	25.38（4.45）	2.19（0.35）	0.42（0.07）
	W	34.45（4.53）	32.81（4.45）	1.31（0.35）	0.33（0.09）
	NG	34.23（3.08）	32.15（3.45）	1.76（0.39）	0.33（0.06）
	G	28.20（4.04）	26.04（4.22）	1.73（0.23）	0.42（0.07）
	30～40cm				
	NW	26.18（3.08）	23.11（3.45）	2.60（0.39）	0.52（0.06）
	W	32.98（4.14）	30.15（4.22）	2.26（0.23）	0.56（0.07）
	NG	32.02（4.16）	29.03（4.41）	2.43（0.37）	0.63（0.07）
	G	27.14（3.31）	24.24（3.48）	2.430（0.27）	0.47（0.05）
2007/7/24	0～10cm				
	NW	30.24（2.39）	28.24（2.62）	1.89（0.51）	0.11（0.02）
	W	32.16（2.16）	30.02（2.10）	2.03（0.44）	0.11（0.03）
	NG	28.50（2.70）	26.04（2.64）	2.38（0.50）	0.08（0.03）
	G	33.90（2.12）	32.22（1.36）	1.54（0.39）	0.13（0.02）
	10～20cm				
	NW	25.52（4.30）	24.21（4.38）	1.57（0.41）	0.16（0.05）
	W	25.00（2.04）	23.60（2.07）	1.23（0.27）	0.16（0.03）
	NG	23.06（3.60）	21.97（3.85）	1.05（0.29）	0.10（0.03）
	G	27.46（2.89）	25.56（2.68）	1.68（0.35）	0.21（0.06）
	20～30cm				
	NW	27.00（2.41）	25.15（2.41）	1.69（0.29）	0.15（0.04）
	W	28.71（1.50）	24.72（2.10）	3.85（1.21）	0.13（0.02）
	NG	27.10（2.54）	24.78（2.42）	2.18（0.44）	0.13（0.02）
	G	28.60（3.66）	25.08（3.73）	3.35（0.31）	0.16（0.05）
	30～40cm				
	NW	27.46（2.54）	24.19（2.42）	3.08（0.44）a	0.18（0.02）
	W	26.39（3.66）	25.10（3.73）	1.16（0.31）b	0.12（0.05）
	NG	31.33（2.88）a	28.34（3.17）	2.80（0.60）a	0.18（0.04）
	G	22.52（2.47）b	20.94（2.42）	1.44（0.24）b	0.13（0.03）
2007/8/28	0～10cm				
	NW	27.31（3.77）a	24.02（4.28）	0.49（0.11）	2.79（1.76）
	W	17.91（5.19）b	25.47（4.48）	0.34（0.01）	0.13（0.02）
	NG	19.66（5.78）b	28.31（4.89）	0.35（0.01）	0.07（0.00）
	G	25.56（3.40）a	22.24（3.77）	0.48（0.11）	2.83（1.75）
	10～20cm				
	NW	31.71（1.50）	31.01（2.05）	—	—
	W	33.83（1.76）	33.40（2.35）	—	—
	NG	29.69（0.76）	28.94（0.11）	—	—
	G	35.85（1.54）	32.80（2.27）	—	—
	20～30cm				

续表

取样日期	深度和处理	TDN	DON	NH_4^+-N	NO_3^--N
2007/8/28	NW	30.49（1.65）b	29.53（1.70）b	—	0.15（0.03）
	W	37.87（0.78）a	35.28（1.18）a	—	0.43（0.10）
	NG	34.49（1.68）	30.24（1.54）	—	0.21（0.02）
	G	33.87（2.59）	32.68（2.59）	—	0.29（0.05）
	30～40cm				
	NW	31.35（1.58）	30.83（1.54）	0.40（0.06）b	0.11（0.02）b
	W	30.32（2.59）	28.87（2.59）	1.39（0.46）a	0.23（0.05）a
	NG	29.36（1.98）	27.86（2.33）	1.45（0.44）a	0.21（0.05）a
	G	32.31（1.68）	31.84（1.67）	0.34（0.01）b	0.12（0.02）b

注：表中数值为平均值±SE。NW，不增温，W，增温；NG，不放牧，G，放牧。不同小写字母表示差异显著（P<0.05）。

研究发现高寒草甸土壤中DON占土壤中总溶解氮（TDN）的80%～90%（Jiang et al.，2016）。2006年放牧处理前后，增温分别显著降低了20cm和30cm土壤水溶液中DON含量的16%和10%，2007年增温显著降低了20cm土壤水溶液中DON含量的36%（图7-13；表7-9）。2006年和2007年放牧处理开始后，增温、放牧、土壤深度和采样日期间存在显著的交互作用，表明增温和放牧对土壤水溶液中DON含量的影响取决于土壤深度和采样日期。一般来说，放牧处理抵消了增温对土壤水溶液中DON含量的影响，这种影响根据取样日期和土壤深度而异。例如，在2006年，增温在生长季早期（即6月15日、7月10日）显著降低了土壤水溶液中的DON含量，但在生长季后期（9月9日）却增加了土壤水溶液中的DON含量。在2007年，放牧、增温及其相互作用的影响在整个生长季变化很大。值得注意的是，在最后一个取样日期（8月28日），不放牧增温和放牧不增温的土壤水溶液DON含量显著低于放牧增温和不放牧不增温处理（图7-13）。

铵态氮和硝态氮占溶解性土壤总氮库的比例很小，分别占可溶性总氮（TDN）10%～15%和<10%。在2006年开始放牧处理之前和之后，增温对土壤溶液中铵态氮含量因不同取样日期而异（表7-12），视季节和年份而定（图7-13）。在2006年放牧处理开始后，增温降低土壤溶液中硝态氮含量超过50%（图7-13；表7-12）。然而，增温和放牧对土壤溶液中硝态氮含量的影响在很大程度上取决于土壤深度和采样日期。

通过增温和放牧试验发现，增温显著降低了2006年0～10cm、10～20cm和20～30cm深度土壤水溶液DON含量，以及2007年10～20cm深度土壤水溶液DON含量（图7-14）（Jiang et al.，2016）。增温在2006年对0～10cm、10～20cm及20～30cm土壤无机氮均没有显著影响，2007年放牧升高了0～10cm土壤无机氮含量，但在30cm深度，增温和放牧均降低了土壤无机氮含量，增温和放牧的影响随着土壤深度的增加而降低（图7-14）。2006年放牧前，增温显著增加了10cm和20cm土壤水溶液中的DOC∶DON的比值，却降低了40cm土壤水溶液的DOC∶DON的比值（图7-15）。放牧后，增温仅增加了20cm土壤水溶液中DOC∶DON的比值（图7-15）。

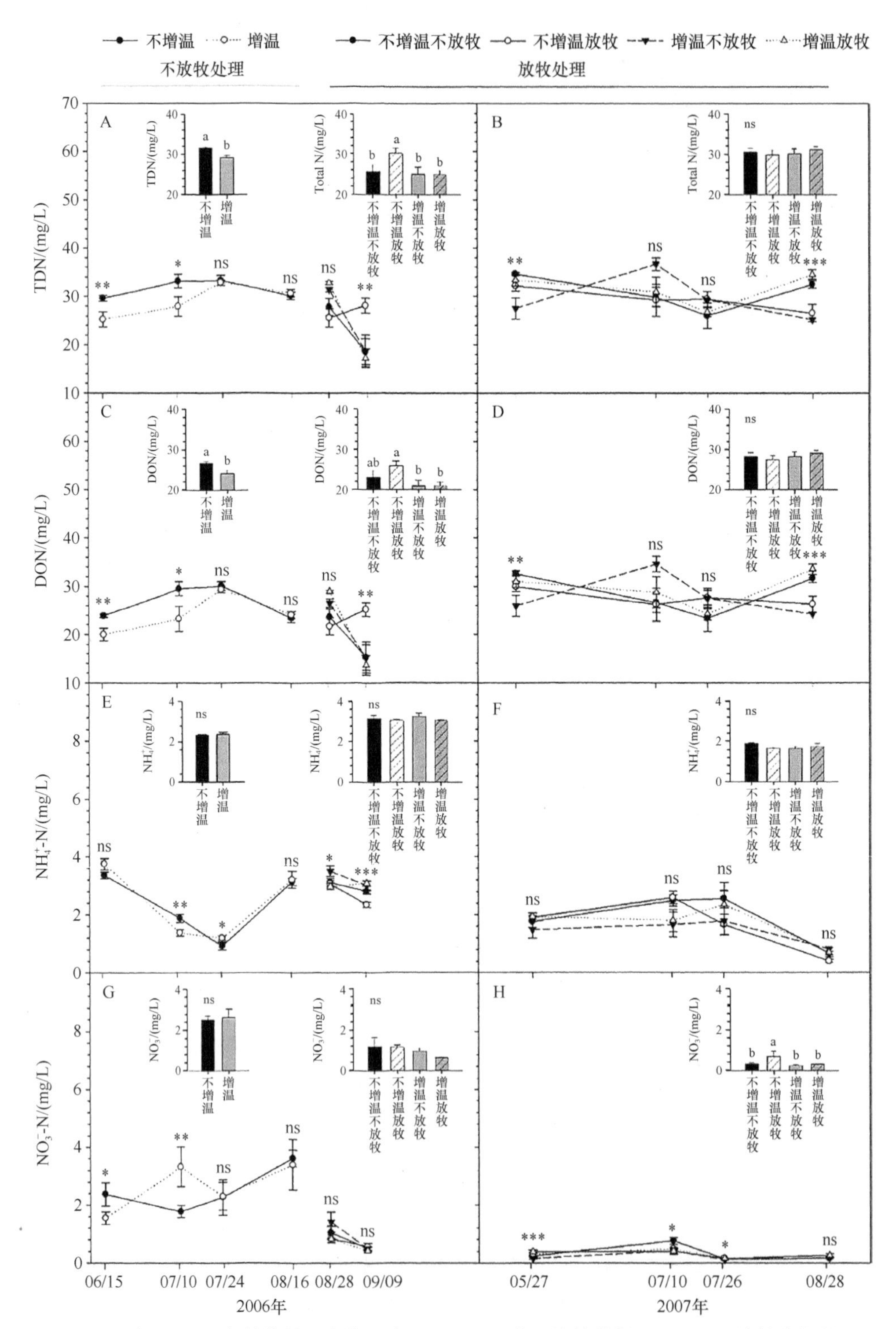

图 7-13　2006 年和 2007 年放牧前后土壤深度（0～40cm）的可溶性总氮（TDN）、可溶性有机氮（DON）和无机氮（NH_4^+-N 和 NO_3^--N）含量变化

*、**和***分别为在 0.10、0.05、0.001 水平上差异显著；ns：差异不显著。插图显示了不同处理下溶解有机氮、铵态氮和硝态氮的季节平均值。柱状图上的不同小写字母表示显著差异（$P<0.05$）

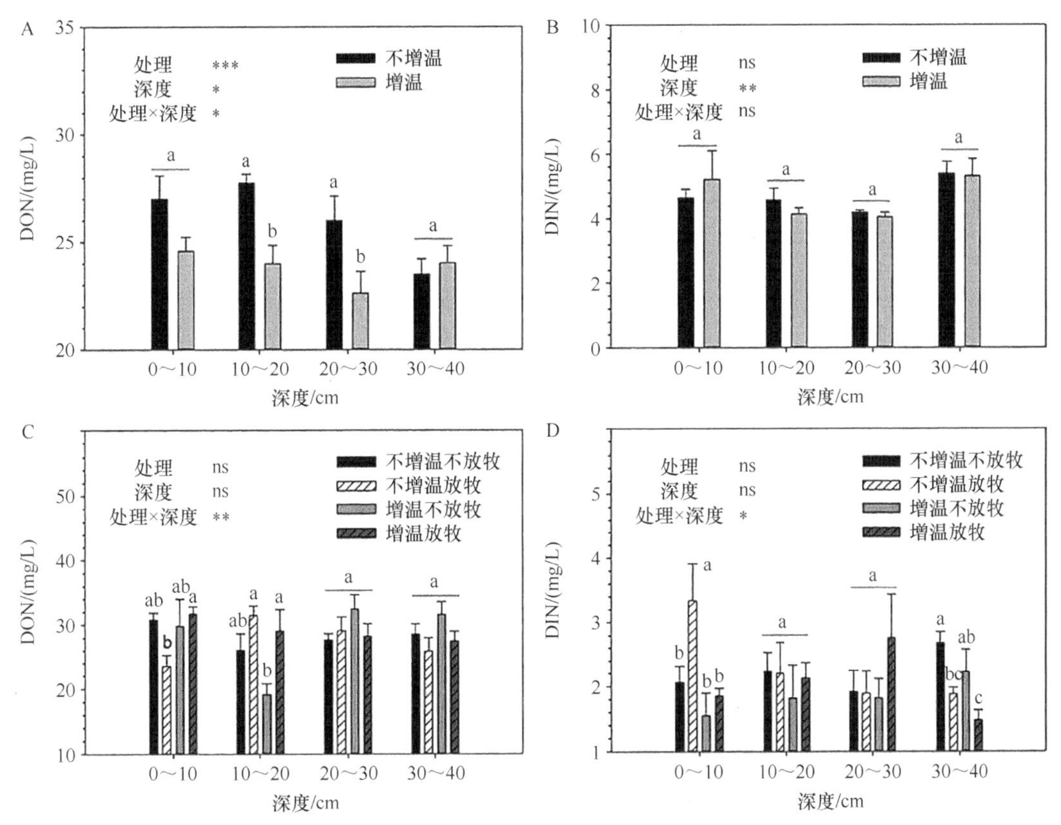

图 7-14　2006 年（A、B）和 2007 年（C、D）不同土壤深度下增温和放牧处理对土壤水溶液中可溶性有机氮（DON）和可溶性无机氮（DIN）浓度季节性平均值的影响

不同小写字母表示在 $P<0.05$ 水平差异显著。ns：差异不显著

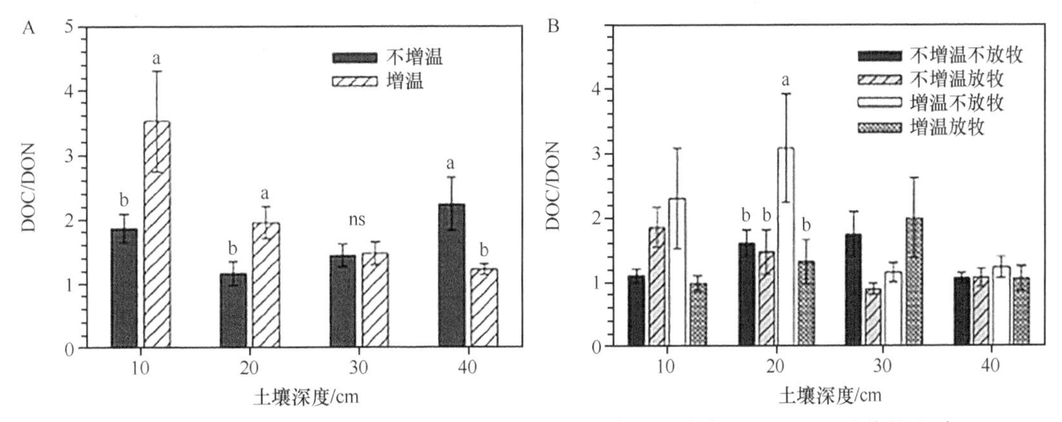

图 7-15　增温和放牧处理对放牧前后不同土壤深度水溶液中 DOC/DON 比值的影响

不同小写字母表示在 $P<0.05$ 水平差异显著。ns 表示差异不显著，*、**和***分别为在 0.10、0.05、0.001 水平上差异显著

三、增温和放牧对植物氮吸收的影响

增温分别增加了 2006 年和 2007 年 0～20cm 土壤植物根系氮 25%和 35%的吸收量（表 7-10；图 7-16）。2006 年放牧对植物地上和地下的氮吸收没有显著影响，但 2007

年放牧显著降低了地上植物生物量中 20%的氮吸收量，降低了 20cm 根系氮吸收量的 40%（表 7-10；图 7-16）。2007 年增温与放牧对 0～10cm 根系氮的吸收存在互作效应（表 7-10）。

表 7-10 2006 年和 2007 年增温和放牧对地上和地下植物氮吸收的单一和交互影响方差分析

年份	处理	*df*	植物氮吸收							
			地上		地下（0～10cm 土壤深度）		地下（10～20cm 土壤深度）		地下（20～30cm 土壤深度）	
			F	*P*	*F*	*P*	*F*	*P*	*F*	*P*
2006	增温	1	243.96	＜0.001	15.23	0.002	6.81	0.023	0.16	0.695
	放牧	1	0.70	0.420	0.67	0.428	3.47	0.087	0.11	0.751
	增温×放牧	1	0.00	0.963	3.01	0.109	0.01	0.924	0.05	0.823
2007	增温	1	642.81	＜0.001	13.10	0.004	0.16	0.693	0.65	0.434
	放牧	1	18.34	0.001	12.51	0.004	6.55	0.025	3.44	0.088
	增温×放牧	1	0.05	0.84	6.99	0.021	1.87	0.196	0.01	0.917

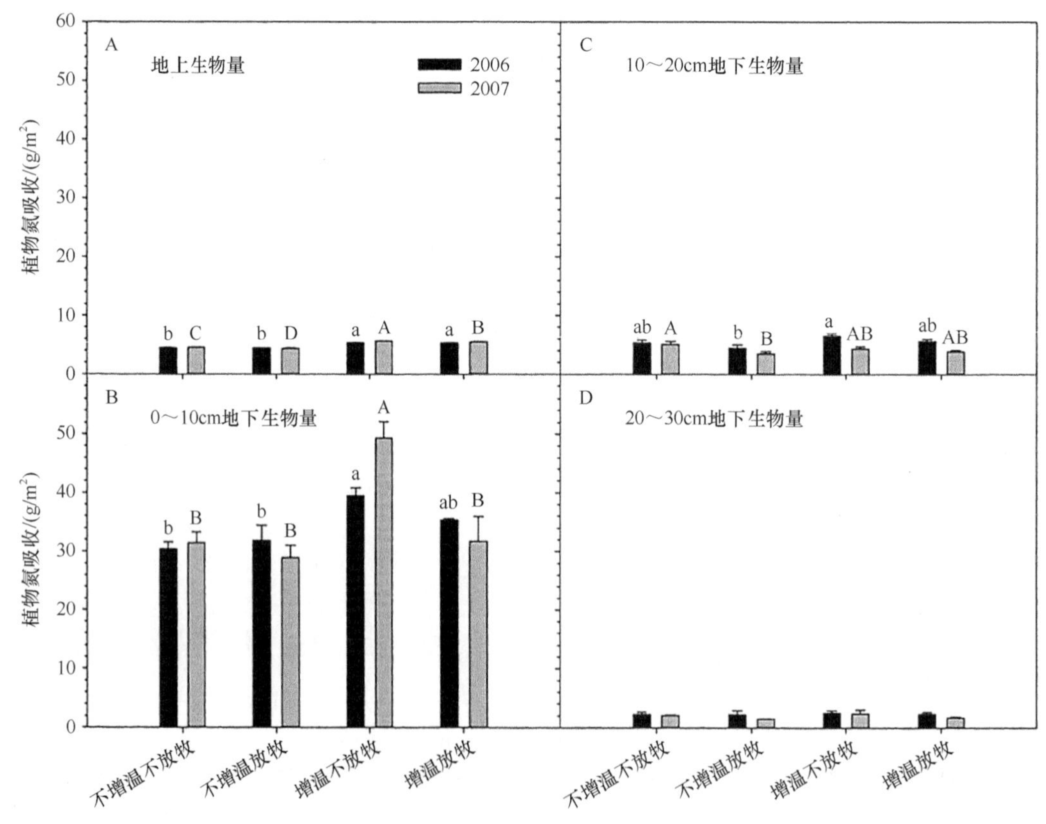

图 7-16 2006 年和 2007 年不同土壤深度下增温和放牧处理对地上和地下植物氮吸收的影响

不同字母表示在 $P<0.05$ 水平差异显著。小写字母表示 2006 年处理之间的差异，大写字母表示 2007 年处理之间的差异

四、影响土壤可溶性有机氮含量的主要因子

可溶性有机氮（DON）代表重要的土壤可溶性氮库（Jiang et al.，2016），并且在陆地生态系统的 N 循环中起着至关重要的作用（Bai et al.，2013；Prendergast-Miller et al.，2015；Ueda et al.，2013）。我们发现土壤溶液中 DON 占高寒草甸土壤 TDN 的 80%以上，这与 DON 是高海拔土壤 N 限制生态系统的主要 N 库的假设一致（Christou et al.，2005；Farrell et al.，2011）。例如，Farrell 等（2011）指出，高海拔 N 限制草原与低地草原相比，土壤 DON 比可溶性无机氮（DIN）更具优势。

我们的研究结果表明增温降低了 DON，尤其是在 10～20cm 土壤深度。许多研究认为土壤中的 DON 主要来源于植物凋落物的分解产物（Chapman et al.，2001；Kalbitz et al.，2000；Haynes，2005）或根系分泌物（Haynes，2005；Jones et al.，2005）。以前的相关研究发现，增温增加了地上和地下植物的生物量，改善了凋落物的质量，并加速了凋落物的分解（Luo et al.，2010；Wang et al.，2012），这表明增温可能会提高土壤中 DON 的产生速率。然而，我们发现增温显著降低了土壤 DON，特别是在 10～20cm 的土壤深度，而高寒草甸大多数细根聚集在该深度的土壤中（Kuzyakov and Xu，2013；Wu et al.，2011a，b），可能与土壤中 DON 的去向有关。在土壤溶液中，土壤 DON 有三种主要去向。第一，DON 可以被土壤吸附（Davidson and Janssens，2006），而解吸附过程通常比吸附过程对温度更敏感，因此，这种净效应将对土壤 DON 含量有显著影响（Davidson and Janssens，2006）；第二，DON 可以被土壤微生物群落吸收利用以支持它们对 N 或 C 的需求（Jones et al.，2004，2005）；第三，DON 可以通过细胞内和细胞外酶的作用转化为 NH_4^+-N 等其他形式（Bai et al.，2013；Jones et al.，2004）。所以，上述过程的净效应决定了某一时间土壤 DON 的含量。

有研究发现增温显著增加了土壤微生物生物量 C 和 N 含量（Rui et al.，2011），表明增温通过刺激土壤微生物的活动，加强了土壤有机氮的分解和转化，可能导致土壤 DON 吸收和矿化速率均增加。我们发现，在 2006 年和 2007 年，增温均降低了土壤 DON，在生长季节的早期和晚期差异明显（Jiang et al.，2016）。土壤 DON 减少同时伴随着土壤温度、微生物活性和土壤呼吸的增加（约 10%）（Lin et al.，2011），这支持了“土壤 DON 含量的降低可能是由于 DON 分解加速导致”的观点。然而，也有研究发现增温并没有显著影响同一地点的土壤净氮矿化速率（Wang et al.，2012），这可能与土壤净氮矿化没有包括植物对土壤无机氮的吸收、没有监测土壤总氮矿化速率有关。例如，有研究表明，植物可以调节土壤中的 DON 含量，特别是增温改变了高寒草甸植物物种组成，增加了禾本科和豆科植物的盖度（Wang et al.，2012），可能是不同植物氮利用策略不同进而调控了土壤 DON 含量（Xu et al.，2006）。然而，Khalid 等（2007）发现草地植物对土壤 DON 的影响较小（Khalid et al.，2007）。因此，增温条件下土壤 DON 含量的降低是否为植物群落组成变化的结果还需要进一步研究。

有关研究表明，植物根系可以直接吸收低分子质量土壤 DON 来支持植物的生长（Jones et al.，2005），植物氮吸收与土壤 DON 之间呈显著负相关关系（Jiang et al.，2016），因而支持了这一潜在的土壤 DON 去向途径假设（图 7-17）。此外，植物的氮吸收解释了

20cm 土层中 DON 含量变化的 42%，有研究发现高寒植物直接吸收有机氮占比高达 30%（Xu et al.，2006），然而，有人在增温和放牧试验平台上利用 ^{13}C-^{15}N 甘氨酸双标记试验发现，增温降低了高寒植物对氨基酸氮的吸收（Ma et al.，2015）。因此，目前有关高寒植物对不同氮利用策略的研究尚未得出一致的结论，有待进一步研究。另外，土壤 DON 也有可能通过淋溶而离开生态系统（Hu et al.，2010），但由于高寒草甸的土壤水分含量较低，其淋溶量可能不是土壤 DON 变化的主要途径（Zhu et al.，2011）。

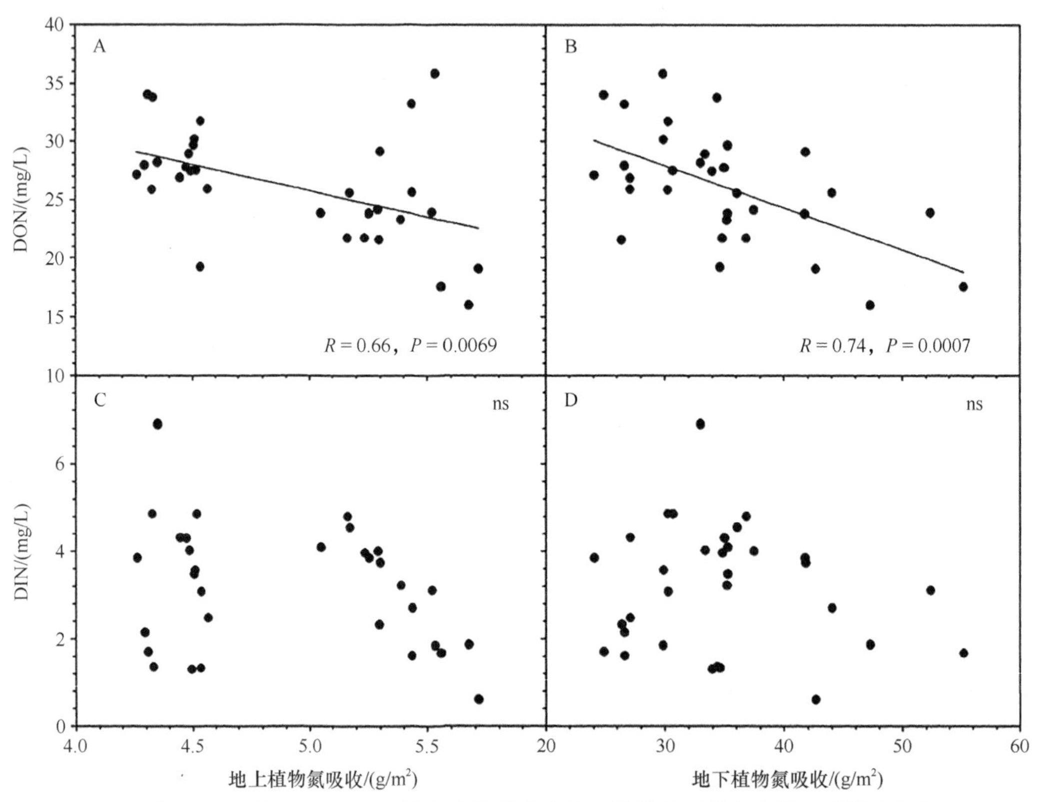

图 7-17 2006 年和 2007 年 0～20cm 土壤深度的地上和地下植物氮吸收与土壤可溶性有机氮（DON）及可溶性无机氮（DIN）线性关系

与增温结果相反，放牧显著增加了土壤 DON 含量（Jiang et al.，2016），因为放牧增加了植物地下生物量（Hu et al.，2010；Lin et al.，2011）和凋落物分解速率（Luo et al.，2010），这两个过程都对土壤 DON 产生速率有促进作用。同时，放牧还提高了土壤温度、改变了土壤水分状况（Asner et al.，2004；Christou et al.，2005），或通过改变土壤结构进而影响土壤水分流动途径（通过践踏），这可能对土壤 DON 的产生和消耗速率产生负的或正的反馈（Kauffman et al.，2004；Holst et al.，2007；Wu et al.，2011a，b）；另外，放牧可能通过降低植物和微生物氮含量（Rui et al.，2011），显著增加了土壤 NO_3^--N 含量，进而影响土壤 DON 含量，因为放牧家畜排泄物增加导致了土壤表面 NO_3^--N 含量的增加。

第四节　增温和放牧对土壤氮和磷可利用性的影响

土壤养分的供应控制着陆地生态系统固碳的潜力和速率（Hungate et al.，2003）。全球气候变化对生态系统氮和磷元素周转率及有效性的影响是当今国内外生态学家研究的重要问题。特别是在北半球的高纬度、高海拔地区，生态系统对气候变化更为敏感。根据土壤有机质不同组分的生物活性及其在系统中周转率的高低，可将土壤有机质碳库划分为活性碳和惰性碳两大类组分。惰性碳组分所占比例较大，更多地表现为土壤有机质和养分的长期储存状态；而活性碳组分所占比例通常较小，是植物和微生物所需养分的直接供应库。气候变暖和人类活动干扰均可对土壤碳、氮、磷库产生影响；而土壤碳、氮、磷库及其组分的动态变化可对生态系统的结构和功能产生显著影响。温度升高一方面影响植物生长，改变植物残体向土壤的归还量；另一方面影响有机氮和磷的分解速率，改变土壤中有机氮和磷分解的释放量。

一般认为，土壤氮储量随温度升高而降低（Smith et al.，2002）。然而由于气候变暖是缓慢的过程，而且全氮中惰性组分所占比例较大，因此对土壤全氮含量的分析常常难以明确捕捉到土壤对人为干扰和气候变化的响应。放牧可通过改变凋落物的数量和质量而促进土壤有机质的分解及矿化（Hobbs et al.，1991；Shariff et al.，1994；Bardgett et al.，2001；Olofsson et al.，2001），并且在较长时间尺度上间接影响植物群落结构（Kalbitz et al.，2000；Aerts，2006）。另外，放牧也会通过排泄物直接影响养分的归还和有效氮的水平。动物分泌的唾液和粪尿对微生物都会产生刺激作用。另外，植物的采食将会刺激植物补偿生长，促进土壤能量和养分流动，从而提高活性氮库的含量（Hamilton and Frank，2001）。土壤微生物作为有机质转化过程的执行者和植物营养元素的活性库，在土壤氮循环中起着非常重要的作用，因此，影响土壤微生物活性的诸多环境因素如土壤温度、水分、理化性质、植物生长状况等也影响着有机氮的矿化过程。微生物生物量氮、可溶性有机氮及无机氮都是活性的土壤氮组分，在土壤氮循环中起着重要作用。这些活性组分作为植物、微生物可直接利用的底物和养分，对生态系统的生产力、群落结构及功能会造成影响（Pastor and Post，1986；Xu and Chen，2006）。Belay-Tedla 等（2009）发现增温对土壤中惰性的全碳、氮库影响不大，但是显著增加了活性的碳、氮组分。微生物生物量也是土壤中的重要成分，周转极快，同时是矿化作用的源和库。微生物生物量对土壤湿度（Skopp et al.，1990）和温度（Fang et al.，2005）的变化极其敏感。增温会提高微生物的活性和代谢，从而加大微生物对碳、氮、磷的需求。然而，极地和美国高草草原的增温研究表明，微生物碳、氮对温度上升有一个延迟响应（Ruess et al.，1999；Belay-Tedla et al.，2009）。尽管众多研究表明温度升高和放牧都会影响土壤氮素周转率，然而增温和放牧同时作用对土壤氮、磷有效性影响的研究相对较少。我们依托增温和放牧试验平台于 2009 年和 2010 年开展了相关研究，以期有效揭示增温和放牧对高寒草甸土壤氮和磷有效性的影响过程与机制，为预测高寒草甸生态系统对气候变化和人类活动的响应和反馈，以及合理规划放牧方式提供科学依据。

一、增温和放牧对土壤碳和氮组分含量的影响

我们的研究表明，随着土壤深度增加，土壤全碳和全氮含量逐渐降低。放牧处理以及增温和放牧的交互作用对 $\delta^{15}N$ 影响显著。增温和土壤层次的交互作用对 $\delta^{13}C$ 和碳氮比影响显著（Rui et al.，2011）。总体上，2009 年和 2010 年的研究结果表明，同时增温放牧有增加较深层次土壤（如 20～30cm）全碳和全氮含量的趋势，但年际间存在很大的不确定性（图 7-18），这可能与土壤碳、氮分布的较大空间异质性有关，特别与土壤层次有关。增温增加了土壤全氮含量，可能是由于增温显著增加了豆科固氮植物类群的比例。土壤全氮的增加还可能与增温降低了土壤湿度、降低了有机氮淋溶流失或反硝化导致的 N_2O 或 N_2 的损失减小有关。增温通过对植物群落组成的影响，以及地上向地下部分输入的底物和根系分泌物的改变，从而引起微生物类群发生相应的变化，这种“植物-土壤-微生物”的互动可能会对长期的碳氮循环产生反馈（Xu and Chen，2006；Xu et al.，2009）。土壤全氮含量可表达土壤供氮水平，是评价土壤基本肥力的依据之一。土壤全氮水平高，土壤供氮能力强；相反，全氮水平低的土壤，其供氮能力相对较差。另

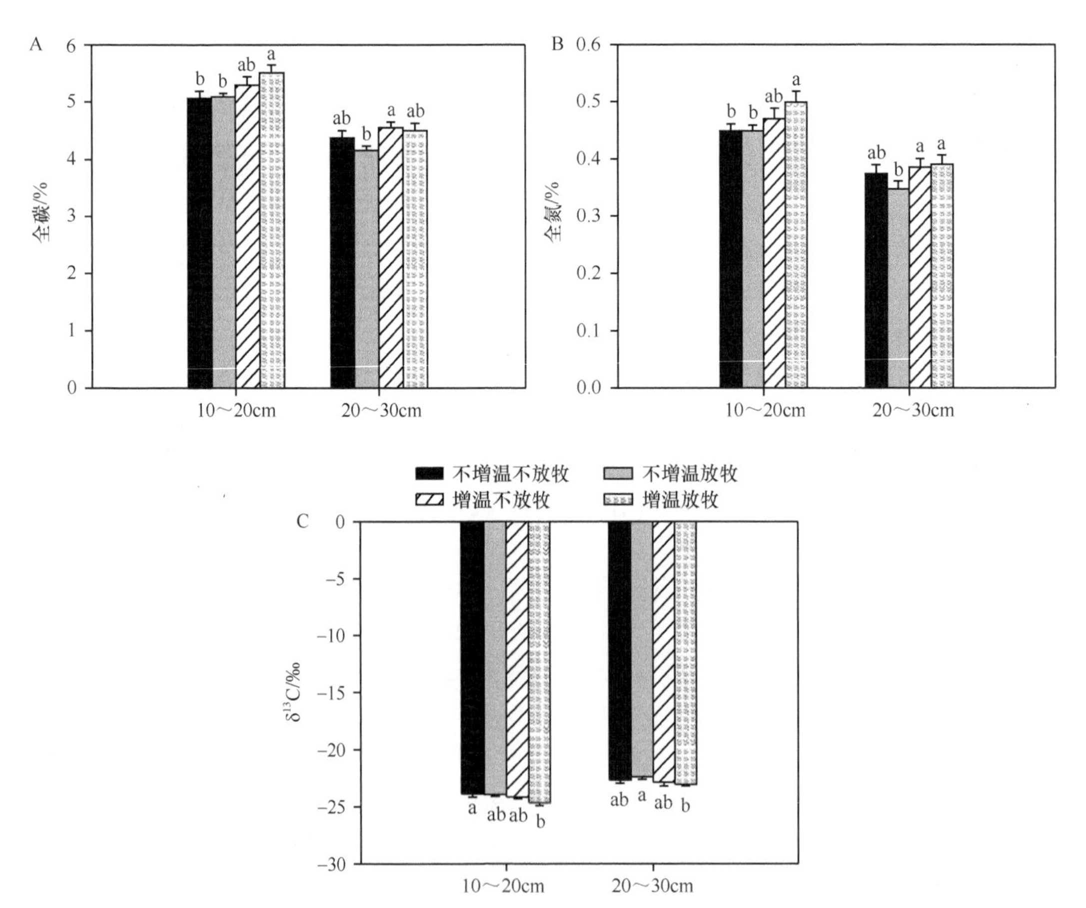

图 7-18　2009 年不同处理对土壤 10～20cm 和 20～30cm 土壤全碳（A）、全氮（B）及 $\delta^{13}C$（C）含量的影响

不同小写字母表示在 $P<0.05$ 水平差异显著

外，增温对土壤碳、氮的影响主要发生在较深层土壤（如 10～20cm 和 20～30cm），可能与增温增加了深根系禾本科植物的比例有关（Wang et al.，2012）。

在两年观测期间，放牧处理对 ^{15}N 同位素（$\delta^{15}N$）的自然丰度表现出了极其显著的影响（图 7-19A）。2019 年，放牧在 0～10cm 显著增加 $\delta^{15}N$，NWG 相对于 NWNG 使 $\delta^{15}N$ 增加了 18.6%；2010 年，放牧在 0～10cm 使 $\delta^{15}N$ 显著增加了 20.3%（图 7-19A），并显著降低了土壤的碳氮比（图 7-19B），表明放牧处理对土壤氮素周转和氮的有效性有直接影响。$\delta^{15}N$ 是反映土壤氮素循环的重要指标，$\delta^{15}N$ 越高，表明氮素循环越快，氮元素同位素中较轻的 ^{14}N 同位素则更多地从系统中损失，较重的 ^{15}N 同位素在系统中相对富集。放牧通过加速氮周转而导致含氮痕量气体（如 N_2O）排放增加（Hu et al.，2010）。然而，WG 处理下土壤的 $\delta^{15}N$ 和对照没有显著差别，说明增温改变了放牧对土壤 $\delta^{15}N$ 的效应。

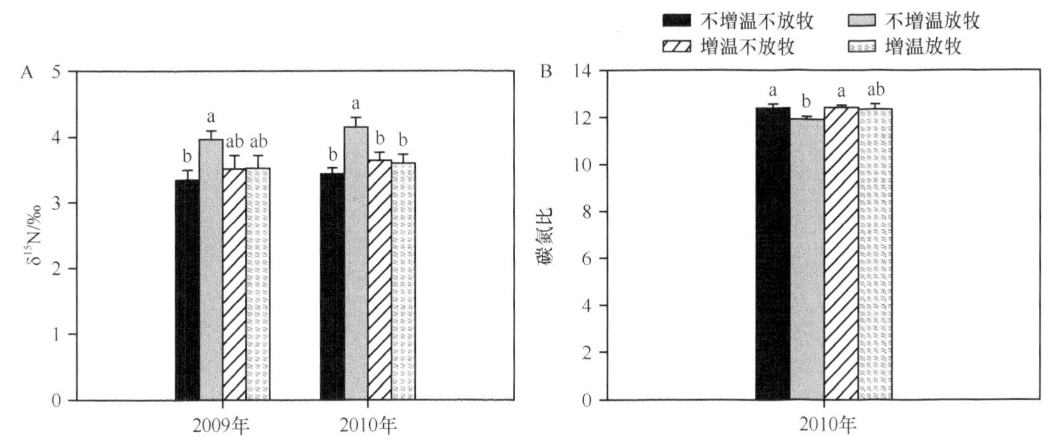

图 7-19　2009 年和 2010 年不同处理对 0～10cm 土壤 $\delta^{15}N$（A）以及 2010 年对 0～10cm 土壤碳氮比的影响（B）

不同小写字母表示在 $P<0.05$ 水平差异显著

两年的试验结果表明，放牧对土壤硝态氮和土壤无机氮有显著影响，而增温对土壤无机氮含量的影响不显著（Rui et al.，2011）。在 2009 年，0～10cm 土壤中 NWG 相对于 NWNG 土壤 NO_3^--N 含量增加了 2 倍，而 WG 相对于 WNG 极大地提高了土壤 NO_3^--N 含量，增长近 6 倍。同样地，NWG 相对于 NWNG 土壤总无机氮含量增加了 21.3%，而 WG 相对于 WNG 提高 145%。WG 处理引起最大量的土壤硝态氮和无机氮含量的增加（图 7-20）。放牧显著提高了硝态氮和无机氮水平，可能是因为动物带来的粪尿归还含有大量的无机氮，从而迅速提高了硝态氮水平（Hobbs et al.，1991；Olofsson et al.，2001）。动物粪便中氮的主要形态是尿酸，可以很快转化成尿素和氨态氮。放牧可显著提高硝态氮而不是氨态氮，说明在生长季的高峰期（8 月），放牧处理下硝化作用强烈，而硝化作用的关键步骤——氨氧化作用是由氨氧化细菌和氨氧化古菌参与进行的。放牧很可能通过刺激氨氧化微生物的活动而提高土壤中硝态氮的水平。动物分泌的唾液和粪尿对微生物都会产生刺激作用。另外，植物的采食将会刺激植物补偿生长，促进土壤能量和养分流动（Hamilton and Frank，2001）。WG 带来最大幅度的无机氮水平提升，表示增温可能放大了放牧对其的效用，从而刺激微生物活动和硝化作用（Rustad et al.，2001；Melillo et al.，2002），引起无机氮水平的提高。放牧对无机氮的影响主要表现在0～10cm土壤中，这表明放牧对活性氮周转的影响主要在土壤表层。有机氮是土壤氮素的主体，虽然植物能够吸收某些简单的有机氮（如某些氨基酸），但主要还是吸收无机氮，大部分有机态氮必须经过土壤微生物矿化为无机氮后才能被植物大量吸收。高寒草甸土壤中无机氮的含量很低，一般占土壤全氮的1%～5%。氨态氮和硝态氮主要是微生物活动的产物，容易被植物和微生物所吸收。我们发现增温处理几乎对土壤无机氮含量没有显著影响，而放牧处理则显著增加了无机氮，表明放牧直接提高了土壤氮的有效性。

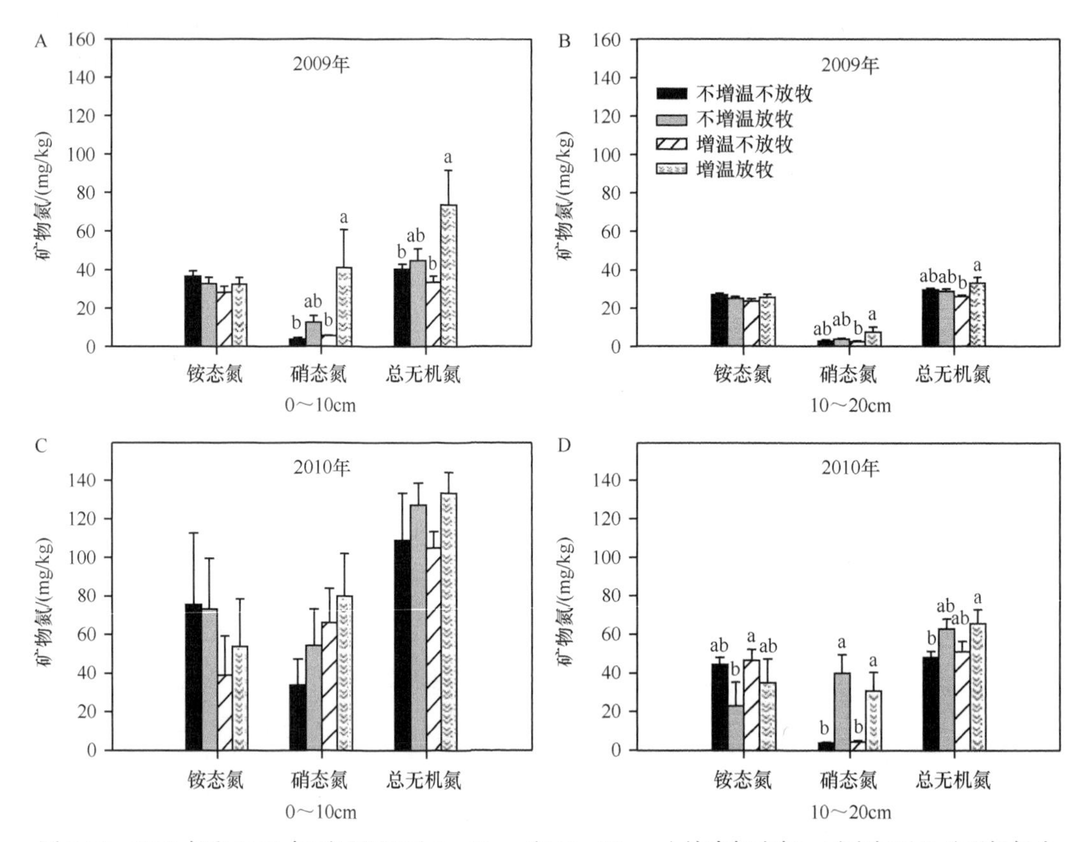

图7-20 2009年和2010年不同处理对0～10cm和10～20cm土壤中氨态氮、硝态氮以及总无机氮含量的影响

不同小写字母表示在$P<0.05$水平差异显著

尽管在2009年和2010年研究期间增温和放牧整体上对微生物碳、氮和可溶性有机碳、氮含量没有显著影响，但是在2009年，增温和放牧在不同土壤层次上对这些指标表现出不同的影响，如增温对MBC和MBN的影响因层次而异（表7-11）。增温在10～20cm（P=0.045）和20～30cm（P=0.024）显著增加MBC，放牧在20～30cm减少MBC（P=0.067），增温和放牧对MBC和MBN没有交互作用。增温在10～20cm有增加土壤MBN的趋势（P=0.094）。然而在2010年，与NWNG、NWG和WNG处理相比，WG显著增加了0～10cm土壤MBN，分别增加15.3%、11.7%和27.0%。增温显著增加了10～

20cm 土壤 SON 含量（P=0.040），但放牧显著降低了 10～20cm 和 20～30cm 土壤中 SON 含量（P=0.047）（表 7-12）。

表 7-11　2009 年不同增温和放牧处理下 0～10cm、10～20cm、20～30cm 和 30～40cm 土壤全碳（TC）、全氮（TN）、δ^{13}C、δ^{15}N、微生物碳和氮（MBC 和 MBN）以及可溶性有机碳和氮（SOC 和 SON）的变化

处理	TC /%	TN /%	δ^{13}C /‰	δ^{15}N /‰	MBC /(mg/kg)	MBN /(mg/kg)	SOC /(mg/kg)	SON /(mg/kg)
0～10cm								
NWNG	7.94	0.693	–26.1	3.35 B b	2245	274	573 b	26.2
NWG	7.76	0.690	–26.0	3.98 A	2101	283	607 ab	24.4
WNG	7.42	0.661	–25.9	3.50 B	2211	249	560 b	27.3
WG	8.47	0.755	–26.2	3.53 AB	2407	316	718 a	37.6
10～20cm								
NWNG	5.07 B	0.449 B	–23.9 A	4.23	1098 b	131	465	27.9
NWG	5.09 B	0.449 B	–24.0 AB	4.45	1049 b	111	427	25.2
WNG	5.29 AB	0.470 AB	–24.2 AB	4.29	1251 ab	154	433	28.2
WG	5.51 A	0.499 A	–24.7 B	4.23	1373 a	173	472	28.0
20～30cm								
NWNG	4.37 AB	0.375 ab	–22.7 AB	4.75 ab	904 AB	119	381	24.0 A
NWG	4.15 B	0.347 b	–22.4 A	4.95 a	783 B	88.9	360	22.5 AB
WNG	4.55 A	0.385 a	–22.9 AB	4.30 b	1012 A	117	369	23.7 AB
WG	4.50 AB	0.390 a	–23.1 B	4.63 ab	950 AB	115	384	21.6 B
30～40cm								
NWNG	3.95 b	0.301	–20.8	4.83	572 B	73.6	320	16.8
NWG	4.00 ab	0.299	–20.7	4.69	547 B	67.4	312	19.4
WNG	4.24 a	0.323	–21.4	4.59	720 A	81.1	319	19.3
WG	4.00 ab	0.303	–20.8	4.72	613 AB	68.8	310	20.0

注：不同大写字母和小写字母分别表示在 P<0.05 和 P<0.10 水平差异显著。

表 7-12　2010 年不同增温和放牧处理下 0～10cm 和 10～20cm 土壤全碳（TC）、全氮（TN）、δ^{13}C、δ^{15}N、微生物碳和氮（MBC 和 MBN）以及可溶性有机碳和氮（SOC 和 SON）含量的变化

处理	TC/%	TN/%	δ^{13}C/‰	δ^{15}N/‰	MBC/（mg/kg）	MBN/（mg/kg）	SOC/（mg/kg）	SON/（mg/kg）
0～10cm								
NWNG	8.58	0.694	–26.23	3.44 B	1669	495	321.95	13.63
NWG	8.19	0.687	–26.31	4.14 A	1538	487	336.16	8.88
WNG	8.68	0.700	–26.30	3.64 B	1615	505	339.45	13.27
WG	8.84	0.716	–26.33	3.60 B	1864	514	336.25	8.99
10～20cm								
NWNG	5.05	0.413	–24.07	4.10	639	160	261.49	37.65
NWG	5.12	0.416	–23.76	4.17	627	176	264.94	27.16
WNG	5.32	0.445	–24.49	4.29	746	180	284.27	36.76
WG	5.22	0.443	–24.45	4.34	700	175	298.22	28.87

注：不同大写字母表示在 P<0.05 水平差异显著。

微生物碳、氮是土壤中的重要成分，周转极快，是可矿化的有机碳、氮，同时也是矿化作用的源和库。微生物碳、氮对土壤湿度（Skopp et al.，1990）和温度（Fang et al.，2005）的变化非常敏感。然而，极地增温试验的研究表明，微生物碳、氮对温度上升的响应可能有延迟效应（Ruess et al.，1999）。我们发现增温在 2009 年增加了 10～20cm 和 20～30cm 土层的 MBC 和 MBN（表 7-11），表明增温可能提高微生物的代谢速率，从而显著增加微生物对碳、氮的需求。增温条件下，植物群落组成的改变、种群密度的增加、地上和地下生物量的增加可能会刺激微生物的活性，进而促进微生物对有机质的分解，增强土壤呼吸并加速营养物质的循环。然而，微生物生物量碳随着温度的增加而增加，说明微生物量碳库对温度变化很敏感，增加的微生物碳可能是由于增温增加了土壤微生物的活性、提高了对有机质的分解和吸收能力，也可能是增强了微生物对惰性碳库的分解能力。Belay-Tedla 等（2009）通过增温试验发现，增温对土壤活性碳库的影响与地上生物量呈正相关关系，但是，惰性碳库和土壤全碳由于本身的背景值大而没有明显的变化，说明增温是通过改变输入和输出的数量大小来调控土壤活性碳库的大小。土壤微生物碳、氮含量的季节差异，不仅是由于温度和湿度的变化引起的，植物的生长节律、植物和土壤微生物对养分的竞争都可能是土壤微生物碳、氮存在季节性差异的原因。

二、增温和放牧对土壤磷组分含量的影响

通过对土壤磷不同组分的分析发现，增温和放牧处理对土壤磷组分的影响主要表现在土壤 0～10cm 的表层。方差分析表明增温和放牧处理都显著降低了氢氧化钠（NaOH）首次提取的有机磷[N（I）Po]的含量（P=0.01），而两个处理对该组分的含量不表现出交互效应（图 7-21）。

此外，增温和放牧也显著地降低了土壤中可提取有机磷（TPo）的含量（图 7-22），同时两者之间存在显著的交互效应（P=0.01）。总体而言，无机磷受增温和放牧处理的影响较小。然而，增温与放牧对土壤磷酸酶的影响极为显著（表 7-13；图 7-22）。在 0～

表 7-13　增温和放牧处理及其交互作用对土壤磷组分以及土壤磷酸酶的影响

	APi	BPi	N(I) Pi	HPi	N(II) Pi	BPo	N(I) Po	N(II) Po	TPi	TPo	TP	AcPME	AlPME
0～10cm													
W	0.49	0.16	0.95	0.58	0.72	0.07	0.01*	0.96	0.43	0.01*	0.045*	＜0.01*	0.02*
G	0.97	0.45	0.20	0.69	0.68	0.60	0.01*	0.59	0.99	＜0.01*	0.28	＜0.01*	0.06
W×G	0.67	0.49	0.50	0.90	0.66	0.25	0.16	0.08	0.88	0.01*	0.61	＜0.01*	＜0.01*
10～20cm													
W	0.84	0.21	0.06	0.31	0.15	0.50	0.35	0.11	0.38	0.22	0.51	0.92	0.40
G	0.81	0.31	0.27	0.68	0.54	0.32	0.12	0.83	0.75	0.55	0.48	0.01*	0.09
W×G	0.67	0.64	0.07	0.77	0.94	0.54	0.66	0.50	0.91	0.87	0.97	0.07	0.60

注：APi，1mol/L 氯化铵提取的无机磷；Bpi，0.5mol/L 碳酸氢钠提取的无机磷；N(I)Pi，0.1mol/L 氢氧化钠提取的无机磷；HPi，1mol/L 盐酸提取的无机磷；N(II)Pi，0.1mol/L 氢氧化钠（第二次）提取的无机磷；BPo，0.5mol/L 碳酸氢钠提取的有机磷；N(I)Po，0.1mol/L 氢氧化钠提取的有机磷；N(II)Po，0.1mol/L 氢氧化钠（第二次）提取的有机磷；AcPME，酸性磷酸酶；AlPME，碱性磷酸酶。W，增温；G，放牧；W×G，增温放牧。

*表示差异具有显著性（P＜0.05）。

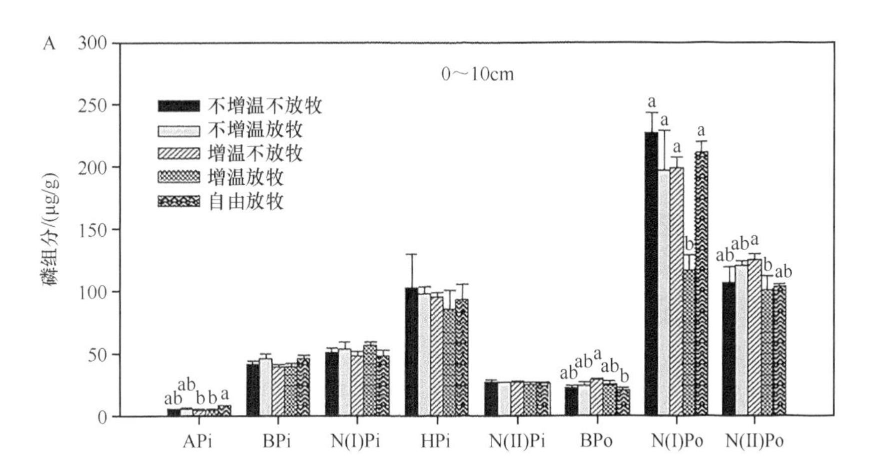

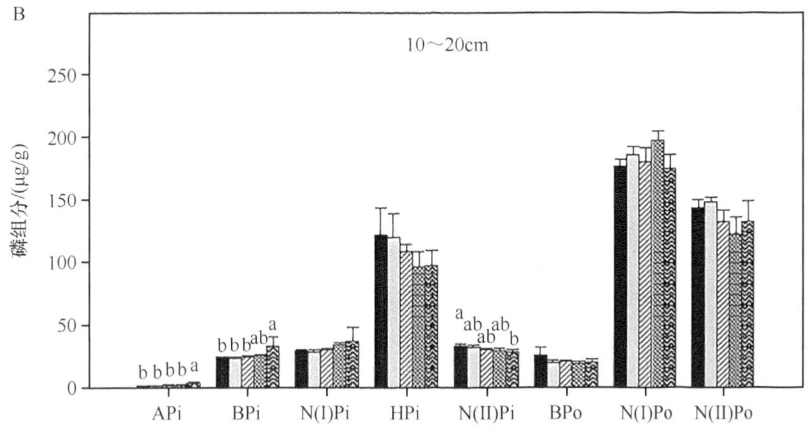

图 7-21　增温与放牧处理对土壤磷不同组分的影响

APi，1mol/L 氯化铵提取的无机磷；Bpi，0.5mol/L 碳酸氢钠提取的无机磷；N(I)Pi，0.1mol/L 氢氧化钠提取的无机磷；HPi，1mol/L 盐酸提取的无机磷；N(II)Pi，0.1mol/L 氢氧化钠（第二次）提取的无机磷；BPo，0.5mol/L 碳酸氢钠提取的有机磷；N(I)Po，0.1mol/L 氢氧化钠提取的有机磷；N(II)Po，0.1mol/L 氢氧化钠（第二次）提取的有机磷。

不同小写字母表示差异在 $P<0.05$ 水平具有显著性

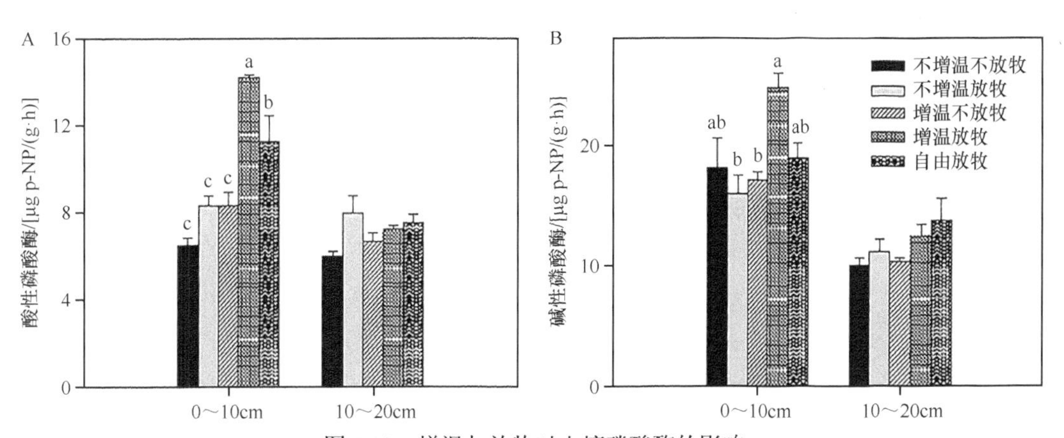

图 7-22　增温与放牧对土壤磷酸酶的影响

不同小写字母表示差异在 $P<0.05$ 水平具有显著性

10cm 土壤中，增温、放牧及二者的交互作用均可显著提高土壤酸性磷酸酶（AcPME）

的活性，而增温以及增温和放牧的交互作用可显著提高碱性磷酸酶（AlPME）的活性。在10～20cm土层中，放牧对磷酸酶的提升效应仍显著，但是增温的效应不明显。

有机磷组分的降低和磷酸酶活性的增加，都反映了增温和放牧对土壤磷元素的周转产生极其显著的影响。与氮元素不同的是，草地生态系统磷元素几乎不受外界因素（外源投入）的影响，植物需要和吸收的磷主要是通过微生物对土壤有机质中有机磷的矿化。尽管本研究通过不同磷分组方法得到众多磷组分，但N（I）Po组分是较为活跃、与微生物活动关系比较密切的组分。该组分含量的减少，可能反映了在增温和放牧情形下植物生长对磷需求的增加及微生物活性的提高，且这两种因素很可能是同时作用的。土壤磷酸酶活性的提高反映了微生物活性的提高。虽然所测得的无机磷组分含量几乎不受增温和放牧的影响，但该结果可能与所采用的不同组分磷的提取方法有关。由于土壤中磷元素的含量是有限的，假如没有外源磷元素的补充，由于增温、放牧导致有机磷的矿化加速可能会导致土壤磷库的逐渐损失，长期而言，可能会导致磷营养的缺乏，进而对该高寒草甸生态系统生产力产生限制。

第五节　小　　结

我们的研究表明，气候变化和放牧深刻地影响了高寒草甸生态系统土壤碳、氮、磷循环速率及其各组分含量。土壤碳循环的动态变化不仅影响到土壤碳储量，同时也会对气候变化产生反馈作用。氮、磷作为植物生长最重要的养分限制因子，其变化也会影响到陆地生态系统生产力和生态系统功能。因此，通过以上研究得出如下结论。

（1）增温和降温对土壤微生物碳及可溶性碳含量的影响是非对称的。总体上，增温增加了土壤微生物碳、可溶性有机碳及活性有机碳含量，而降温在大多数情况下降低了它们的含量。土壤湿度增强了增温对土壤可溶性有机碳含量影响的正效应，降低了降温对其影响的负效应。特别是增温与降温对土壤可溶性有机碳含量的效应是非对称的，然而对土壤活性碳含量的影响是对称的。因此，在未来气候变暖情景下，暖湿化可能通过促进土壤碳的矿化而加速青藏高原草甸土壤碳的损失。由于长期气候变化过程中增温和降温往往交替出现，所以在相关模型研究中应该重视降温对土壤活性碳库损失的缓解作用。

（2）增温显著提高了土壤溶液中可溶性有机碳含量，而适度放牧缓解了该效应。总体上，单独增温显著增加了0～40cm土壤溶液中可溶性有机碳（DOC）含量，单独放牧以及同时增温放牧的效应不显著，说明适度放牧改变了增温对土壤溶液DOC含量的影响。放牧对土壤溶液DOC含量的影响随采样时间和土壤深度的不同而异。表层土壤溶液中DOC含量与凋落物品质和地下生物量呈正相关。增温增加了地上和地下植物的生物量，改善了凋落物的品质，并加速了凋落物的分解，从而提高了土壤溶液中DOC产生速率；而放牧增加了植物地下生物量和凋落物分解速率，进而对土壤溶液中DOC产生速率有促进作用。

（3）增温降低了土壤溶液中可溶性氮含量，但放牧却提高了其含量。总体上，增温降低了0～40cm土壤溶液中的可溶性有机氮（DON）含量，而放牧降低了其含量；增温和放牧均降低了土壤溶液中可溶性无机氮的含量；增温和放牧的上述效应随取样日期和土壤深度不同而异。增温提高了植物对DON的吸收，这可能是导致其土壤溶液中DON降低的主要原因。因此，土壤溶液中DON含量受其产生和利用过程的共同影响。

（4）增温和放牧提高了土壤氮和磷的可利用性。增温和放牧耦合显著加速了土壤氮、磷的周转，因此可能在短期内显著提高土壤氮和磷的有效性。增温和放牧耦合显著提高了土壤无机氮（铵态氮和硝态氮）水平，且增温加大了放牧对硝态氮含量的提高效应。增温和放牧同时加速了土壤有机磷的矿化，主要体现在某些有机磷组分的降低和土壤磷酸酶活性的显著提高等方面。增温放牧显著提高了土壤活性碳、氮组分含量，而单独放牧显著加速了氮素周转，增温部分抵消了放牧的影响，从而使氮循环加速带来的温室气体 N_2O 排放的增加减缓。因此，在未来持续放牧的情形下，增温可能有助于提高土壤氮的有效性，减缓氮的损失，并加强生态系统的固碳能力；适度放牧有利于提高土壤氮和磷的可利用性。

参 考 文 献

张金霞, 曹广民. 1999. 高寒草甸生态系统氮素循环. 生态学报, 19: 509-513.

Aerts R. 1997. Climate, leaf litter chemistry, and leaf litter decomposition in terrestrial ecosystems: a triangular relationship. Oikos, 79: 439-449.

Aerts R. 2006. The freezer defrosting: Global warming and litter decomposition rates in cold biomes. Journal of Ecology, 94: 713-724.

Asner G P, Elmore A J, Olander L P, et al. 2004. Grazing systems, ecosystem responses, and global change. Annual Review of Environment and Resources, 29: 261-299.

Bai E, Li S L, Xu W H, et al. 2013. A meta-analysis of experimental warming effects on terrestrial nitrogen pools and dynamics. New Phytologist, 199: 441-451.

Bardgett R D, Jones A C, Jones D L, et al. 2001. Soil microbial community patterns related to the history and intensity of grazing in sub-montane ecosystems. Soil Biology & Biochemistry, 33: 1653-1664.

Belay-Tedla A, Zhou X H, Su B, et al. 2009. Labile, recalcitrant, and microbial carbon and nitrogen pools of a tallgrass prairie soil in the US Great Plains subjected to experimental warming and clipping. Soil Biology & Biochemistry, 41: 110-116.

Bellamy P H, Loveland P J, Bradley R I, et al. 2005. Carbon losses from all soils across England and Wales 1978－2003. Nature, 437: 245-248.

Berg B, Ekbohm G, Johansson M B et al. 1996. Maximum decomposition limits of forest litter types: a synthesis. Canadian Journal of Botany, 74: 659-672.

Brooks P D, Stark J M, McInteer B B, et al. 1989. Diffusion method to prepare soil extracts for automated nitrogen-15 analysis. Soil Science Society of America Journal, 53: 1707-1711.

Chang X, Wang S, Luo C, et al. 2012. Responses of soil microbial respiration to thermal stress in alpine steppe on the Tibetan Plateau. Europe Journal of Soil Science, 63:325-331.

Chapman P J, Williams B L, Hawkins A. 2001. Influence of temperature and vegetation cover on soluble inorganic and organic nitrogen in a spodosol. Soil Biology & Biochemistry, 33: 1113-1121.

Christ M J, David M B. 1996. Temperature and moisture effects on the production of dissolved organic carbon in a spodosol. Soil Biology & Biochemistry, 28: 1191-1199.

Christou M, Avramides E J, Roberts J P, et al. 2005. Dissolved organic nitrogen in contrasting agricultural ecosystems. Soil Biology & Biochemistry, 37: 1560-1563.

Cleveland C C, Neff J C, Townsend A R, et al. 2004. Composition, dynamics and fate of leached dissolved organic matter in terrestrial ecosystems: Results from a decomposition experiment. Ecosystems, 7:

275-285.

Dai K H, David M B, Vance G F. 1996. Characterization of solid and dissolved carbon in a sprucefir Spodosol. Biogeochemistry, 35: 339-365.

Davidson E A, Janssens I A. 2006. Temperature sensitivity of soil carbon decomposition and feedbacks to climate change. Nature, 440: 165-173.

Eimers C M, Watmough S A, Buttle J M, et al. 2008. Examination of the potential relationship between droughts, sulphate and dissolved organic carbon at a wetland-draining stream. Global Change Biology, 14: 938-948.

Evans C D, Chapman P J, Clark J M, et al. 2006. Alternative explanations for rising dissolved organic carbon export from organic soils. Global Change Biology, 12: 2044-2053.

Evans C D, Monteith D T, Cooper D M. 2005. Long-term (18-year) changes in surface water dissolved organic carbon: observations, possible causes and environmental impacts. Environmental Pollution, 137: 55-71.

Fang C M, Smith P, Moncrieff J B, et al. 2005. Similar response of labile and resistant soil organic matter pools to changes in temperature. Nature, 433: 57-59.

Farrar J F, Jones D L. 2003. The control of carbon acquisition by and growth of roots. //de Kroon H, Visser E J W. Root Ecology. Ecological Studies, vol. 168. Berlin: Springer-Verlag: 91-124.

Farrell M, Hill P W, Farrar J, et al. 2011. Seasonal variation in soluble soil carbon and nitrogen across a grassland productivity gradient. Soil Biology & Biochemistry, 43: 835-844.

Fenner N, Ostle N J, Freeman C, et al. 2004. Peatland carbon afflux partitioning reveals that *Sphagnum photosynthate* contributes to the DOC pool. Plant and Soil, 259: 345-354.

Fenner N, Ostle N J, McNamara N, et al. 2007. Elevated CO_2 effects on peatland plant community carbon dynamics and DOC production. Ecosystems, 10: 635-647.

Fierer N, Craine J M, McLauchlan K, et al. 2005. Litter quality and the temperature sensitivity of decomposition. Ecology, 86: 320-326.

Fissore C, Giardina C P, Kolka R K. 2013. Reduced substrate supply limits the temperature response of soil organic carbon decomposition. Soil Biology and Biochemistry, 67:306-311.

Fitter A H, Graves J D, Self G K, et al. 1998. Root production, turnover and respiration under two grassland types along an altitudinal gradient: Influence of temperature andsolar radiation. Oecologia, 114: 20-30.

Freeman C, Evans C D, Monteith D T, et al. 2001. Export of organic carbon from peat soils. Nature, 412: 785.

Freeman C, Fenner N, Ostle N J, et al. 2004. Export of dissolved organic carbon from peatlands under elevated carbon dioxide levels. Nature, 430: 195-198.

French H M, Wang B. 1994. Climate controls on high altitude permafrost, Qinghai-Xizang (Tibet) Plateau, China. Permafrost and Periglacial Processes, 5: 87-100.

Giorgi F, Hewitson B, Christensen J. 2001. Climate change 2001: regional climate information-evaluation and projections. In: Houghton J T et al. Eds. Climate Change 2001: The Scientific Basis. Contribution of Working Group I to the Third Assessment Report of the Intergovernmental Panel on Climate Change. Cambridge: Cambridge University Press: 584-636.

Goulden M L, Wofsey S C, Harden J W, et al. 1998. Sensitivity of boreal forest carbon balance to soil thaw. Science, 279: 214-217.

Guggenberger G, Kaiser K, Zech W. 1998. Mobilization and immobilization of dissolved organic matter in forest soils. Zeitschrift Fur Pflanzenerahrung Und Bodenkunde, 161: 401-408.

Hamilton E W, Frank D A. 2001. Can plants stimulate soil microbes and their own nutrient supply? Evidence from a grazing tolerant grass. Ecology, 82: 2397-2402.

Harrison A F, Taylor K, Scott A, et al. 2008. Potential effects of climate change on DOC release from three different soil types on the Northern Pennines UK: Examination using field manipulation experiments. Global Change Biology, 14: 687-702.

Haynes R. 2005. Labile organic matter fractions as central components of the quality of agricultural soils: an overview. Advances in Agronomy, 85: 221-268.

Hedley M J, Stewart J W B. 1982. Method to measure microbial phosphate in soils. Soil Biology & Biochemistry, 14: 377-385.
Hobbie S E. 2000. Interactions between litter lignin and soil nitrogen availability during leaf litter decomposition in a Hawaiian montane forest. Ecosystems, 3: 484-494.
Hobbs N T, Schimel D S, Owensby C E, et al. 1991. Fire and grazing in the Tallgrass Prairie-contingent effects on nitrogen budgets. Ecology, 72: 1374-1382.
Holst J, Liu C Y, Bruggemann N, et al. 2007. Microbial N turnover and N-oxide (N_2O/NO/NO_2) fluxes in semi-arid grassland of Inner Mongolia. Ecosystems, 10: 623-634.
Hu Y G, Chang X F, Lin X W, et al. 2010. Effects of warming and grazing on N_2O fluxes in an alpine meadow ecosystem on the Tibetan Plateau. Soil Biology & Biochemistry, 42: 944-952.
Hu Y G, Jiang L L, Wang S P, et al. 2016. The temperature sensitivity of ecosystem respiration to climate change in an alpine meadow on the Tibet plateau: a reciprocal translocation experiment. Agricultural and Forest Meteorology, 216: 93-104.
Hu Y G, Wang Q, Wang S P, et al. 2017. Climate change affects soil labile organic carbon fractions in a Tibetan alpine meadow. J Soil and Sediment, 17: 326-339.
Hungate B A, Dukes J S, Shaw M R, et al. 2003. Nitrogen and climate change. Science, 302: 1512-1513.
Ineson P, Benham D G, Poskitt J, et al. 1998a. Effects of climate change on nitrogen dynamics in upland soils. 2. A soil warming study. Global Change Biology, 4: 153-161.
Ineson P, Taylor K, Harrison A F, et al. 1998b. Effects of climate change on nitrogen dynamics in upland soils. 1. A transplant approach. Global Change Biology, 4: 143-152.
IPCC. 2007. Climate Change 2007: Summary for Policymaker. Valencia, Spain.
Jonasson S, Havstrom M, Jensen M, et al. 1993. In situ mineralization of nitrogen and phosphorus of arctic soils after perturbations simulating climate change. Oecologia, 95: 179-186.
Jämtgård S, Nasholm T, Huss-Danell K. 2008. Characteristics of amino acid uptake in barley. Plant and Soil, 302: 221-231.
Jiang L L, Wang S P, Luo C Y, et al. 2016. Effects of warming and grazing on dissolved organic nitrogen in a Tibetan alpine meadow ecosystem. Soil & Tillage Research, 158: 156-164.
Jones D L, Healey J R, Willett V B, et al. 2005. Dissolved organic nitrogen uptake by plants—an important N uptake pathway? Soil Biol Biochem, 37: 413-423.
Jones D L, Shannon D, Murphy D V, et al. 2004. Role of dissolved organic nitrogen (DON) in soil N cycling in grassland soils of dissolved organic nitrogen (DON) in soil N cycling in grassland soils. Soil Biology & Biochemistry, 36: 749-756.
Kalbitz K, Solinger S, Park J H, et al. 2000. Controls on the dynamics of dissolved organic matter in soils: a review. Soil Science, 165: 277-304.
Kauffman J B, Thorpe A S, Brookshire E N J. 2004. Livestock exclusion and belowground ecosystem responses in riparian meadows of Eastern Oregon. Ecological Applications, 14: 1671-1679.
Khalid M, Soleman N, Jones D L. 2007. Grassland plants affect dissolved organic carbon and nitrogen dynamics in soil. Soil Biology & Biochemistry, 39: 378-381.
Kirschbaum M U F. 1995. The temperature dependence of soil organic matter decomposition, and the effect of global warming on soil organic matter storage. Soil Biology & Biochemistry, 27: 753-760.
Kuzyakov Y, Xu X L. 2013. Competition between roots and microorganisms for nitrogen: mechanisms and ecological relevance. New Phytologist, 198: 656-669.
Laudon H, Kohler S, Buffam I. 2004. Seasonal TOC export from seven boreal catchments in northern Sweden. Aquatic Science, 66: 223-230.
Liechty H O, Kuuseoks E, Mroz G D. 1995. Dissolved organic carbon in northern hardwood stands with differing acidic inputs and temperature regimes. Journal of Environmental Quality, 24: 927-933.
Lin X W, Zhang Z H, Wang S P, et al. 2011. Response of ecosystem respiration to warming and grazing during the growing seasons in the alpine meadow on the Tibetan Plateau. Agricultural and Forest Meteorology, 151: 792-802.
Luo C Y, Xu G P, Chao Z G, et al. 2010. Effect of warming and grazing on litter mass loss and temperature

sensitivity of litter and dung mass loss on the Tibetan Plateau. Global Change Biology, 16: 1606-1617.
Ma S, Zhu X X, Zhang J , et al. 2015. Warming decreased and grazing increased plant uptake of amino acids in an alpine meadow. Ecology and Evolution, 5: 3995-4005.
MacDonald N W, Randlett D L, Zak D R. 1999. Soil warming and carbon loss from a Lake State Spodosol. Soil Science, 44: 121-133.
Melillo J M, Aber J D, Muratore J F. 1982. Nitrogen and lignin control of hardwood leaf litter decomposition dynamics. Ecology, 63: 621-626.
Melillo J M, Steudler P A, Aber J D, et al. 2002. Soil warming and carbon-cycle feedbacks to the climate system. Science, 298: 2173-2175.
Moller J, Miller M, Kjoller A. 1999. Fungal - bacterial interaction on beach leaves: Influence on decomposition and dissolved organic carbon quality. Soil Biology & Biochemistry, 31: 367-374.
Monteith D T, Stoddard J L, Evans C D, et al. 2007. Dissolved organic carbon trends resulting from changes in atmospheric deposition chemistry. Nature, 450: 537-U9.
Murphy K L, Klopatek J M, Klopatek C C. 1998. The effects of litter quality and climate on decomposition along an elevational gradient. Ecological Applications, 8: 1061-1071.
Mueller C W, Rethemeyer J, Kao-Kniffin J, et al. 2015. Large amounts of labile organic carbon in permafrost soils of northern Alaska. Global Change Biology, 21: 2804-2817.
Oechel W C, Hastings S J, Vourlitis G, et al. 1993. Recent change in Arctic tundra ecosystems from a net carbon dioxide sink to a source. Nature, 361: 520-523.
Olofsson J, Oksanen L. 2002. Role of litter decomposition for the increased primary production in areas heavily grazed by reindeer: a litterbag experiment. Oikos, 96: 507-515.
Olofsson, J, Kitti H, Rautiainen P, et al. 2001. Effects of summer grazing by reindeer on composition of vegetation, productivity and nitrogen cycling. Ecography, 24: 13-24.
Pang X, Zhu B, Lu X, Cheng W. 2015. Labile substrate availability controls temperature sensitivity of organic carbon decomposition at different soil depths. Biogeochemistry, 126: 85-98.
Pastor J, Post W M. 1986. Influence of climate, soil-moisture, and succession on forest carbon and nitrogen cycles. Biogeochemistry, 2: 3-27.
Pastor J, Solin J, Bridgham S D, et al. 2003. Global warming and the export of dissolved organic carbon from boreal peatlands. Oikos, 100: 380-386.
Prendergast-Miller M T, de Menezes A B, Farrell M, et al. 2015. Soil nitrogen pools and turnover in native woodland and managed pasture soils. Soil Biologist & Biochemistry, 85: 63-71.
Robinson C H. 2002. Controls on decomposition and soil nitrogen availability at high latitudes. Plant and Soil, 242: 65-81.
Ruess L, Michelsen A, Schmidt I K, et al. 1999. Simulated climate change affecting microorganisms, nematode density and biodiversity in subarctic soils. Plant and Soil, 212: 63-73.
Rui Y C, Wang S P, Xu Z H, et al. 2011. Warming and grazing affect soil labile carbon and nitrogen pools differently in an alpine meadow of the Qinghai-Tibet Plateau in China. Journal of Soils and Sediments, 11: 903-914.
Rustad L E, Campbell J L, Marion G M, et al. 2001. A meta-analysis of the response of soil respiration, net nitrogen mineralization, and aboveground plant growth to experimental ecosystem warming. Oecologia, 126: 543-562.
Schmidt I K, Tietema A, Williams D, et al. 2004. Soil solution chemistry and element fluxes in three European heathlands and their responses to warming and drought. Ecosystems, 7: 638-649.
Seto M, Yanagiya K. 1983. Rate of CO_2 evolution from soil in relation to temperature and amount of dissolved organic carbon. Japanese Journal of Ecology, 33: 199-205.
Shariff A R, Biondini M E, Grygiel C E. 1994. Grazing intensity effects on litter decomposition and soil nitrogen mineralization. Journal of Range Management, 47: 444-449.
Shaver G R, Billings W D, Chapin F S, et al. 1992. Global change and the carbon balance of arctic ecosystems. Bioscience, 42: 433-441.
Skopp J, Jawson M D, Doran J W. 1990. Steady-state aerobic microbial activity as a function of soil water

content. Soil Science Society of America Journal, 54: 1619-1625.

Smemo K A, Zak D R, Pregitzer KS, et al. 2007. Characteristics of DOC exported from Northern Hardwood forests receiving chronic experimental NO_3-deposition. Ecosystems, 10: 369-379.

Smith J L, Halvorson J J, Bolton H. 2002. Soil properties and microbial activity across a 500 m elevation gradient in a semi-arid environment. Soil Biology & Biochemistry, 34: 1749-1757.

Taylor B R, Parkinson D, Parsons W F J. 1989. Nitrogen and lignin content as predictors of litter decay rates: a microcosm test. Ecology, 70: 97-104.

Thompson L G, Mosley-Thompson E, Davis M, et al. 1993. Recent warming: Ice core evidence from tropical ice cores with emphasis on Central Asia. Global and Planetary Change, 7: 145-156.

Thompson L G, Yao T, Mosley-Thompson E, et al. 2000. A high-resolution millennial record of the South Asian monsoon from Himalayan ice cores. Science, 289: 1916-1919.

Tipping E, Woof C, Rigg E, et al. 1999. Climatic influences on the leaching of dissolved organic matter from upland UK moorland soils, investigated by a field manipulation experiment. Environment International, 25: 83-95.

Ueda M U, Muller O, Nakamura M, et al. 2013. Soil warming decreases inorganic and dissolved organic nitrogen pools by preventing the soil from freezing in a cool temperate forest. Soil Biology & Biochemistry, 61: 105-108.

Vance E D, Brookes P C, Jenkinson D S. 1987. An extraction method for measuring soil microbial biomass-C. Soil Biology & Biochemistry, 19: 703-707.

Vitousek P M, Hättenschwiler S, Olander L, et al. 2002. Nitrogen and nature. AMBIO: A Journal of the Human Environment, 31: 97-101.

Wang S P, Duan J C, Xu G P, et al. 2012. Effects of warming and grazing on soil N availability, species composition, and ANPP in an alpine meadow. Ecology, 93: 2365-2376.

Wickland K P, Neff J C, Aiken G R. 2007. Dissolved organic carbon in Alaskan boreal forest: Sources, chemical characteristics, and biodegradability. Ecosystems, 10: 1323-1340.

Worrall F, Burt T, Shedden R. 2003. Long term records or riverine dissolved organic matter. Biogeochemistry, 64: 95-112.

Wu H, Dannenmann M, Fanselow N, et al. 2011a. Feedback of grazing on gross rates of N mineralization and inorganic N partitioning in steppe soils of Inner Mongolia. Plant and Soil, 340: 127-139.

Wu Y B, Wu J, Deng Y C, et al. 2011b. Comprehensive assessments of root biomass and production in a *Kobresia humilis* meadow on the Qinghai-Tibetan Plateau. Plant and Soil, 338: 497-510.

Xu X L, Ouyang H, Kuzyakov Y, et al. 2006. Significance of organic nitrogen acquisition for dominant plant species in an alpine meadow on the Tibet Plateau, China. Plant and Soil, 285: 221-231.

Xu Z H, Chen C C, He J Z, et al. 2009, Trends and challenges in soil research 2009: linking global climate change to local long-term forest productivity. Journal of Soils and Sediments, 9: 83-88.

Xu Z H, Chen C R. 2006. Fingerprinting global climate change and forest management within rhizosphere carbon and nutrient cycling processes. Environmental Science and Pollution Research, 13: 293-298.

Zhou H K, Zhao X Q, Tang Y H, et al. 2005. Alpine grassland degradation and its control in the source region of Yangtze and Yellow rivers, China. Grassland Science, 51: 191-203.

Zhu T H, Cheng S L, Fang H J, et al. 2011. Early responses of soil CO_2 emission to simulating atmospheric nitrogen deposition in an alpine meadow on the Qinghai Tibetan Plateau. Acta Ecologica Sinica, 10: 2687-2696.

第八章　气候变化和放牧对土壤微生物结构和功能的影响

导读： 土壤微生物控制着土壤碳、氮、磷、硫等元素的生物地球化学循环，在决定生态系统对全球气候变化和人类活动的反馈中发挥着重要作用。温度是影响土壤微生物群落结构和功能多样性的重要因素。温度变化能够直接影响土壤微生物的群落特征和代谢活性，也能通过影响地上植物群落和土壤理化性质来间接影响微生物。同时，放牧是青藏高原高寒草甸生态系统最主要的利用和干扰方式。放牧可以通过牲畜的践踏、选择性采食和粪尿归还等过程影响土壤微生物群落的结构与功能。所以，认识及预测气候变化和放牧对土壤微生物结构及其提供的生态系统服务的影响是一个巨大的挑战。本章主要依托山体垂直带“双向”移栽试验平台及不对称增温和适度放牧试验平台，结合分子生物学和基因芯片等技术，拟回答以下科学问题：①微生物的山体垂直带分布规律及其关键驱动因素如何？②气候变化和放牧如何影响微生物（包括细菌和丛枝菌根真菌）的群落组成及多样性？③气候变化和放牧如何影响微生物的碳氮循环功能基因？④气候变化和放牧如何影响土壤酶活性特征？

气候变化（如增温和降温、降水格局变化、氮沉降和极端气候等）对陆地生态系统产生了显著和深刻的影响（Hansen et al.，2006），不仅直接改变了生物活性，而且能够通过对环境变化的调节促使生物不断适应或变化，从而进一步导致对环境变化敏感的土壤微生物群落也发生强烈的变化。土壤微生物较低的响应阈值决定了其较高的敏感性，如土壤微生物可以在几小时内对气候变化做出响应。此外，微生物还是生态系统中不可或缺的分解者，在物质合成、降解，以及碳、氮、磷、硫等元素的地球化学循环方面具有十分重要的生态功能（Zhou et al.，2012）。例如，土壤中某些微生物通过多条代谢途径，可以将大气中的 CO_2 合成转化为各种有机碳化合物，这些合成有机物和土壤中的有机质（如植被凋落物、动植物尸体）也可被土壤微生物降解，生成 CO_2 重新释放到环境中；在氮循环中，土壤中的固氮微生物可将大气中的氮气固定生成氨态氮。在有氧的条件下，氨态氮可被氨氧化细菌或氨氧化古菌氧化成亚硝态氮，随后被硝化细菌氧化成硝态氮。因此，研究气候变化下微生物的群落结构特征及其功能的变化将有助于我们快速预测未来生态系统功能的变化。然而，之前关于土壤微生物结构和功能对气候变化响应的研究结果还没有发现普遍规律，近年来，多数模拟增温的研究表明，单独短期增温对草地土壤微生物群落影响不显著，而与其他因子的交互作用对土壤细菌群群结构的影响往往大于单因子处理。高草草原上的增温试验发现，在正常降水年份，增温 2℃显著提高了土壤微生物种群大小，但降低了其多样性和群落组成；在干旱年份，增温降低了土壤含水量，导致环境更加不利于微生物生长，从而进一步降低了微生物种群大小（Sheik et al.，2011）。在青藏高原高寒草甸增温与降水改变双因子控制试验中，发现增温与降水交互处理 1 年后显著改变了土壤细菌群落结构。然而，单独增温和单独改变降水处理1年均没有显著改变细菌群落结构(Zhang et al., 2016a)，这说明微生物的响应及反馈机制尚不明确，制约了学术界对未来气候变化条件下土壤微生物群落结构及土壤功能变化的理解。尽管目前全球气候呈现持续增温的态势，在长期的时间段内变冷的可能性不大，但阶段性的局部降温是非常常见的(Alley et al., 2003)。有研究预测，在长期变暖的大趋势下，21世纪有可能出现10～20年气候变冷时期（Easterling and Wehner，2009；Lyubushin and Klyashtorin，2012），而气候变冷对生态系统的危害不亚于气候变暖（McAnena et al.，2013）。因此，理解降温对微生物群落的影响对于理解气候变化对生态系统的影响具有重要意义。本章基于山体垂直带自然梯度和“双向”移栽试验平台及不对称增温和放牧试验平台，深入开展了气候变化和放牧对土壤微生物群落结构和功能基因的影响研究，为我们系统了解微生物群落结构和功能对环境变化的响应过程及其机制提供了野外试验证据。

第一节　气候变化对土壤微生物结构和功能的影响

增温控制试验和利用海拔梯度模拟温度变化是研究原位土壤微生物对温度响应的两种主要方式，可以通过土壤向上或向下移栽来模拟气候变冷或变暖。移动土壤模拟气候变化的基本原理是：利用山体垂直带不同海拔之间的温度差异，以空间代替时间，采用移动土壤的方法模拟温度的变化。土壤移植试验能够研究天然的气候变化对土壤微生物群落的影响（Djukic et al.，2013；Lazzaro et al.，2011；Waldrop and Firestone，2006），基于海拔梯度的土壤移植试验是模拟温度变化的一种有效手段。

一、青藏高原高寒草甸原核微生物的海拔分布规律

2009年8月，我们在青海海北高寒草甸生态系统国家野外科学观测研究站(37°37′N, 101°12′E）开展了不同海拔完整土柱的“双向”移栽试验（图8-1）。试验站的地上植被

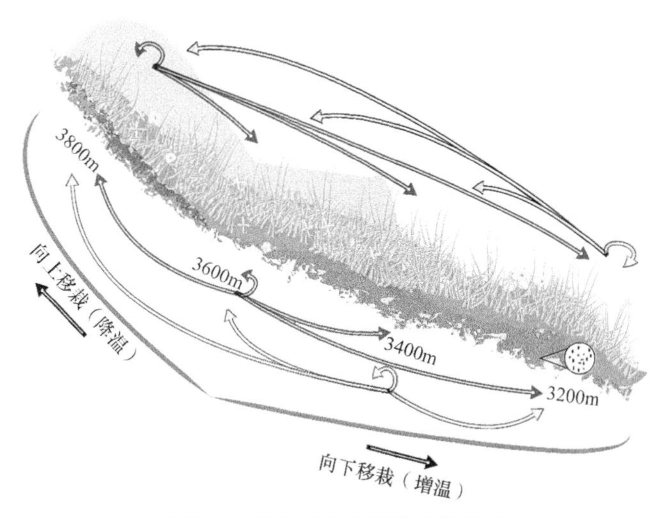

图8-1　海北站双向移栽试验设计

以嵩草、羊茅、早熟禾等高寒植物为主。我们于 2007 年将 4 个不同海拔（3200m、3400m、3600m 和 3800m）的 1m×1m×0.3m 土柱在 4 个不同海拔之间进行相互移植来模拟增温（向低海拔移植）或者降温（向高海拔移植）。在该试验平台上采集了 0～10cm 土壤，利用 16S rRNA 扩增子测序和功能基因分析等方法，研究了原核微生物结构和功能对气候变化的响应。

对自然条件下微生物的海拔分布规律的认识是厘清气候变化对土壤微生物影响的前提。为了更好地研究移栽试验对土壤微生物的影响，我们在 2009 年和 2015 年分别采集了 4 个海拔的原位土壤样品，利用高通量测序的方法分析了土壤原核生物群落的海拔分布特征（Li et al.，2022），结果表明，细菌的群落组成沿海拔梯度发生了显著变化（图 8-2A、B）。细菌群落主要由放线菌门（Actinobacteria）和变形菌门（Proteobacteria）组成，它们合计占整体群落相对含量的 50%以上（图 8-2B）。2009 年和 2015 年，古菌群落主要以奇古菌门（Thaumarchaeota）中的亚硝化球菌属（*Nitrososphaera*）为主，分别占整体原核生物群落的（2.4±0.29）%和（2.27±0.17）%。

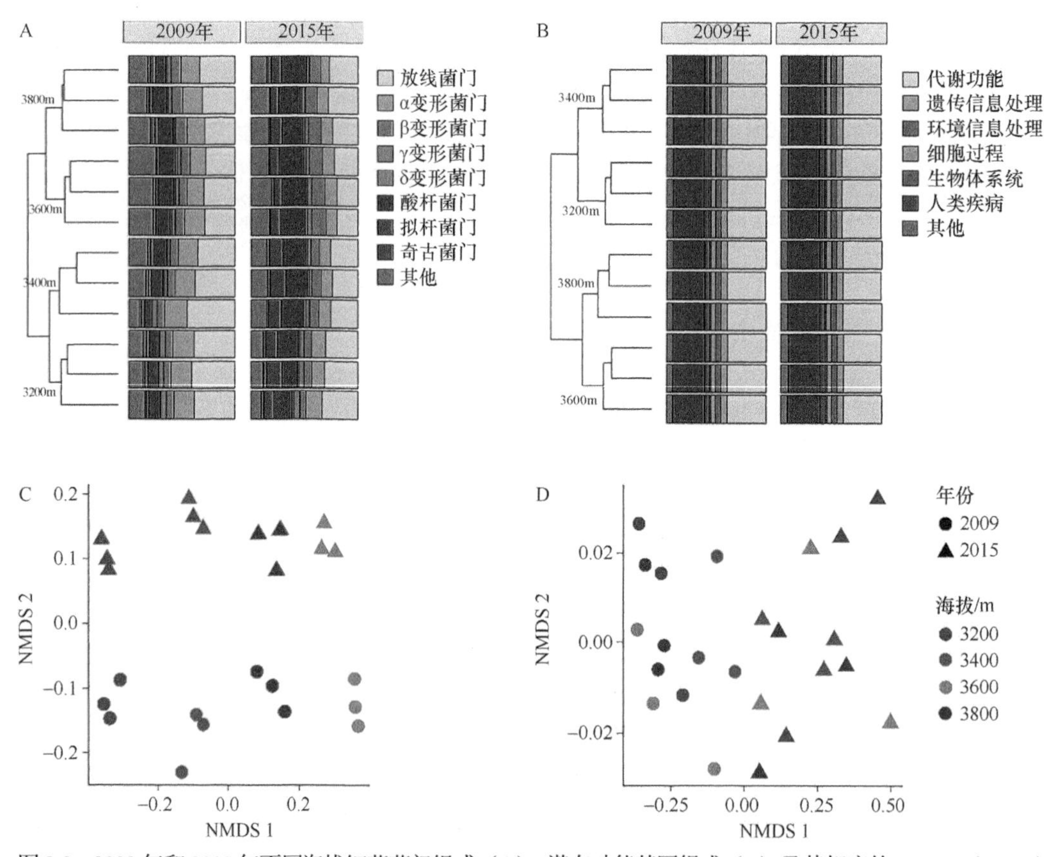

图 8-2　2009 年和 2015 年不同海拔细菌菌门组成（A）、潜在功能基因组成（B）及其相应的 NMDS（C，D）

我们发现（Li et al.，2022），放线菌门（Actinobacteria）和奇古菌门（Thaumarchaeota）的相对丰度随着海拔升高呈现出先减少后增加的模式，而酸杆菌门（Acidobacteria）和 δ-变形菌纲（Deltaproteobacteria）则表现出相反的模式（图 8-2）。此外，两年的

细菌 α 多样性特征（包括香农多样性、辛普森多样性和物种丰富度）没有随海拔变化表现出明显的规律（图 8-3）。

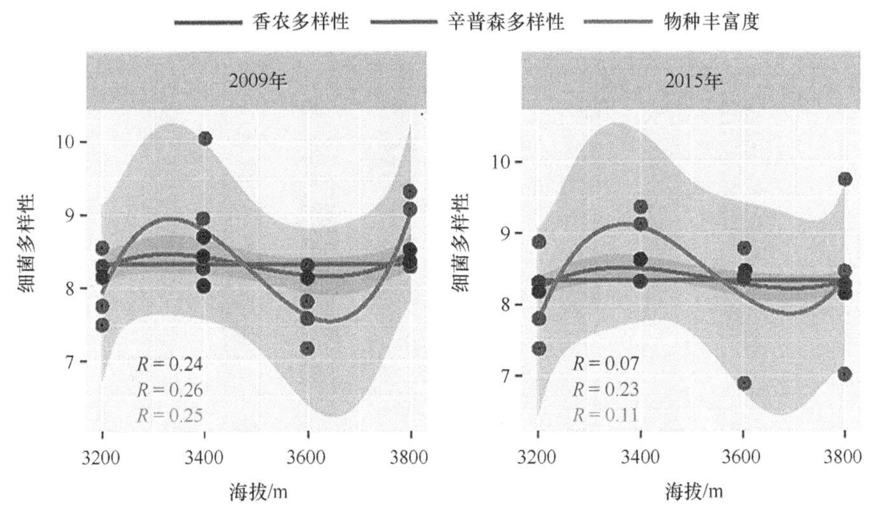

图 8-3　2009 年和 2015 年不同海拔细菌 α 多样性特征随海拔变化规律

通过随机森林回归分析，20 个 ASV 在 2 年内被确定为具有较高的海拔分异，其中一半属于放线菌（图 8-4）。放线菌门土壤红杆菌属（*Solirubrobacter*）的 ASV 被确定为在 2 年中海拔分布特征最明显的类群（图 8-4）。

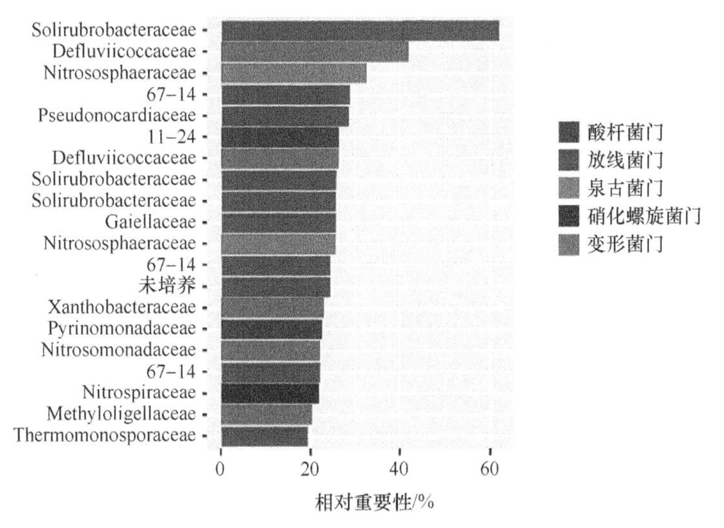

图 8-4　通过随机森林确定的随海拔变化最为显著的微生物类群

67-14、11-24 为微生物类群编号

理解微生物群落的构建机制对于理解微生物群落对气候变化的响应过程和机制具有非常重要的意义。因此，我们进一步分析了不同的生态学过程对各海拔土壤细菌群落组装的相对贡献（Li et al.，2022）。研究发现，细菌群落组装同时受随机过程和确定性过程控制，而不随海拔和试验年限改变（图 8-5）。2009 年，随机过程和确定性过程在

控制细菌群落组装方面的相对重要性分别为(46.7±5.84)%和(53.2±5.85)%（图 8-5A），2015 年的相应值分别为(48.1±2.4)%和(51.9±3.06)%（图 8-5A）。随机过程和确定性过程的重要性不随海拔或试验年份而改变（图 8-5A）。

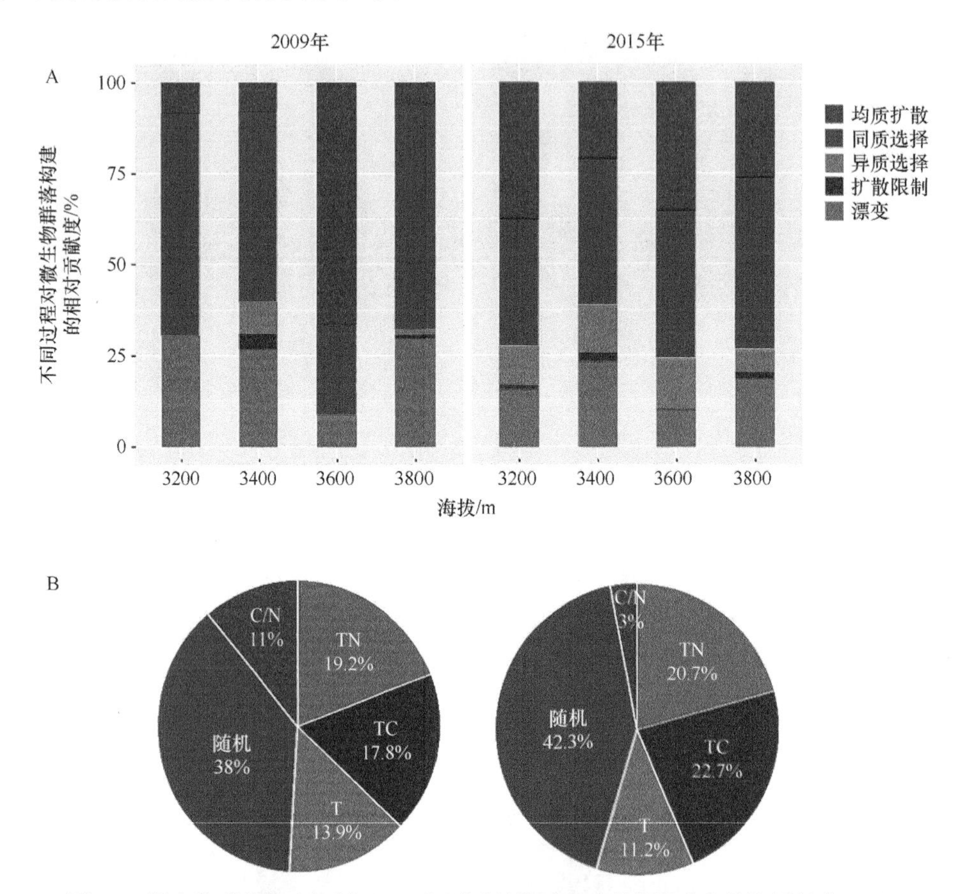

图 8-5　微生物群落构建机制（A）和不同环境因素对群落组成变异的解释度（B）

均质化扩散和漂移在细菌群落组装中比其他随机过程更重要，2009 年的平均相对重要性分别为(22.04±9.65) %和(23.33±3.63) %（图 8-5A）。同质选择是最重要的确定性过程，2009 年的平均相对重要性为(50.32±5.76) %（图 8-5A）。每个生态过程对细菌群落构建的重要性在不同海拔和年份保持不变（图 8-5A）。

为了进一步解析细菌群落确定性过程中不同环境因素的强度，我们使用物种群落的层次模型（HMSC）来量化不同环境因素对细菌群落变异的贡献。土壤养分特征，即土壤总碳和总氮含量，对这两年的细菌组成有较大影响，共同解释了细菌群落组成约一半的差异（图 8-5B）。海拔升高导致的温度变化分别解释了 2009 年和 2015 年细菌群落组成差异的(13.9±3.44)%和(11.16±2.13)%（图 8-5B）。2009 年和 2015 年，大约 38%和 42.3%的细菌群落组成差异可归因于随机过程，或者无法用测量的环境因素来解释（图 8-5B）。

二、温度变化对土壤原核微生物群落多样性的影响

移栽试验持续 3 年后，我们采集了所有处理的土壤样品，通过高通量测序分析了土壤原核生物的群落特征。主坐标分析（PCoA，图 8-6）表明，基于非加权 Unifrac 和加权 Unifrac 的排序结果相似，但加权方法所解释的原核微生物群落差异远远高于非加权方法，说明以气候为主的环境因子对微生物群落 β 多样性的影响主要体现在改变物种相对丰度（权重），而不是物种有无的变化。样本点在 PCoA 排序图上按照目标海拔聚集，而不是按照原始海拔聚集。PerMANOVA 分析表明，菌群结构在不同目标海拔之间存在显著差异，在不同原始海拔之间差异不显著。这说明土壤从其他海拔移植到目标海拔两年后，其土壤原核微生物群落结构与新海拔的对照趋同，与原始海拔趋异（Li et al.，2022）。

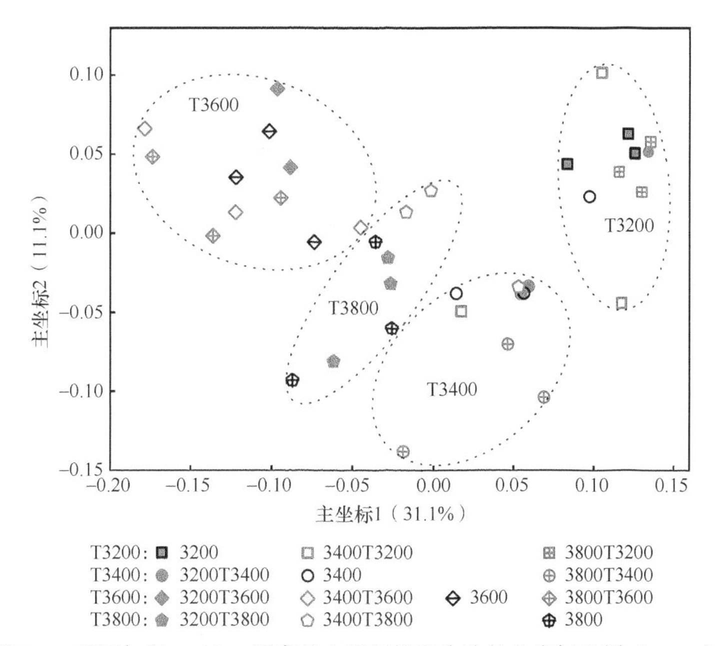

图 8-6　基于加权 Unifrac 距离的土壤原核微生物的主坐标分析（PCoA）

3200 表示海拔 3200m 对照样品，3200T3400 表示海拔 3200m 样品移栽到海拔 3400m。其他表述方法以此类推，后同

在 PCoA 图中，与海拔 3600m 相比，3400m 和地理距离更远的 3800m 样本之间的距离更近，也就是说，它们的群落差异要小于 3600m 和它们差异。这一现象可能有两个方面的原因：一是由于温度反转效应，海拔 3800m 处在 5～6 月的温度经常高于 3600m；二是海拔 3600m 处土壤含水率（10～20cm 深度）在植物生长季经常高于 3800m（Wang et al.，2014）。温度和水分的反转导致植被和土壤理化性质的改变，从而造成了土壤微生物群落结构在海拔 3600m 和 3800m 的反转。

在移植前，菌群 α 多样性指数（物种丰富度、香农多样性和均一度指数）都在海拔 3800m 的土壤中最高（表 8-1）。从海拔 3800m 移植到其他海拔后，香农多样性和均一度均发生显著下降；物种丰富度虽也下降，但两个指标各有不同，移植到 3200m 和 3600m 的 OTU 数目显著下降，移植到 3400m 的 Chao1 指数显著下降。其他原位海拔的土壤原

核微生物 α 多样性在移植前后几乎没有显著变化，仅海拔 3400m 移植到 3600m 的物种均一度显著下降。上述结果表明，α 多样性对温度变化的敏感性不如 β 多样性高（Rui et al.，2015）。

表 8-1　土壤原核微生物的 α 多样性指数的变化

海拔/m	OUT 数量	丰富度 Chao1 估测值	香农多样性指数	香农丰富度
3200	1328±13	3233±165	6.893±0.005	0.959±0.001
3200～3400	1331±32	3412±186	6.888±0.032	0.958±0.002
3200～3600	1299±38	3264±50	6.854±0.054	0.956±0.004
3200～3800	1316±238	3308±280	6.882±0.027	0.958±0.002
3400	1373±2	3616±136	6.944±0.013	0.961±0.002
3400～3200	1287±618	3278±299	6.831±0.066	0.954±0.003
3400～3600	1317±22	3483±209	6.860±0.022	0.955±0.002*
3400～3800	1345±10	3442±176	6.919±0.010	0.960±0.001
3800	1461±75	4480±719	7.034±0.074	0.966±0.003
3800～3200	1279±28*	3225±178	6.787±0.033*	0.949±0.002*
3800～3400	1319±21	3203±58*	6.856±0.030*	0.954±0.002*
3800～3600	1296±26*	3356±216	6.856±0.034*	0.957±0.002*

* 移植后的数据与原始海拔对照相比，二者存在显著差异（$P<0.05$）。

三、温度变化对土壤原核微生物相对丰度的影响

在该研究中（Rui et al.，2015），土壤原核微生物群落以变形菌门（Proteobacteria）、放线菌门（Actinobacteria）和酸杆菌门（Acidobacteria）为主，此外还有疣微菌门（Verrucomicrobia）、浮霉菌门（Planctomycetes）、厚壁菌门（Firmicutes）、硝化螺旋菌门（Nitrospirae）、奇古菌门（Thaumarchaeota）等。其中变形菌门以 α 纲为主，其次是 β、γ、δ 三个纲。我们发现大部分主要菌群对温度变化的响应具有对称性（图 8-7）。

当植被从海拔 3200m 向更高海拔移植时（模拟降温），γ-变形菌纲（以黄单胞菌目为主）和放线菌门（以放线菌目为主）的相对丰度显著降低，β-变形菌纲（以伯克氏菌目为主）的相对丰度则显著升高，δ-变形菌纲仅在移植到海拔 3600m 处显著升高（ANOVA $P<0.05$）。当从海拔 3800m 向更低海拔移植时（模拟增温），α-变形菌纲（以根瘤菌目为主）、γ-变形菌纲、放线菌门的相对丰度在海拔 3200m 处显著降低，β-变形菌纲的相对丰度在海拔 3200m 和 3600m 处显著升高，δ-变形菌纲则仅在海拔 3600m 处显著升高，移植到其他海拔没有显著变化。总体而言，增温提高了 γ-变形菌纲、放线菌门，降温提高了 β-变形菌纲和疣微菌门。在该区域海拔 3200m 的增温与降水改变双因子控制试验中（Zhang et al.，2016a），发现短期增温显著降低了 β-变形菌纲的相对丰度，与本研究结果一致。

不论土壤移自哪个海拔，在海拔 3600m 土壤中，δ-变形菌纲、酸杆菌门、硝化螺菌门的相对丰度显著高于其他海拔，放线菌门的相对丰度则在该海拔最低（图 8-7）。这一结果从物种丰度角度印证了上述海拔 3600m 和 3800m 群落结构由于部分月份温度和土

壤含水率发生反转的现象。

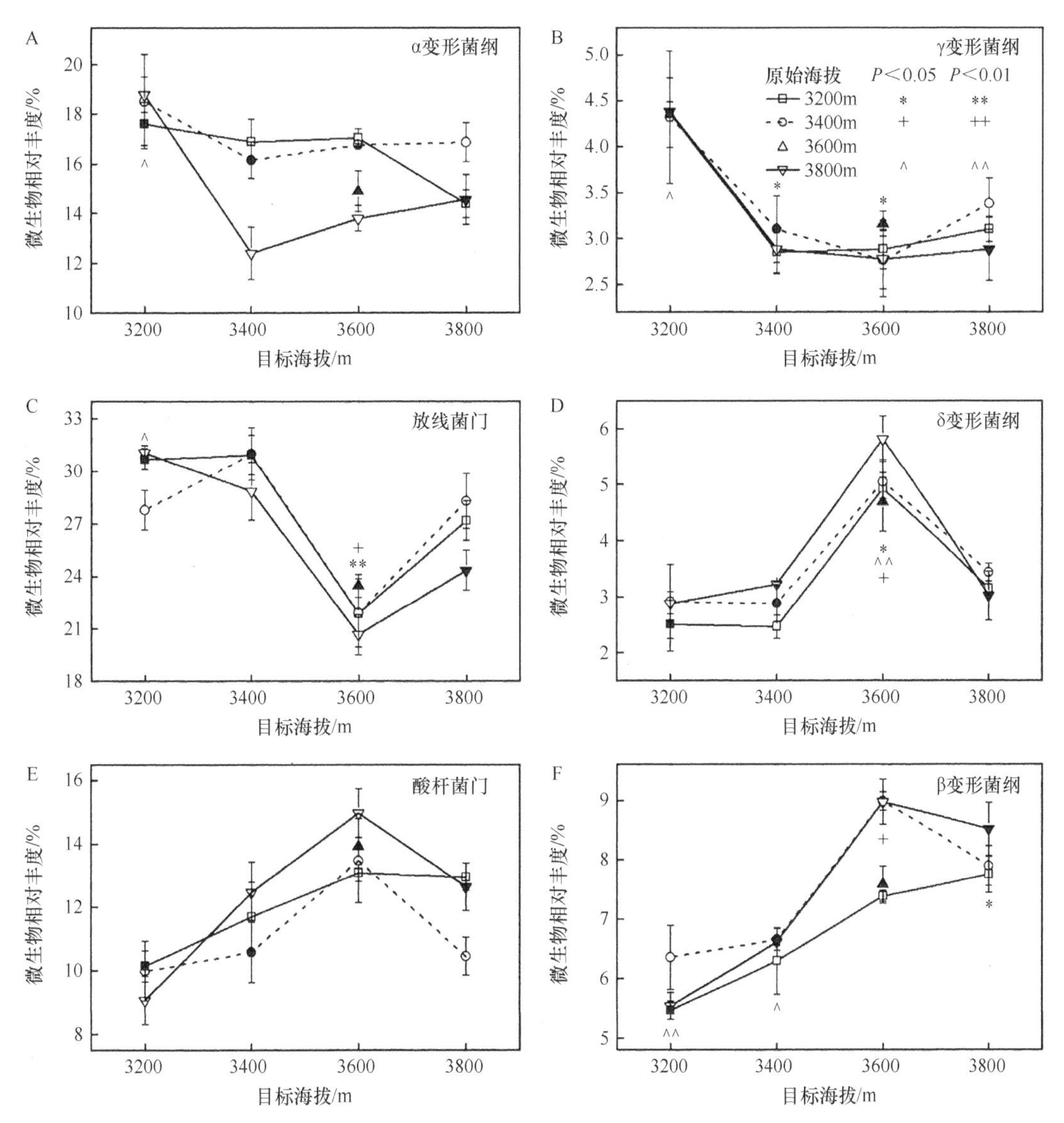

图 8-7 不同细菌类群相对丰度对移栽的响应

实心点表示原始海拔的对照，空心点表示移植到目标海拔的处理，误差线为标准误差

四、温度变化影响土壤原核微生物群落的机理

在该研究中，地上植被生物量、植被盖度、土壤 CO_2 和 N_2O 释放量均随着海拔升高而呈现下降趋势，与目标海拔的正相关性更显著（Spearman's $P<0.01$），说明温度是地上植被、土壤温室气体释放的重要影响因子，增温可能增强了土壤有机质降解、微生物异养型呼吸及反硝化过程（图 8-8）。土壤移植改变了一些土壤理化性质指标，如总有机碳（TOC）、全氮（TN）、pH 等，尽管这些指标也与温度显著正相关（$P<0.05$），但与原始海拔的相关性更强，而可利用氮（铵态氮、硝态氮）仅与原始海拔显著相关，说

明两年的移植还不足以将这些土壤理化指标变得更接近目标海拔，同化土壤可能需要更长的时间。

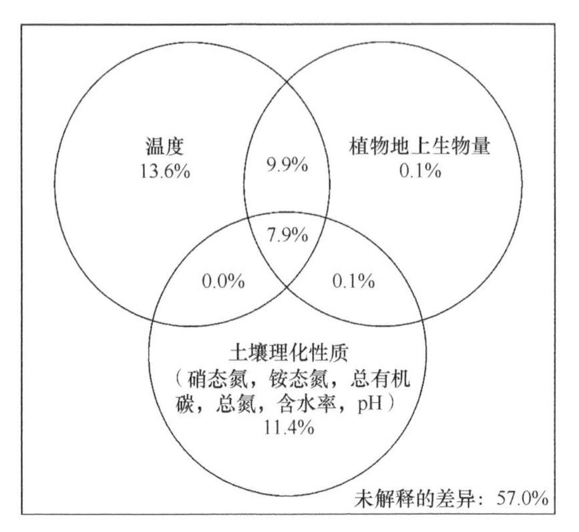

图 8-8 土壤微生物群落与环境因子的方差分解分析

Mantel 检验结果表明，温度是影响土壤微生物群落的最重要因子，其次是地上植被生物量，再次是一些土壤理化指标（如 TOC、土壤含水量、TN 等），可利用氮和土壤 pH 的影响不显著（表 8-2）。方差分解分析（variance partition analysis，VPA）结果表明，温度能单独解释 13.6%的菌群差异，远远高于其他环境因子，如地上植被生物量只能解释其变异的 0.1%，土壤理化性质能解释其变异的 11.4%。此外，温度还通过影响植被、土壤理化性质来间接影响土壤微生物群落，这部分间接解释量达到 17.8%，高于温度的直接影响（图 8-8）（Rui et al.，2015）。温度能直接影响高寒草甸地上植被的生长，并改变植物群落的物种组成（Wang et al.，2012），从而改变土壤碳输入的质量和数量，这些改变又会进一步改变土壤微生物群落结构（Fierer et al.，2007b；Goldfarb et al.，2011）。

表 8-2 环境因子与土壤原核微生物群落结构的 Spearman 相关性（Mantel 检验）

	土壤温度	地上生物量	NO_3^--N	NH_4^+-N	TOC	TN	含水量	pH
相关系数 ρ	0.567	0.331	0.057	–0.069	0.169	0.093	0.109	–0.017
P 值	0.0001	0.0001	0.186	0.856	0.002	0.026	0.025	0.594

在该研究检测到的 334 个原核微生物属中，与温度或植被生物量显著相关的属最多（$P<0.01$），达到 47 个，其中有 22 个属与温度和植被生物量都显著相关，如硝化螺菌属、酸杆菌门的主导属 Gp4 和 Gp6；*Pseudonocardia*、*Pirellula*、*Chitinophaga* 和 *Sphaerobacter* 这四个属仅与温度显著相关，与其他因素无关，它们可能受到温度的直接影响。这再次说明温度的间接影响（主要通过植物）比直接影响贡献更大。

温度影响微生物群落可能有三个重要机制：适应（acclimation）、进化（evolution）、物种重排（species sorting）（Bárcenas-Moreno et al.，2009）。适应通常是指生物个体在生理上适应环境因子的变化（Bradford et al.，2008）。如果是适应型机制为主，一方面需要温度的变化范围较小，另一方面通常只会引起个体或种群的较小变化（Leroi et al.，1994），整体群落是相对稳定的。本研究的温度变化范围为 0.91～4.05℃，导致主要菌群随温度改变的丰度变化较大，整个群落也发生了显著变化，因此适应可能不是本研究的主要机制。进化是物种基因型发生改变，通常需要长期的极端环境胁迫（Bárcenas-Moreno et al.，2009），并不适用于本研究的短期温度变化。因此，在本研究中，物种重排可能是土壤微生物对温度为主的气候变化响应的主要机制。变形菌、放线菌、酸杆菌等主要微生物类群能通过对丰度进行弹性调节来响应温度变化。

此外，我们发现放线菌门的红色杆菌属（*Rubrobacter*）、α-变形菌纲的土微菌属（*Pedomicrobium*）的相对丰度同时与土壤 N_2O 释放和温度呈显著正相关（$P<0.01$），这两个属的成员通常都能将硝酸盐还原为亚硝酸盐（Albuquerque et al.，2014；Gebers and Beese，1988）。因此，增温可能通过促进反硝化有关的菌群来提高反硝化速率，降温则相反。

本研究发现温度是影响高寒草甸土壤原核微生物群落结构和多样性的最重要因子，既有对菌群的直接影响，也有通过植被、土壤理化性质的间接影响。尽管有许多人工增温控制试验表明，短期单独增温对土壤微生物影响较小，增温与降水（干旱）、放牧等其他因子的交互影响更明显（Sheik et al.，2011；Tang et al.，2019；Zhang et al.，2016a），然而这与本研究并不矛盾，因为利用海拔模拟气候变化也有其他方面的因素（如水分、植被），尽管其直接影响远远小于温度。

五、温度变化对土壤原核微生物群落功能基因多样性的影响

为进一步解析微生物群落功能特征对气候变化的响应，我们利用基因芯片的方法分析了微生物群落功能特征（Yue et al.，2015）。基因芯片研究结果表明，向下移栽模拟增温后，土壤微生物功能多样性（包括香农多样性指数和辛普森多样性指数）总体上相比对照组显著（$P<0.003$）降低（表 8-3）。其中，在模拟增温组中，微生物功能基因的香农多样性指数和辛普森多样性指数分别降低了 1.96%和 16.48%。不相似性检验及趋势对应分析均显示增温组与相对应的对照组土壤微生物功能基因群落结构存在差异（$P<0.081$），说明微生物的功能基因组成也发生了较明显的改变（图 8-9）。与此类似，向上移栽模拟气候降温的结果同样表明移栽样品的微生物功能基因结构都与对应的原位明显分开，这进一步说明微生物功能基因结构在降温条件下也发生了明显变化（Wu et al.，2017）。

表 8-3　土壤下移模拟增温对功能基因多样性的影响

功能基因多样性	对照组	模拟增温组	*P* 值
香农多样性指数	10.570	10.363	0.003
辛普森多样性指数	38 881.830	32 474.650	0.001
香农均匀性指数	1.000	1.000	0.364
辛普森均匀性指数	0.993	0.994	0.177

注：显著性 *P* 值通过 *t*-检验计算得到。

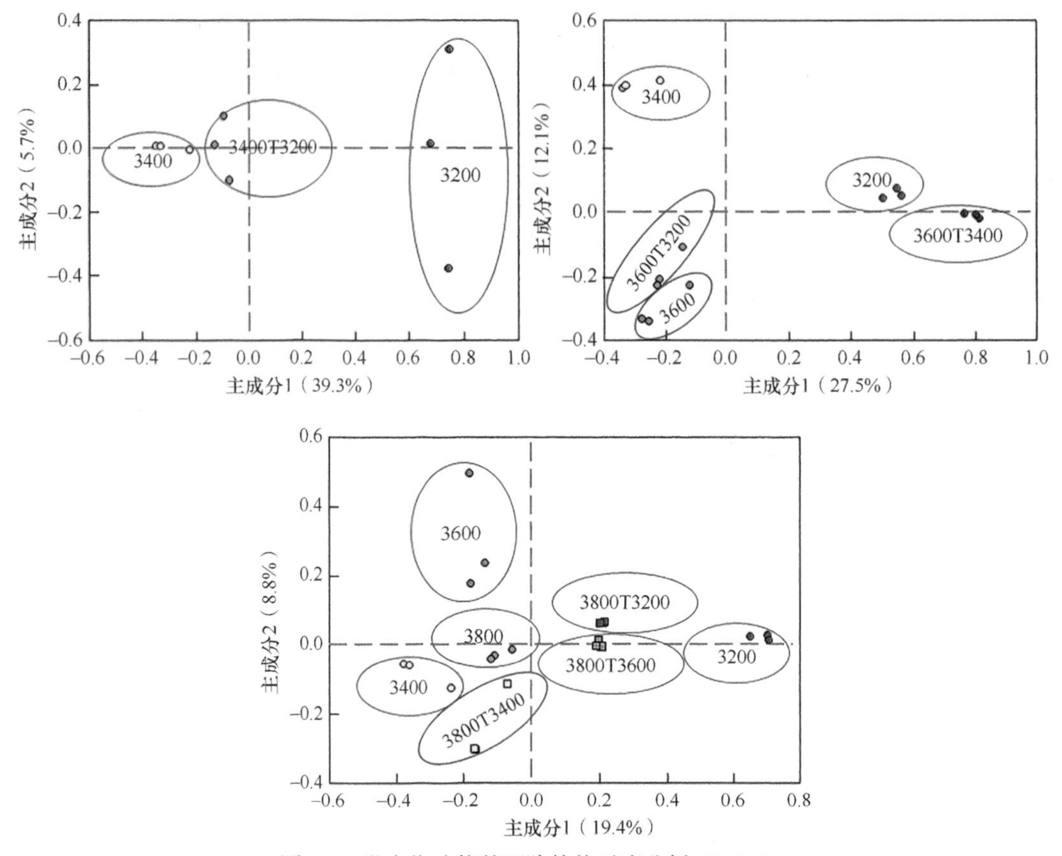

图 8-9　微生物功能基因除趋势对应分析（DCA）

进一步研究土壤与植物变量、温度及地理距离对微生物功能基因结构变化的影响，相关分析的结果表明，在模拟增温条件下，微生物功能基因结构与土壤和植物变量显著相关（$P<0.001$），而与地理距离或增温幅度均无显著关系（表 8-4）（Yue et al.，2015）。这可能是因为增加的植物生物量通过茎叶凋落过程导致易降解碳的输入增多，而微生物对外界环境的变化十分敏感，因此可能进一步改变了微生物功能基因结构，并使其对碳的利用从难降解碳转向易降解碳。此外，典范对应分析（canonical correspondence analysis，CCA）和方差分解分析（variance partitioning analysis，VPA）的结果表明，在模拟气候降温条件下，微生物功能基因结构的变化与环境因子的改变具有一致性（Wu et al.，2017）。如图 8-10 所示，所测得的环境因子一共能解释微生物功能基因结构变化的 63.6%左右，其中土壤微气候因子能单独解释 13.1%，土壤理化因子能解释 26.9%，植被因子能解释 13.1%。这与增温模拟试验表现出类似的规律，即土壤与植物变量对微生物功能基因结构有较高解释率。这可能是由于气候降温引起的植被变化直接影响了土壤中资源的可利用性，这进一步影响了土壤中的微生物功能基因结构。

表 8-4　三大变量对微生物群落结构的影响

	土壤与植物变量	温度	地理距离
R 值	0.417	−0.294	−0.310
P 值	0.001	1.000	1.000

注：相关系数 *R* 值与显著性 *P* 值通过 Mantel 检验计算得到。

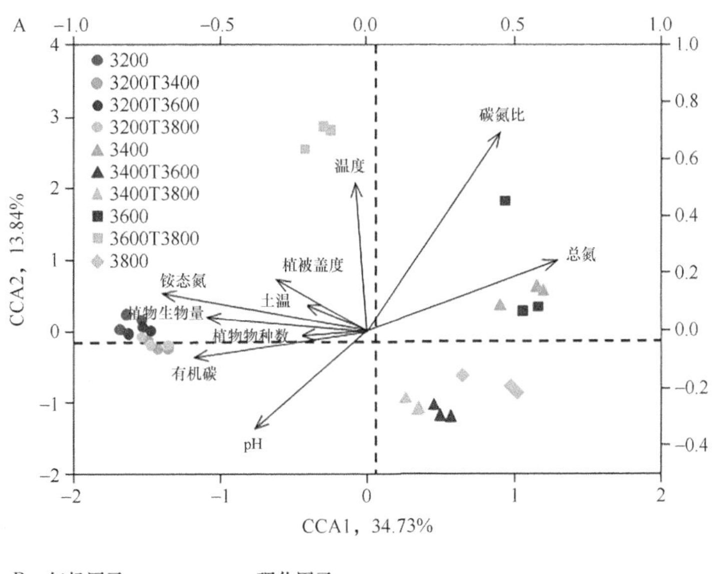

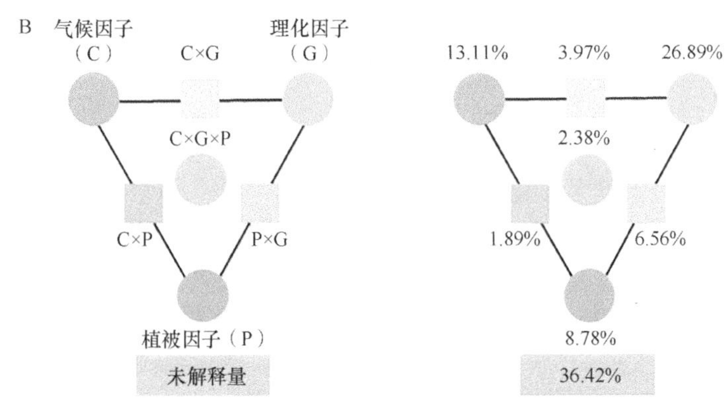

图 8-10　典范对应分析（CCA）和方差分解分析（VPA）

关于增温幅度对土壤微生物差异性的影响，可以通过微生物功能基因的 β 多样性指数（图 8-11）来表征，该指数可以直观地表征微生物功能基因结构的差异大小。有趣的是，增温幅度或者地理距离与微生物群落结构的差异性并不呈现明显的线性相关性，海拔变化较小的处理反而表现出更大的微生物功能基因结构的差异性（Yue et al.，2015）。例如，海拔 3800m 的土壤分别下移到海拔 3600m 和 3400m，下移到海拔 3600m 的土壤无论是地理距离还是增温幅度都比下移到 3400m 的土壤小，但是，同样与对照组海拔 3800m 的土壤微生物群落结构比较，下移到海拔 3600m 的土壤微生物群落结构差异性比下移到海拔 3400m 的土壤微生物群落结构差异性更大。与此类似，海拔 3600m 的土壤分别下移到海拔 3400m 和 3200m，下移到海拔 3400m 的土壤微生物群落结构差异性比下移到海拔 3300m 的土壤微生物功能基因结构差异性更大。该土壤下移模拟增温的试验结果与先前一项研究得出的结论一致，其同样表明增温幅度或者地理距离与微生物群落结构的差异性并不呈现明显的线性相关性（Xiong et al., 2014）。

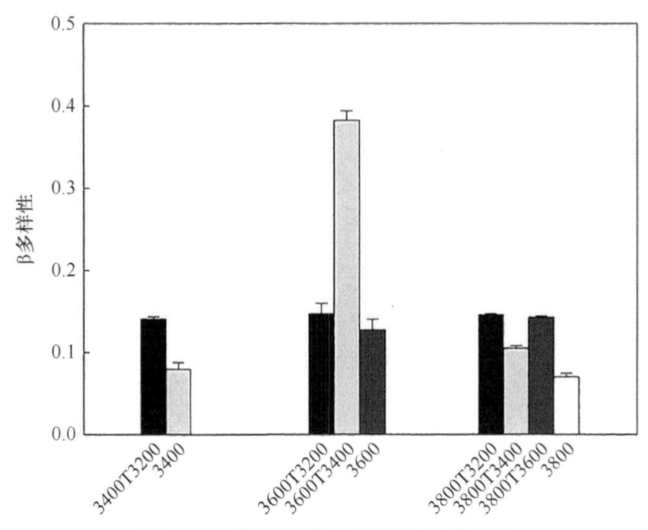

图 8-11　微生物的 β 多样性指数变化

六、温度变化对微生物碳氮循环功能基因的影响

1. 温度对氮循环功能基因的影响

利用基因芯片评估了模拟增温和降温对微生物功能基因的影响。结果表明，氮循环基因的相对丰度在土壤下移模拟增温后显著降低（$P<0.05$）（Yue et al., 2015）。但是，具体的氮循环基因对模拟增温响应各不相同，例如，基因 *ureC* 的相对丰度增加而基因 *gdh* 的相对丰度降低。这两种基因相对丰度变化的共同效应可能导致尿素氨氧化及土壤氮的矿化作用，因为基因 *ureC* 编码的蛋白质能将尿素转化为氨氮，而基因 *gdh* 编码的蛋白质能将 α-酮戊二酸和氨氮转化为谷氨酸。此外，还观测到模拟增温导致的反硝化基因 *narG* 相对丰度的提高，以及氮固定基因 *nifH* 相对丰度的降低。

在模拟降温条件下，降温显著抑制了氮循环中氨氧化酶编码基因 *amoA* 以及反硝化过程中将 NO 转化为 N_2O 的酶编码基因 *norB*（图 8-12）（Wu et al., 2017），该结果说明降温可能抑制了土壤中的氮转化过程。

2. 温度对碳循环功能基因的影响

对于碳循环基因来说，土壤下移模拟增温后，碳循环基因的相对丰度也随之降低（Yue et al., 2015），这反过来促进了土壤总有机碳含量的上升。这些相对丰度下降的碳降解基因主要包括与降解纤维素相关的纤维二糖酶（cellobiase）和外切葡聚糖酶（exoglucanase）编码基因、与降解半纤维素相关的甘露聚糖酶（mannanase）编码基因，以及与降解几丁质相关的乙酰氨基葡萄糖苷酶（acetylglucosaminidase）、内切几丁质酶（endochitinase）和外切几丁质酶（exochitinase）编码基因（图 8-13）。在碳降解的难易程度上，一般认为纤维素和几丁质难降解，半纤维素较难降解，因此，上述结果说明土

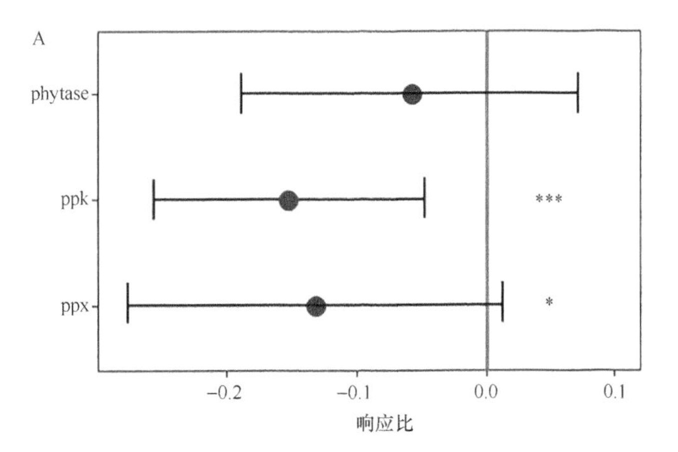

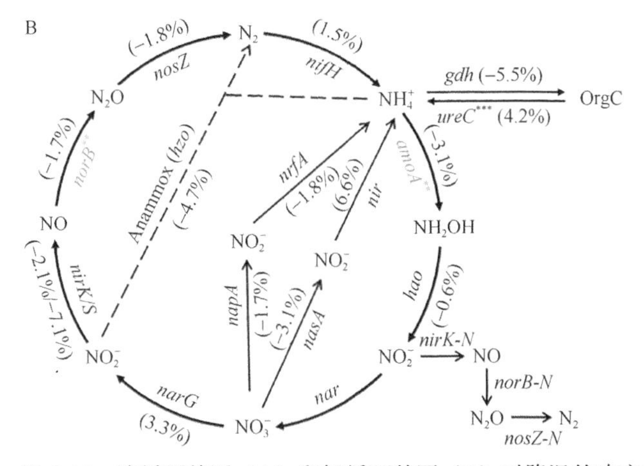

图 8-12 磷循环基因（A）和氮循环基因（B）对降温的响应

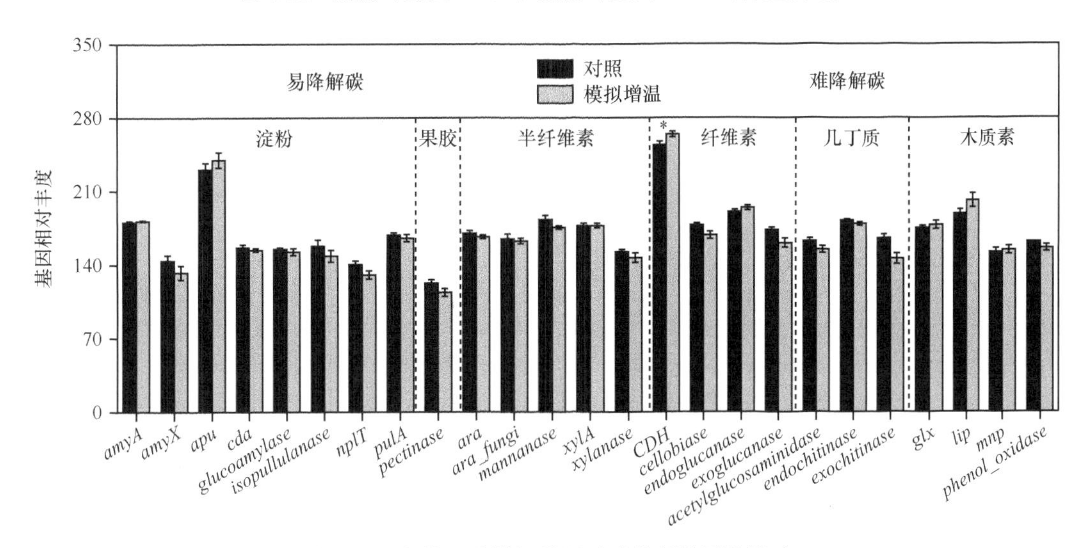

图 8-13 土壤下移模拟增温对碳降解基因的影响

壤下移模拟增温过程中主要抑制了能够降解难降解碳的基因，而非抑制能够降解易降解碳的基因。同样地，与甲烷产生相关的基因 ***mcrA*** 的相对丰度、与甲烷氧化相关的基因

pmoA 和 *mmoX* 的相对丰度在模拟增温后也均发生了显著降低（$P<0.05$），而大部分的碳固定基因的相对丰度却保持不变。除了基因 *pcc* 的相对丰度显著提高外，基因 *pcc* 编码的蛋白质 Propionyl-CoA carboxylase 能通过结合碳酸氢根离子产生硫-甲基丙二酸单酰-辅酶 A（*S*-methylmalonyl-CoA），表明该过程是微生物在模拟增温条件下偏向的碳固定通路；其中，变化的基因 *pcc* 主要来自放线菌门、芽孢杆菌门和变形菌门 α 亚群。

在模拟降温条件下，编码易降解碳分解酶的一些功能基因的相对丰度发生了显著的下降，包括降解淀粉的 *apu*、*cda* 和 glucoamylase 基因，以及降解半纤维素的 *xylA* 和 mannanase 基因（Wu et al.，2017）。而大部分编码难降解碳分解酶的基因，如降解芳烃和木质素的基因在降温条件下保持不变，这可能意味着难降解碳的分解活动在降温条件下持续进行。

3. 温度对其他功能基因的影响

压力基因中的冷激基因对于适应高寒环境的周期性严寒来说十分重要。在土壤下移模拟增温后，冷激基因 *cspA*、*cspB*、*desR* 和 *desK* 的相对丰度均显著降低，说明高寒草原的冷压力被下移模拟的增温过程抵消了一部分。其中，变化的冷激基因主要来自放线菌门、厚壁菌门和变形菌门。此外，对磷限制敏感的压力基因 *phoAB*、*pstABC* 和对氮限制敏感的压力基因 *glnR* 在模拟增温后也发生了下降。模拟降温则显著抑制了磷循环相关的基因，包括磷循环中多磷酸激酶编码基因 *ppk* 和多磷酸外切编码基因 *ppx*。

第二节　增温和放牧对土壤细菌组成与功能的影响

放牧是草地利用和人为干扰的主要形式，对草地植物群落特征、土壤理化性质和微生物群落特征有很大的影响。放牧过程中家畜通过选择性采食改变群落物种组成，导致植物群落结构、功能及物种多样性发生变化；家畜的踩踏和排泄同样会对植物群落造成影响，使草地群落生物量降低和物种减少，进而导致草地退化。在气候变化情形下，放牧将依然是草地生态系统的主要利用方式。气候变化和人类活动事实上同时作用于天然草地，只单独研究一个因子的效应，很难预测未来情景下生态系统可能发生的变化。因此，探究放牧和气候变化协同作用对土壤微生物的影响，对于揭示气候变化情形下放牧草地微生物结构和功能变化具有重要意义。

在高寒草甸生态系统中，放牧放大了空气和土壤温度对增温的响应（Klein et al.，2005），但放牧通过对植物的采食作用降低了增温对植物群落生产力和群落结构的效应（Klein et al.，2007；Post and Pedersen，2008）。另外，增温通过增加植物高度、地上生物量和植物生长状态抵消了放牧对高寒草甸植物群落的影响（Zhang et al.，2015）。但是，增温和放牧的交互效应如何影响土壤微生物群落结构和功能尚缺乏研究。利用增温放牧平台研究发现，在 2008 年和 2009 年，不放牧条件下，增温使地上净初级生产力（ANPP）增加了 67.3%和 41.7%，而在放牧条件下只增加了 18.8%和 20.0%（Wang et al.，2012）。2008 年，与对照相比，放牧使 ANPP 增加了 14.8%，而增温放牧处理使 ANPP 增加了 18.2%（Wang et al.，2012）。考虑到植物地上和地下部分的关联性，增温和放牧的交互效应可能对地下碳氮循环功能微生物也有显著的效应。此外，与对照相比，增温可能通过促进植物生长、增加易利用碳氮库（Rui et al.，2011）、加速凋落物分解（Luo et al.，2010）而抵消放牧对土壤微生物的不利影响。

一、增温和放牧对土壤细菌群落结构与多样性的影响

2009 年增温和放牧试验持续 3 年后，我们采用高通量测序技术量化了表层土壤（0～10cm）微生物群落的变化，以探究未来气候变暖和放牧同时发生时，土壤微生物结构的响应（Li et al.，2016）。总体上，细菌分类学 α 多样性（香农-维纳多样性）在不增温不放牧（NWNG）、不增温放牧（NWG）、增温不放牧（WNG）和增温放牧（WG）4 个处理间没有显著差异（图 8-14）。

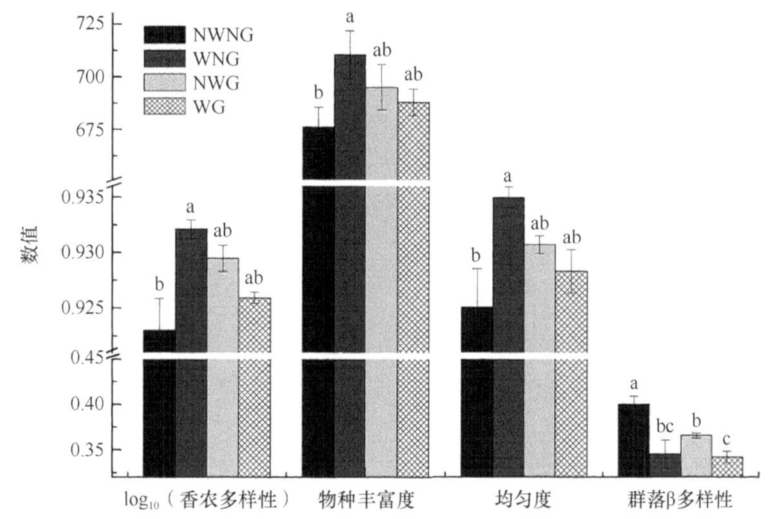

图 8-14 不同处理对土壤细菌 α 多样性（香农多样性和 Faith 系统发育多样性）和群落 β 多样性的影响
NWNG：不增温不放牧；NWG：放牧；WNG：增温；WG：增温放牧。不同小写字母表示差异显著（$P<0.05$）

增温不放牧处理的细菌分类学 α 多样性最高，其次是不增温放牧和不增温不放牧处理。与不增温不放牧相比，增温放牧处理对细菌分类学 α 多样性没有显著影响（图 8-14 和表 8-5）。增温不放牧处理下细菌系统发育 α 多样性最高（即 Faith 系统发育多样性），其次是不增温放牧、增温放牧和不增温不放牧处理。系统发育 α 多样性仅在增温不放牧和不增温不放牧之间存在显著差异（图 8-14）。方差分析结果表明，单独增温或放牧都不会显著影响土壤细菌的 α 多样性，但它们的交互作用显著改变了细菌的 α 多样性（表 8-5）。

表 8-5 增温（W）和放牧（G）对细菌群落多样性的影响

		模型	W	G	W×G
α 多样性	香农多样性	F	1.20	0.12	11.47
		p	0.30	0.74	＜0.01
	Faith 的系统发育多样性	F	0.10	0.16	3.67
		p	0.76	0.70	0.09
β 多样性	分类学差异	F	18.91	0.70	6.18
		p	＜0.01	0.07	0.14

续表

		模型	W	G	W×G
β 多样性	系统发育差异	F	5.26	1.73	0.004
		p	0.05	0.22	0.95

注：细菌 α 多样性计算为香农多样性和 Faith 系统发育多样性。细菌 β 多样性为每个处理中的平均成对群落差异。Bray-Curtis 和加权 UniFrac 距离矩阵分别用于分类和系统发育群落差异分析。F 和 p 分别表示 ANOVA 结果和统计显著性的 F 值和 p 值。

细菌群落主要类群是放线菌门（Actinobacteria），其次是变形菌门（Proteo- bacteria）和酸杆菌门（Acidobacteria）（图 8-15）。这与之前报道的北美高草草原中的土壤细菌分布非常相似。除了放线菌和硝化螺旋菌门（Nitrospirae）外，4 种处理中菌门的丰度在不同处理间没有显著差异（P>0.05）（图 8-15）。与增温不放牧和不增温放牧相比，增温放牧显著增加了放线菌的相对丰度（图 8-15）。与不增温不放牧、不增温放牧和增温放牧相比，不增温放牧处理硝化螺旋菌门的相对丰度更高（图 8-15）。响应比分析显示，与不增温不放牧相比，增温不放牧和不增温放牧中细菌类群的响应趋势相似（图 8-16）。变化最大的种群来自放线菌门和变形菌门（图 8-16）。

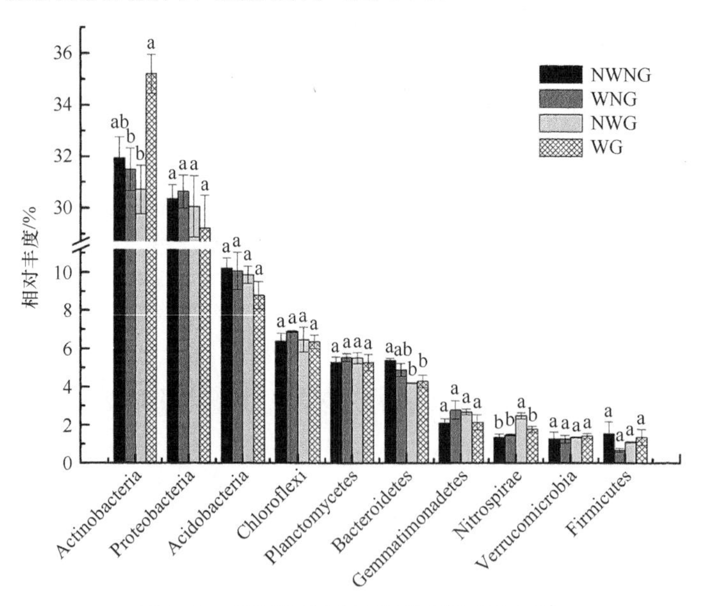

图 8-15 不同处理对细菌群落组成的影响

Actinobacteria，放线菌门；Proteobacteria，变形菌门；Acidobacteria，酸杆菌门；Chloroflexi，绿弯菌门；Planctomycetes，浮霉菌门；Bacteroidetes，拟杆菌门；Gemmatimonadetes，芽单胞菌门；Nitrospirae，硝化螺旋菌门；Verrucomicrobia，疣微菌门；Firmicutes，厚壁菌门。NWNG：不增温不放牧；NWG：不增温放牧；WNG：增温不放牧；WG：增温放牧。不同小写字母表示差异显著（P<0.05）

方差分析结果显示，仅增温（P<0.1）有改变放线菌门和硝化螺旋菌门相对丰度的趋势。单独放牧显著改变了拟杆菌门和硝化螺旋菌门的相对丰度。增温和放牧对放线菌门、硝化螺旋菌门和 δ-变形菌的相对丰度存在显著的交互作用。放牧条件下放线菌门和硝化螺旋菌门对增温的响应模式与非放牧条件下的相反（图 8-16）。

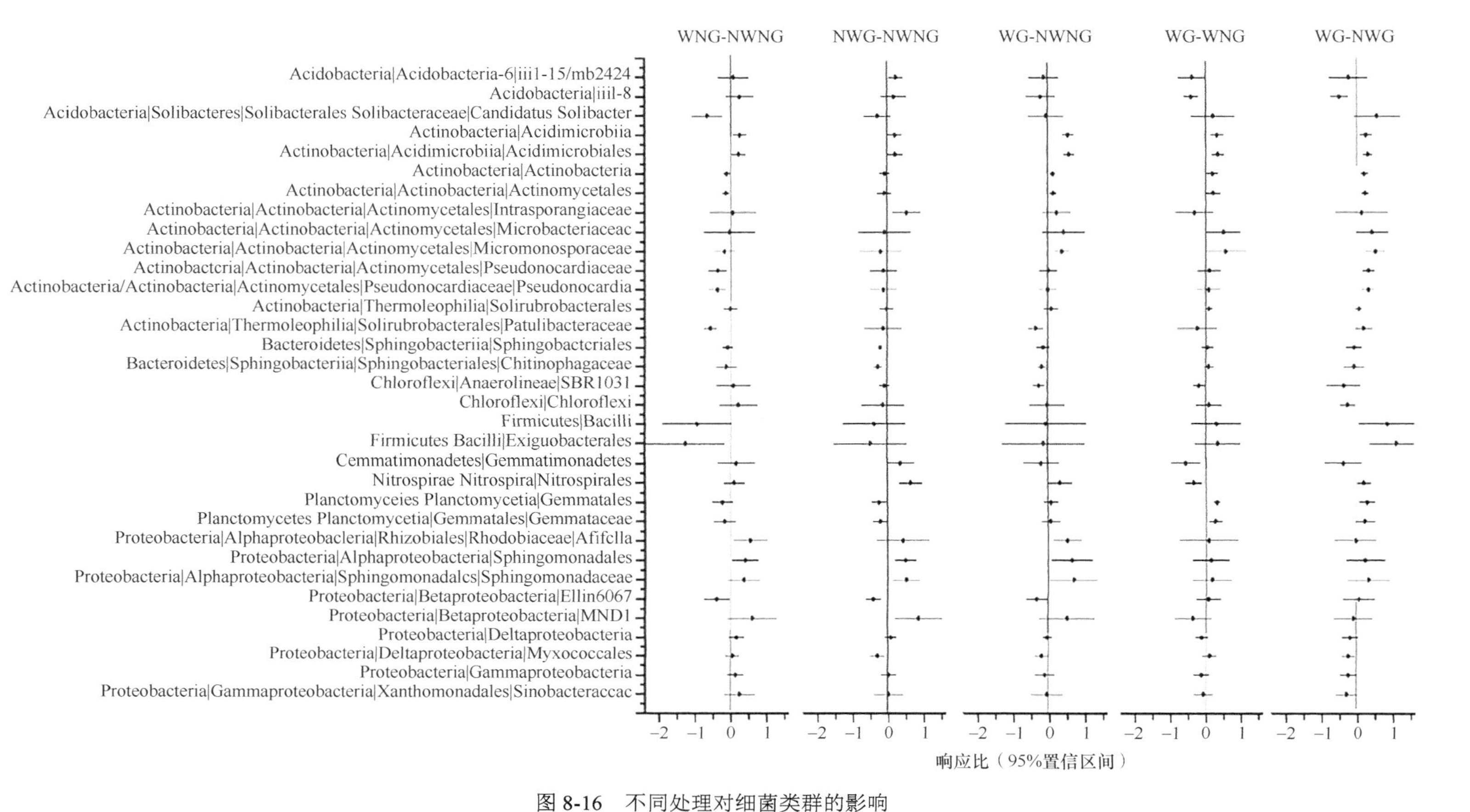

图 8-16　不同处理对细菌类群的影响

NWNG：不增温不放牧；NWG：不增温放牧；WNG：增温不放牧；WG：增温放牧

通过相关分析发现三个土壤化学变量（总有机碳、全氮、全磷）、两个植被变量（植物物种丰富度和地下生物量）和两个土壤物理变量（土壤温度和水分）与细菌的群落结构关系密切。NMDS 分析表明，土壤化学变量和水分与细菌群落组成显著相关（图 8-17）。

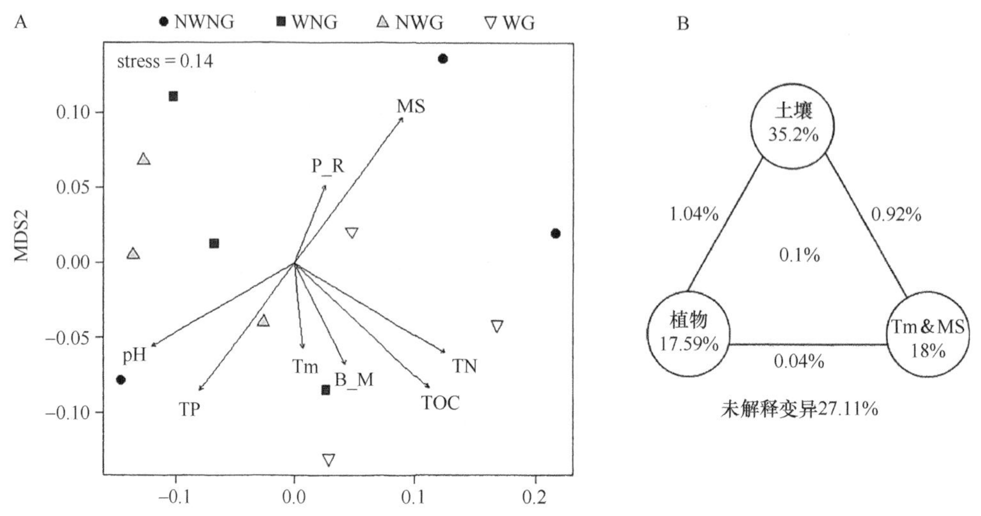

图 8-17　不同处理间细菌类群的组成特征（A）和群落组成变异的方差分解分析（B）

NWNG：不增温不放牧；NWG：不增温放牧；WNG：增温不放牧；WG：增温放牧。TOC：土壤总有机碳；TN：土壤全氮；TP：土壤全磷；P_R：植物物种丰富度；MS：土壤湿度；Tm：土壤温度；B_M：植物地下生物量。方差分解分析中，土壤指标包括 pH、TOC、全氮和全磷；植物包括物种丰富度和地下生物量；Tm & MS 表示土壤温度和湿度。stress 为应力系数，是统计学中降维分析的一个指标，其范围为 0~1，stress<0.20 表示拟合合格。后同

为了更好地了解每个环境变量对细菌群落组成的影响程度，我们进行了方差分解分析（VPA）。结果表明，超过 30%的细菌群落变化可以用土壤化学变量来解释；此外，植物和土壤物理变量都可以解释超过 10%的细菌群落组成变异（图 8-17B）。总的来说，超过 70%的细菌群落变异可以用植物和土壤变量来解释（Li et al.，2016）。

二、增温和放牧对土壤微生物功能的影响

2009 年增温和放牧试验持续 3 年后，我们采用 Geochip 技术量化了表层土壤（0～10cm）微生物碳氮循环功能基因的变化，以探究未来气候变暖和放牧同时发生时土壤微生物功能的响应（Tang et al.，2019）。基因分析共检测到 3296 个基因，分布于 224 个基因家族中。增温和放牧的主效应对功能基因的丰富度、香农多样性指数（H）和反辛普森多样性指数（1/D）等 α 多样性指数均没有显著的影响，但两者交互效应对这些指标影响显著，且是拮抗性的（图 8-18）。与不增温不放牧处理相比，不增温放牧处理显著增加了基因的丰富度和反辛普森指数，但放牧增温处理则没有改变这两个指标（图 8-18）。

基于功能基因组成的排序分析发现，不增温放牧与不增温不放牧处理的群落在 NMDS 图上是明显分开的，然而增温不放牧和增温放牧两个处理均与不增温不放牧处理没有明显分开。进一步采用基于 Bray-Curtis 的 Adonis 检验对群落结构差异进行分析也支持上面的结果。不增温放牧和不增温不放牧处理之间存在显著差异（P=0.046），但增温不放牧与不增温不放牧处理之间没有显著差异（P=0.058），增温放牧处理与不增温不

放牧处理之间也没有显著差异（P=0.676）（图 8-19）。Adonis 检验结果还表明，增温和放牧的交互作用对土壤微生物整体功能结构影响显著（P=0.004），而增温或放牧的主效应影响不显著（表 8-6）。

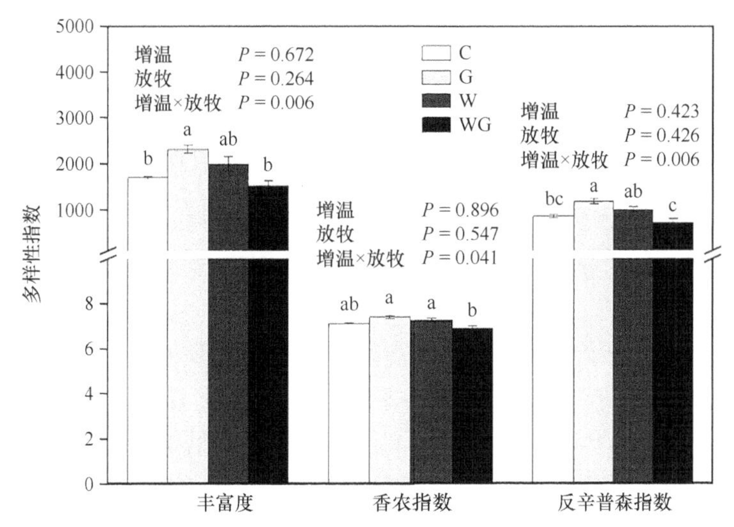

图 8-18　不同处理对功能基因多样性指数的影响

NWNG：不增温不放牧；NWG：不增温放牧；WNG：增温不放牧；WG：放牧增温；
不同小写字母不同代表处理间有显著差异（P<0.05）

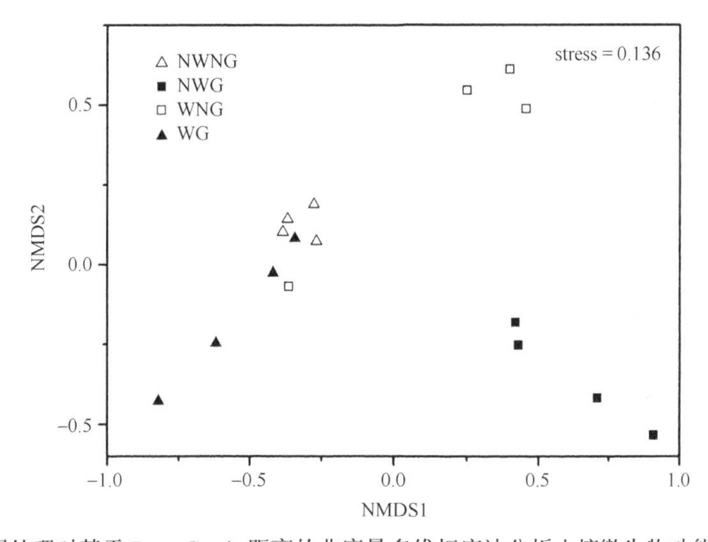

图 8-19　不同处理对基于 Bray-Curtis 距离的非度量多维标度法分析土壤微生物功能群结构的影响

NWNG：不增温不放牧；NWG：不增温放牧；WNG：增温不放牧；WG：放牧增温

表 8-6　不同处理对两维 ANONIS 差异分析的功能基因的影响

		R^2	F 值	P 值
主效应和交互效应	增温	0.067	0.987	0.454
	放牧	0.066	0.989	0.386
	增温×放牧	0.146	0.178	0.004**
配对比较	NWNG-NWG	0.252	2.496	0.046**

续表

		R^2	F 值	P 值
配对比较	NWNG-WNG	0.265	2.393	0.058*
	NWNG-WG	0.153	0.867	0.676
	WNG-WG	0.194	1.742	0.124
	NWG-WG	0.214	1.862	0.091*
	WNG-NWG	0.211	0.241	0.122

**P<0.05，*P<0.1。

在检测到的 21 个碳降解基因中，增温的主效应显著降低了分解淀粉的新普鲁兰酶II（nplT II）编码基因、分解半纤维素的甘露聚糖酶编码基因和分解木质素的乙二醛氧化酶（glx）编码基因等 3 个基因丰度（表 8-7）。放牧的主效应对所有碳分解基因均没有显著影响（表 8-7）。增温和放牧的拮抗性相互作用显著影响以下基因：分解淀粉的 α-淀粉酶（amyA）和支链淀粉酶（pulA）编码基因；分解半纤维素的甘露聚糖酶（mannanase）和木聚糖酶（xylanase）编码基因；降解纤维素的纤维二糖脱氢酶（CDH）编码基因；分解几丁质的乙酰氨基葡萄糖苷酶（acetylglucosaminidase）编码基因；分解木质素的乙二醛氧化酶（glx）和锰过氧化物酶（mnp）编码基因（表 8-7）。增温和放牧显著协同相互作用仅在淀粉分解的新普鲁兰酶 II（nplT II）编码基因中观测到（表 8-7）（Tang et al.，2019）。

表 8-7　增温放牧的主效应、单一效应、交互效应（95%置信区间）和交互作用类型

响应变量		放牧主效应（P 值）	增温主效应（P 值）	放牧单一效应	增温单一效应	增温放牧交互效应	下 95%置信限	上 95%置信限	交互作用类型
多样性指数	丰富度	0.267	0.673	2.11	1.39	−3.41	−5.70	−1.13	拮抗
	香农指数（H）	0.538	0.897	1.43	1.08	−2.45	−4.59	−0.32	拮抗
	反辛普森指数（1/D）	0.520	0.463	2.08	1.29	−3.63	−5.96	−1.30	拮抗
碳循环基因信号强度	pcc	0.215	0.013	2.00	0.12	−1.41	−2.46	−0.36	拮抗
	amyA	0.246	0.129	1.69	0.45	−1.17	−2.21	−0.13	拮抗
	nplT	0.358	0.012	1.74	−0.03	−1.30	−2.31	−0.30	协同
	pulA	0.714	0.446	0.83	0.64	−0.99	−2.03	−0.04	拮抗
	mannanase	0.308	0.013	2.24	0.46	−1.76	−2.83	−0.70	拮抗
	xylA	0.877	0.066	1.04	0.07	−0.97	−2.00	0.07	—
	xylanase	0.130	0.102	2.68	1.16	−1.95	−3.03	−0.87	拮抗
	CDH	0.532	0.678	1.81	1.33	−1.52	−2.58	−0.46	拮抗
	acetylglucosaminidase	0.688	0.284	1.21	0.52	−1.02	−2.06	−0.01	拮抗
	glx	0.279	0.028	1.62	0.00	−1.11	−2.15	−0.07	拮抗
氮循环基因信号强度	mnp	0.903	0.966	1.12	1.19	−1.17	−2.21	−0.13	拮抗
	NirB	0.907	0.274	1.33	1.01	−1.47	−2.52	−0.41	拮抗
	napA	0.218	0.884	2.02	0.92	−1.27	−2.31	−0.22	拮抗
	hzo	0.722	0.454	1.25	0.60	−1.00	−2.06	0.01	—
	narG	0.448	0.258	0.84	0.70	−0.81	−1.84	0.22	—
	nirK	0.186	0.113	1.69	0.55	−1.10	−2.14	−0.06	拮抗
	norB	0.554	0.280	1.89	1.03	−1.84	−2.91	−0.76	拮抗
	nosZ	0.009	0.043	1.79	1.21	−1.48	−2.53	−0.42	拮抗

与不增温不放牧处理相比，只有不增温放牧处理显著增加了碳降解基因的丰度，包括：参与淀粉分解的 α-淀粉酶（amyA）编码基因、葡糖淀粉酶编码基因、新普鲁兰酶II（nplT II）编码基因；参与半纤维素分解的甘露聚糖酶（mannanase）编码基因、木糖异构酶编码基因（xylA）；降解纤维素的纤维二糖脱氢酶（CDH）编码基因；用于几丁质降解的乙酰氨基葡萄糖苷酶和内切壳多糖酶编码基因；用于降解木质素的乙二醛氧化酶（glx）编码基因（图 8-20B）。与对照相比，增温不放牧和增温放牧处理并没有显著改变碳降解基因的丰度（Tang et al.，2019）。

对于碳固定基因，增温和放牧之间的拮抗性相互作用显著地影响了丙酰辅酶 A 羧化酶（PCC）编码基因的丰度，增温的主效应显著降低了 PCC 丰度，而放牧主效应对 PCC 丰度无显著影响（表 8-7）。不增温放牧处理显著增加了 PCC 的相对丰度，而增温不放牧和增温放牧处理对它们没有显著影响（图 8-20A）。

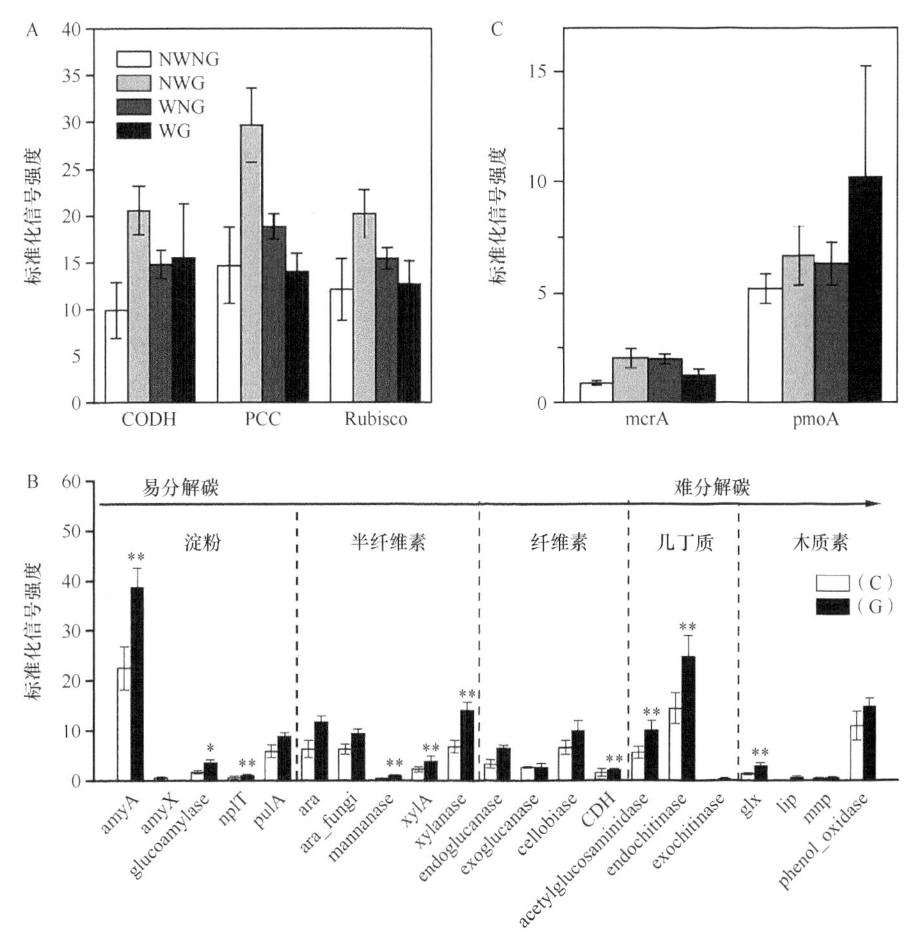

图 8-20 不同处理对 CO_2 固定（A）、碳分解（B）、甲烷产生和氧化（C）功能基因的标准化信号强度的影响

NWNG：不增温不放牧；NWG：不增温放牧；WNG：增温不放牧；WG：增温放牧；*和**分别表示处理效应在 0.05 和 0.01 水平上显著

研究检测到两个参与甲烷代谢的基因，包括产甲烷的甲基辅酶 M 还原酶（mcrA）

编码基因和甲烷氧化的甲烷单加氧酶（pmoA）编码基因，但 pmoA 和 mcrA 的丰度不受增温或放牧主效应及其互作效应的影响（图 8-20C）。

增温的主效应显著降低了氧化亚氮还原酶编码基因 *nosZ*（表 8-7）和氨单加氧酶 α 亚基编码基因（*amoA*）丰度（P=0.031），而放牧的主效应显著增加了 *nosZ* 基因丰度（表 8-7）。增温和放牧之间的交互效应对于同化氮还原酶编码基因（*nirB*）、异化氮还原酶编码基因（*napA*）和反硝化酶基因（*nirK*、*norB* 和 *nosZ*）具有显著的拮抗作用（表 8-7）。与对照相比，不增温放牧显著增加了固氮酶基因（*nifH*）、氨化酶基因（*ureC*）、反硝化酶基因（*narG*、*NirK*、*nirS*、*norB*、*nosZ*）、同化氮还原酶基因（*nirB*）和异化硝酸还原酶基因（*napA*）的丰度，达 30.8%～103.0%（图 8-21）。相比之下，增温不放牧或增温放牧处理显著降低了 *amoA* 的丰度，但对其他 N 循环基因无显著影响（图 8-21）（Tang et al.，2019）。

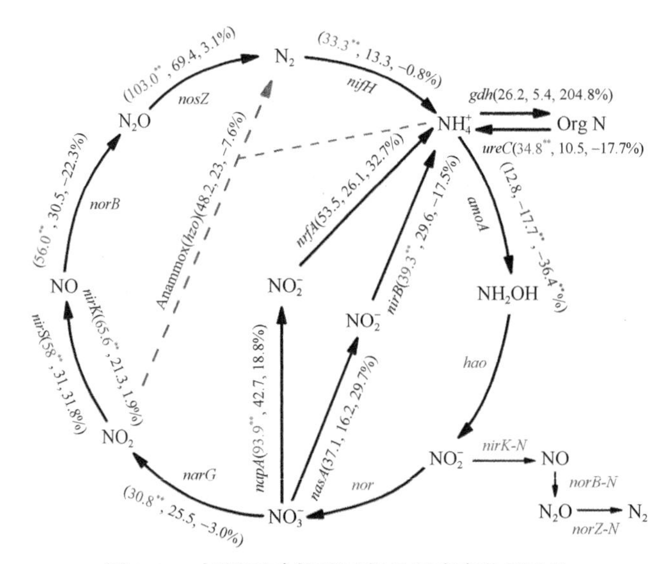

图 8-21　氮循环功能基因信号强度变化百分比

括号中数字分别为不增温放牧、增温不放牧以及增温放牧处理与不增温不放牧处理的比较；红色代表显著增加，蓝色代表显著降低，灰色代表没有检测到。**代表差异具有显著性（P＜0.05）

与不增温不放牧处理相比，不增温放牧处理显著改变了土壤微生物整体功能基因结构并增加了 α 多样性，这与在高寒草甸生态系统采用 Geochip 技术研究放牧效应得出的研究结果一致（Wang et al.，2016；Yang et al.，2013b）。单独放牧也显著增加了微生物的碳降解和固定、固氮、矿化和反硝化功能潜势。我们发现不增温放牧处理增加了微生物碳氮循环微生物功能基因丰度，这与半干旱草原得出的结果相反，可能的原因是半干旱草原中土壤水分或土壤碳氮含量较低（Phetteplace et al.，2001；Xu et al.，2008）。在高寒草甸中，可能是由于放牧强度差异，先前研究发现重度自由放牧降低了碳降解基因丰度（Yang et al.，2013b）。研究表明，不同的放牧强度会对 C/N 库和通量产生不同甚至相反的影响。例如，在温带草原上，低强度放牧下的土壤为碳汇，而重度放牧下的土壤为碳源（He et al.，2011）。我们的结果与新西兰（Menneer et al.，2005）和欧洲（Chroňáková et al.，2009）的许多放牧研究一致，在这些研究中，适度放牧也可加速碳氮循环过程。在高寒草甸，适度放牧促进了 *nifH* 固氮基因（Che et al.，2018a）、*ureC* 氨化基因（Xu et al.，2011）和反硝化基因（Xie et al.，2014）的丰度。放牧对碳氮循环过程或功能基因的促进作用可能是由于土壤碳和养分含量的增加引起的（Keil et al.，2011；Oenema et al.，2007；Saggar et al.，2004）。我们发现，不增温放牧处理并没有改变 0～20cm 土壤碳或氮含量。然而，不增温放牧显著增加了 0～10cm 土壤总无机氮含量（Rui et al.，2011）。放牧样地中牲畜的排泄物可能通过增加土壤中易利用底物浓度，从而对碳和氮循环的微生物功能基因产生刺激性影响。此外，放牧也可能通过改变植物群落来影响碳氮循环功能基因，不增温放牧处理显著降低了异叶米口袋的盖度和豆科植物的总盖度，两者解释了 77.2%的微生物功能结构变异。

我们发现，短期增温（4 年）没有改变功能基因 α 多样性、功能群落结构和大多数碳氮循环基因丰度（除 *amoA* 外）。增温的主效应仅对碳分解的 *nplT*、甘露聚糖酶编码基因 *glx*，以及碳固定的 *PCC* 基因和氧化亚氮氧化的 *nosZ* 基因有显著影响。然而，在高草草原中，这些基因中有的并没有发生显著变化（如 *nplT* 和 *glx* 基因）（Cheng et al.，2017）。在温性（Gray et al.，2011；Zhang et al.，2005）和高寒生态系统（Li et al.，2016；Zhang et al.，2016a）的研究中，相似增温幅度的短期增温对大多数功能基因也没有产生显著影响。Yue 等（2015）发现高寒草甸 3 年短期增温降低了碳氮循环基因的丰度，此研究中增温处理幅度大约为 5℃，远高于我们研究的增温幅度（1.2～1.7℃），这可能解释了研究结果的差异。此外，大量研究发现，在长期增温处理下，土壤微生物群落特性发生了显著变化（Cheng et al.，2017；Luo et al.，2014；Pold et al.，2016）。由于植物凋落物进入土壤有机碳库过程较为缓慢，不同增温年限引起的差异可能是由于微生物群落反应滞后造成的（Rinnan et al.，2007；Streit et al.，2014；Xu and Yuan，2017；Yergeau et al.，2012）。在我们的研究中，不同增温年限引起的差异可能与植物凋落物和分泌物的增加引起的土壤基质增加以及地上植物养分吸收的增加等有关，因为增温并没有改变土壤基质状况。因此，稳定的土壤基质可能是微生物功能多样性和结构保持不变的主要原因。与温带草原的研究一致，我们发现与硝化、反硝化基因相比，*amoA* 对增温更敏感（Zhang et al.，2017，2013）。*amoA* 丰度降低的原因可能是由于其化能自养的属性导致其对营养物的竞争力较低（Belser，1979；Kowalchuk and Stephen，2001）。

我们的研究表明，增温极大地抑制了放牧对微生物功能基因多样性、群落结构和碳氮循环相关基因丰度的影响，导致增温放牧处理影响不显著。增温和放牧对植物群落有不同的影响，这可能是增温放牧处理无显著影响的原因。例如，单独放牧显著降低了地上植物生物量和豆科植物的盖度，但单独增温增加了它们的盖度。单独增温显著降低了植物多样性，而单独放牧则没有显著影响。放牧和增温对植物群落的不同甚至相反的影响可能通过改变根系分泌物、凋落物分解和土壤基质可利用性，强烈地作用于微生物功能群落（Bardgett，2011；Stephan et al.，2000），进而引起增温放牧处理与不增温不放牧处理之间的土壤微生物功能基因差异不显著。几乎所有土壤养分浓度在增温放牧处理中最高，包括土壤总无机氮和硝态氮，可能是由于地上植物生物量减少降低了对土壤养分的吸收，但地下植物生物量增加提高了向土壤碳的输入。尽管与不增温放牧处理类似，增温放牧处理中土壤硝态氮含量显著升高，但增温放牧处理对微生物功能群没有显著影响。增温放牧处理对微生物功能群的影响不显著，这可能是由于增温使土壤水分含量显著下降；同时考虑到2009年是干旱年（Hu et al.，2010），水分亏缺可能限制了微生物的生理活动。此外，先前在同一试验平台的研究表明，短期增温显著增加了粪便质量损失（Luo et al.，2010），这可能限制了增温放牧处理中动物粪尿对微生物的刺激作用。

三、增温和放牧对土壤活性微生物的影响

土壤中仅有少部分微生物处于活跃状态，而绝大部分微生物处于休眠状态（Fierer，2017；Lennon and Jones，2011）。与总土壤微生物相比，处于活跃状态的土壤微生物对环境变化更敏感，且与土壤功能的关系也更为密切（Barnard et al.，2015；Che et al.，2015，2016；Xue et al.，2016b）。因此，在青藏高原地区，系统揭示增温和放牧对活性土壤细菌的影响，不仅可为预测青藏高原生态系统对全球变暖的反馈提供理论支撑，而且对气候变化背景下放牧策略优化具有重要的参考价值。但受限于技术方法，土壤活性原核生物的研究远落后于总原核生物，有关土壤活性原核生物和总原核生物对增温和放牧响应的系统认识仍近乎空白。

2012年我们在增温和放牧处理持续了6年后采集了0～10cm的土壤样品，并进行了土壤DNA和RNA的提取，以及土壤总RNA的反转录（Che et al.，2018b）。分别基于16S rDNA和rRNA（cDNA）的实时荧光定量PCR测定了原核生物多度和16S rDNA转录活性，并在20℃室内培养环境下测定了土壤微生物呼吸速率（Che et al.，2018b）。结果表明，增温和放牧未对土壤原核生物多度产生显著影响（图8-22A）。然而，增温显著降低了16S rRNA拷贝数（P=0.029）、rRNA-rDNA比值（P=0.015）和微生物呼吸速率（P=0.008）；放牧显著降低了16S rRNA拷贝数（P=0.045）和rRNA-rDNA比值（P=0.041；图8-22）。增温和放牧的交互作用未对土壤原核生物的多度、16S rRNA基因的转录活性及土壤微生物呼吸速率产生显著影响（图8-22A）。土壤微生物呼吸速率与16S rRNA拷贝数（r=0.530，P=0.035）和rRNA-rDNA比值（R=0.584，P=0.018）的相关性显著，但与16S rDNA拷贝数（R=−0.196，P=0.467）的相关性不显著。

我们基于16S rDNA和rRNA的扩增子高通量测序技术分别解析了总原核生物和活性原核生物的多样性及群落组成。高通量测序采用Illumina公司的MiSeq测序技术进行，其中，PCR扩增采用的是原核生物16S rDNA通用引物515F-909R（Caporaso et al.，2011；Wang and Qian，2009）。原始序列的生物信息学处理按照UPARSE的默认流程进行（Edgar，2013），操纵分类单元（OTU）的划分阈值为97%的序列相似性，序列分类信息的获取参照Silva数据库（v128）。在每个样品的序列数被稀疏化至15 955条序列之后，在R语言中计算了各样品的α和β多样性。我们在所有样品中共观测到3609个OTU。16S rDNA和rRNA测序的平均覆盖率分别为71.0%和73.9%（Che et al.，2018b）。

土壤总原核生物的α多样性不受增温处理的影响（图8-23），但放牧条件下土壤原核生物丰富度显著降低（P=0.042；图8-23B）。相反，活性原核生物的α多样性对增温高度敏感，对放牧却未产生显著响应。具体而言，增温显著增加了土壤活性原核生物的香农多样性（P<0.001）、丰富度（P<0.001）和均匀度（P<0.001）（图8-23）。

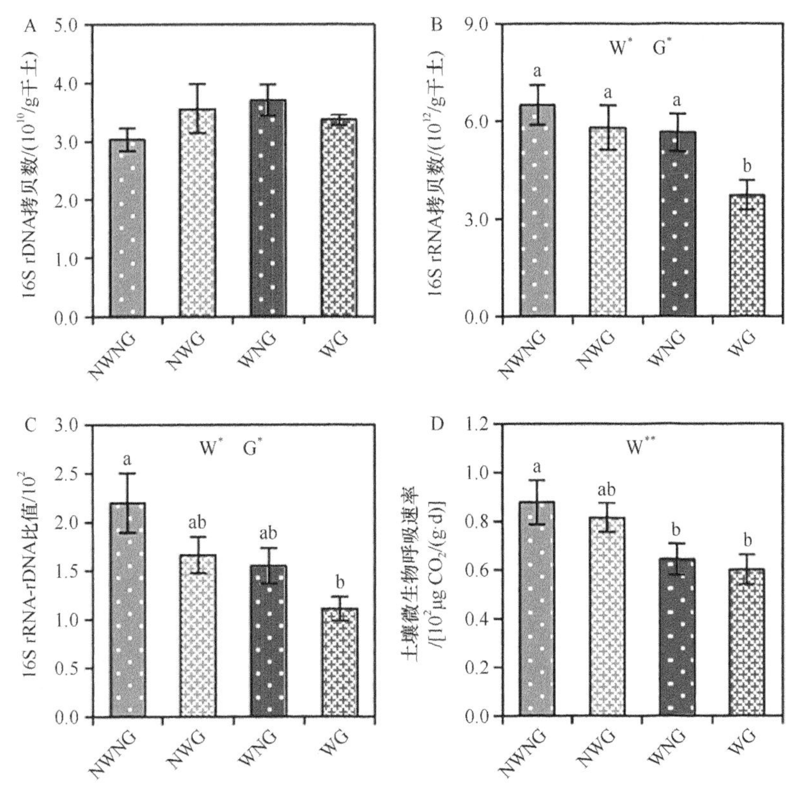

图 8-22 不同处理下土壤原核生物 16S rDNA 拷贝数、16S rRNA 拷贝数、16S rRNA-rDNA 比值和微生物呼吸速率

NWNG：不增温不放牧；NWG：不增温放牧；WNG：增温不放牧；WG：增温放牧。*和**分别表示处理效应在 0.05 和 0.01 水平上显著；W 为增温效应；G 为放牧效应。下同

如图 8-24 所示，在总原核生物和活性原核生物群落中，优势菌门均为变形菌门（40.78%），其次是酸杆菌门（20.43%）、拟杆菌门（15.23%）、浮霉菌门（7.01%）和放线菌门（4.37%）。古菌的相对多度在总原核生物和活性原核生物群落中仅分别占 1.33% 和 0.75%。其中，96.15%的古菌属于奇古菌门（Che et al.，2018b）。

基于非度量多维尺度分析（NMDS）和置换多元方差分析（PERMANOVA）解析了土壤总原核生物和活性原核生物群落对增温和放牧处理的响应。结果表明，尽管总原核生物和活性原核生物群落之间的群落组成差异极为显著，但它们对各处理却表现出相似的响应模式（图 8-25）。具体而言，增温显著改变了总原核生物和活性原核生物的群落组成（$P<0.01$），而放牧以及增温与放牧的交互作用均未对原核生物群落结构产生显著影响（图 8-25）。

此外，我们还基于 vegan 包的 betadisper 函数计算了土壤原核生物群落组成相似性的离散程度（Che et al.，2018b）。该方法基于主坐标分析（PCoA）对微生物群落组成数据进行非约束性排序，找到每个处理内观测重复所连接成多边形的质心，然后利用处理内部重复观测值距离质心的距离来衡量微生物群落相似性的离散程度。通过该分析发现，对照组土壤总原核生物的群落组成离散程度要显著高于其他小区（图 8-23H 和图 8-25A）。增温和放牧的交互作用显著抵消了增温和放牧的主效应（图 8-23D 和图 8-25A）。然而，与

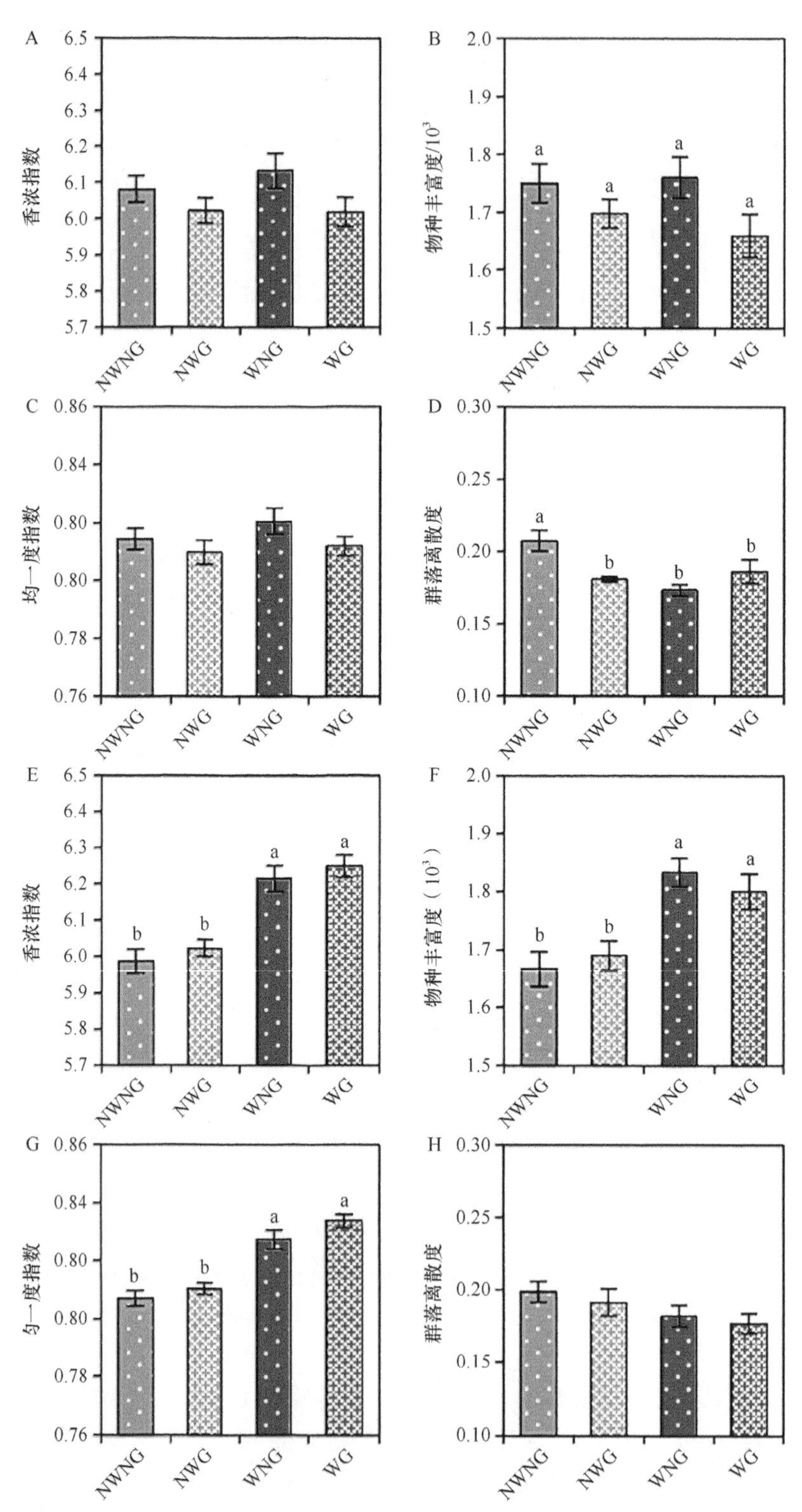

图 8-23　土壤总原核生物（A～D）和活性原核生物（E～H）多样性对各处理的响应

NWNG：不增温不放牧；NWG：不增温放牧；WNG：增温不放牧；WG：增温放牧。不同小写字母表示差异显著（$P<0.05$）

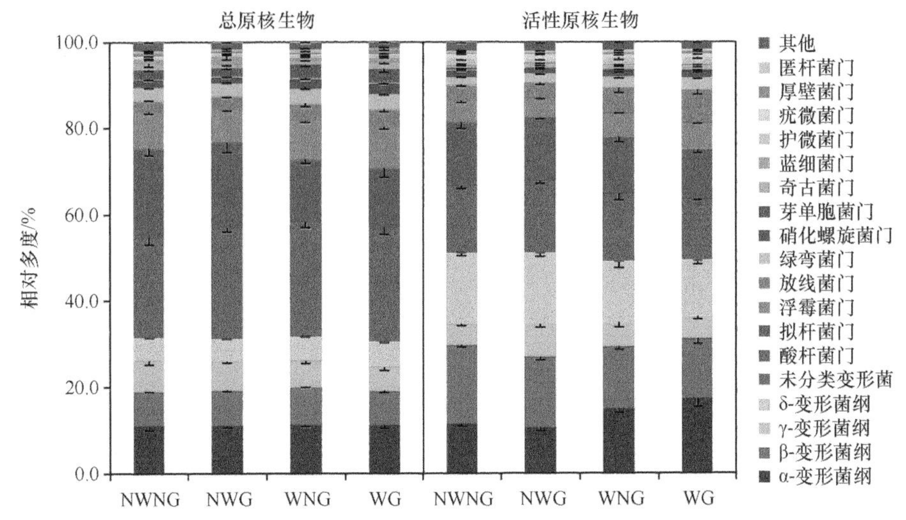

图 8-24　不同处理下土壤总原核生物和活性原核生物的群落组成特征

NWNG：不增温不放牧；NWG：不增温放牧；WNG：增温不放牧；WG：增温放牧

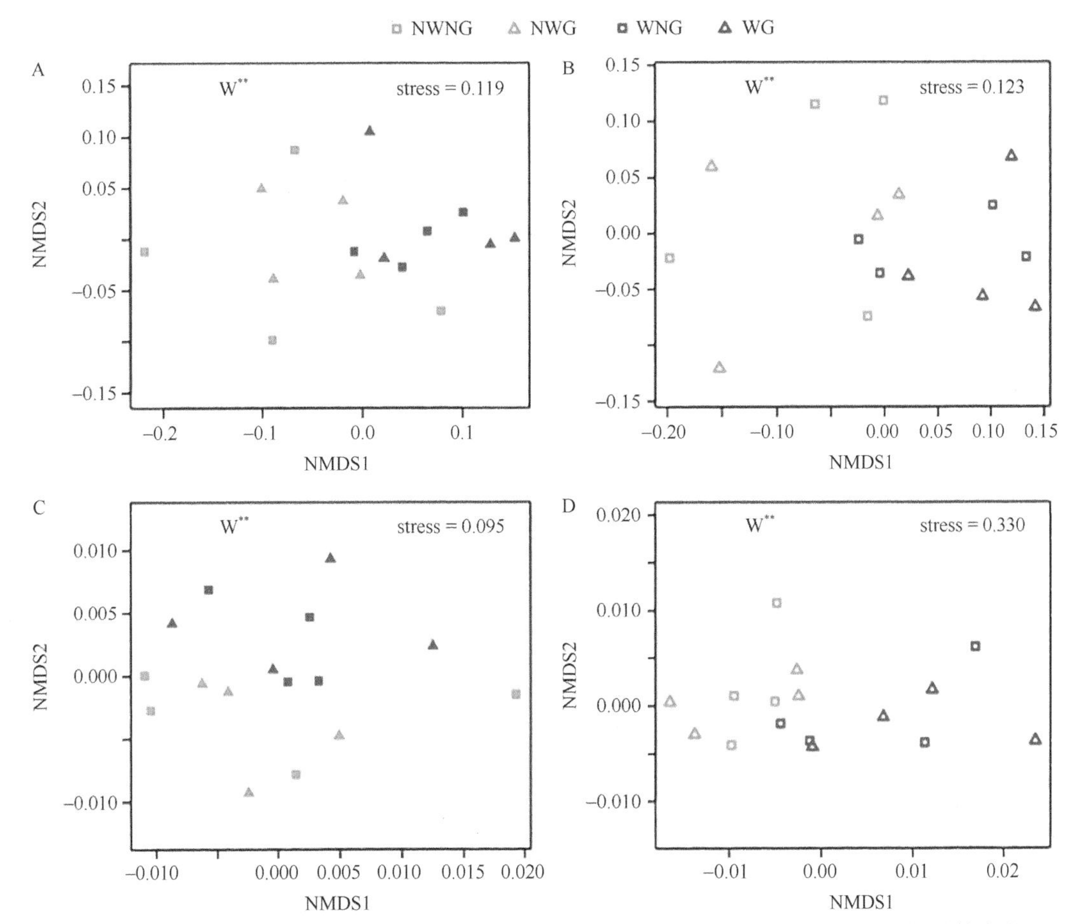

图 8-25　基于 OTU（A 和 B）和功能预测（C 和 D）的土壤总原核生物（A 和 C）和活性原核生物（B 和 D）的 NMDS 排序

NWNG：不增温不放牧；NWG：不增温放牧；WNG：增温不放牧；WG：增温放牧

土壤总原核生物群落的响应相反，活性原核生物群落组成离散度在所有处理间未表现出显著差异（图 8-23H 和图 8-25B）。

基于 LEfSe 分析进一步解析了增温处理对微生物群落组成的影响，结果表明，在增温条件下，总原核生物和活性原核生物群落中 β-变形菌纲的相对多度均显著降低；相反，放线菌门的相对多度显著增加（图 8-26）。此外，增温显著增加了活性原核生物群落中厚壁菌门、绿弯菌门，以及隶属于 α-变形菌纲和 δ-变形菌纲的一些微生物类群的相对多度，同时降低了疣微菌门、黏球菌目和索利氏菌纲的比例（图 8-26B）。

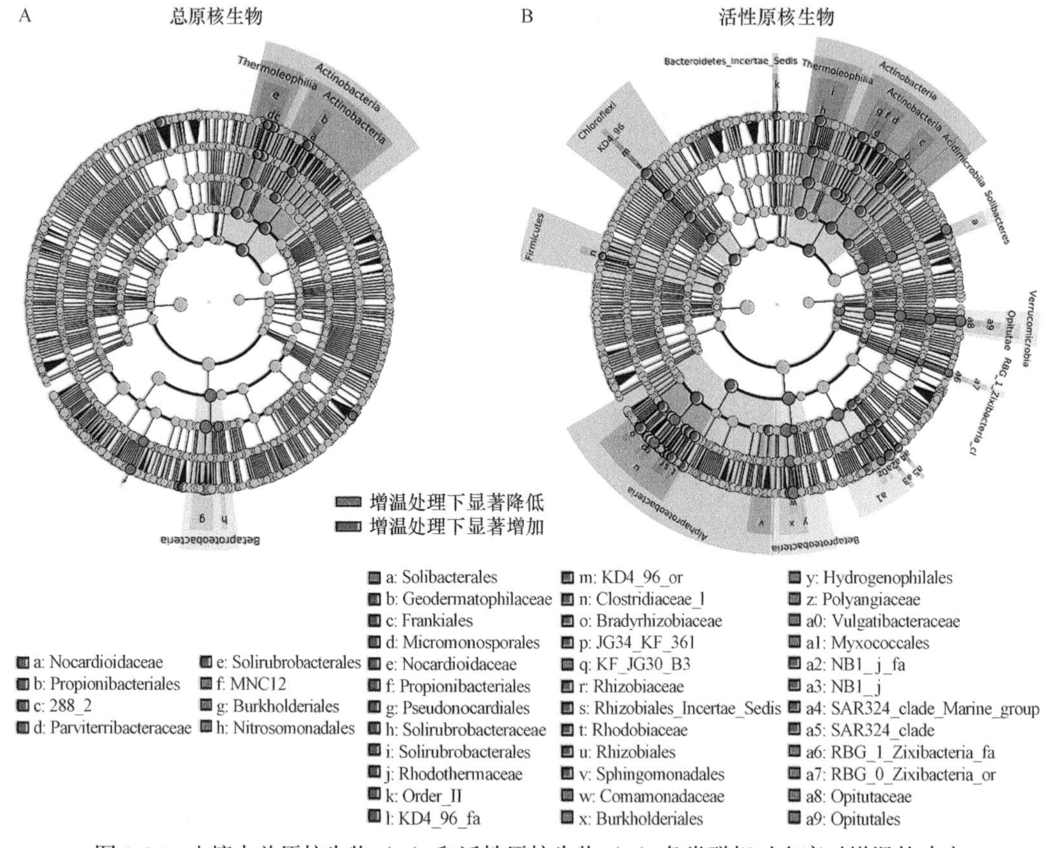

图 8-26　土壤中总原核生物（A）和活性原核生物（B）各类群相对多度对增温的响应

在增温处理下，土壤总原核生物和活性原核生物群落中的好营养微生物类群比例显著降低。与之相反，增温显著增高了寡营养谱系的相对丰度（图 8-27）。相关分析表明，好营养微生物类群的比例与土壤微生物呼吸速率呈显著正相关，而与地下植物生物量呈显著负相关。相反，寡养微生物类群的比例分别与土壤微生物呼吸速率和地下植物生物量呈现出显著的负相关和正相关。

基于 NMDS 进行了环境变量进行了被动拟合，以此解析环境因子与微生物群落之间的关系。结果表明，土壤总原核生物群落结构与土壤温度及含水量显著相关，而活性原核生物群落结构与土壤温度、含水量、NO_3^--N 含量、无机氮含量和植物地下生物量显著相关（Che et al.，2018b）。此外，土壤微生物呼吸速率与土壤总原核生物及活性原核生物的群落组成均表现出显著的相关性。这一发现得到了多元回归树分析的支持，即土壤总原核生物的和活性原核生物群落结构分别主要受土壤湿度和温度的显著影响（图 8-28）。

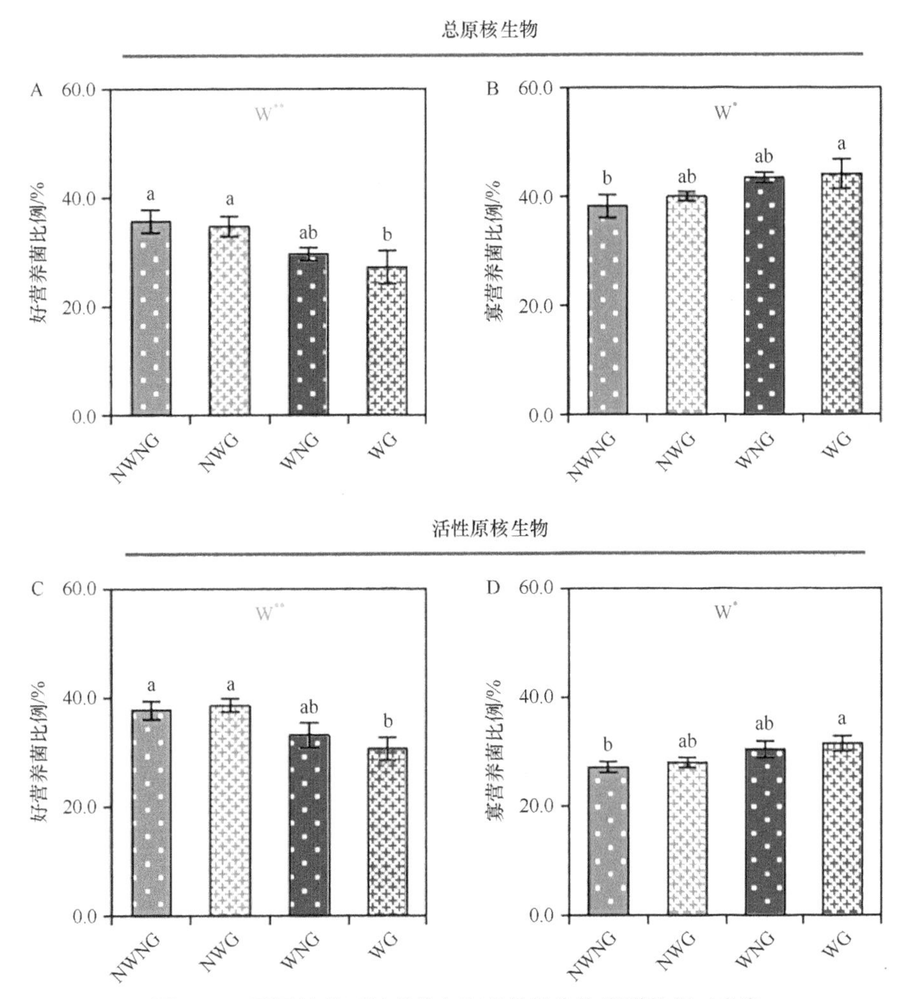

图 8-27　不同处理下好营养和寡营养微生物类群的相对多度

NWNG：不增温不放牧；NWG：不增温放牧；WNG：增温不放牧；WG：增温放牧。不同小写字母表示差异显著（$P<0.05$）

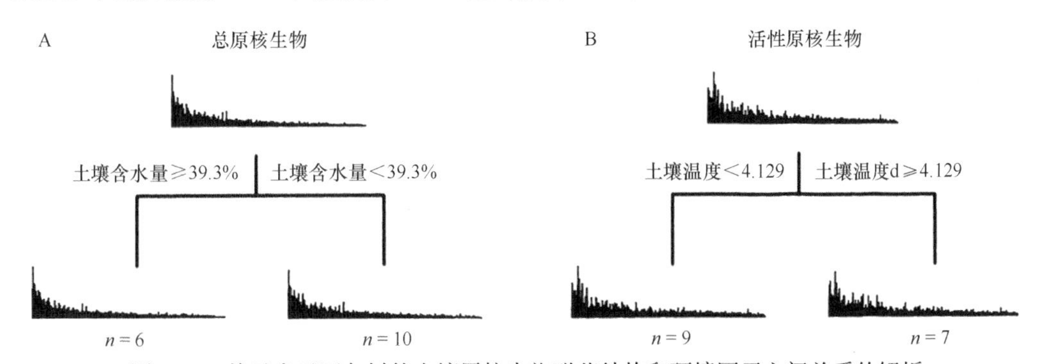

图 8-28　基于多元回归树的土壤原核生物群落结构和环境因子之间关系的解析

基于 PICRUSt 方法进行了微生物的功能预测，如图 8-25C 和 D 所示，在所有样本中，基于功能预测的微生物群落结构比基于 OTU 的群落结构表现出更高的群落间相似性（Che et al.，2018b）。PERM-ANOVA 表明，增温显著改变了活性原核生物群落功能结构（P=0.002），但总原核生物群落功能结构未受影响。放牧以及增温与放牧的交互作用对基于功能预测的微生物群落结构未产生显著影响。LEfSe 分析表明，增温显著抑制了 DNA 复制、转录、翻译、蛋白质组装、信号转导、细胞运动和分泌等基本功能（图 8-29）；抑制了与嘧啶和蛋白质降解相关的功能，但显著增强了膜运输和脂肪酸等底物的代谢活性及一些转录因子的表达（图 8-29）。

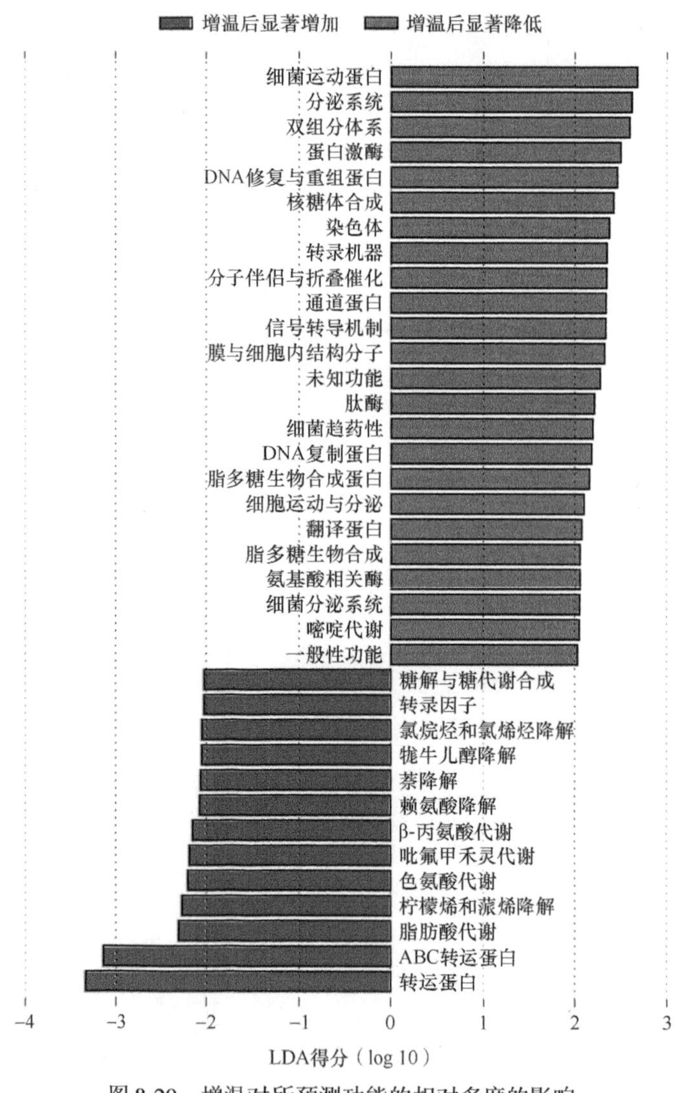

图 8-29　增温对所预测功能的相对多度的影响

尽管已有研究表明增温显著影响了高寒草甸植物群落和土壤性质，但细菌和甲烷氧化菌群落组成对为期 3 年的增温未表现出显著的响应（Lin et al.，2011；Luo et al.，2009；Wang et al.，2012）。然而，我们的研究表明，在增温 6 年后，总土壤原核生物群落组成和活性土壤原核生物群落组成均发生了显著变化（图 8-20）。这些发现表明，土壤微生物对增温的响应可能滞后于植物群落和土壤性质。事实上，短期增温下微生物群落组成的显著变化已被广泛观察到（Xiong et al.，2014；Xue et al.，2016a；Zhang et al.，2016b）。大量研究表明土壤微生物对增温的响应具有时间依赖性，甚至有时需要耗费 10 余年才会首次表现出显著的响应（Pold et al.，2016；Rinnan et al.，2009；Romero-Olivares et al.，2017）。此外，相比于总原核生物群落结构，活性原核生物群落结构对 6 年增温表现出相似但更高的敏感性（图 8-20）。正如 Blazewicz 等（2013）所提出的，细胞 rRNA 含量很可能代表了微生物的生长潜力。因此，活性原核生物的较高敏感性表明土壤原核生物群落对气候变暖的响应可能随时间而增加，这值得在未来的研究中进行深入探讨。

已有大量研究观测到增温显著增加了土壤微生物活性（Lin et al.，2011；Peng et al.，2015；Rinnan et al.，2009；Schindlbacher et al.，2011）。然而，我们的研究从多方面证实为期 6 年的增温显著降低了土壤微生物的活性。首先，增温显著降低了 β-变形菌的相对多度，但增加了放线菌的比例（图 8-26A）。β-变形菌和放线菌分别属于好营养和寡营养型微生物（Bernard et al.，2007；Che et al.，2016；Fierer et al.，2007a）。进一步将不同生存策略微生物类群的相对多度进行求和，发现增温显著增加了寡营养型微生物类群的相对多度，但显著降低了好营养型微生物的比例（图 8-27）。土壤原核生物群落组成在增温处理下表现出向寡营养类群主导方向转变的趋势，这也间接证明了增温条件下微生物活性的降低。其次，增温处理显著抑制了土壤呼吸速率和 16S rDNA 转录（图 8-22）。再次，基于 PICRUSt 功能预测也发现增温显著降低了 DNA 复制、基因表达和信号转导（图 8-29），这也为增温处理下微生物活性的降低提供了证据。

我们发现，土壤原核生物群落组成的显著变化可能是通过多种方式引起。基于 envfit 和多元回归树的分析表明，土壤温度和湿度与总原核生物及活性原核生物群落结构的相关性最强（图 8-28）。这表明原核生物群落的变化可能主要是由增温处理下土壤温度的升高和水分的减少所引起的。首先，增温可能导致不同微生物类群的选择性生长，从而导致微生物群落的改变（Bai et al.，2017；Supramaniam et al.，2016；Xue et al.，2016a）。其次，在增温条件下，土壤水分的减少会导致氮素等养分有效性的降低。这也是原核生物群落在增温条件下向寡营养类群主导方向转变的原因之一（图 8-27）。再次，增温条件下植物地下生物量的增加可能会引发植物和微生物对氮等营养素竞争的加剧，从而改变土壤微生物的群落组成（Classen et al.，2015；Kuzyakov and Xu，2013）。地下生物量与好营养和寡营养菌的相对多度显著相关性也支持了这一观点。此外，如上所述，土壤微生物群落对增温的响应可能具有时间依赖性（Melillo et al.，2017；Metcalfe，2017；Romero-Olivares et al.，2017）。因此，土壤和植物特性之前的变化也可能对当前土壤微生物群落组成造成影响（Lin et al.，2011；Luo et al.，2010，2009；Rui et al.，2011，2012；Wang et al.，2012）。例如，之前观察到的土壤呼吸和凋落物分解率的增加可能导致易利用碳库的快速消耗，从而降低了好营养微生物类群的相对多度（Lin et al.，2011；Luo et al.，2010）。总而言之，本研究所观察到的增温对原核生物群落结构的影响可能是由增温所引发的直接和间接效应共同作用的结果。

活性原核生物香农多样性指数、丰富度和均匀度在增温条件下均显著增加，而总土

壤原核生物的 α 多样性未受影响（图 8-23）。这些发现表明，更多的土壤原核生物物种在增温条件下变得活跃起来。此外，本研究还观测到增温处理显著降低了总原核生物群落组成相似性的离散度，但活性原核生物群落组成相似性的离散度却未表现出对增温处理的显著响应（图 8-23）。这表明在增温条件下原核生物群落离散度的降低可能主要是由非活性原核生物类群所引起的。寡营养微生物类群的 rRNA 与 rDNA 比值通常低于好营养谱系（图 8-24）。由于 16S rDNA 拷贝数不受增温的影响（图 8-23A），增温对 16S rDNA 转录的显著抑制可能主要归因于增温处理下好营养菌与寡营养菌比值的降低（图 8-22）。

我们发现中度放牧对土壤原核生物的影响通常较弱，这表明在长期放牧的干扰下，土壤原核生物已经适应了放牧处理。此外，放牧主要通过减少凋落物输入影响生态系统。然而，与之前的研究一致（Li et al.，2016；Luo et al.，2010；Rui et al.，2012；Wang et al.，2012；Zheng et al.，2012），增温和放牧之间存在显著的交互效应，这些效应倾向于抵消增温和放牧的主效应（图 8-23D）。这表明中度放牧可以部分抵消全球变暖对土壤微生物乃至整个生态系统功能的影响。然而，本研究所观测到的交互效应比之前的研究要弱得多。例如，与之前的研究相比，本研究未检测到增温与放牧的交互作用对原核生物 α 多样性和群落组成有显著影响（Li et al.，2016）。这意味着，随着时间的推移，中度放牧抵消全球变暖对生态系统影响的作用可能会减弱。

本研究表明，为期 6 年的增温显著降低了 16S rDNA 转录和微生物呼吸速率，显著增加了寡营养微生物的相对多度，并降低了好营养微生物类群的比例。在增温处理下，DNA 的复制、转录、翻译和信号转导均受到显著抑制。放牧显著降低了土壤 16S rDNA 转录和总原核生物丰富度，但对土壤微生物群落结构未产生显著影响。综上所述，相较于放牧处理，土壤原核生物群落对增温更为敏感，长期增温会增加原核生物群落中寡营养菌的比例，并降低微生物的活性。

第三节　增温和放牧对土壤丛枝菌根真菌结构特征的影响

丛枝菌根（arbuscular mycorrhizal，AM）真菌在分类学上属于球囊亚菌门（Glomero mycotina）（Spatafora et al.，2016），是土壤微生物的重要组成成分，这类真菌可与陆地植物根系形成互惠共生体（Smith and Read，2008），因此具有重要的生态功能。地球上超过 80%的陆生植物可与土壤真菌形成 AM（Guo，2018；Smith and Read，2008），它广泛分布于森林、草原及农田等陆地生态系统。能够与根系形成 AM 的土壤真菌即为 AM 真菌。AM 真菌一方面可以协助宿主吸收养分和水分，促进植物生长；另一方面可以增强植物耐受环境胁迫的能力，并能够通过信号传递等方式提高宿主植物对食草动物和病原微生物的防御及抵抗能力（van der Heijden et al.，2015），因此 AM 真菌可以影响地上植物的竞争、群落演替及植物多样性（Koziol and Bever，2017；Shi et al.，2016）。

增温可以直接或间接（通过植物和土壤）地影响 AM 真菌。相对于植物及其根系，AM 真菌具有更宽广的温度耐受范围，AM 真菌的温度耐受性有助于提高宿主植物对增温的耐受能力（Antunes et al.，2011；Bunn et al.，2009）。AM 真菌可产生具有保护性的化合物如海藻糖，该化合物被认为可能驱动了 AM 植物根系周围细菌种群的变化，潜在地提高了宿主植物的适应性（Drigo et al.，2010）。多数研究认为增温会增加 AM 真菌的孢子密度，降低 AM 真菌的侵染率或对其无显著影响（Heinemeyer et al.，2004；Mei et al.，2019；Slaughter et al.，2018）。增温条件下，侵染率下降反映出 AM 真菌与植物的共生关系变弱。例如，Che 等（2019）认为在增温条件下植物更多地依赖自身根系吸收养分，对 AM 真菌的依赖性较弱。前人研究表明，增温对土壤中 AM 真菌的 OTU 丰富度有显著增加效应（Bennett and Classen，2020；Kim et al.，2015，2014）。另有研究发现，增温降低了 AM 真菌的物种多样性（Shi et al.，2017），显著增加了 AM 真菌的均匀度指数，增加了球囊霉科（Glomeraceae）的相对多度但减少了巨孢囊霉科（Gigasporaceae）的相对多度，即改变了 AM 真菌的群落组成（Kim et al.，2015）。相反，Heinemeyer 等（2004）基于英国的一个增温试验研究发现，增温处理下 AM 真菌的群落结构没有显著变化。然而，我们对于青藏高原高寒草甸土壤中 AM 真菌群落如何响应增温知之甚少。

作为天然草地的主要利用方式，放牧显著地影响了植物的初级生产力、群落组成、物质循环（Klein et al.，2004，2007；Wang et al.，2012）和 AM 真菌的群落结构（Bai et al.，2013；Eom et al.，2001；Kula et al.，2005；Murray et al.，2010；Su and Guo，2007）。Gehring 和 Whitham（2003）总结分析发现，64.3%的植物在放牧后 AM 真菌侵染率显著下降。然而，仍有大量研究表明，中高强度的放牧可显著提高 AM 真菌的侵染率和根外菌丝长度（Eom et al.，2001；Kula et al.，2005；Lugo et al.，2003）或对侵染率无显著影响（Medina-Roldán et al.，2008；Saito et al.，2004）。此外，放牧可显著提高（Murray et al.，2010）、降低（Su and Guo，2007）AM 真菌多样性，或对其无显著影响（Saito et al.，2004）。Murray 等（2010）和 Bai 等（2013）发现放牧显著改变了 AM 真菌的群落组成；而周文萍等（2013）的研究表明，放牧对 AM 真菌群落组成无显著影响。这些研究结果表明 AM 真菌的生物量、多样性和群落组成对放牧的响应尚未有一致的结论。到目前为止，尽管单独增温和放牧对 AM 真菌的影响均分别得到了重视（Eom et al.，2001；Heinemeyer et al.，2004；Murray et al.，2010），但是增温和放牧二者的交互作用对 AM 真菌的影响知之甚少。

一、增温和放牧对 AM 真菌侵染率、菌丝长度和孢子密度的影响

基于增温与放牧试验平台的研究发现，AM 根系侵染率为 34.8%～45.1%，根外菌丝长度为 1.27～1.34m/g 干土，孢子密度为 13.6～30.8 个/g 干土（Yang et al.，2013a）。持续 3 年的模拟增温、放牧以及两者的交互作用对于 AM 真菌的根系侵染率、根外菌丝长度及孢子密度均无显著影响。类似地，在英国约克（Heinemeyer et al.，2004）和美国加利福尼亚（Rillig et al.，2002）的温带草原上，持续 1 年的增温（+1℃）对 AM 真菌的侵染率无显著影响。对单一植物来说，维持 2 年的增温处理（+4℃）亦未显著改变 AM 真菌在格兰马草根系的侵染率（Monz et al.，1994）。然而，在温室增温试验中，大幅度的增温（+5～14℃）显著提高了 AM 真菌侵染率和根外菌丝长度（Bunn et al.，2009；Staddon et al.，2004）。此外，Medina-Roldán 等（2008）研究表明，中、高强度放牧对墨西哥半干旱草地 AM 真菌侵染率无显著影响（Medina-Roldán et al.，2008）。Barto 和

Rillig（2010）开展的整合分析发现，放牧仅降低了 AM 真菌侵染的 3%（Barto and Rillig，2010）。另外，放牧未显著改变阿根廷的山地草原土壤 AM 真菌的孢子密度。然而，Su 和 Guo（2007）的研究发现，20 年放牧显著降低了内蒙古半干旱草原 AM 真菌的孢子密度（Su and Guo，2007）；Murray 等（2010）报道 40 年放牧显著降低了美国黄石公园 AM 真菌的孢子密度（Murray et al.，2010）。因此，总体上，AM 真菌生物量（如根外菌丝长度和孢子密度）对不同的增温、放牧强度和持续时间响应不同，在野外环境中 AM 真菌生物量对环境变化的响应存在一定的迟滞性（Yang et al.，2013a）。

二、增温和放牧对 AM 真菌多样性的影响

研究发现，AM 真菌物种丰富度在土壤中为 54 OUT（Operational Taxonomic Unit，可操作分类单元）高于植物根系（34 OTU），可能的解释是，在土壤中，除了与根系共生的活跃共生体之外，还有 AM 真菌产生的休眠孢子与根外菌丝（Yang et al.，2013a）。增温和放牧对土壤中的 AM 真菌物种丰富度无显著影响（$P>0.05$）。但是增温和放牧的交互作用显著影响了根系中 AM 真菌的物种丰富度（$P=0.02$），即与不增温放牧处理（NWG）相比，增温放牧处理（WG）显著提高了根系中 AM 真菌的物种丰富度（123%；图 8-30），表明 AM 真菌对两个全球变化因子的响应更为复杂，单因素试验并不能完全准确反映自然生态系统的真实情况，因此在进行全球变化研究时，需要同时考虑两个或多个环境因子的作用（Rillig et al.，2019；杨巍，2014）。

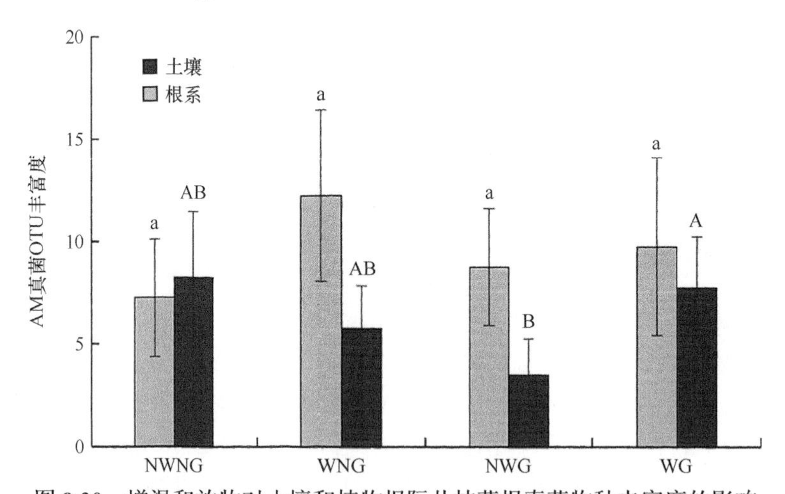

图 8-30　增温和放牧对土壤和植物根际丛枝菌根真菌物种丰富度的影响

NWNG：不增温不放牧；WNG：增温不放牧；NWG：不增温放牧；WG：增温放牧。不同小写字母表示根系处理间差异显著（$P<0.05$），不同大写字母表示土壤处理间差异显著（$P<0.05$）

三、增温和放牧对 AM 真菌群落组成的影响

增温和放牧处理显著影响了土壤（图 8-31A）和根系（图 8-31B）中 AM 真菌的群落组成（Yang et al.，2013a）。土壤中 AM 真菌群落组成与增温（$R^2=0.44$，$P<0.05$）和植物物种丰富度（$R^2=0.43$，$P<0.05$）显著相关，而与土壤湿度（$R^2=0.32$，$P=0.09$）和

土壤总磷（TP）含量（R^2=0.33，P=0.08）边缘相关（图 8-31A）。根系中 AM 真菌群落组成与放牧（R^2=0.43，P＜0.05）显著相关，而与土壤全氮（TN）含量（R^2=0.33，P=0.07）边缘相关（图 8-31B）。在相同试验平台上，Wang 等（2012）报道增温显著降低了植物物种丰富度，而以往的研究表明植物物种丰富度是影响 AM 真菌群落组成的重要因子，因此增温有可能通过改变植物的物种丰富度（多样性）间接引起 AM 真菌群落组成的改变（Johnson et al.，2004；Liu et al.，2012）。土壤中的 AM 真菌群落组成与土壤湿度和 TP 含量相关性较大，而前人的研究表明 AM 真菌能帮助植物吸收磷元素和水分（Gosling et al.，2013；Liu et al.，2012；Miller and Bever，1999），因此这些环境因子可以通过影响 AM 真菌与植物的共生关系进而影响土壤中 AM 真菌的群落组成。

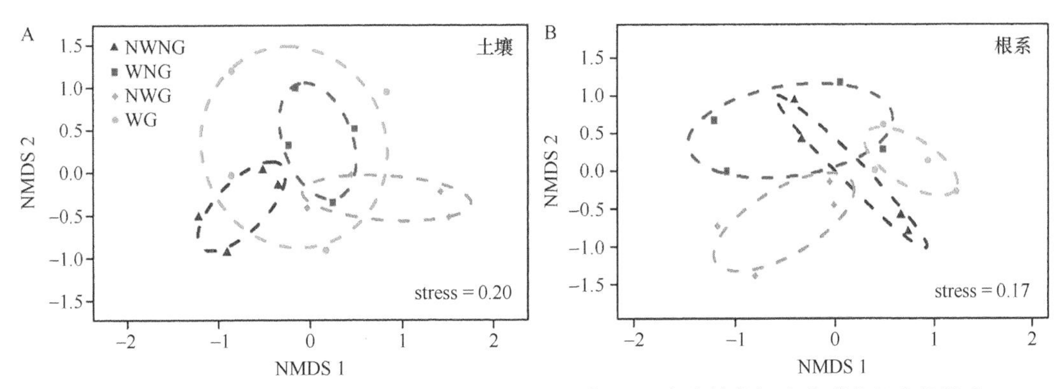

图 8-31　模拟增温和放牧对土壤（A）和植物根系（B）中丛枝菌根真菌群落组成的影响
NWNG：不增温不放牧；WNG：增温不放牧；NWG：不增温放牧；WG：增温放牧

植物根系中 AM 真菌群落组成显著受到放牧的影响，而对增温的响应并不显著。Murray 等（2010）研究表明，放牧显著改变了美国温带草原 AM 真菌的群落组成；Bai 等（2013）报道内蒙古草原 AM 真菌群落组成在不同的放牧强度之间显著不同。这有可能是因为放牧降低了植物的地上生物量，改变了植物光合产物在地上和地下的分配等（Hamilton and Frank，2001；Holland et al.，1996），而 AM 真菌生存完全依赖于植物提供的 C 源，因此放牧引起的碳水化合物分配格局变化导致了 AM 真菌群落组成的变化（Jansa et al.，2006）。此外，放牧后，被动物取食的植物生物量会以粪尿等有机质和矿物质的形式归还于土壤，因此放牧将引起土壤养分的改变（Rui et al.，2011）。在本研究中，我们发现根系中 AM 真菌的群落组成与土壤总 N 含量边缘相关，与以往的研究结果相同，表明 AM 真菌对土壤氮的改变非常敏感，土壤 TN 含量有可能会影响 AM 真菌群落组成（Liu et al.，2012；van Diepen et al.，2011）。

四、增温和降温对 AM 真菌群落特征的影响

基于海拔“双向”移栽（模拟自然增温和降温）试验平台的研究结果表明，土壤中 AM 真菌的孢子密度受原始海拔的显著影响（P＜0.001），即较高海拔（3600m 和 3800m）土壤中孢子密度显著少于较低海拔（3200m 和 3400m）土壤（Yang et al.，2016），类似的结果也在其他生态系统有报道（Gai et al.，2012；Lugo et al.，2008）。我们的研究还

发现，将低海拔（3200m）土壤上移至中、高海拔（3400m 和 3600m）时，土壤中 AM 真菌的孢子密度显著增加（图 8-32），这可能是由于某一些 AM 真菌（如 *Acaulospora alpina*、*Gigaspora gigantea*）在相对寒冷环境下反倒更为活跃有关（Yang et al.，2013a）。

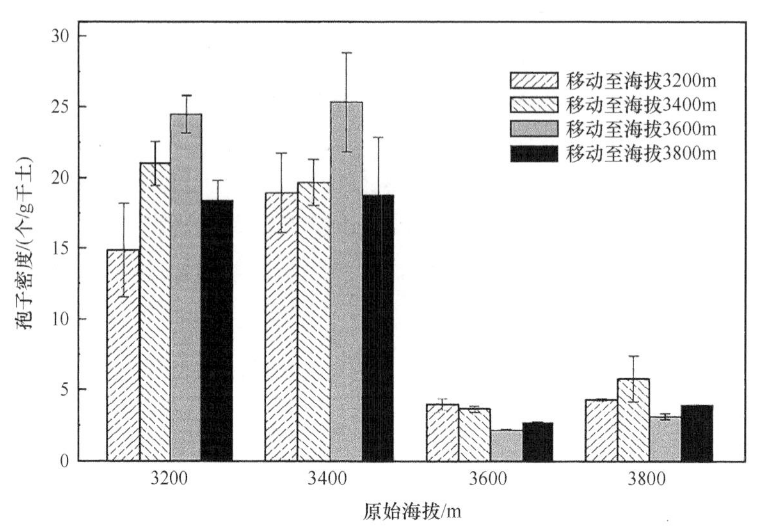

图 8-32　海拔双向移栽对土壤中 AM 真菌孢子密度的影响

基于海拔“双向”移栽试验平台，通过 454 高通量测序的方法从土壤中总计得到 82 个 AM 真菌 OTU。分析发现，原位海拔、移栽地及二者的交互作用对 AM 真菌 OTU 丰富度均无显著影响（图 8-33）。

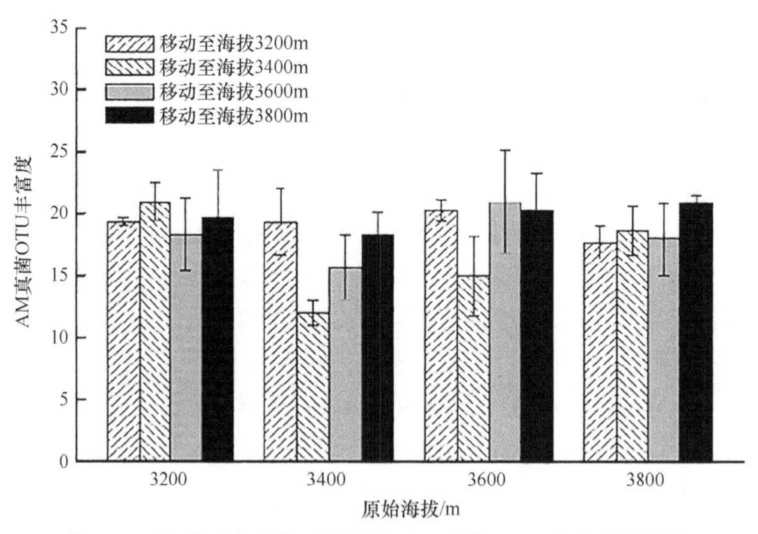

图 8-33　海拔双向移栽对土壤中 AM 真菌 OUT 丰富度的影响

然而，AM 真菌的某些科，如无梗囊霉科（Acaulosporaceae）、巨孢囊霉科（Gigasporaceae）等，其所包含的 OTU 丰富度在原位海拔之间存在显著差异（Yang et al.，2016），表明有的 AM 真菌（如 Acaulosporaceae）可能更适应高海拔的低温环境，而另一些 AM 真菌（如 Gigasporaceae）则更倾向于低海拔较温暖生境。考虑到不同科的 AM

真菌往往具有不同的功能属性（Weber et al.，2019），全球变化导致的温度变化将对 AM 真菌的生态功能产生影响。通过 NMDS 分析发现（Yang et al.，2016），土壤中 AM 真菌群落组成显著地受到原位海拔的影响（R^2=0.80，P<0.001，图 8-34）。

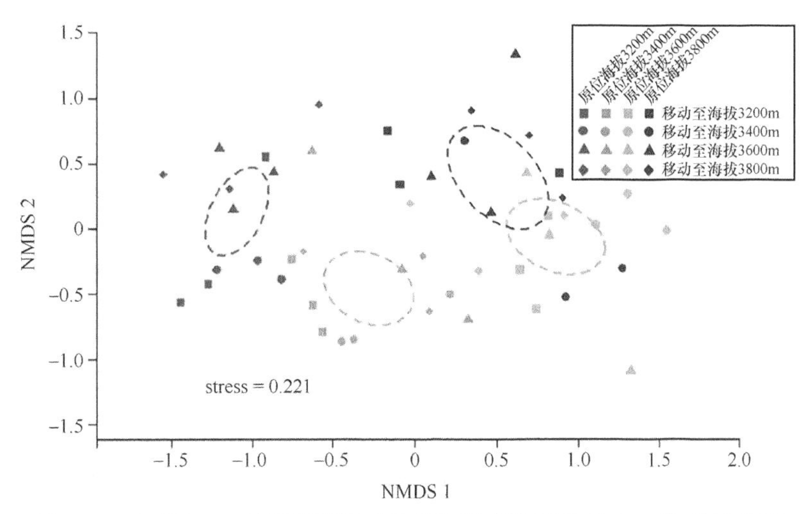

图 8-34　土壤中 AM 真菌群落组成的非度量多维尺度（NMDS）排序分析

类似地，青藏高原的 AM 真菌群落组成显著受到海拔的影响（Liu et al.，2009）。Gai 等（2012）通过对土壤中 AM 真菌孢子的形态鉴定，发现青藏高原不同海拔的 AM 真菌群落组成显著不同。同时，我们发现移栽对其无显著影响（R^2=0.03，P=0.52，图 8-34），表明自然增温和降温对于土壤 AM 真菌群落组成的影响有限。同样，Heinemeyer 等（2004）发现 1 年增温并未改变英国草地的 AM 真菌群落组成。前人的研究也表明，植物群落组成显著影响 AM 真菌群落组成（Johnson et al.，2004；Liu et al.，2012）。因此，本研究中 AM 真菌未对温度变化响应，可能是由于植物对增温的迟滞效应而引起的（Arft et al.，1999）。综合模拟增温和自然增/降温的结果来看，温度变化对土壤 AM 真菌群落组成的影响可能与试验处理时间长短和温度变化幅度等因素密切相关，因此有必要在将来的试验中开展长期性研究和设置增温梯度以探讨其具体原因与机制。

第四节　气候变化和放牧对土壤胞外酶的影响

土壤胞外酶是一类分泌到细胞外、具有催化作用的蛋白质，是由土壤微生物和植物根系等产生、在土壤中广泛分布并参与土壤碳、氮、磷、硫等重要元素的生物地球化学循环过程（Allison et al.，2011；Sinsabaugh and Shah，2012；Wallenstein and Weintraub，2008）。土壤胞外酶的活性常用来指示土壤功能、土壤质量、土壤健康等，同时也被用来指示环境变化和土壤微生物群落活性（Alkorta et al.，2003；Burns et al.，2013；Dick et al.，1997，1994；Fierer et al.，2021；Sinsabaugh and Shah，2012）。近年来，研究者将土壤胞外酶作为关键参数，引入到与全球变化相关的统计和机理模型中，有望阐明土壤微生物对全球变化的响应和适应机制（Allison et al.，2010；Chen et al.，2018；Chen and Sinsabaugh，2021；Schimel and Weintraub，2003，Wang et al.，2013）。因此，对土壤胞外酶及其活性的深入认识不仅能够帮助我们理解土壤微生物在生态系统物质循环等方面的作用，而且有助于我们理解微生物对全球变化的响应和适应机制。

青藏高原作为“世界屋脊”，对全球气候调节等生态系统服务有至关重要的作用（Jiang et al.，2020）。同时，青藏高原高寒草甸储存了大量的有机碳（Shi et al.，2012；Yang et al.，2008），日益加剧的气候变暖和人类活动可能会导致草原退化，从而加速土壤有机碳释放到大气中，青藏高原因此成为气候变化的敏感和脆弱区（Dong et al.，2020）。一方面，气候变暖可能增强土壤微生物的活性，进一步加速土壤有机碳的分解（Luo and Zhou，2010；Wallenstein et al.，2011）。但也有研究发现，短期内气候变暖可能导致土壤碳排放到大气的量增加，但随着时间的变化，气候变暖对土壤微生物活性的影响会变弱（Allison and Treseder，2008；Allison et al.，2010；Luo et al.，2001；Melillo et al.，2002；Xu et al.，2010）。同时，在全球尺度的整合分析发现气候变暖对土壤胞外水解酶活性的影响并不显著（Xiao et al.，2018）。另一方面，人类活动，如过度放牧会导致地上和地下凋落物的生成量减少，进而可能导致土壤微生物所需要的底物减少，从而抑制土壤微生物的活性（Olivera et al.，2014；Prieto et al.，2011；Wang et al.，2007）。尽管如此，很少有人探讨气候变暖和放牧对土壤微生物活性，尤其是土壤胞外酶活性的共同影响。

我们利用于 2006 年在海北建立的增温和放牧试验平台（Kimball et al.，2008；Luo et al.，2009），测定了 4 种与土壤碳循环相关的胞外酶活性。这 4 种胞外酶主要参与易分解土壤有机碳的分解过程，分别是 α-1,4-葡糖苷酶（AG）、β-1,4-葡糖苷酶（BG）、β-D-1,4-纤维二糖水解酶（CB）和 β-1,4-木糖苷酶（XS）（表 8-8）。土壤样品采集于 2009 年生长季中期（8 月 5 日），分别于表层（0～10cm）和亚表层（10～20cm）取样。将土壤样品冷冻带回实验室，过 2mm 土壤筛，去除可见的根系和石头，分别在 4℃、10℃、15℃、20℃、25℃和 30℃等温度下利用荧光法，通过酶标仪测定这 4 种土壤胞外酶的活性，测酶方法具体可参考 Jing 等（2014）。

表 8-8　土壤碳循环相关胞外酶及其功能

中文名	英文名	功能	底物
α-1,4-葡糖苷酶	α-1,4-glucosidase	将可溶性糖水解为葡萄糖	4-MUB-α-D-葡糖苷
β-1,4-葡糖苷酶	β-1,4-glucosidase	将纤维素水解为葡萄糖	4-MUB-β-D-葡糖苷
β-D-1,4-纤维二糖水解酶	β-D-1,4-cellobiohydrolase	将纤维素水解为纤维二糖	4-MUB-β-D-纤维二糖
β-1,4-木糖苷酶	β-1,4-xylosidase	将半纤维素水解为单体木糖	4-MUB-β-D-木糖苷

增温对 α-1,4-葡糖苷酶（AG）活性的影响随土壤取样深度的变化而变化（P=0.004；表 8-9），表现为增温处理对 α-1,4-葡糖苷酶活性的影响在表层土壤略高于对照，在亚表层土壤略低于对照（图 8-35）。尽管如此，增温的主效应并不显著（P=0.423；表 8-9），并且不随放牧（P=0.820；表 8-9）和培养温度（P=0.278；表 8-9）等的变化而变化（Jing et al.，2014）。

表 8-9　增温、放牧、土壤采样深度和培养温度对土壤胞外酶活性的影响

	AG		BG		CB		XS	
	F	*P*	*F*	*P*	*F*	*P*	*F*	*P*
增温（W）	0.70	0.423	0.32	0.585	0.00	0.978	0.45	0.519
放牧（G）	0.44	0.524	0.87	0.374	0.11	0.746	2.87	0.124
深度（D）	86.02	＜0.001	35.76	＜0.001	35.48	＜0.001	133.29	＜0.001
培养温度（T）	56.99	＜0.001	25.51	＜0.001	22.26	＜0.001	53.46	＜0.001
W×G	0.06	0.820	0.43	0.527	0.10	0.763	0.38	0.555
W×D	8.43	0.004	0.25	0.621	2.54	0.113	0.14	0.705
W×T	1.27	0.278	0.55	0.740	0.51	0.767	0.58	0.718
G×D	0.98	0.325	2.82	0.095	0.04	0.843	8.85	0.003
G×T	1.97	0.086	0.46	0.808	0.42	0.836	1.54	0.181
D×T	11.18	＜0.001	3.09	0.011	5.69	＜0.001	16.50	＜0.001

表 8-9 的统计结果是基于线性混合模型的重复测量方差分析结果，其中，将土壤胞外酶活性看成是响应变量，增温、放牧、土壤采样深度和培养温度及这些因子的交互效应看成是固定变量，试验小区和样方看成是随机变量。放牧的主效应，以及放牧增温、取样深度、培养温度的交互效应对 α-1,4-葡糖苷酶（AG）、β-1,4-葡糖苷酶（BG）、β-D-1,4-纤维二糖水解酶（CB）和 β-1,4-木糖苷酶（XS）活性的影响均不显著（$P>0.05$；表 8-9）。土壤取样深度和培养温度对 α-1,4-葡糖苷酶活性的影响均显著（取样深度 $P<0.001$；培养温度 $P<0.001$），并且有明显的交互效应（$P<0.001$；表 8-9），表现为表层土壤 α-1,4-葡糖苷酶活性随培养温度的增长速率和幅度显著高于亚表层土壤 α-1,4-葡糖苷酶活性（图 8-35）。

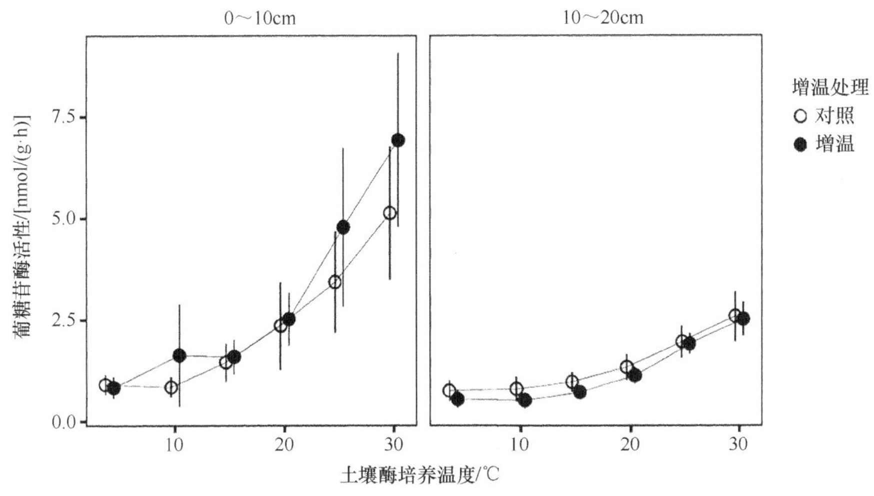

图 8-35　增温和土壤深度及培养温度对土壤 α-1,4-葡糖苷酶活性的影响
点代表均值（n=8），误差线表示 95%置信区间

增温对 β-1,4-葡糖苷酶（BG）活性没有显著影响（P=0.585；表 8-9），并且不随放牧、取样深度和培养温度等因子的变化而变化（$P>0.05$；表 8-9）。与增温处理一致，放牧对 β-1,4-葡糖苷酶活性没有显著影响（P=0.374；表 8-9），并且不随增温、取样深度

和培养温度等因子的变化而变化（$P>0.05$；表 8-9）。尽管如此，土壤取样深度和培养温度对 β-1,4-葡糖苷酶活性的影响均较显著（取样深度 $P<0.001$；培养温度 $P<0.001$），并且有显著的交互效应（$P<0.001$；表 8-9），表现为表层土壤（0～10cm）β-1,4-葡糖苷酶活性随培养温度的增长速率和增长幅度显著高于亚表层土壤（10～20cm）（图 8-36）。与此同时，β-1,4-葡糖苷酶活性在 25℃达到最高值，亚表层土壤尤为明显（图 8-36）。

增温、放牧、取样深度和培养温度对 β-D-1,4-纤维二糖水解酶（CB）活性的影响与对 β-1,4-葡糖苷酶活性的影响有类似的结果（表 8-9；图 8-36）。具体表现为：增温对 β-D-1,4-纤维二糖水解酶活性没有显著影响（$P=0.978$；表 8-9），并且不随放牧、取样深度和培养温度等因子的变化而变化（$P>0.05$；表 8-9）。放牧对 β-D-1,4-纤维二糖水解酶活性同样没有显著影响（$P=0.746$；表 8-9），并且不随放牧、取样深度和培养温度等因子的变化而变化（$P>0.05$；表 8-9）。尽管如此，土壤取样深度和培养温度对 β-D-1,4-纤维二糖水解酶活性的影响均显著（取样深度 $P<0.001$；培养温度 $P<0.001$），并且有显著的交互效应（$P<0.001$；表 8-9），表现为表层土壤酶活性随培养温度的增长速率和增长幅度略高于亚表层土壤（图 8-36）。与此同时，β-D-1,4-纤维二糖水解酶活性在 25℃达到最高值；在 30℃时，表层和亚表层酶活性有显著差异（图 8-36）。但 β-D-1,4-纤维二糖水解酶活性随培养温度的升高速率和幅度远远小于 β-1,4-葡糖苷酶。

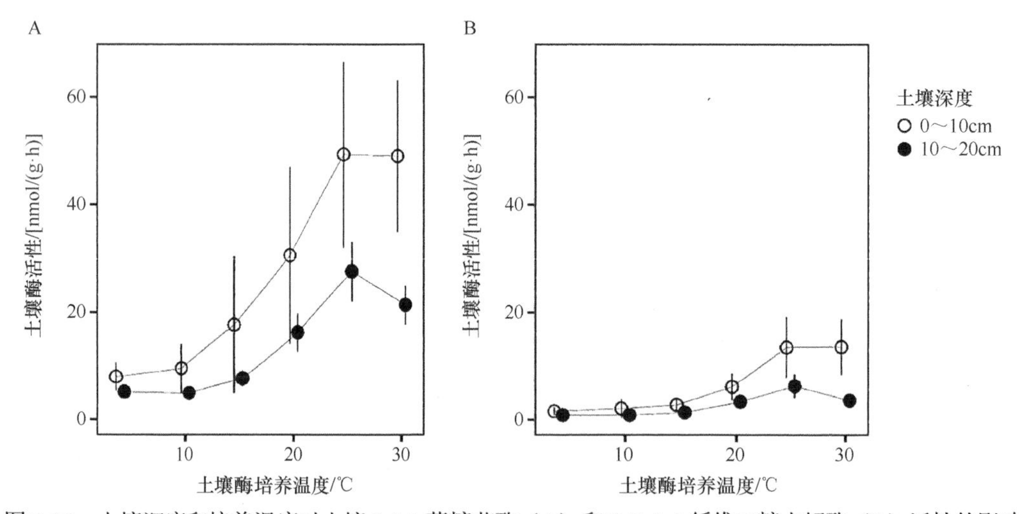

图 8-36　土壤深度和培养温度对土壤 β-1,4-葡糖苷酶（A）和 β-D-1,4-纤维二糖水解酶（B）活性的影响

点代表均值（$n=16$），误差线表示 95%置信区间

增温对 β-1,4-木糖苷酶（XS）活性没有显著影响（$P=0.519$；表 8-9），并且不随放牧、取样深度和培养温度等因子的变化而变化（$P>0.05$；表 8-9）。放牧对 β-1,4-木糖苷酶活性的影响随土壤取样深度的变化而变化（$P=0.003$；表 8-9），表现为放牧处理对 β-1,4-木糖苷酶活性的影响在表层土壤 4℃和 10℃略低于对照，但随温度升高，表层土壤酶活略高于对照，在亚表层土壤略高于对照（图 8-37）。尽管如此，放牧的主效应不显著（$P=0.124$；表 8-9），并且不随增温（$P=0.555$；表 8-9）和培养温度（$P=0.181$；表 8-9）等的变化而变化。而土壤取样深度和培养温度对 β-1,4-木糖苷酶活性的影响均显著（取样深度 $P<0.001$；培养温度 $P<0.001$），并且有明显的交互效应（$P<0.001$；表 8-9），

表现为表层土壤 β-1,4-木糖苷酶活性随培养温度的增长速率和增长幅度显著高于亚表层土壤（图 8-37）。

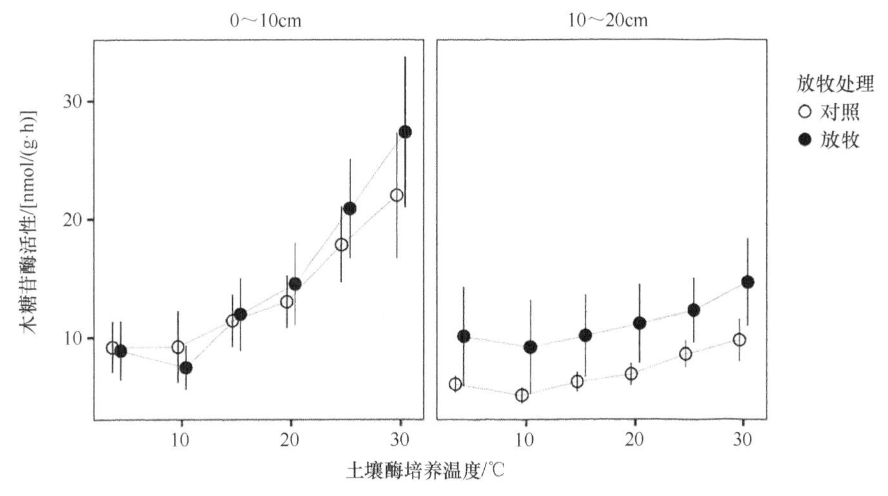

图 8-37 增温和放牧对土壤 β-1,4-木糖苷酶活性的影响

点代表均值（*n*=8），误差线表示 95%置信区间

有很多研究表明，增温初期提高了土壤呼吸，但随着时间的变化，增温对土壤呼吸通量的影响逐渐减弱，进而导致土壤微生物的活性对温度的敏感性减弱，这一现象被定义为“热驯化（thermal acclimation）”（Allison et al.，2010；Bradford et al.，2008，2010；Davidson and Janssens，2006；Luo et al.，2001），植物呼吸和光合作用对增温的适应同样存在“热驯化”现象（Atkin et al.，2010，2009；Atkin and Tjoelker，2003；Loveys et al.，2003；Shen et al.，2009）。目前，引起土壤呼吸“热驯化”的机理尚没有统一的解释，但大体可分为两类：第一，增温初期，大量易分解碳被消耗分解，而难分解碳对温度的变化不敏感；第二，增温可能导致土壤微生物群落的变化，或者土壤微生物做出了生理和生态的调整以适应环境的变化（Luo et al.，2001）。基于这样的背景，首先研究了土壤易分解碳循环相关的胞外水解酶对增温的响应。我们的研究结果表明，增温并没有显著影响土壤胞外酶活性，同时增温对土壤胞外酶活性的影响不随培养温度的变化而变化（表 8-9），说明增温不仅没有改变土壤胞外酶的活性，而且没有改变土壤胞外酶对温度的敏感性，因此，我们的发现并不支持“热驯化”假说（Jing et al.，2014）。可能的解释有三种：第一，增温幅度远远小于青藏高原高寒草甸日间或季节间的温度变化，而土壤微生物对较大范围且快速变化的温度有一定的适应能力，从而导致增温对土壤胞外酶活性及温度敏感性没有显著影响；第二，增温导致了土壤含水量下降，可能抵消了增温对土壤酶活性的积极作用；第三，我们并没有观测到土壤易分解碳在增温处理下的显著变化。

与增温相比，我们发现放牧对易分解土壤碳循环相关的土壤胞外酶活性及其温度敏感性同样没有显著影响（表 8-9），而大量的研究表明放牧显著抑制了土壤胞外酶的活性（Olivera et al.，2014；Prieto et al.，2011；Wang et al.，2007）。因此，前人的研究并不支持我们的研究发现。这可能有两种解释：第一，我们的试验处理仅有三年，时间相对较短，土壤微生物可能还没有对放牧产生显著的响应；第二，放牧可能会减少植物地上和地下凋落物的量，进而可能会限制微生物获得生长所需要的资源，包括酶所需要的底物。尽管如此，在我们研究的高寒草甸生态系统，由于低温、生长季短等因素会导致大量的有机质在土壤累积，从而使得微生物有充足的底物供应。因此，我们预期长期的试验处理可能会抑制土壤胞外酶的活性。此外，除了本研究关注的易分解碳相关的土壤胞外酶，土壤中还有其他种类的胞外酶，例如，与难分解碳相关的多酚氧化酶和过氧化物酶（Sinsabaugh，2010），与土壤氮、磷、硫循环相关的胞外酶（Burns et al.，2013；Sinsabaugh and Follstad Shah，2012），这些酶对放牧的响应在我们研究的高寒草甸生态系统中还是未知的。

我们的研究并没有发现增温和放牧的交互作用，这可能是因为增温和放牧的主效应均不显著导致的。但如上所述，长期增温和放牧对土壤胞外酶活性及其温度敏感性的影响目前对于我们来说还是未知的。此外，我们的研究表明，不管本研究所关注的是哪一种土壤胞外酶，其活性均在不同采样深度下表现出了明显差异，且与亚表层土壤胞外酶相比，表层土壤胞外酶活性往往随着培养温度的增长而有快速且大幅度的增长。这一发现表明，表层土壤胞外酶活性对温度的变化更加敏感，虽然我们的增温幅度控制在2℃以内（Luo et al.，2010），但我们预期胞外酶会对更高幅度的增温产生显著响应，尤其是表层土壤胞外酶。最后，我们的研究也发现增温对土壤α-1,4-葡糖苷酶活性的影响表现为在表层土壤的增温效应略高于对照，在亚表层土壤略低于对照（图8-35）。同时，放牧对土壤β-1,4-木糖苷酶活性的影响表现为在表层土壤4℃和10℃略低于对照，但随温度升高，表层土壤酶活略高于对照，在亚表层土壤略高于对照（图8-37）。这些结果表明，土壤深度可能调节增温和放牧对土壤胞外酶活性及其温度敏感性的影响，但这些影响仅适用于个别土壤胞外酶（Dove et al.，2021）。最后，一个系统往往可能同时受到多个全球变化因子的影响，从而进一步影响生物群落物种组成和多样性，最终会对生态系统的功能和服务产生影响（Rillig et al.，2019），因此，需要加强全球变化多因子控制试验的研究。

第五节 小　　结

依托山体垂直带自然梯度和“双向”移栽试验平台，以及不对称增温和适度放牧试验平台，利用分子生物学和微生物基因芯片等技术，从微生物介导的碳氮循环过程入手，重点讨论微生物群落结构和功能对气候变化和放牧的响应和反馈，获得如下结果和结论。

（1）微生物组成随海拔显著变化，但多样性变化不显著。放线菌门和丛枝菌根真菌微生物对海拔变化比较敏感。放线菌门和奇古菌门微生物的相对丰度随着海拔升高呈现出先减少然后增加的模式，酸杆菌门和δ-变形菌纲则表现出相反的模式，丛枝菌根真菌孢子密度随海拔增加显著降低。温度和土壤养分特征（如土壤总碳和总氮含量）对细菌群落组成有较大影响，可能是微生物海拔分布格局形成的重要因素。

（2）气候变化显著影响了微生物群落组成和功能。增温和降温都显著改变了原核微生物的群落组成，并且对增温和降温具有对称性响应。增温降低了富营养微生物类群相对比例，改变了丛枝菌根真菌群落组成，但没有影响其侵染率。放线菌门和变形菌门对增温响应比较敏感。通过移栽模拟增温显著降低了微生物α多样性，但降温对α多样性影响不显著。原位的红外增温显著降低了活性微生物占总体微生物群落的比例，增加了

微生物的 α 多样性，说明上述不同的增温方式（移栽与原位增温）可能对土壤微生物的影响机制不同。温度和土壤养分特征是细菌群落组成变化的重要驱动因素。总体上，增温降低了碳、氮循环和甲烷循环基因的相对丰度，降低的碳循环基因主要是能够降解难降解碳的基因而非易分解碳的基因。降温降低了易分解碳降解相关的基因丰度，而不影响难降解碳降解的基因丰度。

（3）放牧显著影响了微生物群落组成和功能。放牧显著降低了活性微生物占总体微生物群落的比例，增加了微生物群落组成和功能基因组成的 α 多样性，改变了丛枝菌根真菌群落组成，但对土壤原核微生物群落结构未产生显著影响。微生物功能方面，放牧显著增加了碳分解、固氮和反硝化功能基因的相对丰度。

（4）增温和放牧对微生物群落组成和功能的交互影响。增温和放牧对细菌的组成及功能基因多样性的影响存在显著的交互作用。放牧显著降低了增温对细菌多样性的影响，这种交互效应同样体现在微生物类群丰度和功能基因丰度变化上。这些结果表明，在青藏高原高寒草甸，放牧可以部分抵消全球变暖对土壤微生物结构和功能的影响。

综上所述，气候变化和放牧对土壤微生物的群落组成和功能具有重要影响，尤其是增温增加了土壤中难分解碳组分的矿化潜力，不利于土壤碳库的稳定。值得注意的是，放牧能够显著降低增温对大部分微生物指标的影响程度，说明在未来气候变暖情形下，放牧有助于青藏高原高寒草甸土壤微生物群落结构和功能的稳定。同时，我们发现不同的增温方法对土壤微生物的影响存在差异，可能是由于增温机制不同导致的。本章研究结果大部分是基于核酸测序分析技术，与真实的微生物功能不完全一致。后续研究中需要更加关注土壤微生物的实际功能及其对气候变化的响应，以切实增加对土壤元素循环过程的理解。

参考文献

宋鸽, 王全成, 郑勇, 等. 2022. 丛枝菌根真菌对大气 CO_2 浓度升高和增温响应研究进展. 应用生态学报, 33: 1709-1718.

杨巍. 2014. 丛枝菌根真菌对青藏高原高寒草甸增温、放牧和氮添加的响应. 北京：中国科学院微生物研究所, 中国科学院大学博士学位论文.

周文萍, 向丹, 胡亚军, 等. 2013. 长期围封对不同放牧强度下草地植物和 AM 真菌群落恢复的影响. 生态学报, 33: 3383-3393.

Albuquerque L, Johnson, M M, Schumann, P, et al. 2014. Description of two new thermophilic species of the genus *Rubrobacte*r, *Rubrobacter calidifluminis* sp. nov. and *Rubrobacter naiadicus* sp. nov., and emended description of the genus *Rubrobacter* and the species *Rubrobacter bracarensis*. Systematic and Applied Microbiology, 37: 235-243.

Alkorta I, Aizpurua A, Riga P, et al. 2003. Soil enzyme activities as biological indicators of soil health. Reviews on Environmental Health, 18: 65-73.

Alley R B, Marotzke J, Nordhaus W D, et al., 2003. Abrupt climate change. Science, 299: 2005-2010.

Allison S D, Treseder, K K, 2008. Warming and drying suppress microbial activity and carbon cycling in boreal forest soils. Global Change Biology, 14: 2898-2909.

Allison S D, Wallenstein, M D, Bradford, M A. 2010. Soil-carbon response to warming dependent on microbial physiology. Nature Geoscience, 3: 336-340.

Allison S D, Weintraub M N, Gartner T B, et al. 2011. Evolutionary-economic principles as regulators of soil enzyme production and ecosystem function//Shukla G, Varma A. Soil Enzymology. Heidelbera: Springer-Verlag: 229-243.

Antunes P M, Koch A M, Morton J B, et al. 2011. Evidence for functional divergence in arbuscular mycorrhizal fungi from contrasting climatic origins. New Phytologist, 189: 507-514.
Arft A M, Walker, M D, Gurevitch J, et al. 1999. Responses of tundra plants to experimental warming: Meta-analysis of the international tundra experiment. Ecological Monographs, 69: 491-511.
Atkin O, Millar H, Turnbull M. 2010. Plant respiration in a changing world. New Phytologist, 187: 269-272.
Atkin O K, Sherlock, D, Fitter A H, et al. 2009. Temperature dependence of respiration in roots colonized by arbuscular mycorrhizal fungi. New Phytologist, 182: 188-199.
Atkin O K, Tjoelker M G. 2003. Thermal acclimation and the dynamic response of plant respiration to temperature. Trends Plant Science, 8: 343-351.
Bai G, Bao Y Y, Du G X, et al. 2013. Arbuscular mycorrhizal fungi associated with vegetation and soil parameters under rest grazing management in a desert steppe ecosystem. Mycorrhiza, 23: 289-301.
Bai Z, Ma Q, Wu X, et al. 2017. Temperature sensitivity of a PLFA-distinguishable microbial community differs between varying and constant temperature regimes. Geoderma, 308: 54-59.
Bárcenas-Moreno G, Gómez-Brandón M, Rousk J, et al. 2009. Adaptation of soil microbial communities to temperature: comparison of fungi and bacteria in a laboratory experiment. Global Change Biology, 15: 2950-2957.
Bardgett R D. 2011. Plant-soil interactions in a changing world. F1000 Biology Reports, 3: 16.
Barnard R L, Osborne C A, Firestone M K. 2015. Changing precipitation pattern alters soil microbial community response to wet-up under a Mediterranean-type climate. Isme Journal, 9: 946-957.
Barto E K, Rillig M C. 2010. Does herbivory really suppress mycorrhiza? A meta-analysis. Journal of Ecology, 98: 745-753.
Belser L W. 1979. Population ecology of nitrifying bacteria. Annu Rev Microbiol, 33: 309-333.
Bennett A E, Classen, A T, 2020. Climate change influences mycorrhizal fungal-plant interactions, but conclusions are limited by geographical study bias. Ecology, 101: e02978.
Bernard L, Mougel, C, Maron, P A, et al. 2007. Dynamics and identification of soil microbial populations actively assimilating carbon from C-13-labelled wheat residue as estimated by DNA- and RNA-SIP techniques. Environmental Microbiology, 9: 752-764.
Blazewicz S J, Barnard R L, Daly R A, et al. 2013. Evaluating rRNA as an indicator of microbial activity in environmental communities: Limitations and uses. ISME Journal, 7: 2061-2068.
Bradford M A, Davies C A, Frey S D, et al. 2008. Thermal adaptation of soil microbial respiration to elevated temperature. Ecology Letters, 11: 1316-1327.
Bradford M A, Watts B W, Davies C A. 2010. Thermal adaptation of heterotrophic soil respiration in laboratory microcosms. Global Change Biology, 16: 1576-1588.
Bunn R, Lekberg, Y, Zabinski, C. 2009. Arbuscular mycorrhizal fungi ameliorate temperature stress in thermophilic plants. Ecology, 90: 1378-1388.
Burns R G, DeForest J L, Marxsen J, et al. 2013. Soil enzymes in a changing environment: Current knowledge and future directions. Soil Biology and Biochemistry, 58: 216-234.
Caporaso J G, Lauber, C L, Walters W A, et al. 2011. Global patterns of 16S rRNA diversity at a depth of millions of sequences per sample. Proceedings of the National Academy of Sciences of the United States of America, 108: 4516-4522.
Che R, Deng Y, Wang F, et al. 2018a. Autotrophic and symbiotic diazotrophs dominate nitrogen-fixing communities in Tibetan grassland soils. Science of the Total Environment, 639: 997-1006.
Che R, Wang S, Wang Y, et al. 2019. Total and active soil fungal community profiles were significantly altered by six years of warming but not by grazing. Soil Biology and Biochemistry, 139: 107611.
Che R X, Deng Y C, Wang F, et al. 2015. 16S rRNA-based bacterial community structure is a sensitive indicator of soil respiration activity. Journal of Soils and Sediments, 15: 1987-1990.
Che R X, Deng Y C, Wang W J, et al. 2018b. Long-term warming rather than grazing significantly changed total and active soil procaryotic community structures. Geoderma, 316: 1-10.
Che R X, Wang, W J, Zhang, J, et al. 2016. Assessing soil microbial respiration capacity using rDNA- or rRNA-based indices: a review. Journal of Soils and Sediments, 16: 2698-2708.
Chen J, Luo Y, van Groenigen K J, et al. 2018. A keystone microbial enzyme for nitrogen control of soil carbon storage. Science Advances, 4: eaaq1689.

Chen J, Sinsabaugh R L. 2021. Linking microbial functional gene abundance and soil extracellular enzyme activity: Implications for soil carbon dynamics, 27: 1322-1325.

Cheng L, Zhang N, Yuan M, et al. 2017. Warming enhances old organic carbon decomposition through altering functional microbial communities. The ISME Journal Emultidisciplinary Journal of Microbial Ecology, 11: 1825-1835.

Chroňáková A, Radl V, Čuhel J, et al. 2009. Overwintering management on upland pasture causes shifts in an abundance of denitrifying microbial communities, their activity and N_2O-reducing ability. Soil Biology and Biochemistry, 41: 1132-1138.

Classen A T, Sundqvist, M K, Henning, J A, et al. 2015. Direct and indirect effects of climate change on soil microbial and soil microbial-plant interactions: What lies ahead? Ecosphere, 6, art130.

Davidson E A, Janssens I A. 2006. Temperature sensitivity of soil carbon decomposition and feedbacks to climate change. Nature, 440: 165-173.

Dick R, Pankhurst C, Doube B, et al. 1997. Soil enzyme activities as integrative indicators of soil health. Biological Indicators of Soil Health, 121-156.

Dick R P. 1994. Soil enzyme activities as indicators of soil quality. Defining Soil Quality for a Sustainable Environment, 2:107-124.

Djukic I, Zehetner F, Watzinger A, et al. 2013. In situ carbon turnover dynamics and the role of soil microorganisms therein: a climate warming study in an Alpine ecosystem. Fems Microbiology Ecology, 83: 112-124.

Dong S, Shang Z, Gao J, et al. 2020. Enhancing sustainability of grassland ecosystems through ecological restoration and grazing management in an era of climate change on Qinghai-Tibetan Plateau. Agricultural Ecosystim and Environment, 287: 106684.

Dove N C, Barnes, M E, Moreland, K, et al. 2021. Depth dependence of climatic controls on soil microbial community activity and composition. ISME Communications, 1: 1-11.

Drigo B, Pijl A S, Duyts H, et al. 2010. Shifting carbon flow from roots into associated microbial communities in response to elevated atmospheric CO_2. Proceedings of the National Academy of Sciences of the United States of America, 107: 10938-10942.

Easterling D R, Wehner, M F. 2009. Is the climate warming or cooling? Geophysical Research Letters, 36: L08706.

Edgar R C. 2013. UPARSE: highly accurate OTU sequences from microbial amplicon reads. Nature Methods, 10: 996-998.

Eom A H, Wilson G W T, Hartnett D C. 2001. Effects of ungulate grazers on arbuscular mycorrhizal symbiosis and fungal community structure in tallgrass prairie. Mycologia, 93: 233-242.

Fierer N. 2017. Embracing the unknown: disentangling the complexities of the soil microbiome. Nature Reviews Microbiology, 15: 579-590.

Fierer N, Bradford M A, Jackson R B. 2007. Toward an ecological classification of soil bacteria. Ecology, 88: 1354-1364.

Fierer N, Wood S A, de Mesquita C P B. 2021. How microbes can, and cannot, be used to assess soil health. Soil Biology & Biochemistry, 153: 108111.

Gai J P, Tian H, Yang F Y, et al. 2012. Arbuscular mycorrhizal fungal diversity along a Tibetan elevation gradient. Pedobiologia, 55: 145-151.

Gebers R, Beese M. 1988. *Pedomicrobium americanum* sp. nov. and *Pedomicrobium australicum* sp. nov. from Aquatic Habitats, *Pedomicrobium* gen. emend., and *Pedomicrobium ferrugineum* sp. emend. International Journal of Systematic and Evolutionary Microbiology, 38: 303-315.

Gehring C A, Whitham, T G. 2003. Mycorrhizae-Herbivore interactions: Population and community consequences //van der Heijden MGA, Sanders I R. Mycorrhizal Ecology.Heidelberg:Springer Berlin: 295-320.

Goldfarb K C, Karaoz U, Hanson C A, et al. 2011. Differential growth responses of soil bacterial taxa to carbon substrates of varying chemical recalcitrance. Frontiers in Microbiology, 2: 94.

Gosling P, Mead A, Proctor M, et al. 2013. Contrasting arbuscular mycorrhizal communities colonizing different host plants show a similar response to a soil phosphorus concentration gradient. New Phytologist, 198: 546-556.

Gray S B, Classen, A T, Kardol, P, et al. 2011. Multiple climate change factors interact to alter soil microbial

community structure in an old-field Ecosystem. Soil Science Society of America Journal, 75: 2217-2226.
Guo L D. 2018. Presidential address: recent advance of mycorrhizal research in China. Mycology, 9: 1-6.
Hamilton E W, Frank, D A. 2001. Can plants stimulate soil microbes and their own nutrient supply? Evidence from a grazing tolerant grass. Ecology, 82: 2397-2402.
Hansen J, Sato M, Ruedy R, et al. 2006. Global temperature change. Proceedings of the National Academy of Sciences of the United States of America, 103: 14288-14293.
He N P, Zhang Y H, Yu Q, et al. 2011. Grazing intensity impacts soil carbon and nitrogen storage of continental steppe. Ecosphere, 2(1): art 8.
Heinemeyer A, Ridgway K P, Edwards E J, et al. 2004. Impact of soil warming and shading on colonization and community structure of arbuscular mycorrhizal fungi in roots of a native grassland community. Global Change Biology, 10: 52-64.
Holland J N, Cheng W, Crossley D A Jr. 1996. Herbivore-induced changes in plant carbon allocation: Assessment of below-ground C fluxes using carbon-14. Oecologia, 107: 87-94.
Hu Y, Chang X, Lin X, et al. 2010. Effects of warming and grazing on N_2O fluxes in an alpine meadow ecosystem on the Tibetan Plateau. Soil Biology and Biochemistry, 42: 944-952.
Jansa J, Wiemken A, Frossard E. 2006. The effects of agricultural practices on arbuscular mycorrhizal fungi. //Frossard E, et al. Function of Soils for Human Societies and the Environment. London:Geological Society: 89-115.
Jiang W, Lu Y H, Liu Y X, et al. 2020. Ecosystem service value of the Qinghai-Tibet Plateau significantly increased during 25 years. Ecosystem Services, 44: 101146.
Jing X, Wang Y, Chung H, et al. 2014. No temperature acclimation of soil extracellular enzymes to experimental warming in an alpine grassland ecosystem on the Tibetan Plateau. Biogeochemistry, 117: 39-54.
Johnson D, Vandenkoornhuyse P J, Leake J R, et al. 2004. Plant communities affect arbuscular mycorrhizal fungal diversity and community composition in grassland microcosms. New Phytologist, 161: 503-515.
Keil D, Meyer A, Berner D, et al. 2011. Influence of land-use intensity on the spatial distribution of N-cycling microorganisms in grassland soils. FEMS Microbiology Ecology, 77: 95-106.
Kim Y C, Gao C, Zheng Y, et al. 2015. Arbuscular mycorrhizal fungal community response to warming and nitrogen addition in a semiarid steppe ecosystem. Mycorrhiza, 25: 267-276.
Kim Y C, Gao C, Zheng Y, et al. 2014. Different responses of arbuscular mycorrhizal fungal community to day-time and night-time warming in a semiarid steppe. Chinese Science Bulletin, 59: 5080-5089.
Kimball B A, Conley M M, Wang S, et al. 2008. Infrared heater arrays for warming ecosystem field plots. Global Change Biology, 14: 309-320.
Klein J A, Harte J, Zhao X Q. 2007. Experimental warming, not grazing, decreases rangeland quality on the Tibetan Plateau. Ecological Applications, 17: 541-557.
Klein J A, Harte J, Zhao X Q. 2004. Experimental warming causes large and rapid species loss, dampened by simulated grazing, on the Tibetan Plateau. Ecology Letters, 7: 1170-1179.
Klein J A, Harte J, Zhao X Q. 2005. Dynamic and complex microclimate responses to warming and grazing manipulations. Global Change Biology, 11: 1440-1451.
Kowalchuk G A, Stephen J R. 2001. Ammonia-oxidizing bacteria: A model for molecular microbial ecology. Annual Review of Microbiology, 55: 485-529.
Koziol L, Bever J D. 2017. The missing link in grassland restoration: arbuscular mycorrhizal fungi inoculation increases plant diversity and accelerates succession. Journal of Applied Ecology, 54: 1301-1309.
Kula A A R, Hartnett D C, Wilson G W T. 2005. Effects of mycorrhizal symbiosis on tallgrass prairie plant-herbivore interactions. Ecology Letters, 8: 61-69.
Kuzyakov Y, Xu X L. 2013. Competition between roots and microorganisms for nitrogen: Mechanisms and ecological relevance. New Phytologist, 198: 656-669.
Lazzaro A, Gauer A, Zeyer J. 2011. Field-scale transplantation experiment to investigate structures of soil bacterial communities at pioneering sites. Applied and Environmental Microbiology, 77: 8241-8248.
Lennon J T, Jones S E. 2011. Microbial seed banks: the ecological and evolutionary implications of dormancy. Nature Reviews Microbiology, 9: 119-130.
Leroi A M, Bennett A F, Lenski R E. 1994. Temperature acclimation and competitive fitness: an experimental test of the beneficial acclimation assumption. Proceedings of the National Academy of

Sciences of the United States of America, 91: 1917-1921.
Li Y, Lin Q, Wang S, et al., 2016. Soil bacterial community responses to warming and grazing in a Tibetan alpine meadow. FEMS Microbiology Ecology, 92: 1-10.
Lin X, Zhang Z, Wang S, et al. 2011. Response of ecosystem respiration to warming and grazing during the growing seasons in the alpine meadow on the Tibetan Plateau. Agricultural and Forest Meteorology, 151: 792-802.
Liu Y, He L, An L Z, et al. 2009. Arbuscular mycorrhizal dynamics in a chronosequence of *Caragana korshinskii* plantations. FEMS Microbiology Ecology, 67: 81-92.
Liu Y J, Shi G X, Mao L, et al. 2012. Direct and indirect influences of 8 yr of nitrogen and phosphorus fertilization on Glomeromycota in an alpine meadow ecosystem. New Phytologist, 194: 523-535.
Loveys B R, Atkinson L J, Sherlock D J, et al. 2003. Thermal acclimation of leaf and root respiration: an investigation comparing inherently fast- and slow-growing plant species. Global Change Biology, 9: 895-910.
Lugo M A, Cabello M N, 2002. Native arbuscular mycorrhizal fungi (AMF) from mountain grassland (Cordoba, Argentina) I. Seasonal variation of fungal spore diversity. Mycologia, 94: 579-586.
Lugo M A, Ferrero M, Menoyo E, et al. 2008. Arbuscular mycorrhizal fungi and rhizospheric bacteria diversity along an altitudinal gradient in south American puna grassland. Microbial Ecology, 55: 705-713.
Lugo M A, Maza M E G, Cabello M N. 2003. Arbuscular mycorrhizal fungi in a mountain grassland II: Seasonal variation of colonization studied, along with its relation to grazing and metabolic host type. Mycologia, 95: 407-415.
Luo C, Xu G, Chao Z, et al. 2010. Effect of warming and grazing on litter mass loss and temperature sensitivity of litter and dung mass loss on the Tibetan Plateau. Global Change Biology, 16: 1606-1617.
Luo C W, Rodriguez R L M, Johnston E R, et al. 2014. Soil microbial community responses to a decade of warming as revealed by comparative metagenomics. Applied and Environmental Microbiology, 80: 1777-1786.
Luo C Y, Xu G P, Wang Y F, et al. 2009. Effects of grazing and experimental warming on DOC concentrations in the soil solution on the Qinghai-Tibet Plateau. Soil Biology and Biochemistry, 41: 2493-2500.
Luo Y, Wan S, Hui D, et al. 2001. Acclimatization of soil respiration to warming in a tall grass prairie. Nature, 413: 622-625.
Luo Y, Zhou X. 2010. Soil Respiration and the Environment. London: Elsevier.
Lyubushin A A, Klyashtorin L B. 2012. Short term global prediction using 60-70-years periodicity. Energy & Environment, 23: 75-85.
McAnena A, Floegel S, Hofmann P, et al. 2013. Atlantic cooling associated with a marine biotic crisis during the mid-Cretaceous period. Nature Geoscience, 6: 558-561.
Medina-Roldán E, Arredondo J T, Huber-Sannwald E, et al. 2008. Grazing effects on fungal root symbionts and carbon and nitrogen storage in a shortgrass steppe in Central Mexico. Journal of Arid Environments, 72: 546-556.
Mei L L, Yang X, Zhang S Q, et al. 2019. Arbuscular mycorrhizal fungi alleviate phosphorus limitation by reducing plant N: P ratios under warming and nitrogen addition in a temperate meadow ecosystem. Science of the Total Environment, 686: 1129-1139.
Melillo J M, Frey S D, DeAngelis K M, et al. 2017. Long-term pattern and magnitude of soil carbon feedback to the climate system in a warming world. Science, 358: 101-104.
Melillo J M, Steudler P A, Aber J D, et al. 2002. Soil warming and carbon-cycle feedbacks to the climate system. Science, 298: 2173-2176.
Menneer J C, Ledgard S, McLay C, et al. 2005. Animal treading stimulates denitrification in soil under pasture. Soil Biology and Biochemistry, 37: 1625-1629.
Metcalfe D B. 2017. Microbial change in warming soils. Science, 358: 41.
Miller S P, Bever J D. 1999. Distribution of arbuscular mycorrhizal fungi in stands of the wetland grass *Panicum hemitomon* along a wide hydrologic gradient. Oecologia, 119: 586-592.
Monz C A, Hunt H W, Reeves F B, et al. 1994. The response of mycorrhizal colonization to elevated CO_2 and climate change in *Pascopyrum smithii* and *Bouteloua gracilis*. Plant and Soil, 165: 75-80.
Murray T R, Frank D A, Gehring C A. 2010. Ungulate and topographic control of arbuscular mycorrhizal

fungal spore community composition in a temperate grassland. Ecology, 91: 815-827.
Oenema O, Oudendag D, Velthof G L. 2007. Nutrient losses from manure management in the European Union. Livestock Science, 112: 261-272.
Olivera N L, Prieto L, Carrera A L, et al. 2014. Do soil enzymes respond to long-term grazing in an arid ecosystem? Plant and Soil, 378: 35-48.
Peng F, You Q G, Xu M H, et al. 2015. Effects of experimental warming on soil respiration and its components in an alpine meadow in the permafrost region of the Qinghai-Tibet Plateau. European Journal of Soil Science, 66: 145-154.
Phetteplace H W, Johnson D E, Seidl A F. 2001. Greenhouse gas emissions from simulated beef and dairy livestock systems in the United States. Nutrient Cycling in Agroecosystems, 60: 99-102.
Pold G, Billings A F, Blanchard J L, et al. 2016. Long-term warming alters carbohydrate degradation potential in temperate forest soils. Applied and Environmental Microbiology, 82: 6581-6530.
Post E, Pedersen C. 2008. Opposing plant community responses to warming with and without herbivores. Proceedings of the National Academy of Sciences of the United States of America, 105: 12353-12358.
Prieto L H, Bertiller M B, Carrera A L, et al. 2011. Soil enzyme and microbial activities in a grazing ecosystem of Patagonian Monte, Argentina. Geoderma, 162: 281-287.
Rillig M C, Ryo M, Lehmann A, et al. 2019. The role of multiple global change factors in driving soil functions and microbial biodiversity. Science, 366: 886-890.
Rillig M C, Wright S F, Shaw M R, et al. 2002. Artificial climate warming positively affects arbuscular mycorrhizae but decreases soil aggregate water stability in an annual grassland. Oikos, 97: 52-58.
Rinnan R, Michelsen A, Baath E, et al. 2007. Fifteen years of climate change manipulations alter soil microbial communities in a subarctic heath ecosystem. Global Change Biology, 13: 28-39.
Rinnan R, Stark S, Tolvanen A. 2009. Responses of vegetation and soil microbial communities to warming and simulated herbivory in a subarctic heath. Journal of Ecology, 97: 788-800.
Romero-Olivares A L, Allison S D, Treseder K K. 2017. Soil microbes and their response to experimental warming over time: A meta-analysis of field studies. Soil Biology & Biochemistry, 107: 32-40.
Rui J P, Li J B, Wang S P, et al. 2015. Responses of bacterial community structure to climate change in alpine meadow soil of Qinghai-Tibet Plateau. Applied and Environmental Microbiology, 81(17): 6070-6077.
Rui Y C, Wang S P, Xu Z H, et al. 2011. Warming and grazing affect soil labile carbon and nitrogen pools differently in an alpine meadow of the Qinghai-Tibet Plateau in China. Journal of Soils and Sediments, 11: 903-914.
Rui Y C, Wang Y F, Chen C R, et al. 2012. Warming and grazing increase mineralization of organic P in an alpine meadow ecosystem of Qinghai-Tibet Plateau, China. Plant and Soil, 357: 73-87.
Saggar S, Bolan N S, Bhandral R, et al. 2004. A review of emissions of methane, ammonia, and nitrous oxide from animal excreta deposition and farm effluent application in grazed pastures. New Zealand Journal of Agricultural Research, 47: 513-544.
Saito K, Suyama Y, Sato S, et al. 2004. Defoliation effects on the community structure of arbuscular mycorrhizal fungi based on 18S rDNA sequences. Mycorrhiza, 14: 363-373.
Schimel J P, Weintraub M N. 2003. The implications of exoenzyme activity on microbial carbon and nitrogen limitation in soil: A theoretical model. Soil Biology & Biochemistry, 35: 549-563.
Schindlbacher A, Rodler A, Kuffner M, et al. 2011. Experimental warming effects on the microbial community of a temperate mountain forest soil. Soil Biology & Biochemistry, 43: 1417-1425.
Sheik C S, Beasley W H, Elshahed M S, et al. 2011. Effect of warming and drought on grassland microbial communities. ISME Journal, 5: 1692-1700.
Shen H H, Klein J A, Zhao X Q, et al. 2009. Leaf photosynthesis and simulated carbon budget of *Gentiana straminea* from a decade-long warming experiment. Journal of Plant Ecology, 2: 207-216.
Shi G X, Yao B Q, Liu Y J, et al. 2017. The phylogenetic structure of AMF communities shifts in response to gradient warming with and without winter grazing on the Qinghai-Tibet Plateau. Applied Soil Ecology, 121: 31-40.
Shi N N, Gao C, Zheng Y, et al. 2016. Arbuscular mycorrhizal fungus identity and diversity influence subtropical tree competition. Fungal Ecology, 20: 115-123.
Shi Y, Baumann F, Ma Y, et al. 2012. Organic and inorganic carbon in the topsoil of the Mongolian and

Tibetan grasslands: Pattern, control and implications. Biogeosciences, 9: 1869-1898.
Sinsabaugh R L. 2010. Phenol oxidase, peroxidase and organic matter dynamics of soil. Soil Biology & Biochemistry, 42: 391-404.
Sinsabaugh R L, Shah J J F. 2012. Ecoenzymatic stoichiometry and ecological theory. Annual Review of Ecology Evolution and Systematics, 43: 313-343.
Slaughter L C, Nelson J A, Carlisle E, et al. 2018. Climate change and *Epichloe coenophiala* association modify belowground fungal symbioses of tall fescue host. Fungal Ecology, 31: 37-46.
Smith S E, Read D J. 2008. Mycorrhizal symbiosis. San Diego: Academic Press.
Spatafora J W, Chang Y, Benny G L, et al. 2016. A phylum-level phylogenetic classification of zygomycete fungi based on genome-scale data. Mycologia, 108: 1028-1046.
Staddon P L, Gregersen R, Jakobsen I. 2004. The response of two *Glomus mycorrhizal* fungi and a fine endophyte to elevated atmospheric CO_2, soil warming and drought. Global Change Biology, 10: 1909-1921.
Stephan A, Meyer A H, Schmid B. 2000. Plant diversity affects culturable soil bacteria in experimental grassland communities. Journal of Ecology, 88: 988-998.
Streit K, Hagedorn F, Hiltbrunner D, et al. 2014. Soil warming alters microbial substrate use in alpine soils. Global Change Biology, 20: 1327-1338.
Su Y Y, Guo L D. 2007. Arbuscular mycorrhizal fungi in non-grazed, restored and over-grazed grassland in the Inner Mongolia steppe. Mycorrhiza, 17: 689-693.
Supramaniam Y, Chong C W, Silvaraj S, et al. 2016. Effect of short term variation in temperature and water content on the bacterial community in a tropical soil. Applied Soil Ecology, 107: 279-289.
Tang L, Zhong L, Xue K, et al. 2019. Warming counteracts grazing effects on the functional structure of the soil microbial community in a Tibetan grassland. Soil Biology & Biochemistry, 134: 113-121.
van der Heijden M G A, Martin F M, Selosse M A, et al. 2015. Mycorrhizal ecology and evolution: the past, the present, and the future. New Phytologist, 205: 1406-1423.
van Diepen L T A, Lilleskov E A, Pregitzer K S. 2011. Simulated nitrogen deposition affects community structure of arbuscular mycorrhizal fungi in northern hardwood forests. Molecular Ecology, 20: 799-811.
Waldrop M P, Firestone M K. 2006. Response of microbial community composition and function to soil climate change. Microbial Ecology, 52: 716-724.
Wallenstein M D, Allison S, Ernakovich J, et al. 2011. Controls on the temperature sensitivity of soil enzymes: a key driver of in-situ enzyme activity rates. //Shukla G, Varma A. Soil Enzymology. Berlin: Springer-Verlag: 245-258.
Wallenstein M D, Weintraub M N. 2008. Emerging tools for measuring and modeling the *in situ* activity of soil extracellular enzymes. Soil Biology & Biochemistry, 40: 2098-2106.
Wang C H, Wan S Q, Xing X R, et al. 2006. Temperature and soil moisture interactively affected soil net N mineralization in temperate grassland in Northern China. Soil Biology & Biochemistry, 38: 1101-1110.
Wang G, Gao Q, Yang Y, et al. 2022. Soil enzymes as indicators of soil function: a step toward greater realism in microbial ecological modeling. Global Change Biology, 28: 1935-1950.
Wang G, Post W M, Mayes M A. 2013. Development of microbial - enzyme - mediated decomposition model parameters through steady-state and dynamic analyses. Ecological Applications. 23: 255-272.
Wang M M, Wang S P, Wu L W, et al. 2016. Evaluating the lingering effect of livestock grazing on functional potentials of microbial communities in Tibetan grassland soils. Plant and Soil, 407: 385-399.
Wang Q, Cao G, Wang C. 2007. The impact of grazing on the activities of soil enzymes and soil environmental factors in alpine *Kobresia pygmaea* meadow. Plant Nutrition Fertilizer Science, 13: 856-864.
Wang S, Duan J, Xu G, et al. 2012. Effects of warming and grazing on soil N availability, species composition, and ANPP in an alpine meadow. Ecology, 93: 2365-2376.
Wang S, Meng F, Duan J, et al. 2014. Asymmetric sensitivity of first flowering date to warming and cooling in alpine plants. Ecology, 95: 3387-3398.
Wang Y, Qian P Y. 2009. Conservative fragments in bacterial 16S rRNA genes and primer design for 16S ribosomal DNA amplicons in metagenomic studies. PLoS One, 4: e7401.
Weber S E, Diez J M, Andrews L V, et al. 2019. Responses of arbuscular mycorrhizal fungi to multiple coinciding global change drivers. Fungal Ecology, 40: 62-71.
Wu L, Yang Y, Wang S, et al. 2017. Alpine soil carbon is vulnerable to rapid microbial decomposition under

climate cooling. Isme Journal, 11: 2102-2111.

Xiao W, Chen X, Jing X, et al. 2018. A meta-analysis of soil extracellular enzyme activities in response to global change. Soil Biology & Biochemistry, 123: 21-32.

Xie Z, Le Roux X, Wang C, et al. 2014. Identifying response groups of soil nitrifiers and denitrifiers to grazing and associated soil environmental drivers in Tibetan alpine meadows. Soil Biology & Biochemistry, 77: 89-99.

Xiong J, Sun H, Peng F, et al. 2014. Characterizing changes in soil bacterial community structure in response to short-term warming. FEMS Microbiol Ecology, 89: 281-292.

Xu W, Yuan W. 2017. Responses of microbial biomass carbon and nitrogen to experimental warming: A meta-analysis. Soil Biology & Biochemistry, 115: 265-274.

Xu X, Ouyang H, Richter A, et al. 2011. Spatio-temporal variations determine plant-microbe competition for inorganic nitrogen in an alpine meadow. Journal of Ecology, 99: 563-571.

Xu Y Q, Wan S Q, Cheng W X, et al. 2008. Impacts of grazing intensity on denitrification and N_2O production in a semi-arid grassland ecosystem. Biogeochemistry, 88: 103-115.

Xu Z, Hu R, Xiong P, et al. 2010. Initial soil responses to experimental warming in two contrasting forest ecosystems, Eastern Tibetan plateau, China: Nutrient availabilities, microbial properties and enzyme activities. Applied Soil Ecology, 46: 291-299.

Xue K, Yuan M M, Shi Z J, et al. 2016a. Tundra soil carbon is vulnerable to rapid microbial decomposition under climate warming. Nature Climate Change, 6: 595-600.

Xue K, Xie, J P, Zhou A F, et al. 2016b. Warming alters expressions of microbial functional genes important to ecosystem functioning. Frontiers in Microbiology, 7: 13.

Yang W, Zheng Y, Gao C, et al. 2016. Arbuscular mycorrhizal fungal community composition affected by original elevation rather than translocation along an altitudinal gradient on the Qinghai-Tibet Plateau. Scientific Reports, 6: 36606.

Yang W, Zheng Y, Gao C, et al. 2013a. The arbuscular mycorrhizal fungal community response to warming and grazing differs between soil and roots on the Qinghai-Tibetan Plateau. PLoS One, 8: e76447.

Yang Y, Fang J, Tang Y, et al. 2008. Storage, patterns and controls of soil organic carbon in the Tibetan grasslands. Global Change Biology, 14: 1592-1599.

Yang Y F, Wu L W, Lin Q Y, et al. 2013b. Responses of the functional structure of soil microbial community to livestock grazing in the Tibetan alpine grassland. Global Change Biology, 19: 637-648.

Yergeau E, Bokhorst S, Kang S, et al. 2012. Shifts in soil microorganisms in response to warming are consistent across a range of Antarctic environments. ISME Journal, 6: 692-702.

Yue H W, Wang M M, Wang S P, et al. 2015. The microbe-mediated mechanisms affecting topsoil carbon stock in Tibetan grasslands. ISME Journal, 9: 2012-2020.

Zhang C J, Shen J P, Sun Y F, et al. 2017. Interactive effects of multiple climate change factors on ammonia oxidizers and denitrifiers in a temperate steppe. FEMS Microbiol Ecology, 93: fix037.

Zhang K, Shi Y, Jing X, et al. 2016a. Effects of short-term warming and altered precipitation on soil microbial communities in alpine grassland of the Tibetan Plateau. Frontiers in Microbiology, 7: 1032.

Zhang W, Parker K M, Luo Y, et al. 2005. Soil microbial responses to experimental warming and clipping in a tallgrass prairie. Global Change Biology, 11: 266-277.

Zhang X M, Liu W, Schloter M, et al. 2013. Response of the abundance of key soil microbial nitrogen-cycling genes to multi-factorial global changes. PLoS One, 8(10): e76500.

Zhang Y, Dong S, Gao Q, et al. 2016b. Climate change and human activities altered the diversity and composition of soil microbial community in alpine grasslands of the Qinghai-Tibetan Plateau. Science of The Total Environment, 562: 353-363.

Zhang Y, Gao Q Z, Dong S K, et al. 2015. Effects of grazing and climate warming on plant diversity, productivity and living state in the alpine rangelands and cultivated grasslands of the Qinghai-Tibetan Plateau. Rangeland Journal, 37: 57-65.

Zheng Y, Yang W, Sun X, et al. 2012. Methanotrophic community structure and activity under warming and grazing of alpine meadow on the Tibetan Plateau. Applied Microbiology and Biotechnology, 93: 2193-2203.

Zhou J, Xue K, Xie J, et al. 2012. Microbial mediation of carbon-cycle feedbacks to climate warming. Nature Climate Change, 2: 106-110.

第四部分

生态系统碳氮循环关键过程

第九章　气候变化和放牧对凋落物和根系及粪便分解的影响

导读：地上凋落物分解和地下根系死亡、周转是天然草地生态系统碳循环及养分归还的主要过程和途径。气候变化和放牧改变了植物种类组成及多样性，进而影响了凋落物多样性及其品质；放牧一方面减少了地上凋落物生物量，另一方面增加了粪便归还量。因此，本章主要依托山体垂直带及不对称增温和适度放牧试验平台，结合室内培养试验，拟回答以下科学问题：①气候变化和放牧如何影响凋落物、粪便和根系的分解速率及其温度敏感性？②凋落物多样性和品质如何修饰气候变化和放牧的效应？③气候变化如何影响凋落物分解过程中有机碳损失的形式？④凋落物和根系分解过程中养分释放速率及其温度敏感性如何？⑤影响上述过程的主要驱动因子及其机制如何？

植物凋落物分解是全球碳收支的重要组成部分（Raich and Schlesinger，1992；Couteaux et al.，1995；Aerts，2006，1997；Robinson，2002）。增温和放牧对凋落物及粪便分解的影响包括 4 个方面（Shariff et al.，1994；Olofsson and Oksanen，2002；汪诗平等，2003；Aerts，2006）：短期内通过改变土壤温度和湿度，改变凋落物和粪便的分解速率，通过放牧减少地上凋落物生物量、增加家畜排泄物量；长时期内通过间接改变凋落物的品质、物种组成和分解者结构等过程而影响凋落物及粪便的分解。凋落物分解过程主要受气候、凋落物质量和土壤生物群落的综合调控（Lavelle et al.，1993；Aerts，1997）；Levelle 等（1993）认为这三者作用大小依次为：气候＞凋落物质量＞土壤生物。因此，气候变化对陆地生态系统凋落物分解产生了强烈的影响。

气候变暖将加快凋落物分解，促进更多的 CO_2 释放到大气中（Berg et al.，1993；Shaw and Harte，2001；Liski et al.，2003）。这种影响在寒冷地区（如高纬度和高海拔地区）更加明显，因为这些地区凋落物的分解速率主要受温度控制（Hobbie，2000；Robinson，2002；Aerts，2006）。放牧主要通过两个方面影响物质循环，即将植物生物量转化成粪便，从而降低凋落物的积累（Hobbs，1996；Bardgett et al.，1998；Olofsson and Oksanen，2002）；同时，粪便分解过程中养分的释放比凋落物分解养分释放快（Ruess and McNaughton，1987；Ruess et al.，1989；Hobbs，1996），但也有报道认为，当放牧家畜面临营养缺乏时，粪便中养分的释放反而比凋落物释放得慢（Floate，1970；Pastor et al.，1993），因为植物体中大量营养被家畜消化吸收（Pastor et al.，1993）。目前，已经有很多人开展了气候变化对凋落物分解影响的研究（McTiernan et al.，2003；Fierer et al.，2005；Cornelissen et al.，2007）。然而，青藏高原大约有 1330 万头牦牛和 5000 万头羊（Gerald et al.，2003；Yao et al.，2006），以及大量的野生食草动物，这些食草动物排泄物直接排放到草地上。然而，凋落物和粪便分解速率对气候变化的响应以及它们分解的温度敏感性目前还知之甚少，制约了我们对未来气候变化条件下放牧生态系统物质循环过程的理解。本章系统总结了我们近几年的相关研究成果，系统阐述了影响凋落物和粪便分解及其养分释放的主要影响因素。

第一节　气候变化和放牧对凋落物及粪便分解速率与分解温度敏感性的影响

一、气候变化和放牧对凋落物及粪便分解速率的影响

我们依托山体垂直带和增温放牧试验平台，结合尼龙分解袋技术开展了凋落物和粪便在不同海拔及不同处理的分解速率研究（Luo et al.，2010）。结果表明，对照处理（不增温不放牧）第1年和第2年凋落物累积分解速率分别为30.6%和45.5%（图9-1）。总体上，增温和放牧使2年凋落物累积分解速率分别显著提高了19.3%和8.3%；与增温不放牧相比，第1年同时增温放牧处理并没有显著影响凋落物的分解速率，说明第1年增温条件下放牧对凋落物分解速率没有显著影响。然而，增温和放牧对凋落物分解速率的影响存在可加性（图9-1）。

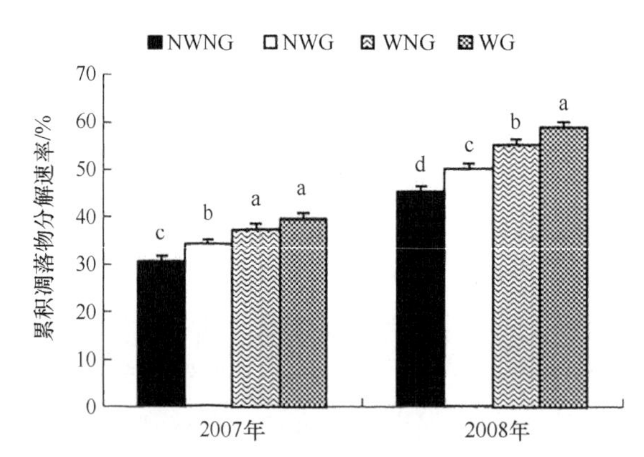

图9-1　增温和放牧对群落混合凋落物分解速率的影响

NWNG：不增温不放牧；NWG：放牧；WNG：增温不放牧；WG：增温放牧。不同小写字母表示处理间差异显著（$P<0.05$）

凋落物和粪便分解速率均随海拔的升高（即降温）而降低（图9-2）。海拔3800m凋落物年分解速率为29.9%，与海拔3800m相比，海拔3200m和3600m年凋落物分解速率分别提高15.0%和12.6%（图9-2A）。海拔3800m粪便年分解速率为10.3%，与海拔3800m相比，海拔3200m和3600m年凋落物分解速率分别提高了53.4%和36.5%（图9-2B）。总体上，累积凋落物分解速率是粪便的2.5倍左右。因为粪便中氮浓度、半纤维素、纤维素、木质素和木质素：氮均比凋落物中低，而粪便中碳氮比显著高于凋落物的碳氮比（表9-1），说明粪便的品质比凋落物低，制约了其分解，也说明放牧家畜可能由于放牧强度高而导致营养不足，更多的养分被消化吸收了，从而使通过粪便分解而释放出的养分归还量受到影响。

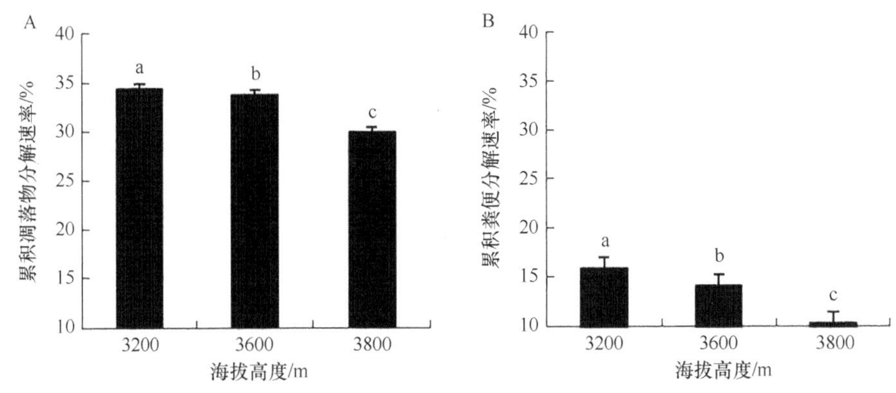

图 9-2 群落混合凋落物（A）和粪便（B）分解速率随海拔梯度的变化

不同小写字母表示差异显著（$P<0.05$）

表 9-1 凋落物和粪便初始化学成分

	C/%	N/%	HC/%	Cellu/%	Lig/%	C∶N	Lig∶N
凋落物[1]	28.6a	1.4a	19.2a	30.4a	5.8a	19.8b	4.0a
凋落物[2]	29.6a	1.5a	20.3a	30.8a	4.1b	19.8b	2.7b
粪便	26.7a	1.2b	9.3b	16.1b	2.4c	23.1a	2.1b

1：自由放牧条件下群落混合凋落物样品用于海拔梯度的分解试验；2：分别从放牧和增温试验平台不同处理获得的群落混合凋落物样品；C：有机碳含量；N：全氮含量；HC：半纤维素含量；Cellu：纤维素含量；Lig：木质素含量。同列不同小写字母表示在 $P<0.05$ 水平差异显著。

尽管土壤湿度显著影响凋落物的分解（Robinson et al.，1995；Murphy et al.，1998），但在我们的试验期间（2007～2008 年），除了 5 月和 6 月初以外，增温并没有显著降低土壤表层湿度（Luo et al.，2010）。所以，凋落物分解的差异可能主要是因为土壤温度的不同改变了土壤微生物的活性（Davidson and Janssens，2006）。Berg 等（1993）研究表明，横跨 70° 至 30°纬度梯度的年平均温度可以解释松树凋落物质量损失率的 18%，年降水量可以解释其损失率的 30%，实际蒸发散可以解释其损失率的 50%，表明温度和湿度的综合作用是控制凋落物分解速率的最重要因素。然而，我们发现在海拔梯度上，温度的变化可以解释凋落物和粪便损失率变化的 98%（图 9-3），表明在海北站较湿润条件下（年降水量约 600mm），温度可能是控制凋落物和粪便分解的主要因素，土壤湿度并没有制约增温对凋落物分解速率的正效应（Murphy et al.，1998；Aerts，2006）。

与增温处理类似，放牧对凋落物质量损失率的影响主要由环境的改变而引起，尤其是土壤温度的增加，因为与不放牧相比，放牧对土壤湿度没有显著影响（Luo et al.，2010）。试验期间，与不增温不放牧（NWNG）相比，在生长季内增温（WNG）和放牧（NWG）对土壤表层（0～20cm）温度的影响几乎一样（增加 1.3～1.4℃）。然而，前者使凋落物的损失增加了大约 21.5%，而后者只增加了 10.4%，可能与它们的增温模式不同有关。总体上，生长季内，白天放牧引起土壤表面增温效果比红外加热器增温的效果更强，因为放牧降低了群落冠层高度、增加了太阳辐射强度；相反，夜间放牧小区增温幅度反而低于红外加热器的增温幅度（Luo et al.，2010）。所以，与对照相比，红外加热器增温通常减小了昼夜温差，而放牧却增加了昼夜温差。这些结果说明

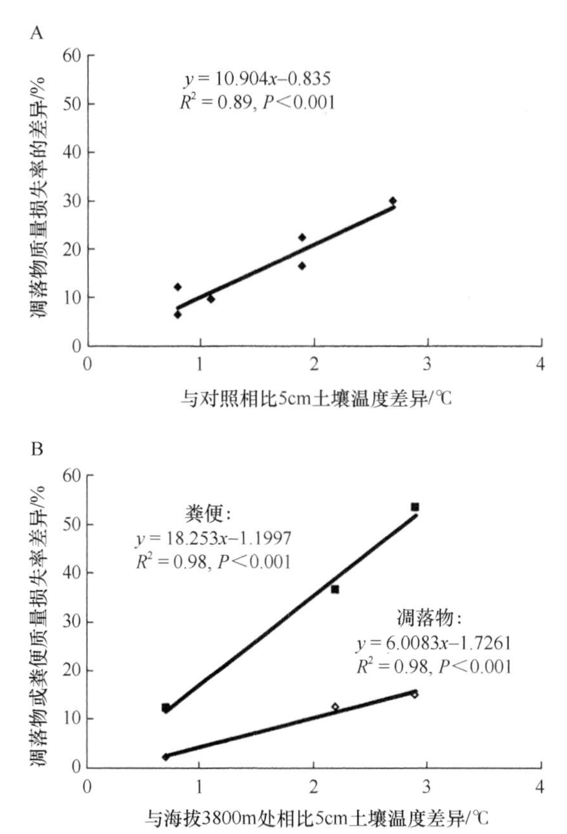

图 9-3　凋落物和粪便质量损失率差异与土壤温度差异间的关系

A. 增温放牧试验平台数据；B. 山体垂直试验平台数据

白天增温影响微生物活动可能小于夜间，因为白天有较高的背景温度而夜间背景温度较低，所以任何超过这个临界温度的增温都会促进凋落物的分解。我们的研究表明，增温和放牧对凋落物质量损失率的影响是可加性的，但其他研究表明它们对植物组成和凋落物品质（Klein et al.，2007）及生态系统过程（Wan et al.，2005）的影响是非可加性的，可能是由不同的增温方法和研究区域的差异造成的，也可能因监测指标的不同而异。

二、气候变化和放牧对凋落物及粪便分解温度敏感性的影响

利用质量损失率与不同处理或不同海拔梯度 5cm 土壤年平均温度之间回归方程的斜率表示凋落物和粪便分解的温度敏感性，结果表明（图 9-3），利用增温放牧试验观测的凋落物分解温度敏感性为 10.9%/℃（图 9-3A），而利用不同海拔梯度观测的凋落物分解的温度敏感性为 6.0%/℃（图 9-3B），说明温度每增加 1℃，凋落物分解速率将提高 6%～11%；同时发现，粪便分解的温度敏感性为 18.3%/℃（图 9-3B），高于凋落物分解的温度敏感性，表明粪便分解对未来气候变暖更敏感。由于放牧减少了地上凋落物生物量，但增加了粪便排泄量，所以放牧更加快了生态系统的物质循环速率（Luo et al.，2010）。

与凋落物分解速率影响因素相比，粪便分解的温度敏感性仍然被忽略了。粪便质量损失率的温度敏感性大约是凋落物分解温度敏感性的 2～3 倍（图 9-3）。较高的粪便分

解敏感性或许由两个原因引起：首先，凋落物和粪便水分含量有所不同，例如，降水可以使粪便保持较长时间的湿润，而凋落物样品很快变干；其次，凋落物和粪便品质也有所不同（表 9-1）。有研究表明，凋落物中的木质素含量、碳氮比和木质素∶氮均显著影响微生物活性及凋落物分解速率（Melillo et al.，1982；Taylor et al.，1989；Running and Hunt，1993；Parton et al.，1994；Berg et al.，1996；Murphy et al.，1998）。我们发现，与凋落物相比，粪便含有较低的氮含量和较高的碳氮比（表 9-1），表明其品质较低（Eiland et al.，2001）。Fierer 等（2005）研究表明凋落物在短期培养（53 天）期间，随着分解时间的推移，可用于降解的碳底物的相对质量也下降，但其分解速率的温度敏感性却增加了，表明微生物分解的温度敏感性与凋落物底物碳品质呈负相关。因此，随着放牧率的增大，会有更多的家畜排泄物排泄到草地上，在未来气候变暖条件下，粪便分解会加快凋落物中的碳释放到大气中。

另外，我们发现山体垂直带试验平台观测的凋落物分解温度敏感性与增温放牧可控试验有所不同（图 9-3），或许与凋落物的品质和所用的试验方法不同有关。首先，用于增温放牧可控试验中的凋落物木质素含量和木质素∶氮显著低于用于不同海拔梯度的凋落物（表 9-1）。其次，在增温放牧可控试验中，不同处理并没有改变凋落物的品质和土壤湿度（Luo et al.，2010）。Cornelissen 等（2007）在 33 个全球变化模拟试验中收集了优势植物种的叶片，然后同时在两个差异很大的北极圈不同气候带（温差 3.7℃）培养 1～2 年，他们发现温暖地区凋落物分解速率比寒冷地点分解速率快 42%，其温度敏感性大约为 11%/℃，这与我们的增温放牧可控试验结果类似（图 9-3A）。

第二节　凋落物多样性对其分解温度敏感性的影响

有很多研究发现气候变化导致了植物多样性的下降，进而对生态系统结构和功能产生了显著影响（Loreau et al.，2002；Tilman et al.，2006；Meier and Bowman，2008；Srivastava et al.，2009）。尽管很多在陆地生态系统（Hector et al.，2000；Hǎttenschwiler et al.，2005；Srivastava et al.，2009）和水体生态系统（Lecerf et al.，2007；Kominoski et al.，2007；Schindler and Gessner，2009；Swan et al.，2009；Rosemond et al.，2010）的研究发现凋落物多样性（物种丰富度和组成）对混合凋落物分解存在非可加性影响，但目前仍没有一致的结论，因为不同凋落物间的促进和拮抗作用可能导致了总体上的中性影响（即影响不显著）（Gartner and Cardon，2004；Hǎttenschwiler et al.，2005；Srivastava et al.，2009）。这些差异主要源于不同研究的气候类型、环境条件、试验设计和物种选择等（Gartner and Cardon，2004；Hǎttenschwiler et al.，2005；LeRoy and Marks，2006；Srivastava et al.，2009；Rosemond et al.，2010）。因此，在进行不同研究的比较时，需要关注上述的试验背景条件（Hǎttenschwiler et al.，2005），特别是以前很多人利用单一植物凋落物分解试验探讨对气候变化的响应（Murphy et al.，1998；Liski et al.，2003；Fierer et al.，2005；Cornelissen et al.，2007；Xu et al.，2010），然而自然条件下植物群落是由很多种植物组成的，凋落物多样性如何影响草地凋落物分解特性的研究较少（Hector et al.，2000；Gartner and Cardon，2004）。因此，根据单一植物凋落物分解对气候变化的响应可能很

难预测混合凋落物的响应过程（Gartner and Cardon，2004；Hăttenschwiler et al.，2005）。

一、凋落物丰富度对其分解温度敏感性的影响

我们采集了天然高寒草甸 25 种主要植物立枯叶片（包括 2 种灌木、3 种禾草类和 20 种阔叶植物），这些立枯叶片的品质不尽相同（表 9-2），其物种丰富度分别为 1、2、4、8、16 和 25 种，共构成 51 种组合处理，在 3200m 和 3800m 海拔分别开展了植物凋落物多样性与气候变化互作对混合凋落物分解影响的研究（Duan et al.，2013）。

表 9-2 采集的 25 种植物立枯叶片的化学组成

序号	中文名	拉丁名	有机碳/%	全氮/%	半纤维素/%	纤维素/%	木质素/%	碳氮比	木质素：氮
1	金露梅	*Dasiphora fruticosa*	31.2	1.1	8.73	32.0	10.6	39.0	13.2
2	西藏沙棘	*Hippophae tibetana*	36.5	1.2	16.53	5.9	10.4	29.7	8.5
3	糙喙薹草	*Carex scabrirostris*	34.4	1.1	12.26	23.6	6.8	32.5	6.4
4	西藏嵩草	*Kobresia tibetica*	35.3	1.2	12.87	22.4	9.1	29.5	7.6
5	垂穗披碱草	*Elymus nutans*	35.5	1.2	12.14	24.1	4.8	30.6	4.2
6	高山唐松草	*Thalictrum alpinum*	33.9	1.2	4.57	12.5	3.4	27.7	2.8
7	珠芽蓼	*Polygonum viviparum*	33.2	1.2	6.49	12.5	1.5	28.1	1.3
8	黄帚橐吾	*Ligularia virgaurea*	34.8	1.3	8.90	29.6	0.7	27.0	0.6
9	萼果香薷	*Elsholtzia calycocarpa*	28.4	1.0	11.86	19.1	1.4	35.5	4.6
10	萎软紫菀	*Aster flaccidus*	29.1	1.1	16.78	13.8	6.8	27.1	6.3
11	乳白香青	*Anaphalis lactea*	30.3	1.0	8.11	25.3	8.6	31.0	8.8
12	麻花艽	*Gentiana straminea*	34.5	1.3	16.74	15.4	5.6	27.8	4.5
13	横断山风毛菊	*Saussurea superba*	35.6	1.1	5.81	10.5	3.5	31.2	3.1
14	肉果草	*Lancea tibetica*	30.3	1.2	11.03	13.4	2.2	26.4	1.9
15	卵叶羌活	*Notopterygium forbesii*	33.5	1.4	9.93	9.1	3.1	24.3	2.3
16	白蓝翠雀花	*Delphinium caeruleum*	29.3	1.0	8.17	16.6	1.1	28.3	1.0
17	葵花大蓟	*Cirsium souliei*	33.2	1.3	12.24	26.7	3.1	26.4	2.5
18	伞花繁缕	*Stellaria umbellata*	30.2	1.2	6.75	13.7	1.6	25.7	1.4
19	箭叶橐吾	*Ligularia sagitta*	35.4	1.2	7.31	30.0	1.7	29.1	1.4
20	细叶亚菊	*Ajania tenuifolia*	30.2	1.2	11.06	13.2	0.1	24.7	0.1
21	披针叶野决明	*Thermopsis laceolata*	34.4	1.3	3.25	33.2	1.4	25.7	1.1
22	二裂委陵菜	*Potentilla bifurca*	34.5	1.2	4.81	11.5	3.5	28.1	2.8
23	鹅绒委陵菜	*Potentilla anserine*	36.8	2.0	6.47	12.8	3.8	18.6	1.9
24	重齿风毛菊	*Saussurea katochaete*	35.2	1.2	5.64	12.8	3.6	30.6	3.1
25	西伯利亚蓼	*Polygonum sibiricum*	34.5	1.2	10.99	13.2	1.2	28.5	1.0

注：1 和 2 为灌木；3～5 为禾草类禾草；6～25 为阔叶杂类草。 所有化学组成均以有机质为基础计算。

总体上，物种丰富度和海拔对凋落物分解均有显著影响，但不存在互作效应。随海拔增加（即降温），所有处理的凋落物分解速率均下降，海拔 3200m 和 3800m 处所有凋落物物种组合的平均分解速率分别为 34.8%和 27.6%，且无论哪个海拔，凋落物分解速率均

随着凋落物丰富度的增加而增加，但在海拔 3800m 处凋落物分解速率对物种丰富度的依赖性比在海拔 3200m 处的更高（图 9-4A）；与海拔 3800m 相比，海拔 3200m 处单种植物凋落物分解速率与混合凋落物分解速率的平均差异快 28%，但两个海拔间这种差异随凋落物物种丰富度的增加而减小，例如，丰富度为 1、2、4、8、16 和 25 种的凋落物处理，两个海拔的分解速率的差异分别为 44.0%、41.5%、39.9%、29.7%、28.9%和 13.5%，即凋落物丰富度每增加一种，高海拔与低海拔凋落物分解速率的差异下降 1.17%（图 9-4B）。

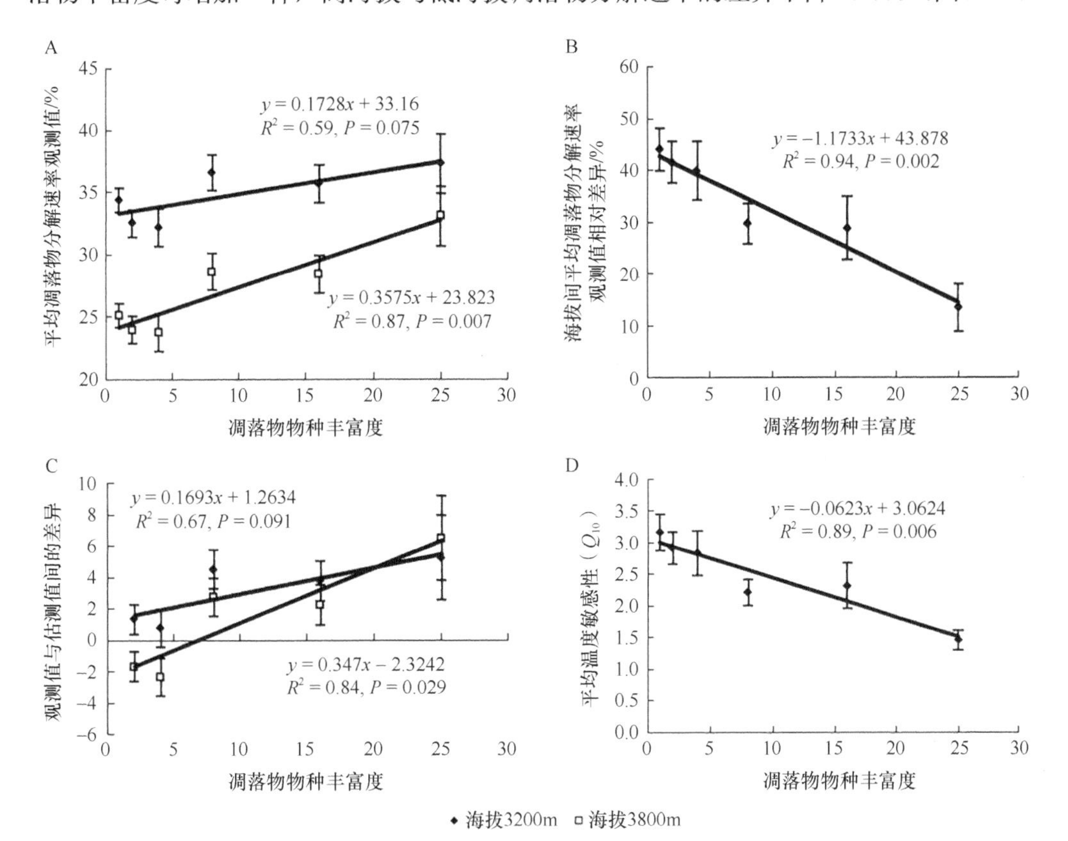

图 9-4 凋落物物种丰富度对不同海拔间平均凋落物分解速率观测值（A）、海拔间凋落物分解速率观测值相对差异（B）、观测值与估测值间的差异（C）和温度敏感性（D）的影响

凋落物物种丰富度对混合凋落物分解速率有显著影响，但海拔及其与物种丰富度的互作效应并不显著。这种非可加性的影响程度随着凋落物丰富度的增加而增加，与海拔 3200m 相比，在海拔 3800m 处这种非可加性效应对丰富度的依赖性更大，海拔 3200m 和 3800m 凋落物分解速率对凋落物丰富度的敏感性相差 2 倍（图 9-4C）。总体上，凋落物丰富度对混合凋落物分解速率既有促进效应，也有拮抗效应，取决于不同的物种组合，如在海拔 3800m，2 种和 4 种植物凋落物组合间存在拮抗作用（图 9-4C）。凋落物丰富度对混合凋落物分解速率的温度敏感性也有较大影响，其平均敏感性随着丰富度的增大而降低（图 9-4D）。因此，单个物种凋落物分解的敏感性可能会高估了该高寒草甸群落凋落物分解对增温的响应。

凋落物丰富度对凋落物分解的影响尚未得到一致的结论（Gartner and Cardon，2004；

Hăttenschwiler et al.，2005；Lecerf et al.，2007；Kominoski et al.，2007；Schindler and Gessner，2009；Gessner et al.，2010），特别是目前多数研究只包含了 2～4 种凋落物进行混合的试验（Gartner and Cardon，2004；Hăttenschwiler et al.，2005；Kominoski et al.，2007；Gessner et al.，2010）。因此，这些试验结果存在很大的局限性。我们的试验包含了 25 种主要高寒草甸植物，其结果表明凋落物丰富度对混合凋落物分解的影响随凋落物丰富度的多少而异，特别是，无论哪个海拔，物种丰富度对混合凋落物分解的影响均存在促进和拮抗作用，主要与混合凋落物的物种组成有关（图 9-4）。总体上，在海拔 3200m 和 3800m 处凋落物丰富度的促进作用大于拮抗作用（45%～55% vs. 27%～31%），说明气候和环境变化并没有影响高寒草甸凋落物丰富度对混合凋落物分解的非可加性影响的方向。

不同物种凋落物间的非可加性效应是凋落物种类及其分解者相互作用的结果（Gartner and Cardon，2004；Hăttenschwiler et al.，2005；Gessner et al.，2010）。由于不同凋落物的物理和化学特性不同，当它们混合时改变了混合凋落物可分解物质的特性，如改变了混合凋落物的木质素含量及其木质素：氮的值（Melillo et al.，1982；Murphy et al.，1998），进而改变了分解微生物的组成和活性（Hector et al.，2000；Kominoski et al.，2007，2009；Sanpera et al.，2009）。另外，由于不同种类的凋落物分解速率和释放的养分不同，因此，一种凋落物分解释放的养分通过降水淋溶被动转移或通过活性微生物主动转移到另一种凋落物上，从而可能会改变另一种凋落物的养分状况。基于化学计量学理论（Frost et al.，2005），这种改变进而对另一种凋落物分解产生正的或负的影响（Hăttenschwiler et al.，2005；Tiunov，2009；Gessner et al.，2010）。我们发现，在海拔 3800m 处，由于低温，凋落物分解缓慢、释放的养分较少，从而使得剩下的凋落物中的养分含量相对较多，混合凋落物分解的非可加性效应对物种丰富度的依赖性更大；相反，在海拔 3200m 处，由于暖季温度和降水量较高，凋落物分解更快、养分释放更多，而通过降水淋溶的被动转移可能也会更多，进而降低了对物种丰富度的依赖性（Duan et al.，2013）。

我们的研究支持了利用单一物种凋落物的研究结果很难预测气候变化对混合凋落物分解影响的假设（Gartner and Cardon，2004；Hăttenschwiler et al.，2005），因为我们发现随着混合凋落物物种丰富度的增加，其分解的温度敏感性随之降低。类似于高多样性导致高生产力稳定性（Tilman et al.，2006），高凋落物物种多样性导致了高的分解稳定性（降低了其分解速率），由于未来气候增温降低了植物多样性（Klein et al.，2004；Wang et al.，2012），进而可能增加了混合凋落物的分解速率温度敏感性。

二、凋落物组成对其分解温度敏感性的影响

对于相同物种丰富度的凋落物而言，物种组成对混合凋落物分解速率也有显著影响，但物种丰富度达到 16 种时，物种组成的影响不显著，且不存在物种组成与海拔间的互作效应（表 9-2）（Duan et al.，2013）。除 16 个物种丰富度处理外，物种组成对每一个物种组合的混合凋落物分解速率的非可加性效应存在显著影响，在凋落物丰富度为

8 种植物时，海拔对其非可加性效应也产生了显著影响，但物种组成与海拔间对非可加性效应的影响不存在互作效应（表 9-3）。当凋落物物种丰富度少于 8 种时，物种组成对海拔间混合凋落物分解速率的相对差异和平均温度敏感性有显著影响；当凋落物丰富度超过 8 种时，这种影响效应则不显著（表 9-4）。

表 9-3　相同凋落物物种丰富度下物种组成和海拔对混合凋落物分解及其非可加性效应的方差分析

丰富度	处理	质量损失			非可加效应		
		df	*F*	*P*	*df*	*F*	*P*
1	海拔（E）	1	211.822	＜0.001	—	—	—
	物种组成（C）	24	26.552	＜0.001	—	—	—
	E×C	24	1.607	0.078	—	—	—
2	海拔（E）	1	172.265	＜0.001	1	1.137	0.293
	物种组成（C）	18	19.184	＜0.001	18	5.307	＜0.001
	E×C	18	1.109	0.381	18	1.296	0.245
4	海拔（E）	1	59.740	＜0.001	1	0.199	0.660
	物种组成（C）	9	3.165	0.015	9	3.439	0.010
	E×C	9	1.147	0.378	9	0.722	0.684
8	海拔（E）	1	41.684	＜0.001	1	4.323	0.049
	物种组成（C）	10	4.914	＜0.001	10	6.038	＜0.001
	E×C	10	0.721	0.927	10	0.646	0.760
16	海拔（E）	1	30.891	＜0.001	1	3.932	0.061
	物种组成（C）	9	1.863	0.118	9	2.336	0.055
	E×C	9	1.279	0.307	9	1.411	0.248

表 9-4　相同凋落物物种丰富度下物种组成对不同海拔凋落物分解的相对差异及凋落物分解温度敏感性的影响

丰富度	不同海拔凋落物分解的相对差异			凋落物分解的温度敏感性（Q_{10}）		
	df	*F*	*P*	*df*	*F*	*P*
1	24	8.430	＜0.001	24	13.250	＜0.001
2	18	4.151	＜0.001	18	5.060	＜0.001
4	9	4.296	0.016	9	3.064	0.048
8	10	2.118	0.117	10	1.884	0.157
16	9	1.121	0.427	9	0.926	0.541

总体上，与禾草和阔叶杂类草相比，灌丛叶片的分解速率显著较低（图 9-5A），但是它的温度敏感性却较高（图 9-5B）。与单独的灌丛叶片凋落物相比，混合的灌丛叶片凋落物分解速率的温度敏感性显著较低，而当混合凋落物组成丰富度超过 4 种时，灌丛叶片组成的混合凋落物对其分解速率温度敏感性的影响则相对稳定（图 9-5B）。灌丛叶片凋落物对与其一起组成的混合凋落物分解速率的非可加性影响因物种丰富度而异（表 9-4），在 3200m 和 3800m 海拔上均存在正的促进效应和负的拮抗效应（图 9-5C 和 D）。

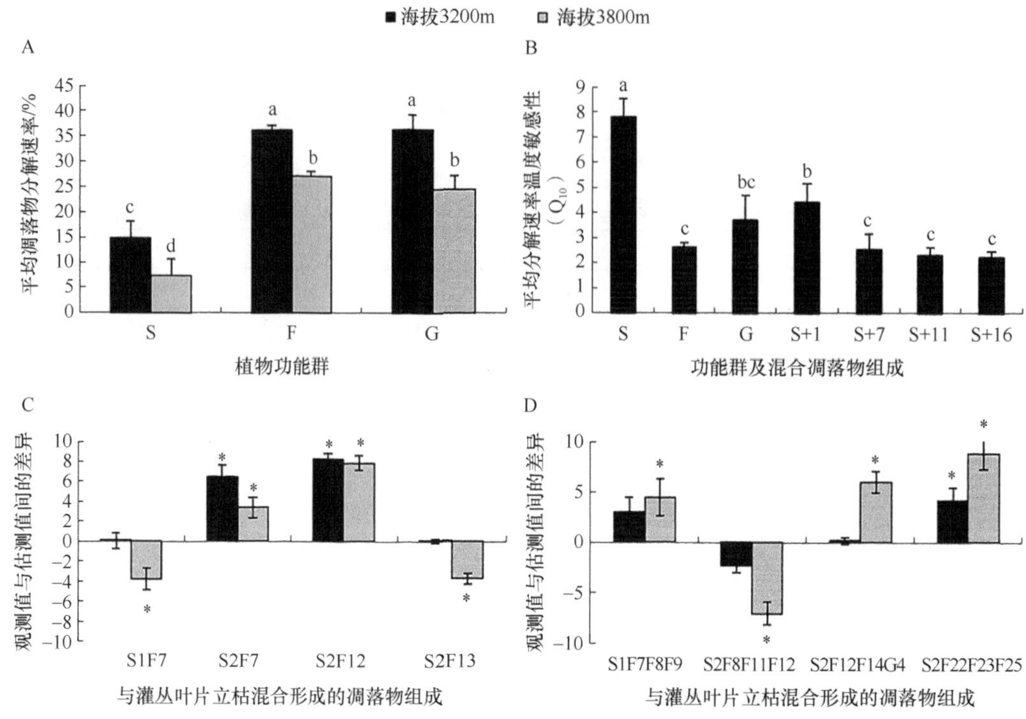

图 9-5 植物凋落物功能群及其混合组成对凋落物分解速率（A）、温度敏感性（B）及非可加性（C 和 D）的影响

S：灌丛叶片立枯；F：阔叶杂类草叶片立枯；G：禾草类植物叶片立枯。图 B 中，S+1、S+7、S+11 和 S+16 分别是指灌丛叶片立枯与其他 1、7、11 和 16 种阔叶杂类草或禾草类植物叶片立枯进行混合；图 C 和 D 中的数字分别代表不同的植物（见表 9-2）。不同小写字母及*表示在 $P<0.05$ 水平上差异显著

很多研究认为，与混合凋落物物种丰富度相比，其物种组成对混合凋落物分解的影响更大（Kominoski et al.，2007；Schindler and Gessner，2009；Swan et al.，2009），人们从混合物种的功能特征对混合凋落物分解的非可加性效应进行了解释（Epps et al.，2007；Meier and Bowman，2008；Hoorens et al.，2010）。一般认为物种物理和化学特性不同的物种进行混合，比物理和化学特性类似的物种进行混合对混合凋落物分解的非可加性效应影响更大（Schindler and Gessner，2009）。然而，也有人认为，如果与惰性凋落物物种进行混合，则会抑制微生物活性并降低混合凋落物的分解（Kominoski et al.，2007）。我们也发现，在海拔 3200m 处利用 4 种凋落物进行两两混合时，只有 2 种组合（即一种灌丛叶片与一种阔叶杂类草叶片进行混合）促进了混合凋落物的分解，没有发现拮抗作用；而在海拔 3800m 处既发现有促进作用，也发现有拮抗作用（图 9-5C）；当与灌丛叶片混合的物种数增加到 4 种时，有 3 种情景出现促进效应（图 9-5D）。这些结果与以前的发现一致（Lecerf et al.，2007），说明混合物种组成与气候和环境条件互作共同影响了混合凋落物的分解速率，特别发现惰性凋落物对混合凋落物分解的促进或拮抗作用随着混合物种数的增加而降低。在 4 种禾草与阔叶杂类草的混合情景中也观测到类似的结果；另外，在海拔 3200m 和 3800m 处，阔叶杂类草植物两两混合组成的 11 种混合凋落物组合中，物种 2 和 3 种组合对其混合凋落物分解有促进作用、物种 5 和 6 种组合有拮抗作用。因此，不同物种组合对混合凋落

物分解速率的影响比我们预测的更普遍，目前这方面的研究还很有限，有人认为这种效应是取样效应（Hector et al.，2002），且该效应随着混合物种丰富度的增加而下降，例如，我们发现物种丰富度超过 8 种时该效应就不显著了。以前的很多研究中混合物种数都少于 8 种，因而可能高估了物种组成对混合凋落物分解的影响（Wardle et al.，1997；Kominoski et al.，2007；Schindler and Gessner，2009；Swan et al.，2009），特别是当高寒草甸植物丰富度在 20 种以上时（Wang et al.，2012）。

以前有研究表明，增温降低了物种丰富度、改变了植物种类组成（Klein et al.，2004，2007；Post et al.，2008；Wang et al.，2012）。由于物种丧失可能是非随机的（Huston et al.，2000），如果我们能够预测在某种特定的环境下某些物种可能会丧失，并可以预测其与物种的互作对生态系统功能的影响，这无疑是非常重要的（Gartner and Cardon，2004；Hǎttenschwiler et al.，2005），因为不同植物或功能群凋落物分解的温度敏感性显著不同（Gartner and Cardon，2004；Hǎttenschwiler et al.，2005；Cornelissen et al.，2007）。因此，未来增温对高寒草甸混合凋落物分解的影响取决于正、负两种效应的净效应：一方面增温增加了凋落物和粪便的分解（Xu et al.，2010a；Luo et al.，2010；Duan et al.，2013）；另一方面，增温又降低了植物丰富度并增加了灌丛盖度（Klein et al.，2004，2007），进而降低了混合凋落物分解速率。这些不同的影响可能相互抵消，从而保持未来增温情境下混合凋落物分解速率相对稳定。

第三节　凋落物分解的碳去向及其温度敏感性

大量研究表明，对凋落物分解影响较大的气候因素包括温度和湿度（降水量）。增温增加了凋落物的分解速率（Vitousek et al.，1994；Hobbie，1996；Luo et al.，2010；Xu et al.，2010；Lv et al.，2020）；同时，凋落物的含水量也强烈影响着其分解速率，含水量低则其分解速率降低；另外，降水一方面可制约凋落物化学成分淋溶的物理过程，另一方面还通过影响分解者的活性来间接影响凋落物的分解（李雪峰等，2007；宋新章等，2009）。以往多数研究均是在野外利用分解袋法探讨凋落物质量损失率对气候变化的响应（Luo et al.，2010；Xu et al.，2010；Lv et al.，2020）。实际上，凋落物分解过程包括 CO_2 释放和可溶性有机碳（DOC）淋溶等有机质分解过程，进而对生态系统碳循环过程产生重要影响（杨万勤等，2007）。Raich 和 Schlesinger（1992）估计，全球因枯落物分解释放的 CO_2 量为 68 Gt/a，约占全球年碳总通量的 70%。水热条件直接影响凋落物分解过程中的淋溶作用和微生物活性，从而对凋落物分解动态产生显著影响。然而，由于技术等原因，很少有人探讨气候变化对凋落物分解过程中碳去向的影响。我们利用室内培养试验，共设计 4 个温度梯度（0℃、5℃、10℃和 20℃）和 2 个水分含量（重量百分比 25%和 40%）共 8 种处理，定时监测凋落物分解过程中 CO_2 呼吸通量及 DOC 淋溶量，开展了不同培养温度和湿度对自然群落凋落物分解过程中 CO_2 释放速率、可溶性有机碳（DOC）淋溶速率及其温度敏感性影响的研究（阿旺等，2021）。

一、培养温度和湿度对凋落物分解速率的影响

总体上，温度、湿度及其互作均对凋落物 96 天的质量损失率有显著影响：在 25%的湿度培养时，所有培养温度间的凋落物质量损失率均没有显著差异，平均质量损失率为 25%左右；而在 40%的湿度培养下，与其他培养温度相比，只有 20℃培养下使凋落物质量损失率显著提高了 21%～31%；在 20℃培养下，与 25%的湿度相比，40%的湿度显著提高了凋落物质量损失率 21%（图 9-6）。

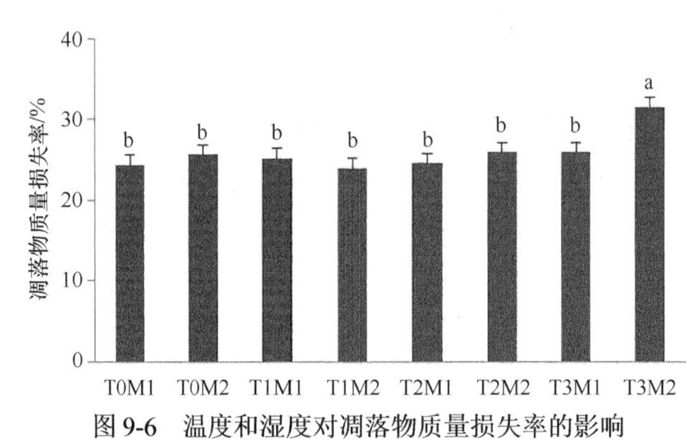

图 9-6　温度和湿度对凋落物质量损失率的影响

T0、T1、T2 和 T3：培养温度为 0℃、5℃、10℃和 20℃；M1 和 M2：培养湿度为 25%和 40%。不同小写字母表示差异显著（P<0.05）

结果表明，在培养温度低于 10℃时，凋落物培养湿度不是其质量损失率的制约因子，只有高温（20℃）时增加凋落物的湿度才会显著提高其质量损失率。有很多研究表明，增温导致凋落物失重加快，进而加快向大气中排放更多的碳（Liski et al.，2003），特别是在寒冷地区，由于低温限制了凋落物的分解，因而增温的刺激作用更明显（Cornelissen et al.，2007；Bardgett et al.，2008；Luo et al.，2010）。我们的研究结果也支持了上述结论，同时也发现，即使在 0℃和 5℃下培养 96 天，凋落物质量损失率仍然达到 25%左右，且在低于 10℃时凋落物质量损失率对温度和湿度变化不敏感，说明微生物通过长期低温环境的进化，在 0℃左右仍然具有较高的活性，此时凋落物湿度不是限制因子；当温度高于 10℃时，凋落物质量损失率随其湿度增加而增大，说明在较高的温度下，较低的湿度才会限制微生物的活性。Willcock 和 Magan（2000）研究发现，水分不足会降低凋落物的分解速率，大于 20℃以及高湿度可以提高微生物的活动。因此，在生长季未来增温增雨背景下，青藏高原高寒草甸凋落物的分解将大大加快。

二、培养温度和湿度对凋落物分解过程中 CO_2 排放及其温度敏感性的影响

凋落物分解 CO_2 释放速率受培养时间、培养温度和湿度及其互作效应的显著影响。随着培养时间的延长，所有处理凋落物分解 CO_2 释放速率均快速下降，特别是培养温度为 20℃和培养湿度为 40%时，其 CO_2 释放速率远远高于其他处理，培养温度 20℃和湿度 25%、培养温度 10℃和湿度 40%的处理次之，均在培养 7 天后下降的幅度最大；其他处理的差异及随培养时间下降的速率相对较小（图 9-7）。

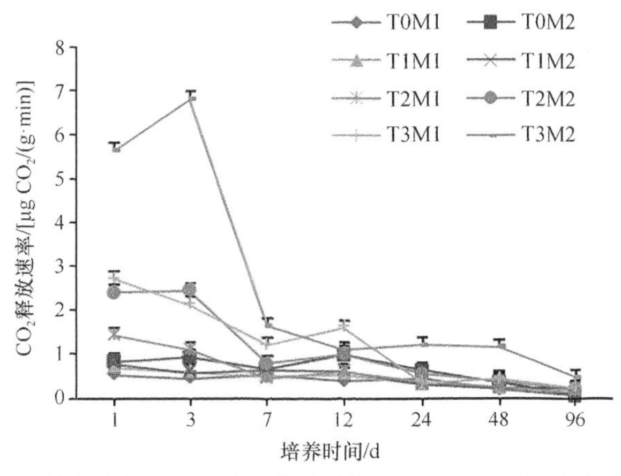

图 9-7　培养时间、温度及湿度对凋落物分解 CO_2 释放速率的影响

T0、T1、T2 和 T3：培养温度为 0℃、5℃、10℃和 20℃；M1 和 M2：培养湿度为 25%和 40%

总体上，所有培养温度下，与培养湿度为 25%相比，培养湿度 40%的凋落物分解累计释放 CO_2 量平均提高 80%左右；除培养温度 5℃外，在 0℃、10℃和 20℃培养温度下，培养湿度 40%比 25%凋落物分解累计 CO_2 释放量分别显著提高了 70%、81%和 108%左右（图 9-8）。无论培养湿度如何，培养温度 0℃和 5℃下累计 CO_2 释放量均没有显著差异；只有培养湿度为 40%时，培养温度 10℃时才显著比 0℃和 5℃下释放更多的 CO_2；无论培养湿度如何，与 0℃、5℃和 10℃相比，培养温度 20℃均显著释放更多的 CO_2；培养温度 20℃和湿度 40%下培养 96 天，累计总 CO_2 释放量为 357mg/g 凋落物，相当于释放了 97mg C/g 凋落物。

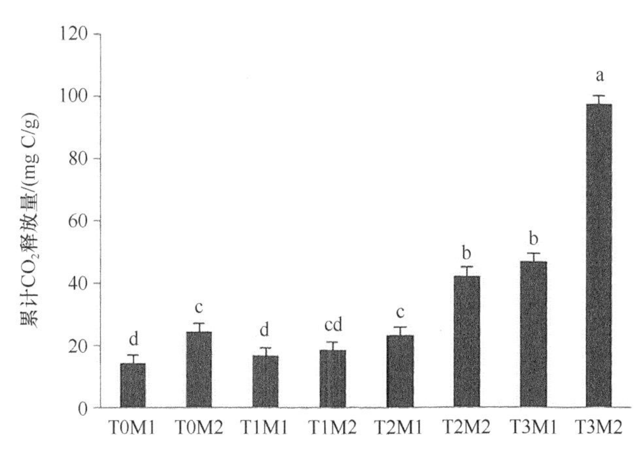

图 9-8　培养温度和湿度对累计凋落物分解 CO_2 释放量的影响

T0、T1、T2 和 T3：培养温度为 0℃、5℃、10℃和 20℃；M1 和 M2：培养湿度为 25%和 40%。不同小写字母表示差异显著（$P<0.05$）

不同培养时间、温度和湿度均对凋落物浸提液中 DOC 含量有显著影响，且存在互作效应。随着培养时间的延长，所有处理浸提液中 DOC 含量均呈线性下降（图 9-9）。在培养温度为 0℃和 5℃时，与 25%的培养湿度相比，40%的湿度显著降低了浸提液中 DOC 含量，而培养温度 10℃和 20℃时的培养湿度影响不显著。总体上，随着培养温度

增加，其浸提液中 DOC 含量相应增加，但培养湿度为 25%时，5℃的浸提液中 DOC 平均含量反而显著高于 10℃的含量（图 9-10）。

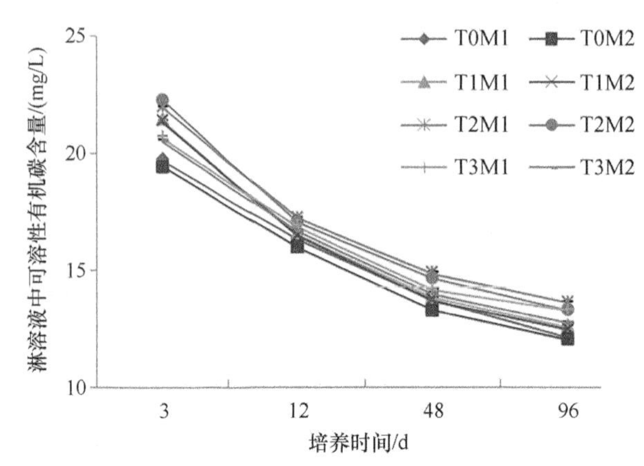

图 9-9　凋落物浸提液中可溶性有机碳含量动态变化

T0、T1、T2 和 T3：培养温度为 0℃、5℃、10℃和 20℃；M1 和 M2：培养湿度为 25%和 40%

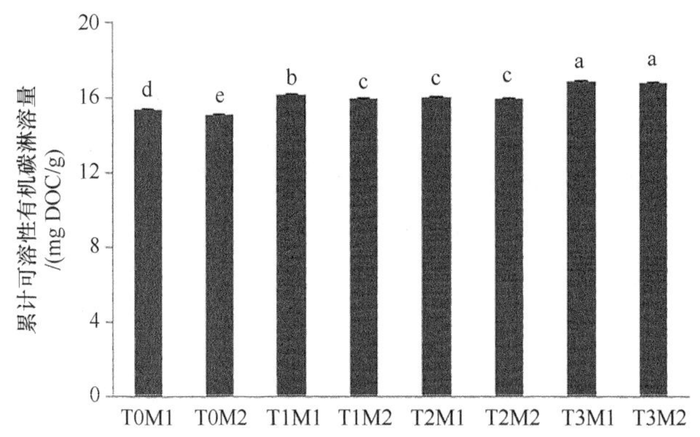

图 9-10　培养期间凋落物分解过程中温度和湿度对可溶性有机碳淋溶量的影响

T0、T1、T2 和 T3：培养温度为 0℃、5℃、10℃和 20℃；M1 和 M2：培养湿度为 25%和 40%。不同小写字母表示差异显著（$P<0.05$）

在培养湿度 25%时，凋落物分解的损失率随培养温度变化不显著，温度每增加 1℃，凋落物 CO_2 总释放量和 DOC 总淋溶量分别增加了 6.2mg/g 和 0.06mg/g；在 40%的培养湿度下，温度每增加 1℃，凋落物质量损失率、CO_2 总释放量和 DOC 总淋溶量分别提高 0.34%、14.5mg/g 及 0.07mg/g 凋落物（图 9-11）。因此，总体上，增加温度和湿度均可显著提高凋落物分解过程中 CO_2 和 DOC 的释放量，在 25%和 40%培养湿度下 CO_2 总释放量的温度敏感性分别是 DOC 总淋溶量的 10 倍和 20 倍左右，说明未来增温（特别是同时增温增湿）情境下凋落物中的有机碳更多地会以 CO_2 气体的形式排放到大气中。因此，以往仅仅利用凋落物质量损失率探讨气候变化对凋落物分解影响的研究，难以全面理解气候变化对凋落物分解过程中有关碳循环的影响。

研究发现，随着培养时间的延长，CO_2 释放的速率快速降低，特别是在高温高湿的条件下，其下降速率更大（图 9-7），这主要是因为高温高湿导致了凋落物中可利用养分快速分解，凋落物中 C 含量及碳氮比迅速降低，且难分解物质相对增加，分解速率变缓

（Aerts，1997）。值得注意的是，以往多数研究均以气候变化对凋落物质量损失率的影响推测对 CO_2 释放的影响（Fierer et al.，2005；Cornelissen et al.，2007；Bardgett et al.，2008；Luo et al.，2010；Xu et al.，2010；Ward et al.，2015）。然而，我们发现，这两者对气候变化的响应过程不完全相同（图 9-8，图 9-9），凋落物呼吸释放 CO_2 速率的温度敏感性显著更高（图 9-11）。因此，增温增湿诱导的凋落物分解速率加快进而导致释放更多的 CO_2，将对全球气温增加产生正反馈作用。

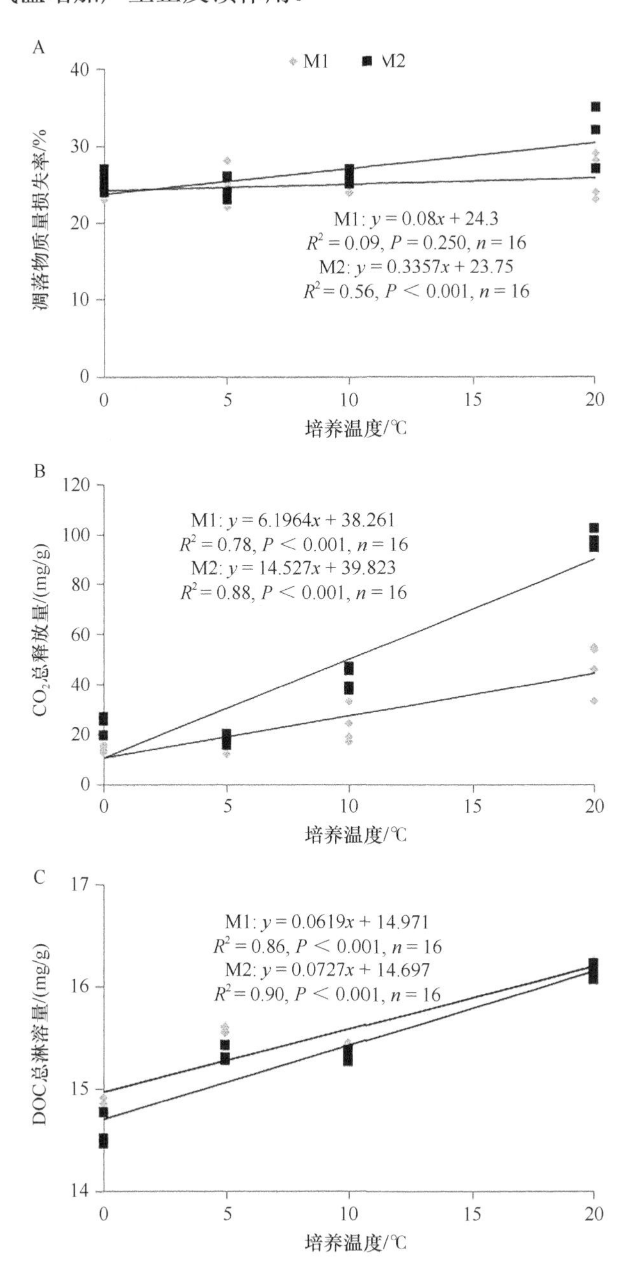

图 9-11　不同培养湿度下凋落物质量损失率、CO_2 总释放量及 DOC 总淋溶量与培养温度的关系

M1 和 M2：培养湿度分别为 25%和 40%

降水对凋落物的分解有重要影响，一方面可制约凋落物化学成分淋溶的物理过程，另一方面还通过影响分解者的活性来间接影响凋落物的分解（宋新章等，2009）。随着培养温度和湿度增加，凋落物浸提液中的 DOC 含量并非线性增加（图 9-10），在 10℃培养下，无论哪种培养湿度，DOC 总淋溶量反而有所降低，可能与该处理凋落物总分解释放的 C 以 CO_2 和 DOC 释放的分配有关，其机制有待进一步研究。有研究认为，因为凋落物质量随着分解时间延长而下降，进而会导致 DOC 释放量降低（Aerts，1997）。更重要的是，DOC 淋溶量的温度敏感性远远低于 CO_2 释放的温度敏感性（图 9-11），表明在未来气候变化情景下，凋落物中的有机碳将更多地以 CO_2 气体的形式释放到大气中，而不是以 DOC 的形式更多地淋溶到土壤中。我们以前的研究表明，增温显著提高了植物地上生产力、凋落物生物量（Luo et al.，2010；Wang et al.，2012）及地下生物量（Lin et al.，2011），同时也增加了土壤水溶液中的 DOC 含量（Luo et al.，2009）。因此，凋落物分解对全球气候变化的反馈作用主要取决于凋落物积累和分解之间的平衡（彭少麟和刘强，2002；Cornelissen et al.，2007），对土壤固碳潜力的影响也将取决于上述过程的平衡。我们的研究进一步表明，为了更好地理解气候变化对凋落物分解过程的影响及其对气候变化的反馈作用，需要更多地关注不同气候变化情境下 CO_2 和 DOC 释放的温度敏感性的变化及其机制的研究。

第四节　气候变化对凋落物分解及养分释放的影响

陆地生态系统植物凋落物的分解调节着碳、氮、磷等各种养分元素的转移，对土壤库的物质平衡起着重要的调节作用，是土壤-植物亚系统物质循环中的重要环节，同时也是一个向大气排放 CO_2 重要的源（Luo et al.，2010；Xu et al.，2010；Christiansen et al.，2016，2018；Lv et al.，2020）。凋落物养分含量、碳组分含量以及 C∶N 和木质素∶N 通常被认为是影响凋落物分解的主要生物因素（Melillo et al.，1982；Taylor et al.，1989；Berg et al.，1996；Murphy et al.，1998），并且是有关生态系统碳循环模型中的重要参数（Running and Hunt，1993；Parton et al.，1994）。然而，目前仍然存在不一致的结论（Murphy et al.，1998），因为影响凋落物分解的因素很多，包括土壤类型、气候因子及凋落物种类等（Hobbie，2000；Hobbie and Vitousek，2000；Fierer et al.，2005）。有研究表明，凋落物分解的温度敏感性取决于凋落物类型和质量损失的程度（Dalias et al.，2001；McTiernan et al.，2003；Fierer et al.，2005）。

我们利用山体垂直带三个高度（3200m、3600m 和 3800m）开展了 4 种凋落物类型、持续 2 年的养分释放速率及其温度敏感性试验研究（Xu et al.，2010a）。4 种凋落物[垂穗披碱草（*Elymus nutans*）、华扁穗草（*Blysmus sinocompressus*）、金露梅（*Dasiphora fruticosa*）（灌木）和群落混合凋落物样品]的起始化学成分显著不同（表 9-5）。总体上，灌木叶片凋落物氮含量最低、木质素含量最高、C∶N 和木质素∶N 均最高，所以其品质最低。其他类型凋落物化学成分含量没有一致的变化，但与凋落物分解密切相关的指标中，垂穗披碱草凋落物有较低的 N 含量和较高的 C∶N，但其木质素含量和木质素∶N 均较低，所以其品质很难用单一指标进行衡量。如果仅以 N 含量和 C∶N 衡量凋落物品质，则混合凋落物的品质最好，但其他指标间的差异不大。华扁穗草凋落物品质处于中等水平。因此，这 4 种凋落物类型可以为探讨凋落物质量如何影响其分解特征响应气候变化提供了很好的研究材料。

表 9-5　不同凋落物起始化学成分含量（有机质为基础）

凋落物	C/%	N/%	P/%	K/%	Na/%	Ca/%	Mg/%	HC/%	Cellu/%	Lig/%	C∶N	C∶P	N∶P	Lig∶N
EN	24.5c	1.1c	0.2b	1.7a	0.16b	0.9b	0.07b	12.2c	23.9c	4.6d	21.8b	140.6c	6.6c	4.1c
BS	24.7c	1.3b	0.1c	1.1c	0.23a	0.7c	0.16a	10.8d	18.3d	8.3b	19.6c	202.6b	10.0b	6.6b
DF	31.9a	1.0d	0.3a	1.5b	0.12c	1.3a	0.14a	14.4b	32.1a	14.8a	33.4a	94.8d	2.8d	15.5a
ML	28.6b	1.4a	0.2b	1.4b	0.17b	0.3d	0.07b	19.2a	30.4b	5.8c	19.8c	170.6b	8.8b	4.0c

注：EN. 垂穗披碱草；BS. 华扁穗草；DF. 金露梅；ML. 群落混合凋落物样品。HC. 半纤维素；Cellu. 纤维素；Lig. 木质素；C. 有机碳；N. 全氮；P. 全磷；K. 全钾；Na. 全钠；Ca. 全钙；Mg. 全镁。不同小写字母表示在 $P<0.05$ 水平差异显著。

一、气候变化对不同凋落物分解和养分释放速率的影响

研究表明，所有元素（C、N、P、K、Na 和 Mg）质量损失速率均显著受海拔、取样时间、凋落物类型以及它们互作的影响（图 9-12～图 9-18）（Xu et al.，2010b）。总体上，这些元素质量损失率随海拔增加（即降温）而降低，这种变化随分解时间的后移而变小。例如，在海拔 3200m、3600m 和 3800m 分解 54 天、507 天后，所有类型凋落物平均累计 C 的损失率分别为 28.1%、19.9%、14.5%和 60.8%、57.3%、54.7%，即与海拔 3800m 相比，海拔 3200m 和 3600m 凋落物 C 损失率在分解 54 天后分别提高了 93.8% 和 37.2%，而分解 507 天后只分别提高了 11.2%和 4.8%，表明气候变化对凋落物分解的潜在影响随着分解时间的延长而下降（表 9-6）。

表 9-6　不同凋落物类型分解 54 天和 507 天后在海拔 3200m 和 3600m 处的有机碳损失率与海拔 3800m 高度和金露梅凋落物的相对变化（%）

凋落物	与海拔 3800m 处相比				与金露梅凋落物相比					
	54 天		507 天		54 天			507 天		
	3200m	3600m	3200m	3600m	3200m	3600m	3800m	3200m	3600m	3800m
EN	157.7	68.3	11.2	6.3	24.7	2.9	-3.1	14.7	22.0	21.5
BS	104.9	35.0	12.5	5.7	36.3	13.5	11.7	17.9	23.0	23.3
ML	70.7	25.4	5.2	1.6	62.8	51.2	60.2	21.3	30.3	35.8
DF	68.0	32.8	17.8	5.9	—	—	—	—	—	—

注：EN. 垂穗披碱草；BS. 华扁穗草；DF. 金露梅；ML. 混合凋落物。

禾草（垂穗披碱草和华扁穗草）凋落物中 C、P、K、Na 和 Mg 的累计损失率显著高于金露梅叶片凋落物，但 N 的累计损失率显著低于金露梅叶片凋落物，而混合凋落物 C 和 Na 的累计损失率最高（图 9-12～图 9-18）。凋落物质量对其分解特征的影响随着分解时间而变化，如垂穗披碱草、华扁穗草、金露梅及混合凋落物在所有海拔上分解 54 天和 507 天后，其平均累计损失率分别为 18.2%、21.0%、27.1%、17.1%和 58.6%、59.5%、

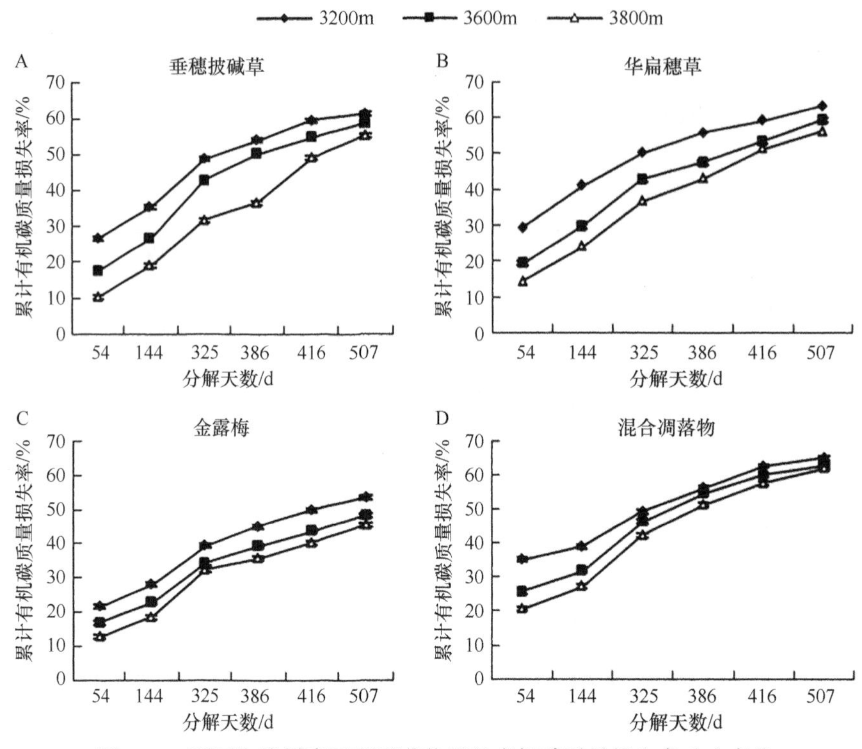

图 9-12　不同海拔梯度不同凋落物累计有机碳质量损失率动态变化

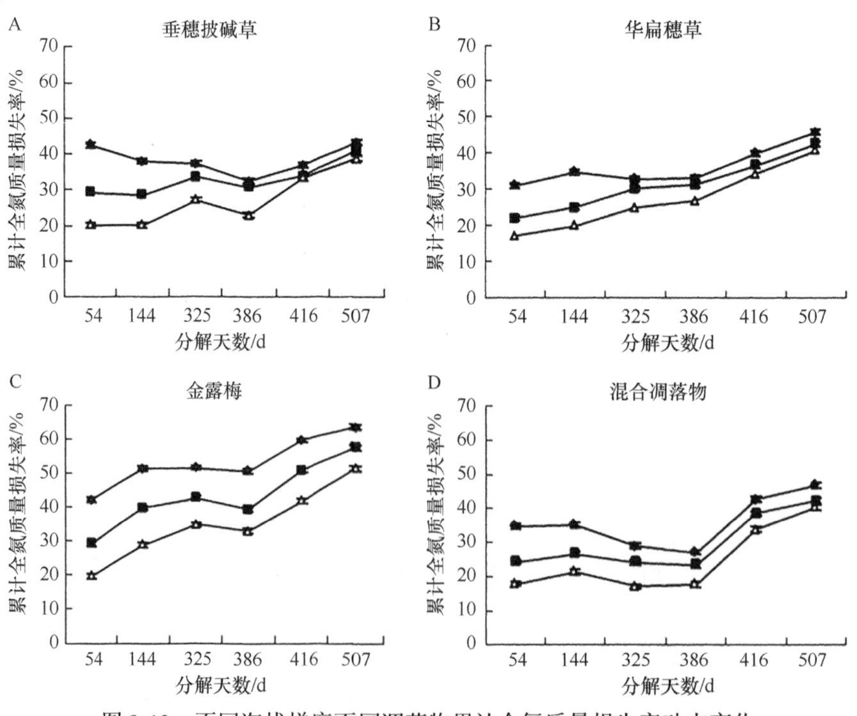

图 9-13　不同海拔梯度不同凋落物累计全氮质量损失率动态变化

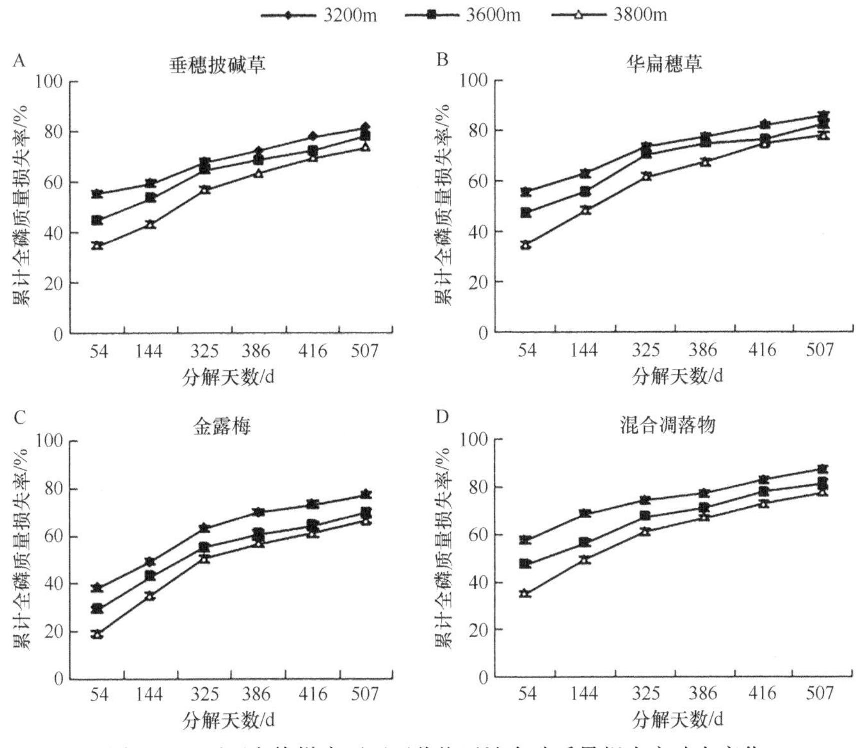

图 9-14　不同海拔梯度不同凋落物累计全磷质量损失率动态变化

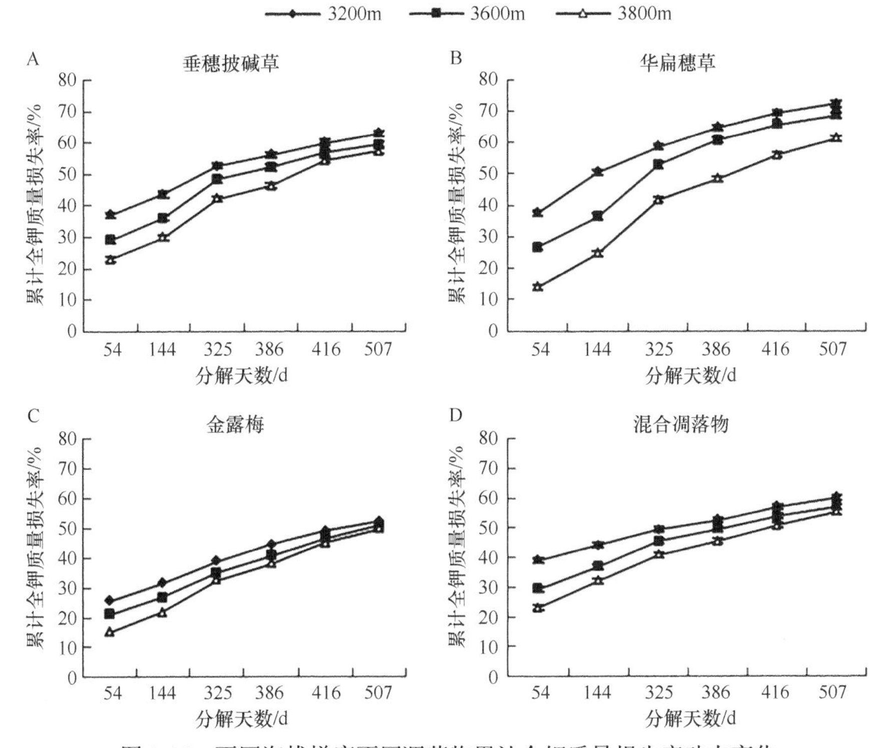

图 9-15　不同海拔梯度不同凋落物累计全钾质量损失率动态变化

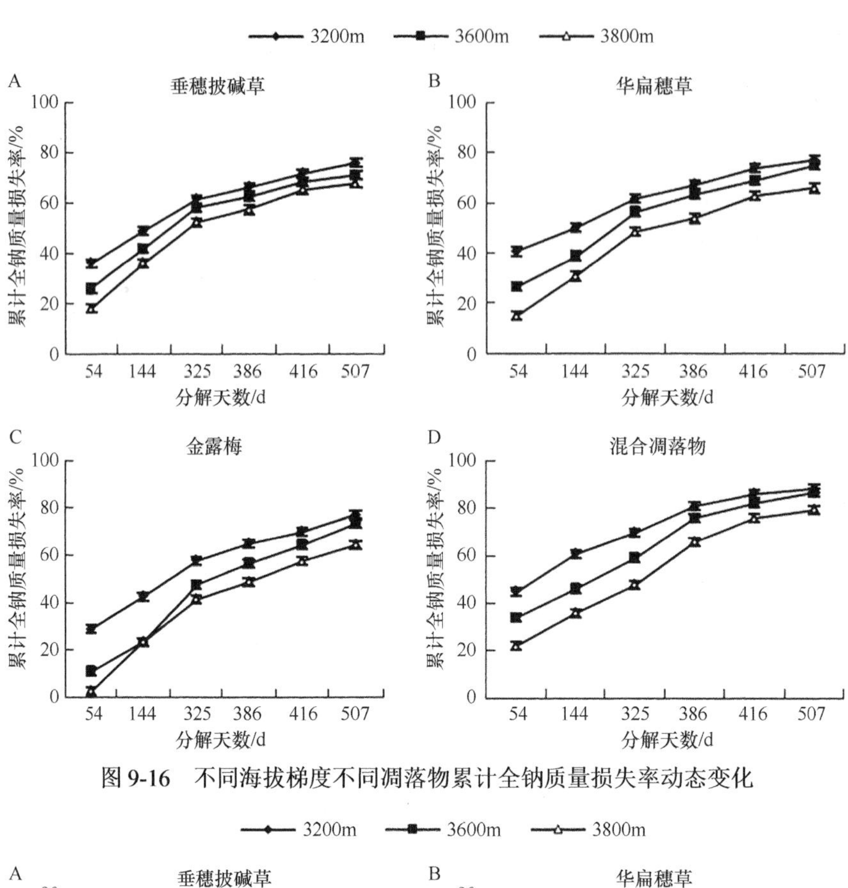

图 9-16　不同海拔梯度不同凋落物累计全钠质量损失率动态变化

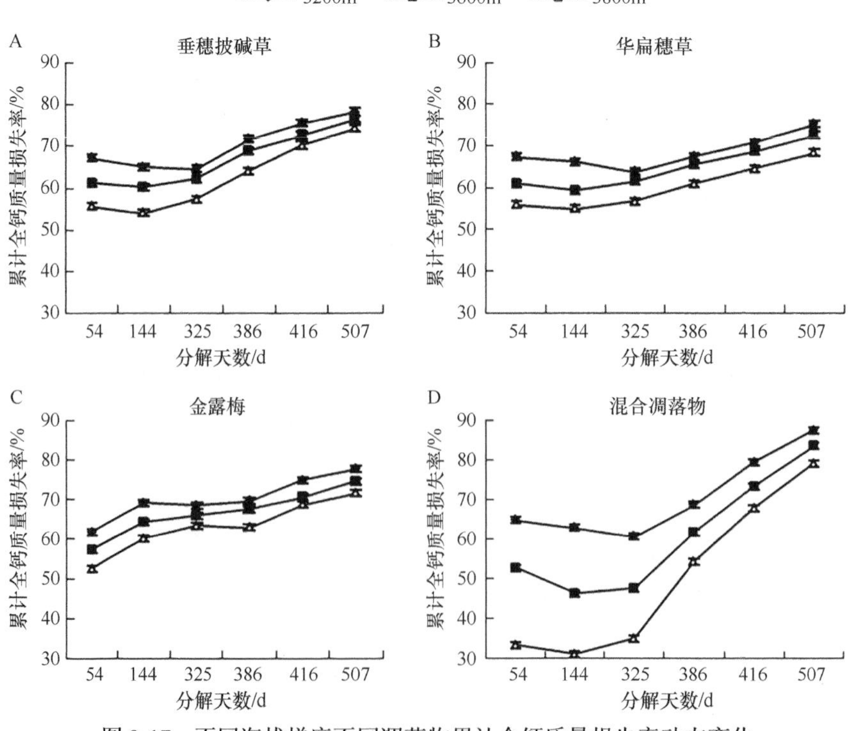

图 9-17　不同海拔梯度不同凋落物累计全钙质量损失率动态变化

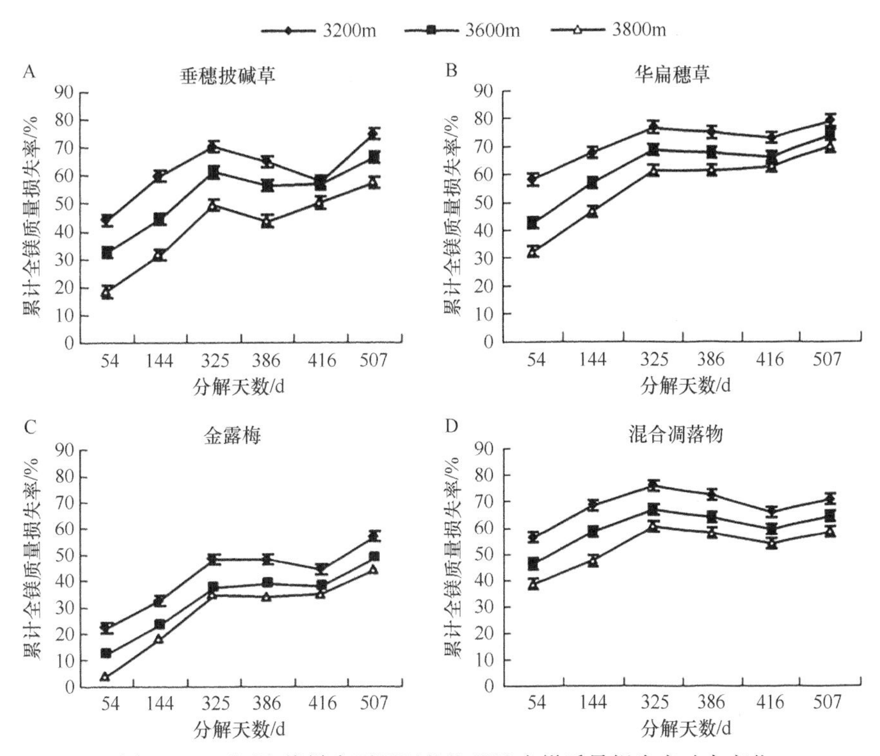

图 9-18　不同海拔梯度不同凋落物累计全镁质量损失率动态变化

63.2%、49.1%。与金露梅凋落物分解的有机碳损失率相比，分解 54 天和 507 天后，垂穗披碱草、华扁穗草、混合凋落物有机碳累计损失率分别提高了 6.4%、22.8%、58.5% 和 19.3%、21.2%、28.7%（表 9-6），表明在不同分解阶段影响凋落物有机碳损失率的主要因素可能不同。在分解的早期阶段（如 54 天），气候变化对凋落物分解的影响可能大于凋落物质量的影响，因为不同海拔间的差异远大于凋落物类型间的差异；而在更长的分解时间内，凋落物质量可能影响效应更大（如 507 天）（表 9-6）。

我们发现（Xu et al.，2010b），凋落物不同分解阶段其质量损失率是不一样的，例如，第一个生长季所有凋落物有机碳累计损失量占整个 507 天分解期间总损失量的比例随着海拔增加而显著降低，但是在第二个生长季其有机碳累计损失量所占比例在海拔 3200m 处最小，甚至随着海拔增高而增大，非生长季也有类似的变化趋势（图 9-19）。整个 507 天分解期间，所有海拔和凋落物类型的 C、N、P、K、Na、Ca 和 Mg 元素累计质量损失率平均分别为 57.6%、46.2%、78.3%、58.9%、75.0%、76.6%和 63.8%，表明全 N 的损失显著较低，可能与部分微生物残体保留在凋落物中有关。

二、不同凋落物分解和养分释放速率的温度敏感性

通过不同海拔梯度间不同凋落物第一年质量损失的比例与年均 5cm 土壤温度差异进行回归分析发现，垂穗披碱草、华扁穗草、金露梅和混合凋落物的回归方程的斜率分别为 8.7%/℃、5.6%/℃、3.4%/℃和 4.9%/℃，表明它们质量损失率的温度敏感性存在较大的差异（图 9-20）。

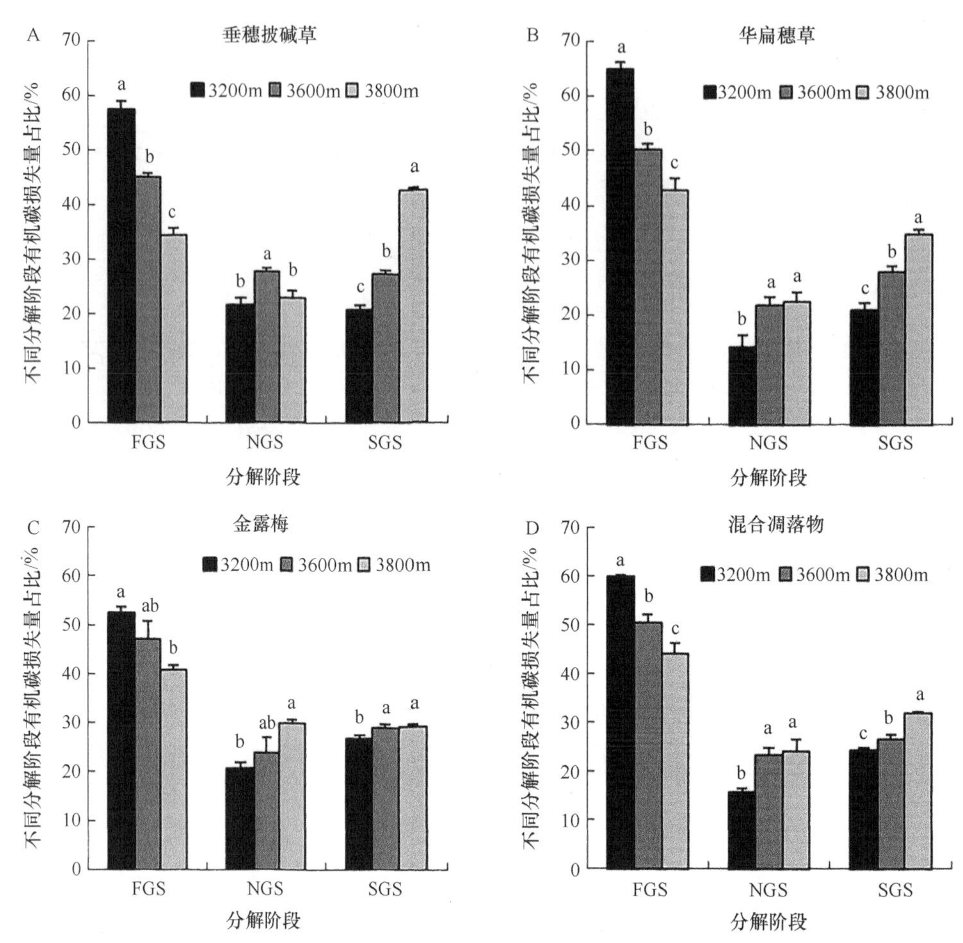

图 9-19　不同海拔梯度不同分解阶段凋落物有机碳质量损失占整个分解期间有机碳损失的比例变化

FGS：第一个生长季；NGS：非生长季；SGS：第二个生长季。不同小写字母表示差异显著（$P<0.05$）

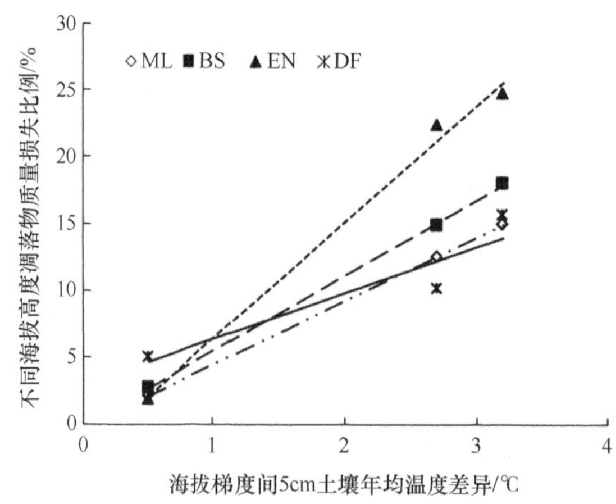

图 9-20　不同海拔不同凋落物质量损失率比例与年均 5cm 土壤温度差异的关系

ML：混合凋落物；BS：华扁穗草；EN：垂穗披碱草；DF：金露梅

总体上，凋落物中起始有机碳含量、N∶P、木质素∶N 以及剩余凋落物中有机碳含量越高，则凋落物整个分解期间有机碳质量损失越少（即呈负相关），然而，起始和剩余凋落物中的 N、P、Na、纤维素等含量，以及 C∶N、N∶P 均与有机碳质量损失成正比，土壤温度和湿度与有机碳质量损失相关性不显著（表 9-7）。如果不包括非生长季的数据在内，则有机碳损失量与土壤温度、凋落物 N、P、Na、纤维素含量以及 C∶N 呈正相关。第一个生长季期间，土壤温度、凋落物 N 含量以及 C∶N 和木质素∶N 是影响凋落物分解的主要因素，而第二生长季期间土壤温度与凋落物分解偏相关性不显著（表 9-7）。这些结果表明凋落物有机碳质量损失的开始阶段，土壤温度是主要控制因素，而后期则主要受凋落物本身的质量所影响，土壤湿度似乎不是主要限制因素。

表 9-7 不同分解阶段凋落物有机碳质量损失量与凋落物起始状态或剩余凋落物中不同化学成分及其比例的偏相关关系

分解阶段	C/%	N/%	P/%	Na/%	纤维素/%	C∶N	C∶P	N∶P	木质素∶N	ST
整个期间	−0.159**	0.243**	0.140**	0.278**	0.166**	0.262**	0.140**	−0.141**	−0.252**	—
不包括非生长季	—	0.132*	0.132*	0.400**	0.169**	0.144*			−0.195**	0.350**
第一生长季	—	0.292**	—	—	—	0.423**	0.197**	−0.216**	−0.463**	0.699**
第二生长季	—	0.419**	—	—	—	—	—	—	—	—

注：ST 表示 5 cm 土壤温度。*和**分别表示在 $P<0.05$ 和 $P<0.01$ 水平上差异显著。

很多研究认为通过木质素含量、木质素∶N、C∶N 可以很好地预测凋落物分解（Taylor et al.，1989；Running and Hunt，1993；Parton et al.，1994），甚至 Murphy 等（1998）认为凋落物碳底物质量而不是养分含量（包括氮含量）是限制凋落物分解的主要因素。然而有人发现在湿润的生态系统中，凋落物氮含量对其分解有显著影响（Taylor et al.，1989）。我们也发现在生长季较高的凋落物氮含量促进了凋落物的分解（表 9-7），然而在非生长季凋落物化学成分含量对凋落物有机碳的损失影响较小，可能与低温时凋落物分解速率慢有关。随着分解进程的变化，影响凋落物分解的因子也发生变化，如第一生长季主要影响因素为C∶N和木质素∶N的值，而在第二个生长季则主要影响因素为C∶P 和 N∶P 的值（表 9-7）。有可能随着凋落物分解，凋落物中的元素比例（即化学计量学特征）发生了变化，进而影响了微生物群落结构和功能变化（Cherif and Loreau，2007），因为细菌和真菌元素组成的比例变化很小（Makino et al.，2003），例如，有研究发现，细菌和真菌有不同的 C∶P 和 C∶N，底物中的 C∶N 对它们的生物量比率有显著影响（Eiland et al.，2001）。我们发现凋落物中氮的损失比其他元素的损失量少，从而导致了剩余凋落物中较低的 C∶N 值、较高的 N∶P 值；与之类似，大量营养元素（如 P 和 Na 等）的变化也会导致必需营养元素比例变化，进而对分解者群落结构产生影响（Cherif and Loreau，2007）。与以前的有关报道不同（Berg et al.，1982；Murphy et al.，1998），我们发现在第一个生长季凋落物中 C∶N 的值与有机碳质量损失量呈正相关（表 9-7），可能与统计分析方法不同有关，多数研究者只用简单相关进行分析，这种简单相关可能是由其他因子共同造成的（Tilman and Downing，1994）。因此，在比较分析不同的结果时，也需要考虑其统计分析方法以及凋落物分解的阶段。

值得注意的是，很多研究表明增温提高了灌丛植物的盖度（Klein et al.，2007，2008；Post et al.，2008），而灌丛金露梅分解的温度敏感性相对较低（图 9-20），所以未来增温情景将导致较少的碳被分解释放到大气中（Cornelissen et al.，2007）。Bosatta 和 Agren

（1999）假设凋落物分解的温度敏感性主要受微生物酶动力学及凋落物碳组分质量所控制，即“碳质量-温度”假设（Fierer et al.，2005）。然而，我们的结果似乎没有支持该假设，因为金露梅木质素含量最高，其有机碳底物质量可能最低，但其温度敏感性也是最低的。这种不同的现象有待进一步深入研究。

第五节　气候变化对粪便分解及养分释放的影响

凋落物和粪便分解是天然草地放牧生态系统物质归还的两个重要过程（Cornelissen et al.，2007；Fierer et al.，2005；Herrick and Lal，1995，1996；Hirata et al.，2008）。有研究假设认为，食草动物组织拥有较低的 N∶P 值，饲草中 N∶P 值则较高，因此通过粪尿归还更多的 N 可能会导致放牧生态系统 P 的缺乏（Sterner，1990；Daufresne and Loreau，2001）。尽管粪便分解释放养分对放牧生态系统的结构和功能产生重要影响（Herrick and Lal，1995，1996；Ma et al.，2006，2007；MacDiarmid and Watkin，1972；White et al.，2001），且在高寒生态系统中物质循环的改变是响应气候变化和放牧干扰的主要过程（Jonasson et al.，1993；Schmidt et al.，1999，2002；Shaver et al.，1998），然而有关气候变化如何影响粪便分解过程中养分释放的研究还很少。

通过在 3200m、3600m、3800m、4000m 和 4200m 海拔放置粪便分解袋的方法进行研究，分解 705 天后，结果表明，与凋落物分解类似，海拔梯度和分解时间对粪便分解产生了显著影响（Xu et al.，2010a）。所有化学成分和养分质量损失率均随海拔的增加而线性下降，但不同的分解时间下降速率不同（图 9-21 和图 9-22；表 9-8 和表 9-9）。

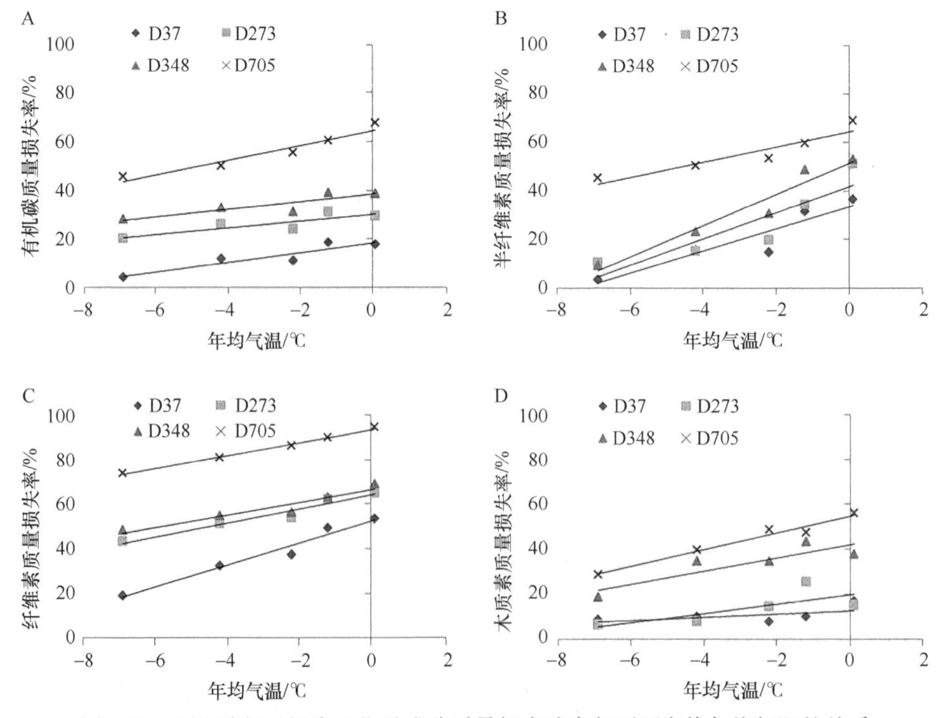

图 9-21　不同分解时间粪便化学成分质量损失速率与不同海拔年均气温的关系

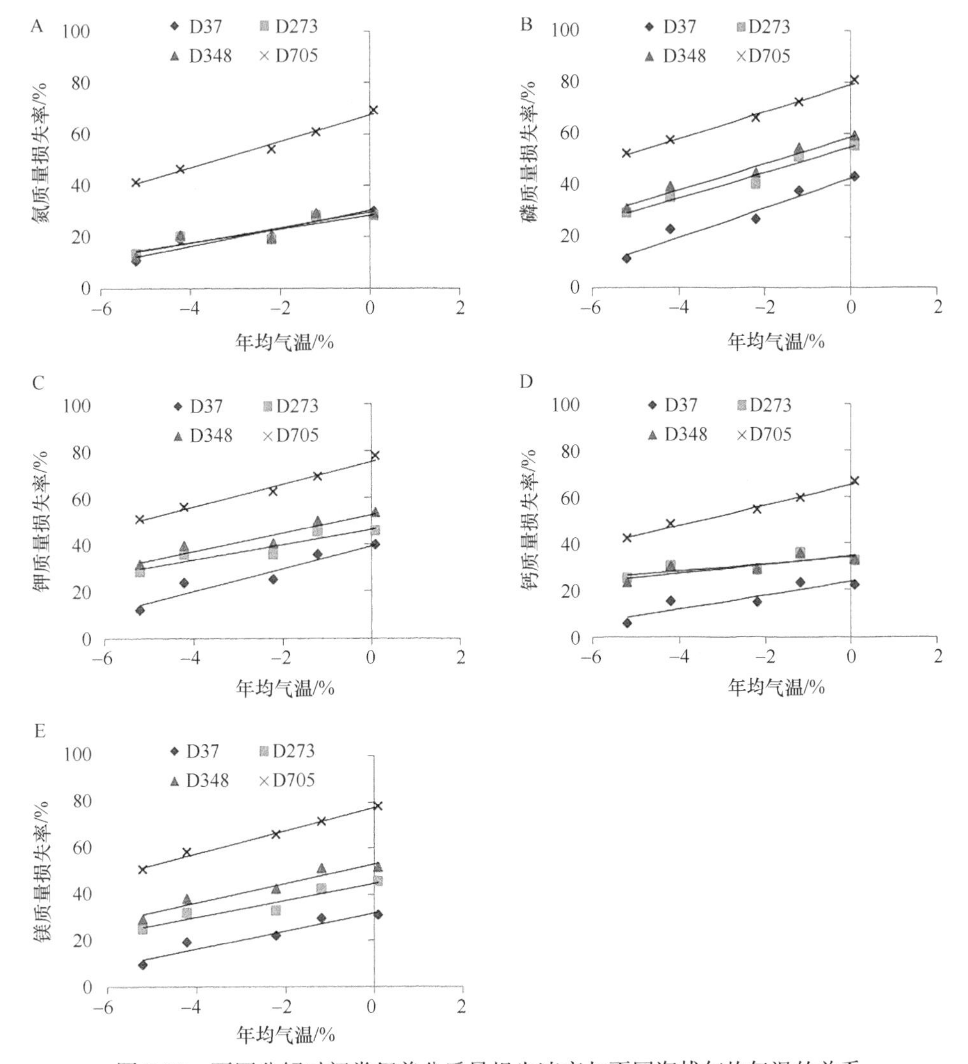

图 9-22 不同分解时间粪便养分质量损失速率与不同海拔年均气温的关系

在海拔 3200m 经过约一年（348 天）的分解，有机碳、纤维素、半纤维素、木质素、N、P、K、Ca 和 Mg 的累计质量损失率分别为 38.7%、52.8%、69.1%、37.6%、29.0%、59.0%、53.7%、33.2%和 51.5%；经过约两年（705 天）的分解，其累计质量损失率分别为 67.6%、93.4%、68.9%、55.7%、69.3%、80.7%、77.4%、66.8%和 78.2%。不同分解阶段这些化学成分和养分分解的温度敏感性不尽相同，如有机碳、纤维素、半纤维素和木质素分解 348 天的平均温度敏感性分别为 1.93%/℃、8.12%/℃、3.55%/℃和 3.33%/℃，分解 705 天后其平均温度敏感性分别为 3.89%/℃、4.05%/℃、3.65%/℃和 4.55%/℃（表 9-8）；与之类似，分解 348 天 N、P、K、Ca 和 Mg 的平均温度敏感性为 2.97%/℃、5.10%/℃、3.95%/℃、1.85%/℃和 4.16%/℃，而分解 705 天后其平均温度敏感性分别为 5.13%/℃、5.25%/℃、4.82%/℃、4.40%/℃和 4.90%/℃（表 9-9）。

表 9-8　不同分解时间粪便碳组分分解速率的温度敏感性（%/℃）

分解天数/d	有机碳	半纤维素	纤维素	木质素
37	2.35	5.82	6.14	1.07
273	1.63	7.20	3.91	2.60
348	1.93	8.12	3.55	3.33
705	3.89	4.05	3.65	4.55

注：此表为图 9-21 回归方程的斜率。

表 9-9　不同分解时间粪便养分分解速率的温度敏感性（%/℃）

分解天数/d	N	P	K	Ca	Mg
37	3.48	5.72	4.82	2.67	3.88
273	2.63	4.89	3.18	1.50	3.72
348	2.97	5.10	3.95	1.85	4.16
705	5.13	5.25	4.82	4.40	4.90

注：此表为图 9-22 回归方程的斜率。

凋落物分解的温度敏感性主要受凋落物类型和分解的程度等影响（Silver and Miya，2001；Fierer et al.，2005），然而有关粪便分解的研究很少。我们的研究表明，分解 37 天后剩余粪便中 C∶N 的值是最高的（Xu et al.，2010a），此时有机碳分解的温度敏感性较高（2.35%/℃），随着分解时间的延长，由于更多的有机碳被分解释放，剩余粪便中 C∶N 的值随之下降，则其分解的温度敏感性有所下降（表 9-8）。因此，与 Fierer 等（2005）利用凋落物开展的研究不同，我们发现粪便有机碳分解的温度敏感性与粪便中的 C∶N 的值呈正相关，即与粪便的质量呈负相关，因为高的 C∶N 值对分解者而言其质量就降低了（Eiland et al.，2001）。

根据化学计量学理论，植物与食草动物之间的互作效应可能对放牧生态系统的物质循环产生间接的影响（Daufresne and Loreau，2001；Elser and Urabe，1999；Sterner，1990）。N 和 P 是植物营养大量元素，对天然草地植物生产有很大的限制作用，然而在未来气候变化背景下它们的关系将会对植物群落组成、植物关系以及生产力形成产生重要影响。我们的结果表明，相对于 N 而言，在粪便分解过程中有更多的 P 被释放出来（Xu et al.，2010a），特别是早期分解过程中，P 释放的温度敏感性显著高于 N 释放的温度敏感性（表 9-9），表明 N 释放的低温度敏感性可能进一步导致植物生长 N 的缺乏，这与以前的有关假设不一致（Sterner，1990；Daufresne and Loreau，2001）。另外，研究还发现结构性碳水化合物分解的温度敏感性高于非结构性碳水化合物（图 9-21）（Xu et al.，2010a）。粪便中多数结构性碳水化合物主要是未消化的植物细胞壁成分，包括半纤维素、纤维素和木质素等复杂的碳水化合物组分。纤维素是主要的植物纤维组分，但其消化过程受到半纤维素-木质素包裹的影响，因为纤维素微纤维与半纤维素和木质素等其他纤维紧密结合在一起（Jeffries，1990；Mullahey et al.，1991），因此非细胞壁有机物质组分（包括非结构碳水化合物、蛋白质和粗脂肪等）的消化率达到 85%左右，然而细胞壁成分的消化率只有 40%～70%（平均 60%左右）（Zinn and Ware，2007）。所以，植物群落组成及其变化也会通过影响食草动物的采食和消化，进而影响粪便的化学成分组成和含量，从而进一步影响其分解特征而对放牧生态系统的物质循环产生影响。

第六节　增温和放牧对凋落物分解养分释放的影响及凋落物品质的调节作用

凋落物分解决定着草地生态系统有机碳和养分（如氮、磷）回收，其不仅受非生物因子的影响（如土壤温湿度），同时还受到凋落物原始化学特性的影响（Aerts，2006；Hoeber et al.，2020；Lv et al.，2020），例如，凋落物的碳氮比越高，则其分解速率越慢（Bradford et al.，2014；De Long et al.，2016）。多数研究表明，增温加速了凋落物分解（Cornelissen et al.，2007；Luo et al.，2010；Duan et al.，2013；Lv et al.，2020）和养分释放（Xu et al.，2010b）。不过，也有研究发现增温引起土壤水分含量降低，会减慢凋落物的分解（Butenschoen et al.，2011；Hong et al.，2021）。同时，增温改变了群落组成和生物量，进而会影响凋落物的质量和品质（Saleska et al.，2002；Petraglia et al.，2019）。此外，放牧作为天然草地利用的主要方式，会通过影响土壤温湿度（De Santo et al.，1993；Luo et al.，2010）、物种组成、植物生物量和化学特性来影响凋落物的分解（Olofsson and Oksanen，2002；Semmartin et al.，2004，2008；Luo et al.，2010）。之前的研究表明，增温和放牧能够共同影响植物组成和凋落物品质（Klein et al.，2007；Wang et al.，2012），进而会影响凋落物分解（Luo et al.，2009）。但是凋落物品质相对作用的大小还存在着争议，例如，有学者认为，叶片凋落物的分解主要受温度和湿度调控，而凋落物品质的变化对其影响甚微（Trofymow et al.，2002；Cornelissen et al.，2007；Powers et al.，2009）。然而，也有研究认为凋落物品质在很大程度上决定着凋落物的分解速率（Hobbs，1996；Zhang et al.，2008；Wardle et al.，2009；Xu et al.，2010b）。这些不一致的结果可能是因为缺乏同时考虑气候变化因子和凋落物品质的控制试验（Cornelissen et al.，2007）。此外，因为凋落物品质不同，物种或是功能群的改变会对凋落物分解产生很大的影响（Cornwell et al.，2008；Fortunel et al.，2009）。然而，我们仍不清楚增温、放牧以及它们所诱导的凋落物品质的变化如何共同影响凋落物分解和养分释放，尤其是在高寒草甸的相关研究更为缺乏。这就给我们准确预测未来气候变化和土地利用方式变化情境下凋落物分解及养分释放带来了很大障碍。

为此，我们依托海北高寒草甸的增温放牧试验平台，于 2009 年 6 月在每个处理小区收集了三个 10cm×20cm 大小样方内植物上一年的凋落物，用于研究凋落物品质如何调控增温和放牧对凋落物分解影响。试验共计有 64 个装有凋落物的分解袋，采用交叉放置凋落物袋的试验设计，以便区分增温、放牧和它们所引起凋落物品质变化对凋落物分解及养分释放的相对影响，即每个小区有 4 个凋落物分解袋，其中 1 个凋落物分解袋来源于它们自己所在的小区，而其他 3 个凋落物分解袋来源于另外 3 种处理（Li et al.，2022）。

一、增温和放牧对凋落物生物量和品质的影响

我们发现单独增温显著地增加了凋落物生物量（图 9-23），适度放牧对凋落物生物

量影响不显著，但增温和放牧对其有显著交互作用。和不增温不放牧相比，增温不放牧显著增加了 36.4%的凋落物生物量，不增温放牧及增温放牧处理分别降低了 29.8%和 39.6%的凋落物生物量（尽管不显著）（图 9-23）。此外，增温和放牧显著改变了凋落物的化学组分含量（表 9-10）。与不增温不放牧相比，增温不放牧增加了凋落物木质素、总有机碳和全磷的含量；而不增温放牧增加了凋落物中纤维素的含量，同时降低了其半纤维素、总有机碳、全氮和全磷的含量；增温放牧则降低了凋落物中总有机碳与全氮含量的比值（Li et al.，2022）。

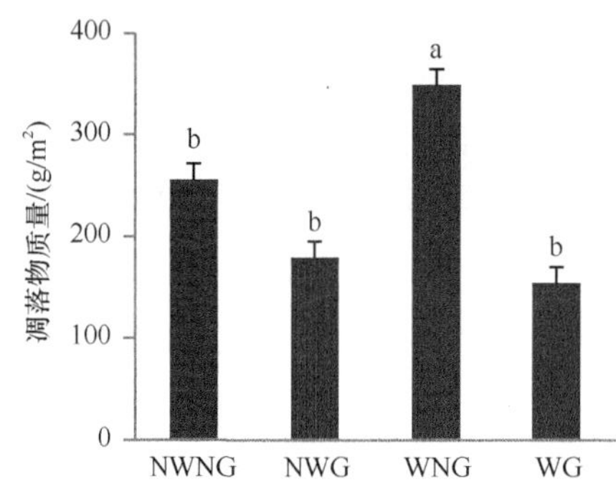

图 9-23　增温和放牧对凋落物生物量的影响

NWNG：不增温不放牧；NWG：不增温放牧；WNG：增温不放牧；WG：增温放牧。
不同小写字母不同表示不同处理在 $P<0.05$ 水平差异显著

表 9-10　不同处理对凋落物品质的影响凋落物

处理	纤维素	半纤维素	木质素	总有机碳	全氮	全磷	碳：氮	木质素：氮
不增温不放牧	24.33b	17.73a	9.35b	33.20b	1.49ab	0.15b	22.36ab	6.29ab
不增温放牧	21.49c	18.41a	9.07d	29.50d	1.40c	0.13c	21.12b	6.49a
增温不放牧	26.44a	17.67a	9.57a	36.33a	1.54a	0.16a	23.68a	6.24b
增温放牧	22.11c	18.79a	9.23c	31.35c	1.46b	0.14bc	21.55b	6.34ab
标准误	0.28	0.38	0.02	0.44	0.01	0.003	0.032	0.05

注：不同小写字母表示在 $P<0.05$ 水平差异显著。

二、凋落物品质对凋落物分解和养分释放的调节作用

总体上，增温、放牧及凋落物品质显著影响了凋落物质量、总有机碳、总氮和总磷的物质释放；同时，增温和放牧对总氮和总磷的释放有显著交互作用，增温和凋落物品质对总磷质量损失也有显著交互作用（表 9-11）。从不增温不放牧、不增温放牧、增温不放牧及增温放牧 4 个处理收集的凋落物，其质量损失率分别为 41.9%、49.0%、45.5%和 48.5%（图 9-24A）；总有机碳质量损失率分别为 59.2%、63.1%、72.6%和 74.0%（图 9-24B）；全氮质量损失率分别为 39.5%、41.2%、39.4%和 37.8%（图 9-24C）；全磷质量损失率分别为 55.7%、62.8%、75.2%和 78.3%（图 9-24D）。当不考虑凋落物的来源时，在不增温和增温小区，凋落物质量损失率分别为 42.7%和 49.7%，总有机碳质量损失率分别为 62.3%和 72.2%，全氮质量损失率分别为 32.9%和 46.1%，全磷质量损失率

分别为 65.2%和 70.8%；同样，不放牧和放牧处理下凋落物质量损失率分别为 44.4%和 48.0%，总有机碳质量损失率分别为 63.7%和 70.8%，全氮质量损失率分别为 34.9%和 44.0%，以及全磷质量损失率分别为 66.1%和 69.9%（图 9-24）。

表 9-11　增温、放牧和凋落物品质以及它们的交互作用对凋落物质量、总有机碳、全氮、全磷质量损失的方差分析结果

	因子	自由度	*F*	*P* 值
凋落物质量损失率	Q（凋落物质量）	3	6.167	0.001
	W（增温）	1	28.426	0.000
	G（放牧）	1	7.784	0.008
	Q×W	3	1.449	0.240
	Q×G	3	0.092	0.964
	W×G	1	2.38	0.129
	Q×W×G	3	1.22	0.313
总有机碳损失率	Q	3	75.614	0.000
	W	1	143.237	0.000
	G	1	71.33	0.000
	Q×W	3	2.689	0.057
	Q×G	3	0.537	0.660
	W×G	1	12.004	0.001
	Q×W×G	3	1.002	0.400
全氮损失率	Q	3	0.821	0.489
	W	1	75.954	0.000
	G	1	35.595	0.000
	Q×W	3	1.077	0.368
	Q×G	3	0.335	0.800
	W×G	1	12.1	0.001
	Q×W×G	3	1.108	0.355
全磷损失率	Q	3	58.226	0.000
	W	1	16.512	0.000
	G	1	7.491	0.009
	Q×W	3	2.899	0.045
	Q×G	3	0.728	0.540
	W×G	1	6.458	0.014
	Q×W×G	3	0.173	0.914

多重比较结果显示，与对照相比，单独增温增加了从对照和增温小区采集的凋落物的质量损失率，而单独放牧增加了从增温小区收集的凋落物质量损失率；同时，增温和放牧增加了从对照和增温放牧小区收集的凋落物总有机碳质量损失率（图 9-24A）。单独增温也同样增加了从放牧和增温小区所采集的凋落物总有机碳质量的损失率，单独放

牧增加了从放牧和增温小区采集的凋落物总有机碳质量的损失率（图 9-24B）。单独增温增加了从所有处理的小区所采集的凋落物总氮的损失率，而单独放牧只增加了从增温小区所收集的凋落物全氮的质量损失率（图 9-24C）。单独增温增加了从对照小区收集的凋落物全磷的质量损失率，而单独放牧增加了从增温小区采集的凋落物全磷的质量损失率（图 9-24D）。

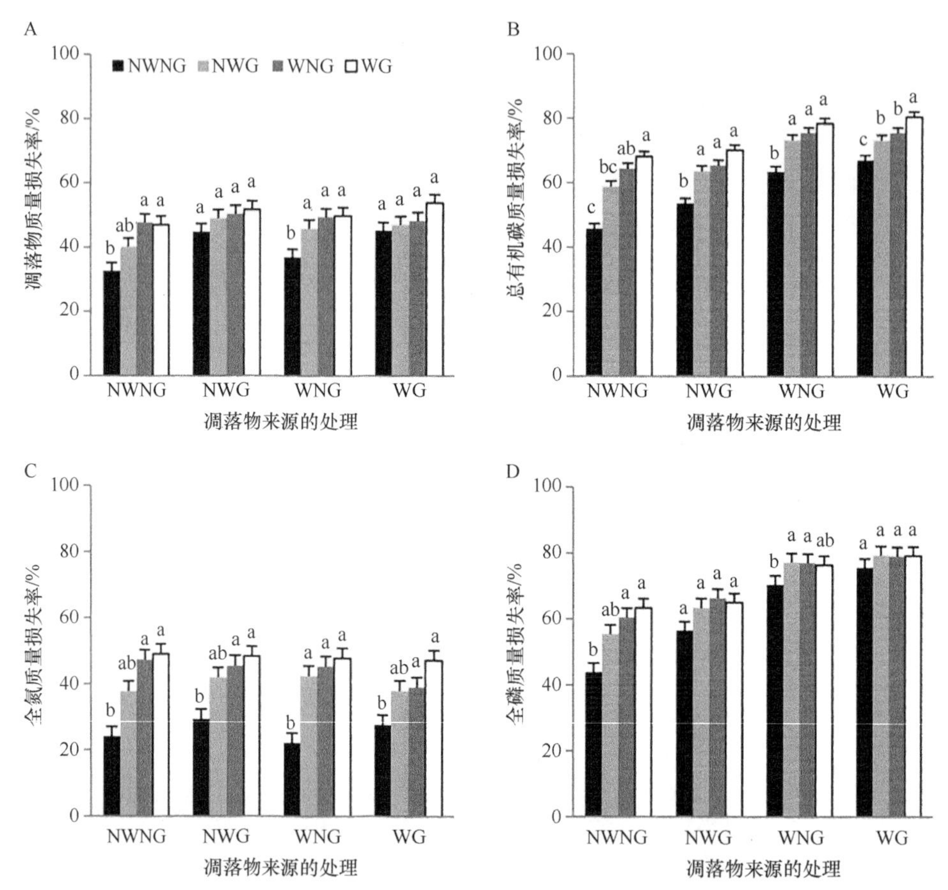

图 9-24　增温、放牧对不同处理来源的凋落物分解及其养分释放的影响

NWNG：不增温不放牧；NWG：不增温放牧；WNG：增温不放牧；WG：增温放牧。不同小写字母表示不同处理在 $P<0.05$ 水平差异显著

三、凋落物品质对凋落物分解和养分释放温度敏感性的调节作用

凋落物质量损失率以及总有机碳、全氮和全磷质量损失率的温度敏感性（回归方程的斜率）均随凋落物品质不同而不同（表 9-12）。总体上，从不增温不放牧处理采集的凋落物质量损失率的温度敏感性较高，比从放牧小区（包括单独放牧和增温放牧）采集的凋落物的质量损失率的温度敏感性高 1.8～2.6 倍；与对照处理相比，增温、放牧以及增温放牧小区的凋落物总有机碳和全氮质量损失率温度敏感性更低；然而，从单独增温和放牧小区采集的凋落物全磷质量损失率的温度敏感性比从不增温不放牧小区采集的凋落物总磷质量损失率的温度敏感性低 1.5～2.5 倍（表 9-12）(Li et al.，2022)。

表 9-12　不同来源的凋落物质量及总有机碳、全氮、全磷质量损失率与土壤平均温度的回归分析结果

回归模型	凋落物采集的小区	a	b	R^2	P
凋落物质量损失率= a×ST + b	对照	4.26	–11.22	0.41	<0.001
	放牧	2.39	19.14	0.26	0.043
	增温	4.21	–6.91	0.67	<0.001
	增温放牧	1.64	28.14	0.15	0.140
总有机碳损失率= a×ST + b	对照	5.46	–9.65	0.62	<0.001
	放牧	4.21	10.10	0.65	<0.001
	增温	3.90	23.45	0.79	<0.001
	增温放牧	3.05	35.60	0.59	<0.001
全氮损失率= a×ST + b	对照	6.29	–39.80	0.54	<0.001
	放牧	5.49	–27.93	0.62	<0.001
	增温	6.96	–48.35	0.70	<0.001
	增温放牧	3.92	–11.53	0.40	<0.001
全磷损失率= a×ST + b	对照	4.41	0.19	0.35	0.015
	放牧	2.94	25.68	0.32	0.022
	增温	1.79	52.70	0.39	0.010
	增温放牧	0.80	68.20	0.10	0.230

由于增温和放牧同时改变了凋落物生物量（图 9-23）和品质（表 9-11）以及不同元素的损失率（图 9-24），所以想要知道不同处理是否改变了单位面积凋落物分解特性，就需要同时考虑上述 3 个因素。根据增温、放牧及其互作效应对上述 3 个因素的分别影响，我们发现（Li et al.，2022），增温、放牧以及它们的交互作用显著影响了单位面积凋落物总有机碳、全氮和全磷质量损失率及其温度敏感性（图 9-25）。将来自对照小区的凋落物放回该小区进行分解时，其单位面积凋落物总有机碳、全氮和全磷的质量损失率分别为 28.10g C/m^2、1.25g N/m^2 和 0.12g P/m^2（图 9-25A～C）。与对照相比，只有单独增温处理显著提高了单位面积凋落物总有机碳、全氮和全磷的质量损失，分别达 122.8%、112.0%和 124.5%；然而，放牧以及同时增温放牧处理并没有显著改变上述指标单位面积的损失率（图 9-25A～C），主要原因是放牧降低了单位面积的凋落物生物量抵消了其对凋落物分解率的正效应所致（Li et al.，2021）。

尽管增温降低了土壤含水量，但仍然显著地增加了从对照和增温小区收集的凋落物的质量损失率，而且结构方程模型表明，土壤温度对凋落物质量损失率的影响较土壤湿度的影响更大（图 9-26）。这表明，在高寒草甸，土壤温度而不是土壤湿度是影响凋落物质量损失率的首要因素，这与之前的相关研究结果一致（Lv et al.，2020）。然而，同时增温放牧处理并没有显著影响从放牧小区、增温放牧小区收集的凋落物的质量损失率，对总有机碳、全氮和全磷损失率的影响也存在类似的结果。这些结果表明，增温对凋落物分解的影响依赖于放牧。一方面，在高寒区域，低温限制了微生物的活性，所以增温能够促进凋落物分解（Cornelissen et al.，2007；Bardgett et al.，2008；Luo et al.，2010；Xu et al.，2010）。在 2009 年，该区域的降水较充足，所以水分可能不会限制微生物活性（Lin et al.，2011）。增温在放牧和不放牧处理下凋落物分解具有不同的响应，

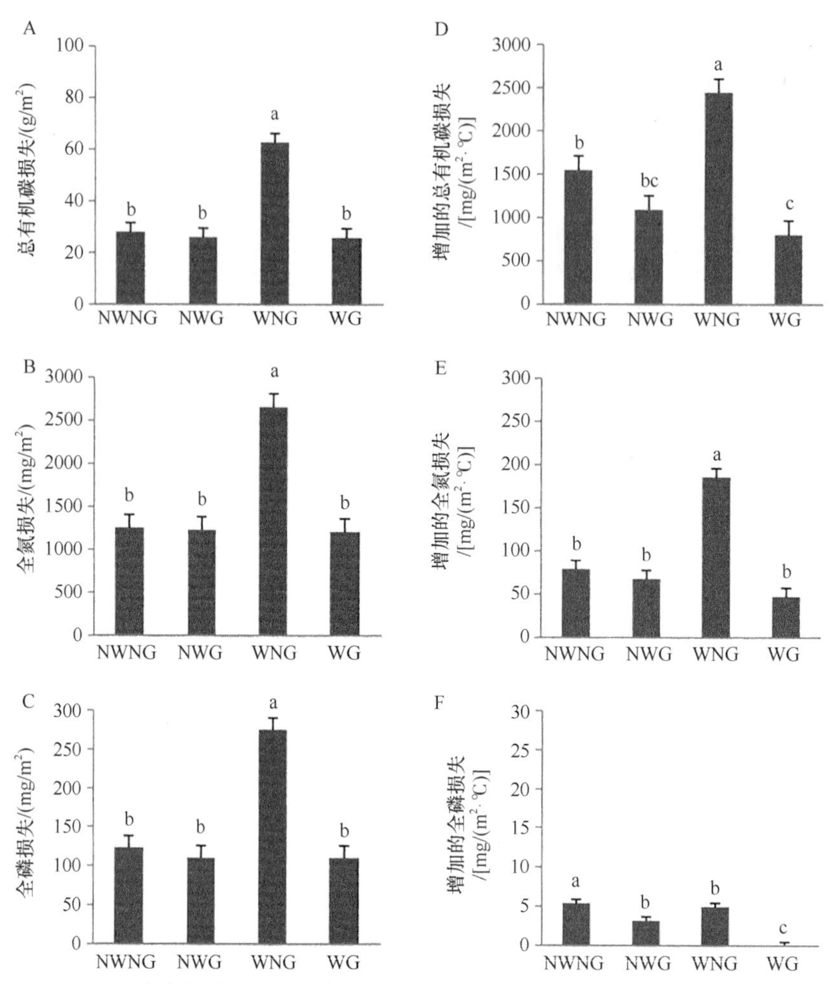

图 9-25　不同处理下总有机碳（A）、全氮（B）、全磷（C）质量损失率及其温度敏感性（D～F）
NWNG：不增温不放牧；NWG：不增温放牧；WNG：增温不放牧；WG：增温放牧。
不同小写字母表示不同处理在 $P<0.05$ 水平差异显著

这可能是因为放牧改变了凋落物品质所致。有研究表明，原位采集的凋落物如果放在原位进行分解，则比放置在其他地方进行分解的速率更快，说明原位所在地的微生物加快了凋落物的分解（Olofsson and Oksanen，2002；Austin et al.，2014；Huang et al.，2019）。然而，我们并没有发现这种现象（Li et al.，2022），该结果表明，与增温及凋落物品质的影响相比，该高寒草甸分解者对凋落物分解的影响较小（Lavelle et al.，1993）。这可能是由于对照和增温小区来源的凋落物具有较高的 N 含量和较高的木质素∶N，因为之前的研究表明，凋落物含有较高的 N 及木质素∶N 能够导致凋落物更快地分解（Melillo et al.，1982；Li et al.，2020）。因此，我们的结果并不支持“主场优势”假说（Neubauer et al.，2007；Ayres et al.，2009；Freschet et al.，2012）。另外，与对照相比，增温增加了地上生物量（Wang et al.，2012），进而增加了凋落物的生物量（图 9-23），同时增加凋落物生物量、凋落物质量损失率及和养分质量损失率，进而引起单位面积总有机碳、全氮和全磷的质量损失（图 9-23）。然而，增温放牧处理降低了单位面积凋落物的生物量，从而部分抵消了通过提高凋落物质量所引起的凋落物质量损失增加的正效应，使得单位面积凋落物总损失量没有显著改变（图 9-23）。因此，在放牧生态系统中，增温对单位面积凋落物中总有机碳、全氮和全磷的质量丢失与放牧存在互作效应，因为放牧降低了凋落物的生物量，这会抵消增温对它们释放的促进效应。

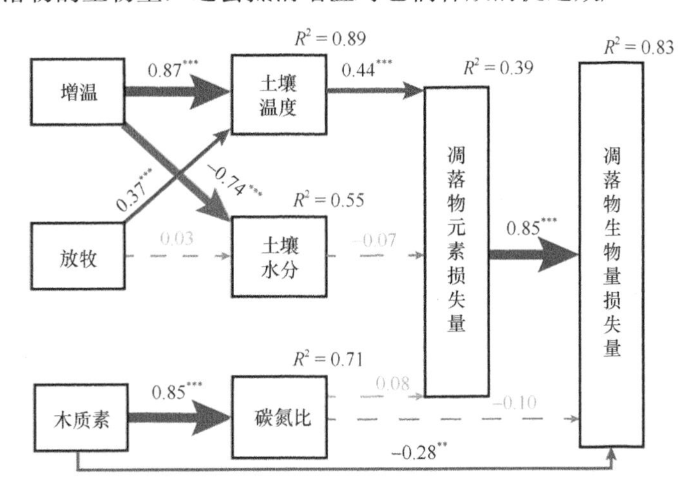

图 9-26　结构方程模型展示了增温、放牧和凋落物品质对凋落物质量损失的直接和间接影响（Li et al.，2021）

放牧通过改变微气候、凋落物生物量及微生物活性，进而对凋落物分解和养分释放产生影响。我们发现，放牧增加了土壤温度，但是并没有显著影响土壤湿度（Wang et al.，2012）。因此，放牧同样增加了从对照和增温小区收集的凋落物总有机碳和全磷的损失率，但是并没有显著影响从放牧及增温放牧小区收集的凋落物的分解（图 9-24）。这一发现同样不支持“主场优势”假说。与之前的研究类似，一般线性模型和结构方程模型均发现土壤温度和凋落物中木质素含量显著影响了凋落物质量损失，这表明温度和凋落物品质共同决定了凋落物分解（Cornelissen et al.，2007；Bardgett et al.，2008；Xu et al.，2010）。然而，单独放牧能够增加总有机碳和全氮的损失率，而结构方程模型表明土壤温度对总有机碳、全氮的损失有显著促进效应，这就表明放牧增加了总有机碳、全氮损失很可能是受温度控制的（Fierer et al.，2005；Aerts，2006；Luo et al.，2010；Ward et al.，2015；Lv et al.，2020）。此外，单独放牧降低了凋落物质量，这就部分抵消了放牧对凋落物分解的正效应，从而导致总有机碳、全氮和全磷质量损失对放牧无显著响应。与对照相比，同时增温放牧处理甚至降低了总有机碳和全磷的质量损失。因此，单独放牧对单位面积凋落物总有机碳、全氮和全磷质量损失的影响主要受凋落物生物量的直接影响，而不是受其分解速率的影响。

四、单位面积内凋落物分解及养分释放的温度敏感性

我们发现增温、放牧以及它们的交互作用显著影响了单位面积内凋落物总有机碳、全氮和全磷质量损失的温度敏感性。与对照相比，增温显著提高了单位面积凋落物总有

机碳和全氮损失率的温度敏感性，但降低了单位面积凋落物全磷损失率的温度敏感性；而放牧仅仅降低了全磷损失率的温度敏感性；同时增温放牧处理显著降低了单位面积凋落物总有机碳和全磷损失率的温度敏感性（图 9-25D～F）。具体而言，对于从对照小区收集的凋落物，对照处理下单位面积总有机碳质量损失率的温度敏感性为 1550mg/(m^2·℃)（图 9-25D）、单位面积凋落物总氮损失的温度敏感性为 78.8mg/(m^2·℃)（图 9-25E）、单位面积凋落物总磷损失的温度敏感性为 5.3mg/(m^2·℃)（图 9-25F）。对于从增温小区收集的凋落物，与对照相比，增温处理导致单位面积凋落物总有机碳质量损失率增加了 58.1%/℃（图 9-25D）；但是对于从增温放牧小区收集的凋落物而言，与对照相比，同时增温放牧导致单位面积凋落物总有机碳质量损失率降低了 48.0%/℃（图 9-25D）；对于从增温小区收集的凋落物，与对照相比，增温导致单位面积凋落物总氮质量损失率增加了 135.6%/℃（图 9-25E）；而对于从放牧和增温小区收集的凋落物，放牧和增温分别导致单位面积凋落物总磷质量损失率分别减少了 40.8%和 8.1%。

逐步回归模型显示，生长季 10cm 平均土壤温度能够分别解释 29%、37%、56%和 9%的凋落物质量、总有机碳、全氮和全磷的质量损失率（表 9-13）。此外，凋落物中的 C∶N 与凋落物质量损失率呈负相关，木质素含量和总有机碳质量损失率呈负相关，而纤维素含量与总有机碳质量损失率呈正相关。结构方程模型进一步表明，土壤温度能够直接影响凋落物的元素质量损失率（图 9-26）。这里，元素质量损失率是指凋落物中总有机碳、总氮和总磷质量损失率经主成分分析之后的第一主成分，其主要受总有机碳质量损失率的影响最大，而受总氮质量损失率的影响较小（Li et al.，2022）。与此同时，木质素对凋落物质量损失率有直接的负影响（图 9-26）。

表 9-13　生物因子和非生物因子对凋落物质量、总有机碳、全氮和全磷损失率的一般线性模型分析结果

	来源	估计值	标准误	均方	*F* 值	*P* 值
凋落物质量损失率（LMLR）	R^2=0.37（ST 的 R^2=0.29）；残差标准误 32.758，自由度 61					
	ST	3.103	0.587	926.849	25.831	<0.001
	C∶N	–1.676	0.637	576.637	17.603	<0.001
	最优模型：LMLR=44.712+3.103×ST–1.676×C∶N					
总有机碳损失率（CLR）	R^2=0.49（ST 的 R^2=0.37；木质素的 R^2=0.06）；残差标准误 2899.085，自由度 60					
	ST	4.781	0.713	2122.895	36.836	<0.001
	木质素	41.97	11.96	1217.404	22.771	<0.001
	纤维素	–3.05	1.114	932.316	19.295	<0.001
	最优模型：CLR=–310.696+4.781×ST+41.970×木质素–3.050×纤维素					
全氮损失率（NLR）	R^2=0.56；残差标准误 2959.687，自由度 62					
	ST	6.295	0.709	3762.903	78.826	<0.001
	最优模型：NLR=–38.915+6.295×ST.					
全磷损失率（PLR）	R^2=0.09；；残差标准误 7432.807，自由度 62					
	ST	2.768	1.124	727.471	6.068	0.017
	最优模型：PLR=33.534 + 2.768×ST					

注：生物因子包括凋落物中纤维素、半纤维素、木质素、总有机碳、全氮、全磷、C∶N、C∶P、N∶P、木质素∶N、木质素∶P；非生物因子包括土壤温度（ST）和湿度。

增温和放牧可能会通过影响凋落物品质而间接影响凋落物分解（Kielland and Bryant，1998；Olofsson and Oksanen，2002；Wardle et al.，2009；Wang et al.，2012）。总体上，增温提高了凋落物中的木质素、总有机碳和总氮含量，而放牧降低了这些组分的含量。因此，增温放牧处理下 C∶N、木质素∶N 并没有显著改变。有许多研究表明，凋落物中的 N 含量、C∶N 以及木质素∶N 与凋落物分解速率密切相关（Parton et al.，2007；Zhang et al.，2008；Manzoni et al.，2010；Xu et al.，2010；Walela et al.，2014）。我们的研究结果表明，凋落物质量损失主要与凋落物中的 C∶N 呈负相关，但 C∶N 仅解释了凋落物质量损失变化的 8%，而土壤温度则解释了凋落物分解变化的 29%。结构方程模型也表明，土壤温度对凋落物分解的影响要大于凋落物中的 C∶N。因此，在高寒草甸，凋落物分解受土壤温度的影响要大于凋落物品质的影响。研究同时发现，凋落物总有机碳损失率与木质素含量呈正相关、与纤维素含量呈负相关，表明凋落物总有机碳的损失主要受凋落物底物质量的限制，而不是受养分含量的限制（Murphy et al.，1998）。以前的研究表明，凋落物分解存在“质量-温度敏感性”假设，即凋落物质量越低，其分解的温度敏感性越高（Fierer et al.，2005），然而在我们的研究中，较低凋落物木质素含量并没有导致较高的总有机碳损失率温度敏感性，即并不符合该假设。这可能是因为，凋落物分解的温度敏感性不仅依赖于碳底物质量，还依赖于不同凋落物分解的顺序和程度，如先进行非结构性碳的分解、后进行结构性碳的分解（Lv et al.，2020）。同时，在草地生态系统中，凋落物木质素含量较低，并不像在森林生态系统中认为的那样不易分解（Rasse et al.，2005；Heim and Schmidt，2007；Bahri et al.，2008；Prescott，2010）。因此，与系统发育有关的植物功能群特性对凋落物质量损失的影响可能会大于凋落物品质变化的影响。例如，之前有人报道，杂类草凋落物的分解速率要高于禾本科植物凋落物的分解速率（Cornwell et al.，2008）。

总之，我们的研究表明增温和放牧增加了高寒草甸群落凋落物分解，以及总有机碳、全氮和全磷的损失率，这种效应独立于凋落物的品质。增温增加了单位面积凋落物全氮和全磷的损失，主要是由于增加了单位面积凋落物生物量及其损失的速率所致；然而放牧却对单位面积凋落物和全氮损失率没有显著影响，这是因为放牧导致的单位面积凋落物总生物量的减少部分抵消了增温对凋落物分解的正效应。气候变化对凋落物分解的影响要大于凋落物自身品质的影响。和全磷损失的温度敏感性相比，更高的全氮损失率温度敏感性表明，未来气候变化情境下高寒草甸土壤中的全氮和全磷含量及其比例可能会失衡。考虑到放牧是高寒草甸最主要的土地利用方式，因此，同时增温放牧对凋落物分解及养分释放的影响比单独放牧的影响小，所以如果不考虑放牧的影响而单独进行增温影响的研究，可能会导致对增温效应评估的较大不确定性。

第七节　增温和放牧对细根分解和养分释放的影响

根系分解是调节陆地生态系统生物地球化学循环的关键过程，同时也会影响养分循环和土壤肥力（Berg and Laskowski，2006；Prescott，2010）。根系占植物总初级生产力的 60%～80%（Chen and Wang，2000；Jackson et al.，2017，1996），而在天然草地，通过细根死亡和分解的方式向土壤中输入的有机质约占总有机质输入的 33%（Freschet et al.，2013；Seastedt，1988）。尽管根系凋落物很大程度上促进了天然草地土壤有机质的积累，而目前对于凋落物分解的理解几乎完全来自于对叶片凋落物分解的研究（Aerts，1997；Freschet et al.，2013；Prescott，2010；Zhang et al.，2008）。近年来，细根对分解过程的贡献越来越受到重视（Freschet et al.，2013；Li et al.，2018；Smith et al.，2014），但是多数研究集中在森林和灌丛植被（Bardgett et al.，2014；Goebel et al.，2011；Silver and Miya，2001；Sun et al.，2018，2013；Zhang and Wang，2015）。部分研究只关注天然草地细根分解对氮沉降（Dong et al.，2020）、放牧（Smith et al.，2014；Song et al.，2020）和气候变化的响应（Liu et al.，2020；Smith et al.，2014；Song et al.，2020；Liu et al.，2020）。然而，在天然草原，尤其是在高寒地区，增温和放牧对根系分解的交互作用仍然被很大程度地忽略了。

草原覆盖全球 40%的土地面积，在陆地养分循环和土壤碳固存中扮演着重要角色（Bontti et al.，2009；LeCain et al.，2002）。在温带草原上，来自根的碳输入可能是地上部分的 3 倍（Freschet et al.，2013；Robinson，2007），而温度、湿度、植物组织化学成分及微环境被认为是影响细根分解速率的主要因素（Day，1995；Vitousek et al.，1994）。由于细根的分解过程是在土壤中进行的，所以细根分解的水分条件、微生物群落及养分可利用性可能与表层土壤完全不同（Berg，2014；Birouste et al.，2012；Freschet et al.，2013；McLaren and Turkington，2010；Silver and Miya，2001）；同时，细根与叶片凋落物在分解速率上也会存在差异（Cornwell et al.，2008；Hobbie et al.，2010；Ma et al.，2016；Scherer- Lorenzen，2008；Song et al.，2017；Sun et al.，2018）。然而，由于缺乏对增温和放牧如何影响细根分解和养分流失的认知，直接限制了我们对天然草原未来气候变化反馈的预测能力。高寒草甸约占青藏高原总面积的 60%左右，放牧是其最主要的土地利用形式（Zheng et al.，2000）。前面几节的有关内容表明增温和放牧都会提高高寒草甸凋落物分解速率（Duan et al.，2013；Luo et al.，2010；Lv et al.，2020；Xu et al.，2010），但是如何对细根分解产生影响尚不清楚。我们依托非对称增温和适度放牧试验平台（Wang et al.，2012），探讨了 2007～2008 年增温和放牧对细根生物量损失和养分释放等单独影响及其潜在的交互作用，以及不同处理对细根分解阶段养分释放的温度敏感性差异的影响（Zhuo et al.，2022）。

一、增温和放牧对细根分解速率和养分释放速率的影响

我们发现增温和放牧显著提高了 10cm 土层温度，但对土壤湿度没有显著影响（图 9-27）；同时，对细根有机碳含量和其他养分元素含量的影响不显著（表 9-14）。

增温显著影响细根累积损失量的百分比，然而单独放牧以及同时增温放牧的影响并不显著（Zhou et al.，2022）。在试验第一年，增温和放牧对细根生物量的相对损失影响并不显著，不同处理下，细根的相对累积生物量损失百分比均在 60%左右。而在两年的整个试验期内，与对照相比，增温和放牧均使细根相对累积生物量损失显著提高了约 6%（图 9-28A）。在对总有机碳的研究中也发现了与生物量相似的结果，在两年的试验期内，

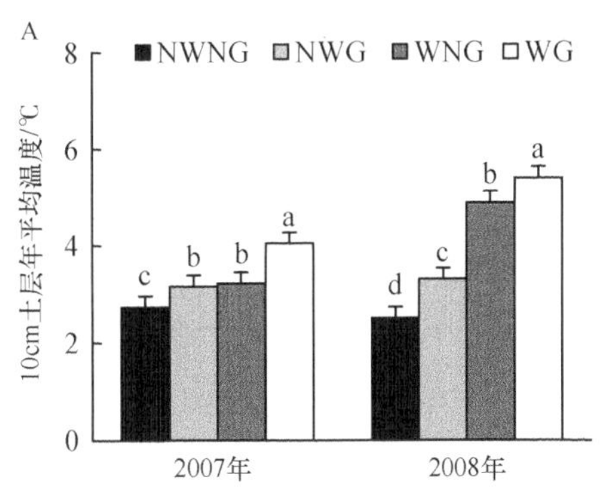

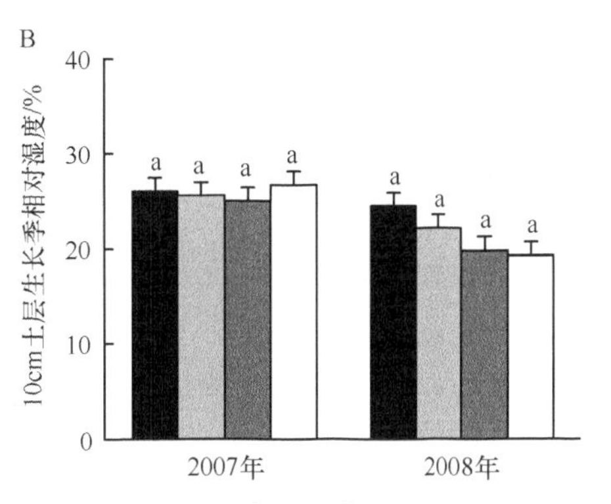

图 9-27　不同年份增温和放牧对 10cm 土层温湿度的影响

NWNG：不增温不放牧；NWG：不增温放牧；WNG：增温不放牧；WG：增温放牧。不同小写字母表示差异显著（$P<0.05$）

表 9-14　不同处理下混合样品根系中总有机碳（TOC）、全氮（TN）、磷（P）、钾（K）、钠（Na）、钙（Ca）和镁（Mg）的浓度（%）及 C∶N

处理	TOC	TN	P	K	Na	Ca	Mg	C∶N
不增温不放牧	21.05	1.14	0.06	0.75	0.16	0.26	0.06	18.46
不增温放牧	21.55	1.08	0.07	0.78	0.15	0.26	0.05	19.95
增温不放牧	21.35	1.12	0.07	0.77	0.14	0.24	0.05	19.06
增温放牧	21.22	1.12	0.07	0.81	0.15	0.24	0.05	18.95

与对照相比，增温和放牧显著提高了总有机碳的累积损失约 4%（图 9-28B）。以往的研究表明，增温和放牧会通过改变土壤湿度来影响细根分解（Day，1995；Vitousek et al.，1994），然而在我们的研究中，增温和放牧并未在生长季显著改变 0～10cm 土层湿度，表明温度升高可能是导致细根分解发生变化的主要原因，同时增温和放牧带来的土壤温度的提高对于细根分解的效应是可加的。

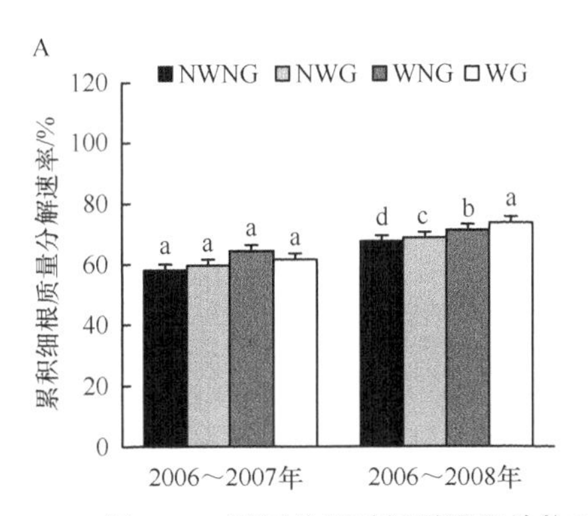

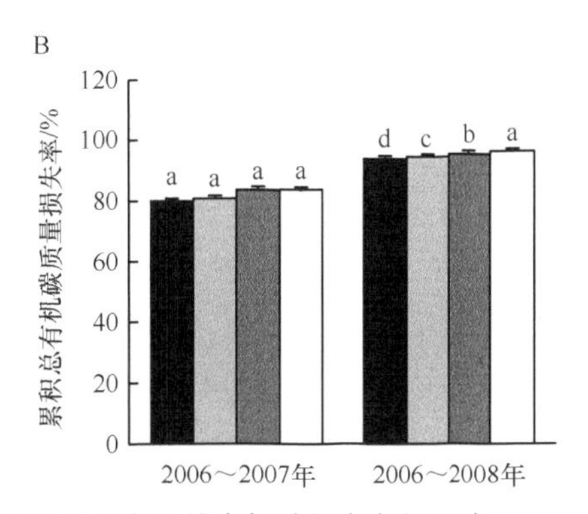

图 9-28　不同分解时间增温和放牧对细根分解率及总有机碳损失率的影响

NWNG：不增温不放牧；NWG：不增温放牧；WNG：增温不放牧；WG：增温放牧。不同小写字母表示差异显著（$P<0.05$）

在养分损失方面，除全氮和全磷以外，增温和放牧会显著影响其余所有营养元素的相对损失，且二者没有显著交互作用（Zhou et al.，2022）。同时，不论在试验的第一年还是两年试验期内，与对照相比，同时增温放牧都会显著降低全氮损失的累积百分比

（图 9-29A）。而不论是否放牧，增温则显著降低了全磷质量损失率（图 9-29B）。在增温不放牧处理下，根系分解过程中全钾和全钙质量损失率都会增加（图 9-29C 和 9-29E）；同时无论放牧与否，增温均显著提高了全钠和全镁质量损失率，然而，与对照组相比，无论第一年是否增温，放牧对钠和镁的损失均没有显著影响（图 9-29D、图 9-29F）。总体来说，在试验的第一年期间，增温放牧以及不放牧均会提高全钾、全钙、全钠和全镁质量损失率；而在试验的第二年期间，不论是否增温，放牧均会提高全钾、全钙和全钠质量损失率，但是对全镁的损失无显著影响。

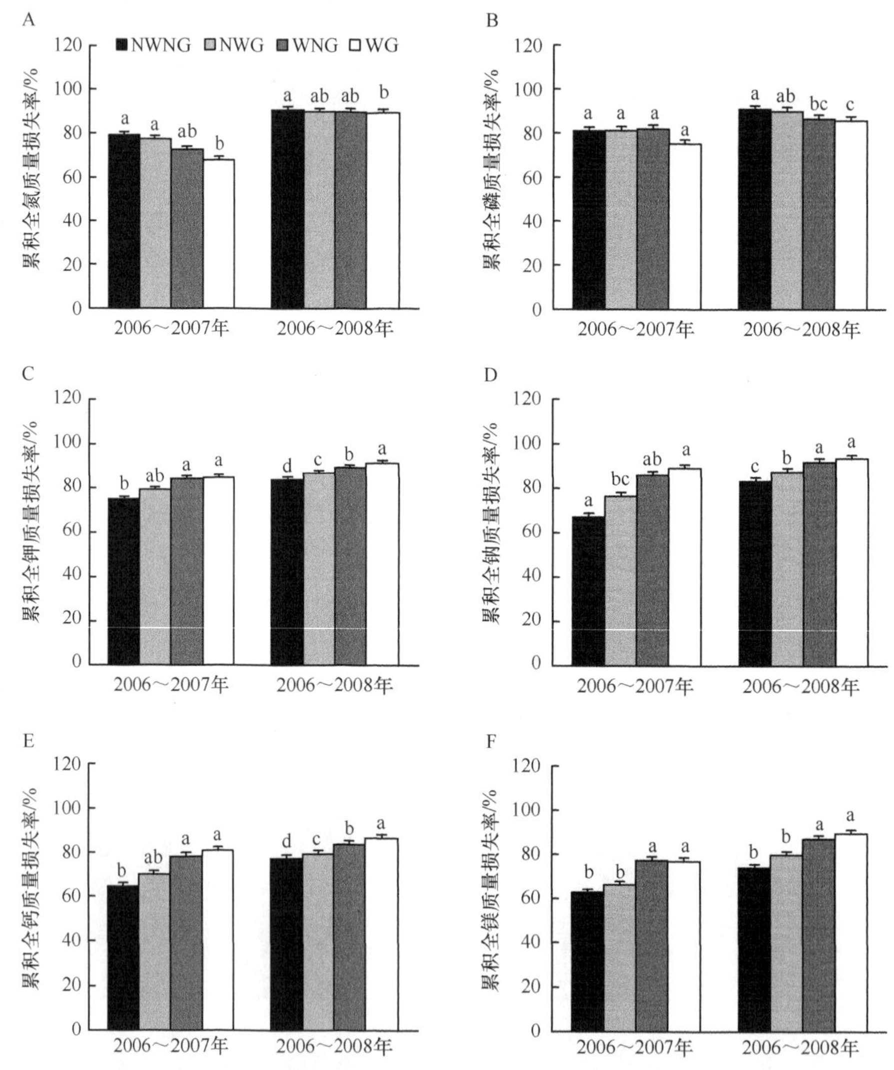

图 9-29　不同分解时间增温和放牧对细根化学成分损失率的影响

NWNG：不增温不放牧；NWG：不增温放牧；WNG：增温不放牧；WG：增温放牧。不同小写字母表示差异显著（$P<0.05$）

一般的，细根分解会经历两个阶段（Fogel and Hunt，1979；McClaugherty et al.，1984），我们的研究也表明在细根分解的第一年，质量相对损失约占两年分解总量的75%～85%，因为细根分解第一阶段的特点是通过无机化学成分损失和微生物利用释放可溶性碳，以及通过淋溶作用导致快速的生物量损失；而第二阶段的特点是通过对木质素和其他难分解物质的分解导致缓慢的质量损失（Lv et al.，2020；McClaugherty et al.，1984；Xu et al.，2010）。我们的研究发现，增温和放牧只在第二年对细根生物量损失产生显著影响，表明在高寒草甸，增温和放牧会通过促进木质素等物质的分解从而影响细根的分解。

与先前的一些研究结果类似（Díaz et al.，1993；Manzoni et al.，2008），我们的研究发现无论是否放牧，增温都会降低细根分解过程中全氮和全磷的损失。其中一个重要原因可能是增温和放牧会显著提高土壤温度（图 9-27），刺激细根分解及微生物生长，进一步增加了根系凋落物中有机氮和有机磷的吸收，导致更多的全氮和全磷被微生物固存。我们之前在相同处理下的研究结果还表明，放牧会显著改变微生物功能基因的组成及多样性（Tang et al.，2019），增加氮矿化功能基因的数量（Yang et al.，2013）。这些变化可能会导致微生物对氮的需求增加，因此会增加对氮的固持（Díaz et al.，1993；Seastedt et al.，1992），因为净氮固持是碳基微生物分解者降低碳氮比需求的结果。该结论源于碳利用效率假说，即分解贫氮基质时，氮需求较高的微生物会从土壤或凋落物中吸收氮并固持（Manzoni et al.，2008）。调节根系分解的另一个潜在重要因素是共生菌根真菌在根系的定植程度，而在我们的研究中，增温改变了共生菌根真菌结构和功能，并可能加速根系凋落物的分解（Che et al.，2019；Hodge et al.，2001）。

二、增温和放牧对细根分解和养分释放的温度敏感性影响

在两年的试验期内，土壤的年平均温度与累积生物量、总有机碳及养分损失率均呈现显著正相关（图 9-30），其中，累积生物量和总有机碳损失率的温度敏感性分别为 2.7 %/℃和 1.1 %/℃（图 9-30A 和 B）；而同时增温放牧条件下，全氮、全磷、全钾、全钠、全钙和全镁累积相对损失率温度敏感性分别为–0.5%/℃、–2.6%/℃、3.2%/℃、4.6%/℃、4.1%/℃和 7.2%/℃。

总体上，增温和放牧都显著提高了细根质量损失率，同时增温放牧会降低氮损失率，而增温不放牧会降低全磷损失率。与对照相比，单独增温或放牧会增加钾、钠、钙、镁的相对损失。增温和放牧对于细根的分解和养分损失无明显交互作用。同时，磷元素相对损失的温度敏感性要大于氮元素。由于细根分解导致不同营养元素损失的相对变化具有不同的温度敏感性，这也会直接改变土壤养分的可利用性，并进一步影响生态系统结构和功能。在未来气候变暖条件下，放牧降低细根中全氮和全磷的释放可能是一个重要的氮磷保护机制，同时也会潜在地减少养分流失并提高养分利用有效性。然而，全磷损失的温度敏感性高于全氮，因此，在气候变暖的情况下，潜在的氮缺乏可能会随着时间的推移而进一步加强。增温和放牧会提高全钾、全钠、全钙和全镁的相对损失，但是它们的温度敏感性各不相同（图 9-30E～H）。这些结果表明，在未来气候变暖的情况下，养分在细根分解过程中的异速释放可能会改变土壤中元素的化学计量。由于这些元素是植物和微生物生长的主要或次要养分，因此随着时间的推移，可能会进一步改变植物和微生物群落组成。

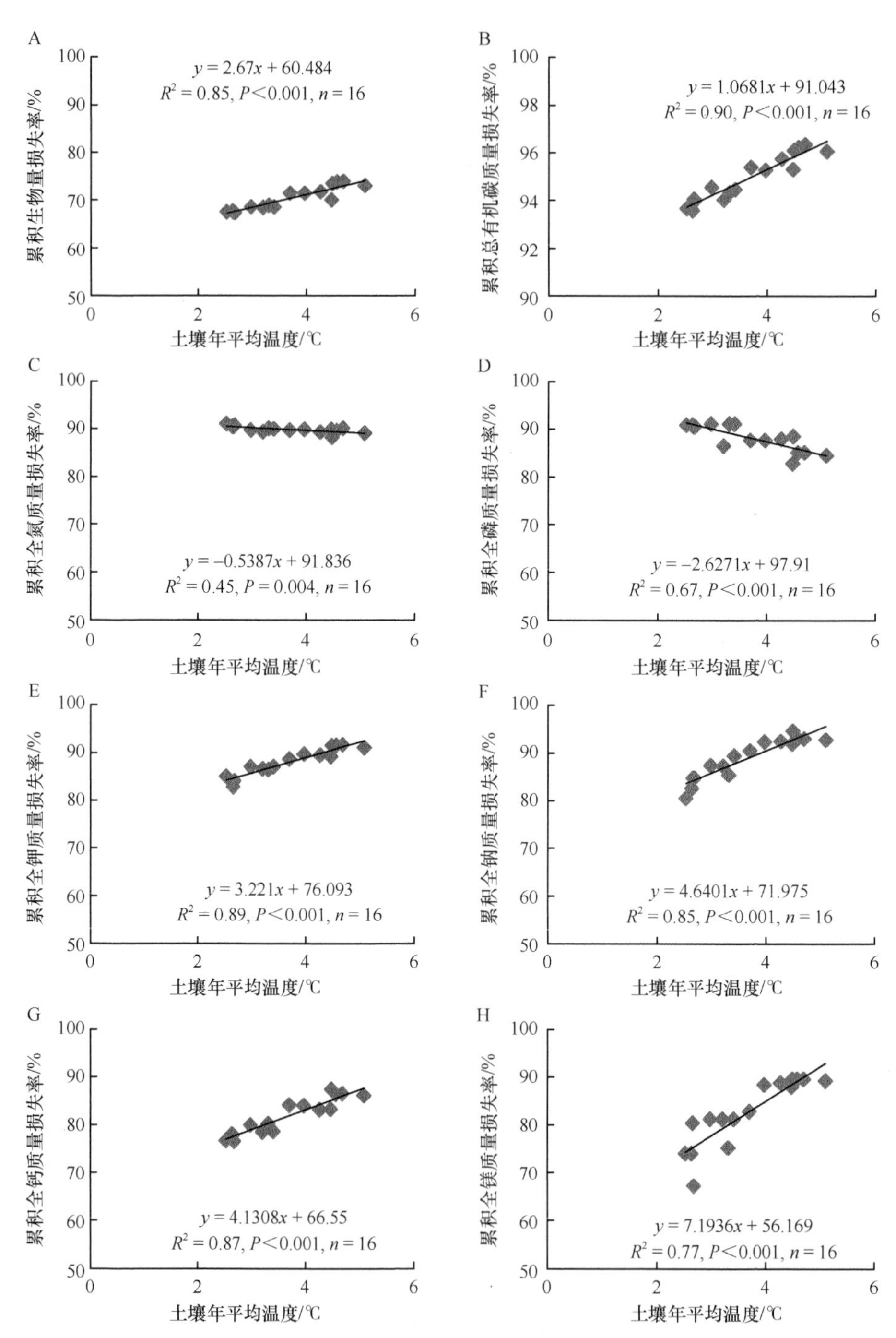

图 9-30　细根累积质量损失率、总有机碳损失率以及养分损失率与土壤年平均温度的关系

数据为平均值±标准误差

第八节　小　　结

依托山体垂直带梯度以及不对称增温和适度放牧平台，利用尼龙袋法及室内培养试

验开展了主要植物叶片凋落物、不同凋落物多样性和组成、不同处理凋落物来源和品质、根系细根分解与养分释放温度敏感性对温度和放牧响应的研究，主要得出如下主要结果和结论。

（1）增温和放牧均显著提高了凋落物的分解速率和养分释放速率。总体上，增温和放牧增加了主要植物凋落物的分解速率，提高了总有机碳、全氮和全磷的释放速率，这种效应独立于凋落物的品质。特别是，高品质的凋落物加快了凋落物分解和养分的释放，但不同养分释放的温度敏感性不同，可能加剧了土壤中元素比例的失衡，如氮释放的温度敏感性低于磷释放的温度敏感性，表明增温可能进一步加剧了氮与磷营养的不协调，进一步导致氮的缺乏。总体上，凋落物品质调控了增温和放牧对凋落物分解的影响，因不同养分释放速率而异。

（2）凋落物多样性和组分调控了凋落物分解速率对温度的响应。无论高海拔还是低海拔，高的凋落物多样性加快了凋落物的分解速率，但增温降低了凋落物分解速率对凋落物多样性的依赖性。特别是在相同的凋落物多样性的基础上，凋落物组成对其分解速率也会产生显著影响，特别是木本植物凋落物分解速率低于草本植物凋落物分解速率；但随着凋落物多样性的增加，凋落物组分变化的影响随之降低。所以，增温和放牧对凋落物分解的影响间接地受到多样性变化的调控。

（3）增温加快了群落单位面积凋落物的分解和养分释放。增温增加了单位面积全氮和全磷的释放，主要是由于增加了凋落物生物量及其释放速率所致；然而放牧却对单位面积凋落物质量和全氮损失率没有显著影响，这是因为放牧导致的凋落物生物量的减少部分抵消了放牧对凋落物分解的正效应。气候变化对凋落物分解的影响要大于凋落物自身品质的影响。考虑到放牧是高寒草甸最主要的土地利用方式，因此，同时增温放牧对凋落物分解及养分释放的影响比单独放牧的影响小。增温和放牧对群落单位面积凋落物分解及养分释放的影响主要受单位凋落物生物量、凋落物品质及局地气候对凋落物分解和养分释放率影响的共同调控。

（4）增温和放牧加快了细根的分解和养分释放。总体上，增温和放牧都显著提高了细根分解速率，增温和放牧对于细根的分解和养分损失无明显交互作用。同时，磷元素释放速率的温度敏感性要大于氮元素。由于细根分解导致不同营养元素损失的相对变化具有不同的温度敏感性，这也会直接改变土壤养分的可利用性及其比例。因此，在气候变暖的情况下，潜在的氮缺乏可能会随着时间的推移而进一步加强。养分在细根分解过程中的异速释放可能会改变土壤中元素的化学计量特征，由于这些元素是植物和微生物生长的主要或次要养分，因此随着时间的推移可能会进一步改变植物和微生物群落组成。

（5）增温和放牧加快了粪便分解速率和养分释放。尽管增温和放牧均加快了粪便的分解和养分释放，但其分解速率显著低于凋落物的分解速率；然而其分解的温度敏感性要高于凋落物的温度敏感性。类似的，粪便分解过程中氮的释放速率温度敏感性低于磷的温度敏感性。由于放牧减少了凋落物生物量而增加了粪便生物量，所以在增温背景下放牧可能会加快生态系统的物质循环速率。

综上所述，由于增温和放牧改变了植物种类组成和多样性、降低了凋落物质量，对增温对凋落物分解的正效应可能会被凋落物品质降低的负效应所部分抵消；同时，放牧降低了群落凋落物生物量，因而也部分抵消了放牧对凋落物分解的正效应。此外，增温和放牧也影响了深根和浅根植物功能群的变化，进一步调控细根的分解和养分释放。特别是在增温背景下放牧，导致凋落物生物量与粪便生物量的此消彼长。因此，增温和放牧对区域凋落物和粪便的分解及养分归还的影响过程非常复杂。然而，凋落物、粪便和细根分解过程中，氮的释放速率温度敏感性均低于磷，且不同养分释放的速率和敏感性也存在差异，所以，长期而言，可能会改变土壤中的元素化学计量比例，进而推动高寒草甸生态系统结构和功能的变化，这方面的机制有待进一步研究。

参 考 文 献

李雪峰, 韩士杰, 张岩. 2007. 降水量变化对蒙古栎落叶分解过程的间接影响. 应用生态学报, 2: 261-266.

彭少麟, 刘强. 2002. 森林凋落物动态及其对全球变暖的响应. 生态学报, 9: 164-174.

宋新章, 江洪, 马元丹, 等. 2009. 中国东部气候带凋落物分解特征——气候和基质质量的综合影响. 生态学报, 29: 5219-5226.

汪诗平, 王艳芬, 陈佐忠. 2003. 放牧生态系统管理. 北京: 科学出版社.

王其兵, 李凌浩, 白永飞, 等. 2000. 模拟气候变化对3种草原植物群落混合凋落物分解的影响. 植物生态学报, 24: 674-679.

杨万勤, 邓仁菊, 张健. 2007. 森林凋落物分解及其对全球气候变化的响应. 应用生态学报, 2: 261-266.

ACIA. 2005. Arctic Climate Impact Assessment.Cambridge: Cambridge University Press.

Aerts R. 1997. Climate, leaf litter chemistry, and leaf litter decomposition in terrestrial ecosystems: a triangular relationship. Oikos, 79: 439-449.

Aerts R. 2006. The freezer defrosting: global warming and litter decomposition rates in cold biomes. J Ecol, 94: 713-724.

Anderson J M. 1991. The effects of climate change on decomposition processes in grassland and coniferous forest. Ecol Appl, 1: 243-274.

Anderson J M, Coe M J. 1974. Decomposition of elephant dung in an arid tropical environment. Oecologia, 14: 111-125.

AOAC. 1984. Official methods of analysis of the Association of Official Analytical Chemists. 14th ed. Washington, D.C.: Association of Official Analytical Chemists.

Austin A T, Vivanco L, González-Arzac A, et al. 2014. There's no place like home? An exploration of the mechanisms behind plant litter–decomposer affinity in terrestrial ecosystems. New Phytol, 204(2): 307-314.

Ayres E, Steltzer H, Simmons B L, et al. 2009. Home-field advantage accelerates leaf litter decomposition in forests. Soil Biol Biochem, 41(3): 606-610.

Bahri H, Rasse D P, Rumpel C, et al. 2008. Lignin degradation during a laboratory incubation followed by ^{13}C isotope analysis. Soil Biol Biochem, 40(7): 1916-1922.

Bardgett R D, Freeman C, Ostle N J. 2008. Microbial contributions to climate change through carbon cycle feedbacks. The ISME Journal, 2(8): 805-814.

Bardgett R D, Mommer L D, Vries F T. 2014. Going underground: root traits as drivers of ecosystem processes. Trends Ecol Evol, 29: 692-699.

Bardgett R D, Wardle D A, Yeates G W. 1998. Linking above-ground and below-ground interactions: how plant responses to foliar herbivory influence soil organisms. Soil Biol Biochem, 30: 1867-1878.

Bellamy P H, Loveland P J, Bradley R I,et al. 2005. Carbon losses from all soils across England and Wales

1978-2003. Nature, 437: 245-248.
Berg B. 2014. Decomposition patterns for foliar litter – a theory for influencing factors. Soil Biol Biochem, 78: 222-232.
Berg B, Berg M P, Bottner P, et al. 1993. Litter mass loss rates in pine forests of Europe and eastern United States: Some relationships with climate and litter quality. Biogeochemistry, 20: 127-159.
Berg B, Ekbohm G, Johansson M E, et al. 1996. Maximum decomposition limits of forest litter types: a synthesis. Can J Bot, 74: 659-672.
Berg B, Laskowski R. 2006. Litter decomposition: a guide to carbon and nutrient turnover. Elsevier, Burlington.
Berg B, Wessen B, Ekbohm G. 1982. Nitrogen level and decomposition in Scots pine litter. Oikos, 38: 291-296.
Birouste M, Kazakou E, Blanchard A, et al. 2012. Plant traits and decomposition: Are the relationships for roots comparable to those for leaves? Ann Biol, 109: 463-472.
Bontti E E, Decant J P, Munson S M, et al. 2010. Litter decomposition in grasslands of Central North America (US Great Plains). Global Change Biol, 15: 1356-1363.
Bosatta E, Agren G I. 1999. Soil organic matter quality interpreted thermodynamically. Soil Biol Biochem, 31: 1889-1891.
Bontti E E, Decant J P, Munson S M, et al. 2009. Litter decomposition in grasslands of Central North America (US Great Plains). Glob Change Biol, 15: 1356-1363.
Bradford M A, Warren Ii R J, Baldrian P, et al. 2014. Climate fails to predict wood decomposition at regional scales. Nat Clim Chang, 4(7): 625-630.
Butenschoen O, Scheu S, Eisenhauer N. 2011. Interactive effects of warming, soil humidity and plant diversity on litter decomposition and microbial activity. Soil Biol Biochem, 43(9): 1902-1907.
McClaugherty C A, Aber J D, Melillo J M. 1984. Decomposition dynamics of fine roots in forested ecosystems. Oikos, 42: 378-386.
Cao G, Xu X L, Long R J, et al. 2008. Methane emissions by alpine plant communities in the Qinghai-Tibet Plateau. Biol Lett, 4: 681-684.
Che R, Wang S, Wang Y, et al. 2019. Total and active soil fungal community profiles were significantly altered by six years of warming but not by grazing. Soil Biol Biochem, 139: 107611.
Chen H, Harmon M E, Griffiths R P. 2001. Decomposition and nitrogen release from decomposing woody roots in coniferous forests of the Pacific Northwest: a chronosequence approach. Can J For Res, 31: 246-260.
Cherif M, Loreau M. 2007. Stoichiometric constraints on resource use, competitive interactions, and elemental cycling in microbial decomposers. Am Nat, 169: 709-724.
Cornelissen J H C, Callaghan T V, Alatalo J M, et al. 2001. Global change and arctic ecosystems: Is lichen decline a function of increases in vascular plant biomass? J Ecol, 89: 984-994.
Cornelissen J H C, Bodegom P M, Aerts R, et al. 2007. Global negative vegetation feedback to climate warming responses of leaf litter decomposition rates in cold biomes. Ecol Lett, 10: 619-627.
Cornwell W K, Cornelissen J H, Amatangelo K, et al. 2008. Plant species traits are the predominant control on litter decomposition rates within biomes worldwide. Ecol Lett, 11(10): 1065-1071.
Couteaux M M, Bottner P, Berg B. 1995. Litter decomposition, climate and litter quality. Trends Ecol Evol, 10: 63-66.
Couteaux M M, Kurz C, Bottner P, Raschi A. 1999. Influence of increased atmospheric CO_2 concentration on quality of plant material and litter decomposition. Tree Physiology, 19(4-5): 301-311.
Christiansen C T, Haugwitz M S, Priemé A, et al. 2016. Enhanced summer warming reduces fungal decomposer diversity and litter mass loss more strongly in dry than in wet tundra. Global Change Biology, 23: 406-420.
Christiansen C T, Mack M C, DeMarco J, et al. 2018. Decomposition of senesced leaf litter is faster in tall compared to low birch shrub tundra. Ecosystems, 21: 1564-1579.
Dalias P, Anderson J, Bottner P, et al. 2001. Temperature responses of carbon mineralization in conifer forest soils from different regional climates incubated under standard laboratory conditions. Glob Chang Biol,

6: 181-192.

Daufresne T, Loreau M. 2001. Plant-herbivore interactions and ecological stoichiometry: When do herbivores determine plant nutrient limitation? Ecol Lett, 4: 196-206.

Davidson E A, Janssens I A. 2006. Temperature sensitivity of soil carbon decomposition and feedbacks to climate change. Nature, 440: 165-173.

Davidson E A, Trumbore S E, Amundson R. 2000. Soil warming and organic matter content. Nature, 408: 789-790.

Day F P. 1995. Environmental influences on belowground decomposition on a coastal barrier island determined by cotton strip assay. Pedobiologia, 39: 289-303.

De Long J R, Dorrepaal E, Kardol P, et al. 2016. Understory plant functional groups and litter species identity are stronger drivers of litter decomposition than warming along a boreal forest post-fire successional gradient. Soil Biol Biochem, 98: 159-170.

De Santo A V, Berg B, Rutigliano F A, et al. 1993. Factors regulating early-stage decomposition of needle litters in five different coniferous forests. Soil Biol Biochem, 25(10): 1423-1433.

Díaz S, Grime J P, Harris J, et al. 1993. Evidence of a feedback mechanism limiting plant response to elevated carbon dioxide. Nature, 364: 616-617.

Dilustro J J, Day F P, Drake B G. 2010. Effects of elevated atmospheric CO_2 on root decomposition in a scrub oak ecosystem. Glob Chang Biol, 7: 581-589.

Dong L, Berg B, Sun T, et al. 2020. Response of fine root decomposition to different forms of N deposition in a temperate grassland. Soil Biol Biochem, 147: 107845.

Duan A M, Wu G X, Zhang Q, Liu Y M. 2006. New proofs of the recent climate warming over the Tibetan Plateau as a result of the increasing greenhouse gases emissions Chin. Sci. Bull., 51: 1396-1400.

Duan J, Wang S, Zhang Z, et al. 2013. Non-additive effect of species diversity and temperature sensitivity of mixed litter decomposition in the alpine meadow on Tibetan Plateau. Soil Biol Biochem, 57: 841-847.

Duan Y W, He Y P, Liu J Q. 2005. Reproductive ecology of the Qinghai-Tibet plateau endemic *Gentiana straminea* (Gentianaceae), a hermaphrodite perennial characterized by herkogamy and dichogamy. Acta Oecol, 27: 225-232.

Eiland F, Klamer M, Lind A M, et al. 2001. Influence of initial C/N ratio on chemical and microbial composition during long term composting of straw. Microb Ecol, 41: 272-280.

Elser J, Urabe J. 1999. The stoichiometry of consumer-driven nutrient recycling: theory, observations, and consequences. Ecology, 80: 735-751.

Epps K Y, Comerford N B, III Reeves J B, et al. 2007. Chemical diversity – highlighting a species richness and ecosystem function disconnect. Oikos, 116: 1831-1840.

Fang C, Smith P, Moncrieff J B, et al. 2005. Similar response of labile and resistant soil organic matter pools to changes in temperature. Nature, 433: 57-59.

Fierer N, Craine J M, Mclauchlan K, et al. 2005. Litter quality and the temperature sensitivity of decomposition. Ecology, 86(2): 320-326.

Floate M J S. 1970. Decompostion of organic materials from hill soils and pastures. II. Comparative studies on the mineralization of carbon, nitrogen, and phosphorus from plant materials and sheep faeces. Soil Biol Biochem, 2: 173-185.

Fogel R, Hunt G. 1979. Fungal and arboreal biomass in a western Oregon Douglas-fir ecosystem: Distribution patterns and turnover. Can J for Res, 9: 245-256.

Fortunel C, Garnier E, Joffre R, et al. 2009. Leaf traits capture the effects of land use changes and climate on litter decomposability of grasslands across Europe. Ecology, 90(3): 598-611.

Freschet G T, Aerts R, Cornelissen J H C. 2012. A plant economics spectrum of litter decomposability. Funct Ecol, 26(1): 56-65.

Freschet G T, Cornwell W K, Wardle D A, et al. 2013. Linking litter decomposition of above- and below-ground organs to plant-soil feedbacks worldwide. J Ecol, 101: 943-952.

Frost P E, Evans-White M E, Finkel Z V, et al. 2005. Are you what you eat? Physiological constraints on organismal stoichiometry in an elementally imbalanced world. Oikos, 109: 18-28.

Gartner T B, Cardon Z G. 2004. Decomposition dynamics in mixed-species leaf litter. Oikos, 104: 230-246.

Gerald W, Han J L, Long R J. 2003. The yak. 2nd ed. FAO Regional Office for Asia and the Pacific, Bangkok, Thailand.

Gessner M O, Inchausti P, Persson L, et al. 2004. Biodiversity effects on ecosystem functioning: Insights from aquatic systems. Oikos, 104: 419-422.

Gessner M O, Swan C M, Dang C K, et al. 2010. Diversity meets decomposition. Trends in Ecology and Evolution, 25: 372-380.

Giardina P H, Loveland P J, Bradley R I, et al. 2000. Evidence that decomposition rate of organic matter in mineral soil do not vary with temperature. Nature, 404: 858-861.

Giorgi F, Hewitson B, Christensen J. 2001. Climate change 2001: regional climate information-evaluation and projections, in Climate Change 2001: The Scientific Basis. Contribution of Working Group I to the Third Assessment Report of the Intergovernmental Panel on Climate Change. //Houghton J T, et al. Cambridge: Cambridge University Press: 584-636.

Goebel M, Hobbie S E, Bulaj B, et al. 2011. Decomposition of the finest root branching orders: Linking belowground dynamics to fine-root function and structure. Ecol Monogr, 81: 89-102.

Harmon M E, Baker G A, Spycher G, et al. 1990. Leaf-litter decomposition in the Picea/Tsuga forests of Olympic National Park, Washington, USA. For Ecol Manage, 31: 55-66.

Hart S C, Perry D A. 1999. Transferring soils from high-to low-elevation forests increases nitrogen cycling rates: Climate change implications Glob Change Biol, 5: 23-32.

Harte J, Shaw R. 1995. Shifting dominance within a montane vegetation community, results of a climate-warming experiment. Science, 267: 876-880.

Hättenschwiler S, Tiunov A V, Scheu S. 2005. Biodiversity and litter decomposition in terrestrial ecosystems. Annual Review of Ecology, Evolution and Systematics, 36: 191-218.

Hector A, Bazeley-White E, Loreau M, et al. 2002. Overyielding in grassland communities: testing the sampling effect hypothesis with replicated biodi versity experiments. Ecology Letters, 5: 502-511.

Hector A, Beale A J, Minns A, et al. 2000. Consequences of the reduction of plant diversity for litter decomposition: Effects through litter quality and microenvironment. Oikos, 90: 357-371.

Heim A, Schmidt M W I. 2007. Lignin turnover in arable soil and grassland analysed with two different labelling approaches. Eur J Soil Sci, 58(3): 599-608.

Henry H A L, Cleland E E, Field C B, et al. 2005. Interactive effects of elevated CO_2, N deposition and climate change on plant litter quality in a California annual grassland. Oecologia, 142: 465-473.

Herrick J E, Lal R. 1995. Evolution of soil physical properties during dung decomposition in a tropical pasture. Soil Sci Soc Am J, 59: 908-912.

Herrick J E, Lal R. 1996. Dung decomposition and pedoturbation in a seasonally dry tropical pasture. Biol Fertil Soils, 23: 177-181.

Hirata M, Hasegawa N, Nomura M, et al. 2008. Deposition and decomposition of cattle dung in forest grazing in southern Kyushu, Japan. Ecol Res, 24: 119-125.

Hobbie S E. 2000. Interactions between litter lignin and soil nitrogen availability during leaf litter decomposition in a Hawaiian montane forest. Ecosystems, 3: 484-494.

Hobbie S E. 1996. Temperature and plant species control over litter decomposition in Alaskan tundra. Ecol Monogr, 66: 503-522.

Hobbie S E. 2005. Contrasting effects of substrate and fertilizer nitrogen on the early stages of litter decomposition. Ecosystems, 8: 644-656.

Hobbie S E, Oleksyn J, Eissenstat D M, et al. 2010. Fine root decomposition rates do not mirror those of leaf litter among temperate tree species. Oecologia, 162: 505-513.

Hobbie S E, Vitousek P M. 2000. Nutrient limitation of decomposition in Hawaiian forests. Ecology, 81: 1867-1877.

Hobbs N T. 1996. Modification of ecosystems by ungulates. J Wildl Manage, 60: 695-713.

Hodge A, Campbell C D, Fitter A H. 2001. An arbuscular mycorrhizal fungus accelerates decomposition and acquires nitrogen directly from organic material. Nature, 413: 297-299.

Hoeber S, Fransson P, Weih M, et al. 2020. Leaf litter quality coupled to Salix variety drives litter decomposition more than stand diversity or climate. Plant Soil, 453(1-2): 313-328.
Hong J, Lu X, Ma X, et al. 2021. Five-year study on the effects of warming and plant litter quality on litter decomposition rate in a Tibetan alpine grassland. Sci Total Environ, 750: 142306.
Hoorens B, Stroetenga M, Aerts R. 2010. Litter mixture interactions at the level of plant functional types are additive. Ecosystems, 13: 90-98.
Howard D M, Howard P J A. 1993. Relationships between CO_2 evolution, moisture content and temperature for a range of soil types. Soil Biol Biochem, 25: 1537-1546.
Huang F C, Hui D, Qi X, et al. 2019. Plant interactions modulate root litter decomposition and negative plant-soil feedback with an invasive plant. Plant Soil, 437(1): 179-194.
Huston M A, Aarssen L W, Austin M P. et al. 2000. No consistent effect of plant diversity on productivity. Science, 289: 1255-1258.
IPCC. 2007. Climate Change 2007: Summary for Policymaker, Valencia, Spain.
Jackson R B, Canadell J G, Ehleringer J R, et al. 1996. A global analysis of root distributions for terrestrial biomes. Oecologia, 108: 389-411.
Jackson R B, Lajtha K, Crow S E, et al. 2017. The ecology of soil carbon: pools vulnerabilities and biotic and abiotic controls. Annu Rev Ecol Evol Syst, 48: 419-445.
Jeffries T W. 1990. Biodegradation of lignin-carbohydrate complexes. Biodegradation, 1: 163-176.
Jonasson S, Havström M, Jensen M, Callaghan T V. 1993. *In situ* mineralization of nitrogen and phosphorus of arctic soils after perturbations simulating climate change. Oecologia, 95: 179-186.
Jones C D, Cox P, Huntingford C. 2003. Uncertainty in climate-carbon-cycle projections associated with the sensitivity of soil respiration to temperature. Tellus B Chem Phys Meteorol, 55: 642-648.
Kaneko N, Salamanca E F. 1999. Mixed litter effects on decomposition rates and soil microarthropod communities in an oak–pine stand in Japan. Ecol Res, 14: 131-138.
Katterer T, Reichstein M, Andren O, Lomander A. 1998. Temperature dependence of organic matter decomposition: a critical review using literature data analysed with different models. Biol Fert Soil, 27: 258-262.
Kielland K, Bryant J P. 1998. Moose herbivory in Taiga: Effects on biogeochemistry and vegetation dynamics in primary succession. Oikos, 82(2): 377-383.
Kimball B A, Conley M M, Wang S P, et al. 2008. Infrared heater arrays for warming ecosystem field plots. Glob Change Biol, 14: 309-320.
Kirschbaum M U F. 1995. The temperature dependence of soil organic matter decomposition, and the effect of global warming on soil organic C storage. Soil Biol Biochem, 27: 753-760.
Klein J A, Harte J, Zhao X Q. 2007. Experimental warming, not grazing, decreases rangeland quality on the Tibetan Plateau. Ecol Appl, 17(2): 541-557.
Klein J, Harte J, Zhao X Q. 2005. Dynamic and complex microclimate responses to warming and grazing manipulation. Global Change Biol, 11: 1440-1451.
Klein J A, Harte J, Zhao X Q. 2008. Decline in medicinal and forage species with warming is mediated by plant traits on the Tibetan Plateau. Ecosystems, 11: 775-789.
Klein J A, Harte J, Zhao X Q. 2004. Experimental warming causes large and rapid species loss, dampened by simulated grazing, on the Tibetan Plateau. Ecology Letters, 7: 1170-1179.
Knorr W, Pretice I C, House I J, et al. 2005. Long-term sensitivity of soil carbon turnover to warming. Nature, 433: 298-301.
Kominoski J S, Hoellein T J, Kelly J J, et al. 2009. Does mixing litter of different qualities alter stream microbial diversity and functioning on individual litter species? Oikos, 118: 457-463.
Kominoski J S, Pringle C M, Ball B A, et al. 2007. Nonadditive effects of leaf litter species diversity on breakdown dynamics in a detritus-based stream. Ecology, 88: 1167-1176.
Kueppers L M, Southon J, Baer P, et al. 2004. Dead wood biomass and turnover time, measured by radiocarbon, along a subalpine elevation gradient. Oecologia, 141: 641-651.
Langley J A, Chapman S K, Hungate B A. 2010. Ectomycorrhizal colonization slows root decomposition:

The post-mortem fungal legacy. Ecol Lett, 9: 955-959.
Lavelle P, Blanchart E, Martin A, et al. 1993. A hierarchical model for decomposition in terrestrial ecosystems: applications to soils of the humid tropics. Biotropica, 25: 130-150.
Lecain D R, Morgan J A, Schuman G E, et al. 2002. Carbon exchange and species composition of grazed pastures and exclosures in the shortgrass steppe of Colorado. Agric Ecosyst Environ, 93: 421-435.
Lecerf A, Risoveanu G, Popescu C, et al. 2007. Decomposition of diverse litter mixtures in streams. Ecology, 88: 219-227.
Lemma B, Dan B K, Olsson M, et al. 2007. Factors controlling soil organic carbon sequestration under exotic tree plantations: A case study using the CO_2 fix model in southwestern Ethiopia. For Ecol Manage, 252: 124-131.
LeRoy C J, Marks J C. 2006. Litter quality, stream characteristics and litter diversity influence decomposition rates and macro-invertebrates. Freshwater Biology, 51: 605-617.
Levelle P, Blanchart E, Martin A, et al., 1993. A hierarchical model for decomposition in terrestrial ecosystems: application to soil of the humid tropics. Biotropica, 25: 130-150.
Li B W, Lv W W, Sun J P, et al. 2022. Warming and grazing enhance litter decomposition and nutrient release independent of litter quality in an alpine meadow. J Plant Ecology, 15: 977-990.
Li Q, Zhang M, Geng Q, et al. 2020. The roles of initial litter traits in regulating litter decomposition: a "common plot" experiment in a subtropical evergreen broadleaf forest. Plant Soil, 452(1-2): 207-216.
Li Y M, Fang Z, Yang F, et al. 2022. Elevational changes in the bacterial community composition and potential functions in a Tibetan grassland. Frontier of Microbiolgy, 13:1028838.
Li Y, Chen X, Veen C, et al. 2018. Negative effects of litter richness on root decomposition in the presence of detritivores. Funct Ecol, 32: 1079-1090.
Lin X, Zhang Z, Wang S, et al. 2011. Response of ecosystem respiration to warming and grazing during the growing seasons in the alpine meadow on the Tibetan Plateau. Agric For Meteorol, 151(7): 792-802.
Liski J, Nissinen A, Erhard M, et al. 2003. Climatic effects on litter decomposition from arctic tundra to tropical rainforest. Glob Change Biol, 9: 575-584.
Liu H, Lin L, Wang H, et al. 2020. Simulating warmer and drier climate increases root production but decreases root decomposition in an alpine grassland on the Tibetan Plateau. Plant Soil, 458: 59-73.
Loreau M. 1998. Separating sampling and other effects in biodiversity experiments. Oikos, 82: 600-602.
Loreau M, Naeem S, Inchausti P. 2002. In Biodiversity and Ecosystem Functioning: Synthesis and Perspectives. Oxford: Oxford University Press.
Luo C Y, Xu G P, Wang Y F, et al. 2009. Effects of grazing and experimental warming on DOC concentrations in the soil solution on the Qinghai-Tibet Plateau. Soil Biology & Biochemistry, 41: 2493-2500.
Luo C, Xu G, Chao Z, et al. 2010. Effect of warming and grazing on litter mass loss and temperature sensitivity of litter and dung mass loss on the Tibetan Plateau. Glob Change Biol, 16(5): 1606-1617.
Lv W, Zhang L, Niu H, et al. 2020. Non-linear temperature sensitivity of litter component decomposition under warming gradient with precipitation addition on the Tibetan Plateau. Plant Soil, 448: 335-351.
Ma C, Xiong Y, Li L, et al. 2016. Root and leaf decomposition become decoupled overtime: Implications for below-and above-ground relationships. Funct Ecol, 30: 1239-1246.
Ma X Z, Wang S P, Jiang G M, et al. 2007. Short-term effect of targeted placements of sheep excrement on grassland in Inner Mongolia on soil and plant parameters. Commun Soil Sci Plant Anal, 38: 1589-1604.
Ma X Z, Wang S P, Wang Y F,et al. 2006. Short-term effects of sheep excreta on carbon dioxide, nitrous oxide and methane fluxes in typical grassland of Inner Mongolia N. Z. J. Agric Res, 49: 285-297.
MacDiarmid B N, Watkin B R. 1972. The cattle dung patch: 2. Effect of a cattle dung patch on the chemical status of the soil, and ammonia nitrogen losses from the patch. J Br Grass Soc, 28: 43-48.
Mack M C, Schnur E A G, Bret-Harte M S, et al. 2004. Ecosystem carbon storage in arctic tundra reduced by long-term nutrient fertilization. Nature, 431: 440-443.
Post E, Pedersen C, Wilmers C C, et al. 2008. Phenological sequences reveal aggregate life history response to climatic warming. Ecol, 89: 363-370.
Makino W, Cotner J B, Sterner R W, et al. 2003. Are bacteria more like animals than plants? Growth rate and

resource dependence of bacterial C: N: P stoichiometry. Funct Ecol, 17: 121-130.

Manzoni S, Jackson R B, Trofymow J A, et al. 2008. The global stoichiometry of litter nitrogen mineralization. Science, 321: 684-686.

Manzoni S, Trofymow J A, Jackson R B, et al. 2010. Stoichiometric controls on carbon, nitrogen, and phosphorus dynamics in decomposing litter. Ecol Monogr, 80(1): 89-106.

Mclaren J R, Turkington R. 2010. Plant functional group identity differentially affects leaf and root decomposition. Glob Change Biol, 16: 3075-3084.

McTiernan K B, Coûteaux M M, Berg B, et al. 2003. Changes in chemical composition of *Pinus sylvestris* needle litter during decomposition along a European coniferous forest climatic transect. Soil Biol Biochem, 35: 801-812.

Meentemeyer V. 1978. Macroclimate and lignin control of litter decomposition rates. Ecology, 59: 465-472.

Meier C L, Bowman W D. 2008. Links between plant litter chemistry, species diversity, and below-ground ecosystem function. PNAS, 105: 19780-19785.

Melillo J M, Aber J D, Muratore J F. 1982. Nitrogen and lignin control of Hardwood leaf litter decomposition dynamics. Ecology, 63(3): 621-626.

Melillo J, Steudler P A, Abler J D, et al. 2002. Soil warming and carbon-cycle feedbacks to the climate system. Science, 298: 2173-2175.

Moore T N, Fairweather P G. 2006. Decay of multiple species of seagrass detritus is dominated by species identity, with an important influence of mixing litters. Oikos, 114: 329-337.

Mullahey J J, Waller S S, Moser L E. 1991. Defoliation effects on yield and bud and tiller numbers of two Sandhills grasses. J Range Management, 44: 241-245.

Murphy K L, Klopatek J M, Klopatek C C. 1998. The effects of litter quality and climate on decomposition along an elevational gradient. Ecol Appl, 8(4): 1061-1071.

Neubauer S C, Toledo-Durán G E, Emerson D, et al. 2007. Returning to their roots: Iron-oxidizing bacteria enhance short-term plaque formation in the wetland-plant rhizosphere. Geomicrobiol J, 24(1): 65-73.

Olofsson J, Oksanen L. 2002. Role of litter decomposition for the increased primary production in areas heavily grazed by reindeer: a litterbag experiment. Oikos, 96(3): 507-515.

Parton W, Silver W L, Burke I C, et al. 2007. Global-scale similarities in nitrogen release patterns during long-term decomposition. Science, 315(5810): 361-364.

Parton W J, Ojima D S, Cole C V, et al. 1994. A general model for soil organic matter dynamics: sensitivity to litter chemistry, texture, and management. New York: John Wiley & Sons, Ltd.

Pastor J, Dewey B, Naiman R J, et al. 1993. Moose browsing and soil fertility in the boreal forests of Isle Royale National Park. Ecol, 74: 467-480.

Petraglia A, Cacciatori C, Chelli S, et al. 2019. Litter decomposition: Effects of temperature driven by soil moisture and vegetation type. Plant Soil, 435(1-2): 187-200.

Post E, Pedersen C, Wilmers C C, et al. 2008. Phenological sequences reveal aggregate life history response to climatic warming. Ecology, 89: 363-370.

Powers J S, Montgomery R A, Adair E C, et al. 2009. Decomposition in tropical forests: a pan-tropical study of the effects of litter type, litter placement and mesofaunal exclusion across a precipitation gradient. J Ecol, 97(4): 801-811.

Prescott C E. 2010. Litter decomposition: what controls it and how can we alter it to sequester more carbon in forest soils? Biogeochemistry, 101: 133-149.

Raich J W, Schlesinger W H. 1992. The global carbon dioxide flux in soil respiration and its relationship to vegetation and climate. Tellus, 44B: 81-99.

Rasse D P, Rumpel C, Dignac M F. 2005. Is soil carbon mostly root carbon? Mechanisms for a specific stabilisation. Plant Soil, 269(1): 341-356.

Robinson C H. 2002. Controls on decomposition and soil nitrogen availability at high latitudes. Plant and Soil, 242: 65-81.

Robinson C H, Wookey P A, Parsons A N, et al. 1995. Responses of plant litter decomposition and nitrogen mineralisation to simulated environmental change in a high arctic polar semi-desert and a subarctic dwarf shrub heath. Oikos, 74: 503-512.

Robinson D. 2007. Implications of a large global root biomass for carbon sink estimates and for soil carbon dynamics. Proc R Soc Lond Ser B Biol, 274: 2753-2759.

Rosemond A D, Swan C M, Kominoski J S, et al. 2010. Non-additive effects of litter mixing are canceled in a nutrient-enriched stream. Oikos, 19: 326-336 .

Ruess R W, Hik D S, Jefferies R L. 1989. The role of lesser snow geese as nitrogen processors in a sub-arctic marsh. Oecologia, 79: 23-29.

Ruess R W, McNaughton S J. 1987. Grazing and the dynamics of nutrient and energy regulated microbial processes in the Serengeti grasslands. Oikos, 49: 101-110.

Running S W, Hunt E R Jr. 1993. Generalization of a forest ecosystem process model for other biomes, BIOME-BGC, and an application for global-scale models. //Ehleringer J E, Field C B. Scaling physiological processes: leaf to global. New York: Academic Press:141-158

Rustad L E, Fernandez I J. 1998. Soil warming: consequences for foliar litter deacy in a spruce-fir forest in Maine, USA. Soil Sci Society of America J, 62: 1072-1080.

Ryan M, Melillo J, Ricca A. 1990. A comparison of methods for determining proximate carbon fractions of forest litter. Cana J Forest Research, 20: 166-171.

Saleska S R, Shaw M R, Fischer M L, et al. 2002. Plant community composition mediates both large transient decline and predicted long-term recovery of soil carbon under climate warming. Glob Biogeochem Cycles, 16(4): 13-18.

Sanpera Calbet I, Lecerf A, Chauvet E. 2009. Leaf diversity influences in-stream litter decomposition through effects on shredders. Freshwater Biology, 54: 1671-1982.

Scherer-Lorenzen M. 2008. Functional diversity affects decomposition processes in experimental grasslands. Funct Ecol, 22: 547-555.

Schindler M, Gessner M O. 2009. Functional leaf traits and biodiversity effects on litter decomposition in a stream. Ecology, 90: 1641-1649.

Schmidt I K, Jonasson S, Michelsen A. 1999. Mineralization and microbial immobilization of N and P in arctic soils in relation to season, temperature and nutrient amendment. Appl Soil Ecol, 11: 147-160.

Schmidt I K, Jonasson S, Shaver G R, et al. 2002. Mineralization and distribution of nutrients in plants and microbes in four tundra ecosystems-responses to warming. Plant Soil, 242: 93-106.

Seastedt T R. 1988. Mass nitrogen and phosphorus dynamics in foliage and root detritus of tallgrass prairie. Ecology, 69: 59-65.

Seastedt T R, Parton W J, Ojima D S. 1992. Mass loss and nitrogen dynamics of decaying litter of grasslands: the apparent low nitrogen immobilization potential of root detritus. Can J Bot, 70: 384-391.

Semmartin M, Aguiar M R, Distel R A, et al. 2004. Litter quality and nutrient cycling affected by grazing-induced species replacements along a precipitation gradient. Oikos, 107(1): 148-160.

Semmartin M, Garibaldi L A, Chaneton E J. 2008. Grazing history effects on above- and below-ground litter decomposition and nutrient cycling in two co-occurring grasses. Plant Soil, 303(1-2): 177-189.

Shariff A R, Biondini M E, Grygiel C E. 1994. Grazing intensity effects on litter decomposition and soil nitrogen mineralization. J Range Manage, 47: 444-449.

Shaver G R, Canadell J, Chapin F S, et al. 2000. Global warming and terrestrial ecosystems: A conceptual framework for analysis. Bioscience, 50: 871-882.

Shaver G R, Johnson L C, Cades D H, et al. 1998. Biomass and CO_2 flux in wet sedge tundras: responses to nutrients, temperature, and light. Ecol Monogr, 68: 75-97.

Shaw M R, Harte J. 2001. Control of litter decomposition in a subalpine meadow-sagebrush steppe ecotone under climate change. Ecological Applications, 11: 1206-1223.

Silver W L, Miya R K. 2001. Global patterns in root decomposition: comparisons of climate and litter quality effects. Oecologia, 129: 407-419.

Sjögersten S, Wookey P A. 2004. Decomposition of mountain birch leaf litter at the forest-tundra ecotone in the Fennoscandian mountains in relation to climate and soil conditions. Plant and Soil, 262: 215-227.

Smith S W, Woodin S J, Pakeman R J, et al. 2014. Root traits predict decomposition across a landscape-scale

grazing experiment. New Phytol, 203: 851-862.
Song X, Cai J, Meng H, et al. 2020. Defoliation and neighbouring legume plants accelerate leaf and root litter decomposition of *Leymus chinensis* dominating grasslands. Agric Ecosyst Environ, 302: 107074.
Song X, Wang L, Zhao X, et al. 2017. Sheep grazing and local community diversity interact to control litter decomposition of dominant species in grassland ecosystem. Soil Biol Biochem, 115: 364-370.
Srivastava D S, Cardinale B J, Downing A L, et al. 2009. Diversity has stronger top-down than bottom-up effects on decomposition. Ecology, 90: 1073-1083.
Sterner R W. 1990 The ratio of nitrogen to phosphorus resupplied by herbivores: zooplankton and the algal competitive arena. Am Nat, 136: 209-229.
Stohlgren T J. 1988. Litter dynamics in two Sierran mixed conifer forests. II. Nutrient release in decomposing leaf litter. Can J For Res, 18: 1136-1144.
Sun T, Mao Z, Han Y. 2013. Slow decomposition of very fine roots and some factors controlling the process: a 4-year experiment in four temperate tree species. Plant and Soil, 372: 445-458.
Sun T, Hobbie S E, Berg B, et al. 2018. Contrasting dynamics and trait controls in first-order root compared with leaf litter decomposition. PNAS, 115: 10392-10397.
Swan C M, Gluth M A, Horne C L. 2009. The role of leaf species evenness on nonadditive breakdown of mixed-litter in a headwater stream. Ecology, 90: 1650-1658.
Tang L, Zhong L, Xue K, et al. 2019. Warming counteracts grazing effects on the functional structure of the soil microbial community in a Tibetan grassland. Soil Biol Biochem, 134: 113-121.
Tao S, Hobbie S E, Berg B, et al. 2018. Contrasting dynamics and trait controls in first-order root compared with leaf litter decomposition. Proc Natl Acad Sci, 115: 201716595.
Tao S, Mao Z, Han Y. 2013. Slow decomposition of very fine roots and some factors controlling the process: a 4-year experiment in four temperate tree species. Plant Soil, 372: 445-458.
Taylor B R, Parkinson D, Parsons W F J. 1989. Nitrogen and lignin content as predictors of litter decay rates: a microcosm test. Ecology, 70: 97-104.
Thompson L G, Mosley-Thompson E, Davis M, et al. 1993. Recent warming: Ice core evidence from tropical ice cores with emphasis on Central Asia. Glob Planet Change, 7: 145-156.
Thompson L G, Yao T, Mosley-Thompson E, et al. 2000. A high-resolution millennial record of the South Asian monsoon from Himalayan ice cores. Science, 289: 1916-1919.
Tilman D, Downing J A. 1994. Biodiversity and stability in grasslands. Nature, 367: 363-365.
Tilman D G, Reich P B, Knops J. 2006. Biodiversity and ecosystem stability in a decade-long grassland experiment. Nature, 441: 629-632.
Tiunov A V. 2009. Particle size alters litter diversity effects on decomposition. Soil Biol Biochem, 41: 176-178.
Trofymow J A, Moore T R, Titus B, et al. 2002. Rates of litter decomposition over 6 years in Canadian forests: Influence of litter quality and climate. Can J For Res, 32(5): 789-804.
Van Soest P J. 1963. Use of detergents in analysis of fibrous feeds: a rapid method for the determination of fiber and lignin. Association of Official Analytical Chemists, 46: 829-835.
Verburg P S J, Van Loon W K P, Lükewille A. 1999. The CLIMEX soil-heating experiment: Soil response after 2 years of treatment. Biol Fertility of Soils, 28: 271-276.
Vitousek P M, Turner D R, Parton W J, et al. 1994. Litter decomposition on the Mauna Loa environmental Matrix Hawaii: Patterns mechanisms and models. Ecology, 75: 418-429.
Walela C, Daniel H, Wilson B, et al. 2014. The initial lignin: nitrogen ratio of litter from above and below ground sources strongly and negatively influenced decay rates of slowly decomposing litter carbon pools. Soil Biol Biochem, 77: 268-275.
Wan S, Hui D, Wallace L, et al. 2005. Direct and indirect effects of experimental warming on ecosystem carbon processes in a tallgrass prairie. Global Biogeochem Cycle, 19: GB2014, doi: 10.1029/2004GB002315.
Wan S, Luo Y, Wallace L. 2002. Change in microclimate induced by experimental warming and clipping in tallgrass prairie. Global Change Biol, 8: 754-768.
Wang S, Duan J, Xu G, et al. 2012. Effects of warming and grazing on soil N availability species composition

and ANPP in an alpine meadow. Ecology, 93: 2365-2376.
Ward S E, Orwin K H, Ostle N J, et al. 2015. Vegetation exerts a greater control on litter decomposition than climate warming in peatlands. Ecology, 96(1): 113-123.
Wardle D A, Bardgett R D, Walker L R, et al. 2009. Among- and within-species variation in plant litter decomposition in contrasting long-term chronosequences. Funct Ecol, 23(2): 442-453.
Wardle D A, Bonner K I, Nicholson K S. 1997. Biodiversity and plant litter: experimental evidence which does not support the view that enhanced species richness improves ecosystem function. Oikos, 79: 247-258.
White S L, Sheffield R E, Washburn S P, et al. 2001. Spatial and time distribution of dairy cattle excreta in an Intensive pasture system. J Environ Qual, 30: 2180-2187.
Willcock J, Magan N. 2000. Impact of environmental factors on fungal respiration and dry matter losses in wheat straw. Journal of Stored Products Research, 37: 35-45.
WRB. 1998. World reference base for soil resources. FAO/ISRIC/ISSS, Rome.
Xu G, Chao Z, Wang S, et al. 2010a. Temperature sensitivity of nutrient release from dung along elevation gradient on the Qinghai-Tibetan Plateau. Nutrients Cycling on Agroecosystems, 87: 49-57.
Xu G, Hu Y, Wang S, et al. 2010b. Effects of litter quality and climate change along an elevation gradient on litter mass loss in an alpine meadow ecosystem on the Tibetan Plateau. Plant Ecol, 209(2): 257-268.
Yang Y, Wu L, Lin Q, et al. 2013. Responses of the functional structure of soil microbial community to livestock grazing in the Tibetan alpine grassland. Glob Chang Biol, 19: 637-648.
Yao J, Yang B H, Yan P, et al. 2006. Analysis on habitat variance and behaviour of Bos gruiens in China. Acta Prataculturae Sinica, 15: 124-128.
Yin R, Eisenhauer N, Auge H, et al. 2019. Additive effects of experimental climate change and land use on faunal contribution to litter decomposition. Soil Biol Biochem, 131: 141-148.
Zhang D, Hui D, Luo Y, et al. 2008. Rates of litter decomposition in terrestrial ecosystems: Global patterns and controlling factors. J Plant Ecol, 1: 85-93.
Zhang D, Zhang Q, Wu S. 2000. Mountain geoecology and sustainable development of the Tibetan Plateau. Dordrecht: Springer Netherlands: 57.
Zhang X, Wang W. 2015. The decomposition of fine and coarse roots: their global patterns and controlling factors. Sci Rep, 5: 9940.
Zhao X Q, Zhou X M. 1999 Ecological basis of alpine meadow ecosystem management in Tibet: Haibei alpine meadow ecosystem research station. Ambio, 28: 642-647.
Zheng D, Zhang Q S, Wu S H. 2000. Mountain Geoecology and Sustainable Development of the Tibetan Plateau. Norwell: Kluwer Academic.
Zhou H K, Zhao X Q, Tang Y H, et al. 2005. Alpine grassland degradation and its control in the source region of Yangtze and Yellow rivers, China. Japanese Journal of Grassland Science, 51: 191-203.
Zhou Y, Lv W W, Wang S P, et al. 2022. Additive effects of warming and grazing on fine root decomposition and loss of nutrients in an alpine meadow. J Plant Ecology, 15: 1273-1284.
Zinn R A, Ware R A. 2007. Forage quality: digestive limitations and their relationships to performance of beef and diary cattle, in 22nd Annual Southwest Nutrition and Management Confereence, edited, Tempe, AZ, USA: 49-54.

第十章　气候变化和放牧对土壤和生态系统呼吸的影响

导读：土壤呼吸和生态系统呼吸是陆地生态系统碳循环的关键过程之一，其对气候变化和放牧以及氮沉降的响应直接关乎草地生态系统碳收支平衡及其对气候变化的反馈方向和程度。气候变化和放牧改变了植被生产力、植物光合碳及凋落物碳的输入，进而影响植物自养呼吸和土壤微生物异氧呼吸；同时，气候变化和放牧也会改变土壤微环境，进而影响土壤有机质的分解。以往相关研究更多地关注生长季土壤呼吸的变化，而忽略了非生长季的变化。本章首次依托山体垂直带“双向”移栽试验平台及不对称增温和适度放牧、氮添加试验平台，结合室内变温、添加葡萄糖及交叉培养等试验，拟回答以下科学问题：①增温和放牧如何影响不同季节土壤呼吸及其温度敏感性？②影响土壤呼吸的主要驱动因素，以及土壤底物消耗-微生物“热适应”机制的相对作用如何？③增温和降温对生态系统呼吸的影响是否对称？④增温和放牧对生态系统呼吸的影响以及氮添加的调控作用如何？⑤高寒草甸生态系统的碳源/汇效应及其驱动因子如何？

以增温为标志的全球气候变化正在深刻地影响着全球陆地生态系统碳循环过程和碳收支平衡。青藏高原是全球气候变化的敏感区，正经历着比全球平均水平更快的气候变暖过程（Duan et al.，2006）。作为影响碳收支的关键部分，土壤呼吸和生态系统呼吸微小的变化都将会引起大气中CO_2浓度的显著变化（Trumbore et al.，1996；Oberbauer et al.，2007），进而对全球气候变化产生重要反馈（Rustad et al.，2001；Melillo et al.，2002）。基于呼吸与温度之间的正相关关系，气候变暖会促进土壤呼吸和生态系统呼吸（Yvon-Durocher et al.，2012a；Melillo et al.，2017），从而对全球气候产生正反馈效应（Xu et al.，2015；Melillo et al.，2017）。然而，由于不同年份和生态系统类型的土壤呼吸对气候变暖的响应存在很大差异（Liu et al.，2009；Subke and Bahn，2010；Suseela and Dukes，2013），其对气候变化的反馈强度仍有很大的不确定性。

放牧是青藏高原高寒草甸最传统、最常见的土地利用方式，强烈地影响着生态系统的碳循环过程（Schuman et al.，1999；McSherry and Ritchie，2013）。放牧一方面改变了植被盖度和植物群落结构（Wang et al.，2012），减少了光合产物和地上凋落物的积累，导致植物根系自养呼吸和土壤微生物异养呼吸的降低（Wan and Luo，2003）；另一方面也会刺激根系生长而导致土壤呼吸增加（Hafner et al.，2012；Cui et al.，2014）。同时，放牧还会增加土壤温度（Luo et al.，2010；Li and Sun，2011）、加速有机质分解（Li et al.，2013）、提高植物代谢活性（Melillo et al.，2011），从而促进土壤呼吸，但也会降低土壤水分而抑制土壤呼吸（Li et al.，2013）。夏季放牧减少了植物地上现存生物量和光合效率（Wan and Luo，2003；Lin et al.，2011），冬季放牧减少了植物立枯而降低了植物生长的光限制（Zhu et al.，2015）。因此，不同放牧模式对土壤呼吸的影响在方向和程度上可能存在差异。然而，很少有研究区分放牧对自养呼吸和异养呼吸的影响，从而限制了我们认识土壤呼吸响应不同放牧模式的过程与机制。

尽管气候变化和放牧如何影响高寒草甸土壤呼吸和生态系统呼吸已获得大量关注，但目前还存在以下不足：①大多数研究仅关注植物生长季而忽略了非生长季的变化；②土壤呼吸的监测频率和持续时间普遍偏低，且缺乏对土壤呼吸不同组分的区分；③缺少不同植被类型生态系统对增温和降温响应的比较研究；④缺乏针对增温、放牧和氮沉降交互作用的研究。这些研究不足限制了我们对青藏高原高寒草甸生态系统的碳收支过程和机制的系统认识，增大了基于气候-碳循环模型模拟和预测高寒草甸生态系统碳收支响应气候变化和放牧的不确定性。

第一节　增温和放牧对土壤呼吸的影响及其机制

青藏高原高寒草甸具有非生长季长、土壤碳储量大、碳密度高等特点（Yang et al.，2008；McGuire et al.，2009；Shi et al.，2012）。有研究表明，土壤有机碳的分解速率随着温度的升高而增加，同时也受到土壤有机质、植物和土壤微生物群落组成等影响，可能对气候变暖产生正反馈效应（Koven et al.，2011；Belshe et al.，2013）。与此同时，过去十多年，青藏高原地区的氮沉降明显增加，在未来还将继续增加（Liu et al.，2013）。由于气候变化和氮沉降对土壤有机质分解的影响过程比较缓慢，难以在短期内监测到，因此，需要基于长期的控制试验来研究土壤呼吸对增温的响应过程（Luo et al.，2011）。

除温度外，土壤呼吸还受其他生物和非生物因子的影响，包括植物地下生物量（Hirota et al.，2010；Nakano and Shinoda，2010）、底物可利用性（Grogan and Jonasson，2005；Liu et al.，2016a）、水分（Kato et al.，2004；Nakano and Shinoda，2010）以及它们之间的相互作用（Flanagan and Johnson，2005；Nakano et al.，2008）。非生长季不同时间尺度（日、季节和年际）土壤呼吸的驱动因素可能有别于生长季，如土壤冻融（Elberling and Brandt，2003）、积雪覆盖（Monson et al.，2006；McMahon et al.，2011）、积雪深度（Monson et al.，2006；Nobrega and Grogan，2007）分别是日、季节和年际时间尺度上非生长季土壤呼吸的潜在驱动力。因此，非生长季土壤呼吸可能对温度、降雪等气候变化尤为敏感，但目前有关高寒草甸生态系统非生长季土壤呼吸的相关数据非常匮乏。为此，我们依托不对称增温和放牧试验平台，结合室内培养试验，研究气候变化和放牧对青藏高原高寒草甸生态系统土壤呼吸及其组分的影响和机制。

一、土壤呼吸的季节性变化

高寒草甸土壤呼吸呈现出明显的季节性变化规律（Wang et al.，2014a）。2009～2012年植物生长季土壤呼吸平均值为2.97～3.45 μmol $CO_2/(m^2·s)$，非生长季土壤呼吸平均值为0.43～0.49μmol $CO_2/(m^2·s)$（表10-1）。生长季和非生长季土壤呼吸的累积通量分别为 584～633g C/m^2 和 82～89g C/m^2，非生长季土壤呼吸占全年土壤呼吸通量的

11.8%～13.2%。其中，异养呼吸贡献了生长季土壤呼吸的 51.2%～59.6%，贡献了非生长季土壤呼吸的 88.1%～98.1%。非生长季土壤异养呼吸为生长季异养呼吸的 22.1%～23.9%。

表 10-1　高寒草甸植物生长季和非生长季土壤呼吸速率、异养呼吸比重和土壤呼吸通量

	2009 年	2010 年	2011 年	2012 年
平均土壤呼吸速率（R_s）/[μmol CO_2/($m^2 \cdot s$)]				
生长季	2.97（0.04）	3.41（0.06）	3.22（0.27）	3.45（0.26）
非生长季	0.49（0.02）	0.44（0.02）	0.43（0.07）	0.45（0.06）
异养呼吸比例（R_h）/%				
生长季	—	58.5（0.7）	59.6（4.5）	51.2（5.0）
非生长季	—	91.8（9.1）	98.1（11.9）	88.1（4.2）
土壤呼吸通量/[g C/($m^2 \cdot a$)]				
生长季	584（9）	609（10）	612（51）	633（48）
非生长季	89（4）	87（5）	82（13）	88（12）

高寒草甸非生长季土壤呼吸及其对年总土壤呼吸通量的贡献均低于极地苔原生态系统的非生长季土壤呼吸（103～176g C/m^2）及其对年总土壤呼吸通量的贡献（14%～40 %）(Elberling，2007；Larsen et al.，2007；Morgner et al.，2010)。但与莎草和草丛苔原相比，高寒草甸的非生长季土壤呼吸通量更高，而其对年总土壤呼吸通量的贡献更低（Welker et al.，2004； Morgner et al.，2010)。这可能源自非生长季温度、积雪覆盖（Nobrega and Grogan，2007)、植被类型、基质可用性、放牧强度及土壤呼吸监测方法等方面的差异。我们发现高寒草甸的非生长季降水量仅占全年降水量的 6%～8%，且通常没有长期的积雪覆盖，而极地苔原在非生长季以降雪形式获得全年 50%～80%的降水量，其积雪深度通常大于 50cm，甚至超过 100cm（Brooks et al.，2005；Elberling，2007）。积雪覆盖的持续时间和厚度会显著增加土壤温度，且积雪厚度增加会导致更高的土壤呼吸速率（Li et al.，2016；Morgner et al.，2010)。虽然研究区的非生长季仅有 180 天，远低于苔原生态系统（240 天)，但高寒草甸生长季土壤呼吸累积通量高达 584～633g C/m^2，是苔原生态系统土壤呼吸累积通量（82～200 g C/m^2）的 3～8 倍（Bjorkman et al.，2010；Elberling，2007）。

与生长季土壤呼吸相比，非生长季的日最低土壤呼吸速率（参数 a）和日振幅（参数 b）更小，但土壤呼吸峰值出现得更早（图 10-1；表 10-2)。在非生长季，日土壤呼吸峰值出现时间与地表温度（ST_0）的峰值时间一致。而在生长季，日土壤呼吸峰值出现时间与 5cm 土层温度（ST_5）的峰值时间一致[见图 10-2 高寒草甸植物生长季和非生长季土壤呼吸与地表（ST_0）和 5cm 土层温度（ST_5）的日动态对比]。非生长季节土壤呼吸与地表温度密切相关，地表温度可解释非生长季土壤呼吸变异的 13.1%～25.2%，生长季土壤呼吸与 5cm 土层温度显著相关，5cm 土层温度可解释生长季土壤呼吸变异的 66.5%～80.9%（表 10-3)。

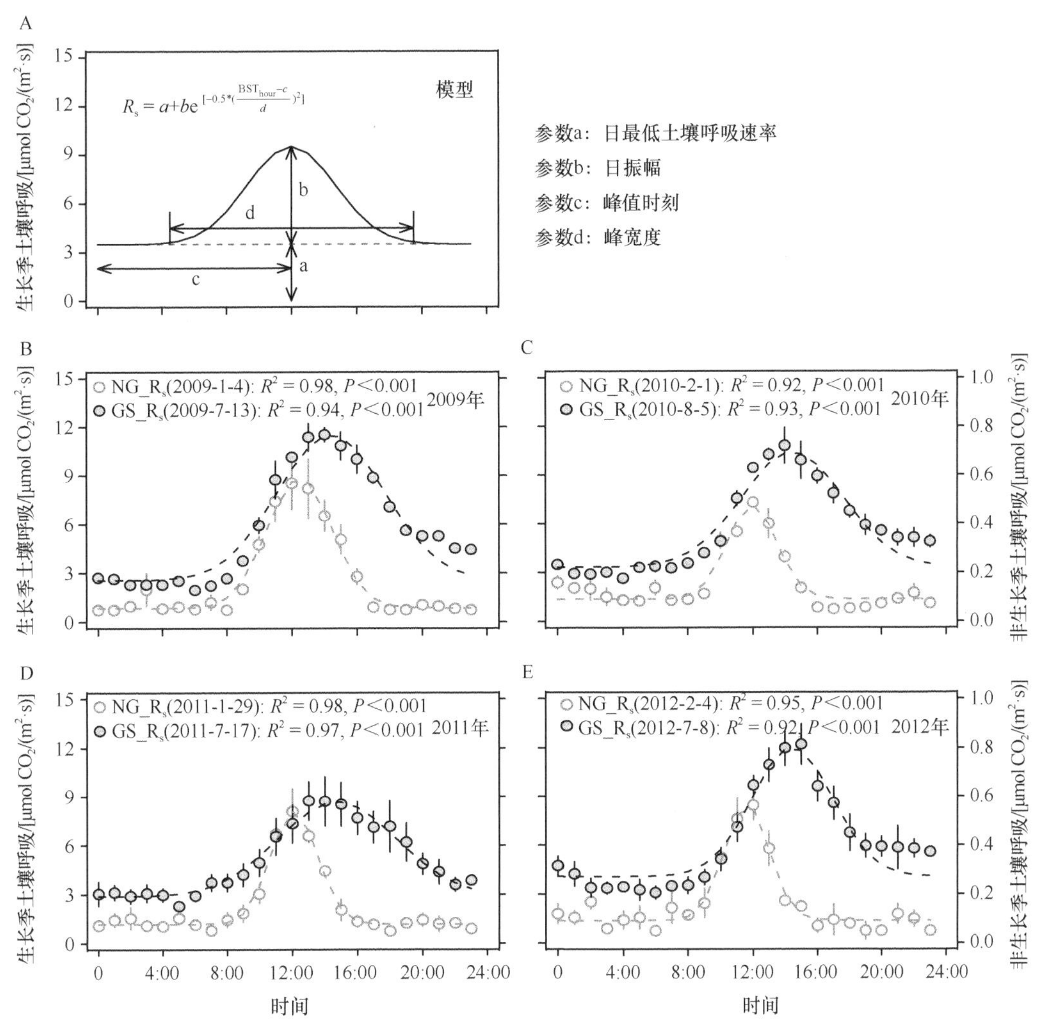

图 10-1　高寒草甸植物生长季（灰色圆圈）和非生长季（白色圆圈）土壤呼吸的日动态变化

表 10-2　高寒草甸植物生长季和非生长季土壤呼吸日动态变化参数比较

	2009 年	2010 年	2011 年	2012 年
日最低土壤呼吸速率（参数 *a*）				
生长季	2.16（0.02）a	2.62（0.03）a	2.49（0.17）a	2.67（0.15）a
非生长季	0.36（0.03）b	0.36（0.02）b	0.38（0.06）b	0.26（0.03）b
日振幅（参数 *b*）				
生长季	2.82（0.06）a	2.63（0.17）a	2.77（0.38）a	3.08（0.33）a
非生长季	0.50（0.05）b	0.29（0.05）b	0.24（0.06）b	0.20（0.03）b
峰值时刻（参数 *c*）				
生长季	14.23（0.14）a	14.11（0.07）a	13.94（0.15）a	14.06（0.10）a
非生长季	12.48（0.21）b	13.33（0.27）a	12.98（0.17）b	12.65（0.20）b
峰宽度（参数 *d*）				
生长季	2.79（0.05）a	2.91（0.09）a	2.61（0.04）a	2.43（0.05）a
非生长季	2.03（0.11）b	2.62（0.31）a	1.99（0.10）b	2.46（0.30）a

注：同列不同小写字母表示在 $P<0.05$ 水平差异显著。

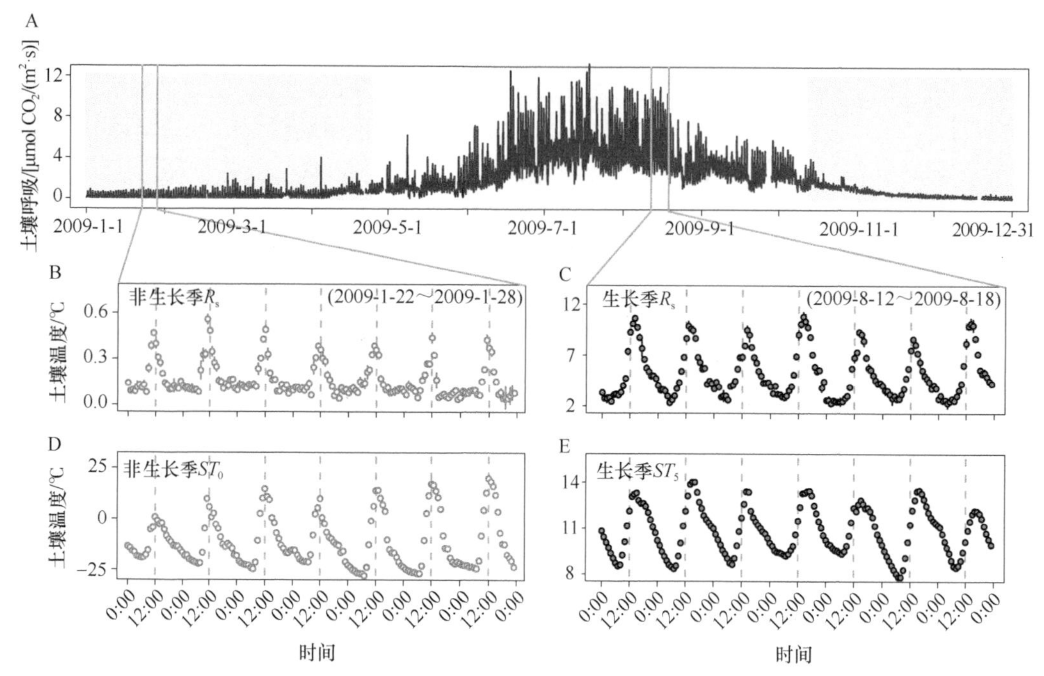

图 10-2　高寒草甸植物生长季和非生长季土壤呼吸与地表温度（ST_0）和 5cm 土层温度（ST_5）的日动态对比

表 10-3　高寒草甸植物生长季和非生长季土壤呼吸与地表温度（ST_0）和 5cm 土壤温度（ST_5）的关系

	2009 年	2010 年	2011 年	2012 年
生长季（解冻土壤）				
土壤呼吸_ST_0	0.352（0.038）b	0.359（0.029）b	0.526（0.040）b	0.538（0.041）b
土壤呼吸_ST_5	0.666（0.034）a	0.724（0.030）a	0.809（0.019）a	0.665（0.037）a
非生长季（冻结土壤）				
土壤呼吸_ST_0	0.224（0.079）a	0.131（0.003）a	0.252（0.070）a	0.200（0.053）a
土壤呼吸_ST_5	0.165（0.095）b	0.098（0.008）b	0.260（0.120）a	0.189（0.103）a

注：同列不同小写字母表示在 $P<0.05$ 水平差异显著。

进一步分析发现，土壤呼吸速率和 ST_5 之间的关系在 0 ℃附近存在断点（图 10-3，图 10-4）。非生长季，土壤呼吸日累积通量随日累积地表温度（ST_0>0℃）的增加呈指数增加趋势，并解释了其 34%～55%的年内变化（图 10-5），表明表层土壤冻结和消融驱动了非生长季土壤呼吸的昼夜动态变化。

非生长季节土壤呼吸的日最低值和振幅较生长季低，而峰值出现的时刻较生长季早（图 10-1）。有两个因素可以解释这种昼夜模式的季节性变化。植物根系自养呼吸是生长季土壤呼吸的主要组成部分，占生长季土壤呼吸的 40.4%～48.8%，在非生长季仅占 1.9%～11.9%（表 10-1）。非生长季，植物根系自养呼吸降低，导致较低的日最低土壤呼吸速率和振幅。土壤呼吸昼夜动态变化的驱动因素存在生长季和非生长季间的差异。在生长季，5cm 土层温度是土壤呼吸昼夜变化的最重要驱动因素，而地表温度（ST_0）变化引起的土壤冻融循环驱动着非生长季土壤呼吸的日变化。表层土壤昼夜冻融循环受青藏高原气候特性调控，即太阳辐射强、无极夜、积雪少而不保温。在夜间，由于土壤与大气之间的热交换，地表土壤温度迅速下降至低于 0℃；白天，太阳辐射直接加热表层

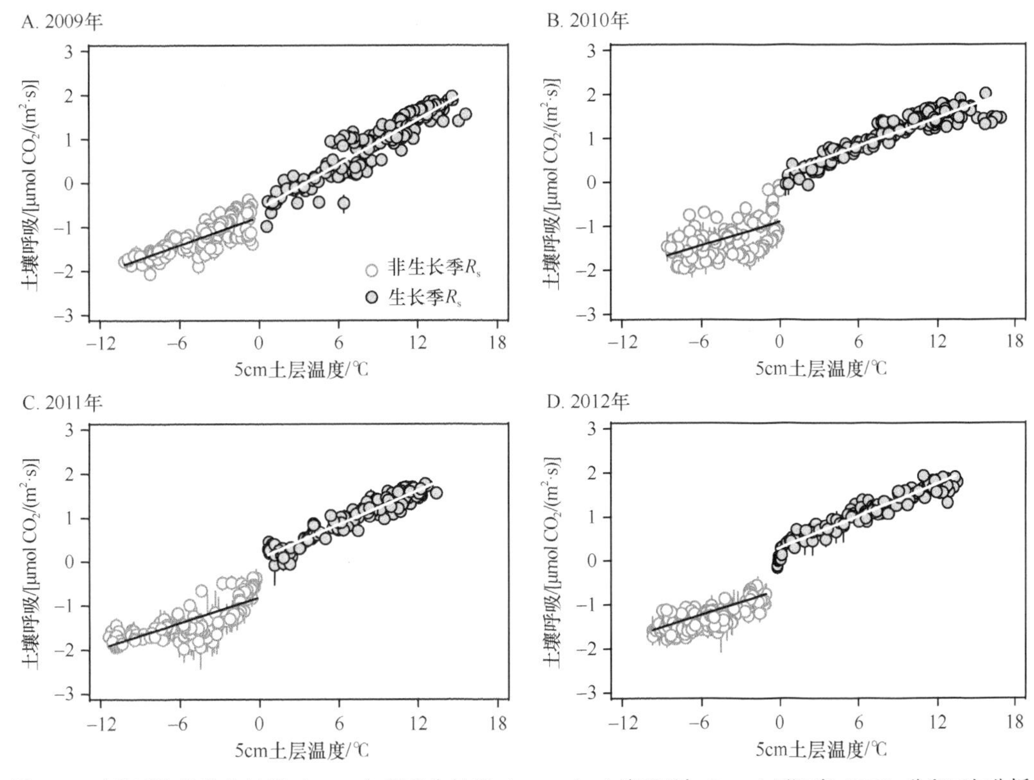

图10-3　高寒草甸植物生长季（GS_R_s）和非生长季（NG_R_s）土壤呼吸与5cm土层温度（ST_5）分段回归分析

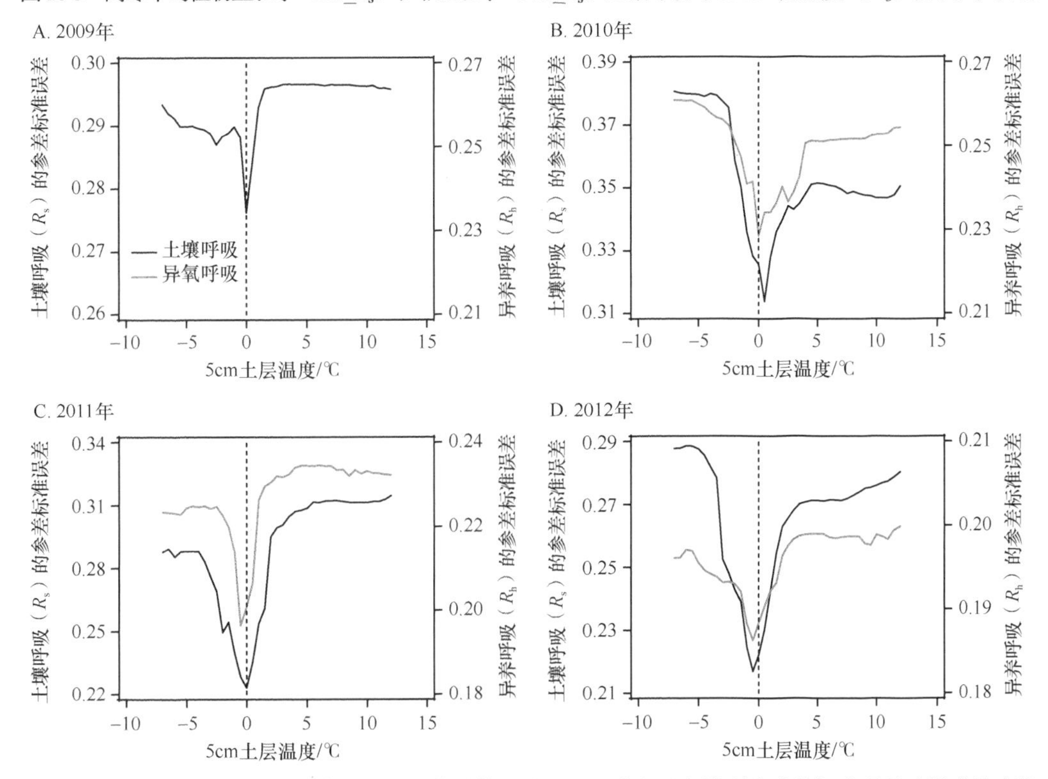

图10-4　高寒草甸土壤呼吸速率（R_s）及其异养组分（R_h）分段回归模型中残差标准误差随温度的变化

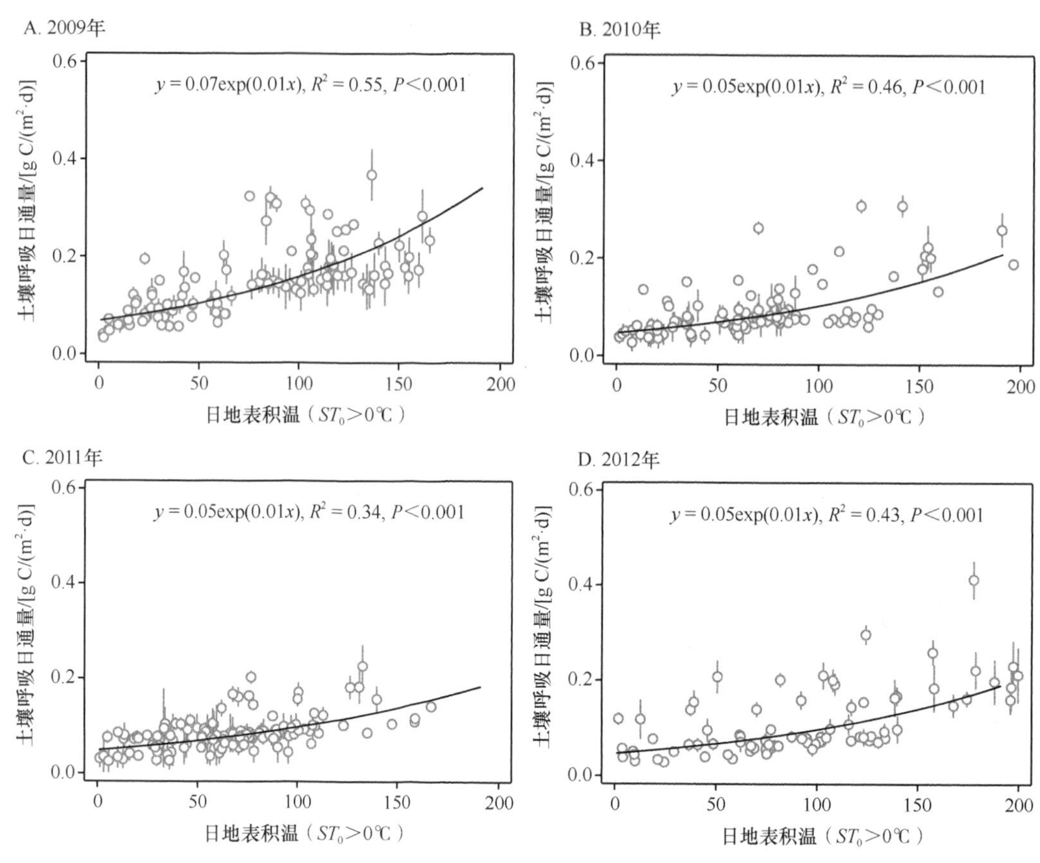

图 10-5　高寒草甸植物非生长季土壤呼吸（R_s）日通量与地表温度（ST_0）日积温的关系

土壤并导致其解冻（Monson et al.，2006；Wang et al.，2014a）。由于土壤微生物可以在极低的温度下保持活动（Panikova et al.，2006），冻土中的 CO_2 会在夜间继续产生，但会被冻土困住而无法释放（Elberling et al.，2008）。白天，温度升高，表层土壤解冻，会释放 CO_2，引发排放脉冲（Feng et al.，2007）。由于表层土壤温度的上升速度快于 5cm 土层，这可能是导致峰值时刻早于生长季的主要原因。

二、增温对土壤呼吸的影响

7 年（2007～2013 年）的增温试验结果发现（Wang et al.，2021），植物生长季平均土壤呼吸速率为 2.85～3.51μmol CO_2/(m^2·s)，多年平均值为 3.15μmol CO_2/(m^2·s)（图 10-6C）。生长季土壤呼吸对增温的响应在不同年份存在方向和幅度上的差异（图 10-6）。例如，增温导致 2007 年生长季平均土壤呼吸速率增加了 12.7%（P=0.04），但导致 2009 年生长季平均土壤呼吸速率降低了 15.3%（P<0.001）；在其余年份，增温总体上导致土壤呼吸速率略微下降；而当土壤水分含量较高时，增温对土壤呼吸有轻微的促进作用，但差异并不显著（表 10-4）。7 年试验期内，增温导致土壤呼吸速率略微降低（1.7%），但与对照差异不显著（P=0.39，图 10-7）。增温在干旱年份甚至降低了生长季异养呼吸速率（2012 年：–14.9%，P=0.053；2013 年：–13.1%，P=0.02；表 10-4，图 10-7A），在相对湿润的

年份则没有显著影响。增温处理下的生长季自养呼吸通常高于不增温处理，但二者差异也不显著（表 10-4，图 10-7B）。

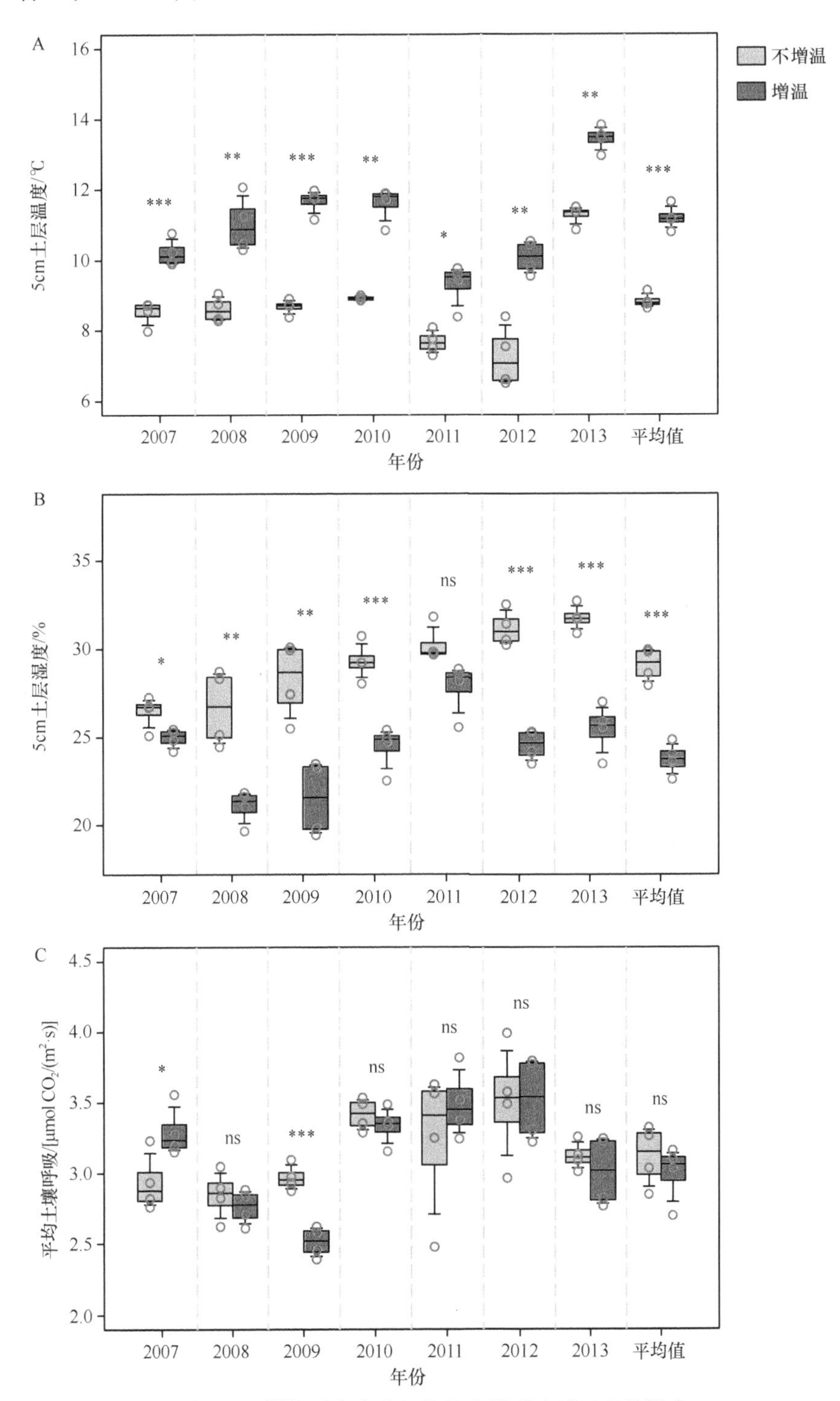

图 10-6　增温对高寒草甸植物生长季土壤呼吸的影响

*、**和***分别表示在 $P<0.05$、$P<0.01$ 和 $P<0.001$ 水平上差异显著；ns 表示差异不显著

表 10-4　增温对高寒草甸植物生长季 5cm 土层温度、湿度、土壤呼吸及异养和自养呼吸的影响

年份	因素	土壤温度	土壤湿度	土壤呼吸	异养呼吸	自养呼吸
2007	增温	40.92***	7.46*	6.62*		
	日期	921.33***	60.34***	8.72***		
	增温×日期	2.21***	5.84***	0.96		
2008	增温	29.82**	21.62**	0.63		
	日期	174.01***	35.60***	91.77***		
	增温×日期	2.85***	7.41***	2.08***		
2009	增温	205.02***	18.75**	41.62***		
	日期	353.29***	65.78***	255.31***		
	增温×日期	20.07***	9.09***	11.10***		
2010	增温	24.79**	110.49***	0.50	3.66	3.38
	日期	231.29***	47.89***	138.00***	16.06***	6.01***
	增温×日期	2.65***	5.53***	2.08***	3.22***	2.13*
2011	增温	6.17*	2.48	0.71	0.06	0.46
	日期	119.41***	9.59***	98.72***	10.32***	4.86***
	增温×日期	0.81	3.05***	3.45***	2.25**	1.94*
2012	增温	33.49**	83.91***	0.04	5.13#	0.93
	日期	145.36***	23.02***	94.99***	14.77***	6.31***
	增温×日期	1.55***	2.10***	1.16	2.72**	1.17
2013	增温	24.71**	68.87***	0.18	9.44*	0.79
	日期	453.68***	50.60***	78.28***	19.25***	7.73***
	增温×日期	3.55***	10.42***	1.13	3.81***	3.48***
2007～2013	增温	407.33***	117.83***	0.86	3.61	1.98
	日期	170.23***	32.06***	83.82***	8.33***	4.14***
	增温×日期	3.42***	5.33***	2.69***	1.73**	1.38*

注：*、**、***分别表示在 $P<0.05$、$P<0.01$ 和 $P<0.001$ 水平差异显著。

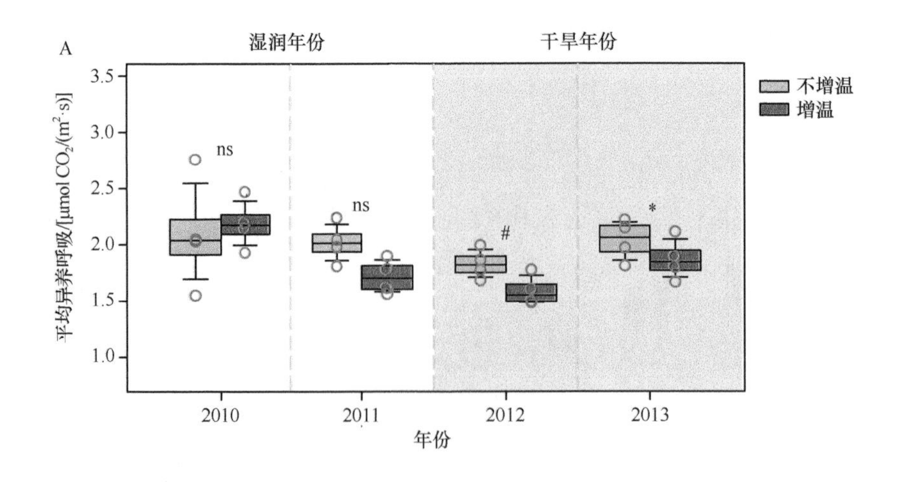

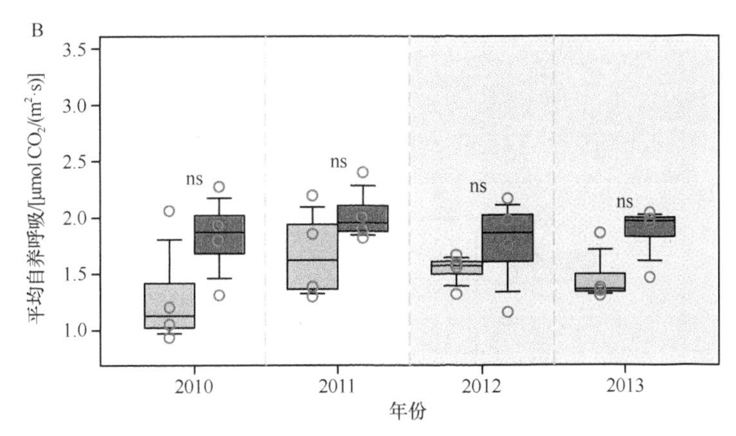

图 10-7　增温对高寒草甸植物生长季土壤异养呼吸（R_h）和自养呼吸（R_a）的影响

#和*分别表示在 0.10 和 0.05 水平上显著；ns 表示差异不显著

在生长季，每增温 1℃土壤呼吸变化率（SCP_Rs）与降水量（P=0.04，图 10-8A）和土壤湿度变化率（SCP_SM）呈正相关（P=0.047，图 10-8B），土壤湿度变化率与降水量呈正相关关系（P=0.04，图 10-8C），表明水分调控了土壤呼吸对增温的响应，从而导致增温对土壤呼吸的影响随降水量而变化。通过整合全球有关数据分析发现，生长季

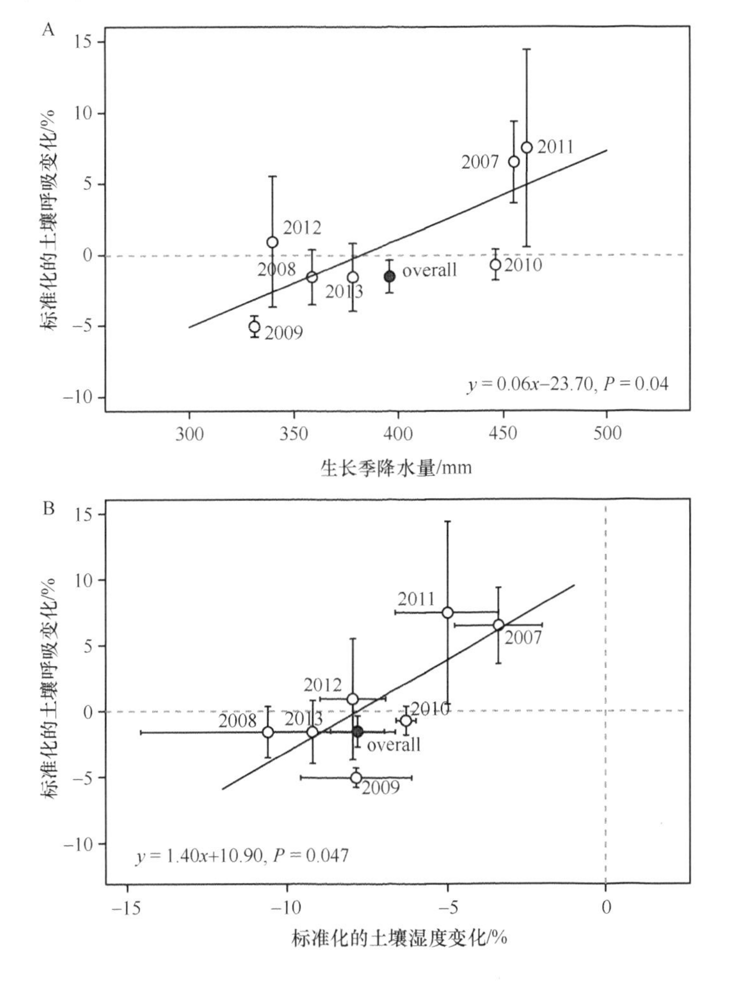

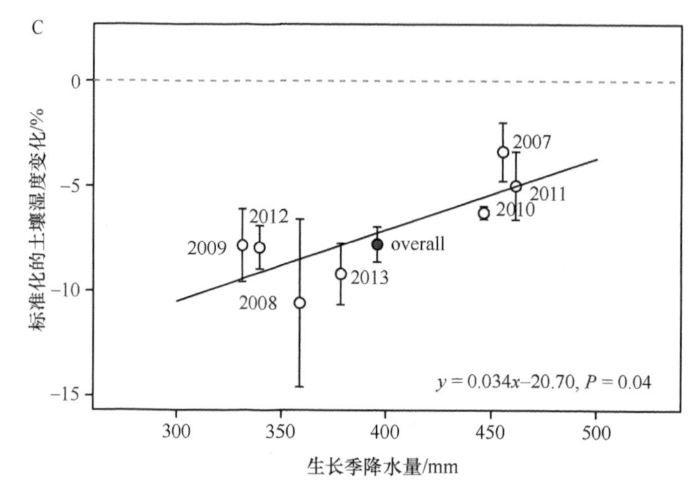

图 10-8　高寒草甸土壤每增温 1℃土壤呼吸变化率与生长季降水量和土壤湿度变化以及土壤湿度变化与生长季降水量之间的关系

overall 表示总体效应，即将所有数据放在一起分析的结果。后同

土壤呼吸变化率也与生长季降水量（P=0.03，图 10-9A）和生长季土壤湿度变化呈正相关（P=0.047，图 10-9B）。

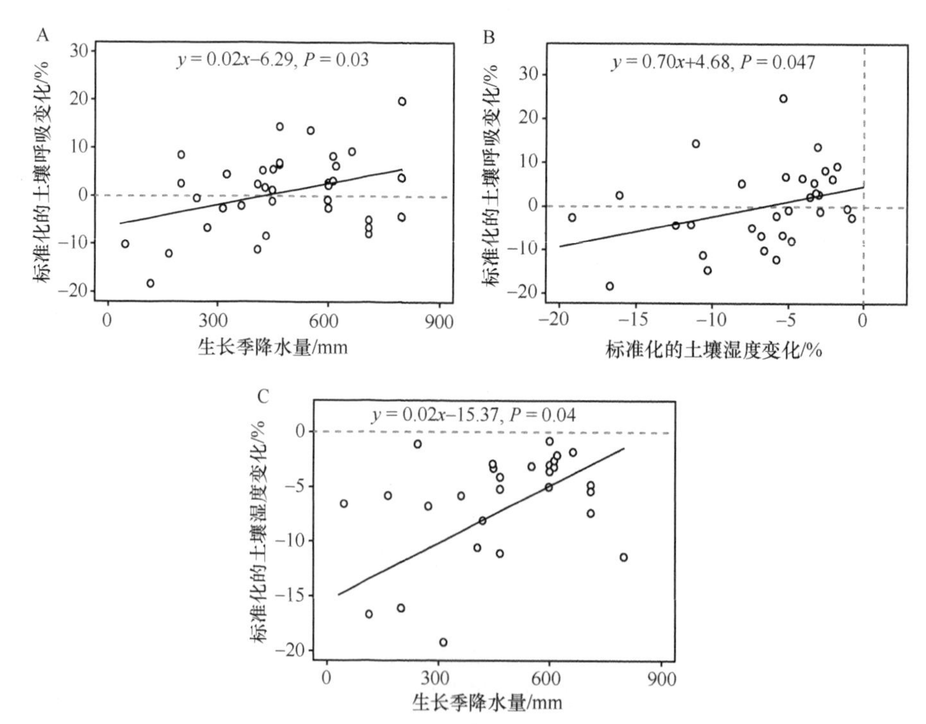

图 10-9　全球草地增温试验中每增温 1℃土壤呼吸变化率与生长季降水量和土壤湿度变化以及土壤湿度变化与生长季降水量之间的关系

增温对土壤呼吸的影响取决于其直接促进效应与其导致的水分降低所产生的间接抑制效应之间的平衡（Wan et al.，2007；Wang et al.，2014a；Carey et al.，2016）。我们

注意到，增温导致土壤呼吸速率降低，特别是在干旱年份，增温引起的干旱负效应可能超过了增温的促进作用。当水分可利用性较高时，如 2007 年和 2011 年，增温促进了土壤呼吸。全球草地生态系统增温试验的整合分析也发现，降水和土壤水分显著影响生长季土壤呼吸对增温的响应，表明增温对土壤呼吸的净效应与土壤水分的可利用性有很大关系（Liu et al.，2009；Geng et al.，2012）。因此，基于土壤呼吸与温度的正相关关系（Mahecha et al.，2010；Yvon-Durocher et al.，2012）而不考虑增温导致土壤水分降低的负面影响，可能会高估增温对土壤呼吸的促进效应。

三、放牧对土壤呼吸的影响

增温和放牧试验平台前 5 年为暖季放牧，后 5 年改为冷季放牧（刈割模拟放牧）。研究发现（Wang et al.，2017），不同季节放牧，土壤呼吸及其自养和异养组分都呈现出类似的季节性变化趋势（图 10-10）。土壤呼吸年通量的变化范围为 734.4～987.5g C/(m^2·a)（表 10-5）。无论是单个年份还是整个试验期间，夏季放牧期间（2008～2010 年）没有显著改变土壤呼吸及其组分的年均通量，也未改变异养组分对土壤呼吸的贡献率（图 10-11A）。冬季放牧期间（2011～2014 年），放牧显著增加了 13.1%的平均土壤呼吸和 23.2%的自养呼吸（$P<0.01$）；尽管冬季放牧没有显著影响异养呼吸（P=0.12），却显冬季放牧在 2012 年和 2013 年显著增加了自养呼吸（$P<0.05$），并在 2012 年显著增加

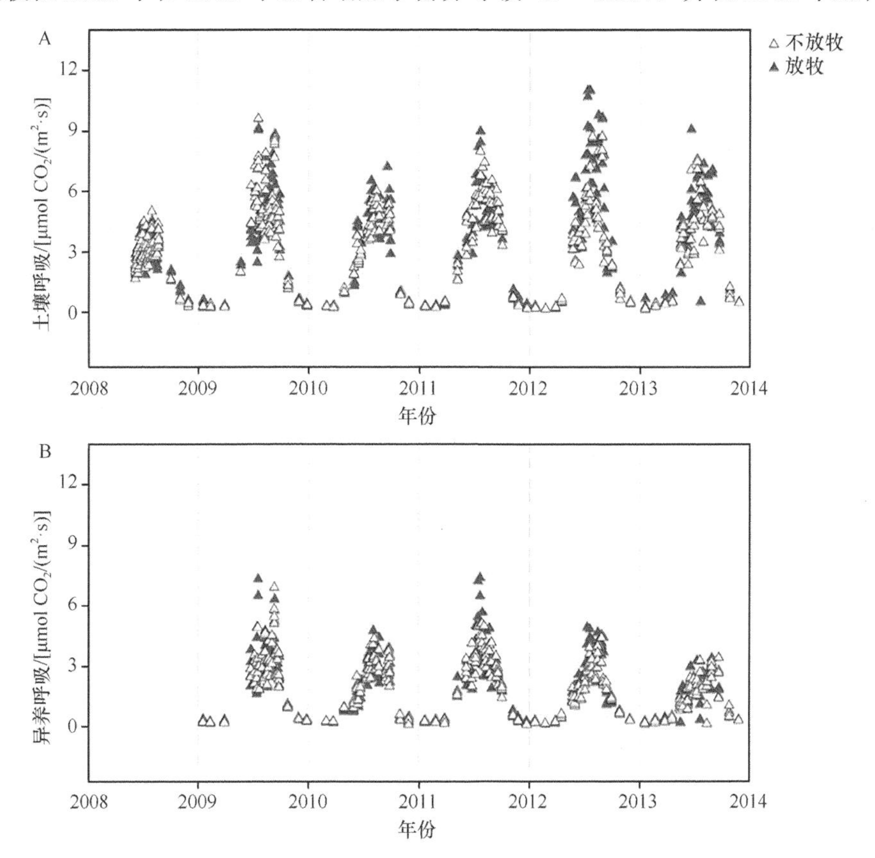

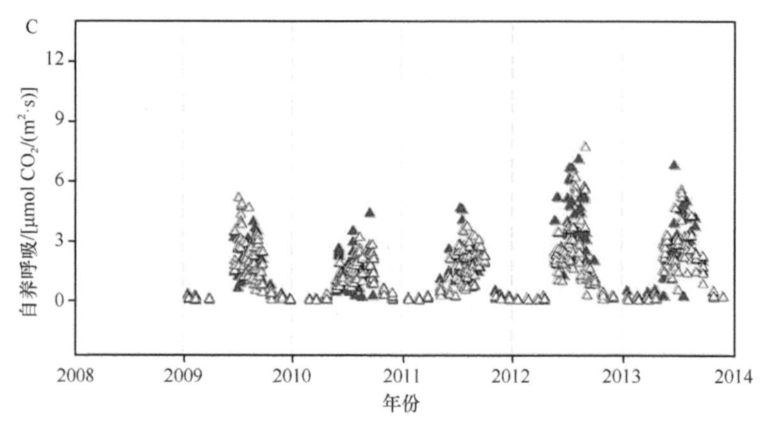

图 10-10　放牧对土壤呼吸（A）及其异养（B）和自养（C）组分的影响

表 10-5　高寒草甸不放牧和放牧处理下土壤呼吸通量及其异养呼吸比例

年份	处理	土壤呼吸通量/[g C/(m^2·a)]	异养呼吸贡献/%
2009	不放牧	873.8±23.1a	60.7±4.0
	夏季放牧	863.8±24.1a	63.9±2.4
2010	不放牧	734.4±15.4a	63.6±1.0
	夏季放牧	745.9±11.3a	64.6±2.2
2011	不放牧	891.5±49.2a	67.9±3.1
	冬季放牧	939.7±16.3a	66.0±3.2
2012	不放牧	814.7±27.7b	52.0±1.4
	冬季放牧	987.5±12.4a	47.5±0.8
2013	不放牧	828.9±22.1b	45.7±1.3
	冬季放牧	938.9±24.3a	41.2±1.6

注：同列不同小写字母表示在 P<0.05 水平差异显著。

了异养呼吸（P<0.05，图 10-11B），但在相对湿润的 2011 年，冬季放牧对土壤呼吸组分没有显著影响。另外，无论夏季放牧还是冬季放牧，放牧对异养呼吸的贡献没有显著影响（图 10-12）。

通过对青藏高原 7 个放牧控制试验的整合分析发现，整体上放牧对高寒草甸土壤呼吸没有显著影响，但放牧强度和放牧方式的影响显著。总体上，中度放牧显著增加了土壤呼吸，重度放牧没有显著影响，然而，夏季中度放牧对土壤呼吸没有显著影响，而冬季中度放牧显著增加了土壤呼吸（图 10-13）。

控制试验和整合分析结果均表明，夏季放牧对土壤呼吸的影响不显著，冬季放牧显著促进了土壤呼吸，这与之前的研究结果一致（Lin et al.，2011；Zhu et al.，2015）。其原因是，夏季放牧减少了植物地上现存生物量（Lin et al.，2011），却提高了地下生物量（Cui et al.，2014）。同时，夏季放牧也显著提高了土壤温度。因此，地上生物量减少给土壤呼吸带来的负面影响很可能被植物地下生物量和土壤温度增加的促进作用所抵消，导致整体上对土壤呼吸的影响不显著。而冬季放牧会清除植物立枯，让光线充分照射到

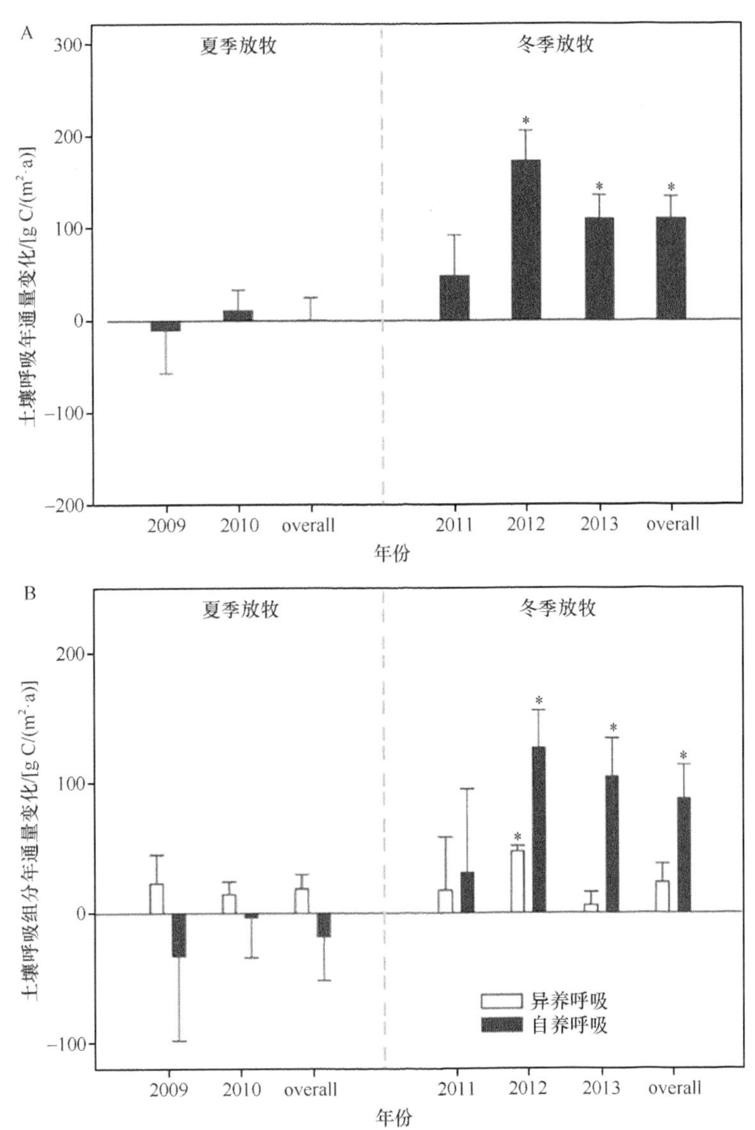

图 10-11　夏季放牧和冬季放牧对土壤呼吸及其组分的影响

*表示在 $P<0.05$ 水平差异显著

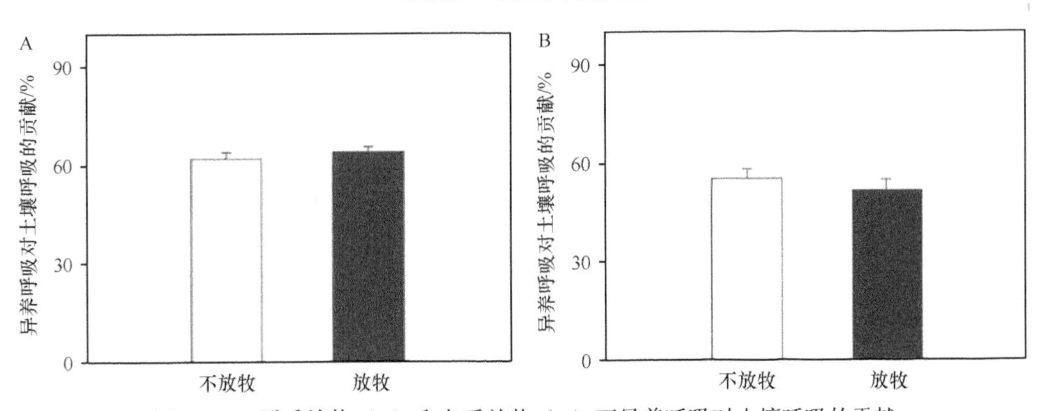

图 10-12　夏季放牧（A）和冬季放牧（B）下异养呼吸对土壤呼吸的贡献

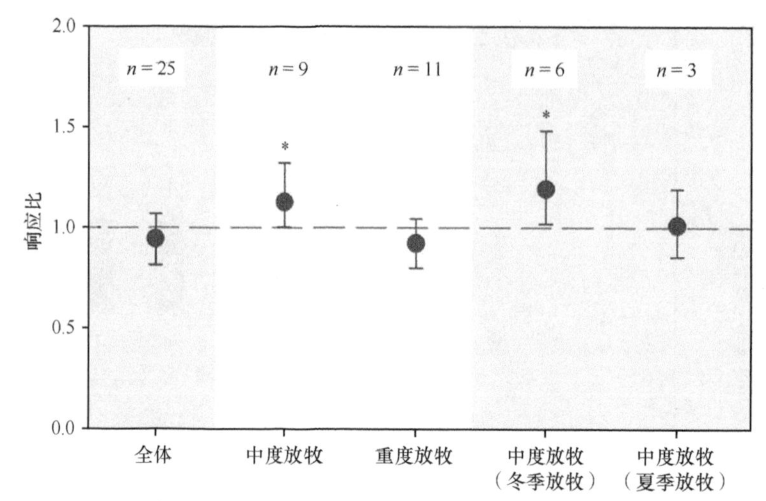

图 10-13　青藏高原放牧模式和放牧强度对土壤呼吸影响的整合分析

地面上，有利于来年植物的生长。因此，冬季放牧导致了植物地上和地下生物量的增加，进而增加底物供应量而导致土壤呼吸增加。此外，冬季放牧导致土壤温度的升高，加速了土壤有机质的分解，从而增加了土壤呼吸，这意味着区分不同放牧模式的效应可更准确地评估放牧对该区域土壤呼吸的影响。

冬季放牧刺激异养呼吸的原因有以下几个方面。第一，冬季放牧使土壤温度升高（0.7℃），温度的增加刺激了土壤微生物量及其活性（Rustad et al.，2001）和生物量（Lu et al.，2013），从而导致土壤呼吸的增加；第二，植物群落物种组成的变化也可能导致异养呼吸的增加。放牧条件下较低 C∶N 条件下杂草增加，导致易分解凋落物数量增加（Klein et al.，2007；Xu et al.，2010a），从而促进了土壤微生物的呼吸作用；第三，放牧导致根系生物量的增加（Cui et al.，2014），这会增加根系分泌物而造成异养呼吸的增加（Blagodatskaya et al.，2007，2009）。不仅如此，冬季放牧还增加了自养呼吸，这可能是由于其增加了根系生物量和土壤温度的原因。增加的根系生物量会促进植物呼吸（Geng et al.，2012；Hafner et al.，2012），而较高的土壤温度会导致根系生理活动增强（Melillo et al.，2011），进一步导致根系呼吸的增加（Geng et al.，2012；Cui et al.，2014）。有趣的是，冬季放牧对自养呼吸的影响大于对异养呼吸的影响，这可能源于植物和微生物间的互惠效应（Hafner et al.，2012）。放牧通过去除植物地上部分导致养分流失，从而增强植物的养分限制（Zhou et al.，2017），这会诱导植物将更多的生物量分配至根部以获取更多的养分来缓解这种养分限制，从而刺激了根系分泌物，并提高了土壤微生物的数量和活性（Blagodatskaya et al.，2009）。反过来，土壤微生物数量的增加也会提高植物的养分利用效率。由此推断，根系生物量的增加对自养呼吸的直接促进作用可能超过了其通过影响微生物活动而对异养呼吸的间接促进作用。

四、增温和放牧互作对土壤呼吸的影响

增温和放牧的野外控制试验发现，增温显著增加了 2007 年生长季平均土壤呼吸（9.2%），主要是促进了 5 月和 6 月的土壤呼吸，分别比不增温提高了 29.5%和 23.4%

（图 10-14）（Lin et al.，2011），说明增温和不增温之间的差异主要来自于具有较低土壤温度背景值的早期生长季的贡献。总体来说，放牧对生长季土壤呼吸的影响不显著，且增温与放牧没有显著的交互作用（表 10-6）。

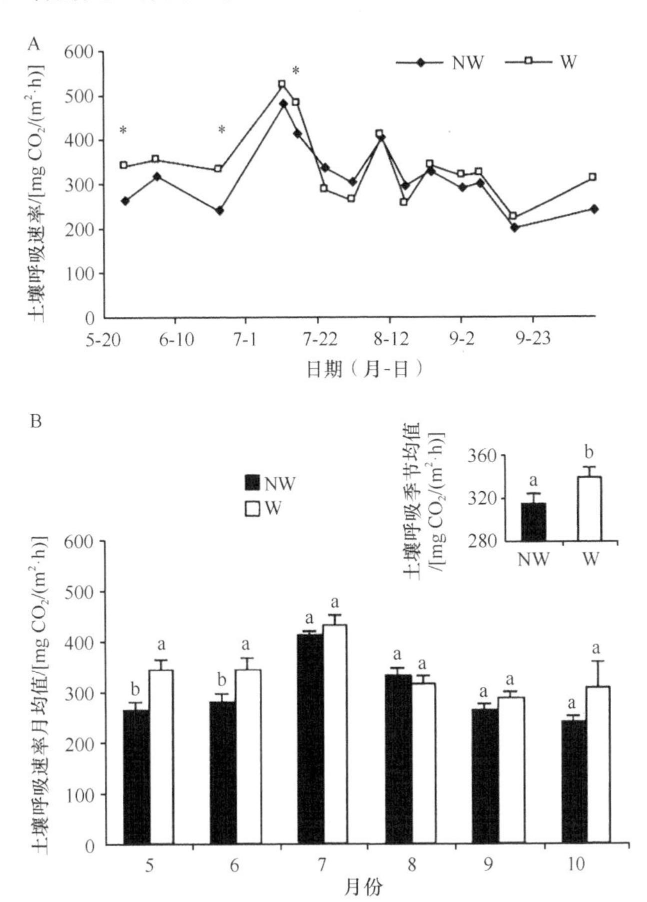

图 10-14　2007 年增温（W）和不增温（NW）土壤呼吸动态变化（A）及其每月和季节均值（B）

表 10-6　2007 年增温和放牧试验土壤呼吸重复测量方差分析

模型	*F* 值	*P* 值	模型	*F* 值	*P* 值
增温	7.55	0.018	增温×采样日期	1.93	0.108
放牧	0.15	0.706	放牧×采样日期	1.69	0.156
增温×放牧	0.02	0.896	增温×放牧×采样日期	1.11	0.362
采样日期	34.88	0.000			

各处理土壤呼吸与土壤温度呈显著正相关，土壤温度可以解释 18.8%～33.8%的土壤呼吸变异（表 10-7）。由于增温导致土壤湿度的降低，使得生长季土壤呼吸与土壤湿度呈负相关，但土壤湿度只解释了 10.0%～22.1%的土壤呼吸变异。7 月中旬之前，植物地上现存生物量与土壤呼吸之间呈显著线性相关，逐步回归分析却发现，2007 年和 2008 年土壤呼吸与植物地上现存生物量并不存在显著相关关系。以上结果表明，放牧前增温

可能导致地上现存生物量的增加，从而导致土壤呼吸的增加。然而，土壤呼吸的季节均值与每年 8 月底的植物地下生物量并不相关。

表 10-7　2007 年增温和放牧试验土壤呼吸（F）与 5cm 土壤温度（T）和土壤湿度（M）的回归模型

	a	b	R^2	P 值
F=ae^{bT}				
不增温不放牧	215.78	0.036	0.188	0.008
不增温放牧	184.73	0.043	0.338	<0.001
增温不放牧	201.03	0.040	0.204	0.006
增温放牧	214.41	0.032	0.191	0.008
F=aM+b				
不增温不放牧	−5.053	459.89	0.143	0.008
不增温放牧	−4.701	429.88	0.100	0.029
增温不放牧	−5.624	479.12	0.177	0.003
增温放牧	−6.676	500.28	0.221	0.001

很多研究发现，增温因促进了土壤有机质和凋落物的分解，进而增加了土壤呼吸（Bronson et al.，2008；Luo et al.，2010）。虽然我们的研究也发现增温促进了 2007 年平均生长季土壤呼吸，但在 6 月以后增温对土壤呼吸不再有显著影响（图 10-14），表明高寒地区生长季的提前和较低的温度背景值可能有助于增温在生长季早期增加土壤呼吸。然而，也有一些研究发现增温对土壤呼吸的促进作用呈不断下降的趋势（Rustad et al.，2001；Bronson et al.，2008）。长期以来普遍认为的土壤温度与土壤呼吸之间的正相关关系受到了质疑（Luo et al.，2001；Rustad et al.，2001）。

放牧对土壤呼吸的影响比较复杂，取决于放牧强度和放牧历史（Cao et al.，2004）。在我们的研究中，除了第 1 年（2006 年）外，放牧对土壤呼吸均没有显著影响，其原因有以下三个方面：①放牧降低了植物地上和地下生物量，从而降低了植物的自养呼吸（Cao et al.，2004；Raiesi and Asadi，2006）；②土壤呼吸及其大部分组分直接取决于来自于植物的碳输入（Moyano et al.，2008），放牧通过减少植物向土壤中的活性碳输入来降低微生物呼吸（Raiesi and Asadi，2006；Polley et al.，2008）；③放牧通过增加土壤温度（Luo et al.，2010；Hu et al.，2010）促进土壤呼吸（Bahn et al.，2006）。由此可见，放牧对土壤呼吸的净效应取决于放牧对生态系统呼吸过程正、负效应之间的平衡（Zhou et al.，2007）。

因此，增温显著促进了生长季的土壤呼吸，但 7 年的总效果却使生长季土壤呼吸略有下降。海北站降水量接近于整个青藏高原的平均水平（Tan et al.，2010），且近几十年的年降水量没有明显变化（Zhuang et al.，2010；Piao et al.，2010）。由此预测，尽管在过去几十年中青藏高原的气温以两倍于全球平均值的速度升高（You et al.，2010；Piao et al.，2010；Zhang et al.，2013），但这可能不会导致该区域的土壤呼吸发生明显变化。土壤呼吸的异养和自养组分对增温具有不同的响应。增温处理下，特别是在干旱年份，生长季异养呼吸通常较低，而自养呼吸则较高。较高的温度促进了土壤微生物的生长、提高了胞外酶的活性、促进了底物的分解，进而导致异养呼吸的增加（Davidson and

Janssens，2006； Sheik et al.，2011），但增温诱导的干旱也会限制土壤微生物的生长、胞外酶和可分解底物的扩散，从而抵消了高温对异养呼吸的促进作用（Liu et al.，2009；Sheik et al.，2011；Davidson and Janssens，2006）。也有研究表明，增温对高寒草甸土壤微生物碳和氮及胞外酶活性均没有显著影响（Jing et al.，2014）。

相比之下，生长季自养呼吸对增温引起的干旱不太敏感，这与草地生态系统增温试验整合分析的研究报道一致（Wang et al.，2014a）。植物可能通过生理过程维持体内代谢平衡，例如，植物利用深层土壤中的水分并在面临水分胁迫时会调整气孔导度（Jackson et al.，2000；Chaves et al.，2002）。以深根系植物为主的生态系统中，土壤呼吸对土壤水分波动的敏感性低于以浅根系植物为主的生态系统（Vargas et al.，2010）。除了生理机制外，植物群落组成也可能发生变化（Wang et al.，2012），从而影响其对增温和增温诱导的干旱的响应。为期5年的增温试验表明（Liu et al.，2018a），升温约2℃导致浅根系物种被深根系物种所取代（Liu et al.，2018a）。因此，这些植物生理和群落结构方面的变化可能是自养呼吸对增温的响应相对独立于土壤水分变化的原因。

五、影响土壤呼吸的主要驱动因子及其机制

1. 无根系土壤培养

野外原位试验难以区分增温对土壤呼吸的直接作用和间接作用，以及土壤温度与水分含量的相对作用。我们采集了海北站增温和放牧试验5年后的高寒草甸土壤，以及三江源地区高寒草甸、高寒草原、高寒灌丛和高寒沼泽草甸土壤，在不同温度和湿度下开展了室内培养试验，研究土壤呼吸对温度和湿度的响应（Chang et al.，2012a）。总体上，土壤呼吸随着温度和湿度的增加而升高，但不同植被类型的响应存在很大差异（图10-15）。高寒灌丛和高寒沼泽草甸土壤呼吸随温度的增加而升高，高寒草甸土壤呼吸只有在30℃下才显著增加，高寒草原土壤呼吸在较高温度下反而降低。类似地，较高土壤湿度（100%田间持水量）只在0℃和30℃下促进了高寒草甸土壤呼吸，而在15℃和30℃下促进了高寒沼泽草甸土壤呼吸。较高湿度促进了高寒灌丛草甸土壤呼吸，而湿度对高寒草原土壤呼吸没有显著影响。

高寒草原土壤呼吸对温度的响应与其他三种植被类型土壤不同。培养温度解释了高寒草原土壤呼吸57%的变异，培养温度越高，土壤呼吸速率反而降低（图10-16），表现出“热适应性”（Chang et al.，2012b）。Hartley等（2008）认为，如果“热适应”是高温条件下土壤微生物活性下降的结果，那么当温度降低后，土壤微生物活性就会逐渐增加。为了研究高寒草原土壤呼吸是否存在“高温热胁迫”现象，在高寒草原土壤培养74天后，继续进行为期14天的降温试验，即将原来15℃和30℃培养温度分别下调至5℃和10℃继续培养，原先0℃培养温度保持不变，所有处理的土壤湿度也维持不变。结果发现，对于保持不变的0℃处理，土壤呼吸在降温试验期间持续下降；而15℃降至5℃、30℃降至10℃的处理中，土壤呼吸在培养的第81天显著高于培养第74天（降温开始时）（图10-17），表明高寒草原土壤呼吸存在“热适应性”，极有可能是土壤微生物在高温时

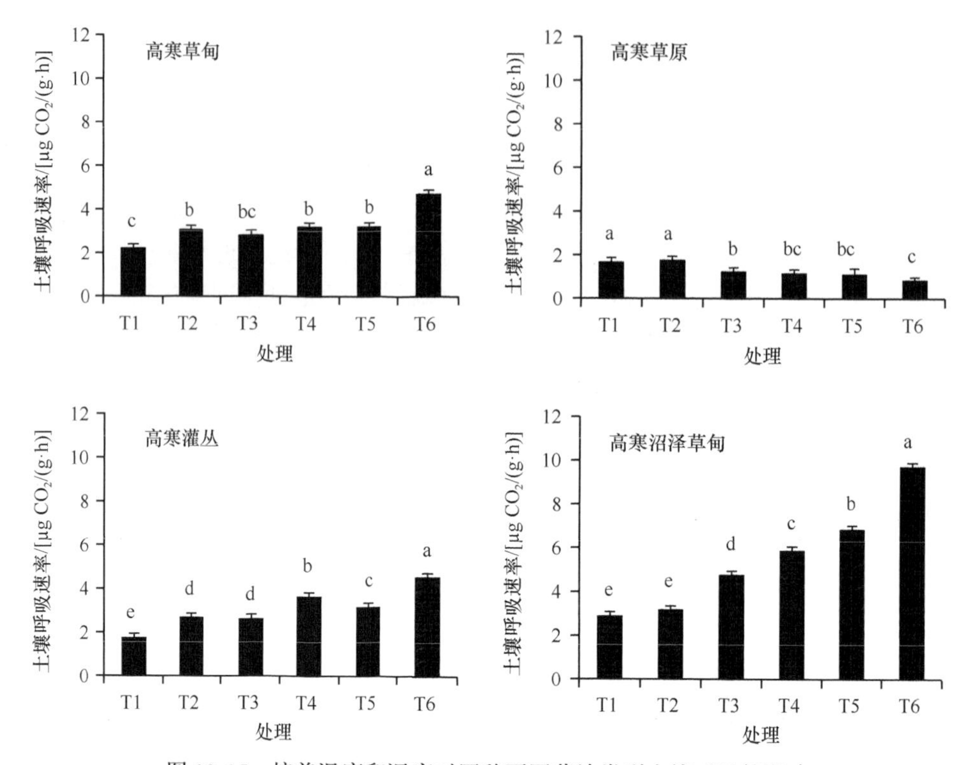

图 10-15　培养温度和湿度对四种不同草地类型土壤呼吸的影响

T1：0℃+50%田间持水量；T2：0℃+100%田间持水量；T3：15℃+50%田间持水量；T4：15℃+100%田间持水量；T5：30℃+50%田间持水量；T6：30℃+100%田间持水量。不同小写字母表示处理间在 $P<0.05$ 水平差异显著

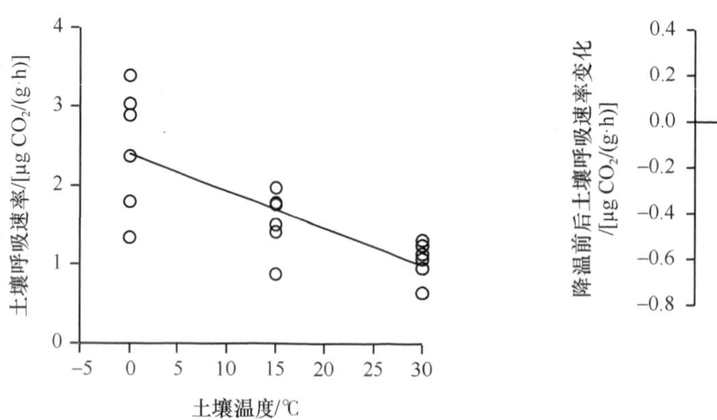

图 10-16　高寒草原土壤呼吸与培养温度之间的关系

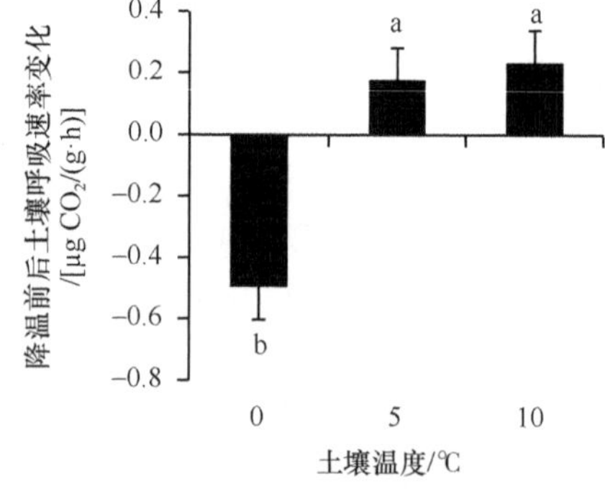

图 10-17　降温试验培养 7 天后（第 81 天）与开始时（第 74 天）土壤微生物呼吸的变化量（差值）

不同小写字母表示处理间在 $P<0.05$ 水平差异显著

活性下降或微生物群落组成改变的原因（Li et al.，2019）。在培养的第 81 天和第 88 天，各温度和湿度处理下土壤呼吸均没有显著差异，说明呼吸底物也可能同时调整了土壤呼吸的响应过程（Li et al.，2019）。高寒草原土壤有机碳含量（1.20%）和全氮含量（0.12%）显著低于高寒草甸土壤有机碳含量（9.47%）和全氮含量（0.68%）。土壤有机质含量少或者呼吸可利用底物少可能诱发或加剧土壤呼吸的“热适应”。受底物限制的土壤微生

物很可能在高温下降低呼吸速率以免自身耗竭（Bradford et al.，2008）。但是，土壤呼吸的“热适应性”与温度和底物之间的关系还不太不清晰，这在后期的“交叉”培养试验中予以证实（Li et al.，2019）。

无论是野外控制试验还是室内培养试验，增温条件下土壤呼吸的增加通常随着时间的延长逐渐降低而表现为“热适应”现象。微生物呼吸底物的消耗或微生物对变暖的热适应通常被认为是该现象的两个主要机制。为了回答该问题，我们采集了海北站高寒草甸表层（0～10cm）土壤（除去根系），在 5℃、15℃和 25℃三种温度、30%和 60%的土壤持水量条件下开展了为期 58 天的培养试验，随后在高温（25℃）-低温（15℃）-高温（25℃）的变温培养试验基础上开展了葡萄糖添加试验，以揭示土壤呼吸是否存在“热适应”现象以及土壤底物可利用性的调控作用（Liu et al.，2019）。

研究发现（Liu et al.，2019），培养温度、培养天数，以及培养温度、湿度和培养天数之间的交互作用显著影响微生物呼吸（表 10-8）。土壤呼吸随培养时间的延长而下降（图 10-18）。60%田间持水量下，培养 5℃、15℃和 25℃培养条件下平均土壤呼吸差异显著，30%田间持水量下 5℃和 15℃之间没有显著差异。15℃和 25℃培养条件下，60%田间持水量平均土壤呼吸高于 30%田间持水量；15℃和 60%田间持水量与 25℃和 30%田间持水量、5℃和 30%田间持水量与 60%田间持水量之间的土壤呼吸差异均不显著（图 10-18）。

表 10-8　培养 58 天期间土壤呼吸重复测量方差分析

来源	Ⅲ型平方和	自由度	均方	*F* 值	*P* 值
温度（ST）	557.679	2	278.840	37.139	0.000
水分（SM）	133.908	1	133.908	8.142	0.065
培养天数（D）	691.475	8	86.434	7.459	0.000
ST×SM	40.726	2	20.363	6.055	0.036
ST×D	465.269	16	29.079	4.551	0.000
SM×D	65.161	8	8.145	4.888	0.001
ST×SM×D	84.828	16	5.302	2.635	0.005

基于化学反应动力学理论，分解速率在底物可利用性和酶活性不受限时，随温度的升高而增加（Davidson and Janssens，2006）。由于在低湿度条件下低底物有效性和酶活性的限制，只有在 60%田间持水量下土壤呼吸速率随着土壤温度的升高而增加（图 10-18）。干旱和半干旱生态系统（Conant et al.，2004；Almagro et al.，2009；Liu et al.，2009）的相关研究表明，增温对土壤水分的间接影响可能超过了其对微生物活性的促进作用，因为土壤水分可能通过改变底物可利用性、微生物组成和活性而改变土壤呼吸速率（Williams，2007）。在 25℃下培养 23 天后，土壤呼吸速率增加值开始下降（图 10-18A）。易分解碳的损失和微生物的“热适应性”都会降低土壤呼吸速率（Ågren and Bosatta，2002；Kirschbaum，2004），因此，在此基础上我们试图进一步通过变温培养和葡萄糖添加试验来区分它们的相对作用。

我们进一步通过葡萄糖添加试验验证土壤底物可利用性的降低是否是限制土壤呼

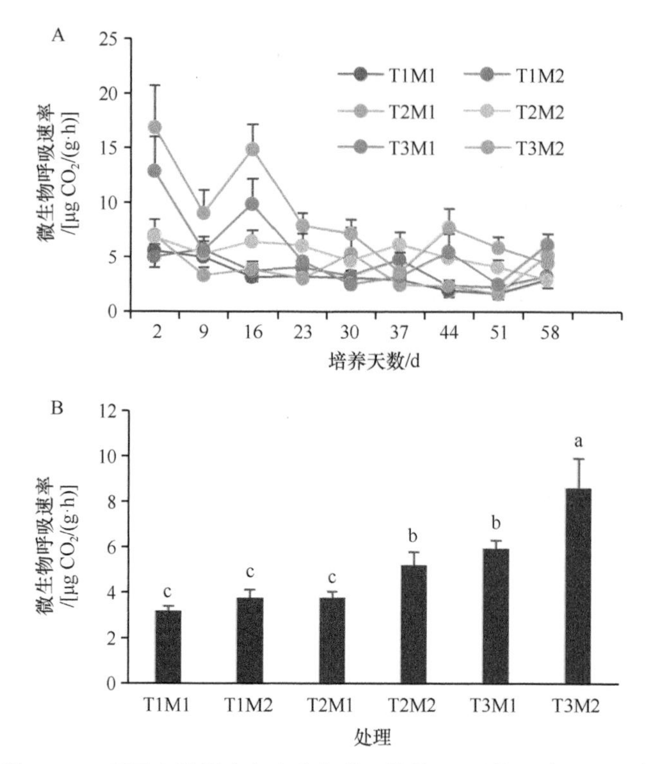

图 10-18 不同土壤温度和水分条件下培养 58 天的土壤呼吸速率

T1M1：5℃+30%田间持水量；T1M2：5℃+60%田间持水量；T2M1：15℃+30%田间持水量；T2M2：15℃+60%田间持水量；T3M1：25℃+30%田间持水量；T3M2：25℃+60%田间持水量。不同小写字母表示差异显著（$P<0.05$）

吸速率的主要原因（Liu et al.，2019）。结果发现，葡萄糖诱导的土壤呼吸受培养温度和湿度及其交互作用的显著影响，可利用碳指数（CAI）受土壤水分的显著影响，培养温度和水分对平均土壤呼吸速率（R_{mass}）没有显著影响，培养温度对 CAI 无显著影响（表 10-9）。CAI 在 30%田间持水量下 5℃、15℃和 25℃之间没有显著差异，但在 60%田间持水量下随着培养温度的升高而显著增加。58 天后 30%田间持水量的 CAI（0.36）显著高于 60%田间持水量（0.09）（图 10-19）。

表 10-9 葡萄糖诱导的土壤呼吸速率（GIR）、利用碳指数（CAI）和土壤微生物呼吸速率（R_{mass}）的 ANOVA 方差分析

	来源	Ⅲ型平方和	自由度	均方	F 值	P 值
GIR	ST	2771.966	2	1385.983	12.166	0.008
	SM	6426.863	1	6426.863	137.474	0.001
	ST×SM	2007.842	2	1003.921	9.141	0.015
CAI	ST	0.02	2	0.01	0.835	0.479
	SM	0.44	1	0.44	96.052	0.002
	ST×SM	0.048	2	0.024	3.484	0.099
R_{mass}	ST	0.189	2	0.095	1.997	0.216
	SM	0.019	1	0.019	0.853	0.424
	ST×SM	0.147	2	0.073	4.926	0.054

注：ST，土壤温度；SM，土壤湿度。不同处理间在 $P<0.05$ 水平差异显著。

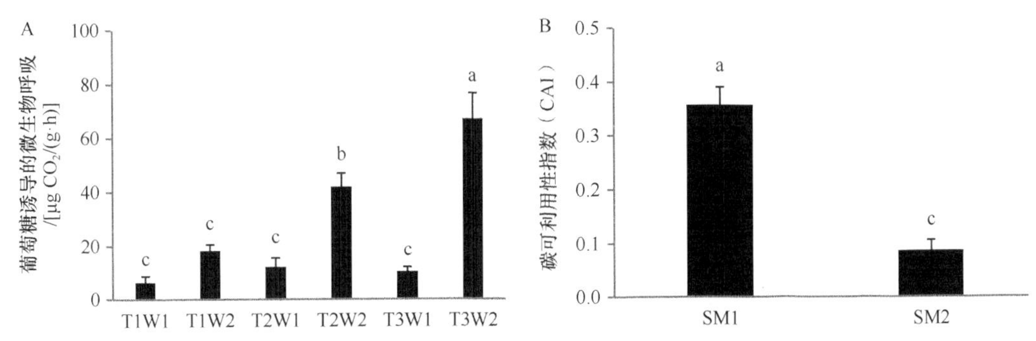

图 10-19　不同处理葡萄糖添加 4h 后的土壤呼吸速率（A）和可利用碳指数（CAI）（B）

T1W1：5℃+30%田间持水量；T1W2：5℃+60%田间持水量；T2W1：15℃+30%田间持水量；T2W2：15℃+60%田间持水量；T3W1：25℃+30%田间持水量；T3W2：25℃+60%田间持水量。SM1：田间持水量 1；SM2：田间持水量 2。不同小写字母表示差异显著（$P<0.05$）

培养第 44 天后，30%和 60%田间持水量之间的土壤呼吸速率没有显著差异。然而，当培养温度从 25℃下降到 15℃后，第 51 天 30%田间持水量的微生物呼吸速率显著下降，第 58 天当温度再次从 15℃升高到 25℃时，在 30%或 60%田间持水量微生物呼吸速率没有显著差异（图 10-20）。

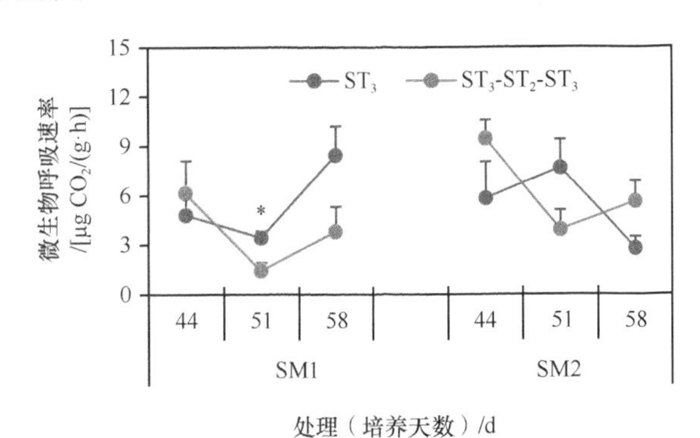

图 10-20　变温培养下的土壤微生物呼吸速率（R_{mass}）的变化

ST_3：培养 44 天后在 25℃下继续培养；ST_3-ST_2-ST_3：培养 44 天后在高（25℃）—低（15℃）—高（25℃）变温下继续培养；SM1 和 SM2 分别表示 30%和 60%田间持水量。*表示差异在 $P<0.05$ 水平上具有显著性

另外，土壤的温度敏感性主要受培养时间的显著影响，在培养 37 天以前总体上呈现下降的趋势，培养第 44 天土壤呼吸温度敏感性有显著增加（图 10-21）。土壤培养湿度、葡萄糖添加等处理对土壤呼吸温度敏感性没有显著影响。

上述结果表明，底物的消耗往往会抑制土壤呼吸对温度的响应，土壤中活性碳越少，添加葡萄糖将对土壤呼吸响应温度的影响越大。以前的研究表明，土壤呼吸的变化主要源于活性底物的变化（Conen et al.，2006；Hartley et al.，2007），但培养期内土壤呼吸温度敏感性（Q_{10}）并没有显著下降（图 10-21），葡萄糖添加和变温培养也没有显著改变 Q_{10}（$P>0.05$）。其原因可能是由于惰性碳的分解比活性碳分解对温度变化更敏感（Waldrop and Firestone，2004；Conant et al.，2008；Hartley and Ineson，2008），所以试验期间惰性碳对土壤呼吸的贡献可能并没有随着培养时间的延长而变化。因此，高温高湿培养可能会导致土壤底物的迅速枯竭，进而限制土壤呼吸对高温的响应；而在低土壤

湿度下，底物可利用性将可能不会成为土壤呼吸响应温度变化的限制因素。

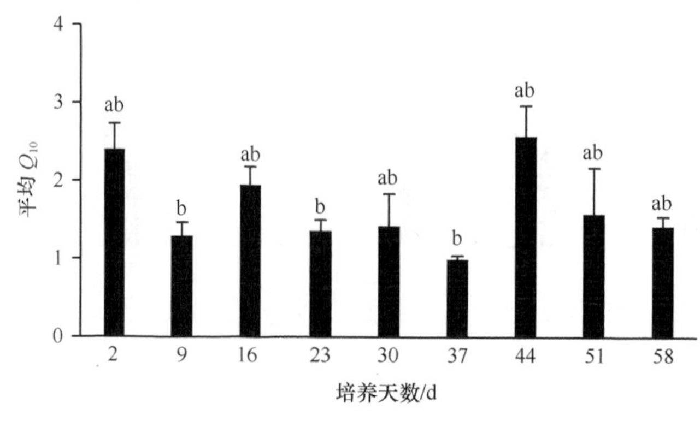

图 10-21　不同培养时间土壤呼吸温度敏感性

将不同培养湿度的数据放在一起进行分析，因为培养湿度对土壤呼吸温度敏感性没有显著影响。不同小写字母表示差异显著（$P<0.05$）

如果考虑微生物的"热适应性"会限制土壤呼吸对高温的响应，土壤呼吸速率理应随着培养温度的降低而升高，然后随着培养温度的升高而降低（Hartley et al.，2008，2009；Chang et al.，2012b）。然而，与 25℃下连续培养相比，当培养温度从 25℃降低到 15℃后继续培养，土壤微生物呼吸速率（R_{mass}）也显著降低；但在低土壤含水量时，当土壤温度从 15℃升高到 25℃后继续培养，R_{mass} 没有发生显著变化（图 10-20）。有研究发现，在微生物"热适应性"发生的条件下，葡萄糖诱导的 R_{mass} 可能会随着温度的升高而降低（Bradford et al.，2008，2010）。然而，我们发现土壤温度和湿度对 R_{mass} 并没有显著影响。Karhu 等（2014）利用一项降温试验也发现，微生物反而增强了土壤呼吸速率的温度敏感性，并没有表现为"热适应性"。因此，在我们的试验中，微生物的"热适应性"可能并非是土壤呼吸速率随培养时间下降的真正原因，因为氮的有效性也会限制变冷后的微生物活性，特别是在高碳氮比的寒冷土壤中（Karhu et al.，2014），而长期变暖导致的土壤呼吸速率的降低可能与易分解碳的损失而非微生物的"热适应性"有关。这些潜在的机制可能与培养的土壤有机碳含量有关（Li et al.，2019）。

2. 有根系土壤培养

上述培养试验由于剔除了根系，可能与真实条件下存在根系的土壤呼吸有所不同。特别是增温放牧 5 年后，由于改变了植物群落组成（Wang et al.，2012）、凋落物生物量及其分解速率和养分归还等过程（Luo et al.，2010；Li et al.，2021；Zhou et al.，2022），可能会通过对土壤碳组分和养分输入的变化而影响土壤呼吸。因此，我们在增温和放牧试验 5 年后，对所有处理采集带有根系的土壤进一步进行了不同培养条件及葡萄糖添加培养的试验，以便与上述无根系土壤室内培养试验相结合，共同探讨土壤养分可利用性对土壤呼吸的调控作用。我们发现，尽管试验进行了 5 年，但不同处理间的 0～10cm 土层碳、氮及微生物碳、氮含量均没有显著差异，单独增温显著提高了 0～10cm 土层的根系生物量（表 10-10）。总体上，来源于不同处理小区的土壤和培养湿度对土壤呼吸的影响不显著，培养温度有显著影响，培养温度和培养湿度的互作效应随培养天数而变化

（Bao et al.，2016）。土壤呼吸速率随着培养温度的升高而显著增加（图 10-22A），5℃、15℃和 25 ℃培养条件下的平均土壤呼吸速率分别为 4.83μg CO_2/(g·h)、7.82μg CO_2/(g·h)和 14.52μg CO_2/(g·h)；同时，培养湿度与培养时间存在互作效应，在培养的第 16 天、第 37 天和第 24 天，60%的土壤持水量土壤呼吸速率显著高于 30%土壤持水量的土壤（图 10-22B）。25℃培养条件下，与高土壤湿度（60%田间持水量）相比，低土壤湿度（30%田间持水量）的土壤呼吸速率降低了 17.2%（图 10-23A），而在较低培养温度下培养湿度的影响不显著，这表明土壤温度较高时，低土壤湿度对土壤呼吸有抑制作用，进一步支持了我们前面所述在野外的观测结果。如果将土壤培养试验分为培养前期（2～30 天）和后期（37～58 天），分析发现，培养前期低土壤湿度的土壤呼吸速率在较高土壤温度下降低了 4.2%，而后期却降低了 44.0%，说明土壤有机质的降低加剧了低土壤湿度对土壤呼吸的抑制作用，而在土壤有机质较为丰富的培养前期，低土壤湿度的抑制作用比较微弱。只有在高培养温度下，培养温度与土壤来源对土壤呼吸的互作影响随培养时间而变化（图 10-23B）。除了 15℃和 25℃培养温度及低土壤湿度外，土壤呼吸速率随根系生物量而线性增加，根系生物量解释了 30%～64%的土壤呼吸变异（图 10-24）。在高温高湿（25℃+60%田间持水量）条件下，土壤呼吸对根系生物量的依赖性更强（斜率增加），表明高温高湿培养条件下土壤呼吸消耗了更多的土壤有机质。

表 10-10　野外不同处理 0～10cm 土层的基本特征

处理	全碳/%	全氮/%	微生物碳/(g/kg)	微生物氮/(g/kg)	0～10cm 每个土柱根系生物量/g
NWNG	8.59	0.69	1.67	0.50	4.0b
NWG	8.15	0.69	1.54	0.49	4.3b
WNG	8.68	0.70	1.62	0.51	6.1a
WG	8.84	0.72	1.86	0.51	4.2b
SE	0.37	0.03	0.21	0.05	0.17

注：NWNG：不增温不放牧；NWG：不增温放牧；WNG：增温不放牧；WG：增温放牧。不同小写字母表示处理间在 $P<0.05$ 水平差异显著。

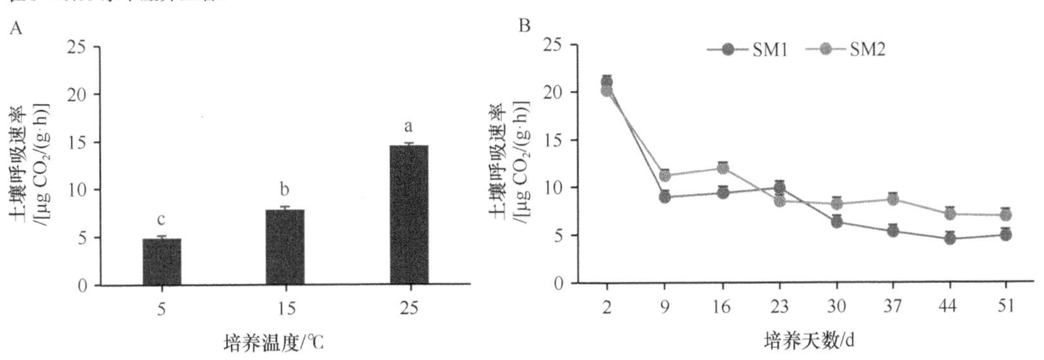

图 10-22　培养温度和湿度对土壤呼吸的影响

SM1 和 SM2 分别为 30%和 60%田间持水量。不同小写字母表示差异显著（$P<0.05$）

为了进一步验证土壤有机质随培养时间延长而被消耗是否为导致土壤呼吸速率降低的主要原因，我们在培养后期也开展了葡萄糖添加试验。结果发现，活性有机质对土壤呼吸的激发效应随着培养温度和土壤湿度的升高而增加，5℃培养下的可利用碳指数

（CAI）显著高于 15℃和 25℃（图 10-25），表明土壤呼吸在高温高湿条件下受呼吸底物的限制更强烈，证明了前期培养试验中土壤呼吸在高温高湿度条件下消耗了更多呼吸底物，是导致土壤呼吸降低的主要原因（Bao et al.，2016）。也有研究表明，土壤呼吸随着培养时间的延长而下降主要是土壤活性有机质减少或微生物的热适应造成的，取决于土壤有机质含量和养分可利用性大小（Li et al.，2019）。

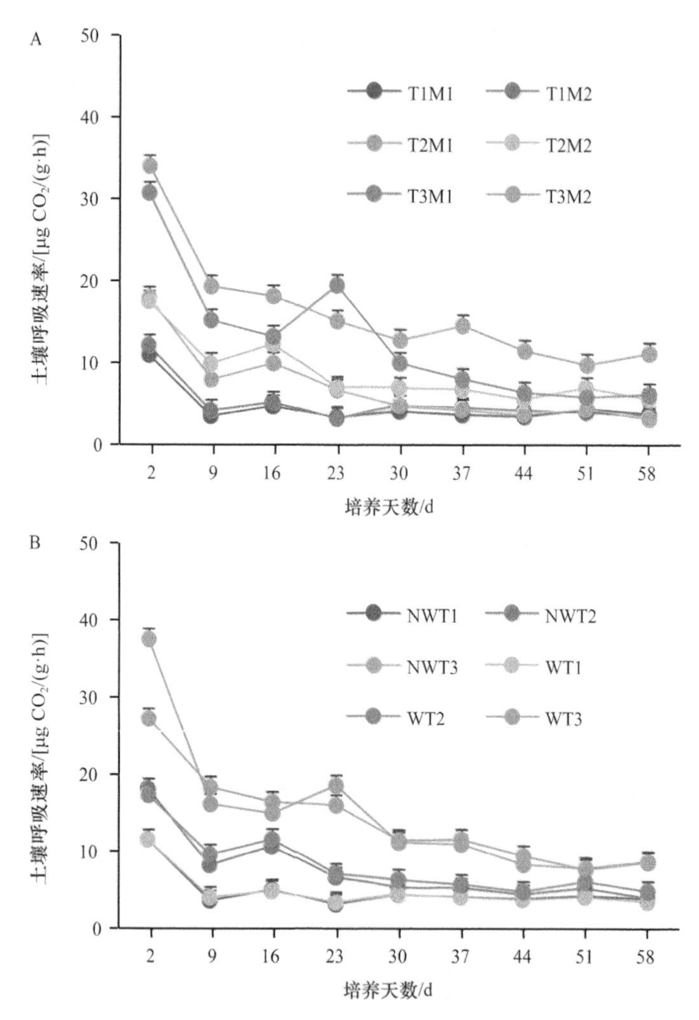

图 10-23　不同培养条件下的土壤呼吸动态

T1M1：5 ℃+30%田间持水量；T1M2：5 ℃+60%田间持水量；T2M1：15 ℃+30%田间持水量；T2M2：15 ℃+60%田间持水量；T3M1：25 ℃+30%田间持水量；T3M2：25 ℃+60%田间持水量；NW：土壤来自不增温小区（包括不放牧与放牧小区）；W：土壤来自增温小区（包括不放牧与放牧小区）

3. 无根系土壤交叉培养试验

气候变暖能够增加土壤微生物及胞外酶的活性，进而加快土壤有机质的分解，导致更多的 CO_2 释放到大气中。但是当前大量的研究结果表明，温度增加后土壤呼吸速率（土壤 CO_2 的释放速率）并不是长期持续增加。随着增温时间的延长，土壤呼吸速率增加的程度会逐渐降低，使得我们对未来气候变化和土壤碳库反馈关系的预测存在很大的不确定性。

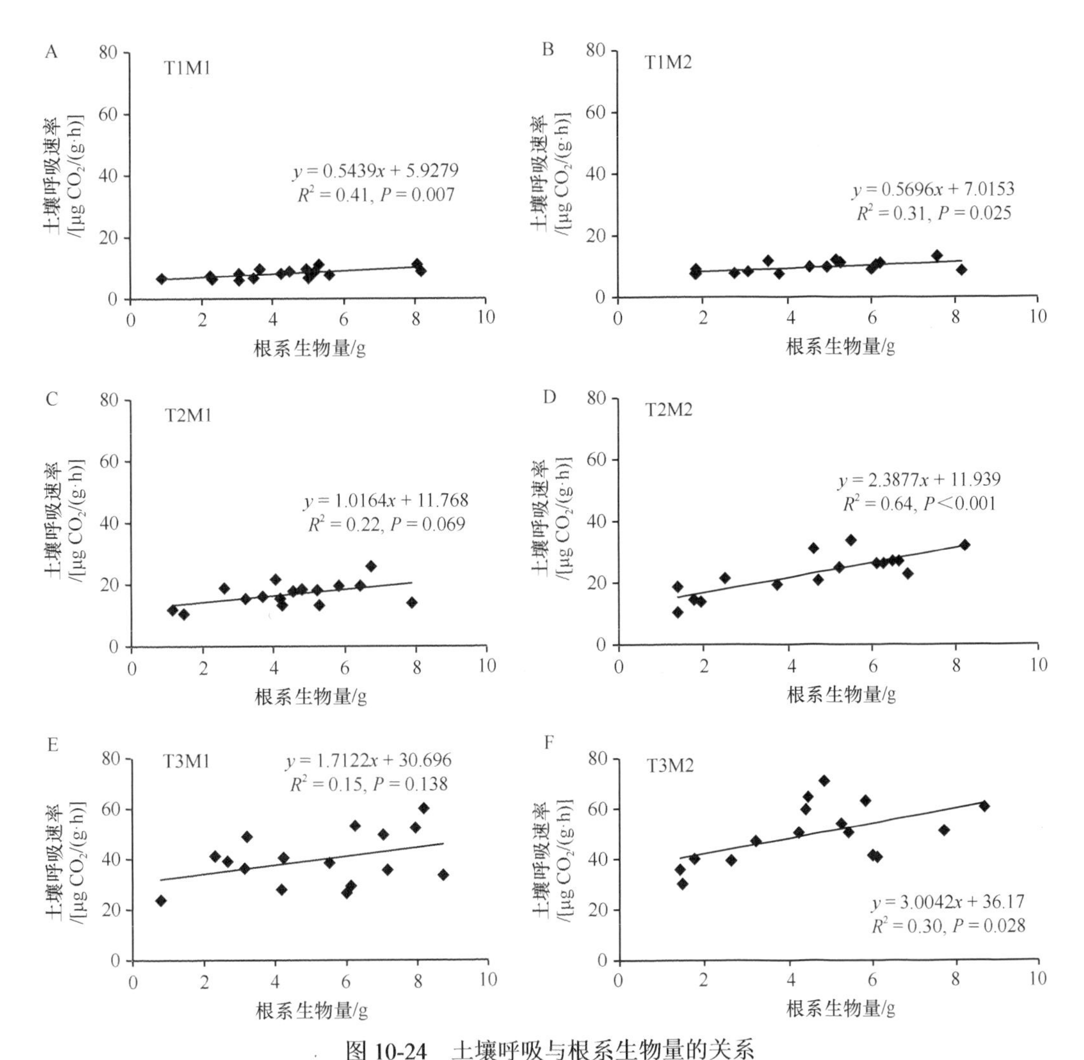

图 10-24　土壤呼吸与根系生物量的关系

T1MI：5℃+30%田间持水量；T1M2：5℃+60%田间持水量；T2M1：15℃+30%田间持水量；T2M2：15℃+60%田间持水量；T3M1：25℃+30%田间持水量；T3M2：25℃+60%田间持水量

目前认为长期增温后土壤呼吸速率降低的原因主要有两个：①土壤中易分解有机质含量降低，导致微生物底物限制，进而降低了土壤呼吸速率；②微生物的温度适应。长期增温后微生物对升高的温度产生了适应，主动降低了其代谢活性。这两种机制将导致未来气候变暖情形下土壤碳库产生截然不同的响应。前面 3 个室内培养试验尽管在一定程度上验证了上述假设，但均是利用土壤呼吸作为微生物活性的代用指标，没有真正监测培养过程中土壤底物质量及微生物功能的真实变化，因而不能定量评估它们的相对作用。因此，进一步揭示长期增温后这两种机制对土壤呼吸降低的相对作用，对于认识土壤碳循环过程具有重要意义。

为了揭示青藏高原高寒草甸生态系统土壤呼吸对温度增加的响应过程和机制，我们采集了高寒草甸（那曲）、高寒草原（班戈）和高寒荒漠（阿里）三种青藏高原典型高寒草甸生态系统土壤，通过培养试验研究了增温对土壤呼吸的影响及其随增温时间的变化规律（Li et al.，2019）。土壤样品采集于 2014 年生长季（7 月）。对每个草地类型选择有代表性

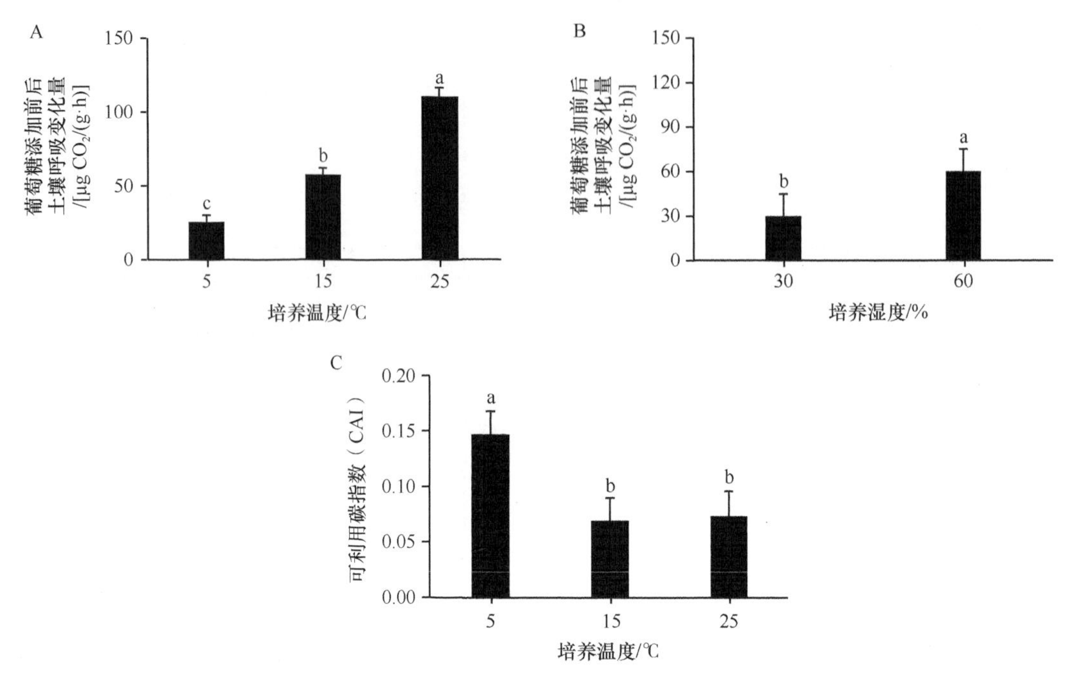

图 10-25　葡萄糖添加前后土壤呼吸的变化和不同培养温度下的可利用碳指数

不同小写字母表示差异显著（$P<0.05$）

的 100m×100m 地块作为采样点，在采样点中随机选择 15 个点，利用 7cm 的土钻收集土壤样本（0～10cm 深度）并充分混合用于后续的试验分析。

通过对土壤样品的基本理化性质和气候特征分析发现，从高寒荒漠草原到高寒草原再到高寒草甸，土壤年均温度逐渐降低，年均降水量、微生物生物量及代谢活性和土壤养分含量逐渐升高（表 10-11）。

表 10-11　取样点气候、植被特征和土壤的基本理化性质

	高寒荒漠草原	高寒草原	高寒草甸
坐标	33°24′N，79°42′E	31°26′N，90°2′E	31°17′N，92°06′E
海拔/m	4264	4678	4501
年平均气温/℃	0.1 a	–0.83 b	–1.13 c
月均最高温度/℃	16.3 a	8.7 b	9 b
月均最低温度/℃	–15.8 c	–10.9 a	–12.6 b
年均降水量/(mm/a)	73.4 c	321.96 b	430.2 a
月均最高降水量/mm	56.8 c	84.6 b	103.1 a
月均最低降水量/mm	0 c	1.4 b	2.6 a
无机碳含量/%	0.01 a	0 b	0 b
总有机碳含量/%	0.87 c	1.58 b	3.02 a
易分解碳含量/(mg/g)	1.58 c	4.28 b	6.62 a
微生物碳含量/(μg/g)	32.75 c	55.24 b	88.82 a
可提取总 DNA 量/(μg/g)	17.14 c	26.69 b	32.35 a

续表

	高寒荒漠草原	高寒草原	高寒草甸
微生物底物代谢活性	0.01 c	0.21 b	0.3 a
微生物利用碳水化合物活性/多聚物活性	0.87 c	1.16 b	3.27 a
pH	7.08 a	6.88 b	6.48 c
土壤重量含水量/%（*m*/*m*）	5.46 b	4.10 b	8.34 a

注：同行不同小写字母表示差异显著（$P<0.05$）。

同时，将采集的土壤进一步分为两部分，一部分用于培养试验（实验 1），另一部分在 4℃下储存至培养试验结束，然后用于后续交叉培养试验（实验 2 和 3）。培养试验 1 将土壤水分含量调整为 30%和 60%饱和持水量后装入玻璃培养瓶，分别在 5℃、15℃和 25℃条件下培养 2 个月。培养过程中取样分析微生物呼吸速率及土壤理化和微生物特性。培养试验 1 的主要目的是研究增温对土壤呼吸的影响，并从土壤易分解碳和微生物群落两个层面，利用相关分析揭示土壤呼吸对增温的响应机制。培养试验 1 结束后，将培养后的土壤分成两部分：一部分土壤灭菌后与未经过培养的微生物提取液混合，继续培养 18 天并监测土壤微生物呼吸速率（消除微生物温度适应对土壤呼吸的影响）；另一部分土壤用于提取微生物，并将微生物提取液与未经过培养的土壤混合后继续培养 18 天，监测土壤微生物呼吸速率（消除土壤易分解碳含量的降低对土壤呼吸的影响）。培养试验 2 和 3 主要目的是通过交叉组合培养的方法量化土壤易分解碳含量降低和微生物群落温度适应对土壤呼吸降低的贡献（Li et al.，2019）。具体试验设计如图 10-26 所示。

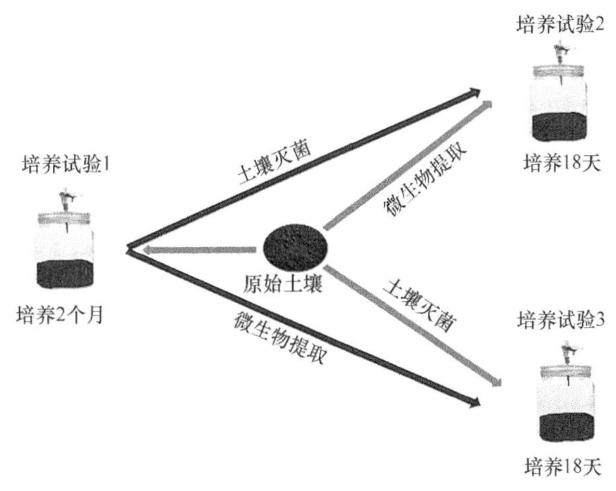

图 10-26　交叉培养试验设计

1）土壤呼吸速率、易分解碳含量及微生物群落特征对增温的响应

研究表明，土壤呼吸速率、易分解碳含量和微生物特征等指标在培养试验 1 的培养过程中发生了显著变化（表 10-12）（Li et al.，2019）。培养试验 1 期间的 CO_2 产量与草地类型[高寒荒漠草原、高寒草原和高寒草甸土壤呼吸速率分别为（9±0.7）mg CO_2/(g·h)、（16±1.4）mg CO_2/(g·h)和（23±2.3）mg CO_2/(g·h)]、温度[培养温度 5℃、15℃和 25℃下土壤呼吸速率分别为（10.8±0.9）mg CO_2/(g·h)、（15±1.2）mg CO_2/(g·h)和（22±2.6）mg

CO_2/(g·h)]和水分[土壤水分含量 30%和 60% WHC 时土壤呼吸速率分别为（12.4±0.9）mg CO_2/(g·h)和（19.3±2）mg CO_2/(g·h)]显著相关（表 10-12）。土壤呼吸在前期培养试验 1 开始时增加，并在第 10 天和第 25 天之间达到峰值（图 10-27）。Rh 到达峰值的时间受温度的显著影响[5℃：（33±2.6）天；15℃：（18±1.8）天；25℃：（14±1.2）天]（图 10-27）。此外，在前期培养试验结束时，所有土壤中易分解碳含量都显著降低[高寒荒漠草原、高寒草原和高寒草甸土壤易分解碳含量分别降低了（42.6±1.9）%、（40.4±3.1）%和（46.1±1.9）%]（图 10-27）。温度和湿度对易分解碳的降低没有显著影响（表 10-12）。

表 10-12　培养温度（T）、水分（M）、草地类型（S）、培养时间（D）及其交互作用对土壤异养呼吸速率（R_h）、易分解碳含量（LC）、微生物生物量、代谢活性、群落组成和温度适应时间（最大 R_h 的时间点）变化的显著性检验

培养条件	土壤异养呼吸速率		易分解碳含量		微生物生物量		微生物代谢活性		微生物群落组成		微生物温度适应时间	
	F	*P*	*F*	*P*	*F*	*P*	*F*	*P*	*F*	*P*	*F*	*P*
T	127.1	<0.01	1.55	0.22	9.65	<0.01	13.01	<0.01	3.06	0.08	36.23	<0.01
M	25.37	<0.01	13.5	0.29	43.26	<0.01	4.24	0.04	0.76	0.38	0.51	0.48
S	20.51	<0.01	82.87	<0.01	31.07	<0.01	52.93	<0.01	7.67	<0.01	1.28	0.29
T∶M	11.49	<0.01	11.14	<0.01	1.41	0.25	1.93	0.15	3.53	0.06	1.69	0.19
T∶S	8.11	0.14	4.88	<0.01	2.1	0.09	0.47	0.76	0.53	0.59	4.30	<0.01
M∶S	8.41	0.48	3.86	0.03	3.64	0.03	0.32	0.72	5.57	<0.01	3.80	0.03
T∶M∶S	0.93	0.46	3.76	0.01	5.05	<0.01	2.81	0.03	1.74	0.18	2.85	0.03
D	103.92	<0.01	24.07	<0.01	143.48	<0.01	21.54	<0.01	8.16	0.01		
D∶T	55.74	<0.01	3.21	0.05	1.24	0.29	3.31	0.04	1.49	0.23		
D∶M	23.15	<0.01	32.99	<0.01	2.06	0.15	4.78	0.03	2.50	0.12		
D∶S	15.19	<0.01	68.66	<0.01	52.19	<0.01	6.41	<0.01	11.66	<0.01		
D∶T∶M	25.71	<0.01	2.86	0.06	2.98	0.05	3.9	0.02	0.28	0.60		
D∶T∶S	15.16	<0.01	9.95	<0.01	6.52	<0.01	2.46	0.05	3.67	0.03		
D∶M∶S	19.27	<0.01	32.54	<0.01	8.4	<0.01	12.97	<0.01	0.56	0.57		
D∶T∶M∶S	23.91	<0.01	1.03	0.4	3.12	0.02	0.97	0.42	0.56	0.46		

与此同时，微生物群落特征也发生了显著变化。微生物生物量变化规律与高寒草甸和高寒草原土壤中的土壤呼吸的变化模式类似，而在高寒荒漠草原土壤中没有观察到微生物生物量有显著变化（图 10-27）。培养温度和湿度对微生物生物量有显著影响，培养温度 5℃、15℃和 25℃下微生物生物量分别下降了（7.6±3）%、（11.8±2.6）%和（0.02±3.9）%，而在 30%和 60%WHC 培养湿度下土壤微生物生物量分别下降了（2.1±2.9）%和（10.9±2.4）%（图 10-27）。

在前期培养试验 1 最初的 18 天内，土壤易分解碳是土壤呼吸的主要底物。高寒荒漠草原土壤易分解碳对土壤呼吸的贡献为（30±3.6）%；高寒草原土壤易分解碳对土壤呼吸的贡献为（130±15.4）%；高寒草甸土壤易分解碳对土壤呼吸的贡献为（125±10.1）%。在培养的后 38 天中，土壤易分解碳对土壤呼吸的贡献显著降低，高寒荒漠草原、高寒草原和高寒草甸土壤易分解碳对土壤微生物呼吸的贡献分别为（28±1.3）%、（38±3.8）%

和（37±3.2）%（图 10-28）。

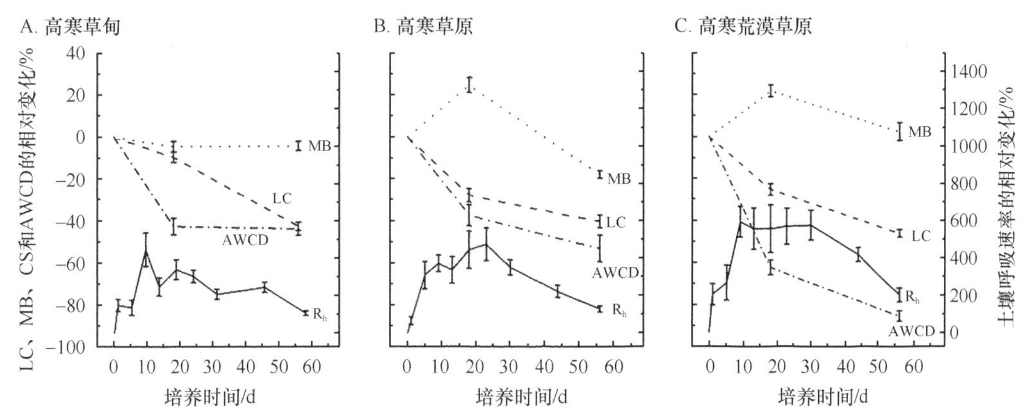

图 10-27　土壤异养呼吸速率、易分解碳含量（LC）、微生物生物量（MB）和生理活性（AWCD）随培养时间增加的相对变化

误差线为标准误差

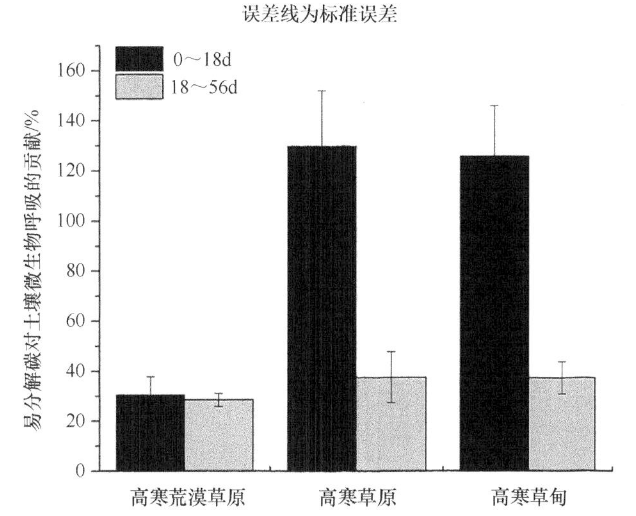

图 10-28　前期培养试验中土壤易分解碳对土壤微生物呼吸的贡献

通过 BIOLOG 测定的初始微生物活性在不同土壤类型之间存在显著差异（表 10-12）。所有土壤中前期培养试验结束后微生物代谢活性显著降低（图 10-27）。土壤类型、温度和水分对微生物活性的降低具有显著影响（表 10-12；图 10-29）。高寒草甸具有最高的单位微生物生物量的微生物活性，其次是高寒草原和高寒荒漠草原（图 10-29）。在前期培养试验 1 结束时，单位微生物生物量的微生物活性降低，特别是对于较高培养温度下的高寒草原和高寒草甸土壤，其微生物活性降低更大（图 10-29）。水分对单位微生物生物量的微生物活性没有显著影响（表 10-12）。随着培养时间的延长，微生物对聚合物的代谢活性增加而对碳水化合物的代谢活性降低（图 10-29）。微生物群落组成随培养时间延长而显著变化（图 10-29）。与高寒草原和高寒草甸土壤相比，高寒荒漠草原土壤中含有更多的厚壁菌门（Firmicutes）微生物和较少的变形菌门（Proteobacteria）微生物。高寒荒漠草原土壤培养后，酸杆菌门（Acidobacteria）、Δ-变形菌和 γ-变形菌增加，拟杆菌减少。高寒草原土壤培养后，厚壁菌和蓝细菌显著减少。高寒草甸土壤培养后，放线菌增加但拟杆菌减少（图 10-29）。

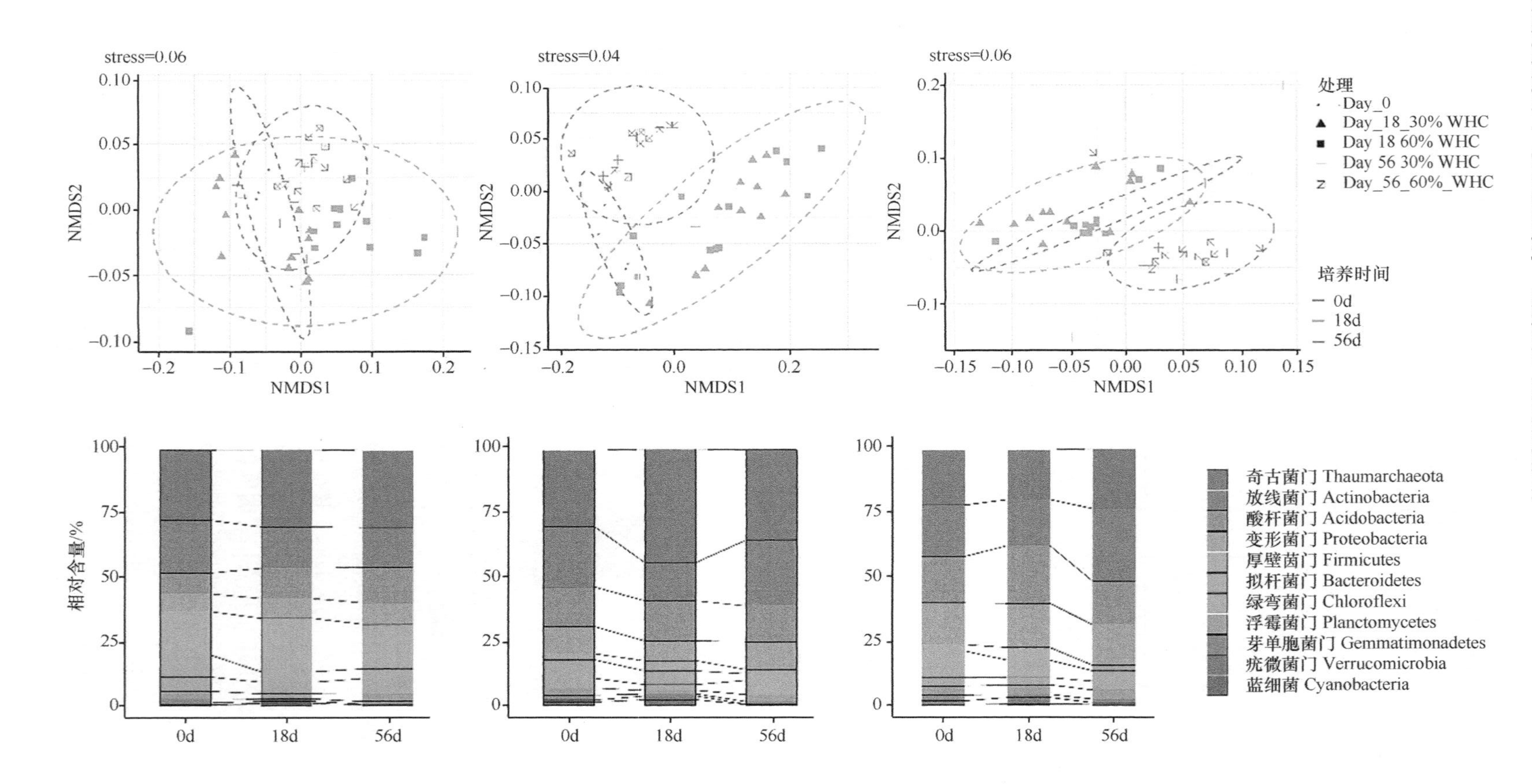
stress=0.06
stress=0.04
stress=0.06
NMDS1
NMDS2
处理
Day_0
Day_18_30% WHC
Day 18 60% WHC
Day 56 30% WHC
Day_56_60%_WHC
培养时间
0d
18d
56d
相对含量/%
奇古菌门 Thaumarchaeota
放线菌门 Actinobacteria
酸杆菌门 Acidobacteria
变形菌门 Proteobacteria
厚壁菌门 Firmicutes
拟杆菌门 Bacteroidetes
绿弯菌门 Chloroflexi
浮霉菌门 Planctomycetes
芽单胞菌门 Gemmatimonadetes
疣微菌门 Verrucomicrobia
蓝细菌 Cyanobacteria

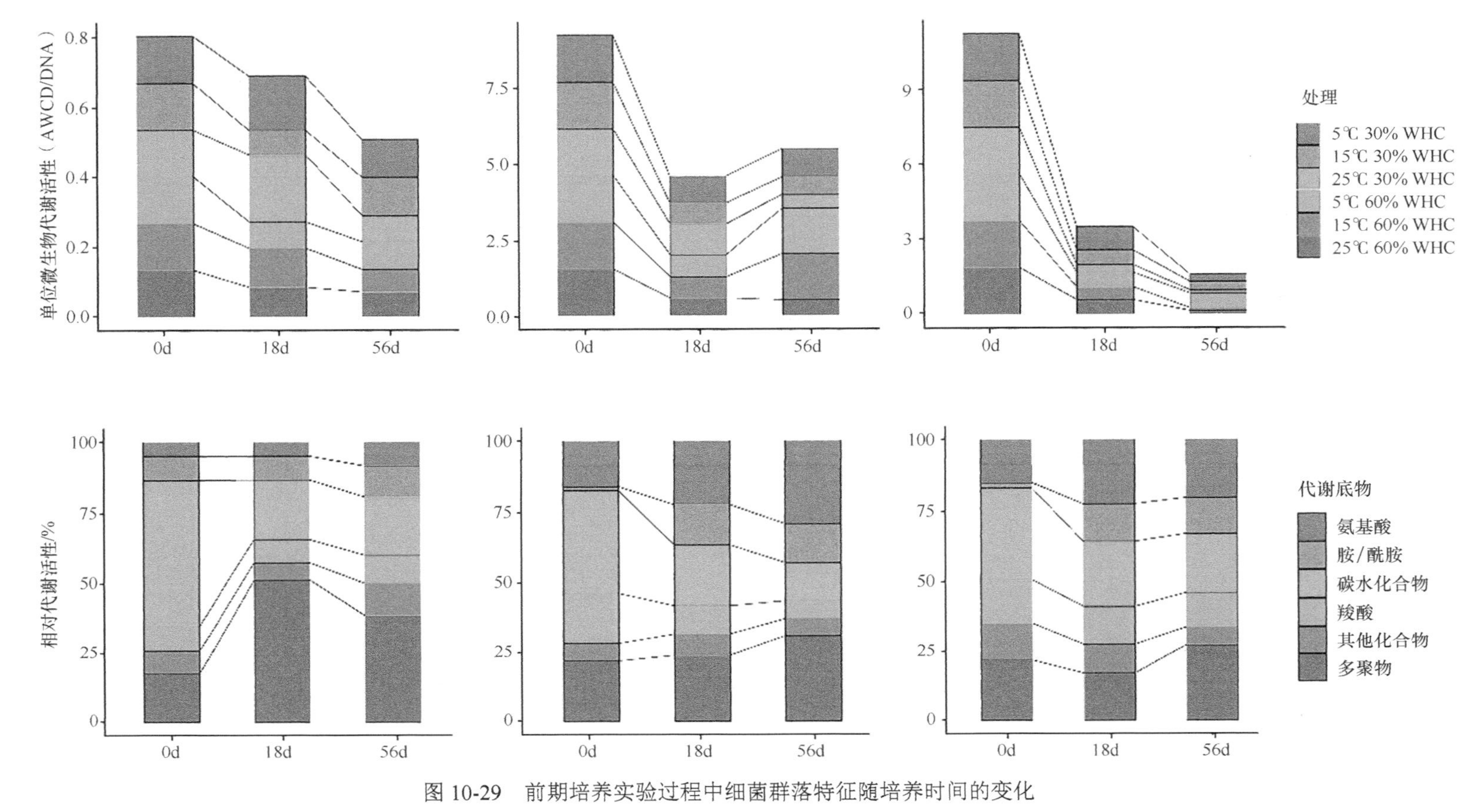

图 10-29 前期培养实验过程中细菌群落特征随培养时间的变化

第一行：微生物群落组成变化；第二行：微生物类群相对含量变化；第三行：单位生物量微生物代谢活性变化；第四行：微生物代谢图谱变化。stress 为应力系数，是统计学中降维分析的一个指标，其范围为0~1，stress<0.20 表示拟合合格

偏相关分析表明，前期培养试验 1 中从第 18 天到试验结束，土壤呼吸速率的下降与易分解碳含量和微生物生物量显著相关。例如，高寒荒漠草原土壤呼吸的下降主要与土壤中易分解碳含量降低显著相关（表 10-13）；而高寒草原土壤中易分解碳和微生物生物量的减少与土壤呼吸的下降显著相关（表 10-13）；在高寒草甸土壤中，易分解碳、微生物生物量的减少和微生物代谢活性的降低与土壤呼吸的下降显著相关（表 10-13）。这些结果表明，随着培养时间的延长，土壤呼吸速率下降的原因可能不尽相同，其中土壤底物、微生物结构和活性的变化均有显著影响（Li et al.，2019）。然而，与上述传统的培养试验、变温或添加葡萄糖试验类似，目前的结果仍然无法定量回答它们的相对贡献。

表 10-13　土壤呼吸与易分解碳、微生物生物量、代谢活性及群落组成的偏相关系数

		易分解碳	微生物生物量	微生物代谢活性	微生物群落组成
总体效应		0.17*	0.31**	0.05	−0.19*
高寒荒漠草原		0.5**	0.06	0.07	−0.02
高寒草原		0.24*	0.36**	0.01	0.09
高寒草甸		0.33*	0.31*	0.5**	−0.25
30% WHC		0.11	0.29**	0.48**	−0.32**
60% WHC		0.36**	0.43**	0.09	−0.18
5℃		0.22	−0.01	0.07	−0.13
15℃		0.01	0.44**	0.1	−0.04
25℃		0.39**	0.44**	0.08	−0.34*
高寒荒漠草原	30% WHC	0.41	−0.16	0.12	−0.56**
	60% WHC	0.61**	0.36	0.03	0.22
	5℃	0.76**	0.2	−0.66**	0.23
	15℃	0.22	0.28	0.1	0.04
	25℃	0.64*	−0.01	0.45	−0.04
高寒草原	30% WHC	0.45*	0.3	0.29	0.22
	60% WHC	0.83**	0.58**	0.06	0.06
	5℃	0.69**	0.18	−0.2	0.20
	15℃	0.42	0.66*	−0.07	0.51
	25℃	0.44	0.59*	0.26	0.06
高寒草甸	30% WHC	0.46*	0.76**	0.33	−0.38
	60% WHC	0.31	0.09	0.65**	−0.28
	5℃	0.01	−0.03	0.21	0.12
	15℃	0.21	0.42	0.49	−0.44
	25℃	0.79**	0.33	0.84**	0.32

**$P<0.01$；*$P<0.05$。

2）土壤易分解碳含量降低和微生物的温度适应对土壤呼吸速率降低的相对贡献

通过培养试验 1 的相关分析发现，土壤易分解碳含量的降低和微生物的温度适应与土壤呼吸速率降低存在显著的相关性（Li et al.，2019）。为进一步量化两者对土壤呼吸速率降低的相对贡献，我们在培养试验 1 的基础上进一步开展了交叉培养试验，即将培养试验 1 培养过的土壤灭菌，与未经过培养的微生物组合后继续培养，同时从未经过培养的土壤中提取微生物，将其接种至灭菌的、未经过培养的土壤作为交叉培养的对照，以研究易分解有机质的降低对土壤呼吸的影响（试验 2）。此时，土壤中易分解有机质含量较低，但微生物是未经培养的土壤微生物，继续培养后，如果土壤呼吸显著增加，则说明是微生物活性而不是土壤易分解有机质含量限制了土壤呼吸（Li et al.，2019）。对照试验中高寒荒漠草原、高寒草原和高寒草甸土壤分别产生了（2.0±0.07）mg CO_2/g 土壤、（4.6±0.89）mg CO_2/g 土壤和（10.0±1.41）mg CO_2/g 土壤；而通过交叉培养后，高寒荒漠草原、高寒草原和高寒草甸土壤呼吸速率分别为（1.18±0.07）mg CO_2/(g·h)、（2.32±0.37）mg CO_2/(g·h)和（5.01±0.91）mg CO_2/(g·h)。该结果表明，由于前期培养中易分解碳含量的降低，继续培养后土壤呼吸继续平均下降了（37±3）%（图 10-30A，C），表明易分解碳含量的降低对土壤呼吸有显著影响。易分解碳含量对土壤呼吸的影响又受到温度和土壤类型的显著影响（图 10-30A，C）。易分解碳含量降低导致的土壤呼吸速率的降低在较高的培养温度[如 5℃、15℃和 25℃下土壤呼吸分别降低了（29±5.2）%、（32± 4.8）%和（50±4.2）%]和较高土壤碳含量[高寒荒漠草原、高寒草原和高寒草甸土壤呼吸分别降低了（27±5.2）%、（41±5）%和（44±4.4）%]的土壤中最大（图 10-30A）。然而，水分对土壤呼吸速率的降低没有显著影响，但发现温度和水分之间有显著的交互作用（Li et al.，2019）。

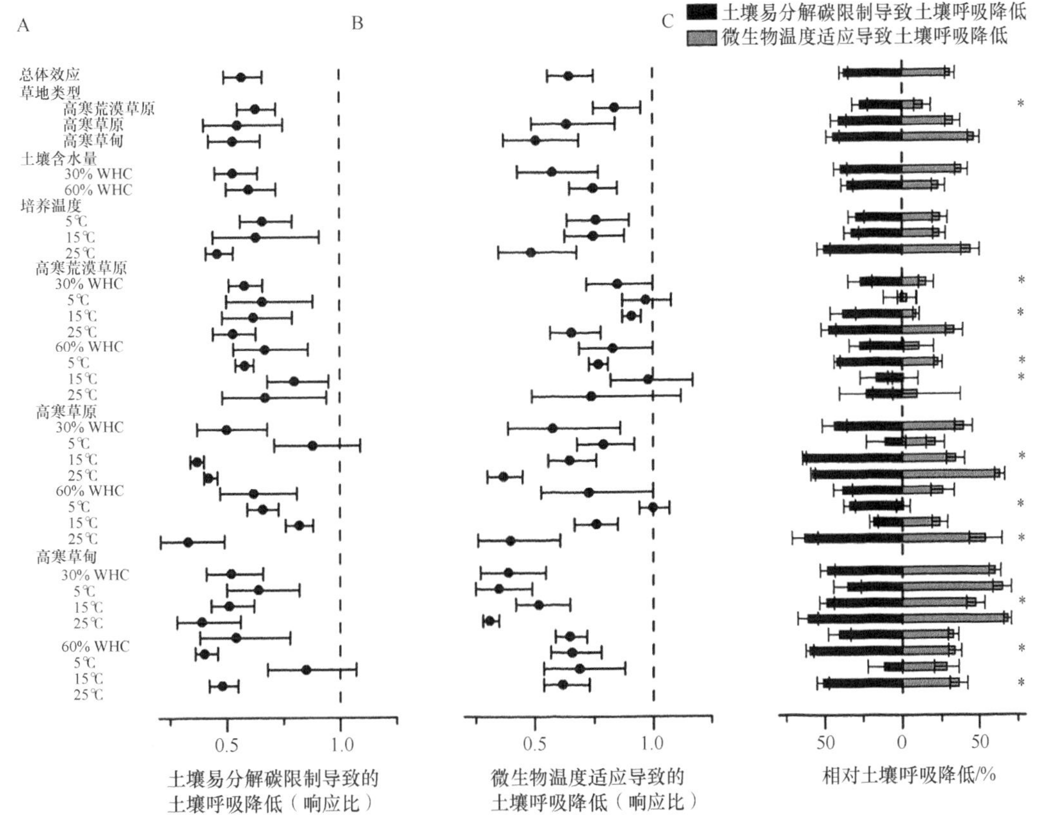

图 10-30　易分解碳含量降低（A）和微生物温度适应（B）对土壤呼吸的影响

*表示处理效应在 0.05 水平上显著

另外，当土壤易分解碳含量不变（未经过培养的土壤）但改变土壤微生物活性时，在这种情景下继续培养，土壤呼吸速率是否会继续下降呢？如果继续下降，则说明土壤呼吸速率的下降主要是土壤微生物活性的下降造成的。为了回答上述假设，我们在培养试验 1 结束后提取培养过的土壤微生物，并与未经过培养的、灭菌的土壤组合进行第二种交叉培养，以研究微生物的温度适应对土壤呼吸的下降是否有显著影响（试验 3）（Li et al.，2019）。结果表明，对于高寒荒漠草原、高寒草原和高寒草甸土壤，试验 3 中土壤呼吸速率分别为(1.53±0.09)mg CO_2/(g·h)、(2.56±0.29)mg CO_2/(g·h)和(4.84±0.98）mg CO_2/(g·h)，与对照相比，微生物的温度适应使土壤呼吸速率平均降低了（30±3.1）%（图 10-30B），表明微生物群落的温度适应显著降低了土壤呼吸速率。微生物群落的温度适应对土壤呼吸的影响又受到温度、湿度和土壤类型的显著调控（图 10-30B）。与试验 2 类似，土壤呼吸速率降低与温度[5℃、15℃和 25℃下分别降低（24±4.9）%、（24±4）%和（44±6.3）%]和易分解碳含量[高寒荒漠草原、高寒草原和高寒草甸分别降低（12± 5.2）%、(33±5）%和（47±3.8）%]显著相关（图 10-30B)。另外，相对于对照，土壤水分与试验 3 中的土壤呼吸速率的降低呈负相关关系[30%WHC 降低（38±4.2）%，60% WHC 降低（23±4.4）%]。

因此，我们的研究发现土壤易分解碳含量与土壤呼吸速率变化之间存在显著相关性，表明土壤易分解碳限制可能是长期增温之后土壤呼吸速率降低的重要原因。不同微生物的相对丰度是碳可利用性的指标（Fierer et al.，2007）。例如，前期培养试验期间，偏好富营养条件的拟杆菌的相对含量降低，表明土壤中易分解碳含量可能限制了微生物的生长。在矿质土壤中，很大一部分有机质被土壤颗粒吸附，使得微生物不能轻易获得这部分有机质。温度和水分的增加可以促进有机质的解吸和扩散，进而增加微生物对碳分解的可利用性（Conant et al.，2011）。随着培养时间延长，易分解碳逐渐被微生物利用而导致含量降低，限制了微生物的代谢，从而使土壤呼吸速率下降（图 10-27)。土壤易分解碳在较高温度下消耗得更快，导致土壤呼吸适应时间较短（即土壤呼吸点峰值时间提前）(图 10-27)。

尽管试验 2 的高压灭菌过程显著增加了土壤易分解碳含量，但是其易分解碳含量仍然显著低于未培养的土壤（图 10-31)。因此，在试验 2 中，同样接种未培养微生物的条件下，培养过的土壤与对照土壤呼吸速率的差异主要是由于易分解碳含量的差异。

土壤微生物群落是土壤中生物量最大、多样性最高的生物类群，并且生长迅速，对土壤有机质的分解至关重要。在森林生态系统中，真菌也是重要的土壤微生物群落成员（Clemmensen et al.，2013）。然而，真菌群落生长较慢，主要参与难降解大分子有机物的分解（Boer et al.，2005）。同时，研究发现西藏高寒草甸土壤真菌对增温的响应不明显（Xiong et al.，2014）。因此，本研究中我们只关注了细菌群落的变化。我们的研究结果表明，长期增温后土壤呼吸速率的降低约 30%是易分解碳含量的降低和微生物群落的温度适应所导致的（图 10-30)（Li et al.，2019）。当前许多研究都发现微生物的温度适应能够显著影响土壤呼吸（Allison et al.，2010；Dacal et al.，2019）。在前期培养试验中，微生物物种组成、生物量和代谢活性都发生了显著变化（图 10-29)，并且与土壤呼吸有显著的相关性，这表明它们可能是土壤呼吸随时间变化的重要原因。随着前期培养试验

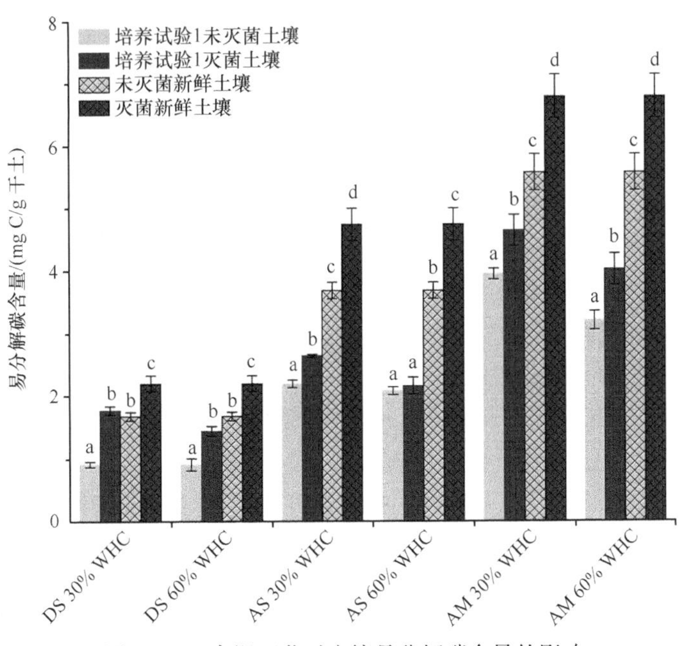

图 10-31　高温灭菌对土壤易分解碳含量的影响

AS，高寒草原；AM，高寒草甸；DS，高寒荒漠草原；WHC，田间持水量；AS，高寒草原；AM，高寒草甸

的延长，土壤易分解碳含量逐渐降低，非活性碳越来越多被微生物利用（图 10-28）。而微生物对非活性碳的利用需要消耗更多的能量，导致微生物碳利用效率（CUE）的降低（Allison et al.，2010）。因此，在培养试验后期观察到的微生物生物量减少可能是由于土壤中易分解碳含量限制和 CUE 降低导致的。

所有土壤的微生物代谢活性在前期培养结束后均显著降低（图 10-29）。这种代谢活性的降低可能是由于微生物群落变化和温度适应导致的。前期培养试验结束后，拟杆菌的相对丰度下降。拟杆菌微生物相对含量与微生物群落的碳矿化速率呈正相关关系（Fierer et al.，2007）。此外，我们发现较高培养温度下的微生物有较低的单位生物量代谢活性（图 10-29），这一结果表明微生物温度适应性的存在。因此，微生物代谢活性可能也与微生物温度适应性有关（Bradford，2013）。此外，土壤易分解碳含量的降低也可能导致微生物代谢活性的降低。已有研究表明，易分解碳限制可以促使微生物表达更多高亲和力的酶，而这些酶往往具有较低的最大催化速率。此外，我们发现在低水分和高温下，高寒草甸土壤中微生物群落的温度适应对土壤呼吸速率的影响最大，这可能是由于微生物的活性降低导致的（图 10-29）。微生物种类组成与土壤呼吸变化之间的显著相关性仅在 30% WHC 和 25℃下的土壤中发现，这可能是由于土壤碳周转过程中微生物物种的功能冗余导致碳循环过程对群落组成不敏感造成的（Allison and Martiny，2008；Prosser，2012；Rousk et al.，2009）。

此外还发现，高寒荒漠草原土壤中土壤呼吸速率的降低主要是由易分解碳含量限制导致的，而易分解碳含量限制和微生物群落温度适应共同导致了高寒草原及高寒草甸土壤中土壤呼吸速率的降低（图 10-30）。微生物群落对土壤呼吸速率降低的不同贡献可能是由于土壤中易分解碳含量和微生物群落的不同导致的（Li et al.，2019）。首先，基于米氏方程，在高底物浓度环境下，土壤呼吸速率应该主要由最大反应速率（V_{max}）控制。相反，易分解碳的重要性随着其浓度的降低而增加。其次，由于土壤养分条件的原因，与高寒荒漠草原土壤相比，高寒草原和高寒草甸土壤中含有更多的富营养微生物（如变形菌）。研究发现，富营养微生物具有更大的基因组，并且可以根据环境变化快速地调节代谢过程（Lauro et al.，2009）。当温度升高时，富营养微生物可能更好地适应较温暖的条件，因为它们相对于寡营养微生物能够表达更稳定但活性更低的同工酶。然而，寡营养微生物具有较低但相对稳定的酶活性。因此，高寒荒漠草原土壤中土壤呼吸的变化可能主要是由易分解碳的限制导致的，而易分解碳限制和微生物群落的温度适应共同导致了高寒草原及高寒草甸土壤中土壤呼吸速率的降低。

总之，我们的研究发现，温度升高能够增加青藏高原高寒草甸土壤呼吸速率。但随着增温时间的延长，土壤呼吸速率增加的程度又逐渐降低。这种土壤呼吸速率的下降是由于土壤中易分解碳含量限制以及微生物群落温度适应（包括微生物生物量和活性的降低）导致的。此外，易分解碳限制以及微生物群落的温度适应对土壤呼吸降低的相对贡献具有生态系统特异性。易分解碳限制是高寒荒漠草原土壤呼吸下降的主要原因，而易分解碳限制以及微生物群落的温度适应共同导致高寒草原和高寒草甸土壤呼吸速率的下降。总体而言，短期增温下的微生物群落温度适应预计会减少土壤有机质的分解，进而防止或降低土壤碳库损失。

第二节　气候变化和放牧对生态系统呼吸的影响

生态系统呼吸由土壤呼吸和植物群落呼吸两部分组成，约 50%的高寒草甸生态系统呼吸来自于土壤呼吸（Lin et al.，2011）。虽然青藏高原地区气候变暖较其他地区更快，但温度的变化往往是波动的。青海海北高寒草甸生态系统研究试验站 1957～2000 年的资料显示，22 个年份的年平均地表温度低于平均值，而 19 个年份的年平均地表温度则高于平均值（Li et al.，2004），表明在过去的 44 年里，该地区同时经历了增温和降温两种不同情景。同时，高纬度、高海拔地区的氮沉降将进一步增加（Hole and Engardt，2008），青藏高原地区在未来也将同样面临氮沉降问题。本节内容将重点介绍增温和降温、增温和放牧对生态系统呼吸的影响过程，以及氮添加对增温效应和放牧效应的调控作用，分析不同高寒草甸植被类型生态系统呼吸与土壤温度、湿度和植被生产力之间的关系，探讨生态系统呼吸响应增温和放牧，以及不同气候变化情景的过程和机理。

一、增温和降温对生态系统呼吸速率的影响

2008～2009 年“双向”移栽试验研究结果表明，对原位（不移栽）生态系统呼吸而言，尽管禾草草甸（海拔 3200m）与灌丛草甸（海拔 3400m）之间的平均生态系统呼吸没有显著差异，但生长季生态系统呼吸总体上随着海拔的增加而降低（图 10-32）（Hu et al.，2016）。2008 年，禾草草甸、灌丛草甸、杂类草草甸（海拔 3600m）和稀疏植被草甸（海拔 3800m）的平均生态系统呼吸速率分别为 621.5mg/(m^2·h)、587.1mg/(m^2·h)、

374.4mg/(m^2·h)和 213.3mg/(m^2·h)；2009 年，禾草草甸、灌丛草甸和稀疏植被草甸的平均生态系统呼吸速率分别为 686.6mg/(m^2·h)、639.7mg/(m^2·h)和 305.0mg/(m^2·h)，生态系统呼吸速率与 5cm 土层温度呈显著正相关（图 10-32D）。

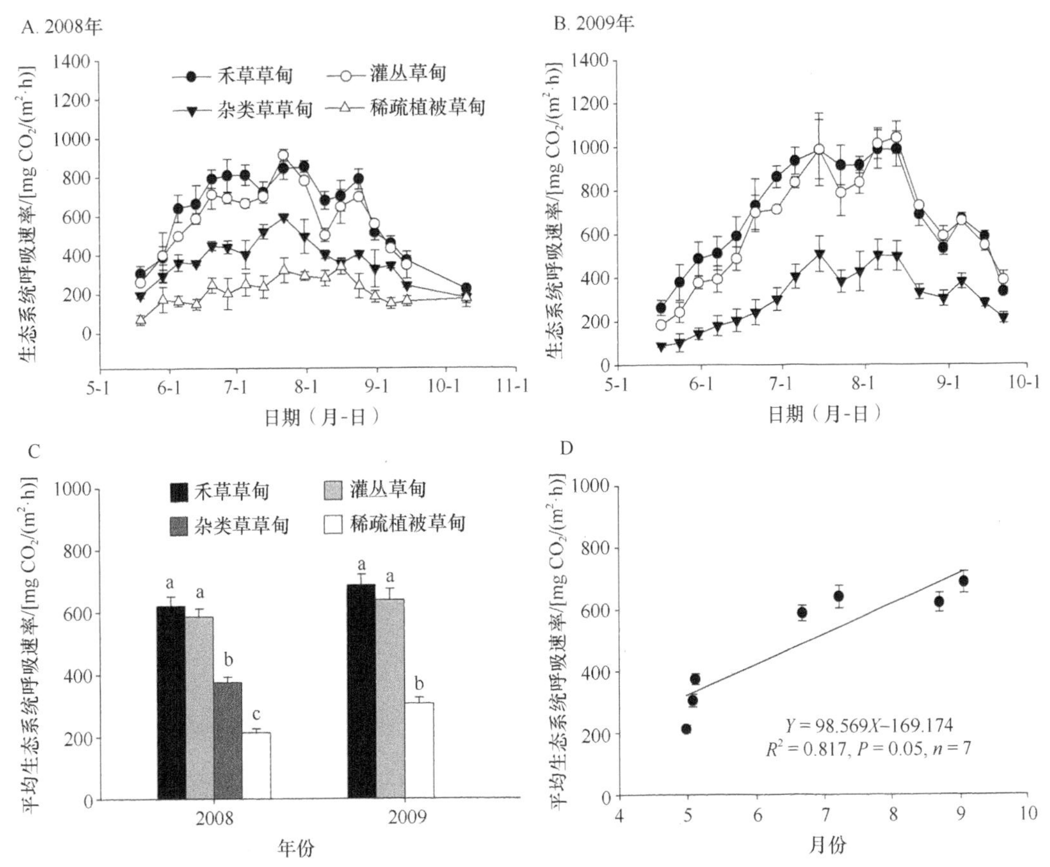

图 10-32 原位不同海拔高寒草甸生态系统呼吸速率及其与 20cm 土层温度的关系

不同小写字母表示差异显著（$P<0.05$）

移栽后，增温（高海拔向低海拔移栽）增加了生态系统呼吸速率，而降温（从低海拔向高海拔移栽）则降低了生态系统呼吸速率，移栽地和原位之间的平均生态系统呼吸速率差异随着海拔差异的增加而增加（图 10-33）。与原位相比，2008 年和 2009 年，禾草草甸从海拔 3200m 移栽至海拔 3400m、3600m 和 3800m 后，其生长季平均生态系统呼吸速率分别降低了 9.1%、34.1%和 44.2 %；灌丛草甸从海拔 3400m 移栽至海拔 3200m、3600m 和 3800m 后，其生长季平均生态系统呼吸速率分别增加了 1.3%、–36.9%和–47.5%；杂类草草甸从海拔 3600m 移栽至海拔 3400m、3200m 和 3800m 后，其生长季平均生态系统呼吸速率分别增加了 34.7%、74.2%和–40.7%；稀疏植被草甸从海拔 3800m 移栽到海拔 3600m、3400m 和 3200m 后，其生长季平均生态系统呼吸速率分别增加了 74.8%、116.7%和 129.4%（图 10-33）。然而，在海拔 3200m 和 3400m，禾草草甸、灌丛草甸和稀疏植被移栽后 2 年平均生长季生态系统呼吸速率都没有显著差异；但在海拔 3800m 处，2 年间 4 种植被类型的平均生长季生态系统呼吸速率存在显著差异。当所有移栽的植被类型生态系统呼吸速率数据放在一起分析时发现，2009 年海拔 3200m、3400m 和 3800m 处的平均生态系统呼吸速率比 2008 年高 45.9%（40.5%～50.0%）。4 种植被类型生长季累积生态系统呼吸速率为 2.1kg $CO_2/(m^2·h)$[1.2～1.9kg $CO_2/(m^2·h)$]，增温平均增加了 74.3%（32.1%～124.6%）、降温平均减少了 33.1%（9.1%～47.1%）的累积生态系统呼吸速率。

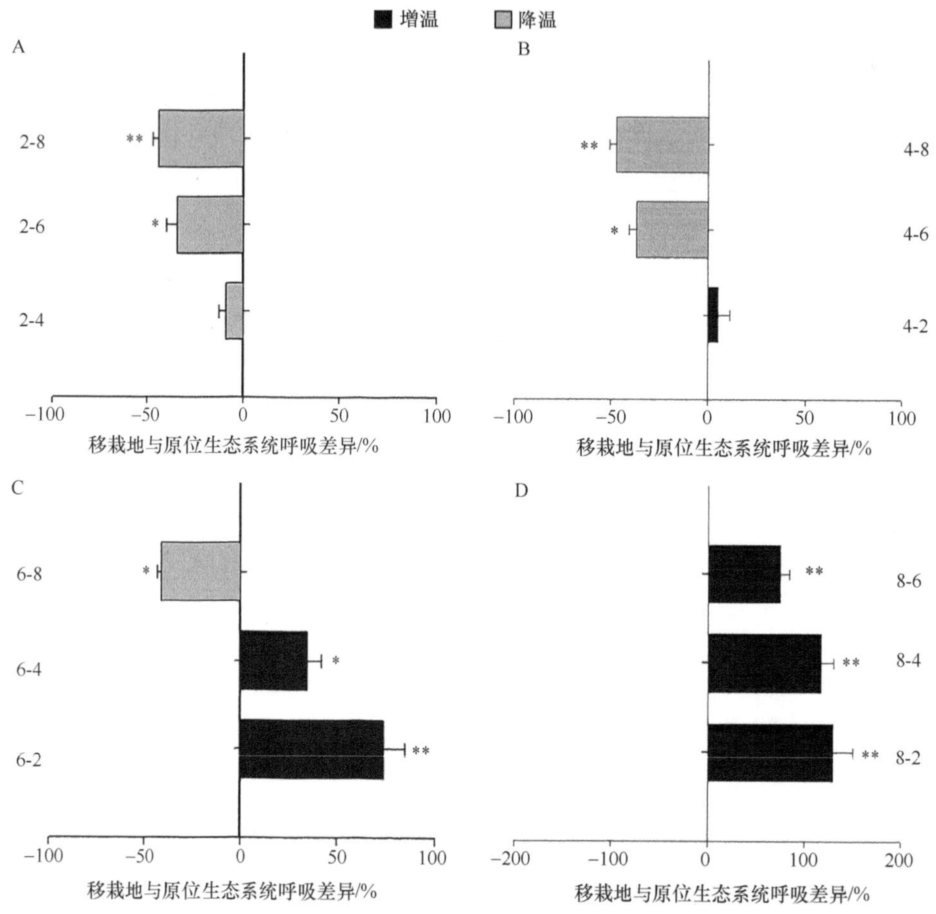

图 10-33　不同植被类型高寒草甸移栽地与原位之间的生态系统呼吸差异

A. 禾草草甸；B. 灌丛草甸；C. 杂类草草甸；D. 稀疏植被草甸

2-4、2-6 和 2-8 分别表示禾草草甸从海拔 3200m 移栽至海拔 3400m、3600m 和 3800 m；4-2、4-6 和 4-8 分别表示灌丛草甸从海拔 3400m 移栽至海拔 3200m、3600m 和 3800m；6-2、6-4 和 6-8 分别表示杂类草草甸移栽至海拔 3200m、3400m 和 3800m；8-2、8-4 和 8-6 分别表示稀疏植被草甸移栽至海拔 3200m、3400m 和 3600m。*和**分别表示在 0.05 和 0.01 水平差异显著

增温通常导致生态系统呼吸速率的增加，主要是因为其通过提高地上植物生产力增加了植物群落的呼吸速率（Rustad et al.，2001；Wang et al.，2012），并通过增加地下生物量、促进凋落物分解和微生物活性增加了土壤呼吸速率（Lin et al.，2011；Luo et al.，2010）。然而，灌丛草甸从海拔 3400m 移栽到海拔 3200m 时，生态系统呼吸速率没有显著变化，这可能是由于增温对生态系统呼吸速率（Wagle and Kakani，2014）和土壤呼吸速率（Chang et al.，2012b；Hu et al.，2008）的效应受土壤湿度的调节，因为海拔 3400m 植被处于山前草甸，观测年份的土壤湿度比海拔 3200m 处稍高，即土壤湿度的降低可能部分抵消了增温的正效应；相反，降温降低了生长季生态系统呼吸。这与自然海拔梯度

的生态系统呼吸随海拔的升高而降低是一致的，其部分原因是降温条件下植物地上生物量的减少。降温可能通过降低凋落物分解速率和微生物呼吸速率而降低了土壤呼吸速率（Xu et al.，2010b）。当灌从草甸从海拔 3400m 移栽至海拔 3200m 时（增温），2008 年生态系统呼吸速率只增加了 0.9%（差异不显著），而移栽至海拔 3600m（降温）时生态系统呼吸速率降低了 36.9%，这一结果表明增温和降温对灌丛草甸生态系统呼吸速率的影响是不对称的。其原因可能有两个方面：一方面，植物地上生物量对增温和降温的响应是不对称的，如从海拔 3400m 移栽至海拔 3200m 时植物地上生物量增加了 14.7%，而从海拔 3400m 移栽至海拔 3600m 时植物地上生物量降低了 23.8%；另一方面，可能是由于土壤呼吸对增温具有适应性（Luo et al.，2001；Li et al.，2019）而对降温没有适应性（Hartley et al.，2008）。此外，其他生物过程，包括凋落物分解、微生物群落、不同土壤碳库和植物地下生物量也可能对增温和降温存在不同响应，从而会导致这种不对称性响应，有关这方面的机制还需要进一步的深入研究。

当所有植被类型的生态系统呼吸数据放在一起分析时发现，生态系统呼吸速率与 20cm 土层温度呈显著正相关，与土壤湿度的关系因植被类型的不同而呈现出显著负相关、正相关或不相关。土壤温度和湿度分别解释了 63.5%和 12.3%的自然海拔梯度上生态系统呼吸变化，二者分别解释了 45.7%、62.9%、60.1%和 6.0%、8.0%、7.8%的移栽后海拔梯度上的生态系统呼吸速率变化（表 10-14）。植物地上生物量分别解释了增温、降温以及增温+降温情境下平均生态系统呼吸速率变化的 31.8%、61.6%和 21.5%，土壤温度分别解释了 36.5%、84.6%和 72.1%的变化（图 10-34）；土壤湿度只分别解释了降温情景下的平均生态系统呼吸变化的 26.4%以及增温+降温情景下平均生态系统呼吸变化的 30.6%，增温处理下土壤湿度和平均生态系统呼吸之间没有明显相关关系（图 10-34C）。

表 10-14　2008～2009 年自然海拔梯度和移栽海拔梯度的生态系统呼吸与 20cm 土层水分含量的线性回归分析

海拔梯度	处理	a	b	R^2	P 值
自然梯度	—	9.427	228.178	0.123	<0.001
移栽梯度	增温	–10.496	922.688	0.060	<0.001
	降温	5.348	275.572	0.080	<0.001
	增温+降温	0.078	307.275	0.078	<0.001

逐步回归分析表明，土壤温度是控制高寒草甸生态系统呼吸变化的主导因子（Y=51.586X+133.589，R^2=0.365，P<0.001），该结果支持了高寒草甸的生态系统呼吸速率依赖于土壤温度而非土壤湿度的观点（Kato et al.，2004；Lin et al.，2011）。同时，温度和地上生物量二者对生态系统呼吸均有显著影响（Y=78.629Tem+0.229Abs–122.840，R^2=0.868，P<0.001；Tem：20cm 土层温度，Abs：地上生物量）。植物地上生物量解释了 71.5%的自然海拔梯度上的生态系统呼吸变化。然而，植物地上生物量对增温（31.8%）及增温+降温（21.5%）处理的生态系统呼吸变化的解释率远小于降温处理（61.6%），表明增温和降温影响生态系统呼吸的关键因子可能不同，而地上生物量可作为一个很好的指标来表征长期自然适应和短期降温下植物生长季生态系统呼吸速率的变化（Hu et al.，2016）。

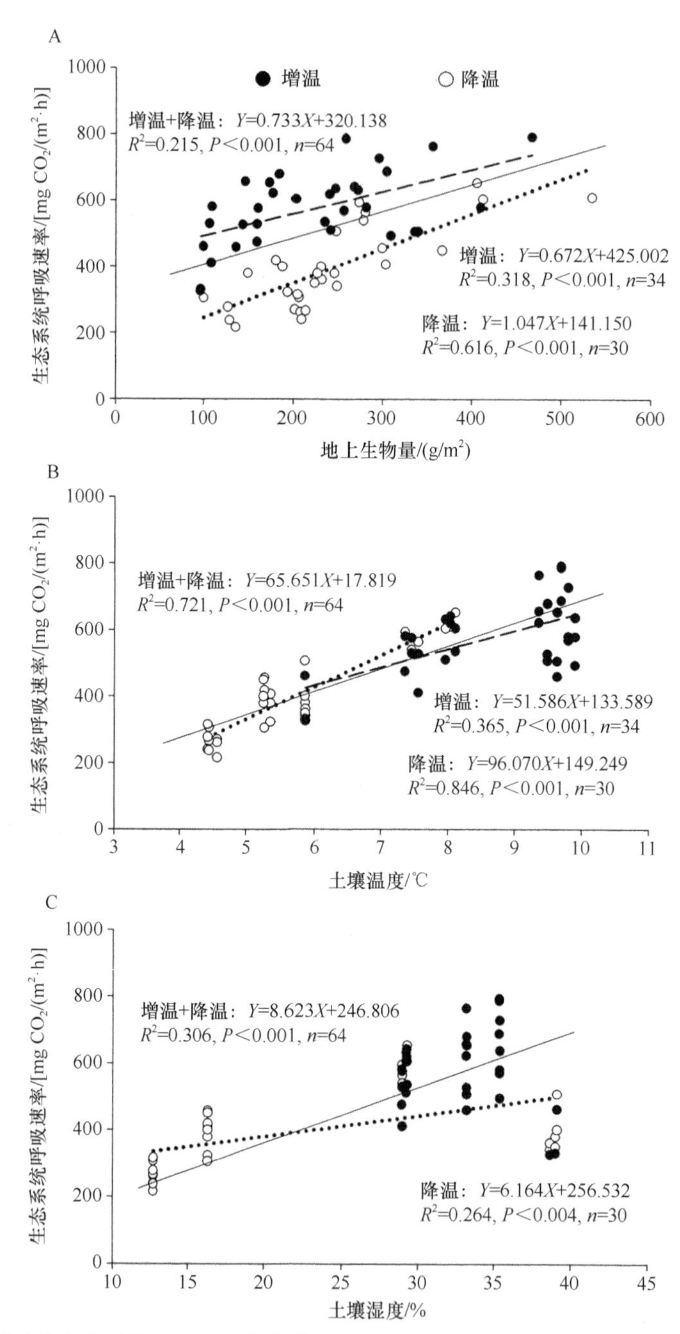

图 10-34　生长季平均生态系统呼吸与地上生物量（A）、20 cm 土层温度（B）和湿度（C）回归分析

二、增温和放牧对生态系统呼吸速率的影响

增温和放牧对生态系统呼吸速率的影响随采样日期和年份的变化而变化，增温与放牧之间没有交互作用（Lin et al.，2011）。例如，增温在 2006 年 28 次采样中有 5 次、2007 年 20 次采样中有 5 次、2008 年 20 次采样中只有 2 次显著促进了生态系统呼吸速率（图 10-35）。然而，有时增温也会显著降低生态系统呼吸速率，如在 2007 年 7 月，特别

是在较干旱的 2008 年 7 月，增温均显著降低了生态系统呼吸速率（图 10-35）。3 年观测期内，增温对生长季平均生态系统呼吸速率没有显著影响（图 10-36）。虽然放牧对 2007 年和 2008 年平均生态系统呼吸速率没有显著影响，但放牧在 2008 年 20 次采样中有 6 次显著促进了生态系统呼吸速率（图 10-36）。

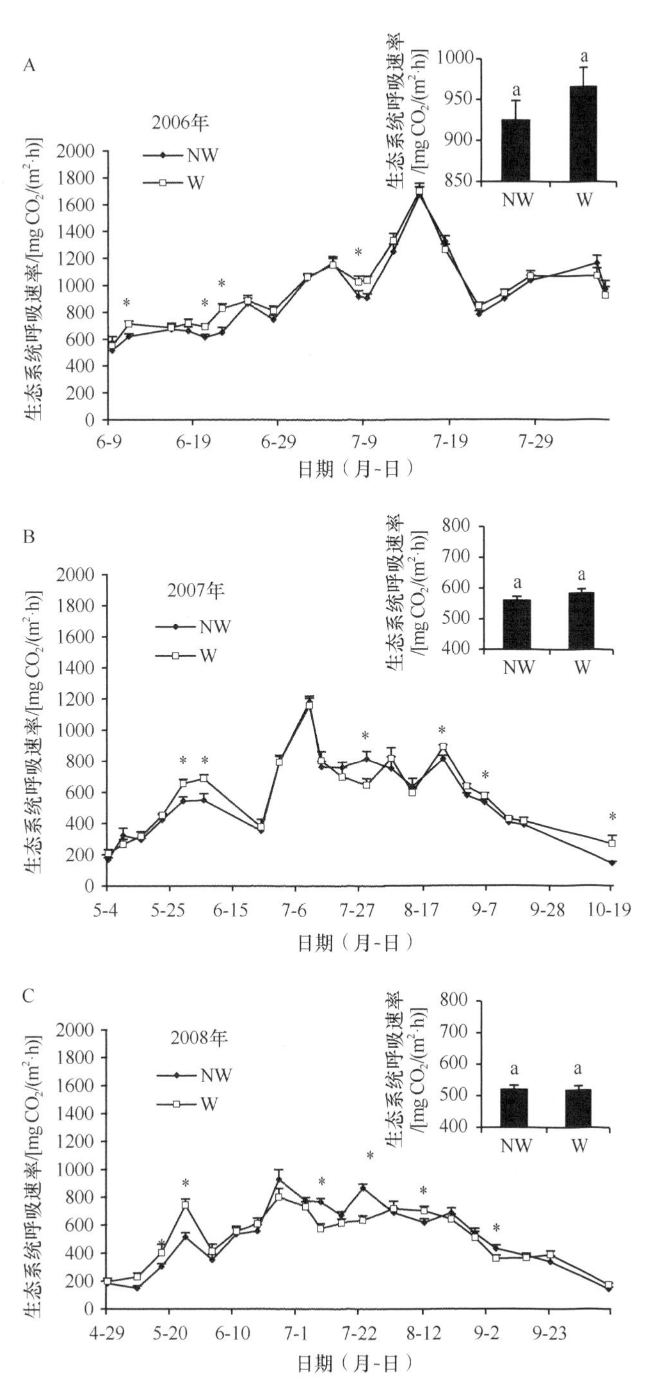

图 10-35　2006～2008 年生长季增温（W）和不增温（NW）对生态系统呼吸速率的影响

相同小写字母表示在 0.05 水平差异不显著；*表示差异显著（$P<0.05$）

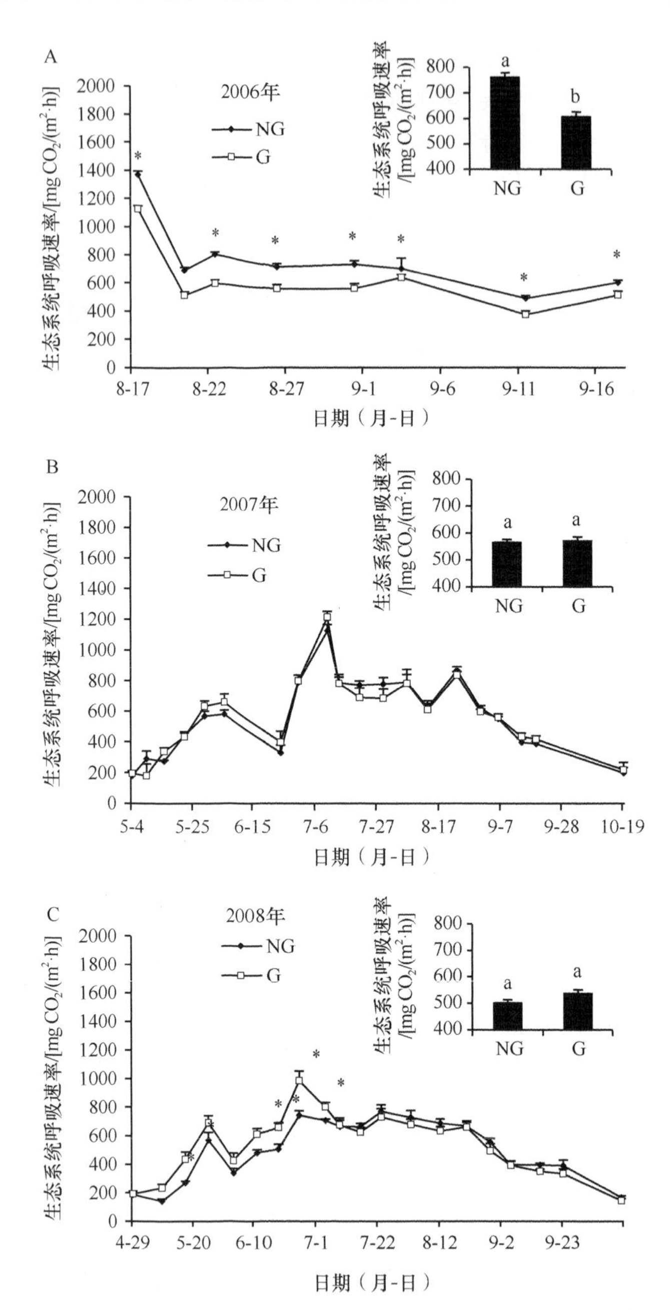

图 10-36　2006～2008 年生长季放牧（G）和不放牧（NG）对生态系统呼吸速率的影响

相同小写字母表示在 0.05 水平差异不显著；*表示差异显著（$P<0.05$）

增温和放牧对生态系统呼吸速率的影响因月份的不同而变化（图 10-37）。例如，增温放牧处理使 2007 年 5 月生态系统呼吸速率较对照显著增加了 14.5%，2007 年 6 月生态系统呼吸速率较对照显著增加了 19.8%。无论放牧与否，增温均显著提高了 2008 年 5 月生态系统呼吸速率(41.6%～43.1%)，却降低了 2008 年 6 月生态系统呼吸速率(16.5%～25.9%)。2008 年，放牧使生长季生态系统呼吸增加 9.3%（P=0.086）。此外，放牧显著增加了 2008 年 5 月和 6 月生态系统呼吸速率，分别提高了 31.3%和 32.1%。然而，2008

年 9 月增温放牧处理的生态系统呼吸速率比增温不放牧显著降低了 17.6%（图 10-37）。

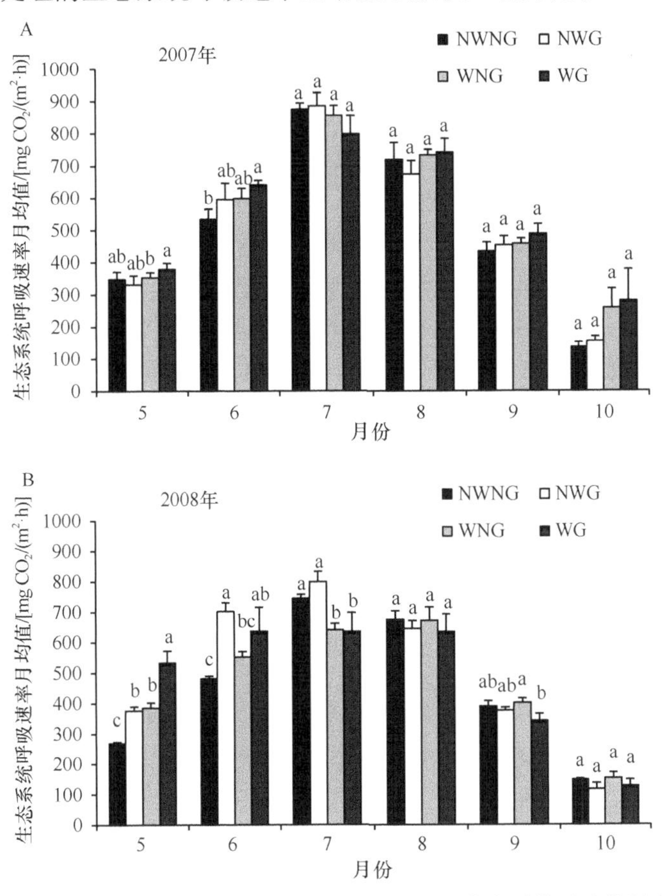

图 10-37　2007 年和 2008 年不同处理对月平均生态系统呼吸的影响

NWNG：不增温不放牧；NWG：不增温放牧；WNG：增温不放牧；WG：增温放牧。不同小写字母表示差异显著（$P<0.05$）

2006～2008 年生长季月平均生态系统呼吸速率和季节平均生态系统呼吸速率年际间差异显著（图 10-38）。其中，2006 年生态系统呼吸速率最高。一方面，2006 年的降

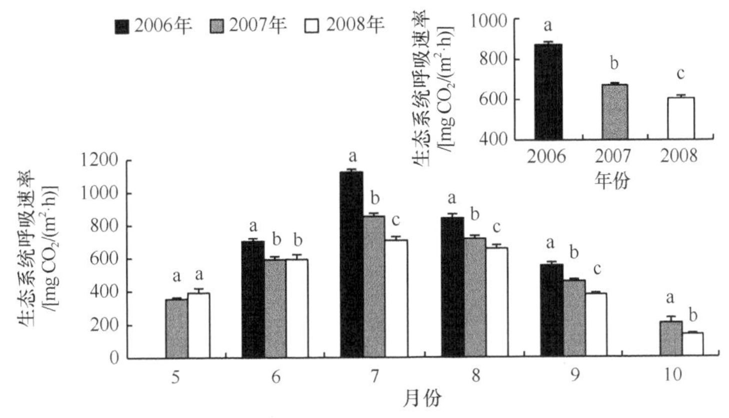

图 10-38　2006～2008 年不同年份月平均和季节平均生态系统呼吸

不同小写字母表示差异显著（$P<0.05$）

水量处于正常年份的水平，2007 年轻度干旱，2008 年相对严重干旱；另一方面，可能是 2006 年仅进行了一次放牧，使得放牧前地上生物量较高。

生态系统呼吸速率对气候变暖的响应取决于生态系统的类型。有研究发现，增温对温带草原整个生长季的生态系统呼吸速率没有显著影响（Xia et al.，2009），却显著促进了北极苔原的生态系统呼吸速率(Grogan and Jonasson，2005)。无论是在相对湿润的 2006 年，还是在相对干旱的 2007 年和 2008 年，增温对生态系统呼吸速率季节均值均未产生显著影响（图 10-35）。然而，在第一年放牧后，增温显著增加了 12.4%的生态系统呼吸速率，而不增温放牧与增温放牧处理之间并无显著差异，表明放牧改变了生态系统呼吸速率对增温的响应。增温不放牧与不增温不放牧相比，显著增加了植物地上和地下生物量（Lin et al.，2011），因而会增加自养呼吸。同时，增温放牧与不增温放牧相比，放牧后 0～10cm 土壤湿度降低了 15%。因此，增温放牧处理通过降低土壤湿度对生态系统呼吸产生的“负效应”抵消了因植物地上和地下生物量增加产生的“正效应”。

增温在生长季早期（6 月之前）增加了生态系统呼吸速率，在 7 月降低了生态系统呼吸速率，特别是在重度干旱的 2008 年（图 10-37）。因为增温使草地更早返青且有更高的生物量，在生长季早期增温增加生态系统呼吸速率的主要原因可能与增温促进了自养呼吸和异养呼吸有关。2007 年 7 月和 2008 年，很少的降水量可能加剧了干旱（Luo et al.，2010；Hu et al.，2010），从而导致生态系统呼吸速率短暂下降。然而，2007 年 7 月，增温导致的土壤干旱并没有降低土壤呼吸（图 10-37）。因此，在此期间增温导致的生态系统呼吸速率下降可能主要源自于地上植物自养呼吸速率的减弱。由此可见，干旱期高寒草甸地上部分的自养呼吸对增温的响应可能比土壤呼吸更敏感。

生态系统呼吸随着 5cm 土层温度的增加呈指数型增加趋势，5cm 土层温度分别解释了对照、放牧、增温和增温放牧处理 3 年生长季生态系统呼吸季节变异的 83.0%、76.3%、78.6%和 62.5%（图 10-39）。2006 年和 2007 年生态系统呼吸的季节变异与土壤湿度无显著相关性。2008 年将所有处理数据汇总后发现，生态系统呼吸速率与土壤湿度呈弱的负相关，土壤湿度对生态系统呼吸变异的解释率仅为 12.5%（P=0.001）。这些结果表明，高寒草甸生态系统呼吸主要受土壤温度而非土壤湿度的调控。虽然在 7 月中旬之前，地上现存生物量与生态系统呼吸速率存在显著的线性相关关系，逐步回归分析却发现，在 2007 年和 2008 年整个生长季地上现存生物量与生态系统呼吸速率之间并不相关。以上结果表明，放牧前增温可能导致地上现存生物量的增加而引起生态系统呼吸的增加。在 2006 年放牧后，地上现存生物量解释了 41%～68%的生态系统呼吸速率变异。然而，生态系统呼吸速率的季节均值与植物地下生物量并不存在显著相关性。

放牧对生态系统呼吸的净效应取决于放牧对生态系统呼吸过程正、负效应之间的平衡。除 2006 年外，放牧对 2007 年和 2008 年平均生态系统呼吸速率均没有显著影响。一方面，放牧通过降低植物地上现存生物量和地下生物量而降低了植物自养呼吸速率，减少了土壤中活性碳的输入，从而降低微生物呼吸速率（Cao et al.，2004；Hafner et al.，2012）；另一方面，放牧通过增加土壤温度而增加了土壤呼吸速率（Luo et al.，2010；Hu et al.，2010）。根系呼吸在短时间内几乎不受刈割的影响，表明碳水化合物储备可以维持数天根系代谢，而微生物呼吸对同化产物的供应在短期内的

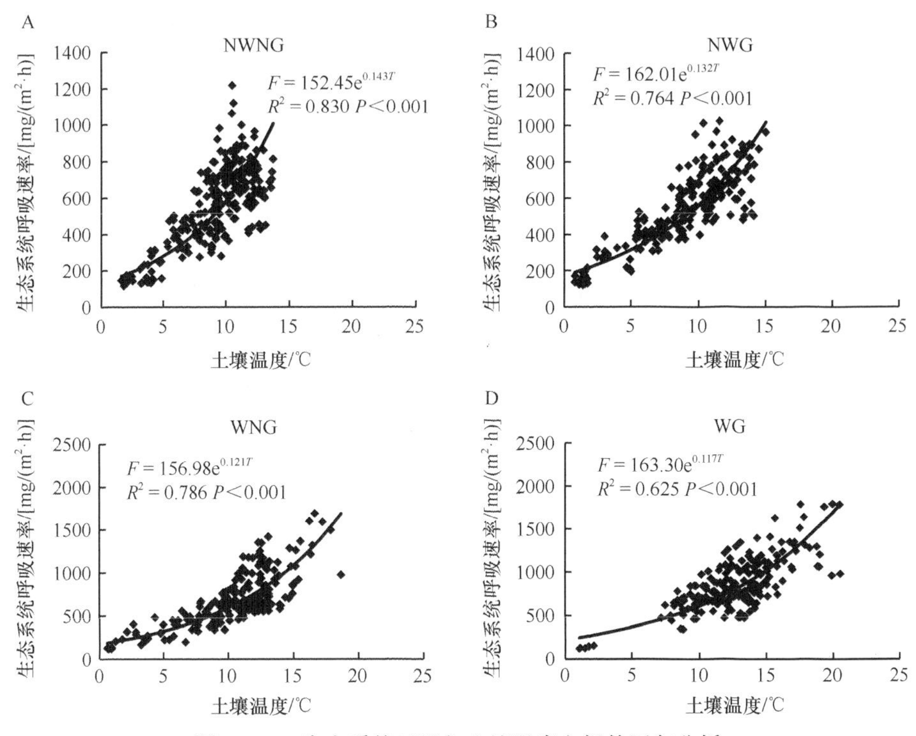

图 10-39　生态系统呼吸与土壤温度之间的回归分析

NWNG：不增温不放牧；NWG：不增温放牧；WNG：增温不放牧；WG：增温放牧

响应则较为强烈（Bahn et al.，2006）。因此，在第一次放牧后，放牧对植物地上自养呼吸速率的降低超过了其通过提高土壤温度对异养呼吸速率的增加，从而导致生态系统呼吸速率的降低。与之相反，尽管在 2007 年和 2008 年每次放牧减少 20%～25%的植物地上生物量（Lin et al.，2011），但放牧并没有立即降低生态系统呼吸速率（图 10-36），说明放牧对地上部分自养呼吸速率降低的部分对总生态系统呼吸的相对贡献较小。例如，2007 年生长季土壤呼吸平均占生态系统呼吸的 58%，即约 40%的生态系统呼吸来自于地上部分的自养呼吸，那么放牧因降低 20%～25%生物量而降低生态系统呼吸的量仅占总生态系统呼吸的 10%左右。

三、氮添加对增温和放牧效应的调控作用

在前几年监测的基础上，2010～2012 年在增温和放牧试验平台的每个小区又设置了氮添加的处理，以探讨氮添加如何调控增温和放牧对生态系统呼吸的影响（Zhu et al.，2015）。整体上，3 年生态系统呼吸随着不同处理、取样日期和年际的变化而变化（图 10-40）。因 2010 年为夏季放牧，其单独统计分析表明，增温、放牧和氮添加的单独作用以及所有互作效应均不显著（$P>0.05$），7～10 月所有处理平均季节生态系统呼吸速率为 356.0mg/9(m^2·h)；但增温的效应随不同月份而变化（P=0.026），增温在 9 月和 10 月显著增加了生态系统呼吸速率（图 10-41A）。2011～2012 年模拟冬季放牧后，放牧、氮添加和各处理因子间的互作效应均没有显著影响，但增温显著增加了约 10%的生态系

统呼吸速率（图 10-41B）；与 2011 年[342.4mg/(m^2·h)]相比，2012 生长季平均生态系统呼吸速率[367.3mg/(m^2·h)]显著提高了 13%（图 10-41C）。

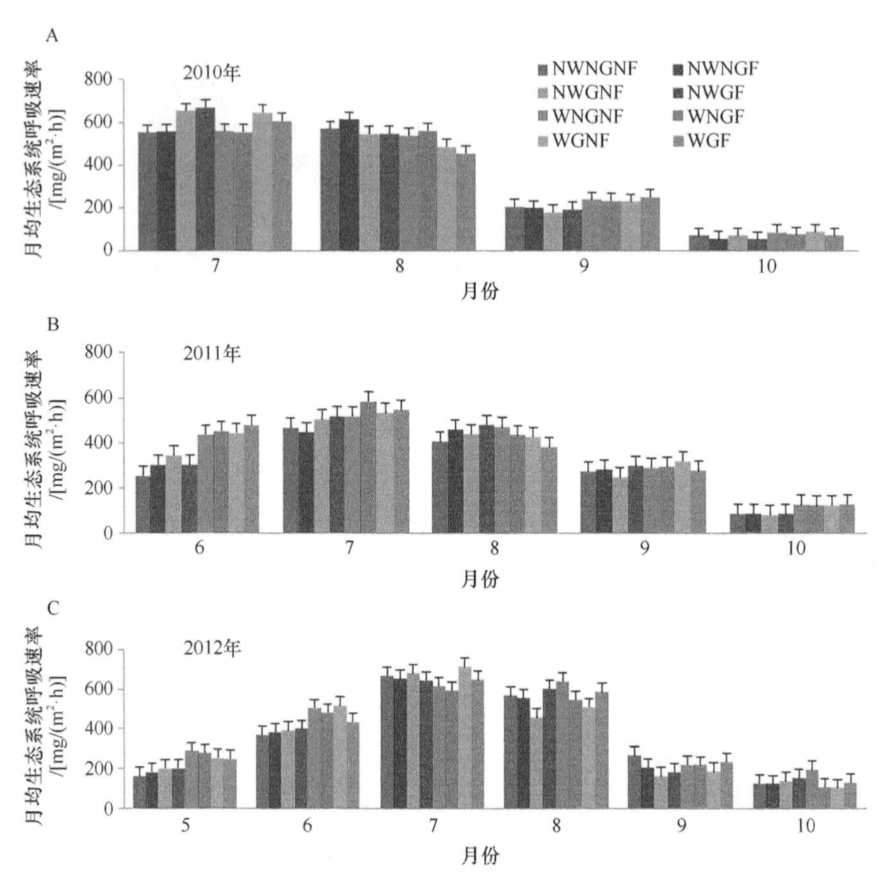

图 10-40　2010～2012 年不同处理生态系统呼吸动态变化

NWNGNF：不增温不放牧无氮添加；NWNGF：不增温不放牧氮添加；NWGNF：不增温放牧无氮添加；NWGF：不增温放牧氮添加；WNGNF：增温不放牧无氮添加；WNGF：增温不放牧氮添加；WGNF：增温放牧无氮添加；WGF：增温放牧氮添加

生态系统呼吸随着土壤温度的升高呈指数增长，温度可以解释生态系统呼吸变化的 55%（50%～59%）（图 10-42）。不增温不放牧无氮添加、不增温不放牧氮添加、不增温放牧无氮添加、不增温放牧无氮添加、增温不放牧无氮添加、增温不放牧氮添加、增温放牧无氮添加以及增温放牧氮添加等 8 种处理生态系统呼吸的温度敏感性（Q_{10}）分别为 5.92、4.21、5.56、4.70、5.63、5.33、6.16 和 5.01，平均为 5.30。这同时也与地上净初级生产力呈线性正相关关系，ANPP 可以解释生态系统呼吸 18%的变化，即 ANPP 越高，生态系统呼吸速率越大（图 10-43）。

总体上，增温没有显著影响 2010 年生长季平均生态系统呼吸，这一结果与我们之前的报道一致（Lin et al.，2011），却显著提高了 2011～2012 年平均生长季生态系统呼吸速率。有研究发现，在增温一段时间后，最初增加的生态系统呼吸速率甚至降到比不增温处理更低的水平（Luo et al.，2001；Rustad et al.，2001），而我们的研究表明连续增温 7 年后仍然显著提高了该高寒草甸生态系统呼吸速率。造成上述不同结果差异的原因可能主要有以下三个方面：①在我们的增温平台上，增温增加了植物生产力（Wang et al.，2012）、凋落物分解速率（Luo et al.，2010）和土壤可溶性有机碳（Luo et al.，2009；Rui et al.，2011）；②尽管增温降低了土壤湿度，但生态系统呼吸和土壤湿度并无显著相关性，表明温度对生态系统呼吸的影响超过了土壤湿度，因此增加的生态系统呼吸可能是由于植物生产力的提高而间接导致的（图 10-43）；③土壤微生物群落没有随着增温时间的延长而表现出适应性（Hartley et al.，2008），如一些研究发现增温显著改变了土壤微生物群落的结构和功能（Zhou et al.，2012；Li et al.，2016），从而提高了碳分解相关基因，如纤维素甲壳素降解基因（Yergeau et al.，2012；Zhou et al.，2012）的相对丰度。

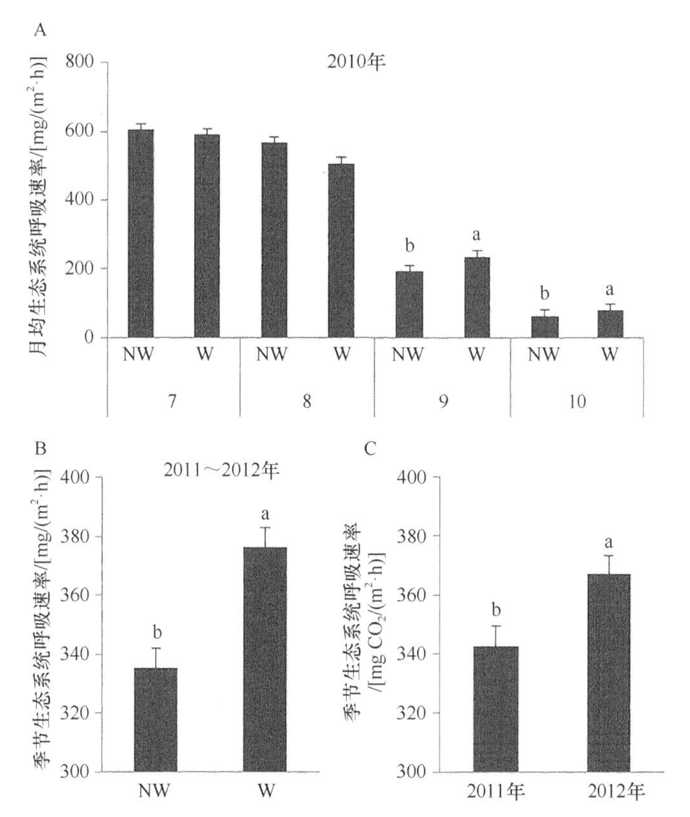

图 10-41 2010～2012 年增温对生态系统呼吸的影响及年际间的差异

NW：所有不增温处理的均值；W：所有增温处理的均值。不同小写字母表示差异显著（$P<0.05$）

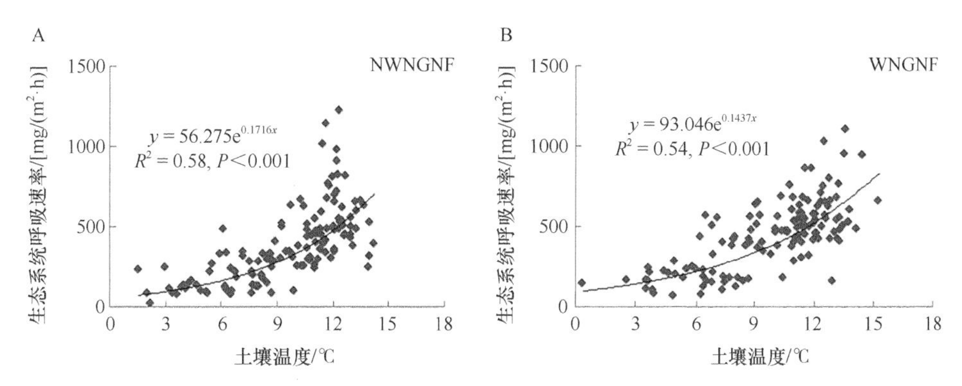

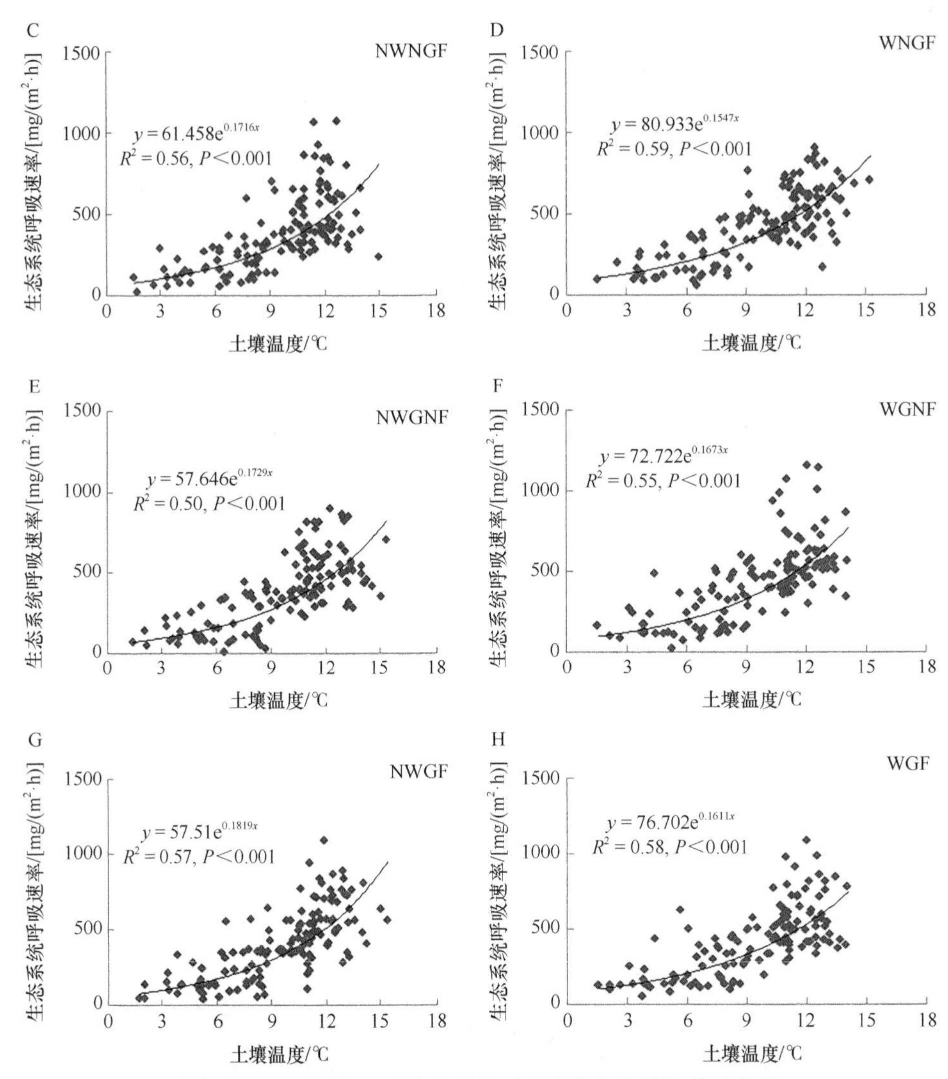

图 10-42　不同处理下生态系统呼吸速率与土壤温度的关系

NWNGNF：不增温不放牧无氮添加；NWNGF：不增温不放牧氮添加；NWGNF：不增温放牧无氮添加；NWGF：不增温放牧氮添加；WNGNF：增温不放牧无氮添加；WNGF：增温不放牧氮添加；WGNF：增温放牧无氮添加；WGF：增温放牧氮添加

类似于我们之前的研究结果，单独放牧或刈割并没有显著影响生长季生态系统呼吸速率。放牧对生态系统呼吸速率的影响取决于其正效应和负效应之间的平衡。一方面，放牧会移除植物地上生物量而降低了植物的自养呼吸速率（Cui et al.，2014）；另一方面，放牧导致了土壤温度的增加而促进土壤呼吸（Bahn et al.，2006）。2011 年和 2012 年，冬季刈割对生长季平均生态系统呼吸的影响非常小，可能是由于冬季刈割没有显著影响植物生产力的缘故（Cui et al.，2014）。

3 年期间，氮添加并没有显著改变生态系统呼吸速率，说明该高寒草甸土壤氮的可利用性可能不是限制土壤微生物活性的主要因素，甚至氮添加对 ANPP 的影响因年际而异，2010 年和 2011 年影响不显著，但 2012 年显著提高了 ANPP（Wang et al.，2012；

Zhu et al.，2015）。生态系统呼吸速率对氮添加的响应可能与土壤氮有效性和氮添加量有关（Harpole et al.，2007；Carter et al.，2011）。氮并非是影响高寒草甸植物生产力的限制因子，增温也不会显著改变高寒草甸土壤净氮矿化速率（Wang et al.，2012）。高剂量的氮添加能够消除微生物代谢中的氮限制，提高凋落物的质量（Carter et al.，2012），而我们每年的氮添加量低于其他研究。另外，氮添加可能会促进植物对氮的吸收而增加植物的自养呼吸速率（Jassal et al.，2011），但同时也会降低土壤微生物生物量及其活性而削弱土壤呼吸速率（Mo et al.，2008）。因此，这两种相反的效应相互抵消而使生态系统呼吸通量净效应呈现为中性。

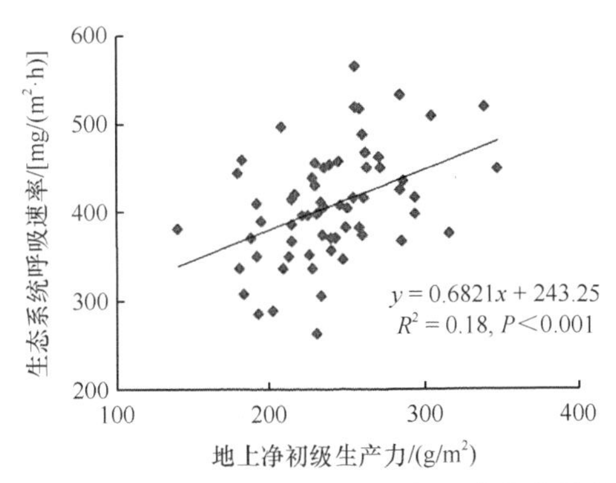

图 10-43 生态系统呼吸和地上净初级生产力的关系

第三节 气候变化和放牧对土壤和生态系统呼吸的温度敏感性的影响

基于温度敏感性预测生态系统碳循环对气候变化的反馈效应是气候-碳反馈研究中的一项核心内容。Q_{10}（即温度升高 10℃时土壤呼吸的倍增数）是一个常被用来衡量土壤呼吸和生态系统呼吸温度敏感性的重要参数（Davidson and Janssens，2006；Zhou et al.，2007）。另外，呼吸变化率（%）与温度差异之间线性方程的斜率（即温度变化 1℃的土壤呼吸变化率）也是反映温度敏感性的一个指标（Hu et al.，2016）。两个指标均表征了生态系统碳循环对气候变暖的响应强度，但目前的估算结果存在很大不确定性（Davidson and Janssens，2006）。例如，一些研究表明，不同生态系统中的土壤呼吸具有一致的 Q_{10}（Mahecha et al.，2010；Yvon-Durocher et al.，2012a），但也有研究发现不同生态系统之间土壤呼吸的 Q_{10} 存在很大差异（Peng et al.，2009；Wang et al.，2014a；Feng et al.，2018）。因此，准确估算土壤呼吸速率和生态系统呼吸速率的温度敏感性是预测未来气候-碳反馈的关键（Tan et al.，2010；Exbrayat et al.，2014；Todd-Brown et al.，2014）。

通常采用土壤呼吸速率和温度的季节性动态变化计算 Q_{10} 值（Peng et al.，2009；Davidson and Janssens，2006；Suseela et al.，2012；Suseela and Dukes，2013）。许多因素，包括温度、植被（Curiel Yuste et al.，2004；Wang et al.，2010）、凋落物输入（Gu et al.，2008）和土壤含水量（Xu and Baldocchi，2004；Reichstein et al.，2005）等都会影响土壤呼吸速率的季节性动态。有研究发现，土壤呼吸 Q_{10} 与植被活动季节性变化的幅度呈正相关（Curiel Yuste et al.，2004；Wang et al.，2010），受土壤水分的影响（Liu et al.，2009，2016a；Geng et al.，2012）。因此，以季节性温度变化估算的 Q_{10} 涵盖了除温度外的其他因素的效应，并不能真实地反映土壤呼吸的温度敏感性。有研究尝试以新的方法估算土壤呼吸或生态系统呼吸的 Q_{10}。例如，Mahecha 等（2010）应用奇异谱分析（SSA）和涡度相关数据库估算了生态系统呼吸的 Q_{10}，发现不同类型生态系统呼吸的 Q_{10} 值聚集于约 1.4。Yvon-Durocher 等（2012）采用混合效应模型（MEM）估算不受干扰的土壤呼吸和生态系统呼吸 Q_{10} 约为 2.4。尽管这些新方法在很大程度上排除了非温度驱动因素的干扰，但仍有其局限性。混合效应模型方法假设非温度驱动因素的干扰效应在不同样点或不同生态系统间是随机的，均值的期望值为零。这种假设可能适用于整合分析，但并不适合于单一样地或单一生态系统。Mahecha 等（2010）使用的涡度数据包括了地下和地上呼吸及气温，由于土壤温度的波动通常小于气温的波动（Xu and Qi，2001；Graf et al.，2011），因而可能会低估土壤呼吸 Q_{10}。因此，高分辨率土壤呼吸和温度数据相结合的多种统计方法将是检验土壤呼吸 Q_{10} 估算结果稳健性的有效途径。

我们依托青海海北高寒草甸生态系统试验站的增温和放牧试验及山体垂直带双向移栽试验平台，开展了中长期（2～6 年）的原位野外试验监测（Lin et al.，2011；Wang et al.，2018b；Hu et al.，2016）和室内培养试验（Bao et al.，2016），基于不同时空尺度上的土壤呼吸和生态系统呼吸变化，采用不同分析方法（奇异谱分析法、混合效应模型法、呼吸动态与温度变化之间的曲线估计法和呼吸变化率与温度差异的线性回归法）估算了土壤呼吸和生态系统呼吸的温度敏感性，研究了气候变化和放牧对高寒草甸土壤呼吸及生态系统呼吸的温度敏感性的影响及其关键影响因素，为采用气候-碳循环模型预测全球变化和放牧条件下青藏高原高寒草甸生态系统的碳收支提供依据。

一、气候变化和放牧对土壤呼吸的温度敏感性的影响

1. 生长季和非生长季土壤呼吸 Q_{10}

协方差分析表明，非生长季土壤呼吸的基础呼吸速率（R_0）或 Q_{10} 与异养呼吸没有显著差异，生长季土壤呼吸及其异养呼吸具有不同的 R_0 和相近的 Q_{10}（Wang et al.，2014b）。非生长季冻结土壤的 R_0 和 Q_{10} 低于生长季解冻土壤（$P<0.05$）。同样，非生长季土壤中异养呼吸的 R_0 和 Q_{10} 也低于生长季（$P<0.05$，表 10-15）。非生长季土壤呼吸和异养呼吸的平均 Q_{10} 分别为 2.69 和 2.53，生长季二者平均 Q_{10} 分别为 3.78 和 3.04。

土壤冻融状态的季节性变化过程驱动了土壤呼吸温度依赖性的季节性变化。非生长季土壤呼吸的 R_0 和 Q_{10} 均低于生长季（表 10-15），非生长季的 Q_{10} 低于美国落基山高山针叶林的结果（Monson et al.，2006）。青藏高原积雪薄、土壤含水量低，可能导致了上述差异。薄积雪保温效果差，导致土壤微生物活性低（Brooks et al.，1998；Brooks and Williams，1999）。室内研究发现，当土壤温度低于 0℃时，土壤呼吸 Q_{10} 值随着土壤含水量的增加而增加（Elberling and Brandt，2003）。因此，青藏高原高寒草甸非生长季的低降水量和干

旱导致其 Q_{10} 值低于季节性积雪覆盖的其他草甸生态系统。另一方面，传统线性回归模型没有充分考虑土壤呼吸与土壤温度回归函数关系中的断点（即 0℃的土壤冻融断点），这也可导致高估了非生长季土壤呼吸 Q_{10}。我们的研究表明，在研究土壤呼吸或异养呼吸的温度依赖性时，以 0℃为断点的分段回归优于无断点的传统线性回归。当土壤水分在低于 0℃的温度下结冰时，流体水就会耗尽；当土壤温度低于 0℃时，未冻结水含量随土壤温度指数下降（Schimel et al.，2006）。冻土中的未冻结水含量高度依赖于温度，尤其是在–2～0℃的范围内，能强烈影响非生长季节土壤呼吸的基质供应、微生物活动和温度依赖性（Tucker，2014）。在–4℃时，土壤中 CO_2 产量与未冻结水含量呈负相关（Öquist et al.，2009），且未冻结水含量可调节异养呼吸在冰点温度下的温度依赖性（Tilston et al.，2010），表明冻土中的土壤微生物活动受可利用水含量的控制。此外，极冷的温度会限制土壤微生物的底物供应。非生长季土壤呼吸几乎完全来自微生物分解，根据阿伦尼乌斯动力学理论，在这个过程中，活化能是占主导地位的非生物因素之一，而活化能与底物的分子结构直接相关。惰性且复杂的底物具有较高的活化能和温度敏感性（Davidson and Janssens，2006），因此，在冰冻温度下，由于活化能供应低，且惰性复杂底物的分解受限，导致非生长季土壤呼吸的 R_0 和 Q_{10} 较低。同时，我们还发现非生长季土壤呼吸对全年呼吸的贡献率较高，考虑到在过去几十年中青藏高原经历了高于全球平均水平的暖化趋势，且冬季比夏季面临的增温更为明显（You et al.，2010；Piao et al.，2010；Zhang et al.，2013），这意味着气候变暖将会促进非生长季土壤 CO_2 碳的排放。

表 10-15　高寒草甸植物生长季和非生长季土壤呼吸（R_s）及其异养呼吸（R_h）的基础呼吸速率（R_0）和温度敏感性（Q_{10}）

	2009 年	2010 年	2011 年	2012 年
生长季（解冻土壤）				
基础呼吸速率[R_0，μmol CO_2/(m^2·s)]				
土壤呼吸（R_s）	0.84（0.03）A	1.21（0.03）aA	1.09（0.02）aA	1.32（0.05）aA
异养呼吸（R_h）	—	0.73（0.05）bA	0.75（0.01）bA	0.69（0.03）bA
温度敏感性（Q_{10}）				
土壤呼吸（R_s）	5.58（0.13）A	2.89（0.10）aA	3.60（0.12）aA	3.06（0.13）aA
异养呼吸（R_h）	—	2.77（0.11）aA	3.28（0.19）aA	3.08（0.17）aA
非生长季（冻结土壤）				
基础呼吸速率[R_0，μmol CO_2/(m^2·s)]				
土壤呼吸（R_s）	0.46（0.03）B	0.40（0.03）aB	0.44（0.09）aB	0.53（0.08）aB
异养呼吸（R_h）	—	0.38（0.02）aB	0.44（0.02）aB	0.47（0.03）aB
温度敏感性（Q_{10}）				
土壤呼吸（R_s）	2.89（0.13）B	2.48（0.10）aB	2.77（0.11）aB	2.60（0.13）aB
异养呼吸（R_h）	—	2.48（0.06）aB	2.51（0.17）aB	2.60（0.16）aB

注：不同小写字母表示同一列 R_s 与 R_h 的差异；不同大写字母表示同一列 R_s 或 Q_{10} 季节性差异。

2. 不同估算方法之间的 Q_{10} 比较

基于土壤呼吸和季节性土壤温度变化的传统回归分析估算青藏高原高寒草甸和沼泽草甸土壤呼吸的温度敏感性（季节性 Q_{10}，Q_{10}_REG）（Wang et al., 2018b),发现土壤呼

吸的季节性 Q_{10} 与土壤呼吸的季节性振幅显著相关（r=0.84，P=0.001，图 10-44A）。对高寒草甸而言，其土壤呼吸的平均 Q_{10}_REG 为 3.8（95%置信区间（CI）为 2.8～4.5，图 10-44B)，显著高于全球平均水平（平均值 2.4,95%CI 为 2.3～2.6，P=0.01，图 10-45)，但与温带草原无显著性差异（平均值 2.3,95%CI 为 1.5～3.6，P=0.12，图 10-45)。对于沼泽草甸而言，其平均 Q_{10}_REG 为 3.3（95%CI 为 2.2～4.5)，与全球平均值（P=0.24)或温性草原（P=0.29)无显著差异（图 10-45)。

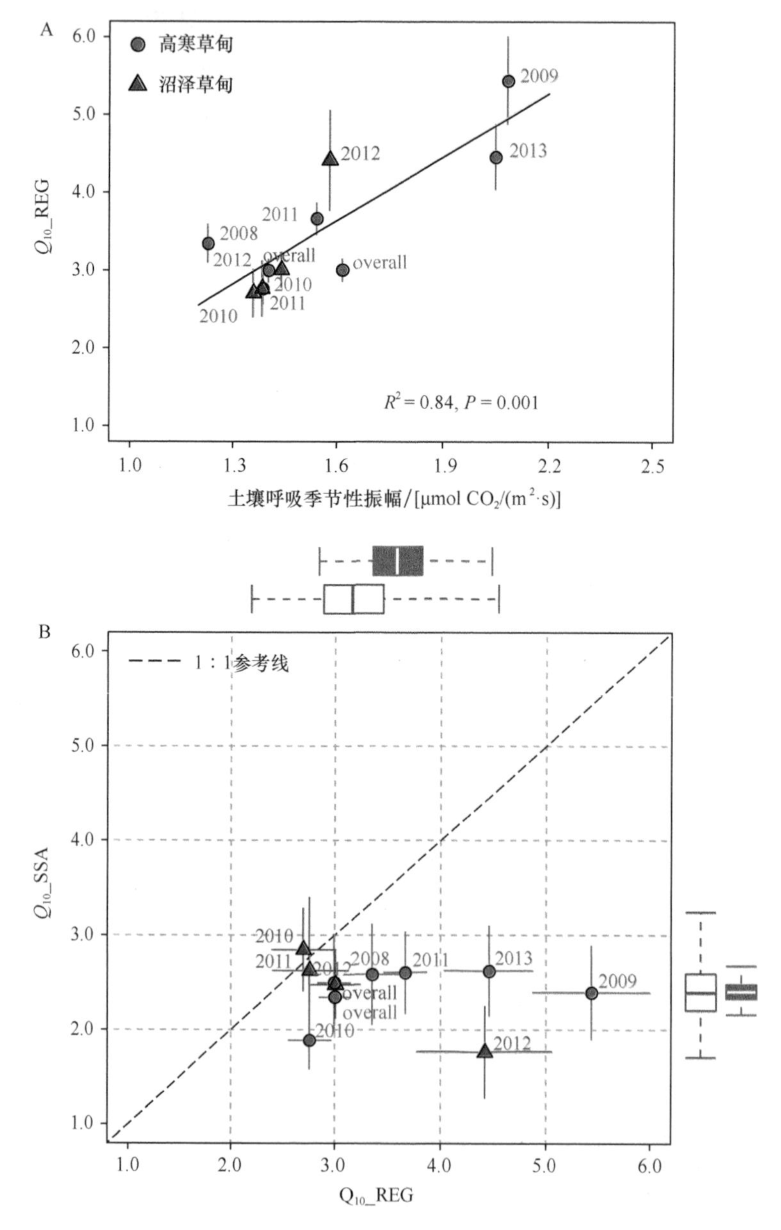

图 10-44 回归分析法的季节性 Q_{10}（Q_{10}_REG）与土壤呼吸季节变化振幅的相关分析（A）以及奇异谱分析法估算的内禀 Q_{10} 与季节性 Q_{10} 的比较（B）

Q_{10}_SSA，剔除植被生长等随温度季节性共变的因素干扰后估算的温度敏感性。overall 表示总体温度敏感性均值

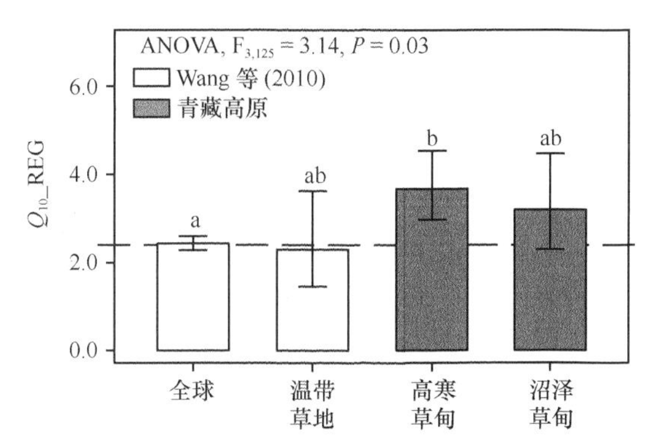

图 10-45 高寒草甸和沼泽草甸与全球平均水平及温带草地季节性 Q_{10} 的比较

全球土壤呼吸季节性 Q_{10} 数据库来自 Wang 等（2010）。不同小写字母表示差异显著（$P<0.05$）

奇异谱分析法估算（Q_{10}_SSA）的青藏高原高寒草甸（95% CI 为 2.1～2.7）和沼泽草甸（95% CI 为 1.7～3.2）土壤呼吸的 Q_{10}_SSA 的均值为 2.4，两个生态系统之间没有显著差异（P=0.99，图 10-44B 和图 10-46A）。与 Q_{10}_REG 相比，大多数 Q_{10}_SSA 值位于 1:1 直线下方，表明 Q_{10}_SSA 值小于 Q_{10}_REG 值（图 10-44B)。进一步研究表明。青藏高原沼泽草甸的 Q_{10}_SSA 明显高于 Mahecha 等（2010）的估算结果（$P<0.001$，图 10-46A），而高寒草甸土壤呼吸的 Q_{10}_SSA 显著高于全球平均值（平均值为 1.4，95% CI 为 1.3～1.5，$P<0.001$）和温带草原（平均值 1.5，95% CI 为 1.3～1.6，$P<0.001$）；沼泽草甸土壤呼吸的 Q_{10}_SSA 显著高于全球平均水平（P=0.04），但与温带草原无显著差异（P=0.06，图 10-46A）。

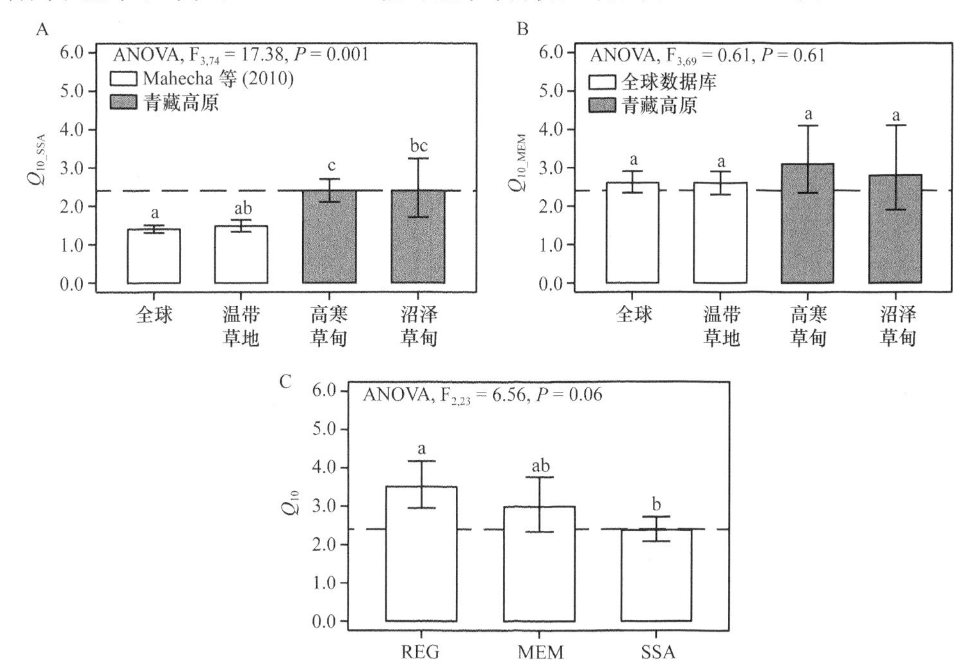

图 10-46 奇异谱分析法（Q_{10}_SSA，A）和混合效应模型法（Q_{10}_MEM，B）估算的青藏高原高寒草甸和沼泽草甸内禀 Q_{10} 与全球平均水平和温带草地的比较，以及传统回归法（REG）、混合效应模型法（MEM）和奇异谱分析法（SSA）估算结果的比较（C）

全球 Q_{10}_SSA 数据库来自 Mahecha 等（2010）；全球土壤呼吸数据库来自 Bond-Lamberty 和 Thomson（2010）。不同小写字母表示差异显著（$P<0.05$）

混合线性模型（Q_{10}_MEM）估算的高寒草甸和沼泽草甸土壤呼吸的 Q_{10}_MEM 分别为 3.3（95% CI 为 2.2～5.2）和 3.0（95% CI 为 1.8～5.2，图 10-46B 和图 10-47），这一数值与基于全球土壤呼吸数据库（Bond-Lamberty and Thomson，2010）计算的温带草原（平均值 2.6，95% CI 为 2.3～3.0）和全球平均水平（平均值 2.7，95% CI 为 2.4～3.1）基本相当（P=0.43，图 10-46B 和图 10-47）。不同估算方法得出的 Q_{10} 显著差异（P=0.004，图 10-46C）。Q_{10}_SSA 显著低于 Q_{10}_REG（P=0.003），而 Q_{10}_MEM 与 Q_{10}_REG（P=0.63）和 Q_{10}_SSA（P=0.13，图 10-46C）均无显著差异。

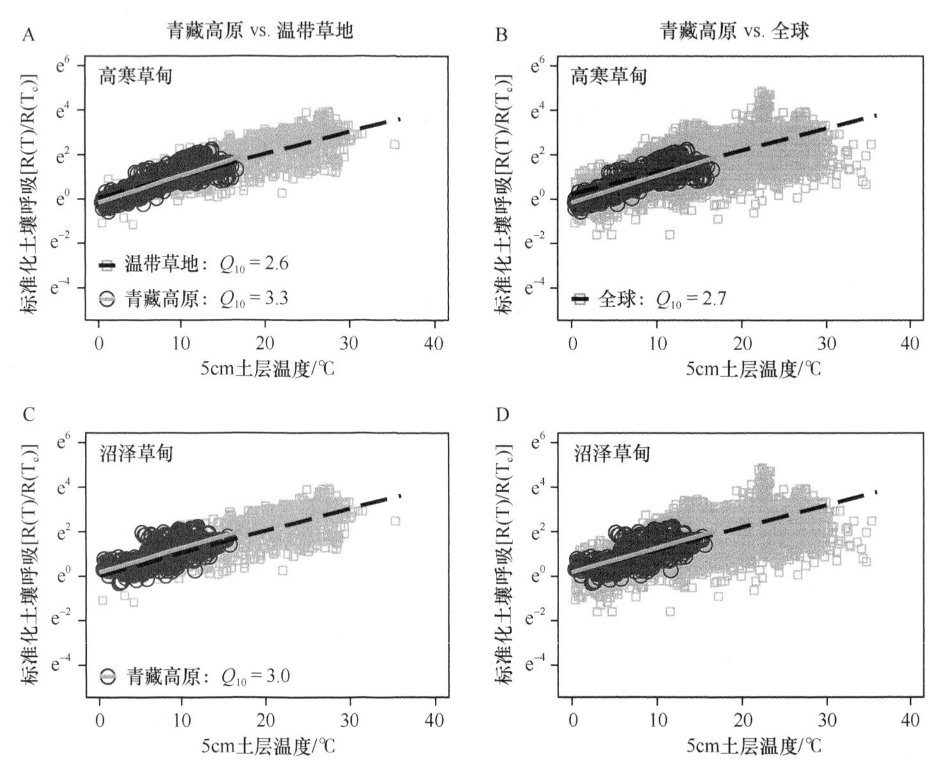

图 10-47 青藏高原高寒草甸（A、B）和沼泽草甸（C、D）土壤呼吸-温度关系与温带草地（A 与 C）和全球不同生态系统（B 与 D）的比较

土壤呼吸数据库来自 Bond-Lamberty 和 Thomson（2010）.

在消除非温度驱动因素的干扰后，高寒草甸和沼泽草甸土壤呼吸的 Q_{10} 相似，其数值与之前报道的土壤呼吸或生态系统呼吸的内禀 Q_{10}（2.3～2.5）一致（Yvon-Durocher et al.，2012b；Perkins et al.，2012）。但以往研究也报道过较低的、范围在 1.4～1.5 的内禀 Q_{10}（Mahecha et al.，2010）。其原因可能是由于使用了气温而非土壤温度来进行估算（Mahecha et al.，2010；Peng et al.，2009；Graf et al.，2011）。土壤温度波动的范围比气温变化小，这会导致基于气温的估算结果低于基于土壤温度的估算结果（Graf et al.，2011；Phillips et al.，2011）。此外，土壤 CO_2 的排放通常滞后于气温变化，而土壤温度对土壤呼吸具有最高的解释力（Pavelka et al.，2007；Reichstein and Beer，2008；Phillips et al.，2011）。本研究的内禀 Q_{10} 估算结果也高于之前基于年际尺度数据的估算结果（Bond-Lamberty and Thomson，2010），这一偏差可能反映了不同因素在不同时间尺度上驱动了土壤呼吸（Kuzyakov and Gavrichkova，2010；Yvon-Durocher et al.，2012a）。

从细胞到群落水平的呼吸作用 Q_{10} 值（平均值为2.4，范围为1.3～5.4）（Brown et al.，2004；López-Urrutia et al.，2006；Regaudie-de-Gioux and Duarte，2012）与本研究的生态系统水平的估算结果一致。这种一致性源于有氧呼吸作用生化本质上的相似性（Brown et al.，2004；Yvon-Durocher et al.，2012b）。绝大多数生物体的有氧代谢（呼吸作用）是由参与三羧酸循环的少量生化反应控制的（Morowitz et al.，2000），而代谢动力学理论指出温度是调节生化反应的关键因素（Davidson and Janssens，2006）。因此，我们的研究支持了这种观点，即跨尺度和分类群的内禀 Q_{10} 的收敛性意味着呼吸过程的生化基础具有保守特性（Mahecha et al.，2010；Yvon-Durocher et al.，2012a）。

基于季节性温度梯度估算的土壤呼吸 Q_{10} 高于全球平均水平，并与土壤呼吸的季节性变化呈正相关，这些与以往的报道一致（Curiel Yuste et al.，2004；Peng et al.，2009；Wang et al.，2010）。以前的研究发现，青藏高原高寒草甸土壤呼吸季节性变化的振幅高于许多其他生态系统，这可能是由于土壤呼吸底物可利用性受到温度季节性变化的驱动作用所致（Wang et al.，2014a）。以往理论研究表明，温度变化所诱导的底物供应的变化会放大土壤呼吸 Q_{10}（Anderson-Teixeira et al.，2008）。因此，土壤呼吸底物的可利用性可能导致其土壤呼吸 Q_{10} 高于全球平均水平。土壤呼吸自身季节性变化对其季节性 Q_{10} 的干扰效应表明，季节性 Q_{10} 不能准确反映增温对土壤呼吸温度敏感性的影响。首先，增温对非生长季和生长季土壤呼吸具有不对称的影响（Suseela and Dukes，2013）或导致生长季延长（Reyes-Fox et al.，2014），从而通过影响土壤呼吸的季节性变化来影响其 Q_{10}，导致增温的观测结果与土壤呼吸内禀 Q_{10} 的真实变化不符。其次，增温可通过降低土壤水分可利用性间接影响植物和土壤微生物的活动（Luo，2007；Liu et al.，2009；Suseela and Dukes，2013）。土壤水分有效性是影响土壤呼吸的关键因素（Liu et al.，2009；2016a），增温引起的土壤水分有效性的变化在调节土壤呼吸响应增温的过程中起着重要作用（Wang et al.，2014a；Carey et al.，2016）。这表明季节性 Q_{10} 对增温的响应不仅反映了土壤呼吸温度敏感性的变化，而且反映了土壤呼吸季节性等其他干扰因素的差异。因此，直接将其对增温的响应纳入碳-气候模型可能会高估土壤呼吸的温度敏感性。

3. 增温和放牧对土壤呼吸 Q_{10} 的影响

为了揭示增温和放牧试验野外定位观测到的不同处理对土壤呼吸温度敏感性影响的关键因素，我们采集不同处理小区的土壤（带根系）开展了室内培养试验（Bao et al.，2016），结果发现，不增温放牧处理的土壤呼吸温度敏感性（Q_{10}）显著高于其余3个处理（图10-48）。

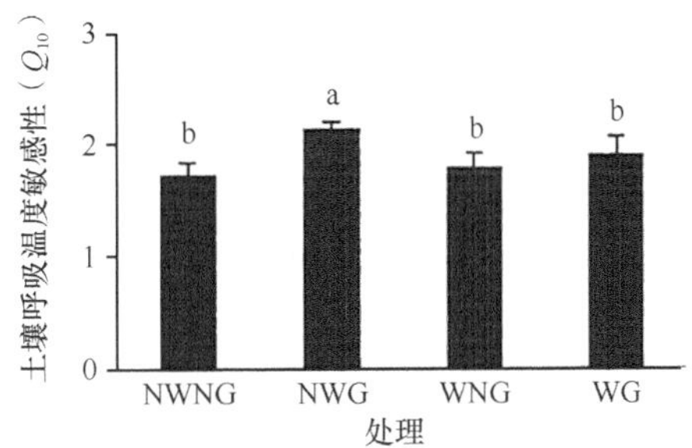

图10-48　增温放牧处理的土壤呼吸温度敏感性

NWNG：不增温不放牧；NWG：不增温放牧；WNG：增温不放牧；WG：增温放牧。不同小写字母表示差异显著（$P<0.05$）

上述结果与增温和放牧试验野外监测结果并不一致（Lin et al.，2011）。野外监测结果发现，4 个不同处理的土壤呼吸温度敏感性（Q_{10}）没有显著差异，这可能与放牧减少了植物地上生物量向土壤的碳输入有关，特别是降低了活性组分的输入（Luo et al.，2010）；同时，野外条件下增温诱导的土壤湿度的变化也会影响土壤呼吸的温度敏感性对放牧的响应。另外，放牧处理土壤含有相对较多的惰性碳，有利于提高有机质分解的温度敏感性。但培养试验发现土壤湿度、培养天数和葡萄糖添加对 Q_{10} 均没有显著影响（Bao et al.，2016），说明土壤湿度和呼吸底物量与 Q_{10} 相关性不显著。尽管我们无法对低土壤湿度下的土壤呼吸"热适应性"现象做出深入解释，但高温（25℃）培养下低的土壤湿度导致的土壤呼吸"热适应性"现象可能并非是 Q_{10} 减小的结果。高温条件下微生物生物量的减少会直接导致土壤呼吸的减弱。由于在培养试验中我们并没有同步监测土壤微生物量的变化，因此还无法区分引发"热适应"的土壤湿度或底物量的间接作用和土壤微生物适应的直接作用。然而，高寒草甸土壤呼吸普遍存在着"热适应"现象（Chang et al.，2012b；Li et al.，2019）。高温（25℃）低湿度抑制了土壤呼吸，而土壤有机质的消耗可能会进一步加强这种抑制作用。因此，全面认识土壤呼吸的"热适应"现象还需要通过进一步的控制试验来厘清土壤湿度、底物量、土壤微生物量和土壤微生物群落组成等的作用机制（Li et al.，2019）。

二、气候变化和放牧对生态系统呼吸的温度敏感性的影响

1. 增温和降温的影响

基于山体垂直带"双向"移栽平台，利用移栽地和原位之间生态系统呼吸的差异（%）与其温度差异（℃）的线性回归斜率作为生态系统呼吸的温度敏感度（%/℃），表征温度每变化 1℃时生态系统呼吸速率的变化（Hu et al.，2016），结果显示，生态系统呼吸的温度敏感性随着移栽地海拔的升高而增加。增温、降温以及增温和降温处理（即两种处理的数据放在一起分析）的温度敏感性分别为 25.4%/℃、5.6%/℃和 19.6%/℃（图 10-49）。增温处理的灌丛草甸、杂类草草甸和稀疏植被草甸的平均温度敏感性分别为 3.3%/℃、24.3%/℃和 53.5 %/℃；降温条件下禾草草甸、灌丛草甸和杂类草草甸的平均温度敏感性分别为 8.0%/℃、19.1%/℃和 24.4 %/℃（图 10-50）。增温和降温处理下灌丛草甸的温度敏感性差异显著，而杂类草草甸则无显著差异（图 10-51）。

生态系统呼吸的温度敏感性主要受温度范围（Lin et al.，2011；Tjoelker et al.，2001）、土壤水分（Flanagan and Johnson，2005；Wen et al.，2006）、植被类型（Peng et al.，2009；Zheng et al.，2009）和底物可利用性（Gershenson et al.，2009）等的影响。本研究中，植被类型显著影响生态系统呼吸的温度敏感性，在增温和降温下，生态系统呼吸温度敏感性都随着温度的升高而降低，以往的研究也有类似报道（Lin et al.，2011；Zheng et al.，2009）。有研究表明，随着土壤水分的减少，高寒草甸生态系统呼吸的温度敏感性（Q_{10}）可能会增加（Lin et al.，2011）或减少（Flanagan and Johnson，2005），而半干旱草地（Nakano et al.，2008；Nakano and Shinoda，2010）和森林（Reichstein et al.，2002）生态系统呼吸的温度敏感性会降低。由于高寒草甸较为充足的降水量，土壤湿度可能不会胁迫到生态系统

呼吸的温度敏感性，因此生态系统呼吸温度敏感性与土壤湿度之间没有明显的相关关系。

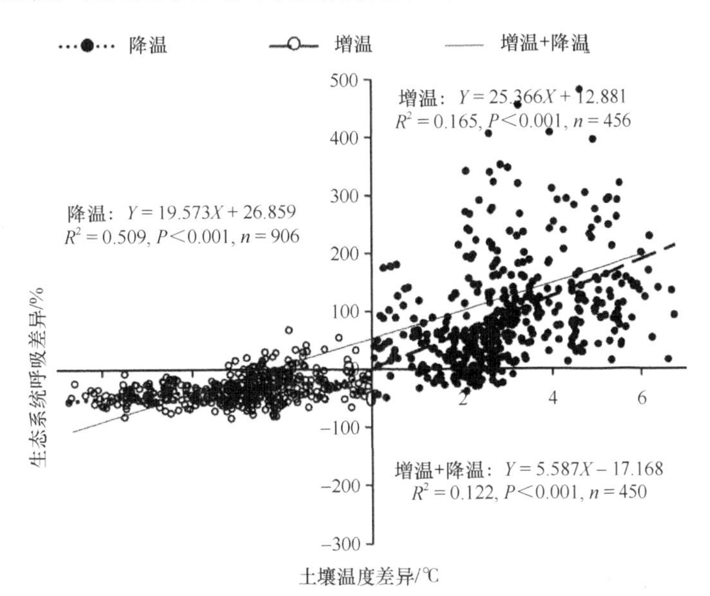

图 10-49　移栽地和原位生态系统呼吸差异（%）与土壤温度差异（℃）的关系

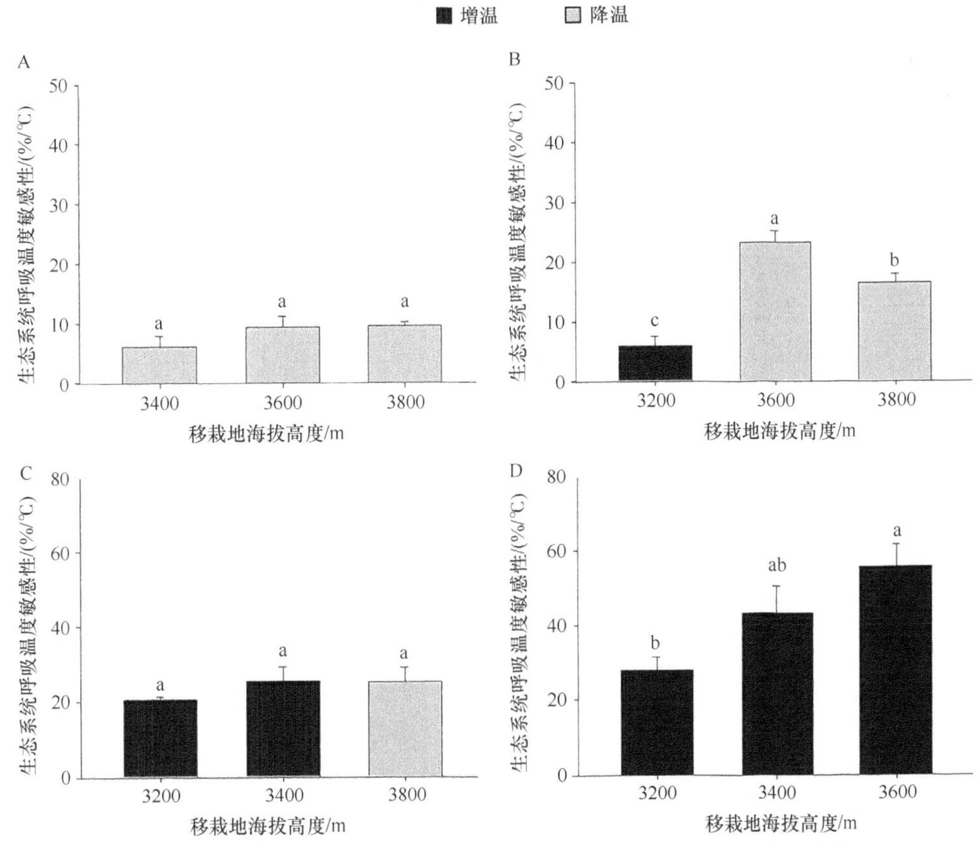

图 10-50　增温和降温处理下不同植被类型的生态系统呼吸温度敏感性

A. 禾草草甸；B. 灌丛草甸；C. 杂类草草甸；D. 稀疏植被草甸。不同小写字母表示差异显著（$P<0.05$）

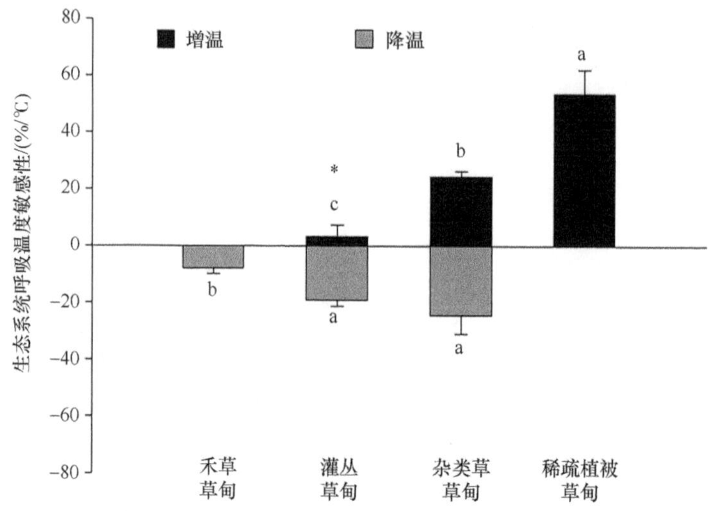

图 10-51　增温和降温处理下不同植被类型生态系统呼吸的温度敏感性

不同小写字母表示差异显著（$P<0.05$）

所有植被类型在增温处理下的平均温度敏感性（25.4%/℃）远大于降温处理（5.6%/℃），表明青藏高原高寒草甸生态系统呼吸对增温比降温更为敏感。这可能与土壤微生物呼吸速率（Chang et al.，2012a）、植被组成和盖度（Wang et al.，2012）对增温和降温的响应差异有关，尤其是植物地上生物量和物候对增温和降温的不对称响应（Wang et al.，2014a；Li et al.，2016）。降温下较低的温度敏感性可能是高寒地区土壤微生物对寒冷气候的长期适应的不同结果（Chang et al.，2012b）。然而，灌丛草甸增温的温度敏感性（3.3%/℃）显著低于降温（19.1%/℃），而增温和降温条件下杂类草草甸的温度敏感性几乎相等（增温 24.3%/℃、降温 24.4%/℃）。由此可见，生态系统呼吸对增温和降温的响应对称与否取决于植被类型（Song et al.，2014），灌丛草甸是不对称的，而杂类草草甸是对称的，其原因有以下几个方面。首先，将所有植被类型放在一起分析可能掩盖了某个海拔上的独特变化，特别是线性回归方法不能评估灌丛草甸增温和杂类草草甸降温时的温度敏感性。其次，灌丛草甸和杂类草草甸的土壤微生物量碳（MBC）对增温和降温的响应不同。增温增加了灌丛草甸的 MBC，而降温的效应恰恰相反；增温和降温都增加了杂类草草甸的 MBC，而增温和降温处理下灌丛草甸 MBC 的温度敏感性是不对称的。再者，硝酸盐可利用性的增加导致氮同化过程中能量消耗的下降（Bowden et al.，2004）或凋落物和土壤有机质的分解速率受到抑制（Zak et al.，2008），从而降低了微生物呼吸（Bowden et al.，2004）、土壤呼吸（Bowden et al.，2004；Mo et al.，2008）和生态系统呼吸（Jiang et al.，2010）。此外，最高土壤湿度出现在位于山间的海拔 3600m 处，再加上硝化作用促进了硝酸盐的累积，从而限制了 CO_2 的排放，导致从海拔 3400m 的灌丛草甸移栽至海拔 3600m（降温）时生态系统呼吸的温度敏感性增加。同时，干旱胁迫（海拔 3600m 杂类草草甸具有最高的土壤湿度背景值，移栽至海拔 3800m 后的土壤湿度最低）也加剧了生态系统呼吸的降温效应。将增温和降温数据放在一起进行分析时，其温度敏感性（19.6%/℃）低于仅仅考虑增温时的温度敏感性（25.4%/℃），表明在评估生态系统呼吸对全球变化的响应时，若仅仅考虑增温效应而忽略降温效应，可能会高估生态系统呼吸的温度敏感性。

2. 增温和放牧的影响

2006～2008 年增温和放牧试验发现（Lin et al.，2011），2006 年各处理之间 Q_{10} 值相差不大；2007 年和 2008 年不增温不放牧处理的 Q_{10} 值最高，而增温放牧处理的 Q_{10} 值最低。增温和放牧均增加了 2007 年和 2008 年生态系统呼吸的 Q_{10} 值（表 10-16）。

表 10-16　2006～2008 年植物生长季增温和放牧试验高寒草甸生态系统呼吸 Q_{10} 值

处理	2006 年	2007 年	2008 年
增温放牧	3.11	4.34	5.64
增温不放牧	3.09	3.71	4.78
不增温放牧	2.91	2.92	4.34
不增温不放牧	3.13	2.41	3.73

2006～2008 年生态系统呼吸 Q_{10} 值变化范围（2.41～5.64）与其他高寒地区的相关研究报道接近（1.3～4.6）（Zhao et al.，2006；Hirota et al.，2006；Nakano et al.，2008），但高于土壤呼吸的温度敏感性（Lin et al.，2011），表明自养呼吸可能比异养呼吸对温度更为敏感（Lin et al.，2011）。许多研究发现，生态系统呼吸的温度敏感性会随着温度的升高而降低（Zhou et al.，2007；Nakano et al.，2008）。然而，我们的研究发现，高寒草甸生态系统呼吸的温度敏感性随着生长季的进行而逐渐降低，且温度敏感性会随着土壤水分的降低而增加。例如，对照处理生态系统呼吸的 Q_{10} 最小值出现在相对湿润的 2006 年，最大值出现在干旱的 2008 年（表 10-16），这一结果与先前的研究报道并不一致（Reichstein et al.，2002；Flanagan and Johnson，2005）；Wen 等（2006）也报道了湿润的土壤条件（如土壤含水量超过生态系统呼吸适宜的水分条件）会降低生态系统呼吸的温度敏感性。在土壤湿度相对较低的 2007 年和 2008 年，放牧和增温通过增加土壤温度降低了生态系统呼吸的 Q_{10} 值（表 10-16）（Luo et al.，2010；Hu et al.，2010）。但是，很难区分土壤温度增加和土壤湿度降低之间的交互作用对 Q_{10} 的影响（Xu and Qi，2001）。放牧/刈割降低了植物地上生物量，也显著降低了生态系统呼吸的温度敏感性（表 10-16），这说明来自植物新固定碳的呼吸速率高于土壤有机质碳库呼吸的温度敏感性（Grogan and Jonasson，2005）。

第四节　增温和放牧对生态系统净碳交换的影响

生态系统净碳交换（NEE）是总初级生产力（GPP）与生态系统呼吸（Re）之间的差值，直接反映了生态系统的碳收支。许多研究发现，增温会导致草地中储存的碳以土壤呼吸或生态系统呼吸释放到大气中，从而对全球气候变暖产生正反馈效应（Arnone et al.，2008；Saleska et al.，2002；Heimann and Reichstein，2008；Wu et al.，2011；Lu et al.，2013）。但也有研究表明，增温将增加土壤碳汇（Welker et al.，2004；Day et al.，2008）或对其无显著影响（Niu et al.，2008；Luo et al.，2009；Lu et al.，2013），这些不同的结果主要取决于生态系统的 NEE 对气候变化的响应方向和程度。放牧是青藏高原高寒草甸最主要的土地利用方式，青藏高原高寒草甸通常分为夏季牧场和冬季牧场（Cui et al.，2014）。然而，在气候变暖背景下，放牧对高寒草甸生态系统固碳潜力及碳源/汇效应的影响过程和机制尚不清楚。

一些研究表明，Re 而非 GPP 是决定生态系统碳平衡最重要的因子（Griffis et al.，2004；Grogan and Jonasson，2005；Oberbauer et al.，2007）。增温通常提高了高大且深根系的禾本科（Liu et al.，2018a）和豆科植物（Wang et al.，2012）的盖度，从而增加地上净初级生产力和地下生物量（Wang et al.，2012；Lin et al.，2011），但增温并不影响生长季生态系统呼吸（Lin et al.，2011）。同时，增温也会通过降低土壤水分削弱其对生态系统呼吸的正效应（Zhu et al.，2015）。另外，放牧/刈割能通过减少根系生物量和凋落物生物量（Wan and Luo，2003；Ryan and Law，2005；Li et al.，2021；Zhou et al.，2022）、土壤微生物生物量（Zhou et al.，2017）及微生物群落碳降解基因（Yang et al.，2013）减少生态系统呼吸（Zhou et al.，2019）。尽管放牧/刈割显著减少了植物地上生物量，却增加了根系生物量，对生态系统呼吸没有显著影响（Wan et al.，2005；Cui et al.，2014），有时甚至会增加生态系统呼吸速率（Frank，2002；Zhou et al.，2002）。因此，目前对增温和放牧如何影响高寒草甸生态系统的碳源/汇关系还没有一致结论。为了明确增温和放牧对青藏高原高寒草甸碳通量的影响，我们利用海北站的增温和放牧试验平台，连续 7 年（2008～2014 年）开展了增温和放牧试验的 GPP、Re、净生物群系生产力（net biome productivity，NBP）（放牧处理 NBP=NEE 减去家畜采食的总初级生产力）或净生态系统生产力（net ecosystem productivity，NEP）（没有放牧处理下 NEP 等于 NBP 加上家畜采食移出系统后的总初级生产力）变化的研究（Lv et al.，2020），从较长时间尺度上探讨增温和放牧对高寒草甸碳循环关键过程的影响及其机制。

一、增温和放牧对生态系统碳通量的影响

增温和放牧对生态系统碳通量的影响因季节和年份的不同而异，二者交互作用显著影响夏季放牧 NBP 和 NEP，并随年份的不同而变化（Lv et al.，2020）。就夏季放牧而言，增温和放牧对 2008～2010 年年均 GPP 无显著影响（图 10-52A）。单独增温（WNG vs NWNG）显著增加了年均 Re、NBP 和 NEP，但无论增温与否，放牧对 Re 无显著影响，单独增温显著增加了年均 NBP 和 NEP；无论是否增温，放牧均增加了年均 NBP，而单独放牧（NWG vs NWNG）显著增加了年均 NEP（图 10-52）。对冬季放牧而言，单独增温或放牧对 GPP 均无显著影响（图 10-52E）。冬季放牧期间（2011～2014 年），增温和放牧没有显著改变年均 Re、NBP 和 NEP（图 10-52F～H）。整个试验期内（2008～2014 年），增温和中度轮牧对年均 GPP、Re、NBP 和 NEP 均无显著影响（图 10-53）。

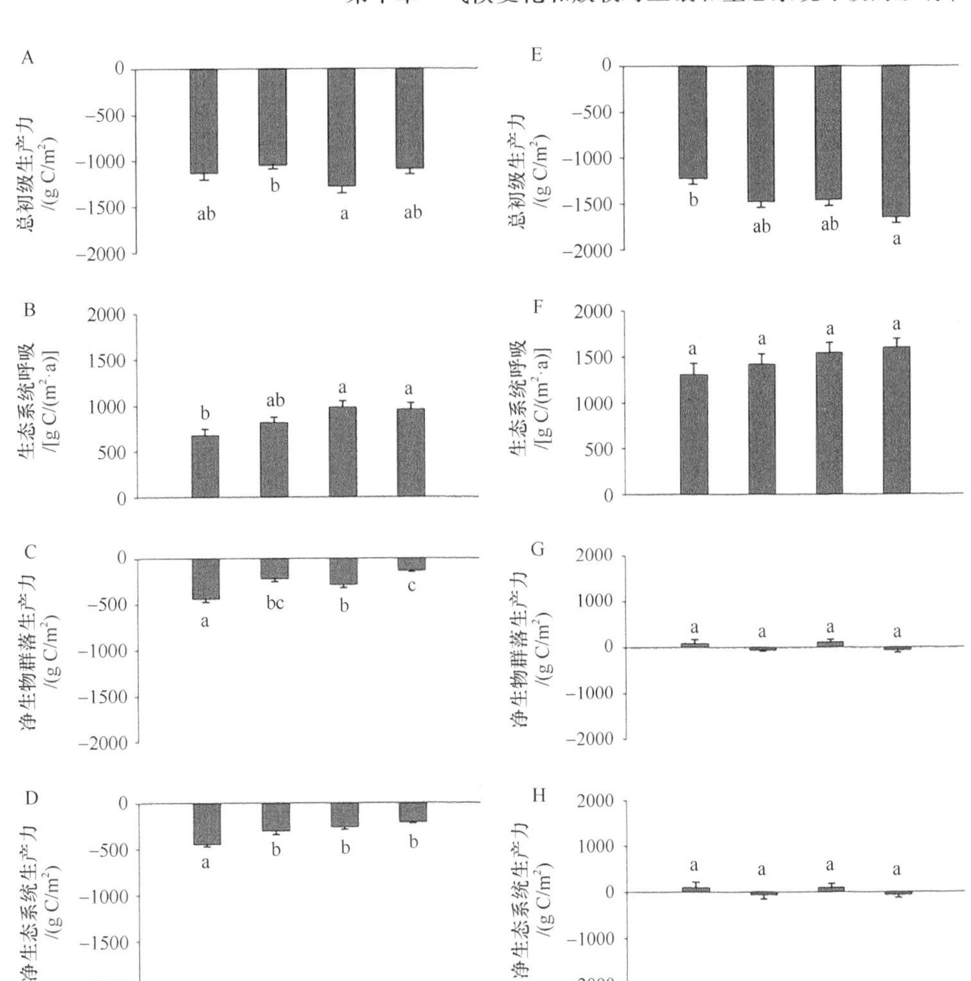

图 10-52　不同季节增温和放牧对年均总初级生产力、生态系统呼吸、净生物群落生产力和净生态系统生产力的影响

A～D. 2008～2010 年夏季放牧；E～H. 2011～2014 年冬季放牧；NWNG：不增温不放牧；NWG：放牧；WNG：增温；WG：增温放牧。不同小写字母表示差异存在显著性（P<0.05）

二、增温和放牧对 NBP 的影响

夏季放牧 NBP 与生长季长度和土壤温度呈显著正相关，Re 与 GPP、ANPP、生长季长度呈极显著正相关，GPP 与生长季长度呈极显著负相关。冬季放牧 NBP 与 Re 之间呈显著正相关，Re 与禾本科植物盖度呈极显著正相关、与季节平均土壤水分呈极显著负相关，GPP 与 ANPP 和杂类草植物盖度呈极显著负相关。夏季放牧、冬季放牧和整个试验期内，年均 NBP 和植物物种丰富度与土壤水分呈显著负相关（表 10-17）。土壤温度和水分分别解释了夏季放牧和冬季放牧 58%和 48%的年均 NBP 变异；当夏季放牧和冬季放牧的数据一起进行分析时，平均季节土壤水分含量解释了 44%的 NBP 变异（表 10-18）。

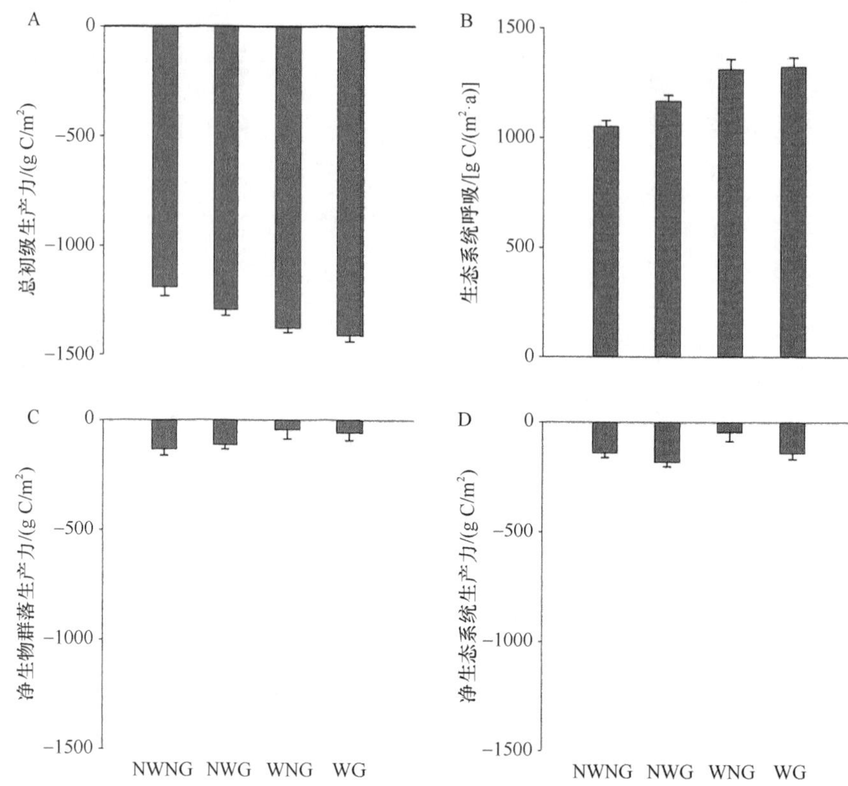

图 10-53 增温和放牧（2008～2014 年）对年均总初级生产力、生态系统呼吸、净生物群落生产力和净生态系统生产力的影响

NWNG：不增温不放牧；NWG：放牧；WNG：增温；WG；增温放牧

表 10-17 夏季放牧（2008—2010）、冬季放牧（2011—2014）及整个试验期（2008—2014）年均净生物群落生产力（NBP）、总初级生产力（GPP）、生态系统呼吸（Re）、生长季长度（GS）、地上净初级生产力（ANPP）、物种丰富度（SR）与各植物功能类型盖度、土壤温度（ST）、土壤水分（SM）之间的相关性

模式	指标	Re	GPP	GS	ANPP	SR	杂类草	禾本科	豆科	莎草科	ST	SM
夏季放牧	NBP	0.417**	0.221	0.546**	0.228	–0.501**	–0.259	–0.161	–0.201	0.050	0.515**	–0.516**
	Re		0.794**	0.546**	0.701**	–0.359*	–0.448**	0.181	0.021	0.230	0.312	–0.090
	GPP			0.110	–0.599**	0.050	0.307*	–0.302*	–0.160	–0.220	0.009	–0.250
冬季放牧	NBP	0.630**	–0.099	–0.173	–0.147	–0.301**	0.050	0.193	–0.123	0.295*	0.043	–0.684**
	Re		–0.835**	0.252*	0.398**	–0.359**	–0.120	0.641**	0.170	0.070	0.146	–0.484**
	GPP			–0.446**	–0.615**	0.247*	0.190	–0.685**	–0.307*	0.120	–0.156	0.140
汇总	NBP	0.741**	–0.292**	–0.103	–0.371**	–0.642**	0.134	0.499**	–0.075	0.042	–0.025	–0.660**
	Re		–0.859**	–0.042	–0.131	–0.682**	0.027	0.765**	0.139	–0.098	–0.080	–0.469**
	GPP			–0.018	–0.097	0.482	0.063	–0.709**	–0.255*	0.172	0.095	0.191

*和**分别表示在 0.05 和 0.01 水平上的显著性。

表 10-18 年均净生物群落生产力（NBP）与非生物因子和生物因子之间的一般线性模型（GLM）和逐步回归分析

模式	来源	估计值	标准误	T 值	P 值（>|t|）	均方	F 值	P 值
夏季放牧	ST	74.678	10.868	6.872	<0.001	318 388.32	40.958	<0.001
	禾本科植物	–2.560	0.856	–2.922	0.006	186 695.86	30.382	<0.001
	NBP = –443.495+74.678×ST–2.560×禾本科植物盖度；R^2=0.68（ST 的 R^2=0.58）；残差标准误 78.39014，自由度 29							
冬季放牧	SM	–38.174	4.625	–8.254	<0.001	1 714 270.47	56.144	<0.001
	ST	–65.517	25.447	–2.575	0.013	960 908.09	34.837	<0.001
	莎草	3.513	1.383	2.541	0.014	695 009.23	27.488	<0.001
	NBP = 961.853–38.174×SM–65.517×ST+3.513×莎草盖度；R^2=0.58（SM 的 R^2=0.48）；残差标准误 159.01030，自由度 59							
汇总	SM	–25.328	4.178	–6.063	<0.001	2 780 202.30	72.60	<0.001
	禾本科植物	1.808	0.492	3.678	<0.001	1 828 876.36	62.48	<0.001
	豆科植物	–1.458	0.646	–2.256	0.026	1 287 706.40	47.07	<0.001
	莎草	5.441	1.348	4.035	<0.001	1 010 024.25	39.28	<0.001
	SR	–16.753	4.732	–3.540	<0.001	865 226.565	37.91	<0.001
	NBP = –25.328×SM+1.808×禾本科植物盖度–1.458×豆科植物盖度+5.441×莎草盖度–16.753×物种丰富度；R^2=0.68（SM 的 R^2=0.44）；残差标准误 151.822，自由度 89							

注：非生物因子是指 10 cm 土壤温度（ST）和湿度（SM）；生物因子是指禾本科、豆科和莎草科盖度和植物物种丰富度（SR）。

结构方程模型分析发现，夏季放牧 NBP 与 ANPP 的相关性最强（图 10-54）。然而，冬季放牧 NBP 与年均 Re 的相关性最强（图 10-55）。将 7 年的数据一起进行分析发现，

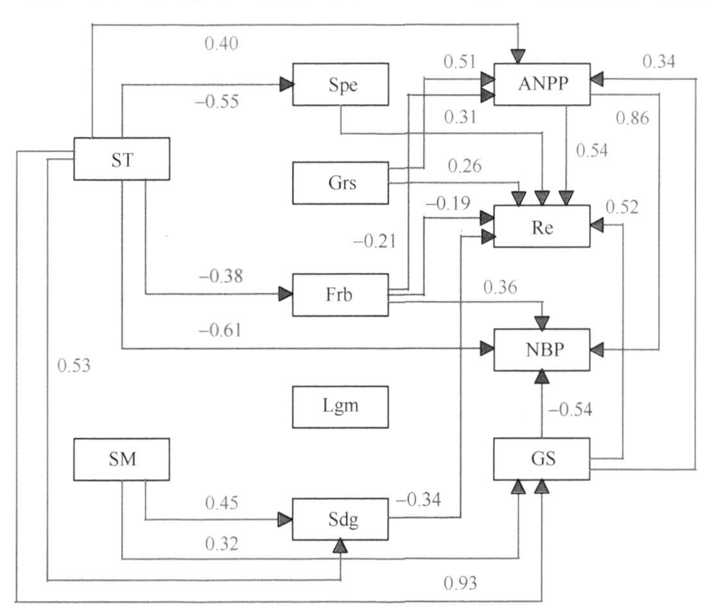

图 10-54 分段式结构方程模型拟合 2008～2010 年增温和夏季放牧、土壤温度（ST）和水分（SM）、生长季长度（GS）、植物物种丰富度（Spe）、植物功能类型盖度、年均生态系统呼吸（Re）和地上净初级生产力（ANPP）对年均净生物群落生产力（NBP）的直接和间接影响

箭头代表因果关系的方向。红色实线箭头表示显著的正相关关系（P<0.05），蓝色实线箭头表示显著负相关（P<0.05），红色虚线箭头表示边际显著相关（P<0.10）。与每个实箭头相关的路径系数为标准化效应大小。

Grs：禾本科；Frb：杂类草；Lgm：豆科；Sdg：莎草科

增温主要通过对土壤水分、豆科植物盖度和 ANPP 的正向影响，以及对 Re 的负向影响间接影响 NBP（图 10-56）。放牧通过直接正向效应影响 NBP，并且通过对豆科、莎草科和禾本科植物盖度的间接负效应影响 NBP。其中，禾本科和莎草科植物的盖度通过影响 ANPP 和 Re 间接影响 NBP。

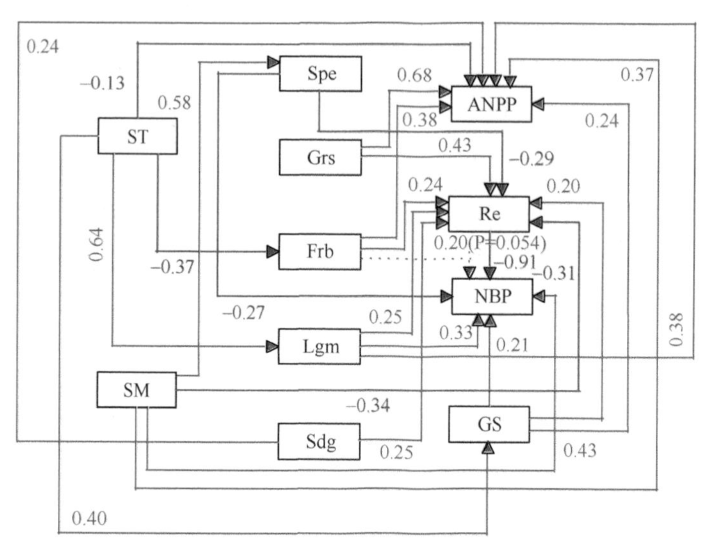

图 10-55 分段式结构方程模型拟合 2010～2014 年增温和冬季放牧、土壤温度（ST）和水分（SM）、生长季长度（GS）、植物物种丰富度（Spe）、植物功能类群盖度、年均生态系统呼吸（Re）和地上净初级生产力（ANPP）对年均净生物群落生产力（NBP）的直接和间接影响

箭头代表因果关系的方向。红色实线箭头表示显著的正相关关系（$P<0.05$），蓝色实线箭头表示显著负相关（$P<0.05$），红色虚线箭头表示边际显著相关（$P<0.10$）。与每个实箭头相关的路径系数为标准化效应大小。

Grs：禾本科；Frb：杂类草；Lgm：豆科；Sdg：莎草科

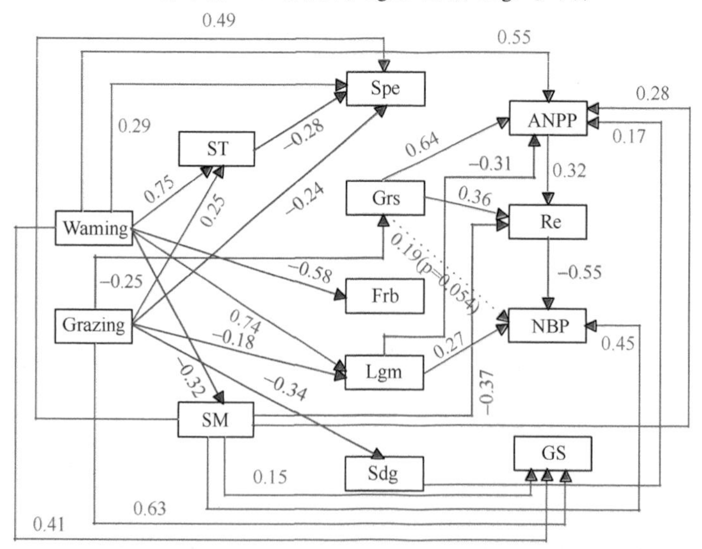

图 10-56 分段式结构方程模型拟合 2008～2014 年整个试验期内增温和放牧、土壤温度（ST）和水分（SM）、生长季长度（GS）、植物物种丰富度（Spe）、植物功能类型盖度、年均生态系统呼吸（Re）和地上净初级生产力（ANPP）对年均净生物群落生产力（NBP）的直接和间接影响

箭头代表因果关系的方向。红色实线箭头表示显著的正相关关系（$P<0.05$），蓝色实线箭头表示显著负相关（$P<0.05$），红色虚线箭头表示边际显著相关（$P<0.10$）。与每个实箭头相关的路径系数显示为标准化效应大小。

Grs：禾本科；Frb：杂类草；Lgm：豆科；Sdg：莎草科

综上所述，增温仅在不放牧条件下显著增加了生态系统呼吸（Re），且减少了夏季放牧土壤碳汇潜力，而对夏季放牧和冬季放牧的 GPP 没有显著影响（Lv et al.，2020），表明高寒草甸土壤碳汇潜力可能主要由 Re 而非 GPP 决定。冬季放牧、冬季与夏季轮牧时，Re 与土壤水分含量呈负相关，表明高寒草甸 Re 的年际变化与降水量密切相关，增温或降水量减少会降低 Re，这一结果与其他研究报道相一致（Gaumont-Guay et al.，2006；Xia et al.，2009）。Re 与杂类草植物盖度呈正相关，而与植物物种丰富度呈负相关。因此，在长时间夏季和冬季草场轮牧过程中，由增温引起的土壤水分和植物群落组成的变化对 Re 的影响比土壤温度本身的影响更大。我们还发现，不论是夏季放牧还是冬季放牧，适度放牧对 Re 均没有显著影响，可能是由于适度放牧并没有显著改变土壤水分含量、ANPP（Wang et al.，2012）和地下生物量等有关（Lin et al.，2011）。总体上，增温和夏季放牧显著降低了高寒草甸土壤的碳汇能力，冬季放牧促进土壤碳汇的变化增加，而夏季和冬季轮牧草场的土壤碳汇对增温的响应呈中性。7 年试验期间，由于增温和适度放牧使 GPP 和 Re 变化幅度几乎相同，所以这种夏季和冬季草场轮牧管理方式下高寒草甸生态系统碳收支基本保持平衡。这些结果表明，高寒草甸生态系统的碳吸收（GPP）和释放（Re）对增温及放牧的响应具有耦合效应。而且，夏季和冬季草场进行适度放牧的轮牧制度在满足当地畜牧业生产的同时，对全球变暖也没有明显的正反馈效应，表明适度放牧的轮牧制度将是高寒草甸生态系统应对全球变暖的有效管理方式。

第五节　小　　结

依托山体垂直带“双向”移栽试验平台及不对称增温和适度放牧试验平台，通过对土壤和生态系统呼吸及其温度敏感性长期监测和分析，结合室内培养试验，我们得出如下主要结果和结论。

（1）土壤呼吸的季节变化及其影响因素。非生长季土壤呼吸占高寒草甸全年土壤呼吸总量的 11.8%～13.2%，表层土壤昼夜冻融循环、土壤冻融季节性变化和土壤积温分别是非生长季土壤呼吸速率日、季节和年际变化的关键驱动因子。中长期试验增温整体上对土壤呼吸速率没有显著影响，土壤水分可利用性调节了土壤呼吸速率对增温的响应。增温降低了干旱年份生长季土壤异养呼吸速率，而对根系自养呼吸速率没有影响。夏季放牧对土壤呼吸速率影响不显著，而冬季放牧却促进了土壤呼吸速率。夏季放牧对根系自养呼吸速率和微生物异养呼吸速率的影响微弱，而冬季放牧对根系自养呼吸速率的影响大于对微生物异养呼吸速率的影响。放牧对生长季平均土壤呼吸速率没有显著影响，增温与放牧之间无交互作用。

（2）土壤底物消耗和微生物的“热适应”对土壤呼吸速率降低的相对贡献。总体上，培养试验表明温度升高增加了青藏高原高寒草甸土壤呼吸速率，但随着培养时间的延长，土壤呼吸速率增加的程度逐渐降低甚至消失。这种土壤呼吸速率的下降主要是由于土壤中易分解碳限制及微生物群落的温度适应（包括微生物生物量和活性的降低）导致的。然而，易分解碳限制及微生物群落的温度适应对土壤呼吸速率降低的相对贡献具有生态系统特异性，如易分解碳限制是高寒荒漠草原土壤呼吸速率下降的主要原因，而易分解碳限制及微生物群落的温度适应共同导致高寒草原和高寒草甸土壤呼吸速率的下降。总体而言，短期增温下的微生物群落温度适应可能会减少土壤有机质的分解，进而防止或降低土壤碳库损失。

（3）气候变化和放牧对年均生态系统呼吸速率的影响。增温和放牧仅显著改变生长季初期和末期的生态系统呼吸速率，增温通过促进生长季初期生态系统呼吸速率进而增加了生长季平均生态系统呼吸速率；放牧对生长季平均生态系统呼吸速率没有显著影响，增温与放牧之间无交互作用。土壤温度和植物地上生物量是影响生态系统呼吸速率的关键因子。增温促进了生态系统呼吸速率，而降温则具有相反作用，生态系统呼吸速率对增温比对降温的响应更敏感。中长期增温对生态系统呼吸速率的促进作用依然存在，特别是在干旱年份，氮添加对植物生长季生态系统呼吸速率没有显著影响。增温和氮添加通过改变土壤温度或/和地上净初级生产力促进生态系统呼吸；增温、放牧/刈割与氮添加之间没有交互作用。与原位控制试验不同，“双向”移栽试验表明，向低海拔移栽（增温）和向高海拔移栽（降温）分别增加和降低了生态系统呼吸速率，这种变化随不同植被类型和移栽地而变化，生态系统呼吸速率对增温和降温存在非线性的响应，对降温更敏感。

（4）土壤和生态系统呼吸的温度敏感性。土壤呼吸季节性温度敏感性（Q_{10}）与土壤呼吸速率的季节波动正相关，是温度和其他驱动因素的共同影响结果。高寒草甸植物生长季土壤呼吸的季节性温度敏感性高于非生长季。剔除其他干扰因素后，在生态系统尺度上估算的土壤呼吸内禀 Q_{10} 在数值上不仅与全球草地和温带草地的 Q_{10} 一致，也与亚细胞尺度上估算的有氧代谢反应的内禀 Q_{10} 一致（$Q_{10}\approx2.4$），表明基于这一温度敏感性估算不同生态系统土壤呼吸对气候变暖的响应具有合理性。土壤呼吸 Q_{10} 值远低于生态系统呼吸的 Q_{10} 值，增温和放牧降低了生态系统呼吸的 Q_{10}，而对土壤呼吸 Q_{10} 值无显著影响。海拔显著影响生态系统呼吸的温度敏感性，海拔越高，其温度敏感性越高。生态系统呼吸温度敏感性对增温比对降温的响应更敏感，且与植被类型有关。因此，如果直接将目前的土壤呼吸或生态系统呼吸温度敏感性纳入气候-碳模型，由于没有考虑长期气候变化过程中的降温效应，其预测结果可能会高估青藏高原高寒草甸生态系统的碳排放。

（5）增温和放牧对生态系统净碳交换特征的影响。增温增加了生态系统总初级生产力，夏季放牧降低了生态系统总初级生产力，但冬季放牧却提高了生态系统总初级生产力，说明高寒草甸生态系统年净碳交换对增温和放牧的响应随着年份和放牧模式的不同而变化。总体上，由于年均总初级生产力的增加和生态系统呼吸增加的幅度类似，从区域水平上来看，夏季和冬季交替放牧模式下增温和放牧对高寒草甸生态系统净碳交换没有显著影响，即青藏高原高寒草甸生态系统的净碳交换气候变暖的响应表现为中性反应，生态系统碳收支维持相对平衡状态。因此，增温和适度放牧加快了生态系统碳循环过程，气候变化背景下适度放牧仍然可以维持高寒草甸生态系统的弱的碳汇功能，表明中等强度的交替轮牧是应对未来气候变暖的一项有效措施，在区域尺度上可以实现保护生态的前提下发展生产的目标。

综上所述，10 年尺度上，增温 1.5～2℃和适度放牧对高寒草甸生态系统净碳交换特征影响不显著，该高寒草甸生态系统的碳汇功能仍然很弱。在评价青藏高原高寒草甸碳汇/源功能时，必须考虑非生长季的碳循环过程，否则，土壤有机碳的年分解量将被低估，而冬季增温引发了冻土消融，可能会导致这一地区的土壤碳流失。同时，有必要将土壤水分或降水量的影响以及呼吸对温度变化的非对称性响应纳入到呼吸-温度关系中，充分考虑放牧模式在青藏高原的分布，以更准确地预测青藏高原高寒草甸生态系统在气候暖化情景下的土壤碳通量，而氮沉降对高寒草甸生态系统碳通量的效应基本上可以忽略。

参 考 文 献

Ågren G I, Bosatta E. 2002. Reconciling differences in predictions of temperature response of soil organic matter. Soil Biology & Biochemistry, 34: 129-132.

Allison S D, Martiny J B H. 2008. Resistance, resilience, and redundancy in microbial communities. Proceedings of the National Academy of Sciences of the United States of America, 105: 11512-11519.

Allison S D, McGuire K L, Treseder K K. 2010. Resistance of microbial and soil properties to warming treatment seven years after boreal fire. Soil Biology & Biochemistry, 42(10): 1872-1878.

Almagro M, Lopez J, Querejeta J I, et al. 2009. Temperature dependence of soil CO_2 efflux is strongly modulated by seasnoal patterns of moisture availability in a Mediterranean ecosystem. Soil Biology & Biochemistry, 41: 594-605.

Anderson-Teixeira K J, Vitousek P M, Brown J H. 2008. Amplified temperature dependence in ecosystems developing on the lava flows of Mauna Loa, Hawaii. Proceedings of the National Academy of Sciences of the United States of America, 105(1): 228-233.

Arnone J A, Verburg S J, Johnson D W, et al. 2008. Prolonged suppression of ecosystem carbon dioxide uptake after an anomalously warm year. Nature, 455: 383-386.

Bahn M, Knapp M, Garajova Z, et al. 2006. Root respiration in temperate mountain grasslands differing in land use. Global Change Biology, 12: 995-1006.

Bao X Y, Zhu X X, Wang S P, et al. 2016. Effects of soil temperature and moisture on soil respiration on the Tibetan Plateau. PLoS One, 177: 564-570.

Belshe E F, Schuur E A G, Bolker B M. 2013. Tundra ecosystems observed to be CO_2 sources due to differential amplification of the carbon cycle. Ecology Letters, 16(10): 1307-1315.

Bjorkman M P, Morgner E, Cooper E J, et al. 2010. Winter carbon dioxide effluxes from arctic ecosystems: An overview and comparison of methodologies. Global Biogeochemical Cycles, 24: GB3010.

Blagodatskaya E V, Blagodatsky S A, Anderson T H, et al. 2007. Priming effects in Chernozem induced by glucose and N in relation to microbial growth strategies. Applied Soil Ecology, 37(1-2): 95-105.

Blagodatskaya E V, Blagodatsky S A, Anderson T H, et al. 2009. Contrasting effects of glucose, living roots and maize straw on microbial growth kinetics and substrate availability in soil. European Journal of Soil Science, 60(2): 186-197.

Boer W D, Folman L B, Summerbell R C, et al.. 2005. Living in a fungal world: impact of fungi on soil bacterial niche development. FEMS Microbiol Rev, 29(4): 795-811.

Bond-Lamberty B, Thomson A. 2010. A global database of soil respiration data. Biogeosciences, 7(6): 1915-1926.

Bowden R D, Davidson E, Savage K, et al. 2004. Chronic nitrogen additions reduce total soil respiration and microbial respiration in temperate forest soils at the Harvard Forest. Forntier of Ecology Manage, 196: 43-56.

Bradford M A, Davies C A, Frey S D, et al. 2008. Thermal adaptation of soil microbial respiration to elevated temperature. Ecology Letters, 11: 1316-1327.

Bradford M A, Davies C A, Frey S D, et al. 2008. Thermal adaptation of soil microbial respiration to elevated temperature. Ecol Lett, 11(12): 1316-1327.

Bradford M A, Watts B W, Davies C A. 2010. Thermal adaptation of heterotrophic soil respiration in laboratory microcosms. Global Change Biology, 16: 1576-1588.

Bradford M A. 2013. Thermal adaptation of decomposer communities in warming soils. Frontiers in Microbiology, 4: 1-8.

Bronson D R, Gower S T, Tanner M, et al. 2008. Response of soil surface CO_2 flux in a boreal forest to ecosystem warming. Global Change Biology, 14: 856-867.

Brooks P D, McKnight D, Elder K. 2005. Carbon limitation of soil respiration under winter snowpacks: Potential feedbacks between growing season and winter carbon fluxes. Global Change Biology, 11(2): 231-238.

Brooks P D, Williams M W, Schmidt S K. 1998. Inorganic nitrogen and microbial biomass dynamics before and during spring snowmelt. Biogeochemistry, 43(1): 1-15.

Brooks P D, Williams M W. 1999. Snowpack controls on nitrogen cycling and export in seasonally snow-covered catchments. Hydrological Processes, 13(14-15): 2177-2190.

Brown J H, Gillooly J F, Allen A P, et al. 2004. Toward a metabolic theory of ecology. Ecology, 85(7): 1771-1789.

Cao G M, Tang Y H, Mo W H, et al. 2004. Grazing intensity alters soil respiration in an alpine meadow on the Tibetan Plateau. Soil Biology & Biochemistry, 36: 237-243.

Carey J C, Tang J, Templer P H, et al. 2016. Temperature response of soil respiration largely unaltered with experimental warming. Proceedings of the National Academy of Sciences of the United States of America, 113(48): 13797-13802.

Chang X F, Zhu X X, Wang S P, et al. 2012a.Temperature and moisture effects on soil respiration in alpine grasslands. Soil Science, 177: 554-560.

Chang X F, Wang S P, Luo C Y, et al. 2012b. Responses of soil microbial respiration to thermal stress in alpine steppe on the Tibetan Plateau. European Journal of Soil Science, 63: 325-331.

Chaves M M, Pereira J S, Maroco J, et al. 2002. How plants cope with water stress in the field. Photosynthesis and growth. Annals of Botany, 89: 907-916.

Clemmensen K E, Bahr A, Ovaskainen O, et al. 2013. Roots and associated fungi drive long-term carbon sequestration in boreal forest. Science, 339(6127): 1615-1618.

Conant R T, Dalla-Betta P, Klopatek C C, et al. 2004. Controls on soil respiration in semiarid soils. Soil Biology & Biochemistry, 36: 945-951.

Conant R T, Drijber R A, Haddix M L, et al. 2008. Sensitivity of organic matter decomposition to warming varies with its quality. Global Change Biology, 14: 868-877.

Conant R T, Ryan M G, Agren G I, et al. 2011. Temperature and soil organic matter decomposition rates - synthesis of current knowledge and a way forward. Global Change Biol, 17(11): 3392-3404.

Conen F, Leifeld J, Seth B, et al. 2006. Warming mobilizes young and old soil carbon equally. Biogeoscices Discuss, 3: 515-519.

Cui S, Zhu X, Wang S, et al. 2014. Effects of seasonal grazing on soil respiration in alpine meadow on the Tibetan Plateau. Soil Use and Management, 30: 435-443.

Curiel Yuste J, Janssens I A, Carrara A, et al. 2004. Annual Q_{10} of soil respiration reflects plant phenological patterns as well as temperature sensitivity.Global Change Biology, 10: 161-169.

Dacal M, Bradford M A, Plaza C, et al.. 2019. Soil microbial respiration adapts to ambient temperature in global drylands. Nature Ecology & Evolution, 3: 232-238.

Davidson E A, Janssens I A. 2006. Temperature sensitivity of soil carbon decomposition and feedbacks to climate change. Nature, 440: 165-173.

Day T A, Ruhland C T, Xiong F. 2008. Warming increases aboveground plant biomass and C stocks in vascular-plant dominated Antarctic tundra. Global Change Biology, 14: 1827-1843.

Elberling B, Brandt K K. 2003. Uncoupling of microbial CO_2 production and release in frozen soil and its implications for field studies of arctic C cycling. Soil Biology & Biochemistry, 35(2): 263-272.

Elberling B. 2007. Annual soil CO_2 effluxes in the high arctic: The role of snow thickness and vegetation type.

Soil Biology & Biochemistry, 39: 646-654.

Elberling B, Nordstrom C, Grondahl L, et al. 2008. High-arctic soil CO_2 and CH_4 production controlled by temperature, water, freezing and snow. Advances in Ecological Research, 40: 441-472.

Exbrayat J F, Pitman A J, Abramowitz G. 2014. Disentangling residence time and temperature sensitivity of microbial decomposition in a global soil carbon model. Biogeosciences, 11(23): 6999-7008.

Feng J, Wang J, Song Y, et al. 2018. Patterns of soil respiration and its temperature sensitivity in grassland ecosystems across china. Biogeosciences, 15: 5329-5341.

Feng X J, Nielsen L L, Simpson M J. 2007. Responses of soil organic matter and microorganisms to freeze-thaw cycles. Soil Biology & Biochemistry, 39: 2027-2037.

Fierer N, Bradford M A, Jackson R B. 2007. Toward an ecological classification of soil bacteria. Ecology, 88(6): 1354-1364.

Flanagan L B, Johnson B G. 2005. Interacting effects of temperature, soil moisture and plant biomass production on ecosystem respiration in a northern temperate grassland. Agricultural and Forest Meteorology, 130: 237-253.

Frank A B. 2002. Carbon dioxide fluxes over a grazed prairie and seeded pasture in the Northern Great Plains. Environmental Pollution, 116: 397-403.

Gaumont-Guay D, Black A T, Griffis T J, et al. 2006. Influence of temperature and drought on seasonal and interannual variations of soil, bole and ecosystem respiration in a boreal aspen stand. Agricultural and Forest Meteorology, 140(1-4): 203-219.

Geng Y, Wang Y, Yang K, et al. 2012. Soil respiration in Tibetan alpine grasslands: Belowground biomass and soil moisture, but not soil temperature, best explain the large-scale patterns. PLoS One, 7: e34968.

Gershenson A, Bader N E, Cheng W. 2009. Effects of substrate availability on the temperature sensitivity of soil organic matter decomposition. Global Change Biology, 15(1): 176-183.

Graf A, Weihermueller L, Huisman J A, et al. 2011. Comment on “global convergence in the temperature sensitivity of respiration at ecosystem level”. Science, 331: 1265.

Griffis T J, Black T A, Gaumont-Guay D, et al. 2004. Seasonal variation and partitioning of ecosystem respiration in a southern boreal aspen forest. Agricultural and Forest Meteorology, 125(3-4): 207-223.

Grogan P, Jonasson S. 2005. Temperature and substrate controls on intra-annual variation in ecosystem respiration in two subarctic vegetation types. Global Change Biology, 11: 465-475.

Gu L H, Hanson P J, Mac Post W, et al. 2008. A novel approach for identifying the true temperature sensitivity from soil respiration measurements. Global Biogeochemical Cycles, 22: GB4009.

Hafner S, Unteregelsbacher S, Seeber E, et al. 2012. Effect of grazing on carbon stocks and assimilate partitioning in a tibetan montane pasture revealed by $^{13}CO_2$ pulse labeling. Global Change Biology, 18: 528-538.

Harpole W S, Potts D L, Suding K N. 2007. Ecosystem responses to water and nitrogen amendment in a california grassland. Global Change Biology, 13: 2341-2348.

Hartley I P, Heinemeyer A, Ineson P. 2007. Effects of three years of soil warming and shading on the rate of soil respiration: substrate availability and not thermal acclimation mediates observed response. Global Change Biology, 13: 1761-1770.

Hartley I P, Ineson P. 2008. Substrate quality and the temperature sensitivity of soil organic matter decomposition. Soil Biol and Biochemistry, 40: 1567-1574.

Hartley I P, Hopkins D W, Garnett M H, et al. 2008. Soil microbial respiration in arctic soil does not acclimate to temperature. Ecology Letters, 11: 1092-1100.

Hartley I P, Hopkins D W, Garnett M H, et al. 2009. No evidence for compensatory thermal adaptation of soil microbial respiration in the study of Bradford. Ecology Letter, 12:E12-E14.

Hirota M, Zhang P, Gu S, et al. 2010. Small-scale variation in ecosystem CO_2 fluxes in an alpine meadow depends on plant biomass and species richness. Journal of Plant Research, 123: 531-541.

Hirota M, Tang Y H, Hu Q W, et al. 2006. Carbon dioxide dynamics and controls in a deep-water wetland on the Qinghai-Tibetan Plateau. Ecosystems, 9(4): 673-688.

Hole L R, Engardt M. 2008. Climate change impact on atmospheric nitrogendeposition in northwestern Europe: a model study. Ambio, 37: 9-17.

Heimann M, Reichstein M. 2008. Terrestrial ecosystem carbon dynamics and climate feedbacks. Nature, 451: 289-292.

Hu Q W, Wu Q, Cao G M, et al., 2008. Growing seasonecosystem respirations and associated component fluxes in two alpinemeadows on the Tibetan Plateau. Journal of Integrative Plant Biology, 50: 271-279.

Hu Y G, Chang X F, Lin X W, et al. 2010. Effects of warming and grazing on N_2O fluxes in an alpine meadow ecosystem on the Tibetan Plateau. Soil Biology & Biochemistry, 42: 944-952.

Hu Y G, Jiang L L, Wang S P, et al. 2016. The temperature sensitivity of ecosystem respiration to climate change in an alpine meadow on the Tibet Plateau: A reciprocal translocation experiment. Agricultural and Forest Meteorology, 216: 93-104.

Jackson R B, Sperry J S, Dawson T E. 2000. Root water uptake and transport: Using physiological processes in global predictions. Trends in Plant Science, 5(11): 482-488.

Jassal R S, Black T A, Roy R, et al. 2011. Effect of nitrogen fertilization on soil CH_4 and N_2O fluxes, and soil and bole respiration. Geoderma, 162: 182-186.

Jiang C, Yu G, Fang H, et al. 2010. Short-term effect of increasing nitrogen deposition on CO_2, CH_4 and N_2O fluxes in an alpine meadow on the Qinghai-Tibetan Plateau, China. Atmospheric Environment, 44(24): 2920-2926.

Jing X, Wang Y, Chung H, et al. 2014. No temperature acclimation of soil extracellular enzymes to experimental warming in an alpine grassland ecosystem on the Tibetan Plateau. Biogeochemistry, 117: 39-54.

Karhu K, Auffret M D, Dungait J A, et al. 2014. Temperature sensitivity of soil respiration rates enhanced by microbial community response. Nature, 513: 81-86.

Kato T, Tang Y H, Gu S, et al. 2004. Carbon dioxide exchange between the atmosphere and an alpine meadow ecosystem on the Qinghai-Tibetan Plateau, China. Agricultural and Forest Meteorology, 124: 121-134.

Kirschbaum M F. 2004. Soil respiration under prolonged soil warming: Are rate reductions caused by acclimation or substrate loss? Global Change Biology, 10: 1870-1877.

Klein J A, Harte J, Zhao X Q. 2004. Experimental warming causes large and rapid species loss, dampened by simulated grazing, on the Tibetan Plateau. Ecology Letters, 7(12): 1170-1179.

Klein J A, Harte J, Zhao X Q. 2007. Experimental warming, not grazing, decreases rangeland quality on the Tibetan Plateau. Ecological Applications, 17: 541-557.

Koven C D, Bruno R, Pierre F. et al. 2011. Permafrost carbon-climate feedbacks accelerate global warming. Proceedings of the National Academy of Sciences of the United States of America, 108(36): 14769-14774.

Kuzyakov Y, Gavrichkova O. 2010. REVIEW: Time lag between photosynthesis and carbon dioxide efflux from soil: a review of mechanisms and controls. Global Change Biology, 16(12): 3386-3406.

Larsen K S, Grogan P, Jonasson S, et al. 2007. Respiration and microbial dynamics in two subarctic ecosystems during winter and spring thaw: effects of increased snow depth. Arctic, Antarctic and Alpine Research, 39(2): 268-276.

Lauro F M, McDougald D, Thomas T, et al.. 2009. The genomic basis of trophic strategy in marine bacteria. Proc Natl Acad Sci USA, 106(37): 15527-15533.

Li D, Zhou X, Wu L, et al. 2013. Contrasting responses of heterotrophic and autotrophic respiration to experimental warming in a winter annual-dominated prairie. Global Change Biology, 19(11): 3553-3564.

Li G, Sun S. 2011. Plant clipping may cause overestimation of soil respiration in a Tibetan alpine meadow, southwest China. Ecological Research, 26(3): 497-504.

Li Y, Lin Q, Wang S, et al. 2016. Soil bacterial community responses to warming and grazing in a Tibetan alpine meadow. FEMS Microbiology Ecology, 92: fiv152.

Li Y M, Lv W W, Jiang L L, et al., 2019. Microbial community responses reduce soil carbon loss in Tibetan alpine grasslands under short-term warming. Global Change Biology, 25: 3438-3449.

Li Y N, Zhao X Q, Cao Y, et al. 2004. Analyses on climates and vegetation productivity background at Haibei alpine meadow ecosystem research station. Plateau Meteorology, 23(4): 558-567.

Li W, Wu J, Bai E, et al. 2016. Response of terrestrial carbon dynamics to snow cover change: A meta-analysis of experimental manipulation (ii). Soil Biology & Biochemistry, 103: 388-393.

Lin X, Zhang Z, Wang S, et al. 2011. Response of ecosystem respiration to warming and grazing during the growing seasons in the alpine meadow on the Tibetan Plateau. Agricultural and Forest Meteorology, 151: 792-802.

Liu H, Mi Z, Lin L, et al. 2018a. Shifting plant species composition in response to climate change stabilizes grassland primary production. Proceedings of the National Academy of Sciences of the United States of America, 115: 4051-4056.

Liu H K, Lv WW, Wang S P, et al. 2019. Decreased soil substrate availability with incubation time weakens the response of microbial respiration to high temperature in an alpine meadow on the Tibetan Plateau. Journal of Soils and Sediments, 19: 255-262.

Liu L, Wang X, Lajeunesse M J, et al. 2016a. A cross-biome synthesis of soil respiration and its determinants under simulated precipitation changes. Global Change Biology, 22(4): 1394-1405.

Liu S, Zamanian K, Schleuss P M., et al. 2018b. Degradation of Tibetan grasslands: Consequences for carbon and nutrient cycles. Agriculture, Ecosystems & Environment, 252: 93-104.

Liu W X, Zhang Z, Wan S Q. 2009. Predominant role of water in regulating soil and microbial respiration and their responses to climate change in a semiarid grassland. Global Change Biology, 15(1): 184-195.

Liu X, Zhang Y, Han W, et al. 2013. Enhanced nitrogen deposition over china. Nature, 494: 459-462.

Liu X, Wang Q, Qi Z, et al. 2016b. Response of N_2O emissions to biochar amendment in a cultivated sandy loam soil during freeze-thaw cycles. Scientific Reports, 6: 35411.

López-Urrutia A, San Martin E, Harris R P, et al. 2006. Scaling the metabolic balance of the oceans. Proceedings of the National Academy of Sciences of the United States of America, 103(23): 8739-8744.

Lu M, Zhou X, Yang Q, et al. 2013. Responses of ecosystem carbon cycle to experimental warming: a meta-analysis. Ecology, 94(3): 726-738.

Luo Y Q, Wan S Q, Hui D F, et al. 2001. Acclimatization of soil respiration to warming in a tall grass prairie. Nature, 413(6856): 622-625.

Luo Y. 2007. Terrestrial carbon-cycle feedback to climate warming. Annual Review of Ecology Evolution and Systematics, 38: 683-712.

Luo C, Xu G, Wang Y, et al. 2009. Effects of grazing and experimental warming on doc concentrations in the soil solution on the Qinghai-Tibet Plateau. Soil Biology & Biochemistry, 41: 2493-2500.

Luo C, Xu G, Chao Z, et al. 2010. Effect of warming and grazing on litter mass loss and temperature sensitivity of litter and dung mass loss on the Tibetan Plateau. Global Change Biology, 16: 1606-1617.

Luo Y, Sherry R, Zhou X, et al. 2009. Terrestrial carbon-cycle feedback to climate warming: Experimental evidence on plant regulation and impacts of biofuel feedstock harvest. Global Change Biology Bioenergy, 1(1): 62-74.

Luo Y Q, Melillo J, Niu S L, et al. 2011. Coordinated approaches to quantify long-term ecosystem dynamics in response to global change. Global Change Biology, 17: 843-854.

Lv W, Luo C, Zhang L, et al. 2020. Net neutral carbon responses to warming and grazing in alpine grassland ecosystems. Agricultural and Forest Meteorology, 280: 107792.

Ma Z, Liu H, Mi Z, et al. 2017. Climate warming reduces the temporal stability of plant community biomass production. Nature Communications, 8: 15378.

Mahecha M D, Reichstein M, Carvalhais N, et al. 2010. Global convergence in the temperature sensitivity of respiration at ecosystem level. Science, 329: 838-840.

McGuire A D, Anderson L G, Christensen R T, et al. 2009. Sensitivity of the carbon cycle in the Arctic to climate change. Ecological Monographs, 79(4): 523-555.

McSherry M E, Ritchie M E. 2013. Effects of grazing on grassland soil carbon: a global review. Global Change Biology, 19(5): 1347-1357.

McMahon S K, Wallenstein M D, Schimel J P. 2011. A cross-seasonal comparison of active and total bacterial community composition in Arctic tundra soil using bromodeoxyuridine labeling. Soil Biology & Biochemistry, 43(2): 287-295.

Melillo J M, Steudler P A, Aber J D, et al. 2002. Soil warming and carbon-cycle feedbacks to the climate system. Ecological Society of America Annual Meeting Abstracts, 87: 210-210.

Melillo J M, Butlera S, Johnsona J, et al. 2011. Soil warming, carbon-nitrogen interactions, and forest carbon budgets. Proceedings of the National Academy of Sciences of the United States of America, 108(23): 9508-9512.

Melillo J M, Frey S D, DeAngelis K M, et al. 2017. Long-term pattern and magnitude of soil carbon feedback to the climate system in a warming world. Science, 358(6359): 101-104.

Mo J, Zhang W, Zhu W, et al. 2008. Nitrogen addition reduces soil respiration in a mature tropical forest in southern China. Global Change Biology, 14(2): 403-412.

Monson R K, Lipson D L, Burns S P, et al. 2006. Winter forest soil respiration controlled by climate and microbial community composition. Nature, 439: 711-714.

Morgner E, Elberling B, Strebel D, et al. 2010. The importance of winter in annual ecosystem respiration in the high arctic: Effects of snow depth in two vegetation types. Polar Research, 29: 58-74.

Morowitz H J, Kostelnik J D, Yang J, et al. 2000. The origin of intermediary metabolism. Proceedings of the National Academy of Sciences of the United States of America, 97(14): 7704-7708.

Moyano F E, Kutsch W L, Rebmann C. 2008. Soil respiration fluxes in relation to photosynthetic activity in broad-leaf and needle-leaf forest stands. Agricultural and Forest Meteorology, 148: 135-143.

Nakano T, Nemoto M, Shinoda M. 2008. Environmental controls on photosynthetic production and ecosystem respiration in semi-arid grasslands of Mongolia. Agricultural and Forest Meteorology, 148(10): 1456-1466.

Nakano T, Shinoda M. 2010. Response of ecosystem respiration to soil water and plant biomass in a semiarid grassland. Soil Science and Plant Nutrition, 56(5): 773-781.

Niu S L, Wu M Y, Han Y, et al. 2008. Water mediated responses of ecosystem carbon fluxes to climatic change in a temperate steppe. New Phytology, 177: 209-219.

Nobrega S, Grogan P. 2007. Deeper snow enhances winter respiration from both plant-associated and bulk soil carbon pools in birch hummock tundra. Ecosystems, 10(3): 419-431.

Oberbauer S F, Tweedie C E, Welker J M, et al. 2007. Tundra CO_2 fluxes in response to experimental warming across latitudinal and moisture gradients. Ecological Monographs, 77(2): 221-238.

Öquist M G, Sparrman T, Klemedtsson L, et al. 2009. Water availability controls microbial temperature responses in frozen soil CO_2 production. Global Change Biology, 15: 2715-2722.

Panikova N S, Flanaganb P W, Oechelc W C, et al. 2006. Microbial activity in soils frozen to below-39 degrees C. Soil Biology & Biochemistry, 38(4): 785-794.

Pavelka M, Acosta M, Marek M V, et al. 2007. Dependence of the Q_{10} values on the depth of the soil temperature measuring point. Plant and Soil, 292(1-2): 171-179.

Peng S S, Piao S L, Wang T, et al. 2009. Temperature sensitivity of soil respiration in different ecosystems in china. Soil Biology & Biochemistry, 41: 1008-1014.

Perkins D M, Yvon-Durocher G, Demars B L, et al. 2012. Consistent temperature dependence of respiration across ecosystems contrasting in thermal history. Global Change Biology, 18: 1300-1311.

Phillips C L, Nickerson N, Risk D, et al. 2011. Interpreting diel hysteresis between soil respiration and temperature. Global Change Biology, 17(1): 515-527.

Piao S, Ciais P, Huang Y, et al. 2010 The impacts of climate change on water resources and agriculture in China. Nature, 467: 43-51.

Polley H W, Frank A B, Sanabria J, et al. 2008 Interannual variability in carbon dioxide fluxes and flux-climate relationships on grazed and ungrazed northern mixed-grass prairie. Global Change Biology, 14(7): 1620-1632.

Prosser J I. 2012. Ecosystem processes and interactions in a morass of diversity. FEMS Microbiology Ecology, 81(3): 507-519.

Raiesi F, Asadi E, 2006. Soil microbial activity and litter turnover in native grazed and ungrazed rangelands in a semiarid ecosystem. Biology and Fertility of Soils, 43: 76-82.

Regaudie-de-Gioux A, Duarte C M. 2012. Temperature dependence of planktonic metabolism in the ocean. Global Biogeochemical Cycles, 26: GB1015.

Reichstein M, Tenhunen J D, Roupsard O, et al. 2002. Ecosystem respiration in two Mediterranean evergreen Holm Oak forests: Drought effects and decomposition dynamics. Functional Ecology, 16(1): 27-39.

Reichstein M, Falge E, Baldocchi D, et al. 2005. On the separation of net ecosystem exchange into assimilation and ecosystem respiration: review and improved algorithm. Global Change Biology, 11(9): 1424-1439.

Reichstein M, Beer C. 2008. Soil respiration across scales: The importance of a model-data integration framework for data interpretation. Journal of Plant Nutrition and Soil Science, 171(3): 344-354.

Reyes-Fox M, Steltzer H, Trlica M J, et al. 2014. Elevated CO_2 further lengthens growing season under warming conditions. Nature, 510: 259-262.

Rousk J, Brookes P C, Bååth E. 2009. Contrasting soil pH effects on fungal and bacterial growth suggest functional redundancy in carbon mineralization. Appl Environ Microbiol, 75(6): 1589-1596.

Rui Y, Wang S, Xu Z, et al. 2011. Warming and grazing affect soil labile carbon and nitrogen pools differently in an alpine meadow of the Qinghai-Tibet Plateau in China. Journal of Soils and Sediments, 11: 903-914.

Rustad L E, Campbell J L, Marion G M, et al. 2001. A meta-analysis of the response of soil respiration, net nitrogen mineralization, and aboveground plant growth to experimental ecosystem warming. Oecologia, 126: 543-562.

Ryan M G, Law B E. 2005. Interpreting, measuring, and modeling soil respiration. Biogeochemistry, 73(1): 3-27.

Saleska S R, Shaw M R, Fischer M L, et al. 2002. Plant community composition mediates both large transient decline and predicted long-term recovery of soil carbon under climate warming. Global Biogeochemical Cycles, 16.

Schimel J P, Fahnestock J, Michaelson G, et al. 2006. Cold-season production of CO_2 in arctic soils: Can laboratory and field estimates be reconciled through a simple modeling approach? Arctic, Antarctic, and Alpine Research, 38(2): 249-256.

Schuman G E, Reeder J D, Manley J T, et al. 1999. Impact of grazing management on the carbon and nitrogen balance of a mixed-grass rangeland. Ecological Applications, 9(1): 65-71.

Shi F, Chen H, Chen H, et al. 2012. The combined effects of warming and drying suppress CO_2 and N_2O emission rates in an alpine meadow of the eastern Tibetan Plateau. Ecological Research, 27(4): 725-733.

Song B, Niu S L, Luo R S, et al. 2014. Divergent apparent temperature sensitivity ofterrestrial ecosystem respiration. Journal of Plant Ecology, 5: 419-428.

Subke J A, Bahn M. 2010. On the 'temperature sensitivity' of soil respiration: can we use the immeasurable to predict the unknown. Soil Biology & Biochemstry, 42: 1653-1656.

Suseela V, Dukes J S. 2013. The responses of soil and rhizosphere respiration to simulated climatic changes vary by season. Ecology, 94: 403-413.

Suseela V, Conant RT, Wallenstein M D, et al. 2012. Effects of soil moisture on the temperature sensitivity of heterotrophic respiration vary seasonally in an old-field climate change experiment. Global Change Biology, 18: 336-348.

Tan K, Ciais P, Piao S L, et al. 2010. Application of the ORCHIDEE global vegetation model to evaluate biomass and soil carbon stocks of Qinghai-Tibetan grasslands. Global Biogeochemical Cycles, 24: GB1013.

Tilston E L, Sparrman T, Oquist M G. 2010. Unfrozen water content moderates temperature dependence of sub-zero microbial respiration. Soil Biology & Biochemistry, 42(9): 1396-1407.

Tjoelker M G, Oleksyn J, Reich P B. 2001. Modelling respiration of vegetation: evidence for a general temperature-dependent Q(10). Global Change Biology, 7(2): 223-230.

Trumbore S E, Chadwick O A, Amundson R. 1996. Rapid exchange between soil carbon and atmospheric carbon dioxide driven by temperature change. Science, 272: 393-396.

Todd-Brown K O, Randerson J T, Hopkins F, et al. 2014. Changes in soil organic carbon storage predicted by Earth system models during the 21st century. Biogeosciences, 11(8): 2341-2356.

Tucker C. 2014. Reduction of air- and liquid water-filled soil pore space with freezing explains high temperature sensitivity of soil respiration below 0℃. Soil Biology & Biochemistry, 78: 90-96.

Vargas R, Detto M, Baldocchi D D, et al. 2010. Multiscale analysis of temporal variability of soil CO_2 production as influenced by weather and vegetation. Global Change Biology, 16(5): 1589-1605.

Wagle P, Kakani V G. 2014. Confounding effects of soil moisture on the relationship between ecosystem respiration and soil temperature in Switchgrass. Bioenergy Research, 7(3): 789-798.

Waldrop M P, Firestone M K. 2004. Altered utilization patterns of young and old C by microorganisms caused by temperature shifts and N addition. Biogeochemistry, 67: 235-248.

Wan S Q, Luo Y Q. 2003. Substrate regulation of soil respiration in a tallgrass prairie: Results of a clipping and shading experiment. Global Biogeochemical Cycles, 17(2): 1054.

Wan S Q, Hui D F, Wallace L, et al. 2005. Direct and indirect effects of experimental warming on ecosystem carbon processes in a tallgrass prairie. Global Biogeochemical Cycles, 19(2): GB2014.

Wan S, Norby R J, Ledford J, et al. 2007. Responses of soil respiration to elevated CO_2, air warming, and changing soil water availability in a model old-field grassland. Global Change Biology, 13(11): 2411-2424.

Wang S P, Duan J C, Xu G P, et al. 2012. Effects of warming and grazing on soil n availability, species composition, and anpp in an alpine meadow. Ecology, 93: 2365-2376

Wang H, Liu H Y, Wang Y H, et al. 2017. Warm- and cold-season grazing affect soil respiration differently in alpine grasslands. Agriculture Ecosystems & Environment, 248: 136-143.

Wang X H, Piao S L, Ciais P, et al. 2010. Are ecological gradients in seasonal Q_{10} of soil respiration explained by climate or by vegetation seasonality? Soil Biology and Biochemistry, 42: 1728-1734.

Wang X, Liu L, Piao S, et al. 2014a. Soil respiration under climate warming: differential response of heterotrophic and autotrophic respiration. Global Change Biology, 20(10): 3229-3237.

Wang Y H, Song C, Liu H Y, et al. 2021. Precipitation determines the magnitude and direction of interannual responses of soil respiration to experimental warming. Plant and Soil, 458: 75-91.

Wang Y, Liu H, Chung H, et al. 2014b. Non-growing-season soil respiration is controlled by freezing and thawing processes in the summer monsoon-dominated tibetan alpine grassland. Global Biogeochemical Cycles, 28: 1081-1095.

Wang X, Pang G, Yang M. 2018a. Precipitation over the Tibetan Plateau during recent decades: a review based on observations and simulations. International Journal of Climatology, 38(3): 1116-1131.

Wang Y H, Song C, Yu L F, et al. 2018b. Convergence in temperature sensitivity of soil respiration: Evidence from the Tibetan alpine grasslands. Soil Biology & Biochemistry, 122: 50-59.

Welker J M, Fahnestock J T, Povirk K L, et al. 2004. Alpine grassland CO_2 exchange and nitrogen cycling: Grazing history effects, medicine bow range, Wyoming, USA. Arctic Antarctic and Alpine Research, 36(1): 11-20.

Wen X F, Yu G R, Sun X M, et al. 2006. Soil moisture effect on the temperature dependence of ecosystem respiration in a subtropical *Pinus* plantation of southeastern China. Agricultual and Forest Meteorology, 137: 166-175.

Williams M A. 2007. Response of microbial communities to water stress in irrigated and drought-prone tallgrass prairie soils. Soil Biology & Biochemistry, 39: 2750-2757.

Wu Z, Dijkstra P, Koch G W, et al. 2011. Responses of terrestrial ecosystems to temperature and precipitation change: a meta-analysis of experimental manipulation. Global Change Biology, 17: 927-942.

Xiong J, Peng F, Sun H, et al.. 2014. Divergent responses of soil fungi functional groups to short-term warming. Microbiology Ecology, 68: 708-715.

Yang Y, Fang J, Tang Y, et al. 2008. Storage, patterns and controls of soil organic carbon in the Tibetan grasslands. Global Change Biology, 14: 1592-1599.

Yang Y F, Wu L W, Lin Q Y, et al. 2013. Responses of the functional structure of soil microbial community

to livestock grazing in the Tibetan alpine grassland. Global Change Biology, 19: 637-648.
You Q, Kang S, Pepin N, et al. 2010. Climate warming and associated changes in atmospheric circulation in the eastern and central Tibetan Plateau from a homogenized dataset. Global and Planetary Change, 72: 11-24.
Yvon-Durocher G, Caffrey J M, Cescatti A, et al. 2012. Reconciling the temperature dependence of respiration across timescales and ecosystem types. Nature, 487: 472-476.
Xia J, Niu S, Wan S. 2009. Response of ecosystem carbon exchange to warming and nitrogen addition during two hydrologically contrasting growing seasons in a temperate steppe. Global Change Biology, 15(6): 1544-1556.
Xu M, Qi Y. 2001. Spatial and seasonal variations of Q_{10} determined by soil respiration measurements at a Sierra Nevadan forest. Global Biogeochemical Cycles, 15: 687-696.
Xu L K, Baldocchi D D. 2004. Seasonal variation in carbon dioxide exchange over a Mediterranean annual grassland in California. Agricultural and Forest Meteorology, 123: 79-96.
Xu G P, Chao Z G, Wang S P, et al. 2010a. Temperature sensitivity of nutrient release from dung along elevation gradient on the Qinghai-Tibetan Plateau. Nutrient Cycling in Agroecosystems, 87: 49-57.
Xu G P, Hu Y G, Wang S P, et al. 2010b. Effects of litter quality and climate change along an elevation gradient on litter mass loss in an alpine meadow ecosystem on the Tibetan Plateau. Plant Ecology, 209: 257-268.
Xu X, Zheng S, Li D J, et al. 2015. Plant community structure regulates responses of prairie soil respiration to decadal experimental warming. Global Change Biology, 21(10): 3846-3853.
Yang Y H, Fang J Y, Tang Y H, et al. 2008. Storage, patterns and controls of soil organic carbon in the Tibetan grasslands. Global Change Biology, 14(7): 1592-1599.
Yang Y F, Wu L W, Lin Q Y, et al. 2013. Responses of the functional structure of soil microbial community to livestock grazing in the Tibetan alpine grassland. Global Change Biology, 19(2): 637-648.
You Q L, Kang S C, Pepin N, et al. 2010. Climate warming and associated changes in atmospheric circulation in the eastern and central Tibetan Plateau from a homogenized dataset. Global and Planetary Change, 72(1-2): 11-24.
Yvon-Durocher G, Caffrey J M., Cescatti A, et al. 2012a. Reconciling the temperature dependence of respiration across timescales and ecosystem types. Nature, 487(7408): 472-476.
Yvon-Durocher G, Allen A P. 2012b. Linking community size structure and ecosystem functioning using metabolic theory. Philosophical Transactions of the Royal Society B-Biological Sciences, 367(1605): 2998-3007.
Zak D R, Holmes W E, Burton A J, et al. 2008. Simulatedatmospheric NO_3^- deposition increases soil organic matter by slowing decomposition. Ecological Applications, 18: 2016-2027.
Zhao L, Li Y N, Xu S X, et al. 2006. Diurnal, seasonal and annual variation in net ecosystem CO_2 exchange of an alpine shrubland on Qinghai-Tibetan Plateau. Global Change Biology, 12: 1940-1953.
Zhou G, Luo Q, Chen Y, et al. 2019. Interactive effects of grazing and global change factors on soil and ecosystem respiration in grassland ecosystems: A global synthesis. Journal of Applied Ecology, 56: 2007-2019.
Zhou Y, Lv W W, Wang S P, et al. 2022. Additive effects of warming and grazing on fine root decomposition and loss of nutrients in an alpine meadow. J Plant Ecology, 15: 1273-1284.
Zhang G, Zhang Y, Dong J, et al. 2013. Green-up dates in the Tibetan plateau have continuously advanced from 1982 to 2011. Proceedings of the National Academy of Sciences of the United States of America, 110(11): 4309-4314.
Zheng Z M, Yu G R, Fu Y L, et al. 2009. Temperature sensitivity of soil respiration is affected by prevailing climatic conditions and soil organic carbon content: A trans-china based case study. Soil Biology & Biochemistry, 41: 1531-1540.
Zhou J Z, Xue K, Xie J P, et al. 2012. Microbial mediation of carbon-cycle feedbacks to climate warming. Nat Clim Change, 2: 106-110.
Zhou G S, Wang Y H, Jiang Y L, et al. 2002. Carbon balance along the Northeast China Transect

(NECT-IGBP). Science in China Series C-Life Sciences, 45: 18-29.
Zhou G Y, Zhou X H, He Y H, et al. 2017. Grazing intensity significantly affects belowground carbon and nitrogen cycling in grassland ecosystems: a meta-analysis. Global Change Biology, 23: 1167-1179.
Zhou X, Wan S, Luo Y. 2007. Source components and interannual variability of soil CO_2 efflux under experimental warming and clipping in a grassland ecosystem. Global Change Biology, 13(4): 761-775.
Zhuang Q, He J, Lu Y, et al. 2010. Carbon dynamics of terrestrial ecosystems on the Tibetan Plateau during the 20th century: an analysis with a process-based biogeochemical model. Global Ecology and Biogeography, 19(5): 649-662.
Zhu X X, Luo C Y, Wang S P, et al. 2015. Effects of warming, grazing/cutting and nitrogen fertilization on greenhouse gas fluxes during growing seasons in an alpine meadow on the Tibetan Plateau. Agricultural and Forest Meteorology, 214: 506-514.

第十一章　气候变化和放牧对甲烷通量的影响及其微生物机制

导读： 土壤是仅次于大气的甲烷（CH_4）第二大汇，其 CH_4 吸收能力取决于 CH_4 氧化和产 CH_4 之间的净效应，受温度、水分、氧气、养分有效性、CH_4 氧化和产 CH_4 菌群落结构及丰度等多种非生物和生物因子的影响。气候变化和放牧通常改变了上述因子，进而可能影响生态系统的 CH_4 通量。本章基于山体垂直带“双向”移栽试验、不对称增温和放牧及氮添加试验以及退化草地增温野外试验平台，拟回答以下科学问题：①增温和降温如何影响不同植被类型 CH_4 通量及其温度敏感性？②增温和放牧如何影响生长季和非生长季 CH_4 通量，以及氮添加对增温和放牧效应的调节作用如何？③不同退化程度的高寒草甸土壤 CH_4 氧化如何响应增温？④增温和放牧影响 CH_4 通量的微生物学机制如何？

甲烷（CH_4）作为仅次于 CO_2 的第二大温室气体，100 年尺度上的增温潜力约为 CO_2 的 28 倍，对全球变暖的贡献约为 20%（IPCC，2013；Kirschke et al.，2013）。目前，全球 CH_4 收支处于不平衡状态，大气中的 CH_4 浓度已从工业革命前的 715ppb[①]增加到现在的约 1800ppb，并以每年约 1%的速度增长（Dlugokencky et al.，2011；Heimann，2011）。这主要归结于人类活动影响下 CH_4 排放源的增加和 CH_4 汇的减少。据估算，2000～2005 年 CH_4 年平均排放量近 582Tg（IPCC，2013）。全球所排放的 CH_4 主要通过大气氧化和土壤吸收来平衡。一方面，大气中的 CH_4 可通过与大气对流层中的羟基自由基（·OH）发生氧化反应而被吸收，这一过程对全球 CH_4 汇贡献约为 90%（Kirschke et al.，2013）。然而，在人类活动的影响下，大气对流层中羟基自由基的含量下降，这可能会导致未来大气氧化 CH_4 的能力降低。另一方面，土壤是仅次于大气对流层羟基氧化的第二大 CH_4 汇，每年消耗 26～42Tg CH_4，约占大气 CH_4 总量的 4%（Kirschke et al.，2013）。因此，土壤 CH_4 汇的任何变化都有可能改变大气中的 CH_4 净通量，从而改变其在大气中的累积速率。

通气性良好的草地生态系统作为重要的 CH_4 汇之一，每年消耗约（3.73±1.41）Tg 的大气 CH_4（Yu et al.，2017）。气候变化和人类活动可以改变土壤对 CH_4 的消耗量（Dijkstra et al.，2013），从而间接地调节气候变化（Torn and Harte，1996）。CH_4 主要在厌氧条件下由产 CH_4 菌产生（Dalal and Allen，2008），而在有氧条件下被 CH_4 氧化菌所氧化（Hanson and Hanson，1996）。许多非生物和生物因素，包括土壤温度、湿度（Dijkstra et al.，2013；Wang et al.，2009）、无机氮（Fang et al.，2010；Zhuang et al.，2013）、微生物群落（McCalley et al.，2014；Shrestha et al.，2012）和植物群落组成（Zhang et al.，2012）都会影响大气和土壤之间的 CH_4 交换，其对增温的响应因生态系统类型的不同而

① ppb 表示 μg/kg。

异。例如，增温增加了温带森林（Peterjohn et al.，1994）和亚北极生态系统（Sjögersten and Wookey，2002）的 CH_4 汇，但对森林土壤 CH_4 吸收并没有显著影响（Christensen et al.，1997；Rustad and Fernandez，1998），甚至减少了半干旱草原（Dijkstra et al.，2013）和泥炭地（Yang et al.，2014）的 CH_4 汇。因此，研究土壤温度和湿度变化对 CH_4 通量的影响，对于评估陆地生态系统吸收大气 CH_4 的潜力具有重要意义。以往的大多数研究多集中在增温对 CH_4 通量的影响，很难排除增温所诱导的干旱的间接效应，特别是忽略了降温对 CH_4 通量的影响。实际上，历史温度记录显示近期青藏高原的气温在波动中逐渐上升，相对于平均温度表现为增温和降温交替存在的模式，如过去 44 年中有 22 年的年平均温度低于平均值，而 19 年的平均温度高于平均值（Li et al.，2004）。据估计，青藏高原是中国重要的 CH_4 汇（Wei et al.，2015），约占中国所有草地总 CH_4 吸收量的 44%（Wang et al.，2014）。然而，由于缺少气候变化、人类活动和氮沉降对 CH_4 通量及其机制的系统研究，从而限制了我们对不同气候变化情境和人类活动影响下青藏高原高寒草甸生态系统 CH_4 汇潜力的准确估计。本章主要是基于山体垂直带“双向”移栽试验平台、增温和放牧及氮添加试验平台、退化增温平台等开展的相关研究成果，系统探讨了影响高寒草甸生态系统 CH_4 通量变化的主要因素及其机制。

第一节　增温和降温对 CH_4 通量的影响

增温对生态系统 CH_4 通量的影响没有一致的结果，如不同生态系统 CH_4 通量与土壤温度呈指数、线性或不相关等不同结果（Dijkstra et al.，2013；Fang et al.，2014，2010；Jiang et al.，2010；Lin et al.，2015，2009；Wang et al.，2009；Wei et al.，2015）。然而，有研究表明，在 0.2～4.0℃的温度变化范围内，线性模型可以很好地拟合青藏高原高寒草甸生态系统呼吸差异与温度差异之间的相关关系，且生态系统呼吸对增温和降温表现为不对称性响应（Hu et al.，2016a）。在北极生态系统（Zumsteg et al.，2013）和农业生态系统（Liang et al.，2015）中也观察到微生物群落的转化率对增温与降温的响应程度并不一致。由于 CH_4 通量与生态系统呼吸呈高度负相关，因此，可以假设青藏高原高寒草甸生态系统 CH_4 通量对增温和降温的响应也可能是不对称的。我们基于山体垂直带“双向”移栽试验平台，研究了不同增温和降温梯度对 4 种高寒草甸植被类型生长季（5～9 月）CH_4 通量的影响，以验证 CH_4 通量响应增温和降温是否为非对称性的科学假设。

一、自然海拔梯度上 CH_4 通量的变化

2008～2009 年的监测结果表明，原位（不移栽）4 个海拔（3200m、3400m、3600m 和 3800m）的日均 CH_4 通量为–25.5μg/(m^2·h)，变化范围为–107～31μg/(m^2·h)，受采样日期和海拔的显著影响（Hu et al.，2016b）。因此，高寒草甸在生长季是 CH_4 的汇，这一结果与之前的研究报道类似（Lin et al.，2015；Wang et al.，2009）。海拔 3200m 和 3400m 两年生长季平均 CH_4 的汇高于海拔 3600m 和 3800m 的 CH_4 汇。2008 年，海拔 3600m 的 CH_4 平均吸收通量显著低于海拔 3200m 和 3400m；2009 年，海拔 3800m 的 CH_4 平均

吸收通量显著低于海拔3400m。2008年和2009年，CH_4平均通量没有显著差异(图11-1A)。生长季大部分时间各类型草甸均表现为CH_4的汇，7～8月CH_4吸收速率达到峰值。生长季平均CH_4通量（负值表示吸收CH_4）随20cm土层温度的升高而线性下降，其他研究也有类似的报道（Fang et al.，2014；Jiang et al.，2010；Lin et al.，2015；Shrestha et al.，2012；Wang et al.，2009），表明原位海拔梯度上高寒草甸生态系统CH_4吸收随着土壤温度的升高而线性增加，土壤温度解释了30.9%的季节平均CH_4通量变化（图11-1B），因为CH_4氧化菌的丰度和活性随着土壤温度的升高而增加（Topp and Pattey，1997；Zheng et al.，2012）。

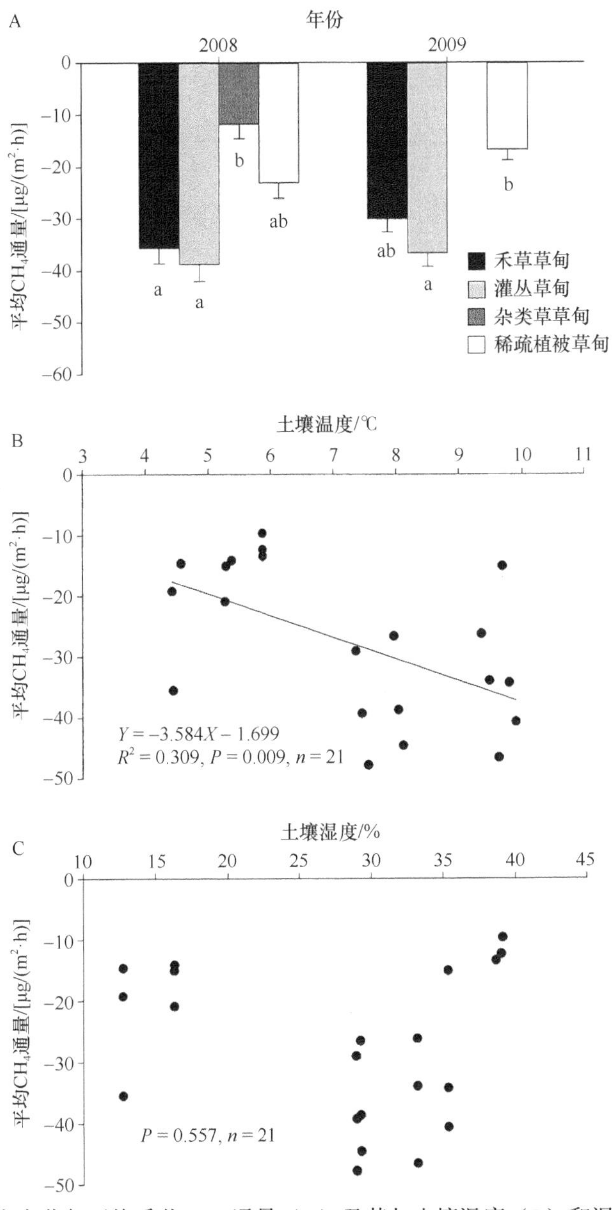

图11-1　原位高寒草甸平均季节CH_4通量（A）及其与土壤温度（B）和湿度（C）的关系

A图中不同小写字母表示差异显著（$P<0.05$）

2008～2009年，所有海拔的平均季节 CH_4 通量与20cm土层湿度没有显著相关关系（图11-1C），但各海拔的 CH_4 日通量与20cm土层湿度呈显著正相关，即随着土壤湿度增大，CH_4 氧化能力随之降低。由于较高的土壤湿度可能会阻塞土壤中的空隙而抑制大气中的氧气和 CH_4 向土壤中扩散，因此限制了 CH_4 氧化菌的氧化能力（Wang et al.，2009；Zhuang et al.，2013）。此前在同一地区的研究发现，土壤温度和（或）湿度分别解释了17%～27%和16%～47%的 CH_4 日通量变化（Fang et al.，2014；Lin et al.，2015；Lin et al.，2009；Wang et al.，2009）。我们的研究发现，山体垂直带土壤温度是影响 CH_4 季节通量的主要因素，解释了11%～25%的 CH_4 通量变异。由于各植被类型原位土壤物理属性和土壤湿度不同，因此并未发现自然海拔梯度上 CH_4 通量和土壤水分之间有明显的相关关系（图11-1C）。

二、“双向”移栽对高寒草甸生态系统 CH_4 通量的影响

采样日期、年份、移栽地的海拔、植被类型，以及植被类型与移栽地的海拔、采样日期与年份的相互作用都会显著影响“双向”移栽后高寒草甸生态系统 CH_4 日平均通量（Hu et al.，2016b）。总体上，增温增加了大多数植被类型和移栽海拔组合的 CH_4 吸收通量，当杂类草草甸（海拔3600m）分别下移到海拔3400m和3200m时，其 CH_4 吸收速率分别增加了20%和275%。然而，当灌丛草甸（海拔3400m）下移到海拔3200m、稀疏植被草甸（海拔3800m）下移到海拔3600m时，CH_4 吸收通量分别下降了24%和17%。大多数情况下，降温降低了平均季节 CH_4 吸收通量，如灌丛草甸（海拔3400m）上移到海拔3800m、禾草草甸（海拔3200m）上移至海拔3600m时，CH_4 吸收速率分别降低了8%和54%；将禾草草甸（海拔3200m）上移至海拔3400m时，其平均季节 CH_4 吸收通量却增加了8%（图11-2）。

尽管增温和降温对 CH_4 吸收的影响因植被类型和移栽地的海拔而异，但我们的结果总体上证实了增温促进 CH_4 吸收，而降温抑制 CH_4 吸收。气候变暖导致的 CH_4 吸收增加可能是由于温度对 CH_4 氧化菌活性的直接作用，以及通过减少土壤湿度促进了大气中氧气和 CH_4 在土壤中扩散的间接影响（Lin et al.，2015；Wang et al.，2009）。相反，土壤温度降低可能减少土壤 CH_4 氧化菌的氧化作用。CH_4 吸收随着温度的升高而增加，这一结果与温带森林（Peterjohn et al.，1994）、亚北极系统（Sjögersten and Wookey，2002）、高寒草甸（Lin et al.，2015）生态系统中所观测到的结果一致，而与半干旱草原（Dijkstra et al.，2013）和泥炭地（Yang et al.，2014）的结果相反。然而，我们也偶尔观察到增温有降低 CH_4 吸收、降温有增加 CH_4 吸收的现象（Hu et al.，2016b），这一现象也反映了土壤温度对高寒草甸 CH_4 通量的影响依赖于植被类型和土壤湿度，但目前尚难分离出植被类型和土壤湿度的相对效应。向下移栽是暖湿化过程、向上移栽是冷干化过程（图11-2），但土壤湿度随海拔的升高呈非线性变化，在海拔3600m土壤湿度最高，从而可能导致不同海拔移栽时 CH_4 通量变化不一致。例如，稀疏植被草甸（海拔3800m）下移至海拔3600m后（即增温），CH_4 吸收通量的减少可能是土壤湿度增加所致。另外，尽管平均季节 CH_4 通量与土壤无机氮含量之间没有显著关系，但增温和降温对土壤无机氮

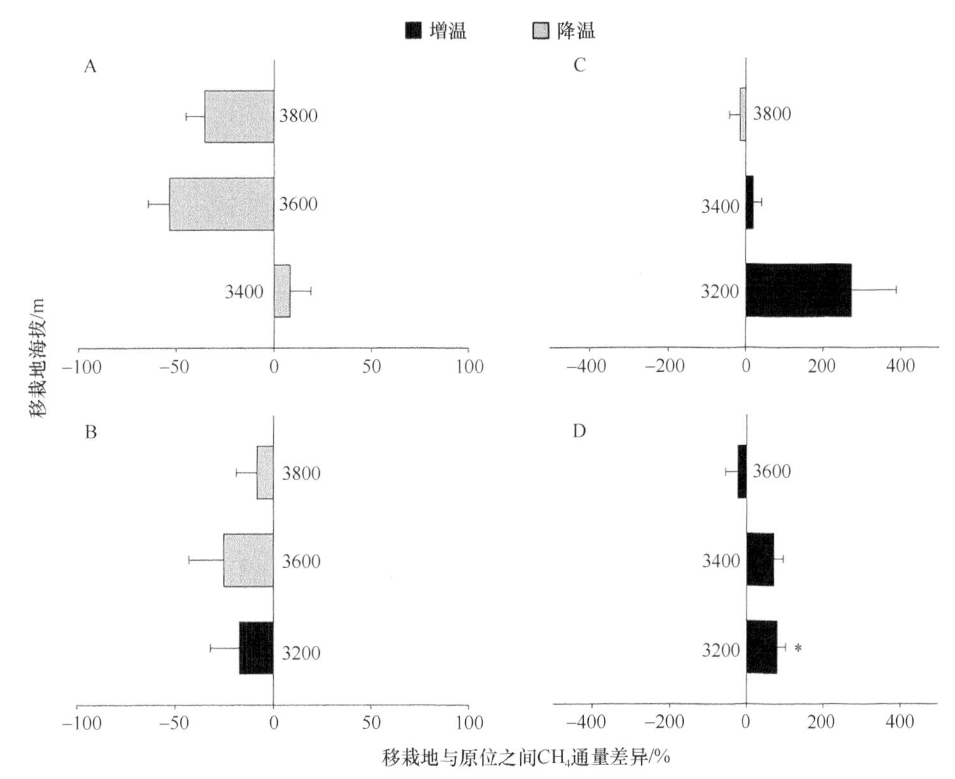

图 11-2　四种植被类型移栽地与原位之间 CH_4 平均季节通量差异

A. 禾草草甸；B. 灌丛草甸；C. 杂类草草甸；D. 稀疏植被草甸。*表示在 $P<0.05$ 水平上差异显著

含量的影响（Hu et al.，2016b）也可能会导致不同植被类型 CH_4 吸收对增温和降温的不同响应。例如，灌丛草甸（海拔 3400m）移栽至海拔 3200m 后（增温），土壤无机氮含量的增加可能抑制了其对 CH_4 的吸收。由此可见，高寒草甸生态系统对 CH_4 的吸收受温度和土壤水分的协同影响。土壤水分的增加可能会强化降温对 CH_4 吸收的影响。因此，年降水量的增加将可能削弱高寒草甸在较冷年份的 CH_4 汇能力。

当把所有植被类型的增温和降温处理数据放在一起分析时，平均季节 CH_4 吸收通量与 20cm 土层温度呈显著正相关，土壤温度解释了 11%～25%的平均季节 CH_4 通量变化。然而，在 13%～39%的湿度变化范围内，平均季节 CH_4 吸收通量与土壤湿度没有显著关系（图 11-3B）。基于分段线性回归模型（AIC）分析，研究发现增温和降温处理下 CH_4 通量变化与温度差异呈非线性的关系，但因植被类型而异（表 11-1）。移栽地和原位之间的平均季节 CH_4 通量差异（%）与其土壤温度的差异存在显著正相关关系（回归方程的斜率表示其温度敏感性）。禾草草甸、杂类草草甸和稀疏植被草甸的 CH_4 温度敏感度性分别为 16%/℃、35%/℃和 24%/℃（图 11-4），增温、降温以及增温与降温处理下的 CH_4 温度敏感度性分别为 26%/℃、10%/℃和 16%/℃。线性回归和分段线性回归的 AIC 值差异大于 2，表明 CH_4 通量对增温和降温的响应是非对称的；然而，禾草草甸和稀疏植被草甸的 CH_4 通量对增温和降温的响应是对称的（表 11-1）。

表 11-1　基于 AIC 的两种模型拟合效果比较

植被类型	线性回归	分段线性回归
禾草草甸	145.986	—
灌丛草甸	148.766	151.296
杂类草草甸	96.207	87.468
稀疏植被草甸	170.038	—
所有植被类型	578.213	575.266

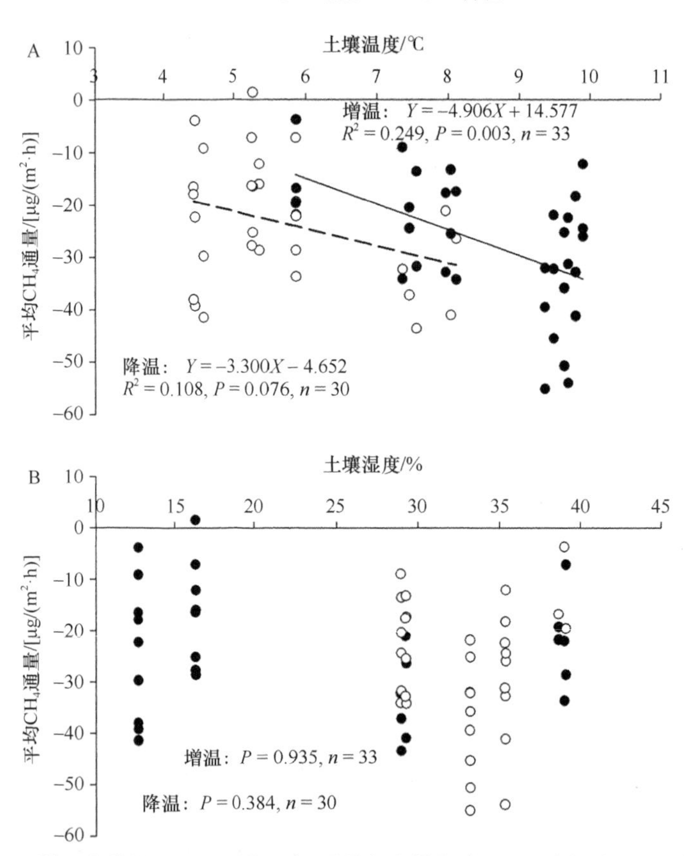

图 11-3　增温和降温处理下平均 CH_4 通量与土壤温度（A）和湿度（B）的关系

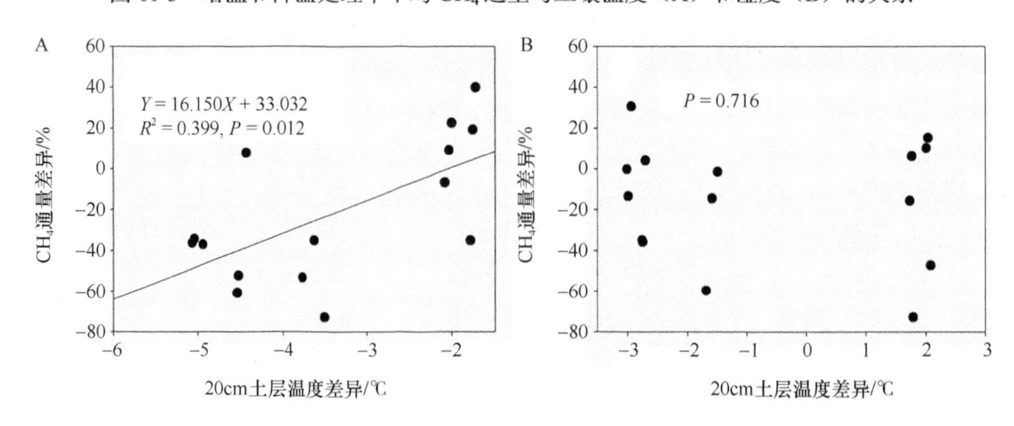

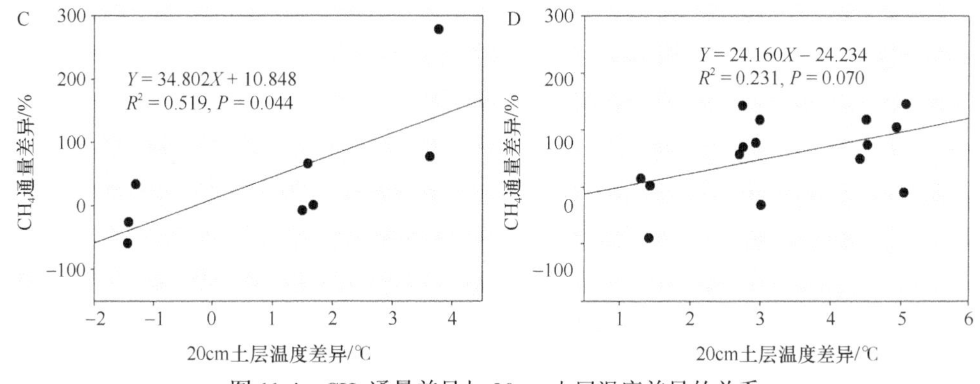

图 11-4 CH_4 通量差异与 20cm 土层温度差异的关系

A. 禾草草甸；B. 灌丛草甸；C. 杂类草草甸；D. 稀疏植被草甸

增温下 CH_4 的温度敏感性（26.7%/℃）明显高于降温处理的温度敏感性（10.2%/℃）（图 11-5），表明 CH_4 通量的变化对增温比降温更为敏感。首先，高寒草甸的 CH_4 净吸收潜力由消耗 CH_4 的 CH_4 氧化菌和产 CH_4 的产 CH_4 菌的净效应决定，二者对温度变化的响应是不对称的，产 CH_4 菌比 CH_4 氧化菌对温度变化的响应更为强烈而敏感（Topp and Pattey，1997）。农业生态系统的移栽试验研究也发现，土壤微生物周转率对增温和降温的敏感性取决于微生物类群（Liang et al.，2015）。因此，CH_4 对增温和降温的非对称性响应可能反映了土壤中 CH_4 氧化菌和产 CH_4 菌对增温及降温的响应程度不同。其次，植物地上生物量对增温的响应比降温更为敏感，导致增温条件下植物地上生物量的增加高于降温条件下的减少，更多植物生物量的积累将给 CH_4 氧化菌提供更多底物（Lin et al.，2011），进而促进 CH_4 氧化菌的生长和繁殖（Zheng et al.，2012）。此外，增温和降温引起的土壤化学性质（包括无机氮含量）的变化也可能是造成 CH_4 不对称性响应的另一个原因。有研究报道，氮矿化与净硝化和 CH_4 消耗之间存在正相关关系（Hart，2006；Peterjohn et al.，1994）。土壤中 NH_4^+-N 的积累会显著抑制高寒草甸对 CH_4 的氧化（Fang

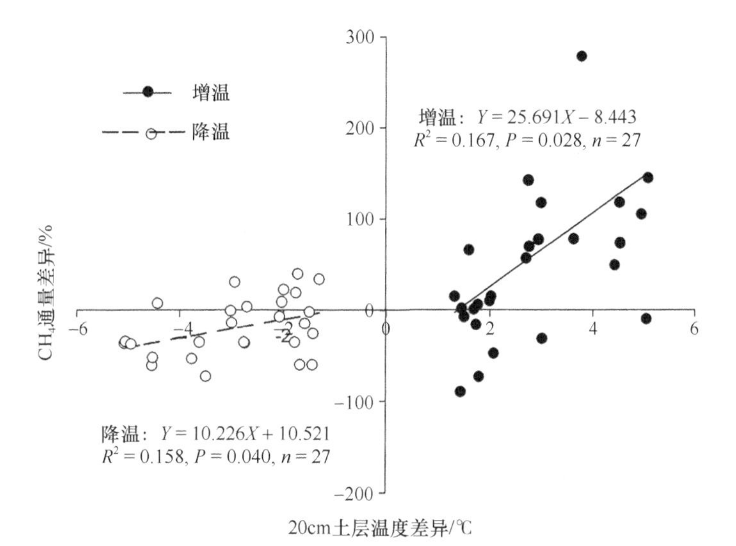

图 11-5 增温和降温下 CH_4 通量的温度敏感性变化

et al.，2014，2010；Jiang et al.，2010），而 NO_3^--N 的积累将会导致 CH_4 的吸收增加或没有明显影响（Corton et al.，2000；Dunfield et al.，1995；Fang et al.，2010），具体取决于生态系统的类型和生物气候带。我们的研究表明，增温平均增加了 16%的土壤 NH_4^+-N，而降温平均增加了 39%的土壤 NH_4^+-N 含量（Hu et al.，2016b）。因此，降温条件下土壤 NH_4^+-N 对 CH_4 吸收的抑制程度可能强于增温。同时，增温处理下土壤 NH_3^--N 的增加（平均增加 1.4%）小于降温处理（平均增加 44%）。因此，增温条件下土壤无机氮含量的增加对 CH_4 吸收的抑制作用可能低于降温，这可能也是导致高寒草甸生态系统 CH_4 对增温比降温更为敏感的主要原因。

第二节　增温和放牧对 CH_4 通量的影响及氮添加的调控作用

气候变化和人类活动改变了土壤 CH_4 汇的大小（Dijkstra et al.，2013；Züercher et al.，2013），从而对气候变化产生重要反馈（Torn and Harte，1996）。大多数研究只关注增温对生长季 CH_4 通量的影响，而有关增温如何影响非生长季 CH_4 通量的研究较少。放牧是青藏高原高寒草甸最普遍的土地利用方式，有 1200 多万头牦牛、3000 多万只绵羊和山羊在高寒草甸地区进行放牧（Sheehy et al.，2006）。放牧可以迅速地导致植被盖度、群落组成和养分，以及土壤温度、湿度和土壤气体扩散等的变化（Saggar et al.，2007；Lin et al.，2011；Wang et al.，2012a），进而影响土壤对 CH_4 的吸收。有研究表明，土壤 CH_4 吸收对增温和放牧的响应因气候条件和植被类型不同而异（Rustad and Fernandez，1998；Hart，2006；Saggar et al.，2007；Chen et al.，2011；Dijkstra et al.，2011），例如，放牧降低了半干旱草地的 CH_4 吸收（Liu et al.，2007；Saggar et al.，2007），但对温带半干旱草地的 CH_4 吸收没有显著影响（Zhou et al.，2008；Chen et al.，2011）。同时，由于降水量的增加，气候变暖将会导致高纬度、高海拔地区的氮沉降进一步增加（Hole and Engardt，2008），特别是在氮沉降量本底较低的区域[7.0～10.0kg N/(hm^2·a)]（Zou et al.，1986），其大气氮沉降率将在未来数年内再增加 2～3 倍（Galloway and Cowling，2002）。青藏高原地区也发现氮沉降明显增加，预计在未来几十年内还将持续增加（Galloway and Cowling，2002；Liu et al.，2013）。之前的研究表明，当高寒草甸生态系统的氮沉降超过 40kg N/(hm^2·a)时将达到氮饱和（Liu et al.，2013）。因此，未来青藏高原的 CH_4 收支将在很大程度上取决于气候变暖、放牧和氮沉降的互作效应对 CH_4 通量的影响。我们基于增温和放牧/刈割试验平台，于 2010～2014 年开展了氮（NH_4NO_3）添加试验，从不同时间[日、月、季（生长季和非生长季）和年际]尺度上研究了增温和放牧（Lin et al.，2015）及其氮沉降对高寒草甸生态系统 CH_4 通量的影响过程和机制（Zhu et al.，2015），为预测气候变暖和人类活动以及不同全球变化情境下青藏高原高寒草甸生态系统的 CH_4 收支提供科学依据。

一、增温和放牧对 CH_4 通量的影响

研究结果表明，2006 年放牧前，增温增加了 17.0%的 CH_4 吸收（P=0.052）（图 11-6A）（Lin et al.，2015）。2006 年放牧后，增温和放牧显著影响生长季土壤 CH_4 吸收，增温、

放牧和采样日期之间存在交互作用，即增温和放牧的影响随采样日期的变化而变化。例如，在 8 次采样中，有 5 次显示增温显著促进了 CH_4 吸收，有 4 次显示放牧显著降低了的 CH_4 吸收（图 11-6B）。然而，在不放牧条件下增温（WNG vs NWNG）显著增加了 CH_4 的吸收（67%），在增温条件下放牧（WG vs WNG）显著降低了 CH_4 的吸收（43%）。

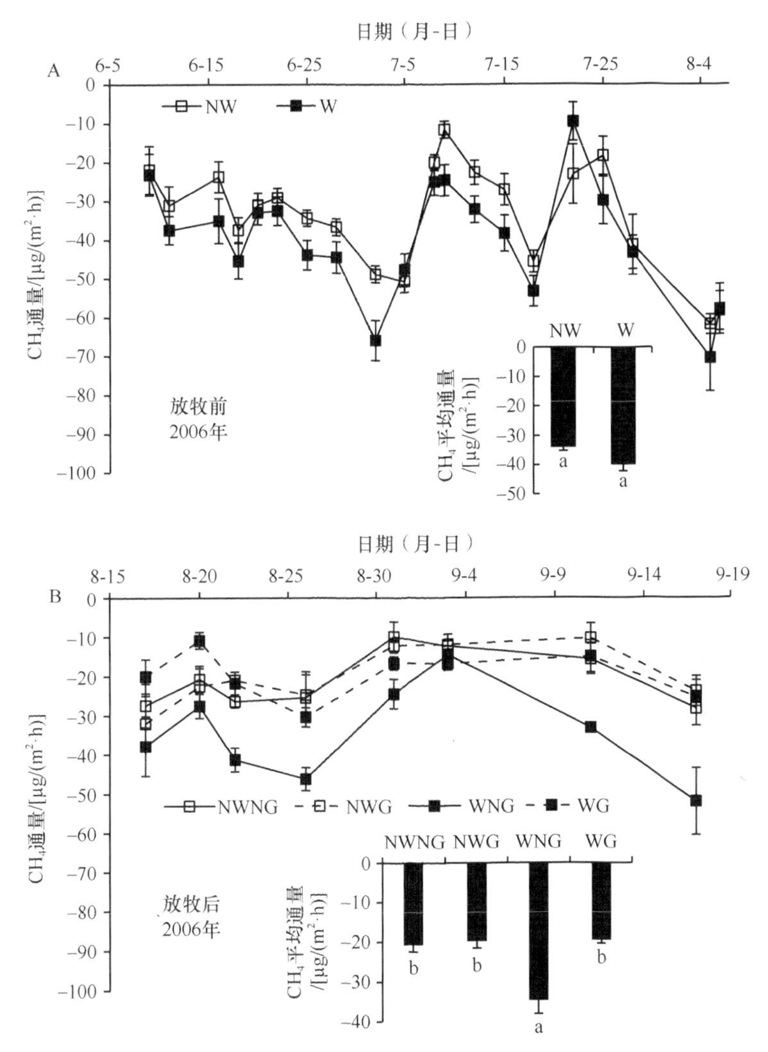

图 11-6　2006 年生长季放牧前和放牧后增温和放牧对 CH_4 通量的影响

NWNG：不增温不放牧；NWG：不增温放牧；WNG：增温不放牧；WG：增温放牧。柱形图中不同小写字母表示差异显著（$P<0.05$）

2007 年和 2008 年生长季，增温显著影响 CH_4 日通量，而放牧没有显著影响，增温与放牧之间没有交互作用（Lin et al.，2015）。无论放牧与否，增温分别显著增加了 2007 年和 2008 年生长季 CH_4 平均季节通量的 31.0%和 39.0%，放牧对这两年生长季 CH_4 平均季节通量没有显著影响（图 11-7）。在 2006～2007 年、2007～2008 年和 2008～2009 年非生长季，增温显著影响了 CH_4 的吸收，增温与放牧之间无交互作用(Lin et al.，2015)。2007～2008 年非生长季增温（WNG+WG 与 NWNG+NWG 相比）显著增加了平均 CH_4

吸收通量（162%）；不放牧条件下，增温（WNG vs NWNG）分别显著增加了 2006～2007 年和 2008～2009 年非生长季平均 CH_4 季节吸收通量的 87%和 138%（图 11-8）。

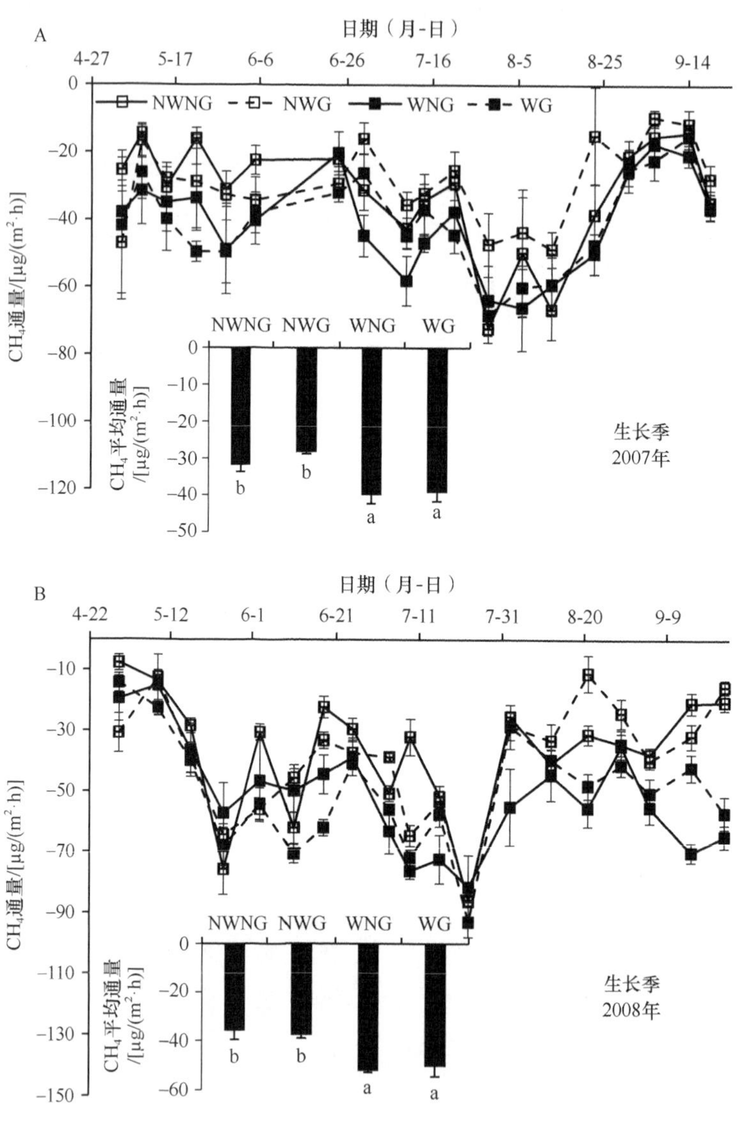

图 11-7　增温和放牧对生长季 CH_4 通量的影响

NWNG：不增温不放牧；NWG：不增温放牧；WNG：增温不放牧；WG：增温放牧。柱形图中不同小写字母表示差异显著（$P<0.05$）

在月时间尺度上，生长季 CH_4 的月平均吸收通量在 7 月达到峰值；而在非生长季，增温不放牧（WNG）处理分别在 2007 年 12 月、2008 年 3 月和 10 月出现 CH_4 吸收峰值（图 11-9）。增温和放牧对 CH_4 吸收的影响随着月份的不同而变化。例如，增温不放牧（WNG）与不增温不放牧（NWNG）相比，不放牧条件下增温分别显著增加了 2007 年 6 月和 2008 年 9 月的 CH_4 月平均吸收通量的 39%和 135%；而放牧条件下增温（WG 与 NWG 相比）分别显著增加了 2007 年 7 月、2008 年 6 月和 9 月 CH_4 月平均吸收通量的

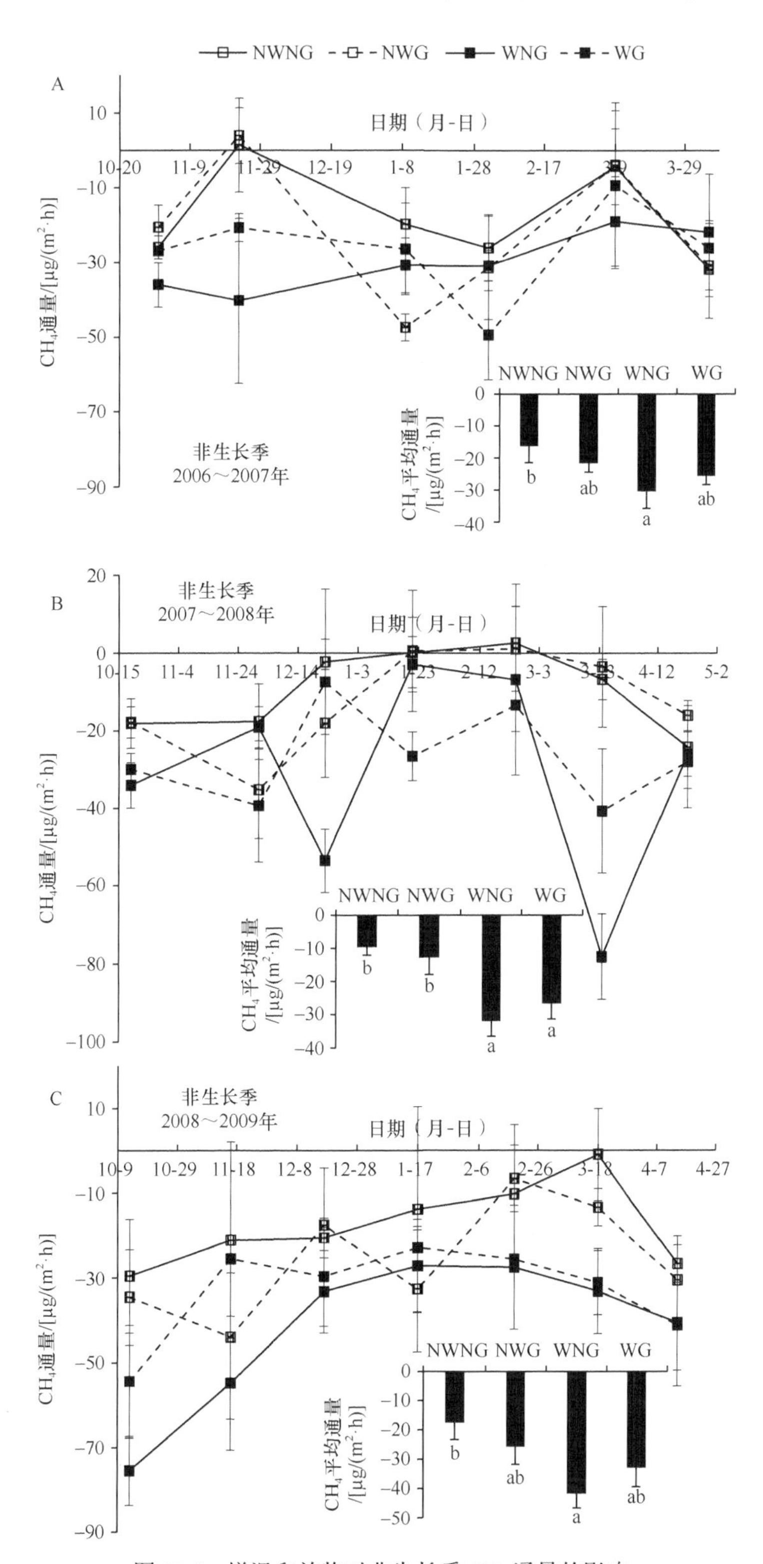

图 11-8　增温和放牧对非生长季 CH_4 通量的影响

NWNG：不增温不放牧；NWG：不增温放牧；WNG：增温不放牧；WG：增温放牧。柱形图中不同小写字母表示差异显著（$P<0.05$）

39%、37%和 66%。在非生长季，2007 年 12 月、2008 年 3 月和 10 月及 2009 年 3 月单独增温（WNG）的 CH_4 月平均吸收通量分别是不增温不放牧（NWNG）的 22.3 倍、10.5 倍、1.6 倍和 28.0 倍。无论是否放牧，增温条件下（WNG+WG 与 NWNG+NWG 相比）其他月份 CH_4 月平均吸收通量也有增加的趋势。除不增温放牧（NWG 与 NWNG 相比）显著降低了 2007 年 7 月 CH_4 平均吸收通量（27.0%）外，放牧对其他月份 CH_4 月平均吸收通量均无显著影响（图 11-9）。

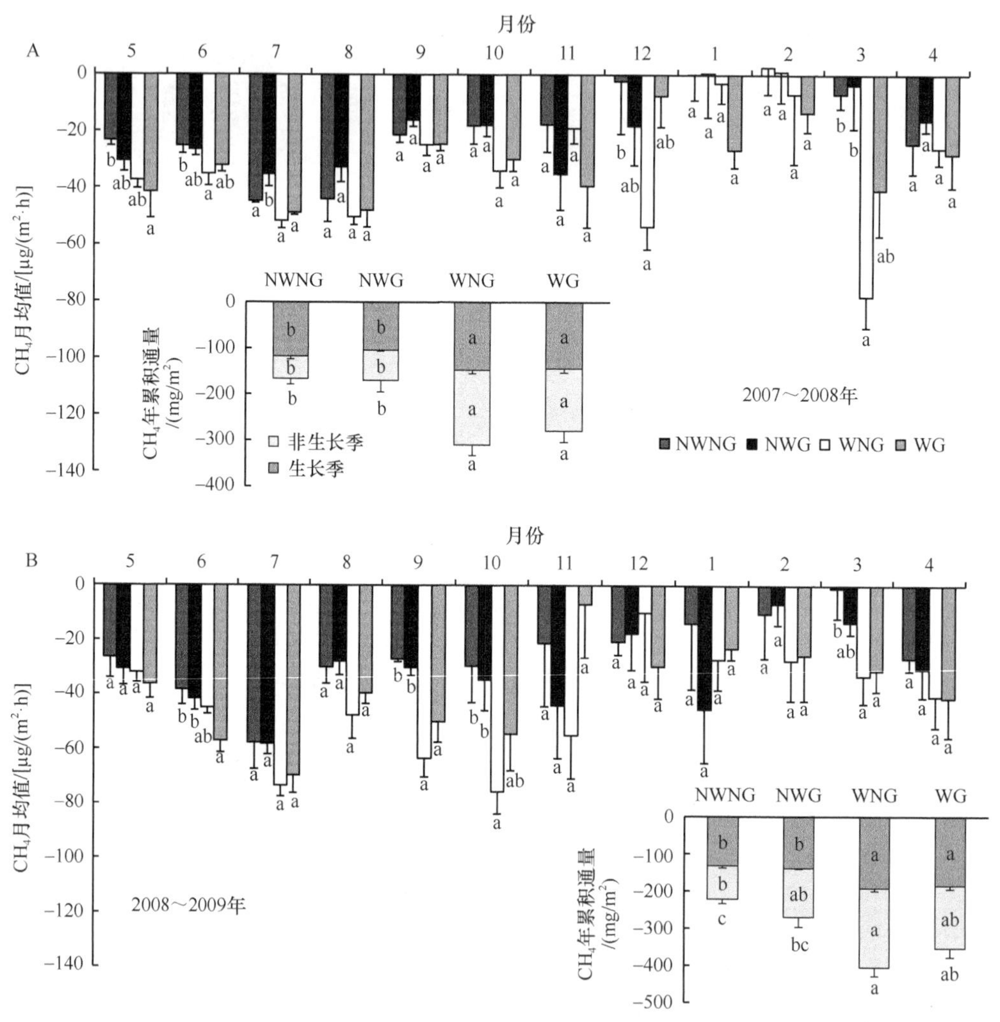

图 11-9　增温和放牧对月平均、季节累积和年累积 CH_4 通量的影响

NWNG：不增温不放牧；NWG：不增温放牧；WNG：增温不放牧；WG：增温放牧。不同小写字母表示差异显著（$P<0.05$）

2007～2008 年，NWNG、NWG、WNG 和 WG 4 种处理 CH_4 年累积吸收量分别为 165mg/m²、169mg/m²、309mg/m² 和 279mg/m²（图 11-9），2008～2009 年分别为 221mg/m²、269mg/m²、405mg/m² 和 354mg/m²。无论放牧与否，增温（WNG+WG 与 NWNG+NWG 相比）显著增加了 2007～2008 年度 CH_4 年累积吸收量（65%～87%）；2008～2009 年，WNG 与 NWNG、NWG 相比，显著增加了 CH_4 年累积吸收量（50%～83%），WG 与

NNWG 相比显著增加了 60%。无论增温与否，放牧对 2007～2008 年和 2008～2009 年 CH_4 年累积吸收量均无显著影响。

我们进一步发现，NWNG、NWG、WNG 和 WG 非生长季 CH_4 吸收量对 2007～2008 年和 2008～2009 年年均 CH_4 吸收量的贡献率分别为 29%、32%、52%、48%和 27%、46%、52%、47%。增温（WNG+WG 与 NWNG+NWG 相比）显著提高了 2007～2008 年度非生长季 CH_4 吸收量对 CH_4 年累积吸收量的贡献，2008～2009 年度也有所增加但不显著（P=0.15），而放牧对生长季和非生长季的相对贡献没有显著影响（图 11-9）。

在控制试验期间，生长季平均 CH_4 通量与土壤温度无显著相关性，生长季 CH_4 通量与 10cm 土壤孔隙含水量（WFPS）呈显著正相关（$P<0.001$），WFPS 可以解释 3 年观测期内所有处理 16%～25%的 CH_4 变异（图 11-10）。非生长季各处理 CH_4 通量与土壤 WFPS 无显著相关性。当将所有处理的数据汇总一起进行分析时，土壤 WFPS 和降水量分别解释了生长季 CH_4 吸收变异的 67%（P=0.001）和 46%（P=0.016），表明高寒草甸生长季 CH_4 吸收的季节变异主要受土壤水分而非温度的影响，土壤 CH_4 吸收量随土壤水分的减少而线性增加，气候变化通过改变 CH_4 产生和氧化速率而影响 CH_4 吸收通量（King，1997）。Zheng 等（2012）利用室内培养试验发现，增温促进 CH_4 吸收的主要原因是其对 CH_4 氧化菌丰度而非群落结构多样性和组成变化的影响。一般来说，湿润和半湿润土壤中的 CH_4 氧化可能受到气体扩散条件的限制，其对土壤水分状况变化的响应要比土壤温度更敏感（King，1997；Dijkstra et al.，2011）。表层土壤水分的降低既有利于大气中的 CH_4 通过扩散进入土壤中，从而为 CH_4 氧化菌提供更多底物，又能提高 CH_4 氧化菌的丰度（Torn and Harte，1996；Hart，2006；Dijkstra et al.，2011；Zhang et al.，2012）。我们的研究也发现生长季 CH_4 吸收与土壤 WFPS 呈显著负相关（图 11-10）。生

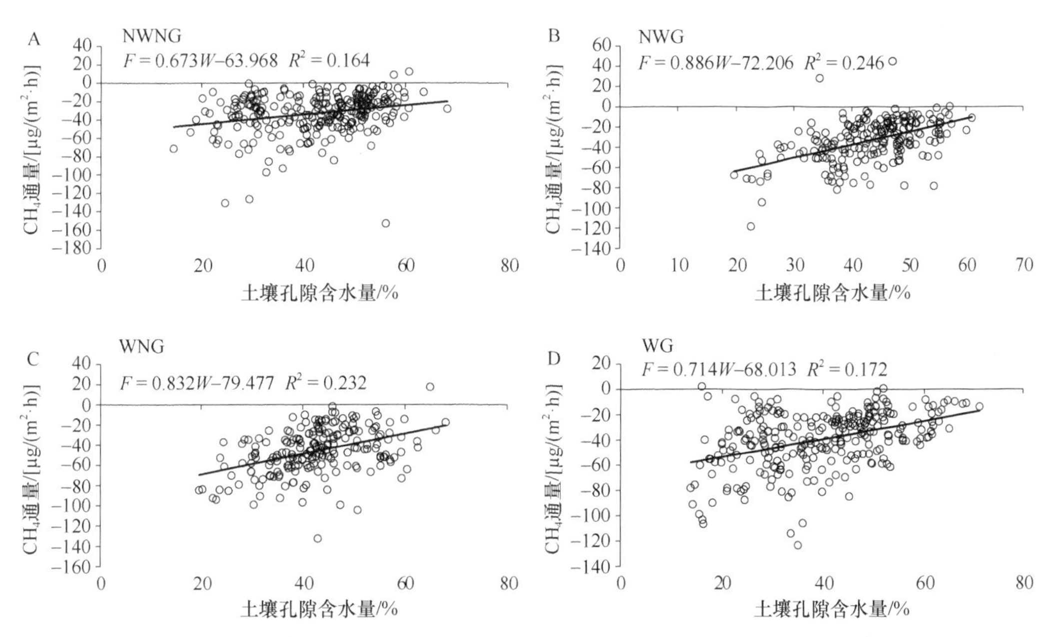

图 11-10　生长季 CH_4 通量（F）与 10 cm 土层 WFPS（W）回归分析

NWNG：不增温不放牧；NWG：不增温放牧；WNG：增温不放牧；WG：增温放牧

长季高寒草甸土壤相对湿润（WFPS 月均值为 29%～70%），增温降低了生长季表层（0～10 cm）和亚表层（10～20 cm）的土壤水分（Luo et al.，2009；Hu et al.，2010）。因此，增温引起的土壤干旱可能促进了 CH_4 在土壤中的扩散，这可能是增温促进高寒草甸生态系统 CH_4 吸收的一个重要潜在机制。然而，在半干旱生态系统中，增温诱导的干旱可能会导致 CH_4 氧化菌活性的降低，从而限制 CH_4 吸收，而相对较高的土壤湿度可能有利于 CH_4 的吸收（Dijkstra et al.，2011）。尽管我们在高寒草甸生态系统干燥的非生长季（WFPS 低于 25%）并未发现 CH_4 吸收与土壤水分之间存在显著相关性，这可能是由于取样次数不够多引起的，但在土壤冻结期的某些月份，增温样地比不增温样地的 CH_4 吸收通量和土壤水分更高。由此我们推测，在相对干燥的非生长季，增温可能会增强高寒草甸生态系统的 CH_4 吸收能力。当土壤水分处于适宜 CH_4 吸收的水分条件下时，CH_4 吸收对土壤水分的响应可能更为敏感（Dijkstra et al.，2011），这可能是非生长季增温促进 CH_4 吸收强于生长季的原因。

增温往往导致土壤化学性质（如 NH_4^+和活性有机碳）和植被的改变，这也是增温影响土壤 CH_4 吸收的可能原因（Sjögersten and Wookey，2002；Dijkstra et al.，2011）。有研究发现，森林生态系统土壤净氮矿化和净硝化作用与 CH_4 氧化之间存在正相关（Peterjohn et al.，1994；Hart，2006），增温对净氮矿化的促进效应增加了 NH_4^+-N 的有效性，也增加了自养硝化菌的丰度，进而增强了土壤的 CH_4 氧化能力。我们进行的为期 3 年的增温与放牧试验却发现，增温显著增加了 10～20cm 和 20～30cm 土层全氮、微生物量碳、微生物量氮和有机氮含量，但对土壤净氮矿化没有显著影响（Rui et al.，2011；Wang et al.，2012a）。由此可见，尽管增温改变了一些土壤环境因子，但增温所导致的土壤水分改变可能是驱动青藏高原高寒草甸土壤 CH_4 氧化菌丰度变化和提升 CH_4 吸收通量的主要原因。

一些研究发现，放牧显著降低了半干旱草地对 CH_4 的吸收（Liu et al.，2007；Saggar et al.，2007）。我们的研究却发现，适度放牧对土壤 CH_4 通量并没有显著影响（2006 年生长季除外），表明 CH_4 吸收对放牧的响应可能与放牧强度有关。尽管有研究发现，土壤 NH_4^+-N 浓度与 CH_4 氧化呈显著正相关（Mosier et al.，1998；Schellenberg et al.，2012），但 NH_4^+-N 的毒性通常被认为是限制土壤 CH_4 氧化的重要机制（King，1997；Saggar et al.，2007）。我们的试验开展 3 年后，放牧增加了表层（0～10cm）土壤 NH_3^--N 和总无机氮含量（Rui et al.，2011）；另一个试验证明牦牛尿的添加（大量 N 添加）也没有显著影响高寒草甸土壤 CH_4 的吸收（Lin et al.，2009）。因此，目前尚无法证实放牧所导致的无机氮增加对高寒草甸土壤 CH_4 的氧化是否会产生不利影响。同时，放牧过程中家畜践踏使土壤变得更紧实，从而减少了气体在土壤中的扩散，因此降低了 CH_4 氧化过程中 CH_4 和 O_2 的有效性，这可能是放牧降低土壤 CH_4 吸收的另一个机制（Saggar et al.，2007；Liu et al.，2007）。然而，试验开展前，该试验样地在冬季一直进行藏绵羊放牧，我们没有量化藏绵羊放牧对土壤紧实度和养分的影响。因此，放牧践踏引起的土壤压实和排泄物的氮输入对高寒草甸生态系统 CH_4 吸收的影响还需要进一步开展研究。另外，放牧通过降低植被覆盖度而增加土壤热交换，从而增加了 2007 年和 2008 年生长季平均土壤温度，土壤湿度也有降低的趋势（Luo et al.，2010；Hu et al.，2010），因此，放牧导致土壤水分的下降可能促进了土壤 CH_4 吸收。同时，土壤 CH_4 吸收对放牧的响应也可能取决于放牧强度，以及放牧践踏所导致的土壤压实对 CH_4 吸收的抑制作用与增温所导致的土壤湿度降低对 CH_4 吸收促进作用之间的平衡。若二者相互抵消，或者轻度放牧强度没有显著影响上述 CH_4 主要驱动因子，放牧将可能不会对 CH_4 氧化菌的丰度和土壤 CH_4 吸收产生显著影响（Zheng et al.，2012）。

二、氮添加对 CH_4 通量的调控作用

为了进一步探究氮添加或者土壤氮可利用性变化如何调控增温和放牧对高寒草甸生态系统 CH_4 通量的影响，我们连续 3 年（2010～2012 年）在增温和放牧试验平台开展了氮添加试验（Zhu et al.，2015）。结果发现，2010 年只有增温显著影响了 CH_4 通量（$P<0.001$），放牧和氮添加对 CH_4 通量均没有显著影响，也不存在任何的互作效应（图 11-11）。与不增温相比[$-21.57\mu g\ CH_4/(m^2\cdot h)$]，无论是否放牧和氮添加，增温平均增加了 46%的 CH_4

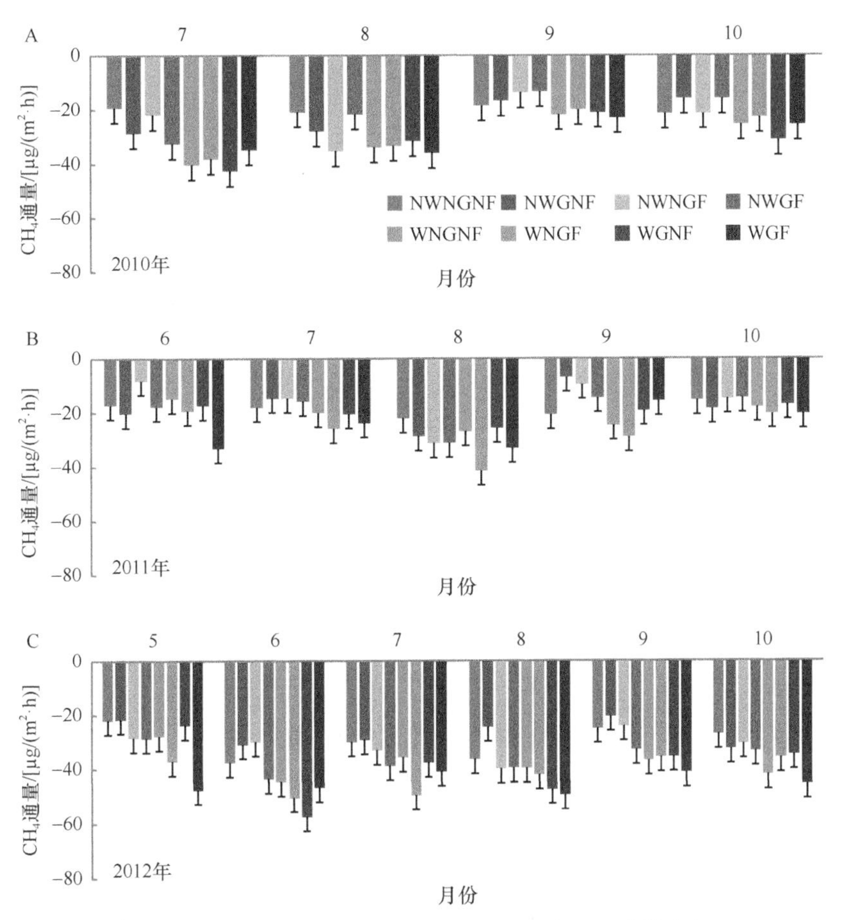

图 11-11　2010～2012 年不同处理下月平均 CH_4 通量动态

NWNGNF：不增温不放牧无氮添加；NWNGF：不增温不放牧氮添加；NWGNF：不增温放牧无氮添加；NWGF：不增温放牧氮添加；WNGNF：增温不放牧无氮添加；WNGF：增温不放牧氮添加；WGNF：增温放牧无氮添加；WGF：增温放牧氮添加

吸收（图 11-12A）。而在 2011～2012 年，CH_4 通量受增温和氮添加的显著影响，增温的效应随年际而变化，且增温与氮添加的互作效应也随年际而变化（图 11-12）。单独增温或单独氮添加分别显著增加了 2 年 CH_4 平均 CH_4 吸收量的 32%[–24.91μg CH_4/(m^2·h) vs –33.02μg CH_4/(m^2·h)]（图 11-12B）和 14%[–27.00μg CH_4/(m^2·h)vs –33.93μg CH_4/(m^2·h)]（图 11-12C）。2012 年生长季平均 CH_4 吸收量比 2011 年高 27%[–20.56μg CH_4/(m^2·h) vs –35.97μg CH_4/(m^2·h)]（图 11-12D）。CH_4 吸收量随着土壤湿度的升高呈线性降低，而与地上净初级生产力线性正相关，土壤湿度和地上净初级生产力分别平均解释了 17%（14%～31%）（图 11-13）和 8%的 CH_4 通量变异（图 11-14）。

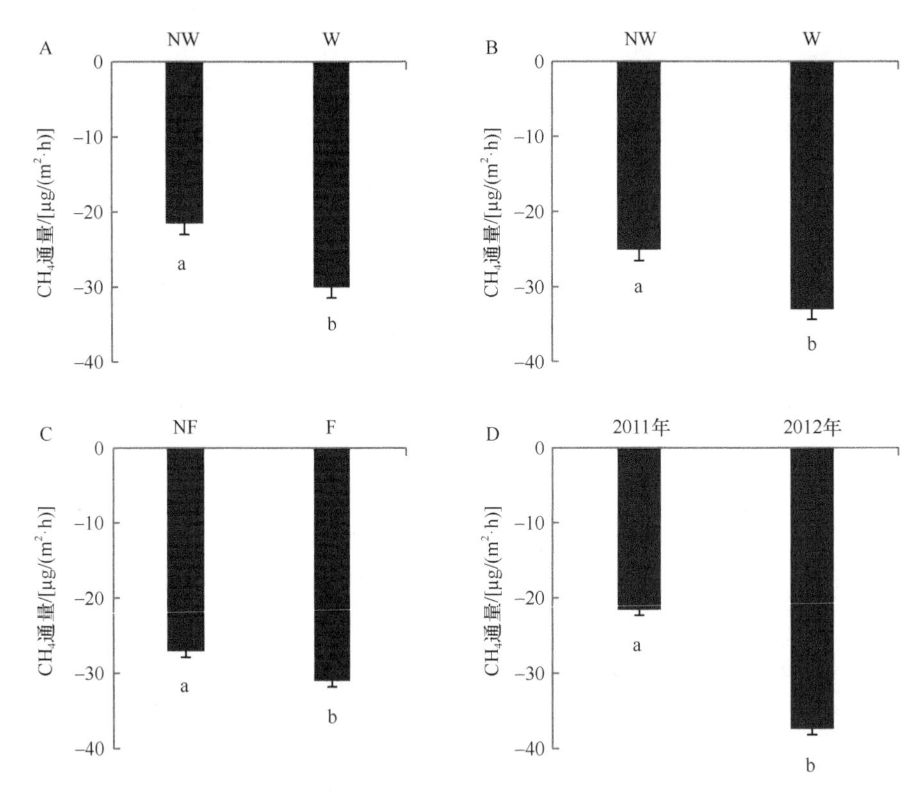

图 11-12　2010～2012 年不同处理对 CH_4 通量的影响及年际间的差异

A. 2010 年；B. 2011～2012 年；C. 2011～2012 年

NW：不增温；W：增温；NF：无氮添加；F：氮添加。不同小写字母表示差异显著（$P<0.05$）

有研究发现，氮添加对 CH_4 通量的影响有抑制（Bodelier and Laanbroek，2004；Jiang et al.，2010）、没有影响（Lessard et al.，1997）和促进（Bodelier and Laanbroek，2004）三种不同的结果，表明草地生态系统 CH_4 吸收对氮添加的响应主要取决于添加量和土壤本身的理化性质（Carter et al.，2012）。我们的研究表明，在较为湿润的 2010 年，氮添加对 CH_4 吸收没有显著影响，但在较为干旱的 2011 年和 2012 年，氮添加明显促进了 CH_4 的吸收。这一结果反映了土壤水分调节氮添加对土壤 CH_4 通量的影响，主要取决于不同土壤湿度下的 CH_4 氧化（Chan and Parkin，2001；Bodelier and Laanbroek，2004；Menyailo et al.，2008）和产生（Christopher and Lal，2007）之间的净效应。总体上，氮添加对增温和放牧对高寒草甸生态系统 CH_4 通量影响的调控作用有限，进一步说明增温和放牧对生态系统 CH_4 通量的影响不是主要通过影响土壤氮的有效性而实现的。

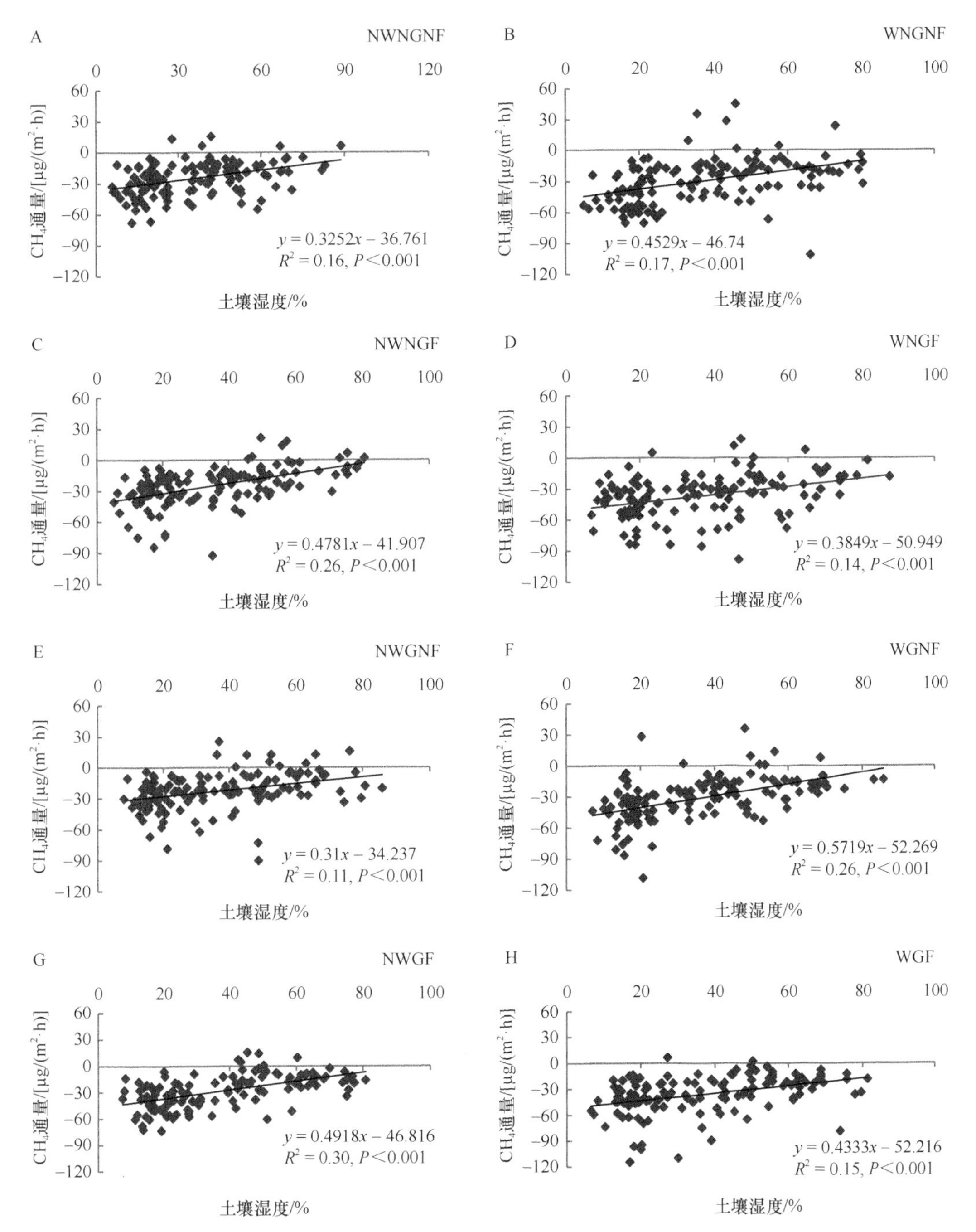

图 11-13　不同处理 CH_4 通量与土壤湿度的关系

NWNGNF：不增温不放牧无氮添加；NWNGF：不增温不放牧氮添加；NWGNF：不增温放牧无氮添加；NWGF：不增温放牧氮添加；WNGNF：增温不放牧无氮添加；WNGF：增温不放牧氮添加；WGNF：增温放牧无氮添加；WGF：增温放牧氮添加

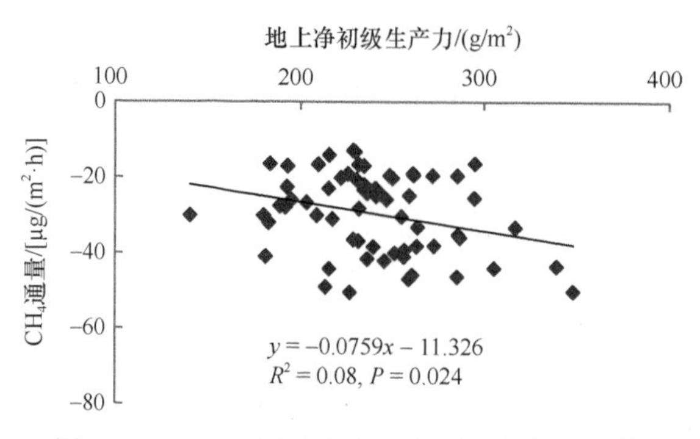

图 11-14　CH_4 通量与地上净初级生产力的关系

第三节　土壤 CH_4 氧化的微生物机制及其影响因素

大多数有关增温对青藏高原高寒草甸生态系统土壤 CH_4 通量的研究表明，增温能够促进高寒草甸生态系统的 CH_4 吸收（Lin et al.，2015；Zhu et al.，2015；Wu et al.，2020）。最近，一项针对青藏高原地区的整合分析（Meta-analysis）结果也表明，增温能够显著增加青藏高原地区土壤对 CH_4 的吸收，土壤温度每升高 1℃，高寒草原和高寒草甸土壤在生长季内的 CH_4 吸收分别提高 0.042Tg 和 0.006Tg（Li et al.，2020）。同时，草地退化对高寒草甸土壤 CH_4 氧化潜力也有很大影响，过度放牧会导致植被群落显著改变，在重度和极度退化程度下演变为裸地，进一步降低土壤的 CH_4 吸收能力，甚至可能会导致其 CH_4 的“汇”转为“源”（Wang et al.，2010，2009b；Guo et al.，2015）。由于增温导致土壤水分、气体扩散、土壤/根际环境和 CH_4 氧化菌群落发生不同程度的变化，不同生态系统土壤 CH_4 吸收对气候变暖的响应并不相同（King，1997；Sjögersten and Wookey，2002；Zheng et al.，2012）。然而，这些研究中的大部分往往只关注了增温和草地退化与高寒草甸生态系统 CH_4 通量的关系，而对其中微生物学机制的研究不足。CH_4 氧化菌在自然界中普遍存在，其对于全球 CH_4 的平衡有着重要作用，因此在调节全球气候变暖中发挥着不可忽视的作用（Shukla et al.，2013）。

高寒草甸生态系统土壤 CH_4 氧化能力受到增温和草地退化的双重胁迫，CH_4 氧化的关键驱动因子之一便是其底物——土壤可溶性碳（EOC）和氮（EON）的变化（Tate，2015）。青藏高原高寒草甸正经历着不同程度的草地退化，致使土壤碳和氮大量流失（Su et al.，2015；Liu et al.，2018）。EOC 和 EON 是土壤全碳（TC）和全氮（TN）的活性组分，也是植物和微生物的重要营养库，对不同土地利用和管理方式非常敏感，已被广泛用于表征土壤碳、氮循环（Ghani et al.，2003；Zhou et al.，2013）。EOC 和 EON 含量的变化一方面可通过限制微生物的碳矿化过程而影响 CH_4 通量；另一方面也可能通过影响其他土壤特性，如保水率和土壤肥力等，间接改变土壤 CH_4 氧化能力（von Fischer and Hedin，2002；Tate，2015）。因此，增温和草地退化可能会通过改变 EOC 和 EON 等影响 CH_4 氧化菌活性，进而影响土壤的 CH_4 氧化能力。

除影响 CH_4 氧化底物外，增温、放牧和草地退化往往也会改变土壤 CH_4 氧化过程的功能微生物——CH_4 氧化菌多样性、群落结构和活性（Zhou et al. 2008；Gu et al.，2019）。

以往的培养试验研究发现，温度变化影响水稻土、冻土和森林土壤中 CH_4 氧化菌生长、活性和群落组成（Mohanty et al.，2007）。Abell 等（2009）的研究结果表明，放牧增加 Type Ⅰ型甲烷氧化菌多度并提高 CH_4 氧化能力。CH_4 氧化菌活性的变化主要由两个方面导致：一方面，不同的土地利用/管理方式通过土壤属性的变化影响土壤 CH_4 氧化菌活性（Kolb，2009；Tate，2015）；另一方面，增温通过促进微生物生理代谢增加土壤 CH_4 氧化菌活性（Einola et al.，2007；Urmann et al.，2009）。然而，草地退化会降低高寒草甸生态系统的土壤含水量，可能对土壤 CH_4 氧化菌活性产生负面影响（Börjesson et al.，2004；Su et al.，2015）。然而，我们对于青藏高原高寒草甸土壤中 CH_4 氧化菌多样性、群落结构及氧化 CH_4 活性如何响应增温和放牧和草地退化及其关键影响因子知之甚少。为此，我们利用海北站的增温和放牧试验平台以及西藏那曲生态环境观测研究站（海拔 4501m）的增温和草地退化试验平台（图 11-15）（Li et al.，2016），通过对土壤水分和养分的变化、Michaelise-Menten 动力学分析、*pmoA* 高通量基因测序和 DNA 同位素标记（DNA-SIP）技术手段，重点探讨增温和放牧及草地退化影响高寒草甸表层土壤 CH_4 氧化的微生物学机理及其关键影响因素。

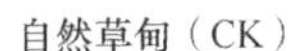

自然草甸（CK）　中度退化草甸（MD）　重度退化草甸（HD）

图 11-15　西藏那曲高寒草甸 OTC 增温和草地退化试验样地

一、CH_4 氧化菌研究方法

土壤 CH_4 氧化菌群落结构极易受到环境因子的影响，因此在各个生态系统中对于其种类的鉴别及群落特征的调查已成为研究土壤 CH_4 循环的一项重要内容。目前，针对土壤 CH_4 氧化菌群落的研究方法主要有传统培养法、分子生物学方法及稳定同位素示踪法等。

传统的微生物学方法是通过特定的培养基分离和富集培养土壤中的 CH_4 氧化菌，以确定 CH_4 氧化菌群落的数量和特性；或是先培养再进行分离纯化，得到 CH_4 氧化菌纯菌株以进行下一步的研究（黄梦青等，2013）。随着分子生物学技术的发展，一系列不依赖于培养的技术开始广泛应用于土壤微生物研究中。基于聚合酶链反应（polymerase chain reaction，PCR）技术的核酸分析方法可在基因水平上更加全面、完整地获取土壤 CH_4 氧化菌群落的信息（黄梦青等，2013）。此类方法首先从土壤中提取总 DNA/RNA，纯化以后根据标记基因选择合适的引物进行目标基因的 PCR 扩增，最后采用不同的方法对 PCR 扩增产物进行分析。在当今的生态学领域，16S 核糖体 RNA（即 16S rRNA）基因是微生物研究中使用最普遍的标记基因，具有高度的保守性和特异性，并含有足够长的基因序列，因此通过对其测序可得到 CH_4 氧化菌群落的详细信息。此外，编码 CH_4 氧化过程关键酶的基因具有更强的专一性，如编码 pMMO α 亚基的 *pmoA* 基因则存在于几乎所有类型的 CH_4 氧化菌中，基于该基因建立的 CH_4 氧化菌系统发育关系与基于 16S rRNA 基因得到的结果具有很好的一致性。因此，*pmoA* 基因也是研究 CH_4 氧化菌最常用的生物标记物（Kolb，2009）。

尽管 21 世纪以来取得重大突破的新一代 DNA 测序技术已经可以极大地降低实验误差，但土壤中并非所有 CH_4 氧化菌群落都是活跃的，DNA-PCR 技术研究的是存在于土壤中的所有 CH_4 氧化菌，无法进一步区分活性和无活性（即处于休眠状态）的 CH_4 氧化菌。稳定同位素核酸探针技术（stable isotope probing-DNA/RNA-SIP）通过同位素示踪微生物核酸 DNA/RNA，为揭示土壤中活跃的 CH_4 氧化菌提供了一种可行的方法，可以同时结合 CH_4 氧化菌群落结构多样性及功能多样性进行分析（Radajewski et al.，2000）。近年来，DNA/RNA-SIP 技术在我国也引起了高度关注并得以快速发展（郑燕和贾仲君，2013）。目前在稳定同位素标记中常用 ^{13}C 标记底物，以 $^{13}CH_4$ 为底物的 DNA-SIP 技术不仅能够区分环境中活跃的 CH_4 氧化菌群落类型，而且为揭示未知的 CH_4 氧化菌群落提供了可能。

二、土壤 CH_4 氧化菌的分类及其氧化过程

土壤 CH_4 氧化过程是由甲烷氧化菌（methanotroph）介导的。甲烷氧化菌分属于革兰氏阴性菌，是甲基营养菌的一个分支，主要利用 CH_4 作为碳源和能源生长，并且具有高度的专一性（Hanson and Hanson，1996）。荷兰科学家 Söhngen 等人在 1906 年分离出第一株甲烷氧化菌（Söhngen，1906），但直到 20 世纪 70 年代才由 Whittenbury 等（1970）首次对其进行了详细的研究。几乎在所有类型的土壤中均报道过甲烷氧化菌的存在，包括沉积物、海洋、极端 pH、盐分和温度等条件（Hanson and Hanson，1996）。

迄今为止，已发现的多种 CH_4 氧化菌分属于变形菌门（Proteobacteria）、疣微菌门（Verrucomicrobia）和 NC10 三个门（Knief et al.，2005）（图 11-16）。早期发现的 CH_4 氧化菌大多属于变形菌门，广泛分布于自然和人工生境中，也是研究最早且最完善的 CH_4 氧化菌。到目前为止，只分离到 3 株疣微菌门的 CH_4 氧化菌菌株，均来自极端嗜热或嗜酸环境，被统一归为新的甲基嗜酸菌属（*Methylacidiphilum*）（Opden Camp et al.，2009）。近期研究发现，*Mylomirabilis oxyfera* 是 NC10 门的代表性菌株，可在厌氧环境下氧化 CH_4 并进行反硝化作用，同时产生 CH_4 氧化过程所需要的 O_2（Knief et al.，2005）。

图 11-16　现有 CH_4 氧化菌属系统进化树（修改自 Deng et al.，2015）

目前，研究人员将变形菌门的 CH_4 氧化菌分为Ⅰ型（Type Ⅰ methanotroph）和Ⅱ型（Type Ⅱ methanotroph）两大类，主要分类依据为 CH_4 氧化菌的细胞质内膜结构、生理形态特征和代谢途径。前者胞内膜成束分布，主要含 16-C 脂肪酸；后者胞内膜分布于细胞壁周围，主要含 18-C 脂肪酸。两种类型的 CH_4 氧化菌最主要的区别是碳同化策略不同，其中Ⅰ型 CH_4 氧化菌利用单磷酸核酮糖（RuMP）途径从 CH_4 中获得它们所需要的碳；Ⅱ型 CH_4 氧化菌则通过丝氨酸途径进行碳同化（图 11-17）。除此之外的第三

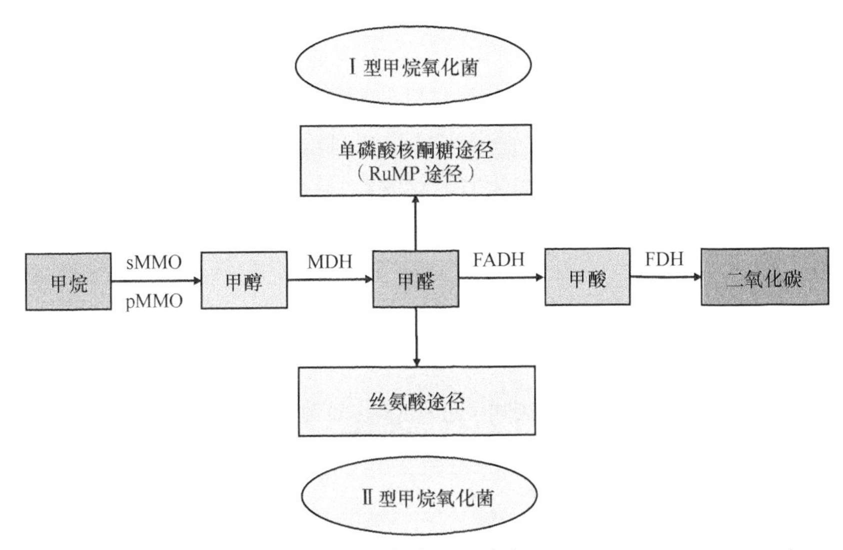

图 11-17　CH_4 氧化过程及甲醛同化途径（改自 Hanson and Hanson，1996）

种碳同化途径——卡尔文循环途径（Calvin-Benson-Bassham，CBB）仅存在于疣微菌门和NC10门，此处不再详细讨论。Ⅰ型CH_4氧化菌属于γ-变形菌纲下的甲基球菌科，目前已发现15个属（Bowman，2006）。Ⅱ型CH_4氧化菌则属于α-变形菌纲，与Ⅰ型CH_4氧化菌相比，其在自然生境中的分布并不广泛，仅包括Methylocystaceae和Beijerinckiaceae两个科下面的5个属（Lüke and Frenzel，2011）。然而，许多研究发现，Ⅱ型CH_4氧化菌更容易适应厌氧环境，相比Ⅰ型CH_4氧化菌具有更高的亲和性。

CH_4氧化菌在CH_4单加氧酶(MMO)的作用下氧化CH_4(Hanson and Hanson，1996)。首先，MMO将CH_4催化为甲醇，甲醇在甲醇脱氢酶（methanol dehydrogenase，MDH）催化下脱氢再生成甲醛，随后通过甲醛脱氢酶（formaldehyde dehydrogenase，FADH）将甲醛进一步转化为甲酸，在此过程中，不同类型的甲烷氧化菌通过不同的代谢途径（即RUMP途径或丝氨酸途径）同化甲醛，最终在甲酸脱氢酶（formate dehydrogenase，FDH）的作用下将其转化为CO_2，并为细胞代谢提供NADH（还原型辅酶Ⅰ）（图11-17）。MMO有两种形式：第一种是可溶性CH_4单加氧酶（soluble methane monooxygenase，sMMO），sMMO通常分布在部分Ⅱ型CH_4氧化菌和少数Ⅰ型CH_4氧化菌的细胞质内；第二种是与细胞膜结合的颗粒状CH_4单加氧酶（particulate methane monooxygenase，pMMO），除*Methylocella*成员外，在CH_4氧化菌中普遍存在。sMMO由具有活性位点的羟化酶（MMOH）、还原酶（MMOR）和调节蛋白（MMB）三部分所组成。pMMO由α（或*pmoA*）、β（或*pmoB*）和γ（或*pmoC*）三个亚基组成，由三个连续的开放序列框架（*pmoC*、*pmoA*和*pmoB*）编码。

我们的研究发现，高寒草甸土壤CH_4氧化菌群落以*Methylocystis*（一类Ⅱ型甲烷氧化菌）为主（表11-2）（Gu et al.，2019）。*pmoA*高通量测序结果显示，天然高寒草甸土壤中Ⅱ型CH_4氧化菌占主导，但DNA-SIP同位素（^{13}C-CH_4）标记试验结果显示，高寒草甸土壤活跃CH_4氧化菌群落以*Methylosinus*（一类Ⅱ型CH_4氧化菌）为主（图11-18），两种方法所得的结果并不一致。以前利用*pmoA*基因克隆文库（Zheng et al.，2012）和高通量测序（Kou et al.，2017）的研究表明，青藏高原高寒草甸土壤CH_4氧化菌群落以USCγ（一类Ⅰ型CH_4氧化菌）为主。造成研究结果差异的原因可能有两点：一是只有部分CH_4氧化菌是活跃的，很大一部分CH_4氧化菌并未检测到（Dumont et al.，2011）；二是DNA-SIP试验是基于2000ppm[①] CH_4浓度在实验室进行的，这比大气环境下的CH_4浓度要高出很多。尽管我们所用到的*pmoA*引物已被广泛利用，但仍可能会造成一些偏差（Bourne et al.，2001；Kolb，2009）。DNA-SIP方法虽已被广泛用于检测高CH_4浓度的垃圾填埋场（Dumont et al.，2011）和湿地土壤（Cai et al.，2016）中的活跃CH_4氧化菌群落结构，但在大气CH_4浓度下检测草地活跃CH_4氧化菌群落结构是否可行，仍有待进一步研究。

表11-2　基于*pmoA*基因测序的天然高寒草甸土壤CH_4氧化菌群落

总计	PxmA	Ⅰ类	Ⅱ类CH_4氧化菌			未分类（类MOB）	未知
			Methylocystis	*pmoA*-2	未分类		
55 459	2	1	52 365	2	13	2706	370

① ppm表示mg/kg。

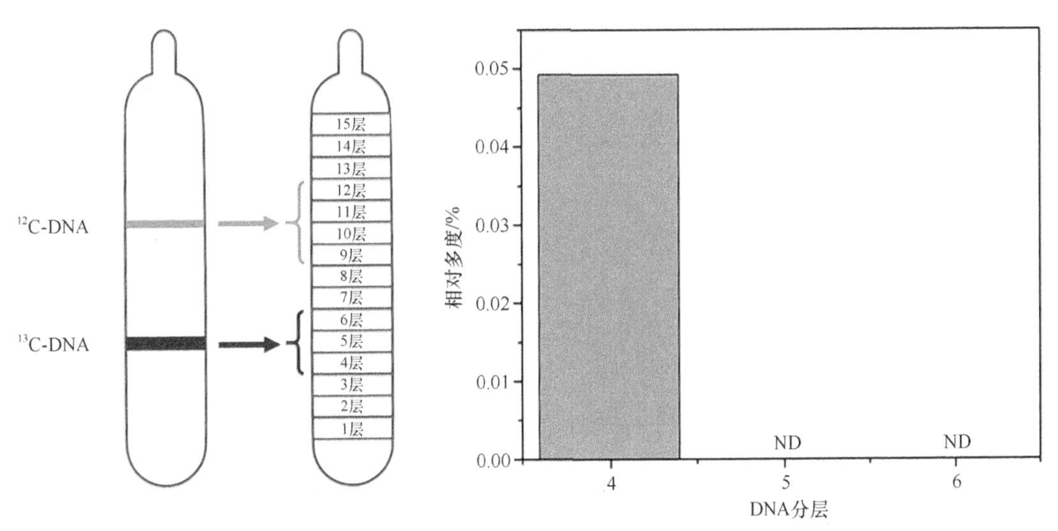

图 11-18　16S rRNA 高通量测序检测 2000 ppm $^{13}CH_4$ 培养 3 周后高寒草甸土壤样品 DNA

在第 4、5、6 层 DNA 中检测到 CH_4 氧化菌 *Methylosinus*；ND 表示未检测到

三、高寒草甸土壤 CH_4 氧化的主要影响因素

高寒草甸土壤 CH_4 氧化过程受到许多因子的共同影响，如土壤含水量、pH、CH_4 氧化底物（可溶性碳氮含量等）等非生物因子，以及 CH_4 氧化菌群落等生物因子（Tate，2015）。其中，非生物环境因子主要通过影响 CH_4 氧化菌群落及其活性驱动土壤 CH_4 的氧化过程。同时，不同因子之间复杂的相互作用是造成不同生态系统之间 CH_4 氧化能力差异的主要原因。

1. 土壤含水量和 pH

土壤含水量是土壤 CH_4 氧化过程最重要的调控因子之一（Hiltbrunner et al.，2012；Yu et al.，2017；Ni and Groffman，2018）。在全球尺度上，土壤 CH_4 的吸收对土壤含水量的响应并非是线性的，而是呈现出先增加后减少的驼峰模式（Zhou et al.，2014）。一方面，土壤含水量过高会限制 CH_4 和 O_2 在土壤中的扩散，从而影响土壤对大气 CH_4 的氧化；另一方面，当土壤含水量很低时，CH_4 氧化菌受到干旱胁迫，土壤水分将对 CH_4 氧化菌活性具有一定程度的抑制作用（van Kruistum et al.，2018）。高寒草甸生态系统中的相关研究结果也表明，CH_4 通量和土壤含水量之间的确存在着很强的相关关系（Wang et al.，2010；Lin et al.，2015）。我们的研究结果（Gu et al.，2019）表明，草地退化显著降低了土壤含水量，且重度退化草地比中度退化更为明显。然而，增温对土壤水分没有显著影响，增温和草地退化之间无交互作用。

土壤 pH 也是微生物活性的关键调控因子之一。一些研究认为，CH_4 氧化菌对于 pH 的变化具有较高的耐受性。据报道，在 pH 3.0～9.0 的范围内，均观测到了 CH_4 氧化菌的活动，CH_4 氧化速率在 pH 3.5～8.0 范围内并未发生显著变化（Shukla et al.，2013）。然而，在酸性（pH＜4）或碱性（pH＞7）条件下，pH 均可能是重要的限制因子。例如，在一些酸性泥炭土壤中，CH_4 氧化速率在 pH 偏中性（pH 4～6）时变化不显著，但在该范围之外（pH＜4 或 pH＞6）则显著下降（Shukla et al.，2013）。pH 也可能对 CH_4 氧化菌群落结构产生影响，不同 CH_4 氧化菌类群对 pH 也有不同的偏好（Kolb，2009；Tate，2015）。此外，温度对土壤 CH_4 氧化过程也存在影响，但目前仍存在一些争议，没有较为一致的结果（Le Mer and Roger，2001；Smith et al.，2003；Shukla et al.，2013）。

2. CH_4 氧化底物

增温显著增加了未退化草地土壤 EON 和 NH_4^+-N 含量，其中，EON 提高了 9.2%，中度退化草地 EON 的增加幅度接近 50%。类似的，NH_4^+-N 含量在增温处理下也有明显提高，不同退化草地增幅范围为 13.9%～36.3%。草地退化显著降低了土壤养分水平，其降低程度随着退化程度的增加而增加。中度退化草地土壤 TC 和 TN 含量分别为未退化草地的 60.5%和 63.6%，重度退化草地两项指标则下降至未退化草地的 40%以下；土壤 EOC 和 EON 含量对草地退化的响应更为敏感，分别比未退化草地下降了 66.7%和 68.4%。增温和草地退化对上述土壤理化属性没有交互作用（Gu et al.，2019）。

动力学分析结果表明，尽管增温对土壤 CH_4 氧化菌活性半饱和常数（K_m）和最大速率（V_{max}）没有显著影响（表 11-3），但增温处理下的土壤 CH_4 氧化菌活性 K_m 值高于不增温处理（中度退化草地除外），表明增温有增加土壤 CH_4 氧化菌活性的趋势。草地退化显著降低了 K_m 和 V_{max}（表 11-3；图 11-19），中度退化草地增温处理的 K_m 和 V_{max} 值分别为不增温处理的 54.1%和 67.5%，在重度退化阶段下降至不增温处理的 20%以下。

表 11-3 增温和草地退化对 *pmoA* 拷贝数和 CH_4 氧化菌活性增长速率的影响

因素	$\log_{10}$（*pmoA* 拷贝数）	K_m（CH_4 浓度，ppm）	V_{max}/[μg CH_4/(h·kg 干土)]
增温（W）	6.15*	0.017	0.208
退化（D）	6.87**	13.871***	14.149***
W×D	2.41	1.438	2.032

注：K_m，半饱和常数；V_{max}，最大速率。

* $P<0.05$；** $P<0.01$；*** $P<0.001$；

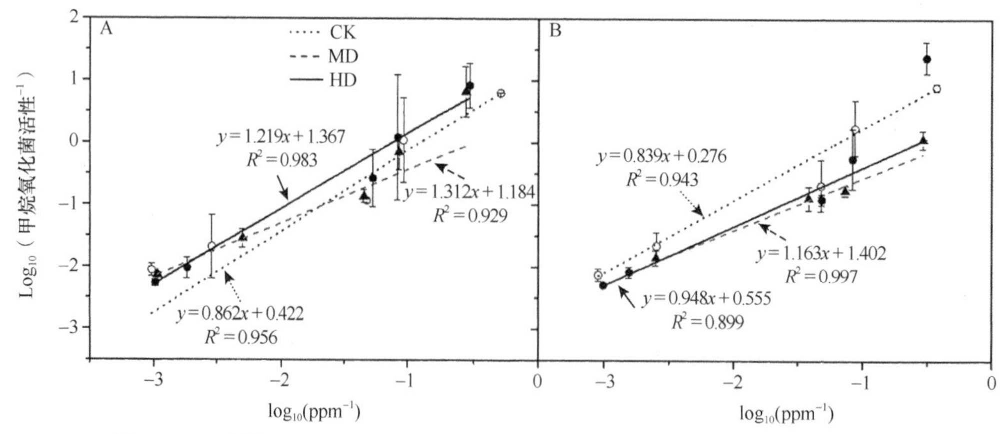

图 11-19 不增温（A）和增温（B）处理下的高寒草甸 CH_4 氧化菌活性动力学

CK，自然草甸；MD，中度退化草甸；HD，重度退化草甸。甲烷氧化菌活性的单位为：μg CH_4/(h·kg 干土)

作为 CH_4 氧化菌的底物，土壤可溶性碳（EOC）、氮（EON）含量（如有机质和养分等）的变化也将影响 CH_4 氧化菌活性，进而改变土壤 CH_4 氧化能力（Shukla et al.，2013）。土壤有机碳、氮含量是预测土壤质量和生产力的重要指标，可对土壤养分可利用性和微生物活性产生重要影响（Huang et al.，2008）。其含量的变化一方面可通过限制微生物活性的碳矿化过程影响土壤 CH_4 通量；另一方面也可能通过影响其他土壤特性如土壤通气性和无机氮含量等间接改变土壤 CH_4 氧化过程（von Fischer and Hedin，2002；Tate，2015）。长期以来，无机氮被认为是调节土壤 CH_4 氧化能力的重要因子。已有大量研究评估了铵盐（NH_4^+）对土壤 CH_4 氧化菌活性的影响，但目前尚未得到一致的结果（Shukla et al.，2013）。短期来看，NH_4^+-N 对 CH_4 氧化能力可能带来促进作用或无显著影响（Bodelier，2011）；长期来看，NH_4^+-N 对 CH_4 氧化具有抑制作用（Tate，2015）。在氮受限的土壤中，在高浓度无机氮输入下 CH_4 氧化过程先受到抑制作用，之后又迅速恢复到正常水平（Steinkamp et al.，2001）。此外，硝酸盐（NO_3^-）添加对土壤 CH_4 氧化能力的影响与 NH_4^+-N 的作用类似，但也有一些研究人员提出，NO_3^--N 对 CH_4 氧化菌活性的作用取决于其添加量（Shukla et al.，2013）。对于 NO_3^--N 所引起的抑制作用，通常认为其强度和持续时间在一般情况下相对弱于 NH_4^+-N 的作用。据报道，在森林土壤中，NO_3^--N 可抑制 10%～86%的土壤 CH_4 氧化能力。目前，NO_3^--N 对于土壤 CH_4 氧化菌活性的抑制作用机制目前尚不清楚，可能的原因是 NO_3^--N 本身或其还原过程产生的 NO_2 离子的毒性。青藏高原高寒草甸的相关研究表明，NH_4^+-N 和 NO_3^--N 沉降对土壤 CH_4 氧化有明显抑制作用，且土壤对 CH_4 的平均吸收量随着氮沉降水平的增加而减少（Yan et al.，2020）。

3. CH_4 氧化菌群落对增温和放牧的响应

高寒草甸土壤中 CH_4 氧化菌数量较高，每克干土中 *pmoA* 基因拷贝数达到（1.2～3.4）$\times 10^8$（Zheng et al. 2012），远高于中国南方水稻土和旱地土壤的 CH_4 氧化菌数量。增温显著增加了土壤 CH_4 氧化菌数量；在不增温或增温条件下，放牧对 CH_4 氧化菌数量均无明显影响，增温和放牧不存在交互作用（P=0.276，图 11-20）。CH_4 氧化菌多度分别与土壤水分和土壤铵态氮含量呈显著负相关（Zheng et al.，2012）。

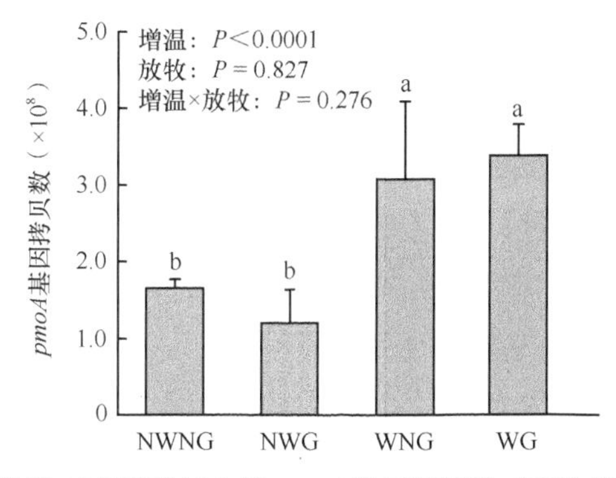

图 11-20　增温和放牧对高寒草甸土壤 *pmoA* 基因拷贝数（平均值±标准差）的影响

NWNG，不增温不放牧；NWG，不增温放牧；WNG，增温不放牧；WG，增温放牧。不同小写字母表示差异显著（P＜0.05）

我们一共构建了16个克隆文库，共得到1439条有用序列，其平均片段大小为507.4 bp，与 CH_4 氧化菌 *pmoA* 基因的理论大小（508 bp）相符。根据93%的相似性进一步划分得到可操作分类单元（OTU）64个，其中，63个OUT（占98.4%）归类于Type Ⅰ型 CH_4 氧化菌，只有1个OTU属于Type Ⅱ型 CH_4 氧化菌的 *Methylocystis* 属（Zheng et al.，2012）。类似地，在西伯利亚的永久冻土和加拿大北极高地土壤中，也发现 CH_4 氧化菌群落以Type Ⅰ型占主导（Liebner and Wagner，2007；Knoblauch et al.，2008；Martineau et al.，2010）。增温和放牧对 CH_4 氧化菌的群落组成与多样性的影响都不明显。相关性分析结果表明，不同处理 CH_4 氧化菌群落组成之间、群落组成与环境变量之间均无明显的相关性（$P>0.05$）。

进一步通过微宇宙培养试验，测定了不同试验处理下的土壤 CH_4 氧化潜力（Zheng et al.，2012）。培养一周后，对照处理体系中 CH_4 的氧化量为4%左右，而其他三个处理的 CH_4 氧化量均达到58%；培养两周后，增温和（或）放牧处理下的 CH_4 氧化量高达94%（图11-21），表明增温或放牧处理均能显著（$P<0.01$）提高土壤的 CH_4 氧化潜力。其原因是增温和放牧可能通过降低土壤含水量、改变地上植物生长与生物量等，从而间接促进了土壤氧化 CH_4 菌活性（Wang et al.，2008；Urmann et al.，2009；Luo et al.，2010）。

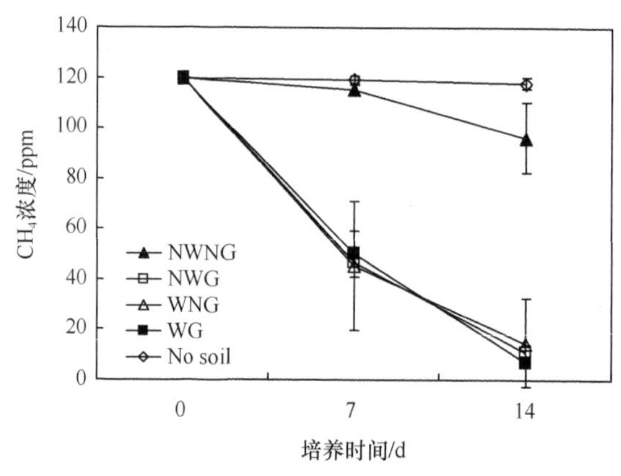

图 11-21 增温和放牧试验高寒草甸土壤的微宇宙培养试验

NWNG，不增温不放牧；NWG，不增温放牧；WNG，增温不放牧；WG，增温放牧

4. CH_4 氧化菌群落结构对增温和草地退化的响应

实时荧光定量PCR（qPCR）结果显示，增温显著增加了 CH_4 氧化菌的丰度（*pmoA* 基因拷贝数），其中，天然草甸和重度退化草甸土壤的 CH_4 氧化菌丰度提高了30%以上（图11-22）。相反，草地退化则降低了 CH_4 氧化菌的 *pmoA* 基因拷贝数（表11-3，图11-22）。增温和草地退化对 CH_4 氧化菌 *pmoA* 基因拷贝数没有交互作用（表11-3）。

土壤 CH_4 氧化过程本身是由 CH_4 氧化菌所介导的微生物过程，因此，CH_4 氧化菌群落结构和丰度是影响 CH_4 氧化菌活性最重要的生物因子。许多研究表明，土壤 CH_4 氧化菌活性与 CH_4 氧化菌群落结构的变化密切相关（Tate，2015）。例如，研究发现，牧场造林导致土壤 CH_4 氧化速率的改变不仅与土地利用方式改变后土壤水分的差异有关，也与 CH_4 氧化菌类型的变化有关。有研究表明，大部分草地土壤中（包括青藏高原高寒草

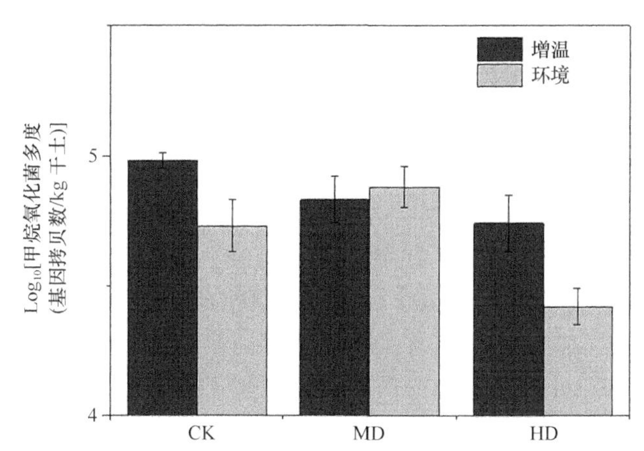

图 11-22　增温对不同退化程度高寒草甸土壤 CH_4 氧化菌丰度的影响

CK，自然草甸；MD，中度退化草甸；HD，重度退化草甸

甸），Ⅰ型 CH_4 氧化菌占主导（Singh and Tate，2007；Zheng et al.，2012），但奥地利高寒草甸土壤中的 CH_4 氧化菌以Ⅱ型为主，不过其对环境变化不太敏感，反而是丰度较低的Ⅰ型 CH_4 氧化菌更容易受到显著影响（Abell et al.，2009）。此外，CH_4 氧化菌群落的丰度也与土壤 CH_4 氧化直接相关，有学者建议将 CH_4 氧化菌群落丰度作为预测 CH_4 氧化菌活性变化的有效指标（Tate，2015；Bu et al.，2018）。

增温显著增加了 CH_4 氧化菌的丰度，此结果与增温条件下 CH_4 氧化相关的微生物新陈代谢和酶活性的增加有关，qPCR 方法检测得到的 CH_4 氧化菌丰度结果也支持这一点。同时，草地退化除了显著降低土壤 CH_4 氧化菌活性外，也可使其丰度显著降低，CH_4 氧化菌的基因丰度随着退化程度的加重而逐渐下降（图 11-22），这可能与草地退化导致土壤水分的降低有关。先前的研究表明，对 CH_4 菌活性而言，土壤含水量在一定程度上比其他土壤理化性质更为重要（Fest et al.，2015）。土壤 CH_4 氧化菌活性与土壤含水量之间存在"驼峰状"变化模式（Zhou et al.，2014），最适土壤水分情况下土壤 CH_4 氧化菌活性最高，当水分增加或减少时，其活性都会降低。

第四节　小　　结

依托山体垂直带"双向"移栽试验平台，以及非对称增温和适度放牧试验平台，通过原位监测和室内培养试验，得出如下结果和结论。

（1）高寒草甸生态系统是大气 CH_4 的弱汇。增温和降温对生长季 CH_4 通量的影响因植被类型、海拔和采样时间的不同而异。增温通常促进了不同植被类型高寒草甸对 CH_4 的吸收，而降温的作用则相反。在半湿润地区，CH_4 通量主要受土壤温度而非水分和氮可利用性的调控。CH_4 吸收对增温的响应比降温更为敏感，表现为非对称性。因此，在评估气候变化对青藏高原高寒草甸生态系统 CH_4 通量的影响时，应考虑 CH_4 通量对温度的非线性响应，否则可能会高估气候变化对 CH_4 吸收的影响。

（2）增温和氮添加增强了高寒草甸生态系统的 CH_4 吸收。增温显著增加了 CH_4 吸收，其对非生长季 CH_4 吸收的促进作用强于生长季，尤其是在干旱年份。适度放牧对

CH_4吸收没有显著影响，干旱年份氮添加提高了高寒草甸生态系统CH_4汇的能力，但增温、放牧/刈割和施氮肥之间的交互作用对CH_4通量的影响很小。相对而言，非生长季CH_4吸收比生长季对增温的响应更为敏感。不同影响因素的机制有所不同，增温分别通过增加和降低土壤水分促进了非生长季和非生长季的CH_4吸收。增温和氮添加通过降低土壤湿度、提高地上净初级生产力增强了高寒草甸生态系统的CH_4吸收能力。

（3）增温和适度放牧可提高CH_4潜在氧化活性。海北和那曲高寒草甸生态系统土壤中的CH_4氧化菌群落分别以Ⅰ型和Ⅱ型CH_4氧化菌占主导，那曲地区活跃CH_4氧化菌以*Methylosinus*（一类Ⅱ型CH_4氧化菌）为主。增温和适度放牧可提高CH_4潜在氧化活性。Michaelis-Menten 动力学分析发现，增温往往增加土壤CH_4氧化菌活性，而草地退化则恰好相反，土壤CH_4氧化菌丰度也呈现出类似的变化。草地退化对高寒草甸土壤CH_4氧化功能的影响强于增温所产生的效应，增温对其CH_4氧化功能的恢复表现为一定的促进作用。然而，增温和草地退化对土壤CH_4氧化菌活性和丰度并没有交互作用。

参 考 文 献

黄梦青, 张金凤, 杨玉盛. 2013. 土壤甲烷氧化菌多样性研究方法进展. 亚热带资源与环境学报, 8: 42-48.

郑燕, 贾仲君. 2013. 新一代高通量测序与稳定性同位素示踪 DNA/RNA 技术研究稻田红壤甲烷氧化的微生物过程. 微生物学报, 53: 173-184.

Abell G J, Stralis-Pavese N, Sessitsch A, et al. 2009. Grazing affects methanotroph activity and diversity in an alpine meadow soil. Environmental Microbiology Reports, 1: 457-465.

Bodelier P E, Laanbroek H J. 2004. Nitrogen as a regulatory factor of methaneoxidation in soils and sediments. FEMS Microbiology Ecology, 47: 265-277.

Bodelier P E. 2011. Interactions between nitrogenous fertilizers and methane cycling in wetland and upland soils. Current Opinion in Environmental Sustainability, 3: 379-388.

Bowman J P. 2006. The methanotrophs: the families Methylococcaceae and Methylocystaceae. New York: Springer.

Bourne D G, McDonald I R, Murrell J C. 2001. Comparison of pmoA PCR primer sets as tools for investigating methanotroph diversity in three Danish soils. Applied and Environmental Microbiology, 67: 3802-3809.

Börjesson G, Sundh I, Svensson B. 2004. Microbial oxidation of CH_4 at different temperatures in landfill cover soils. FEMS Microbiology Ecology, 48: 305-312.

Bu X, Gu X, Zhou X, et al. 2018. Extreme drought slightly decreased soil labile organic C and N contents and altered microbial community structure in a subtropical evergreen forest. Forest Ecology and Management, 429: 18-27.

Cai Y, Zheng Y, Bodelier P E, et al. 2016. Conventional methanotrophs are responsible for atmospheric methane oxidation in paddy soils. Nature Communications, 7: 11728.

Carter M S, Ambus P, Albert K R, et al. 2011. Effects of elevated atmospheric CO_2, prolonged summer drought and temperature increase on N_2O and CH_4 fluxes in a temperate heathland. Soil Biology & Biochemistry , 43(8): 1660-1670.

Carter M S, Larsen K S, Emmett B, et al. 2012. Synthesizing greenhouse gas fluxes across nine European peatlands and shrublands-responses to climatic and environmental changes. Biogeosciences, 9(10): 3739-3755.

Chan A K, Parkin T B. 2001. Effect of land use on methane flux from soil. Journal of Environmental Quality, 30(3): 786-797.

Chen W W, Wolf B, Zheng X H, et al. 2011. Annual methane uptake by temperate semiarid steppes as regulated by stocking rates, aboveground plant biomass and topsoil air permeability. Global Change Biology, 17(9): 2803-2816.

Christensen T R, Michelsen A, Jonasson S, et al. 1997. Carbon dioxide and methane exchange of a subarctic heath in response to climate change related environmental manipulations. Oikos, 79(1): 34-44.

Christopher S F, Lal R. 2007. Nitrogen management affects carbon sequestration in North American cropland soils. Critical Reviews in Plant Sciences, 26(1): 45-64.

Corton T, Bajita J, Grospe F, et al. 2000. Methane emissions from major rice ecosystems in Asia. //Methane Emission from Irrigated and Intensively Managed Rice Fields in Central Luzon (Philippines). Berlin: Springer: 37-53.

Dalal R C, Allen, D E. 2008. Greenhouse gas fluxes from natural ecosystems. Australian Journal of Botany, 56: 369-407.

Dijkstra F A, Morgan J A, von Fischer J C, et al. 2011. Elevated CO_2 and warming effects on CH_4 uptake in a semiarid grassland below optimum soil moisture. Journal of Geophys Research Biogeology, 116: G01007.

Dijkstra F A, Morgan J A, Follett R F, et al. 2013. Climate change reduces the net sink of CH_4 and N_2O in a semiarid grassland. Global Change Biology, 19(6): 1816-1826.

Dlugokencky E J, Nisbet E G, Fisher R, et al. 2011. Global atmospheric methane: budget, changes and dangers. Philosophical Transactions of the Royal Society a-Mathematical Physical and Engineering Sciences, 369(1943): 2058-2072.

Dunfield P F, Topp E, Archambault C, et al. 1995. Effect of nitrogen fertilizers and moisture-content on CH_4 and N_2O fluxes in a humisol measerements in the field and intact soil cores. Biogeochemistry, 29(3): 199-222.

Dunfield P. 2007. The soil methane sink. //Reay D et al. Greenhouse Gas Sinks. Oxfordshire: CAB International: U152-170.

Dumont M G, Pommerenke B, Casper P, et al. 2011. DNA-, rRNA- and mRNA-based stable isotope probing of aerobic methanotrophs in lake sediment. Environmental Microbiology, 13: 1153-1167.

Einola J M, Kettunen R H, Rintala J A. 2007. Responses of methane oxidation to temperature and water content in cover soil of a boreal landfill. Soil Biology & Biochemistry, 39: 1156-1164.

Fang H J, Yu G R, Cheng S L, et al. 2010. Effects of multiple environmental factors on CO_2 emission and CH_4 uptake from old-growth forest soils. Biogeosciences, 7: 395-407.

Fang H J, Cheng S L, Yu G R, et al. 2014. Low-level nitrogen deposition significantly inhibits methane uptake from an alpine meadow soil on the Qinghai-Tibetan Plateau. Geoderma, 213: 444-452.

Fest B, Wardlaw T, Livesley S J, et al. 2015. Changes in soil moisture drive soil methane uptake along a fire regeneration chronosequence in a eucalypt forest landscape. Global Change Biology, 21: 4250-4264.

Ghani A, Dexter M, Perrott K W. 2003. Hot-water extractable carbon in soils: a sensitive measurement for determining impacts of fertilisation, grazing and cultivation. Soil Biology & Biochemistry, 35: 1231-1243.

Gu X, Zhou X, Bu X, et al. 2019. Soil extractable organic C and N contents, methanotrophic activity under warming and degradation in a Tibetan alpine meadow. Agriculture, Ecosystems & Environment, 278: 6-14.

Guo X, Du Y, Li J, et al. 2015. Aerobic methane emission from plant: Comparative study of different communities and plant species of alpine meadow. Polish Journal of Ecology, 63: 223-232.

Hanson R S, Hanson T E. 1996. Methanotrophic bacteria. Microbiological Reviews, 60: 439-471.

Hart S C, 2006. Potential impacts of climate change on nitrogen transformations and greenhouse gas fluxes in forests: a soil transfer study. Global Change Biology, 12: 1032-1046.

Heimann, M. 2011. Enigma of the recent methane budget. Nature, 476: 157-158.

Hiltbrunner D, Zimmermann S, Karbin S, et al. 2012. Increasing soil methane sink along a 120-year

afforestation chronosequence is driven by soil moisture. Global Change Biology, 18: 3664-3671.
Hole L R, Engardt M. 2008. Climate change impact on atmospheric nitrogen deposition in northwestern Europe: a model study. Ambio, 37: 9-17.
Hu Y G, Chang X F, Lin X W. et al. 2010. Effects of warming and grazing on N_2O fluxes in an alpine meadow ecosystem on the Tibetan plateau. Soil Biology & Biochemistry, 42(6): 944-952.
Hu Y G, Jiang L L, Wang S P, et al. 2016a. The temperature sensitivity of ecosystem respiration to climate change in an alpine meadow on the Tibet plateau: a reciprocal translocation experiment. Agricultural and Forest Meteorology, 216: 93-104.
Hu Y G, Wang Q, Wang S P, et al. 2016b. Asymmetric responses of methane uptake to climate warming and cooling of a Tibetan alpine meadow assessed through a reciprocal translocation along an elevation gradient. Plant and Soil, 402: 263-275.
Huang Z, Xu Z, Chen C. 2008. Effect of mulching on labile soil organic matter pools, microbial community functional diversity and nitrogen transformations in two hardwood plantations of subtropical Australia. Applied Soil Ecology, 40: 229-239.
IPCC. 2013. Climate Change 2013: The Physical Science Basis. Contribution of Working Group I to the Fifth Assessment Report of the Intergovernmental Panel on Climate Change. Cambridge, UK.
Jiang C M, Yu G R, Fang H J, et al. 2010. Short-term effect of increasing nitrogen deposition on CO_2, CH_4 and N_2O fluxes in an alpine meadow on the Qinghai-Tibetan plateau, China. Atmospheric Environment, 44(24): 2920-2926.
King G M. 1997. Responses of atmospheric methane consumption by soils to global climate change. Global Change Biology, 3(4): 351-362.
Kirschke S, Bousquet P, Ciais P, et al. 2013. Three decades of global methane sources and sinks. Nature Geoscience, 6: 813-823.
Knief C, Vanitchung S, Harvey N W, et al. 2005. Diversity of methanotrophic bacteria in tropical upland soils under different land uses. Applied and Environmental Microbiology, 71: 3826-3831.
Knoblauch C, Zimmermann U, Blumenberg M, et al. 2008. Methane turnover and temperature response of methane-oxidizing bacteria in permafrost-affected soils of northeast Siberia. Soil Biology Biochemistry, 40: 3004-3013.
Kolb S. 2009. The quest for atmospheric methane oxidizers in forest soils. Environmental Microbiology Reports, 1: 336-346.
Kou Y, Li J, Wang Y, et al. 2017. Scale-dependent key drivers controlling methane oxidation potential in Chinese grassland soils. Soil Biology & Biochemistry, 111: 104-114.
Le Mer J, Roger P. 2001. Production, oxidation, emission and consumption of methane by soils: a review. European Journal of Soil Biology, 37(1): 25-50.
Lessard R, Rochette P, Gregorich E G, et al. 1997. CH_4 fluxes from a soil amended with dairy cattle manure and ammonium. Canadian Journal of Soil Science, 77(2): 179-186.
Li F, Yang G, Peng Y, et al. 2020. Warming effects on methane fluxes differ between two alpine grasslands with contrasting soil water status. Agricultural and Forest Meteorology, 290: 107988.
Li Y, Zhao X, Cao G, et al. 2004. Analyses on climates and vegetation productivity background at Haibei alpine meadow ecosystem research station. Plateau Meteorology, 23: 558-567.
Li Y M, Wang S P, Jiang L L, et al. 2016. Changes of soil microbial community under different degraded gradients of alpine meadow. Agriculture, Ecosystems & Environment, 222: 213-222.
Liang Y T, Jiang1 Y J, Wang F, et al. 2015. Long-term soil transplant simulating climate change with latitude significantly alters microbial temporal turnover. The ISME Journal, 9(12): 2561-2572.
Liebner S, Wagner D. 2007. Abundance, distribution and potential activity of methane oxidizing bacteria in permafrost soils from the Lena Delta, Siberia. Environmental Microbiology, 9: 107-117.
Lin X W, Wang S P, Ma X Z, et al. 2009. Fluxes of CO_2, CH_4, and N_2O in an alpine meadow affected by yak excreta on the Qinghai-Tibetan plateau during summer grazing periods. Soil Biology & Biochemistry, 41(4): 718-725.
Lin X W, Zhang Z H, Wang S P, et al. 2011. Response of ecosystem respiration to warming and grazing

during the growing seasons in the alpine meadow on the Tibetan plateau. Agricultural and Forest Meteorology, 151(7): 792-802.

Lin X W, Wang S P, Hu Y G, et al. 2015. Experimental warming increases seasonal methane uptake in an alpine meadow on the Tibetan plateau. Ecosystems, 18(2): 274-286.

Link S O, Smith J L, Halvorson J J, et al. 2003. A reciprocal transplant experiment within a climatic gradient in a semiarid shrub-steppe ecosystem: effects on bunchgrass growth and reproduction, soil carbon, and soil nitrogen. Global Change Biology, 9: 1097-1105.

Liu X J, Zhang Y, Han W X, et al. 2013. Enhancednitrogen deposition over China. Nature, 494: 459-462.

Liu C, Holstb J, Brüggemannb N, et al. 2007. Winter-grazing reduces methane uptake by soils of a typical semi-arid steppe in Inner Mongolia, China. Atmospheric Environment, 41: 5948-5958.

Liu S, Zamanian K, Schleuss P M, et al. 2018. Degradation of Tibetan grasslands: Consequences for carbon and nutrient cycles. Agriculture, Ecosystems & Environment, 252: 93-104.

Luo C Y, Xu G P, Chao Z G, et al. 2010. Effect of warming and grazing on litter mass loss and temperature sensitivity of litter and dung mass loss on the Tibetan plateau. Global Change Biology, 16: 1606-1617.

Luo Y, Sherry R, Zhou X, et al. 2009. Terrestrial carbon-cycle feedback to climate warming: Experimental evidence on plant regulation and impacts of biofuel feedstock harvest. Global Change Biology Bioenergy, 1(1): 62-74.

Lüke C, Frenzel P. 2011. Potential of pmoA amplicon pyrosequencing for methanotroph diversity studies. Applied and Environmental Microbiology, 77: 6305-6309.

Martineau C, Whyte L G, Greer C W. 2010. Stable isotope probing analysis of the diversity and activity of methanotrophic bacteria in soils from the Canadian high Arctic. Applied and Environmental Microbiology, 76: 5773-5784.

McCalley C K, Woodcroft B J, Hodgkins S B, et al. 2014. Methane dynamics regulated by microbial community response to permafrost thaw. Nature, 514: 478-481.

Menyailo O V, Hungate B A, Abraham W, et al. 2008. Changing land usereduces soil CH_4 uptake by altering biomass and activity but not compositionof high-affinity methanotrophs. Global Change Biology, 14: 2405-2419.

Mohanty S R, Bodelier P E, Conrad R. 2007. Effect of temperature on composition of the methanotrophic community in rice field and forest soil. FEMS Microbiology Ecology, 62: 24-31.

Mosier A, Kroeze C, Nevison C, et al. 1998. Closing the global N_2O budget: Nitrous oxide emissions through the agricultural nitrogen cycle - OECD/IPCC/IEA phase II development of IPCC guidelines for national greenhouse gas inventory methodology. Nutrient Cycling in Agroecosystems, 52(2-3): 225-248.

Ni X, Groffman P M. 2018. Declines in methane uptake in forest soils. Proceedings of the National Academy of Sciences, 115: 8587-8590.

Op den Camp H J M, Islam T, Stott M B, et al. 2009. Environmental, genomic and taxonomic perspectives on methanotrophic Verrucomicrobia. Environmental Microbiology Reports, 1: 293-306.

Peterjohn W T, Melillo J M, Steudler P A, et al. 1994. Responses of trace gas fluxes and N availability to experimentally elevated soil temperatures. Ecological Applications, 4: 617-625.

Radajewski S, Ineson P, Parekh N R, et al. 2000. Stable-isotope probing as a tool in microbial ecology. Nature, 403: 646-649.

Rui Y C, Wang S P, Xu Z H, et al. 2011. Warming and grazing affect soil labile carbon and nitrogen pools differently in an alpine meadow of the Qinghai-Tibet plateau in China. Journal of Soils and Sediments, 11: 903-914.

Rustad L E, Fernandez I J. 1998. Experimental soil warming effects on CO_2 and CH_4 flux from a low elevation spruce-fir forest soil in Maine, USA. Global Change Biology, 4(6): 597-605.

Saggar S, Hedley C B, Giltrap D L, et al. 2007. Measured and modelled estimates of nitrous oxide emission and methane consumption from a sheep-grazed pasture. Agriculture Ecosystems & Environment, 122(3): 357-365.

Schellenberg D L, Alsinaa M M, Muhammadb S, et al. 2012. Yield-scaled global warming potential from N_2O emissions and CH_4 oxidation for almond (*Prunus dulcis*) irrigated with nitrogen fertilizers on arid land. Agriculture Ecosystems & Environment, 155: 7-15.

Sheehy D P, Miller D, Johnson D A. 2006. Transformation of traditional pastoral livestock systems on the Tibetan steppe. Secheresse (Montrouge), 17(1-2): 142-151.

Shrestha P M, Kammann C, Lenhart K, et al. 2012. Linking activity, composition and seasonal dynamics of atmospheric methane oxidizers in a meadow soil. ISME J, 6: 1115-1126.

Shukla P N, Pandey K D, Mishra V K. 2013. Environmental determinants of soil methane oxidation and methanotrophs. Critical Reviews in Environmental Science and Technology, 43: 1945-2011.

Singh B K, Tate K. 2007. Biochemical and molecular characterization of methanotrophs in soil from a pristine New Zealand beech forest. FEMS Microbiology Letters, 275: 89-97.

Sjögersten S, Wookey P A. 2002. Spatio-temporal variability and environmental controls of methane fluxes at the forest-tundra ecotone in the Fennoscandian mountains. Global Change Biology, 8(9): 885-894.

Smith K A, Ball T, Conen F, et al. 2003. Exchange of greenhouse gases between soil and atmosphere: interactions of soil physical factors and biological processes. European Journal of Soil Science, 54: 779-791.

Söhngen N L. 1906. Ueber Bakterien, welche Methan als Kohlenstoffnahrung und Energiequelle gebrauchen. Centralbl. Bakteriol. Parasitenk. Infektionskr Hyg Abt, 15: 513-517.

Steinkamp R, Butterbach-Bahl K, Papen H. 2001. Methane oxidation by soils of an N limited and N fertilized spruce forest in the Black Forest, Germany. Soil Biology & Biochemistry, 33: 145-153.

Su X K, Wu Y, Dong S K, et al. 2015. Effects of grassland degradation and re-vegetation on carbon and nitrogen storage in the soils of the Headwater Area Nature Reserve on the Qinghai-Tibetan plateau, China. Journal of Mountain Science, 12: 582-591.

Tate K R. 2015. Soil methane oxidation and land-use change – from process to mitigation. Soil Biology & Biochemistry, 80: 260-272.

Topp E, Pattey E. 1997. Soils as sources and sinks for atmospheric methane. Canadian Journal of Soil Science, 77(2): 167-178.

Torn M S, Harte J. 1996. Methane consumption by montane soils: Implications for positive and negative feedback with climatic change. Biogeochemistry, 32(1): 53-67.

Urmann K, Lazzaro A, Gandolfi I, et al. 2009. Response of methanotrophic activity and community structure to temperature changes in a diffusive CH_4/O_2 counter gradient in an unsaturated porous medium. FEMS Microbiology Ecology, 69: 202-212.

van de Weg M J, Fetcher N, Shaver G. 2013. Response of dark respiration to temperature in Eriophorum vaginatum from a 30-year-old transplant experiment in Alaska. Plant Ecology & Diversity, 6: 377-381.

van Kruistum H, Bodelier P E, Ho A, et al. 2018. Resistance and recovery of methane-oxidizing communities depends on stress regime and history；A microcosm study. Frontiers in Microbiology, 9: 1714.

von Fischer J C, Hedin L O. 2002. Separating methane production and consumption with a field-based isotope pool dilution technique. Global Biogeochemical Cycles, 16: 1034.

Wang J, Wang G, Hu H, et al. 2010. The influence of degradation of the swamp and alpine meadows on CH_4 and CO_2 fluxes on the Qinghai-Tibetan plateau. Environmental Earth Sciences, 60: 537-548.

Wang S P, Yang X X, Lin X W, et al. 2009. Methane emission by plant communities in an alpine meadow on the Qinghai-Tibetan plateau: a new experimental study of alpine meadows and oat pasture. Biology Letters, 5(4): 535-538.

Wang S P, Duan J C, Xu G P, et al. 2012. Effects of warming and grazing on soil N availability, species composition, and ANPP in an alpine meadow. Ecology, 93: 2365-2376.

Wang Y, Chen H, Zhu Q, et al. 2014. Soil methane uptake by grasslands and forests in China. Soil Biology & Biochemistry, 74: 70-81.

Wang Y L, Wu W X, Ding Y, et al. 2008. Methane oxidation activity and bacterial community composition in a simulated landfill cover soil is influenced by the growth of *Chenopodium album* L. Soil Biology & Biochemistry, 40: 2452-2459.

Wang Z P, Gulledge J, Zheng J Q, et al. 2009b. Physical injury stimulates aerobic methane emissions from terrestrial plants. Biogeosciences, 6: 615-621.

Wei D, Xu R, Tenzin T, et al. 2015. Considerable methane uptake by alpine grasslands despite the cold climate: in situ measurements on the central Tibetan Plateau, 2008-2013. Global Change Biology, 21(2): 777-788.

Whittenbury R, Phillips K C, Wilkinson J F. 1970. Enrichment, isolation and some properties of methane-utilizing bacteria. Microbiology, 61: 205-218.

Wu H, Wang X, Ganjurjav H, et al. 2020. Effects of increased precipitation combined with nitrogen addition and increased temperature on methane fluxes in alpine meadows of the Tibetan Plateau. Science of the Total Environment, 705: 135818.

Yan Y, Wan Z, Ganjurjav H, et al. 2020. Nitrogen deposition reduces methane uptake in both the growing and non-growing season in an alpine meadow. Science of The Total Environment, 747: 141315.

Yang G, Chen H, Wu N, et al. 2014. Effects of soil warming, rainfall reduction and water table level on CH_4 emissions from the Zoige peatland in China. Soil Biology & Biochemistry, 78: 83-89.

Yu L, Huang Y, Zhang W, et al. 2017. Methane uptake in global forest and grassland soils from 1981 to 2010. Science of the Total Environment, 607-608: 1163-1172.

Zhang Z H, Duan J C, Wang S P, et al. 2012. Effects of land use and management on ecosystem respiration inalpine meadow on the Tibetan Plateau. Soil Tillage Research, 124: 161-169.

Zheng Y, Yang W, Sun X, et al. 2012. Methanotrophic community structure and activity under warming and grazing of alpine meadow on the Tibetan Plateau. Appl. Microbiology Biotechnology, 93: 2193-2203.

Zhou X Q, Wang Y F, Huang X Z, et al. 2008. Effect of grazing intensities on the activity and community structure of methane-oxidizing bacteria of grassland soil in Inner Mongolia. Nutrient Cycling in Agroecosystems, 80: 145-152.

Zhou X, Chen C, Wang Y, et al. 2013. Soil extractable carbon and nitrogen, microbial biomass and microbial metabolic activity in response to warming and increased precipitation in a semiarid Inner Mongolian grassland. Geoderma, 206: 24-31.

Zhou X, Dong H, Chen C, et al. 2014. Ethylene rather than dissolved organic carbon controls methane uptake in upland soils. Global Change Biology, 20: 2379-2380.

Zhu X X, Luo C Y, Wang S P, et al. 2015. Effects of warming, grazing/cutting and nitrogen fertilization on greenhouse gas fluxes during growing seasons in an alpine meadow on the Tibetan Plateau. Agricultural and Forest Meteorology, 214: 506-514.

Zhuang Q, Chen M, Xu K, et al. 2013. Response of global soil consumption of atmospheric methane to changes in atmospheric climate and nitrogen deposition. Global Biogeochemisty Cycles, 27: 650-663.

Zumsteg A, Bååth E, Stierli B, et al. 2013. Bacterial and fungal community responses to reciprocal soil transfer along a temperature and soil moisture gradient in a glacier forefield. Soil Biology Biochemistry, 61: 121-132.

Züercher S, Spahni R, Joos F, et al. 2013. Impact of an abrupt cooling event on interglacial methane emissions in northern peatlands. Biogeosciences, 10(3): 1963-1981.

第十二章　气候变化和放牧对氧化亚氮通量的影响及其微生物机制

导读： 氧化亚氮（N_2O）会消耗大气臭氧层并产生强烈的温室效应，其在土壤中主要源自于微生物所介导的硝化作用和反硝化作用。草地生态系统是重要的 N_2O 排放源，气候变化和放牧除了直接改变土壤温度及湿度，还间接影响土壤碳和氮有效性、微生物群落及酶活性等，从而影响 N_2O 的排放。本章将基于山体垂直带“双向”移栽试验、不对称性增温和放牧及氮添加试验，通过对 N_2O 通量的长期定位监测，结合土壤微生物生物量、硝化和反硝化酶活性及其他生物和非生物因素的变化，拟回答以下科学问题：①高寒草甸生态系统 N_2O 排放量如何？②不同植被类型 N_2O 排放如何响应增温和降温？③增温和放牧如何影响生长季和非生长季 N_2O 通量？氮添加的调节作用如何？④增温和放牧影响 N_2O 排放的微生物学机制及其关键驱动因子如何？

氧化亚氮（N_2O）不仅会消耗大气层中的臭氧，同时也会产生强烈的温室效应，在百年尺度上其增温潜势是 CO_2 的 298 倍。因此，大气中 N_2O 浓度的微弱变化将会对全球气候产生重要影响（Wuebbles，2009；Xu et al.，2012；Schilt et al.，2010）。草地生态系统的 N_2O 排放是全球 N_2O 排放量的重要来源（Ma et al.，2006；Maljanen et al.，2007；Barton et al.，2008）。据估计，每年全球草地 N_2O 排放量约为 1.8Tg N_2O-N（Stehfest and Bowman，2006）。然而，干旱、极地和寒区生物气候带地区有关数据相对缺乏（Bouwman et al.，2000；Stehfest and Bouwman，2006），特别是冬季数据更为缺乏，导致全球 N_2O 收支仍存在很大的不确定性。

土壤中 N_2O 主要在硝化和反硝化过程中产生，受土壤碳和氮有效性（Hu et al.，2016a，b；Wang et al.，2008）、土壤微生物（Zhong et al.，2018a，b）及其酶活性、温度、水分、土壤冻融等多种生物和非生物因素的共同影响（Chapuis-Lardy et al.，2007；Dijkstra et al. 2013；Teh et al.，2014），其排放量取决于这些因子之间的相互作用。许多研究发现，土壤与大气之间的 N_2O 交换对气候变化非常敏感（Cantarel et al. 2011；Dijkstra et al. 2013；Flechard et al.，2007a，b；Hu et al. 2010；Teh et al. 2014）。然而，气温升高和降低的交替发生及降水量变化是青藏高原地区气候变化的基本特征（Du et al.，2004；Li et al.，2016）；同时，该地区的大气氮沉降明显增加，且在未来几十年内还将持续增加（Galloway and Cowling，2002；Liu et al.，2013）。因此，气候变化、土地利用和氮沉降多重作用下的青藏高原地区 N_2O 排放量的评估及预测尚缺少野外数据的支持（Hu et al. 2010；Shi et al. 2012）。为此，我们通过野外控制试验，基于气候变化、放牧和氮沉降不同处理下的 N_2O 通量动态、硝化作用和反硝化作用相关土壤酶活性的研究，揭示了气候变化和放牧及氮沉降对高寒草甸生态系统 N_2O 通量的影响过程及其关键影响因素，为预测不同气候变化和土壤利用情境下青藏高原地区的 N_2O 排放提供依据。

第一节　增温和降温对 N_2O 通量的影响

尽管青藏高原正在经历高于全球平均温度的气候变暖（Giorgi et al.，2001；Hansen et al.，2006），但这种气候变暖是在波动中逐渐上升的过程，其中一些年份的年平均温度高于平均值，也有一些年份则低于平均值，同时还伴随着降水量丰沛和不足的不同情况（Du et al.，2004）。例如，青海海北高寒草甸生态系统研究站 1957～2000 年的温度资料显示，22 个年份的年平均地表温度低于多年平均值，19 个年份则高于多年平均值（Li et al.，2004），特别是 2006～2020 年气温处于降温阶段（Liu et al.，2021），近 60 年来该地区同时经历了气候变暖和变冷两种不同的气候变化模式。本节将主要介绍不同植被类型的高寒草甸 N_2O 排放如何响应增温和降温及其土壤水分的调控作用。我们之前的研究发现，生态系统呼吸和 CH_4 吸收对增温和降温的响应存在不对称性（Hu et.al，2016a，b），即对增温比对降温的响应更敏感，N_2O 排放是否也具有类似的不对称性尚未可知。为此，我们利用山体垂直带“双向”移栽试验平台，研究了 4 种植被类型的高寒草甸（禾草草甸、灌丛草甸、杂类草草甸和稀疏植被草甸）生长季 N_2O 通量对增温和降温的响应过程，拟回答上述科学问题。

一、自然海拔梯度上 N_2O 通量的变化

我们发现，原位样地（不移栽）N_2O 通量受采样日期、海拔及其相互作用的显著影响（Hu et al.，2017）。N_2O 通量在两个生长季内没有明显的变化规律。除了在初春时有几个小暴发事件，其余时间 N_2O 通量都较小。2008 年，禾草草甸（3200m）、灌丛草甸（3400m）、杂类草草甸（3600m）和稀疏植被草甸（3800m）的 N_2O 平均通量分别为 11.5μg/(m^2·h)、4.1μg/(m^2·h)、2.2μg/(m^2·h)和 3.0μg/(m^2·h)，2009 年分别为 8.5μg/(m^2·h)（3200m）、2.0μg/(m^2·h)（3400m）和 4.8μg/(m^2·h)（3800m）。2008～2009 年灌丛草甸、杂类草草甸和稀疏植被草甸的 N_2O 平均季节通量均没有显著差异（图 12-1）。

与之前的研究报道类似（Hu et al.，2010；Jiang et al.，2010），4 种植被类型的 N_2O 通量没有明显的季节变化。所有植被类型高寒草甸 N_2O 通量既有排放（正值），也有吸收（负值），其他研究也有类似的报道（Cantarel et al.，2011；Dijkstra et al.，2013；Jiang et al.，2010；Pei et al.，2003；Teh et al.，2014）。N_2O 吸收可能是由于反硝化作用的结果（Chapuis-Lardy et al.，2007），反硝化细菌在硝酸盐供应不足时将大气中的 N_2O 作为备选电子受体（Rosenkranz et al.，2006）。同时，N_2O 通量也表现出较大的时空变化（Flechard et al.，2007a，b；Jiang et al.，2010），所有处理的平均变异系数（CV）为 202%。在生长季早期的 N_2O 较小暴发式排放可能是由土壤冻融过程引起的（Burton and Beauchamp，1994；Elberling et al.，2010；van Bochove et al.，

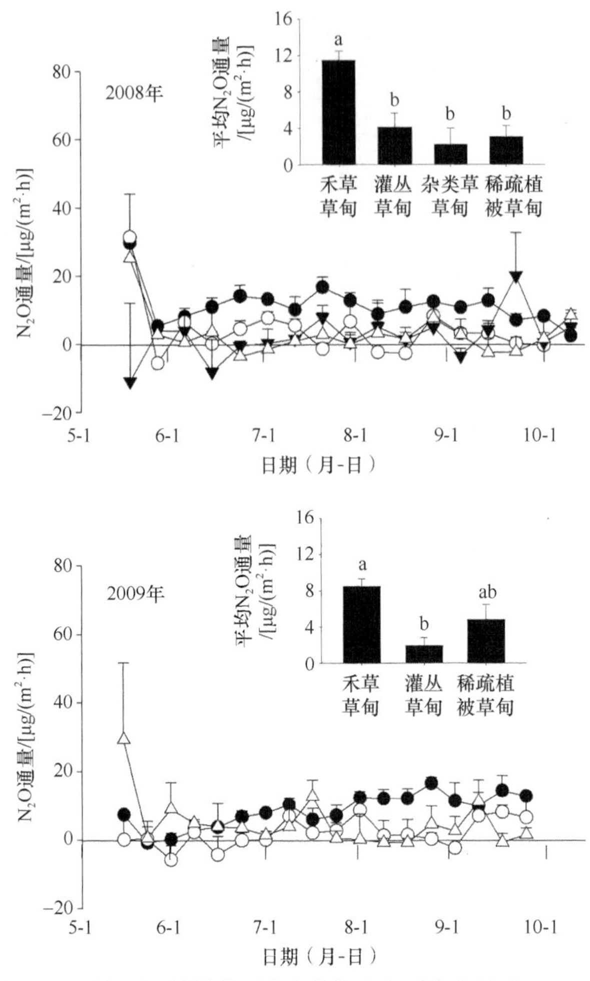

图 12-1　原位不同植被类型高寒草甸生态系统生长季 N_2O 通量

柱形图中不同小写字母表示差异显著（$P<0.05$）

2000a，b），主要来源于两个方面：①封存在冻土层下的 N_2O 被释放出来（Burton and Beauchamp，1994；van Bochove et al.，2001）；②土壤冻结所诱导的土壤活性碳和无机氮的释放刺激了 N_2O 的排放（DeLuca et al.，1992；van Bochove et al.，2000a，b）。然而，这些 N_2O 的较小暴发事件可能取决于植被类型和海拔，而且试验过程中较低的采样频率很可能错过了其中的一些暴发事件。

除稀疏植被草甸外，N_2O 平均通量随着海拔的增加而降低，其他研究也有类似发现（Teh et al.，2014），这种 N_2O 排放量随海拔的升高而下降的趋势，与土壤活性有机碳和铵态氮的变化完全吻合（Hu et al.，2017a）。许多研究发现，土壤碳和氮有效性，尤其是硝酸盐的含量，可能对限制 N_2O 排放起到关键作用（Dijkstra et al.，2012；Jiang et al.，2010；Teh et al.，2014）。土壤活性碳水平的降低可能会抑制反硝化作用，从而导致 N_2O 排放的减少（Dijkstra et al.，2012），而铵态氮含量的减少也可能会削弱土壤硝化作用，从而导致 N_2O 排放的减少（Dijkstra et al.，2012），而铵态氮含量的减少也可能抑制了硝化作用。位于更高海拔的稀疏植被草甸（3800m）的 N_2O 排放量高于较低海拔的杂类草草甸（3600m）和灌丛草甸（3400m），这可能不仅与高海拔的草甸在更冷的气候条件下的冻融过程所导致的 N_2O 较小“暴发”式排放有关，同时较高的土壤硝酸盐浓度（Hu et al.，2017a）也为反硝化作用提供了更多的氮底物（Davidson et al.，2000）；也可能是因为灌丛草甸的高含水量和低的铵态氮浓度更利于杂类草草甸对 N_2O 的吸收（Chapuis-Lardy et al.，2007）。

四种植被类型高寒草甸每年以 N_2O 排放形式损失的氮约为 0.34kg/hm^2，按高寒草甸占35%的青藏高原面积估算，青藏高原高原草甸生态系统 N_2O 的年排放量大约为 0.30Tg N，低于 Xu 等（2008）基于经验模型对温带草原和热带草原的估计值（0.59～1.52Tg N/a），约占模型估算的全球 N_2O 年排放量（8.2～18.4Tg N/a）（Xu et al.，2008；Xu et al.，2012）的 1.6%～3.6%。

二、“双向”移栽后 N_2O 通量的变化

“双向”移栽后，采样日期、海拔、植被类型以及海拔和（或）植被类型与日期和年份之间的互作效应显著影响 N_2O 通量（Hu et al.，2017b）。与原位样地相似，移栽后 N_2O 通量的变化也没有明显的变化模式，仅在早春有几次较小的暴发，并取决于植被类型和海拔。增温和降温对生长季平均 N_2O 通量[–4.2～17.4μg/(m^2·h)]的影响因植被类型和海拔的不同而异。尽管总体上增温增加了大部分植被类型生长季平均 N_2O 通量，例如，当海拔 3800m 的稀疏植被草甸下移至海拔 3600m 和 3200m 时，生长季平均 N_2O 通量分别增加了 126%和 287%；但将 3600m 的杂类草草甸下移至海拔 3400m、将海拔 3800m 的稀疏植被草甸下移至海拔 3400m 后，平均 N_2O 通量分别降低了 69%和 58%。相反，降温在大多数情况下降低了 N_2O 的排放（图 12-2），例如，将海拔 3200m 的禾草草甸上移至海拔 3600m，或者将海拔 3400m 的灌丛草甸上移至海拔 3800m 时，生长季平均 N_2O

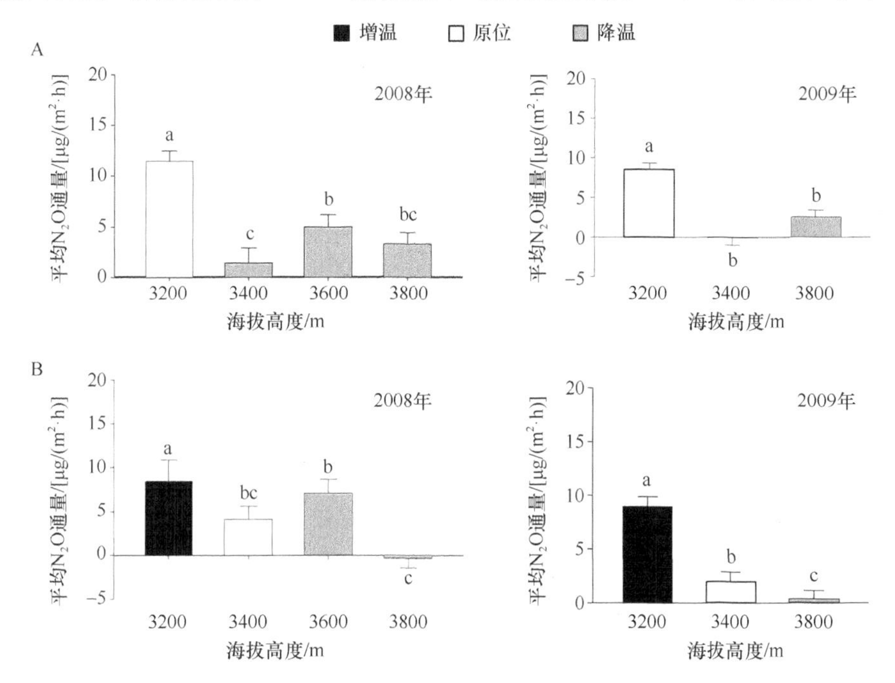

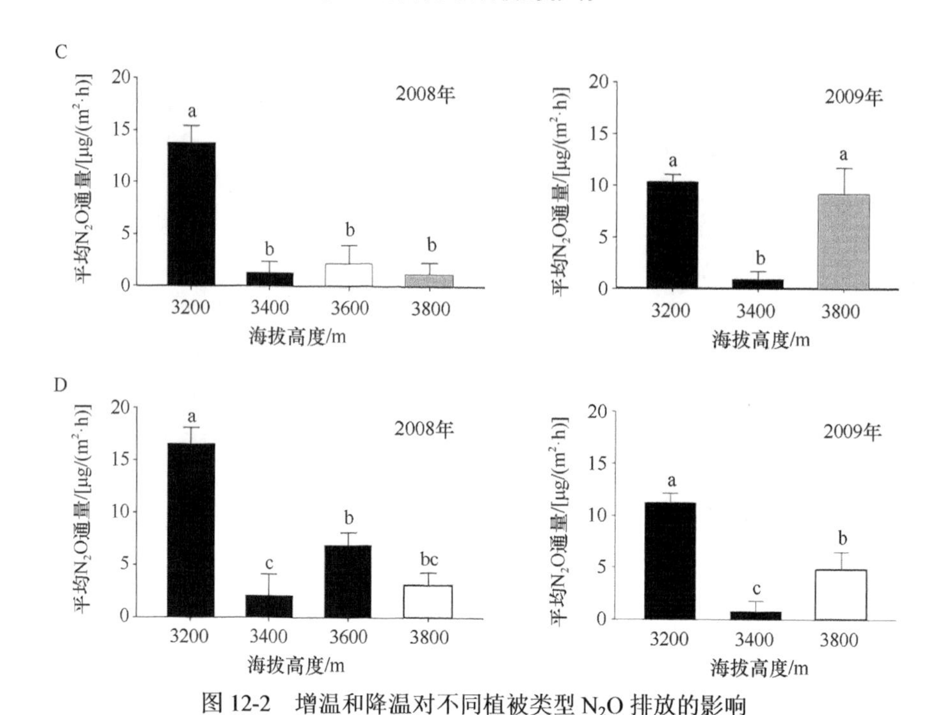

图 12-2　增温和降温对不同植被类型 N_2O 排放的影响

A. 禾草草甸（3200m）；B. 灌丛草甸（3400m）；C. 杂类草草甸（3600m）；D. 稀疏植被草甸（3800m）。不同小写字母表示差异显著（$P<0.05$）

通量分别降低了 75%和 95%，但将海拔 3400m 的灌丛草甸上移到海拔 3600m 时，平均 N_2O 通量却增加了 73%（图 12-2）。

有研究发现，增温增加了 N_2O 排放（Cantarel et al.，2011；Larsen et al.，2011；Shi et al.，2012）或没有影响（Hart 2006；Hu et al.，2010）。我们的研究发现，增温在大多数情况下增加了 N_2O 的排放，平均 N_2O 排放量与土壤温度呈正相关（图 12-3），这与原位高寒草甸植被平均 N_2O 通量随着海拔的增加而降低的趋势一致（图 12-1）。其可能的原因是，增温所导致的土壤活性碳的增加（Hu et al.，2017a；Rui et al.，2011）可能缓解了土壤反硝化作用的碳限制，使 N_2O 排放增加（Dijkstra et al.，2012）。也可能是由于增温促进了土壤的氮矿化、硝化作用和反硝化作用，使土壤无机氮含量增加而导致 N_2O 排放的增加（Hart，2006；Larsen et al.，2011；Rustad et al.，2001）。另一项移栽试验研究表明，年均温度降低 2.5℃对 N_2O 通量并无显著影响（Hart，2006），而我们发现降温通常减少了 N_2O 的排放（海拔 3600m 杂类草草甸移栽到海拔 3800m 除外）（图 12-2）。一种可能的原因是降温降低了土壤活性有机碳水平（Hu et al.，2017a）而加剧了其对土壤反硝化作用的抑制（Dijkstra et al.，2012）。另一种解释是，降温可能降低了土壤氨氧化古菌和细菌的丰度，从而通过对有氧氨氧化过程的碳的限制而抑制硝化作用（Zheng et al.，2014）。

有研究表明，N_2O 平均通量与土壤湿度呈显著正相关，表明土壤水分的增加会促进 N_2O 的排放（Dijkstra et al.，2013；Hart，2006），而干旱则会减少其排放（Goldberg and Gebauer 2009；Larsen et al.，2011；Shi et al.，2012）。土壤水分通过改变土壤中的氧气状况影响 N_2O 通量（Goldberg and Gebauer，2009；Hartmann and Niklaus，2012），土壤湿度较高时会形成有利于反硝化作用的厌氧条件（Maag and Vinther，1999），当

湿度较低时则会通过降低反硝化细菌的数量而减少 N_2O 的排放（Goldberg and Gebauer，2009；Hartmann and Niklaus，2012）。因此，土壤水分的降低和增加可以分别解释海拔 3600m 的杂类草草甸移栽至 3400m 时（增温）、海拔 3400m 的灌丛草甸移栽至海拔 3600m 时（降温）N_2O 排放的减少和增加的部分原因，表明土壤湿度调控了增温和降温对 N_2O 通量的影响，这也证实了干旱对 N_2O 排放的负效应将会中和增温的促进作用（Bijoor et al.，2008；Shi et al.，2012）。我们的研究发现，平均 N_2O 排放量与土壤温度呈二次曲线关系，但与植物地上生物量没有显著相关关系，土壤温度和湿度分别解释了 48%和 26%的 N_2O 通量变化（图 12-3）。尽管以前的研究发现

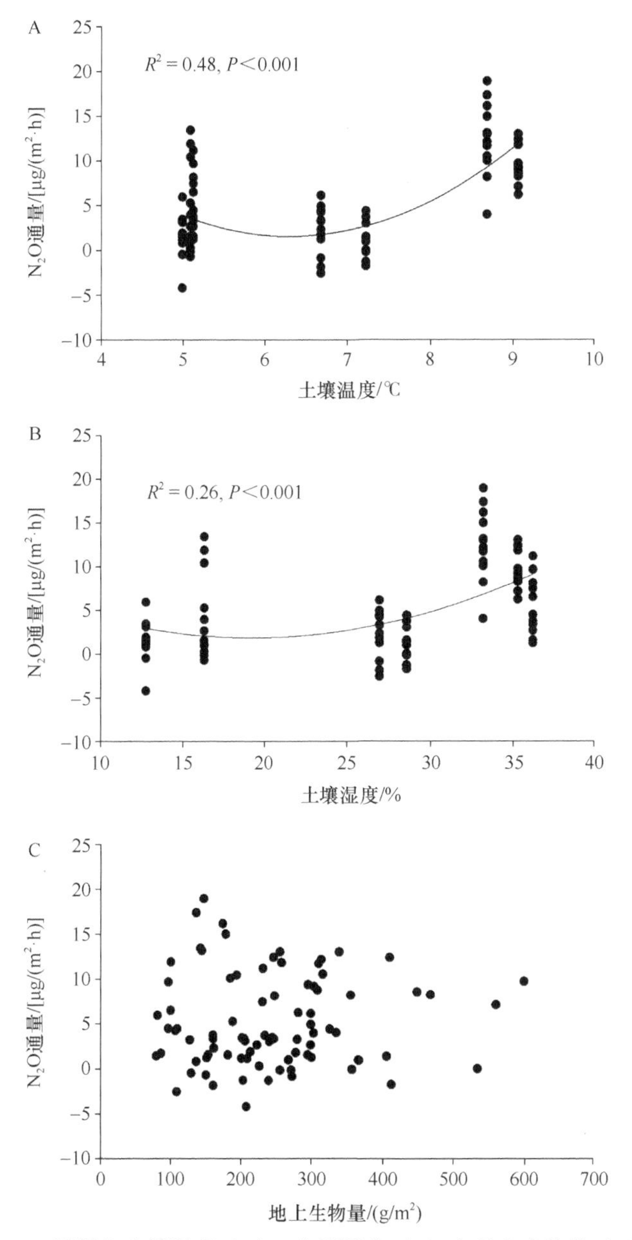

图 12-3　N_2O 通量与土壤温度（A）、土壤湿度（B）和地上生物量（C）的关系

增温和降温分别显著增加或降低了地上生物量和土壤活性碳（Hu et al.，2016a，2017a），但 N_2O 通量与地上生物量的关系不显著（图 12-3C）。同时，我们也发现即使增温增湿（如稀疏植被草甸从海拔 3800m 和 3600m 下移至海拔 3400m）也并没有显著影响 N_2O 通量（图 12-2），说明影响 N_2O 通量变化的因子很复杂，可能是由非生物环境因子和生物因子共同决定的。

Hart（2006）研究发现，当原位和移栽地之间的土壤湿度几乎相同时，增温显著增加了 N_2O 的排放，而降温没有显著影响，似乎表明 N_2O 排放对增温比对降温的响应更敏感。然而，我们的研究中，不同海拔之间的土壤湿度差异较大，移栽前后 N_2O 通量的差异与温度差异之间没有发现类似于 CO_2 和 CH_4 的线性关系（Hu et al.，2016a，b），因此无法直接比较增温和降温的 N_2O 温度敏感性的差异。综合增温、降温和湿度对 N_2O 排放的不同影响，暖湿化气候变化情境下青藏高原高寒草甸 N_2O 的释放量将会增加，而在冷干化气候变化情境下其排放量将减少。因此，在评估青藏高原地区的 N_2O 收支时，应考虑在降温和干旱年份 N_2O 排放减少的情景。

第二节　增温和放牧对 N_2O 通量的影响及氮添加的调控作用

在反硝化分解模型（DNDC）中，当土壤被雪覆盖或 0～30cm 土层有冻结时，N_2O 向大气排放被假定为零（Li，2000）。然而，这一假设与许多原位观测的结果并不一致（Xu et al.，2003）。野外监测认为高达 40%的年 N_2O 排放量发生在非生长季，温带生态系统年 N_2O 排放中有很大一部分源于冻融作用频发的冬季和冬春季过渡期（Brumme et al.，1999；Groffman et al.，2000，2006；Butterbach-Bahl et al.，2002），表明春、秋季对评估草地生态系统总 N_2O 损失的重要性（Xu et al. 2003；Groffman et al.，2006）。尽管一些野外控制试验表明，土壤与大气之间的 N_2O 交换对气候变化很敏感（Cantarel et al.，2011；Dijkstra et al. 2013；Flechard et al.，2007a，b；Hu et al.，2010；Teh et al.，2014），然而，很少有研究评估非生长季 N_2O 通量对气候变化的响应（Schimel et al.，2004；Groffman et al.，2001，2006），特别是增温条件下放牧的调控作用。因此，未来气候变暖下对青藏高原放牧高寒草甸 N_2O 收支的评估和预测仍存在很大不确定性（Hu et al.，2010；Shi et al.，2012）。

许多研究表明，增温通过提高植物生物量和氮矿化而增加土壤碳、氮有效性（Hu et al.，2016b；Rui et al.，2011；Rustad et al.，2001），从而可能会增加 N_2O 的排放（Davidson et al.，2000；Dijkstra et al.，2013）。同时，由于增温促进了植物的生长，植物对氮的吸收也会增加（Rustad et al.，2001；Wang et al.，2012），因而可能会限制向硝化作用和反硝化作用的无机氮供给，进而导致 N_2O 排放的减少。另外，增温往往会引发土壤干旱（Hu et al.，2010；Shi et al.，2012），从而会抑制反硝化作用而降低 N_2O 的排放。除了气候变暖和放牧，氮沉降增加也是青藏高原地区未来几十年内所面临的实际问题（Galloway and Cowling，2002；Liu et al.，2013），但我们对氮沉降如何调控增温和放牧效应并不清楚。因此，本节内容将重点介绍在增温和放牧/刈割及氮（NH_4NO_3）添加试验平台上的不同时间尺度 N_2O 通量的变化（Hu et al.，2010；Zhu et al.，2015），探讨气候变化、放牧和氮沉降对高寒草甸生态系统 N_2O 排放的影响。

一、增温和放牧对 N_2O 通量的影响

3 年（2006～2009 年）的野外监测结果发现，N_2O 通量受增温、放牧以及增温和放牧之间的交互作用和采样日期的显著影响，其影响随季节和年份的不同而变化（Hu et al.，2010）。除 2008 年外，N_2O 日通量峰值均出现在 7～8 月（图 12-4，图 12-5）。2008 年 5 月初出现了 N_2O 排放的暴发（图 12-4）。就生长季（5～9 月）而言，2006 年放牧前，增温显著降低了 27.4%的 N_2O 平均通量，放牧后增温和放牧对 N_2O 平均通量无显著影响（图 12-4）。2007 年，增温和放牧分别显著增加了 23.6%和 28.5%的平均 N_2O 通量；2008 年，增温对 N_2O 通量无显著影响，而放牧增加了 55.0%的 N_2O 平均通量（图 12-3）。不增温不放牧（NWNG）、不增温放牧（NWG）、增温不放牧（WNG）和增温放牧（NG）

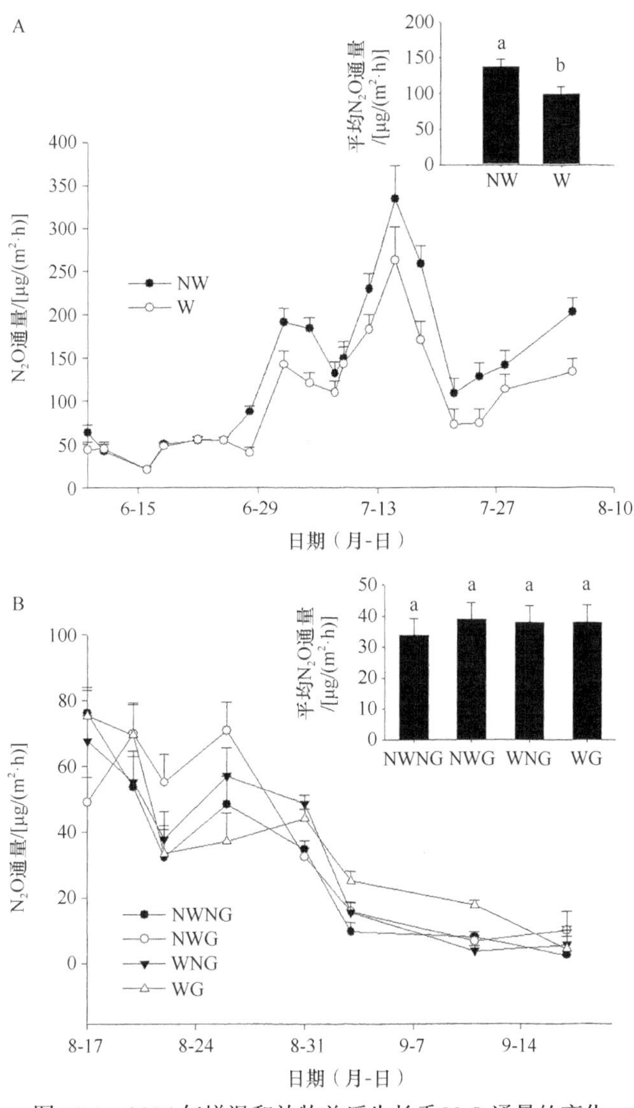

图 12-4　2006 年增温和放牧前后生长季 N_2O 通量的变化

NWNG：不增温不放牧；NWG：不增温放牧；WNG：增温不放牧；WG：增温放牧。柱形图中不同小写字母表示差异显著（$P<0.05$）

处理在2007年和2008年生长季的平均N_2O通量分别为4.8μg/(m^2·h)[4.5～5.1μg/(m^2·h)]、7.1μg/(m^2·h) [6.9～7.2μg/(m^2·h)]、5.7μg/(m^2·h)[4.6～6.8μg/(m^2·h)]和 7.6μg/(m^2·h)[7.0～8.2μg/(m^2·h)]；2007～2008年和2008～2009年两个非生长季节（前一年10月到翌年4月）的平均 N_2O 通量分别为 3.3μg/(m^2·h)[1.8～4.8μg/(m^2·h)]、5.5μg/(m^2·h)[5.2～5.7μg/(m^2·h)]、0.2μg/(m^2·h) [–0.7～1.1μg/(m^2·h)]和0.5μg/(m^2·h)[–0.8～1.8μg/(m^2·h)]（图12-6）。非生长季NWNG、NWG、WNG和WG处理N_2O排放量分别占全年N_2O排放量的49.0%（35.9%～56.9%）、52.0%（44.9%～50.6%）、4.8%（–27.1%～18.5%）和8.4%（–19.0%～23.5%）。因此，无论是否放牧，增温均大大降低了非生长季对全年N_2O排放量的贡献；无论增温与否，放牧对非生长季年N_2O排放量相对贡献的影响很小。由于放牧条件下非生长季N_2O排放占到全年排放量的50%左右，所以，未来应该重视非生长季放牧对N_2O排放的研究和评估。

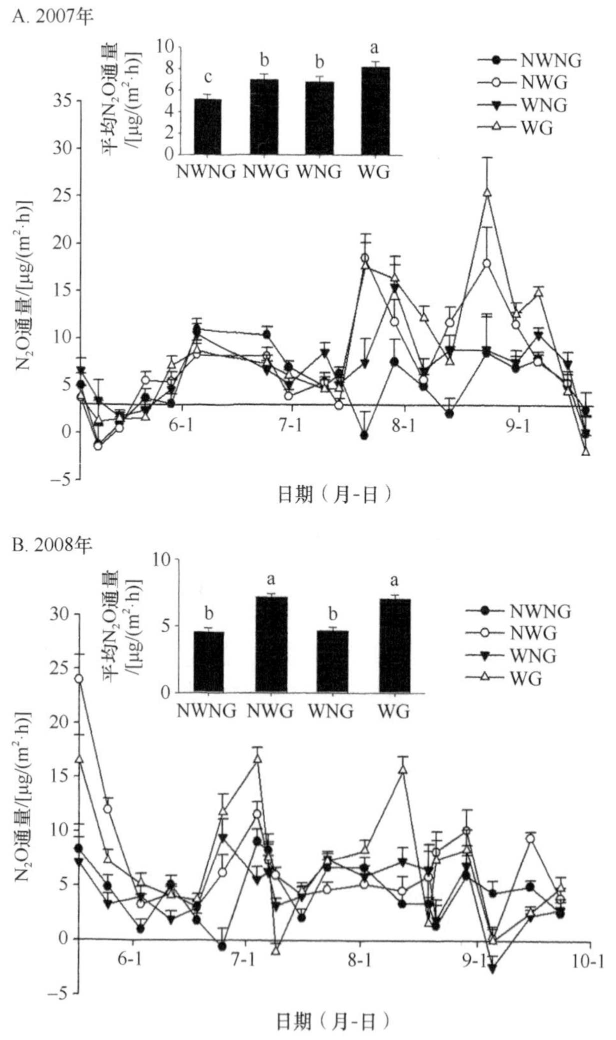

图12-5 增温和放牧对2007年和2008年生长季N_2O通量的影响

NWNG：不增温不放牧；NWG：不增温放牧；WNG：增温不放牧；WG：增温放牧。柱形图中不同小写字母表示差异显著（P<0.05）

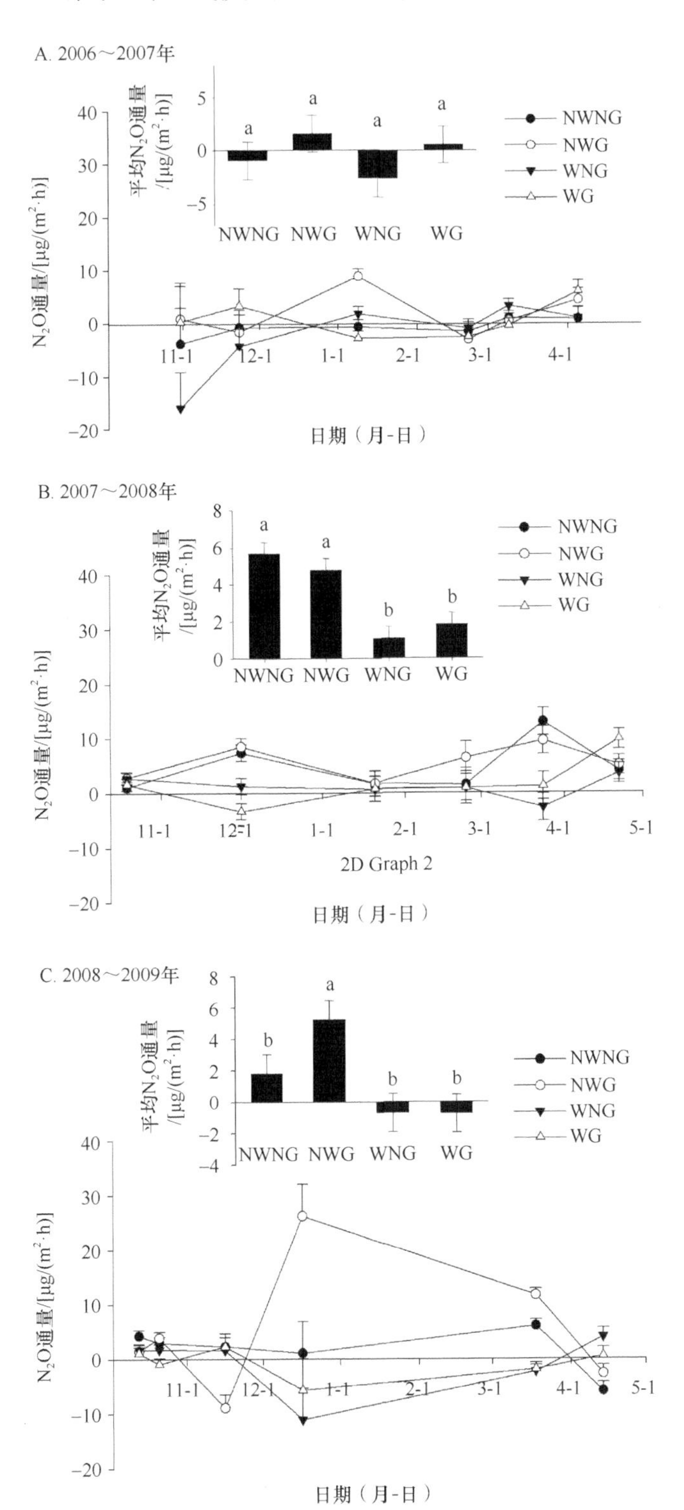

图 12-6　增温和放牧对 2006～2007 年、2007～2008 年和 2008～2009 年非生长季 N_2O 通量的影响
NWNG：不增温不放牧；NWG：放牧；WNG：增温；WG：增温放牧。柱形图中不同小写字母表示差异显著（$P<0.05$）

在月时间尺度上（图 12-7），增温和放牧对 N_2O 通量的影响恰好相反，增温降低了

37.2%的月平均 N_2O 通量，而放牧却增加了 65.4%的月平均 N_2O 通量。若排除 2006 年生长季的数据，增温和放牧之间没有互作效应。NWNG 处理的月平均 N_2O 通量[3.1μg/(m^2·h)]和 WG[月平均 3.2μg/(m^2·h)]之间没有显著差异，而 NWG 和 WNG 处理比 NWNG 处理分别增加了 70.5%和 34.4%。

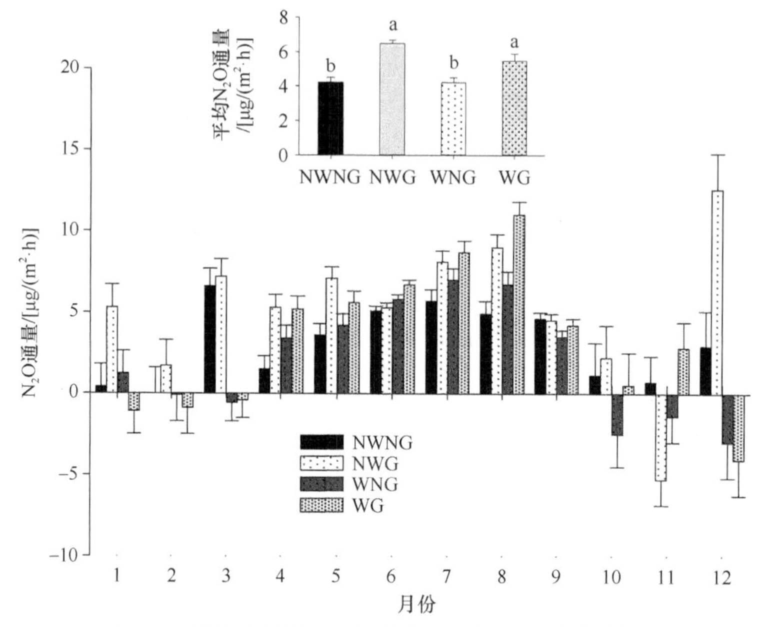

图 12-7 增温和放牧对月平均和年平均 N_2O 通量的影响

NWNG：不增温不放牧；NWG：不增温放牧；WNG：增温不放牧；WG：增温放牧。柱形图中不同小写字母表示差异显著（$P<0.05$）

NWNG、NWG、WNG 和 WG 处理的年平均 N_2O 通量分别为 4.2μg/(m^2·h)、6.5μg/(m^2·h)、4.2μg/(m^2·h)和 5.5μg/(m^2·h)。增温对年平均 N_2O 通量没有影响，而放牧却显著增加了年平均 N_2O 通量，增温和放牧之间没有互作效应。NWG 和 WG 分别比 NWNG 和 WNG 显著增加了 57.8%和 31.0%的年平均 N_2O 通量，表明无论是否增温，放牧均显著增加了高寒草甸年均 N_2O 的排放，但增温降低了放牧对该地区高寒草甸年 N_2O 通量的影响。

大多数情况下，N_2O 通量与土壤温度呈正相关，除 2007 年外，R 值均较小。土壤温度解释了 35%的生长季节 N_2O 通量变异（表 12-1）。土壤湿度对生长季 N_2O 通量的影响较小（$R^2<0.05$），非生长季 N_2O 通量与土壤温度和土壤湿度之间均无显著相关性。

表 12-1 生长季 N_2O 通量与不同深度土壤温度和湿度的简单相关分析（*R* 值）

年份	土壤温度				土壤湿度	
	5cm	10cm	20cm	40cm	10cm	40cm
2006		0.233**	0.214**	0.173**	–0.148**	
2007	0.556**	0.587**	0.592**	0.460**		–0.141**
2008				0.118**		
2006～2008	0.281**	0.283**	0.274**	0.240**		

表中仅展示了相关性显著的数据。

**P=0.01 水平上的差异显著性。

3 年间 N_2O 通量的年际变化很大，可能是因为该研究点在试验开始前为冬季放牧，有一些新鲜羊粪均匀地分布在草地上，导致 2006 年土壤硝态氮含量高于 2007 年和 2008 年（Lin et al.，2009）。因此，2006 年大量的 N_2O 排放可能来自于放牧家畜排泄物和土壤中 NO_3^--N 的反硝化过程（Ma et al.，2006；Lin et al.，2009），表明非生长季节的高强度放牧（Zhou et al.，2005）可能会造成生长季节大量的 N_2O 排放（Lin et al.，2009）。2006 年以后，试验地被围栏封育，放牧处理也仅在生长季持续 2～3 天适度放牧，这大大减少了放牧家畜排泄物的积累，导致 N_2O 排放量也明显下降。

生长季和非生长季 NWNG 和 NWG 的 N_2O 通量基本相当（非生长季占全年的 36%～57%），这一研究结果与其他报道类似（Brumme et al.，1999；Xu et al.，2003；Groffman et al.，2006）。有研究发现，每年非生长季 N_2O 排放约占全年排放量的 40%，其高排放量主要源于以下三个方面：①冻土层下 N_2O 的积累和释放（Goodroad and Keeney，1984；Burton and Beauchamp，1994；van Bochove et al.，2001）；②土壤冻结导致的微生物死亡及其快速再生长和高氮转化率（Christensen and Tiedje，1990；Deluca et al.，1992；Schimel and Clein，1996）；③冻结引起的土壤团聚体的破坏和可利用性碳的释放刺激了 N_2O 的排放（Groffman and Tiedje，1989；van Bochove et al.，2000a，b）。然而，我们的研究表明，增温显著减少了非生长季节的 N_2O 通量，如 WNG 和 WG 非生长季的 N_2O 通量仅占全年的 5%～8%。

增温对 N_2O 通量的影响随着年份和季节的不同而变化。2006 年、2007 年和 2008 年，增温分别减少、增加和不影响生长季 N_2O 通量。造成这些差异可能的原因包括：①增温条件下植物生物量的增加（Luo et al.，2009b；Wang et al.，2012）促进了植物对 NO_3^--N 的吸收（Xu and Baldocchi，2004），从而导致土壤反硝化速率的降低（Zak et al.，1990；Groffman et al.，1993，2006）；②增温导致凋落物的积累和分解速率的增加（Luo et al.，2009a），可能增加了可溶性碳和氮向土壤中的输入；③2008 年增温降低了生长季的土壤水分而导致土壤干旱，从而限制了反硝化作用。2006 年生长季降水量（449mm）基本与多年平均水平相当，而增温并没有改变土壤水分（Luo et al.，2009a），且对凋落物积累的影响也很小，因此，植物对 NO_3^--N 吸收的增加可能是增温导致 N_2O 通量减少的主要原因。特别是增温使放牧家畜的粪便在雨后更快变干，从而大大减少了 N_2O 的排放（Ma et al.，2006；Lin et al.，2009）。2007 年的轻度干旱（生长季降水量为 398mm）可能限制了植物对氮的吸收，更多凋落物的积累和增温引起的凋落物分解加速可能会增加矿化氮向土壤的输入（Xu et al.，2003），从而导致生长季 N_2O 排放增加。2008 年是一个更为干旱的年份（生长季降水量仅为 339mm），增温显著降低了土壤水分，从而可能限制了 N_2O 通量对增温的响应。另外，增温导致的无机氮水平的增加或土壤湿度的降低也可能改变了反硝化过程中气态氮产物的比率（NO∶N_2O∶N_2），从而不利于 N_2O 的产生（Davidson and Verchot，2000）。

增温并没有显著影响 2006～2007 年非生长季 N_2O 通量，却显著降低了 2007～2008 年和 2008～2009 年非生长季 N_2O 通量。增温后封存在冻土层以下的 N_2O 在融化后被释放出来，被认为是激发 N_2O 排放的机制之一（van Bochove et al.，2000a，2001）。增温不仅减少了积雪覆盖，同时也加速了积雪更早、更快融化。2006～2007 年非生长季，我们没有观察到任何明显的 N_2O 排放暴发现象（图 12-6），据此推断增温后土壤冻土层封存的 N_2O 的释放似乎并非是 N_2O 排放暴发的主要原因。然而，NWNG 和 NWG 处理的 N_2O 排放在 2007～2009 年非生长季节出现了一些较小暴发现象（图 12-6）。这些结果表明，未来气候变暖背景下土壤冻结较少（Wang et al.，2020），青藏高原高寒草甸的 N_2O 排放量可能会减少 90%～95%。由于增温对生长季与非生长季 N_2O 通量的正负效应相互抵消，总体上，增温对 N_2O 年排放量没有显著影响。

除 2006 年生长季外，放牧都增加了其他年份生长季和非生长季 N_2O 的排放。放牧对 N_2O 通量的影响可能主要源于因粪尿斑的积累而提高的土壤 NO_3^--N 水平（Ma et al.，2006；Lin et al.，2009）。放牧对 N_2O 排放的影响通常受土壤温度和湿度的调节（Zak et al.，1990；Groffman et al.，1993），因此，放牧对 N_2O 通量的影响因气候条件的不同而存在差异。与内蒙古草原相比，青藏高原高寒草甸土壤温度较低而水分含量较高（Ma et al.，2006；Lin et al.，2009），由于放牧增加了土壤温度，再加上家畜排泄物提升了土壤中的 NO_3^--N 水平，从而通过促进反硝化作用导致 N_2O 排放的增加（Maag and Vinther，1999）。虽然 N_2O 通量与土壤湿度和温度显著相关，但二者对 N_2O 通量变异的解释度大多不足 20%（Holst et al.，2007）。Lin 等（2009）发现，土壤温度和湿度解释了 34%～56%的 N_2O 通量变异。我们的研究发现，除了 2007 年土壤温度对 N_2O 通量变异的解释率较高外（35%），土壤温度解释了不足 10%的 N_2O 通量变异。因此，其他未知因子在更大程度上决定了高寒草甸生态系统 N_2O 通量的变异。

适度放牧下，NWNG、NWG、WNG 和 WG 的高寒草甸生长季 N_2O 年平均排放量分别为 2.7μg/(m^2·h)、4.1μg/(m^2·h)、2.7μg/(m^2·h)和 3.5μg/(m^2·h)，即每年有 0.24kg N/(m^2·h)、0.36kg N/(m^2·h)、0.24kg N/(m^2·h)和 0.31kg N/(m^2·h)，相当于以 N_2O 形式被释放到大气的 N 约占全年氮沉降量（7.2kg）的 5%～8%（Zhang and Cao，1999）。由此可见，N_2O 的产生似乎并非是此类生态系统氮循环的重要途径，这与先前的报告相一致（Billings et al.，2002）。然而，据 Driscoll 等（2003）报道，从土壤到大气排放的 N_2O 大约占 25%的 N 沉降输入。2006 年的数据表明，冬季重度放牧所带来的大量放牧家畜的粪尿斑可能会导致高寒草甸年 N_2O 排放量大大增加[平均 8.2kg N/(hm^2·a)]。

二、氮添加对 N_2O 通量的调控作用

在前期增温和放牧试验的基础上，我们于 2010～2012 年监测了氮添加如何调控增温和放牧对 N_2O 通量的影响，其中 2010 年为夏季放牧，2011 年和 2012 年改为冬季刈割处理（模拟冬季适度放牧）。我们的研究结果发现，放牧、采样日期、放牧与采样日期、刈割、氮添加和年份之间的互作效应显著影响 N_2O 通量（图 12-8）（Zhu et al.，2015）。无论增温和施肥，放牧显著增加了 N_2O 的排放（图 12-9）。单独增温、冬季刈割和施肥对 N_2O 通量均没有显著影响，刈割和施肥对 N_2O 通量的交互作用随年份的不同而变化（图 12-9）。N_2O 通量与土壤温度、土壤湿度和净初级生产力均没有显著相关性。

大多数研究发现，气候变暖下 N_2O 的排放会增加（Dijkstra et al.，2012；Xu et al.，2012），但 Carter 等（2011）研究发现增温降低了 N_2O 的通量或对其无显著影响。我们

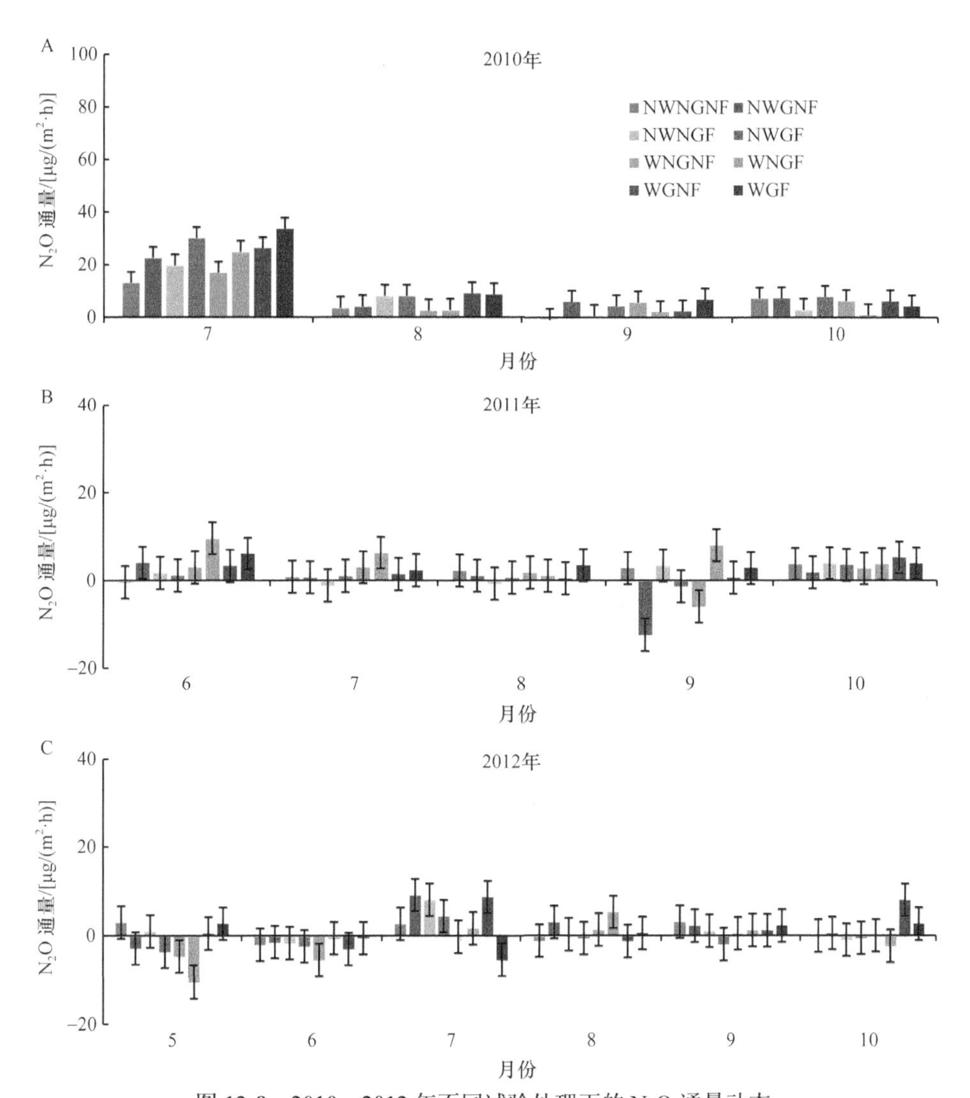

图 12-8　2010～2012 年不同试验处理下的 N_2O 通量动态

NWNGNF：不增温不放牧无氮添加；NWNGF：不增温不放牧氮添加；NWGNF：不增温放牧无氮添加；NWGF：不增温放牧氮添加；WNGNF：增温不放牧无氮添加；WNGF：增温不放牧氮添加；WGNF：增温放牧无氮添加；WGF：增温放牧氮添加

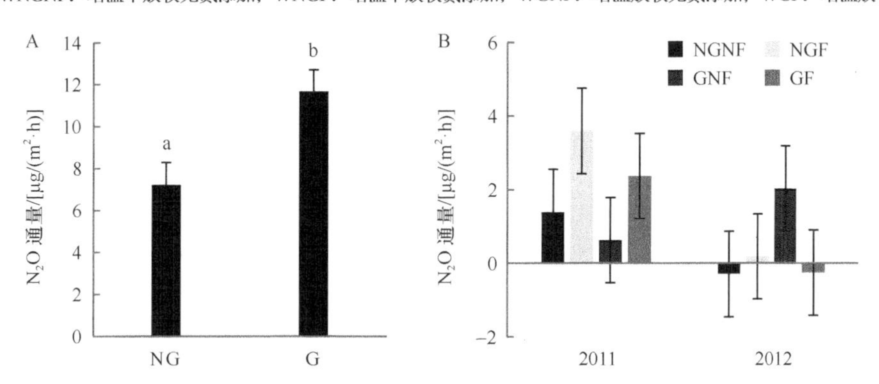

图 12-9　2010 年（A）和 2011～2012 年（B）放牧和氮添加对 N_2O 通量的影响

NGNF：不放牧无氮添加；NGF：不放牧氮添加；GNF：放牧无氮添加；GF：放牧氮添加；NG：不放牧；G：放牧。柱形图中不同小写字母表示差异显著（$P<0.05$）

之前的研究发现，增温对于 N_2O 通量的影响随着季节和年际的不同而变化（Hu et al.，2010）。增温并没有显著影响 2010～2012 年的 N_2O 通量，可能是由于土壤温度的增加和土壤湿度的降低对 N_2O 的产生过程正效应与负效应之间互相抵消的结果（Hu et al.，2010）。Xu 等（2003）在内蒙古典型草原的研究发现，厌氧条件下的反硝化作用是 N_2O 产生的主要过程，可以解释 64%～88%的 N_2O 排放量变化。增温导致的土壤湿度降低可能提升了 O_2 在土壤中的扩散，削弱了土壤的厌氧环境而抑制了反硝化作用（Goldberg and Gebauer，2009；Carter et al.，2012）。然而，我们的研究中，N_2O 通量与土壤温度和湿度之间并没有显著相关关系，表明其他因素，如土壤 N 有效性（Xu et al.，2003；Ma et al.，2006；Lin et al.，2009）可能在更大程度上决定了 N_2O 的产生。本研究中 N 的添加量相比高寒草甸 N 本底值来说较低，添加的 N 主要用于提高植物生产力（Jiang et al.，2018）。

与之前的研究结果一致（Hu et al.，2010），放牧显著提高了 2010 年生长季 N_2O 通量，但在 2011 年和 2012 年，单独刈割对 N_2O 通量没有显著影响。Robertson 和 Vitousek（2009）研究发现，单独氮添加会促进硝化-反硝化作用而导致 N_2O 的大量排放。然而，我们的研究发现，单独氮添加在试验期间并没有对 N_2O 通量产生显著影响。一方面，半湿润高寒地区的土壤反硝化作用可能受到低温（Ambus et al.，2006；Curtis et al.，2006；Liu and Greaver，2009）或低土壤湿度（Ju et al.，2009）的限制，从而导致 N_2O 排放的减少（Dobbie and Smith，2003；Carter et al.，2012）；另一方面，所添加的大部分氮可能被植物所吸收而转化为生物量，从而留给硝化-反硝化作用的可利用性氮底物非常有限。

第三节　增温和放牧对土壤硝化和反硝化作用的影响

土壤 N_2O 的排放主要由微生物所介导的硝化作用和反硝化作用产生（Zumft，1997）。传统观点认为土壤氮循环主要由土壤细菌群落所主导，以往的研究也主要集中于土壤细菌群落的硝化和反硝化作用（Hayatsu et al.，2008）。最近的研究却表明，土壤真菌也是陆地氮循环的重要参与者，包括旱地或有机碳、氮含量较高的土壤中的硝化-反硝化作用和 N_2O 的产生（Chen et al.，2015）。

青藏高原高寒草甸占全球 0.7%～1.0%的氮储量，未来该地区的地表温度将远高于平均水平，这将对其土壤氮循环过程产生深远影响（Wang and French，1994）。同时，放牧也能强烈影响高寒草甸生态系统土壤氮循环过程、植物和微生物多样性以及生态系统的稳定性（Cui et al.，2015；Liu et al.，2021）。青藏高原高寒草甸的放牧通常分为两类：6～9 月的夏季放牧；10 月至翌年 5 月的冬季放牧。已有的研究主要关注气候变暖和放牧对高寒草甸植被、土壤理化性质、凋落物分解、细菌群落结构和 N_2O 通量的影响（Hu et al.，2010；Li et al.，2016；Luo et al.，2010；Rui et al.，2012；Wang et al.，2012；Zhu et al.，2015）。然而，这些研究大多聚焦于夏季放牧的影响，对冬季放牧的相关影响研究很少（Zhou et al.，2005）。有关高寒草甸的研究主要围绕土壤氮矿化、硝化和反硝化作用（Wang et al.，2012；Zhu et al.，2015），但很少有研究区分细菌和真菌对 N_2O 排放的相对贡献，尤其是在气候变暖和放牧条件下（Kato et al.，2013）。由于真菌和细菌的最佳生存环境条件并不相同，二者对环境变化的响应也可能不同。与细菌相比，真菌更适宜在低温、高 C∶N 值（Chen et al.，2015）和更干旱的土壤环境中生存。气候变暖和放牧会改变植被覆盖、土壤水分、养分可利用性，从而影响 N_2O 的产生（Shi et al.，2017）。我们利用 10 年（2006～2015 年）的增温和放牧试验平台，结合定量 PCR（qPCR）技术和培养试验，对 0～20cm 土层细菌和真菌群落的基因丰度、硝化和反硝化酶活性开展了研究，以量化增温和放牧条件下高寒草甸土壤细菌和真菌对 N_2O 产生的相对贡献及其关键影响因素。

我们的研究结果表明，土壤细菌群落基因丰度为$(4.71\sim5.93)\times10^9$ 基因拷贝数/g 干土，远高于真菌群落的基因丰度（Zhong et al.，2018b），说明土壤中细菌群落生物量明显高于真菌群落。增温和放牧显著影响土壤细菌群落基因丰度，二者之间没有交互作用。增温显著增加了其丰度，而放牧的作用则恰恰相反（图 12-10）。然而，增温和放牧对土壤真菌群落的基因丰度无显著影响（表 12-2）。

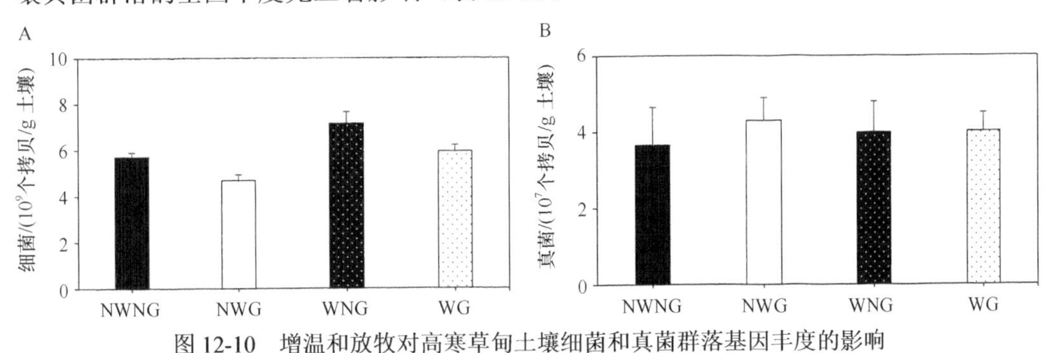

图 12-10　增温和放牧对高寒草甸土壤细菌和真菌群落基因丰度的影响
NWNG：不增温不放牧；NWG：不增温放牧；WNG：增温不放牧；WG：增温放牧

表 12-2　植物生物量、土壤环境和微生物丰度及其酶活性的双因素 ANOVA 分析

	增温（WNG）		冬季放牧（NWG）		WG	
	F 值	*P* 值	*F* 值	*P* 值	*F* 值	*P* 值
植物生物量	0.21	0.65	1.41	0.26	1.21	0.29
土壤温度	61.16	<0.01	4.64	0.05	25.54	<0.01
土壤湿度	14.87	<0.01	0.17	0.68	0.13	0.72
全碳	2.69	0.12	2.7	0.13	3.95	0.07
全氮	1.44	0.25	1.47	0.25	3.02	0.11
铵态氮	4.57	0.05	1.6	0.23	0.02	0.89
硝态氮	3.6	0.05	1.42	0.25	0.09	0.81
细菌 qPCR	17.91	<0.01	11.67	<0.01	0.11	0.75
真菌 qPCR	1.72	0.21	0.70	0.42	2.89	0.12
BNEA	1.01	0.90	3.24	0.35	3.94	0.07
FNEA	4.58	0.05	1.15	0.34	0.37	0.51
TNEA	0.8	0.39	2.23	0.16	0	0.95
BDEA	5.16	0.04	2.45	0.14	4.04	0.07
FDEA	1.52	0.24	0.96	0.34	9.98	<0.01
TDEA	0.98	0.34	2.33	0.15	0.15	0.70

注：BNEA：细菌硝化酶活性；FNEA：真菌硝化酶活性；TNEA：总硝化酶活性；BDEA：细菌反硝化酶活性；FDEA：真菌反硝化酶活性；TDEA：总反硝化酶活性。

所有处理土壤总硝化酶活性（TNEA）变化范围为1.07～1.64μg N/(g·h)，细菌硝化酶活性（BNEA）[0.43～0.64μg N/(g·h)]显著低于真菌消化酶活性（FNEA）[0.59～0.66μg N/(g·h)]（图12-11A，C）。增温显著降低了FNEA（P=0.05）。土壤总反硝化酶活性（TDEA）的变化范围为1.32～1.80μg N/(g·h)。真菌反硝化酶活性（FDEA）是总反硝化酶活性（TDEA）的主要贡献者（图12-11D～F），所有处理的FDEA均显著高于细菌反硝化酶活性（BDEA）。增温显著增加了BDEA（P=0.04），增温和放牧对FDEA有显著的交互作用（P＜0.01）（表12-2）。

高寒草甸土壤FNEA占TNEA的47%～56%，FDEA占TDEA的45%～63%（图12-12）。不增温处理土壤真菌对TNEA和TDEA的贡献分别为54%和63%，而增温条件下真菌对TNEA和TDEA的贡献分别下降至47%和45%。由此可见，增温显著降低了FNEA（P=0.02）和FDEA（P=0.04）对土壤TNEA和TDEA的贡献（图12-12）。

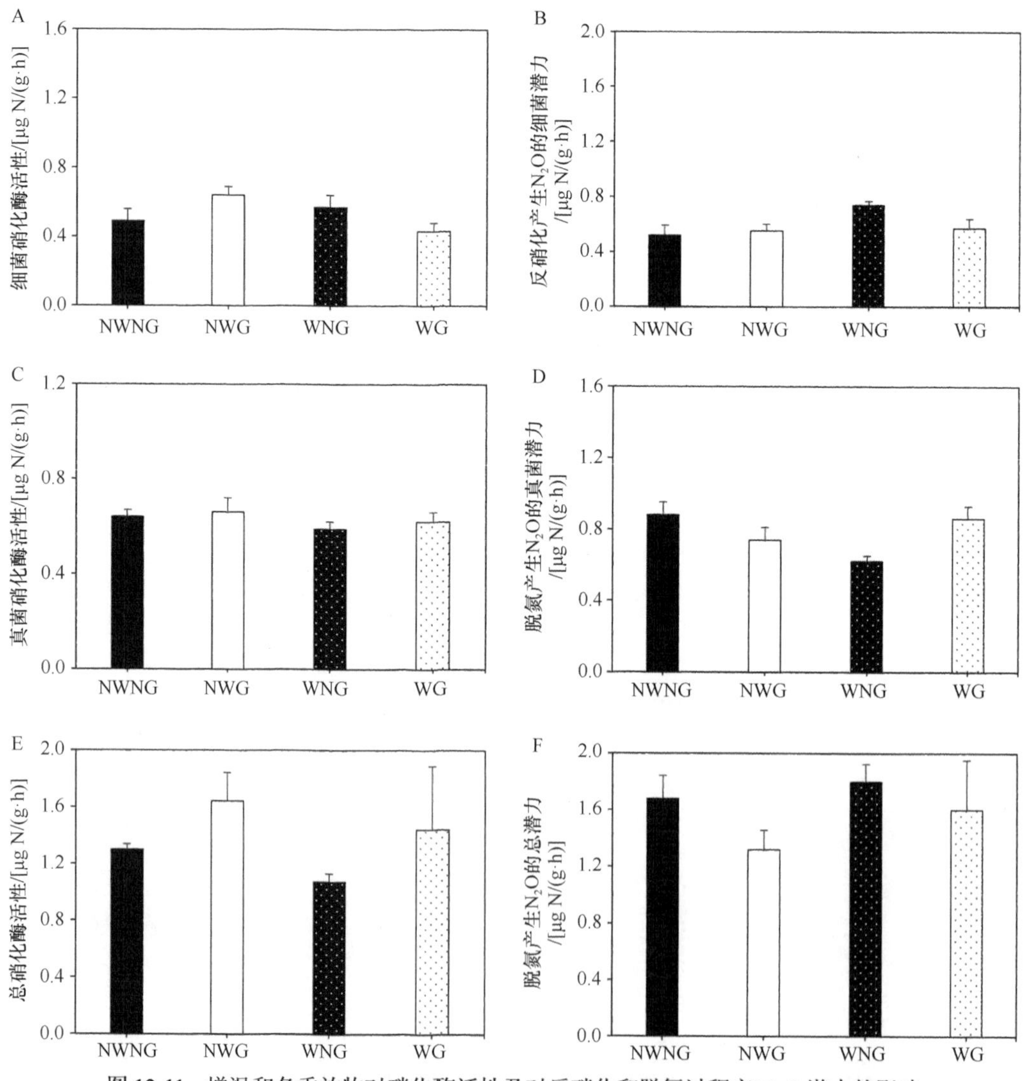

图12-11　增温和冬季放牧对硝化酶活性及对反硝化和脱氮过程产N_2O潜力的影响

NWNG：不增温不放牧；NWG：不增温放牧；WNG：增温不放牧；WG：增温放牧

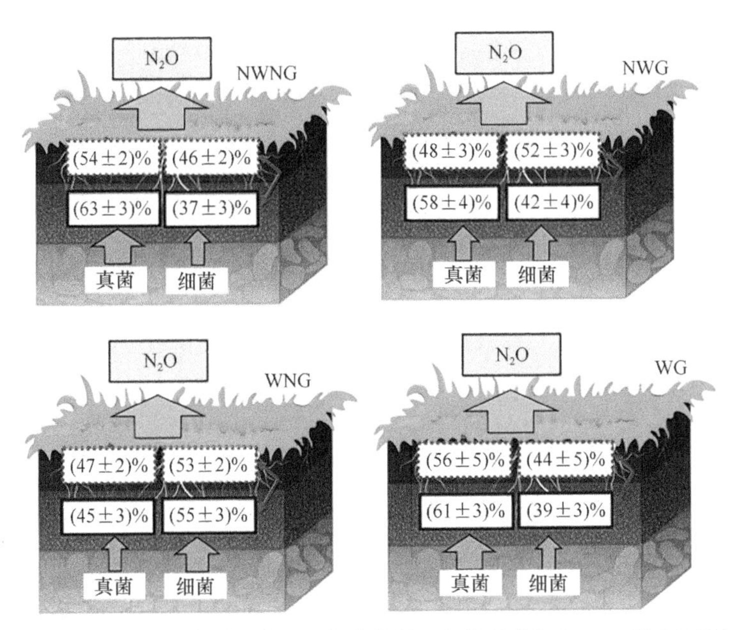

图 12-12　土壤细菌和真菌对总硝化酶活性（红色虚线框）和总反硝化产 N_2O 潜力的贡献（黑色实线框）

高寒草甸土壤真菌分别占 TNEA 的 54%、TDEA 的 63%，远低于 Laughlin 和 Stevens（2022）及 Zhong 等（2018b）在温带草原的报道（86%～89%），但高于 Chen 等（2015）在其他生态系统中的贡献（40%～51%）。Kato 等（2013）研究发现，土壤真菌群落比细菌群落在反硝化过程中具有更重要的作用。我们的研究也证实，土壤真菌群落的硝化作用和反硝化作用很大程度上决定着高寒草甸 N_2O 的产生和排放。其可能的解释是，真菌更喜欢干旱、高有机碳含量和低温环境。该试验区年平均温度为 0℃，寒冷的环境下土壤真菌的活性可能高于细菌。同时，寒冷气候条件下的碳矿化速率往往很低，导致土壤中有机碳和氮的积累，表层土壤全碳（72～76g/kg）和全氮（6～7g/kg）水平远高于温带草原和农田，为高寒草甸真菌群落产 N_2O 提供了充足的养分条件。冬季放牧对真菌和细菌硝化和反硝化作用产 N_2O 潜力无显著响应（图 12-11；表 12-2）。可能的原因是，冬季放牧没有改变土壤水分、植物生物量、有机碳和氮水平（表 12-2）。同时，冬季土壤被冻结，放牧绵羊的践踏作用相对有限。因此，冬季放牧对真菌和细菌的硝化和反硝化作用也没有影响，2011～2012 年 N_2O 排放的观测数据也支持了这一结果。

尽管增温没有改变高寒草甸总产 N_2O 潜力，但却改变了 N_2O 产生的生物途径。增温后土壤细菌群落对 TNEA 和 TDEA 的贡献都高于真菌群落，表明其产 N_2O 潜力更高（图 12-11；表 12-2）。细菌群落产 N_2O 潜力的增加和真菌群落产 N_2O 潜力的降低可能是总产 N_2O 潜力没有差异的主要原因，N_2O 通量数据也证实增温对 N_2O 排放没有影响。因此，土壤细菌的硝化和反硝化过程可能无法准确地描述 N_2O 对气候变化和放牧的真实响应。然而，我们的研究并没有考虑古菌在硝化和反硝化中的作用，由于古菌在土壤中广泛存在，如氨氧化古菌参与介导硝化与反硝化过程。TNEA 高于细菌和真菌的 NEA 之和，TDEA 也高于细菌与真菌的 DEA 之和（图 12-11），表明土壤古菌在高寒草甸的 N_2O 产生过程中也可能发挥了一定的作用。增温条件下，FNEA 和 FDEA 分别减少了 16%

和 30%，BNEA 和 BDEA 分别增加了 15%和 41%，表明增温导致的真菌群落对硝化和反硝化作用的贡献小于细菌群落（图 12-12）。由此可见，增温改变了高寒草甸土壤微生物介导的硝化和反硝化过程，尽管土壤产 N_2O 的总潜力并没有改变，但在增温 10 年后，土壤产 N_2O 优势微生物已经从真菌群落转变为细菌群落。

第四节 小 结

依托山体垂直带“双向”移栽试验平台及非对称增温和适度放牧试验平台，通过原位监测和室内培养试验，得出如下结果和结论。

（1）增温与降温对 N_2O 通量的影响相反。高寒草甸生态系统是 N_2O 的弱源，不同植被类型高寒草甸的生长季 N_2O 通量存在较大时空差异。总体上，N_2O 平均排放量随着海拔的升高逐渐降低。N_2O 通量对增温和降温的响应取决于植被类型和海拔，增温通常会促进 N_2O 的排放，而降温往往具有相反作用。N_2O 通量与土壤温度和水分呈显著正相关，由此预测在未来暖湿化气候变化情境下 N_2O 的排放量将会增加，而在冷干型的气候变化情境下其排放量将会减少。

（2）增温改变了 N_2O 排放的季节分配，而放牧增加了 N_2O 排放。增温对生长季和非生长季 N_2O 通量的正负效应相互抵消，导致年均 N_2O 通量没有明显改变。放牧显著促进了生长季和非生长季的 N_2O 排放，而增温却在一定程度上削弱了放牧的这种正效应，但增温和放牧之间无交互作用。无论是否放牧，增温均降低了非生长季 N_2O 通量对全年排放总量的贡献，冬季放牧（刈割）对 N_2O 排放没有显著影响。增温、放牧/刈割和氮添加的交互作用对 N_2O 通量影响较小。

（3）增温和冬季放牧对高寒草甸产 N_2O 潜力没有显著影响。土壤真菌是高寒草甸生态系统 N_2O 排放的主要微生物群落，其对硝化作用和反硝化作用的贡献率分别为 54%和 63%。增温和冬季放牧对土壤总硝化酶和反硝化酶活性没有显著影响。然而，增温显著提升了土壤细菌的硝化酶和反硝化酶活性，从而提升了产 N_2O 潜力，但降低了土壤真菌的硝化酶和反硝化酶活性，冬季放牧对二者均没有影响。因此，单独增温和冬季放牧可能不会影响高寒草甸的产 N_2O 潜力，但可能会改变不同生物途径对 N_2O 排放的相对贡献。增温改变了高寒草甸土壤微生物介导的硝化和反硝化过程，尽管土壤产 N_2O 的总潜力并没有改变，但在增温 10 年后，土壤产 N_2O 优势微生物已经从真菌群落转变为细菌群落。

参 考 文 献

Ambus P, Zechmeister-Boltenstern S, Butterbach-Bahl K. 2006. Sources of nitrous oxide emitted from European forest soils. Biogeosciences, 3: 135-145.

Ball B C, Scott A, Parker J P. 1999. Field N_2O, CO_2 and CH_4 fluxes in relation to tillage, compaction and soil quality in Scotland. Soil & Tillage Research, 53: 29-39.

Barton L, Kiese R, Gatter D, et al. 2008. Nitrous oxide emissions from a cropped soil in a semi-arid climate. Global Change Biology, 14: 177-192.

Bijoor N S, Czimczik C I, Pataki D E, et al. 2008. Effects of temperature and fertilization on nitrogen cycling

and community composition of an urban lawn. Global Change Biology, 14: 2119-2131.
Billings S A, Schaeffer S M, Evans R D. 2002. Trace N gas losses and N mineralization in Mojave desert soils exposed to elevated CO_2. Soil Biology & Biochemistry, 34: 1777-1784.
Bouwman A F, Taylor J A, Kroeze C. 2000. Testing hypotheses on global emissions of nitrous oxide using atmospheric models. Chemosphere - Global Change Science, 2: 475-492.
Breuer L, Papen H, Butterbach-Bahl K. 2000. N_2O emission from tropical forest soils of Australia. Journal of Geophysical Research-Atmospheres, 105: 26353-26367.
Brooks P D, McKnight D, Elder K. 2005. Carbon limitation of soil respiration under winter snowpacks: potential feedbacks between growing season and winter carbon fluxes. Global Change Biology, 11: 231-238.
Bruemmer C, Brueggemann N, Butterbach-Bahl K, et al. 2008. Soil-atmosphere exchange of N_2O and NO in near-natural savanna and agricultural land in Burkina Faso (W. Africa). Ecosystems, 11: 582-600.
Brumme R, Borken W, Finke S. 1999. Hierarchical control on nitrous oxide emission in forest ecosystems. Global Biogeochemical Cycles, 13: 1137-1148.
Burton D L, Beauchamp E G. 1994. Profile nitrous-oxide and carbon-dioxide concentrations in a soil subject to freezing . Soil Science Society of America Journal, 58: 115-122.
Butterbach-Bahl K, Rothe A, Papen H. 2002. Effect of tree distance on N_2O and CH_4-fluxes from soils in temperate forest ecosystems. Plant and Soil, 240: 91-103.
Cantarel A A, Bloor J M, Deltroy N, et al. 2011. Effects of climate change drivers on nitrous oxide fluxes in an upland temperate grassland. Ecosystems, 14: 223-233.
Carter M S, Ambus P, Albert K R, et al. 2011. Effects of elevated atmospheric CO_2, prolonged summer drought and temperature increase on N_2O and CH_4 fluxes in a temperate heathland. Soil Biology & Biochemistry, 43: 1660-1670.
Carter M S, Larsen K S, Emmett B, et al. 2012. Synthesizing greenhouse gas fluxes across nine European peatlands and shrublands-responses to climatic and environmental changes. Biogeosciences, 9: 3739-3755.
Chapuis-Lardy L, Wrage N, Metay A, et al. 2007. Soils, a sink for N_2O? A review. Global Change Biology, 13: 1-17.
Chen H, Mothapo N V, Shi W. 2015. Fungal and bacterial N_2O production regulated by soil amendments of simple and complex substrates. Soil Biology & Biochemistry, 84: 116-126.
Christensen S, Tiedje J M. 1990. Brief and vigorous N_2O production by soil at spring thaw. Journal of Soil Science, 41: 1-4.
Cui S, Zhu X, Wang S, et al. 2014. Effects of seasonal grazing on soil respiration in alpine meadow on the Tibetan plateau. Soil Use and Management, 30: 435-443.
Curtis C J, Emmett B A, Reynolds B, et al. 2006. How important is N_2O production in removing atmospherically deposited nitrogen from UK moorland catchments? Soil Biology & Biochemistry, 38: 2081-2091.
Davidson E A, Trumbore S E, Amundson R. 2000. Biogeochemistry – Soil warming and organic carbon content. Nature, 408: 789-790.
Davidson E A, Verchot L V. 2000. Testing the hole-in-the-pipe model of nitric and nitrous oxide emissions from soils using the TRAGNET database. Global Biogeochemical Cycles, 14: 1035-1043.
Deluca T H, Keeney D R, McCarty G W. 1992. Effect of freeze-thaw events on mineralization on mineralization of soil-nitrogen. Biology and Fertility of Soils, 14: 116-120.
Dijkstra F A, Morgan J A, Follett R F, et al. 2013. Climate change reduces the net sink of CH_4 and N_2O in a semiarid grassland. Global Change Biology, 19: 1816-1826.
Dijkstra F A, Prior S A, Runion G B, et al. 2012. Effects of elevated carbon dioxide and increased temperature on methane and nitrous oxide fluxes: Evidence from field experiments. Frontiers in Ecology and the Environment, 10: 520-527.
Dobbie K E, Smith K A. 2003. Impact of different forms of N fertilizer on N_2O emissions from intensive grassland. Nutrient Cycling in Agroecosystems, 67: 37-46.

Driscoll C, Whitall D, Aber J, et al. 2003. Nitrogen pollution in the northeastern United States: Source, effects and management options. BioScience, 53: 357-374.

Du M Y, Kawashima S, Yonemura S, et al. 2004. Mutual influence between human activities and climate change in the Tibetan plateau during recent years. Global and Planetary Change, 41: 241-249.

Du R, Lu D, Wang G. 2006. Diurnal, seasonal, and inter-annual variations of N_2O fluxes from native semi-arid grassland soils of Inner Mongolia. Soil Biology & Biochemistry, 38: 3474-3482.

Duan A, Wu G, Zhang Q, et al. 2006. New proofs of the recent climate warming over the Tibetan plateau as a result of the increasing greenhouse gases emissions. Chinese Science Bulletin, 51: 1396-1400.

Edwards A C, Killham K. 2010. The effect of freeze/thaw on gaseous nitrogen loss from upland soils. Soil Use & Management, 2: 86-91.

Elberling B, Christiansen H H, Hansen B U. 2010. High nitrous oxide production from thawing permafrost. Nature Geoscience, 3: 506-506.

Flechard C R, Ambus P, Skiba U, et al. 2007a. Effects of climate and management intensity on nitrous oxide emissions in grassland systems across Europe. Agriculture Ecosystems & Environment, 121: 135-152.

Flechard M C, Carroll M S, Cohn P J, et al. 2007b. The changing relationships between forestry and the local community in rural northwestern Ireland. Canadian Journal of Forest Research, 37: 1999-2009.

Flessa H, Dorsch P, Beese F, et al. 1996. Influence of cattle wastes on nitrous oxide and methane fluxes in pasture land. Journal of Environmental Quality, 25: 1366-1370.

Galloway J N, Cowling E B. 2002. Reactive nitrogen and the world: 200 years of change. Ambio, 31: 64-71.

Giorgi F, Hewitson B, Christensen J. 2001. Climate change 2001: regional climate information-evaluation and projections, in Climate Change 2001: The Scientific Basis. Contribution of Working Group I to the Third Assessment Report of the Intergovernmental Panel on Climate Change. //Houghton J T. Cambridge:Cambridge University Press:538-638.

Goldberg S D, Gebauer G. 2009. N_2O and NO fluxes between a Norway spruce forest soil and atmosphere as affected by prolonged summer drought. Soil Biology & Biochemistry, 41: 1986-1995.

Goodroad L L, Keeney D R. 1984. Nitrous-oxide emissions from soils during thawing. Canadian Journal of Soil Science, 64: 187-194.

Groffman P M, Tiedje J M. 1989. Denitrification in north temperate forest soils-spatial and patterns at the landscape and seasonal scales. Soil Biology Biochemstry, 21: 613-620.

Groffman P M, Brumme R, Butterbach-Bahl K, et al. 2000. Evaluating annual nitrous oxide fluxes at the ecosystem scale. Global Biogeochemical Cycles, 14: 1061-1070.

Groffman P M, Driscoll C T, Fahey T J, et al. 2001. Effects of mild winter freezing on soil nitrogen and carbon dynamics in a northern hardwood forest. Biogeochemistry, 56: 191-213.

Groffman P M, Hardy J P, Driscoll C T, et al. 2006. Snow depth, soil freezing, and fluxes of carbon dioxide, nitrous oxide and methane in a northern hardwood forest. Global Change Biology, 12: 1748-1760.

Groffman P M, Zak D R, Christensen S, et al. 1993. Early spring nitrogen dynamics in a temperate forest landscape. Ecology, 74: 1579-1585.

Hansen J, Sato M, Ruedy R, et al. 2006. Global temperature change. Proceedings of the National Academy of Sciences of the United States of America, 103: 14288-14293.

Hart S C. 2006. Potential impacts of climate change on nitrogen transformations and greenhouse gas fluxes in forests: a soil transfer study. Global Change Biology, 12: 1032-1046.

Hartmann A A, Niklaus P A. 2012. Effects of simulated drought and nitrogen fertilizer on plant productivity and nitrous oxide (N_2O) emissions of two pastures. Plant and Soil, 361: 411-426.

Hayatsu M, Tago K, Saito M. 2008. Various players in the nitrogen cycle: Diversity and functions of the microorganisms involved in nitrification and denitrification. Soil Science and Plant Nutrition, 54: 33-45.

Holst J, Liu C, Brueggemann N, et al. 2007. Microbial N turnover and N-oxide ($N_2O/NO/NO_2$) fluxes in semi-arid grassland of Inner Mongolia. Ecosystems, 10: 623-634.

Hu Y G, Chang X F , Lin X W, et al. 2010. Effects of warming and grazing on N_2O fluxes in an alpine meadow ecosystem on the Tibetan plateau. Soil Biology & Biochemistry, 42: 944-952.

Hu Y, Jiang L, Wang S, et al. 2016a. The temperature sensitivity of ecosystem respiration to climate change in an alpine meadow on the Tibet plateau: A reciprocal translocation experiment. Agricultural and Forest Meteorology, 216: 93-104.

Hu Y, Wang Q, Wang S, et al. 2016b. Asymmetric responses of methane uptake to climate warming and cooling of a Tibetan alpine meadow assessed through a reciprocal translocation along an elevation gradient. Plant and Soil, 402: 263-275.

Hu Y, Wang Z, Wang Q, et al. 2017a. Climate change affects soil labile organic carbon fractions in a Tibetan alpine meadow. Journal of Soils and Sediments, 17: 326-339.

Hu Y, Zhang Z, Wang Q, et al. 2017b. Variations of N_2O fluxes in response to warming and cooling in an alpine meadow on the Tibetan plateau. Climatic Change, 143: 129-142.

Jiang C, Yu G, Fang H, et al. 2010. Short-term effect of increasing nitrogen deposition on CO_2, CH_4 and N_2O fluxes in an alpine meadow on the Qinghai-Tibetan plateau, China. Atmospheric Environment, 44: 2920-2926.

Jiang L L, Wang S P, Pang Z, et al. 2018. Plant organic N uptake maintains species dominance under long-term warming. Plant Soil, 433: 243-255.

Ju X T, Xing G X, Chen X P, et al. 2009. Reducing environmental risk by improving N management in intensive Chinese agricultural systems. Proceedings of the National Academy of Sciences of the United States of America, 106: 3041-3046.

Kato T, Toyoda S, Yoshida N, et al. 2013. Isotopomer and isotopologue signatures of N_2O produced in alpine ecosystems on the Qinghai-Tibetan plateau. Rapid Communications in Mass Spectrometry, 27: 1517-1526.

Kimball B A, Conley M M, Wang S, et al. 2008. Infrared heater arrays for warming ecosystem field plots. Global Change Biology, 14: 309-320.

Larsen K S, et al. 2011. Reduced N cycling in response to elevated CO_2, warming, and drought in a Danish heathland: Synthesizing results of the CLIMAITE project after two years of treatments. Global Change Biology, 17: 1884-1899.

Laughlin R J, Stevens R J. 2002. Evidence for fungal dominance of denitrification and codenitrification in a grassland soil. Soil Science Society of America Journal, 66: 1540-1548.

Li C S. 2000. Modeling trace gas emissions from agricultural ecosystems. Nutrient Cycling in Agroecosystems, 58: 259-276.

Li Y, Lin Q, Wang S, et al. 2016. Soil bacterial community responses to warming and grazing in a Tibetan alpine meadow. Fems Microbiology Ecology, 92: 1-10.

Li Y, Zhao X, Cao Y, et al. 2004. Analyses on climates and vegetation productivity background at Haibei alpine meadow ecosystem research station. Plateau Meteorology, 23: 558-567.

Lin X, Wang S, Ma X, et al. 2009. Fluxes of CO_2, CH_4, and N_2O in an alpine meadow affected by yak excreta on the Qinghai-Tibetan plateau during summer grazing periods. Soil Biology & Biochemistry, 41: 718-725.

Liu L, Greaver T L. 2009. A review of nitrogen enrichment effects on three biogenic GHGs: the CO_2 sink may be largely offset by stimulated N_2O and CH_4 emission. Ecology Letters, 12: 1103-1117.

Liu P P, Lv W W, Sun J P, et al. 2021. Ambient climate determines the directional trend of community stability under warming and grazing. Global Change Biology, 27: 5198-5210.

Liu Y, Xu R, Xu X, et al. 2013. Plant and soil responses of an alpine steppe on the Tibetan plateau to multi-level nitrogen addition. Plant and Soil, 373: 515-529.

Luo C, Xu G P, Chao Z G, et al. 2010. Effect of warming and grazing on litter mass loss and temperature sensitivity of litter and dung mass loss on the Tibetan plateau. Global Change Biology, 16: 1606-1617.

Luo C, Xu G P, Wang Y F, et al. 2009a. Effects of grazing and experimental warming on DOC concentrations in the soil solution on the Qinghai-Tibet plateau. Soil Biology & Biochemistry, 41: 2493-2500.

Luo Y, Sherry R, Zhou X, et al. 2009b. Terrestrial carbon-cycle feedback to climate warming: Experimental evidence on plant regulation and impacts of biofuel feedstock harvest. Global Change Biology Bioenergy, 1: 62-74.

Ma X, Wang S, Wang Y, et al. 2006. Short-term effects of sheep excrement on carbon dioxide, nitrous oxide and methane fluxes in typical grassland of Inner Mongolia. New Zealand Journal of Agricultural Research, 49: 285-297.

Maag M, Vinther F P. 1999. Effect of temperature and water on gaseous emissions from soils treated with animal slurry. Soil Science Society of America Journal, 63: 858-865.

Maljanen M, Kohonen A R, Virkajarvi P, et al. 2007. Fluxes and production of N_2O, CO_2 and CH_4 in boreal agricultural soil during winter as affected by snow cover. Tellus Series B-Chemical and Physical Meteorology, 59: 853-859.

Maljanen M, Martikkala M, Koponen H T, et al. 2007. Fluxes of nitrous oxide and nitric oxide from experimental excreta patches in boreal agricultural soil. Soil Biology & Biochemistry, 39: 914-920.

Mosier A R, Morgan J A, King J Y, et al. 2002. Soil-atmosphere exchange of CH_4, CO_2, NO_x, and N_2O in the Colorado shortgrass steppe under elevated CO_2. Plant and Soil, 240: 201-211.

Mosier A R, Parton W J, Phongpan S. 1998. Long-term large N and immediate small N addition effects on trace gas fluxes in the Colorado shortgrass steppe. Biology and Fertility of Soils, 28: 44-50.

Mummey D L, Smith J L, Bluhm G. 2000. Estimation of nitrous oxide emissions from US grasslands. Environmental Management, 25: 169-175.

Mummey D L, Smith J L, Bolton H. 1997. Small-scale spatial and temporal variability of N_2O flux from a shrub-steppe ecosystem. Soil Biology & Biochemistry, 29: 1699-1706.

Pei Z Y, OUyang H, Zhou C P, et al. 2003. Fluxes of CO_2, CH_4 and N_2O from alpine grassland in the Tibetan plateau. Journalof Geographical Sciences, 13: 27-34.

Robertson G P, Vitousek P M. 2009. Nitrogen in agriculture: Balancing the cost of an essential resource. Annual Review of Environment and Resources, 34: 97-125.

Roever M, Heinemeyer O, Kaiser E A. 1998. Microbial induced nitrous oxide emissions from an arable soil during winter. Soil Biology and Biochemistry, 30: 1859-1865.

Rosenkranz P, Brueggemann N, Papen H, et al. 2006. N_2O, NO and CH_4 exchange, and microbial N turnover over a Mediterranean pine forest soil. Biogeosciences, 3: 121-133.

Rui Y C, Wang S P, Xu Z H, et al. 2011. Warming and grazing affect soil labile carbon and nitrogen pools differently in an alpine meadow of the Qinghai-Tibet plateau in China. Journal of Soils and Sediments, 11: 903-914.

Rui Y, Wang Y, Chen C, et al. 2012. Warming and grazing increase mineralization of organic P in an alpine meadow ecosystem of Qinghai-Tibet plateau, China. Plant and Soil, 357: 73-87.

Rustad L E, Campbell J L, Marion G M, et al. 2001. A meta-analysis of the response of soil respiration, net nitrogen mineralization, and aboveground plant growth to experimental ecosystem warming. Oecologia, 126: 543-562.

Saggar S, Bolan N S, Bhandral R, et al. 2004. A review of emissions of methane, ammonia, and nitrous oxide from animal excreta deposition and farm effluent application in grazed pastures. New Zealand Journal of Agricultural Research, 47: 513-544.

Schilt A, Baumgartner M, Blunier T, et al. 2010. Glacial-interglacial and millennial-scale variations in the atmospheric nitrous oxide concentration during the last 800000 years. Quaternary Science Reviews, 29: 182-192.

Schimel J P, Bilbrough C, Welker J A. 2004. Increased snow depth affects microbial activity and nitrogen mineralization in two Arctic tundra communities. Soil Biology & Biochemistry, 36: 217-227.

Schimel J P, Clein J S. 1996. Microbial response to freeze-thaw cycles in tundra and taiga soils. Soil Biology & Biochemistry, 28: 1061-1066.

Shi F, Chen H, Chen H, et al. 2012. The combined effects of warming and drying suppress CO_2 and N_2O emission rates in an alpine meadow of the eastern Tibetan plateau. Ecological Research, 27: 725-733.

Shi H, Hou L, Yang L, et al. 2017. Effects of grazing on CO_2, CH_4, and N_2O fluxes in three temperate steppe ecosystems. Ecosphere, 8 (4): e01760.

Sommerfeld R A, Mosier A R, Musselman R C. 1993. CO_2, CH_4 and N_2O flux through a wyoming snowpack and implications for global budgets S. Nature, 361: 140-142.

Sousa N E, Carmo J B, Keller M, et al. 2011. Soil-atmosphere exchange of nitrous oxide, methane and carbon dioxide in a gradient of elevation in the coastal Brazilian Atlantic forest. Biogeosciences, 8: 733-742.

Stehfest E, Bouwman L. 2006. N_2O and NO emission from agricultural fields and soils under natural vegetation: summarizing available measurement data and modeling of global annual emissions. Nutrient Cycling in Agroecosystems, 74: 207-228.

Teh Y A, Diem T, Jones S, et al. 2014. Methane and nitrous oxide fluxes across an elevation gradient in the tropical Peruvian Andes. Biogeosciences, 11: 2325-2339.

Thompson L G, Mosleythompson E, Davis M, et al. 1993. Recent warming-ice core evidence from tropical ice core with emphasis on central-Asia. Global and Planetary Change, 7: 145-156.

Thompson L G, Yao T, Davis M E, et al. 2000. A high-resolution millennial record of the South Asian Monsoon from Himalayan ice cores. Science, 289: 1916-1919.

van Bochove E, Jones H G, Bertrand N, et al. 2000a. Winter fluxes of greenhouse gases from snow-covered agricultural soil: intra-annual and interannual variations. Global Biogeochemical Cycles, 14: 113-125.

van Bochove E, Prevost D, Pelletier F. 2000b. Effects of freeze-thaw and soil structure on nitrous oxide produced in a clay soil. Soil Science Society of America Journal, 64: 1638-1643.

van Bochove E, Theriault G, Rochette P, et al. 2001. Thick ice layers in snow and frozen soil affecting gas emissions from agricultural soils during winter. Journal of Geophysical Research-Atmospheres, 106: 23061-23071.

Velthof G L, Oenema O. 1995. Nitrous oxide fluxes from grassland in the Netherlands .2. Effects of soil type, nitrogen fertilizer application and grazing. European Journal of Soil Science, 46: 541-549.

Wang B L, French H M. 1994. Climate controls and high-altitude permafrost, Qinghai-Xizang (Tibet) Plateau, China. Permafrost and Periglacial Processes, 5: 87-100.

Wang C, Cao G, Wang Q, et al. 2008. Changes in plant biomass and species composition of alpine Kobresia meadows along altitudinal gradient on the Qinghai-Tibetan Plateau. Science in China Series C-Life Sciences, 51: 86-94.

Wang C, Yang J. 2005. Carbon dioxide fluxes from soil respiration and woody debris decomposition in boreal forests. Acta Ecologica Sinica, 25: 633-638.

Wang Q, Lv W W, Li B W, et al. 2020. Annual ecosystem respiration is resistant to changes in freeze-thaw periods in semi-arid permafrost. Global Change Biology, 26: 2630-2641.

Wang S, et al. 2012. Effects of warming and grazing on soil N availability, species composition, and ANPP in an alpine meadow. Ecology, 93: 2365-2376.

Wang Y S, Xue M, Zheng X H, et al. 2005. Effects of environmental factors on N_2O emission from and CH_4 uptake by the typical grasslands in the Inner Mongolia. Chemosphere, 58: 205-215.

Wuebbles D J. 2009. Nitrous oxide: No laughing matter. Science, 326: 56-57.

Xu L K, Baldocchi D D. 2004. Seasonal variation in carbon dioxide exchange over a Mediterranean annual grassland in California. Agricultural and Forest Meteorology, 123: 79-96.

Xu R, Prentice I C, Spahni R, et al. 2012. Modelling terrestrial nitrous oxide emissions and implications for climate feedback. New Phytologist, 196: 472-488.

Xu R, Wang Y S, Zheng X H, et al. 2003. A comparison between measured and modeled N_2O emissions from Inner Mongolian semi-arid grassland. Plant and Soil, 255: 513-528.

Xu X, Tian H, Hui D. 2008. Convergence in the relationship of CO_2 and N_2O exchanges between soil and atmosphere within terrestrial ecosystems. Global Change Biology, 14: 1651-1660.

Zak D R, Groffman P M, Pregitzer K S, et al. 1990. The Vernal Dam: Plant-microbe competition for nitrogen in northern hardwood forests. Ecology, 71: 651-656.

Zhang J X, Cao G M. 1999. The nitrogen cycle in an alpine meadow ecosystem. Acta Ecologica Sinica, 19: 509-513.

Zheng Y, Yang W, Hu H W, et al. 2014. Ammonia oxidizers and denitrifiers in response to reciprocal elevation translocation in an alpine meadow on the Tibetan Plateau. Journal of Soils and Sediments, 14: 1189-1199.

Zhong L, Bowatte S, Newton P, et al. 2018a. An increased ratio of fungi to bacteria indicates greater potential for N_2O production in a grazed grassland exposed to elevated CO_2. Agriculture Ecosystems & Environment, 254: 111-116.

Zhong L, Wang S P, Xu X L, et al. 2018b. Fungi regulate the response of the N_2O production process to warming and grazing in a Tibetan grassland. Biogeosciences, 15: 4447-4457.

Zhou H K, Zhao X Q, Tang Y H, et al. 2005. Alpine grassland degradation and its control in the source region of the Yangtze and Yellow Rivers, China. Grassland Science, 51: 191-203.

Zhu X X, Luo C Y, Wang S P, et al. 2015. Effects of warming, grazing/cutting and nitrogen fertilization on greenhouse gas fluxes during growing seasons in an alpine meadow on the Tibetan Plateau. Agricultural and Forest Meteorology, 214: 506-514.

Zumft W G. 1997. Cell biology and molecular basis of denitrification. Microbiology and Molecular Biology (Reviews), 61: 533-616.

第五部分

气候变化和放牧效应的时空异质性

第十三章　青藏高原高寒草地对气候变化与人类活动响应的时空特征

导读：青藏高原高寒草地生态系统类型多样，包括高寒草甸、高寒草原和沼泽草甸等，分布在不同的植被地理分布区。气候变化和人类活动对高寒草地生态系统的影响可能因不同植被地理分布区及草地类型而异。通过系统综述20世纪80年代以来基于遥感指标的大尺度草地变化研究，以及近年来在青藏高原不同植被地理分布区和草地类型开展的定位控制试验，拟回答如下问题：①气候变化和人类活动对高寒草地的影响的时空异质性及其主要驱动因子如何？②不同气候区和草地类型对气候变化的响应方向及程度是否一致？③不同适应性管理措施如何影响退化高寒草地？④未来需要加强的研究方向如何？

第一节　近40年来青藏高原高寒草地的时空变化趋势及其驱动因子

作为独特的地理单元和地球第三极，青藏高原在生物多样性维持、水资源供给、碳固持和畜牧业发展等方面具有重要的生态与生产功能。然而，自20世纪80年代以来，青藏高原草地发生了巨大变化，深刻地影响了其生产与生态功能。草地变化常被归因为气候变化与人为活动共同作用的结果，但是两者的相对贡献还存在较大争议。气候变化往往被认为是青藏高原草地变化的主要驱动因素，尤其是在降水量变异较大的非平衡态草地（即年降水量变异系数＞33%的区域）。然而，也有研究认为人为活动的影响可能更大。

因此，对草地变化及其驱动因子的深入认识，是有效保护和恢复青藏高原草地的关键。本章聚焦自20世纪80年代以来青藏高原草地变化的时空特征，探讨了不同驱动因子对草地变化的相对贡献，为未来的适应性管理措施奠定科学基础（Wang et al.，2022）。

一、青藏高原气候变化特征

过去的半个多世纪以来，青藏高原年均气温每10年平均增加约0.4℃（Pepin et al.，2015）。青藏高原的增温趋势具有较强的时空异质性，如青藏高原西北部的增温趋势较弱（每10年增加–0.05～0.05℃），而昆仑山（西段）和喀喇昆仑山之间的区域，以及昆仑山（中段）和阿尔金山之间的狭长区域甚至出现局部的温度下降（每10年减少1.5℃）。此外，青藏高原冬季和秋季的增温强度大于春季和夏季，夜间的增温强度高于白天，海拔较高的地区增温强度大于较低的地区（Liu et al.，2006；Chen et al.，2013；Shen et al.，2015a）。

同时，青藏高原大部分地区的年降水量和降水频率趋于增加，在冬季和春季尤为明显（Chen et al.，2013）。青藏高原西北部降水的增加量更大，但东南部降水量则略有减少（Yang et al.，2014b）。在青藏高原西北部，年降水量时间变异性大、处于非平衡状态的区域（即变异系数＞33%）经历了更为明显的变湿趋势（每年增加 3～8mm）。这些区域的植被以高寒草原和高寒荒漠草原为主。此外，自 20 世纪 50 年代以来，青藏高原的氮沉降趋于变强，氮沉降增加量达每年每公顷 8.7～13.8kg（Lue and Tian，2007；Shen et al.，2019a；Yu et al.，2019）。

二、青藏高原草地的时空变化趋势

1. NDVI 的时间变化趋势

归一化植被指数（NDVI）被广泛用于青藏高原大尺度草地变化研究（Peng et al.，2011；Zhu et al.，2016；Yuan et al.，2019）。自 20 世纪 80 年代以来，青藏高原的 NDVI 发生了明显变化。基于 NOAA CDR AVHRR NDVI 数据集（Vermote et al.，2014）（图 13-1），青藏高原的 NDVI 从 1980 到 2010 年的增长率为 0.0010/a，这一“变绿”趋势与其他卫星数据源（范围为 0.001～0.013/a）得出的结果一致，也与基于 AVHRR GIMMS NDVI（Peng et al.，2011；Yuan et al.，2019）、GIMMS 叶面积指数（LAI）、GLASS LAI 与 GLOBMAP LAI（Zhu et al.，2016）的结果一致。

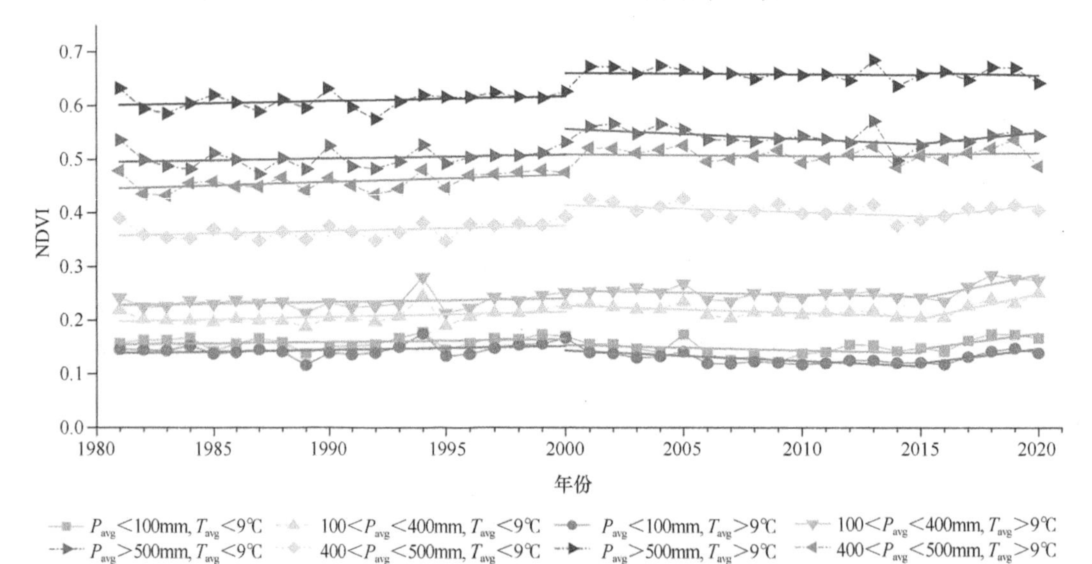

图 13-1　不同来源 NDVI 数据代表的青藏高原植被活动的年际变化

年际间 NDVI 随不同时间段（1981～2000 年、2000～2015 年和 2015～2020 年）气候变化的趋势。在高降水量的区域 NDVI 值更高

将 1981～2020 年划分成不同时间段，NDVI 的变化呈现出明显的时间异质性。根据 NOAA CDR AVHRR NDVI 数据集（Vermote et al.，2014），NDVI 在 1981～2000 年显著增加，增长率达 0.0008/a。2000～2015 年，NDVI 则以每年 0.0010 的速率降低，但这一趋势并不显著。NDVI 在 2015～2020 年再次显著增加，增长率达 0.0053/a（图 13-1）。

2. NDVI 的空间变化趋势

青藏高原的草地变化具有明显的空间异质性，且在不同的植被地理分布区（依据年降水量与 7 月均温）差异较大。从 1980 年到 2020 年，青藏高原东部区域的 NDVI 呈现更大的增长趋势，但在东经 90°以西 NDVI 的变化减少 0.0006～0.0017/a；而在东经 90°以东地区则增加 0.0014～0.0025/a。相比于青藏高原西部，青藏高原东部区域的年降水量相对更多，可能减轻了水分限制对 NDVI 增加的影响，导致 NDVI 增幅更大（图 13-2）。

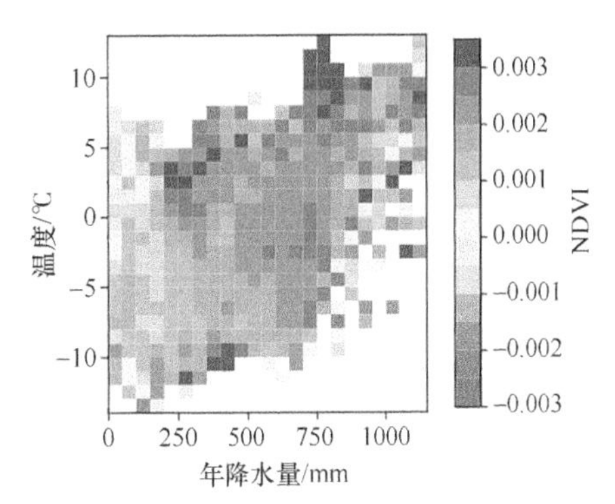

图 13-2　青藏高原 NDVI 的时空变化（Wang et al.，2022b）

青藏高原西部的变化则更加复杂。自 21 世纪以来，青藏高原西部草地是正在恢复（Cai et al.，2015；Zhong et al.，2019）还是正在恶化（Zhou et al.，2017；陈槐等，2020）仍未达成共识（Shen et al.，2015b）。结论不一致的主要原因可能在于不同研究使用了不同的时间尺度和数据来源（Shen et al.，2015b），以及遥感数据的年际波动（图 13-1）与不同植被地理分布区气候变化和放牧相对贡献的差异。例如，即使采用同一数据源（如 NOAA CDR AVHRR NDVI）和一致的分析方法，不同时间尺度也会得出不同结论（图 13-1）：NDVI 在 2000～2015 年呈下降趋势（约–0.0010/a），在 2000～2020 年则呈上升趋势（约 0.0011/a）。

气候驱动了 1981～2015 年不同植被地理分布区的 NDVI 变化。1981～2000 年，所有植被地理分布区的 NDVI 都有所增加，但速率不等（0.0005～0.0013/a；表 13-1）。年降水量高的区域 NDVI 较高，温度对 NDVI 的影响也取决于降水量（图 13-2）。年降水量 400～500mm 的区域，NDVI 的增长率高于其他区域。7 月温度＞9℃的区域，NDVI 增长率往往略高，但年降水量为 100～400mm 的区域除外。对于年降水量＞100mm 且 7 月均温＞9℃的区域，NDVI 较高；而在年降水量＜100mm 且 7 月均温＞9℃的区域，NDVI 较低。这些现象表明较高的温度会加剧干旱地区的水分匮乏，进而影响 NDVI（图 13-2）。

表 13-1　三个时间段内所有草地区域的 NDVI 变化率

区域气候	1981～2000 年	2000～2015 年	2015～2020 年	面积/km^2
年均降水量＜100mm，7 月均温＜9℃	0.0005	–0.0010	0.0057	426.5
年均降水量＜100mm，7 月均温＞9℃	0.0007	–0.0019	0.0053	6 738
100mm＜年均降水量＜400mm，7 月均温＜9℃	0.0009	–0.0014	0.0094	480 459
100mm＜年均降水量＜400mm，7 月均温＞9℃	0.0006	–0.0007	0.0087	202 339
400mm＜年均降水量＜500mm，7 月均温＜9℃	0.0010	–0.0013	0.0042	226 890.5
400mm＜年均降水量＜500mm，7 月均温＞9℃	0.0013	–0.0003	0.0004	83 671.75
年均降水量＞500mm，7 月均温＜9℃	0.0007	–0.0018	0.0041	442 385.25
年均降水量＞500mm，7 月均温＞9℃	0.0008	–0.0002	–0.0010	234 111.25

所有植被分布区的 NDVI 在 2000～2015 年间均以–0.0002～–0.0019/a 的速率下降（表 13-1）。年降水量＞100mm 的区域，较高的生长季温度（7 月均温＞9℃）能缓解 NDVI 的下降。然而，较高的生长季温度加剧了年降水量＜100mm 区域的 NDVI 下降，可能是由于低降水区在高温下缺水加剧。以藏北高寒草地为例，其北部和东南部的 NDVI 趋于增加，而西南部和中部地区的 NDVI 则呈现降低趋势。该区域降水量为 100 mm（西北地区）至 800mm（东南地区）不等，降水量减少、温度升高和日照时数减少加剧了高寒草地 NDVI 的降低（Ran et al.，2019）。

2015～2020 年，降水量和温度等气候因素对 NDVI 的影响无规律可言。年降水量＜400mm 区域的 NDVI 增加反而大于年降水量＞400mm 的区域（表 13-1）。此外，较高的生长季温度（7 月均温＞9℃）往往会抑制年降水量＞400mm 区域 NDVI 的增加，甚至导致年降水量＞500mm 区域 NDVI 出现下降。因此，2015～2020 年的 NDVI 变化可能受气候之外的因素驱动。

第二节　气候变化对青藏高原高寒草地植物与土壤的影响

基于遥感的技术手段难以揭示植物群落结构、土壤特性等生态系统变化的过程与机制。因此，研究人员在青藏高原开展了大量定位控制试验，探究植物与土壤特征对气候变化和人类活动的响应过程及机制，包括增温、降水变化、氮添加等处理。

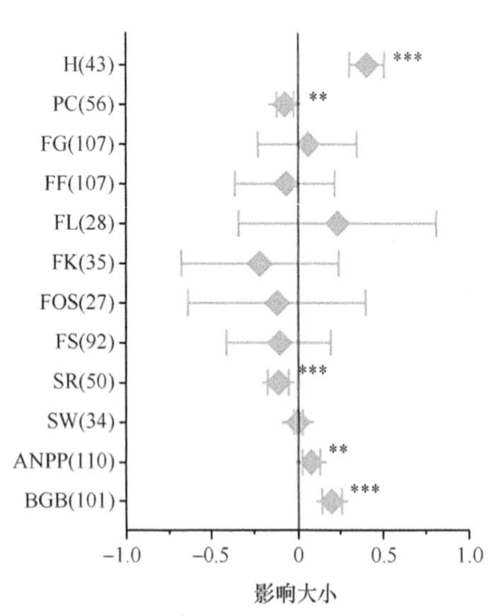

图 13-3　增温对高寒草地植物的影响

H 代表群落高度，PC 代表植被覆盖度，SR 代表物种丰富度，SW 代表香农多样性指数，FS 代表莎草功能群的相对丰度，FG 代表禾本植物功能群相对丰度，FF 代表非禾本杂类草植物功能群相对丰度，FL 代表豆科植物功能群相对丰度，FK 代表嵩草属功能群相对丰度，FOS 代表其他莎草功能群的相对丰度，ANPP 代表地上净初级生产力，BGB 代表地下生物量。

$^{*}P<0.05$；$^{**}P<0.01$；$^{***}P<0.001$

通过开顶箱（OTC）或红外加热的方法增温，导致土壤温度平均升高了 1.22℃（0.02～5.75℃）。OTC 的方法在白天增加了土壤温度，但在夜间对土壤温度几乎没有显著影响；而红外加热对土壤的增温效应在夜间比白天更强烈（Luo et al.，2010）。这两种增温方法使土壤湿度平均降低了 3.4%（图 13-3），对浅土层的增温效应更强，并促进了土壤水分向更深的土层分布。例如，在海北高寒草甸，经过 6 年的 OTC 增温后，土壤温度升高了 1.57℃，而土壤湿度降低了 11.91%（$P<0.001$）（Che et al.，2018）。增温导致高寒草甸的土壤温度升高效应更强，而高寒草原的土壤湿度下降更大（22.69±5.85%）。

一、增温对植物生产力和多样性的影响

1. 增温对植物生产力的影响

总体上，增温提高了地上生物量（AGB）或地上净初级生产力（ANPP）[22.64g/(m^2·℃)]

和地下生物量（BGB）（23.56%）（图 13-3）（Wang et al.，2022b）。但也有研究发现，增温降低了 ANPP（陈槐等，2020），或者对 ANPP 没有显著影响（Li et al.，2018a；Jiang et al.，2018）。这主要与草地类型和增温幅度有关，如增温增加了高寒草甸的 ANPP（14.4%），但降低了高寒草原的 ANPP（6.1%）；当增温幅度在 2℃左右时，提高了高寒草甸的 ANPP；而当增温幅度大于 3℃，则降低了其 ANPP，可能与增温幅度大时降低了土壤湿度有关（Wang et al.，2022b）。增温对 ANPP 的正效应随着增温时间的延长逐渐降低甚至消失（Wang et al.，2012；Jiang et al.，2018；Liu et al.，2021），可能主要与增温诱导了植物组成及物候变化等相关。降水量增加提高了 ANPP，但不影响 BGB，该趋势在高寒草原更加明显；与之相反，降水量减少导致 ANPP 和 BGB 均降低，该趋势在高寒草甸更加明显。

总体上，增温趋于降低植物盖度（图 13-3），导致高寒草原植物盖度的下降幅度（28.5%）大于高寒草甸（4.1%）（图 13-4）（Wang et al.，2022b），但也有研究发现增温增加了植物盖度（Chen et al.，2017），这取决于草地类型和增温方法（图 13-4）。可能是因为高寒草原对增温引起的水分匮乏更敏感。尽管整合分析表明增温对不同功能群（禾本科、莎草科、非豆科杂类草、豆科植物）的 ANPP 影响较小（图 13-3）（Wang et al.，2022b），但不同的增温方法、草地类型等有不同的响应（图 13-4）。例如，有研究发现，增温提高了禾本科植物（Chen et al.，2017；Liu et al.，2018）、豆科植物（Wang et al.，2012；Chen et al.，2017）和莎草科植物的盖度（Ganjurjav et al.，2016），但降低了非豆科杂类草的盖度（Jiang et al.，2018）。在高寒草甸，增温降低了禾本科植物（Li et al.，2011；Zong et al.，2016；Li et al.，2018）和莎草科植物盖度（Li et al.，2011；Liu et al.，2018；Zong et al.，2016），但也有报道增加了非豆科杂类草（Li et al.，2011；Li et al.，2018a）、豆科植物（Wang et al.，2012；Chen et al.，2017；Peng et al.，2020）和禾本科植物的盖度（Wang et al.，2012；Chen et al.，2017；Liu et al.，2018）。在高寒草原，增

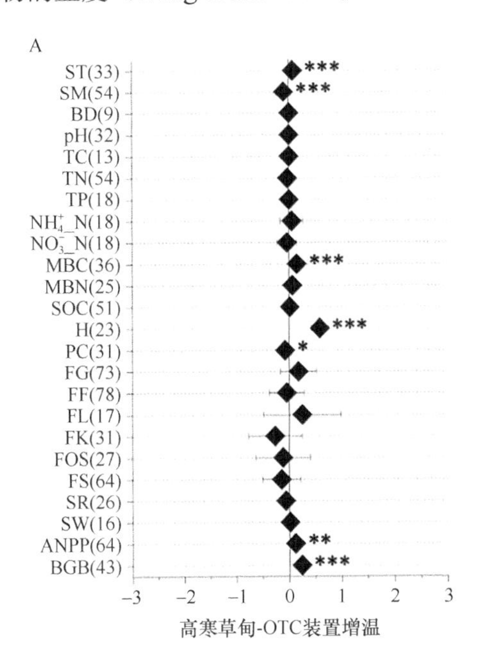

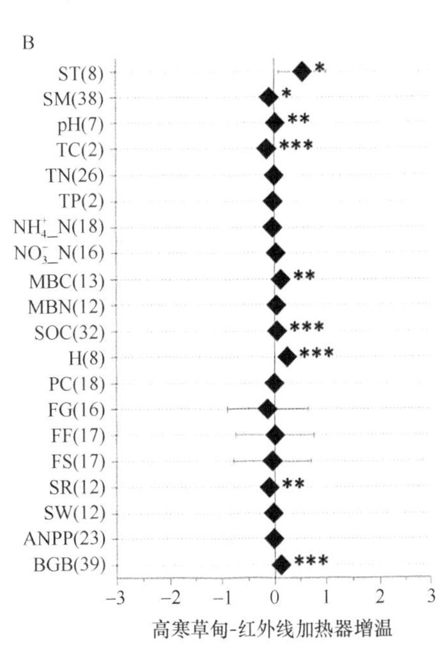

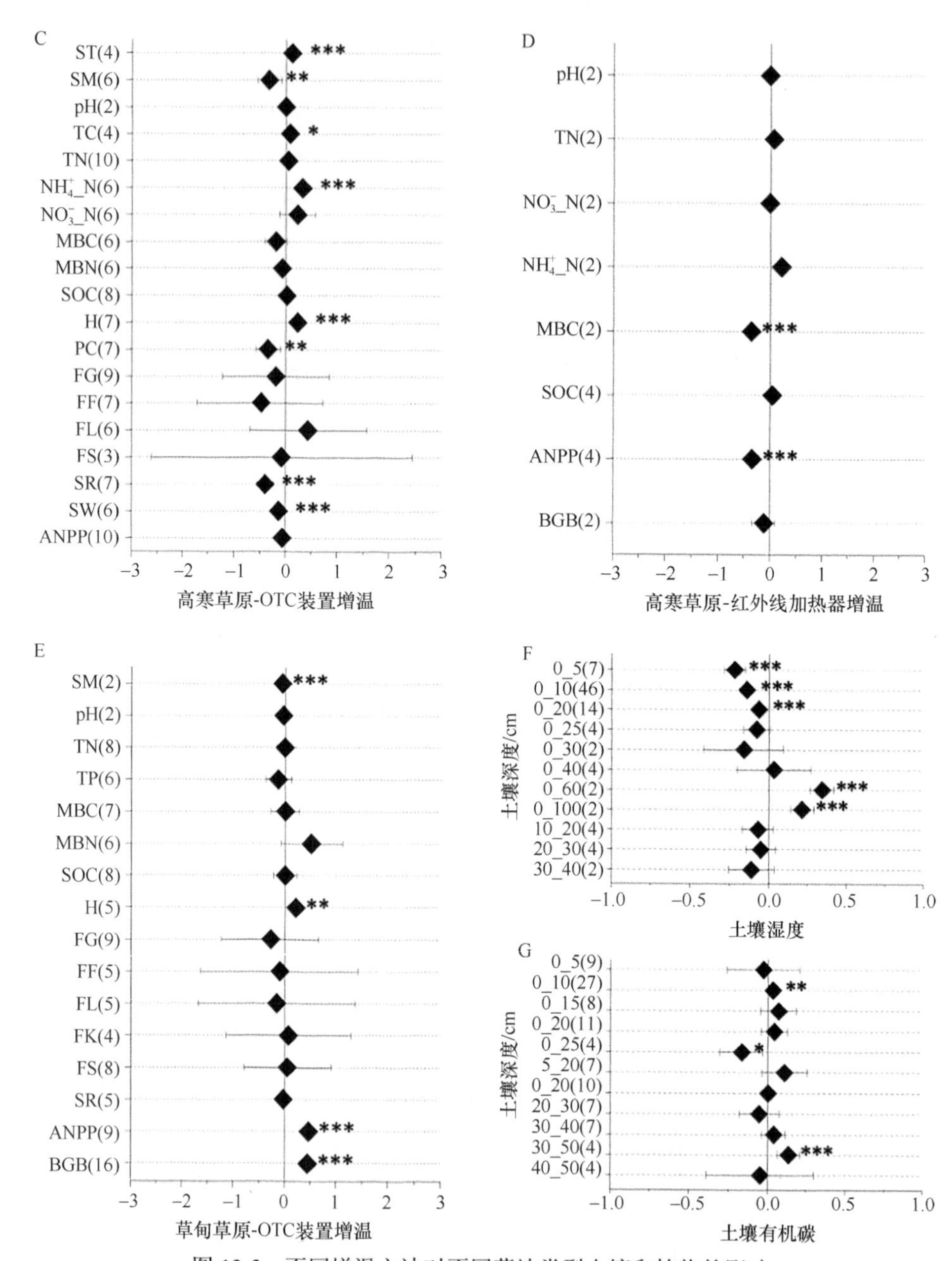

图 13-3 不同增温方法对不同草地类型土壤和植物的影响

高寒草甸上的 OTC 装置增温（A）和红外线加热器增温（B），高寒草原上的 OTC 装置增温（C）和红外线加热器增温（D），草甸草原上的 OTC 装置增温（E），以及增温在不同土壤深度上对土壤湿度（F）和土壤有机碳（G）的影响。ST 代表土壤温度，SM 代表土壤湿度，BD 代表土壤容重，TC 代表土壤全碳，TN 代表土壤全氮，TP 代表土壤全磷，NH_4^+-N 代表土壤铵态氮，NO_3^--N 代表土壤硝态氮，MBC 代表微生物碳，MBN 代表微生物氮，SOC 代表土壤有机碳；H 代表群落高度，PC 代表植被覆盖度，SR 代表物种丰富度，SW 代表香农多样性指数，FS 代表莎草科植物功能群的相对丰度，FG 代表禾本科植物功能群相对丰度，FF 代表非禾本科杂类草植物功能群相对丰度，FL 代表豆科植物功能群相对丰度，FK 代表嵩草属功能群相对丰度，FOS 代表其他植物功能群的相对丰度，ANPP 代表地上净初级生产力，BGB 代表地下生物量。*$P<0.05$；**$P<0.01$；***$P<0.001$

温降低了禾本科植物和非豆科杂类草的盖度，但增加了豆科植物的盖度（Ganjurjav et al.，2016）。特别是不同植物对增温的响应因水分条件而异（Li et al.，2018a，2011；Wang et al.，2012；Li et al.，2018a；Zong et al.，2016；Dorji et al.，2018），例如，干旱条件下增温降低了矮生嵩草的盖度，但提高了湿润条件下高山嵩草的高度（Li et al.，2018a）。

2. 增温对植物多样性和组成的影响

总体而言，增温降低了高寒草地的物种丰富度（8%左右）（图 13-3）。但增温对植物多样性的影响随增温方法、草地类型和试验年限而异（图 13-4），特别是对增温年限具有高度的依赖性（Wang et al.，2022b）。利用 OTC 增温 4 年使植物物种丰富度显著降低了 11～14 种（Klein et al.，2004）；但长期而言（18 年），无论轻度放牧还是重度放牧，这种负效应逐渐消失（Zhang et al.，2017）；有人利用红外增温发现物种丰富度没有显著变化（Zhang et al.，2015；Wang et al.，2018）；特别是 5 年的红外增温方法减少了 2～3 种稀少物种（Wang et al.，2012），但 10 年增温这种差异消失了（Liu et al.，2021），主要与稀少物种的年际波动有关（Wang et al.，2012）。可能原因是原位增温试验时间较短，尚未考虑追随气候变化而向高纬度或高海拔迁移的植物，有研究表明当模拟从高海拔向低海拔移栽植被时，增温增加了物种丰富度（Wang et al.，2019a）。

在青藏高原，不同生活型的植物对生物因素和非生物因素有不同的适应策略（He et al.，2006；Hong et al.，2014）。叶片或根系对增温（Yi and Yang，2007；Yang et al.，2014a；Zhang et al.，2019）、降水量变化（Wang et al.，2019b）、氮沉降（Fang et al.，2018）和放牧（Zong et al.，2016）等处理有不同的生理反应。在叶片水平上，降水量增加增大了植物叶片面积（LS），但减少了单位面积的叶脉长度（VLA）；降水量减少则缩小了叶片面积（王常顺等，2021）。不同的植物功能群对降水量变化有着不同的响应。例如，随着降水量的增加，中生植物如矮生嵩草的 LS 增加而 VLA 降低，而旱中生植物如垂穗披碱草和紫花针茅则出现相反的结果（王常顺等，2021）。增温提高了群落的叶面积指数和 ANPP（Li et al.，2019b），主要与增加的杂类草生物量有关。

增温降低了叶片 N 含量，但增加了叶片的 C∶N，叶片的 C 含量随着植被类型和植物种类而改变（Peng et al.，2020）。也有研究发现增温提高了叶片 N 含量（Li et al.，2019b）或没有影响（Li et al.，2018a；Peng et al.，2020）。降水量的增加会提高叶片的 C 和 N 含量。增温降低了垂穗披碱草的净光合速率，但增加了鹅绒委陵菜的净光合速率（Zhou et al.，2021）。增温增加了垂穗披碱草光合系统 II 的效率，但降低了鹅绒委陵菜的光合系统效率。增温降低了垂穗披碱草的丙二醛含量，但增加了鹅绒委陵菜的丙二醛含量（Shi et al.，2010）。此外，植物叶片性状对水分增加比对水分减少要更敏感（王常顺等，2021）。

在植物个体水平上，增温增加了垂穗披碱草、草地早熟禾、矮生嵩草、黑褐薹草的分蘖数及垂穗披碱草、草地早熟禾的芽数，但减少了矮生嵩草和黑褐薹草的芽数及短穗兔耳草的匍匐茎数（Zhao et al.，2013）。同时，水分减少能促进植物短期内通过根系向更深层土壤生长而吸收更多的水分和养分（Wang et al.，2017）。根系对氮的吸收特征变化是高寒植物适应氮限制环境的重要策略。为了逃避竞争，高寒植物通过化学、时间和空间等生态位差异获取不同的氮源（Xu et al.，2011），一些优势植物物种还可以从利用矿物氮转为利用有机氮（Xu et al.，2011）。

增温通过营养级联效应引起高寒草地生态系统变化（Li et al.，2011）。植物和菌根真菌（AMF）间关系的改变也可能导致高寒草地发生变化（Yang et al.，2017）。此外，大型食草动物能通过取食嫩枝削弱叶片的光合作用，减少地下碳输入，从而抑制根际微生物的氮获取和土壤氮的有效性（Sun et al.，2018）。小型食草动物能通过啃食叶片和根影响植物物种组成（Sun et al.，2015）。此外，放牧能改变高寒植物叶片光合作用对增温的响应，并缓解气候变化对幼苗物种多样性的影响（Wang et al.，2019c）。

二、增温对土壤的影响

尽管增温显著改变了土壤温度和湿度，但总体上对土壤全 C、SOC、活性碳（Jing et al.，2014）、可溶性有机碳（Yu et al.，2014）、容重（Chen et al.，2017）和 pH（Chen et al.，2017；Zhang et al.，2020）等物理和化学性质的影响较小（图 13-5）。然而，通过区域上重复取样，结果表明 2000～2010 年间土壤 SOC 显著增加（Chen et al.，2017），可能与多数增温试验时间较短有关，也可能是由于不同的碳库变化不一致（Ding et al.，2019； Chen et al.，2020b），如微生物残留量输入的增加进一步改变了土壤非团聚体的碳组分（Ding et al.，2019）。总体上，增温对土壤 N 的影响不显著（Wang et al.，2022b），但因草地类型、增温方法和土壤深度而异（图 13-4），这种不同的结果可能是导致整合分析结果不显著的原因（图 13-4），如发现增加了 TN（Rui et al.，2011； Xue et al.，2015）、降低了 TN（Heng et al.，2011）或没有影响（Li et al.，2011； Jiang et al.，2018；Zhao et al.，2019），对无机 N 和可利用 N 的影响也存在类似的结果（Wu et al.，2020）。另外，增温增加了沼泽草甸土壤的 TN 含量，但降低了高寒草甸土壤的 TN；增温对高寒草甸 0～30cm 土层 TN 没有显著影响，但却增加了 30～50cm 土层的 TN（Xue et al.，2015）。特别是土壤湿度与 TN 间存在负相关，表明增温降低了土壤湿度，可能调控了 TN 对增温的响应（Wang et al.，2022b）。可溶性有机氮（DON）占土壤总氮的 80%～90%，增温使那曲高寒草甸 0～20cm 土层的 DON 降低了 16%～36%，可能与植物对 DON 的吸收有关（Jiang et al.，2016）。

增温改变了高寒草甸土壤真菌的群落结构，包括增加贫营养型类群 Dothideomycetes 的比例、减少与植物共生的类群（如 Glomerales）比例。针对微生物功能群，增温降低了丛枝菌根和活性真菌的比例。此外，增温减弱了真菌物种之间的相互作用，降低了活性真菌群落的多样性，趋于抑制真菌 rDNA 的转录。与土壤微生物总量相比，活性土壤微生物通常对环境变化表现出更高的敏感性，并且与土壤功能的联系更为紧密（Che et al.，2018）。活性原核微生物对气候变暖具有更高的敏感性。在海北高寒草甸，经过 6 年的增温后，土壤温度增加了 1.57℃，尽管未影响土壤原核微生物的多样性，但增加了其活性微生物群落的多样性、丰富度和均匀性度。增温增加了贫营养微生物 Actinobacteria 的相对丰度，降低了富营养微生物 β-Proteobacteria 的比例。对于土壤线虫而言，有研究表明增温没有影响线虫群落的周转率、丰富度（Wang et al.，2022a）。

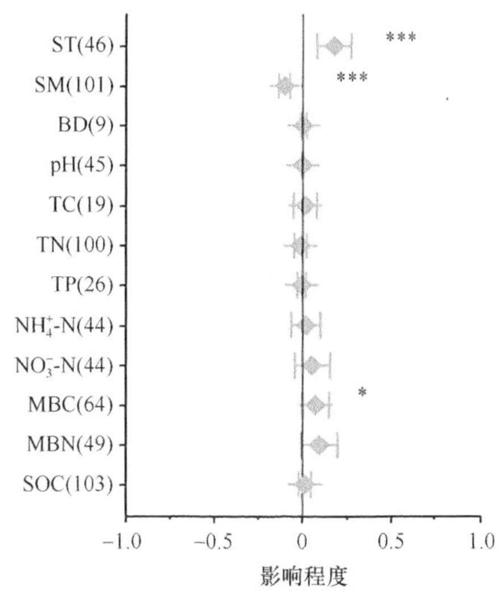

图 13-5　增温对高寒草地土壤理化性质的影响

ST 代表土壤温度，SM 代表土壤湿度，BD 代表土壤容重，TC 代表土壤全碳，TN 代表土壤全氮，TP 代表土壤全磷，NH_4^+-N 代表土壤铵态氮，NO_3^--N 代表土壤硝态氮，MBC 代表微生物碳，MBN 代表微生物氮，SOC 代表土壤有机碳。
*$P<0.05$；**$P<0.01$；***$P<0.001$

三、降水量变化对土壤的影响

在控制试验中，降水量增加的幅度为 12%～50%，导致土壤湿度平均增加了 25.4%左右；而降水量减少的幅度为5%～50%，土壤湿度平均降低了 20.1%左右（图 13-5）（Wang et al.，2022b）。总体上，降水量增加提高了 ANPP[0.19g/(m^2·mm)]，但对地下生物量（BGB）没有显著影响；相反，降水量减少降低了 ANPP[0.25g/(m^2·mm)]和 BGB，特别是高寒草甸降低更显著（图 13-5）。降水量变化的影响因不同草地类型而异，如降水量增加显著提高了高寒草原的 ANPP，对高寒草甸 ANPP 没有显著影响，但降水量减少显著降低了高寒草甸 ANPP（图 13-6）。降水量变化对 ANPP 的影响可能与改变了植物形态和生理有关，如降水量增加增大了叶片面积但降低了叶片叶脉密度，降水量减少的效应正好相反；叶片特征对降水量增加的响应比对降水量减少的响应更敏感（Wang et al.，2021）。因此，在干旱和半干旱地区，降水量增加可能会导致植物的耐旱特性的丧失。另外，不同植物功能群对降水量变化的响应不同，如中生植物矮生嵩草随着降水量增加而增大了叶片面积但降低了叶脉密度，而对于中旱生植物垂穗披碱草和异针茅而言则有相反的响应（Wang et al.，2021）。

降水量增加使土壤有机碳（SOC）提高了 10.3%，通过提高 ANPP 进而促进了活性有机碳组分 SOM（LF-SOM）的积累；然而，降水量减少并没有显著改变 SOC、可溶性有机碳（DOC）或总碳（TC）含量（Zhang et al.，2016）（图 13-6）。降水量增加还提高了土壤 NH_4^+-N（18.3%）和总氮（TN）含量（6.0%），高寒草原土壤中 NH_4^+-N 含量对降水量增加的响应比高寒草甸的响应更敏感（图 13-7）。相反，降水量减少降低了土壤 NO_3^--N 含量（34.2%）和微生物 N（20.9%），但对土壤 TN 没有显著影响（图 13-6），主要是降水量变化改变了土壤微生物结构，进而影响了土壤 N 的矿化等过程（Zhang et al.，2016）。

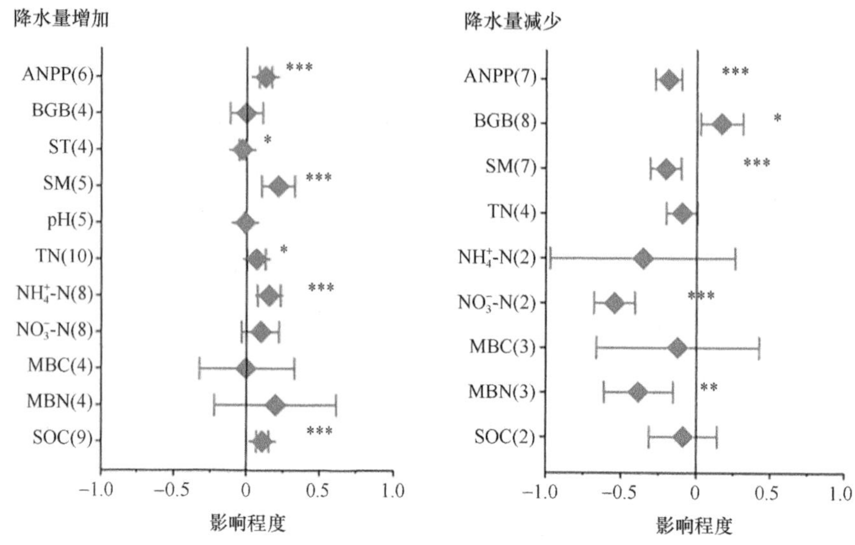

图 13-6 降水量变化对高寒草地植物和土壤的影响

ANPP 代表地上净初级生产力，BGB 代表地下生物量，ST 代表土壤温度，SM 代表土壤湿度，BD 代表土壤容重，TC 代表土壤全碳，TN 代表土壤全氮，NH_4^+-N 代表土壤铵态氮，NO_3^--N 代表土壤硝态氮，MBC 代表微生物碳，MBN 代表微生物氮，SOC 代表土壤有机碳。*$P<0.05$；**$P<0.01$；***$P<0.001$

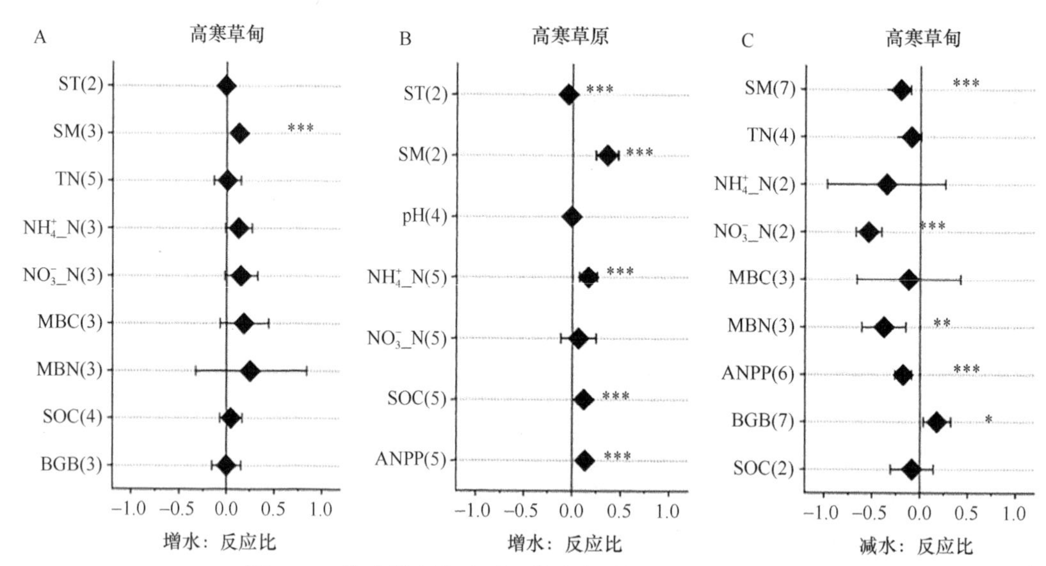

图 13-7 降水量变化对不同草地类型植物和土壤的影响

ANPP 代表地上净初级生产力，BGB 代表地下生物量，ST 代表土壤温度，SM 代表土壤湿度，BD 代表土壤容重，TC 代表土壤全碳，TN 代表土壤全氮，NH_4^+-N 代表土壤铵态氮，NO_3^--N 代表土壤硝态氮，MBC 代表微生物碳，MBN 代表微生物氮，SOC 代表土壤有机碳。*$P<0.05$；**$P<0.01$；***$P<0.001$

四、氮沉降对草地植物和土壤的影响

不同植被类型下，氮富集往往增加了植物盖度和 ANPP（图 13-8）（Wang et al.，2022b）。但是，氮富集在提高土壤氮可利用性的同时也可能会加剧磷缺乏，而氮磷耦合添加对 ANPP 的促进效应大于仅添加氮的情景（Wang et al.，2022b）。氮富集通常不影响 BGB 和禾草、莎草或杂类草的相对丰度，但会降低豆科植物的相对丰度和植物多样性（图 13-8）。

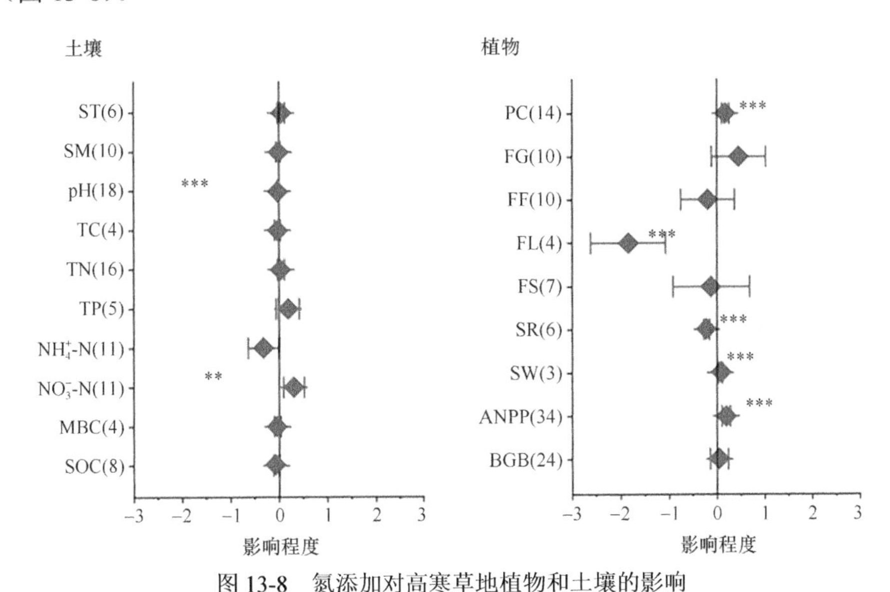

图 13-8　氮添加对高寒草地植物和土壤的影响

ST 代表土壤温度，SM 代表土壤湿度，BD 代表土壤容重，TC 代表土壤全碳，TN 代表土壤全氮，TP 代表土壤全磷，NH_4^+-N 代表土壤铵态氮，NO_3^--N 代表土壤硝态氮，MBC 代表微生物生物量碳，SOC 代表土壤有机碳，PC 代表植被覆盖度，FG 代表禾本科植物功能群相对丰度，FF 代表非禾本科杂类草植物功能群相对丰度，FL 代表豆科植物功能群相对丰度，FS 代表莎草科植物功能群的相对丰度，SR 代表物种丰富度，SW 代表香农多样性指数，ANPP 代表地上净初级生产力，BGB 代表地下生物量。$^*P<0.05$；$^{**}P<0.01$；$^{***}P<0.001$

氮富集通常不影响土壤温度、SWC、TC 或 SOC，但会降低土壤 pH（图 13-8）（Wang et al.，2022b）。氮磷耦合添加提高了 TN、TP、NO_3^--N 和 NH_4^+-N 含量，但降低了土壤 pH（Dong et al.，2020）。氮富集对不同的氨氧化微生物类群有不同的影响，氮富集增加了土壤中氨氧化细菌（AOB）的多样性和丰度，但是对氨氧化古菌（AOA）没有显著影响，而土壤中氨氧化微生物群落的变化又影响了植物的含氮量（Dong et al.，2019）。此外，氮富集还降低了微生物的总生物量和特定微生物的生物量（革兰氏阳性菌 G^+和革兰氏阴性菌 G^-）（Dong et al.，2020），使 0～10cm 和 10～20cm 土层的微生物碳分别降低 60.39%和 29.2%（赵国强等，2018）。

第三节　人类活动对高寒草地植物和土壤的影响

几千年来，放牧一直是青藏高原高寒草地主要的人类活动之一。众多研究者在草地生态系统开展了放牧研究，发现放牧能改变草地的植物群落组成和生物量，影响土壤性质，进而影响生态系统功能。由于降低了植物覆盖度、凋落物生物量和土壤湿度，放牧往往会提高（2.61±1.6）%的土壤温度（Ma et al.，2016；Lin et al.，2017）；放牧过程中，牲畜践踏能增加土壤紧实度（Li et al.，2017）和土壤容重（BD）（图 13-9），但放牧效应因土壤深度、放牧管理（连续放牧与季节性放牧）和放牧强度而异（Sun et al.，2014a）。放牧一般不改变土壤 pH（图 13-9），但在酸性（pH＜6）土壤环境中放牧可增加 pH。也有研究发现，土壤容重随放牧强度的增大而增加，而土壤 pH、TC 和 TN 的含量则随着放牧强度的增加而降低（Yang et al.，2016）。土壤碳和氮含量对放牧的响应取决于牲畜类型、放牧方式和放牧强度。放牧降低了土壤碳含量和氮含量（图 13-10A），尤其是在重度放牧下（Wei et al.，2012；Luan et al.，2014；Sun et al.，2014a；Niu et al.，2016）。然而，由于根系分泌物的增加和 SOM 分解（Lin et al.，2017；Shen et al.，2019b），夏季牦牛放牧也会提高土壤 TC 和 TN 含量。放牧增加了植物对 NH_4^+-N 的吸收（Wei et al.，2012；Jiang et al.，2018），从而使土壤 NH_4^+-N 减少（图 13-10）。针对土壤有机氮，放牧增加了土壤 DON 的含量，可能与放牧引起的植物地下生物量增加、凋落物分解率降低、植物氮吸收减少以及排泄物增加有关（Jiang et al.，2016）。

总体而言，放牧对 ANPP[观察到的地上生物量（AGB）与牲畜摄入量的总和]的影响较小，但降低了 AGB（25.00%），增加了 BGB（0.9%左右）（图 13-9）。也有研究表明，由于植物的补偿生长机制，轻度放牧反而增加了 AGB（Mipam et al.，2019）。轻度放牧下，植物物种的丰富度最高，且地上生物量相对较高（Yang et al.，2016）。放牧提高了植物丰富度和多样性（图 13-9），但放牧的影响取决于放牧家畜种类、放牧强度（图 13-10）、草地类型和放牧季节（图 13-11）。SOC 和 AGB 的降低与放牧强度呈正相关。当放牧强度高于草地承载力时，放牧对土壤养分和植物群落产生负面影响，从而导致草地退化。

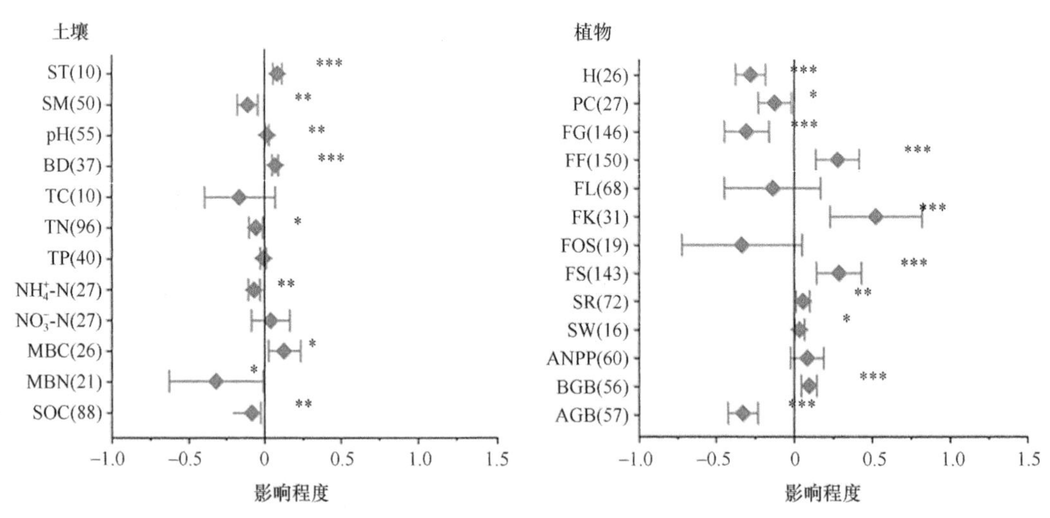

图 13-9　放牧对高寒草地植物和土壤的影响

ST 代表土壤温度，SM 代表土壤湿度，BD 代表土壤容重，TC 代表土壤全碳，TN 代表土壤全氮，TP 代表土壤全磷，NH_4^+-N 代表土壤铵态氮，NO_3^--N 代表土壤硝态氮，MBC 代表微生物碳，MBN 代表微生物氮，SOC 代表土壤有机碳，H 代表群落高度，PC 代表植被覆盖度，SR 代表物种丰富度，SW 代表香农多样性指数，FS 代表莎草科植物功能群的相对丰度，FG 代表禾本科植物功能群相对丰度，FF 代表非禾本科杂类草植物功能群相对丰度，FL 代表豆科植物功能群相对丰度，FK 代表嵩草属功能群相对丰度，FOS 代表其他植物功能群的相对丰度，ANPP 代表地上净初级生产力，AGB 代表地上生物量，BGB 代表地下生物量。* $P<0.05$；** $P<0.01$；*** $P<0.001$。后同

放牧对不同植物功能群的影响不同，可能归因于不同家畜的选择性觅食行为。放牧降低了适口牧草的盖度、平均高度、地上生物量和凋落物生物量，但增加了根冠比（R/S）。

植物群落的优势物种从适口牧草（禾本科和莎草科）转变为不适口的杂类草（菊科和毛茛科）（Yang et al.，2016）。在高寒草甸，由于放牧家畜选择性觅食使禾本科的相对丰度降低（图 13-11），而使嵩草属（*Kobresia*）植物的相对丰度提高，这解释了为什么矮生嵩草（*K. humilis*）和高山嵩草（*K. pygmaea*）在放牧条件下占主导地位。另外，牦牛放牧降低了禾本科和豆科植物的相对丰度，但增加了矮生嵩草的相对丰度（但绵羊放牧的影响较小）（图 13-10）。因此，牦牛和绵羊混合放牧比单一动物放牧能维持更高的植物丰富度（Yang et al.，2019）。

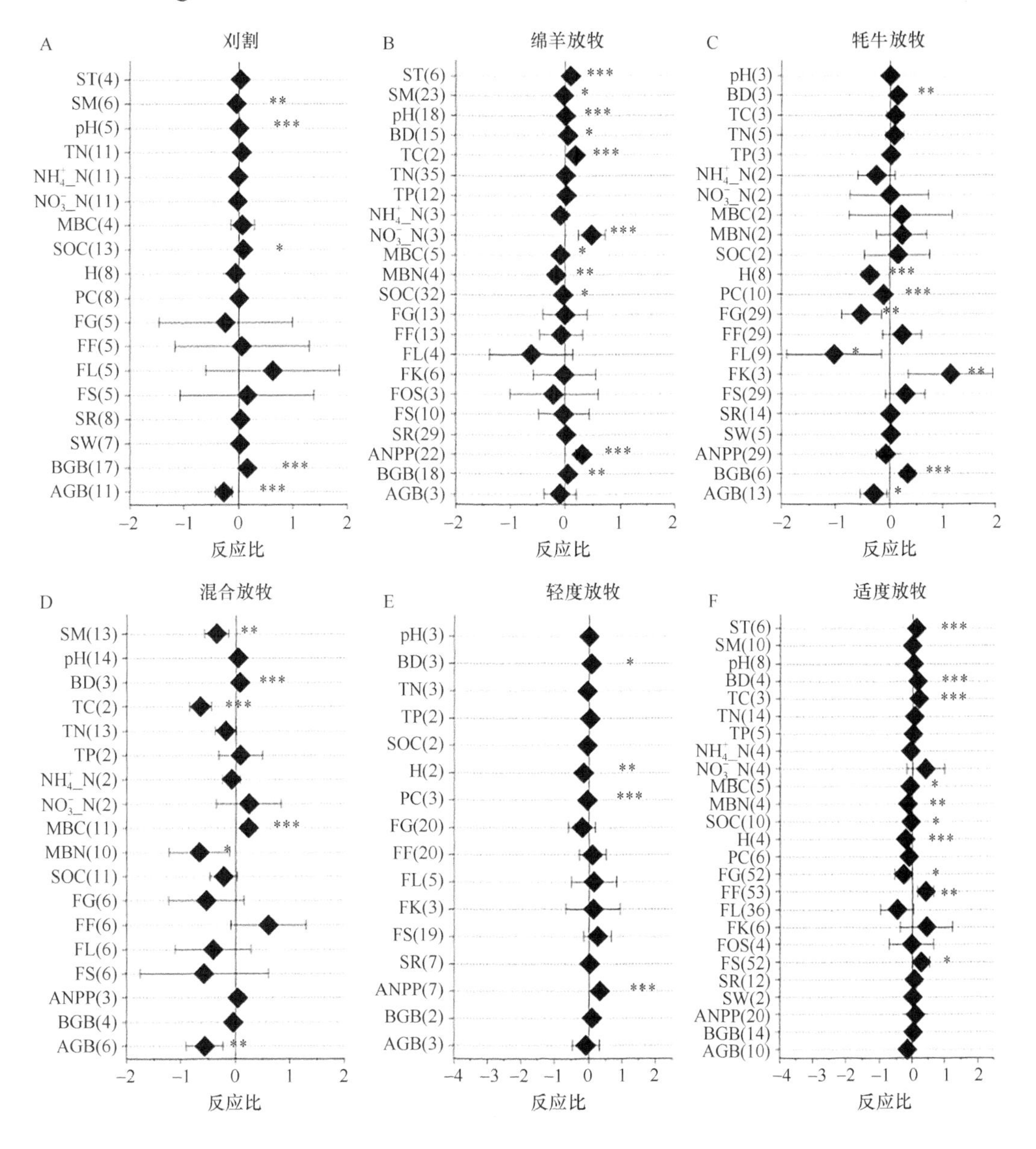

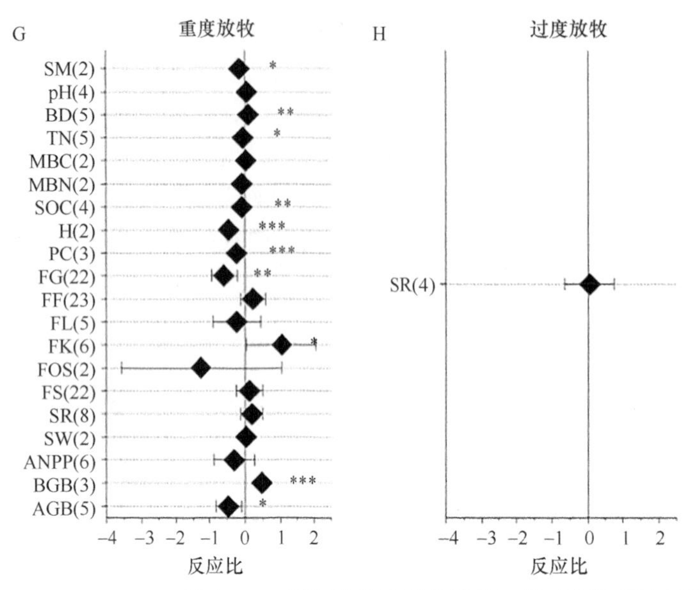

图 13-10　不同放牧家畜和放牧强度对高寒草地植物和土壤的影响

处理：刈割（A）、绵羊放牧（B）、牦牛放牧（C）、绵羊-牦牛混合放牧（D）、轻度放牧（E）、适度放牧（F）、重度放牧（G）和过度放牧（H）。计算出的效应量用于代表处理效果，括号中的数字表示样本大小

放牧降低了细菌和真菌的生物量及丰富度，还改变了特定细菌和真菌类群的相对丰度，如氨氧化细菌丰度在放牧下显著增加。放牧还增加了微生物功能基因的多样性，改变了微生物功能群的结构，并增加了碳固定、碳降解、氮矿化和反硝化基因的丰度，可能是受到尿液和粪便归还的影响（Tang et al.，2019）。

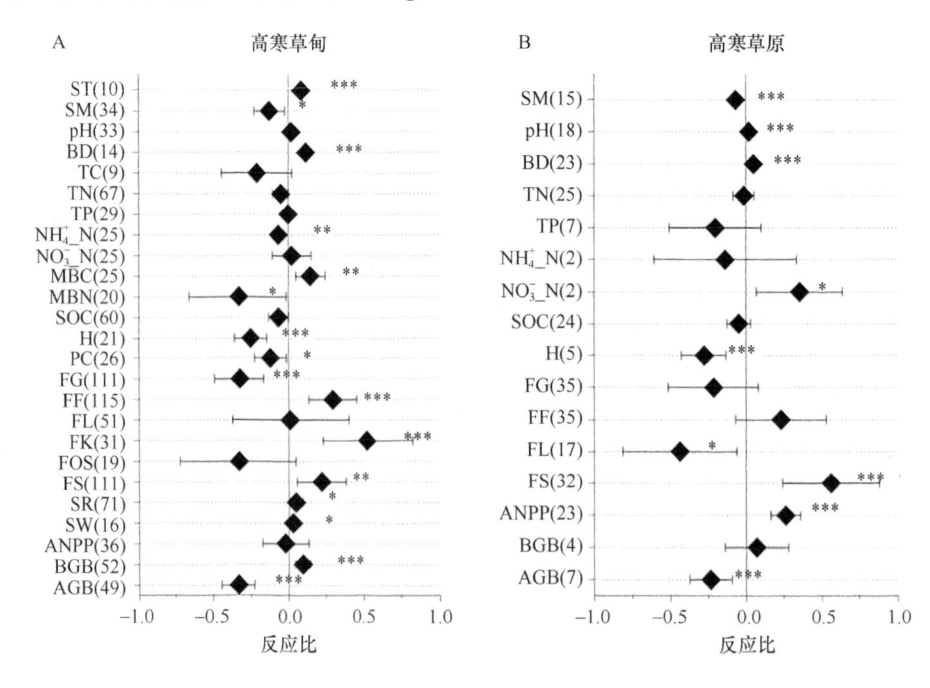

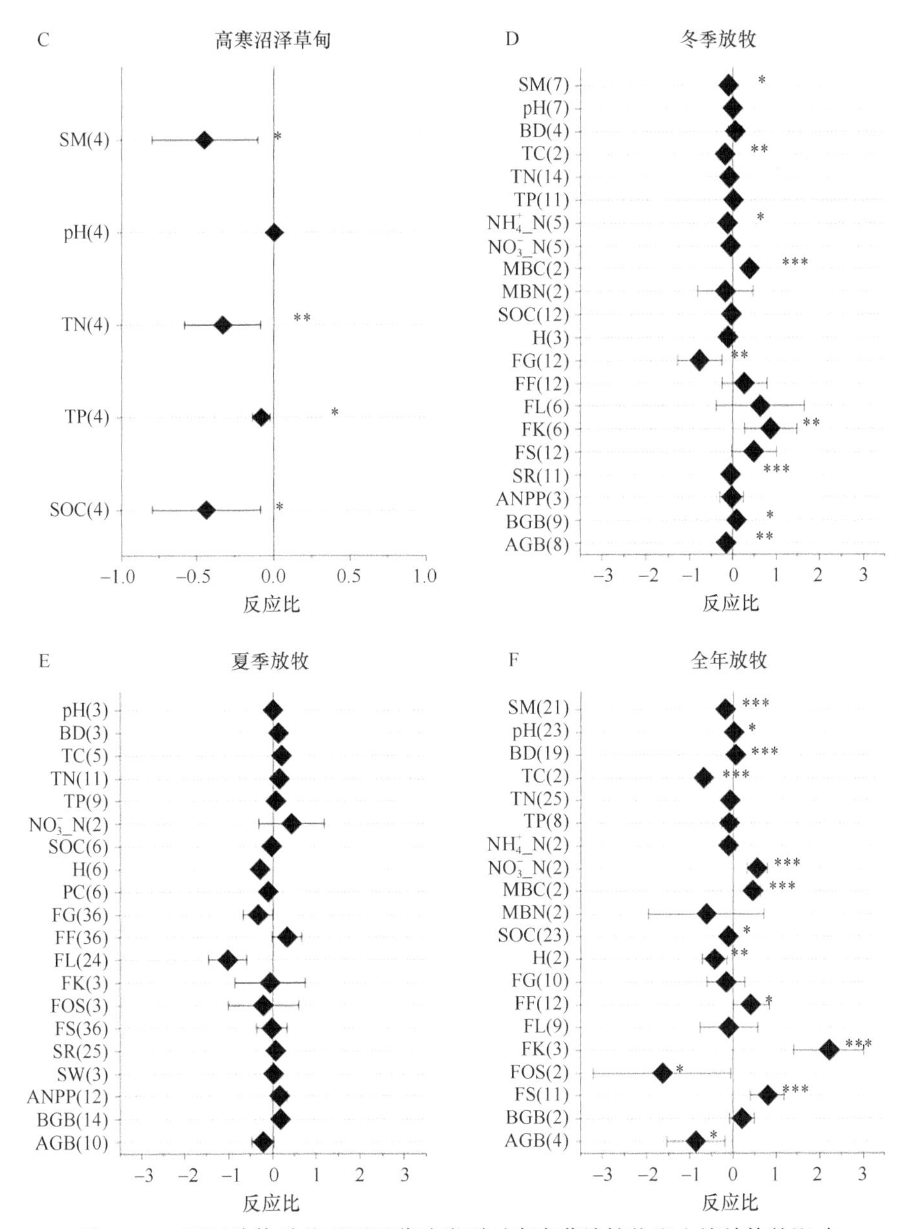

图 13-11　不同放牧季节对不同草地类型对高寒草地植物和土壤结构的影响

A. 放牧对高寒草甸的影响；B. 放牧对高寒草原的影响；C. 放牧对高寒沼泽草甸的影响；D. 冬季（冷季）放牧的影响；E. 夏季（暖季）放牧的影响；F. 全年放牧的影响；计算出的效应量用于代表处理效果，括号中的数字表示样本大小

第四节　气候变化与人类活动的互作影响及其相对贡献

气候变化（Wang et al.，2012；Zhu et al.，2016；Zhong et al.，2019）和人为活动（Wang et al.，2012；Pan et al.，2017）被认为是驱动青藏高原草地变化的主要因素。就人类活动而言，过度放牧可能会导致草地退化，而生态工程建设等则能促进退化草地恢复（Pan et al.，2017；Xiong et al.，2019）。气候变化和人为活动的相对贡献在不同研究

中存在差异，可能归因于不同研究所采用的时空尺度和分析方法的差异，以及各种驱动因素间的相互作用等。

气候变化和人为活动对草地影响具有一定的时间异质性。就 1980～2000 年和 2000～2015 年的 NDVI 变化而言，气候变化是驱动草地变化的主导因素（Chen et al.，2014；Huang et al.，2016；Wang et al.，2016；Zhu et al.，2016；Zhong et al.，2019）。然而，气候因素无法解释 2015～2020 年不同植被地理分布区的 NDVI 变化（Wang et al.，2022b）。

同时，气候变化和人为活动对草地影响具有一定的空间异质性（Chen et al.，2013；Li et al.，2018b）。基于 MODIS NDVI 数据，青藏高原南部草地对温度更敏感，而青藏高原东北部草地在 2000～2016 年对降水反应强烈（Li et al.，2019c）。从 2001 年到 2018 年，青藏高原东南部和西北部的植物群落分别主要受增温和降水量增加影响（Wang et al.，2020）。青藏高原东部和西部 GPP 的影响因素分别以降水量和温度为主（Yao et al.，2018）。在青藏高原北部的高寒草甸中，控制试验表明，降水量增加对植物生产力的影响大于增温（Fu et al.，2018）。在藏北高寒草地，温度和降水量等气候因素，以及人口密度、放牧密度和人均 GDP 等人为因素共同决定了植被的变化（Ran et al.，2019）。

不同驱动因素对草地变化的影响存在相互作用。例如，具有深根的抗旱植物在气候变暖下可能增多（Wang et al.，2012；Ganjurjav et al.，2016；Liu et al.，2018），因为更深的根系能促进吸收更多水分。此外，降水量变化与增温的相互作用对 ANPP 的影响显著（Liu et al.，2018；Chen et al.，2020）。根据降水量变化和增温的幅度，降水量增加可能抵消增温对植物生物量的正效应（Zhao et al.，2019；Hu et al.，2020），而降水量减少则会加剧增温下植物生物量的减少（Liu et al.，2018）。增温会降低干旱下矮生嵩草的盖度，但会增加湿润条件下高山嵩草的盖度（Li et al.，2018a）。降水量减少抑制了增温对深层土壤氮矿化的刺激作用，而降水量增加则加强了这一过程（Heng et al.，2011）。增温和放牧对不同植物功能群 ANPP 产生相反的影响，放牧抑制了增温导致的丰富度下降（Klein et al.，2004；Wang et al.，2012；Dorji et al.，2018）；特别是增温和放牧对植物丰富度的影响随着时间的推移而变化，如短期增温（5 年）降低了植物丰富度（Wang et al.，2012），但长期增温（10 年）使这种负效应随着时间的延长而降低甚至消失（Liu et al.，2021）。

与放牧相比，增温对 ANPP 和植物丰富度的影响更大，后者受到降水量、禾草盖度和植物多样性调控（Wang et al.，2012）。放牧对 ANPP 促进效应可能与放牧的补偿效应（Sun et al.，2014b；Li et al.，2017）和植物多样性的增加有关（Chen et al.，2018）。在高寒草甸，降水量增加对 ANPP 的影响比增温更大（Wu et al.，2014；Fu et al.，2018），而在 NDVI 的研究中同样观察到降水量的影响更大（Sun et al.，2013）。

结构方程模型表明（图 13-12），降水量、温度和放牧对 ANPP 均有直接的正效应，但降水量的净效应最大（0.48），温度次之（0.34），放牧的效应最小（0.22）（图 13-11）。降水量变化（261～858mm）、年均温变化（–7.86～2.65℃）及放牧[0～5.62 头/(h m^2·a)]对 ANPP 的净效应（包括直接和间接效应）分别为 0.27、0.25 和 0.13。类似的，增温比放牧对 ANPP 和物种丰富度的影响更大，受到降水量、优势功能群以及植物多样性的调控（Wang et al.，2012）（图 13-12）。放牧提高了 ANPP，可能与放牧增加了植物补偿性生长（Sun et al.，2014；Li et al.，2017；Shen et al.，2019a，b）和提高了植物多样性（Chen et al.，2018）有关。有研究发现降水量增加对 ANPP 的影响比增温的影响更大（Wu et al.，2014；Fu et al.，2018），与区域上 NDVI 的监测结果一致（Sun et al.，2013），可能与降水量变化改变了植物群落优势度、增加了植物多样性有关（图 13-12）。

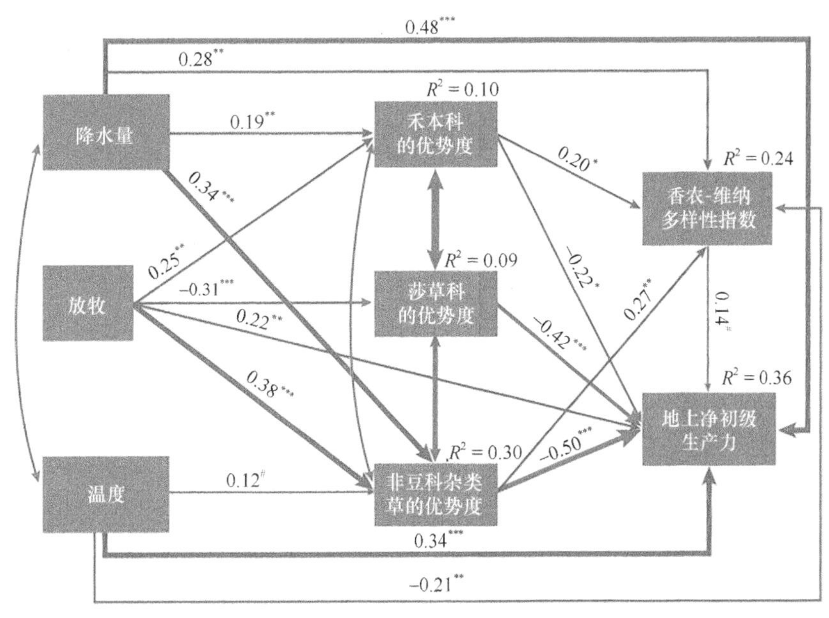

图 13-12　不同因子对地上净初级生产力的直接和间接影响（基于控制试验）

第五节　适应性管理

为了恢复退化草地，2000 年以后青藏高原实施了一系列生态保护政策，以及由政府主导的生态保护项目或工程（Yao et al.，2018），如禁牧、部分禁牧或围栏封育、自然保护区、以草定畜和定居等措施，被认为是青藏高原 NPP 增加的主要原因。

一、围封禁牧

围封对高寒草地土壤和植物产生了显著影响（图 13-13）。围封或禁牧增加了土壤湿度、SOC、TN 和 NH_4^+-N。有研究发现短期禁牧下，土壤总养分基本保持不变（Lu et al.，2015；Yuan et al.，2020），可能与围封的持续时间和草地退化阶段不同有关；然而，NO_3^--N 和碱解氮减少（Gao et al.，2011；Lu et al.，2015；Yao et al.，2019），可能是由于植物氮吸收增加所致（Lu et al.，2015）。此外，禁牧增加了土壤粉砂含量、黏土含量和含水量，但减少了含砂量、降低了容重（Gao et al.，2011；Lu et al.，2015）。土壤微生物的生物量对禁牧的响应因研究地点而异，增加、减少和不变的结果均有报道（Wang et al.，2022b）。即使短期禁牧也能改变植被盖度、地上生物量、根冠比、N∶P 和土壤 TC、TP 含量（杨振安等，2017）。总体而言，由过度放牧导致的土壤退化可通过围栏封育至少实现部分扭转。

围封禁牧使退化草地的 AGB 增加 18%～246%、BGB 增加了 13%～279%（Wu and Wang，2017），但也有相反的报道（图 13-13）（Wang et al.，2022b）。对于根茎比或地下地上生物量比，禁牧使之降低了 18%～68%。此外，禁牧对 AGB 和 BGB 的促进效应随着海拔升高而减弱（Zhao et al.，2016）。围封禁牧使禾本科植物的相对丰度提高，而杂类草的相对丰度保持不变或降低。

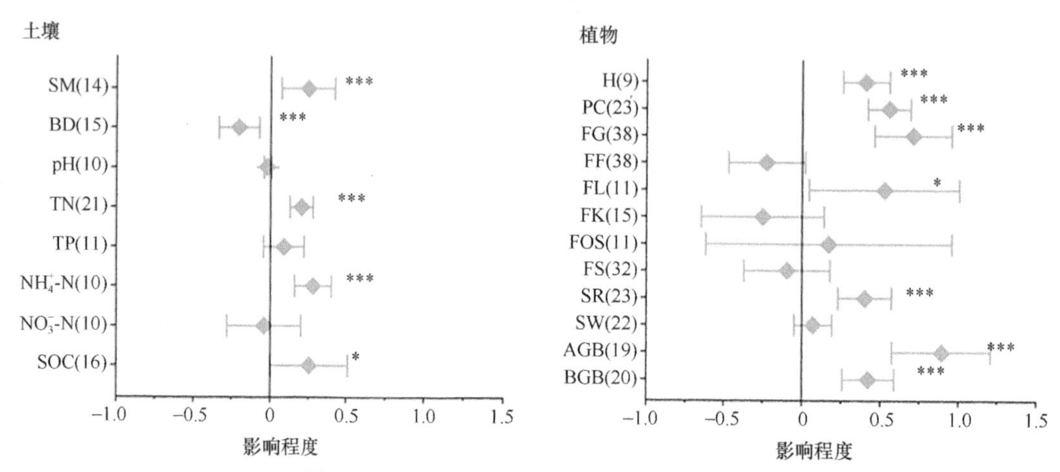

图 13-13　围封对高寒草地土壤和植物的影响

SM 代表土壤湿度，BD 代表土壤容重，TN 代表土壤全氮，TP 代表土壤全磷，NH_4^+-N 代表土壤铵态氮，NO_3^--N 代表土壤硝态氮，SOC 代表土壤有机碳，H 代表群落高度，PC 代表植被覆盖度，FG 代表禾本科植物功能群相对丰度，FF 代表非禾本科杂类草植物功能群相对丰度，FL 代表豆科植物功能群相对丰度，FK 代表嵩草属功能群相对丰度，FOS 代表其他植物功能群的相对丰度，FS 代表莎草科植物功能群的相对丰度，SR 代表物种丰富度，SW 代表香农多样性指数，ANPP 代表地上净初级生产力，AGB 代表地上生物量，BGB 代表地下生物量

围封禁牧一般会增加植物群落的均匀度（图 13-13），但也有少数情况例外。禁牧对植物丰富度和多样性的影响过程比较复杂，甚至同一地点不同样方间都存在较大差异（Yuan et al.，2020）。围封禁牧对植物多样性的影响还存在时间效应，有研究发现 3～5 年的禁牧增加了植物多样性，7 年的禁牧却降低了植物多样性（Zhang et al.，2013），禁牧 4～6 年后植物生物量和多样性出现单峰峰值（吴建波和王小丹，2017）。

尽管草场围封管理有利于草地的恢复，但也存在一些负面效应。例如，围栏割裂了野生动物的生境，阻断了迁徙通道，导致野生动物生境的破碎化，影响其生存与繁殖。无围栏地区的放牧压力可能增加，从而降低牧民生计（Smith et al.，2020；Sun et al.，2020）。

二、自然保护区/地

青藏高原独特的地貌特征与气候条件孕育了丰富的动植物资源，形成了野生动物与家畜长期共存的格局。如何正确处理野生动物保护与草地畜牧业发展间的关系，对推动生态保护工作的统筹发展、促进生物多样性、提升区域自然-经济-社会的有序协调发展具有重要意义。

受气候变化及人类活动增强的影响，保护野生动物生存空间和发展草地畜牧业之间的矛盾日益突出。为了遏制草地退化、保护珍稀野生动植物，截至 2012 年，青藏高原上建立的自然保护区面积占整个青藏高原面积的近 1/3（Zhang et al.，2016；Hu，2020）。与邻近的非保护区相比，大多数自然保护区增加了 ANPP。然而，由于政策实施强度的不同，不同保护区之间的保护效果差异很大（Zhang et al.，2016）。总之，保护区的建立初步遏制和部分逆转了草地退化（Shao et al.，2017）。

野生动物保护和畜牧业发展之间存在资源及空间竞争。人口数量的增加也带来了牲畜数量的增多，过多的牲畜势必会导致草场植被生产力的减少、放牧空间需求增大，挤压了野生动物的采食空间（蒋志刚，2009）。青藏高原生态环境综合治理和生物多样性维护是实现野生动物保护和可持续发展的关键。然而，目前的自然保护区建设普遍采用“生态孤岛”式的建设模式，很难有效保护生物多样性（Roever et al.，2013；穆少杰，2014）。若保护区内有人定居和开展生产活动，既要实现对自然资源的可持续利用，又要强化自然保护区的保护功能，必须认识到自然保护区是为保护生物物种、保证野生动物生存需要的食物、水源和空间而设置的（蒋志刚等，2018）。

野生动物保护和畜牧业发展面临的困境需要在发展中解决。通过完善法律法规、加强自然保护区的管理维护、合理规划保护区内人类活动的范围和家畜存栏量等，同时对野生动物进行实时监测、推行生态效益补偿等措施，能有效缓解和改善野生动物保护与畜牧业发展之间的矛盾。

三、基于草-畜平衡的适应性管理

“以草定畜”是典型的适应性管理策略，被广泛用于管理资源和环境。适应性管理涉及监测（Bardgett et al.，2021），并根据系统的变化等调整决策。在适应性管理实践中，根据生产力或草-畜平衡决定放牧强度或休牧是广泛实施的管理措施（Li and Li，2012；Du，2019）。

尽管草地承载力随时间和空间而变（Li and Li，2012；Yu et al.，2020），然而，为了简化管理，管理部门往往倾向于给出一个“一刀切”的载畜量，可能导致当地的牲畜配额与相关的生态补偿不匹配（Deng and Li，2006；Du 2019）。此外，占牧民比例最高的小规模游牧可能是造成过度放牧的主要因素之一（Zhou et al.，2019），但对他们的监测和管理成本很高。目前，81%的牧民支持“以草定畜”政策，74%的牧民希望维持生态补偿制度（Li et al.，2013）。“生态保护”是青藏高原高寒草地优先考虑的工作，预计生态补偿金将作为缓解放牧压力的有效手段之一长期持续发放（Fan et al.，2017）。

四、定居和城镇化

青藏高原正经历着快速的城市扩张。2000～2015 年，青藏高原上的城市建筑面积从 162.9km^2 增加到 348.6km^2，城市人口从 550 万增长到 1800 万（Kuang，2021）。城市扩张与青藏高原的人口增长密切相关，据评估，2019 年城市边缘宽度，每增加 1000 人就相应增加 21m（Tian and Chen，2022）。交通基础设施建设伴随着城市化进一步挤压了草地面积，可能加剧草地退化。退化草地面积随距道路距离的增加而明显减少，而 74.19%的草地退化发生在距离道路 10km 以内（Liu and Lu，2021）。

牧民定居对草地质量和草地管理有着深远的影响。在政府政策的支持和推动下，青藏高原上越来越多的牧民正从游牧转向定居或半定居（Xu et al.，2017）。定居提高了牧民的生活水平，但对草地质量的影响非常复杂。随着居住区土地利用的多样化，空间异质性增加。一些地区在居民点周围持续进行高强度的放牧，而有些地区的放牧强度减少或用于其他非放牧用途（Weber and Horst，2011；Xu et al.，2017）。虽然这一过程造成的草地退化程度尚不清楚，但往往靠近居民点的草地面临着更严重的退化风险（Li et al.，2019a；Zhang et al.，2020）。

第六节　未来研究展望

尽管国内外已经开展了很多有关气候变化与人类活动对高寒草地生态系统结构和功能影响的研究，但大多数聚焦于地上监测，对土壤有机碳的形成过程及其稳定性机制还缺乏深入理解。全球高寒冻土区土壤中储存了 1000～1700 Pg 的有机碳，相当于全球土壤总碳储量的 60%左右（Schuur et al.，2015；McGuire et al.，2018），而这些地区正在经历着比全球平均水平高 2 倍以上的温暖化速率（Schuur et al.，2015；Johnston et al.，2019）。有研究预测，根据《巴黎协定》，即使未来增温能够控制在 2℃以内，高寒地区近地表多年冻土将会出现 40%左右的退化（Chadburn et al.，2017），其中蕴藏的有机碳将被大量释放到大气中，进而会对增温产生正反馈（Miner et al.，2022）。青藏高原是除极地以外最大的高寒冻土分布区（赵林和盛煜，2019），包括季节性冻土和多年冻土区，土壤中蕴含着 35～160Pg 有机碳（Ding et al.，2019）。有研究表明，自 20 世纪 80 年代以来，气候变化特别是增温导致了该地区约 20%的多年冻土融化，进而发生了退化（赵林和盛煜，2019）。由于高寒冻土区气候变暖是全球平均水平的 2～3 倍，且其土壤中的有机碳库动态对气候变化更敏感，因此，未来亟须加强气候变化对季节性和多年冻土区土壤碳循环关键过程，以及土壤有机碳形成及其稳定性的研究。

一、季节性冻土生态系统碳循环关键过程对气候变化的响应

大量研究表明，增温提前了植物返青、延迟了枯黄期，从而延长了整个植物生长季，进而提高了植物生产力，但这种正效应因草地类型、增温幅度和试验时间的长短而异（Shen et al.，2022；Wang et al.，2022a）。总体上，增温显著改变了植物种类组成，如提高了禾本科和豆科植物的比例、降低了杂类草比例（Walker et al.，2006；Wang et al.，2022b），且短期内（＜5 年）降低了植物丰富度和多样性，但这种负效应随着增温时间延长（如＞10 年）而下降（Liu et al.，2021）。尽管有研究发现增温降低了高寒草地生产力的稳定性（Ma et al.，2017；Quan et al.，2021），但进一步研究发现主要是试验期间长期环境背景温度调控了增温处理的效应（Liu et al.，2021）。增温同时加快了根系生产和周转率（Wu et al.，2020），加速了凋落物和根系分解（Lv et al.，2020a；Li et al.，

2022；Zhou et al.，2022），但加快的凋落物分解过程中，碳更多的是以 CO_2 形式释放到大气中，即分解过程中以 CO_2 排放的温度敏感性比以可溶性有机碳（DOC）释放的温度敏感性更大（阿旺等，2021）；同时还发现增温导致凋落物的数量和质量变化，从而引起分解速率和养分再循环的变化（Gartner and Cardon，2004）。还有研究发现增温改变了土壤微生物的结构和功能（Tang et al.，2019），特别是微生物对增温的适应（Li et al.，2019a，b）以及增温降低了降解惰性碳的功能基因丰度（Yue et al.，2015）可能是导致高寒草甸生态系统净碳交换特征没有显著变化（Lv et al.，2020b），以及土壤表层有机碳储量保持相对稳定（Chen et al.，2022b；Wang et al.，2022b）甚至有所增加（Ding et al.，2019）的主要原因。特别是大量研究表明上述增温的效应受到降水量或土壤水分含量以及试验年限的调控（Walker et al.，2006；Wang et al.，2022b）。然而，目前的增温试验尚缺乏增温幅度与水分变化的耦合试验研究，且试验年限较短（一般＜5 年），主要关注气候变化对上述生态系统碳循环关键过程的影响（Song et al.，2019），仍然缺乏不同气候变化情景对季节性冻土土壤团聚体分布、矿物-有机碳关联的形成、不同有机碳组分的温度敏感性等土壤有机碳形成关键过程的影响及其机制的研究。

二、多年冻土生态系统碳循环关键过程对气候变化的响应

野外控制试验和模型等研究表明（Schuur et al.，2015），由于增温导致的多年冻土融化使得以前封存在多年冻土中的有机碳被大量释放出来，如发现增温背景下多年冻土中的活性碳组成短期内就会通过呼吸释放出来（Dungait et al.，2012；Moni et al.，2015），而惰性碳组分在冻土融化后可能在更长的时间内对土壤呼吸有更大的贡献（Schadel et al.，2014），从而使得多年冻土生态系统变成碳源（Feng et al.，2020），其中深层土壤碳释放约占 40%（Hicks et al.，2017）。增温改变了微生物群落结构（Feng et al.，2020），提高了活动层中参与土壤有机碳（SOC）分解的基因数量（Xue et al.，2016）和降低惰性碳分解的基因丰度（Yue et al.，2015；Wu et al.，2022），同时也通过提高有关微生物的酶活性而加快 SOC 的分解（Li et al.，2019a）。然而，这些研究都没有提供直接的野外原位观测数据以阐明整个多年冻土生态系统增加的有机碳释放量有多少直接来源于新近融化的多年冻土；另外，也缺乏对多年冻土深层土壤碳释放响应不同气候变化情景的研究（Mishra et al.，2021），难以回答活动层不断增加后土壤碳释放的贡献机制。研究发现增温改变了青藏高原冻土冻融交替模式（Wang et al.，2020），室内培养试验表明冻融交替降低了土壤团聚体的稳定性（Oztas and Fayetorbay，2003）。冻融作用加快土壤呼吸的影响程度主要取决于冻融速率、温度、冻融交替次数、土壤含水量、土壤结构等要素（杨红露等，2010；王恩姮等，2014；Mackelprang et al.，2011）。然而，上述大多数研究均是在室内进行的，而我们在西藏那曲 2 年的野外监测研究表明，增温和增水背景下季节性冻土冻融交替模式的变化与生态系统呼吸变化存在解耦合关系（Wang et al.，2020）。这说明由于青藏高原多年冻土生态系统与环北极地区的多年冻土生态系统具有显著不同的特点（赵林和盛煜，2019），因此，在环北极地区获得的有关认知很难直接推理到青藏高原多年冻土生态系统。

青藏高原地区总面积的40%分布着多年冻土生态系统（赵林和盛煜，2019）。近 30 年来，高原多年冻土的退化趋势明显，如青藏高原北侧西大滩和中部安多县两道河青藏公路沿线附近多年冻土面积分别缩小了 12.0%和 35.6%，表现为岛状多年冻土逐渐消失、多年冻土上限下降、多年冻土厚度减小而活动层厚度增大（赵林和盛煜，2019）、季节冻土冻结深度减小和冻结时间缩短等变化趋势（Wang et al.，2020）。目前很多研究者利用模型（Schaefer et al.，2011；MacDougall et al.，2012）、野外控制试验和室内培养试验（Walz et al.，2017；Ren et al.，2020），以及利用 $\Delta^{14}C$ 和 $\delta^{13}C$（Hicks et al.，2017）等技术方法开展的研究表明，增温加速了多年冻土区土壤（包括老活动层+新融化的多年冻土层）有机碳的快速释放，特别是近年来研究表明多年冻土突然快速融化（如热融喀斯特现象）比渐进式融化对碳循环关键过程的影响可能更大（Turetsky et al.，2020；Miner et al.，2022），因此近期备受关注，如多年冻土突然融化会造成地面沉降而形成更湿润的土壤环境，甚至形成热融喀斯特（Miner et al.，2022），这种突然融化对区域水平生态系统的水热条件和植被变化的影响可能进一步放大了增温效应并加快了多年冻土的融化（Williams et al.，2020；Walter et al.，2021）。理论上，增温一方面导致了融化后的多年冻土释放出大量的 CO_2，另一方面通过老活动层土壤的加热效应增加了其 CO_2 的释放，这两个过程共同决定了整个多年冻土土壤剖面 CO_2 释放量的增加。然而，由于技术等原因，目前几乎所有的野外原位监测都很难定量区分这两个过程对整个多年冻土土壤剖面 CO_2 释放增加的相对贡献，因为从地表直接观测的结果实际上是上述两个过程 CO_2 释放的总和。然而，由于快速土壤融化会导致多年冻土生态系统老活动层与新融化的多年冻土层之间进行物质（如氮和活性碳等）和水分交换，这些过程如何影响多年冻土中不同碳组分呼吸的温度敏感性及其机制还缺乏深入研究，严重制约了我们对未来气候变化情境下多年冻土融化后 CO_2 释放的直接贡献及其对气候变化反馈程度的评估。

三、土壤有机碳形成及其稳定性对气候变化的响应

尽管很多研究者开展了 SOC 形成及其稳定性机制的研究，但目前仍然存在较大的不确定性（Whalen et al.，2022）。核心的争论主要集中在植物输入（如植物根际分泌物和凋落物 DOC）和微生物残体输入对 SOC 的贡献及其路径（Liang et al.，2017；Craig et al.，2022；Whalen et al.，2022）。例如，有研究表明微生物残体对 SOC 的直接贡献达到 30%～80%，具体取决于土壤类型以及土壤 SOC 组分（Liang et al.，2019；Angst et al.，2021）。因此，有人认为微生物生理特性（如生长速率和碳利用效率）可能控制了 SOC 的形成（Buckeridge et al.，2020），且与稳定性碳库[如与矿物关联的 SOC（MAOC）]形成有关（Liang，2020；See et al.，2022）。但也有研究发现，大量的低分子质量产物（50%～70%的糖、10%～20%的氨基酸和 20%～30%有机酸等）由植物根系向土壤输送，植物通过根系分泌物和凋落物（包括根系）分解的碳输入对 SOC 的直接贡献达到 20%～70%（Liang et al.，2019；Angst et al.，2021；Craig et al.，2022）。大团聚体通常是小团聚体与菌丝、处于分解状态的根系和矿物质胶结缠绕而成，因此团聚体的形成是微生物直接参与的固碳过程（Sarker et al.，2018），球囊霉素类相关蛋白是唯一来源于丛枝菌根

真菌的蛋白质，具有非常强的胶结土壤团聚体的作用，可指示土壤 SOC 的稳定性（Liu et al.，2020）。有研究发现，增温提高了凋落物和根系生物量及其分解速率（Li et al.，2022；Zhou et al.，2022），可能进一步增加根系分泌物和 DOC 淋溶到土壤中，进而同时增加了土壤微生物对 SOC 的分解和贡献作用。然而，也有研究发现，增温和减水主要降低了深层土壤的 SOC、微生物碳利用效率和微生物残体的积累，但对表层土壤的影响不显著，主要增加了深根系植物及深层土壤 N 缺乏对微生物活性的限制（Zhu et al.，2021）。有研究表明，土壤微生物对颗粒碳（POC）和矿物结合态有机碳（MAOC）的可利用性存在显著差异（Whalen et al.，2022）。特别是冻土融化后，铁矿物会发生溶解性还原反应，使土壤中 Fe^{3+}变成 Fe^{2+}，导致吸附的 SOC 从矿物表面分离，溶解到孔隙水中，进而提高了底物的可获得性（Monhonval et al.，2021；Patzner et al.，2022）。然而，目前在气候变化背景下对有关土壤微生物如何调控 POC 和 MAOC 矿化温度敏感性，以及是否通过改变铁离子的存在形式和铁铝矿物与 SOC 间的吸附关系进而改变 SOC 释放的机制还知之甚少。

另外有研究表明，表层土壤中 90%的有机碳储存于土壤团聚体中，且不同粒级团聚体具有不同的碳稳定性（Campos et al.，2017；Kan et al.，2020）。特别是不同粒级的土壤团聚体具有不同的形成机制，其形成过程和稳定性在调节土壤碳源/汇功能方面的作用是不同的（Whalen et al.，2022）。研究发现，土壤中 70%左右的有机碳储存于＜53μm 粉黏粒团聚体中，这类微团聚体中有机碳难被分解利用，周转时间长、保留时间长；而大团聚体容易被破坏，只能为土壤有机碳提供较短时间的物理保护作用（Six et al.，2004；Lehmann et al.，2017），也有研究发现土壤有机碳随着时间的延长有从大团聚体向小团聚体转变的趋势（Paradelo et al.，2019）。同时有研究表明，土壤矿物-有机碳关联的形成是全球碳循环中的一个关键过程，其中 POC（主要来源于植物碳源）和 MAOC（主要来源于微生物碳源）（Angst et al.，2021；Whalen et al.，2022）在分子组成、稳定性和周转率方面存在显著差异，对这些指标的观测是预测土壤有机碳动态变化的功能性组分指标（Witzgall et al.，2021）。植物地上地下碳分配模式、根系周转和分解、土壤微生物等过程在土壤有机碳形成与转化过程中发挥了非常关键的作用（Crowther et al.，2018；Zhu et al.，2021），并最终可能对土壤有机碳的稳定性产生影响（Angst et al.，2021；Whalen et al.，2022）。

四、未来需要加强的研究方向

1. 控制试验和适应性管理措施

由于不同控制试验中不同的增温方式对草地植物和土壤具有不同的效应，因此对不同增温试验结果的比较必须谨慎。气候变暖条件下，深根系植物趋于增加，而根系功能群植物变化驱动的碳库积累非常重要，但有关研究往往被忽视了，因此，亟须深入研究增温方式对深层土壤碳循环的影响及其机制。特别是多年冻土区储存了巨量的有机碳，在气候变暖背景下由于多年冻土层融化带来了土壤水文过程的变化，温度与水分的互作效应决定了草地生态系统有关过程的响应方向和程度。因此，亟须聚焦青藏高原多年冻土生态水文过程及其植物群落在气候变化下的变化，尤其关注冻融循环期间多年冻土层碳释放的生物过程和物理过程，以及它们在生态系统反馈中的作用。另外，目前正在进行的研究很少考虑多个因素的综合作用和相互作用（Tang et al.，2019），亟须开展如增温、降水量变化、放牧和氮添加等多要素的耦合影响研究，以深化对高寒草地的变化及其机制的认识，加强气候变化和人类活动对退化的相对贡献的理解。

草地退化与社会经济发展息息相关，不可避免地影响着草地的可持续性利用。旅游业近些年来发展迅猛，如2017年旅游业收入分别占青海省和西藏自治区生产总值的13%和29%（Zhong，2018）。越来越多的游客将直接或间接影响草地的生态环境；同时，随着人口和能源需求的持续增长，越来越多的牦牛粪燃烧可能导致土壤养分流失（Ruess and McNaughton，1987；Zhuang et al.，2021），加剧牧区的草地退化。因此，评价牦牛粪便归还草地对退化草地恢复的影响至关重要。

另外，自 2000 年以来，青藏高原实施了一系列政府主导的生态保护政策和项目，以恢复青藏高原的退化草地。毫无疑问，草地管理政策将影响生态系统功能及其与社会系统的互作。因此，需要更多的研究评估这些政策与项目实施的有效性。此外，在保护野生动物的政策下，大型野生草食动物在保护区内的种群数量迅速增长，引起的牧压也不容忽视，但目前仍缺乏研究。

总之，为了促进青藏高原生态-社会系统的可持续发展，以及人类系统和自然生态系统之间的和谐，可行的管理实践、政策或规划至关重要。因此，未来研究需要我们加强对自然生态系统变化的驱动因素和潜在机制的理解，以及评估社会经济变化、适应性管理和生态恢复项目或工程对草地变化或退化的影响。

2. 生态过程对增温的非线性响应模式及其阈值研究

冻土中 SOC 释放的潜力很大程度上是由增温幅度决定的，也决定了其对大气增温的反馈潜力（Schuur et al.，2015；McGuire et al.，2018）。然而，目前绝大多数控制增温试验都只设置有重复小区的增温与不增温两种处理（如只设计增温与不增温处理、每种增温梯度有 4 个重复，共 8 个小区），这种设计均利用方差统计分析检验处理的效应，可能得出的结论是线性的（图 13-14A：重复设计）。然而，理论上，很多生态过程对增

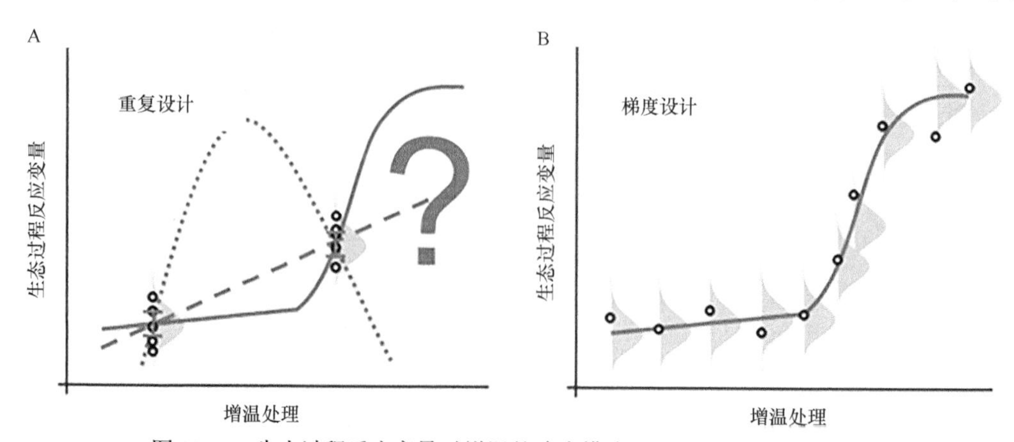

图 13-14　生态过程反应变量对增温的响应模式（Kreyling et al.，2018）

温的响应都是非线性的，即存在反应阈值（Kreyling et al.，2018）。更重要的是，只有将经验的控制试验结果用数学公式得出定量的反应方程时，才可以为发展有关模型贡献知识积累。如果既能设计不同增温梯度，又能设置重复则更为理想。实际上，由于经费有限等条件限制，不太可能在设计多梯度增温的同时又设置几个重复，因此有人建议可以牺牲重复而增加增温的梯度（如设计 8 个增温梯度但没有重复的试验），这种试验设计可能比上述试验设计更优，因为这样就可以获得非线性的反应方程，为模型提供更好的服务（Kreyling et al.，2018）（图 13-14B：梯度设计）。

3. 土壤碳组分来源及其储量变化特征研究中新技术的应用

由于土壤 SOC 碳库量很大且影响因素很多（杨元合等，2022），很难短时间内监测到其总量的变化，特别是增温试验一般都较短（＜5 年），尚未监测到增温对高寒草地表层土壤 SOC 库大小的影响（Chen et al.，2022；Wang et al.，2022b）。然而，由于增温导致植物组成，特别是深根系植物的增加（Liu et al.，2018），因此，长期而言，可能会对土壤 SOC 碳库特别是对不同 SOC 组分储量产生显著影响。近年来，生物标志物技术被广泛用于指征特定来源有机碳对 SOC 的相对贡献，目前生物标志物在揭示 SOC 的组成、来源、稳定性及其对全球变化的响应方面表现出巨大优势（冯晓娟等，2020；Angst et al.，2021）。同时，稳定碳同位素技术是研究陆地生态系统碳循环常用的办法（葛体达等，2020），研究人员利用长期野外定位试验或室内培养试验结合 ^{13}C 同位素示踪法，量化光合碳在植物-土壤中的转移与转化，明确不同碳组分对土壤碳动态的影响（Wang et al.，2021；Zhu et al.，2021）。另外，以前的研究认为土壤中的稳定碳库主要由植物体中难降解成分构成，但随着质谱分子技术的发展，现在有人认为土壤微生物及其残体才是土壤稳定性碳库的重要组成（Liang et al.，2017）。因此，亟须利用上述现代研究技术在不同气候变化背景下开展深入研究。

4. 不同土壤碳组分的温度敏感性和稳定性机制

不同学者依据不同的研究目的对土壤碳组分进行不同的分类，如根据土壤团聚体粒径大小分为大团聚体（250～2000μm）、微团聚体（53～250μm）和粉黏团聚体（＜53μm），而不同团聚体大小对 SOC 的物理保护作用是不同的，粒径越小，其保护作用越强（Lehmann et al.，2017）。然而其分解对不同气候变化情景的温度敏感性如何尚知之甚少。也有人将 SOC 分成活性碳和惰性碳，根据“碳质量-温度”假说和“酶促反应动力学”等理论，认为惰性碳的温度敏感性比活性碳更高（Fierer et al.，2006）。还有人将 SOC 分成新碳和老碳，认为多年冻土融化导致生态系统呼吸增加时，上壤中的老碳会很快分解（Hicks et al.，2015）。还有人将 SOC 分成 POC 和 MAOC 等组分，有研究表明土壤微生物对颗粒碳（POC）和 MAOC 的可利用性存在显著差异（Whalen et al.，2022），特别是增温可能会通过影响土壤中铁离子的存在形式、铁铝矿物与 SOC 间的吸附关系进而影响 POC 和 MAOC 的温度敏感性（Monhonval et al.，2021；Patzner et al.，2022）。因此，阐明这些不同碳组分的变化动态及其温度敏感性响应特征，揭示土壤 SOC 响应不同气候变化情景的潜在生物和非生物调控机制，将有助于准确理解土壤 SOC 形成及其稳定性并预测对气候变化的反馈作用。

5. 多年冻土快速融化对整个土壤剖面 CO_2 释放量的直接贡献及其机制

以前人们更多利用 $\Delta^{14}C$ 和 $\delta^{13}C$ 等技术方法开展原位监测研究，并以新碳和老碳释放量占整个生态系统 CO_2 释放量增加的贡献间接估算新融化的多年冻土的相对贡献（Hicks et al.，2015，2013）。然而这种方法存在很大的不确定性，如多年冻土中仍然封存了大量的新碳，但其融化后也会很快被分解释放出来。由于技术上的原因，不太可能在野外原位直接观测新融化的多年冻土 CO_2 释放的真正相对贡献。特别是，增温可能会导致老活动层 SOC 矿化加快而提高了土壤养分可利用性，同时可溶性碳和这些养分可能会通过淋溶向新融化的活动层转移，进而对其 SOC 具有激发效应；另外，由于突然快速融化会导致新融化的冻土层中的水分通过毛细管效应向老活动层转移，也可能会诱导老活动层中的 SOC 分解激发效应。然而，由于缺乏上述过程的了解和机制的理解，目前还没有将突然快速融化导致的多年冻土 SOC 释放的过程整合到有关模型中（Miner et al.，2022），可能会导致对气候变化反馈作用的模拟产生很大的不确定性。因此，迫切需要开展上述过程与机制的研究。

第七节 小 结

（1）近 40 年青藏高原“变绿”的趋势具有很大的空间异质性。总体上，青藏高原增温增湿的变化趋势，特别是西部地区年降水变率更大，属于非平衡系统。根据不同遥感数据结果，自 20 世纪 80 年代以来，高寒草地 NDVI 和生产力显著增加，但不同阶段变化趋势不尽相同，如 2000～2015 年期间 NDVI 有下降的趋势但不显著，而 2015～2020 年 NDVI 又显著增加。这种变化趋势具有明显的空间异质性，东部地区由于水热条件较好，所有研究结果都表明 NDVI 和生产力呈显著增加；然而西部地区不同的研究尚未有一致结果，主要可能是不同研究者所利用的数据来源不同。气候变化和人类活动对上述变化的相对贡献目前尚未有一致的结果，总体上，在水热条件较好的东部地区人类活动（如过度放牧）影响更大，而在西部地区气候变化的影响更大。土壤水分的可用性可能起关键作用，降水量较多地区的 NDVI 较高，但当降水量$<$100 mm 时，高温的刺激作用有所降低，可能由于缺水加剧所致。利用遥感显示 ANPP 增加的区域，控制试验也发现增温处理往往提高了 ANPP。然而，2015～2020 年，人类活动对 NDVI 的影响更大。

（2）气候变化的效应。多数增温试验表明增温增加了土壤温度、降低了土壤水分含量，但总体上没有改变土壤的理化性质，土壤有机碳库也保持相对稳定，而对土壤中不同形态氮的影响没有一致的结果；多数增温试验发现增温改变了物种或功能群组成、降低了植物多样性，但却提高了地上净初级生产力，然而也有研究表明增温没有显著影响甚至有相反的结果，主要取决于草地类型、背景气候、增温幅度以及增温诱导的土壤水分的变化。增水提高了生产力，而减水降低了生产力，高寒草甸植物生产对减水更敏感，主要是因为水分的变化导致了植物叶片形态、生理特征的变化所造成的；同时发现，增水增加了土壤碳含量、铵态氮和总氮含量，而减水降低了土壤硝态氮和微生物氮，改变了土壤微生物结构，但对总氮含量没有显著影响。氮沉降的增加总体上提高了植被盖度和植物生产力。随着氮沉降的增加，未来高寒草地可能会出现磷或钾等营养限制。氮沉降增加显著降低了豆科植物的比例和植物丰富度，但对地下生物量和香农-维纳多样性指数影响不大。

（3）人类活动的影响。由于人口的增加导致家畜数量的增加，使得天然草地处于不同程度的过牧状态，进而导致了草地不同程度的退化。总体上，放牧降低了地上现存生物量，但对地上净初级生产力的影响不显著。放牧增加了植物丰富度和多样性指数，特别是牦牛放牧提高了高寒草甸嵩草的比例、降低了禾本科植物的比例，但绵羊放牧的影响相对较小，这些影响取决于放牧强度和草地类型。混群放牧可以保持相对稳定的较高植物丰富度。放牧对土壤理化性质的影响也取决于草地类型、放牧家畜类型、放牧强度和放牧模式，总体上，放牧增加了土壤温度和土壤容重，重度放牧降低了土壤碳、氮含量，而适度放牧可以提高土壤碳、氮含量，这些影响因土壤深度、放牧管理和强度而异。放牧对土壤和植物的负面效应往往发生在牧压超过草地承载能力的情况下，导致草地退化。然而，过度放牧导致的草地退化能通过围栏封育等恢复措施有效逆转。这些管理实践和生态保护政策是促进 2000 年后 ANPP 快速增长的关键。

（4）各因子的相对贡献。目前这方面的研究相对较少。有限的遥感研究表明，青藏高原南部对温度更敏感，而东北地区对降水量更敏感。就总初级生产力而言，东部地区主要受降水量的影响，西部主要受温度的控制，而北部的高寒草甸对增水比对增温更敏感。增温增加了抗旱的深根系植物，可以获得深层土壤水分，因此增温与水分的变化对生产力和植物组成的影响存在互作效应。例如，在干旱条件下增温降低了矮生嵩草盖度，但湿润条件下却增加了其盖度。类似的，增温、氮添加、放牧等对植物盖度和生产力也存在互作效应。根据结构方程模型的结果，降水量对生产力的影响最大，其次为温度，放牧的作用相对较小，因为降水量改变了物种组成、降低了群落优势度、提高了植物多样性。

（5）未来需要加强的研究方向：①尽管目前开展了大量的相关研究，但大多数都是研究单独因子的影响，很少考虑不同因子间的互作效应。事实上，不同因子是叠加在一起共同作用于草地生态系统的。因此，急需开展不同因子间互作的控制试验研究，以便为遥感监测的结果提供具体过程和机制解释；②目前对草地退化的驱动因子的相对作用还缺乏深入系统的长期控制试验研究，无法回答不同草地类型气候变化和人类活动对草地退化的相对贡献，特别是新的人类活动的影响（如城镇化等）对高寒草地生态系统的影响也有待加强研究；③目前主要集中开展了植物群落结构和多样性、土壤理化性质、微生物多样性及其功能基因、土壤和生态系统碳通量等的研究，对土壤有机碳形成过程及其稳定性机制研究较少，这些方面有待加强。

参考文献

阿旺，吕汪汪，周阳，等. 2021. 温度和湿度对高寒草甸凋落物分解的影响. 生态学报，41(17): 6846-6853.

陈槐, 鞠佩君, 张江, 等. 2020. 青藏高原高寒草地生态系统变化的归因分析. 科学通报, 65: 2406-2418.
杜三强, 2019. 牧民收入满意度和生态补偿研究. 兰州: 兰州大学硕士学位论文.
冯晓娟, 王依云, 刘婷, 等. 2020. 生物标志物及其在生态系统研究中的应用. 植物生态学报, 44(4): 384-394.
葛体达, 王东东, 祝贞科, 等. 2020. 碳同位素示踪技术及其在陆地生态系统碳循环研究中的应用与展望. 植物生态学报, 44(4): 360-372.
蒋志刚, 李立立, 胡一鸣, 等. 2018. 青藏高原有蹄类动物多样性和特有性: 演化与保护. 生物多样性, 26: 158-170.
穆少杰. 2014. 构建大尺度绿色廊道, 保护区域生物多样性. 生物多样性, 22: 242-249.
王常顺, 吕汪汪, 孙建平, 等. 2021. 高寒植物叶片性状对模拟降水变化的响应. 生态学报, 41: 9760-9772.
王恩姮, 赵雨森, 夏祥友, 等. 2014. 冻融交替后不同尺度黑土结构变化特征. 生态学报, 34(21): 6287-6296.
吴建波, 王小丹. 2017. 围封年限对藏北退化高寒草原植物群落特征和生物量的影响. 草地学报, 25: 261-266.
杨红露, 秦纪洪, 孙辉. 2010. 冻融交替对土壤 CO_2 及 N_2O 释放效应的研究进展. 土壤, 42(4): 526-525.
杨元合, 石岳, 孙文娟, 等. 2022. 中国及全球陆地生态系统碳源汇特征及其对碳中和的贡献. 中国科学: 生命科学, 52(4): 534-574.
杨振安, 姜林, 徐颖怡, 等. 2017. 青藏高原高寒草甸植被和土壤对短期禁牧的响应. 生态学报, 37: 7903-7911.
赵国强, 王淑平, 崔骁勇, 等. 2018. 青藏高原高寒草原土壤微生物量对氮磷肥添加的响应. 中国科学院大学学报, 35: 417-424.
赵林, 盛煜. 2019. 青藏高原多年冻土及变化. 北京: 科学出版社.
Angst G, Mueller K E, Nierop K G J, et al. 2021. Plant- or microbial-derived? A review on the molecular composition of stabilized soil organic matter. Soil Biology and Biochemistry, 156: 108189.
Bardgett R D, Bullock J M, Lavorel S, et al. 2021. Combatting global grassland degradation. Nature Reviews Earth & Environment, 2: 720-735.
Buckeridge K M, Mason K E, McNamara N P, 2020. Environmental and microbial controls on microbial necromass recycling, an important precursor for soil carbon stabilization. Communications Earth & Environment, 1(1): 36.
Cai D, Fraedrich K, Sielmann F, et al. 2015. Vegetation dynamics on the Tibetan plateau (1982-2006): An attribution by ecohydrological diagnostics. Journal of Climate, 28: 4576-4584.
Che R, Deng Y, Wang W, et al. 2018. Long-term warming rather than grazing significantly changed total and active soil procaryotic community structures. Geoderma, 316: 1-10.
Chen B, Zhang X, Tao J, et al. 2014. The impact of climate change and anthropogenic activities on alpine grassland over the Qinghai-Tibet plateau. Agricultural and Forest Meteorology, 189: 11-18.
Chen H, Zhu Q, Peng C, et al. 2013. The impacts of climate change and human activities on biogeochemical cycles on the Qinghai-Tibetan plateau. Global Change Biology, 19: 2940-2955.
Chen Q, Niu B, Hu Y, et al. 2020. Warming and increased precipitation indirectly affect the composition and turnover of labile-fraction soil organic matter by directly affecting vegetation and microorganisms. Sci Total Environ, 714: 136787.
Chen S P, Wang W T, Xu W T, et al. 2018. Plant diversity enhances productivity and soil carbon storage. Proceedings of the National Academy of Sciences of the United States of America, 115: 4027-4032.
Campos X, Germino M J, de Graaff M A. 2017. Enhanced precipitation promotes decomposition and soil C stabilization in semiarid ecosystems, but seasonal timing of wetting matters. Plant and Soil, 416(1-2): 427-436.
Chadburn S E, Burke E J, Cox P M, et al. 2017. An observation-based constraint on permafrost loss as a function of global warming. Nature Climate Change, 7(5): 340-344.

Chen H, Ju P, Zhu Q, 2022a. Carbon and nitrogen cycling on the Qinghai-Tibetan plateau. Nature Reviews Earth & Environment, 3(10): 701-716.

Chen Y, Han M, Yuan X, 2022b. Warming has a minor effect on surface soil organic carbon in alpine meadow ecosystems on the Qinghai-Tibetan plateau. Global Change Biology, 28(4): 1618-1629.

Craig M E, Geyer K M, Beidler K V, et al. 2022. Fast-decaying plant litter enhances soil carbon in temperate forests but not through microbial physiological traits. Nature Communications, 13(1): 1229.

Crowther T W, Machmuller M B, Carey J C, et al. 2018. Reply. Nature, 554(7693): E7-E8.

Deng Y, Li C. 2006. The investigation and research about the Farmland Retirement and Environment Project in the Yangtze River headwaters area. Ecological Economy, 2: 77-80.

Ding J, Wang T, Piao S, et al. 2019. The paleoclimatic footprint in the soil carbon stock of the Tibetan permafrost region. Nature Communications, 10(1): 4195.

Dong J, Che R, Jia S, et al. 2019. Responses of ammonia-oxidizing archaea and bacteria to nitrogen and phosphorus amendments in an alpine steppe. Eur J Soil Sci, 71: 940-954.

Dong J, Wang S, Niu H, et al. 2020. Responses of soil microbes and their interactions with plant community after nitrogen and phosphorus addition in a Tibetan alpine steppe. J Soil Sediment, 20: 2236-2247.

Dorji T, Hopping K A, Wang S, et al. 2018. Grazing and spring snow counteract the effects of warming on an alpine plant community in Tibet through effects on the dominant species. Agricultural and Forest Meteorology, 263: 188-197.

Dungait J A J, Hopkins D W, Gregory A S, et al. 2012. Soil organic matter turnover is governed by accessibility not recalcitrance. Global Change Biology, 18(6): 1781-1796.

Fan J, Zhong L, Li J, et al. 2017. Third pole national park group construction is scientific choice for implementing strategy of major function Zoning and Green Development in Tibet, China. Bulletin of the Chinese Academy of Sciences, 32: 932-944.

Fang C, Li F, Pei J, et al. 2018. Impacts of warming and nitrogen addition on soil autotrophic and heterotrophic respiration in a semi-arid environment. Agricultural and Forest Meteorology, 248: 449-457.

Feng J, Wang C, Lei J, et al. 2020. Warming-induced permafrost thaw exacerbates tundra soil carbon decomposition mediated by microbial community. Microbiome, 8(1): 3.

Fierer N, Colman B P, Schimel J P, et al. 2006. Predicting the temperature dependence of microbial respiration in soil: a continental-scale analysis. Global Biogeochemical Cycles, 20(3): GB306.

Fu G, Shen Z X, Zhang X Z. 2018. Increased precipitation has stronger effects on plant production of an alpine meadow than does experimental warming in the Northern Tibetan plateau. Agricultural and Forest Meteorology, 249: 11-21.

Ganjurjav H, Gao Q, Gornish E S, et al. 2016. Differential response of alpine steppe and alpine meadow to climate warming in the central Qinghai-Tibetan Plateau. Agricultural and Forest Meteorology, 223: 233-240.

Gao Y H, Zeng X Y, Schumann M. 2011. Effectiveness of exclosures on restoration of degraded alpine meadow in the Eastern Tibetan plateau. Arid Land Research and Management, 25: 164-175.

Gartner T B, Cardon Z G. 2004. Decomposition dynamics in mixed-species leaf litter. Oikos, 104: 230-246.

He J S, Wang Z H, Wang X P, et al. 2006. A test of the generality of leaf trait relationships on the Tibetan plateau. New Phytologist, 170: 835-848.

Heng T, Wu J, Xie S. 2011. The responses of soil C and N, microbial biomass C or N under alpine meadow of Qinghai-Tibetan plateau to the change of temperature and precipitation. Chinese Agricultural Science Bulletin, 27: 425-430.

Hicks Pries C E, Castanha C, Porras R C, Torn M S. 2017. The whole-soil carbon flux in response to warming. Science, 355(6332): 1420-1423.

Hicks Pries C E, Schuur E A G, Natali S M, et al. 2015. Old soil carbon losses increase with ecosystem respiration in experimentally thawed tundra. Nature Climate Change, 6(2): 214-218.

Hicks Pries C E, Schuur E A G, Crummer K G. 2013. Thawing permafrost increases old soil and autotrophic respiration in tundra: Partitioning ecosystem respiration using $\delta^{13}C$ and $\Delta^{14}C$. Global Change Biology,

19(2): 649-661.
Hong J, Wang X, Wu J. 2014. Stoichiometry of root and leaf nitrogen and phosphorus in a dry alpine steppe on the Northern Tibetan plateau. PLoS One, 9: e109052.
Hu J. 2020. Research on the status quo and problems of natural reserve construction in Qinghai-Tibet plateau. Environment Development, 32: 204-206.
Huang K, Zhang Y, Zhu J, et al. 2016. The influences of climate change and human activities on vegetation dynamics in the Qinghai-Tibet plateau. Remote Sensing, 8(10): 876.
Jiang L, Wang S, Luo C, Zhu X, et al. 2016. Effects of warming and grazing on dissolved organic nitrogen in a Tibetan alpine meadow ecosystem. Soil & Tillage Research, 158: 156-164.
Jiang L, Wang S, Zhe P, et al. 2018. Plant organic N uptake maintains species dominance under long-term warming. Plant and Soil, 433: 243-255.
Jing X, Wang Y H, Chung H, et al. 2014. No temperature acclimation of soil extracellular enzymes to experimental warming in an alpine grassland ecosystem on the Tibetan plateau. Biogeochemistry, 117: 39-54.
Johnston E R, Hatt J K, He Z, et al. 2019. Responses of tundra soil microbial communities to half a decade of experimental warming at two critical depths. Proceedings of the National Academy of Sciences of the United States of America, 116(30): 15096-15105.
Kan Z R, Ma S T, Liu Q Y, et al. 2020. Carbon sequestration and mineralization in soil aggregates under long-term conservation tillage in the North China Plain. Catena, 188: 104428.
Klein J A, Harte J, Zhao X Q. 2004. Experimental warming causes large and rapid species loss, dampened by simulated grazing, on the Tibetan plateau. Ecology Letters, 7: 1170-1179.
Koven C D, Lawrence D M, Riley W J. 2015. Permafrost carbon-climate feedback is sensitive to deep soil carbon decomposability but not deep soil nitrogen dynamics. Proceedings of the National Academy of Sciences of the United States of America, 112(12): 3752-3757.
Kreyling J, Schweiger A H, Bahn M, et al. 2018. To replicate, or not to replicate - that is the question: How to tackle nonlinear responses in ecological experiments. Ecology Letters, 21(11): 1629-1638.
Kuang W. 2021. Dataset of urban distribution, urban population and built-up area in Tibetan plateau (2000-2015). National Tibetan Plateau Data, C.
Lehmann A, Zheng W, Rillig M C. 2017. Soil biota contributions to soil aggregation. Nature Ecology and Evolution, 1(12): 1828-1835.
Li B, Lv W, Sun J, et al. 2022. Warming and grazing enhance litter decomposition and nutrient release independent of litter quality in an alpine meadow. Journal of Plant Ecology, 15(5): 977-990.
Li F, Peng Y, Chen L, et al. 2019a. Warming alters surface soil organic matter composition despite unchanged carbon stocks in a Tibetan permafrost ecosystem. Functional Ecology, 34(4): 911-922.
Li Y, Lv W, Jiang L, et al. 2019b. Microbial community responses reduce soil carbon loss in Tibetan alpine grasslands under short-term warming. Global Change Biology, 25(10): 3438-3449.
Liang C, Amelung W, Lehmann J, Kastner M. 2019. Quantitative assessment of microbial necromass contribution to soil organic matter. Global Change Biology, 25(11): 3578-3590.
Liang C, Schimel J P, Jastrow J D. 2017. The importance of anabolism in microbial control over soil carbon storage. Nature Microbiology, 2: 17105.
Liang C. 2020. Soil microbial carbon pump: Mechanism and appraisal. Soil Ecology Letters, 2(4): 241-254.
Li C, Peng F, Xue X, et al. 2018a. Productivity and quality of alpine grassland vary with soil water availability under experimental warming. Frontiers in Plant Science, 9: 1790.
Li C X, de Jong R, Schmid B, et al. 2019a. Spatial variation of human influences on grassland biomass on the Qinghai-Tibetan plateau. Science of the Total Environment, 665: 678-689.
Li F, Peng Y, Zhang D, et al. 2019b. Leaf area rather than photosynthetic rate determines the response of ecosystem productivity to experimental warming in an alpine steppe. J Geophys Res-Biogeo, 124: 2277-2287.
Li G, Liu Y, Frelich L E. et al. 2011. Experimental warming induces degradation of a Tibetan alpine meadow through trophic interactions. Journal of Applied Ecology, 48: 659-667.

Li L, Zhang Y, Liu L, et al. 2018b. Current challenges in distinguishing climatic and anthropogenic contributions to alpine grassland variation on the Tibetan plateau. Ecology and Evolution, 8: 5949-5963.

Li L, Zhang Y, Wu J, et al. 2019c. Increasing sensitivity of alpine grasslands to climate variability along an elevational gradient on the Qinghai-Tibet plateau. Science of the Total Environment, 678: 21-29.

Li W, Cao W, Wang J, et al. 2017. Effects of grazing regime on vegetation structure, productivity, soil quality, carbon and nitrogen storage of alpine meadow on the Qinghai-Tibetan plateau. Ecol Eng, 98: 123-133.

Li Y, Li W. 2012. Why "Balance of Forage and Livestock" system failed to reach sustainable grassland utilization. Journal of China Agricultural University (Social Sciences Edition), 29: 124-131.

Li Y, Zhou Y, Zhang X, et al. 2013. Awareness and reaction of herdsmen to the policy of Returning Grazing Land to Grasslands in the Changtang Plateau, Tibet. Pratacultural Science, 30: 788-794.

Lin B, Zhao X, Zheng Y, et al. 2017. Effect of grazing intensity on protozoan community, microbial biomass, and enzyme activity in an alpine meadow on the Tibetan plateau. Journal of Soils and Sediments, 17: 2752-2762.

Liu H, Wang X, Liang C,et al. 2020. Glomalin-related soil protein affects soil aggregation and recovery of soil nutirent following natural revetagetion on the Loess Plateau. Geoderma, 357: 113921.

Liu H, Mi Z, Li L, et al. 2018. Shifting plant species composition in response to climate change stabilizes grassland primary production. Proceedings of National Academy of Sciences, 116(16): 4051-4056.

Liu P, Lv W, Sun J, et al. 2021. Ambient climate determines the directional trend of community stability under warming and grazing. Global Change Biology, 27(20): 5198-5210.

Liu X, Yin Z Y, Shao X, et al. 2006. Temporal trends and variability of daily maximum and minimum, extreme temperature events, and growing season length over the eastern and central Tibetan plateau during 1961-2003. Journal of Geophysical Research-Atmospheres, 111: D19109.

Liu Y, Lu C. 2021. Quantifying Grass Coverage Trends to Identify the Hot Plots of Grassland Degradation in the Tibetan Plateau during 2000-2019. International Journal of Environmental Research and Public Health, 18(2): 416.

Liu Y, Tenzintarchen, Geng X, et al. 2020. Grazing exclusion enhanced net ecosystem carbon uptake but decreased plant nutrient content in an alpine steppe. Catena, 195: 104799.

Lu X, Yan Y, Sun J, et al. 2015. Short-term grazing exclusion has no impact on soil properties and nutrients of degraded alpine grassland in Tibet, China. Solid Earth, 6: 1195-1205.

Luan J W, Cui L, Xiang C, et al. 2014. Different grazing removal exclosures effects on soil C stocks among alpine ecosystems in east Qinghai-Tibet Plateau. Ecological Engineering, 64: 262-268.

Lue C, Tian H. 2007. Spatial and temporal patterns of nitrogen deposition in China: Synthesis of observational data. Journal of Geophysical Research-Atmospheres, 112: D22505.

Luo C Y, Xu G P, Chao Z G, et al. 2010. Effect of warming and grazing on litter mass loss and temperature sensitivity of litter and dung mass loss on the Tibetan Plateau. Global Change Biology, 16: 1606-1617.

Lv W, Zhang L, Niu H, et al. 2020a. Non-linear temperature sensitivity of litter component decomposition under warming gradient with precipitation addition on the Tibetan plateau. Plant and Soil, 448(1-2): 335-351.

Lv W, Luo C, Zhang L, et al. 2020b Net neutral carbon responses to warming and grazing in alpine grassland ecosystems. Agricultural and Forest Meteorology, 280: 107792.

Ma W, Ding K, Li Z. 2016. Comparison of soil carbon and nitrogen stocks at grazing-excluded and yak grazed alpine meadow sites in Qinghai-Tibetan Plateau, China. Ecological Engineering, 87: 203-211.

Miehe G, Schleuss P M, Seeber E, et al. 2019. The Kobresia pygmaea ecosystem of the Tibetan highlands - Origin, functioning and degradation of the world's largest pastoral alpine ecosystem Kobresia pastures of Tibet. Sci Total Environ, 648: 754-771.

Ma Z, Liu H, Mi Z, et al. 2017. Climate warming reduces the temporal stability of plant community biomass production. Nature Communications, 8: 15378.

Mackelprang R, Waldrop M P, DeAngelis K M, et al. 2011. Metagenomic analysis of a permafrost microbial community reveals a rapid response to thaw. Nature, 480(7377): 368-371.

MacDougall A H, Avis C A, Weaver A J. 2012. Significant contribution to climate warming from the

permafrost carbon feedback. Nature Geoscience, 5(10): 719-721.
McGuire A D, Lawrence D M, Koven C, et al. 2018. Dependence of the evolution of carbon dynamics in the northern permafrost region on the trajectory of climate change. Proceedings of the National Academy of Sciences of the United States of America, 115(15): 3882-3887.
Miner K R, Turetsky M R, Malina E, et al. 2022. Permafrost carbon emissions in a changing Arctic. Nature Reviews Earth & Environment, 3(1): 55-67.
Mipam T D, Zhong L L, Liu J Q, et al. 2019. Productive overcompensation of alpine meadows in response to Yak Grazing in the Eastern Qinghai-Tibet plateau. Frontiers in Plant Science, 10.
Mishra U, Hugelius G, Shelef E, et al. 2021. Spatial heterogeneity and environmental predictors of permafrost region soil organic carbon stocks. Science Advances, 7(9): eaaz5236.
Monhonval A, Strauss J, Mauclet E, et al. 2021. Iron redistribution upon thermokarst processes in the Yedoma domain. Frontiers in Earth Science, 9:703339.
Moni C, Lerch T Z, Knoth de Z K, et al. 2015. Temperature response of soil organic matter mineralisation in arctic soil profiles. Soil Biology and Biochemistry, 88: 236-246.
Niu K, He J S, Lechowicz M J. 2016. Grazing-induced shifts in community functional composition and soil nutrient availability in Tibetan alpine meadows. Journal of Applied Ecology, 53: 1554-1564.
Oztas T, Fayetorbay F. 2003. Effect of freezing and thawing processes on soil aggregate stability. Catena, 52(1): 1-8.
Paradelo R, Lerch T Z, Houot S, et al. 2019. Composting modifies the patterns of incorporation of OC and N from plant residues into soil aggregates. Geoderma, 353: 415-422.
Patzner M S, Logan M, McKenna A M, et al. 2022. Microbial iron cycling during palsa hillslope collapse promotes greenhouse gas emissions before complete permafrost thaw. Communications Earth & Environment, 3(1): 76.
Pan T, Zou X, Liu Y, et al. 2017. Contributions of climatic and non-climatic drivers to grassland variations on the Tibetan plateau. Ecological Engineering, 108: 307-317.
Peng A, Klanderud K, Wang G, et al. 2020. Plant community responses to warming modified by soil moisture in the Tibetan plateau. Arctic Antarctic and Alpine Research, 52: 60-69.
Peng S, Chen A, Xu L, et al. 2011. Recent change of vegetation growth trend in China. Environmental Research Letters, 6: 044027.
Pepin N, Bradley R S, Diaz H F, et al. 2015. Elevation-dependent warming in mountain regions of the world. Nature Climate Change, 5: 424-430.
Ptackova J. 2011. Sedentarisation of Tibetan nomads in China: Implementation of the Nomadic settlement project in the Tibetan Amdo area；Qinghai and Sichuan Provinces. Pastoralism: Research, Policy and Practice, 1: 1-11.
Quan Q, Zhang F, Jiang L, et al. 2021. High - level rather than low - level warming destabilizes plant community biomass production. Journal of Ecology, 109(4): 1607-1617.
Roever C L, van Aarde R J, Leggett K. 2013. Functional connectivity within conservation networks: Delineating corridors for African elephants. Biological Conservation, 157: 128-135.
Ruess R W, McNaughton S J. 1987. Grazing and the dynamics of nutrient and energy regulated microbial processes in the serengeti grasslands. Oikos, 49: 101-110.
Ren S, Ding J, Yan Z, et al. 2020. Higher Temperature sensitivity of soil C release to atmosphere from northern permafrost soils as indicated by a meta-analysis. Global Biogeochemical Cycles, 34(11): e2020GB006688.
Rui Y C, Wang S P, Xu Z H, et al. 2011. Warming and grazing affect soil labile carbon and nitrogen pools differently in an alpine meadow of the Qinghai-Tibet plateau in China. Journal of Soils and Sediments, 11: 903-914.
Sarker J R, Singh B P, Cowie A L, et al. 2018. Carbon and nutrient mineralization dynamics in aggregate-size classes from different tillage systems after input of canola and wheat residues. Soil Biology and Biochemistry, 116: 22-38.

Schuur E A, McGuire A D, Schadel C, et al. 2015. Climate change and the permafrost carbon feedback. Nature, 520(7546): 171-179.

Schadel C, Schuur E A, Bracho R, et al. 2014. Circumpolar assessment of permafrost C quality and its vulnerability over time using long-term incubation data. Global Change Biology, 20(2): 641-652.

Schaefer K, Zhang T J, Bruhwiler L, et al. 2011. Amount and timing of permafrost carbon release in response to climate warming. Tellus Series B-Chemical and Physical Meteorology, 63(2): 165-180.

See C R, Keller A B, Hobbie S E, et al. 2022. Hyphae move matter and microbes to mineral microsites: Integrating the hyphosphere into conceptual models of soil organic matter stabilization. Global Change Biology, 28(8): 2527-2540.

Shao Q, Fan J, Liu J, et al. 2017. Target-based assessment on effects of first-stage ecological conservation and restoration project in three-river source region, China and Policy Recommendations. Bulletin of the Chinese Academy of Sciences, 32: 35-44.

Shen M, Wang S, Jiang N, et al. 2022. Plant phenology changes and drivers on the Qinghai-Tibetan plateau. Nature Reviews Earth & Environment, 3(10): 633-651.

Shen H, Dong S, Li S, et al. 2019a. Effects of simulated N deposition on photosynthesis and productivity of key plants from different functional groups of alpine meadow on Qinghai-Tibetan Plateau. Environmental Pollution, 251: 731-737.

Shen H, Dong S, Li S, et al. 2019b. Grazing enhances plant photosynthetic capacity by altering soil nitrogen in alpine grasslands on the Qinghai-Tibetan Plateau. Agriculture Ecosystems & Environment, 280: 161-168.

Shen H, Wang S, Tang Y. 2013. Grazing alters warming effects on leaf photosynthesis and respiration in Gentiana straminea, an alpine forb species. Journal of Plant Ecology, 6: 418-427.

Shen M, Piao S, Dorji T, et al. 2015a. Plant phenological responses to climate change on the Tibetan Plateau: Research status and challenges. National Science Review, 2: 454-467.

Shen M, Piao S, Jeong S J, et al. 2015b. Evaporative cooling over the Tibetan Plateau induced by vegetation growth. Proceedings of the National Academy of Sciences of the United States of America, 112: 9299-9304.

Shi F S, Wu Y, Wu N, 2010. Different growth and physiological responses to experimental warming of two dominant plant species *Elymus nutans* and *Potentilla anserina* in an alpine meadow of the eastern Tibetan Plateau. Photosynthetica, 48: 437-445.

Six J, Bossuyt H, Degryze S, Denef K. 2004. A history of research on the link between (micro)aggregates, soil biota, and soil organic matter dynamics. Soil and Tillage Research, 79(1): 7-31.

Song J, Wan S, Piao S, et al. 2019. A meta-analysis of manipulative experiments on terrestrial carbon-cycling responses to global change. Nature Ecology & Evolution, 3: 1309-1320.

Smith D, King R, Allen B L. 2020. Impacts of exclusion fencing on target and non-target fauna: a global review. Biological Reviews, 95: 1590-1606.

Sun F, Chen W, Liu L, et al. 2015. Effects of plateau pika activities on seasonal plant biomass and soil properties in the alpine meadow ecosystems of the Tibetan plateau. Grassland Science, 61: 195-203.

Sun J, Cheng G, Li W, et al. 2013. On the variation of NDVI with the principal climatic elements in the Tibetan plateau. Remote Sensing, 5: 1894-1911.

Sun J, Liu M, Fu B, et al. 2020. Reconsidering the efficiency of grazing exclusion using fences on the Tibetan plateau. Science Bulletin, 65: 1405-1414.

Sun J, Wang X, Cheng G, et al. 2014. Effects of grazing regimes on plant traits and soil nutrients in an alpine steppe, Northern Tibetan. PLoS One, 9: e108821.

Sun Y, Schleuss P M, Pausch J, et al. 2018. Nitrogen pools and cycles in Tibetan *Kobresia* pastures depending on grazing. Biol Fert Soils, 54: 569-581.

Tang L, Zhong L, Xue K, et al. 2019. Warming counteracts grazing effects on the functional structure of the soil microbial community in a Tibetan grassland. Soil Biol Biochem, 134: 113-121.

Tian L, Chen J. 2022. Urban expansion inferenced by ecosystem production on the Qinghai-Tibet plateau. Environmental Research Letters, 17: 035001.

Turetsky M R, Abbott B W, Jones M C, et al. 2020. Carbon release through abrupt permafrost thaw. Nature Geoscience, 13(2): 138-143.

Vermote E, Justice C, Csiszar I, et al. 2014. NOAA climate data record (CDR) of normalized difference vegetation index (NDVI), version 4. NOAA National Climate Data Center.

Valérie M D, Panmao Z, Anna P, et al. IPCC 2021: Climate Change 2021: The Physical Science Basis. Contribution of Working Group I to the Sixth Assessment Report of the Intergovernmental Panel on Climate Change. IPCC, 2021.

Walker M D, Wahren C H, Hollister R D, et al. 2006. Plant community responses to experimental warming across the tundra biome. Proceedings of the National Academy of Sciences of the United States of America, 103(5): 1342-1346.

Walter Anthony K M, Lindgren P, Hanke P, et al. 2021. Decadal-scale hotspot methane ebullition within lakes following abrupt permafrost thaw. Environmental Research Letters, 16(3): 035010.

Walz J, Knoblauch C, Böhme L, Pfeiffer E-M. 2017. Regulation of soil organic matter decomposition in permafrost-affected Siberian tundra soils - Impact of oxygen availability, freezing and thawing, temperature, and labile organic matter. Soil Biology and Biochemistry, 110: 34-43.

Wang C, Zhao X, Zi H, et al. 2017. The effect of simulated warming on root dynamics and soil microbial community in an alpine meadow of the Qinghai-Tibet plateau. Appl Soil Ecol, 116: 30-41.

Wang K, Xue K, Wang Z, et al. 2022a. Accelerated temporal turnover of the soil nematode community under alpine grassland degradation. Land Degradation & Development, 34(4): 4524.

Wang Q, Zhang Z, Du R, et al. 2019a. Richness of plant communities plays a larger role than climate in determining responses of species richness to climate change. J Ecol, 107: 1944-1955.

Wang S, Duan J, Xu G, et al. 2012. Effects of warming and grazing on soil N availability, species composition, and ANPP in an alpine meadow. Ecology, 93: 2365-2376.

Wang Y, Li X, Zhang C, et al. 2019b. Responses of soil respiration to rainfall addition in a desert ecosystem: Linking physiological activities and rainfall pattern. Sci Total Environ, 650: 3007-3016.

Wang Y, Lv W, Xue K, et al. 2022b. Grassland changes and adaptive management on the Qinghai-Tibetan plateau. Nature Reviews Earth & Environment, 3: 668-683.

Wang Z M, Meng S Y, Rao G Y. 2019c. Quaternary climate change and habitat preference shaped the genetic differentiation and phylogeography of Rhodiola sect. Prainia in the southern Qinghai-Tibetan plateau. Ecol Evol, 9: 8305-8319.

Wang Z, Wu J, Niu B, et al. 2020. Vegetation expansion on the Tibetan plateau and its relationship with climate change. Remote Sensing, 12(24): 4150.

Wang Z, Zhang Y, Yang Y, et al. 2016. Quantitative assess the driving forces on the grassland degradation in the Qinghai-Tibet plateau, in China. Ecol Inform, 33: 32-44.

Wang Q, Lv W, Li B, et al. 2020. Annual ecosystem respiration is resistant to changes in freeze-thaw periods in semi-arid permafrost. Global Change Biology, 26: 2630-2641.

Wang R, Bicharanloo B, Shirvan M B, et al. 2021. A novel ^{13}C pulse-lablling method to quantify the contribution of rhizodeposits to soil respiration in a grassland exposed to drought and nitrogen addition. New Phytologiests, 230: 857-866.

Weber K T, Horst S. 2011. Desertification and livestock grazing: The roles of sedentarization, mobility and rest. Pastoralism Research Policy & Practice, 1: 19.

Wei D, Xu R, Wang Y, et al. 2012. Responses of CO_2, CH_4 and N_2O fluxes to livestock exclosure in an alpine steppe on the Tibetan plateau, China. Plant and Soil, 359: 45-55.

Whalen E D, Grandy A S, Sokol N W. 2022. Clarifying the evidence for microbial- and plant-derived soil organic matter, and the path toward a more quantitative understanding. Global Change Biology, 28(24): 7167-7185.

Williams M, Zhang Y, Estop-Aragonés C, et al. 2020. Boreal permafrost thaw amplified by fire disturbance and precipitation increases. Environmental Research Letters, 15(11): 114050.

Witzgall K, Vidal A, Schubert D I, 2021. Particulate organic matter as a functional soil component for persistent soil organic carbon. Nature Communications, 12(1): 4115.

Wu J, Wang X. 2017. Effect of Enclosure Ages on community characters and biomass of the degraded alpine steppe at the northern Tibet. Acta Agrestia Sinica, 25: 261-266.

Wu J S, Zhang X Z, Shen Z X, et al. 2014. Effects of livestock exclusion and climate change on aboveground biomass accumulation in alpine pastures across the Northern Tibetan plateau. Chinese Science Bulletin, 59: 4332-4340.

Wu L, Yang F, Feng J, et al. 2022. Permafrost thaw with warming reduces microbial metabolic capacities in subsurface soils. Molecular Ecology, 31(5): 1403-1415.

Wu Y, Zhu B, Eissenstat D M, et al. 2020. Warming and grazing interact to affect root dynamics in an alpine meadow. Plant and Soil, 459(1-2): 109-124.

Xiong Q, Xiao Y, Halmy M W A, et al. 2019. Monitoring the impact of climate change and human activities on grassland vegetation dynamics in the northeastern Qinghai-Tibet plateau of China during 2000-2015. Journal of Arid Land, 11: 637-651.

Xu X, Ouyang H, Cao G, et al. 2011. Dominant plant species shift their nitrogen uptake patterns in response to nutrient enrichment caused by a fungal fairy in an alpine meadow. Plant and Soil, 341: 495-504.

Xu Z, Cheng S, Gao L. 2017. Impacts of herders sedentarization on regional spatial heterogeneity and grassland ecosystem change in pastoral area. Journal of Arid Land Resources and Environment, 31: 8-13.

Xue K M, Yuan M J, Shi Z, et al. 2016. Tundra soil carbon is vulnerable to rapid microbial decomposition under climate warming. Nature Climate Change, 6(6): 595-600.

Xue X, Peng F, You Q, et al. 2015. Belowground carbon responses to experimental warming regulated by soil moisture change in an alpine ecosystem of the Qinghai-Tibet plateau. Ecology and Evolution, 5: 4063-4078.

Yang G, Chen H, Wu N, et al. 2014a. Effects of soil warming, rainfall reduction and water table level on CH_4 emissions from the Zoige peatland in China. Soil Biol Biochem, 78: 83-89.

Yang K, Wu H, Qin J, et al. 2014b. Recent climate changes over the Tibetan plateau and their impacts on energy and water cycle: A review. Global and Planetary Change, 112: 79-91.

Yang T, Adams J M, Shi Y, et al. 2017. Soil fungal diversity in natural grasslands of the Tibetan plateau: associations with plant diversity and productivity. New Phytologist, 215: 756-765.

Yang X X, Dong Q, Chu H, et al. 2019. Different responses of soil element contents and their stoichiometry (C: N: P) to yak grazing and Tibetan sheep grazing in an alpine grassland on the eastern Qinghai - Tibetan Plateau. Agriculture Ecosystems & Environment, 285: 106628.

Yang Z A, Xiong W, Xu Y, et al. 2016. Soil properties and species composition under different grazing intensity in an alpine meadow on the eastern Tibetan plateau, China. Environmental Monitoring and Assessment, 188: 678.

Yao X X, Wu J P, Gong X Y, et al. 2019. Effects of long term fencing on biomass, coverage, density, biodiversity and nutritional values of vegetation community in an alpine meadow of the Qinghai-Tibet plateau. Ecological Engineering, 130: 80-93.

Yao Y, Wang X, Li Y, Wang T, et al. 2018. Spatiotemporal pattern of gross primary productivity and its covariation with climate in China over the last thirty years. Global Change Biology, 24: 184-196.

Yi X F, Yang Y Q. 2007. Effect of imitated global warming on Delta C-13 values in seven plant species growing in Tibet alpine meadows. Russ J Plant Physl, 54: 736-740.

Yu C Q, Shen Z X, Zhang X Z, et al. 2014. Response of soil C and N, dissolved organic C and N, and inorganic N to short-term experimental warming in an Alpine meadow on the Tibetan plateau. Scientific World Journal, 3: 152576.

Yu G, Jia Y, He N, et al. 2019. Stabilization of atmospheric nitrogen deposition in China over the past decade. Nature Geoscience, 12: 424.

Yu H, Wang G, Yang Y. 2020. Concept of grassland green carrying capacity and its application framework in national park. Acta Ecologica Sinica, 40: 7248-7254.

Yuan W, Zheng Y, Piao S, et al. 2019. Increased atmospheric vapor pressure deficit reduces global vegetation growth. Science Advances, 5: eaax1396.

Yuan Z Q, Epstein H, Li G Y. 2020. Grazing exclusion did not affect soil properties in alpine meadows in the Tibetan permafrost region. Ecological Engineering, 147: 105657.

Yue H, Wang M, Wang S, et al. 2015. The microbe-mediated mechanisms affecting topsoil carbon stock in Tibetan grasslands. The International Society for Microbial Ecology Journal, 9(9): 2012-2020.

Zhang C H, Charles G W, Klein J A, et al. 2017. Recovery of plant species diversity during long-term experimental warming of a species-rich alpine meadow community on the Qinghai-Tibet plateau. Biological Conservation, 213: 218-224.

Zhang C, Zhang D W, Deng X G, et al. 2019. Various adaptations of meadow forage grasses in response to temperature changes on the Qinghai-Tibet plateau, China. Plant Growth Regul, 88: 181-193.

Zhang W, Ganjurjav L Y, Gao Q, et al. 2013. Effects of banning grazing and delaying grazing on species diversity and biomass of alpine meadow in Northern Tibet. Journal of Agricultural Science and Technology, 15: 143-149.

Zhang Y, Hu Z, Qi W, et al. 2016. Assessment of effectiveness of nature reserves on the Tibetan plateau based on net primary production and the large sample comparison method. J Geogr Sci, 26: 27-44.

Zhang Y, Gao Q, Dong S, et al. 2015. Effects of grazing and climate warming on plant diversity, productivity and living state in the alpine rangelands and cultivated grasslands of the Qinghai-Tibetan plateau. Rangeland Journal, 37: 57-65.

Zhao J, Luo T, Li R, et al. 2016. Grazing effect on growing season ecosystem respiration and its temperature sensitivity in alpine grasslands along a large altitudinal gradient on the central Tibetan plateau. Agricultural and Forest Meteorology, 218: 114-121.

Zhao J, Luo T, Wei H, et al. 2019. Increased precipitation offsets the negative effect of warming on plant biomass and ecosystem respiration in a Tibetan alpine steppe. Agricultural and Forest Meteorology, 279: 107761.

Zhao J Z, Liu W, Ye R, et al. 2013. Responses of reproduction and important value of dominant plant species in different plant functional type in *Kobresia meadow* to temperature increase. Russian Journal of Ecology, 44: 484-491.

Zhong L, Ma Y, Xue Y, et al. 2019. Climate change trends and impacts on vegetation greening over the Tibetan Plateau. Journal of Geophysical Research-Atmospheres, 124: 7540-7552.

Zhou W, Yang H, Huang L, et al. 2017. Grassland degradation remote sensing monitoring and driving factors quantitative assessment in China from 1982 to 2010. Ecol Indic, 83: 303-313.

Zhou Z, Su P, Wu X, et al. 2021. Leaf and community photosynthetic carbon assimilation of alpine plants under in-situ warming. Frontiers in Plant Science, 12:690077.

Zhu Z, Piao S, Myneni R B, et al. 2016. Greening of the Earth and its drivers. Nature Climate Change, 6: 791.

Zhuang M, Lu X, Peng W, et al. 2021. Opportunities for household energy on the Qinghai-Tibet plateau in line with United Nations' Sustainable Development Goals. Renewable & Sustainable Energy Reviews, 144: 110982.

Zhou Y, Lv W, Wang S, et al. 2022. Additive effects of warming and grazing on fine root decomposition and loss of nutrients in an alpine meadow. J Plant Ecology, 15(6): 1273-1284.

Zhu E, Cao Z, Jia J, et al. 2021. Inactive and inefficient: Warming and drought effect on microbial carbon processing in alpine grassland at depth. Global Change Biology, 27(10): 2241-2253.

Zong N, Shi P, Song M, et al. 2016. Nitrogen Critical Loads for an Alpine Meadow Ecosystem on the Tibetan plateau. Environ Manage, 57: 531-542.

后　记

如果说学畜牧专业的我“误入”草原生态研究是“第一错”的话，那么从内蒙古大草原再“迁徙”到神秘的青藏高原，更像是“一错再错”。然而，这种“误打误撞”引导着我在从内蒙古走向青海再走向西藏的一路风尘中实现了“步步高升”。我在感叹我国天然草原广袤无垠之余，也领略了高山流水孕育繁花异草的无限风光，感受到了不同民族的风情和别样年华。作为“游牧”研究者的我，自 2005 年开始已经在青藏高原跋涉了 18 年，幸运的是，前有行人，后有来者。一路走来，有你相伴，有他相助，与我同行，宁静致远。当枯燥无味的数据变成知识，化作一篇篇文章跃然纸上时，青春的苦涩不再，迷茫的表情释然；当皱纹爬上额头、白发沾染两鬓之时，汇聚了集体智慧和辛劳的阶段性成果让我实现了“著书”，尽管还不能“立说”。

时光回到 2000 年的 7 月，我有幸参加了“中国科学探险协会”组织的“三江源自然保护区科学考察”活动，历时 40 余天，从西宁到玉树，沿着通天河溯源而上，一路向西直达格拉丹东冰川脚下，这是我第一次踏上青藏高原这片神奇和神秘的土地，见证了“三江源自然保护区纪念碑”的落成和“三江源自然保护区”的正式成立。自此一发而不可收，2005 年我从美国归来后在中国科学院“百人计划”资助下入职中国科学院西北高原生物研究所，依托海北站建立了国际上第一个自动增温控制系统与放牧耦合试验平台，以及山体垂直带“双向”移栽试验平台，开启了气候变化和放牧对高寒草甸生态系统结构、功能影响及其机制和适应性管理的研究。团队 30 余位老师和学生起早贪黑，风餐露食，忍受着高原反应带来的各种不适。付出终将有收获，得益于团队的共同努力与坚持，在我六十甲子之际这部专著得以完成。本书是对有关领导、同事、家人和亲朋好友多年关心和支持最好的回馈。

回首学习和工作的岁月，点滴往事历历在目，犹弹指一挥间。2023 年年底团队成员在北京小聚叙旧话新，互道珍重，为这部专著的后续相关研究诠释了方向和信心。2024 年迎来的第一缕曙光将照耀我们继续前行！

汪诗平

2024 年元旦于北京